Computergrafik

Lizenz zum Wissen.

Sichern Sie sich umfassendes Technikwissen mit Sofortzugriff auf tausende Fachbücher und Fachzeitschriften aus den Bereichen: Automobiltechnik, Maschinenbau, Energie + Umwelt, E-Technik, Informatik + IT und Bauwesen.

Exklusiv für Leser von Springer-Fachbüchern: Testen Sie Springer für Professionals 30 Tage unverbindlich. Nutzen Sie dazu im Bestellverlauf Ihren persönlichen Aktionscode C0005406 auf *www.springerprofessional.de/buchaktion/*

Jetzt 30 Tage testen!

Springer für Professionals.
Digitale Fachbibliothek. Themen-Scout. Knowledge-Manager.

- Zugriff auf tausende von Fachbüchern und Fachzeitschriften
- Selektion, Komprimierung und Verknüpfung relevanter Themen durch Fachredaktionen
- Tools zur persönlichen Wissensorganisation und Vernetzung

www.entschieden-intelligenter.de

Alfred Nischwitz · Max Fischer ·
Peter Haberäcker · Gudrun Socher

Computergrafik

Band I des Standardwerks Computergrafik
und Bildverarbeitung

4., Erweiterte und aktualisierte Auflage

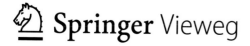

Alfred Nischwitz
Fakultät für Informatik und Mathematik
Hochschule München
München, Deutschland

Peter Haberäcker
Rottenbuch, Deutschland

Max Fischer
Fakultät für Informatik und Mathematik
Hochschule München
München, Deutschland

Gudrun Socher
Fakultät für Informatik und Mathematik
Hochschule München
München, Deutschland

Die 1. Auflage 2004 erschien unter dem Titel „Masterkurs Computergrafik und Bildverarbeitung".
Seit der 3. Auflage erscheint das Werk in zwei Bänden sowie als Set.
Die 3. Auflage 2012 erschien unter dem Titel „Computergrafik und Bildverarbeitung – Band I:
Computergrafik".

Ergänzendes Material zu diesem Buch finden Sie auf http://extras.springer.com.

ISBN 978-3-658-25383-7   ISBN 978-3-658-25384-4   (eBook)
https://doi.org/10.1007/978-3-658-25384-4

Die Deutsche Nationalbibliothek verzeichnet diese Publikation in der Deutschen Nationalbibliografie; detaillierte bibliografische Daten sind im Internet über http://dnb.d-nb.de abrufbar.

Springer Vieweg
© Springer Fachmedien Wiesbaden GmbH, ein Teil von Springer Nature 2004, 2007, 2012, 2019
Springer Vieweg ist ein Imprint der eingetragenen Gesellschaft Springer Fachmedien Wiesbaden GmbH und ist
ein Teil von Springer Nature
Die Anschrift der Gesellschaft ist: Abraham-Lincoln-Str. 46, 65189 Wiesbaden, Germany

Vorwort zur 4. Auflage von Band I

Wir freuen uns, dass wir als Co-Autor für die Weiterentwicklung dieses Buchs Dr. Andreas Klein gewinnen konnten. Nachdem er sich in seiner Promotion mit „Schattenalgorithmen im langwelligen Infrarotbereich" beschäftigt hat, floss seine Expertise in erster Linie in die Weiterentwicklung des Kapitels „Schatten" ein.

Mit der 4. Auflage wurde der Titel des Werkes „Computergrafik und Bildverarbeitung" angepasst. Zur besseren Unterscheidbarkeit auf dem Buchrücken und nachdem die beiden Bände nicht mehr zeitgleich erscheinen, heißt es jetzt:
„Computergrafik: Band I des Standardwerks Computergrafik und Bildverarbeitung".

Die Grundidee dieses Werkes, nämlich dem engen Zusammenhang zwischen Computergrafik und Bildverarbeitung (siehe Kapitel 2) dadurch Rechnung zu tragen, dass man beide Bereiche in einem Werk darstellt, tritt durch die Namensgebung der zwei Bände zwar noch etwas weiter in den Hintergrund. Um diese Grundidee jedoch im Bewusstsein zu halten, bleibt der Zusammenhang im Untertitel des Werkes *Band I des Standardwerks Computergrafik und Bildverarbeitung* für beide Bände erhalten. Es gibt weiterhin Referenzen zwischen beiden Bänden (gekennzeichnet durch ein vorangestelltes Band I oder II vor der jeweiligen Referenz). Es empfiehlt sich in jedem Fall die Anschaffung beider Bände, da sich nach unserer Erfahrung Kenntnisse in der Bildverarbeitung positiv auf das Verständnis der Computergrafik auswirken und umgekehrt.

Inhaltlich ergaben sich große Änderungen durch die Einführung der neuen Grafikprogrammierschnittstelle „Vulkan" durch die Khronos Group im Jahr 2016, die in erster Linie von den Entwicklern komplexer Game-Engines vorangetrieben wurde. Ihr Wunsch bestand darin, eine neue Schnittstelle zu definieren, die maximale Programmierfreiheiten und Renderinggeschwindigkeiten durch minimalen Treiber-Overhead erlaubt. Durch diese große Freiheit ergeben sich neue Möglichkeiten, aber auch sehr viel mehr Aufwand beim Erlernen und Entwickeln von Vulkan-Grafik-Anwendungen. Nachdem Mitte 2017 die Version 4.6 von OpenGL erschienen ist, wurde klar, dass Vulkan nicht der Nachfolger von OpenGL ist, sondern, zumindest für einen mittleren Zeitraum, parallel dazu existieren wird. In diesem Buch werden die beiden Grafikprogrammierschnittstellen nebeneinander dargestellt, so dass auch Leser, die mit OpenGL vertraut sind, einen leichteren Übergang zu Vulkan finden.

Weiterhin konnten einige Fehler aus den vorherigen Auflagen korrigiert werden. Dafür danken wir den kritischen Lesern ganz herzlich. Außerdem möchten wir uns ganz besonders bei unserem Korrekturleser Paul Obermeier bedanken, der auch inhaltliche Anstöße gab.

Alfred Nischwitz, Max Fischer, Gudrun Socher, Peter Haberäcker, Andreas Klein

24. Dezember 2018

Vorwort zur 3. Auflage

Wir freuen uns, dass wir als vierte Co-Autorin für die Weiterentwicklung dieses Buchs unsere Kollegin Prof. Dr. Gudrun Socher gewinnen konnten. Sie hat sich in erster Linie im Bildverarbeitungsteil eingebracht und dort für frischen Wind gesorgt.

Mit der 3. Auflage wurde das Format dieses Werkes grundlegend geändert: es wurde in zwei Bände aufgeteilt. Dies ist der Tatsache geschuldet, dass das Buch ansonsten deutlich über 1000 Seiten stark geworden wäre. Somit hätte der Verkaufspreis in Regionen vordringen müssen, bei dem der Verlag davon ausging, dass er für Kunden eine zu hohe Schwelle für eine Kaufentscheidung darstellen würde. Außerdem sind Bücher mit über 1000 Seiten auch nicht mehr besonders handlich. Die Grundidee dieses Werkes, nämlich dem engen Zusammenhang zwischen Computergrafik und Bildverarbeitung (siehe Kapitel 2) dadurch Rechnung zu tragen, dass man beide Bereiche in einem Werk darstellt, tritt durch die Aufteilung in zwei Bände zwar wieder etwas in den Hintergrund. Um diese Grundidee jedoch im Bewusstsein zu halten, bleibt der Titel des Werkes „*Computergrafik und Bildverarbeitung*" für beide Bände erhalten. Es gibt weiterhin Referenzen zwischen beiden Bänden (gekennzeichnet durch ein vorangestelltes Band I oder II vor der jeweiligen Referenz) und die Inhaltsangabe des jeweils anderen Bandes findet sich am Ende jeden Bandes wieder, so dass man zumindest einen Überblick über das gesamte Werk in jedem Band erhält. Es empfiehlt sich in jedem Fall die Anschaffung beider Bände, da sich nach unserer Erfahrung Kenntnisse in der Bildverarbeitung positiv auf das Verständnis der Computergrafik auswirken und umgekehrt.

Inhaltlich ergaben sich die größten Änderungen in Band I „*Computergrafik*". Der Grund dafür ist ein Kulturbruch bei der offenen Programmierschnittstelle OpenGL, die in diesem Werk als Grundlage für die Einführung in die Computergrafik gewählt wurde. Im Jahr 2009 wurde das „*alte*" OpenGL als „*deprecated*" erklärt (das bedeutet so viel wie „*abgekündigt*") und die damit verbundenen Befehle stehen nur noch in einem sogenannten „*Compatibility Profile*" zur Verfügung. Gleichzeitig wurde das „*neue*" OpenGL in Form eines „*Core Profiles*" eingeführt. In diesem Buch werden die beiden Profile nebeneinander dargestellt, so dass auch Leser, die mit dem alten OpenGL vertraut sind, einen leichten Übergang zum neuen OpenGL finden. Außerdem bietet das alte OpenGL häufig einen leichteren Zugang zu bestimmten Themen der Computergrafik, so dass auch OpenGL-Einsteiger von den didaktischen Vorteilen einer parallelen Darstellung von „*Compatibility*" und „*Core Profile*" profitieren. In diesem Sinne wurden alle Kapitel aus dem Computergrafik-Teil vollständig überarbeitet. Neu dazugekommen ist ein Kapitel über das komplexe Thema Schatten, sowie ein Kapitel über die allgemeine Programmierung von Grafikkarten mit CUDA und OpenCL.

Die inhaltlichen Änderungen im Band II *„Bildverarbeitung"* waren dagegen nicht so gravierend. Das Kapitel Grundlagen wurde um einen Abschnitt über den CIELab-Farbraum ergänzt. Neu ist ein Kapitel über die Rekonstruktion fehlender Farbwerte bei Digitalkameras (Demosaicing), sowie ein Kapitel über Korrespondenzen in Bildern. Die Literaturhinweise wurden aktualisiert und durch neue Zitate erweitert.

Weiterhin konnten einige Fehler aus der 2. Auflage korrigiert werden. Dafür danken wir den kritischen Lesern ganz herzlich. Außerdem möchten wir uns ganz besonders bei unserem Korrekturleser Paul Obermeier bedanken, der auch wichtige inhaltliche Anstöße gab.

Alfred Nischwitz, Max Fischer, Gudrun Socher, Peter Haberäcker, 02. März 2011

Vorwort zur 2. Auflage

Aller guten Dinge sind Drei. In diesem Sinne freuen wir uns, dass wir als dritten Co-Autor für die Weiterentwicklung dieses Buchs unseren Kollegen Prof. Dr. Max Fischer gewinnen konnten. Damit wurde der Tatsache Rechnung getragen, dass die sehr dynamischen und immer enger zusammenwachsenden Gebiete der Computergrafik und Bildverarbeitung eines weiteren Autors bedurften, um adäquat abgedeckt zu werden.

Inhaltlich wurde der Charakter der 1. Auflage beibehalten. An einer Reihe von Stellen wurden jedoch Ergänzungen und Aktualisierungen vorgenommen. So ist im Kapitel 2 ein neuer Abschnitt über „Bildverarbeitung auf programmierbarer Grafikhardware" hinzugekommen, in Band II Kapitel 7 wurde der neuerdings häufig verwendete „Canny-Kantendetektor" eingefügt, und in Band II Kapitel 23 wurde eine Anwendung des „Run-Length-Coding" im Umfeld der Objektverfolgung in Echtzeitsystemen ergänzt. Die Literaturhinweise wurden aktualisiert und durch neue Zitate erweitert.

Weiterhin konnten zahlreiche Fehler aus der 1. Auflage korrigiert werden. Dafür sei den kritischen Lesern ganz herzlich gedankt, die sich die Mühe gemacht haben, uns zu schreiben. Ganz besonders möchten wir uns an dieser Stelle bei Fr. Dipl.-Math. Beate Mielke bedanken, die alleine für ca. $\frac{2}{3}$ aller Fehlermeldungen zuständig war.

Alfred Nischwitz, Max Fischer, Peter Haberäcker, 22. Juli 2006

Vorwort

Moderne Computer sind in unserer Zeit weit verbreitet. Sie werden kommerziell und privat zur Bewältigung vielschichtiger Aufgaben eingesetzt. Als Schnittstelle zur Hardware dienen grafische Betriebssysteme, mit denen der Benutzer bequem mit dem System kommunizieren kann. Die meisten Anwendungen präsentieren sich ebenfalls in grafischer Form und begleiten so den Anwender bei der Erledigung seiner Aufgaben.

Viele benützen dabei das Computersystem wie ein praktisches Werkzeug und freuen sich, wenn alles gut funktioniert, oder ärgern sich, wenn es nicht funktioniert. Mancher wird sich aber doch fragen, was hinter der grafischen Oberfläche steckt, wie z.B. ein Computerspiel oder ein Bildbearbeitungspaket zu einer Digitalkamera gemacht wird, welche Verfahren dabei ablaufen und welche Programmiersysteme dazu verwendet werden. An diesen Personenkreis wendet sich das vorliegende Buch.

Bei der Implementierung zeitgemäßer Anwendungen nimmt die Programmierung der Computergrafik und Bildverarbeitung einen wesentlichen Teil ein. In den letzten Jahren sind diese beide Bereiche immer stärker zusammengewachsen. Dieser Entwicklung versucht das vorliegende Buch gerecht zu werden.

Der erste Teil des Buches ist der Computergrafik gewidmet. Es werden die wichtigsten Verfahren und Vorgehensweisen erläutert und an Hand von Programmausschnitten dargestellt. Als grafisches System wurde OpenGL verwendet, da es alle Bereiche abdeckt, sich als weltweiter Standard etabliert hat, plattformunabhängig und kostenlos ist, und mit modernen Grafikkarten bestens zusammenarbeitet.

Der zweite Teil befasst sich mit digitaler Bildverarbeitung, die mit ihren Verfahren die Grundlage für praktische Anwendungen von bildauswertenden und bildgenerierenden Systemen in vielen Bereichen bildet. Der Bildverarbeitungsteil ist als Zusammenfassung von zwei Büchern entstanden, die von einem der beiden Autoren vorlagen. Zunächst war geplant, diese Zusammenfassung ausschließlich über das Internet und auf CD-ROM anzubieten. Die permanente Nachfrage ließ es aber doch sinnvoll erscheinen, sie in dieses Buch zu integrieren. Das Buch wendet sich also an Interessenten, die sich in dieses Gebiet einarbeiten und praktische Erfahrungen sammeln möchten. Deshalb wurde, soweit möglich, auf die Darstellung der oft komplizierten mathematischen Hintergründe verzichtet und häufig eine eher pragmatische Vorgehensweise gewählt. Zur Vertiefung wird das Buch durch ein Internetangebot ergänzt. Hier findet der Leser Übungsaufgaben, vertiefende Kapitel und interaktive Kurse, wie sie auch an Hochschulen angeboten werden. Außerdem wird der Internetauftritt für Korrekturen und die Versionsverwaltung verwendet.

Alfred Nischwitz, Peter Haberäcker, 3. Juni 2004

Inhaltsverzeichnis

Kapitel 1

Einleitung

Die elektronische Datenverarbeitung hat in den letzten sechs Jahrzehnten eine atemberaubende Entwicklung durchgemacht. Sie wurde ermöglicht durch neue Erkenntnisse in der Hardwaretechnologie, die Miniaturisierung der Bauteile, die Erhöhung der Rechengeschwindigkeit und der Speicherkapazität, die Parallelisierung von Verarbeitungsabläufen und nicht zuletzt die enorm sinkenden Kosten. Ende der 60er Jahre des letzten Jahrhunderts wurde z.B. der Preis für ein Bit Halbleiterspeicher mit etwa 0.50 Euro (damals noch 1.- DM) angegeben. Demnach hätte 1 GByte Hauptspeicher für einen Rechner über 4.000.000.000.- Euro gekostet.

Nachdem ursprünglich die elektronischen Rechenanlagen fast ausschließlich zur Lösung numerischer Problemstellungen eingesetzt wurden, drangen sie, parallel zu ihrer Hardwareentwicklung, in viele Gebiete unseres täglichen Lebens ein. Beispiele hierzu sind moderne Bürokommunikationssysteme, Multimedia-Anwendungen und nicht zuletzt die allgegenw"artigen Smartphones. Aus den elektronischen Rechenanlagen entwickelten sich Datenverarbeitungssysteme, die in kommerziellen und wissenschaftlichen Bereichen erfolgreich eingesetzt werden. Aber auch in den meisten privaten Haushalten sind Smartphones, Laptops oder PCs zu finden, die dort eine immer wichtigere Rolle spielen und, gerade im Multimedia-Bereich, angestammte Geräte wie Telefon, Fernseher, Stereoanlagen, DVD-Player/Recorder oder Spielekonsolen verdrängen.

Die Verarbeitung von visuellen Informationen ist ein wichtiges Merkmal höherer Lebensformen. So ist es nicht verwunderlich, dass schon frühzeitig versucht wurde, auch in diesem Bereich Computer einzusetzen, um z.B. bei einfachen, sich immer wiederholenden Arbeitsvorgängen eine Entlastung des menschlichen Bearbeiters zu erreichen. Ein gutes Beispiel ist die automatische Verarbeitung von Belegen im bargeldlosen Zahlungsverkehr. Hier wurde durch den Einsatz der modernen Datenverarbeitung nicht nur eine Befreiung des Menschen von eintöniger Arbeit erreicht, sondern auch geringere Fehlerhäufigkeit und wesentlich höhere Verarbeitungsgeschwindigkeit erzielt.

Die Benutzer von Smartphones und PC-Systemen werden heute nur mehr mit grafischen Betriebssystemen und grafisch aufbereiteter Anwendungssoftware konfrontiert. Für die Entwickler dieser Software heißt das, dass sie leistungsfähige Programmiersysteme für *Computergrafik* benötigen. OpenGL und Vulkan sind derartige Programmiersysteme für

© Springer Fachmedien Wiesbaden GmbH, ein Teil von Springer Nature 2019
A. Nischwitz et al., *Computergrafik*,
https://doi.org/10.1007/978-3-658-25384-4_1

grafische Computeranwendungen. Sie haben sich als ein weltweiter Standard etabliert und sind weitgehend unabhängig von Hard- und Softwareplattformen. Außerdem sind sie kostenlos verfügbar.

Damit der Anwender die Computergrafik sinnvoll verwenden kann, benötigt er einen Rechner mit schnellem Prozessor, ausreichendem Hauptspeicher und eine leistungsfähige Grafikkarte. Diese Forderungen erfüllen die meisten Smartphones und PC-Systeme, die überall angeboten werden. Der interessierte Computeraspirant kann sich sogar beim Einkauf neben Butter, Brot und Kopfsalat ein passendes System beschaffen, oder er lässt es sich gleich direkt nach Hause liefern.

Wenn es die Hardware der Grafikkarte erlaubt, verlagert OpenGL bzw. Vulkan die grafischen Berechnungen vom Prozessor (CPU, d.h. Central Processing Unit) des Computers auf die Grafikkarte (GPU, d.h. Graphics Processing Unit). Diese Verlagerung geschieht ebenso bei Smartphones, bei denen in der Regel CPU und GPU in einem Chip vereinigt sind (sog. SoCs, d.h. System-on-Chip). Das hat zur Folge, dass grafische Anwendungen die CPU nicht belasten und auf der eigens dafür optimierten GPU optimal ablaufen. Moderne Grafikkarten haben dabei eine Leistungsfähigkeit, die sich mit der von Großrechenanlagen messen kann. Dies hat umgekehrt dazu geführt, dass die Spitzenleistung heutiger Supercomputer zu einem wesentlichen Teil durch Grafikkarten bestimmt wird.

Bei grafischen Anwendungen, etwa bei Simulationen oder bei Computerspielen, wird angestrebt, dass auf dem Bildschirm dem Benutzer ein möglichst realistisches Szenario angeboten wird. Die Bilder und Bildfolgen werden hier ausgehend von einfachen grafischen Elementen, wie Geradenstücke, Dreiecke oder Polygonnetze, aufgebaut. Mit geometrischen Transformationen werden dreidimensionale Effekte erzielt, Beleuchtung, Oberflächengestaltung und Modellierung von Bewegungsabläufen sind weitere Schritte in Richtung realistisches Szenario. Angestrebt wird eine Darstellung, bei der der Betrachter nicht mehr unterscheiden kann, ob es sich z.B. um eine Videoaufzeichnung oder um eine computergrafisch generierte Szene handelt. Der große Vorteil ist dabei, dass der Benutzer interaktiv in das Geschehen eingreifen kann, was bei reinen Videoaufzeichnungen nur eingeschränkt möglich ist. Der Weg der Computergrafik ist also die Synthese, vom einfachen grafischen Objekt zur natürlich wirkenden Szene.

In der *digitalen Bildverarbeitung* wird ein analytischer Weg beschritten: Ausgehend von aufgezeichneten Bildern oder Bildfolgen, die aus einzelnen Bildpunkten aufgebaut sind, wird versucht, logisch zusammengehörige Bildinhalte zu erkennen, zu extrahieren und auf einer höheren Abstraktionsebene zu beschreiben.

Um das zu erreichen, werden die Originalbilddaten in rechnerkonforme Datenformate transformiert. Sie stehen dann als zwei- oder mehrdimensionale, diskrete Funktionen für die Bearbeitung zur Verfügung. Die Verfahren, die auf die digitalisierten Bilddaten angewendet werden, haben letztlich alle die Zielsetzung, den Bildinhalt für den Anwender passend aufzubereiten. Der Begriff „Bildinhalt" ist dabei rein subjektiv: Dasselbe Bild kann zwei Beobachtern mit unterschiedlicher Interessenlage grundsätzlich verschiedene Informationen mitteilen. Aus diesem Grund werden auch die Transformationen, die beide Beobachter auf das Bild anwenden, ganz verschieden sein. Das Ergebnis kann, muss aber nicht in bildlicher oder grafischer Form vorliegen. Es kann z.B. auch eine Kommandofolge zur Steuerung eines autonomen Fahrzeugs oder Roboters sein.

Mit der digitalen Bildverarbeitung verwandte Gebiete sind die *Mustererkennung* und das *maschinelle Lernen*, bzw. deren Oberbegriff die *künstliche Intelligenz*. Die Mustererkennung bzw. das maschinelle Lernen ist im Gegensatz zur digitalen Bildverarbeitung nicht auf bildhafte Informationen beschränkt. Die Verarbeitung von akustischen Sprachsignalen mit der Zielsetzung der Sprach- oder Sprechererkennung ist z.B. ein wichtiger Anwendungsbereich der Mustererkennung. Im Bereich bildhafter Informationen wird mit den Verfahren der Mustererkennung versucht, logisch zusammengehörige Bildinhalte zu entdecken, zu gruppieren und so letztlich abgebildete Objekte (z.B. Buchstaben, Bauteile, Fahrzeuge) zu erkennen. Um hier zufriedenstellende Ergebnisse zu erzielen, sind in der Regel umfangreiche Bildvorverarbeitungsschritte durchzuführen.

Künstliche Intelligenz ist ein Oberbegriff, der für viele rechnerunterstützte Problemlösungen verwendet wird (z.B. natürlich-sprachliche Systeme, Robotik, Expertensysteme, automatisches Beweisen, Bildverstehen, kognitive Psychologie, Spiele). Im Rahmen der Verarbeitung von bildhafter Information wird die Ableitung eines Sinnzusammenhangs aus einem Bild oder einer Bildfolge versucht. Eine Beschreibung der Art: „Ein Bauteil liegt mit einer bestimmten Orientierung im Sichtbereich", kann dann in eine Aktion umgesetzt werden, etwa das Greifen und Drehen des Bauteils mit einer industriellen Handhabungsmaschine. Hier werden also Systeme angestrebt, die im Rahmen eines wohldefinierten „Modells der Welt" mehr oder weniger unabhängig agieren und reagieren. Diese Selbstständigkeit ist meistens erst nach einer langen Anwendungskette von Bildverarbeitungs- und Mustererkennungsalgorithmen möglich.

Wenn ein Bild oder eine Bildfolge analytisch aufbereitet ist, kann der Informationsgehalt symbolisch beschrieben sein. Bei einer Bildfolge einer Straßenszene könnte das etwa so aussehen:

- Die Bildfolge zeigt eine Straße, die von rechts vorne nach links hinten verläuft.

- Auf der Straße bewegen sich zwei Fahrzeuge in entgegengesetzter Richtung und etwa gleicher Geschwindigkeit.

- Bei dem Fahrzeug, das von rechts vorne nach links hinten fährt, handelt es sich um ein rotes Cabriolet vom Typ X des Herstellers Y.

- Bei dem Fahrzeug, das von links hinten nach rechts vorne fährt, handelt es sich um einen weißen Minitransporter vom Typ XX des Herstellers YY.

- Links neben der Straße ist ein Wiesengelände, rechts ein Nadelwald.

- Den Horizont bildet eine Bergkette, die zum Teil mit Schnee bedeckt ist.

- usw.

Im Rahmen der Beschreibung könnten auch die Nummernschilder der beiden Fahrzeuge vorliegen. Dann wäre es als Reaktion z.B. möglich, beiden Fahrzeughaltern einen Bußgeldbescheid zuzusenden, da ihre Fahrzeuge mit überhöhter Geschwindigkeit unterwegs waren.

Eine andere interessante Möglichkeit wäre es, aus der symbolischen Beschreibung mit Computergrafik eine Szene zu generieren und zu vergleichen, wie realistisch sie die ursprüngliche Straßenszene wiedergibt.

Mit diesem Beispiel wurde gezeigt, wie eng Computergrafik und Bildverarbeitung heute miteinander verknüpft sind. Dieser Tatsache versucht das vorliegende Werk gerecht zu werden. Es gliedert sich in zwei Bände, die über zahlreiche Referenzen untereinander verbunden sind.

Der Band I befasst sich mit der Thematik „Computergrafik". Nach einem Kapitel, in dem ausführlich auf den Zusammenhang zwischen Computergrafik, Bildverarbeitung und Mustererkennung eingegangen wird, folgen Kapitel über interaktive 3D-Computergrafik und ihre Anwendungen. Ab Kapitel 6 werden einzelne Bestandteile der Computergrafik, wie Grundobjekte, Koordinatentransformationen, Verdeckung, Farbverarbeitung, Anti-Aliasing, Beleuchtung, Schatten und Texturen beschrieben. An Hand von zahlreichen Programmfragmenten wird gezeigt, wie OpenGL bzw. Vulkan die jeweiligen Problemstellungen unterstützt. Den Abschluss des Computergrafik-Teils bildet ein Kapitel über „General Purpose Computing on Graphics Processing Units (GPGPU)", d.h. die Nutzung von Grafikkarten für allgemeine, aber parallelisierbare Programmieraufgaben mit Hilfe der Programmierschnittstelle OpenCL (Open Compute Language von der Khronos Group) bzw. CUDA (Compute Unified Device Architecture von NVIDIA).

Der Band II des Werkes ist der digitalen Bildverarbeitung gewidmet. Zunächst wird die Digitalisierung von Bilddaten untersucht und, ausgehend vom Binärbild (Zweipegelbild) über das Grauwertbild, das Farbbild bis zur Bildfolge verallgemeinert. Anschließend werden Maßzahlen zur Beschreibung digitalisierter Bilddaten vorgestellt und verschiedene mathematische Modelle für Bilder behandelt. Bei der Diskussion der Speicherung von digitalisierten Bilddaten in Datenverarbeitungssystemen werden Lösungsansätze zur Datenreduktion und Datenkompression vorgestellt. Einem Abschnitt über die bildliche Reproduktion von digitalisierten gespeicherten Bildern schließen sich Verfahren zur Modifikation der Grauwertverteilung an. Weiter folgt die Untersuchung von Operationen im Orts- und Frequenzbereich, von morphologischen Operationen und von Kanten und Linien.

Die weiteren Kapitel sind mehr in Richtung Mustererkennung bei bildhaften Daten orientiert. Nach der grundlegenden Darstellung der Szenenanalyse werden unterschiedliche Techniken zur Merkmalsgewinnung besprochen. Stichworte hierzu sind: Grauwert und Farbe, Merkmale aus mehrkanaligen Bildern und aus Bildfolgen. Der Beschreibung von einfachen Texturmerkmalen schließen sich aufwändigere Verfahren, wie Gauß- und Laplace-Pyramiden, Scale Space Filtering und Baumstrukturen an. In den anschließenden Kapiteln wird die Segmentierung mit klassischen Methoden, mit neuronalen Netzen und mit Fuzzy Logic beschrieben. Nach dem Übergang von der bildpunkt- zur datenstrukturorientierten Bildverarbeitung werden unterschiedliche Verfahren zur Segmentbeschreibung erläutert. Den Abschluss bildet ein Kapitel über Kalman Filter und der Synthese von Objekten aus Segmenten.

Zu diesem Buch liegt auch ein Internetangebot unter folgender Adresse vor:

https://w3-o.cs.hm.edu/users/nischwit/public_html/cgbv-buch/index.html

Der Zugang zu dieser Webseite ist passwort-geschützt. Den Benutzernamen und das Passwort erhält man, wenn man auf dieser Webseite dem Link „Passwort" folgt. Das Passwort wird regelmäßig geändert.

Der Online-Service umfasst folgende Angebote:

- interaktive Vorlesungen zu den Themen:
    - Computergrafik
    - Bildverarbeitung und Mustererkennung
    - Bilddatencodierung für die Übertragung und Kommunikation
- Übungsaufgaben
- Das Bildverarbeitungswerkzeug IGARIS als GIMP-Plugin
- Bilder bzw. Texturen
- Zusatzkapitel zum Buch

Kapitel 2

Zusammenhang zwischen Computergrafik und Bildverarbeitung

Warum fasst man die Gebiete Computergrafik und Bildverarbeitung in einem Buch zusammen? Weil sie die zwei Seiten einer Medaille sind: während man in der Computergrafik aus einer abstrakten Objektbeschreibung ein Bild generiert, versucht man in der Bildverarbeitung nach der Extraktion von charakteristischen Merkmalen die im Bild enthaltenen Objekte zu erkennen und so zu einer abstrakten Objektbeschreibung zu kommen (Bild 2.1). Oder anders ausgedrückt: Computergrafik ist die Synthese von Bildern und Bildverarbeitung ist die Analyse von Bildern. In diesem Sinne ist die Computergrafik die inverse Operation zur Bildverarbeitung.

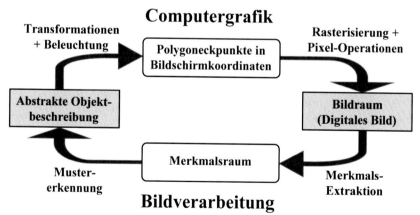

Bild 2.1: Die zwei Seiten einer Medaille: Computergrafik ist die Synthese von Bildern aus einer abstrakten Objektbeschreibung und Bildverarbeitung ist die Analyse von Bildern mit dem Ziel, zu einer abstrakten Objektbeschreibung zu gelangen.

© Springer Fachmedien Wiesbaden GmbH, ein Teil von Springer Nature 2019
A. Nischwitz et al., *Computergrafik*,
https://doi.org/10.1007/978-3-658-25384-4_2

Für Computergrafik und Bildverarbeitung benötigt man in vielen Teilen die gleichen Methoden und das gleiche Wissen. Dies beginnt beim Verständnis für den Orts- und Frequenzbereich, das Abtasttheorem, das Anti-Aliasing und die verschiedenen Farbräume, setzt sich fort bei den Matrizen-Operationen der linearen Algebra (Geometrie-Transformationen wie Translation, Rotation, Skalierung und perspektivische Projektion, Texturkoordinaten-Transformation, Transformationen zwischen den Farbräumen etc.), geht über die Nutzung von Faltungs- und Morphologischen Operatoren bis hin zu Datenstrukturen, wie z.B. Gauß-Pyramiden (MipMaps), quad- bzw. octrees, sowie Graphen zur Szenenbeschreibung.

Nachdem Computergrafik und Bildverarbeitung häufig die gleichen Algorithmen einsetzen und die Grafikhardware in den letzten 10 Jahren einen gigantischen Leistungssprung um den Faktor 100 geschafft hat, liegt es Nahe, teure Spezialhardware zur Bildverarbeitung durch billige PC-Grafikkarten zu ersetzen, wie im folgenden Abschnitt erläutert wird. Bei einer zunehmenden Anzahl von Anwendungen wird Computergrafik und Bildverarbeitung gleichzeitig eingesetzt, wie am Beispiel der Simulation von kameragesteuerten Geräten erläutert wird. Im Multimedia-Bereich entsteht eine immer engere Verzahnung von Computergrafik und Bildverarbeitung. Dies wird anhand moderner Bilddatencodierungsmethoden erklärt. Im Rahmen des im letzten Abschnitt vorgestellten „bildbasierten Renderings" löst sich die Trennung zwischen klassischer Computergrafik und Bildverarbeitung immer mehr auf.

2.1 Bildverarbeitung auf programmierbarer Grafikhardware

Der mit weitem Abstand größte Leistungszuwachs in der Computerhardware hat in den letzten 15 Jahren im Bereich der Grafikhardware stattgefunden. Eine aktuelle nVIDIA GeForce GTX 1080 Ti Grafikkarte hat etwa die 5000-fache Rechenleistung wie die vor 15 Jahren aktuelle GeForce 2 MX, und etwa die 100-fache Floating-Point-Rechenleistung wie die derzeit schnellsten „Core i7"-Prozessoren. Zu verdanken ist dieser enorme Leistungszuwachs in der Grafikhardware vor allem den Millionen Kindern, die von den Möglichkeiten interaktiver Computerspiele fasziniert wurden. Seit Anfang 2002 sind diese Grafikkarten auch noch relativ gut durch Hochsprachen (Band I Abschnitt 5.1.3.3) programmierbar, so dass sie auch für andere Zwecke als nur Computergrafik genutzt werden können. Allerdings sind programmierbare Grafikkarten nicht bei allen Rechenaufgabe schneller als gewöhnliche Prozessoren, sondern nur bei solchen, für die die Grafikhardware optimiert ist, wie z.B. Vektor- und Matrizen-Operationen. Genau diese Operationen werden aber sowohl in der Computergrafik als auch in der Bildverarbeitung sehr häufig benötigt. Ein weiterer wichtiger Grund für die extrem hohe Rechenleistung von Grafikkarten ist der hohe Parallelisierungsgrad in der Hardware. So arbeiten in der bereits erwähnten GeForce GTX 1080 Ti Grafikkarte beispielsweise 3584 Shaderprozessoren parallel. Um diese 3584 Shaderprozessoren gleichmäßig auszulasten, benötigt man eine Rechenaufgabe, die trivial parallelisierbar ist, wie z.B. die Texturierung aller Pixel eines Polygons in der Computergrafik (Band I Kapitel 13), oder auch die Faltung eines Bildes mit einem Filterkern in der Bildverarbeitung (Band II Abschnitt 5.2).

Die Grundidee besteht nun darin, sich die riesige Rechenleistung heutiger Grafikkarten für eine schnelle Echtzeit-Bildverarbeitung zu Nutze zu machen und somit teure Spezialhardware (FPGAs = Field Programmable Gate Arrays) zur Bildverarbeitung durch billige und hochsprachen-programmierbare Grafikkarten bzw. eingebettete Systeme, wie z.B. nVIDIA's Jetson TX2, zu ersetzen. Da FPGAs nie zu einem richtigen Massenprodukt geworden sind, das in millionenfacher Stückzahl hergestellt worden wäre, resultiert ein erheblich höherer Stückpreis als bei PC-Grafikkarten. Außerdem wurden für FPGAs nie wirklich gute Hochsprachen zur Programmierung entwickelt[1], so dass sie wie Computer in ihrer Frühzeit durch Assembler-Code gesteuert werden müssen. Da jedes FPGA seine eigene ganz spezifische Assembler-Sprache besitzt, muss für jede neue Generation an FPGAs eine teure Anpassentwicklung durchgeführt werden. All diese Probleme entfallen bei den billigen und hochsprachen-programmierbaren Grafikkarten.

Um die Umsetzbarkeit dieser Grundidee in die Praxis zu überprüfen, wurden im Labor für Computergrafik und Bildverarbeitung (https://w3-o.cs.hm.edu/users/nischwit/public_html/labor.html) an der Hochschule München entsprechende Untersuchungen durchgeführt. Dabei wurde zunächst die Implementierbarkeit verschiedener Bildverarbeitungs-Algorithmen auf programmierbaren Grafikkarten sehr erfolgreich getestet. Dazu zählten Faltungsoperatoren (Band II Kapitel 5), wie z.B.

- der gleitende Mittelwert (Band II 5.2),

- der Gauß-Tiefpassfilter (Band II 5.4 und Bild 2.2-b)
  mit unterschiedlich großen Faltungskernen ($3 \cdot 3, 7 \cdot 7, 11 \cdot 11$),

- der Laplace-Operator (Band II 5.30),

- der Sobelbetrags-Operator (Band II 5.28),

- die HOG-Features (Histogramm of Oriented Gradients, Band II ??),

und morphologische Operatoren (Band II Kapitel 6), wie z.B.

- die Dilatation(Band II 6.3),

- die Erosion(Band II 6.3 und Bild 2.2-c),

- und der Median-Filter (Band II Abschnitt 6.3).

Weitere Beispiele für komplexe Bildverarbeitungsoperationen, die auf programmierbarer Grafikhardware implementiert wurden, sind z.B.

---

[1]Es gibt zwar mittlerweile sog. High Level Tools, wie z.B. Vivado HLS von der Fa. Xilinx, aber die Erfahrungen damit sind eher gespalten.

- die Fourier-Transformation [Suma05],

- die Hough-Transformation[Strz03],

- der Canny-Kantendetektor [Fung05],

- der KCF-Tracker [Peso16],

- und weitere Tracking-Algorithmen [Fung05].

Häufig werden in der Bildverarbeitung jedoch auch mehrere verschiedene Operatoren hintereinander auf ein Bild angewendet. Dies ist auch auf der programmierbaren Grafikhardware möglich, indem man verschiedene *Shader* in einem sogenannten *Multipass-Rendering-Verfahren* mehrfach über ein Bild laufen lässt (Bild 2.2-d). Die Implementierung kann entweder über die `glCopyTexImage2D`-Funktion (Band I Abschnitt 13.1.1.2) oder über die *Render-to-Texture*-Option (auch *pBuffer*-Funktion genannt) erfolgen, die neuere Grafikkarten bieten.

Ein Leistungsvergleich zwischen Grafikhardware (GPU = *Graphics Processing Unit*) und CPU (*Central Processing Unit*) in Bezug auf einige der oben aufgeführten Bildverarbeitungs-Algorithmen brachte erstaunliche Ergebnisse. So war die Grafikhardware (nVidia GeForce GTX 1080 mobile) bei den Beispielen aus Bild 2.2 um einen Faktor von ca. 100 schneller als die CPU (Intel Core i7-7700K)! Die auf der Grafikhardware erzielbaren Bildraten (*FPS* = *Frames Per Second*) betrugen gigantische 2522 Bilder/sec bei morphologischen Operatoren (Bild 2.2-c) und immerhin noch 523 Bilder/sec bei der Anwendung eines Gauß-Tiefpassfilters mit einem nicht separiertem $7 \cdot 7$-Filterkern (Bild 2.2-b). Damit ist nicht mehr die Bildverarbeitung der Flaschenhals in Echtzeit-Anwendungen, sondern der Datentransfer von der Kamera in den Computer. Oder anders ausgedrückt: heutzutage kann man sehr aufwändige Bildverarbeitungs-Operationen in Echtzeit auf Grafikkarten durchführen, die sich fast jeder leisten kann.

Das Grundprinzip der Implementierung ist einfach: es muss nur ein bildschirmfüllendes Rechteck gezeichnet werden, auf das das zu bearbeitende Bild mit Hilfe des *Texture-Mappings* (Band I Kapitel 13) aufgebracht wird. Im Fragment-Shader (Band I Abschnitt 5.1.3.2), der den Bildverarbeitungsoperator enthält, werden die Farbwerte des Bildes jetzt nicht nur Pixel für Pixel kopiert, sondern entsprechend dem verwendeten Operator miteinander verknüpft. Programm-Beispiele für verschiedene Punkt-, Faltungs- und Rangordnungsoperatoren werden in Band I Abschnitt 13.6 vorgestellt.

Die vielfältigen Möglichkeiten von programmierbaren Grafikkarten wurden mittlerweile auch für eine Reihe weiterer Anwendungen außerhalb der Computergrafik und Bildverarbeitung erkannt. So werden bereits Software-Pakete für Dynamik-Simulationen angeboten, die nicht mehr wie bisher auf der CPU ausgeführt werden, sondern auf der Grafikkarte (GPU). Für besonders anspruchsvolle Computerspiele werden neuerdings spezielle PCs angeboten, die zwei extrem leistungsfähige Grafikkarten enthalten, eine Karte für die Computergrafik und die zweite Karte für die Physik-Simulationen. Weitere Anwendungen basieren auf der Finiten-Elemente-Methode (FEM) bzw. im allgemeinen auf dem Lösen von großen linearen

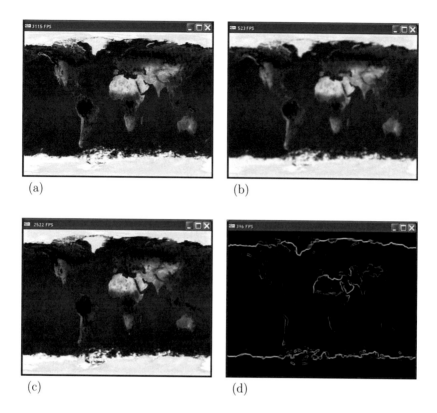

Bild 2.2: Beispiele für Bildverarbeitung auf programmierbarer Grafikhardware: (a) Originalbild. (b) Faltungsoperator: Gauß-Tiefpass mit $7 \cdot 7$-Filterkern und $\sigma = 2$. (c) Morphologischer Operator: Erosion. (d) Kombination aus den drei Operatoren Gauß-Tiefpass $7 \cdot 7$, Sobelbetrag und Erosion.

Gleichungssystemen, wie z.B. Aero- und Fluiddynamik-Simulationen, oder auch virtuelle Crash-Tests. Nachdem die Hardware-Architekten derzeit auch bei CPUs auf Parallelisierung setzen (Stichwort *Dual- und Multi-Core CPUs*), wurden schon Überlegungen angestellt ([Owen05]), ob nicht der Impuls für die Weiterentwicklung von Computerhardware generell durch den rasanten Fortschritt der Grafikhardware gesetzt wurde.

2.2 Simulation von kameragesteuerten Geräten

Ein gutes Beispiel für das Zusammenwirken von Computergrafik und Bildverarbeitung ist die Simulation von kameragesteuerten Geräten. Solche Geräte sind z.B. autonome mobile Roboter oder Lenkflugkörper, die eine Videokamera als wesentlichen Sensor besitzen. Um ein solches Gerät in seiner Interaktion mit der Umwelt simulieren zu können, muss der Sensor – in diesem Fall die Videokamera – mit geeigneten Stimuli, d.h. Bildern, versorgt werden. Eine Möglichkeit, solche Bilder zur Verfügung zu stellen, besteht darin, einen Videofilm aufzuzeichnen und ihn später wieder in die Simulation einzuspeisen. Ein großer Vorteil dieser Technik ist die absolute Realitätsnähe der Bilder, da sie ja in der realen Umwelt mit dem realen Sensor aufgezeichnet werden können. Der entscheidende Nachteil dieser Technik ist, dass keine Interaktion zwischen dem Gerät und der Umwelt mehr möglich ist, d.h. die Regelschleife der Simulation ist offen (*open loop simulation*) . Um die Regelschleife zu schließen (*closed loop simulation*), ist eine interaktive Bildgenerierung notwendig, d.h. aus der bei jedem Zeitschritt neu bestimmten Position und Lage des Geräts muss ein aktuelles Bild generiert werden. Da es unmöglich ist, für alle denkbaren Positionen und Orientierungen der Kamera reale Bilder aufzuzeichnen, muss das Bild aus einer visuellen 3D-Datenbasis mit Hilfe der Computergrafik interaktiv erzeugt werden. Die Computergrafik generiert in diesem Fall direkt den Input für die Bildverarbeitung.

Aus systemtheoretischer Sicht lässt sich die Simulation solcher Systeme zunächst einmal grob in zwei Bereiche unterteilen: Das kameragesteuerte Gerät auf der einen Seite, das mit der Umwelt auf der anderen Seite interagiert (Bild 2.3). Eine Simulation, in der sowohl die Umwelt, wie auch das kameragesteuerte Gerät durch ein rein digitales Modell ersetzt wird, bezeichnet man als „Mathematisch Digitale Simulation" (MDS). Die MDS ist also ein Software-Paket, das auf jedem beliebigen Computer ablaufen kann.

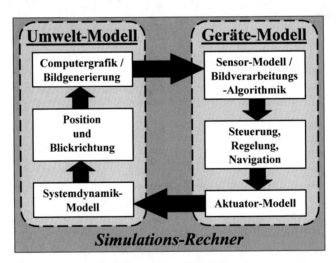

Bild 2.3:   Mathematisch Digitale Simulation (MDS) eines kameragesteuerten Geräts. Im Rahmen einer geschlossenen Regelschleife interagieren die Komponenten des Geräts auf der rechten Seite mit den Komponenten der Umwelt auf der linken Seite. Alle Komponenten bestehen aus digitalen Modellen, die gemeinsam auf einem Simulations-Rechner ablaufen.

Das Modell des kameragesteuerten Geräts besteht aus:

- Der Sensorik (hier ein Kamera-Modell) zur Erfassung der Umwelt,

- der Bildverarbeitungs-Algorithmik zur Objekterkennung und -verfolgung,

- der Steuer-, Regel- und Navigations-Algorithmik, die auf der Basis der gestellten Aufgabe (Führungsgröße) und der erfassten Situation (Messgröße) eine Reaktion (Stellgröße) des Geräts ableitet,

- der Aktorik (z.B. Lenkrad bzw. Ruder zur Einstellung der Bewegungsrichtung sowie dem Antrieb zur Regelung der Geschwindigkeit).

Das Modell der Umwelt besteht aus:

- Einem Systemdynamik-Modell, das zunächst aus der Stellung der Aktoren die auf das System wirkenden Kräfte und Drehmomente berechnet, und anschließend aus den Bewegungsgleichungen die neue Position und Orientierung des Geräts,

- einer visuellen Datenbasis, die die 3-dimensionale Struktur und die optischen Eigenschaften der Umwelt enthält. Mit Hilfe der Computergrafik wird aus der errechneten Position und Blickrichtung der Kamera der relevante Ausschnitt aus der visuellen Datenbasis in ein Bild gezeichnet. Danach wird das computergenerierte Bild in das Kamera-Modell eingespeist, und der nächste Durchlauf durch die Simulationsschleife startet.

Die MDS ist eines der wichtigsten Werkzeuge für die Entwicklung und den Test kameragesteuerter Systeme und somit auch für die Bildverarbeitungs-Algorithmik. Ein Vorteil der MDS ist, dass in der Anfangsphase eines Projekts, in der die Ziel-Hardware noch nicht zur Verfügung steht, die (Bildverarbeitungs-) Algorithmik bereits entwickelt und in einer geschlossenen Regelschleife getestet werden kann. In späteren Projektphasen wird die Onboard-Bildverarbeitungs-Software ohne Änderungen direkt in die MDS portiert. Deshalb sind Abweichungen vom realen Verhalten, z.B. aufgrund unterschiedlicher Prozessoren, Compiler bzw. des zeitlichen Ablaufs, sehr gering. Im Rahmen der Validation der MDS mit der *Hardware-In-The-Loop* Simulation bzw. mit dem realen System werden evtl. vorhandene Unterschiede minimiert. Da die MDS somit das Verhalten der realen Bildverarbeitungs-Komponente sehr präzise reproduzieren kann, wird sie am Ende der Entwicklungsphase auch zum Nachweis der geforderten Leistungen des Geräts verwendet. Dies spart Kosten und ist wegen des häufig sehr breiten Anforderungsspektrums (unterschiedliche Landschaften kombiniert mit verschiedenen Wetterbedingungen, Tageszeiten, Störungen, etc.) in der Regel nur noch mit einer großen Anzahl virtueller Versuche (d.h. Simulationen) in der MDS realisierbar.

Voraussetzung für eine verlässliche Simulation ist aber nicht nur eine 1:1-Abbildung der Bildverarbeitungs-Software in der MDS, sondern auch die interaktive Generierung möglichst realistätsnaher Bilder mit Hilfe der Computergrafik. Das Ziel der Computergrafik muss sein, dass das Ergebnis der Bildverarbeitung bei computergenerierten Bildern das Gleiche ist wie bei realen Bildern. Und dabei lässt sich ein Algorithmus nicht so leicht täuschen wie ein menschlicher Beobachter. Schwierigkeiten bei der Generierung möglichst realitätsnaher Bilder bereitet die natürliche Umwelt mit ihrem enormen Detailreichtum und den komplexen Beleuchtungs- und Reflexionsverhältnissen, sowie das zu perfekte Aussehen computergenerierter Bilder (die Kanten sind zu scharf und zu gerade, es gibt keine Verschmutzung und keine Störungen). Dies führt in der Regel dazu, dass die Bildverarbeitungs-Algorithmik in der Simulation bessere Ergebnisse liefert als in der Realität. Um diesen Lerneffekt nach den ersten Feldtests zu vermeiden, ist eine Validation der computergenerierten Bilder anhand realer Videoaufzeichnungen erforderlich. Erst wenn das Ergebnis der Bildverarbeitung im Rahmen bestimmter Genauigkeitsanforderungen zwischen synthetisierten und real aufgenommenen Bildern übereinstimmt, kann der Simulation genügend Vertrauen geschenkt werden, um damit Feldversuche einzusparen bzw. den Leistungsnachweis zu erbringen.

Damit computergenerierte Bilder kaum noch von realen Bildern unterscheidbar sind, muss fast immer ein sehr hoher Aufwand betrieben werden. Um die 3-dimensionale Gestalt der natürlichen Umwelt möglichst genau nachzubilden, ist eine sehr große Anzahl an Polygonen erforderlich (Band I Kapitel 6). Zur realistischen Darstellung komplexer Oberflächen- und Beleuchtungseffekte sind sehr viele Foto-Texturen, Relief-Texturen, Schatten-Texturen usw. notwendig (Band I Kapitel 13), sowie aufwändige Beleuchtungsrechnungen (Band I Kapitel 12). Die Glättung zu scharfer Kanten kann mit Hilfe des Anti-Aliasing, d.h. einer rechenaufwändigen Tiefpass-Filterung erreicht werden (Band I Kapitel 10). Luftverschmutzung und andere atmosphärische Effekte können mit Hilfe von Nebel simuliert werden (Band I Kapitel 11). Die Liste der Maßnahmen zur Steigerung des Realitätsgrades computergenerierter Bilder könnte noch um viele weitere und zunehmend rechenintensivere Punkte ergänzt werden. Wichtig ist aber nicht, dass das computergenerierte Bild in allen Eigenschaften exakt dem realen Bild entspricht, sondern dass diejenigen Merkmale, die die Bildverarbeitung später für die Objekterkennung nutzt, möglichst gut reproduziert werden. Für einen effizienten Einsatz der Ressourcen bei der Computergrafik ist es deshalb unerlässlich, zu verstehen, mit welchen Algorithmen die Bildverarbeitung die erzeugten Bilder analysiert.

In diesem Zusammenhang ist es ein Vorteil der MDS als reinem Software-Paket, dass die Simulation auch langsamer als in Echtzeit erfolgen kann. Wenn eine Komponente, wie z.B. die Bildgenerierung, sehr viel Rechenzeit benötigt, warten die anderen Simulationskomponenten, bis das Bild fertig gezeichnet ist. Dadurch hat man in der MDS die Möglichkeit, auch sehr detailreiche Szenarien in die Simulation zu integrieren, so dass die computergenerierten Bilder auch höchsten Anforderungen genügen. Deshalb ist die MDS ideal geeignet, um den statistischen Leistungsnachweis für Subsysteme (z.B. die Bildverarbeitungs-Komponente) und das Gesamtsystem mit höchster Genauigkeit durchzuführen.

Der Vorteil der MDS, wegen der nicht vorhandenen bzw. „weichen" Echtzeit-Anforderung (Band I Abschnitt 3.2) beliebig detailreiche Szenarien darstellen zu können, wandelt sich aber im Hinblick auf die Verifikation der Bildverarbeitungs-Software auf dem

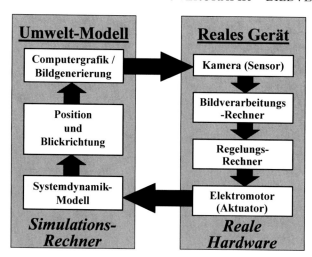

Bild 2.4: Hardware-In-The-Loop (HIL) Simulation eines kameragesteuerten Geräts. Das reale Gerät (oder evtl. nur einzelne Komponenten davon) interagiert in Echtzeit mit den simulierten Komponenten der Umwelt.

Zielrechner in einen Nachteil um. Denn auf dem Onboard-Rechner des Geräts muss die Bildverarbeitungs-Software in Echtzeit getestet werden, damit deren Funktionstüchtigkeit und das Zusammenspiel mit anderen Komponenten nachgewiesen werden kann. Deshalb wird in späteren Phasen eines Entwicklungsprojekts, in denen die Komponenten des Geräts bereits als reale Prototypen zur Verfügung stehen, eine *Hardware-In-The-Loop* (HIL)-Simulation (Bild 2.4) aufgebaut, mit der die gesamte Regelschleife des Geräts in Echtzeit getestet wird. In einer HIL-Simulation muss die Umwelt weiterhin simuliert werden, allerdings in Echtzeit. Für die Computergrafik bedeutet dies eine hohe Anforderung, da für die Bildgenerierrate in einer HIL-Simulation eine „harte" Echtzeitanforderung gilt (Band I Abschnitt 3.1). Verarbeitet die Kamera z.B. 50 Bilder pro Sekunde, muss die Computergrafik mindestens mit dieser Rate neue Bilder generieren. Dies bedeutet, dass pro Bild maximal 20 Millisekunden Rechenzeit zur Verfügung stehen und deshalb gewisse Einschränkungen bei der Bildqualität in Kauf genommen werden müssen. Durch den enormen Fortschritt bei der Leistungsfähigkeit von Grafikhardware und neue Beschleunigungsverfahren für Echtzeit-3D-Computergrafik (Band I Kapitel 16) ist zu erwarten, dass bald ein ausreichend hoher Realitätsgrad der Bilder bei interaktiven Generierraten (50 Bilder pro Sekunde und mehr) erzielt werden kann, damit der Leistungsnachweis auch in einer Echtzeit-Simulation erbracht werden kann.

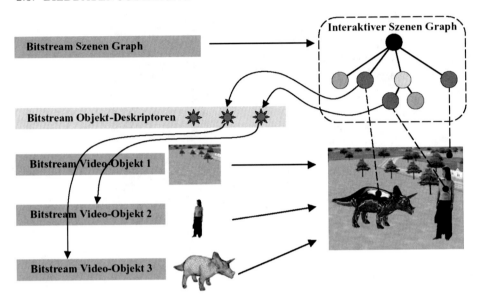

Bild 2.5:   Szenen Graph zur Beschreibung der Video-Objekte in MPEG-4.

2.3   Bilddatencodierung

Die Videocodierstandards MPEG-1 (Moving Picture Experts Group, ISO/IEC Standard 11172) und MPEG-2 (ISO/IEC Standard 13818) dienen der komprimierten digitalen Repräsentation von audiovisuellen Inhalten, die aus Sequenzen von rechteckigen 2-dimensionalen Bildern und den zugehörigen Audiosequenzen bestehen. Der Erfolg dieser Videocodierstandards verhalf einigen Produkten, wie Video-CD, DVD-Video, Digitales Fernsehen, Digitales Radio und MP3-Geräten (MPEG-1 Audio layer 3), zum kommerziellen Durchbruch. Methoden der 3D-Computergrafik, der Bildverarbeitung und der Mustererkennung kommen dabei (fast[2]) nicht zum Einsatz. Den Videocodierstandards MPEG-1 und MPEG-2 liegt das Paradigma des passiven Zuschauers bzw. Zuhörers zugrunde, genau wie beim Fernsehen oder Radio. Der Konsument hat in diesem Fall keine Möglichkeit zur Interaktion mit den audiovisuellen Inhalten bzw. mit dem Anbieter dieser Inhalte.

Genau in diese Lücke stößt der neuere Codierstandard MPEG-4 (ISO/IEC Standard 14496). Er stellt ein objekt-orientiertes Konzept zur Verfügung, in dem eine audiovisuelle Szene aus mehreren Video-Objekten zusammengesetzt wird. Die Eigenschaften der Video-Objekte und ihre raum-zeitlichen Beziehungen innerhalb der Szene werden mit Hilfe einer Szenenbeschreibungssprache in einem dynamischen Szenen Graphen definiert (Bild 2.5).

---

[2]Bis auf das Blockmatching zur Berechnung von Bewegungsvektorfeldern in Bildsequenzen (Band II Abschnitt 14.5).

Dieses Konzept ermöglicht die Interaktion mit einzelnen Video-Objekten in der Szene, denn der Szenen Graph kann jederzeit verändert werden [Pere02]. Die Knoten des Szenen Graphen enthalten sogenannte „Objekt-Deskriptoren", die die individuellen Eigenschaften der Objekte beschreiben. Ein Objekt-Deskriptor kann z.B. ausschließlich eine Internet-Adresse (URL = *Uniform Resource Locator*) enthalten. Dadurch ist es möglich, die Inhalte einer audiovisuellen Szene durch Objekte zu ergänzen, die auf Media-Servern rund um die Welt verteilt sind. Voraussetzung für die Darstellung solcher Szenen ist dann natürlich ein entsprechender Internet-Zugang. Im Normalfall enthält ein Objekt-Deskriptor das eigentliche Video-Objekt (einen sogenannten *„elementary stream"*), sowie Zusatzinformationen zu dem Video-Objekt (eine Beschreibung des Inhalts und der Nutzungsrechte).

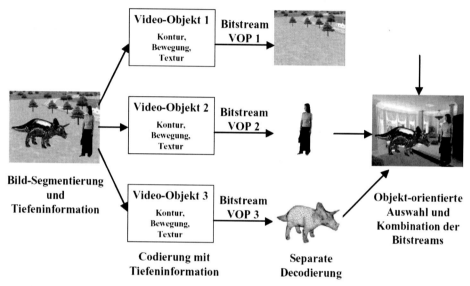

Bild 2.6: Zerlegung einer Bildsequenz in einzelne MPEG-4 Video-Objekte (*Video Object Planes* = VOPs). Nach der Decodierung der einzelnen Video-Objekte besteht die Möglichkeit, die Objekte neu zu kombinieren. Somit kann die Szene interaktiv und objektbezogen verändert werden.

Die äußere Form der Video-Objekte kann, im Unterschied zu MPEG-1/-2, variieren. Während bei MPEG-1/-2 nur ein einziges Video-Objekt codiert werden kann, das aus einer Sequenz von rechteckigen Bildern besteht, erlaubt MPEG-4 die Codierung mehrerer Video-Objekte, die jeweils eine Sequenz von beliebig geformten 2-dimensionalen Bildern enthalten. MPEG-4 erlaubt daher die Zerlegung eines Bildes in einzelne Segmente, die sich unterschiedlich bewegen. Jedes Segment ist ein Video-Objekt, das von Bild zu Bild in seiner Form veränderlich ist. In Bild 2.5 ist eine Szene gezeigt, die in drei Video-Objekte zerlegt werden kann: Einen statischen Hintergrund, eine bewegte Person und ein bewegtes Tier.

Für jedes Video-Objekt wird die Kontur, die Bewegung und die Textur in einem eigenen Bitstream codiert. Der Empfänger decodiert die Video-Objekte und setzt sie wieder zur vollständigen Szene zusammen. Da der Empfänger jedes Video-Objekt separat decodiert und er den Szenen Graph interaktiv verändern kann, hat er die Möglichkeit, die einzelnen Video-Objekte nach seinen Vorstellungen zu kombinieren. In Bild 2.6 ist diese Möglichkeit illustriert: Hier werden zwei Video-Objekte aus Bild 2.5 mit einem neuen Video-Objekt für den Hintergrund kombiniert, so dass die Person und der Dinosaurier nicht mehr im Freien stehen, sondern in einem Zimmer.

Der Inhalt eines Video-Objekts kann eine „natürliche" Videosequenz sein, d.h. ein sogenanntes „*natural video object*", das mit einer Kamera in einer „natürlichen" Umgebung aufgezeichnet wurde (wie die Person in Bild 2.5 bzw. 2.6), oder ein künstliches Objekt (*synthetic video object*), aus dem der Konsument mit Hilfe von interaktiver 3D-Computergrafik eine synthetische Videosequenz generieren kann (der Dinosaurier in Bild 2.5 bzw. 2.6). Ein einfaches synthetisches Video-Objekt kann z.B. ein Text sein, der später einem Bild überlagert wird (*text overlay*). Anspruchsvollere synthetische Video-Objekte sind 3-dimensionale Computergrafik-Modelle, die im Wesentlichen aus Polygonnetzen, Farben, Normalenvektoren und Texturen bestehen. Ein großer Vorteil von synthetischen Video-Objekten gegenüber natürlichen Video-Objekten besteht darin, dass der Blickwinkel, unter dem sie dargestellt werden, interaktiv und frei wählbar ist. Der Grad an Interaktivität, den synthetische Video-Objekte bieten, ist demnach sehr viel höher, als der von natürlichen Video-Objekten.

In MPEG-4 können also nicht nur klassische Videofilme, sondern auch 3D-Computergrafik-Modelle und Kombinationen von beiden effizient codiert werden. Somit ist es z.B. möglich, in eine natürliche 2D-Videosequenz ein computergeneriertes 3D-Modell eines Dinosauriers einzublenden. Diese Technik, die in der Filmproduktion für Trickeffekte mittlerweile Standard ist, kann mit MPEG-4 von jedem Konsumenten genutzt werden. Umgekehrt ist es ebenso machbar, in eine 3-dimensionale virtuelle Szene eine natürliche 2D-Videosequenz einzublenden (dies ist genau die gleiche Idee, wie bei animierten Texturen auf Billboards in der Echtzeit-3D-Computergrafik, Band I Abschnitt 16.4). Die Kombination von synthetischen und natürlichen Bildinhalten im Rahmen einer effizienten Codierung ist ein sehr mächtiges Werkzeug, das im MPEG-Fachjargon „*Synthetic and Natural Hybrid Coding* (SNHC)" genannt wird ([Pere02]).

Voraussetzung für eine effiziente Bilddatencodierung in MPEG-4 ist die Kombination anspruchsvoller Methoden der 3D-Computergrafik, der Bildverarbeitung und der Mustererkennung. MPEG-4 bietet mehrere Möglichkeiten an, um sehr hohe Kompressionsraten bei vorgegebener Bildqualität für natürliche Videosequenzen zu erreichen:

- Der Einsatz blockbasierter Verfahren zur Codierung von Bewegungsvektoren, Texturen und Objektkonturen.

- Der Einsatz von 2-dimensionalen Polygonnetzen zur Codierung von Objektkonturen und -bewegungen in Verbindung mit einer Abbildung von Texturen auf das Polygonnetz.

- Der Einsatz von 3-dimensionalen Polygonnetzen zur Codierung von Objektkonturen und -bewegungen in Verbindung mit einer Textur-Abbildung.

Der erste Schritt bei allen drei Verfahren ist die Zerlegung eines Bildes in einzelne Segmente. Die dafür nötigen Bildverarbeitungsalgorithmen werden in MPEG-4 bewusst nicht festgelegt, sondern den Entwicklern eines Codecs[3] überlassen. Typischerweise werden zunächst verschiedene Bildmerkmale extrahiert, wie z.B. Bewegungsvektorfelder (Band II Kapitel 14) und Texturmerkmale (Band II Kapitel 15). Auf dieser Basis erfolgt nun die Bildsegmentierung, für die die Bildverarbeitung eine ganze Reihe von Verfahren zur Verfügung stellt, wie z.B. Minimum-Distance- und Maximum-Likelihood-Klassifikatoren (Band II Kapitel 20), Neuronale Netze (Band II Kapitel 21), oder Fuzzy Logic (Band II Kapitel 22). Da in der Regel nicht nur Einzelbilder segmentiert werden, sondern Bildfolgen, lohnt es sich, Kalman-Filter zur Schätzung der Segmentbewegungen in aufeinander folgenden Bildern einzusetzen (Band II Kapitel 27).

Nach dem Segmentierungsschritt trennen sich die Wege der drei Codierverfahren. Beim blockbasierten Verfahren wird genau wie bei transparenten Texturen in der 3D-Computergrafik (Band I Abschnitt 9.3.4) ein vierter Farbkanal, der sogenannte Alpha- oder Transparenz-Kanal, eingeführt. Jeder Bildpunkt des gesamten rechteckigen Bildfeldes bekommt einen Alpha-Wert zugewiesen, wobei Bildpunkte, die zum segmentierten Video-Objekt gehören, den Alpha-Wert 1 (nicht transparent), und alle anderen Bildpunkte den Alpha-Wert 0 (transparent)[4] bekommen. Die Alpha-Bitmasken der einzelnen Video-Objekte werden nun blockweise arithmetisch codiert.

Beim 2D-netzbasierten Verfahren wird jedem Segment ein 2-dimensionales Netz aus verbundenen Dreiecken (Band I Abschnitt 6.2.3.6) nach bestimmten Optimierungskriterien zugewiesen. Die Topologie des Dreiecksnetzes für ein Segment darf sich innerhalb einer Bildsequenz nicht ändern, nur seine Form. Aus diesem Grund genügt es, beim ersten Bild die Anzahl und die 2D-Positionen der Eckpunkte zu codieren, für alle folgenden Bilder des Video-Objekts muss man nur noch die Verschiebungsvektoren für die Eckpunkte codieren. Die Verfolgung der Netz-Eckpunkte in einer Bildfolge, d.h. die Bestimmung der Verschiebungsvektoren kann wieder sehr gut mit Hilfe eines Kalman-Filters durchgeführt werden. Die Bilddaten des Video-Objekts werden als Textur auf das 2D-Dreiecksnetz abgebildet. Da sich die Textur innerhalb der Bildsequenz eines Video-Objekts kaum ändert, können die geringfügigen Texturänderungen zwischen zwei aufeinander folgenden Bildern sehr gut komprimiert werden. Die Codierung der Objekte erfolgt nun in zwei Abschnitten:

- Für das erste Bild einer Folge muss die Geometric-Information in Form von Polygonnetzen und die Bildinformation in Form von Texturen codiert werden. Dies erfordert zu Beginn eine hohe Datenrate.

- Für die folgenden Bilder der Folge müssen nur noch die Verschiebungsvektoren der Netzeckpunkte und die geringfügigen Texturänderungen codiert werden, so dass bei den Folgebildern nur noch eine relativ niedrige Datenrate nötig ist.

---

[3]Codec = Software zur *Co*dierung und *Dec*odierung.
[4]Es gibt auch einen Modus in MPEG-4, der 256 (8 bit) verschiedene Transparenzwerte zulässt.

Auf der Empfängerseite werden die Bilder mit Hilfe von 3D-Computergrafik schließlich wieder in Echtzeit erzeugt.

Die Codierung 3-dimensionaler Polygonnetze in MPEG-4 dient eigentlich nicht dem Zweck, noch höhere Kompressionsraten bei natürlichen Video-Objekten zu erreichen, als mit 2D-Netzen, sondern dazu, statische 3D-Modelle für interaktive Computergrafik oder hybride Anwendungen (SNHC) effizient zu codieren und so deren Verbreitung über Kommunikationnetze (Internet, Rundfunk, Mobilfunk etc.) zu fördern. Es gibt allerdings über MPEG-4 hinausgehende Ansätze, bei denen versucht wird, die 3D-Geometrie segmentierter Video-Objekte aus der Bildfolge mit Hilfe eines Kalman-Filters zu rekonstruieren und Bewegungen des 3D-Netzes zu verfolgen (Band II Abschnitt 27.2.3 und [Calv00]). MPEG-4 bietet zwar keinen allgemeinen Ansatz für die Verwendung von 3D-Netzen zur Komprimierung natürlicher Video-Objekte, aber für die wirtschaftlich bedeutenden Anwendungsfelder Bildtelefonie und Videokonferenzen können zwei spezielle 3D-Netzmodelle vordefiniert werden: Je ein Prototyp für einen menschlichen Kopf (*face animation*) und einen menschlichen Körper (*body animation*). MPEG-4 lässt zur Bewegung dieser 3D-Netze nur einen eingeschränkten Satz an Animationsparametern zu (68 *face* bzw. 168 *body animation parameters*). Zu Beginn der Übertragung muss deshalb kein komplexes 3D-Netz codiert werden, sondern nur ein Satz von Animationsparametern. Während der laufenden Übertragung müssen nicht mehr die Verschiebungsvektoren aller Eckpunkte des 3D-Netzes codiert werden, sondern nur noch die Änderungen der Animationsparameter. Mit diesem Konzept lassen sich extrem niedrige Bitraten (*very low bitrate coding*) erzielen.

Die geschilderten Codierverfahren bei MPEG-4 und die Entwicklungstendenzen bei den modernen Codierstandards MPEG-7 (ISO/IEC 15938, *Multimedia Content Description Interface*) und MPEG-21 (ISO/IEC 21000, *Multimedia Framework*) zeigen deutlich die immer engere Verquickung zwischen Computergrafik, Bildverarbeitung und Codierung.

2.4 Bildbasiertes Rendering

In der klassischen 3D-Computergrafik werden Objekte durch Polygon-Netze beschrieben (Band I Kapitel 7). Dies ermöglicht die Betrachtung bzw. das Rendering[5] der Objekte aus beliebigen Blickwinkeln, ohne dass sich dabei die polygonale Repräsentation der Objekte ändert. Ein entscheidender Vorteil dieser Methode ist, dass sich der Betrachter interaktiv durch eine 3-dimensionale Szene bewegen kann. Der Nachteil dieser Technik ist, dass eine realitätsgetreue Darstellung von Szenen sehr schwierig bzw. sehr aufwändig ist. Probleme bereiten dabei vor allem komplexe Oberflächen von natürlichen Objekten (Gelände, Pflanzen, Lebewesen etc.). So ist es mit einem rein polygonalen Modell fast unmöglich, z.B. eine echt wirkende Gras- oder Felloberfläche darzustellen.

In der Bildverarbeitung hat man es in der Regel mit 2-dimensionalen Bildern oder Bildfolgen zu tun, die mit einer Kamera aufgenommen wurden. Der Vorteil dabei ist, dass auch komplexeste Szenen unter schwierigsten Lichtverhältnissen exakt eingefangen werden. Ein wesentlicher Nachteil der Fotografie ist, dass die Betrachtung der Szene nur aus einem

---

[5]Rendering = engl. Fachbegriff für Bild mit dem Computer generieren oder zeichnen

einzigen Blickwinkel – dem der aufnehmenden Kamera – möglich ist. Eine interaktive Bewegung des Betrachters durch eine 3-dimensionale Szene ist daher nicht realisierbar.

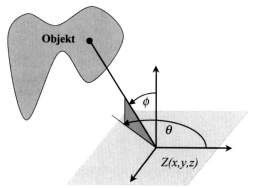

Bild 2.7: Die plenoptische Funktion p definiert für jeden Raumpunkt (x, y, z), jede Blickrichtung (θ, ϕ), jeden Zeitpunkt t und jede Wellenlänge λ eine Lichtintensität I.

Die Kombination von polygon-orientierter 3D-Computergrafik und Bildverarbeitung ist schon seit langem im Rahmen des „Textur Mappings" (Band I Kapitel 13), also dem „Aufkleben" von Foto-Texturen auf Polygone, etabliert. Das Neue an der Idee des bildbasierten Renderings (*Image Based Rendering* (IBR)) ist der völlige Verzicht auf eine polygonale Repräsentation der Szene. In seiner Reinkultur wird beim bildbasierten Rendering eine Szene, durch die sich der Beobachter beliebig bewegen kann, ausschließlich aus Bilddaten aufgebaut. Dies setzt aber voraus, dass an jeder möglichen Beobachterposition (x, y, z), für jede mögliche Blickrichtung (θ, ϕ) und zu jedem Zeitpunkt (t), der darstellbar sein soll, ein Foto für jede Wellenlänge λ gespeichert werden muss. Man bezeichnet die Summe dieser unendlich vielen Fotos als *plenoptische Funktion p*. Sie ordnet jedem Strahl, der durch das Zentrum $Z = (x, y, z)$ einer virtuellen Kamera geht, eine Intensität I zu (Bild 2.7):

$$I = p(x, y, z, t, \theta, \phi, \lambda) \tag{2.1}$$

Die plenoptische Funktion enthält also sieben Parameter, und entspricht daher einer 7-dimensionalen Textur. Selbst bei einer groben Quantisierung der sieben Dimensionen wäre für die Erzielung einer akzeptablen Bildqualität eine gigantische Speicherkapazität[6] von ca. 35.000.000 *TeraByte* erforderlich. Der kontinuierliche Bereich der Spektralfarben wird in der Computergrafik und Bildverarbeitung an drei Stellen (Rot, Grün und Blau) abgetastet. Dadurch lässt sich die plenoptische Funktion als Vektor darstellen, dessen drei

---

[6]Quantisierung des Raums: $x, y, z = 1km$ á $1m = 1000$, der Zeit: $t = 1min$ á $30Hz = 1800$, des Azimutwinkels: $\theta = 360°$ á $0, 1° = 3600$, des Elevationswinkels: $\phi = 180°$ á $0, 1° = 1800$ und des Wellenlängenspektrums: $\lambda = R, G, B = 3$, d.h. $10^3 \cdot 10^3 \cdot 10^3 \cdot 1, 8 \cdot 10^3 \cdot 3, 6 \cdot 10^3 \cdot 1, 8 \cdot 10^3 \cdot 3 \approx 3, 5 \cdot 10^{19}$ Bildpunkte $\approx 35.000.000$ *TeraByte*, bei $1Byte = 256$ Intensitätswerten.

Komponenten nur noch von sechs Dimensionen abhängen.

Für statische Szenen reduziert sich die plenoptische Funktion weiter auf fünf Dimensionen:

$$\mathbf{p}(x,y,z,\theta,\phi) = \left(\begin{array}{c} p_R(x,y,z,\theta,\phi) \\ p_G(x,y,z,\theta,\phi) \\ p_B(x,y,z,\theta,\phi) \end{array} \right) \tag{2.2}$$

In dem dargestellten Rechenexempel reduziert sich der Speicherplatzbedarf um einen Faktor 1800 (1 Minute bei 30 Hz) auf 20.000 $TeraByte$. Dies sind Größenordnungen, die sicher noch für einige Jahrzehnte eine praktische Realisierung der plenoptischen Funktion verhindern werden. Die plenoptische Funktion ist daher ein idealisierter Grenzfall des bildbasierten Renderings, der die Weiterentwicklung der Computergrafik in eine neue Richtung lenken kann. Von praktischer Relevanz sind daher Spezialfälle der plenoptischen Funktion, die mit der klassischen, polygonalen 3D-Computergrafik kombiniert werden.

Beschränkt man die plenoptische Funktion auf einen festen Standort, lässt aber den Blickwinkel frei wählbar, so erhält man ein Panorama der Szene. Die plenoptische Funktion vereinfacht sich dabei auf zwei Dimensionen:

$$\mathbf{p}(\theta,\phi) = \left(\begin{array}{c} p_R(\theta,\phi) \\ p_G(\theta,\phi) \\ p_B(\theta,\phi) \end{array} \right) \tag{2.3}$$

Das von der Firma Apple eingeführte System „Quicktime VR" legt die Szene in Form eines zylindrischen Panoramafotos ab. Der Beobachter kann sich in (fast[7]) allen Richtungen interaktiv umschauen und er kann zoomen. Allerdings kann er keine translatorischen Bewegungen ausführen. In der 3D-Computergrafik hat sich eine andere Variante des Panoramafotos etabliert: Die „kubische Textur" (Band I Abschnitt 13.4.2). Sie wird dadurch erzeugt, dass man die Umgebung aus der Position des Beobachter im Zentrum des Kubus' sechs mal mit einem Öffnungswinkel von 90° fotografiert oder rendert, und zwar so, dass die sechs Würfelflächen genau abgedeckt werden. Die sechs Einzeltexturen müssen also an den jeweiligen Rändern übergangslos zusammen passen. In Band I Bild 13.23 ist ein Beispiel für eine kubische Textur dargestellt. Der Speicherplatzbedarf ist mit ca. 10 $MegaByte$ moderat (sechs 2D-Texturen) und die Erzeugung verhältnismäßig einfach. Kubische Texturen können als „Sky Boxes" eingesetzt werden, um den komplexen Hintergrund durch ein Panoramafoto zu ersetzen. Davor können konventionell modellierte 3D-Objekte aus Polygon-Netzen platziert und animiert werden. In der Praxis wird die Panorama-Technik auch bei translatorisch bewegten Beobachtern eingesetzt. Solange sich der Beobachter nur in einem eingeschränkten Bereich innerhalb des Kubus' bzw. Zylinders bewegt und die in den Panoramafotos abgebildeten Objekte relativ weit von der Kamera entfernt waren, sind die Bildfehler, die aufgrund von Parallaxenveränderungen entstehen, praktisch vernachlässigbar. Kubische Texturen eignen sich außerdem ausgezeichnet, um Spiegelungs- oder Brechungseffekte zu simulieren (Band I Abschnitt 13.4.2).

---

[7]Bei einem zylindrischen Panoramafoto kann der Beobachter einen beliebigen Azimutwinkel wählen, aber nur einen eingeschränkten Bereich an Elevationswinkeln.

Die Umkehrung des Panoramafotos ist das blickpunktabhängige „*Billboarding*" (Band I Abschnitt 16.4): Der Blickwinkel ist immer fest auf ein Objekt gerichtet, aber der Ort des Beobachters ist (in gewissen Grenzen) frei. Falls die Ausdehnung des betrachteten Objekts klein im Verhältnis zum Abstand Objekt – Beobachter ist, kommt es nur auf den Raumwinkel an, aus dem der Beobachter das Objekt betrachtet. Der Beobachter sitzt gewissermaßen an einer beliebigen Stelle auf einer kugelförmigen Blase, die das Objekt weiträumig umschließt, und blickt in Richtung Objektmittelpunkt. Die Position des Beobachters auf der Kugeloberfläche kann durch die beiden Winkel α und β eines Kugelkoordinatensystems beschrieben werden (anstatt der drei kartesischen Koordinaten x, y, z). Die (eingeschränkte) Blickrichtung wird weiterhin durch die Winkel (θ, ϕ) festgelegt. Damit reduziert sich die statische plenoptische Funktion von fünf auf vier Dimensionen:

$$\mathbf{p}(\alpha, \beta, \theta, \phi) = \begin{pmatrix} p_R(\alpha, \beta, \theta, \phi) \\ p_G(\alpha, \beta, \theta, \phi) \\ p_B(\alpha, \beta, \theta, \phi) \end{pmatrix} \tag{2.4}$$

Das plenoptische Modell des Objekts besteht also aus einer Ansammlung von Fotos des Objekts, die (mit einer gewissen Quantisierung) von allen Punkten der Kugeloberfläche in Richtung des Objekts aufgenommen wurden (Band I Bild 16.15). Dieses plenoptische Objekt kann nun in eine konventionell modellierte 3D-Szene aus Polygon-Netzen integriert werden. Tritt das plenoptische Objekt ins Sichtfeld, wird das Foto ausgewählt, dessen Aufnahmewinkel den Betrachterwinkeln am nächsten liegen. Diese Foto-Textur wird auf ein Rechteck gemappt, das senkrecht auf dem Sichtstrahl steht, und anschließend in den Bildspeicher gerendert. Die Teile der rechteckigen Foto-Textur, die nicht zum Objekt gehören, werden als transparent gekennzeichnet und somit nicht gezeichnet. Damit lässt sich bei komplexen Objekten, die sonst mit aufwändigen Polygon-Netzen modelliert werden müssten, sehr viel Rechenzeit während der interaktiven Simulation einsparen. Allerdings geht dies auf Kosten eines stark vergrößerten Texturspeicherbedarfs in der Größenordnung von *GigaByte*[8]. Mit modernen Codierverfahren (JPEG, MPEG) sind aufgrund der großen Ähnlichkeit benachbarter Bilder hohe Kompressionsfaktoren (ca. 100) möglich, so dass der Texturspeicherbedarf eher akzeptabel wird. Eine weitere Technik zur Reduktion des Speicherplatzbedarfs, bei der Bildverarbeitung und Mustererkennung eine wesentliche Rolle spielt, ist die Interpolation des Blickwinkels [Watt02]. Die Grundidee ist dabei die Gleiche, wie bei der Bewegungskompensation in modernen Codierverfahren (Band II Abschnitt 27.2.3): Man berechnet aus zwei benachbarten Bildern ein Verschiebungsvektorfeld (Band II Abschnitt 14.5), das angibt, durch welchen Verschiebungsvektor jedes Pixel aus dem ersten Bild in das korrespondierende Pixel des zweiten Bildes überführt wird. Jeder Blickwinkel zwischen den Winkeln, unter denen die beiden Bilder aufgenommen wurden, kann jetzt durch eine Interpolation der Verschiebungsvektoren näherungsweise erzeugt werden. Damit lässt sich die Anzahl der Bilder, die für die plenoptische Modellierung eines Objekts

---

[8]Ein plenoptisches Objekt, bei dem die Einzelbilder eine Auflösung von $1280 \cdot 1024$ Pixel zu je 24 bit besitzen und das im Azimutwinkel 64 mal bzw. im Elevationswinkel 32 mal abgetastet wird, benötigt ca. 8 *GigaByte* an Speicherplatz.

notwendig ist, deutlich senken. Im Gegenzug steigt natürlich der Rechenaufwand während der laufenden Simulation wieder an.

Eine ähnliche Technik wie das blickpunktabhängige Billboarding ist das Lichtfeld-Rendering (*Light Fields* bzw. *Lumigraph*, [Watt02]). Im Gegensatz zum Billboarding, bei dem eine bestimmte Anzahl an Fotos von einer Kugeloberfläche in Richtung des Mittelpunkts erzeugt werden, wird die Kamera beim Lichtfeld-Rendering in einer Ebene parallel verschoben. Dabei werden in äquidistanten Abständen Fotos aufgenommen, die zusammen eine 4-dimensionale plenoptische Funktion definieren. Mit gewissen Einschränkungen bzgl. Blickwinkel und Position ist damit eine freie Bewegung einer virtuellen Kamera durch die Szene darstellbar, da für jede zugelassene Position und Orientierung des Beobachters die notwendigen Bilddaten gespeichert sind.

Aufgrund des sehr hohen Speicherplatzbedarfs von blickpunktabhängigen Billboards werden schon seit Längerem bestimmte Spezialfälle eingesetzt, die entweder nur unter gewissen Einschränkungen anwendbar sind, oder bei denen Abstriche bei der Bildqualität hingenommen werden müssen. In vielen Anwendungen kann sich der Beobachter z.B. nur auf einer Ebene bewegen, so dass die Blickwinkelabhängigkeit des Billboards um eine Dimension reduziert werden kann. Die plenoptische Funktion hängt in diesem Fall nur noch von drei Winkeln ab:

$$\mathbf{p}(\alpha, \theta, \phi) = \begin{pmatrix} p_R(\alpha, \theta, \phi) \\ p_G(\alpha, \theta, \phi) \\ p_B(\alpha, \theta, \phi) \end{pmatrix} \tag{2.5}$$

In diesem Fall werden nur Fotos von einem Kreis um das Objekt benötigt (Band I Bild 16.15). Falls das Objekt rotationssymmetrisch ist (wie in guter Näherung z.B. Bäume), oder die Darstellung des Objekts aus einem Blickwinkel ausreicht, genügt zur Modellierung ein einziges Foto des Objekts. Dies ist das klassische Billboard, bei dem eine Foto-Textur mit Transparenz-Komponente (Band I Kapitel 9) auf ein Rechteck gemappt wird, das sich immer zum Beobachter hin ausrichtet (Band I Bild 16.14). Bewegte Objekte mit inneren Freiheitsgraden, wie z.B. Fußgänger, können durch ein Billboard mit animierten Texturen, d.h. einer kurzen Bildsequenz, dargestellt werden. Die plenoptische Funktion eines solchen Modells enthält als Variable die Zeit t: $\mathbf{p} = \mathbf{p}(t, \theta, \phi)$. Einen Mittelweg zwischen vorab gespeicherten blickpunktabhängigen Billboards und zur Laufzeit berechneten 3D-Geometriemodellen stellen *Impostors* dar. Darunter versteht man die Erzeugung der Foto-Textur eines Objekts während der Laufzeit durch klassisches Rendering der Geometrie, sowie das anschließende Mapping auf ein normales Billboard. Solange sich der Beobachter nicht allzu weit von der Aufnahmeposition entfernt hat, kann ein solcher Impostor anstelle des komplexen 3D-Modells für eine gewisse Zeit genutzt werden. Bewegt sich der Beobachter weiter weg, muss ein neuer Impostor gerendert werden.

Wie dargestellt, existiert mittlerweile ein nahezu kontinuierliches Spektrum an Möglichkeiten, was den Anteil an Geometrie bzw. Bilddaten bei der Modellierung von 3D-Szenen betrifft. Inwieweit eher der klassische, polygonbasierte Ansatz oder mehr die plenoptische Funktion für das Rendering genutzt werden, hängt von der Anwendung ab: Sind Geometrie-Daten leicht zugänglich (wie bei CAD-Anwendungen) oder eher Fotos? Welche Hardware steht zur Verfügung? Was sind die Anforderungen an die Darstellungsqualität? Welche Einschränkungen gelten für die Position, den Blickwinkel und die Bewegung des Beobachters? In jedem Fall verschwimmt die strikte Trennlinie zwischen klassischer Computergrafik und Bildverarbeitung bei der Bildgenerierung immer mehr.

In diesen vier Beispielen für den immer enger werdenden Zusammenhang zwischen Computergrafik und Bildverarbeitung tauchen viele Begriffe auf, die dem Leser möglicherweise (noch) nicht geläufig sind. Dies soll jedoch nicht abschrecken, sondern vielmehr Appetit auf die kommenden Kapitel machen.

Kapitel 3

Interaktive 3D-Computergrafik

Die Computergrafik im allgemeinen lässt sich zunächst in zwei Kategorien einteilen: einerseits in die *Interaktive 3D-Computergrafik*, auch *Echtzeit-3D-Computergrafik* genannt, und andererseits in die Nichtechtzeit-3D-Computergrafik. Wie der Name schon sagt, ist das wesentliche Element der Echtzeit-3D-Computergrafik die Interaktivität, d.h. dass die Reaktion des Systems - sprich das computergenerierte Bild - auf Eingaben, wie z.B. von einer Computer-Maus, innerhalb kurzer Zeit erscheint. Idealerweise erfolgt die Reaktion auf Eingaben so schnell, dass ein menschlicher Beobachter Verzögerungen aufgrund der rechenzeitintensiven Bildgenerierung nicht bemerkt.

Am Beispiel eines LKW-Fahrsimulators (Bild 3.1) soll dies genauer erläutert werden.

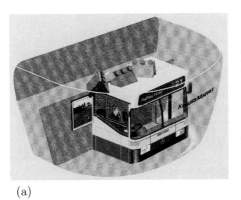

(a)   (b)

Bild 3.1:   (a) Typischer Aufbau eines LKW-Fahrsimulators bestehend aus einer Kabinennachbildung und einer Außensichtprojektion. (b) Blick von der Fahrerposition durch die Frontscheibe. Fotos: KraussMaffei Wegmann GmbH.

Wenn ein Fahrer das Lenkrad des LKWs dreht, erwartet er, dass sich die Außensicht entgegen der Drehrichtung des Lenkrads von ihm wegdreht. Dabei muss die gesamte Signalver-

© Springer Fachmedien Wiesbaden GmbH, ein Teil von Springer Nature 2019
A. Nischwitz et al., *Computergrafik*,
https://doi.org/10.1007/978-3-658-25384-4_3

arbeitungskette, vom Sensor für den Lenkradeinschlag über die Weiterleitung des Signals an einen Computer bzw. eine LKW-Dynamik-Simulation, die aus LKW-Geschwindigkeit und Lenkradeinschlag eine neue Position und Lage des LKWs errechnet bis zur Berechnung der neuen Außensicht im Grafikcomputer, so schnell durchlaufen werden, dass der Fahrer keine unnatürliche Verzögerung beim Aufbau des gedrehten Bildes bemerkt. Die Bildgenerierung im Grafikcomputer, meist die größte Komponente in dieser Signalverarbeitungskette, darf also für eine ausreichende Interaktivität nur Bruchteile einer Sekunde benötigen. Folglich müssen die Bildgenerierraten in diesem Bereich der 3D-Computergrafik deutlich über 1 Hz (d.h. 1 Bild/Sekunde) liegen. Als Folge dieser starken Rechenzeitbeschränkung, müssen bei der Detailtiefe und dem Realismus von Interaktiver 3D-Computergrafik gewisse Abstriche gemacht werden. Andererseits wurden aus dieser zeitlichen Restriktion heraus eine Reihe von interessanten Techniken entwickelt, auf die später noch genauer eingegangen wird, um trotz der Echtzeit-Anforderung einigermaßen realitätsnahe Bilder generieren zu können.

Im Gegensatz dazu stehen Verfahren der Nichtechtzeit-3D-Computergrafik, wie z.B. aufwändige Raytracing- oder Radiosity-Rendering[1]-Verfahren, deren oberstes Ziel ein möglichst realitätsnahes Aussehen computergenerierter Bilder ist. Die Generierung eines einzigen Bildes für einen Film wie Toy Story kann mehrere Stunden Rechenzeit auf einer sehr leistungsstarken Workstation benötigen. Für die Berechnung aller Bilder eines ganzen Films werden bisher sogenannte Rendering-Farmen, bestehend aus mehreren hundert Multiprozessor-Workstations, über Monate hinweg ausgebucht. Die Bildgenerierraten liegen in diesem Bereich der 3D-Computergrafik typischerweise unter 0, 001 Hz (Bilder/Sekunde).

Deshalb ergibt sich als willkürliche Trennlinie zwischen Interaktiver und Nichtechtzeit-3D-Computergrafik ein Wert von 1 Hz, d.h.:

- Bildgenerierrate > 1 Hz : Interaktive 3D-Computergrafik

- Bildgenerierrate < 1 Hz : Nichtechtzeit 3D-Computergrafik

In diesem Buch wird der Schwerpunkt auf die *Interaktive 3D-Computergrafik* gelegt.

Die Interaktive 3D-Computergrafik lässt sich je nach Anforderungen weiter in harte und weiche Echtzeit unterteilen.

3.1 Harte Echtzeit

Unter harter Echtzeit-Anforderung versteht man eine Bildgenerierrate $\geq$ 60 Hz. Typische Anwendungen, bei denen harte Echtzeitanforderungen vorliegen, sind Ausbildungssimulatoren, wie z.B. Fahr- oder Flugsimulatoren. Zum besseren Verständnis wird das obige Beispiel eines LKW-Simulators noch einmal etwas intensiver betrachtet: Was würde passieren, wenn die Bildgenerierrate z.B. nur halb so hoch, also 30 Hz wäre? Bei einer Bewegung durch eine virtuelle Landschaft würden Doppelbilder auftreten, da in diesem Fall

---

[1]Rendering = engl. Fachbegriff für Bild mit dem Computer generieren oder zeichnen

die Bildschirm-Refresh-Rate mit 60 Hz doppelt so groß wäre[2], wie die Bildgenerierrate, so dass jedes aus einer bestimmten Position und Lage berechnete Bild zweimal am Bildschirm dargestellt werden müsste, das erste Mal an der „richtigen" Position und das zweite Mal an der „falschen" (Bild 3.2).

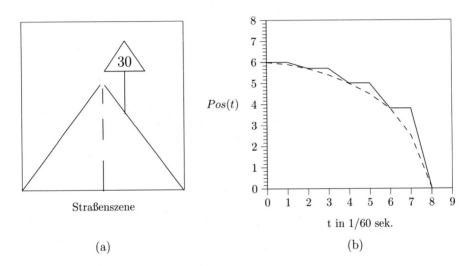

Straßenszene

(a)

$Pos(t)$

t in 1/60 sek.

(b)

Bild 3.2: Erklärung der Doppelbilder bei 30 *Hz* Bildgenerierrate:
(a) Schematische Straßenszene mit Verkehrsschild, durch die sich der Beobachter bewegt
(b) Position des Verkehrsschildes auf der Fluchtgeraden in Abhängigkeit von der Zeit. Gestrichelt (60 Hz Bildgenerierrate): exakte Positionen des Verkehrsschildes bei jedem Refresh-Zyklus des Bildschirms. Durchgezogen (30 Hz Bildgenerierrate): man sieht Doppelbilder, da bei jedem zweiten Refresh-Zyklus $(1, 3, 5, 7)$ das vorherige Bild und damit das Verkehrsschild an den falschen Ort projiziert wird. Da die Relativgeschwindigkeit des Verkehrsschildes im Bildfeld kurz vor dem Vorbeifahren am höchsten ist, tritt der verwischende Effekt der Doppelbilder leider genau an der Stelle am stärksten auf, an der der Inhalt des Verkehrsschildes aufgrund der perspektivischen Vergrößerung am ehesten erkennbar wäre.

Da die Relativgeschwindigkeit von Objekten im Bildfeld kurz vor dem Vorbeifahren am höchsten ist, tritt der verwischende Effekt der Doppelbilder unglücklicherweise genau an der Stelle am stärksten auf, an der die Objekte aufgrund der perspektivischen Vergrößerung am ehesten erkennbar wären. Bei Ausbildungssimulatoren ist das Erkennen von Verkehrszeichen eine Grundvoraussetzung, so dass allein schon aus diesem Grund harte Echtzeitanforderungen gelten. Der Leser könnte sich jetzt fragen, warum man denn im

---

[2]30 Hz Bildschirm-Refresh-Rate sind bei den heutigen Bildschirmen aus guten Grund meist nicht mehr einstellbar, da in diesem Fall sehr unangenehme Helligkeitsschwankungen Auge und Gehirn des Betrachters irritieren und ermüden würden. Um diesen Effekt zu minimieren, wird versucht, mit möglichst hohen Bildschirm-Refresh-Raten zu arbeiten, wie z.B. bei den sogenannten „100Hz-Fernsehern"

Fernsehen keine Doppelbilder sieht, obwohl doch in diesem Fall die Bilder nur mit Raten von ca. 25 Hz auf den Bildschirm geworfen werden? Erstens, weil auf europäischen Bildschirmen, die nach der PAL-Norm arbeiten, Halbbilder (d.h. jede zweite Bildzeile) mit 50 Hz auf den Bildschirm geworfen werden, so dass nach zwei Halbbildern alle Bildzeilen erneuert sind, was einer Vollbildrate von 25 Hz entspricht. Dadurch werden Objekte mit hohen Relativgeschwindigkeiten in der Bildebene verzerrt. Zweitens, weil sich bei Aufnahmen mit Fernsehkameras Objekte mit hohen Relativgeschwindigkeiten in der Bildebene innerhalb der Blendenöffnungszeit ein Stückchen weiter bewegen, so dass sie über das Bild verwischt werden. Diese beiden Effekte bewirken, dass man beim Fernsehen keine Doppelbilder wahrnehmen kann. Allerdings sind wegen der Verwischungen z.B. auch keine Verkehrsschilder lesbar, was aber meist nicht auffällt.

Ein anderes Beispiel für harte Echtzeitanforderungen sind *Hardware-In-The-Loop* (HIL)-Simulationen , wie z.B. beim Test der gesamten Lenkregelschleife eines Flugkörpers in Echtzeit. Die Regelschleife besteht in diesem Fall zum Einen aus den entsprechenden Komponenten des Flugkörpers, wie Sensorik (z.B. Infrarot-Kamera), Informationsverarbeitung (z.B. Bildverarbeitung und Mustererkennung, Lenk-, Regel- und Navigations-Software) sowie evtl. noch Aktorik (z.B. Ruder und Triebwerk), und zum Anderen aus den Komponenten der Umwelt-Simulation, wie z.B. der Flugdynamik-Simulation und den computergenerierten Infrarot-Bildern als Input für die Kamera. Falls der Infrarot-Suchkopf beispielsweise mit einer Rate von 60 Hz Bilder aufnimmt bzw. verarbeitet, müssen natürlich auch die synthetischen Bilder auf dem Grafikcomputer mit dieser Rate erzeugt werden, und zwar aus der jeweils aktuellen Position und Lage des Suchkopfes. Sobald auch nur ein einziges Bild nicht rechtzeitig fertig wird (ein sogenannter *Frame-Drop*), ist der gesamte Simulationslauf unbrauchbar, da aus der Bewegung des Ziels im Bildfeld die entsprechenden Lenkbefehle abgeleitet werden. Bei einem *Frame-Drop* wird entweder das vorher berechnete Bild zum zweiten Mal in den Bildverarbeitungsrechner eingespeist oder gar keines, was zu einem verfälschten oder gar keinem Lenkbefehl führt. In jedem Fall wird das simulierte Verhalten des Flugkörpers vom realen Verhalten abweichen, was natürlich unerwünscht ist.

Ein weiterer wichtiger Grund für hohe Bildgenerierraten ist die sogenannte „Transport-Verzögerung" (*transport delay*). Darunter versteht man die Zeitspanne für den Durchlauf der Signalverarbeitungskette von der Eingabe (z.B. Lenkradeinschlag) bis zur Ausgabe (computergeneriertes Bild z.B. auf dem Bildschirm oder der Leinwand). Erfahrungswerte zeigen, dass die Wahrnehmungsschwelle von Menschen bei ca. 50 *msec* liegt (bei professionellen Kampfpiloten, die besonders reaktionsschnell sind, liegt die Wahrnehmungsschwelle bei ca. 30 *msec*). Bei Simulatoren, die mit einem Berechnungstakt von 60 Hz arbeiten, wird meist ein Zeittakt (*Frame*), d.h. beim betrachteten Beispiel $1/60 \approx 0,0166$ *sec* für die Sensorsignaleingabe und die Dynamik-Simulation benötigt, mindestens ein weiteres *Frame* für die Berechnung des Bildes im Grafikcomputer und noch ein weiteres *Frame* bis es vom Bildspeicher (*Framebuffer*) des Grafikcomputers ausgelesen und z.B. auf dem Bildschirm oder die Leinwand geworfen wird (Kapitel 15). Insgesamt treten also mindestens drei *Frames* Transport-Verzögerung auf, d.h. bei einem 60 Hz-Takt also 50 *msec*, so dass man gerade noch an der Wahrnehmungsschwelle des Menschen liegt. Befindet sich in der Informationsverarbeitungsschleife kein Mensch, sondern, wie z.B. bei einer HIL-Simulation, eine

Kamera und ein Bildverarbeitungsrechner, wirkt sich die Transport-Verzögerung direkt als zusätzliche Totzeit in der Lenkregelschleife des simulierten Flugkörpers aus. Bisher haben sich zwei (auch kombinierbare) Strategien etabliert, um diesen schädlichen Simulationseffekt abzumildern: einerseits noch höhere Bildgenerierraten (z.B. 120 *Hz* oder 180 *Hz*), so dass sich die Transport-Verzögerung entsprechend auf 25 *msec* bzw. 16, 6 *msec* reduziert, und andererseits der Einbau von Prädiktionsfiltern[3] in die Dynamik-Simulation.

3.2 Weiche Echtzeit

Unter weicher Echtzeitanforderung versteht man eine Bildgenerierrate im Bereich 1 *Hz* − 60 *Hz*. In diesem Bereich wird die Echtzeitanforderung je nach Anwendung immer weniger wichtig: möchte man bei Unterhaltungs-Simulatoren (PC-Spiele, Spielekonsolen, Simulatoren in Spielhallen oder Museen) oder Virtual Reality (*CAVEs, Power-Walls, Virtual Showrooms*) möglichst noch 30 *Hz* Bildgenerierrate erreichen, so begnügt man sich aufgrund der meist extrem komplexen Modelle bei CAD-Tools (*Computer Aided Design*), Architektur-Visualisierung oder Medizinischer Visualisierung oft schon mit 15 *Hz* Bildgenerierrate oder sogar darunter. Außerdem sind vereinzelte *Frame-Drops*, die sich als kurzes „Ruckeln" in einer Bildsequenz äußern, zwar nicht erwünscht, aber tolerabel.

Ein zur HIL- bzw. Echtzeit-Simulation komplementäres Werkzeug in der Entwicklung technischer Systeme ist die Nichtechtzeit-Simulation (auch „Mathematisch Digitale Simulation" oder kurz „MDS" genannt), die vor allem zur Auslegung und zum Leistungsnachweis dient. Bei der MDS wird, im Gegensatz zur *Hardware-In-The-Loop*-Simulation, jede Komponente des technischen Systems durch ein digitales Modell simuliert, und zwar in Nichtechtzeit. Dies kann bedeuten, dass die simulierte Zeit schneller oder langsamer als die reale Zeit abläuft, je nach Komplexität des Simulationsmodells eben gerade so lange, wie der eingesetzte Computer für die Abarbeitung benötigt. Für die Simulationskomponente „Bildgenerierung" bedeutet dies, dass es keine harte zeitliche Beschränkung für die Generierung eines Bildes gibt, sondern dass die restlichen Simulationskomponenten einfach warten, bis das Bild vollständig gerendert ist. Dadurch hat man in der MDS die Möglichkeit, auch beliebig detailreiche Szenarien in die Simulation zu integrieren, so dass die computergenerierten Bilder auch höchsten Anforderungen, wie z.B. im Leistungsnachweis, genügen. Bei der MDS gibt es folglich keine harte Anforderung an die Bildgenerierrate, aber dennoch darf es nicht Stunden (wie in der Filmproduktion) dauern, bis ein Bild gerendert ist, denn sonst würde eine Simulation von zehn Minuten Echtzeit über vier Jahre dauern!

---

[3]Ein Prädiktionsfilter liefert einen Schätzwert für den zukünftigen Systemzustand (Band II Kapitel 27).

Kapitel 4

Anwendungen interaktiver 3D-Computergrafik

Die enorme Leistungssteigerung von Grafikcomputern hat dazu geführt, dass heutzutage 3D-Computergrafik in nahezu allen Anwendungsgebieten von Computern Einzug gehalten hat. In diesem Kapitel wird auf eine Auswahl derzeitiger Anwendungsbeispiele interaktiver 3D-Computergrafik eingegangen, die einen gewissen Überblick verschaffen soll.

4.1 Ausbildungs-Simulation

Die erste starke Triebfeder für die Entwicklung der Computergrafik war die Flugsimulation im militärischen Umfeld (Bild 4.1-a). Zwei wesentliche Argumente sprachen für den Einsatz von Flugsimulatoren für die Ausbildung bzw. Weiterbildung von Piloten: einerseits das Kostenargument, denn bei Kampfflugzeugen lag bzw. liegt der Systempreis in der Größenordnung von 100 Millionen Euro, so dass sich Simulatoren, die zu Beginn ca. die Hälfte dessen kosteten, ganz einfach rentierten, und andererseits die Problematik, dass sich gewisse kritische Situationen in der Realität nicht trainieren lassen, wie z.B. eine Notlandung oder ein Luftkampf. Heutzutage werden Flugsimulatoren nicht nur für die Ausbildung, sondern u.a. auch für die Missionsvorbereitung genutzt: steht ein Kampfeinsatz bevor, wird zunächst das entsprechende Gelände mit Hilfe von Aufklärungsdaten detailgetreu nachgebildet, d.h. die Oberfläche wird mit Bewuchs, Bebauung, feindlichen Abwehrstellungen und Zielen in 3D-Computergrafik modelliert, anschließend wird die Mission vorab im Flugsimulator so oft trainiert, bis alle Handlungsabläufe sitzen, und erst danach wird der reale Einsatz geflogen. Mittlerweile ist die Flugsimulation in alle Bereiche der Luft- und Raumfahrt vorgedrungen: für nahezu alle zivilen Flugzeugtypen gibt es Flugsimulatoren für die Aus- und Weiterbildung, die praktisch jede größere Fluggesellschaft in Betrieb hat (Bild 4.1-b); entsprechende Flugsimulatoren gibt es selbstverständlich auch für Helicopter, bemannte und unbemannte Raketen, Luftschiffe und andere Flugobjekte.

Der Einsatz von 3D-Computergrafik in der Fahrsimulation begann Anfang der neunziger Jahre des letzten Jahrhunderts, nachdem der Preis für leistungsfähige Grafikcomputer in

A. Nischwitz et al., *Computergrafik*,
https://doi.org/10.1007/978-3-658-25384-4_4

Bild 4.1: Flug- und Fahrsimulatoren: (a) Dome-Simulator Eurofighter Typhoon. Quelle: EADS-Military Aircraft. (b) Airbus A330/A340 Flugsimulator. Quelle: Zentrum für Flugsimulation Berlin. (c) Panzer-Simulator Challenger. (d) Schiffs-Simulator. Quelle: Rheinmetall Defence Electronics. (e) Ausbildungssimulator für die Stuttgarter Stadtbahn. (f) Blick von der Fahrerposition. Quelle: Krauss-Maffei Wegmann.

die Größenordnung von einer Million Euro gefallen war. Damit rentierte sich der Ersatz von realen Fahrzeugen, deren Systempreis in der Größenordnung von zehn Millionen Euro lag, durch entsprechend günstigere Simulatoren. Waren es zu Beginn wieder militärische Fahr- und Gefechtssimulatoren für geländegängige gepanzerte Fahrzeuge (Bild 4.1-c), sowie für Schiffe (Bild 4.1-d) und Unterseeboote, kamen später Simulatoren für Schienenfahrzeuge wie Lokomotiven, U- und S-Bahnen, Straßenbahnen etc. hinzu (Bild 4.1-e,f). Wesentliche Argumente für den Einsatz von Schienenfahrzeug-Simulatoren sind neben geringeren Kosten die Entlastung des meist dicht befahrenen Schienennetzes vom Ausbildungsbetrieb und das flexible Training von Gefahrensituationen. Zuletzt wurde auch der Bereich großer oder spezieller Straßenfahrzeuge wie LKW (Bild 3.1), Polizei- und Notdienstfahrzeuge durch die Aus- und Weiterbildungssimulation erschlossen.

Die Ausbildung und das Training von Medizinern wie z.B. Chirurgen und Orthopäden ist sehr zeitaufwändig, teuer und nicht selten mit einem erheblichen Risiko für die ersten Patienten verbunden. Deshalb wird in der Medizin von der theoretischen Grundausbildung (z.B. interaktive Anatomie-Atlanten, Bild 4.2-a) bis hin zum Erwerb handwerklicher Fähigkeiten (z.B. Laparoskopietrainer, Bild 4.2-a) verstärkt auf Simulation mit interaktiver 3D-Computergrafik gesetzt. Ein Überblick über Virtual Reality Techniken in der Aus- und Weiterbildung bei minimalinvasiven Eingriffen ist in ([Cakm00]) zu finden. Bei Schönheitsoperationen ist es mittlerweile üblich, dass die gewünschten Veränderungen vor der Operation in einer 3D-Computergrafik interaktiv von Arzt und Patient modelliert werden.

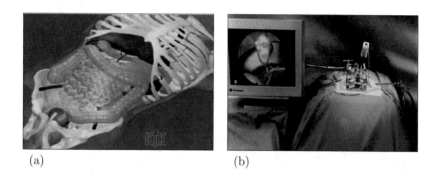

(a) (b)

Bild 4.2: 3D-Grafik in der Medizinischen Simulation: (a) Anatomie-Atlas. (b) Laparoskopietrainer. Quelle: U.Kühnapfel, Forschungszentrum Karlsruhe IAI.

4.2 Entwicklungs-Simulation

Ein extrem vielfältiges Gebiet für Anwendungen der interaktiven 3D-Computergrafik ist die Entwicklungs-Simulation. Da die Entwicklung komplexer technischer Produkte wie z.B. Autos, Flugzeuge oder Fabriken immer Milliarden-Euro-Projekte sind, die möglichst schnell, flexibel und kostengünstig bewältigt werden sollen, haben sich hier Verfahren des *Rapid* bzw. *Virtual Prototyping* durchgesetzt. Die Entwicklung eines virtuellen Prototypen läuft dabei in der Regel über mehrere Stufen. Zunächst werden in einer Vorsimulation verschiedene Produktideen entwickelt, die nach bestimmten Selektionskriterien in ein

Grobkonzept münden. Anschließend werden die einzelnen Komponenten des Produkts mit Hilfe von *Computer-Aided-Desing* (CAD)-Software als virtuelle Prototypen entwickelt, unabhängig davon, ob es sich dabei um einen Motor, ein Chassis oder einen elektronischen Schaltkreis handelt. Jede Komponente für sich benötigt schon die verschiedensten Simulationen und Visualisierungen, wie am Beispiel der Entwicklung eines Fahrzeug-Chassis verdeutlicht werden soll: neben der rein geometrischen Konstruktion in einem CAD-Werkzeug (Bild 4.3-a), werden statische und dynamische Kraftwirkungen ebenso wie elektromagnetische Abschirmeigenschaften des Chassis durch Falschfarben visualisiert, die Ergonomie beim Sitzen bzw. Ein- und Aussteigen wird durch virtuelle Cockpits und Personen dargestellt (Bild 4.3-b), die Verformbarkeit des Chassis wird in virtuellen Crash-Tests ermittelt (Bild 4.3-c) und die Attraktivität des Aussehens muss vorab mit Hilfe hochwertiger Grafiksimulationen bei den Käufern erkundet werden (Bild 4.3-d).

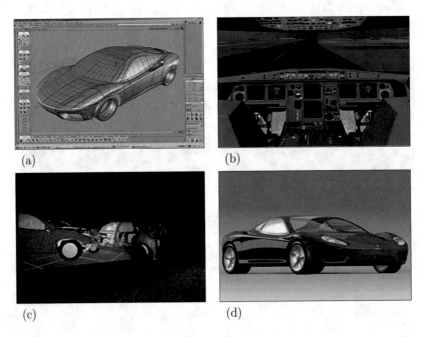

(a) (b)

(c) (d)

Bild 4.3: 3D-Grafik in der Entwicklungssimulation: (a) Computer-Aided Design eines Ferrari 360. (b) Virtuelles Cockpit in der Flugzeugentwicklung. (c) virtueller Crash-Test. (d) Qualitativ hochwertige 3D-Grafik mit Spiegelungseffekten.

Die virtuellen Komponenten des Produkts werden anschließend in einer Mathematisch Digitalen Simulation (MDS) in Nichtechtzeit zu einem detaillierten Gesamtsystem zusammengefügt, getestet und optimiert (Abschnitt 2.2). Bis zu diesem Zeitpunkt ist kein einziges

Stück Metall bearbeitet worden, das 3-dimensionale Aussehen und Verhalten des Produktes wird bis dahin ausschließlich durch die Computergrafik bestimmt. Aber auch nachdem die ersten Komponenten auf der Basis von CAD-Plänen in Hardware gefertigt sind, behält die Simulation und damit auch die 3D-Computergrafik ihre wesentliche Rolle im weiteren Entwicklungsprozess, denn einerseits werden allfällige Optimierungsschritte immer zuerst in der Simulation getestet, bevor sie in Hardware realisiert werden, und andererseits wird mit der realen Verfügbarkeit erster Komponenten eine *Hardware-In-The-Loop* Simulation aufgebaut, um das Zusammenwirken der einzelnen Komponenten in Echtzeit überprüfen zu können.

In zunehmendem Maße wird auch für den Nachweis der Leistungsfähigkeit von Produkten die Simulation eingesetzt: z.B. bei Lenkflugkörpern gingen auf Grund des breiten Anforderungsspektrums (unterschiedliche Einsatzgebiete kombiniert mit verschiedenen Wetterbedingungen und Zieltypen bzw. -manövern) und der geringen Stückzahlen oft 20-40% der gesamten Produktion allein für den Leistungsnachweis verloren, da für jede Anforderungskombination mindestens ein Flugkörper verschossen werden musste. Deshalb begnügt man sich mit wenigen realen Flugversuchen, anhand derer die Simulationen validiert werden. Das gesamte Spektrum der Anforderungen wird dann mit Hilfe von vielen virtuellen Flugversuchen abgedeckt. Damit einer solchen Simulation von der Auftraggeberseite genügend Vertrauen entgegen gebracht wird, ist eine sehr aufwändige und detaillierte Nachbildung ausgewählter Einsatzgebiete in Echtzeit-3D-Computergrafik nötig.

4.3   Unterhaltung

Nachdem bis Mitte der 1990iger Jahre vor allem der schmale Markt für Simulation und *Computer-Aided-Design* mit seinen relativ wenigen professionellen Anwendern die Haupttriebfeder für die Leistungssteigerungen in der 3D-Computergrafik waren, dominiert seither der Millionen-Markt für Computerspiele am Heim-PC, auf Spielekonsolen und neuerdings auch auf Handys die geradezu sprungartige Weiterentwicklung. Computerspiele wie der *Microsoft Train Simulator* oder der *Flight Simulator* mit ihren länderspezifischen und fotorealistischen Szenarien stehen heute professionellen Simulatoren in Punkto 3D-Computergrafik kaum noch nach. Aufgrund des rapiden Preisverfalls für Grafikkarten - eine vergleichbare Leistung einer aktuellen 3D-Grafikkarte für 500 Euro kostete vor zehn Jahren noch ca. eine Million Euro - eröffnet sich ein riesiges Potential für eine schnelle Ausbreitung weiterer Computergrafikanwendungen, nicht nur in der Unterhaltungsindustrie.

4.4   Telepräsenz

Interaktive 3D-Computergrafik erlaubt auch neue Möglichkeiten der Überwindung von Raum und Zeit. Ein Anwendungsbeispiel dafür sind ferngesteuerte Roboter: die Firma Norske Shell z.B. betreibt eine Gaspipeline in einem Tunnel unter der Nordsee, die von der Bohrplattform im Meer bis zum Festland reicht. Wegen des extrem hohen Drucks unter dem Meeresgrund ist der Tunnel geflutet und somit für Menschen unzugänglich. Notwendige Inspektionsarbeiten an der Pipeline werden mit Hilfe ferngesteuerter Inspektionsroboter durchgeführt, die mit verschiedenen Sensoren zur Fehlererkennung und Navigation ausgestattet sind. Aus den Sensorsignalen kann u.a. Position und Lage der Inspektionsroboter im Tunnel berechnet werden. Die Teleoperateure an Land erhalten daraus mit Hilfe von Grafikcomputern in Echtzeit eine 3D-Sicht aus dem Blickwinkel des Roboters und können diesen somit fernsteuern. Das gesamte 3D-Szenario wurde aus den Tunnel-Bauplänen generiert. Ähnliche Anwendungen der Telerobotik gibt es auch bei Einsätzen in kontaminiertem Gelände, im Weltraum, oder in der Fern- und Präzisionschirurgie.

Der Nutzen von Interaktiver 3D-Computergrafik zur Überwindung von Raum und Zeit wird auch deutlich bei Virtuellen Stadtbesichtigungen (interaktiver Stadtrundgang z.B. durch das Mexiko City von Heute bis zurück zum Mexiko City der Azteken), virtuellen Museen (z.B. Besichtigung der 3200 Jahre alten Grabkammer der ägyptischen Königin Nefertari, die für Besucher gesperrt ist), oder virtuellen Verkaufsflächen (z.B. Zusammenstellung eines Personenwagens aus der Vielfalt möglicher Ausstattungsvarianten und interaktive 3D-Darstellung).

4.5 Daten-Visualisierung

In der Exploration großer Datenmengen aus den Bereichen Wissenschaft, Forschung und Entwicklung, sowie Finanz- und Wirtschaftswesen hat sich die interaktive 3D-Visualisierung als Standardmethode etabliert. Als Beispiel hierfür seien große Ölkonzerne genannt, die zur Erhöhung der Entdeckungswahrscheinlichkeit großer Ölvorkommen aus seismischen und Bohrkern-Daten die Echtzeit-3D-Computergrafik als Erfolgsfaktor zu schätzen gelernt haben. Nachdem in den letzten Jahrzehnten in der Chemie zunehmend erkannt wurde, dass nicht nur die atomare Zusammensetzung von Molekülen und Verbindungen, sondern vor allem auch die räumliche Anordnung der einzelnen Atome innerhalb eines Moleküls eine entscheidende Rolle für die chemischen Eigenschaften spielt, wurde die interaktive 3D-Visualisierung als Schlüssel für ein tieferes Verständnis benutzt. Um einen noch besseren 3-dimensionalen Eindruck zu bekommen, wird hier teilweise auch die sogenannte „CAVE"-Technik (*Cave Automatic Virtual Environment*, Bild 4.4-a,b) genutzt, bei der man durch Stereoprojektion auf die umgebenden Wände eines Würfels und einer optionalen Kraftrückkopplung beim Hantieren mit einem Molekül ein multimodales Gefühl für dessen räumliche Eigenschaften bekommt.

Architekten haben immer ein gewisses Vermittlungsproblem: ihre Planungen, egal ob für Inneneinrichtungen, Gebäude oder ganze Stadtviertel, sind immer 2-dimensionale Schnitte oder Ansichten, bei denen ungeschulte Laien sich meist nicht gut vorstellen können, wie das Ganze später einmal in der 3-dimensionalen Wirklichkeit aussehen wird. Da mit Interaktiver 3D-Computergrafik diese Vorstellungsprobleme elegant behoben werden können, hat sich der Bereich der Architekturvisualisierung als fruchtbares Anwendungsgebiet erwiesen (Bild 4.4-c,d).

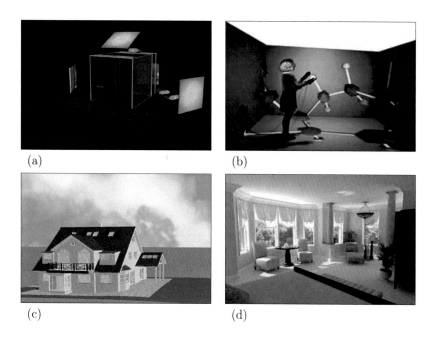

(a)   (b)

(c)   (d)

Bild 4.4:   3D-Grafik in der Daten-Visualisierung: (a) Prinzip einer CAVE (Cave Automated Virtual Environment). (b) Molekül-Visualisierung in einer CAVE. (c) Architektur-Visualisierung eines geplanten Gebäudes. (d) Architektur-Visualisierung einer geplanten Inneneinrichtung.

4.6   Augmented Reality

Sehr interessant ist auch die Überlagerung von realen wahrgenommenen Szenen mit computergenerierten Bildern z.B. mit Hilfe eines halbdurchlässigen Glases, im Fachjargon auch „*Augmented Reality*" genannt. Damit können wichtige Informationen in das Gesichtfeld z.B. von Fahrern oder Piloten eingeblendet werden, ohne dass diese ihren Blick von der Frontscheibe abwenden müssen. Am Lehrstuhl für Flugmechanik und Flugregelung der Technischen Universität München wurde ein System zur Verbesserung der Flugführung bei schlechter Außensicht (z.B. Nacht oder Nebel) entwickelt ([Kloe96]), welches dem Piloten in Echtzeit eine computergenerierte Landschaft und einen Flugkorridor einblendet. Die 3-dimensionale Oberfläche der überflogenen Landschaft ist ja vorab bekannt und kann somit in ein entsprechendes Computergrafik-Modell gebracht werden. Aus der navigierten Position und Lage des Flugzeugs kann folglich die korrekte Aussensicht mit einem Grafikcomputer in Echtzeit berechnet werden (Bild 4.5).

(a) (b)

Bild 4.5: 3D-Grafik und *Augmented Reality*: (a) Testflug mit synthetischer Sicht des Piloten (im Experiment mit rein virtueller Sicht über ein *Helmet Mounted Device* und noch nicht über ein halbdurchlässiges Glas). (b) Computergeneriertes Bild beim Testflug übers Altmühltal mit Flugkorridor. Quelle: Lehrstuhl für Flugmechanik und Flugregelung der Technischen Universität München.

Im Forschungsbereich der Siemens AG gibt es ein Projekt, in dem *Augmented Reality* in einem etwas weiteren Sinne eingesetzt wird: im Mobilfunk. Die Idee dabei ist, auf einem Pocket-PC oder Handy, welches mit einer Navigationsausrüstung versehen ist, ein schematisches 3D-Bild der augenblicklichen Szene mit Zusatzinformationen einzublenden. So könnte ein Tourist in einer Stadt nicht nur auf einem Rundgang geführt werden, sondern er könnte z.B. zu jedem Gebäude beispielsweise auch noch interessante Hintergrundinformationen abfragen.

4.7 Datenübertragung

In der Datenübertragung wie z.B. beim Codierstandard MPEG-4 ist die Interaktive 3D-Computergrafik einerseits ein Werkzeug, das eingesetzt wird, um zu noch höheren Kompressionsraten bei der Codierung von natürlichen Videobildern zu kommen, und andererseits werden die Inhalte von Interaktiver 3D-Computergrafik selbst zum Objekt der Codierung und Datenübertragung. Dieses Konzept erlaubt die Überlagerung und die effiziente Codierung von synthetischen und natürlichen Bildinhalten, im MPEG-Fachjargon auch „*Synthetic and Natural Hybrid Coding* (SNHC)" genannt ([Pere02]).

Da in Zukunft immer mehr internetbasierte 3D-Grafikanwendungen mit synthetischem Inhalt zu erwarten sind, wie z.B. vernetzte Computerspiele oder 3D-Online-Shopping, enthält der MPEG-4 Standard auch Werkzeuge, um Polygon-Netze und Texturen, also die wesentlichen Inhalte von 3D-Computergrafik, in verschiedenen Detaillierungsstufen effizient zu codieren. Damit wird abhängig von der Leistungsfähigkeit der Datenleitung und der Grafikhardware beim Endgerät eine adäquate Bildqualität für netzwerkbasierte, interaktive 3D-Grafikanwendungen sichergestellt.

Die Grundidee beim Einsatz von Interaktiver 3D-Computergrafik bei der Codierung von natürlichen Videobildern besteht darin, einzelne Objekte aus der Videoszene mit Hilfe von Bildverarbeitungsalgorithmen zu segmentieren, deren 2D- oder 3D-Geometrie zu rekonstruieren und eventuelle Bewegungen zu verfolgen. Die Codierung der Objekte erfolgt nun in drei Teilen:

- Speicherung der Geometrie-Information in Form von Polygonnetzen.

- Speicherung der Bildinformation in Form von Texturen, die auf die Polygone gemappt werden.

- Speicherung von Bewegungen, in dem Verschiebungsvektoren für die Polygoneckpunkte (die sogenannten Vertices) angegeben werden.

Die Übertragung der so codierten Bildsequenzen erfordert nur zu Beginn eine hohe Datenrate, bis die gesamten Geometrie- und Texturinformationen übermittelt sind, danach ist nur noch eine relativ niedrige Datenrate nötig, um die inkrementellen Verschiebungsvektoren zu senden. Auf der Empfängerseite werden die Bilder mit Hilfe von 3D-Computergrafik schließlich wieder in Echtzeit erzeugt (Abschnitt 2.3).

Kapitel 5

Einführung in die 3D-Computergrafik

Bei einer praxisnahen Einführung in die 3D-Computergrafik stellt sich zunächst einmal die Frage, auf der Basis welcher Grafik-Programmierschnittstelle (*Application Programming Interface* (API)) dies geschehen soll. Auf der einen Seite würden sich hier international normierte Standards anbieten, wie GKS (*Graphical Kernel System*) [Iso85] bzw. GKS-3D [Iso88] oder PHIGS (*Programmer's Hierarchical Interactive Graphics System*) [Iso89] bzw. PHIGS+ [Iso91], die in vielen früheren Standard-Lehrbüchern über Computergrafik (siehe [Enca96],[Jans96],[Hugh13]) benützt werden. Allerdings konnten sich diese Grafikstandards in der Praxis nie durchsetzen, da sie viel zu allgemein bzw. schwerfällig sind und die Möglichkeiten der Beschleunigung durch Grafikhardware nicht oder nur unzureichend ausnutzen. Auf der anderen Seite stehen de facto Standards, die die Industrie gesetzt hat: Direct3D (D3D) von der Firma Microsoft und OpenGL von der Firma Silicon Graphics (SGI) bzw. einem Firmenkonsortium, das sich in der Khronos Group zur *OpenGL Architecture Review Board Working Group* (ARB) zusammengeschlossen hat. Im Jahr 2016 hat die Khronos Group mit Vulkan eine weitere Grafikprogrammierschnittstelle definiert. In der folgenden Tabelle wird die historische Entwicklung der wichtigsten Grafikprogrammierschnittstellen dargestellt:

Jahr	Normen	Industrie-Standards		Shading-Sprachen		Embedded
1982		IrisGL (SGI)				
1985	GKS					
1988	GKS-3D					
1989	PHIGS					
1992		OpenGL 1.0				
1995			Direct3D 1.0			
1997		OpenGL 1.1	Direct3D 5.0			
1999		OpenGL 1.2	Direct3D 7.0			
2001		OpenGL 1.3	Direct3D 8.0			OpenGL ES 1.0
2002		OpenGL 1.4	Direct3D 9.0		Cg 1.0	
2003		OpenGL 1.5	Direct3D 9.0a	GLSL 1.0	Cg 1.1	OpenGL ES 1.1

© Springer Fachmedien Wiesbaden GmbH, ein Teil von Springer Nature 2019
A. Nischwitz et al., *Computergrafik*,
https://doi.org/10.1007/978-3-658-25384-4_5

Seit OpenGL 3.0 im Jahr 2008 veröffentlicht wurde, ist die Shading-Sprache GLSL integraler Bestandteil von OpenGL. Die Shading-Sprache Cg von der Firma NVIDIA wurde im Jahre 2013 abgekündigt, da sie gegenüber GLSL immer weiter an Bedeutung verloren hatte. Daher wird in der weitergeführten Tabelle die Rubrik Shading-Sprachen nicht mehr dargestellt.

Jahr	Industrie-Standards		Embedded	Web	GPGPU	
2004	OpenGL 2.0	D3D 9.0b				
2006	OpenGL 2.1	D3D 9.0c				
2007		D3D 10.0	OpenGL ES 2.0			CUDA 1.0
2008	OpenGL 3.0	D3D 10.1				CUDA 2.0
2009	OpenGL 3.2	D3D 11.0			OpenCL 1.0	CUDA 3.0
2010	OpenGL 4.1				OpenCL 1.1	CUDA 3.2
2011	OpenGL 4.2			WebGL 1	OpenCL 1.2	CUDA 4.0
2012	OpenGL 4.3	D3D 11.1	OpenGL ES 3.0			CUDA 5.0
2013	OpenGL 4.4	D3D 11.2			OpenCL 2.0	CUDA 5.5
2014	OpenGL 4.5		OpenGL ES 3.1			CUDA 6.0
2015		D3D 12.0	OpenGL ES 3.2		OpenCL 2.1	CUDA 7.0
2016	Vulkan 1.0	D3D 12.1			OpenCL 2.2	CUDA 8.0
2017	OpenGL 4.6					CUDA 9.0
2018	Vulkan 1.1			WebGL 2		CUDA 9.1

Die Firma Microsoft war zwar Gründungsmitglied des OpenGL ARB im Jahr 1992, hat aber durch den Kauf der Firma RenderMorphic im Jahr 1995 deren Render-Engine übernommen und zur eigenen Grafikprogrammierschnittstelle Direct3D ausgebaut. In den Folgejahren kam es deshalb zum sogenannten „Krieg der Grafikschnittstellen" (engl. API-war), bei dem Microsoft mit Direct3D gegen SGI mit OpenGL vorging. Nachdem die Firma SGI in wirtschaftliche Schwierigkeiten geriet, stockte die Weiterentwicklung von OpenGL um die Jahrtausendwende, so dass der Eindruck entstand, Direct3D hätte den „Krieg" gewonnen. Verstärkt wurde dieser Eindruck noch durch die Einführung einer neuen Grafikkartengeneration, die mit Hilfe der Shading-Hochsprachen Cg von NVIDIA bzw. HLSL von Microsoft im Jahr 2002 programmierbar wurden, denn OpenGL bot zu diesem Zeitpunkt keine eigene Shading-Sprache an. Dies änderte sich erst ein Jahr später mit der Einführung von GLSL.

Allerdings gab es parallel dazu noch eine Entwicklung, die zunächst kaum bemerkt, dafür später umso deutlichere Auswirkungen hatte, nämlich die Einführung einer abgespeckten OpenGL-Variante für eingebettete Systeme: OpenGL ES (**E**mbedded **S**ystems). Denn mit dem wirtschaftlichen Erfolg des ersten Smartphones im Jahr 2007, allen voran Apple's iPhone, und im Gefolge auch aller Android-Smartphones, wurden Computerspiele und 3D-Darstellungen ausschließlich mit OpenGL ES 2.0 gerendert. Microsoft verpasste diesen Markt fast vollständig, denn Direct3D war im Bereich eingebetteter Systeme ungeeignet. Ein ähnlicher Vorgang spielte sich dann im Jahr 2011 noch einmal bei der

Darstellung von interaktiven 3D-Inhalten in Web-Browsern ab: seit der Einführung von WebGL durch die Khronos Group gibt es eine Grafikprogrammierschnittstelle, die mittlerweile Standard bei allen gängigen Browsern (incl. Microsoft's Internet Explorer) ist und auf OpenGL ES basiert. Daher kann man mittlerweile wieder mit Fug und Recht behaupten, dass OpenGL die Grafikprogrammierschnittstelle mit der größten Marktdurchdringung ist.

Im Jahr 2016 hat die Khronos Group mit Vulkan eine weitere Grafikprogrammierschnittstelle definiert, bei der bis heute unklar ist, ob sie OpenGL ablösen wird, oder eine Alternative für Grafikprofis darstellt, die bei komplexen Anwendungen das letzte Quantum an Geschwindigkeitsreserven mobilisieren möchten. Der Hintergrund für die Entwicklung von Vulkan war, dass OpenGL mittlerweile mehr als ein Vierteljahrhundert alt ist und daher von den Programmierkonzepten her nicht mehr optimal für die modernen Mehrkern-Prozessoren geeignet erschien. Zwar wurde das *„alte"* OpenGL, die sogenannte *„Fixed Function Rendering Pipeline"*, die sich im *„Compatibility Profile"* nach wie vor wiederfindet, durch ein *„neues"* OpenGL ersetzt, nämlich die sogenannte *„Programmierbare Rendering Pipeline"*, die sich im abgespeckten *„Core Profile"* darstellt. Aber dennoch blieb der Wunsch insbesondere bei den Entwicklern von komplexen Game-Engines bestehen, eine noch schlankere Grafikprogrammierschnittstelle zu definieren, die maximale Freiheiten bei der Programmierung gewährt und maximale Rendergeschwindigkeiten durch minimalen Treiber-Overhead verspricht. So ist es derzeit möglich, bei den beiden großen Game-Engines, nämlich Unity und der UnrealEngine4, auszuwählen, welchen Renderer man für die 3D-Darstellung einsetzen möchte: OpenGL, Vulkan oder Direct3D. Beim Vergleich der Rendergeschwindigkeiten wird man feststellen, dass bis auf sehr komplexe Szenarien, bei denen Vulkan am schnellsten ist, in vielen Fällen OpenGL nach wie vor die beste Wahl darstellt.

Für einen gewissen Zeitraum zwischen Anfang 2016 und Mitte 2017 sah es so aus, als ob man in Zukunft gezwungen wäre, auf Vulkan umzusteigen, da seit 2014 keine neue Version der OpenGL-Spezifikation mehr veröffentlicht wurde. Mit der Version 4.6 von OpenGL, die Mitte 2017 erschien, wurde jedoch klar, dass OpenGL weiterentwickelt wird und somit parallel neben Vulkan existiert. Es muss also erst die Zukunft erweisen, welche der beiden Grafikprogrammierschnittstellen sich am Ende durchsetzen wird, oder ob es für einen längeren Zeitraum eine Koexistenz gibt.

Ein wesentlicher Aspekt, insbesondere für ein Lehrbuch, ist die Frage, welche Grafikprogrammierschnittstelle am besten geeignet ist, um die Grundkonzepte der Computergrafik am besten zu lehren, aber gleichzeitig auch Fähigkeiten und Kenntnisse zu vermitteln, die in der Praxis sofort anwendbar sind. Nachdem sogar im offiziellen Vulkan Programming Guide [Sell17] betont wird, dass es „nicht für einfache Anwendungen oder die Vermittlung von Computergrafik-Konzepten geeignet ist", fällt hier die Wahl natürlich zunächst klar auf OpenGL. Um allerdings auch für einen Übergang auf fortgeschrittene, komplexe Anwendungen gerüstet zu sein, wird anschließend auch auf Vulkan eingegangen. In den weiteren Kapiteln dieses Buches wird dann meistens versucht, die Umsetzung eines Computergrafik-Konzepts sowohl in OpenGL, als auch in Vulkan darzustellen.

In der folgenden Tabelle werden die wichtigsten Eigenschaften der Grafikprogrammierschnittstellen noch einmal dargestellt:

Eigenschaften der Grafikprogrammierschnittstellen (API)			
API	Lern- und Programmieraufwand	Flexibilität	Treiber-Overhead
OpenGL Compatibility Profile	niedrig	gering	groß
OpenGL Core Profile	mittel	mittel	mittel - groß
Vulkan	sehr hoch	hoch	klein

5.1 Einführung in die 3D-Computergrafik mit OpenGL

Dieses Buch führt zunächst anhand von OpenGL in die 3D-Computergrafik ein, da sich OpenGL als der *offene* Grafikstandard durchgesetzt hat. Im Folgenden sind die Gründe dafür zusammengestellt:

- OpenGL ist das 3D-Grafik-API mit der größten Marktdurchdringung.

- OpenGL hat den mächtigsten 3D-Grafik-Sprachumfang.

- OpenGL ist unter allen wesentlichen Betriebssystemen verfügbar, z.B. für Microsoft Windows und für viele UNIX-Derivate (z.B. Linux und Android). Dieser Punkt ist eine drastische Einschränkung bei Direct3D von Microsoft, da es nur unter Windows läuft.

- OpenGL besitzt Sprachanbindungen an alle wesentlichen Programmiersprachen, wie C, C++, C#, Java, Ada und Fortran, sowie an die Skriptsprachen Perl, Python und Tcl. Beispiele in diesem Buch halten sich an die C-Syntax.

- OpenGL ist unabhängig von der Hardware, da für nahezu jede Grafikhardware entsprechende OpenGL-Treiber zu Verfügung stehen. Fast alle kommerziellen OpenGL-Treiber haben ein kostenpflichtiges Zertifizierungsverfahren bei der Khronos Group durchlaufen, bei dem durch Konformitätstests eine einheitliche Funktionalität sichergestellt wird. Aus diesem Grund sind OpenGL-Programme leicht auf andere Hardware portierbar.

- OpenGL ist sehr gut skalierbar, d.h. es läuft auf den schwächsten PCs, auf Workstations und ebenso auf Grafik-Supercomputern. Eine Erweiterung nach unten hin wurde mit „OpenGL ES" (**E**mbedded **S**ystems) geschaffen, in dem eine Teilmenge wesentlicher OpenGL-Basisfunktionen ausgeklammert wurde, die 3D-Grafikanwendungen auch auf portablen, leistungsschwächeren elektronischen Geräten, wie z.B. Smartphones, Tablets oder Wearables (z.B. Fitness-Armbänder oder Smartwatches) ermöglicht. Dieser Bereich ist für die Computergrafik (und für die Bildverarbeitung z.B. zur Gestenerkennung) ein Markt mit gigantischen Wachstumsraten.

- Zur plugin-freien Darstellung von 3D-Inhalten im Internet wurde „WebGL" geschaffen. Die großen Browser-Hersteller Mozilla (Firefox), Google (Chrome), Microsoft (Internet Explorer) und Apple (Safari) implementieren WebGL direkt in ihren Browsern. WebGL 2.0 ist ein plattform-unabhängiger Web-Standard, der auf OpenGL ES 3.0 basiert.

- Eine Erweiterung von OpenGL zur Programmierung von Grafikkarten wurde mit der „OpenGL Shading Language" (GLSL) geschaffen, einer Shader-Sprache, die seit der Version 3.0 ein integraler Bestandteil der Rendering-Pipeline von OpenGL ist.

- Die Erweiterung „OpenCL" (Open **C**ompute **L**anguage) ist eine Schnittstelle zur direkten Parallel-Programmierung von Grafikkarten, ohne dass ein Grafik-API wie OpenGL benötigt wird. Mit OpenCL kann man die riesige Rechenleistung von Grafikkarten bei parallelisierbaren Algorithmen (GPGPU[1]) direkt über die Programmiersprache C/C++ nutzen. OpenCL kann entweder direkt in Form von „Compute-Shadern" in OpenGL-Programmen eingebunden werden, oder indirekt über eine eigene Schnittstelle, um bestimmte Berechnungen mit den Möglichkeiten von OpenCL durchführen zu können. Die GPGPU-Programmiersprache **CUDA** (Compute Unified Device Architecture) von der Firma NVIDIA ist ein Vorläufer von und eine firmengebundene Alternative zu OpenCL[2].

- Die Erweiterung „OpenML" (Media Library) bietet Unterstützung für die Erfassung, Übertragung, Verarbeitung, Darstellung und die Synchronisierung digitaler Medien, wie z.B. Audio und Video.

- OpenGL bietet Hardware-Herstellern zur Differenzierung ihrer Produkte die Möglichkeit, hardware-spezifische Erweiterungen des Sprachumfangs, die sogenannten OpenGL „Extensions", zu entwickeln und somit innovative Hardware-Funktionen optimal zu nutzen. Viele frühere OpenGL Extensions sind in den Standard-Sprachumfang neuerer OpenGL-Versionen eingeflossen.

- OpenGL wird kontrolliert und ständig weiterentwickelt durch die „OpenGL **A**rchitecture **R**eview **B**oard Working Group" (ARB), einem Bereich der Khronos Group, in dem die bedeutendsten Firmen der Computergrafik-Industrie vertreten sind (siehe nachfolgende Tabelle). ARB-Gründungsmitglieder waren die Firmen Silicon Graphics (SGI), Intel, IBM, DEC (gehört heute zu Hewlett Packard) und Microsoft.

---

[1]GPGPU steht für General Purpose Computing on Graphics Processing Units, d.h. allgemeine Parallel-Rechenaufgaben auf Grafikkarten.

[2]Das Microsoft-Pendant zu OpenCL bzw. CUDA heißt ebenso wie bei OpenGL „Compute-Shader" und ist nur über das Grafik-API Direct3D verfügbar. Der wesentliche Vorteil von OpenCL gegenüber den firmeneigenen Standards CUDA bzw. Compute-Shader ist, dass OpenCL auf unterschiedlichen Parallel-Hardware-Plattformen, wie z.B. GPUs oder, Cell-Prozessoren von IBM (Playstation 4) läuft, die firmeneigenen Standards dagegen nur auf GPUs.

In der folgenden Tabelle sind die derzeitigen[3] „*Promoter*" des OpenGL ARB aufgelistet:

Promoter der OpenGL ARB Working Group (Khronos Group)				
NVIDIA	AMD	Intel	ARM	Qualcomm
Apple	Nokia	Samsung	Sony	Huawei
Google	EPIC Games	Imagination	VeriSilicon	

Eine Implementierung von OpenGL ist meistens ein Treiber für eine Hardware (z.B. eine Grafikkarte), der für das Rendering, d.h. für die Umsetzung von OpenGL Funktionsaufrufen in Bilder, sorgt. In selteneren Fällen ist eine OpenGL-Implementierung auch eine reine Software Emulation, die das Gleiche sehr viel langsamer bewerkstelligt, oder eine Mischung aus Beidem, bei der einige Funktionalitäten durch Grafikhardware beschleunigt und andere auf der CPU emuliert werden (die „*Mesa 3D Graphics Library*"[4] ist ein Beispiel für eine konfigurierbare OpenGL-Implementierung, bei der auch die Quellcodes frei zur Verfügung stehen). Abgesehen von den Mitgliedsfirmen des ARB (siehe oben), gibt es noch eine große Zahl weiterer Firmen, die Lizenzen für OpenGL erwerben, um für ihre eigenen (Hardware-)Produkte eine OpenGL-Implementierung zu entwickeln und zu vermarkten.

Die Entwicklung von OpenGL kann anhand der Hauptversionsnummer (Zahl vor dem Komma) in seinen wesentlichen konzeptionellen Schritten nachvollzogen werden.

- Die Versionen 1.0 bis 1.5, die während der ersten zwölf Entwicklungsjahre von OpenGL den Fortschritt dokumentieren, waren ausschließlich Erweiterungen der sogenannten „*Fixed Function Rendering Pipeline*", bei der der Grafik-Programmierer nur die Parameter von fest vorgegebenen bzw. in Hardware gegossenen Algorithmen einstellen kann (Bild 5.2).

- Mit der Version 2.x kam im Jahr 2004 der große Umbruch zur sogenannten „*Programmierbaren Rendering Pipeline*", bei der man *optional* bestimmte Teile der Vertex-Operationen in einem „*Vertex Shader*" und Teile der Fragment-Operationen in einem „*Fragment Shader*" selbst programmieren kann (Bild 5.3).

- Der nächste große konzeptionelle Schritt war im Jahr 2008 mit OpenGL 3.x die Einführung der „*Geometry Shader*", die es erlauben, dass Vertices auf der Grafikkarte neu erzeugt oder vernichtet werden (Bild 5.5-b). Allerdings wurde mit OpenGL 3.x auch noch der Versuch unternommen, mit der Vergangenheit zu brechen: um den Ballast der vielen Funktionen aus der „*Fixed Function Rendering Pipeline*" abzuwerfen, die man mit Hilfe der Shader jetzt selbst programmieren kann, wurden die alten Funktionen als „*deprecated*"[5] markiert. Das bedeutet in diesem Zusammenhang so

---

[3]Microsoft hat 2003 das ARB verlassen, unterstützt OpenGL aber weiterhin als „*Contributor*" und liefert mit jedem Betriebssystem auch OpenGL-Treiber aus

[4]www.mesa3d.org

[5]„*deprecated*" heißt wörtlich übersetzt „*missbilligen*"

viel wie „*abgekündigt*", oder „*in Zukunft nicht mehr unterstützt*". Dies verursachte aber einen Aufschrei in der Industrie, die ihre millionenschweren Investitionen in
OpenGL gefährdet sah, wenn die Grafikkarten-Hersteller alsbald einen Großteil der
alten OpenGL-Funktionen nicht mehr in ihren Treibern unterstützen würden. Deshalb wurden mit der Version 3.2 zwei verschiedene Varianten von OpenGL eingeführt:
das „*Compatibility Profile*", das die Gesamtheit aller alten und neuen OpenGL-
Befehle bereit stellt, und das „*Core Profile*", die abgespeckte Variante, die keine
„*deprecated*"-Befehle enthält (Bild 5.4). Aus gutem Grunde hat der Grafikkarten-
Hersteller NVIDIA erklärt, dass er niemals die Unterstützung des „*Compatibility
Profile*" beenden wird, so dass niemand befürchten muss, dass Programme mit älte-
ren OpenGL-Befehlen nicht mehr laufen würden.

- Mit der Version 4.0 von OpenGL wurde ein Paradigmenwechsel bei der Art des
  geometrischen Inputs in die Grafikkarte eingeläutet: während vorher in erster Linie Dreiecksnetze in die Rendering Pipeline geschickt wurden, die gekrümmte Oberflächen mehr oder weniger genau approximieren, braucht man jetzt nur noch die
  relativ geringe Zahl an Kontrollpunkten in die Pipeline schicken, die gekrümmte
  Oberflächen mathematisch exakt beschreiben. Die Umrechnung der Kontrollpunkte
  in eine variable Anzahl von Vertices eines Dreiecksnetzes wird in diesem Fall für jedes Bild erneut auf der Grafikkarte durchgeführt, indem zwischen dem Vertex- und
  dem Geometry-Shader noch eine Tessellation-Stufe aufgerufen wird. Die Tessellation-
  Stufe besteht aus einem Control-Shader, der festlegt, in wie viele Dreiecke eine
  gekrümmte Oberfläche zerlegt werden soll, einem hardware-beschleunigten Tessellator, der die eigentliche Umrechnung der Kontrollpunkte in Vertices vornimmt,
  und einem Evaluation-Shader, der die endgültige Position der erzeugten Vertices
  bestimmt (Bild 5.5-c). Mit OpenGL 4.1 wurde die Schnittstelle zur allgemeinen
  Parallel-Programmiersprache OpenCL verbessert, so dass ohne Zeit- oder Speicher-
  platzverluste OpenCL-Unterprogramme in OpenGL aufgerufen werden können. Die
  Einführung von „*Compute Shadern*" im Rahmen der OpenGL-Version 4.3 ermöglicht
  analoge Funktionalitäten wie bei OpenCL, aber nun direkt innerhalb von OpenGL.

In der folgenden Tabelle sind die wesentlichen inhaltlichen Entwicklungssprünge von OpenGL
noch einmal stichpunktartig aufgelistet, die jeweils mit einer Erhöhung der Hauptversionsnummer einher gegangen sind:

Entwicklung von OpenGL			
Jahr	**Version**	**Funktionalität**	**Shader Model**
1992 - 2003	OpenGL 1.x	Fixed Function Pipeline	-
2004 - 2007	OpenGL 2.x	Vertex + Fragment Shader	1,2,3
2008 - 2009	OpenGL 3.x	Geometry Shader + Deprecation	4
2010 -	OpenGL 4.x	Tessellation + Compute (OpenCL)	5

An dieser Stelle sei noch einmal darauf hingewiesen, dass die vorliegende Abhandlung
kein OpenGL-Handbuch ist, in dem alle Funktionalitäten von OpenGL erläutert werden.

Dies ist der OpenGL-Spezifikation [Sega17] und den Referenzhandbüchern ([Kess17],[Rost10], [Sell15]) vorbehalten. Diese Abhandlung führt zwar anhand von OpenGL in die wichtigsten Grundlagen der interaktiven 3D-Computergrafik ein, geht aber mit Themen zu fortgeschrittenen Schatten-Algorithmen, dem Aufbau eines Szenengraphen, Cull-Algorithmen, GPGPU oder Mehrprozessor- bzw. Mehrkernsystemen darüber hinaus (Kapitel 14, 16, 17).

5.1.1 OpenGL Kurzbeschreibung

Im Folgenden wird ein stichpunktartiger Überblick über OpenGL gegeben:

- OpenGL steht für *Open Graphics Library*

- OpenGL ist eine Grafikprogrammierschnittstelle (Grafik-API), die:

  - unabhängig ist von der Grafik-Hardware.

  - unabhängig ist von der Bildschirmfenster-Verwaltung und der Benutzerschnittstelle (z.B. Maus und Tastatur).

  - einen Sprachumfang von ca. 250 Befehlen im *„Core Profile"* bzw. ca. 700 im *„Compatibility Profile"* besitzt.

- OpenGL existiert in zwei verschiedenen Ausprägungen:

  - im *„Compatibility Profile"*, in dem alle OpenGL-Befehle (alte und neue) zur Verfügung stehen.

  - im *„Core Profile"*, in dem nur noch die neuen OpenGL-Befehle zur Verfügung stehen. Die alten, abgekündigten (deprecated) Befehle stehen hier nicht mehr zur Verfügung. Da in diesem Profil ein Großteil der Infrastruktur zum Rendern von Bildern fehlt, wie z.B. Matrizen-Operationen zum Drehen, Verschieben, Skalieren oder Projizieren von Objekten, Matrizen-Stapel, Beleuchtungs-Algorithmen, Texturierungs-Funktionen usw., muss man dafür entweder eigene Programme schreiben, oder freie Software-Bibliotheken nutzen. Außerdem benötigt man im Core Profile zum Rendern in jedem Fall programmierbare Shader, so dass der Einstieg in OpenGL in diesem Profil mit einer hohen Hürde verbunden ist. Um diese Hürde so klein wie möglich zu halten, wird in diesem Buch der Werkzeugkasten von Sellers und Wright[6] [Sell15] benutzt, der mit *„GLTools"* und *„GLShaderManager"* sowohl die nötigen Mathematik-Bibliotheken, als auch einen Satz von Standard-Shader-Programmen (sog. *„Stock Shader"*) zur Verfügung stellt.

---

[6]Der Werkzeugkasten kann von folgendem URL geladen werden: www.openglsuperbible.com/files/SB5.zip (abgerufen am 24.12.2018)

- OpenGL besteht aus folgenden Teilen:

  - der OpenGL *Library* (opengl32.lib), die die Implementierung der OpenGL-Basisbefehle enthält und deren Schnittstelle dem Compiler mit der Zeile „`#include <GL/gl.h>`" in einem C/C++ – Programm bekannt gemacht wird.

  - der OpenGL *Utility Library* (glu32.lib), die nur im „*Compatibility Profile*" eingesetzt werden kann und eine Reihe von Befehlen enthält, um komplexere geometrische Objekte wie z.B. Ellipsoide, Splines oder NURBS (*non-uniform rational b-splines*) zu rendern, oder um konkave Polygone in konvexe aufzuteilen (Kapitel 6). Mit der Zeile „`#include <GL/glu.h>`" wird die GLU-Library in ein C/C++ – Programm eingebunden.

  - einer Erweiterung für die Window-Verwaltung:

    * GLX für das X-Window-System
    * WGL für Microsoft Windows
    * AGL für Apple Mac OS
    * PGL für OS/2 von IBM
    * GLUT (OpenGL *Utility Toolkit*, hier wird die weiterentwickelte Variante „*freeglut*" verwendet), einer vom *Window*-System unabhängigen Bibliothek, auf die bei den hier vorgestellten Beispielen zurückgegriffen wird. GLUT stellt Befehle bereit, um ein Bildschirmfenster (*window*) zu öffnen, um interaktive Benutzereingaben z.B. von der Tastatur zu bearbeiten, um insbesondere bei bewegten Bildern die veränderten Bildinhalte berechnen zu lassen (mit „*Display Callback*" – Funktionen) und um komplexere geometrische Objekte wie z.B. Kegel, Kugel, Torus oder eine Teekanne zeichnen zu lassen. Eine genauere Beschreibung der GLUT-Befehle wird in [Kilg96] bzw. im Internet[7] gegeben. Mit der Zeile „`#include <GL/glut.h>`" wird die GLUT-Library in ein C/C++ – Programm eingebunden. Durch das Einbinden der GLUT-Library werden automatisch die beiden vorigen Libraries (OpenGL und OpenGL Utility) eingebunden.

  - um alle OpenGL Extensions nutzen zu können, bindet man am besten noch GLEW[8], die OpenGL „*Extension Wrangler*"-Library ein. Mit der Zeile „`#include <GL/glew.h>`" wird die GLEW-Library in ein C/C++ – Programm eingebunden.

  - im „*Core Profile*" benötigt man noch Unterstützungsroutinen für die weggefallene Infrastruktur. In diesem Buch werden dazu die beiden Bibliotheken „*GLTools*" und „*GLShaderManager*" von Sellers und Wright [Sell15] benutzt. Durch das Einbinden der GLTools-Library („`#include <GLTools.h>`") werden automatisch alle vorigen Libraries (OpenGL, OpenGL Utility, GLUT, GLEW) eingebunden.

---

[7]https://github.com/LuaDist/freeglut (abgerufen am 24.12.2018)
[8]http://glew.sourceforge.net/ (abgerufen am 24.12.2018)

- Die Grundstruktur eines OpenGL-Programms ist einfach, sie besteht nur aus zwei Teilen[9]:

    – Der Initialisierung eines Zustandes, um festzulegen, in welchem Modus die Objekte gerendert werden sollen.
      Wie wird gerendert.

    – Der Festlegung der 3D-Geometrie der Objekte, die gerendert werden sollen.
      Was wird gerendert.

- OpenGL ist ein Zustandsautomat (*state machine*):
  Der Automat befindet sich immer in einem bestimmten Zustand. Dies gilt auch, wenn nichts festgelegt wurde, denn jede Zustandsvariable hat einen sogenannten „Default"–Wert, der standardmäßig angenommen wird. Wird für eine Zustandsvariable, wie z.B. die Farbe, ein bestimmter Wert festgelegt, so werden alle folgenden Objekte mit dieser Farbe gerendert, bis im Programm eine neue Farbe spezifiziert wird. Andere Zustandsvariablen, die festlegen, wie bestimmte geometrische Objekte gerendert werden sollen, wären z.B. Materialeigenschaften von Oberflächen, Eigenschaften von Lichtquellen, Nebeleigenschaften oder Kantenglättung (*Anti-Aliasing*). Die Zustandsvariablen legen also einen Zeichenmodus fest, der mit den folgenden OpenGL-Kommandos ein- bzw. ausgeschaltet werden kann:

  glEnable(...) : Einschalten
  glDisable(...) : Ausschalten

5.1.2   Die OpenGL Kommando Syntax

In OpenGL gelten bestimmte Konventionen für die Schreibweise von Kommandos und Konstanten. Außerdem wurden zur Sicherung der Plattformunabhängigkeit eigene Datentypen definiert.
Kommandos enthalten immer ein Prefix, an dem man erkennen kann, aus welcher Bibliothek der Befehl stammt, gefolgt von Wörtern, die jeweils mit Großbuchstaben beginnen:

gl*   : Basis-Befehl der OpenGL Library (opengl32.dll)   z.B.: glShadeModel()
glu* : Befehl der OpenGL Utility Library (glu32.dll)   z.B.: gluNurbsSurface()
glut* : Befehl des OpenGL Utility Toolkit (glut32.dll)   z.B.: glutCreateWindow()
glt* : Befehl der GLTools-Library (gltools.lib)   z.B.: gltGetOpenGLVersion()

Manche Kommandos gibt es in verschiedenen Ausprägungen, die durch weitere Zeichen nach dem Kommandonamen festgelegt werden, wie in Bild 5.1 dargestellt.

---

[9]im „*Core Profile*" benötigt man neben dem normalen OpenGL-Programm noch die Shader-Programme, die die Aufgaben der Fixed Function Pipeline übernehmen, oder zusätzliche Aufgaben erledigen.

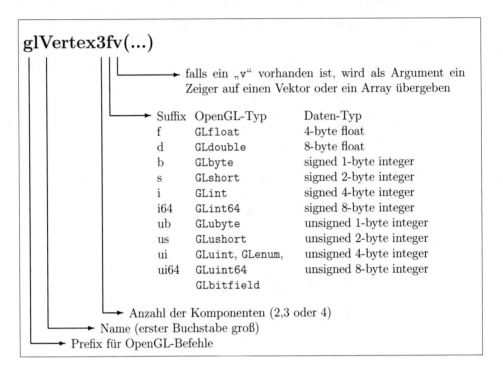

Bild 5.1:   Die OpenGL Kommando Syntax

Konstanten in OpenGL beginnen immer mit einem Prefix, an dem man erkennen kann, aus welcher Bibliothek die Konstante stammt, gefolgt von Wörtern, die groß geschrieben und durch „_" (Unterstrich, *underscore*) getrennt werden:

GL_*   : Konstante der OpenGL Library   z.B.: GL_COLOR_BUFFER_BIT
GLU_* : Konstante der OpenGL Utility Library   z.B.: GLU_TESS_VERTEX
GLUT_*: Konstante des OpenGL Utility Toolkit   z.B.: GLUT_DEPTH
GLT_* : Konstante der GLTools-Library   z.B.: GLT_SHADER_IDENTITY

5.1.3   Die OpenGL Rendering Pipeline

Zur Generierung synthetischer Bilder auf einem Computer sind viele einzelne Rechenschritte in einer bestimmten Reihenfolge notwendig, die nach dem Fließbandprinzip in Form einer sogenannten *„Rendering Pipeline"* ausgeführt werden. Das Fließbandprinzip hat den großen Vorteil, dass die einzelnen Rechenschritte parallelisiert und somit beschleunigt werden können. Die *„Rendering Pipeline"* gibt es in zwei verschiedenen Ausführungen: als *„Fixed Function Rendering Pipeline"* (FFP), bei der Programmierer nur die Parameter von fest vorgegebenen Funktionen einstellen können, und als *„Programmierbare Rendering Pipeline"* (PRP), bei der bestimmte Teile der *„Rendering Pipeline"* als sogenannte *„Shader"* programmiert und auf der Grafikkarte zur Ausführung gebracht werden können.

5.1.3.1   Die Fixed Function Rendering Pipeline

Die *„Fixed Function Rendering Pipeline"* wurde von 1992 - 2003 im Rahmen von OpenGL 1.0 - 1.5 entwickelt und steht auch unter der aktuellen OpenGL Version 4.6 im *„Compatibility Profile"* im vollen Umfang zur Verfügung. Die Reihenfolge der Operationen in der Rendering Pipeline, wie sie in Bild 5.2 in der Art eines Blockschaltbildes dargestellt ist, vermittelt einen groben Überblick über die prinzipiellen Abläufe bei der 3D-Computergrafik, der nicht nur für OpenGL, sondern generell gilt. In diesem Abschnitt werden die einzelnen Blöcke der *Rendering Pipeline* kurz erläutert, um ein erstes Gefühl für die Zusammenhänge zu vermitteln. In den weiteren Kapiteln wird die Funktionsweise der einzelnen Blöcke genau erklärt.

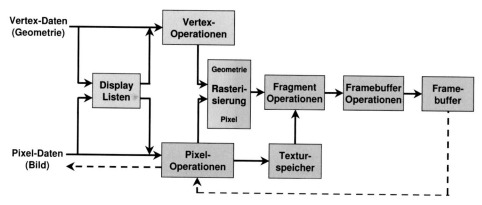

Bild 5.2:   Die *„Fixed Function Rendering Pipeline"* beschreibt die Reihenfolge der Operationen bei der Generierung synthetischer Bilder. Sie gilt für OpenGL 1.x und steht auch unter der aktuellen OpenGL Version 4.6 im *„Compatibility Profile"* im vollen Umfang zur Verfügung. Gelb dargestellt sind Operationen auf Vertex-Ebene, türkis dargestellt sind Operationen auf Fragment-/Pixel-Ebene.

Zunächst gibt es zwei verschiedene Daten-Pfade, denn einerseits werden 3D Geometrie-Daten (Punkte, Linien und Polygone, die durch ihre Eckpunkte, die Vertices, beschrieben sind) bearbeitet (transformiert, beleuchtet, zugeschnitten) und andererseits können auch Bild-Daten verarbeitet (gefiltert, gezoomt, gruppiert) und in einem Textur-Speicher abgelegt werden. Die vertex-bezogenen Daten (wie z.B. Farbe, Texturkoordinaten usw.), die nur an den Vertices definiert sind, werden dann rasterisiert, d.h. mit Hilfe einer linearen Interpolation in Bildpunkte (sog. Fragmente) umgewandelt und im Rahmen der Fragment-Operationen mit den bereits rasterisierten Bild-Daten zusammengeführt, bevor sie schließlich in den Bildspeicher (engl. Framebuffer) geschrieben werden.

Display Listen   Display Listen dienen dazu, geometrische Primitive (Vertices, Linien, Polygone) oder Bild-Daten zu komplexeren Objekten zusammenzufassen und diese komplexen Objekte auch mehrfach wiederverwenden zu können. Dies geschieht einfach dadurch, dass alle benötigten Daten, egal ob Geometrie- oder Bild-Daten, in einer sogenannten Display Liste unter einem bestimmten Namen gespeichert werden und entweder sofort oder zu einem späteren Zeitpunkt wieder abgerufen werden können. Der Zeichenmodus, bei dem komplexere Objekte abgespeichert und später wieder aufgerufen werden, heißt *Display List Modus* oder auch *Retained Mode*. Werden dagegen alle Daten unmittelbar an die *Rendering Pipeline* übergeben, spricht man vom *Immediate Mode*.

Vertex-Operationen   Vertex-Daten sind Koordinaten von Punkten im 3-dimensionalen Raum. Zusammen mit der Information, welche Punkte miteinander verbunden sind, können so Linien oder Polygone definiert werden. Vertices sind also die Eckpunkte von Polygonen und Linien, oder einfach nur 3D-Punkte. Die Vertex-Daten müssen zunächst über mehrere Stufen transformiert werden:

- durch Modell- und Augenpunkts-Transformationen werden die Objekte richtig positioniert (`glTranslate`), gedreht (`glRotate`) und skaliert (`glScale`)

- anschließend wird eine Projektionstransformation durchgeführt, um die 3D-Koordinaten auf eine 2D-Bildebene zu projizieren

- danach erfolgt eine Normierung und

- zuletzt die Abbildung auf 2D-Bildschirmkoordinaten (Viewport Transformation).

Außerdem werden in dieser Stufe gegebenenfalls die Normalenvektoren und die Texturkoordinaten generiert und transformiert. Falls der Beleuchtungsmodus aktiviert ist, wird in dieser Verarbeitungsstufe aus den Vertices, Normalenvektoren und Materialeigenschaften der Objekte auf der einen Seite und den Eigenschaften der Lichtquellen auf der anderen Seite für jeden Vertex die Beleuchtungsrechnung durchgeführt und somit eine Farbe ermittelt. Sollten zusätzliche Schnittebenen (*Clipping Planes*) definiert sein, werden die Geometrie-Daten eliminiert, die sich im weggeschnittenen Halbraum befinden.

Pixel-Operationen Pixel-Daten sind die Farbwerte der einzelnen Bildpunkte von 2D-Bildern, auch Texturen genannt (möglich sind auch 1-dimensionale oder 3-dimensionale Texturen). Texturen können z.B. Fotografien sein, die auf Polygone quasi aufgeklebt werden. Damit lassen sich sehr realistisch aussehende Computergrafiken erzeugen. Der erste Bearbeitungsschritt bei Pixel-Daten ist das Entpacken, falls die Daten komprimiert vorliegen. Anschließend können die Farbwerte skaliert, begrenzt, mit einem Offset versehen oder mit Hilfe einer Lookup-Tabelle transformiert werden. Zuletzt können die Texturen gruppiert und in einem sehr schnellen Textur-Speicher abgelegt werden.

Textur-Speicher Texturen müssen erst einmal vom Hauptspeicher des Computers über ein Bussystem auf die Grafikhardware geladen werden. Sie durchlaufen dann, wie im vorigen Absatz erläutert, eine Reihe von Operationen, bevor sie auf die Polygone projiziert werden können. Wegen der häufigen Wiederverwendung von Texturen bietet es sich deshalb an, sie nach der Vorverarbeitung in einem Textur-Speicher im Grafiksubsystem abzuspeichern, auf den sehr schnell zugegriffen werden kann. Falls in einer Anwendung mehr Texturen benötigt werden, als in den Textur-Speicher passen, müssen möglichst in Perioden geringerer Belastung der Grafikhardware Texturen vom Hauptspeicher in den Textur-Speicher nachgeladen werden. Bei Echtzeit-Anwendungen erfordert dies einen vorausschauenden, prioritätsgesteuerten Textur-Nachlademechanismus.

Rasterisierung Nach den Vertex-Operationen liegen für jeden Eckpunkt eines Polygons die korrekt berechneten Farbwerte vor. Was jetzt noch für die Darstellung an einem Ausgabegerät, wie z.B. einem Monitor oder Beamer fehlt, sind die Farbwerte für jedes Pixel des Bildschirms, den das Polygon bedeckt. Diese Interpolation der Farbwerte zwischen den Vertices eines Polygons für jeden Rasterpunkt des Bildschirms heißt Rasterisierung. In dieser Stufe der Rendering Pipeline werden zur besseren Unterscheidbarkeit die Rasterpunkte auch Fragmente genannt, d.h. jedes Fragment entspricht einem Pixel im Framebuffer und dieses entspricht einem Raster- oder Leuchtpunkt des Bildschirms. Texturen liegen nach den Pixel-Operationen ebenfalls in Form von Farbwerten für die einzelnen Texturbildpunkte, auch Texel (*texture element*) genannt, im Textur-Speicher vor. Die Abbildung von Texturen auf Polygone erfolgt mit Hilfe von Texturkoordinaten, die jedem Vertex zugeordnet sind. Die Umrechnung von vertex-bezogenen auf fragment-bezogene Texturkoordinaten erfolgt ebenfalls im Rasterizer durch lineare Interpolation. Falls noch weitere vertex-bezogene Daten, wie z.B. Normalenvektoren, Nebelfaktoren oder Schattentextur-Koordinaten vorhanden sind, können diese ebenfalls im Rasterizer durch lineare Interpolation in fragment-bezogene Werte umgerechnet werden.

Fragment-Operationen Nach der Rasterisierung liegen für jedes Fragment Farbwerte von den Vertex-Daten (Polygonen etc.) und fragment-bezogene Texturkoordinaten von den Pixel-Daten (Texturen) vor. Mit Hilfe der Texturkoordinaten können nun die Farbwerte der Textur aus dem Textur-Speicher ausgelesen und ggf. gefiltert werden. In der ersten Stufe der Fragment-Operationen werden jetzt abhängig vom eingestellten *Texture Mapping*

Modus, für jedes Fragment die Farbwerte der Vertex-Daten ersetzt durch oder gemischt mit den Farbwerten der Texturen. In den weiteren Stufen der Fragment-Operationen werden die Nebelberechnungen durchgeführt und ggf. die separat durch die Rendering Pipeline geschleusten spekularen Farbanteile (`glSecondaryColor`) addiert.

Framebuffer-Operationen In den Stufen der Framebuffer-Operationen werden eine Reihe von einfachen und schnellen Tests durchgeführt, die in der folgenden Kaskade ablaufen: zuerst der Sichtbarkeitstest bzgl. des Bildschirms bzw. *Viewports* (Fenster), dann der *Scissor*-Test für das Ausschneiden eines rechteckigen Rahmens, das *Anti-Aliasing* (Kantenglättung), der *Stencil*-Test für Maskierungseffekte, der *Z-Buffer*-Test (Verdeckungsrechnung), der binäre *Alpha*-Test bzgl. transparenter Bildpunkte, das kontinuierliche Mischen (*Alpha-Blending*) der Farbe mit einer Hintergrundfarbe, das *Dithering* (die Erhöhung der Farbauflösung auf Kosten der räumlichen Auflösung), sowie logische Operationen und das abschließende maskierte Schreiben in den Bildspeicher (*Framebuffer*).

Bildspeicher (Framebuffer) Der Bildspeicher (*Framebuffer*) enthält in digitaler Form die endgültigen Farbwerte für jeden Bildpunkt (Pixel von **picture element**) des computergenerierten Bildes. Das fertige Bild im *Framebuffer* kann jetzt für verschiedene Zwecke benutzt werden:

- Umwandlung des Bildes mit Hilfe eines Digital-Analog-Converters (DAC) in ein elektrisches Signal, um das Bild z.B. auf einem Bildschirm ausgeben zu können

- Zurückkopieren des Bildes in den Hauptspeicher und abspeichern auf einem Datenträger (*Offscreen-Rendering*)

- Zurückkopieren des Bildes in die Rendering Pipeline und weitere Benutzung als Textur (*Multipass Rendering*)

5.1.3.2   Die Programmierbare Rendering Pipeline

Bei der „*Programmierbaren Rendering Pipeline*" kann man einen Teil der Vertex-Operationen durch einen „*Vertex Shader*[10]" und einen Teil der Fragment-Operationen durch einen „*Fragment-Shader*[11]" selbst programmieren. Dabei gibt es zwei verschiedene Varianten der „*Programmierbaren Rendering Pipeline*": im „*Compatibility Profile*" von OpenGL kann man die „*Fixed Function Pipeline*" (FFP) weiterhin nutzen und **optional** Teile der FFP durch Vertex und/oder Fragment Shader ersetzen (Bild 5.3); im „*Core Profile*" von OpenGL steht die FFP nicht mehr zur Verfügung und man **muss** einen Vertex Shader und einen Fragment Shader einsetzen (Bild 5.4). Die Nutzung von Compute Shadern bzw. OpenCL ist dagegen rein optional.

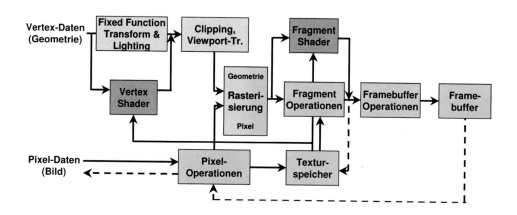

Bild 5.3:   Mit OpenGL 2.x kamen die ersten programmierbaren Shader in die „*Rendering Pipeline*", nämlich der Vertex-Shader und der Fragment-Shader (Magenta-Farben dargestellt), durch die optional Teile der FFP mit eigenen Programmen ersetzt werden konnten. Im „*Compatibility Profile*" von OpenGL 4.x gilt dieses Ablaufdiagramm weiterhin, denn in diesem Profil stehen alle Befehle der FFP und der Programmierbaren Rendering Pipeline zur Verfügung.

---

[10]Der Begriff „*Shader*" stammt aus den Anfängen der programmierbaren Grafikkarten, als nur kleine Teile der Vertex-Operationen selbst programmiert werden konnten. Dabei wurde in erster Linie das Gouraud-Shading (Abschnitt 12.2.2) durch aufwändigere Shading-Verfahren ersetzt, so dass der Begriff „*Shader*" für diese kleinen Unterprogramme verwendet wurde. Heutzutage versteht man unter einem *Programmierbaren Shader* nicht nur ein Schattierungsverfahren, sondern ein ganz allgemeines kleines Programm, das durch den Download in die Grafikkarte bestimmte Teile der in Hardware gegossenen „*Fixed Function Pipeline*" ersetzt und in der Regel erweitert.

[11]Manchmal wird statt„ *Fragment Shader*" auch der im Direct3D-Umfeld gebräuchliche Begriff „*Pixel Shader*" verwendet.

Ein Vertex Shader muss mindestens die grundlegenden Aufgaben erledigen, die normalerweise in der FFP im Rahmen der Vertex-Operationen durchgeführt werden. Dazu gehören der Reihe nach die Modell- und Augenpunkt-Transformationen, die Beleuchtungsrechnung (im Fall des *Gouraud-Shadings*) sowie die Projektionstransformation inklusive Normierung. Die Auswertung der Zusammengehörigkeit mehrerer Vertices zu Polygonen (*primitive assembly*), das Clipping und die Viewport-Transformation sind dagegen weiterhin nicht frei programmierbar. Mit einem *Vertex Shader* muss man die minimal erforderlichen FFP-Geometrietransformationen nachprogrammieren, man kann sie aber z.B. auch so erweitern, dass komplexe Animationen durch Hardware-Beschleunigung echtzeitfähig werden (Kapitel 15); weiterhin kann man z.B. die FFP-Beleuchtungsformel (12.17) reimplementieren, oder sie durch ein aufwändigeres Beleuchtungsmodell ersetzen. Zu den Fragment-Operationen gehört unter anderem die Texturierung und die Nebelberechnung. Deshalb sind mit einem *Fragment Shader* sehr aufwändige Texture-Mapping-Verfahren realisierbar, wie z.B. *Bump Mapping* und *Refractive Environment Mapping* unter Berücksichtigung von Fresnel-Effekt und Dispersion [Fern03], oder auch realistischere Nebelmodelle. Außerdem läßt sich mit Hilfe eines *Fragment Shaders* echtes *Phong-Shading* programmieren. Wie dies im Detail zu realisieren ist, wird im Abschnitt 12.2.3 gezeigt.

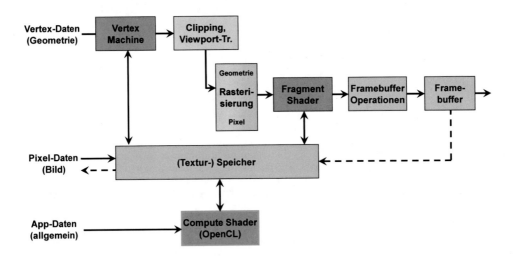

Bild 5.4: Die „*Programmierbare Rendering Pipeline*" im „*Core Profile*" von OpenGL 4.x. In diesem Profil muss man zum Rendern in jedem Fall programmierbare Shader (Magenta-Farben dargestellt) verwenden. Die Vertex Machine besteht aus mindestens einem programmierbaren Shader (dem Vertex-Shader), kann aber auch noch einen Geometry Shader sowie eine Tessellation-Einheit enthalten (Bild 5.5). Der Einsatz von Compute Shadern ist optional und daher grün umrandet.

In Bild 5.4 wurde der programmierbare Teil auf der Vertex-Ebene bewusst nicht mehr „*Vertex Shader*", sondern „*Vertex Machine*" genannt. Der Grund dafür ist die Weiterentwicklung der Funktionalität von OpenGL im Bereich der Vertex-Operationen. Während zu Beginn der „*Programmierbaren Rendering Pipeline*", d.h. bei OpenGL 2.x, die „*Vertex Machine*" ausschließlich aus einem „*Vertex Shader*" bestand (Bild 5.5-a), kam mit OpenGL 3.x der „*Geometry Shader*" hinzu (Bild 5.5-b) und mit OpenGL 4.x die Tessellation-Einheit, bestehend aus einem Control Shader, einem Tessellator und einem Evaluation Shader (Bild 5.5-c). In OpenGL 4.x muss die „*Vertex Machine*" mindestens einen Vertex Shader enthalten, da die grundlegenden FFP-Geometrietransformationen für die weitere Verarbeitung unverzichtbar sind, Geometry Shader und Tessellation-Einheit sind dagegen optional.

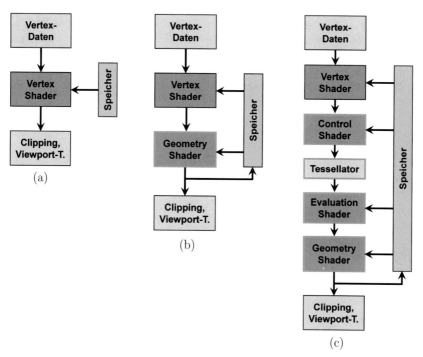

Bild 5.5: Die Entwicklung der „*Vertex Machine*" von OpenGL: (a) OpenGL 2.x (Shader Model 1,2,3): es gibt nur einen „*Vertex Shader*", der Vertex-Daten transformieren und manipulieren kann. (b) OpenGL 3.x (Shader Model 4): neu hinzugekommen ist der „*Geometry Shader*", mit dem man Vertices neu erzeugen und vernichten kann. (c) OpenGL 4.x (Shader Model 5): neu hinzugekommen sind die drei Stufen der Tessellation-Einheit, nämlich der „*Control Shader*" zur Berechnung der Tessellation-Faktoren, die Hardware-Einheit „*Tessellator*" zur Umrechnung der Kontrollpunkte in Vertices, und der „*Evaluation Shader*" zur Berechnung der endgültigen Vertex-Positionen. Grün umrandet sind optionale Shader.

Mit einem Geometry Shader kann man nicht nur einzelne Vertices modifizieren, wie bei einem Vertex Shader, sondern ganze Grafik-Primitive, wie z.B. Polygone, Dreiecksnetze, Linien, oder Punkte. Außerdem kann man mit einem Geometry Shader die Datenmenge in der Rendering Pipeline ändern, indem man neue Grafik-Primitive erzeugt oder vernichtet. Damit kann man z.B. eine Szene aus unterschiedlichen Blickwinkeln mit nur einem Durchlauf durch die Rendering Pipeline darstellen, indem man jedes in den Geometry Shader eingehende Grafik-Primitiv für jeden Blickwinkel dupliziert und anschließend an die richtige Stelle vor die Kamera bringt. Nutzen kann man dies z.B. bei Mehrkanal-Applikationen, wie sie bei Fahr-Simulationen eingesetzt werden, um die Sichten durch die Frontscheibe, den Rückspiegel, und die beiden Außenspiegel darzustellen. Eine weitere Einsatzmöglichkeit bietet sich beim „Cascaded Shadow Mapping" (Abschnitt 14.1.2.3), bei dem mehrere Schatten-Texturen aus unterschiedlichen Blickwinkeln erzeugt werden müssen. Der Geometry Shader bietet noch eine weitere wichtige Funktion: „Transform Feedback". Anstatt den Output des Geometry Shaders in die weiteren Stufen der Rendering Pipeline zu füttern kann man die erzeugten bzw. modifizierten Grafik-Primitive in den Speicher der Grafikkarte schreiben und von dort erneut in den Vertex Shader einspeisen. Dadurch entsteht eine Rückkopplungsschleife, mit der man iterative oder rekursive Algorithmen implementieren kann (Bild 5.5-b). Dies kann man z.B. bei Partikelsystemen oder Schwärmen nutzen, bei denen eine große Zahl an Teilchen oder Individuen erzeugt bzw. nach eigenständigen Regeln bewegt wird (Abschnitt 15.2.4).

Mit einer Tessellation-Einheit kann man eine sehr viel kompaktere Art der geometrischen Modellierung umsetzen. Anstatt hoch aufgelöste Dreiecksnetze, die gekrümmte Oberflächen mehr oder weniger genau approximieren, in die Rendering Pipeline zu schicken, modelliert man mit der Methode der gekrümmten Polygone (Abschnitt 6.1.2) nur noch die relativ geringe Zahl an Kontrollpunkten, die die Oberflächen mathematisch exakt beschreiben. Diese implizite Darstellung von gekrümmten Oberflächen bietet zwei wesentliche Vorteile: einerseits kann man jede noch so große Krümmung beliebig genau approximieren, auch wenn die Kamera sehr nah an den Oberflächen dran ist und andererseits bleibt die Beschreibung der Oberflächen trotzdem stark komprimiert, so dass der Speicherplatz und folglich auch die Datentransferrate zur Grafikkarte für ganze Szenarien niedrig bleibt. Der Nachteil der impliziten Darstellung ist, dass man abhängig von der Kameraposition für jedes neu zu rendernde Bild eine adäquate, aber meist große Zahl an Vertices von Dreiecksnetzen berechnen muss. Diese aufwändige Umrechnung von der impliziten in die explizite Oberflächendarstellung, als Tessellierung bezeichnet, wurde deshalb früher immer vorab durchgeführt. Mit der aktuellen Grafikkartengeneration, die Shader Model 5 unterstützt, wird die Tessellierung hardware-beschleunigt und kann somit in Echtzeit berechnet werden. Die Tessellation-Einheit besteht aus einem Control Shader, der die Kontrollpunkte in ein geeignetes Koordinatensystem transformiert und festlegt, in wie viele Dreiecke eine gekrümmte Oberfläche zerlegt werden soll, einem hardware-beschleunigten Tessellator, der die eigentliche Umrechnung der Kontrollpunkte in Vertices vornimmt, und einem Evaluation Shader, der die endgültige Position der erzeugten Vertices bestimmt (Bild 5.5-c). Der Evaluation Shader kann zusätzlich noch eine sogenannte „Displacement Map" aus dem Texturspeicher auslesen, mit der dann Oberflächenunebenheiten, wie z.B. kleine Zacken

˙oder Dellen 3-dimensional ausmodelliert werden können.

Mit einem Compute Shader (Bild 5.4) kann man direkt in OpenGL allgemeine Berechnungen auf der Grafikkarte durchführen und beschleunigen, wie man es von OpenCL oder CUDA her kennt (Kapitel 17). Damit lässt sich die gigantische Rechenleistung heutiger Grafikkarten für beliebige parallelisierbare Algorithmen (GPGPU) nutzen. Beispiele für solche Algorithmen wären aufwändige Physikberechnungen wie in der Fluiddynamik, Finite-Elemente-Methoden oder Maschinelles Lernen mit Hilfe von Neuronalen Netzen (Band II Kapitel 21 und 26).

5.1.3.3   Shading Programmiersprachen

Derzeit existieren noch zwei von ursprünglich drei auf *GPUs* zugeschnittene *Shading*-Programmiersprachen, die einander sehr ähnlich sind: *HLSL* (*High Level Shading Language*) von Microsoft und GLSL (*OpenGL Shading Language*) von den Firmen, die sich in der OpenGL ARB Working Group zusammengeschlossen haben. Die dritte, nämlich *Cg* (*C for graphics*) von NVIDIA wurde bereits 2012 wieder eingestellt. NVIDIA und Microsoft bildeten im Jahr 2001 ein Konsortium zur Entwicklung von *Cg* und *HLSL*. Im Wesentlichen sind *Cg* und *HLSL* eine einzige *Shading*-Programmiersprache, die sich nur in den Namenskonventionen unterscheiden. *HLSL* ist Teil von Microsoft's DirectX Multimedia-Schnittstelle seit der Version 9 und als solcher nur unter Direct3D auf Windows-Betriebssystemen lauffähig. Das im Jahr 2002 vorgestellte *Cg* ist ein offener Standard, der unabhängig von der Grafik-Programmierschnittstelle, d.h. sowohl unter OpenGL als auch unter Direct3D, eingebunden werden kann. *Cg* ist damit unabhängig vom Betriebssystem und von der verwendeten Grafik-Hardware. *Cg* wurde von NVIDIA allerdings im Jahr 2012 abgekündigt, da es gegenüber GLSL zu viele Marktanteile verloren hatte[12]. Bei GLSL wurde die Spezifikation Ende 2003 veröffentlicht und es existieren für alle relevanten Betriebssysteme und Grafikkarten entsprechende Treiber und Entwicklungsumgebungen. Ein Vergleich der GLSL-Spezifikation mit *Cg* zeigt eine sehr große Übereinstimmung in der Semantik. Die Funktionalität und Wirkung von Shadern kann in den weit verbreiteten Datenbasisgenerier-Werkzeugen (*Digital Content Creation Tools*) „3d studio max" und „MAYA" von Autodesk benutzt und getestet werden. Das Beispiel der Realisierung eines Phong-Shaders im Abschnitt (12.2.3) wird anhand von *GLSL* dargestellt, da GLSL mittlerweile den größten Marktanteil und die am weitesten fortgeschrittene Funktionalität unter den Shading Programmiersprachen besitzt. Eine Umsetzung in HLSL bereitet aufgrund der großen Ähnlichkeit der *Shading*-Programmiersprachen kaum Schwierigkeiten.

---

[12]Bei der letzten Auflage dieses Buches wurde die Vermutung geäußert, dass „offene Standards auf Dauer gesehen oft einen Vorteil haben, da sie nicht vom Wohlergehen einer Firma abhängen", was sich mittlerweile bewahrheitet hat.

5.1.4   OpenGL Shading Language (GLSL)

Die „OpenGL Shading Language" (GLSL) und das Einbinden von Shadern in ein OpenGL-Programm werden schon in diesem Einführungs-Kapitel dargestellt, da man im Core Profile von OpenGL nicht mehr ohne programmierbare Shader auskommt. Wenn man aber lieber sofort sehen will, wie man mit OpenGL 3D-Objekte auf den Bildschirm rendert, sollte man diesen Abschnitt überspringen und gleich beim nächsten Kapitel weiter lesen. Man kann dann zu einem späteren Zeitpunkt (z.B. bei Abschnitt 12.2.3) wieder hier her zurück springen, um sich mit den Mechanismen der Shader-Programmierung zu befassen.

5.1.4.1   Datentransfer in der GLSL Rendering Pipeline

Die grundlegenden Abläufe in der OpenGL Rendering Pipeline wurden im letzten Abschnitt dargestellt. Zum besseren Verständnis der OpenGL Shading Language ist in Bild 5.6 der Datentransfer zu und von den Vertex- und Fragment-Shadern in einer vereinfachten Rendering Pipeline dargestellt.

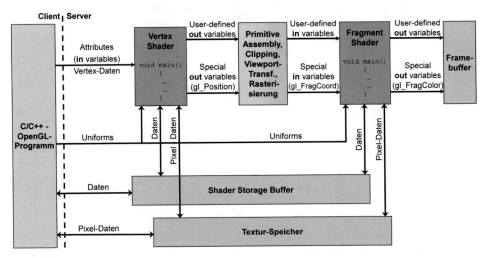

Bild 5.6:   Datentransfer in der Programmierbaren Rendering Pipeline.

Die Rendering Pipeline von OpenGL arbeitet nach dem „Client-Server-Prinzip": die Client-Seite (in Bild 5.6 links gelb dargestellt) besteht aus dem OpenGL-Programm, dessen Code auf der CPU abläuft und im Hauptspeicher des Rechners gehalten wird; das OpenGL-Programm sammelt Zeichenkommandos und -daten und sendet diese zum Server (in PCs meist die Grafikkarte) zur Ausführung. GLSL-Programme, in diesem Fall Vertex oder Fragment Shader (in Bild 5.6 magenta-farben dargestellt), sind keine normalen Programme auf der Client-Seite, mit denen man es in Hochsprachen wie z.B. C/C++ oder Java üblicherweise zu tun hat. Ein normales Client-Programm wird vom Programmierer aufgerufen, wenn es ausgeführt werden soll, und mögliche Eingabedaten werden ebenfalls vom Programmierer zur Verfügung gestellt oder von ihm gesteuert. Ein *Vertex* oder *Fragment Shader* dagegen ist ein Block der *Rendering-Pipeline* auf der Server-Seite, durch welche die Daten zur Bildgenerierung geschleust werden.

Als Eingabe in einen Shader werden vier Daten-Arten[13] unterschieden:

- **in** Variablen , die pro Vertex bzw. Fragment variieren (beim Vertex Shader bezeichnet man die **in** Variablen auch als *„Attributes"*),

- *„Uniforms"* die pro Grafik-Primitiv (also langsam) variieren und zur Übergabe von Parametern aus dem OpenGL-Programm dienen,

- *„Shader Storage Buffer"* die im Prinzip genau so wie *„Uniforms"* funktionieren, aber zusätzlich noch von den Shadern aus beschrieben werden können,

- *„Texturen"*, d.h. Pixel-Daten, die über den Textur-Speicher eingelesen werden.

Als Ausgabe von einem Shader gibt es *„out"* Variablen, die entweder benutzerdefiniert (*user-defined*), oder fest in OpenGL eingebaut (*built-in*) sind.

In einen *Vertex Shader* werden ständig als Eingabe Attribute-Daten (sogenannte *„in"* Variablen), d.h. Vertices, Farbwerte, Normalenvektoren und Nebel- oder Texturkoordinaten vom OpenGL-Programm eingespeist. Zusätzlich erhält der Vertex Shader noch langsam veränderliche Uniform-Variablen wie z.B. Transformations-Matrizen und Beleuchtungs-Parameter. Außerdem können die Shader noch allgemeine Daten über einen *„Shader Storage Buffer"* erhalten oder zurück schreiben. Das Vertex-Programm führt die entsprechenden Berechnungen aus (z.B. Koordinatentransformationen oder Beleuchtungsrechnungen) und liefert die Ergebnisse als **out** Variable an die nächste Stufe der *Rendering-Pipeline*, den Rasterizer. Man kann in OpenGL festlegen, ob der Rasterizer die **out** Variablen nur durchreichen soll, oder - wie meist üblich - linear interpolieren. Die zu den **out** Variablen des Vertex Shaders namensgleichen **in** Variablen des *Fragment Shader* übernehmen die konstanten oder linear interpolierten Werte (z.B. Farbwerte, Texturkoordinaten). Der Fragment Shader führt die entsprechenden Berechnungen (z.B. *Texture Mapping* oder Nebelberechnungen) aus und liefert die Ergebnisse (z.B. Farbwerte) entweder an die letzte Stufe der *Rendering-Pipeline*, den Framebuffer, oder direkt in den Textur-Speicher (z.B. Tiefenwerte einer Schattentextur). GLSL-Programme sind also eher vergleichbar mit Unterprogrammen, die von anderen Programmteilen mit entsprechenden Eingabeparametern aufgerufen werden und am Ende die Ergebnisse wieder zurück liefern.

Bei der Deklaration von Variablen, die zur Ein- und Ausgabe von Werten in Shadern verwendet werden, benutzt man die folgenden reservierten GLSL-Codewörter (sogenannte *„storage qualifier"*), die in den Programm-Listings dieses Buches immer fett gedruckt werden:

---

[13]Speziell für Compute Shader gibt es noch die Daten-Art *„shared"*, über die Daten innerhalb einer lokalen Gruppe von Shadern ausgetauscht werden können.

```
in          // Eingabe-Variable, die pro Vertex/Fragment variieren kann
out         // Ausgabe-Variable
uniform     // Eingabe-Variable vom OpenGL-Programm,
            // die pro Grafik-Primitiv variieren kann
buffer      // Variable, die in einen Shader Storage Buffer ein- und aus-
            // gegeben werden kann, und zwar sowohl vom OpenGL-Programm
            // aus, als auch vom Shader
const       // Konstante
```

Zusätzlich gibt es noch zur genaueren Spezifikation der Variablen sogenannte „auxiliary storage qualifier", die im Code immer den normalen „storage qualifiern" vorangestellt werden können:

```
centroid    // Variable mit Pixel-zentrierter Interpolation
sample      // Variable mit Interpolation pro Abtastwert
patch       // Variable für einen Tessellation Shader
```

Die in diesem Kapitel vorgestellten Sprachkonstrukte von GLSL reichen für das Verständnis der in diesem Buch vorgestellten GLSL-Programme aus. Für eine vollständige Darstellung des gesamten Sprachumfangs wird auf den OpenGL Programming Guide [Kess17] bzw. auf die GLSL-Spezifikation [Sega17] verwiesen.

Nicht alle Grafikkarten können den gesamten Sprachumfang von GLSL verarbeiten. Manche lassen nur eingeschränkte *Geometry Shader* zu, aber keine *Tessellation Shader*, andere lassen zwar beide *Shader*-Typen zu, implementieren aber nur einen Teil der mathematischen Funktionen. Um diese Vielfalt abzudecken, definiert man in GLSL sogenannte „*Versions*" für die verschiedenen Hardware-Betriebssystem-API-Kombinationen, die den zur Verfügung stehenden Sprachumfang festlegen. Um die GLSL-Version festzulegen, wird in den Shader in der ersten (unkommentierten) Zeile folgende Direktive für den Präprozessor geschrieben:

```
#version 460 // GLSL-Version 4.6
```

Welche Kombination für ein GLSL-Programm gerade zur Verfügung steht, kann durch eine Abfrage (`glGetString()` bzw. das Hilfsprogramm „*OpenGL Extensions Viewer*" der Firma realtech VR[14]) festgestellt werden, und abhängig davon können unterschiedliche GLSL-Programmvarianten aufgerufen werden.

Standardmäßig gilt das „*Core Profile*" und um das „*Compatibility Profile*" zu aktivieren, in dem der gesamte (*deprecated*) GLSL-Befehlsumfang zur Verfügung steht, lautet die Direktive[15]:

---

[14]www.realtech-vr.com/glview (abgerufen am 24.12.2018)

[15]In manchen OpenGL-Implementierungen ist es umgekehrt, d.h. es gilt standardmäßig das „*Compatibility Profile*" und das „*Core Profile*" muss mit der Direktive `#version 460 GL_core_profile` aktiviert werden.

```
#version 460 GL_compatibility_profile     // deprecated GLSL-Version 4.6
```

Um den Extension Mechanismus in GLSL nutzen zu können, muss man die Extensions entweder einzelnen oder alle gemeinsam in folgenden Direktiven für den Präprozessor in den Shader schreiben:

```
#extension GL_EXT_texture_array : enable  // Aktivierung von Textur-Arrays
#extension all : enable                   // Aktivierung aller Extensions
```

5.1.4.2   Datentypen, Variablen und Konstanten in GLSL

GLSL basiert auf der Programmiersprache C. Das heißt, das Grundkonzept von Syntax und Semantik ist genau so aufgebaut wie bei C und besitzt deshalb die üblichen Vorteile einer sehr weit verbreiteten höheren Programmiersprache. Deshalb kann ein erfahrener C-Entwickler in GLSL im wesentlichen so weiter programmieren, wie er es gewöhnt ist[16].

Für die fünf skalaren Standard-Datentypen in GLSL gelten die gleichen Konventionen wie in C/C++:

```
bool      bSwitch = 0;             // Boolesche Variable
int       iNum = -20;             // signed integer Variable
uint      uiCount = 10;           // unsigned integer Variable
float     fValue = 3.0f;          // floating point Variable
double    dPi = 3.14153265d;      // double-precision floating point
```

Zusätzlich gibt es Erweiterungen, die über den Sprachumfang von C/C++ hinausgehen: Datentypen für Grafik:

- 2-, 3-, 4-dimensionale Vektortypen mit float-Komponenten: vec2, vec3, vec4
  - bei double-Komponenten wird ein **d** vorangestellt: dvec2, dvec3, dvec4
  - bei integer-Komponenten wird ein **i** vorangestellt: ivec2, ivec3, ivec4
  - bei unsigned integer-Komponenten wird ein **u** vorangestellt: uvec2, uvec3, uvec4
  - bei bool-Komponenten wird ein **b** vorangestellt: bvec2, bvec3, bvec4

- Typen für 2x2-, 3x3-, 4x4-Matrizen mit float-Komponenten: mat2, mat3, mat4
  - bei double-Komponenten wird ein **d** vorangestellt: dmat2, dmat3, dmat4

- Typen für 2-spaltige Matrizen (2x2, 2x3, 2x4) mit float-/double-Komponenten: mat2x2, mat2x3, mat2x4, dmat2x2, dmat2x3, dmat2x4

- Typen für 3-spaltige Matrizen (3x2, 3x3, 3x4) mit float-/double-Komponenten: mat3x2, mat3x3, mat3x4, dmat3x2, dmat3x3, dmat3x4

---

[16]Was nicht funktioniert sind Zeiger und Strings, sowie alle darauf angewendeten Operationen.

- Typen für 4-spaltige Matrizen (4x2, 4x3, 4x4) mit float-/double-Komponenten: mat4x2, mat4x3, mat4x4, dmat4x2, dmat4x3, dmat4x4

- Datentypen für Textur-Zugriffe (floating-point):
  1-, 2-, 3-dimensionale Texturen: sampler1D, sampler2D, sampler3D
  Cube Map-Texturen: samplerCube
  Non-power-of-two-Texturen: sampler2DRect
  Textur-Arrays: sampler1DArray, sampler2DArray, samplerCubeArray
  2D-multi-sample Texturen bzw. -Arrays: sampler2DMS, sampler2DMSArray
  Buffer-Texturen: samplerBuffer
  Schatten-Texturen mit Tiefenvergleich: sampler1DShadow, sampler2DShadow, sampler1DArrayShadow, sampler2DArrayShadow, samplerCubeShadow, samplerCubeArrayShadow, sampler2DRectShadow
  (integer): es wird der Buchstabe **i** vor den Befehl gestellt,
  (unsigned integer): es wird der Buchstabe **u** vor den Befehl gestellt.

Genau wie bei C/C++ sind auch in GLSL (1-dimensionale) Arrays, Strukturen und Blöcke zur Aggregation der Basis-Datentypen zulässig:

```
float fColor[3];                    // Array mit 3 float-Komponenten
struct Light{
    vec3 fColor;
    vec3 fPos; } light;             // Struktur
in/out/uniform Matrices{
    uniform mat4 MV;
    uniform mat4 MVP;
    uniform mat3 NormalM; } mat;    // Block
```

Beispiele für die Deklaration und Initialisierung verschiedener Variablen (eines 4-dimensionalen Vektors und einer 4x4-Matrix) und Konstanten sehen dann folgendermaßen aus:

```
vec4 fPos = vec4(0.3, 1.0, 0.0, 1.0);
mat4 fMat = mat4(1.0, 0.0, 0.0, 0.0,
                 0.0, 1.0, 0.0, 0.0,
                 0.0, 0.0, 1.0, 0.0,
                 0.0, 0.0, 0.0, 1.0);    // Einheitsmatrix = mat4(1.0)
const mat4 Identity = mat4(1.0);         // konstante Einheitsmatrix
```

Vektoren, Matrizen und Arrays können in GLSL genau so indiziert werden wie in der Programmiersprache C/C++. Die Indizierung erfolgt mit dem Index-Operator ([ ]) und die Zählung beginnt beim Index 0. Die Indizierung eines Vektors liefert einen Skalar und die Indizierung einer Matrix liefert einen Spaltenvektor, wie in folgendem Beispiel:

```
float fZ = fPos[2];              // fZ erhält den Wert 0.0
vec4 fVec;
fVec = fMat[1];                  // fVec = (0.0, 1.0, 0.0, 0.0)
```

Die Komponenten eines Vektors können wie bei C++-Strukturen mit Hilfe des Selektions-Operators (.) ausgewählt oder neu angeordnet werden, was in der Fachsprache als „Swizz-ling" bezeichnet wird. Als Komponenten-Namen sind drei verschiedene Sätze zulässig, [x,y,z,w] für Ortskoordinaten, [r,g,b,a] für Farbwerte und [s,t,p,q] für Texturkoordinaten:

```
vec4 V1 = vec4(1.0, 2.0, 3.0, 4.0);
vec4 V2 = V1.zyxw;               // V2 = (3.0, 2.0, 1.0, 4.0)
vec3 V3 = V1.rgb;                // V3 = (1.0, 2.0, 3.0)
vec2 V4 = V1.aa;                 // V4 = (4.0, 4.0)
vec2 V4 = V1.ax;                 // Fehler, Mischung der Swizzling-Sets
```

Das Gegenstück zum „Swizzling" ist das „Write Masking", d.h. das Überschreiben beliebiger Komponenten eines Vektors:

```
vec4 V1 = vec4(1.0, 2.0, 3.0, 4.0);
V1.x = 5.0;                      // V1 = (5.0, 2.0, 3.0, 4.0)
V1.xw = vec2(5.0,6.0);           // V1 = (5.0, 2.0, 3.0, 6.0)
V1.wx = vec2(5.0,6.0);           // V1 = (6.0, 2.0, 3.0, 5.0)
V1.yy = vec2(5.0,6.0);           // Fehler, y wird doppelt verwendet
```

Neben den vom Benutzer definierten Variablen, die entweder nur innerhalb eines Shaders gültig sind, oder zur Ein- und Ausgabe von (pro Vertex bzw. Fragment veränderlichen) Werten dienen (mit **„in"** bzw. **„out"** *Qualifier* vor der Typdefinition der Variablen), gibt es noch die folgenden, fest in OpenGL/GLSL eingebauten Variablen, die nicht extra im Shader deklariert werden müssen:

```
// Vertex Shader Inputs (built-in):
in  int  gl_VertexID;
in  int  gl_InstanceID;
in  int  gl_DrawID;
in  int  gl_BaseVertex;
in  int  gl_BaseInstance;
in  vec4 gl_Vertex;                         // compatibility profile
in  vec4 gl_Color;                          // compatibility profile
in  vec4 gl_SecondaryColor;                 // compatibility profile
in  vec3 gl_Normal;                         // compatibility profile
in  vec4 gl_MultiTexCoord0; (0, 1, ..., 7)  // compatibility profile
in  float gl_FogCoord;                      // compatibility profile
```

```
// Vertex Shader Outputs (built-in):
out gl_PerVertex {
    vec4  gl_Position;
    float gl_PointSize;
    float gl_ClipDistance[];
    float gl_CullDistance[];
    vec4  gl_ClipVertex;                    // compatibility profile
    vec4  gl_FrontColor;                    // compatibility profile
    vec4  gl_BackColor;                     // compatibility profile
    vec4  gl_FrontSecondaryColor;           // compatibility profile
    vec4  gl_BackSecondaryColor;            // compatibility profile
    vec4  gl_TexCoord[];                    // compatibility profile
    float gl_FogFragCoord;                  // compatibility profile
};

// Fragment Shader Inputs (built-in):
in   vec4  gl_FragCoord;
in   bool  gl_FrontFacing;
in   float gl_ClipDistance[];
in   float gl_CullDistance[];
in   vec2  gl_PointCoord;
in   int   gl_PrimitiveID;
in   int   gl_SampleID;
in   vec2  gl_SamplePosition;
in   int   gl_SampleMaskIn[];
in   int   gl_Layer;
in   int   gl_ViewportIndex;
in   bool  gl_HelperInvocation;
in   vec4  gl_Color;                        // compatibility profile
in   vec4  gl_SecondaryColor;               // compatibility profile
in   vec4  gl_TexCoord[];                   // compatibility profile
in   float gl_FogFragCoord;                 // compatibility profile

// Fragment Shader Outputs (built-in):
out vec4  gl_FragColor;                     // compatibility profile
out vec4  gl_FragData[];                    // compatibility profile
out float gl_FragDepth;
out int   gl_SampleMask[];
```

Für die *built-in* Variablen von Compute Shadern, Geometry Shadern und den Control und Evaluation Shadern der Tessellation-Einheit, sowie die *built-in* Konstanten wird aus Platzgründen auf die GLSL-Spezifikation [Sega17] verwiesen.

Für die Übergabe von langsam veränderlichen Uniform-Variablen vom OpenGL-

Programm an die Shader muss nach dem Kompilieren und Binden der Shader der Speicherort der Uniform-Variablen (*uniform location*) im Shader gefunden werden. Dies geschieht
im OpenGL-Programm mit der folgenden Funktion:

```
GLint glGetUniformLocation(GLuint shaderID, const GLchar* uniformName);
```

Wird in einem Shader mit der ID „*SimpleShaderID*" z.B. die uniform-Variable

uniform vec3 fColor;

definiert, holt man sich den Speicherort mit dem Befehl

```
GLint location = glGetUniformLocation(SimpleShaderID, "fColor");
```

Der Rückgabewert der Funktion `glGetUniformLocation` enthält den Speicherort der
uniform-Variablen, oder er wird -1, falls die uniform-Variable im Shader nicht gefunden
werden kann.

Nachdem man den Speicherort der uniform-Variablen gefunden hat, kann man mit dem
OpenGL-Befehl `glUniform*()`, der in verschiedenen Ausprägungen existiert, die gewünschten Daten vom OpenGL-Programm in die Shader transferieren. Für die Übergabe von float-
bzw. integer-Werten mit 1 bis 4 Komponenten stehen die folgenden Befehle zur Verfügung:

float-Werte (x, y, z, w)	integer-Werte (x, y, z, w)
`glUniform1f(location, x)`	`glUniform1i(location, x)`
`glUniform2f(location, x, y)`	`glUniform2i(location, x, y)`
`glUniform3f(location, x, y, z)`	`glUniform3i(location, x, y, z)`
`glUniform4f(location, x, y, z, w)`	`glUniform4i(location, x, y, z, w)`

Für die Übergabe von Arrays aus 1- bis 4-komponentigen float- bzw. integer-Werten
stehen die folgenden Befehle zur Verfügung:

float-Arrays	integer-Arrays
`glUniform1fv(location, num, vec)`	`glUniform1iv(location, num, vec)`
`glUniform2fv(location, num, vec)`	`glUniform2iv(location, num, vec)`
`glUniform3fv(location, num, vec)`	`glUniform3iv(location, num, vec)`
`glUniform4fv(location, num, vec)`	`glUniform4iv(location, num, vec)`

Der integer-Wert `num` gibt an, wie viele 1- bis 4-komponentige Elemente in dem Array
stehen. Ein Array mit drei 1-komponentigen Elementen, wie z.B.:

```
GLfloat fColor[3] = {0.5, 0.5, 0.5};
```

kann in GLSL auch als Array aus einem 3-komponentigen Element dargestellt werden:

uniform vec3 fColor;

Damit kann man das 1-elementige Array folgendermaßen in den Shader transferieren:

```
glUniform3fv(location, 1, fColor);
```

Falls man ein Array mit zwei 3-komponentigen Elementen in GLSL hat, wie z.B.:

uniform vec3 fColors[2];

kann man dessen Werte in C/C++ folgendermaßen festlegen und in den Shader transferieren:

GLfloat fColors[2][3] = {{0.5, 0.5, 0.5},
                         {1.0, 1.0, 1.0}};
glUniform3fv(location, 2, fColors);

Für die Übergabe von Arrays aus 2x2, 3x3, oder 4x4 Matrizen stehen die folgenden Befehle zur Verfügung:

```
glUniformMatrix2fv(location, num, transpose, mat)
glUniformMatrix3fv(location, num, transpose, mat)
glUniformMatrix4fv(location, num, transpose, mat)
```

Der integer-Wert **num** gibt an, wie viele Matrizen an die Shader übergeben werden sollen. Die boolsche Variable **transpose** wird auf den Wert GL_TRUE gesetzt, falls die Matrix in spaltenweiser Anordnung (*column major order*) gespeichert wurde, wie es in OpenGL üblich ist.

Mit Hilfe der OpenGL-Funktion glGetUniform() kann man sich den aktuellen Wert einer uniform-Variable wieder holen. Um eine größere Anzahl von uniform-Variablen zu gruppieren kann man sogenannte Blöcke (*named uniform blocks*) bilden, wie oben bereits für Matrizen dargestellt. Um sich den Index des Speicherorts eines Blocks zu holen benützt man den OpenGL-Befehl glGetUniformBlockIndex() (analog zum Befehl glGetUniformLocation()) und zur Übergabe der Werte dienen sogenannte „Uniform Buffer Objects", die man mit Hilfe des Befehls glUniformBlockBinding() anbindet (entspricht dem Befehl glUniform*())[17].

5.1.4.3 Eingebaute Funktionen in GLSL

In GLSL-Shader-Programmen stehen die wichtigsten mathematischen Funktionen, wie man sie in normalen C/C++-Programmen durch das Einbinden von Mathematik-Bibliotheken kennt, ebenfalls zur Verfügung. Die meisten dieser fest eingebauten Funktionen (built-in functions) in GLSL werden von der Grafikhardware beschleunigt und besitzen die gleichen Namen wie ihre Gegenstücke in den C/C++-Mathematik-Bibliotheken, so dass man kaum bemerkt, dass man in einer anderen Sprache programmiert. Allerdings gibt es in GLSL einige Erweiterungen, die über den Sprachumfang von C/C++ hinaus gehen. Viele GLSL-Funktionen akzeptieren als Eingabe nicht nur Skalare, sondern auch Vektoren oder

---

[17]Eine ausführliche Darstellung von „Uniform Buffer Objects" findet man in [Kess17]

Matrizen. Da GLSL das Überladen von Funktionen erlaubt, kann man mit einem einzigen Funktionsnamen Vektoren und Matrizen mit einer unterschiedlichen Anzahl an Dimensionen verarbeiten. Außerdem gibt es noch eine Reihe von Funktionen, die speziell die in der Computergrafik häufig vorkommenden Aufgaben erledigen. In der folgenden Aufzählung sind die wichtigsten Kategorien und Beispiele von mathematischen Funktionen in GLSL dargestellt[18]:

- Vektoroperationen: Normierung von Vektoren (**normalize**), Skalarprodukt (**dot**) und Vektorprodukt (**cross**), Länge und Abstand von Vektoren (**length, distance**), Berechnung von Reflexions- und Brechungsvektoren (**reflect, refract**)

- Überladung von Funktionen, d.h. mit einer einzigen Funktion können unterschiedliche Datentypen verarbeitet werden. Das Skalarprodukt (**dot**) kann z.B. für 2-, 3- und 4-dimensionale Vektoren benutzt werden, GLSL ruft jedes mal die geeignete Version der (**dot**)-Funktion auf.

- Matrizen-Operationen: Multiplikation (*****), Transponierung (**transpose**), Determinante (**determinant**), Invertierung (**inverse**)

- Trigonometrische Funktionen: Sinus, Cosinus, Tangens (**sin, cos, tan**), die zugehörigen Umkehrfunktionen (**asin, acos, atan**), die zugehörigen hyperbolischen Funktionen (**sinh, cosh, tanh**), sowie deren Umkehrfunktionen (**asinh, acosh, atanh**), die Umrechnung von Grad in Radian (**radians**), und umgekehrt (**degrees**)

- Exponential-Funktionen: Potenzierung (**pow**), Exponential-Funktion zur Basis e bzw. 2 (**exp, exp2**), Logarithmus zur Basis e bzw. 2 (**log, log2**), Wurzel (**sqrt**) und Kehrwert der Wurzel (**inversesqrt**)

- Sonstige mathematische Operationen, wie z.B. lineare Interpolation (**mix**), Maximum- und Minimum-Funktionen (**max, min**), Absolutwert (**abs**), Signum-Funktion (**sign**), Beschränkung auf einen Wertebereich (**clamp**), Stufenfunktion (**step**), weiche Stufenfunktion (**smoothstep**), Abrundung auf die nächstkleinere ganze Zahl (**floor**), Aufrundung auf die nächstgrößere ganze Zahl (**ceil**), Rest der bei der Abrundung auf die nächstkleinere ganze Zahl übrig bleibt (**fract** = x - **floor(x)**), Rundungsfunktion (**round**), Modulofunktion (**mod**)

- Partielle Ableitungen einer Funktion im Fragment Shader: (**dFdx, dFdy**), sowie die Summe der Absolutbeträge der partiellen Ableitungen einer Funktion im Fragment Shader (**fwidth**)

- Textur-Zugriffsfunktionen:
  normaler Textur-Zugriff auf eine 1-, 2-, oder 3-dimensionale Textur mit einer entsprechend dimensionierten Textur-Koordinate (**texture**), projektiver Textur-Zugriff, d.h.

---

[18]Eine vollständige Auflistung aller mathematischen Funktionen in GLSL inclusive der zulässigen Datentypen und Wertebereiche bleibt den Referenz-Handbüchern vorbehalten [Kess17], [Sega17]

die ersten drei Textur-Koordinaten werden durch die 4. Komponente (den inversen Streckungsfaktor, Abschnitt 7.3.1) geteilt (**textureProj**), normaler bzw. projektiver Textur-Zugriff, bei dem zur Textur-Koordinate ein Offset addiert wird (**textureOffset, textureProjOffset**), normaler bzw. projektiver Textur-Zugriff (mit und ohne Offset) auf ein bestimmtes LOD-Level einer MipMap-Textur (**textureLod, textureProjLod, textureLodOffset, textureProjLodOffset**), normaler Textur-Zugriff (mit und ohne Offset) auf ein bestimmtes LOD-Level einer MipMap-Textur mit ganzzahligen Texturkoordinaten (**texelFetch, texelFetchOffset**), normaler bzw. projektiver Textur-Zugriff (mit und ohne Offset) auf ein bestimmtes LOD-Level einer MipMap-Textur durch direkte Angabe der partiellen Ableitungen (**textureGrad, textureProjGrad, textureGradOffset, textureProjGradOffset**)

5.1.4.4 Beispiel für ein einfaches Shader-Paar

Generell sieht die Struktur eines Shader-Programms immer so aus, dass am Anfang des Programms die Präprozessor-Direktiven (GLSL-Version und Extensions) stehen, danach die Deklarationen von *in-*, *out-* und *uniform*-Variablen, gefolgt von Unterfunktionen und am Ende muss in jedem Shader-Programm eine *main*-Funktion aufgerufen werden, die die eigentlichen Berechnungsalgorithmen enthält.

Die in den vorigen Abschnitten dargestellte Syntax von GLSL wird nun anhand eines einfachen Beispiels für ein Paar aus Vertex- und Fragment-Shader zum Einsatz gebracht. Bei dem folgenden quellcode-nahen Beispiel handelt es sich um einen einfachen Gouraud-Shader (Abschnitt 12.2.2), der eine Beleuchtungsrechnung nach dem Phong-Beleuchtungsalgorithmus (12.12) im Vertex-Shader durchführt und die lineare Interpolation der Vertex-Farben (das sogenannte Gouraud-Shading) vom Rasterizer erledigen lässt, so dass der Fragment-Shader die Pixel-Farben nur noch an den Framebuffer durchreichen muss.

```
// Der Vertex-Shader für das Gouraud-Shading
#version 460      // GLSL-Version 4.6
#extension all : enable


// Eingabe-Werte pro Vertex
in vec4 vVertex;    // Vertex-Position
in vec3 vNormal;    // Normalen-Vektor


// Uniform-Eingabe-Werte
uniform mat4 MVP;        // ModelViewProjection-Matrix
uniform mat3 NormalM;    // Normal-Matrix
// Uniform-Block für Material-Eigenschaften
uniform MaterialParams{
    vec4 emission;
    vec4 ambient;
```

```glsl
    vec4 diffuse;
    vec4 specular;
    float shininess; } Material;
// Uniform-Block für Lichtquellen-Eigenschaften
uniform LightParams{
    vec4 position;
    vec4 ambient;
    vec4 diffuse;
    vec4 specular;
    vec3 halfVector } LightSource;

// Ausgabe-Werte
out vec4 vColor;     // Vertex-Farbe

void main(void)
{
    // Berechnung des Phong-Blinn-Beleuchtungsmodells
    vec4 emissiv = Material.emission;
    vec4 ambient = Material.ambient * LightSource.ambient;
    // Richtungslichtquelle, d.h. es gilt LightSource.position.w = 0
    vec3 L = normalize(vec3( LightSource.position));
    // Normalen-Vektor aus Objekt- in Augenpunktskoordinaten
    vec3 N = NormalM * vNormal;
    float diffuseLight = max(dot(N, L), 0.0);
    vec4 diffuse = vec4(0.0, 0.0, 0.0, 1.0);
    vec4 specular = vec4(0.0, 0.0, 0.0, 1.0);
    if (diffuseLight > 0) {
        vec4 diff = Material.diffuse * LightSource.diffuse;
        diffuse = diffuseLight * diff;
        vec3 H = normalize(LightSource.halfVector);
        float specLight = pow(max(dot(H, N), 0), Material.shininess);
        vec4 spec = Material.specular * LightSource.specular;
        specular = specLight * spec;
    }
    vColor = emissiv + ambient + diffuse + specular;
    // Vertex aus Objekt- in Projektionskoordinaten
    gl_Position = MVP * vVertex;
}
```

```
// Der Fragment-Shader für das Gouraud-Shading
#version 460        // GLSL-Version 4.6

// Eingabe-Werte pro Fragment
in vec4 vColor;       // vom Rasterizer interpolierte Fragmentfarbe
// Ausgabe-Werte pro Fragment
out vec4 FragColor; // Fragment-Farbe
void main(void)
{
    FragColor = vColor;
}
```

5.1.4.5 Compilieren und Binden von Shadern

Um Shader-Programme aus einem OpenGL-Programm heraus aufrufen zu können, geht man im Prinzip genauso vor, als würde man verschiedene Teile eines normalen C-Programms zusammenfügen. Ein Compiler analysiert das Programm im Hinblick auf Fehler und übersetzt es dann in einen Object-Code. Mehrere Object-Files werden dann zu einem ausführbaren Programm (executable) zusammen gebunden (gelinkt). Bei der OpenGL Shading Language sind Compiler und Linker im Treiber integriert. In Bild 5.7 ist die Abfolge von OpenGL-Befehlen zur Erstellung eines Shader-Programmes aus mehreren Komponenten dargestellt.

Mit Hilfe dieser Technik kann man einen Shader aus mehreren Shader-Komponenten zusammensetzen. Dadurch kann man einen sehr großen Shader in vernünftig handhabbare Komponenten zerlegen, so dass z.B. eine Shader-Komponente eine Funktion implementiert. Dies ermöglicht es, dass man im „Core Profile" mit seinen unverzichtbaren Shadern einen ähnlichen Mechanismus zur Steuerung der „Programmierbaren Rendering Pipeline" über einen selbst erweiterbaren Zustandsautomaten einführt, wie er bei der „Fixed Function Rendering Pipeline" mit dem OpenGL-Zustandsautomaten möglich ist. Damit man nicht für jede Kombination des Zustandsautomaten einen eigenen Satz an Shadern (Vertex, Geometry, Fragment) bereit stellen muss, kapselt man die Basis-Funktionalitäten jeweils in einer eigenen Shader-Komponente, und setzt die ausführbaren Shader, je nach eingestelltem Zustand, aus den vorkompilierten Shader Objecten zur Laufzeit zusammen. Eine ausführliche Darstellung dieses Konzepts zur „Shader Composition" ist in der Arbeit von J. Maier [MaiJ10] zu finden.

Im folgenden quellcode-nahen Programm-Listing sind die benötigten Ergänzungen in einem normalen OpenGL-Programm dargestellt, die das Compilieren und Binden eines GLSL-Shader-Paares, bestehend aus einem Vertex- und einem Fragment-Shader, erlauben. Die Funktion gltLoadShaderPairWithAttributes aus der Bibliothek „GLShaderManager" von Sellers und Wright [Sell15] erledigt diese Aufgabe in einem Aufruf.

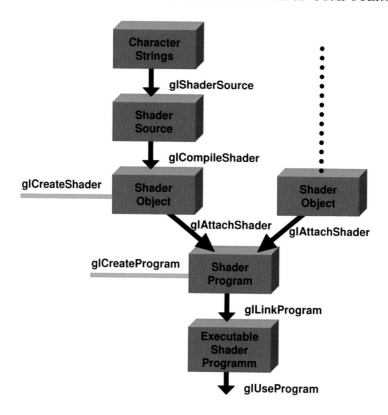

Bild 5.7:   Abfolge von OpenGL-Befehlen zur Erstellung eines Shader-Programmes aus mehreren Komponenten. Nach [Kess17].

```
// Kompilieren und Binden eines GLSL-Shader-Paares
GLuint LoadShaderPair(const char *szVertex, const char *szFragment)
{
    // Hilfsvariablen
    GLuint hVertexShader, hFragmentShader;
    GLuint hProgram = 0;
    GLint compiled, linked;

    // Erzeuge Container für die Shader Objekte
    hVertexShader = glCreateShader(GL_VERTEX_SHADER);
    hFragmentShader = glCreateShader(GL_FRAGMENT_SHADER);
```

```
// Lade die Source Code Strings
glShaderSource(hVertexShader, 1, &szVertex, NULL);
glShaderSource(hFragmentShader, 1, &szFragment, NULL);

// Compiliere beide Shader Source Codes
glCompileShader(hVertexShader);
glCompileShader(hFragmentShader);

// Überprüfe, ob der Vertex-Shader compiliert wurde
glGetShaderiv(hVertexShader, GL_COMPILE_STATUS, &compiled);
if(compiled == GL_FALSE)
{
    GLint maxLength = 0;
    glGetShaderiv(hVertexShader, GL_INFO_LOG_LENGTH, &maxLength);
    std::vector<GLchar> infoLog(maxLength);
    glGetShaderInfoLog(hVertexShader, maxLength, &maxLength,
                    &infoLog[0]);
    printf("The shader %s failed to compile:\n%s\n", szVertex,
                    infoLog);
    glDeleteShader(hVertexShader);
    glDeleteShader(hFragmentShader);
    return (GLuint)NULL;
}

// Überprüfe, ob der Fragment-Shader compiliert wurde
glGetShaderiv(hFragmentShader, GL_COMPILE_STATUS, &compiled);
if(compiled == GL_FALSE)
{
    GLint maxLength = 0;
    glGetShaderiv(hFragmentShader, GL_INFO_LOG_LENGTH, &maxLength);
    std::vector<GLchar> infoLog(maxLength);
    glGetShaderInfoLog(hFragmentShader, maxLength, &maxLength,
                    &infoLog[0]);
    printf("The shader %s failed to compile:\n%s\n", szFragment,
                    infoLog);
    glDeleteShader(hVertexShader);
    glDeleteShader(hFragmentShader);
    return (GLuint)NULL;
}

// Erzeuge einen Container für das Programm-Objekt,
// und weise die Shader zu
hProgram = glCreateProgram();
```

```
glAttachShader(hProgram, hVertexShader);
glAttachShader(hProgram, hFragmentShader);

// Binde alle in-/out-Variablen und Attribute-Namen
LinkAttributes(hProgram);
// LinkAttributes ist aus Platzgründen nicht angegeben, siehe [Sel15]

// Binde das Programm
glLinkProgram(hProgram);

// Überprüfe, ob das Programm gebunden wurde
glGetProgramiv(hProgram, GL_LINK_STATUS, &linked);
if(linked == GL_FALSE)
{
    GLint maxLength = 0;
    glGetProgramiv(hProgram, GL_INFO_LOG_LENGTH, &maxLength);
    std::vector<GLchar> infoLog(maxLength);
    glGetProgramInfoLog(hProgram, maxLength, &maxLength, &infoLog[0]);
    printf("The programs %s and %s failed to link:\n%s\n",
        szVertex, szFragment, infoLog);
    glDeleteProgram(hProgram);
    return (GLuint)NULL;
}

// Aktiviere das Programm im OpenGL-Zustand
glUseProgram(hProgram);

return hProgram;
}
```

Wenn das Shader-Programm nicht mehr benötigt wird, wie z.B. bei Beendigung des OpenGL-Gesamtprogramms, sollte auch das Shader-Programm mit dem Befehl

```
glDeleteProgram(hProgram);
```

wieder gelöscht werden.

5.2 Einführung in die 3D-Computergrafik mit Vulkan

Für ambitionierte Grafikprogrammierer, die schon etwas Vorerfahrung besitzen, zeigt dieser Abschnitt nun anhand von Vulkan, wie man eine 3D-Computergrafik-Anwendung entwickelt. Im Folgenden sind die wesentlichen Gründe für die Entstehung von Vulkan zusammengestellt:

- Ziel bei der Vulkan-Entwicklung war die Erreichung von maximaler Rendergeschwindigkeit durch minimalen Treiber-Overhead, d.h. aber andererseits auch, dass Vulkan dem Programmierer mehr Aufgaben und mehr Verantwortung übergibt, die sonst der OpenGL-Treiber übernimmt (nicht jeder Programmierer will und braucht diesen zusätzlichen Aufwand). Zu den Aufgaben des Vulkan-Programmierers zählt u.a.:

  - Speicherverwaltung und Synchronisation
  - Bereitstellung, Compilation und Laden von Shadern und Versorgung der Shader mit Daten über Vertex und Index Buffer, sowie über Deskriptor Sets
  - Vorbereitung der Anwendung mit der Konfiguration der Vulkan-Instanzen, der Grafikkarten (Physical und Logical Devices) und der Warteschlange für Befehle (Command Queue)
  - Vorbereitung des Zeichnens mit der Konfiguration der Rendering Pipeline, der Renderpasses, der Framebuffers und der Command Buffers
  - Vorbereitung der Präsentation mit der Konfiguration der Benutzeroberfläche (Surface), der Warteschlange für Bilder (Presentation Queue), der Swapchain, der Images und der Image Views
  - Durchführung des eigentlichen Zeichenvorgangs (Rendering)

- Ausnutzung von Multi-Core-CPUs um multi-threaded, d.h. parallel Befehle für die Rendering-Pipe zu generieren und an die Grafikkarte zu senden. Ziel ist die Verlagerung der Konstruktion der effektiven Hardwarebefehle vom Treiber in den Programmcode der CPU-Seite. In Vulkan werden die Befehle für die Rendering-Pipe nicht sequentiell von einem Thread aus direkt an die Grafikkarte gesendet, wie bei OpenGL, sondern die Rendering-Befehle werden vor dem Senden an die Grafikkarte parallel in mehreren sogenannten „Command Buffers" auf der CPU-Seite gesammelt und dann effektiv mit Hilfe einer oder mehrerer „Command Queues" übertragen.

- Man wollte weg vom globalen Zustandsautomaten in OpenGL und dessen inhärent sequentieller Funktionsweise, hin zu einer vollständig objektorientierten Grafikprogrammierschnittstelle (API) in Vulkan. Dort werden alle Rendering-Zustände in einer vordefinierten Datenstruktur gespeichert und bei der Initialisierung einer Vulkan-Instanz bzw. einem „Command Buffer" zugeordnet.

- Effektives Speichermanagement zwischen dem Speicher auf der CPU-Seite („host") und der GPU-Seite („device"), bei dem der Programmierer die volle Kontrolle, aber damit auch die volle Verantwortung hat (in OpenGL wird dies mehr oder weniger dem Treiber überlassen).

- Bei OpenGL läuft andauernd eine zeitraubende Fehlerüberwachung im Treiber mit, bei Vulkan können Fehlermeldungen schon von Beginn an vollkommen ausgeschlossen werden (oder während der Entwicklungsphase zum Debugging in Form von „Validation Layer" auch eingebaut werden).

- Vulkan bietet eine einheitliche Grafik-API für unterschiedliche Hardware von Smartphones und Spielekonsolen, über PC-Systeme bis hin zu Grafik-Supercomputern, d.h. keine Unterscheidung mehr zwischen Desktop und Embedded Geräten, wie bei OpenGL und OpenGL ES

- Unabhängigkeit vom Betriebssystem: Vulkan ist verfügbar für Android, Linux, iOS, macOS, Windows 7/8/10, Tizen.

- Vulkan bietet eine einheitliche Programmier-API sowohl für Compute-Anwendungen (GPGPU), als auch für Grafik-Anwendungen, d.h. keine Unterscheidung mehr zwischen OpenCL und OpenGL (wobei mit Compute Shadern sowieso schon die OpenCL-Funktionalität in OpenGL verfügbar ist).

- Mit SPIR-V (Standard Portable Intermediate Representation - Vulkan) bietet Vulkan eine einheitliche Zwischensprache sowohl für GLSL-Shader als auch für OpenCL-Kernel an. Es können vorcompilierte SPIR-V-Shader verwendet werden und damit entfällt die Shader-Compilierung durch den OpenGL-Treiber. Auf diese Weise (d.h. durch die Verwendung eines standardisierten Byte Code Formats und einen einzigen Shader Compiler) können Inkonsistenzen bei der Shader-Compilierung durch OpenGL-Treiber von verschiedenen Grafikkarten-Herstellern vermieden werden.

- Die Idee der Game-Engine-Entwickler besteht natürlich darin, dass sich der normale Grafik-Programmierer gar nicht mehr mit dem aufwändigen Low-Level-API Vulkan auseinander setzen soll, sondern nur noch eine High-Level Game-Engine benutzt, die für Vulkan optimiert wurde.

- Vulkan bietet Hardware-Herstellern zur Differenzierung ihrer Produkte die Möglichkeit, hardware-spezifische Erweiterungen des Sprachumfangs, die sogenannten Vulkan „Extensions" zu entwickeln und somit innovative Hardware-Funktionen optimal zu nutzen. Eine Liste aller „Extensions" findet man in der Khronos Vulkan Registry (https://www.khronos.org/registry/vulkan/ (abgerufen am 24.12.2018)).

- Vulkan wird kontrolliert und ständig weiterentwickelt durch die „Khronos Vulkan Working Group", einem Bereich der Khronos Group, in dem die bedeutendsten Firmen der Computergrafik-Industrie vertreten sind. Gründungsmitglieder von Vulkan waren u.a. die Firmen Nvidia, AMD, Intel, ARM, Google, Qualcomm, Samsung, Sony.

5.2.1 Vulkan: Konzepte und Kurzbeschreibung

Zum besseren Verständnis werden hier zunächst einige Begriffe erklärt, die in Vulkan eine eigene Bedeutung haben:

- **Host**: der Basis-Computer, im Sinne von Vulkan bestehend aus CPU und Hauptspeicher, an den weitere Bauteile (engl. *„devices")* angeschlossen sind.

- **Physical device**: ein *„physikalisches Bauteil"* eines Computers, das in der Lage ist, Vulkan-Befehle auszuführen, typischerweise eine Grafikkarte. Ein Computer kann natürlich auch mehrere Grafikkarten enthalten, die evtl. unterschiedliche Funktionalitäten anbieten können.

- **(Logical) device**: ein *„logisches Bauteil"* ist eine Software-Abstraktion eines *„physical device"*, die einen Satz an Funktionalitäten definiert und dem Vulkan-Programm zur Verfügung stellt.

- **Queue**: eine *„Warteschlange"* ist in Vulkan ein Zwischenspeicher für Befehle, die darauf warten, abgearbeitet zu werden, oder für Bilder, die darauf warten, am Bildschirm dargestellt zu werden.

- **Memory type**: in Vulkan gibt es grundsätzlich zwei verschiedene Speichertypen: *„host memory"* (Hauptspeicher der CPU) und *„device memory"* (Speicher der Grafikkarte, häufig verkürzt auch Texturspeicher genannt).
  Weiterhin werden noch verschiedene Unterarten unterschieden:

  - *„device local"*: Speicher, der nur für die GPU direkt zugreifbar ist und daher den schnellsten Zugriff bietet.

  - *„host visible"*: Speicher, der für die Anwendung (CPU) sichtbar ist, d.h. für die CPU les- und beschreibbar. Dieser Speicher umfasst den gesamten Hauptspeicher der CPU und einen Teil des Grafikkartenspeichers, der für den Datentransfer zwischen der CPU und der GPU benötigt wird. Der *„host visible"*-Speicheranteil der Grafikkarte ist für die GPU in der Regel nicht so schnell zugreifbar, wie der *„device local"*-Speicheranteil. Eine noch detailliertere Darstellung der Speicherhierarchie von GPUs ist in Kapitel 17.10 zu finden.

  - *„host coherent"*: Speicher, der sowohl von der CPU, als auch von der GPU les- und beschreibbar ist, könnte inkonsistent werden, wenn der Programmierer den Cache[19] nicht explizit durch einen Befehl (vkFlushMappedMemoryRanges()) leert. Wird der Speicher auf *„host coherent"* gesetzt, sorgt Vulkan im Hintergrund für einen konsistenten Speicherzustand über die gesamte Speicherhierarchie von den Caches bis zum Hauptspeicher.

---

[19]Moderne CPUs besitzen für den schnellen und ggf. wiederholten Zugriff auf Daten eine Hierarchie von Puffer-Speichern (Caches): der Level-1-Cache bietet den schnellsten Speicherzugriff, ist aber am kleinsten, der Level-2-Cache ist etwas langsamer im Zugriff, dafür aber etwas größer, usw. bis man am Ende beim größten, aber langsamsten Speicher, dem Hauptspeicher angekommen ist.

- – „*host cached*": Speicher, der von der CPU gecached wird, so dass es einen schnellen Zugriff von der CPU-Seite gibt. Von der GPU-Seite ist dieser Speicher nicht so schnell zugreifbar, insbesondere wenn der Speicher gleichzeitig auch noch „*host coherent*" ist.

- – „*lazily allocated*": Speicher, der solange nicht alloziert wird, bis er wirklich benötigt wird.

- **Resource**: Daten mit denen Vulkan arbeitet, werden in zwei grundsätzlich verschiedene Resource-Typen („*Buffers*" und „*Images*") eingeteilt und im „*host memory*" bzw. „*device memory*" gespeichert.

  - – **Buffer**: ein einfacher, eindimensionaler Satz an Daten ohne innere Struktur, der für alles Mögliche genutzt werden kann: Vertices, Indices, Parameter, eindimensionale Arrays, Strukturen, Matrizen usw.

  - – **Image**: ein strukturierter, ggf. höherdimensionaler Satz an Daten mit Typ- und Formatspezifikation, der meist für Texturen, d.h. zwei- oder dreidimensionale Bilder eingesetzt wird. Grafikkarten bieten für Images spezielle Zugriffsfunktionen, die z.B. beim Lesen eine Tiefpass-Filterung der umliegenden Daten hardware-beschleunigt durchführen.

- **Resource Views**: der Zugriff auf die Daten von „*Buffers*" und „*Images*" erfolgt über sog. „*Views*", d.h. „*Buffer Views*" und „*Image Views*", die einen Ausschnitt und eine spezielle Interpretation der Daten des gesamten Buffers bzw. Images definieren.

- **(Rendering) Pipeline**: dieser Begriff hat in Vulkan zwei Bedeutungen:
Einerseits stellt es das generelle Fließbandprinzip der einzelnen Rechenschritte zur Bildgenerierung in Vulkan dar (Bild 5.8), ganz analog wie bei OpenGL im Abschnitt 5.1.3 erläutert und andererseits ist es ein abstraktes Objekt (VkPipeline), in dem alle Einstellungen zum Zeichnen in einer Konfiguration zusammengefasst sind. Eine solche Vulkan-Pipeline-Konfiguration entspricht einer bestimmten Einstellung des gesamten OpenGL-Zustandsautomaten.

In Vulkan existieren zwei unterschiedliche Typen von Pipelines:

  - – Graphics Pipelines: zum Zeichnen von zweidimensionalen Bildern aus dreidimensionalen Szenen

  - – Compute Pipelines: zum Ausführen von beliebigen Rechnungen

Vergleicht man die Vulkan Rendering Pipeline (Bild 5.8) mit der programmierbaren OpenGL 4.x Rendering Pipeline im Core Profile (Bild 5.4), wird man feststellen, dass sie sich bis auf geringe Unterschiede sehr ähnlich sind. Deshalb kann für die Beschreibung der einzelnen Stufen der Vulkan Rendering Pipeline auf den entsprechenden Abschnitt 5.1.3 für OpenGL verwiesen werden, denn der überwiegende Teil wäre nur

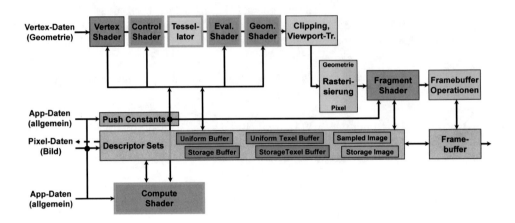

Bild 5.8: Die „*Vulkan Rendering Pipeline*" beschreibt die Reihenfolge der Operationen bei der Generierung synthetischer Bilder mit Vulkan 1.1. Im oberen Bereich dargestellt ist die Grafik-Pipeline mit Operationen auf der Vertex-Ebene ganz oben und rechts darunter die Operationen auf Fragment-/Pixel-Ebene. Im unteren Bereich dargestellt ist die Compute-Pipeline. Im mittleren Bereich sind die verschiedenen Speicherbereiche in Ockerfarben zu sehen. Die weitere Farbcodierung hat folgende Bedeutung: in Magenta sind programmierbare Teile der Pipeline dargestellt, wobei optionale Shader grün umrandet sind, in Gelb nicht-programmierbare bzw. hardwarebeschleunigte Anteile auf Vertex-Ebene, in Türkis nicht-programmierbare bzw. hardwarebeschleunigte Anteile auf Fragment-/Pixel-Ebene.

eine Wiederholung. Diese große Ähnlichkeit zwischen den Rendering Pipelines verwundert auch nicht sonderlich, denn die zugrunde liegende Grafikhardware, auf der sowohl der Vulkan- als auch der OpenGL-Treiber läuft, ist dieselbe. Die geringen Unterschiede betreffen in erster Linie den Befehls- und Datentransfer zwischen CPU und GPU: während Vulkan für einen effizienten Befehlstransfer *CommandBuffer* und für den Datentransfer sogenannte *DescriptorSets* bzw. für schnell veränderliche Parameter *PushConstants* bereit stellt, bietet OpenGL für den Transfer von Befehlen keine Containerlösungen (bis auf die veralteten Display Listen) an und für den Transfer von Daten Uniform-Variablen bzw. Buffer Objects, Texture Objects und Shader Storage Buffer Objects (die letzte und effizientere Variante allerdings erst seit OpenGL 4.4).

5.2.1.1   Vulkan-Prozessmodell (Execution Model)

In einer Vulkan-Anwendung werden Befehle („*Commands*") vor der Ausführung aufgezeichnet und in Containern („*Command Buffers*") gesammelt. Dies kann parallel in mehreren Threads auf verschiedenen CPU-Prozessorkernen erfolgen und asynchron zu den
Berechnungen auf den Grafikkarten („*Devices*") geschehen. Sind die Befehle erst einmal
in „*Command Buffers*" gesammelt, können sie beliebig oft wiederverwendet werden. Zur
Ausführung der Befehle werden die „*Command Buffers*" in eine oder mehrere Warteschlangen („*Queues*") geschickt, die die Grafikkarten („*Devices*") des Computersystems bereitstellen. Sobald die „*Command Buffers*" an die „*Queues*" geschickt werden, beginnen die
programmierbaren Shader auf der Grafikkarte mit der Ausführung der Befehle und zwar
ohne dass eine weitere Aktion der Anwendung nötig wäre. Der Beginn und das Ende der
Abarbeitung der Befehle kann durch Semaphore[20] gesteuert werden. Die Reihenfolge der
Abarbeitung der Befehle bei mehreren „*Queues*" ist zunächst frei, sie kann aber auch explizit durch Semaphore und Fences[21] festgelegt werden. Dieser prinzipielle Ablauf eines
Vulkan-Programms ist in Bild 5.9 dargestellt.

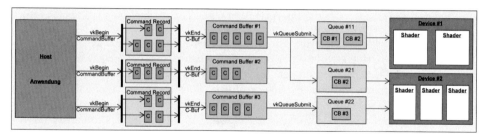

Bild 5.9:   Prinzipieller Ablauf eines Vulkan-Programms (Execution Model)

---

[20]Semaphore sind in Vulkan definierte Objekte, die zur Synchronisation von Befehlen innerhalb oder
zwischen Queues auf einem Device eingesetzt werden. So kann man z.B. für die Präsentation ein Semaphor
benutzen, um zu signalisieren, dass ein Image von der SwapChain zur Verfügung gestellt wurde und nun der
Command Buffer mit der Ausführung der Rendering-Befehle beginnen kann. Ein weiteres Semaphor kann
dann nach der Abarbeitung aller Rendering-Befehle signalisieren, dass das fertige Image an die SwapChain
zur Präsentation übergeben werden kann.

[21]Fences werden zur Synchronisation von Befehlen zwischen dem Host und den Devices eingesetzt.
Wenn der Host z.B. auf die vollständige Abarbeitung von Command Buffers warten muss, die an eine
Queue geschickt wurden, werden Fences benutzt. Ein Fence wird an Commands wie `vkQueueSubmit()`
oder `vkQueuePresentKHR()` übergeben, die mit dem Betriebssystem interagieren. Sobald die mit den
Commands verbundene Arbeit vom Device erledigt ist, wird ein Fence signalisiert, das die Anwendung mit
dem Befehl `vkWaitForFences()` abrufen kann.

5.2.1.2 Vulkan-Objektmodell (Object Model)

Da Vulkan eine vollständig objektorientierte Grafikschnittstelle ist, werden sämtliche Komponenten, wie z.B. Grafikkarten (`VkPhysicalDevice`), Warteschlangen (`VkQueue`) oder Puffer-Speicher (`VkBuffer`) durch Vulkan Objekte dargestellt. Vulkan Objekte werden immer durch das Prefix `Vk` gekennzeichnet, gefolgt von Wörtern, die jeweils mit Großbuchstaben beginnen. Der Zugriff auf Objekte im Rahmen einer Vulkan-Anwendung erfolgt über sog. „Handles", von denen es zwei verschiedene Typen gibt:

- „*Dispatchable Handles*" sind Zeigervariablen auf bestimmte Objekttypen, dazu zählen derzeit die Vulkan-Instanz (`VkInstance`), die Grafikkarte (`VkPhysicalDevice`), die logische Abstraktion der Grafikkarte (`VkDevice`), die Warteschlange (`VkQueue`) und der Container für Befehle (`VkCommandBuffer`). Diese Objekttypen sind intransparent (opak), d.h. man hat keinen direkten Zugriff auf einzelne Elemente der Objektstruktur, sondern nur über Vulkan-Befehle.

- „*Non-Dispatchable Handles*" sind 64-bit Integer-Variablen, die evtl. auch Informationen über das Objekt enthalten. Dazu zählen alle anderen Vulkan Objekte, die nicht im vorigen Punkt aufgeführt wurden, wie z.B. Puffer-Speicher (`VkBuffer`), Textur-Speicher (`VkImage`) oder die Interpretation eines Textur-Speichers (`VkImageView`).

Vulkan Objekte werden entweder durch einen Befehl der Form `vkCreate*()`[22] erzeugt, oder aus einem bereits erstellten Pool durch einen Befehl der Form `vkAllocate*()` alloziert. Vulkan Befehle werden immer durch das Prefix `vk` gekennzeichnet, gefolgt von Wörtern, die jeweils mit Großbuchstaben beginnen. Konstanten werden in Vulkan immer durch das Prefix `VK_` gekennzeichnet, gefolgt von Wörtern, die groß geschrieben und durch „_" (Unterstrich, *underscore*) getrennt werden, wie z.B. `VK_SUCCESS`. Da Vulkan im Gegensatz zu OpenGL keinen globalen Zustandsautomaten besitzt, werden alle Einstellungen in den Vulkan Objekten gespeichert und mit Hilfe von Strukturen beim Erzeugen oder Allozieren von Objekten übergeben. Die Erzeugung von Vulkan Objekten folgt immer dem folgenden Code-Muster:

```
// Erzeugen eines Vulkan Objektes
   // Anlegen einer CreateInfo-Struktur,
   // in der alle Einstellungen an das Vulkan Objekt übergeben werden
   Vk*CreateInfo createInfo = {};
   createInfo.sType = VK_STRUCTURE_TYPE_*_CREATE_INFO;
   createInfo.pNext = nullptr;
   createInfo.flags = ...;
   createInfo.xxxx = ...;
```

---

[22]**Achtung**: in diesem Unterabschnitt ist das Symbol „*" Platzhalter für Teile von Befehlsnamen und kein Zeiger (Pointer), wie in späteren Abschnitten. Das Code-Muster `vkCreate*` steht als Platzhalter z.B. für `vkCreateInstance`, `vkCreateDevice`, `vkCreateImage` usw.

```
// Erzeugen des Vulkan Objektes durch den Create-Befehl
// incl. Übergabe der CreateInfo-Struktur
Vk* object;
if (vkCreate*(&createInfo, nullptr, &object) != VK_SUCCESS) {
    std::cerr << "failed to create object"<< std::endl;
    return false;
}
```

Die Allokation von Vulkan Objekten folgt immer dem folgenden Code-Muster:

```
// Allokation eines Vulkan Objektes
    // Anlegen einer Liste von Vk* Objekten
    std::vector<Vk*> object;
    // Anlegen einer AllocateInfo-Struktur,
    // in der alle Einstellungen an das Vulkan Objekt übergeben werden
    Vk*AllocateInfo allocInfo = {};
    allocInfo.sType = VK_STRUCTURE_TYPE_*_ALLOCATE_INFO;
    // vorher muss ein passender Objekt-Pool *Pool erzeugt worden sein
    allocInfo.*Pool = *Pool;
    allocInfo.level = ...;
    allocInfo.objectCount = (uint32_t) object.size();
    allocInfo.xxxx = ...;

    // Allokation des Vulkan Objektes durch den Allocate-Befehl
    // incl. Übergabe der AllocateInfo-Struktur
    if (vkAllocate*(device, &allocInfo, object.data() ) != VK_SUCCESS)
        throw std::runtime_err ("failed to allocate object");
```

Die Verwaltung von Vulkan Objekten liegt in der Verantwortung der Anwendung, d.h. nicht mehr benötigte Objekte müssen explizit gelöscht bzw. freigegeben werden. Vulkan Objekte, die mit vkCreate*() erzeugt wurden, müssen mit einem korrespondierenden Befehl vkDestroy*() gelöscht werden und Objekte, die mit vkAllocate*() von einem Pool alloziert wurden, müssen mit einem Befehl vkFree*() freigegeben bzw. an den Pool zurückgegeben werden.

Einer der größten Unterschiede zwischen Vulkan und OpenGL ist, dass in Vulkan die gesamte Konfiguration der Grafik-Pipeline im Voraus festgelegt werden muss, da die Vulkan Objekte mehr oder weniger fix sind (nur ein paar einfache Einstellungen, wie z.B. die Größe des Viewports oder die Hintergrund-Farbe (*clear color*) können dynamisch verändert werden). Falls z.B. bestimmte Rendering-Einstellungen (mit/ohne Farbmischung, mit/ohne Texturen etc.) geändert werden sollen, muss das gesamte VkPipeline-Objekt neu erzeugt werden. Deshalb ist es sinnvoll, vorab für alle benötigten Rendering-Kombinationen eigene VkPipeline-Objekte zu erzeugen, um schnell zwischen den Varianten umschalten zu können. In OpenGL wird die Konfiguration der Grafik-Pipeline durch einen Zustandsautomaten beschrieben, der sich zwar einfach umschalten lässt, aber dafür bei jedem Umschaltvorgang relativ viel Zeit benötigt. Außerdem muss in Vulkan jeder einzelne Einstellwert der Grafik-Pipeline explizit gesetzt werden, da es keine automatisch gesetzten Standardwerte (*default state*) wie in OpenGL gibt. Dies führt dazu, dass selbst im einfachsten Vulkan-Programm alle fortgeschrittenen Einstellmöglichkeiten der Grafik-Pipeline explizit deaktiviert werden müssen, obwohl man sie gar nicht benötigt. Das ist einer der Punkte, der den Einstieg in Vulkan erheblich erschwert.

5.2.1.3 Überblick einer Vulkan-Grafikanwendung

Im Folgenden wird ein Überblick über eine Vulkan-Grafikanwendung gegeben, der sehr grob beginnt und dann etwas feiner wird.

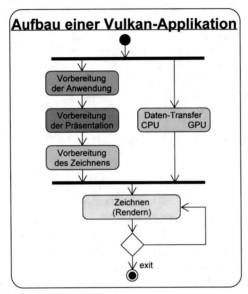

Bild 5.10: Prinzipieller Aufbau einer Vulkan-Grafik-Applikation mit Bilddarstellung

Da Vulkan einen möglichst kleinen Treiber anstrebt, muss der Programmierer hier eine Reihe von Vorbereitungen selber bewerkstelligen, die bei OpenGL vom Treiber erledigt werden. Wie in Bild 5.10 und 5.11 dargestellt, zählt dazu:

- die Vorbereitung der Anwendung mit der Konfiguration der Vulkan-Instanzen (VkInstance), der Grafikkarten (Physical und Logical Devices (VkPhysicalDevice und VkDevice)) und der Warteschlange für Befehle (Command Queue bzw. Graphics Queue (VkQueue))

- die Vorbereitung der Präsentation mit der Konfiguration der Benutzeroberfläche (VkSurfaceKHR), der Warteschlange für Bilder (Presentation Queue (VkQueue)), einem Ringspeicher (`VkSwapchainKHR`) für Bilder (Images (`VkImage`)) bzw. deren Interpretation (Image Views (`VkImageView`))

- die Vorbereitung des Zeichnens mit der Konfiguration der Rendering Pipeline (`VkPipeline`), der Renderpasses (`VkRenderPass`), der Framebuffers (`VkFramebuffer`), der Command Buffers (`VkCommandBuffer`), sowie der Bereitstellung von Shadern (`VkShaderModule`)

- die Vorbereitung des Datentransfers zwischen der CPU und der GPU durch das Anlegen mehrerer Buffer (für Vertices, Indices, Uniform-Variablen (`VkBuffer`) und Texturen (`VkImage`)), deren Zusammenfassung durch DescriptorSets (`VkDescriptorSet`) und für häufig veränderliche Parameter durch Push Constants, die direkt im Command Buffer durch den Befehl `vkCmdPushConstants()` gesetzt werden

- die Durchführung des eigentlichen Zeichenvorgangs (*Rendering*), bei dem zuerst ein leeres Image aus der Swapchain durch den Befehl `vkAquireNextImageKHR()` geholt, dann durch Ausführen der Befehle im Command Buffer ein Bild in den Framebuffer gezeichnet und zum Schluss das fertige Image an die Presentation Queue durch den Befehl `vkQueuePresentKHR()` zur Darstellung am Bildschirm übergeben wird.

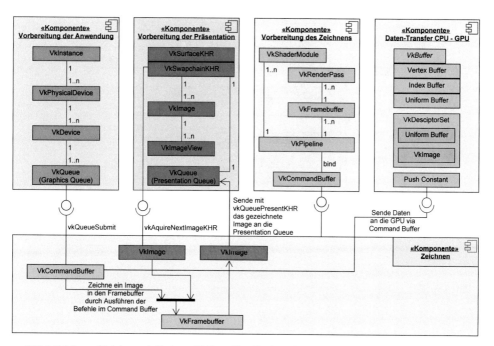

Bild 5.11:   Objektmodell einer Vulkan-Grafik-Applikation mit Bildschirmdarstellung

5.2.2 Aufbau einer Vulkan-Grafikanwendung

Eine detailliertere Darstellung aller Vorbereitungen, die man bei der Erstellung einer Vulkan-Anwendung durchführen muss, geben die folgenden Aktivitätsdiagramme[23], in denen nicht nur die Vulkan Objekte, sondern auch die Datenstrukturen gezeigt werden, die die Objekt-Zustände beschreiben, sowie die durchzuführenden Aktionen zum Erzeugen/Allozieren der Objekte. Wie in Bild 5.10 und 5.11 dargestellt, lässt sich der Aufbau einer Vulkan-Anwendung in fünf Abschnitte einteilen: die Vorbereitung der Anwendung (Bild 5.12), die Vorbereitung der Präsentation (Bild 5.13), die Vorbereitung des Zeichnens (Bild 5.14), die Vorbereitung des Datentransfers zwischen der CPU und der GPU (Bilder 5.15, 5.16, 5.17), sowie die Durchführung des eigentlichen Zeichenvorgangs (Bild 5.18).

5.2.2.1 Die Vorbereitung der Anwendung (Bild 5.12)

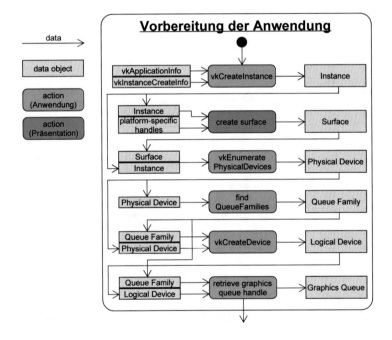

Bild 5.12: Aktivitätsdiagramm: *„Vorbereitung der Anwendung"*

---

[23]Die Darstellung der Aktivitätsdiagramme folgt einer Hauptseminararbeit (Björner S. et al.: Vulkan und seine Freunde!, Hochschule München, 2017), sowie einem Internet-Tutorial (www.vulkan-tutorial.com, Autor: Alexander Overvoorde, 2017).

Erzeugung einer Vulkan-Instanz:

Der erste Schritt bei der Vorbereitung einer Vulkan-Anwendung ist die Erzeugung einer Instanz mit der Funktion `vkCreateInstance`. Die Instanz ist die Schnittstelle zwischen der eigenen Anwendung und dem Vulkan-Treiber. Da Vulkan keinen globalen Zustandsautomaten wie OpenGL besitzt, werden die Rendering-Einstellungen in einem Objekt von der Klasse `VkInstance` gespeichert. Wie in Abschnitt 5.2.1.2 dargestellt, werden diese Einstellungen in Form von `CreateInfo`-Strukturen beim Erzeugen des Instance-Objektes übergeben. Hier wird festgelegt, welche Vulkan-Erweiterungen (*extensions*) aktiviert werden, welche Debug-Layer in die Vulkan-Anwendung integriert werden und in einer Unterstruktur vom Typ `VkApplicationInfo` werden noch Namen und Versionsnummer der eigenen Anwendung, einer ggf. benutzten Game-Engine und von Vulkan genannt. Hier ein Code-Beispiel dazu:

```
// Erzeugen eines Instance Objektes
    // Anlegen einer VkApplicationInfo-Struktur
    VkApplicationInfo appInfo = {};
    appInfo.sType = VK_STRUCTURE_TYPE_APPLICATION_INFO;
    appInfo.pApplicationName = "Hello Triangle";
    appInfo.applicationVersion = VK_MAKE_VERSION(1,0,0);
    appInfo.pEngineName = "No Engine";
    appInfo.engineVersion = VK_MAKE_VERSION(1,0,0);
    appInfo.apiVersion = VK_API_VERSION_1_1;

    // Anlegen einer CreateInfo-Struktur
    VkInstanceCreateInfo createInfo = {};
    createInfo.sType = VK_STRUCTURE_TYPE_INSTANCE_CREATE_INFO;
    createInfo.pApplicationInfo = &appInfo;
    createInfo.enabledExtensionCount = extensionCount;
    createInfo.ppEnabledExtensionNames = extensions.data();
    createInfo.enabledLayerCount = layerCount;
    createInfo.ppEnabledLayerNames = validationLayers.data();

    // Erzeugen des Instance Objektes durch den Create-Befehl
    VkInstance instanceObj;
    if (vkCreateInstance(&createInfo, nullptr, &instanceObj) != VK_SUCCESS)
        throw std::runtime_err ("failed to create Instance Object");
```

Erzeugung einer Oberfläche:

Nach der Erstellung der Vulkan-Instanz wird eine Schnittstelle zum jeweiligen Betriebssystem benötigt, um computergenerierte Bilder auf einer Bildschirmoberfläche (VkSurfaceKHR) darstellen zu können[24]. Obwohl diese Schnittstelle zur Betriebssystemoberfläche ein wesentlicher Teil der Vorbereitung der Präsentation ist (nächster Abschnitt), muss sie jedoch schon an dieser Stelle angelegt werden, da sie Auswirkungen auf die Auswahl der Grafikkarten (*Physical Devices*) hat. Da Vulkan unabhängig vom Betriebssystem sein will und jedes Betriebssystem seine eigene Schnittstelle zur Bildschirmdarstellung besitzt, erfolgt dieser Schritt plattformspezifisch durch eine Vulkan-Extension der Khronos-Group[25], die schon beim Erzeugen der Vulkan-Instanz bereitgestellt werden muss (siehe oben im Codebeispiel die Zeile `createInfo.ppEnabledExtensionNames`). Die VkSurfaceKHR-Extension wird zusammen mit der **VkSwapchainKHR**-Extension als *Window System Integration (WSI)* von Vulkan bezeichnet, da sie die Schnittstelle zur plattformspezifischen Fensterverwaltung des Betriebssystems darstellen. Eine häufig benutzte Bibliothek zur Bildschirmfensterverwaltung von Vulkan-Anwendungen ist GLFW[26], da sie die entsprechenden Funktionen vom Betriebssystem abstrahiert und für Windows, Unix-Derivate und MacOS zur Verfügung stellt. Ein Code-Beispiel mit GLFW für Windows zum Anlegen des VkSurfaceKHR-Objekts könnte folgendermaßen aussehen:

```
// Erzeugen eines VkSurfaceKHR Objektes mit GLFW
    GLFWwindow* window;
    window = glfwCreateWindow(1024, 768, "Vulkan", nullptr, nullptr);

    // Anlegen einer CreateInfo-Struktur
    VkWin32SurfaceCreateInfoKHR createInfo = {};
    createInfo.sType = VK_STRUCTURE_TYPE_WIN32_SURFACE_CREATE_INFO_KHR;
    createInfo.hwnd = glfwGetWin32Window(window);
    createInfo.hinstance = GetModuleHandle(nullptr);

    // Erzeugen des Surface Objektes durch den Create-Befehl
    VkSurfaceKHR surfaceObj;
    if (glfwCreateWindowSurface(instanceObj, window, nullptr, &surfaceObj)
        != VK_SUCCESS)
       throw std::runtime_err ("failed to create Surface Object");
```

---

[24]Diese Schnittstelle zur Bildschirmoberfläche (VkSurfaceKHR) ist natürlich nur dann nötig, wenn Vulkan zur interaktiven Bildgenerierung benutzt wird. Bei Vulkan-Anwendungen, die keine Bildschirmdarstellung benötigen (*sog. off-screen rendering*), wie z.B. mathematische oder physikalische Berechnungen, Bild- oder Videobearbeitungen, oder auch das direkte Rendern in einen Videostream, ist die Erzeugung eines VkSurfaceKHR-Objekts überflüssig.

[25]daher der Zusatz KHR für Khronos bei dem VkSurfaceKHR-Objekt.

[26]www.glfw.org/ (abgerufen am 24.12.2018)

Abfrage von Anzahl und Eigenschaften der Grafikkarten:

Der nächste Schritt bei der Vorbereitung einer Vulkan-Anwendung ist die Auswahl der *Physical Devices* (meist eine Grafikkarte, in seltenen Fällen auch mehrere). Zunächst bestimmt man einfach nur die Anzahl der im System verfügbaren Grafikkarten durch einen ersten Aufruf der Funktion vkEnumeratePhysicalDevices():

```
uint32_t numDevices = 0;
vkEnumeratePhysicalDevices(instanceObj, &numDevices, nullptr);
std::cout << "\t"<< numDevices << std::endl;
```

Danach steht in der Variablen numDevices die Anzahl der Grafikkarten. Nun alloziert man ein Array von VkPhysicalDevice-Objekten und erhält durch einen zweiten Aufruf von vkEnumeratePhysicalDevices() die Zeiger (*Handles*) auf die Grafikkarten:

```
std::vector<VkPhysicalDevice> devices(numDevices);
vkEnumeratePhysicalDevices(instanceObj, &numDevices, devices.data());
```

Jetzt kann man die Eigenschaften (*Properties*) und Merkmale (*Features*) der gefundenen Grafikkarten abfragen, um abzuklären, ob sie für die geplante Anwendung geeignet sind, bzw. welche sich am besten eignet. Dazu dienen die beiden folgenden Befehle, die dann die abgefragten Daten in Vulkan-Strukturen zurückgeben:

```
VkPhysicalDeviceProperties deviceProperties;
VkPhysicalDeviceFeatures deviceFeatures;
vkGetPhysicalDeviceProperties(devices[i], &deviceProperties);
vkGetPhysicalDeviceFeatures(devices[i], &deviceFeatures);
```

Damit lässt sich jetzt z.B. die Eigenschaft überprüfen, ob es sich um eine dezidierte Grafikkarte handelt, oder nur um eine sog. onboard-Grafikkarte, die in der CPU integriert ist   (deviceProperties.deviceType == VK_PHYSICAL_DEVICE_TYPE_DISCRETE_GPU). Ein Beispiel für ein Merkmal (von über 50, die alle in der Vulkan-Spezifikation [Khro18] aufgeführt sind) wäre die Existenz eines Tessellation Shaders (deviceFeatures.tessellationShader == VK_TRUE).

Abfrage der verfügbaren Queue Families:

Wie in Abschnitt 5.2.1.1 dargestellt, führen Vulkan-fähige Grafikkarten Befehle aus, die in Containern („*Command Buffers*") in eine oder mehrere Warteschlangen („*Queues*") geschickt werden, die die Grafikkarten („*Devices*") des Computersystems bereitstellen. Jede dieser „*Queues*" gehört zu einer Familie („*Queue Family*"), die die Grafikkarte anbieten kann. Die Möglichkeiten einer Familie, sowie die Anzahl an „*Queues*", die zu einer Familie gehören können, sind Eigenschaften der Grafikkarte. Um diese Eigenschaften abzufragen, gibt es den Vulkan-Befehl vkGetPhysicalDeviceQueueFamilyProperties(), der ebenso wie der Befehl vkEnumeratePhysicalDevices() zweimal aufgerufen wird: das erste Mal, um die Anzahl der „*Queue Families*" zu bestimmen, die eine Grafikkarte zur Verfügung stellen kann:

```
uint32_t numQueueFamilies = 0;
vkGetPhysicalDeviceQueueFamilyProperties(devices[i], &numQueueFamilies,
                    nullptr);
std::cout << "\t"<< numQueueFamilies << std::endl;
```

Danach steht in der Variablen `numQueueFamilies` die Anzahl der „*Queue Families*", die die Grafikkarte unterstützt. Nun alloziert man ein Array von `VkQueueFamilyProperties`-Objekten und erhält durch einen zweiten Aufruf von `vkGetPhysicalDeviceQueueFamilyProperties()` die gefüllten Datenstrukturen mit den Eigenschaften der „*Queue Families*":

```
std::vector<VkQueueFamilyProperties> queueFamilies(numQueueFamilies);
vkGetPhysicalDeviceQueueFamilyProperties(devices[i],
                    &numQueueFamilies, queueFamilies.data());
```

Da hier eine Vulkan-Grafik-Anwendung mit Bildschirmdarstellung aufgebaut werden soll, wird eine „*Queue Family*" benötigt, die in der Lage ist, Bilder auf der Bildschirmoberfläche (`VkSurfaceKHR`) darzustellen, die mindestens eine „*Command Queue*" bereit stellt (häufig sind es 16 oder 32 Stück) und Grafikoperationen wie das Zeichnen von Punkten, Linien und Dreiecken unterstützt (gekennzeichnet durch das Flag `VK_QUEUE_GRAPHICS_BIT`[27]).

```
int32_t queueFamilyIndex = -1;
for(uint32_t q = 0; q < numQueueFamilies; q++) {
    VkBool32 presentSupport = false;
    vkGetPhysicalDeviceSurfaceSupportKHR(devices[i], q, surfaceObj,
                    &presentSupport);
    if (presentSupport && queueFamilies[q].queueCount > 0 &&
        queueFamilies[q].queueFlags & VK_QUEUE_GRAPHICS_BIT)
        queueFamilyIndex = q;
}
```

Erzeugen des Logical Device:

Nachdem ein *Physical Device* (eine Grafikkarte) ausgewählt und für geeignet befunden wurde, kann mit diesem dann ein *(Logical) Device* erstellt werden. Es stellt sich zunächst einmal die Frage, wieso man eigentlich ein *(Logical) Device*, d.h. eine Software-Abstraktion eines *Physical Device* benötigt? Weil es in Vulkan möglich ist, mehrere *(Logical) Devices* zu definieren, die jeweils nur einen Teil der Ressourcen (z.B. „*Queues*") eines einzigen *Physical Device* zugewiesen bekommen. Somit kann eine Vulkan-Anwendung mehrere *Command Buffer* in parallelen Threads in die *Queues* zweier unterschiedlicher *(Logical) Devices* schicken, die aber letztendlich auf derselben Grafikkarte abgearbeitet werden (in Bild 5.9

---

[27]Für andere Vulkan-Anwendungen ohne Bildschirmdarstellung existieren weitere Flags: `VK_QUEUE_COMPUTE_BIT` für mathematische Berechnungen mit Compute Shadern, `VK_QUEUE_TRANSFER_BIT` für den Datentransfer zwischen CPU und GPU, `VK_QUEUE_SPARSE_BINDING_BIT` für Speicheroperationen mit sog. „*sparse resources*"

die *Queues* #21 und #22, die auf dem *Physical Device* #2 abgearbeitet werden). Dadurch kann die Grafikkarte immer optimal ausgelastet werden. Die Vorgehensweise zur Erzeugung eines *(Logical) Device* ist analog zur Erzeugung einer Instanz, d.h. zuerst werden die zugehörigen `CreateInfo`-Strukturen mit den gewünschten Eigenschaften befüllt und danach beim Erzeugen des `VkDevice`-Objektes übergeben.

```
// Erzeugen eines (Logical) Device Objektes
    // Anlegen einer VkDeviceQueueCreateInfo-Struktur
    VkDeviceQueueCreateInfo queueInfo = {};
    queueInfo.sType = VK_STRUCTURE_TYPE_DEVICE_QUEUE_CREATE_INFO;
    queueInfo.queueFamilyIndex = queueFamilyIndex;
    queueInfo.queueCount = 1;
    float queuePriority = 1.0f;
    queueInfo.pQueuePriorities = &queuePriority;

    // Anlegen einer VkDeviceCreateInfo-Struktur
    VkDeviceCreateInfo createInfo = {};
    createInfo.sType = VK_STRUCTURE_TYPE_DEVICE_CREATE_INFO;
    createInfo.queueCreateInfoCount = 1;
    createInfo.pQueueCreateInfo = &queueInfo;
    createInfo.enabledExtensionCount = extensionCount;
    createInfo.ppEnabledExtensionNames = extensions.data();
    createInfo.enabledLayerCount = layerCount;
    createInfo.ppEnabledLayerNames = validationLayers.data();
    createInfo.pEnabledFeatures = &deviceFeatures;

    // Erzeugen des (Logical) Device Objektes durch den Create-Befehl
    VkDevice logicalDevice;
    VkPhysicalDevice physicalDevice = devices[i];
    if (vkCreateDevice(physicalDevice, &createInfo, nullptr, &logicalDevice)
        != VK_SUCCESS) {
        std::cerr << "failed to create logicalDevice"<< std::endl;
        return false;
    }
```

Abfrage der Zeiger auf die Graphics Queue:

Beim Erzeugen des *(Logical) Devices* werden automatisch auch die zugeordneten Warteschlangen ("*Queues*") generiert, die die Befehle aus den *Command Buffers* aufnehmen. Allerdings existieren noch keine Zeiger (*Handles*), die auf die *Graphics Queues* verweisen. Diese Zeiger vom Typ `VkQueue` müssen zu guter Letzt noch im Rahmen der Vorbereitung der Anwendung abgefragt werden. Die Parameter der dazu verwendeten Funktion `vkGetDeviceQueue()` sind das *(Logical) Device*, der Index der *Queue Family*, der Index der *Queue* (hier 0, da nur eine *Queue* verwendet wird) und ein Zeiger zur Variable graphicsQueue, in der das *Handle* zur *Graphics Queue* gespeichert wird.

```
VkQueue graphicsQueue;
vkGetDeviceQueue(logicalDevice, queueFamilyIndex, 0, &graphicsQueue);
```

5.2.2.2 Die Vorbereitung der Präsentation (Bild 5.13)

Abfrage der Zeiger auf die Presentation Queue:

Als Schnittstelle für die Präsentation (Anzeige) am Bildschirm wurde bereits im vorigen Abschnitt das VkSurfaceKHR-Objekt erstellt. Als nächstes wird nun ein Zeiger (*Handle*) zur später benötigten Warteschlange (*Presentation Queue*) für die gerenderten Bilder abgefragt, genau wie im vorigen Abschnitt bei der *Graphics Queue*:

```
VkQueue presentQueue;
vkGetDeviceQueue(logicalDevice, queueFamilyIndex, 0, &presentQueue);
```

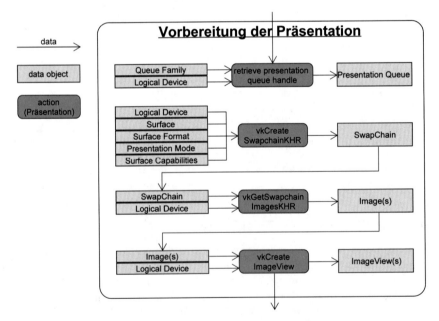

Bild 5.13: Aktivitätsdiagramm: „*Vorbereitung der Präsentation*"

Erzeugen der Swapchain:

Die Erstellung eines Ringspeichers (VkSwapchainKHR) für Bilder ist der zweite wesentliche Kernschritt für die Präsentation. Diese Art von Zwischenspeicher ist notwendig, weil das Zeichnen der Bilder (*Rendering*) auf der Grafikkarte je nach Inhalt unterschiedlich lange dauern kann und deshalb eine Synchronisation der generierten Bilder mit der konstanten Bildwiederholrate des Bildschirms erforderlich ist. Weil dieser Synchronisationsvorgang sehr eng mit der Oberfläche (VkSurfaceKHR) des Betriebssystems verwoben ist und Vulkan ja unabhängig vom Betriebssystem sein soll, wurde diese Funktionalität in eine Vulkan-Extension (ersichtlich an dem Suffix KHR in VkSwapchainKHR) ausgelagert[28]. Ein weiterer wesentlicher Zweck der *Swapchain* ist die Vermeidung des Flicker-Problems durch *Double Buffering* (Kapitel 15.1), d.h. während man den *Back Buffer* zuerst löscht und dann neu rendert, wird das im vorigen Frame fertig gerenderte Bild, das sich im *Front Buffer* befindet, auf dem Bildschirm angezeigt.

Um die Kompatibilität zwischen der *Swapchain* und dem *Surface* sicherzustellen, sind allerdings noch eine Reihe weiterer Eigenschaften abzufragen bzw. festzulegen. Dazu zählen u.a.:

- minimale bzw. maximale Anzahl der Bilder (*Images*) in der *Swapchain*, sowie deren minimale bzw. maximale Breite und Höhe (mit dem Befehl vkGetPhysicalDeviceSurfaceCapabilitiesKHR())

- Pixelformate und Farbräume des *Surface* (mit dem Befehl vkGetPhysicalDeviceSurfaceFormatsKHR()). Beispiele für Pixelformate wären: VK_FORMAT_B8G8R8A8_UNORM (je 8 Bit pro Farbkanal B,G,R,A) und VK_FORMAT_D32_SFLOAT (32 Bit für die Tiefenwerte D) und für Farbräume: VK_COLOR_SPACE_SRGB_NONLINEAR_KHR (sRGB-Farbraum mit nichtlinearer Transferfunktion) und VK_COLOR_SPACE_ADOBERGB_LINEAR_EXT (Adobe-RGB-Farbraum mit linearer Transferfunktion).

- Darstellungsmodi (*Presentation Modes*) (mit dem Befehl vkGetPhysicalDeviceSurfacePresentModesKHR()). Für diese sehr wichtige Einstellung der *Swapchain* gibt es in Vulkan folgende Möglichkeiten:

  - VK_PRESENT_MODE_IMMEDIATE_KHR: bei diesem Modus werden die gerenderten *Images* sofort am Bildschirm dargestellt und zwar unabhängig davon, ob der Takt zur Bilddarstellung gerade passt oder nicht (*display refresh rate*). Aufgrund der fehlenden Synchronisation zwischen Bildgenerierung und Bilddarstellung kann es zu einem Flicker-Effekt kommen (Kapitel 15.1).

---

[28]Die Verfügbarkeit dieser Extension (VK_KHR_SWAPCHAIN_EXTENSION_NAME) auf der benutzten Grafikkarte kann man mit dem Befehl vkEnumerateDeviceExtensionProperties() überprüfen. Falls die Extension vorhanden ist, muss man sie beim Erzeugen des *(Logical) Devices* durch Übergabe in der createInfo.ppEnabledExtensionNames-Struktur aktivieren.

– VK_PRESENT_MODE_FIFO_KHR: hier werden die gerenderten *Images* am Ende einer Warteschlange (*swap chain*) hinzugefügt. Sobald das Taktsignal (*vertical_sync*) des Bildschirms zur Darstellung des nächsten Bildes eintrifft, wird das Bild am Anfang der Warteschlange dafür entnommen. Falls die Anwendung schneller *Images* rendert, als sie entnommen werden, muss die Anwendung warten, bis wieder ein Platz in der Warteschlange frei wird.

– VK_PRESENT_MODE_FIFO_RELAXED_KHR: dieser Modus unterscheidet sich vom vorhergehenden nur für den Fall, dass die Anwendung *Images* langsamer rendert, als sie entnommen werden, so dass die Warteschlange beim Erhalt des nächsten *vertical_sync*-Taktsignals leer ist. In diesem Fall wird das nächste von der Anwendung gerenderte *Image* sofort am Bildschirm dargestellt, ohne auf das nächste *vertical_sync*-Taktsignal zu warten, so dass die Anwendung etwas schneller laufen kann. Für diesen Fall verhält sich der Modus analog wie VK_PRESENT_MODE_IMMEDIATE_KHR, was auch hier zu einem Flicker-Problem führen kann.

– VK_PRESENT_MODE_MAILBOX_KHR: dieser Modus unterscheidet sich vom normalen FIFO-Modus dadurch, dass bei einer zu schnell rendernden Anwendung einfach die neuen Bilder die in der Warteschlange befindlichen ersetzen. Dadurch kann die Transport-Verzögerung vom Rendern zum Darstellen eines Bildes verringert werden.

– VK_PRESENT_MODE_SHARED_DEMAND_REFRESH_KHR: in diesem Modus haben sowohl die *Swapchain*, als auch die Anwendung Zugriff auf die *Images* (dies wird bezeichnet als „*shared presentable image*"). Ein neues Bild wird von der *Swapchain* nur auf Anforderung der Anwendung am Bildschirm dargestellt.

– VK_PRESENT_MODE_SHARED_CONTINUOUS_REFRESH_KHR: dieser Modus unterscheidet sich vom vorhergehenden dadurch, dass die *Swapchain* die Bilder am Bildschirm periodisch mit der entsprechenden Taktrate erneuert. Die Anwendung muss nur ganz am Anfang ein Bild an die *Swapchain* liefern, danach ist die Lieferung neuer Bilder optional.

• eine Transformation des Bildes wie z.B. eine Rotation um 90°, oder eine horizontale Spiegelung (preTransform).

• eine Farbmischung mit anderen Fenstern der Oberfläche (compositeAlpha).

Nachdem alle notwendigen Eigenschaften zur Konfiguration der *Swapchain* abgefragt wurden, kann man, wie üblich bei Vulkan, eine CreateInfo-Struktur mit diesen Eigenschaften befüllen und beim Erzeugen des VkSwapchainKHR-Objektes mit dem create-Befehl übergeben:

```
// Erzeugen eines Swapchain Objektes
    // Anlegen einer VkSwapchainCreateInfoKHR-Struktur
    VkSwapchainCreateInfoKHR createInfo = {};
```

```
createInfo.sType = VK_STRUCTURE_TYPE_SWAPCHAIN_CREATE_INFO_KHR;
createInfo.surface = surfaceObj;
createInfo.minImageCount = imageCount;
createInfo.imageFormat = VK_FORMAT_B8G8R8A8_UNORM;
createInfo.imageColorSpace = VK_COLOR_SPACE_SRGB_NONLINEAR_KHR;
createInfo.imageExtent = extent;
createInfo.imageArrayLayers = 1;
createInfo.imageUsage = VK_IMAGE_USAGE_COLOR_ATTACHMENT_BIT;
createInfo.imageSharingMode = VK_SHARING_MODE_EXCLUSIVE;
createInfo.queueFamilyIndexCount = 0;
createInfo.pQueueFamilyIndices = nullptr;
createInfo.compositeAlpha = VK_COMPOSITE_ALPHA_OPAQUE_BIT_KHR;
createInfo.preTransform = VK_SURFACE_TRANSFORM_ROT90_BIT_KHR;
createInfo.presentMode = VK_PRESENT_MODE_FIFO_KHR;
createInfo.clipped = VK_TRUE;
createInfo.oldSwapchain = VK_NULL_HANDLE;

// Erzeugen des Swapchain Objektes durch den Create-Befehl
VkSwapchainKHR swapChainObj;
if (vkCreateSwapchainKHR(logicalDevice, &createInfo, nullptr,
                    &swapChainObj) != VK_SUCCESS)
    throw std::runtime_error("failed to create SwapChain");
```

Abfrage der Zeiger auf die Images der Swapchain:

Von der Swapchain können dann die Zeiger (*Handles*) der implizit erzeugten *Images* angefordert werden, in die später gerendert werden soll. Dies funktioniert wieder nach demselben Schema, mit dem man in Vulkan Arrays von Objekten abruft: durch zweimaligen Aufruf der entsprechenden Get-Funktion. Beim ersten Aufruf holt man sich die Anzahl der Objekte und beim zweiten Aufruf füllt man die zuvor allozierten Datenstrukturen:

```
uint32_t imageCount = 0;
vkGetSwapchainImagesKHR(logicalDevice, swapChainObj, &imageCount,
                    nullptr);
```

Danach steht in der Variablen imageCount die Anzahl der *Images*, die die *Swapchain* anbietet. Nun alloziert man ein Array von VkImage-Objekten und erhält durch einen zweiten Aufruf von vkGetSwapchainImagesKHR() die gefüllten Datenstrukturen mit den Zeigern (*Handles*) auf die *Images*:

```
std::vector<VkImage> swapChainImages(imageCount);
vkGetSwapchainImagesKHR(logicalDevice, swapChainObj, &imageCount,
                    swapChainImages.data());
```

Erzeugen der Image Views:

In Vulkan kann man aber nicht direkt auf *Images* zugreifen, sondern nur indirekt, eine Abstraktionsstufe höher, über sogenannte *Image Views*. Diese „*Sichtweisen*" definieren, wie die Daten eines *Images* zu interpretieren sind. Dazu zählt z.B., ob die Pixel eines Bildes als Grauwerte (VK_IMAGE_ASPECT_COLOR_BIT) oder als Tiefenwerte (VK_IMAGE_ASPECT_DEPTH_BIT) interpretiert werden sollen, welcher Ausschnitt des Bildes betrachtet werden soll und welcher *MipMap-Level* (Kapitel 13.1.3) genutzt werden soll. Für jedes *Image* in der *Swapchain* muss eine *Image View* erstellt werden, indem man zuerst eine CreateInfo-Struktur mit diesen Eigenschaften befüllt und diese beim Erzeugen des VkImageView-Objektes mit dem create-Befehl übergibt:

```
// Erzeugen der ImageView Objekte
    std::vector<VkImageView> swapChainImageViews(imageCount);

    for(uint32_t i = 0; i < imageCount; i++) {
        // Anlegen einer VkImageViewCreateInfo-Struktur
        VkImageViewCreateInfo createInfo = {};
        createInfo.sType = VK_STRUCTURE_TYPE_IMAGE_VIEW_CREATE_INFO;
        createInfo.image = swapChainImages[i];
        createInfo.viewType = VK_IMAGE_VIEW_TYPE_2D;
        // format = swapChainImageFormat
        createInfo.format = VK_FORMAT_B8G8R8A8_UNORM;
        createInfo.components.r = VK_COMPONENT_SWIZZLE_IDENTITY;
        createInfo.components.g = VK_COMPONENT_SWIZZLE_IDENTITY;
        createInfo.components.b = VK_COMPONENT_SWIZZLE_IDENTITY;
        createInfo.components.a = VK_COMPONENT_SWIZZLE_IDENTITY;
        createInfo.subresourceRange.aspectMask = VK_IMAGE_ASPECT_COLOR_BIT;
        createInfo.subresourceRange.baseMipLevel = 0;
        createInfo.subresourceRange.levelCount = 1;
        createInfo.subresourceRange.baseArrayLayer = 0;
        createInfo.subresourceRange.layerCount = 1;

        // Erzeugen des ImageView Objektes durch den Create-Befehl
        if (vkCreateImageView(logicalDevice, &createInfo, nullptr,
                        &swapChainImageViews[i]) != VK_SUCCESS)
        throw std::runtime_error("failed to create Image View");
    }
```

5.2.2.3   Die Vorbereitung des Zeichnens (Bild 5.14)

Hier werden die Kompenenten beschrieben, die für das Zeichnen benötigt werden: die programmierbaren Shader, ein Renderpass (d.h. ein Durchlauf durch die Grafikpipeline), die Grafikpipeline selber und für jedes *ImageView* ein Bildspeicher (*Framebuffer*). Am Ende werden dann noch die *CommandBuffer* aus einem *CommandPool* alloziert. Wie im Abschnitt 5.2.1.1 dargestellt, werden die Vulkan-Befehle, die später auf der Grafikkarte (GPU) ausgeführt werden sollen, vorab auf der CPU in einem oder ggf. auch parallel in mehreren *CommandBuffers* gesammelt. Darunter fallen das Starten (und Beenden) des *RenderPasses*, wobei ein *Framebuffer* zum Hineinzeichnen angegeben wird, das Binden der Pipeline und das Zeichnen mit Hilfe der *Draw*-Befehle selbst.

Compilieren der Shader in SPIR-V Code:

Wie in Bild 5.9 dargestellt, kann man Vulkan auffassen als Rahmenprogramm zur Einfütte-

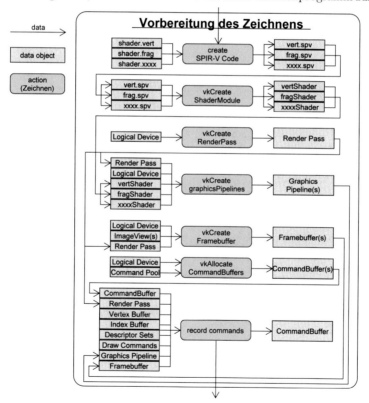

Bild 5.14:   Aktivitätsdiagramm: *„Vorbereitung des Zeichnens"*

rung von Zeichen-Befehlen in programmierbare Shader auf Grafikkarten. Vulkan führt mit SPIR-V (Standard Portable Intermediate Representation - Vulkan) eine einheitliche Zwischensprache sowohl für GLSL-Shader als auch für OpenCL-Kernel ein. Eine ausführlichere Darstellung der Vulkan Shading Language SPIR-V findet man in Abschnitt 5.2.3. Für eine Grafik-Anwendung, bei der auch in Vulkan die OpenGL Shading Language GLSL (mit detaillierter Beschreibung in Abschnitt 5.1.4) benutzt wird, benötigt man deshalb einen Compiler von GLSL nach SPIR-V. Im LunarG Vulkan SDK[29] ist mit dem glslangValidator.exe ein solcher Compiler vorhanden. Unter Windows werden die beiden für eine Grafik-Anwendung mindestens benötigten Shader-Programme, nämlich ein Vertex-Shader und ein Fragment-Shader, mit den folgenden Aufrufen von GLSL nach SPIR-V übersetzt (analog für weitere Shader):

```
C:/VulkanSDK/1.1.73.0/Bin32/glslangValidator.exe -V shader.vert
C:/VulkanSDK/1.1.73.0/Bin32/glslangValidator.exe -V shader.frag
```

Erzeugen der Shader-Module und Einlesen des SPIR-V Codes:

Der Compiler wird aufgrund des Flags -V angewiesen, SPIR-V Binärfiles mit den Namen vert.spv und frag.spv zu erzeugen. Als nächstes müssen diese Binärfiles mit Hilfe einer selbstgeschriebenen Funktion readFile() von der Festplatte des Computers eingelesen und anschließend mit der Vulkan-Funktion vkCreateShaderModule() in ein Objekt vom Typ VkShaderModule gesteckt werden:

```
std::vector<char> vertShaderCode = readFile("vert.spv");
std::vector<char> fragShaderCode = readFile("frag.spv");

VkShaderModule vertShaderModule = createShaderModule(vertShaderCode);
VkShaderModule fragShaderModule = createShaderModule(fragShaderCode);

VkShaderModule createShaderModule(const std::vector<char>& code) {
    VkShaderModuleCreateInfo createInfo = {};
    createInfo.sType = VK_STRUCTURE_TYPE_SHADER_MODULE_CREATE_INFO;
    createInfo.codeSize = code.size();
    createInfo.pCode = reinterpret_cast<const uint32_t*>(code.data());

    VkShaderModule shaderModule;
    if (vkCreateShaderModule(logicalDevice, &createInfo, nullptr,
                    &shaderModule) != VK_SUCCESS) {
        throw std::runtime_error("failed to create shader module");
    }
    return shaderModule;
}
```

---

[29]Webseite von LunarG zum Download aktueller Vulkan-Treiber incl. dem Compiler glslangValidator.exe: http://vulkan.lunarg.com/sdk/home (abgerufen am 24.12.2018)

Nun müssen diese beiden Shader Module noch auf die richtige Stufe der Rendering Pipeline gehoben werden, indem man sie, wie in Vulkan üblich, in eine entsprechende `CreateInfo`-Struktur steckt, die später beim Erzeugen der Grafikpipeline an diese übergeben wird:

```
VkPipelineShaderStageCreateInfo vertShStageInfo = {};
vertShStageInfo.sType = VK_STRUCTURE_TYPE_PIPELINE_SHADER_STAGE_CREATE_INFO;
 vertShStageInfo.stage = VK_SHADER_STAGE_VERTEX_BIT;
 vertShStageInfo.module = vertShaderModule;
vertShStageInfo.pName = "main";

VkPipelineShaderStageCreateInfo fragShStageInfo = {};
fragShStageInfo.sType = VK_STRUCTURE_TYPE_PIPELINE_SHADER_STAGE_CREATE_INFO;
fragShStageInfo.stage = VK_SHADER_STAGE_FRAGMENT_BIT;
 fragShStageInfo.module = fragShaderModule;
fragShStageInfo.pName = "main";


VkPipelineShaderStageCreateInfo shaderStages[] =
                        {vertShStageInfo, fragShStageInfo};
```

Erzeugen eines Renderpass:

Als nächste Komponente, die für die Vorbereitung des Zeichnens nötig ist, wird ein Renderpass definiert. Unter einem Renderpass versteht man im Allgemeinen einen Durchlauf durch die Grafikpipeline. In Vulkan ist ein Renderpass ein Objekt vom Typ `VkRenderPass`, in dem die Ressourcen (*Attachments*) und Abläufe (*Subpasses*), sowie deren gegenseitige Abhängigkeiten in der Grafikpipeline festgelegt sind. Ein Renderpass muss mindestens einen Subpass enthalten. Ein einzelner Subpass reicht aus, wenn nur ein Durchlauf durch die Grafikpipeline geplant ist, wie bei den meisten „normalen" Grafikanwendungen (sog. „*single pass rendering*"). Bei komplexeren Anwendungen, wie z.B. der Berechnung von Schatten (Kapitel 14), benötigt man zwei Subpasses[30], den Ersten für das Rendern der Schattentextur und den Zweiten für das Rendern der Szene unter Berücksichtigung der Schattentextur (sog. „*multi pass rendering*"). Da bei zwei oder mehr Subpasses die Reihenfolge der Abarbeitung und der Zugriff auf die jeweiligen Zwischenergebnisse geregelt werden müssen, speichert man diese Abhängigkeiten explizit im übergeordneten Renderpass in der Struktur `VkSubpassDependency`. Ein Subpass hat Lese- und Schreibrechte auf die ihm zugeordneten *Attachments* (in der Regel Bilder vom Typ `VkImage`), was in der Struktur `VkAttachmentDescription` festgelegt wird. Vor der Erzeugung eines Renderpass durch den Aufruf des create-Befehls muss man durch das Befüllen mehrerer verschachtelter Strukturen alle notwendigen Konfigurationen vornehmen: zuerst werden die *Attachments* durch

---

[30]Falls es z.B. mehrere Lichtquellen in der Szene geben sollte, oder Cascaded Shadow Mapping verwendet wird, benötigt man mehr als zwei Subpasses, nämlich für jede Lichtquelle bzw. Cascade einen eigenen Subpass zur Generierung der jeweiligen Schattentexturen.

die Struktur VkAttachmentDescription beschrieben und in einer übergeordneten Struktur VkAttachmentReference referenziert, anschließend werden sie in die Beschreibung eines *Subpasses* vom Typ VkSubpassDescription integriert, bevor diese dann zusammen mit der Beschreibung ihrer Abhängigkeiten untereinander in der Struktur VkSubpassDependency in die Struktur VkRenderPassCreateInfo-Struktur einfließen. Hier ein einfaches Code-Beispiel für einen Renderpass mit nur einem Subpass:

```
// Anlegen einer VkAttachmentDescription-Struktur
VkAttachmentDescription colorAttach = {};
    // format = swapChainImageFormat
colorAttach.format = VK_FORMAT_B8G8R8A8_UNORM;
    // kein Multisampling, deshalb ist sample_count = 1
colorAttach.samples = VK_SAMPLE_COUNT_1_BIT;
    // lösche den Speicher zu Beginn
colorAttach.loadOp = VK_ATTACHMENT_LOAD_OP_CLEAR;
    // speichere den Inhalt am Ende
colorAttach.storeOp = VK_ATTACHMENT_STORE_OP_STORE;
    // kein Stencil-Buffer, deshalb dont_care
colorAttach.stencilLoadOp = VK_ATTACHMENT_LOAD_OP_DONT_CARE;
 colorAttach.stencilstoreOp = VK_ATTACHMENT_STORE_OP_DONT_CARE;
    // Images werden zu Beginn sowieso gelöscht
colorAttach.initialLayout = VK_IMAGE_LAYOUT_UNDEFINED;
    // Images für die SwapChain zum Präsentieren
colorAttach.finalLayout = VK_IMAGE_LAYOUT_PRESENT_SRC_KHR;

// Anlegen einer VkAttachmentReference-Struktur
VkAttachmentReference colorAttachRef = {};
    // hier gibt es nur eine VkAttachmentDescription mit Index 0
colorAttachRef.attachment = 0;
colorAttachRef.layout = VK_IMAGE_LAYOUT_COLOR_ATTACHMENT_OPTIMAL;

// Anlegen einer VkSubpassDescription-Struktur
VkSubpassDescription subpass = {};
subpass.pipelineBindPoint = VK_PIPELINE_BIND_POINT_GRAPHICS;
 subpass.colorAttachmentCount = 1;
 subpass.pColorAttachments = &colorAttachRef;

// Anlegen einer VkSubpassDependency-Struktur
 VkSubpassDependency dependency = {};
dependency.srcSubpass = VK_SUBPASS_EXTERNAL;
 dependency.dstSubpass = 0;
dependency.srcStageMask = VK_PIPELINE_STAGE_COLOR_ATTACHMENT_OUTPUT_BIT;
 dependency.srcAccessMask = 0;
```

```
dependency.dstStageMask = VK_PIPELINE_STAGE_COLOR_ATTACHMENT_OUTPUT_BIT;
dependency.srcStageMask = VK_ACCESS_COLOR_ATTACHMENT_READ_BIT |
                          VK_ACCESS_COLOR_ATTACHMENT_WRITE_BIT;

// Anlegen einer VkRenderPassCreateInfo -Struktur
VkRenderPassCreateInfo createInfo = {};
createInfo.sType = VK_STRUCTURE_TYPE_RENDER_PASS_CREATE_INFO;
 createInfo.attachmentCount = 1;
createInfo.pAttachments = &colorAttach;
createInfo.subpassCount = 1;
createInfo.pSubpasses = &subpass;
createInfo.dependencyCount = 1;
createInfo.pDependencies = &dependency;

// Erzeugen des VkRenderPass Objektes durch den Create-Befehl
VkRenderPass renderPassObj;
if (vkCreateRenderPass(logicalDevice, &createInfo, nullptr,
                       &renderPassObj) != VK_SUCCESS)
   throw std::runtime_error("failed to create Render Pass");
```

Erzeugen einer Grafik-Rendering-Pipeline:

Die Grafik-Rendering-Pipeline im Sinne des Vulkan-Objekts VkPipeline umfasst neben den bisher definierten Objekten Renderpass und ShaderModule noch eine Kaskade aufeinander aufbauender Strukturen zur genauen Konfiguration der Pipeline. Bevor man zur Erzeugung des VkPipeline-Objektes mit Hilfe des create-Befehls schrei-
ten kann, müssen folglich diese Strukturen befüllt werden. Dabei wird zuerst die Eingabe von Vertex-Daten durch die Struktur VkPipelineVertexInputStateCreateInfo
beschrieben, sowie deren Zuordnung zu Grafik-Primitiven (Abschnitt 6.2) durch die
Struktur VkPipelineInputAssemblyStateCreateInfo. Danach muss der Viewport (Abschnitt 7.7) durch die Struktur VkPipelineViewportStateCreateInfo definiert, die
Einstellungen für den Rasterizer bzw. die Polygon- und Backface-Culling-Modi (Abschnitt 6.2.3.4) durch die Struktur VkPipelineRasterizationStateCreateInfo vorgenommen, das Anti-Aliasing bzw. Multisampling (Abschnitte 10 und 13.1.4) durch
die Struktur VkPipelineMultisampleStateCreateInfo festgelegt, der Verdeckungstest (Abschnitt 8) durch die Struktur VkPipelineDepthStencilStateCreateInfo aktiviert, sowie die Farbmischung (engl. *color blending*, Abschnitt 9) durch die Struktur
VkPipelineColorBlendStateCreateInfo eingestellt werden. Zu guter Letzt muss noch
ein Pipeline Layout Objekt vom Typ VkPipelineLayout erzeugt werden, in dem später
der Datentransfer zwischen CPU und GPU mit Hilfe von DescriptorSets und PushConstants geregelt wird.

```
// Anlegen einer VkVertexInputBindingDescription-Struktur
VkVertexInputBindingDescription vertexInputBindingDesc = {};
vertexInputBindingDesc.binding = 0;
    // Vertex ist ein struct mit je 3 float-Werten für Position und Farbe,
    // sowie 2 float-Werten für Texturkoordinaten
vertexInputBindingDesc.stride = sizeof(Vertex);
vertexInputBindingDesc.inputRate = VK_VERTEX_INPUT_RATE_VERTEX;

// Anlegen einer VkVertexInputAttributeDescription-Struktur
std::array<VkVertexInputAttributeDescription, 3> attrDesc = {};
attrDesc[0].binding = 0;
attrDesc[0].location = 0;
attrDesc[0].format = VK_FORMAT_R32G32B32_SFLOAT;
 attrDesc[0].offset = 0;
attrDesc[1].binding = 0;
attrDesc[1].location = 1;
attrDesc[1].format = VK_FORMAT_R32G32B32_SFLOAT;
attrDesc[1].offset = sizeof(float) * 3;
attrDesc[2].binding = 0;
attrDesc[2].location = 2;
attrDesc[2].format = VK_FORMAT_R32G32_SFLOAT;
 attrDesc[2].offset = sizeof(float) * 6;

// Anlegen einer VkPipelineVertexInputStateCreateInfo-Struktur
VkPipelineVertexInputStateCreateInfo vertexInput = {};
vertexInput.sType = VK_STRUCTURE_TYPE_PIPELINE_VERTEX_INPUT_STATE_CREATE_INFO;
 vertexInput.vertexBindingDescriptionCount = 1;
vertexInput.pVertexBindingDescriptions = &vertexInputBindingDesc;
vertexInput.vertexAttributeDescriptionCount = 3;
vertexInput.pVertexAttributeDescriptions = attrDesc.data();

// Anlegen einer VkPipelineInputAssemblyStateCreateInfo-Struktur
VkPipelineInputAssemblyStateCreateInfo assembly = {};
assembly.sType = VK_STRUCTURE_TYPE_PIPELINE_INPUT_ASSEMBLY_STATE_CREATE_INFO;
    // als Grafik-Primitiv werden hier Einzel-Dreiecke verwendet
assembly.topology = VK_PRIMITIVE_TOPOLOGY_TRIANGLE_LIST;
 assembly.primitiveRestartEnable = VK_FALSE;

// Anlegen einer VkViewport-Struktur
VkViewport viewport = {};
viewport.x = 0.0f;
viewport.y = 0.0f;
viewport.width = extent.width;
```

```
viewport.height = extent.height;
viewport.minDepth = 0.0f;
viewport.maxDepth = 1.0f;

// Anlegen einer VkRect2D-Struktur
VkRect2D scissor = {};
scissor.offset = {0, 0};
scissor.extent = extent;

// Anlegen einer VkPipelineViewportStateCreateInfo-Struktur
VkPipelineViewportStateCreateInfo viewport = {};
viewport.sType = VK_STRUCTURE_TYPE_PIPELINE_VIEWPORT_STATE_CREATE_INFO;
 viewport.viewportCount = 1;
viewport.pViewports = &viewport;
viewport.scissorCount = 1;
viewport.pScissors = &scissor;

// Anlegen einer VkPipelineRasterizationStateCreateInfo-Struktur
VkPipelineRasterizationStateCreateInfo rasterizer = {};
rasterizer.sType = VK_STRUCTURE_TYPE_PIPELINE_RASTERIZATION_STATE_CREATE_INFO;
 rasterizer.depthClampEnable = VK_FALSE;
rasterizer.rasterizerDiscardEnable = VK_FALSE;
rasterizer.polygonMode = VK_POLYGON_MODE_FILL;
 rasterizer.lineWidth = 1.0f;
rasterizer.cullMode = VK_CULL_MODE_BACK_BIT;
 rasterizer.frontFace = VK_FRONT_FACE_CLOCKWISE;
 rasterizer.depthBiasEnable = VK_FALSE;

// Anlegen einer VkPipelineMultisampleStateCreateInfo-Struktur
VkPipelineMultisampleStateCreateInfo multisample = {};
multisample.sType = VK_STRUCTURE_TYPE_PIPELINE_MULTISAMPLE_STATE_CREATE_INFO;
 multisample.sampleShadingEnable = VK_FALSE;
multisample.rasterizationSamples = VK_SAMPLE_COUNT_1_BIT;

// Anlegen einer VkPipelineDepthStencilStateCreateInfo-Struktur
VkPipelineDepthStencilStateCreateInfo depthStencil = {};
depthStencil.sType = VK_STRUCTURE_TYPE_PIPELINE_DEPTH_STENCIL_STATE_CREATE_INFO;
 depthStencil.depthTestEnable = VK_TRUE;
depthStencil.depthWriteEnable = VK_TRUE;
depthStencil.depthCompareOp = VK_COMPARE_OP_LESS;
 depthStencil.depthBoundsTestEnable = VK_FALSE;
depthStencil.stencilTestEnable = VK_FALSE;
```

```
// Anlegen einer VkPipelineColorBlendAttachmentState-Struktur
VkPipelineColorBlendAttachmentState colorBlendAttach = {};
colorBlendAttach.colorWriteMask = VK_COLOR_COMPONENT_R_BIT |
VK_COLOR_COMPONENT_G_BIT | VK_COLOR_COMPONENT_B_BIT | VK_COLOR_COMPONENT_A_BIT;
 colorBlendAttach.blendEnable = VK_FALSE;

// Anlegen einer VkPipelineColorBlendStateCreateInfo-Struktur
VkPipelineColorBlendStateCreateInfo colorBlend = {};
colorBlend.sType = VK_STRUCTURE_TYPE_PIPELINE_COLOR_BLEND_STATE_CREATE_INFO;
 colorBlend.logicOpEnable = VK_FALSE;
colorBlend.logicOp = VK_FALSE;
colorBlend.attachmentCount = 1;
colorBlend.pAttachments = &colorBlendAttach;
colorBlend.blendConstants[0] = 0.0f;
colorBlend.blendConstants[1] = 0.0f;
colorBlend.blendConstants[2] = 0.0f;
colorBlend.blendConstants[3] = 0.0f;

// Anlegen einer VkPipelineLayoutCreateInfo-Struktur
VkPipelineLayoutCreateInfo pipelineLayout = {};
pipelineLayout.sType = VK_STRUCTURE_TYPE_PIPELINE_LAYOUT_CREATE_INFO;
pipelineLayout.setLayoutCount = 1;
    // Descriptor Set Layouts werden erst im nächsten Abschnitt definiert
pipelineLayout.pSetLayouts = &descriptorSetLayoutObj;
pipelineLayout.pushConstantRangeCount = 1;
    // Push Constant Ranges werden erst im nächsten Abschnitt definiert
pipelineLayout.pPushConstantRanges = &pushConstRange;

// Erzeugen des VkPipelineLayout Objektes durch den Create-Befehl
VkPipelineLayout pipelineLayoutObj;
if (vkCreatePipelineLayout(logicalDevice, &pipelineLayout, nullptr,
                        &pipelineLayoutObj) != VK_SUCCESS)
    throw std::runtime_error("failed to create Pipeline Layout");
```

All diese vorher definierten und befüllten Strukturen können am Ende in einer übergeordneten Struktur VkGraphicsPipelineCreateInfo integriert und mit Hilfe des create-Befehls an die Grafik-Pipeline übergeben werden:

```
// Anlegen einer VkGraphicsPipelineCreateInfo-Struktur
VkGraphicsPipelineCreateInfo pipeInfo = {};
pipeInfo.sType = VK_STRUCTURE_TYPE_GRAPHICS_PIPELINE_CREATE_INFO;
 pipeInfo.stageCount = 2;
pipeInfo.pStages = shaderStages;
pipeInfo.pVertexInputState = &vertexInput;
```

```
pipeInfo.pInputAssemblyState = &assembly;
pipeInfo.pViewportState = &viewport;
pipeInfo.pRasterizationState = &rasterizer;
pipeInfo.pMultisampleState = &multisample;
pipeInfo.pDepthStencilState = &depthStencil;
pipeInfo.pColorBlendState = &colorBlend;
pipeInfo.pDynamicState = nullptr;        // optional
pipeInfo.layout = pipelineLayoutObj;
pipeInfo.renderPass = renderPassObj;
pipeInfo.subpass = 0;
pipeInfo.basePipelineHandle = VK_NULL_HANDLE;

// Erzeugen des VkPipeline Objektes durch den Create-Befehl
VkPipeline graphicsPipeObj;
if (vkCreateGraphicsPipelines(logicalDevice, &pipeInfo, nullptr,
                        &graphicsPipeObj) != VK_SUCCESS)
    throw std::runtime_error("failed to create Graphics Pipeline");
```

Erzeugen der Framebuffer:

Im nächsten Schritt muss nun für jedes VkImageView-Objekt aus der *SwapChain* ein VkFramebuffer-Objekt erzeugt werden, in das der Renderpass zeichnen kann. Der Bildspeicher (engl. *Framebuffer*) ist die Endstation der „*Vulkan Rendering Pipeline*" gemäß Bild 5.8, in der die fertig gerenderten Bilder landen, bevor sie z.B. mit einem Digital-Analog-Konverter in ein elektrisches Signal für die Bildschirmdarstellung umgewandelt werden. Allerdings können auf dem Framebuffer noch eine Reihe von Operationen durchgeführt werden (z.B. Verdeckungstests, Farbmischung und Anti-Aliasing), wie bereits in Abschnitt 5.1.3.1 „*Framebuffer-Operationen*" dargestellt wurde. Deshalb enthalten die VkFramebuffer-Objekte einen Zeiger auf den Renderpass und die ihm zugeordneten Attachments:

```
// Anlegen eines Arrays von VkFramebuffer-Objekten
std::vector<VkFramebuffer> framebufferObj;
framebufferObj.resize(swapChainImageViews.size());

for(uint32_t i = 0; i < swapChainImageViews.size(); i++) {
    VkImageView attachments[] = {swapChainImageViews[i]};

    // Anlegen einer VkFramebufferCreateInfo-Struktur
    VkFramebufferCreateInfo framebufInfo = {};
    framebufInfo.sType = VK_STRUCTURE_TYPE_FRAMEBUFFER_CREATE_INFO;
    framebufInfo.renderPass = renderPassObj;
    framebufInfo.attachmentCount = 1;
```

```
framebufInfo.pAttachments = &colorAttach;
framebufInfo.width = extent.width;
framebufInfo.height = extent.height;
framebufInfo.layers = 1;

// Erzeugen der VkFramebuffer Objekte durch den Create-Befehl
if (vkCreateFramebuffer(logicalDevice, &framebufInfo, nullptr,
                        &framebufferObj[i]) != VK_SUCCESS)
    throw std::runtime_error("failed to create Framebuffer");
}
```

Allozieren der Command Buffer:

Der letzte Schritt bei der Vorbereitung des Zeichnens ist die Bereitstellung der Command Buffer vom Typ VkCommandBuffer, d.h. der Container, in denen die Zeichenbefehle gesammelt werden, bevor sie an die Graphics Queue, der Warteschlange für Befehle, zur Ausführung auf der Grafikkarte übergeben werden. Die Command Buffers werden aus einem zuvor erzeugten Command Pool alloziert.

```
// Anlegen einer VkCommandPoolCreateInfo-Struktur
VkCommandPoolCreateInfo poolInfo = {};
poolInfo.sType = VK_STRUCTURE_TYPE_COMMAND_POOL_CREATE_INFO;
 poolInfo.queueFamilyIndex = queueFamilyIndex;
poolInfo.flags = 0;             // optional

// Erzeugen des VkCommandPool Objekts durch den Create-Befehl
VkCommandPool commandPoolObj;
if (vkCreateCommandPool(logicalDevice, &poolInfo, nullptr,
                        &commandPoolObj) != VK_SUCCESS)
    throw std::runtime_error("failed to create Command Pool");

// Anlegen eines Arrays von VkCommandBuffer-Objekten
std::vector<VkCommandBuffer> commandBufferObj;
commandBufferObj.resize(framebufferObj.size());

// Anlegen einer VkCommandBufferAllocateInfo-Struktur
VkCommandBufferAllocateInfo allocInfo = {};
allocInfo.sType = VK_STRUCTURE_TYPE_COMMAND_BUFFER_ALLOCATE_INFO;
 allocInfo.commandPool = commandPoolObj;
    // Secondary Command Buffers sind nur für paralleles Aufzeichnen
    // von Befehlen erforderlich, hier genügt ein Primary Command Buffer
allocInfo.level = VK_COMMAND_BUFFER_LEVEL_PRIMARY;
 allocInfo.commandBufferCount = (uint32_t) commandBufferObj.size();
```

```
// Allozieren der VkCommandBuffer Objekte durch den Allocate-Befehl
if (vkAllocateCommandBuffers(logicalDevice, &allocInfo,
                             &commandBufferObj.data()) != VK_SUCCESS)
    throw std::runtime_error("failed to allocate Command Buffers");
```

Aufzeichnen der Befehle im Command Buffer:

Nun können die allozierten Command Buffers gefüllt werden, indem das Aufzeichnen sowie ein Renderpass gestartet, eine Rendering Pipeline angebunden, Vertex und Index Buffer sowie Descriptor Sets übergeben, sowie zu guter Letzt die Zeichen-Befehle gesammelt werden.

```
for(uint32_t i = 0; i < commandBufferObj.size(); i++) {
    VkCommandBufferBeginInfo cmdBufBeginInfo = {};
    cmdBufBeginInfo.sType = VK_STRUCTURE_TYPE_COMMAND_BUFFER_BEGIN_INFO;
    // Durch das Flag SIMULTANEOUS_USE ist der Command Buffer
    // wiederverwendbar.
    cmdBufBeginInfo.flags = VK_COMMAND_BUFFER_USAGE_SIMULTANEOUS_USE_BIT;
    cmdBufBeginInfo.pInheritanceInfo = nullptr;    // optional
    // Starten des Aufzeichnens durch den Begin-Befehl
    if (vkBeginCommandBuffer(commandBufferObj[i], &cmdBufBeginInfo)
                             != VK_SUCCESS)
        throw std::runtime_error(
                             "failed to begin recording Command Buffer");

    // Anlegen einer VkRenderPassBeginInfo-Struktur
    VkRenderPassBeginInfo renderPassBeginInfo = {};
    renderPassBeginInfo.sType = VK_STRUCTURE_TYPE_RENDER_PASS_BEGIN_INFO;
    renderPassBeginInfo.renderPass = renderPassObj;
    renderPassBeginInfo.framebuffer = framebufferObj[i];
    renderPassBeginInfo.renderArea.offset = {0, 0};
    renderPassBeginInfo.renderArea.extent = extent;
        // die Löschfarbe (clear color) wird auf schwarz gesetzt
    VkClearValue clearColor = {0.0f, 0.0f, 0.0f, 1.0f};
    renderPassBeginInfo.clearValueCount = 1;
    renderPassBeginInfo.pClearValues = &clearColor;

    // Starten des Render Pass durch den Begin-Befehl
    vkCmdBeginRenderPass(commandBufferObj[i], &renderPassBeginInfo,
                         VK_SUBPASS_CONTENTS_INLINE);
```

```cpp
// Anbinden der Rendering Pipeline durch den Bind-Befehl
vkCmdBindPipeline(commandBufferObj[i], VK_PIPELINE_BIND_POINT_GRAPHICS,
                  graphicsPipeObj);

// Anbinden von Vertex und Index Buffer, sowie Descriptor Sets
VkBuffer vertexBuffers[] = {vertexBuffer};
VkDeviceSize offsets[] = {0};
vkCmdBindVertexBuffers(commandBufferObj[i], 0, 1, vertexBuffers,
                       offsets);
vkCmdBindIndexBuffer(commandBufferObj[i], indexBuffer, 0,
                     VK_INDEX_TYPE_UINT16);
vkCmdBindDescriptorSets(commandBufferObj[i],
             VK_PIPELINE_BIND_POINT_GRAPHICS, pipelineLayoutObj,
             0, 1, &descriptorSets[i], 0, nullptr);

// Sammeln der Zeichen-Befehle, hier indizierte Vertex Arrays.
vkCmdDrawIndexed(commandBufferObj[i],
               static_cast<uint32_t>(indices.size()), 1, 0, 0, 0);

// Beenden des Render Pass und der Aufzeichnung in den Command Buffers
vkCmdEndRenderPass(commandBufferObj[i]);
if (vkEndCommandBuffer(commandBufferObj[i]) != VK_SUCCESS)
    throw std::runtime_error("failed to end recording Command Buffer");
}
```

5.2.2.4 Die Vorbereitung des Daten-Transfers zwischen CPU und GPU

Jede Vulkan-Grafik-Anwendung muss mit einer mehr oder weniger großen Menge an Daten gespeist werden, nämlich

- der 3D-Geometrie (Bild 5.15), die gerendert werden soll,

- den Textur- bzw. Bilddaten, die auf die Geometrie gemappt werden (Bild 5.17)

- und allgemeinen Daten zur Steuerung des Zeichenvorgangs (Bild 5.16).

Vulkan generiert aus diesen Daten auf der Grafikhardware die gewünschten Bilder. Diese können dann entweder am Bildschirm ausgegeben, oder ggf. auch wieder in den Hauptspeicher der CPU zurückkopiert werden.

Transfer der 3D-Geometrie: (Bild 5.15)

Eine effiziente Variante die 3D-Geometriedaten, d.h. die Vertexpositionen und die zugehörigen Attributdaten (z.B. Farben, Normalen und Texturkoordinaten) an den Vertex-Shader der Grafikhardware zu transferieren, ist es, sie in Form von Vertex Buffer Objekten (Abschnitt 6.4.3) zu packen und mit Indizes, die in Form von Index Buffer Objekten übergeben werden, auf die Vertices zu referenzieren. Diese Variante der Definition von 3D-Geometriedaten wird im Folgenden dargestellt. Außerdem ist man bei der Software-Entwicklung in Vulkan auch noch für die Speicherverwaltung verantwortlich und zwar sowohl auf der Host- als auch auf der Device-Seite. Wie in Abschnitt 5.2.1 bereits erläutert, gibt es in Vulkan unterschiedliche *Memory types*: das „host memory", d.h. den Hauptspeicher der CPU und das „device memory", d.h. den Speicher der Grafikkarte.

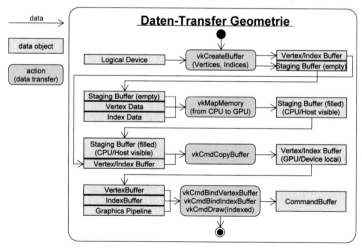

Bild 5.15:   Aktivitätsdiagramm: *„Daten-Transfer der Geometrie"*

Beim „*device memory*" unterscheidet man noch die Unterarten „*device local*", d.h. Speicher, der nur für die GPU direkt zugreifbar ist und daher den schnellsten Zugriff bietet und „*host visible*", d.h. Speicher, der für die Anwendung (CPU) sichtbar ist, d.h. für die CPU les- und beschreibbar. Aufgrund dieser Randbedingungen werden die 3D-Geometriedaten in zwei Stufen von der CPU zur GPU transferiert: zuerst vom Hauptspeicher der CPU in einen Zwischenspeicher (engl. „*Staging Buffer*") auf der GPU, der für die CPU sichtbar ist („*host visible*"), aber nur relativ langsamen Zugriff von Seiten der GPU bietet; im zweiten Schritt werden die Daten dann vom langsamen[31] Zwischenspeicher zum schnell zugreifbaren „*device local*" Speicher auf der Grafikkarte mit Hilfe des Befehls vkCmdCopyBuffer kopiert. Danach sind die 3D-Geometriedaten dann für das Zeichnen mit Hilfe eines Command Buffers verfügbar, indem sie mit den Befehlen vkCmdBindVertexBuffer und vkCmdBindIndexBuffer angebunden werden, wie bereits im letzten Codebeispiel des vorigen Abschnitts dargestellt.

Der erste Schritt in der Vorbereitung des Transfers der 3D-Geometriedaten von der CPU zur GPU ist die Generierung der benötigten Buffer, nämlich für die Vertices, die Indices und den jeweiligen Zwischenspeicher („*Staging Buffer*"), sowie die Allokation der zugehörigen Speicherbereiche. Da hier mehrfach dieselbe Operation durchzuführen ist, lohnt es sich dafür eine eigene Funktion createBuffer() zu definieren:

```
void createBuffer(VkDeviceSize size, VkBufferUsageFlags usage,
                  VkMemoryPropertyFlags props, VkBuffer& buffer,
                  VkDeviceMemory& bufferMemory) {
    VkBufferCreateInfo bufInfo = {};
    bufInfo.sType = VK_STRUCTURE_TYPE_BUFFER_CREATE_INFO;
    bufInfo.size = size;
    bufInfo.usage = usage;
        // die Buffer werden „exklusiv" von der Graphics Queue genutzt
    bufInfo.sharingMode = VK_SHARING_MODE_EXCLUSIVE;

    // Erzeugen des VkBuffer Objekts durch den Create-Befehl
    if (vkCreateBuffer(logicalDevice, &bufInfo, nullptr, &buffer)
                != VK_SUCCESS)
        throw std::runtime_error("failed to create Buffer");

    // Allokation des Speichers für das VkBuffer Objekt
    VkMemoryRequirements memReq;
    vkGetBufferMemoryRequirements(logicalDevice, buffer, &memReq);
```

---

[31] Ob langsam und schnell hier die richtigen Begriffe sind, ist unklar, weil nicht bekannt ist, wie der Vulkan-Treiber hier genau vorgeht. Wie in Kapitel 17.10 dargestellt, könnte es sein, dass sich Vulkan hier einen Mechanismus zunutze macht, der den Entwicklern eigentlich nur in OpenCL/CUDA zur Verfügung steht: das Laden der Daten in das sog. „*Shared Memory*", auf das in OpenCL/CUDA nur die Threads eines Blocks einen sehr schnellen Zugriff haben. In OpenCL kann „*Shared Memory*" durch einen Typ-Qualifier _local deklariert werden, was sehr ähnlich klingt, wie der Begriff „*device local*" in Vulkan.

```
    // Anlegen einer VkMemoryAllocateInfo-Struktur
    VkMemoryAllocateInfo allocInfo = {};
    allocInfo.sType = VK_STRUCTURE_TYPE_MEMORY_ALLOCATE_INFO;
    allocInfo.allocationSize = memReq.size;
    allocInfo.memoryTypeIndex = findMemType(memReq.memoryTypeBits, props);

    // Allozieren des Speichers durch den Allocate-Befehl
    if (vkAllocateMemory(logicalDevice, &allocInfo, nullptr,
                          &bufferMemory) != VK_SUCCESS)
        throw std::runtime_error("failed to allocate Buffer Memory");

    vkBindBufferMemory(logicalDevice, buffer, bufferMemory, 0);
}
```

Zusätzlich benötigt man noch eine Funktion copyBuffer(), die Daten vom langsamen „*Staging Buffer*" auf der Grafikkarte in den schnellen „*device local*" Vertex Buffer kopiert. Dies wird durch das Anlegen eines Command Buffers erledigt, in dem der dafür nötige Befehl vkCmdCopyBuffer() gespeichert wird. Um den Copy-Befehl auszuführen, wird der Command Buffer an die Graphics Queue durch den Befehl vkQueueSubmit() übergeben. Für das Anlegen des Command Buffers und dessen Übergabe an die Graphics Queue definiert man jeweils eigene Funktionen, weil sie später noch häufiger genutzt werden.

```
 void copyBuffer(VkBuffer srcBuffer,VkBuffer dstBuffer,VkDeviceSize size) {
    VkCommandBuffer commandBufferObj = beginSingleTimeCommands();
        VkBufferCopy copyRegion = {};
        copyRegion.size = size;
        vkCmdCopyBuffer(commandBufferObj, srcBuffer, dstBuffer, 1,
                    &copyRegion);
    endSingleTimeCommands(commandBufferObj);
}

VkCommandBuffer beginSingleTimeCommands() {
    VkCommandBufferAllocateInfo allocInfo = {};
    allocInfo.sType = VK_STRUCTURE_TYPE_COMMAND_BUFFER_ALLOCATE_INFO;
    allocInfo.level = VK_COMMAND_BUFFER_LEVEL_PRIMARY;
    allocInfo.commandPool = commandPoolObj;
    allocInfo.commandBufferCount = 1;

    VkCommandBuffer commandBufferObj;
    vkAllocateCommandBuffers(logicalDevice, &allocInfo, &commandBufferObj);

    VkCommandBufferBeginInfo beginInfo {};
    beginInfo.sType = VK_STRUCTURE_TYPE_COMMAND_BUFFER_BEGIN_INFO;
    beginInfo.flags = VK_COMMAND_BUFFER_USAGE_ONE_TIME_SUBMIT_BIT;
```

```
    // Starten des Aufzeichnens durch den Begin-Befehl
    vkBeginCommandBuffer(commandBufferObj, &beginInfo);
    return commandBufferObj;
}

void endSingleTimeCommands(VkCommandBuffer commandBufferObj) {
    vkEndCommandBuffer(commandBufferObj);

    VkSubmitInfo submitInfo = {};
    submitInfo.sType = VK_STRUCTURE_TYPE_SUBMIT_INFO;
    submitInfo.commandBufferCount = 1;
    submitInfo.pCommandBuffers = &commandBufferObj;

    vkQueueSubmit(graphicsQueue, 1, &submitInfo, VK_NULL_HANDLE);
    vkQueueWaitIdle(graphicsQueue);
    vkFreeCommandBuffers(logicalDevice, commandPoolObj, 1,
                &commandBufferObj);
}
```

Mit Hilfe der createBuffer() Funktion kann jetzt der Vertex Buffer und der zugehörige „Staging Buffer" erzeugt und mit der copyBuffer() Funktion können die 3D-Geometriedaten vom langsamen „Staging Buffer" in den schnellen „device local" Vertex Buffer auf der Grafikkarte kopiert werden:

```
void createVertexBuffer() {
    // „vertices" ist ein Array von 3D-Punkten mit je 3 float-Werten für
    // Position und Farbe, sowie 2 float-Werten für Texturkoordinaten
    VkDeviceSize bufSize = sizeof(vertices[0]) * vertices.size();
    VkBuffer stagingBuffer;
    VkDeviceMemory stagingBufferMemory;

    // Erzeugen des Staging Buffer und Allokation des Speichers auf der GPU
    createBuffer(bufSize, VK_BUFFER_USAGE_TRANSFER_SRC_BIT,
                VK_MEMORY_PROPERTY_HOST_VISIBLE_BIT |
                VK_MEMORY_PROPERTY_HOST_COHERENT_BIT,
                stagingBuffer, stagingBufferMemory);

    // Kopieren der Vertex-Daten von der CPU in den Staging Buffer der GPU
     void* data;
    vkMapMemory(logicalDevice, stagingBufferMemory, 0, bufSize, 0, &data);
        memcpy(data, vertices.data(), (size_t) bufSize);
    vkUnmapMemory(logicalDevice, stagingBufferMemory);
```

```
// Erzeugen des Vertex Buffer und Allokation des Speichers auf der GPU
// vertexBuffer und vertexBufferMemory wurden schon global angelegt
createBuffer(bufSize, VK_BUFFER_USAGE_TRANSFER_DST_BIT |
                      VK_BUFFER_USAGE_VERTEX_BUFFER_BIT,
                      VK_MEMORY_PROPERTY_DEVICE_LOCAL_BIT,
                      vertexBuffer, vertexBufferMemory);
// Kopieren der Daten vom Staging Buffer in den Vertex Buffer der GPU
copyBuffer(stagingBuffer, vertexBuffer, bufSize);

vkDestroyBuffer(logicalDevice, stagingBuffer, nullptr);
vkFreeMemory(logicalDevice, stagingBufferMemory, nullptr);
}
```

Analog wie beim Vertex Buffer funktioniert der Daten-Transfer beim Index Buffer:

```
void createIndexBuffer() {
      // „indices" ist ein Array von Integer-Werten
    VkDeviceSize bufSize = sizeof(indices[0]) * indices.size();
    VkBuffer stagingBuffer;
    VkDeviceMemory stagingBufferMemory;
    // Erzeugen des Staging Buffer und Allokation des Speichers auf der GPU
    createBuffer(bufSize, VK_BUFFER_USAGE_TRANSFER_SRC_BIT,
                      VK_MEMORY_PROPERTY_HOST_VISIBLE_BIT |
                      VK_MEMORY_PROPERTY_HOST_COHERENT_BIT,
                      stagingBuffer, stagingBufferMemory);
    // Kopieren der Index-Daten von der CPU in den Staging Buffer der GPU
    void* data;
    vkMapMemory(logicalDevice, stagingBufferMemory, 0, bufSize, 0, &data);
        memcpy(data, indices.data(), (size_t) bufSize);
    vkUnmapMemory(logicalDevice, stagingBufferMemory);

    // Erzeugen des Index Buffer und Allokation des Speichers auf der GPU
    // indexBuffer und indexBufferMemory wurden schon global angelegt
    createBuffer(bufSize, VK_BUFFER_USAGE_TRANSFER_DST_BIT |
                      VK_BUFFER_USAGE_VERTEX_BUFFER_BIT,
                      VK_MEMORY_PROPERTY_DEVICE_LOCAL_BIT,
                      indexBuffer, indexBufferMemory);

    // Kopieren der Daten vom Staging Buffer in den Index Buffer der GPU
    copyBuffer(stagingBuffer, indexBuffer, bufSize);

    vkDestroyBuffer(logicalDevice, stagingBuffer, nullptr);
    vkFreeMemory(logicalDevice, stagingBufferMemory, nullptr);
}
```

Daten-Transfer Allgemein: Descriptor Sets (Bild 5.16)

Zur interaktiven Steuerung des Zeichenvorgangs in den Shadern von Seiten der Grafik-Anwendung aus werden noch eine Reihe allgemeiner Daten benötigt, wie z.B. Transformationsmatrizen zur Positionierung und Projektion der 3D-Geometrie (Kapitel 7), oder die Parameter für die Beleuchtungsrechnung (Kapitel 12). Man könnte diese Daten zwar prinzipiell auch als Vertex-Daten übertragen, wie im vorigen Abschnitt dargestellt, aber das wäre sehr ineffizient, da sich diese Daten meist von Bild zu Bild ändern und somit der Vertex Buffer andauernd angepasst werden müsste. Vulkan stellt daher für den Zugriff von

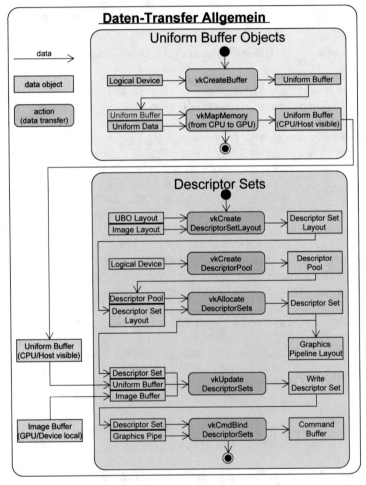

Bild 5.16: Aktivitätsdiagramm: „Daten-Transfer Allgemein"

Shadern auf solche Daten sog. „*Descriptoren*" bereit. Damit kann die Art des Zugriffs auf Daten u.a. in Form von „*Uniform Buffer Objects*" oder Texturen/„*Image Buffer Objects*" festgelegt werden. In Vulkan gibt es u.a. folgende Typen von Descriptoren:

- VK_DESCRIPTOR_TYPE_UNIFORM_BUFFER: ein Descriptortyp um auf „*Uniform Buffer Objects*" lesend zuzugreifen (Abschnitt 5.1.4.2).

- VK_DESCRIPTOR_TYPE_UNIFORM_BUFFER_DYNAMIC:
  wie der vorige Descriptortyp für „*Uniform Buffer Objects*", jedoch lässt sich die Speicheradresse für den Datenzugriff dynamisch ändern.

- VK_DESCRIPTOR_TYPE_STORAGE_BUFFER:
  ein Descriptortyp um auf „*Storage Buffer Objects*" lesend und im Gegensatz zu „*Uniform Buffer Objects*" auch **schreibend** zuzugreifen.

- VK_DESCRIPTOR_TYPE_STORAGE_BUFFER_DYNAMIC:
  wie der vorige Descriptortyp für „*Storage Buffer Objects*", jedoch lässt sich die Speicheradresse für den Datenzugriff dynamisch ändern.

- VK_DESCRIPTOR_TYPE_UNIFORM_TEXEL_BUFFER:
  ein Descriptortyp um auf „*Uniform Texel Buffer Objects*" lesend zuzugreifen (Abschnitt 13.1.11). Im Gegensatz zu normalen „*Uniform Buffer Objects*" stellen sie 1-dimensionale Texturen dar, die sehr groß sein dürfen (bis zu 128 Millionen Texel). Der Lesezugriff von Shadern aus bietet dann auch dieselben Möglichkeiten, wie bei Texturen/Images, so dass man z.B. linear interpolierte Texelwerte aus der Umgebung der Zugriffsstelle hardware-beschleunigt erhält.

- VK_DESCRIPTOR_TYPE_STORAGE_TEXEL_BUFFER: wie der vorige Descriptortyp, allerdings lässt sich hier lesend und **schreibend** zugreifen.

- VK_DESCRIPTOR_TYPE_SAMPLED_IMAGE:
  ein Descriptortyp um auf „*Images*", d.h. Texturen lesend zuzugreifen (Abschnitt 13).

- VK_DESCRIPTOR_TYPE_STORAGE_IMAGE:
  wie der vorige Descriptortyp, allerdings lässt sich hier lesend und **schreibend** zugreifen.

Mehrere solche Descriptoren werden dann zu einem Set vom Typ VkDescriptorSet zusammengefasst. Der Inhalt eines jeden Sets ist bestimmt durch ein Layout vom Typ VkDescriptorSetLayout. Um ein solches Layout an eine Pipeline anzubinden, wird ein Objekt vom Typ VkPipelineLayout verwendet, wie bereits in Abschnitt 5.2.2.3 auf Seite 103 dargestellt.

Als Beispiel für die Nutzung eines Descriptor Sets wird die Übertragung der Transformationsmatrizen von der CPU an einen Vertex-Shader in Form eines „*Uniform Buffer Objects*" gezeigt. Auf der CPU-Seite werden die Transformationsmatrizen in einer Strukur festgelegt:

```
struct MatrixUniformBufferObject {
    glm::mat4 ModelMatrix;
    glm::mat4 ViewMatrix;
    glm::mat4 ProjMatrix;
};
```

Anschließend werden die Daten in ein VkBuffer-Objekt kopiert und können dann vom Vertex-Shader mit einem Descriptor vom Typ UNIFORM_BUFFER ausgelesen werden:

```
layout(binding = 0) uniform MatrixUniformBufferObject {
    mat4 ModelMatrix;       // Modell-Transformation
    mat4 ViewMatrix;        // Augenpunkts-Transformation
    mat4 ProjMatrix;        // Projektions-Transformation
} ubo;

void main() {
    gl_Position = ubo.ProjMatrix * ubo.ViewMatrix * ubo.ModelMatrix *
                  vec4(vPosition, 1.0);
}
```

Zunächst müssen die VkBuffer-Objekte uniformBuffers erzeugt werden. Da die Matrizen für jedes Bild neu gesetzt werden, macht es wenig Sinn einen Staging Buffer zu benutzen, wie im vorigen Abschnitt bei Vertex oder Index Buffer gezeigt. Der Aufwand, um die Daten vom langsamen „host visible" Staging Buffer in den schnellen „device local" Buffer zu kopieren, wäre größer, als wenn man die Uniform Buffer einfach „host visible" lässt.

```
// uniformBuffers und uniformBuffersMemory vorab global anlegen
std::vector<VkBuffer> uniformBuffers;
std::vector<VkDeviceMemory> uniformBuffersMemory;

void createUniformBuffers() {
    VkDeviceSize bufSize = sizeof(MatrixUniformBufferObject);
    uniformBuffers.resize(swapChainImages.size());
    uniformBuffersMemory.resize(swapChainImages.size());

    // Erzeugen der Uniform Buffers und Speicher-Allokation auf der GPU
    for (uint32_t i = 0; i < swapChainImages.size(); i++) {
    createBuffer(bufSize, VK_BUFFER_USAGE_UNIFORM_BUFFER_BIT,
                 VK_MEMORY_PROPERTY_HOST_VISIBLE_BIT |
                 VK_MEMORY_PROPERTY_HOST_COHERENT_BIT,
                 uniformBuffers[i], uniformBuffersMemory[i]);
    }
}
```

Zur Anpassung der Transformationsmatrizen in jedem Bild wird eine eigene Funktion definiert, die in der Hauptprogrammschleife aufgerufen wird. Die Funktion sorgt dafür, dass sich das gezeichnete Objekt einmal in zwei Sekunden um die eigene Achse dreht:

```cpp
void updateUniformBuffer(uint32_t currentImage) {
    // <chrono>-Bibliothek zur Bestimmung der Zeit zwischen zwei Bildern
    static auto startTime = std::chrono::high_resolution_clock::now();
    auto currentTime = std::chrono::high_resolution_clock::now();
    float time = std::chrono::duration<float, std::chrono::seconds::period>
                    (currentTime - startTime).count();

    // Berechnung der Model-, View-, Projection-Matrix
    MatrixUniformBufferObject ubo = {};
    ubo.ModelMatrix = glm::rotate(glm::mat4(1.0f), time * 3.14f,
                    glm::vec3(0.0f, 0.0f, 1.0f));
    ubo.ViewMatrix = glm::lookAt(glm::vec3(2.0f, 2.0f, 4.0f),
                glm::vec3(0.0f, 0.0f, 0.0f), glm::vec3(0.0f, 0.0f, 1.0f));
    ubo.ProjMatrix = glm::perspective(3.14f/4.0f,
            extent.width / (float) extent.height, 0.1f, 10.0f);
    // Achtung: Vulkan besitzt ein linkshändiges Koordinatensystem,
    // deshalb muss die y-Achse invertiert werden
    ubo.ProjMatrix[1][1] *= -1;

    // Kopieren der Matrizen von der CPU in den Uniform Buffer der GPU
     void* data;
    vkMapMemory(logicalDevice, uniformBuffersMemory[currentImage], 0,
                    sizeof(ubo), 0, &data);
        memcpy(data, &ubo, sizeof(ubo));
    vkUnmapMemory(logicalDevice, uniformBuffersMemory[currentImage]);
}
```

Im nächsten Schritt müssen jetzt die Details für jeden Descriptor in einem Layout vom Typ VkDescriptorSetLayout festgelegt werden, auf die der Vertex-Shader zugreifen soll:

```cpp
void createDescriptorSetLayout() {
    VkDescriptorSetLayoutBinding uboLayoutBinding = {};
    uboLayoutBinding.binding = 0;
    uboLayoutBinding.descriptorCount = 1;
    uboLayoutBinding.descriptorType = VK_DESCRIPTOR_TYPE_UNIFORM_BUFFER;
    // pImmutableSamplers wird nur benötigt für Descriptoren vom Typ IMAGE
    uboLayoutBinding.pImmutableSamplers = nullptr;
    // nur der Vertex-Shader benötigt Zugriff auf den Uniform Buffer
    uboLayoutBinding.stageFlags = VK_SHADER_STAGE_VERTEX_BIT;
```

```
    VkDescriptorSetLayoutCreateInfo layoutInfo = {};
    layoutInfo.sType = VK_STRUCTURE_TYPE_DESCRIPTOR_SET_LAYOUT_CREATE_INFO;
    layoutInfo.bindingCount = 1;
    layoutInfo.pBindings = &uboLayoutBinding;

    // Erzeugen des VkDescriptorSetLayout Objekts durch den Create-Befehl
    VkDescriptorSetLayout descriptorSetLayoutObj;
    if (vkCreateDescriptorSetLayout(logicalDevice, &layoutInfo, nullptr,
                    &descriptorSetLayoutObj) != VK_SUCCESS)
        throw std::runtime_error("failed to create Descriptor Set Layout");
}
```

Bevor man jetzt ein Descriptor Set definieren kann, muss man einen Descriptor Pool erzeugen, aus dem dann die Sets alloziert werden können, analog wie beim Anlegen von Command Buffers (Abschnitt 5.2.2.3 auf Seite 105).

```
// Anlegen einer VkDescriptorPoolSize-Struktur
VkDescriptorPoolSize poolSize = {};
poolSize.Type = VK_DESCRIPTOR_TYPE_UNIFORM_BUFFER;
poolSize.descriptorCount = static_cast<uint32_t>(swapChainImages.size());

// Anlegen einer VkDescriptorPoolCreateInfo-Struktur
VkDescriptorPoolCreateInfo poolInfo = {};
poolInfo.sType = VK_STRUCTURE_TYPE_DESCRIPTOR_POOL_CREATE_INFO;
 poolInfo.poolSizeCount = 1;
poolInfo.pPoolSizes = &poolSize;
poolInfo.maxSets = static_cast<uint32_t>(swapChainImages.size());

// Erzeugen des VkDescriptorPool Objekts durch den Create-Befehl
VkDescriptorPool descriptorPoolObj;
if (vkCreateDescriptorPool(logicalDevice, &poolInfo, nullptr,
                        &descriptorPoolObj) != VK_SUCCESS)
   throw std::runtime_error("failed to create Descriptor Pool");

// Anlegen eines Arrays von VkDescriptorSetLayout-Objekten
std::vector<VkDescriptorSetLayout> layouts(swapChainImages.size(),
                descriptorSetLayoutObj);
VkDescriptorSetAllocateInfo allocInfo ={};
allocInfo.sType = VK_STRUCTURE_TYPE_DESCRIPTOR_SET_ALLOCATE_INFO;
 allocInfo.descriptorPool = descriptorPoolObj;
allocInfo.descriptorSetCount =
                static_cast<uint32_t>(swapChainImages.size());
allocInfo.pSetLayouts = layouts.data();
```

```
// Anlegen eines Arrays von VkDescriptorSet-Objekten
std::vector<VkDescriptorSet> descriptorSets;
descriptorSets.resize(swapChainImages.size());

// Allozieren der VkDescriptorSet Objekte durch den Allocate-Befehl
if (vkAllocateDescriptorSets(logicalDevice, &allocInfo,
                             &descriptorSets[0]) != VK_SUCCESS)
    throw std::runtime_error("failed to allocate Descriptor Sets");
```

Die Descriptor Sets wurden zwar jetzt alloziert, aber noch nicht befüllt. Dies geschieht in der folgenden Schleife. Nachdem hier ein Descriptor für ein Uniform Buffer Object vorliegt, wird die entsprechende BufferInfo-Struktur befüllt:

```
for (size_t i = 0; i < swapChainImages.size(); i++) {
    VkDescriptorBufferInfo bufferInfo = {};
    bufferInfo.buffer = uniformBuffers[i];
    bufferInfo.offset = 0;
    bufferInfo.range = sizeof(MatrixUniformBufferObject);      .

    VkWriteDescriptorSet descriptorWrite = {};
    descriptorWrite.sType = VK_STRUCTURE_TYPE_WRITE_DESCRIPTOR_SET;
    descriptorWrite.dstSet = descriptorSets[i];
    descriptorWrite.dstBinding = 0;
    descriptorWrite.dstArrayElement = 0;
    descriptorWrite.descriptorType = VK_DESCRIPTOR_TYPE_UNIFORM_BUFFER;
    descriptorWrite.descriptorCount = 1;
    descriptorWrite.pBufferInfo = &bufferInfo;

    vkUpdateDescriptorSets(logicalDevice, 1, &descriptorWrite, 0, nullptr);
}
```

Damit die Daten in den Descriptor Sets beim Zeichnen von den Shadern auch verwendet werden können, müssen sie beim Aufzeichnen der Befehle in den Command Buffers mit dem Befehl vkCmdBindDescriptorSets() gebunden werden, wie im Abschnitt 5.2.2.3 auf Seite 107 bereits dargestellt wurde.

Daten-Transfer Allgemein: Push Konstanten

Vulkan bietet noch eine schnellere und einfachere Möglichkeit als Descriptor Sets, um allgemeine Daten, wie z.B. Transformationsmatrizen an die Shader zu transferieren, nämlich *Push Konstanten*. Im Gegensatz zu Descriptor Sets benötigen Push Konstanten keine Speicherallokation auf der Grafikkarte, und auch die Erzeugung von Uniform Buffer Objekten entfällt. Allerdings ist die Datenmenge, die mit Push Konstanten von der

CPU an die GPU transferiert werden kann, je nach Grafikhardware auf 128 oder 256 Bytes beschränkt, was beispielsweise für 32 bzw. 64 float-Werte, oder zwei bzw. vier 4x4-Matrizen ausreicht. Die Push Konstanten werden direkt vom Command Buffer über den Befehl vkCmdPushConstants() in die Grafik-Pipeline geschoben. Ein weiterer Vorteil von Push Konstanten ist es, dass man damit einzelne Uniform-Variablen an einen Shader transferieren kann, also z.B. eine einzelne Komponente eines Uniform Blocks. Als Beispiel für die Nutzung von Push Konstanten wird die Übertragung der glm::mat4 ModelMatrix von der CPU an den Vertex-Shader gezeigt, denn dies ist die einzige Matrix, die in der updateUniformBuffer-Funktion auf Seite 116 für jedes Bild geändert wird. Der Zugriff im Vertex-Shader müsste also folgendermaßen modifiziert werden:

```
layout(push_constant) uniform ModelMatrixPC {
    mat4 ModelMatrix;       // Modell-Transformation
}pc;

layout(binding = 0) uniform MatrixUniformBufferObject {
    mat4 ViewMatrix;        // Augenpunkts-Transformation
    mat4 ProjMatrix;        // Projektions-Transformation
} ubo;

void main() {
    gl_Position = ubo.ProjMatrix * ubo.ViewMatrix * pc.ModelMatrix *
                  vec4(vPosition, 1.0);
}
```

Um die Push Konstanten nutzen zu können, muss das Pipeline Layout entsprechend vorbereitet werden, wie bereits in Abschnitt 5.2.2.3 auf Seite 103 dargestellt. Dazu muss eine Datenstruktur vom Typ VkPushConstantRange definiert werden:

```
// Anlegen einer VkPushConstantRange-Struktur
VkPushConstantRange pushConstRange = {};
pushConstRange.stageFlags = VK_SHADER_STAGE_VERTEX_BIT;
pushConstRange.offset = 0;
pushConstRange.size = sizeof(ModelMatrix);
```

Diese Datenstruktur wird bei der Definition der Grafik-Pipeline in der VkPipelineLayoutCreateInfo-Struktur übergeben. Damit die Push Konstanten an die GPU transferiert werden, muss der zugehörige Befehl:

```
vkCmdPushConstants(commandBufferObj[i], pipelineLayoutObj,
                   VK_SHADER_STAGE_VERTEX_BIT, 0,
                   sizeof(ModelMatrix), &ModelMatrix);
```

im Command Buffer gesammelt werden (Abschnitt 5.2.2.3 auf Seite 107).

Transfer von Bild- bzw. Textur-Daten: (Bild 5.17)

Um den Shadern auf der Grafikhardware einen schnellen Zugriff auf Bild- bzw. Textur-Daten zu ermöglichen, kombiniert man die in den vorangegangenen Abschnitten dargestellten Möglichkeiten. So nutzt man einerseits, genau wie beim Transfer von Vertex- und Index-Daten, einen zusätzlichen Zwischenspeicher auf der GPU, den Staging Buffer, in den die Daten von der CPU („*host visible*") kopiert werden. Danach werden sie vom langsamen Staging Buffer in den schnellen Image Buffer kopiert, der nur für die GPU zugreifbar ist („*device local*"). Andererseits werden die Texturen, die in Vulkan in der Regel als *Images* bezeichnet werden, ebenfalls mit Hilfe von Descriptor Sets an eine Grafik-Pipeline gebunden, genau wie Uniform Buffer Objects. Wie bei der Erzeugung einer SwapChain für die Präsentation von Images am Bildschirm bereits dargestellt (Abschnitt 5.2.2.2 auf Seite 95), benötigt man in Vulkan eine „*Sichtweise*", d.h. ein VkImageView-Objekt, um die Bilddaten richtig zu interpretieren. Zur Verringerung von Aliasing-Artefakten beim Zugriff von Shadern auf Images, sind noch Textur-Filter zu definieren, genau wie bei OpenGL (Abschnitt 13.1.2). In Vulkan kommen diese Textur-Filter in Form von VkSampler-Objekten zum Einsatz.

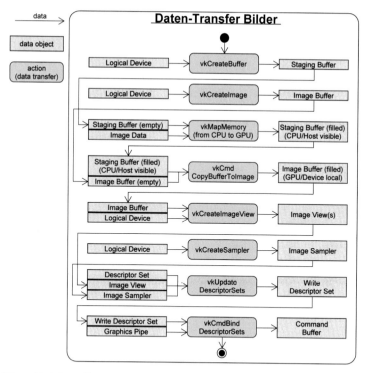

Bild 5.17:   Aktivitätsdiagramm: „*Daten-Transfer der Bilder*"

Zur Nutzung von (einfachen) 2D-Texturen in Vulkan sind folgende Schritte durchzuführen:

- Laden der Bilddaten z.B. von der Festplatte in den Hauptspeicher der CPU:

```
// Zum Laden der Bilddaten mit der ImageLoader/FreeImage-Library
// den Header einbinden mit: #include<ImageLoader/ImageLoader.h>
img::ImageLoader imgLoader;
int texWidth, texHeight;
unsigned char* data = imgLoader.LoadTextureFromFile(
                "textures/texture.jpg",&texWidth,&texHeight, true);

VkDeviceSize imageSize = texWidth * texHeight * 3;
if (!data) throw std::runtime_error("failed to load Texture Image");
```

- Anlegen eines Staging Buffer auf der GPU, der für die CPU sichtbar ist („host visible"):

```
VkBuffer stagingBuffer;
VkDeviceMemory stagingBufferMemory;

// Erzeugen des Staging Buffer und Allokation des Speichers auf der GPU
createBuffer(imageSize, VK_BUFFER_USAGE_TRANSFER_SRC_BIT,
                VK_MEMORY_PROPERTY_HOST_VISIBLE_BIT |
                VK_MEMORY_PROPERTY_HOST_COHERENT_BIT,
                stagingBuffer, stagingBufferMemory);
```

- Anlegen eines Image Buffer auf der GPU, der nur für die GPU zugreifbar ist („device local"):

```
VkImage texImage;
VkDeviceMemory texImageMemory;

// Erzeugen des VkImage-Objekts incl. Speicherreservierung auf der GPU
createImage(texWidth, texHeight, VK_FORMAT_R8G8B8A8_UNORM,
                VK_IMAGE_TILING_OPTIMAL, VK_IMAGE_USAGE_TRANSFER_DST_BIT
                | VK_IMAGE_USAGE_SAMPLED_BIT,
                VK_MEMORY_PROPERTY_DEVICE_LOCAL_BIT,
                texImage, texImageMemory);

// Funktion zum Erzeugen des VkImage-Objekts incl. Speicherreservierung
void createImage(uint32_t width, uint32_t height, VkFormat format,
                VkImageTiling tiling, VkImageUsageFlags usage,
```

```
                    VkMemoryPropertyFlags props,
                    VkImage& image, VkDeviceMemory& imageMemory) {

    VkImageCreateInfo imageInfo = {};
    imageInfo.sType = VK_STRUCTURE_TYPE_IMAGE_CREATE_INFO;
    imageInfo.imageType = VK_IMAGE_TYPE_2D;
    imageInfo.extent.width = width;
    imageInfo.extent.height = height;
    imageInfo.extent.depth = 1;
    imageInfo.mipLevels = 1;
    imageInfo.arrayLayers = 1;
    imageInfo.format = format;
    imageInfo.tiling = tiling;
    imageInfo.initialLayout = VK_IMAGE_LAYOUT_UNDEFINED;
    imageInfo.usage = usage;
    // solange kein Multisampling genutzt wird reicht 1 Sample
    imageInfo.samples = VK_SAMPLE_COUNT_1_BIT;
    // die Buffer werden „exklusiv" von der Graphics Queue genutzt
    imageInfo.sharingMode = VK_SHARING_MODE_EXCLUSIVE;
    // Erzeugen des VkImage Objekts durch den Create-Befehl
    if (vkCreateImage(logicalDevice, &imageInfo, nullptr, &texImage)
                    != VK_SUCCESS)
        throw std::runtime_error("failed to create Image");

    // Allokation des Speichers für das VkImage Objekt
    VkMemoryRequirements memReq;
    vkGetImageMemoryRequirements(logicalDevice, image, &memReq);

    // Anlegen einer VkMemoryAllocateInfo-Struktur
    VkMemoryAllocateInfo allocInfo = {};
    allocInfo.sType = VK_STRUCTURE_TYPE_MEMORY_ALLOCATE_INFO;
    allocInfo.allocationSize = memReq.size;
    allocInfo.memoryTypeIndex =
                findMemType(memReq.memoryTypeBits,props);

    // Allozieren des Speichers durch den Allocate-Befehl
    if (vkAllocateMemory(logicalDevice, &allocInfo, nullptr,
                            &imageMemory) != VK_SUCCESS)
        throw std::runtime_error("failed to allocate Image Memory");

    vkBindImageMemory(logicalDevice, texImage, texImageMemory, 0);
}
```

- Kopieren der Bilddaten vom Hauptspeicher der CPU in den Staging Buffer der GPU:

```
void* texData;
vkMapMemory(logicalDevice,stagingBufferMemory,0 imageSize,0,&texData);
    memcpy(texData, data, static_cast<size_t> (imageSize));
vkUnmapMemory(logicalDevice, stagingBufferMemory);
delete[] data;
```

- Kopieren der Bilddaten vom langsamen Staging Buffer in den schnellen Image Buffer der GPU. Dabei ist zu beachten, dass Staging und Image Buffer kompatibel sein müssen. Deshalb muss das Image Layout angepasst werden. Dies geschieht mit einem "Image Memory Barrier", um den Zugriff auf den Speicher zu synchronisieren. Damit wird sichergestellt, dass das Schreiben in den Staging Buffer beendet ist, bevor der nachfolgende Copy-Befehl daraus liest.

```
// Anpassung des Image Layouts, damit Staging und Image Buffer
// für den Transfer der Bilddaten kompatibel sind
transitionImageLayout(texImage, VK_FORMAT_R8G8B8_UNORM,
        VK_IMAGE_LAYOUT_UNDEFINED, VK_IMAGE_LAYOUT_TRANSFER_DST_OPTIMAL);

 VkCommandBuffer commandBufferObj = beginSingleTimeCommands();

    VkBufferImageCopy region = {};
    region.bufferOffset = 0;
    region.bufferRowLength = 0;
    region.bufferImageHeight = 0;
    region.imageSubresource.aspectMask = VK_IMAGE_ASPECT_COLOR_BIT;
    region.imageSubresource.mipLevel = 0;
    region.imageSubresource.baseArrayLayer = 0;
    region.imageSubresource.layerCount = 1;
    region.imageOffset = {0, 0, 0};
    region.imageExtent = {texWidth, texHeight, 1};

    vkCmdCopyBufferToImage(commandBufferObj, stagingBuffer,
            texImage, VK_IMAGE_LAYOUT_TRANSFER_DST_OPTIMAL, 1, &region);
endSingleTimeCommands(commandBufferObj);

// Anpassung des Image Layouts für den schnellen Shader-Lesezugriff
transitionImageLayout(texImage, VK_FORMAT_R8G8B8_UNORM,
            VK_IMAGE_LAYOUT_TRANSFER_DST_OPTIMAL,
            VK_IMAGE_LAYOUT_SHADER_READ_ONLY_OPTIMAL);
 vkDestroyBuffer(logicalDevice, stagingBuffer, nullptr);
vkFreeMemory(logicalDevice, stagingBufferMemory, nullptr);
```

```cpp
// Funktion zur Anpassung des Image Layouts:
void transitionImageLayout(VkImage image, VkFormat format,
                VkImageLayout oldLayout, VkImageLayout newLayout) {
    VkCommandBuffer commandBufferObj = beginSingleTimeCommands();

    VkImageMemoryBarrier barrier = {};
    barrier.sType = VK_STRUCTURE_TYPE_IMAGE_MEMORY_BARRIER;
    barrier.oldLayout = oldLayout;
    barrier.newLayout = newLayout;
    barrier.srcQueueFamilyIndex = VK_QUEUE_FAMILY_IGNORED;
    barrier.dstQueueFamilyIndex = VK_QUEUE_FAMILY_IGNORED;
    barrier.image = image;
    barrier.subresourceRange.aspectMask = VK_IMAGE_ASPECT_COLOR_BIT;
    barrier.subresourceRange.baseMipLevel = 0;
    barrier.subresourceRange.levelCount = 1;
    barrier.subresourceRange.baseArrayLayer = 0;
    barrier.subresourceRange.layerCount = 1;

    VkPipelineStageFlags sourceStage;
    VkPipelineStageFlags destinationStage;

    if (oldLayout == VK_IMAGE_LAYOUT_UNDEFINED &&
            newLayout == VK_IMAGE_LAYOUT_TRANSFER_DST_OPTIMAL) {
        barrier.srcAccessMask = 0;
        barrier.dstAccessMask = VK_ACCESS_TRANSFER_WRITE_BIT;

        sourceStage = VK_PIPELINE_STAGE_TOP_OF_PIPE_BIT;
        destinationStage = VK_PIPELINE_STAGE_TRANSFER_BIT;
    } else if (oldLayout == VK_IMAGE_LAYOUT_TRANSFER_DST_OPTIMAL &&
            newLayout == VK_IMAGE_LAYOUT_SHADER_READ_ONLY_OPTIMAL) {
        barrier.srcAccessMask = VK_ACCESS_TRANSFER_WRITE_BIT;
        barrier.dstAccessMask = VK_ACCESS_SHADER_READ_BIT;

        sourceStage = VK_PIPELINE_STAGE_TRANSFER_BIT;
        destinationStage = VK_PIPELINE_STAGE_FRAGMENT_SHADER_BIT;
    } else {
        throw std::invalid_argument("unsupported Layout transition");
    }

    vkCmdPipelineBarrier(commandBufferObj, sourceStage,
            destinationStage, 0, 0, nullptr, 0, nullptr, 1, &barrier);
```

```
        endSingleTimeCommands(commandBufferObj);
    }
```

- Erzeugen des `VkImageView`-Objekts, um eine „*Sichtweise*" auf die Textur zu erhalten:

```
// Erzeugen des ImageView Objekts
VkImageView texImageView;

VkImageViewCreateInfo createInfo = {};
createInfo.sType = VK_STRUCTURE_TYPE_IMAGE_VIEW_CREATE_INFO;
createInfo.image = texImage;
createInfo.viewType = VK_IMAGE_VIEW_TYPE_2D;
createInfo.format = VK_FORMAT_R8G8B8_UNORM;
createInfo.subresourceRange.aspectMask = VK_IMAGE_ASPECT_COLOR_BIT;
createInfo.subresourceRange.baseMipLevel = 0;
createInfo.subresourceRange.levelCount = 1;
createInfo.subresourceRange.baseArrayLayer = 0;
createInfo.subresourceRange.layerCount = 1;

// Erzeugen des ImageView Objektes durch den Create-Befehl
if (vkCreateImageView(logicalDevice, &createInfo, nullptr,
                &texImageView) != VK_SUCCESS)
    throw std::runtime_error("failed to create Texture Image View");
```

- Definition eines Textur-Filters, d.h. Erzeugen eines `VkSampler`-Objekts:

```
// Erzeugen des Sampler Objekts
VkSampler textureSampler;

VkSamplerCreateInfo samplerInfo = {};
samplerInfo.sType = VK_STRUCTURE_TYPE_SAMPLER_CREATE_INFO;
 samplerInfo.magFilter = VK_FILTER_LINEAR;
 samplerInfo.minFilter = VK_FILTER_LINEAR;
samplerInfo.addressModeU = VK_SAMPLER_ADDRESS_MODE_REPEAT;
samplerInfo.addressModeV = VK_SAMPLER_ADDRESS_MODE_REPEAT;
samplerInfo.addressModeW = VK_SAMPLER_ADDRESS_MODE_REPEAT;
 samplerInfo.anisotropyEnable = VK_TRUE;
samplerInfo.maxAnisotropy = 16;
samplerInfo.borderColor = VK_BORDER_COLOR_INT_OPAQUE_BLACK;
 samplerInfo.unnormalizedCoordinates = VK_FALSE;
samplerInfo.compareEnable = VK_FALSE;
samplerInfo.compareOp = VK_COMPARE_OP_ALWAYS;
 samplerInfo.mipmapMode =VK_SAMPLER_MIPMAP_MODE_LINEAR;
```

```
if (vkCreateSampler(logicalDevice, &samplerInfo, nullptr,
                    &textureSampler) != VK_SUCCESS)
    throw std::runtime_error("failed to create Texture Sampler");
```

- Erweitern des Descriptor Sets um eine ImageInfo-Struktur und ein WriteDescriptor-Set mit einem COMBINED_IMAGE_SAMPLER-Descriptor, der ein Image und einen Sampler verbindet (Seite 118):

```
VkDescriptorImageInfo imageInfo = {};
imageInfo.imageLayout = VK_IMAGE_LAYOUT_SHADER_READ_ONLY_OPTIMAL;
imageInfo.imageView = texImageView;
imageInfo.sampler = textureSampler;

std::array<VkWriteDescriptorSet, 2> descriptorWrites = {};
// descriptorWrite[0] wurde bereits auf Seite 118 für UBOs festgelegt
descriptorWrite[1].sType = VK_STRUCTURE_TYPE_WRITE_DESCRIPTOR_SET;
descriptorWrite[1].dstSet = descriptorSets[i];
descriptorWrite[1].dstBinding = 1;
descriptorWrite[1].dstArrayElement = 0;
descriptorWrite[1].descriptorType =
                    VK_DESCRIPTOR_TYPE_COMBINED_IMAGE_SAMPLER;
descriptorWrite[1].descriptorCount = 1;
descriptorWrite[1].pImageInfo = &imageInfo;
```

- Damit die Daten der Texturen und Uniform Buffer in den Descriptor Sets beim Zeichnen von den Shadern auch verwendet werden können, müssen sie beim Aufzeichnen der Befehle in den Command Buffers mit dem Befehl vkCmdBindDescriptorSets() gebunden werden, wie im Abschnitt 5.2.2.3 auf Seite 107 bereits dargestellt wurde.

5.2.2.5 Die Durchführung des Zeichnens (Bild 5.18)

Nach all den umfangreichen Vorbereitungen, die in den vorhergehenden Abschnitten erläutert wurden, kann nun der eigentliche Zeichenvorgang gestartet werden. Zunächst wird ein Image aus der Swapchain angefordert. Dabei erhält man den Index des Images, welcher für die Auswahl des Command Buffers verwendet wird, um in das richtige Image zu rendern. Dieser Command Buffer wird dann an die Graphics Queue übermittelt, und es kann gerendert werden, sobald das Image von der SwapChain zur Verfügung gestellt wurde. Die Synchronisation dieses Vorgangs, d.h. der Start der Abarbeitung der Rendering-Befehle, wird durch ein Semaphor signalisiert, das in dem Moment ausgelöst wird, in dem das Image von der SwapChain zur Verfügung gestellt wurde. Wenn das Rendern beendet ist, wird das Image an die Swapchain zurückgegeben und ein weiteres Semaphor signalisiert dieses Ereignis. Anschließend kann das gerenderte Image an die Presentation Queue übergeben und auf dem Bildschirm angezeigt werden. Danach beginnt der nächste Durchlauf. Die Synchronisation erfolgt mit Semaphoren und nicht mit Fences, weil es sich um Abläufe innerhalb der Grafikhardware handelt und nicht zwischen Host und Device (vgl. Abschnitt 5.2.1.1).

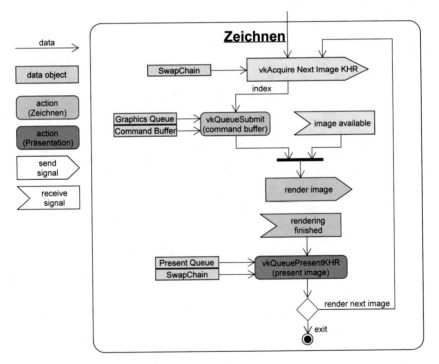

Bild 5.18: Aktivitätsdiagramm: „Zeichnen"

Ein Code-Beispiel zur Erzeugung der beiden benötigten Semaphore könnte folgendermaßen aussehen:

```
VkSemaphore imageAvailableSemaphore;
VkSemaphore renderFinishedSemaphore;

void createSemaphores() {
    VkSemaphoreCreateInfo semInfo = {};
    semInfo.sType = VK_STRUCTURE_TYPE_SEMAPHORE_CREATE_INFO;

    if (vkCreateSemaphore(logicalDevice, &semInfo, nullptr,
                    &imageAvailableSemaphore) != VK_SUCCESS ||
        vkCreateSemaphore(logicalDevice, &semInfo, nullptr,
                    &renderFinishedSemaphore) != VK_SUCCESS)
        throw std::runtime_error("failed to create Semaphores");
}
```

Der nächste Schritt besteht darin, eine Zeichenfunktion (`DrawFrame()`) zu definieren, die innerhalb der Hauptprogrammschleife aufgerufen wird und die drei zum Zeichnen notwendigen Befehle enthält, d.h. ein Image von der Swapchain anfordern (`vkAcquireNextImageKHR()`), den Command Buffer incl. Semaphore an die Graphics Queue senden (`vkQueueSubmit()`) und danach das fertig gerenderte Image an die Presentation Queue zum Anzeigen auf dem Bildschirm übergeben (`vkQueuePresentKHR()`):

```
void drawFrame() {
    uint32_t imageIndex;
    // Der dritte Parameter im folgenden Befehl legt die Wartezeit in Nano-
    // sekunden fest, in der ein Image verfügbar werden muss. Der Maximal-
    // wert eines 64 Bit Unsigned Integer setzt die Wartezeit auf unendlich.
    vkAcquireNextImageKHR(logicalDevice, swapChainObj, UINT64_MAX,
                    imageAvailableSemaphore, VK_NULL_HANDLE, &imageIndex);

    VkSemaphore waitSemaphores[] = {imageAvailableSemaphore};
    VkPipelineStageFlags waitStages[] =
                    {VK_PIPELINE_STAGE_COLOR_ATTACHMENT_OUTPUT_BIT};
    VkSemaphore signalSemaphores[] = {renderFinishedSemaphore};

    VkSubmitInfo submitInfo = {};
    submitInfo.sType = VK_STRUCTURE_TYPE_SUBMIT_INFO;
    // Die 3 waitSemaphore-Parameter legen fest, dass der Command Buffer
    // erst dann in die Graphics Queue geschoben wird, wenn das Image
    // von der Swapchain verfügbar ist.
    submitInfo.waitSemaphoreCount = 1;
    submitInfo.pWaitSemaphores = waitSemaphores;
```

```
    submitInfo.pWaitDstStageMask = waitStages;
    // Die 2 signalSemaphore-Parameter legen fest, dass ein Semaphore
    // signalisiert wird, sobald der Command Buffer abgearbeitet und
    // damit das Image gerendert ist.
    submitInfo.signalSemaphoreCount = 1;
    submitInfo.pSignalSemaphores = signalSemaphores;
    submitInfo.commandBufferCount = 1;
    submitInfo.pCommandBuffers = &commandBufferObj[imageIndex];

    if (vkQueueSubmit(graphicsQueue, 1, &submitInfo, VK_NULL_HANDLE)
                != VK_SUCCESS)
        throw std::runtime_error("failed to submit Draw Command Buffer");

    VkPresentInfoKHR presentInfo = {};
    presentInfo.sType = VK_STRUCTURE_TYPE_PRESENT_INFO;
    // Die 2 waitSemaphore-Parameter legen fest, dass das Image
    // erst dann in die Presentation Queue geschoben wird, wenn das
    // Image fertig gerendert ist.
    presentInfo.waitSemaphoreCount = 1;
    presentInfo.pWaitSemaphores = signalSemaphores;
    // Die 2 Swapchain-Parameter legen fest, in welche Swapchain
    // das gerenderte Image zurückgegeben wird.
    VkSwapchainKHR swapChains[] = {swapChainObj};
    presentInfo.swapchainCount = 1;
    presentInfo.pSwapchains = swapChains;
    presentInfo.pImageIndices = &imageIndex;

    vkQueuePresentKHR(presentQueue, &presentInfo);
}
```

Die oben dargestellte drawFrame()-Funktion ist der letzte Baustein eines einfachen Vulkan-Programms, mit dem man ein paar Dreiecke auf den Bildschirm zeichnen kann!

Nach dieser doch sehr umfangreichen Einführung in Vulkan ist es Zeit für ein erstes Fazit: man muss erheblichen Aufwand betreiben, d.h. ca. 1000 Zeilen Code programmieren, um ein einfaches Dreieck am Bildschirm darzustellen. Dies stellt sicher eine große Hürde für den Einstieg in Vulkan dar, bietet aber dem Computergrafik-Profi sehr viele Optimierungsmöglichkeiten. Anspruchsvollere Grafikanwendungen mit komplexeren 3D-Szenarien und visuellen Effekten, wie sie in den folgenden Kapiteln dargestellt werden, sind aber auf dieser Basis nicht mehr so schwierig zu implementieren.

5.2.3   Vulkan Shading Language (SPIR-V)

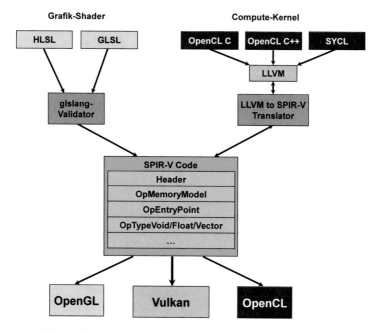

Bild 5.19:   Die Einbettung der Vulkan Shading Language SPIR-V in Grafik- und Compute-Anwendungen

SPIR-V ist eine Abkürzung für **S**tandard **P**ortable **I**ntermediate **R**epresentation - **V**ulkan. Damit bietet Vulkan eine einheitliche Zwischensprache sowohl für Grafik-Shader als auch für Compute-Kernel an. Derzeit existieren Compiler für die Shader-Sprachen GLSL[32] (Abschnitt 5.1.4) und HLSL, als auch für die Compute-Kernel-Sprachen von Open-CL (Abschnitt 17) und SYCL. Im LunarG Vulkan SDK[33] ist mit dem glslangValidator.exe ein Compiler vorhanden, der GLSL-Code im ASCII-Format in SPIR-V-Code im Binärformat übersetzt. Ebenso gibt es auf der Khronos-Webseite[34] einen bidirektionalen Compiler, der SPIR-V-Code in LLVM-Code (OpenCL) hin- und her übersetzt (Bild 5.19).

SPIR-V-Code ist eine Liste von 32-bit Wörtern, die einen Header aus 5 Wörtern gefolgt von einer linearen Liste an Instruktionen enthält. Ein Beispiel, wie der sehr einfache

---

[32]Umgekehrt können SPIR-V-Shader nicht nur in Vulkan verwendet werden, sondern seit der Version 4.6 auch in OpenGL.

[33]Webseite von LunarG zum Download aktueller Vulkan-Treiber incl. dem Compiler glslangValidator.exe: http://vulkan.lunarg.com/sdk/home (abgerufen am 24.12.2018)

[34]Khronos-Webseite für bidirektionalen Compiler SPIR-V - LLVM: https://github.com/KhronosGroup/SPIRV-LLVM-Translator (abgerufen am 24.12.2018)

Fragment-Shader aus Abschnitt 5.1.4.4 in GLSL und in SPIR-V aussieht, wird im Folgenden dargestellt. Um den in der rechten Spalte dargestellten SPIR-V-Code menschenlesbar zu machen, wurde der Compiler mit der Option "-H" gestartet[35]:

```
glslangValidator.exe -H shader.frag
```

GLSL Fragment Shader	SPIR-V Fragment Shader		

`#version 460`
`in vec4 vColor;`
`out vec4 FragColor;`
	`// Magic number: 0x07230203`
	`// Module Version 10000`
	`// Generated by (magic number): 80001`
	`// Id's are bound by 13`
	`//`		

`void main(void)`
`{`
`FragColor = vColor;`
`}`
	`Capability Shader`
	`1:`
	`2:`
	`3:`
	`6:`
	`7:`
	`8:`
	`9(FragColor):`
	`10:`
	`11(vColor):`
	`4(main):`
	`5:`
	`12:`
		`ExtInstImport "GLSL.std.460"`
		`MemoryModel Logical GLSL460`
		`EntryPoint Fragment 4 "main"`
		`ExecutionMode 4 OriginUpperLeft`
		`Source GLSL 460`
		`Name 4 "main"`
		`Name 9 "FragColor"`
		`Name 11 "vColor"`
		`TypeVoid`
		`TypeFunction 2`
		`TypeFloat 32`
		`TypeVector 6(float) 4`
		`TypePointer Output 7(fvec4)`
		`8(ptr) Variable Output`
		`TypePointer Input 7(fvec4)`
		`10(ptr) Variable Input`
		`2 Function None 3`
		`Label`
		`7(fvec4) Load 11(vColor)`
		`Store 9(FragColor) 12`
		`Return`
		`FunctionEnd`
			`9 11`

Ein von Vulkan nutzbarer Shader im SPIR-V-Code muss im Binärformat sein. Dies bringt einige Vorteile mit sich:

- die Shader-Compilierung durch den Treiber während der Initialisierungsphase entfällt, so dass der Treiber erheblich verschlankt werden kann

---

[35]Um einen lesbaren Binärcode für Vulkan zu erhalten lautet die Option "-V".

- die rechenaufwändige Optimierung des Shader-Codes kann von der Initialisierungs-phase in die Compilierungsphase, die ja offline stattfindet, vorverlagert werden

- aufgrund des Binärformats wird für das Einlesen der Shader kein Parser mehr benötigt, was ebenfalls zur Vereinfachung des Treibers beiträgt

- da es nur noch einen einzigen Shader Compiler und ein standardisiertes Byte Code Format gibt, können Inkonsistenzen bei der Shader-Compilierung durch OpenGL-Treiber von verschiedenen Grafikkarten-Herstellern vermieden werden

- Software-Hersteller sind nicht mehr gezwungen ihre Shader im Quellcode auszuliefern und können somit die entwickelte Software besser schützen.

5.2.4   Synchronisation in Vulkan

Ein wesentliches Ziel bei der Entwicklung von Vulkan war eine effektive Nutzung moderner Mulit-Core-CPUs und GPUs durch Multi-Threading. Um dieses Ziel einer hohen Ausla-stung aller Komponenten eines Rechners möglichst gut zu erreichen, laufen in Vulkan die Threads asynchron, parallel, mit mehreren Warteschlangen (Queues) pro GPU, die von den Cores der CPU andauernd mit Command Buffers gefüttert werden müssen. Damit es keine Kollisionen oder Inkonsistenzen gibt, wenn mehrere Threads gleichzeitig auf eine Resource (z.B. einen Speicherbereich, einen Command Buffer oder eine Grafikkarte) zu-greifen wollen, werden allerdings Synchronisationsmechanismen benötigt. Vulkan stellt den Software-Entwicklern die folgenden Synchronisations-Primitive zur Verfügung:

- **Pipeline Barriers**:
  Pipeline Barriers stellen Synchronisations-Primitive innerhalb von Command Buf-fers dar, die die Ausführung weiterer Kommandos solange blockieren, bis bestimmte Bedingungen erfüllt wurden, wie z.B. dass Schreib- oder Lesevorgänge abgeschlos-sen sind, oder das Layout von Images bzw. Buffer angepasst wurde. Mit dem Befehl `vkCmdPipelineBarrier()` werden Barrieren in einen Command Buffer eingefügt. Bei den Barrieren gibt drei unterschiedliche Typen für Images, Buffer und für beides:

  - `VkImageMemoryBarrier`:
    definiert eine Barriere für ein Objekt vom Typ `VkImage`

  - `VkBufferMemoryBarrier`:
    definiert eine Barriere für ein Objekt vom Typ `VkBuffer`

  - `VkMemoryBarrier`:
    definiert eine globale Barriere für alle Speicherzugriffe

  Mit dem Befehl `vkCmdPipelineBarrier()` lässt sich jeder dieser drei Barrier-Typen durch die entsprechende Datenstruktur festlegen. Man kann diese Barrieren auf einzelne Stufen der Pipeline (z.B. `VK_PIPELINE_STAGE_FRAGMENT_SHADER_BIT`) beschränken, oder auch auf alle

Stufen anwenden (VK_PIPELINE_STAGE_ALL_COMMANDS_BIT). Ein Code-Beispiel für die Nutzung einer Image Memory Barrier findet man im Abschnitt 5.2.2.4 beim Datentransfer von Texturen.

- **Events**:
  Events stellen ein feingranulares Synchronisations-Primitiv dar, das entweder innerhalb eines Command Buffers auf dem Device oder durch den Host signalisiert werden kann. Erzeugt werden Events durch den Befehl vkCreateEvent() und vernichtet werden sie durch den Befehl vkDestroyEvent(). Von der Host-Seite aus kann ein Event signalisiert (vkSetEvent()), oder zurückgesetzt (vkResetEvent()) werden. Die Signalisierung oder Rücksetzung ist allerdings auch von der Device-Seite aus möglich, indem man die entsprechenden Befehle (vkCmdSetEvent(), vkCmdResetEvent()) in einem Command Buffer platziert und diesen dann in eine Queue zur Ausführung auf dem Device schickt. Auf die Signalisierung von Events kann entweder innerhalb von Command Buffers durch den Befehl vkCmdWaitEvents() gewartet werden, oder auch durch eine Abfrage des Eventzustands von der Host-Seite (vkGetEventStatus()).

- **Renderpasses**:
  Renderpasses stellen ein implizites Synchronisations-Primitiv für die meisten Grafikanwendungen dar. Viele Fälle, die ansonsten ein explizites Synchronisations-Primitiv benötigen würden, können sehr viel effizienter als Teil eines Renderpass ausgedrückt werden. Wie in Abschnitt 5.2.2.3 bereits dargestellt, werden in einem Renderpass die Ressourcen (*Attachments*) und Abläufe (*Subpasses*), sowie deren gegenseitige Abhängigkeiten in der Grafikpipeline festgelegt. Bei komplexeren Anwendungen, wie z.B. beim *Deferred Rendering*[36] oder der Berechnung von Schatten (Kapitel 14), benötigt man mehrere Subpasses. Da bei zwei oder mehr Subpasses die Reihenfolge der Abarbeitung und der Zugriff auf die jeweiligen Zwischenergebnisse geregelt werden müssen, speichert man diese Abhängigkeiten explizit im übergeordneten Renderpass in der Struktur VkSubpassDependency. Ein Code-Beispiel dafür findet sich auf Seite 99.

- **Semaphore**:
  Semaphore werden zur Synchronisation von Befehlen innerhalb oder zwischen Queues auf einem Device eingesetzt. Wie in Abschnitt 5.2.2.5 "Durchführung des Zeichnens"an einem Code-Beispiel dargestellt, kann man z.B. für die Präsentation ein Semaphor benutzen, um zu signalisieren, dass ein Image von der SwapChain zur

---

[36]Unter *Deferred Rendering* (zu deutsch: verzögertes Zeichnen) versteht man ein Rendering-Prinzip, bei dem in einem ersten Subpass nur die Tiefenwerte (z-Werte) für jedes Fragment berechnet werden (*depth prepass*). Im zweiten Subpass wird ein sogenannter G-Buffer (G für Geometrie) gerendert, in dem für jedes Fragment Werte wie Position, Normalenvektor, Materialfarbe usw. gespeichert werden, die man später für die Beleuchtungsrechnung benötigt. In diesem zweiten Subpass testet man aber den Tiefenwert des Fragments gegen den im vorher generierten z-Buffer und speichert im G-Buffer somit nur noch die Daten für die am Ende wirklich sichtbaren Fragmente. Im dritten und letzten Subpass muss man die aufwändige Beleuchtungsrechnung daher nicht mehr für die verdeckten Fragemente durchführen, sondern nur noch für die am Bildschirm sichtbaren.

Verfügung gestellt wurde (`vkAcquireNextImageKHR()`) und nun der Command Buffer mit der Ausführung der Rendering-Befehle beginnen kann (`vkQueueSubmit()`). Ein weiteres Semaphor kann dann nach der Abarbeitung aller Rendering-Befehle signalisieren, dass das fertige Image an die SwapChain zur Präsentation übergeben werden kann (`vkQueuePresentKHR()`).

- **Fences**:

  Fences werden zur Synchronisation von Befehlen zwischen dem Host und den Devices eingesetzt. Wenn der Host z.B. auf die vollständige Abarbeitung von Command Buffers warten muss, die an eine Queue geschickt wurden, werden Fences benutzt. Ein Fence wird an Commands wie `vkQueueSubmit()` oder `vkQueuePresentKHR()` übergeben, die mit dem Betriebssystem interagieren. Sobald die mit den Commands verbundene Arbeit vom Device erledigt ist, wird ein Fence signalisiert, das die Anwendung mit dem Befehl `vkWaitForFences()` abrufen kann.

  Der Einsatz von Fences wird im folgenden Beispiel zur Verbesserung der bisher dargestellten Grafik-Anwendung gezeigt. Falls nämlich die CPU die Command Buffers schneller an die Queue der Grafikkarte schickt, als diese die Bilder zeichnen kann, wird die Queue langsam aber sicher überlaufen. Ein weiteres Problem entsteht durch die Wiederverwendung der beiden Semaphore (`imageAvailableSemaphore` und `renderFinishedSemaphore`) für das Zeichnen mehrerer Bilder zur gleichen Zeit. Die einfachste Lösung dieser Probleme besteht darin, in der `DrawFrame()`-Funktion nach dem letzten Befehl `vkQueuePresentKHR()` noch den Befehl `vkQueueWaitIdle(presentQueue)` zu platzieren. Dadurch wird sichergestellt, dass die Queue alle Aufgaben erledigt hat, bevor der nächste Command Buffer an die Queue geschickt wird.

  Allerdings wird dadurch die GPU nicht optimal ausgelastet, denn die Stufen der Grafik-Pipeline, die für das momentan zu rendernde Bild bereits abgearbeitet sind, haben in diesem Fall nichts mehr zu tun, da ja mit dem Rendern des nächsten Bildes gewartet wird, bis das jetzige Bild fertig ist. Mit Hilfe von Fences kann man die Anwendung jedoch so optimieren, dass mehrere Bilder gleichzeitig gerendert und somit die GPU voll ausgelastet wird, ohne das die Queue überläuft. Dazu definiert man sich zunächst eine Konstante, die festlegt, wie viele Bilder gleichzeitig gerendert werden sollen:

```
const int PARALLEL_FRAMES = 2;
```

Jedes Bild sollte jetzt seinen eigenen Satz an Semaphoren zur Steuerung der zeitlichen Abfolge des Zeichens erhalten:

```
std::vector<VkSemaphore> imageAvailableSemaphores;
std::vector<VkSemaphore> renderFinishedSemaphores;

void createSemaphores() {
```

```
imageAvailableSemaphores.resize(PARALLEL_FRAMES);
renderFinishedSemaphores.resize(PARALLEL_FRAMES);

VkSemaphoreCreateInfo semInfo = {};
semInfo.sType = VK_STRUCTURE_TYPE_SEMAPHORE_CREATE_INFO;

for (size_t = 0; i < PARALLEL_FRAMES; i++) {
    if (vkCreateSemaphore(logicalDevice, &semInfo, nullptr,
            &imageAvailableSemaphores[i]) != VK_SUCCESS ||
        vkCreateSemaphore(logicalDevice, &semInfo, nullptr,
            &renderFinishedSemaphores[i]) != VK_SUCCESS)
        throw std::runtime_error("failed to create Semaphores");
    }
}
```

Damit die richtigen Semaphore für die jeweiligen Bilder verwendet werden, definiert man sich einen Index für das momentan verwendete Bild und nutzt diesen dann bei der Auswahl der Semaphore in der DrawFrame()-Funktion:

```
size_t currentFrame = 0;
```

Um den Überlauf der Queue zu verhindern, definiert man sich jetzt Fences als Synchonisations-Primitive zwischen Host und Device:

```
std::vector<VkFence> parallelFences;

void createFences() {
    parallelFences.resize(PARALLEL_FRAMES);

    VkFenceCreateInfo fenceInfo = {};
    fenceInfo.sType = VK_STRUCTURE_TYPE_FENCE_CREATE_INFO;
    fenceInfo.flags = VK_FENCE_CREATE_SIGNALED_BIT;

    for (size_t = 0; i < PARALLEL_FRAMES; i++) {
        if (vkCreateFence(logicalDevice, &fenceInfo, nullptr,
                &parallelFences[i]) != VK_SUCCESS)
            throw std::runtime_error("failed to create Fences");
    }
}
```

Die angelegten Fences werden nun zur Synchronisation zwischen Host und Device benutzt, indem man beim Absenden der Command Buffer durch den Befehl

vkQueueSubmit() im optionalen letzten Parameter den Fence übergibt, der signalisiert wird, sobald der Command Buffer vollständig abgearbeitet ist. Zu Beginn der
DrawFrame()-Funktion muss jetzt noch der Befehl vkWaitForFences() ausgeführt
werden, der dafür sorgt, dass mit dem Zeichnen des nächsten Bildes erst dann begon-
nen wird, wenn das vorige Bild fertig gerendert wurde. Im Gegensatz zum Semaphore
muss ein Fence explizit zurückgesetzt werden, um in den nicht signalisierten Zustand
zu gelangen, was mit dem Befehl vkResetFences() geschieht. Die entsprechend op-
timierte DrawFrame()-Funktion sieht dann folgendermaßen aus:

```
void DrawFrame() {
    vkWaitForFences(logicalDevice, 1, &parallelFences[currentFrame],
                    VK_TRUE, UINT64_MAX);
    vkResetFences(logicalDevice, 1, &parallelFences[currentFrame]);

    uint32_t imageIndex;
    vkAcquireNextImageKHR(logicalDevice, swapChainObj, UINT64_MAX,
                    imageAvailableSemaphores[currentFrame],
                    VK_NULL_HANDLE, &imageIndex);

    VkSemaphore waitSemaphores[] =
                    {imageAvailableSemaphores[currentFrame]};
    VkPipelineStageFlags waitStages[] =
                    {VK_PIPELINE_STAGE_COLOR_ATTACHMENT_OUTPUT_BIT};
    VkSemaphore signalSemaphores[] =
                    {renderFinishedSemaphores[currentFrame]};

    VkSubmitInfo submitInfo = {};
    submitInfo.sType = VK_STRUCTURE_TYPE_SUBMIT_INFO;
    submitInfo.waitSemaphoreCount = 1;
    submitInfo.pWaitSemaphores = waitSemaphores;
    submitInfo.pWaitDstStageMask = waitStages;
    submitInfo.signalSemaphoreCount = 1;
    submitInfo.pSignalSemaphores = signalSemaphores;
    submitInfo.commandBufferCount = 1;
    submitInfo.pCommandBuffers = &commandBufferObj[imageIndex];

    if (vkQueueSubmit(graphicsQueue, 1, &submitInfo,
                    parallelFences[currentFrame]) != VK_SUCCESS)
        throw std::runtime_error("failed to submit Draw Command Buffer");

    VkPresentInfoKHR presentInfo = {};
    presentInfo.sType = VK_STRUCTURE_TYPE_PRESENT_INFO;
    presentInfo.waitSemaphoreCount = 1;
```

```
presentInfo.pWaitSemaphores = signalSemaphores;
VkSwapchainKHR swapChains[] = {swapChainObj};
presentInfo.swapchainCount = 1;
presentInfo.pSwapchains = swapChains;
presentInfo.pImageIndices = &imageIndex;

vkQueuePresentKHR(presentQueue, &presentInfo);

currentFrame = (currentFrame + 1) % PARALLEL_FRAMES;
}
```

5.2.5 Debugging in Vulkan (Validation Layers)

Da Vulkan eine komplexe Low-Level-Programmierschnittstelle für Grafik- und Compute-Anwendungen ist, bei der sehr viele Einstellungen und Vorbereitungen getroffen werden müssen, damit die Anwendungen lauffähig und effizient sind, lauern entsprechend viele Möglichkeiten für Fehler bei der Programmentwicklung. Deshalb sind gute Debugging-Werkzeuge bei der Entwicklung von Vulkan-Anwendungen unabdingbar.

Andererseits wurde ja eingangs schon erwähnt, dass Vulkan auf Geschwindigkeit und minimalen Treiber-Overhead getrimmt wurde und deshalb standardmäßig überhaupt keine Debugging-Werkzeuge enthält bzw. der Treiber-Code und die Implementierung der API-Funktionen keinerlei Plausibilitätsprüfungen durchführt. Um diesen Widerspruch aufzulösen, wurden in Vulkan für das Debugging sogenannte „*Validation Layer*" eingeführt. Diese „*Validation Layer*" sind optional und können bei der Anwendungsentwicklung als Zwischenschicht eingezogen werden, solange Debugging benötigt wird und die Rechengeschwindigkeit der Anwendung eine untergeordnete Rolle spielt. Sobald dann das entwickelte Programm validiert ist und stabil läuft, werden die „*Validation Layer*" weggelassen, so dass das Programm mit maximaler Performance ausgeliefert werden kann.

Diese optionalen „*Validation Layer*" sind kein integraler Bestandteil von Vulkan, sondern sie werden von Drittanbietern bereit gestellt. Auch hier bietet das LunarG Vulkan SDK[37] wie schon beim GLSL-zu-SPIR-V-Compiler Unterstützung mit einer Reihe von „*Validation Layern*" an, die sogar im Quellcode verfügbar sind. Um sie zu nutzen, muss das SDK installiert sein. Am einfachsten für den Benutzer ist es, das Meta-Layer VK_LAYER_LUNARG_standard_validation zu nutzen, in dem die wichtigsten Validation Layer in der korrekten Reihenfolge definiert sind:

- VK_LAYER_GOOGLE_threading:
  dieses Layer ist nützlich bei Anwendungen mit mehreren parallelen Threads. Es überprüft, ob mehrere Threads versuchen, gleichzeitig auf ein Vulkan-Objekt zuzugreifen und achtet generell auf die Einhaltung der Vulkan-Threading-Regeln.

---

[37]Webseite von LunarG zum Download aktueller Vulkan-Treiber incl. „*Validation Layer*": http://vulkan.lunarg.com/sdk/home (abgerufen am 24.12.2018)

- `VK_LAYER_LUNARG_parameter_validation`:
  dieser Layer stellt sicher, dass alle Parameter, die an Vulkan übergeben werden, der Spezifikation entsprechen. Das betrifft sowohl den Typ, als auch den zulässigen Wertebereich der Parameter.

- `VK_LAYER_LUNARG_object_tracker`:
  dieser Layer zeichnet alle Aktivitäten im Zusammenhang mit der Erzeugung und Vernichtung von Vulkan-Objekten auf und wirft Fehler, sobald Objekte benutzt werden, die nicht mehr gültig sind, oder vergessen wird, die angelegten Objekte wieder aufzuräumen. Dadurch können Speicherüberläufe entdeckt werden.

- `VK_LAYER_LUNARG_core_validation`:
  dieser Layer validiert den Status der Grafik-Pipeline incl. deren dynamischer Anteile, sowie der Descriptor Sets. Weiterhin überprüft dieser Layer die Korrektheit und das Zusammenspiel der verschiedenen Shader untereinander, sowie deren Interaktion mit fixed-function-Anteilen der Grafik-Pipeline. Wenn z.B. ein Fragment-Shader eine in-Variable erwartet, die der Vertex-Shader aber nicht als out-Variable liefert, wird ein Fehler gemeldet. Außerdem wird hier auch noch der Speicher der GPU validiert, d.h. ob alle Speicherzugriffe korrekt ablaufen und die Speichergrenzen eingehalten werden. Zu guter Letzt werden hier auch noch Textur-Formate und Render-Target-Formate validiert, d.h. alles im Zusammenhang mit Images und Image Views.

- `VK_LAYER_GOOGLE_unique_objects`:
  dieser Layer gehörte eigentich zu den Utility Layers (siehe unten), denn er führt keine Validierung durch, sondern bietet Unterstützung für den „object tracker" (`VK_LAYER_LUNARG_object_tracker`). Der Hintergrund dafür ist, dass Vulkan-Objekte mit „Non-Dispatchable Handles" (Abschnitt 5.2.1.2) keine eindeutigen Zeiger besitzen müssen, so dass die Verfolgung dieser Objekte bei der Validierung nicht mehr gewährleistet ist. Dieser Layer versieht die Vulkan-Objekte mit einem eindeutigen Index bei Ihrer Erzeugung, so dass sie ohne Probleme verfolgt werden können und entfernt diesen Index vor der Benutzung der Objekte durch die Anwendung wieder.

Darüber hinaus gibt es noch die folgenden Utility Layer im LunarG Vulkan SDK:

- `VK_LAYER_LUNARG_api_dump`:
  dieser Layer druckt alle aufgerufenen Befehle von Vulkan incl. aller Parameterwerte aus.

- `VK_LAYER_LUNARG_assistant_layer`:
  dieser Layer zeigt Stellen im Code an, die zwar nicht gegen die Vulkan Spezifikation verstoßen, aber dennoch zu Problemen führen können.

- `VK_LAYER_LUNARG_device_simulation`:
  dieser Layer ist in der Lage, verfügbare Vulkan-Erweiterungen, Fähigkeiten und Grenzen der aktuellen Grafikkarte zu überschreiben.

- VK_LAYER_LUNARG_monitor:
  dieser Layer kann die Zahl der gerenderten Bilder pro Sekunde im Titelrahmen des Anwendungsfensters ausgeben, so dass mit minimalen Overhead überprüft werden kann, ob eine Vulkan-Anwendung unter allen Umständen die geforderte Rendering-Geschwindigkeit (z.B. 60 Bilder pro Sekunde) einhält.

- VK_LAYER_LUNARG_screenshot:
  dieser Layer schreibt vorher spezifizierte Bilder der Vulkan-Anwendung auf die Festplatte.

Um die „Validation Layer" für das Debugging in Vulkan zu aktivieren, sind die folgenden Schritte erforderlich:

1. Überprüfung, ob die angeforderten „Validation Layer" verfügbar sind. Dazu dient die folgende Funktion checkLayerAvailability():

```
const std::vector<const char*> validationLayers = {
                    "VK_LAYER_LUNARG_standard_validation"};
bool checkLayerAvailability() {
    uint32_t layerCount;
    // erste Abfrage, um die Anzahl verfügbarer Layer zu bestimmen
    vkEnumerateInstanceLayerProperties(&layerCount, nullptr);

    std::vector<VkLayerProperties> availableLayers(layerCount);
    // zweite Abfrage, um die Namen der verfügbaren Layer zu bestimmen
    vkEnumerateInstanceLayerProperties(&layerCount,
                    availableLayers.data() );

    for (const char* layerName : validationLayers) {
        bool layerFound = false;

        for (const auto& layerProperties : availableLayers) {
            if (strcmp(layerName, layerProperties.layerName) == 0) {
                layerFound = true;
                break;
            }
        }
        if (!layerFound) return false;
    }
    return true;
}
```

2. Einschalten des Debuggings durch Hinzunahme der Vulkan Extension VK_EXT_debug_utils:

```
extensions.push_back(VK_EXT_debug_utils);
uint32_t extensionCount = static_cast<uint32_t>(extensions.size());
```

3. Aktivierung der Layer durch Übergabe der entsprechenden `CreateInfo`-Datenstruktur bei der Erzeugung der Vulkan Instanz (Abschnitt 5.2.2.1):

```
if ( !checkLayerAvailability() )
    throw std::runtime_error("Validation Layer not available");

uint32_t layerCount = static_cast<uint32_t>(validationLayers.size());
    // Anlegen einer CreateInfo-Struktur
VkInstanceCreateInfo createInfo = {};
createInfo.sType = VK_STRUCTURE_TYPE_INSTANCE_CREATE_INFO;
    // weitere Einträge in der CreateInfo-Datenstruktur
createInfo.enabledLayerCount = extensionCount;
createInfo.ppEnabledLayerNames = extensions.data();
createInfo.enabledLayerCount = layerCount;
createInfo.ppEnabledLayerNames = validationLayers.data();

    // Erzeugen des Instance Objektes durch den Create-Befehl
VkInstance instanceObj;
if (vkCreateInstance(&createInfo, nullptr, &instanceObj) != VK_SUCCESS)
        throw std::runtime_err ("failed to create Instance Object");
```

4. Generierung der Funktionszeiger zur Erzeugung und Vernichtung der Debug-Callback-Funktionen. Dieser Schritt ist notwendig, weil die Debug-Funktionen nicht zum normalen Vulkan-Treiber gehören:

```
VkDebugUtilsMessengerEXT callback;

void setupDebugCallback() {
    VkDebugUtilsMessengerCreateInfoEXT createInfo = {};
    createInfo.sType =
            VK_STRUCTURE_TYPE_DEBUG_UTILS_MESSENGER_CREATE_INFO_EXT;
    createInfo.messageSeverity =
            VK_DEBUG_UTILS_MESSAGE_SEVERITY_VERBOSE_BIT_EXT |
            VK_DEBUG_UTILS_MESSAGE_SEVERITY_INFO_BIT_EXT |
            VK_DEBUG_UTILS_MESSAGE_SEVERITY_WARNING_BIT_EXT |
            VK_DEBUG_UTILS_MESSAGE_SEVERITY_ERROR_BIT_EXT;
    createInfo.pfnUserCallback = debugCallback;

    callback = (PFN_vkCreateDebugUtilsMessengerEXT)
            vkGetInstanceProcAddr( instanceObj,
```

```
                  "vkCreateDebugUtilsMessengerEXT");
    if ( !callback )
        throw std::runtime_err ("failed to create InstanceProcAddr
            for Debug Callback"); }

    // statische Funktion für die Debug-Callback-Message
static VKAPI_ATTR VkBool32 VKAPI_CALL debugCallback(
VkDebugUtilsMessageSeverityFlagBitsEXT messageSeverity,
VkDebugUtilsMessageTypeFlagsEXT messageType,
const VkDebugUtilsMessengerCallbackDataEXT* pCallbackData,
void* pUserData) {
    std::cerr << "validation layer: "
        << pCallbackData->pMessage << std::endl;
    return VK_FALSE;
}

    // die Funktion zur Vernichtung der Debug-Callback-Funktion
void DestroyDebugUtilsMessengerEXT(VkInstance instanceObj,
        VkDebugUtilsMessengerEXT callback,
        const VkAllocationCallbacks* pAllocator) {
    auto func = (PFN_vkDestroyDebugUtilsMessengerEXT)
        vkGetInstanceProcAddr( instanceObj,
        "vkDestroyDebugUtilsMessengerEXT");
    if (func != nullptr) func(instanceObj, callback, pAllocator);
}
```

Beim Erzeugen der Debug-Callback-Funktion kann man durch die Datenstruktur `createInfo.messageSeverity` die folgenden Nachrichtentypen festlegen, von denen man je nach Informationsbedarf mehr oder weniger aktivieren kann:

- VK_DEBUG_UTILS_MESSAGE_SEVERITY_VERBOSE_BIT_EXT:
  liefert am meisten Informationen, wie z.B. Nachrichten vom Vulkan Loader, den Layers und dem Treiber.

- VK_DEBUG_UTILS_MESSAGE_SEVERITY_INFO_BIT_EXT:
  liefert Informationen z.B. zu den Resourcen (Buffer und Images), die beim Debugging hilfreich sind.

- VK_DEBUG_UTILS_MESSAGE_SEVERITY_WARNING_BIT_EXT:
  weist auf Stellen im Code hin, an denen typischerweise Fehler gemacht werden, wie z.B. die Benutzung eines Image, dessen Speicher nicht gefüllt wurde. Falls der Code aber so beabsichtigt wurde und keine Fehler verursacht, können Warnungen einfach ignoriert werden.

- VK_DEBUG_UTILS_MESSAGE_SEVERITY_ERROR_BIT_EXT:
  liefert Fehler, die zu Programmabstürzen oder undefiniertem Verhalten führen.

5.3 Ergänzende Literaturhinweise

Im Anhang findet man das gesamte Literaturverzeichnis, getrennt nach den Gebieten Computergrafik und Bildverarbeitung. An dieser Stelle wird nur eine kleine Auswahl kommentierter Literaturempfehlungen zur Computergrafik als Ergänzung zu diesem Werk vorgestellt.

Computergrafik allgemein:

- [Hugh13] Hughes J.F., van Dam A., McGuire M., Sklar D.F., Foley J.D., Feiner S.K., Akeley K.: *Computer graphics: principles and practice. 3nd ed.* Pearson, 2013.

  Die aktualisierte Version des Standardwerks zur Computergrafik: allumfassend, tiefgehend, sehr gut, dick und teuer.

- [Watt02] Watt A.: *3D-Computergrafik. 3. Auflage.* Pearson Studium, München, 2002.

  Sehr gutes Buch: grundlagenorientiert, mathematisch.

- [Dutr06] Dutré P., Bala K., Bekaert P.: *Advanced Global Illumination, Second Edition.* A.K. Peters, 2006.

  Kompaktes, aber sehr anspruchsvolles Buch, das alle wesentlichen Aspekte von globalen Beleuchtungs-Algorithmen auf höchstem theoretischen Niveau herleitet.

- [Phar16] Pharr M., Wenzel J., Humphreys G.: *Physically Based Rendering, Third Edition.* Morgan Kaufmann, 2016.

  Ebenso umfassend wie das vorige Buch *Advanced Global Illumination*, aber ausführlichere Darstellung, Beispiel-Programme und online frei verfügbar: http://www.pbr-book.org

- [Aken18] Akenine-Möller T., Haines E., Hoffman N., Pesce A., Iwanicki M., Hillaire S.: *Real-Time Rendering, 4th Edition.* A.K. Peters, 2018.

  Das Buch für fortgeschrittene Grafikprogammierer: deckt die neuesten Entwicklungen der Echtzeit-Computergrafik vollständig ab, bespricht Vor- und Nachteile aller Verfahren.

- [Wang10] Wang R., Qian X.: *OpenSceneGraph 3.0. Beginner's Guide.* Packt Publishing, Birmingham, 2010.

  Eine gute Einführung in das Realtime Rendering Werkzeug mit der größten Verbreitung.

- [Wang12] Wang R., Qian X.: *OpenSceneGraph 3.0. Cookbook.* Packt Publishing, Birmingham, 2012.

  Weiterführende Beispiele für das Realtime Rendering Werkzeug mit der größten Verbreitung.

Offizielle Standardwerke zu OpenGL:

- [Kess17] Kessenich J., Sellers G., Shreiner D., The Khronos OpenGL ARB Working Group: *OpenGL Programming Guide, 9th edition: The Official Guide to Learning OpenGL, Versions 4.5 with SPIR-V*. Addison-Wesley, Boston, 2017.

  Das „rote" Buch: sehr schöne Einführung in die Bedienung von OpenGL, zeigt zum Teil auch Hintergründe auf und ist deshalb sehr gut verständlich.

- [Rost10] Rost R.J., Licea-Kane B.: *OpenGL Shading Language, Third Edition*. Addison-Wesley, 2010

  Das „orange" Buch: etwas veraltete Einführung in die OpenGL Shading Language, mit der man programmierbare Grafikhardware ansteuern kann.

- [Sega17] Segal M., Akeley K.: *The OpenGL Graphics System: A Specification, Version 4.6*. The Khronos Group Inc., 2017.

  Die offizielle Referenz für alle Entwickler von OpenGL-Treibern. Die aktuelle und kostenlose Alternative zum „roten" und „orangen" Buch.

- [Sell15] Sellers G., Wright R.S., Haemel N.: *The OpenGL Super Bible, 7th Edition*. Addison-Wesley, 2015.

  Das erste OpenGL-Buch, das ausschließlich das sogenannte „core profile" behandelt. Das vorliegende Werk benützt für die im „core profile" weggefallene OpenGL-Infrastruktur die beiden Bibliotheken „GLTools" und „GLShaderManager" aus der OpenGL Super Bible, 5th Edition.

Werke zu Vulkan:

- [Sell17] Sellers G., Kessenich J.: *Vulkan Programming Guide: The Official Guide to Learning Vulkan*. Pearson Education, 2017.

  Das „rote" Buch zu Vulkan: eine sehr trockene Einführung in die Bedienung von Vulkan. Liest sich fast so wie die Vulkan-Spezifikation.

- [Khro18] The Khronos Vulkan Working Group: *Vulkan: A Specification, Version 1.1.71*. The Khronos Group Inc., 2018.

  Die offizielle Referenz für alle Entwickler von Vulkan-Treibern. Die aktuelle und kostenlose Alternative zum „roten" Buch.

- [Sing16] Singh P.: *Learning Vulkan*. Packt Publishing, 2016.

  Das Buch macht den Eindruck, dass es unter großer Eile produziert wurde und wird dem Titel eher nicht gerecht. Das Beste an dem Buch ist die Einleitung.

- [Lapi17] Lapinski P.: *Vulkan Cookbook*. Packt Publishing, 2017.

  Ein weiteres sehr trockenes Vulkan-Buch, das am Ende noch auf Beleuchtung, Schatten und Partikelsysteme eingeht.

Im Internet sind sehr viele Informationen und Programmbeispiele zu OpenGL, OpenSceneGraph und Vulkan zu finden. Allerdings sind die Änderungszyklen im Internet sehr schnell, so dass gedruckte Links häufig in kürzester Zeit veraltet sind. Deshalb findet man hier nur eine sehr kurze Linkliste:

Internet-Links (alle abgerufen am 24.12.2018)

- www.opengl.org (Homepage der OpenGL Open Community - sehr umfassend)

- www.openscenegraph.org (OpenSceneGraph Homepage - hier gibt es sehr viel Zusatzmaterial)

- www.khronos.org/vulkan (Vulkan Homepage - von hier aus ist alles Wichtige zu finden)

- vulkan.lunarg.com/sdk/home (Webseite von LunarG zum Download aktueller Vulkan-Treiber)

- www.vulkan-tutorial.com (Sehr guter Ausgangspunkt, um Vulkan zu lernen und zu verstehen. Autor: Alexander Overvoorde, 2017)

- nehe.gamedev.net (viele gute Tutorials über OpenGL, OpenGL ES und WebGL mit Programmcode)

- www.mesa3d.org (Homepage der Mesa-Bibliothek, die u.a. eine OpenSource-Implementierung der Spezifikationen von OpenGL, OpenGL ES, OpenCL und Vulkan bereit stellt)

- https://w3-o.cs.hm.edu/users/nischwit/public_html/cgbv-buch/index.html (Homepage zu diesem Buch)

Kapitel 6

Geometrische Grundobjekte

Die 3D–Computergrafik hat konstruktiven Charakter: als Ausgangspunkt des Rendering muss zunächst eine abstrakte Beschreibung von 3–dimensionalen Objekten erstellt werden, bevor eine 2-dimensionale Projektion der gesamten Szene aus einem bestimmten Blickwinkel für einen flachen Bildschirm berechnet werden kann. Für die Modellierung von 3–dimensionalen Objekten wurden in der 3D–Computergrafik, je nach Anwendungsfall, unterschiedliche Methoden entwickelt, die im Folgenden erläutert werden.

6.1 3D-Modellierungsmethoden

6.1.1 Planare Polygone

Da die allermeisten 3D–Objekte in unserer natürlichen Umgebung nicht transparent, d.h. opak[1] sind, genügt es für die Bildgenerierung, nur die Oberflächen der 3D–Objekte zu modellieren. Da sich Lichtstrahlen in transparenten Medien, in denen der Brechungsindex im gesamten Medium konstant ist, wie z.B. in Luft oder Glasscheiben, geradlinig ausbreiten, genügt es in diesem Fall, nur die Oberflächen zu modellieren, denn die Brechung des Lichts einer bestimmten Wellenlänge wird durch die Grenzfläche zwischen den Medien und deren Brechungsindizes bestimmt (Kapitel 9). In der interaktiven 3D–Computergrafik bei weitem am häufigsten eingesetzt wird die Annäherung von 3D–Objekten durch Netze aus ebenen, d.h. planaren Polygonen, insbesondere durch Netze aus Dreiecken (*triangles*) und Vierecken (*quads*). Die Einschränkung auf planare Polygone erleichtert die Rasterisierung und die Verdeckungsrechnung wesentlich, da nur noch lineare Gleichungen vorkommen, die extrem schnell gelöst werden können und sich gut für die Hardware-Beschleunigung eignen. Außerdem kann man alle denkbaren Formen von 3D–Objekten durch Netze aus planaren Polygonen mit beliebiger Genauigkeit darstellen (Bild 6.1). Auf dieser einfachen und schnellen Methode beruht die Modellierung von 3D–Objekten bei OpenGL und Vulkan. Aber dennoch muss man einen Preis für die Einschränkung auf planare Polygone bezahlen: bei gekrümmten Oberflächen benötigt man für eine bestimmte Genauigkeit eine

---

[1]Der Begriff „opak" bedeutet „undurchsichtig" oder „lichtundurchlässig".

© Springer Fachmedien Wiesbaden GmbH, ein Teil von Springer Nature 2019
A. Nischwitz et al., *Computergrafik*,
https://doi.org/10.1007/978-3-658-25384-4_6

höhere Polygonauflösung als mit den in Abschnitt 6.1.2 behandelten gekrümmten Oberflächenelementen.

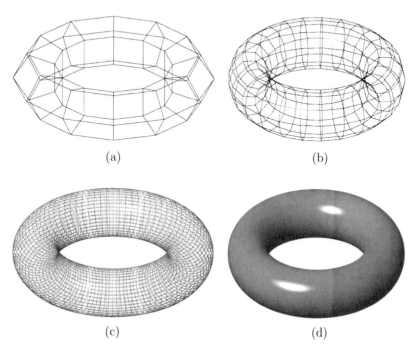

(a)   (b)

(c)   (d)

Bild 6.1:   Tori in verschiedenen Polygonauflösungsstufen: (a) 50 Quads (b) 200 Quads (c) 3200 Quads (d) 819200 Quads (da hier das Drahtgitter so fein ist, dass auf jedes Pixel mindestens eine Gitterlinie fällt, sieht es so aus, als ob der Torus eine geschlossene Oberfläche hätte).

6.1.2   Gekrümmte Polygone

Der einzige Unterschied zu dem Ansatz mit planaren Polygonen ist, dass jetzt als grafische Grundbausteine auch räumlich gekrümmte Polygone, sogenannte bikubische parametrische Patches (z.B. Bezier–Flächen oder NURBS (*Non-Uniform Rational B-Splines*)) zugelassen sind. Dieser Ansatz bietet den Vorteil, dass komplexe 3–dimensional gekrümmte Oberflächen durch wenige Parameter (sogenannte Kontrollpunkte) *exakt* modelliert werden können (Bild 6.2). Die Speicherung einiger Kontrollpunkte nimmt sehr viel weniger Platz ein, als hunderte oder tausende planarer Polygone. Außerdem könnten bei sehr hohen Genauigkeitsanforderungen selbst tausend planare Polygone zu wenig sein, die Kontollpunkte dagegen beschreiben die gekrümmte Oberfläche exakt. Eine ausführlichere Darstellung der Mathematik von parametrischen Kurven und Flächen wird in den allgemeinen

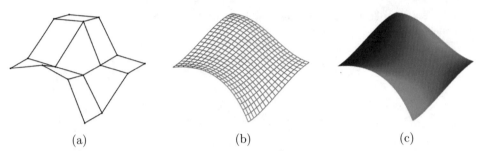

(a)   (b)   (c)

Bild 6.2: Rendering von gekrümmten Polygonen: (a) Gitter mit 16 Kontrollpunkten (b) Bezierfläche aus 400 Quads im Drahtgittermodell (c) Bezierfläche aus 400 Quads gefüllt und beleuchtet

Computergrafikbüchern [Hugh13] und [Watt02] gegeben. Diese Art der 3D–Modellierung wird in einigen Bereichen des *Computer Aided Design* (CAD) angewendet, da sie eine elegante Art der Gestaltung von Freiformflächen erlaubt. Außerdem wird diese Art der 3D–Modellierung in Zukunft wohl noch sehr viel häufiger eingesetzt werden, da der Flaschenhals bei den heutigen Grafikanwendungen meistens der Datentransfer zur Grafikkarte ist und nicht die Rechenkapazität auf der Grafikkarte, so dass es sich lohnt, eine geringe Anzahl an Kontrollpunkten zur Grafikkarte zu senden und erst dort die Berechnung der vielen Polygone durchzuführen. OpenGL bietet im Rahmen der im *„compatibility"* Modus zur Verfügung stehenden GLU-Bibliothek (OpenGL *Utility Library*) Unterstützung für diese Art der 3D–Modellierung ([Kess17]). Allerdings werden die bikubischen parametrischen Patches in diesem Fall vor dem eigentlichen Rendering durch sogenannte Evaluatoren in Abhängigkeit von den eingestellten Genauigkeitsanforderungen in eine mehr oder weniger große Anzahl von planaren Polygonen umgerechnet, was relativ langsam ist. Seitdem es Grafikkarten gibt, die eine hardwarebeschleunigte Tessellation-Einheit besitzen und somit Shader Model 5 unterstützen, kann man bikubische parametrische Patches trotz ihres großen Rechenaufwands in OpenGL und in Vulkan in Echtzeit rendern (Abschnitt 5.1.3.2).

6.1.3 Volumendarstellung

Problematisch werden die polygonalen Ansätze erst in Fällen, in denen die Transparenz und/oder der Brechungsindex im Medium schwanken, wie z.B. bei Wolken und Bodennebel oder wenn die Anwendung einen Einblick in den inneren Aufbau des 3D–Objekts ermöglichen soll, wie z.B. in der Medizin bei nichtinvasiven Analysemethoden (Computertomogramm, Kernspintomogramm, etc.) oder der Darstellung von Temperatur- oder Druckverläufen innerhalb von Werkstücken. In solchen Fällen eignet sich die Volumendarstellung besonders gut, deren Grundidee die Unterteilung des Raumes in elementare Volumenelemente, sogenannte *„Voxel"* (**volume element**) ist - in Analogie zur Darstellung von 2-dimensionalen Bildern durch ein Raster von Pixeln. Ebenso wie man den Pixeln eines Bildes z.B. Farbwerte zuordnet, werden auch den Voxeln eines Raumes bestimmte Farbwerte zugeordnet, die z.B. die Temperatur, den Druck oder die Dichte des Mediums repräsentieren. Da in dieser Darstellungsart für jeden Raumpunkt ein Farbwert gegeben ist, kann ein Betrachter beliebige Schnittebenen (*clipping planes*) oder allgemeine Schnittflächen durch das Volumen legen und sich somit durch eine Reihe von 2-dimensionalen Bildern einen Eindruck von den inneren Eigenschaften des 3–dimensionalen Objektes machen. Der Nachteil dieses Ansatzes ist, dass bei einer den polygonalen Ansätzen vergleichbaren Auflösung eine ungleich höhere Datenmenge für die Beschreibung der Objekte anfällt. Während bei den polygonalen Ansätzen nur die relativ spärlich im Raum verteilten Eckpunkte der Polygone (die Vertices) und allenfalls noch ein paar Kontrollpunkte für gekrümmte Oberflächen nötig sind, müssen beim Volumenansatz alle Rasterpunkte im Raum mit Werten belegt sein. Auf der anderen Seite sind es aber gerade die räumlich dicht liegenden Informationen, die bei bestimmten Anwendungen wertvoll sind. OpenGL und Vulkan unterstützen auch diese Art der 3D–Modellierung durch die Möglichkeit der Definition und Darstellung von 3–dimensionalen Texturen. Darauf aufbauend gibt es ein Werkzeug zum *Volume Rendering*, das quellcode-offene Voreen (***volume rendering engine***, www.uni-muenster.de/Voreen/), das auch die neuen Möglichkeiten der Shader Programmierung ausnützt.

6.1.4 Konstruktive Körpergeometrie

Konstruktive Körpergeometrie (*Constructive Solid Geometry* (CSG)) ist ebenfalls eine volumetrische Methode, denn komplexere 3D–Objekte werden aus elementaren Körpern („Bauklötzen"), wie z.B. Quadern, Kugeln, Kegeln oder Zylindern zusammengesetzt. Zusammensetzen bedeutet hier aber nicht nur das Neben- oder Aufeinandersetzen undurchdringbarer „Bauklötze", sondern die Kombination der Grundkörper durch Boole'sche Mengen-Operatoren oder lineare Transformationen. Die Grundidee für die CSG-Methode kommt aus der Fertigung: man nehme einen Rohling (z.B. einen Quader) und bohre ein Loch (zylinderförmig) hinein, oder in der CSG-Methode ausgedrückt, vom Grundkörper Quader wird der Grundkörper Zylinder subtrahiert. Durch weitere Bearbeitungsvorgänge, wie z.B. Fräsen, Drehen, Schneiden oder auch Zusammenfügen entsteht schließlich ein komplexes 3–dimensionales Endprodukt (Bild 6.3). Bei der CSG-Methode werden alle Grundkörper und deren Kombinationen in einer Baumstruktur gespeichert: die Grundkörper sind die Blätter des Baums und die Kombinationen sind die Knoten. Auf diese Art und Weise wird nicht nur das Endprodukt gespeichert, sondern auch alle Herstellungsschritte. Aus diesem Grund eignet sich die CSG-Methode besonders gut für *Computer Aided Manufactoring* (CAM)-Anwendungen, wie z.B. computergesteuerte Fräs- und Bestückungsautomaten. Häufig verwendete CSG-Werkzeuge sind OpenCSG (www.opencsg.org), das auf OpenGL basiert und das ebenfalls quellcode-offene BRL-CAD (http://brlcad.org), das zum Zeichnen eine Raytracing-Engine benutzt. Ein großer Nachteil des CSG-Ansatzes ist es, dass es sehr rechenaufwändig ist, ein gerendertes Bild eines 3D–Objektes zu bekommen. Meistens wird der Weg über die Annäherung der Oberfläche des CSG-Modells durch Netze von planaren Polygonen gewählt, um schnell zu einer qualitativ hochwertigen Darstellung des CSG-Modells zu kommen. Damit sind wir jedoch wieder an den Ausgangspunkt der Betrachtungen zurückgekehrt.

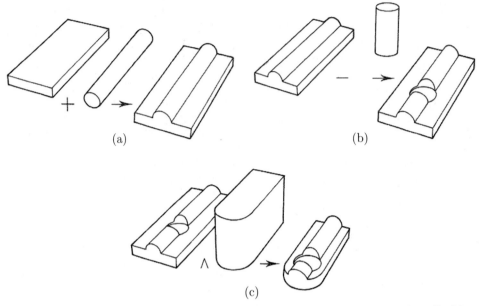

Bild 6.3: Konstruktive Körpergeometrie (*Constructive Solid Geometry* (CSG)): (a) Vereinigung von Quader und Zylinder (kleben o.ä.) (b) Subtraktion eines andern Zylinders (bohren) (c) Schnittmenge (stanzen)

6.2   Geometrische Grundobjekte

In OpenGL bzw. Vulkan werden alle geometrischen Objekte durch einen Satz von *Grafik-Primitiven*, bestehend aus Punkten, Linien und planaren Polygonen beschrieben. Komplexere 3-dimensionale Objekte, wie z.B. die gekrümmte Oberfläche eines Torus oder eine Schraubenlinie werden durch eine für die Genauigkeitsanforderungen ausreichende Anzahl von planaren Polygonen bzw. geraden Linienstücken angenähert (Bild 6.1). Die Polygone und Linienstücke ihrerseits sind definiert durch einen geordneten Satz von Vertices, d.h. Punkten im 3–dimensionalen Raum, die die Eckpunkte der Polygone oder die Endpunkte der Linien darstellen, sowie durch die Information, welche Vertices miteinander verbunden sind, oder anders ausgedrückt, um welchen Typ von Grafik-Primitiv es sich handelt. Im konstruktiven Sinne kann man also mehrere Abstraktionsebenen bei der Nachbildung von 3–dimensionalen Objekten durch planare Polygone unterscheiden (Bild 6.4):

- Es wird ein geordneter Satz von Vertices definiert.

- Durch die Angabe des Grafik-Primitiv-Typs für einen Block von Vertices wird festgelegt, welche Vertices miteinander zu verbinden sind. Vertices können gleichzeitig zu verschiedenen Grafik-Primitiven gehören. Ein solcher Block legt also eine facettierte

Oberfläche einer bestimmten Form fest (z.B. eine Kreisscheibe und ein Kegelmantel als Fächer aus Dreiecken (*Triangle_Fan*) oder ein Zylindermantel aus verbundenen Dreiecken (*Triangle_Strip*)), falls es sich um polygonale Grafik-Primitive handelt.

- Die facettierte Oberfläche eines solchen Blocks ist eine Annäherung an eine mathematisch ideale Oberfläche (z.B. glatter Kegel- oder Zylindermantel).

- Entsprechende Oberflächenteile können z.B. die geschlossene Oberfläche eines 3–dimensionalen Objektes nachbilden.

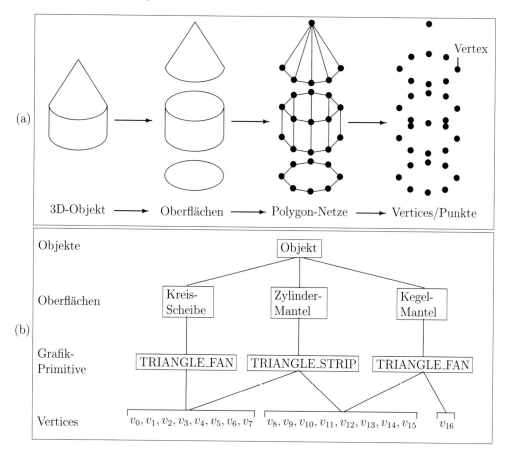

Bild 6.4: Darstellung eines 3–dimensionalen Objektes durch Oberflächen, Polygon-Netze bzw. Vertices. (a) Perspektivische Darstellung (b) hierarchische Baumstruktur

6.2.1 Vertex-Definition

In OpenGL ebenso wie in Vulkan werden alle geometrischen Objekte durch einen geordneten Satz von *Vertices* beschrieben. Ein Vertex ist ein Punkt im 3–dimensionalen Raum, der entweder die Eckpunkte eines Polygons, die Endpunkte von Linien oder einfach nur einen Punkt an sich darstellt. Zur Spezifikation von Vertices werden in Vulkan als auch im *Core Profile* von OpenGL die Vertices einfach in ein Array aus *floating-point* Werten geschrieben. Das Array enthält für jeden Vertex die drei kartesischen Koordinaten x, y, z, wie in folgendem Beispiel gezeigt:

```
// Spezifikation von Vertices
float vec[][3] = {   3.8, 0.47, -4.1,
                     0.0, 0.71, -2.9,
                     1.3, 5.33, -6.2 };
```

Im *Compatibility Profile* von OpenGL kann man ebenfalls die „*Vertex Array*"–Methode benützen, oder den Befehl glVertex*(TYPE coords), der in verschiedenen Ausprägungen existiert, wie in der folgenden Tabelle dargestellt:

Skalar-Form	Vektor-Form	z-Koordinate	w (inverser Streckungsfaktor)
glVertex2f(x,y)	glVertex2fv(vec)	0.0	1.0
glVertex2d(x,y)	glVertex2dv(vec)	0.0	1.0
glVertex2s(x,y)	glVertex2sv(vec)	0.0	1.0
glVertex2i(x,y)	glVertex2iv(vec)	0.0	1.0
glVertex3f(x,y,z)	glVertex3fv(vec)	z.d.	1.0
glVertex3d(x,y,z)	glVertex3dv(vec)	z.d.	1.0
glVertex3s(x,y,z)	glVertex3sv(vec)	z.d.	1.0
glVertex3i(x,y,z)	glVertex3iv(vec)	z.d.	1.0
glVertex4f(x,y,z,w)	glVertex4fv(vec)	z.d.	z.d.
glVertex4d(x,y,z,w)	glVertex4dv(vec)	z.d.	z.d.
glVertex4s(x,y,z,w)	glVertex4sv(vec)	z.d.	z.d.
glVertex4i(x,y,z,w)	glVertex4iv(vec)	z.d.	z.d.

z.d. = zu definieren

In der Skalar–Form des Befehls müssen die Koordinaten im entsprechenden Datenformat (z.B. f = float) direkt übergeben werden, wie im folgenden Beispiel gezeigt:

```
glVertex3f(3.8, 0.47, -4.1);
```

In der Vektor–Form des Befehls wird nur ein Zeiger auf ein Array übergeben, das die Koordinaten im entsprechenden Datenformat (z.B. f = float) enthält, wie im folgenden Beispiel gezeigt:

```
glVertex3fv(vec[0]);
```

Meistens bringt es Vorteile die Vektorform des Befehls zu benützen, da es erstens schneller geht, nur einen Wert (den Zeiger) an die Grafikhardware zu übergeben anstatt mehrerer Werte (die Koordinaten), und zweitens eine größere Flexibilität besteht, die beim Einlesen von Vertices aus Datenfiles benötigt wird.

OpenGL und Vulkan arbeiten mit *Homogenen Koordinaten* im 3-dimensionalen Raum (Einführung in Kapitel 7), so dass für interne Berechnungen alle Vertices durch vier Koordinaten (x, y, z, w) dargestellt werden. Solange der inverse Streckungsfaktor „w" ungleich 0 ist, entsprechen diese vier Koordinaten im 3–dimensionalen Euklidischen Raum dem Punkt $(x/w, y/w, z/w)$. Bei einem inversen Streckungsfaktor „$w = 0$" definieren diese vier Koordinaten keinen Punkt, sondern eine Richtung im Euklidischen Raum. Wird ein Vertex mit einem Befehl `glVertex2*()` spezifiziert, der nur die beiden (homogenen) Koordinaten x und y festlegt, wird automatisch die z–Koordinate auf 0 und die w–Koordinate auf 1 gesetzt. Entsprechend wird bei einem Befehl `glVertex3*()`, der nur die drei (homogenen) Koordinaten x, y und z festlegt, die w–Koordinate automatisch auf 1 gesetzt.

6.2.2   Grafik-Primitive

Um Vertices zu Flächen und Linien zu verbinden oder sie einfach nur in Punkte umzuwandeln, gibt es im „*Compatibility Profile*" von OpenGL zehn verschiedene Möglichkeiten, nämlich die sogenannten „*Grafik–Primitiv–Typen*", die in Bild 6.5 dargestellt sind.

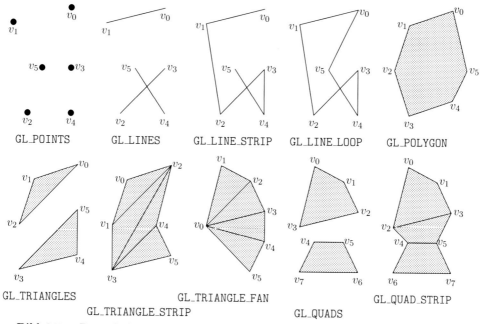

Bild 6.5:   Beispiele für die Grafik-Primitive in OpenGL

type	Grafik-Primitive in OpenGL
GL_POINTS	Punkte: für jeden Vertex wird ein Punkt gerendert
GL_LINES	Linien (nicht verbunden): Liniensegmente werden zwischen den Vertices v_0 und v_1, v_2 und v_3 usw. gerendert. Bei einer ungeraden Anzahl von Vertices wird der letzte Vertex ignoriert
GL_LINE_STRIP	Linien (verbunden): Liniensegmente werden bei n Vertices zwischen v_0 und v_1, v_1 und v_2 usw. bis v_{n-2} und v_{n-1} gerendert
GL_LINE_LOOP	vollständig geschlossener Linienzug: wie GL_LINE_STRIP, allerdings wird der erste Vertex v_0 mit dem letzten Vertex v_{n-1} verbunden
GL_POLYGON	konvexes Polygon (*deprecated*, kann durch GL_TRIANGLE_FAN ersetzt werden): eine gefüllte Polygonfläche wird gerendert zwischen den Vertices v_0, v_1, usw. bis v_{n-1}. Bei $n < 3$ wird nichts gezeichnet.
GL_TRIANGLES	Dreiecke (nicht verbunden): das erste Dreieck wird gerendert aus den Vertices v_0, v_1 und v_2, das zweite aus den Vertices v_3, v_4 und v_5 usw.; falls die Anzahl der Vertices kein ganzzahliges Vielfaches von drei ist, werden die überschüssigen Vertices ignoriert
GL_TRIANGLE_STRIP	Dreiecke (verbunden): das erste Dreieck wird gerendert aus den Vertices v_0, v_1 und v_2, das zweite aus den Vertices v_2, v_1 und v_3 (in dieser Reihenfolge), das dritte aus den Vertices v_2, v_3 und v_4 usw.; die Reihenfolge der Vertices ist wichtig, damit benachbarte Dreiecke eines Triangle-Strips die gleiche Orientierung bekommen und somit sinnvolle Oberflächen formen können (siehe auch den Abschnitt 6.2.3.4 über Polygone)
GL_TRIANGLE_FAN	Fächer aus Dreiecken: wie GL_TRIANGLE_STRIP, nur mit anderer Vertex-Reihenfolge: erstes Dreieck aus v_0, v_1 und v_2, das zweite aus v_0, v_2 und v_3, das dritte aus v_0, v_3 und v_4 usw.
GL_QUADS	Einzel-Vierecke (*deprecated*, kann durch GL_TRIANGLE_STRIP ersetzt werden): das erste Viereck wird gerendert aus den Vertices v_0, v_1, v_2 und v_3, das zweite aus den Vertices v_4, v_5, v_6 und v_7 usw.; falls die Anzahl der Vertices kein ganzzahliges Vielfaches von vier ist, werden die überschüssigen Vertices ignoriert
GL_QUAD_STRIP	verbundene Vierecke (*deprecated*, kann durch GL_TRIANGLE_STRIP ersetzt werden): das erste Viereck wird gerendert aus den Vertices v_0, v_1, v_3 und v_2, das zweite aus den Vertices v_2, v_3, v_5 und v_4 (in dieser Reihenfolge), das dritte aus den Vertices v_4, v_5, v_7 und v_6 usw.; bei einer ungeraden Anzahl von Vertices wird der letzte Vertex ignoriert

Um die verschiedenen Grafik-Primitive zu zeichnen, müssen die entsprechenden Informationen an OpenGL, d.h. vom Client zum Server übergeben werden. Dazu gibt es verschiedene Zeichentechniken, die ausführlich im Abschnitt 6.4 dargestellt werden. Am einfachsten zu verstehen, aber nur noch im „Compatibility Profile" von OpenGL verfügbar, ist das sogenannte „Begin/End-Paradigma": alle Vertices, die zu einem Grafik-Primitiv-Typ gehören, werden zwischen einen Aufruf von glBegin() und glEnd() platziert und somit eingeklammert. Das Argument „type", das an den Befehl glBegin(GLenum type) übergeben wird, legt einen der zehn möglichen Grafik–Primitiv–Typen in OpenGL fest und somit das aus den Vertices geformte Objekt.

Im „Core Profile" von OpenGL stehen nur sieben von der vorher genannten zehn Grafik–Primitiv–Typen zur Verfügung, da Polygone (GL_POLYGON) durch Dreiecksfächer (GL_TRIANGLE_FAN) ersetzt werden können und Vierecke (GL_QUADS) bzw. verbundene Vierecke (GL_QUAD_STRIP) durch verbundene Dreiecke (GL_TRIANGLE_STRIP).

In Vulkan stehen von den oben genannten zehn nur sechs Grafik–Primitiv–Typen zur Verfügung, d.h. gegenüber dem „Core Profile" von OpenGL entfällt zusätzlich noch der Typ GL_LINE_LOOP, der durch einen GL_LINE_STRIP und die Wiederholung des ersten Vertex am Ende der Vertex-Liste ersetzt werden kann. In Vulkan wird der Grafik-Primitiv-Typ bei der Definition der Pipeline festgelegt und im Rahmen der Datenstruktur VkPipelineInputAssemblyStateCreateInfo übergeben, wie in Abschnitt 5.2.2.3 dargestellt. Die Bezeichnungen der „normalen" Grafik-Primitiv-Typen in Vulkan und ihre exakten Entsprechungen in OpenGL lauten:

Grafik-Primitive in Vulkan	Grafik-Primitive in OpenGL
VK_PRIMITIVE_TOPOLOGY_POINT_LIST	GL_POINTS
VK_PRIMITIVE_TOPOLOGY_LINE_LIST	GL_LINES
VK_PRIMITIVE_TOPOLOGY_LINE_STRIP	GL_LINE_STRIP
VK_PRIMITIVE_TOPOLOGY_TRIANGLE_LIST	GL_TRIANGLES
VK_PRIMITIVE_TOPOLOGY_TRIANGLE_STRIP	GL_TRIANGLE_STRIP
VK_PRIMITIVE_TOPOLOGY_TRIANGLE_FAN	GL_TRIANGLE_FAN

Neben den bisher dargestellten Grafik-Primitiv-Typen gibt es noch spezielle Varianten, die bei der Nutzung von Geometry Shadern bzw. Tessellation Shadern benötigt werden:

Grafik-Primitive in Vulkan VK_PRIMITIVE_TOPOLOGY_	Grafik-Primitive in OpenGL
_LINE_LIST_WITH_ADJACENCY	GL_LINES_ADJACENCY
_LINE_STRIP_WITH_ADJACENCY	GL_LINE_STRIP_ADJACENCY
_TRIANGLE_LIST_WITH_ADJACENCY	GL_TRIANGLES_ADJACENCY
_TRIANGLE_STRIP_WITH_ADJACENCY	GL_TRIANGLE_STRIP_ADJACENCY
_PATCH_LIST	GL_PATCHES

Im „*Core Profile*" von OpenGL ist die Standard-Zeichentechnik die Methode der „*Vertex Buffer Objects*" (VBOs) in Verbindung mit „*Vertex Array Objects*" (VAOs), die später im Abschnitt 6.4.4.1 ausführlich dargestellt wird. Damit die Leser auch im „*Core Profile*" von OpenGL möglichst schnell 3D-Objekte am Bildschirm zu sehen bekommt und nicht durch die vielfältigen Möglichkeiten von VBOs/VAOs verwirrt wird, werden die Programmbeispiele im nächsten Abschnitt auch mit Hilfe der GLTools-Library von Richard S. Wright [Sell15] dargestellt. Die GLTools-Library enthält eine Klasse GLBatch, die einen Satz von Vertices einem der sieben im „*Core Profile*" verfügbaren Grafik–Primitiv–Typen zuordnet und eine Klasse GLShaderManager, die das Grafik-Primitiv dann mit vordefinierten Vertex- und Fragment-Shadern rendern kann. Um den Übergang zum „*Core Profile*" möglichst einfach zu gestalten, lehnt sich die äußere Form der Klasse GLBatch nah an das „*Begin/End-Paradigma*" an. Man definiert zuerst ein Array von Vertices, wie oben dargestellt, sowie jeweils eine Instanz der Klassen GLBatch und GLShaderManager:

```
GLBatch aBatch;
GLShaderManager shaderManager;
```

Anschließend werden alle Vertices, die zu einem Grafik-Primitiv-Typ gehören, zwischen einen Aufruf von aBatch.Begin() und aBatch.End() platziert und somit eingeklammert. Das Argument „type", das an den Befehl aBatch.Begin(GLenum type, GLuint num_vertices) übergeben wird, legt einen der sieben Grafik–Primitiv–Typen fest und das Argument „num_vertices" die Anzahl der Vertices, die zu dem *Batch* gehören. Die Vertices werden mit dem Befehl aBatch.CopyVertexData3f(vec) an das VBO übergeben. Zum eigentlichen Zeichnen der Grafik-Primitive wählt man eines der vordefinierten Vertex- und Fragment-Shader-Paare aus, die die GLTools-Library bietet und ruft die Zeichenfunktion auf:

```
float blue[] = { 0.0, 0.0, 1.0, 1.0};
shaderManager.UseStockShader(GLT_SHADER_IDENTITY, blue);
aBatch.Draw();
```

6.2.3 Programmierbeispiele

Im Folgenden werden praktische Programmierbeispiele für die jeweiligen Grafik–Primitiv–Typen von OpenGL angegeben. Dabei wird nur der jeweils relevante Ausschnitt des Code-Listings vorgestellt. Ein vollständig lauffähiges OpenGL-Programm auf der Basis der GLUT-Bibliothek zur Window- und Interaktionssteuerung ist auf den Webseiten zu diesem Buch verfügbar.

Auf die parallele Darstellung der Programmierbeispiele in Vulkan wird in diesem Kapitel verzichtet, da sich bis auf die unterschiedlichen Bezeichnungen für die Grafik–Primitiv–Typen gegenüber dem „*Core Profile*" von OpenGL praktisch nichts ändert.

6.2.3.1 Punkte (GL_POINTS, VK_PRIMITIVE_TOPOLOGY_POINT_LIST)

Punkte sind die einfachsten Grafik-Primitive in OpenGL. Durch das Argument GL_POINTS wird beim Befehl *Begin() festgelegt, dass alle nachfolgenden Vertices als Punkte gerendert werden, bis die Sequenz durch den Befehl *End() beendet wird (Bild 6.6). Man muss also nicht für jeden einzelnen Punkt die Befehlssequenz *Begin()/*End() aufrufen, sondern man sollte, wenn möglich, um Rechenzeit zu sparen, alle Punkte, die in einer Szene vorkommen, innerhalb einer *Begin()/*End()–Klammer auflisten.

```
// Compatibility Profile
float vec[3] = {20.0, 20.0, 0.0};
glColor4f(0.0, 0.0, 0.0, 1.0);

glBegin(GL_POINTS);
    glVertex3fv(vec);
    glVertex3f(80.0, 80.0, 0.0);
    glVertex3f(30.0, 80.0, 0.0);
    glVertex3f(70.0, 10.0, 0.0);
glEnd();
```

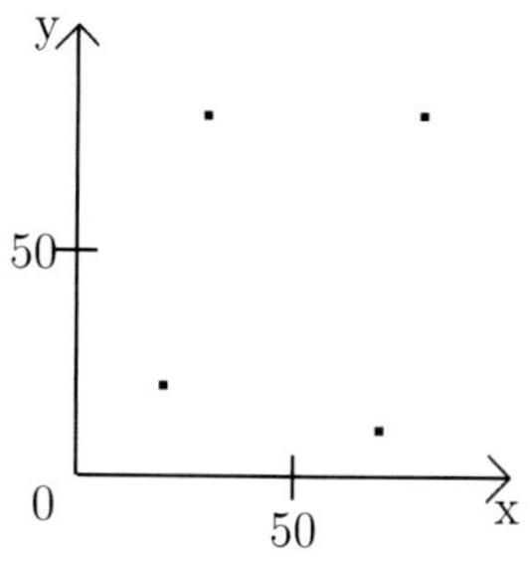

```
// Core Profile
GLBatch pointBatch;
GLShaderManager SM;

float black[] = {0.0, 0.0, 0.0, 1.0};
float verts[][3] = { 20.0, 20.0, 0.0,
                     80.0, 80.0, 0.0
                     30.0, 80.0, 0.0
                     70.0, 10.0, 0.0};

pointBatch.Begin(GL_POINTS, 4);
pointBatch.CopyVertexData3f(verts);
pointBatch.End();

SM.UseStockShader(
        GLT_SHADER_IDENTITY, black);
pointBatch.Draw();
```

Bild 6.6: Punkte in OpenGL: links oben der relevante Code für die vier Punkte (ohne das Koordinatensystem) im „Compatibility Profile", rechts der entsprechende Code im „Core Profile", links unten die Bildschirmausgabe (die im Bild dargestellten Punkte sind wegen der besseren Sichtbarkeit 5 x 5 Pixel groß; standardmäßig sind sie ein Pixel groß und quadratisch).

In Vulkan wird der Grafik-Primitiv-Typ VK_PRIMITIVE_TOPOLOGY_POINT_LIST bei der Definition der Pipeline festgelegt und im Rahmen der Datenstruktur VkPipelineInputAssemblyStateCreateInfo::topology übergeben, wie in Abschnitt 5.2.2.3 dargestellt.

Punktgröße:

Punkte in OpenGL bzw. Vulkan sind standardmäßig ein Pixel groß und quadratisch. Zur Veränderung der Größe eines Punktes dient in OpenGL entweder der Befehl `glPointSize(float size)`, oder eine entsprechende Zuweisung an die (built-in) Variable `gl_PointSize` in einem Vertex, Geometry oder Tessellation Shader (was sowohl in OpenGL als auch in Vulkan möglich ist). Das Argument „`size`" gibt den Durchmesser bzw. die Kantenlänge des Punktes in Pixel an. Nicht ganzzahlige Werte von „`size`" werden auf- oder abgerundet. Da die unterstützte Punktegröße hardwareabhängig ist, sollte man die zulässige untere und obere Schranke für die Punktegröße, sowie das Inkrement vom System abfragen. Dazu dient die folgende Befehlssequenz in OpenGL:

```
float sizes[2], incr;
glGetFloatv(GL_POINT_SIZE_RANGE, sizes);
glGetFloatv(GL_POINT_SIZE_GRANULARITY, &incr);
```

Im folgenden Bild 6.7 sieht man die Auswirkung des `glPointSize`-Befehls:

```
float x,y,z,r,phi,size; // Variablen
// Setze die Anfangswerte
size = sizes[0]; z = -80.0; r = 0.0;

// Schleife über drei Kreisumläufe
for(phi = 0.0; phi <= 3.14*6.0; phi += 0.3)
{
    // berechne x,y Werte auf einer Spirale
    x = r*sin(phi);
    y = r*cos(phi);

    // lege die Punktegröße fest
    glPointSize(size);

    // rendere den Punkt
    glBegin(GL_POINTS);
        glVertex3f(x, y, z);
    glEnd();

    // erhöhe z, r und size
    z += 2.5; r += 1.5; size += 3*incr;
}
```

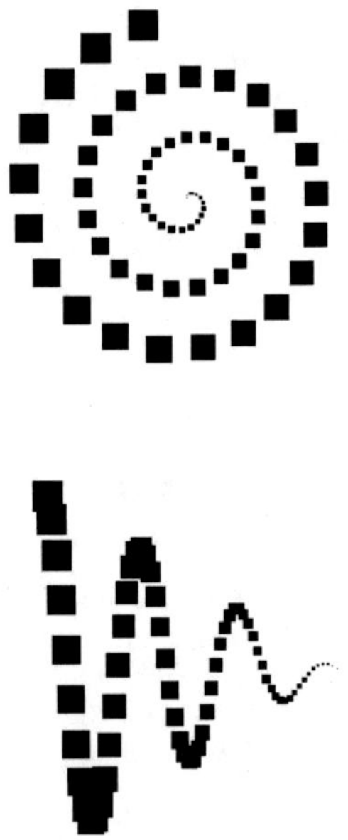

Bild 6.7: Unterschiedlich große Punkte in OpenGL: links der relevante Programm-Code, rechts oben die Bildschirmausgabe in der $x-y$–Ebene, rechts unten die Bildschirmausgabe in der $y-z$–Ebene (d.h. Drehung um die y–Achse um 90 Grad)

In Vulkan sieht die entsprechende Abfrage folgendermaßen aus:

```
float sizes[2], incr;
VkPhysicalDeviceFeatures deviceFeatures;

vkGetPhysicalDeviceFeatures(devices[i], &deviceFeatures);
sizes = deviceFeatures.pointSizeRange;
incr = deviceFeatures.pointSizeGranularity;
```

Die bisher gerenderten Punkte waren alle quadratisch. Um runde Punkte zu bekommen, muss man in OpenGL den Zustand *Anti-Aliasing* (Kapitel 10) mit Hilfe des Befehls glEnable(GL_POINT_SMOOTH), sowie die Transparenzberechnung (Kapitel 9) mit dem Befehl glEnable(GL_BLEND) einschalten. Um dem Auge einen Kreis vorzutäuschen, werden beim Anti-Aliasing die Randpixel relativ langsam vom Punkt zum Hintergrund übergeblendet. In diesem Modus ist es auch möglich, Punkte mit einem nichtganzzahligen Pixel–Durchmesser (z.B. 2.5 Pixel) darzustellen (das „halbe" Pixel erhält 50% seines Farbwertes vom Punkt und den Rest vom Hintergrund). In Bild 6.8 sieht man „runde" Punkte.

```
glEnable(GL_POINT_SMOOTH);
glEnable(GL_BLEND);
glBlendFunc(    GL_SRC_ALPHA,
                GL_ONE_MINUS_SRC_ALPHA);
```

Bild 6.8:	Runde Punkte in OpenGL: links der relevante Programm-Code zum Einschalten des Anti-Aliasing und der Transparenzberechnung, rechts die Bildschirmausgabe in der $x - y$–Ebene

6.2.3.2 Linien (GL_LINES, VK_PRIMITIVE_TOPOLOGY_LINE_LIST)

Durch das Argument GL_LINES wird beim Befehl *Begin() festgelegt, dass aus je zwei der nachfolgenden Vertices Linien gerendert werden, bis die Sequenz durch den Befehl *End() beendet wird (Bild 6.9).

```
// Compatibility Profile
float vec[3] = {20.0, 20.0, 0.0};
glColor4f(0.0, 0.0, 0.0, 1.0);

glBegin(GL_LINES);
    glVertex3fv(vec);
    glVertex3f(80.0, 80.0, 0.0);
    glVertex3f(30.0, 80.0, 0.0);
    glVertex3f(70.0, 10.0, 0.0);
glEnd();
```

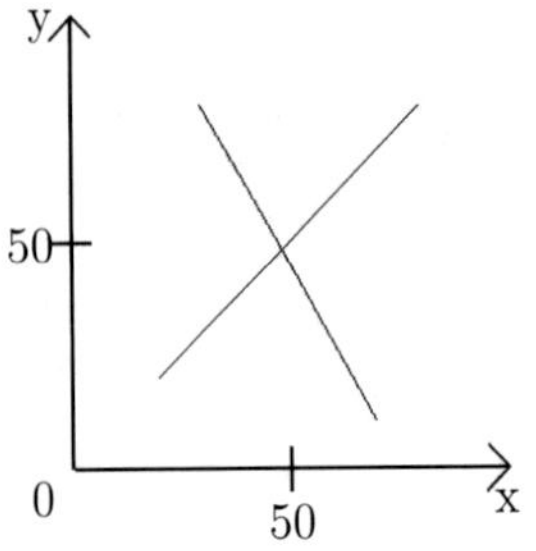

```
// Core Profile
GLBatch lineBatch;
GLShaderManager SM;

float black[] = {0.0, 0.0, 0.0, 1.0};
float verts[][3] = { 20.0, 20.0, 0.0,
                     80.0, 80.0, 0.0
                     30.0, 80.0, 0.0
                     70.0, 10.0, 0.0};

lineBatch.Begin(GL_LINES, 4);
lineBatch.CopyVertexData3f(verts);
lineBatch.End();

SM.UseStockShader(
        GLT_SHADER_IDENTITY, black);
lineBatch.Draw();
```

Bild 6.9: Linien in OpenGL: links der relevante Code im „*Compatibility Profile*", rechts der entsprechende Code im „*Core Profile*", links unten die Bildschirmausgabe (die im Bild dargestellten Linien sind 1 Pixel breit)

In Vulkan wird der Grafik-Primitiv-Typ VK_PRIMITIVE_TOPOLOGY_LINE_LIST bei der Definition der Pipeline festgelegt und im Rahmen der Datenstruktur VkPipelineInputAssemblyStateCreateInfo::topology übergeben, wie in Abschnitt 5.2.2.3 dargestellt.

Linienbreite:

Linien in OpenGL bzw. Vulkan sind standardmäßig ein Pixel breit und stufenförmig (wenn sie nicht zufällig horizontal oder vertikal verlaufen). Zur Veränderung der Breite von Linien dient in OpenGL der Befehl glLineWidth(GLfloat width). Das Argument „width" gibt den Querschnitt der Linie in x- oder y-Richtung in Pixel an. Nicht ganzzahlige Werte von width werden auf- oder abgerundet.

In Vulkan gibt es zwei Möglichkeiten, die Linienbreite festzulegen: entweder statisch, indem man sie bei der Definition der Pipeline festgelegt und im Rahmen der Datenstruktur VkPipelineRasterizationStateCreateInfo::lineWidth übergibt, wie in Abschnitt 5.2.2.3 dargestellt, oder dynamisch, indem man die Pipeline in der Datenstruktur VkPipelineDynamicStateCreateInfo::pDynamicStates auf den Zustand VK_DYNAMIC_STATE_LINE_WIDTH setzt und dann im Command Buffer die Linienbreite mit dem Vulkan-Befehl vkCmdSetLineWidth(commandBufferObj[i], lineWidth) vorgibt.

Auch die unterstützte Linienbreite ist hardwareabhängig. Deshalb sollte man die zulässige untere und obere Schranke für die Linienbreite, sowie das Inkrement vom System abfragen. Dazu dient in OpenGL die folgende Befehlssequenz:

```
float sizes[2], incr;

glGetFloatv(GL_LINE_WIDTH_RANGE, sizes);
glGetFloatv(GL_LINE_WIDTH_GRANULARITY, &incr);
```

In Vulkan sieht die entsprechende Abfrage folgendermaßen aus:

```
float sizes[2], incr;
VkPhysicalDeviceFeatures deviceFeatures;

vkGetPhysicalDeviceFeatures(devices[i], &deviceFeatures);
sizes = deviceFeatures.lineWidthRange;
incr = deviceFeatures.lineWidthGranularity;
```

In Bild 6.10 sieht man die Auswirkung des glLineWidth-Befehls.

Bild 6.10:   Unterschiedlich breite Linien in OpenGL: Linien sind entweder in x–Richtung eine bestimmte Anzahl von Pixeln breit oder in y–Richtung. Deshalb sehen die Linienstücke wie kleine Parallelogramme aus. Der Code ist analog wie bei Bild 6.7.

6.2.3.3 Verbundene Linien (GL_LINE_STRIP, VK_PRIMITIVE_TOPOLOGY_LINE_STRIP, GL_LINE_LOOP)

Durch das Argument GL_LINE_STRIP wird beim Befehl *Begin() festgelegt, dass aus den nachfolgenden Vertices ein verbundener Linienzug zu rendern ist (Bild 6.11-a). Mit dem Argument GL_LINE_LOOP wird ein geschlossener Linienzug gerendert, bei dem auch noch der erste mit dem letzten Vertex durch ein Linienstück verbunden ist (Bild 6.11-b).

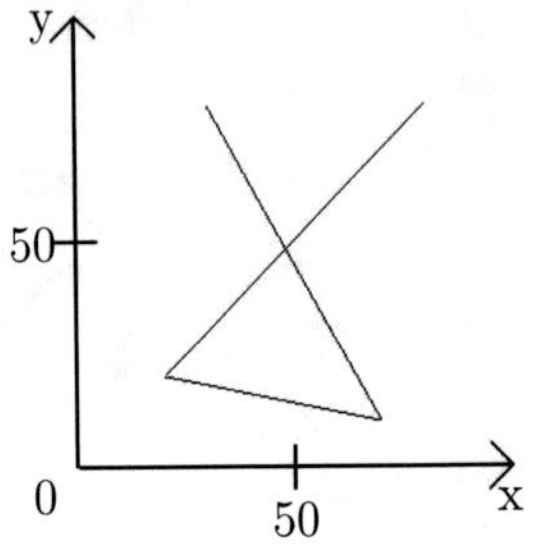

(a)

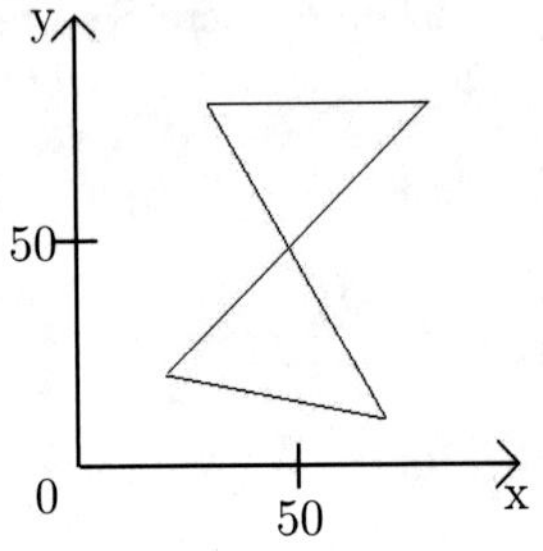

(b)

```
// Core Profile
GLBatch lineBatch;
GLShaderManager SM;
float black[] = {0.0, 0.0, 0.0, 1.0};
float verts[][3] = { 80.0, 80.0, 0.0,
                     20.0, 20.0, 0.0
                     70.0, 10.0, 0.0
                     30.0, 80.0, 0.0};

lineBatch.Begin(GL_LINE_STRIP, 4);
lineBatch.CopyVertexData3f(verts);
lineBatch.End();
SM.UseStockShader(
      GLT_SHADER_IDENTITY, black);
lineBatch.Draw();


// Compatibility Profile
glBegin(GL_LINE_STRIP);
    glVertex3fv(verts[0]);
    glVertex3f(20.0,20.0,0.0);
    glVertex3f(70.0,10.0,0.0);
    glVertex3f(30.0,80.0,0.0);
glEnd();
```

```
// Core Profile
GLBatch lineBatch;
GLShaderManager SM;
float black[] = {0.0, 0.0, 0.0, 1.0};
float verts[][3] = { 80.0, 80.0, 0.0,
                     20.0, 20.0, 0.0
                     70.0, 10.0, 0.0
                     30.0, 80.0, 0.0};

lineBatch.Begin(GL_LINE_LOOP, 4);
lineBatch.CopyVertexData3f(verts);
lineBatch.End();
SM.UseStockShader(
      GLT_SHADER_IDENTITY, black);
lineBatch.Draw();


// Compatibility Profile
glBegin(GL_LINE_LOOP);
    glVertex3fv(verts[0]);
    glVertex3f(20.0,20.0,0.0);
    glVertex3f(70.0,10.0,0.0);
    glVertex3f(30.0,80.0,0.0);
glEnd();
```

Bild 6.11:   Linienzüge in OpenGL: (a) verbundene Linienzüge (GL_LINE_STRIP) und darunter der Code, (b) geschlossene Linienzüge (GL_LINE_LOOP) und der relevante Code

In Vulkan wird der Grafik-Primitiv-Typ VK_PRIMITIVE_TOPOLOGY_LINE_STRIP bei der Definition der Pipeline festgelegt und im Rahmen der Datenstruktur VkPipelineInputAssemblyStateCreateInfo::topology übergeben, wie in Abschnitt 5.2.2.3 dargestellt. Ein Pendant zum OpenGL-Typ GL_LINE_LOOP existiert in Vulkan nicht, da er durch den Typ VK_PRIMITIVE_TOPOLOGY_LINE_STRIP und die Wiederholung des ersten Vertex am Ende der Vertex-Liste ersetzt werden kann.

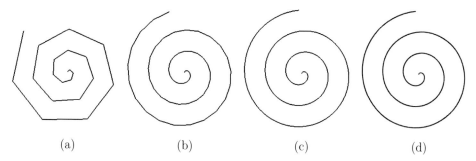

| (a) | (b) | (c) | (d) |

Bild 6.12:   Linienzüge in OpenGL: jede gekrümmte Linie kann beliebig genau durch eine entsprechend große Anzahl gerader Linienstücke angenähert werden. (a) 20 Linien, (b) 62 Linien, (c) 188 Linien, (d) 188 Linien mit Anti-Aliasing.

Außerdem kann man an den Beispielen in den Bildern 6.12-a,-b und -c sehen, dass man mit einer zunehmenden Zahl von geraden Linienstücken auch gekrümmte Linien immer besser approximieren kann. Um noch glattere Linien zu erhalten (Bild 6.12-d), kann man, wie schon bei den runden Punkten, den Zustand *Anti-Aliasing* (Kapitel 10) mit Hilfe des OpenGL-Befehls glEnable(GL_LINE_SMOOTH) einschalten.

6.2.3.4   Polygone (GL_POLYGON)

Das Grafik-Primitiv GL_POLYGON steht im „*Core Profile*" von OpenGL bzw. in Vulkan nicht mehr zur Verfügung, da jedes beliebige Polygon durch einen Dreiecksfächer (GL_TRIANGLE_FAN, VK_PRIMITIVE_TOPOLOGY_TRIANGLE_FAN, Abschnitt 6.2.3.7) ersetzt werden kann. Im „*Compatibility Profile*" von OpenGL wird durch das Argument GL_POLYGON beim Befehl glBegin() festgelegt, dass aus den nachfolgenden Vertices ein gefülltes Polygon (Vieleck) zu rendern ist, bis die Sequenz durch den Befehl glEnd() beendet wird (Bild 6.13).

```
float vec[3] = {80.0, 80.0, 0.0};

glBegin(GL_POLYGON);
    glVertex3fv(vec);
    glVertex3f(40.0, 80.0, 0.0);
    glVertex3f(10.0, 60.0, 0.0);
    glVertex3f(20.0, 20.0, 0.0);
    glVertex3f(70.0, 10.0, 0.0);
glEnd();
```

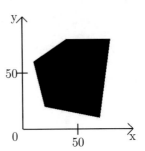

Bild 6.13: Ein gefülltes Polygon in OpenGL: links der relevante Programm-Code, rechts die Bildschirmausgabe

Konkave und nicht-planare Polygone:

OpenGL macht einige Einschränkungen, was die Form von Polygonen angeht.

- Polygone dürfen nur konvex sein, d.h. nach außen gewölbt bzw. alle Innenwinkel kleiner 180 Grad, oder topologisch allgemeiner ausgedrückt in einer Definition:

  Ein Polygon ist konvex, falls alle Linien, die zwei beliebige Punkte des Polygons verbinden, vollständig innerhalb des Polygons liegen (Bild 6.14-a,-b).

- Polygone müssen planar sein, d.h. alle Eckpunkte müssen auf einer Ebene im Raum liegen (Bild 6.14-c,-d).

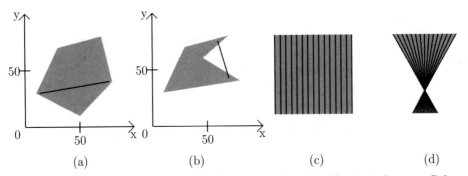

(a)   (b)   (c)   (d)

Bild 6.14: Erlaubte und verbotene Polygone in OpenGL: (a) erlaubt: konvexes Polygon (b) verboten: konkaves Polygon (c) erlaubt: planares Polygon (d) verboten: nicht-planares Polygon (entsteht aus dem planaren Polygon links daneben durch Drehung der unteren Kante um die Hochachse)

Der Grund für diese Einschränkungen beim Modellieren mit Polygonen (dies gilt ebenso für Vierecke (*Quads*), nicht jedoch für Dreiecke (*Triangles*), denn drei Punkte im Raum liegen immer in einer Ebene und bilden immer ein konvexes Polygon) liegt darin, dass die Algorithmen zur Rasterisierung und Verdeckungsrechnung unter der Annahme konvexer und planarer Polygone sehr einfach und daher schnell sind. Da außerdem konkave Polygone und nicht-planare Oberflächen beliebig genau durch einfache Polygone approximiert werden können, beschränkt man sich bei OpenGL auf diese Klasse von Polygonen, um eine maximale Rendering-Geschwindigkeit erreichen zu können. Um konkave Polygone, wie das in Bild 6.14-b gezeigte, korrekt rendern zu können, unterteilt man sie einfach in mehrere konvexe Polygone (Dreiecke und/oder Vierecke). Allerdings stürzt ein OpenGL-Programm nicht gleich ab, wenn man konkave oder nicht-planare Polygone definiert, sondern das Rendering-Ergebnis ist evtl. unerwartet, sowie blickrichtungs- und implementierungsabhängig. Da im Endeffekt jedes Polygon OpenGL-intern durch Dreiecks-Fächer (*Triangle Fan*) dargestellt wird, ist das Ergebnis bei der Eingabe eines konkaven oder nicht-planaren Polygons durchaus sicher vorhersagbar (Bild 6.15).

```
glBegin(GL_POLYGON);
    glVertex3f(80.0, 80.0, 0.0);
    glVertex3f(10.0, 10.0, 0.0);
    glVertex3f(70.0, 40.0, 0.0);
    glVertex3f(10.0, 60.0, 0.0);
    glVertex3f(40.0, 10.0, 0.0);
glEnd();
```

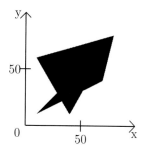

Bild 6.15:   Konkaves Polygon in OpenGL: links der relevante Programm-Code, rechts die Bildschirmausgabe. Da OpenGL-intern jedes Polygon durch einen Dreiecks-Fächer dargestellt wird, bilden die Vertices Nr. 1,2,3 das erste Dreieck, die Vertices Nr. 1,3,4 das zweite Dreieck und die Vertices Nr. 1,4,5 das dritte Dreieck.

Polygon-Orientierung und *Backface-Culling*:

Polygone im 3-dimensionalen Raum können wie ein bedrucktes Blatt Papier unterschiedliche Vorder- und Rückseiten besitzen. Um die Vorder- und Rückseite in OpenGL bzw. Vulkan unterscheiden zu können, wird per Konvention festgelegt, dass bei Polygonen, deren Vertices gegen den Uhrzeigersinn (*counterclockwise* (CCW)) auf dem Bildschirm erscheinen, die Vorderseite sichtbar ist (Bild 6.16). Durch die Reihenfolge der Vertices im Programm-Code wird also die Drehrichtung (*winding*) des Polygons und damit dessen Vorder- bzw. Rückseite festgelegt. Um eine „sinnvolle" Oberfläche für ein 3D-Objekt zu konstruieren, muss auf eine konsistente Polygon-Orientierung geachtet werden, z.B. dass alle Vorderseiten des Objekts nach außen zeigen.

```
glBegin(GL_POLYGON);
    glVertex3fv(v0);
    glVertex3fv(v1);
    glVertex3fv(v2);
    glVertex3fv(v3);
    glVertex3fv(v4);
glEnd();
```

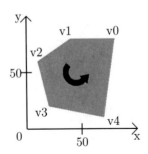

Bild 6.16: Polygon-Orientierung: links der relevante Programm-Code, rechts die Bildschirmausgabe (der Pfeil deutet die Drehrichtung (*winding*) des Polygons an; standardmäßig ist bei einer Drehrichtung gegen den Uhrzeigersinn (*counterclockwise* (CCW)) die Vorderseite des Polygons sichtbar).

Die Konvention bzgl. Vorder- und Rückseite kann in OpenGL aber auch durch den Befehl glFrontFace(GLenum mode) umgedreht werden, indem für das Argument „mode" die Konstante GL_CW (für *clockwise*, d.h. im Uhrzeigersinn) eingesetzt wird. Bei allen Polygonen, die nach diesem Befehl gezeichnet werden, ist die Vorderseite sichtbar, wenn die Vertices im Uhrzeigersinn auf dem Bildschirm angeordnet sind. Auf die Standardeinstellung zurückschalten kann man, wenn der Befehl glFrontFace() mit der Konstanten GL_CCW (für *counterclockwise*, d.h. gegen den Uhrzeigersinn) ausgeführt wird.

In Vulkan ist die Polygon-Orientierung ein Teil der Pipeline-Definition. Sie wird mit der Datenstruktur VkPipelineRasterizationStateCreateInfo::frontFace mit den beiden Parametern VK_FRONT_FACE_COUNTER_CLOCKWISE (CCW) bzw. VK_FRONT_FACE_CLOCKWISE (CW) festgelegt, wie in Abschnitt 5.2.2.3 dargestellt.

Bei einem undurchsichtigen 3-dimensionalen Objekt ist nur die Außenseite der Oberfläche sichtbar, solange man das Objekt nur von außen betrachtet. Oder anders ausgedrückt, bei einer konsistenten Polygon-Orientierung der Oberfläche sind die Rückseiten der Polygone nie sichtbar. Warum sollte man sie also rendern, solange man sich außerhalb des Objekts befindet? Ist der Betrachter dagegen innerhalb des Objekts, sind ausschließlich die Innenseiten der Oberfläche, d.h. die Rückseiten der Polygone sichtbar, so dass man die Vorderseiten der Polygone nicht rendern müsste. Standardmäßig werden immer beide Seiten, also Vorder- und Rückseite eines Polygons gerendert, da OpenGL bzw. Vulkan zunächst nichts über die Position des Beobachters weiß. Außerdem gibt es Fälle in der 3D-Computergrafik, in denen sowohl Vorderseiten als auch Rückseiten sichtbar sind, wie z.B. bei halbtransparenten Oberflächen, durch die man ins Innere eines 3D-Objekts sehen kann, oder auch bei dem eingangs erwähnten Blatt Papier, das man ja einfach nur umzudrehen braucht, um die Rückseite zu sehen. Um OpenGL anzuweisen, die Vorder- oder Rückseiten von Polygonen wegzulassen (*culling*), dient der Befehl glCullFace(GLenum mode). Als Argument „mode" zugelassen sind die Konstanten GL_FRONT, GL_BACK und GL_FRONT_AND_BACK, die festlegen, dass die Vorderseiten, Rückseiten oder beide Seiten weggelassen werden. Außerdem muss noch der entsprechende Zustand in OpenGL mit dem Befehl `glEnable(GL_CULL_FACE)` aktiviert werden. Wie OpenGL-intern das sogenannte *„Backface-Culling"* durchgeführt wird, ist in Abschnitt 16.2 erläutert. In Vulkan wird das *„Culling"* wieder im Rahmen der Pipeline-Definition festgelegt, in dem die Datenstruktur `VkPipelineRasterizationStateCreateInfo::cullMode` mit einem der folgenden Werte gefüllt wird:

- 0: *„Culling"* ist deaktiviert

- `VK_CULL_MODE_BACK_BIT`: *„Backface-Culling"*

- `VK_CULL_MODE_FRONT_BIT`: *„Frontface-Culling"*

- `VK_CULL_MODE_FRONT_BIT | VK_CULL_MODE_BACK_BIT`: Polygone bzw. Dreiecke werden vollständig *„gecullt"*, d.h. nicht dargestellt

Polygonfüllung:

Um einen Blick ins Innere eines ansonsten undurchsichtigen 3D-Objekts werfen zu können, gibt es mehrere Möglichkeiten. Einerseits bietet sich das im vorigen Abschnitt erwähnte *Frontface-Culling* an, bei dem die Vorderseiten weggelassen werden und folglich der Blick auf die Rückseiten der Polygone, d.h. auf die Innenseiten des Objekts frei wird, wie in Bild 6.17-b dargestellt (ein ähnlicher Effekt könnte durch das Aufschneiden des Objekts mit zusätzlichen Schnittebenen (*clipping planes*) erreicht werden).

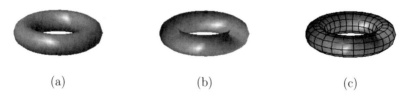

(a)   (b)   (c)

Bild 6.17:   Polygonfüllung und *Culling*: (a) Torus im Normalmodus, d.h. Vorderseiten der Polygone zeigen nach außen und werden gefüllt, (b) Torus mit *Frontface-Culling*, d.h. Vorderseiten der Polygone werden weggelassen, so dass der Blick auf die Rückseiten bzw. das Innere des Torus frei wird, (c) Torus mit Vorderseiten im Drahtgittermodell, Rückseiten gefüllt

Andererseits kann man bei den Vorderseiten die Füllung der Polygone weglassen und nur die Verbindungslinien zwischen den Vertices oder nur die Vertices selber rendern. Diese Methode erlaubt einen Blick ins Innere des 3D-Objekts und erhält gleichzeitig die Vorstellung von der äußeren Form (Bild 6.17-c).

Die Festlegung, in welchem Füll-Modus Polygone gerendert werden, geschieht in OpenGL mit dem Befehl glPolygonMode(GLenum face, GLenum mode). Der Parameter mode kann die Werte GL_FILL (Standardwert), GL_LINE und GL_POINT annehmen, die festlegen, dass die entsprechenden Polygonseiten (*faces*) gefüllt, als Drahtgittermodell (*wireframe*) oder nur als Punkte gerendert werden. Für welche Polygonseiten der Füll-Modus gilt, wird mit dem Parameter face festgelegt, der die Werte GL_FRONT (Vorderseite), GL_BACK (Rückseite) oder GL_FRONT_AND_BACK annehmen kann. Der Effekt in Bild 6.17-c wird erreicht durch die Einstellung glPolygonMode(GL_FRONT,GL_LINE), glPolygonMode(GL_BACK,GL_FILL). Die Umschaltung auf ein vollständiges Drahtgittermodell, wie in Bild 6.1 dargestellt, erfolgt mit dem Befehl glPolygonMode(GL_FRONT_AND_BACK, GL_LINE).

In Vulkan wird die Polygonfüllung ebenfalls im Rahmen der Pipeline-Definition festgelegt (Abschnitt 5.2.2.3), in dem die Datenstruktur VkPipelineRasterizationStateCreateInfo::polygonMode mit einem der folgenden Werte gefüllt wird:

- VK_POLYGON_MODE_FILL: Polygone bzw. Dreiecke werden gefüllt.

- VK_POLYGON_MODE_LINE: Polygone bzw. Dreiecke werden als Drahtgittermodell (*wireframe*) gerendert. Dies ist meist effizienter, als viele einzelne Linien zu rendern.

- VK_POLYGON_MODE_POINT: nur die Eckpunkte, d.h. die Vertices der Polygone bzw. Dreiecke werden gerendert.

Eine Kombination, bei der Vorderseiten im Drahtgittermodell und Rückseiten gefüllt dargestellt werden, wie es in OpenGL möglich ist, bietet Vulkan innerhalb einer Grafik-Pipeline nicht an.

6.2.3.5   Einzelne Dreiecke (`GL_TRIANGLES`, `VK_PRIMITIVE_TOPOLOGY_TRIANGLE_LIST`)

Durch das Argument `GL_TRIANGLES` wird beim Befehl `*Begin()` festgelegt, dass aus je drei der nachfolgenden Vertices einzelne Dreiecke gerendert werden. Die Orientierung der beiden Dreiecke in Bild 6.18 ist unterschiedlich: während beim oberen Dreieck die Vertex-Reihenfolge bzgl. des Bildschirms gegen den Uhrzeigersinn läuft, ist es beim unteren Dreieck umgekehrt. Folglich sieht man bei der standardmäßigen Orientierungseinstellung von OpenGL (`glFrontFace(GL_CCW)`) die Vorderseite des oberen Dreiecks und die Rückseite des unteren.

```
// Compatibility Profile
glBegin(GL_TRIANGLES);
    glVertex3fv(v0);
    glVertex3fv(v1);
    glVertex3fv(v2);
    glVertex3fv(v3);
    glVertex3fv(v4);
    glVertex3fv(v5);
glEnd();
```

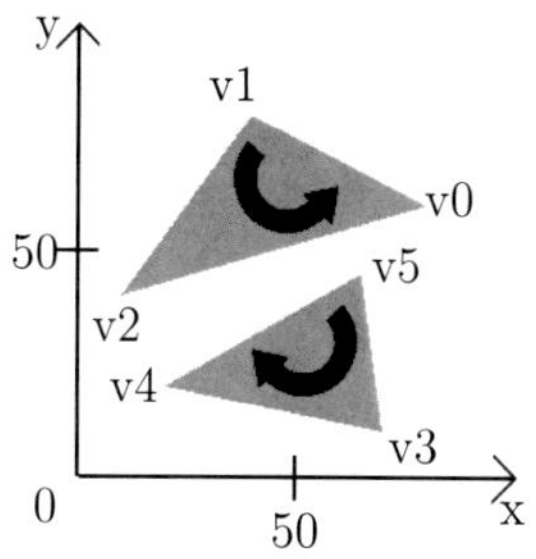

```
// Core Profile
GLBatch triangleBatch;
GLShaderManager SM;

float grey[] = {0.5, 0.5, 0.5, 1.0};
float verts[][3] = { v0, v1, v2,
                     v3, v4, v5};

triangleBatch.Begin(GL_TRIANGLES, 6);
triangleBatch.CopyVertexData3f(verts);
triangleBatch.End();

SM.UseStockShader(
        GLT_SHADER_IDENTITY, grey);
triangleBatch.Draw();
```

Bild 6.18:   Einzelne Dreiecke in OpenGL: links oben der relevante Code im „Compatibility Profile", rechts der entsprechende Code im „Core Profile", links unten die Bildschirmausgabe. Das obere Dreieck hat eine Orientierung gegen den Uhrzeigersinn, das untere im Uhrzeigersinn, d.h. bei der Standardeinstellung von OpenGL sieht man die Vorderseite des oberen Dreiecks und die Rückseite des unteren.

In Vulkan wird der Grafik-Primitiv-Typ `VK_PRIMITIVE_TOPOLOGY_TRIANGLE_LIST` bei der Definition der Pipeline festgelegt und im Rahmen der Datenstruktur VkPipelineInputAssemblyStateCreateInfo::topology übergeben, wie in Abschnitt 5.2.2.3 dargestellt.

6.2.3.6 Verbundene Dreiecke (GL_TRIANGLE_STRIP, VK_PRIMITIVE_TOPOLOGY_-TRIANGLE_STRIP)

Verbundene Dreiecke sind die am häufigsten verwendeten Grafik-Primitive in der Interaktiven 3D-Computergrafik. Dies hat eine Reihe von Gründen:

- Alle Oberflächen können durch einen Satz von Triangle-Strips beliebig genau approximiert werden.

- Es ist das einfachste Grafik-Primitiv zum Zeichnen komplexer Oberflächen.

- Es ist das speichersparendste (teil-planare) Grafik-Primitiv zum Zeichnen komplexer Oberflächen.

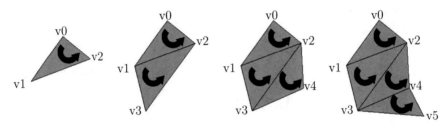

```
// Compatibility Profile
glBegin(GL_TRIANGLE_STRIP);
    glVertex3fv(v0);
    glVertex3fv(v1);
    glVertex3fv(v2);
    glVertex3fv(v3);
    glVertex3fv(v4);
    glVertex3fv(v5);
glEnd();
```

```
// Core Profile
GLBatch triangleBatch;
GLShaderManager SM;
float grey[] = {0.5, 0.5, 0.5, 1.0};
float verts[][3] = { v0, v1, v2,
                     v3, v4, v5};

triangleBatch.Begin(GL_TRIANGLE_STRIP,6);
triangleBatch.CopyVertexData3f(verts);
triangleBatch.End();
SM.UseStockShader(
        GLT_SHADER_IDENTITY, grey);
triangleBatch.Draw();
```

Bild 6.19: Verbundene Dreiecke (*Triangle-Strips*) in OpenGL: Beim ersten Dreieck (links oben) ergibt sich die Orientierung aus den Vertices v_0, v_1 und v_2, beim zweiten Dreieck (Mitte links oben) aus den Vertices v_2, v_1 und v_3, beim dritten Dreieck (Mitte rechts oben) aus den Vertices v_2, v_3 und v_4 und beim vierten Dreieck (Rechts oben) aus den Vertices v_4, v_3 und v_5. Durch diese Reihenfolge der Vertex-Verwendung bleibt die Orientierung aller Dreiecke eines *Triangle-Strips* konsistent. Links unten der relevante Code im „*Compatibility Profile*", rechts unten der entsprechende Code im „*Core Profile*".

- Es ist das schnellste Grafik-Primitiv zum Zeichnen komplexer Oberflächen.

- Grafikhardware mit Geometrie-Beschleunigung ist fast immer auf Triangle-Strips optimiert. Eine klassisches Maß für die Leistung von Grafikhardware ist die Angabe „triangles/sec", gemeint ist die „Anzahl verbundener Dreiecke, die pro Sekunde" gerendert werden können.

Durch das Argument GL_TRIANGLE_STRIP wird beim Befehl *Begin() festgelegt, dass aus den nachfolgenden Vertices verbundene Dreiecke gerendert werden. Für das erste Dreieck benötigt man drei Vertices, für jedes weitere Dreieck nur noch jeweils einen Vertex. Für n Dreiecke benötigt man also $n + 2$ Vertices. Dagegen benötigt man für n unabhängige Dreiecke $3n$ Vertices. Für eine große Anzahl von Dreiecken benötigt man folglich fast die dreifache Menge an Vertices, wenn man anstatt *Triangle-Strips* nur einzelne Dreiecke als Grafik-Primitiv verwendet. Auf dieser Einsparung beruht die hohe Effizienz von *Triangle-Strips* hauptsächlich.

Um die Orientierung aller Dreiecke eines *Triangle-Strips* konsistent zu halten, werden die Vertices nicht in der Reihenfolge verwendet, in der sie im Programm-Code spezifiziert sind (Bild 6.19), sondern bei jedem zweiten Dreieck wird die Reihenfolge der ersten beiden Vertices vertauscht, d.h. das erste Dreieck wird gerendert aus den Vertices v_0, v_1 und v_2, das zweite aus den Vertices v_2, v_1 und v_3 (in dieser Reihenfolge), das dritte aus den Vertices v_2, v_3 und v_4, das vierte aus den Vertices v_4, v_3 und v_5, usw..

In Vulkan wird der Grafik-Primitiv-Typ VK_PRIMITIVE_TOPOLOGY_TRIANGLE_STRIP bei der Definition der Pipeline festgelegt und im Rahmen der Datenstruktur VkPipelineInputAssemblyStateCreateInfo::topology übergeben, wie in Abschnitt 5.2.2.3 dargestellt. Ansonsten gelten alle Aussagen in diesem Abschnitt zu OpenGL ebenso für Vulkan.

6.2.3.7 Dreiecks-Fächer (GL_TRIANGLE_FAN, VK_PRIMITIVE_TOPOLOGY_TRIANGLE_FAN)

Ein ebenso effektives Grafik-Primitiv wie der *Triangle-Strip* ist der Dreiecks-Fächer (*Triangle-Fan*). Dreiecks-Fächer werden in erster Linie zur Darstellung runder oder kegelförmiger Flächen benötigt. Durch das Argument GL_TRIANGLE_FAN wird beim Befehl *Begin() festgelegt, dass aus den nachfolgenden Vertices verbundene Dreiecke gerendert werden. Beim *Triangle-Fan* haben alle Dreiecke den ersten spezifizierten Vertex gemeinsam, so dass dieser Vertex auch das Zentrum des Fächers markiert (Bild 6.20). Auch hier wird die Orientierung aller Dreiecke eines *Triangle-Fans* konsistent gehalten, indem die Vertices in der folgenden Reihenfolge verwendet werden: das erste Dreieck wird gerendert aus den Vertices v_0, v_1 und v_2, das zweite aus den Vertices v_0, v_2 und v_3, das dritte aus den Vertices v_0, v_3 und v_4 usw..

```
// Compatibility Profile
glBegin(GL_TRIANGLE_FAN);
    glVertex3fv(v0);
    glVertex3fv(v1);
    glVertex3fv(v2);
    glVertex3fv(v3);
    glVertex3fv(v4);
    glVertex3fv(v5);
glEnd();
```

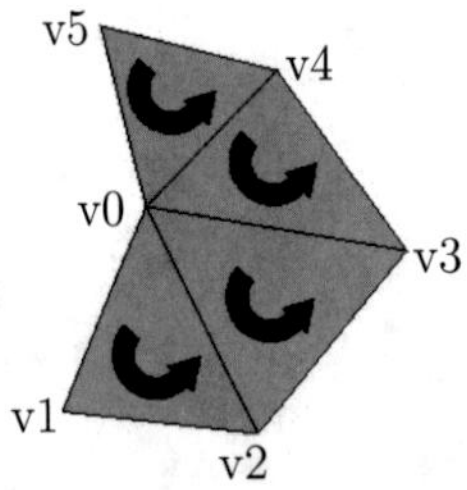

```
// Core Profile
GLBatch triangleBatch;
GLShaderManager SM;

float grey[] = {0.5, 0.5, 0.5, 1.0};
float verts[][3] = { v0, v1, v2,
                     v3, v4, v5};

triangleBatch.Begin(GL_TRIANGLE_FAN, 6);
triangleBatch.CopyVertexData3f(verts);
triangleBatch.End();

SM.UseStockShader(
        GLT_SHADER_IDENTITY, grey);
triangleBatch.Draw();
```

Bild 6.20: Dreiecks-Fächer (*Triangle-Fan*) in OpenGL: links oben der relevante Code im „*Compatibility Profile*", rechts der entsprechende Code im „*Core Profile*", links unten die Bildschirmausgabe. Beim ersten Dreieck ergibt sich die Orientierung aus den Vertices v_0, v_1 und v_2, beim zweiten Dreieck aus den Vertices v_0, v_2 und v_3, beim dritten Dreieck aus den Vertices v_0, v_3 und v_4 usw. Durch diese Reihenfolge der Vertex-Verwendung bleibt die Orientierung aller Dreiecke eines *Triangle-Fans* konsistent.

In Vulkan wird der Grafik-Primitiv-Typ VK_PRIMITIVE_TOPOLOGY_TRIANGLE_FAN bei der Definition der Pipeline festgelegt und im Rahmen der Datenstruktur VkPipelineInputAssemblyStateCreateInfo::topology übergeben, wie in Abschnitt 5.2.2.3 dargestellt.

6.2.3.8   Einzelne Vierecke (GL_QUADS)

Das Grafik-Primitiv GL_QUADS steht im „*Core Profile*" von OpenGL bzw. in Vulkan nicht mehr zur Verfügung, da jedes beliebige Viereck durch zwei verbundene Dreiecke (GL_TRIANGLE_STRIP, VK_PRIMITIVE_TOPOLOGY_TRIANGLE_FAN, Abschnitt 6.2.3.6) ersetzt werden kann. Dennoch werden einzelne Vierecke (*Quads*) als Grafik-Primitiv relativ häufig benützt, z.B. zur Modellierung von Hauswänden, Wald- oder Baumkulissen, oder anderen quader- bzw. rechteckförmigen Objekten. Im „*Compatibility Profile*" wird durch das Argument GL_QUADS beim Befehl glBegin() festgelegt, dass aus je vier der nachfolgenden Vertices einzelne Vierecke gerendert werden. Die Orientierung der beiden Vierecke in Bild 6.21 ist einheitlich: die Vertex-Reihenfolge bzgl. des Bildschirms läuft gegen den Uhrzeigersinn. Folglich sieht man bei der standardmäßigen Orientierungseinstellung von OpenGL (glFrontFace(GL_CCW)) die Vorderseite der beiden Vierecke.

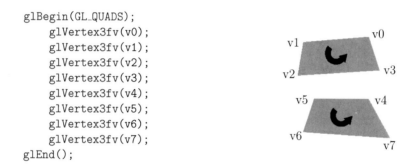

```
glBegin(GL_QUADS);
    glVertex3fv(v0);
    glVertex3fv(v1);
    glVertex3fv(v2);
    glVertex3fv(v3);
    glVertex3fv(v4);
    glVertex3fv(v5);
    glVertex3fv(v6);
    glVertex3fv(v7);
glEnd();
```

Bild 6.21:   Einzelne Vierecke (*Quads*) in OpenGL: links der relevante Programm-Code, rechts die Bildschirmausgabe. Die beiden Vierecke haben die gleiche Orientierung, und zwar gegen den Uhrzeigersinn, d.h. bei der Standardeinstellung von OpenGL sind die Vorderseiten der Vierecke sichtbar.

6.2.3.9 Verbundene Vierecke (GL_QUAD_STRIP)

Das Grafik-Primitiv GL_QUAD_STRIP steht im „*Core Profile*" von OpenGL bzw. in Vulkan nicht mehr zur Verfügung, da verbundene Vierecke durch die doppelte Anzahl an verbundenen Dreiecken (GL_TRIANGLE_STRIP, VK_PRIMITIVE_TOPOLOGY_TRIANGLE_STRIP, Abschnitt 6.2.3.6) ersetzt werden können. Im „*Compatibility Profile*" wird durch das Argument GL_QUAD_STRIP beim Befehl glBegin() festgelegt, dass aus den nachfolgenden Vertices verbundene Vierecke gerendert werden. Für das erste Viereck benötigt man vier Vertices, für jedes weitere Viereck nur noch jeweils zwei Vertices. Für n verbundene Vierecke benötigt man also $2n + 2$ Vertices, also genau so viele Vertices, wie für $2n$ verbundene Dreiecke, die die Vierecke exakt ersetzen könnten. *Quad-Strips* sind also bzgl. der Vertex-Anzahl ebenso effektiv wie *Triangle-Strips*, allerdings bieten sie etwas weniger Flexibilität bei der Oberflächenmodellierung. Ein orientierungskonsistenter Kubus kann z.B. aus einem einzigen *Triangle-Strip* modelliert werden, *Quad-Strips* benötigt man aber drei (bzw. einen *Quad-Strip* und zwei einzelne *Quads*).

Um die Orientierung aller Vierecke eines *Quad-Strips* konsistent zu halten, werden die Vertices nicht in der Reihenfolge verwendet, in der sie im Programm-Code spezifiziert sind (Bild 6.22), sondern bei jedem Viereck wird die Reihenfolge der letzten beiden Vertices vertauscht, d.h. das erste Viereck wird gerendert aus den Vertices v_0, v_1, v_3 und v_2, das zweite aus den Vertices v_2, v_3, v_5 und v_4 (in dieser Reihenfolge), das dritte aus den Vertices v_4, v_5, v_7 und v_6 usw..

```
glBegin(GL_QUAD_STRIP);
    glVertex3fv(v0);
    glVertex3fv(v1);
    glVertex3fv(v2);
    glVertex3fv(v3);
    glVertex3fv(v4);
    glVertex3fv(v5);
    glVertex3fv(v6);
    glVertex3fv(v7);
glEnd();
```

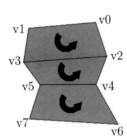

Bild 6.22: Verbundene Vierecke (*Quad-Strips*) in OpenGL: links der relevante Programm-Code, rechts die Bildschirmausgabe. Beim ersten Viereck ergibt sich die Orientierung aus den Vertices v_0, v_1, v_3 und v_2, beim zweiten aus den Vertices v_2, v_3, v_5 und v_4 und beim dritten aus den Vertices v_4, v_5, v_7 und v_6. Durch diese Reihenfolge der Vertex-Verwendung bleibt die Orientierung aller Vierecke eines *Quad-Strips* konsistent.

6.3 Tipps zur Verwendung der Grafik-Primitive

6.3.1 Rendering-Geschwindigkeit

Die zehn verschiedenen Grafik–Primitiv–Typen von OpenGL bzw. die sechs von Vulkan, die in diesem Kapitel ausführlich erklärt wurden, benötigen unterschiedlich lange Rechenzeiten, die einerseits von der mittleren Anzahl von Vertices pro Flächen- bzw. Linienelement abhängen (siehe nachfolgende Tabelle). Andererseits hängt die Rendering-Geschwindigkeit auch noch stark von der verwendeten Zeichentecknik (Abschnitt 6.4), sowie dem jeweiligen Treiber und der Grafikhardware ab: heutzutage bieten zwar fast alle Systeme Hardware-Beschleunigung für die Transformation von Triangle-Strips, aber nicht alle Systeme beschleunigen z.B. Linien. Deshalb kann es auf manchen Systemen günstiger sein, zu Linien degenerierte *Triangle-Strips* zu rendern, anstatt der eigentlich von OpenGL für diesen Zweck zur Verfügung gestellten Linien–Grafik–Primitive. Um wirklich sicher zu gehen, sollte man die Rechengeschwindigkeit für jeden Grafik–Primitiv–Typ auf seinem System messen. In der folgenden Tabelle sind qualitative Angaben zur Rendering-Geschwindigkeit der Grafik–Primitiv-Typen zusammengefasst, die auf Erfahrung beruhen:

Grafik-Primitiv-Typ	Rendering–Geschwindigkeit	mittlere Zahl an Vertices pro Viereck bzw. Linienstück
GL_POINTS VK_PRIMITIVE_TOPOLOGY_POINT_LIST	langsam	–
GL_LINES VK_PRIMITIVE_TOPOLOGY_LINE_LIST	mittel	2
GL_LINE_STRIP VK_PRIMITIVE_TOPOLOGY_LINE_STRIP	schnell	1,1 (bei 10 Linien)
GL_LINE_LOOP –	sehr schnell	1,0 (bei 10 Linien)
GL_POLYGON –	langsam	4,0
GL_TRIANGLES VK_PRIMITIVE_TOPOLOGY_TRIANGLE_LIST	schnell	6,0
GL_TRIANGLE_STRIP VK_PRIMITIVE_TOPOLOGY_TRIANGLE_STRIP	am schnellsten	2,2 (bei 10 Vierecken)
GL_TRIANGLE_FAN VK_PRIMITIVE_TOPOLOGY_TRIANGLE_FAN	schnell	2,2 (bei 10 Vierecken)
GL_QUADS –	schnell	4,0
GL_QUAD_STRIP –	sehr schnell	2,2 (bei 10 Vierecken)

Immer wenn Oberflächen zu modellieren sind, sollte man in erster Linie *Triangle-Strips* verwenden, denn sie sind am schnellsten, flexibelsten und speicherplatzsparend. In den eher wenigen Fällen, in denen runde oder kegelförmige Oberflächen nötig sind, sollte man die relativ schnellen *Triangle-Fans* verwenden. Diese beiden Grafik-Primitive sind im Prinzip ausreichend, da mit ihnen jede beliebige Oberfläche modelliert werden kann. *Quad-Strips* sind zwar auch sehr schnell, bieten aber außer einer manchmal etwas einfacheren Modellierung keinen Vorteil gegenüber *Triangle-Strips*. Einzelne Flächen-Primitive, d.h. Polygone, *Triangles* und *Quads* sollten möglichst vermieden werden, denn sie sind meist deutlich langsamer. Außerdem kann jedes planare und konvexe Polygon durch einen *Triangle-Fan* dargestellt werden und jedes *Quad* durch einen *Triangle-Strip* aus zwei verbundenen Dreiecken. Bei Linien gilt im Prinzip das Gleiche wie bei Flächen: die verbundenen Varianten sind schneller und sollten wenn immer möglich bevorzugt werden. Punkte sollte man sehr spärlich einsetzen, denn sie sind oft ein echter Bremser. Anstatt Punkten kann man auch entsprechend kleine *Quads* einsetzen, oder wenn runde Punkte erforderlich sind, auch *Triangle-Fans*, die zu einem Kreis geformt sind.

6.3.2 Konsistente Polygon-Orientierung

Bei der Konstruktion von geschlossenen Oberflächen sollte darauf geachtet werden, dass alle Polygon-Orientierungen konsistent sind, d.h. dass alle Vorderseiten von Polygonen von außerhalb der 3D-Objekte sichtbar sind und alle Rückseiten nur von innerhalb (oder umgekehrt). Dadurch ist es möglich, in bestimmten Anwendungen das *Backface-Culling* zu benutzen, bei dem durch Weglassen der Polygon-Rückseiten die Rendering-Geschwindigkeit gesteigert werden kann. Falls Vorder- und Rückseiten von Polygonen gleichzeitig sichtbar sind, aber unterschiedliche Materialeigenschaften aufweisen (z.B. Farbe oder Textur), ist eine konsistente Polygon-Orientierung ebenso Grundvoraussetzung.

6.3.3 Koordinaten-Berechnungen offline

Der z.B. in Bild 6.7 dargestellte Programm-Code enthält eine Sinus- und eine Cosinus-Berechnung je Vertex zur Bestimmung der Vertexkoordinaten. Dies kostet natürlich Rechenzeit, die vor allem dann sehr stark zu Buche schlagen kann, wenn das definierte Objekt mehrfach in einem Bild gerendert werden muss. Deshalb sollte man Koordinaten-Berechnungen wenn möglich offline, d.h. in einer Initialisierungs–Routine, oder außerhalb des OpenGL-Programms durchführen. Allerdings hat sich hier die Situation durch die Verfügbarkeit von Grafikkarten, die Shader Model 5 unterstützen und somit eine hardwarebeschleunigte Tessellation-Einheit besitzen, grundlegend gewandelt. Denn damit kann man in Echtzeit eine riesige Anzahl an Vertexpositionen berechnen und somit die 3D-Modellierungsmethode der gekrümmten Polygone (Abschnitt 6.1.2) verwenden.

6.3.4 Lücken

Aufgrund von numerischen Ungenauigkeiten kommt es bei ungeschickter Modellierung manchmal zu kleinen Lücken in geschlossenen Oberflächen. Deshalb sollte man ein T-förmiges Aneinanderstoßen von Polygonen (Dreiecken, Vierecken) vermeiden. Wie in Bild 6.23 gezeigt, könnte der Punkt v4 der oberen beiden Dreiecke aufgrund numerischer Ungenauigkeiten an einem anderen Pixel erscheinen als ein entsprechender Punkt des unteren Dreiecks. Um dies zu vermeiden, sollte man daher das untere Dreieck teilen, so dass alle vier Dreiecke einen gemeinsamen Vertex v4 besitzen.

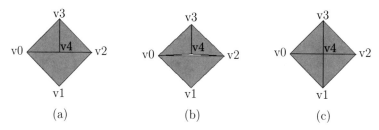

Bild 6.23:   Problem T-förmiges Aneinanderstoßen von Polygonen: (a) T-förmige Polygonschnittstelle am Punkt v4 (b) wie das Bild links, aber aus einem anderen Blickwinkel, so dass eine kleine Lücke sichtbar wird (c) korrekt modellierte Dreiecke (alle 4 Dreiecke teilen sich den Vertex v4)

Weitere Fehler werden häufig bei der Definition geschlossener Kreise gemacht, wie an dem Programm–Code in Bild 6.7 zu sehen ist: die FOR-Schleife

```
for(float angle = 0.0; angle <= 3.1415; angle += 0.3)
    glVertex2f(cos(angle), sin(angle));
```

enthält zwei Fehler: erstens endet die Laufvariable „`angle`" nicht bei 3.1415 sondern bei 3.0 (dies kann man einfach dadurch beheben, dass man ein korrektes Inkrement wählt: `angle += 3.1415/incr`), und zweitens ist selbst nach dieser Korrektur nicht garantiert, dass z.B. `cos(3.1415)` das gleiche Ergebnis liefert wie `cos(0.0)`, denn die Kreiszahl π ist ja eine reelle Zahl, die nicht durch eine endliche Zahl von Dezimalstellen nach dem Komma darstellbar ist. Beheben kann man diesen Mangel entweder dadurch, dass man ganzzahlige Inkremente in der Schleife benutzt und mit einem vorher bestimmten Faktor auf die Winkel umrechnet, oder dass man die FOR–Schleife beim vorletzten Inkrement abbricht (d.h. `angle < 3.1415`) und das letzte Inkrement durch das Nullte ersetzt, d.h. am Ende noch einmal `angle = 0.0` setzt. Generell sollte man darauf achten, dass Vertices benachbarter Flächen nicht unabhängig voneinander berechnet, sondern gemeinsam genutzt werden, wie dies bei indizierten Vertex Arrays (Abschnitt 6.4.3) bzw. Vertex Buffer Objects (Abschnitt 6.4.4.1) der Fall ist.

6.4   OpenGL Zeichentechniken

Um die in Grafik-Primitiven zusammengefassten Vertices an die Grafikkarte (d.h. den Server) zu übergeben, existieren in OpenGL verschiedene Möglichkeiten, die in gewisser Weise auch den Entwicklungsfortschritt widerspiegeln.

6.4.1   glBegin/glEnd-Paradigma

Die einfachste und am besten verständlichste OpenGL Zeichentechnik besteht im sogenannten *„Begin/End-Paradigma"*. Alle Vertices, die zu einem Grafik-Primitiv-Typ gehören, werden zwischen einen Aufruf von `glBegin()` und `glEnd()` platziert und somit eingeklammert. Das Argument „`type`", das an den Befehl `glBegin(GLenum type)` übergeben wird, legt einen der möglichen Grafik–Primitiv–Typen in OpenGL fest und somit das aus den Vertices geformte Objekt (Bild 6.5).

Wie in Abschnitt 6.1 dargestellt, basiert die geometrische Modellierung von 3–dimensionalen Objekten in OpenGL bzw. Vulkan auf planaren Polygonen, die durch ihre Vertices definiert sind. Darauf aufbauend laufen weitere Berechnungsverfahren, wie Beleuchtung, Texturzuordnung und Nebel einmal pro Vertex ab. Deshalb ist die Grundidee, alle Vertex-bezogenen Daten, die zu einem Grafik-Primitiv-Typ gehören, in eine `glBegin/glEnd`-Klammer zu setzen. Außer den räumlichen Koordinaten (`glVertex*()`) können jedem Vertex durch Voranstellen des jeweiligen Befehls noch folgende weitere Eigenschaften zugewiesen werden: Farbe (`glColor*()`, `glSecondaryColor*()`, `glIndex*()`), Texturkoordinaten (`glTexCoord*()`, `glMultiTexCoord*()`), Normalenvektoren (`glNormal*()`) und Nebelkoordinaten (`glFogCoord*()`). Im folgenden Beispiel ist dies für ein Dreieck dargestellt:

```
glBegin(GL_TRIANGLES);
    glNormal3fv(n0); glTexCoord2fv(t0); glColor3fv(c0); glVertex3fv(v0);
    glNormal3fv(n1); glTexCoord2fv(t1); glColor3fv(c1); glVertex3fv(v1);
    glNormal3fv(n2); glTexCoord2fv(t2); glColor3fv(c2); glVertex3fv(v2);
glEnd();
```

Eine moderne Alternative im „*Core Profile*" von OpenGL zu den vielen Befehlen, mit denen man die Vertex-Attribut-Daten (wie z.B. Normalenvektoren, Texturkoordinaten, Farben, oder Vertex-Koordinaten) an OpenGL übergibt, besteht in den Varianten des Befehls:

```
glVertexAttrib*{1234}{s d f b i ub us ui}(GLuint index, Type values);
glVertexAttrib3f(index, 3.8, 0.47, -4.1);     // konkretes Beispiel
glVertexAttrib*{1234}{s d f b i ub us ui}v(GLuint index, const Type vec);
glVertexAttrib3fv(index, v0);                 // konkretes Beispiel
```

Der ganzzahlige Parameter `index` des `glVertexAttrib*`-Befehls gibt die Nummer des Vertex an, für den die Attribut-Daten spezifiziert sind, wobei die Zählung des Vertices bei 0

beginnt. Im „*Core Profile*" von OpenGL ist die Spezifikation von Vertex-Attribut-Daten mit
Hilfe des Befehls `glVertexAttrib*` jedoch die Ausnahme, weil dies sehr viel effizienter mit
Hilfe von Vertex Arrays (Abschnitt 6.4.3) bzw. Vertex Buffer Objects (Abschnitt 6.4.4.1)
erfolgen kann.

Bis auf wenige Ausnahmen sind alle anderen Befehle von OpenGL innerhalb einer
`glBegin`/`glEnd`-Klammer entweder nicht erlaubt oder nicht sinnvoll. Außerdem ist zu beachten, dass `glBegin`/`glEnd`-Klammern nicht ineinander verschachtelbar sind.

Allerdings wird im `glBegin`/`glEnd`-Zeichenmodus für jeden Vertex, für jede Farbe, für
jeden Normalenvektor und für jede Textur- bzw. Nebelkoordinate ein eigener Befehl mit
dem damit verbundenen Zusatzaufwand aufgerufen und die Daten werden unmittelbar, d.h.
im sogenannten „*Immediate Mode*", an die Grafikkarte geschickt. Da diese Methode nicht
sehr effizient ist, wurde sie bei der Einführung von OpenGL 3.x als *deprecated* erklärt (d.h.
abgekündigt) und steht nur noch im Rahmen des „*Compatibility Profiles*" zur Verfügung.

6.4.2 Display Listen

Eine effizientere Variante ist der sogenannte „*Display List*"-Zeichenmodus, bei dem man
eine bestimmte Menge an vertex-bezogenen Daten auf der Client-Seite (CPU) zu größeren Paketen zusammenfasst und anschließend kompakt zum Server (d.h. zur Grafikkarte) schickt. Diese Pakete, in denen im Allgemeinen eine bestimmte Anzahl an OpenGL-
Befehlen zusammengefasst sind, bezeichnet man als „*Display Liste*". Ein typisches Beispiel
für eine Display Liste ist die Summe aller OpenGL-Befehle, die zum Zeichnen eines Objektes notwendig sind, wie z.B. die Geometrie-Definitionen eines Objektes innerhalb von
`glBegin`/`glEnd`-Klammern und ggf. auch Transformationsmatrizen zum Verschieben oder
Drehen von Objektteilen. Display Listen kann man ineinander schachteln, so dass sie auch
ein hervorragendes Instrument sind, um komplexe Objekte hierarchisch aus einfacheren
Bausteinen zusammenzusetzen.

Neben dem effizienteren Datentransfer vom Client zum Server ist ein weiterer großer
Vorteil bei Display Listen, dass man die OpenGL-Befehlspakete nur einmal während der
Initialisierung an den Server schicken muss, wo sie gespeichert und anschließend beliebig
oft wieder zum Zeichnen aufgerufen werden können. Dadurch muss man während der Laufzeit nicht andauernd und für jedes Frame erneut die gesamten Daten zum Zeichnen des
Objektes vom Client zum Server schicken. Außerdem werden die OpenGL-Befehlspakete
auf der Grafikkarte in einer kompilierten und damit optimierten Weise gespeichert, so
dass man mit Display Listen in der Regel auch Rechenleistung auf der Grafikkarte einsparen kann. Wenn beispielsweise ein und derselbe Baustein an mehreren Stellen eines
Objekts wiederverwendet wird, versetzt man ihn mit Hilfe von Transformationsmatrizen
an die gewünschte Position und speichert dies in einer Display Liste. Nach dem Transfer der
entsprechenden Befehle auf die Grafikkarte werden die Vertextransformationen einmal ausgeführt und das Ergebnis gespeichert. Auf diese Weise werden alle im Vorfeld ausführbaren
OpenGL-Befehle „*kompiliert*" und in einer für die Grafikkarte unmittelbar verwendbaren
Form gespeichert.

Der generelle Ablauf bei der Benutzung von Display Listen umfasst folgende Schritte:

1. Erzeugen von Indizes für Display Listen: glGenLists();

   ```
   uint NumLists;
   uint FirstListIndex;
   FirstListIndex = glGenLists( NumLists );
   ```

   Es wird ein Block von NumLists Indizes reserviert und der erste Index des Blocks zurückgegeben.

2. Befüllen der Display Listen: glNewList(); ...; glEndList();

   Um eine Display Liste zu befüllen ruft man den folgenden Befehl auf:

   ```
   glNewList( FirstListIndex, GL_COMPILE );
   ```
   [2]
   Alle folgenden OpenGL-Befehle[3] werden in der Display Liste gespeichert. Das Ende der Display Liste wird durch folgenden Befehl markiert:

   ```
   glEndList();
   ```

3. Aufruf der Display Liste: glCallList(FirstListIndex);

   Mit diesem Befehl werden alle OpenGL-Befehle in der Display Liste mit dem Index FirstListIndex in der Reihenfolge ausgeführt, in der sie in die Display Liste geschrieben wurden. Man kann eine Display Liste von beliebigen Stellen im Programm aufrufen, d.h. man kann eine Display Liste in einer Funktion anlegen und in einer anderen Funktion aufrufen.

4. Vernichten von *Display Listen*: glDeleteLists();

   Zum Freigeben der Speicherbereiche einer Anzahl von n *Display Listen* beginnend beim Index FirstListIndex, wird folgender Befehl aufgerufen:

   ```
   glDeleteLists( FirstListIndex, n );
   ```

---

[2]Als Alternative zu dem Parameter GL_COMPILE, bei dem alle OpenGL-Befehle in der Display Liste kompiliert und auf der Grafikkarte gespeichert werden, gibt es noch den Parameter GL_COMPILE_AND_EXECUTE, bei dem die Display Liste zusätzlich und unmittelbar ausgeführt wird. Den gleichen Effekt kann man erzielen, wenn man die Display Liste mit GL_COMPILE anlegt und anschließend einmal mit glCallList() aufruft.

[3]Es gibt nur einige wenige OpenGL-Befehle, die nicht in einer Display Liste gespeichert werden können, wie z.B. Befehle zur Shader Generierung. Eine vollständige Liste findet man in [Kess17].

In dem folgenden quellcode-nahen Programmierbeispiel wird der Einsatz von Display Listen dargestellt:

```
// *** Beispiel für die Benutzung von Display Listen ***

uint ListIndex;

static void init( void )
{
    ListIndex = glGenLists( 1 );
    glNewList( ListIndex, GL_COMPILE );
        glBegin(GL_TRIANGLES);
            glNormal3fv(n0); glColor3fv(c0); glVertex3fv(v0);
            glNormal3fv(n1); glColor3fv(c1); glVertex3fv(v1);
            glNormal3fv(n2); glColor3fv(c2); glVertex3fv(v2);
        glEnd();
        glTranslatef( 2.0, 1.0, 0.0 ); // Verschiebung der Position
    glEndList();
}

void display ( void )
{
    glClear( GL_COLOR_BUFFER_BIT );
    for ( int i; i < 5; i++ ) // Zeichne 5 Dreiecke
        glCallList( ListIndex );
    glutSwapBuffers();
}
```

6.4.3   Vertex Arrays

Eine weitere und ebenfalls viel effizientere Zeichenmethode als der glBegin/glEnd-„Immediate Mode" ist es, alle vertex-bezogenen Daten in Arrays zu speichern und die Daten dann in größeren Paketen zum Server (d.h. zur Grafikkarte) zu schicken. OpenGL bietet dies im Rahmen von sogenannten „Vertex Arrays" an. Die Grundidee dabei ist, mit möglichst wenig Funktionsaufrufen auszukommen, um ein 3D-Objekt zu rendern, denn Funktionsaufrufe sind mit viel Zusatzaufwand verbunden und daher Rechenzeitfresser. Um z.B. einen Kubus zu rendern, benötigt man bei geschickter Modellierung, d.h. unter Verwendung eines Triangle-Strips, 14 Vertices: die 6 Kubus-Vierecke unterteilt man in 12 Dreiecke, wobei man für das erste Dreieck 3 Vertices braucht und für die 11 weiteren Dreiecke 11 Vertices (bei ungeschickter Modellierung, d.h. unter Verwendung von *Quads* benötigt man 24 Vertices, je 4 Vertices für die 6 Kubus-Vierecke). Im glBegin/glEnd-Zeichenmodus muss jeder Vertex mit einem Funktionsaufruf glVertex*() spezifiziert werden. Inklusive der beiden

Funktionsaufrufe für `glBegin()` und `glEnd()` benötigt man also mindestens 16 Funktionsaufrufe für einen einfachen Kubus. Ein weiterer Nachteil kommt noch hinzu: ein Kubus wird durch 8 Eckpunkte im Raum aufgespannt (Bild 6.24), d.h. 6 Vertices müssen auch bei geschickter Modellierung zweifach spezifiziert werden. Deshalb bietet es sich an, ein Index Array anzulegen, in dem die 8 Kubus-Eckpunkte referenziert werden. OpenGL reduziert mit Hilfe von indizierten Vertex Arrays die Zahl der Funktionsaufrufe drastisch:

- Einschalten des Vertex–Array–Modus mit dem Befehl
  `glEnableClientState( GL_VERTEX_ARRAY );`

- Anordnung der Vertex–Daten in einem Array (`vertices[]`) und Übergabe eines Zeigers auf das erste Element des Arrays mit dem Befehl

  ```
  glVertexPointer( GLint size, GLenum type, GLsizei stride,
                          const GLvoid *VApointer );
  ```
  Parameter:
  `size`   : Zahl der Vertex-Komponten, z.B. 3 bei x, y, z,
  `type`   : Datentyp, z.B. `GL_FLOAT` für Gleitkommazahlen,
  `stride`   : Abstand in Bytes zwischen zwei Array–Elementen, z.B. 0,
  `VApointer` : Zeiger auf das Vertex–Array.

- Zeichnen des Vertex Arrays und Dereferenzierung der Vertex-Daten z.B. mit dem Befehl

  ```
  glDrawElements(GLenum mode, GLsizei numIdx, GLenum type,
                          const GLvoid *Idxpointer );
  ```
  Parameter:
  `mode`   : Grafikprimitivtyp, z.B. `GL_TRIANGLE_STRIP`,
  `numIdx`   : Anzahl der Indices, z.B. 14 beim Kubus,
  `type`   : Datentyp der Indices, z.B. `GL_UNSIGNED_BYTE/SHORT/INT`,
  `Idxpointer` : Offset in Bytes in das aktuell gebundene Index–Array,
  ab dem die Indices gezeichnet werden sollen.

Diese 3 Funktionsaufrufe haben die gleiche Wirkung wie die 16 Aufrufe in der standardmäßigen glBegin()/glEnd()–Darstellung beim Zeichnen eines Kubus. Das Vertex Array und das Index Array für die Definition eines Kubus' aus einem einzigen `TRIANGLE_STRIP` ist im folgenden dargestellt:

```
// Vertex Array mit den acht Eckpunkten des Kubus
static float vertices[] = {     -1.0, +1.0, +1.0,  // 0 Vorderseite
                                +1.0, +1.0, +1.0,  // 1
                                +1.0, -1.0, +1.0,  // 2
                                -1.0, -1.0, +1.0,  // 3
                                -1.0, +1.0, -1.0,  // 4 Rückseite
                                +1.0, +1.0, -1.0,  // 5
                                +1.0, -1.0, -1.0,  // 6
                                -1.0, -1.0, -1.0,  // 7 };

// Index Array mit vierzehn Referenzen zum Vertex Array
static uint indices[] = {   2, 3, 6, 7,     // Boden
                            4,              // Rückseite links unten
                            3, 0,           // linke Seite
                            2, 1,           // Vorderseite
                            6, 5,           // rechte Seite
                            4,              // Rückseite rechts oben
                            1, 0 };         // Deckel
```

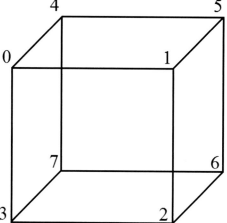

Bild 6.24:   Ein Kubus mit acht eindeutig indizierten Eckpunkten

Indizierte Vertex Arrays bieten gegenüber gewöhnlichen Vertex Arrays den Vorteil, dass die kleinste mögliche Zahl an Vertices für die Modellierung von 3–dimensionalen Objekten verwendet werden kann (beim Kubus nur 8 Vertices, anstatt 14 im Fall von verbundenen Dreiecken bzw. 24 bei einzelnen Vierecken). Dadurch reduziert sich auch der Rechenaufwand auf der Grafikhardware, da nur noch 8 Vertices transformiert und beleuchtet werden müssen.

Wenn zusätzlich noch z.B. Textur-Koordinaten, Farben und Normalen-Vektoren für jeden Vertex spezifiziert werden, vervielfacht sich die Zahl der Funktionsaufrufe im `glBegin/glEnd`-Zeichenmodus. Im Vertex Array Modus kann man die zusätzlichen Daten entweder in eigenen Arrays für Textur-Koordinaten (s, t), Farben (r, g, b, a), Normalen-Vektoren (nx, ny, nz) usw. speichern, oder *„interleaved"* in einem einzigen Array, wie in der folgenden Datenstruktur:

```
// Interleaved Vertex Array
static float interleavedArray[] = {
```
$$s_0, t_0, \quad r_0, g_0, b_0, a_0 \quad nx_0, ny_0, nz_0, \quad x_0, y_0, z_0, \quad \text{// 0-ter Vertex}$$
$$s_1, t_1, \quad r_1, g_1, b_1, a_1 \quad nx_1, ny_1, nz_1, \quad x_1, y_1, z_1, \quad \text{// 1-ter Vertex}$$
$$...$$
$$s_i, t_i, \quad r_i, g_i, b_i, a_i \quad nx_i, ny_i, nz_i, \quad x_i, y_i, z_i \quad \};// \text{ i-ter Vertex}$$

Um diese zusätzlichen Daten ebenfalls beim Rendern miteinzubeziehen, sind die entsprechenden Arrays mit den Befehlen

```
glEnableClientState(GL_TEXTURE_COORD_ARRAY);
glEnableClientState(GL_COLOR_ARRAY);
glEnableClientState(GL_NORMAL_ARRAY);
```

einzuschalten. Weiterhin müssen die Zeiger auf das erste Element des jeweiligen Arrays mit den Befehlen `glColorPointer();` `glNormalPointer();` bzw. `glTexCoordPointer();` gesetzt werden. Im Fall eines interleaved Array werden die Pointer auf das erste Element des jeweiligen Typs (z.B. Farben) gesetzt und der Wert für den Abstand in Bytes zwischen zwei Array–Elementen beträgt in dem gewählten Beispiel: 48 = 4 Byte pro *float*-Wert * (2 (Textur-Koordinaten) + 4 (Farbwerte) + 3 (Normalenwerte) + 3 (Vertex-Koordinaten)). Für das obige Beispiel mit vier verschiedenen vertex-bezogenen Eigenschaften, die *interleaved* in einem Array gespeichert sind, kann man alternativ zu den oben genannten acht Befehlen (4 mal `glEnableClientState()` und 4 mal `gl*Pointer()`) die entsprechenden Aufgaben durch einen einzigen Befehl erledigen lassen:

```
glInterleavedArrays(GL_T2F_C4F_N3F_V3F, 48 (Abstand in Bytes zwischen zwei Verti-
ces), interleavedArray);
```

Da es im Rahmen von *„Buffer Objects"*, die im nächsten Abschnitt dargestellt werden, noch effizientere Zeichenmethoden in OpenGL gibt, wurden alle bisher dargestellten Zeichenbefehle *„deprecated"* und stehen deshalb nur noch im *„Compatibility Mode"* zur Verfügung.

6.4.4 Buffer Objects

Sowohl beim `glBegin/glEnd`- als auch beim „Vertex Array"-Zeichenmodus werden die Daten (Vertices, Farben, Normalen, Texturkoordinaten etc.) mehr oder weniger effizient für jedes neu zu zeichnende Bild vom Client (CPU-Speicher) über ein Bussystem zum Server (Grafikkarte) geschickt. Dieser Datentransfer ist jedoch bei den meisten Anwendungen nur einmal zu Beginn nötig, da sich an der Form der 3–dimensionalen Objekte und somit an den Vertexdaten nur selten etwas ändert. Deshalb ist es viel geschickter, sich auf dem internen Speicher der Grafikkarte ausreichend Platz zu reservieren und die benötigten Vertexdaten nur zu Beginn, oder falls sich etwas ändern sollte, zu transferieren. Bei Display Listen (Abschnitt 6.4.2) wurde genau diese Idee realisiert, allerdings mit der großen Einschränkung, dass sich an den Vertex-Daten nie etwas ändern darf. Schon bei der Änderung einer einzigen Vertex-Koordinate ist ein vollständiger Transfer einer neuen Display Liste und damit aller Daten erforderlich. Um hier mehr Flexibilität unter Beibehaltung der Vorteile zu ermöglichen, wurden in OpenGL sogenannte „Buffer Objects" eingeführt. Da diese Art des Datentransfers und der Speicherreservierung auf der Grafikkarte nicht nur für Vertexdaten sinnvoll ist, sondern auch für alle anderen Datenarten, wie z.B. Indizes, Pixel oder uniform-Variablen, wurde mit den „Buffer Objects" ein allgemeiner Befehlssatz in OpenGL geschaffen, um diesen Datentransfer zu organisieren. Derzeit existieren folgende Arten von „Buffer Objects", die alle mit demselben Befehl (`glBindBuffer` (GLenum `target`, GLuint `bufferName`)), aber unterschiedlichen `target`-Parametern festgelegt werden:

- Vertex Buffer Objects (VBOs, `target`-Parameter: `GL_ARRAY_BUFFER`):
  dienen zur Speicherung von vertexbezogenen Daten auf der Grafikkarte, wie z.B. Vertex-Koordinaten, Textur-Koordinaten, Farben und Normalen-Vektoren. Dies ist die Standard-Zeichentechnik im „Core Profile" von OpenGL.

- Index Buffer Objects (IBOs, `target`-Parameter: `GL_ELEMENT_ARRAY_BUFFER`):
  dienen zur Speicherung von Index Arrays, mit denen auf Vertexdaten referenziert wird.

- Pixel   Buffer   Objects   (PBOs,   `target`-Parameter: `GL_PIXEL_{PACK, UNPACK}_BUFFER`):
  dienen zum asynchronen Datentransfer von Pixeldaten (Texturen) vom Client (Hauptspeicher der CPU) zum Server (Texturspeicher auf der Grafikkarte) (`PIXEL_UNPACK`), oder umgekehrt (`PIXEL_PACK`). Weitere Erläuterungen findet man in Abschnitt 13.1.10.

- Texture Buffer Objects (TBOs, `target`-Parameter: `GL_TEXTURE_BUFFER`):
  dienen zur Speicherung von Texturen oder anderen Größen in einem 1-dimensionalen Array. Der Zugriff auf TBOs von Shadern aus erfolgt mit der `texelFetch()`-Funktion mit ganzzahligen Werten für die Abtastposition. Ein quellcode-nahes Programmbeispiel dazu findet man in Abschnitt 13.1.4 und weitere Erläuterungen in Abschnitt 13.1.11.

- Transform Feedback Buffer Objects (`target`: `GL_TRANSFORM_FEEDBACK_BUFFER`): dienen zur Speicherung der Ergebnisse von Vertex oder Geometry Shadern, die in einer Rückkopplungsschleife (*transform feedback*) wiederverwendet werden können.

- Copy Buffer Objects (`target`-Parameter: `GL_COPY_{READ, WRITE}_BUFFER`): dienen entweder als Quelle (`COPY_READ`) oder als Ziel (`COPY_WRITE`) zur Zwischenspeicherung von Buffer-Daten.

- Uniform Buffer Objects (UBOs, `target`-Parameter: `GL_UNIFORM_BUFFER`): dienen zur Speicherung von uniform-Variablen, die als Parameter zur Steuerung von Algorithmen in Shadern verwendet werden können.

Der generelle Ablauf bei der Benutzung von „*Buffer Objects*" umfasst folgende Schritte:

1. Erzeugen von *Buffer Objects*: `glGenBuffers()`;

   ```
   uint BufferNames[n];
   glGenBuffers(n, BufferNames);
   ```

   Es werden eindeutige Namen[4] für die *Buffer Objects* erzeugt und im (n–elementigen) Array `BufferNames` gespeichert.

2. Aktivieren eines *Buffer Objects*: `glBindBuffer()`;

   Um ein *Buffer Object* zu aktivieren muss man einen der oben erläuterten Buffertypen (`GL_ARRAY_BUFFER`, `GL_ELEMENT_ARRAY_BUFFER`, `GL_PIXEL_{PACK,UNPACK}_BUFFER`, `GL_TEXTURE_BUFFER`, `GL_TRANSFORM_FEEDBACK_BUFFER`, `GL_UNIFORM_BUFFER`, `GL_COPY_{READ,WRITE}_BUFFER`) an den eindeutigen Namen binden und zwar mit dem Befehl:

   ```
   glBindBuffer(Buffertyp, BufferName[n]);
   ```

3. Speicherplatzreservierung und Initialisierung eines *Buffer Objects*: `glBufferData()`;

   Dieser Befehl reserviert zunächst eine bestimmte Menge `Size` (Anzahl der Elemente mal `sizeof(Datentyp)`) an Speicherplatz auf der Grafikkarte und kopiert dann eine entsprechende Anzahl an Elementen vom Hauptspeicher der CPU auf die Grafikkarte. Der Parameter `*Data` ist ein Zeiger auf das erste Element im Hauptspeicher der CPU. Der vollständige Befehl inklusive Parameter lautet in diesem Fall:

   ```
   glBufferData(Buffertyp, Size, *Data, Usage);
   ```

   Der letzte Parameter `Usage` gibt einen Hinweis darauf, wie die Bufferdaten genutzt werden und wie häufig sie geändert werden. Für die Datennutzung gibt es drei verschiedene Parameter:

---

[4]In OpenGL sind eindeutige Namen einfach nur Nummern, d.h. $0, 1, 2, \ldots$

- DRAW: die Daten werden von der Applikation in ein *Buffer Object* geschrieben, und danach von der Grafikkarte zum Zeichnen benützt.

- READ: die Daten werden von der Grafikkarte erzeugt und danach von der Applikation in den Hauptspeicher der CPU geschrieben.

- COPY: die Daten werden von der Grafikkarte erzeugt und in ein *Buffer Object* geschrieben.

Für die Häufigkeit der Datenänderung gibt es ebenso drei verschiedene Parameter:

- STATIC: die Daten werden nur einmal geschrieben.

- DYNAMIC: die Daten werden manchmal geschrieben.

- STREAM: die Daten werden nach jedem Zugriff neu geschrieben.

Diese beiden Teile des Hinweises können beliebig kombiniert werden, so dass es insgesamt neun verschiedene Usage-Parameter gibt. Der Usage-Parameter GL_STATIC_DRAW wird z.B. benutzt, wenn man ein statisches Objekt als *Vertex Buffer Object* in verschiedenen Positionen zeichnet.

4. Schreiben von Daten in ein *Buffer Object*: glBufferSubData(); glMapBuffer();

   Wenn nach der Initialisierung eines *Buffer Objects* die Daten geändert werden sollen, stehen die folgenden beiden Varianten zur Auswahl:

   - glBufferSubData(Buffertyp, Offset, Size, *Data): Der Parameter Offset ist ein integer-Wert, der angibt ab welcher Stelle des *Buffer Objects* eine bestimmte Menge Size an neuen Daten, die auf der Clientseite an der Adresse *Data vorhanden sein müssen, eingefügt werden sollen.

   - glMapBuffer(Buffertyp, Zugriffstyp): Dieser Befehl liefert einen Zeiger auf das erste Element des *Buffer Objects* zurück. Der Zugriffstyp kann die folgenden Werte annehmen: GL_READ_WRITE, GL_READ, GL_WRITE. Der Vorteil dieses Befehls ist, dass man ohne Zwischenspeicher auf der Clientseite direkt auf die Elemente des *Buffer Objects* zugreifen kann. Es existiert eine weitere Variante des Befehls (glMapBufferRange(Buffertyp, Offset, Breite, Zugriffstyp)), bei dem man den Zugriffsbereich durch die beiden Parameter Offset und Breite einschränken kann. Nachdem man die Daten geschrieben hat, beendet man den Zugriff mit dem Befehl glUnmapBuffer(Buffertyp).

5. Kopieren von Daten zwischen *Buffer Objects*: glCopyBufferSubData();

   Mit diesem Befehl können Daten von einem *Buffer Object* ReadBuffer in ein anderes *Buffer Object* WriteBuffer kopiert werden. Der zu kopierende Bereich kann durch die beiden Parameter ReadOffset und Size eingeschränkt werden. An der Stelle WriteOffset wird dann ebenfalls die Menge Size an Daten in den WriteBuffer geschrieben. Der vollständige Befehl inklusive Parameter lautet in diesem Fall:

```
glCopyBufferSubData(ReadBuffer, WriteBuffer,
                    ReadOffset, WriteOffset, Size);
```

6. Vernichten eines *Buffer Objects*: `glDeleteBuffers()`;

   Zum Freigeben der Speicherbereiche einer Anzahl von n *Buffer Objects* wird wieder das (n–elementigen) Array `BufferNames` benützt, das bei der Generierung der *Buffer Objects* angelegt wurde:

   ```
   glDeleteBuffers(n, BufferNames);
   ```

6.4.4.1 Vertex Buffer Objects und Vertex Array Objects

Die ursprüngliche und auch häufigste Anwendung von *Buffer Objects* ist die für Vertex Arrays. Dafür wurde ein eigener Begriff eingeführt, nämlich „*Vertex Buffer Objects*". Seit der Einführung von OpenGL 3.x ist dies die Standard-Zeichentechnik im „*Core Profile*". Allerdings benötigt man zum Rendern von Vertex Arrays in diesem Modus zwei verschiedene Arten von Objekten: „*Vertex Array Objects*" (VAO) und „*Vertex Buffer Objects*" (VBO). VBOs speichern die aktuellen Vertex und Index Arrays auf der Grafikkarte. VAOs sind Behälter, in denen die gesamten Zustände (VBO-Namen, Zeiger, Datentypen usw.) gespeichert werden, die zum Rendern eines oder mehrerer VBOs benötigt werden.

Der generelle Ablauf bei der Benutzung von VAOs und VBOs umfasst immer folgende Schritte:

1. Erzeugen von *Vertex Array Objects*: `glGenVertexArrays()`;

   ```
   uint VAOnames[n];
   glGenVertexArrays(n, VAOnames);
   ```

   Es werden eindeutige Namen (d.h. Nummern) für die *Vertex Array Objects* erzeugt und im (n–elementigen) Array `VAOnames` gespeichert.

2. Aktivieren eines *Vertex Array Objects*: `glBindVertexArray()`;

   Um ein *Vertex Array Object* zu aktivieren, bindet man es an einen eindeutigen Namen mit dem Befehl:

   ```
   glBindVertexArray(VAOnames[n]);
   ```

   Ab jetzt werden alle Befehle, die den Zustand eines VBOs betreffen (z.B. Buffertyp, Zeiger in die VBOs, Zeichenbefehle wie z.B. `glDrawElements()`;) im VAO gespeichert. Damit kann man komplexe Objekte, die aus vielen verschiedenen VBOs mit noch mehr unterschiedlichen Zustandsgrößen bestehen, während der Initialisierung eines Programms in einem VAO speichern, so dass man zur Laufzeit nur noch das VAO aktivieren muss, um das Objekt mit nur einem einzigen Befehl, der vom Client zum Server geschickt werden muss, zu rendern.

3. Anlegen und benützen eines VBOs mit den Befehlen, die oben für den allgemeinen
   Fall von *Buffer Objects* dargestellt wurden, d.h. erzeugen (`glGenBuffers()`),
   aktivieren (`glBindBuffer()`), initialisieren (`glBufferData()`), beschreiben
   (`glBufferSubData()` bzw. `glMapBuffer()`), kopieren (`glCopyBufferSubData()`).
   Zusätzlich steht bei VBOs noch der Befehl:

   `glVertexAttribPointer(` GLuint `index`, GLint `size`, GLenum `type`,
   GLboolean `normalize`, GLsizei `stride`,
   const GLvoid `*VApointer` `);`

   ```
   Parameter:
   index       : Index des Vertex-Attributs, z.B. 0,
   size        : Komponentenzahl pro Vertex-Attribut, z.B. 3 bei x,y,z,
   type        : Datentyp, z.B. GL_FLOAT für Gleitkommazahlen,
   normalize   : Normierung, z.B. GL_FALSE falls nicht normiert wird,
   stride      : Abstand in Bytes zwischen zwei Array-Elementen, z.B. 0,
   VApointer   : Offset in Bytes in das aktuell gebundene Buffer-Array,
                   ab dem gezeichnet werden soll.
   ```

   zur Verfügung, bei dem die Anordnung der Vertexdaten im Array und ein Zeiger auf
   das erste vorkommende Element im Vertex Array (z.B. die erste Vertex-Koordinate,
   der erste Farbwert, der erste Normalenvektor usw.) an OpenGL übergeben wird. Dieser eine Befehl ersetzt die im Abschnitt 6.4.3 vorgestellten Befehle `glVertexPointer`,
   `glColorPointer`, `glNormalPointer`, `glTexCoordPointer` usw., die alle nur noch
   im „*Compatibility Profile*" zur Verfügung stehen. Vor dem Zeichenbefehl (`glDraw*()`)
   muss das jeweilige Vertex Attribut Array noch aktiviert werden mit dem Befehl:

   `glEnableVertexAttribArray(` GLuint `index` `);`

   Dieser eine Befehl ersetzt den im vorigen Abschnitt 6.4.3 vorgestellten Befehl
   `glEnableClientState()`, der nur noch im „*Compatibility Profile*" verfügbar ist.

4. Deaktivieren eines *Vertex Array Objects*: `glBindVertexArray(0);`

   Mit dem reservierten Argument „0" wird das *Vertex Array Object* deaktiviert.

5. Vernichten eines *Vertex Array Objects*: `glDeleteVertexArrays();`

   Zum Freigeben der Speicherbereiche einer Anzahl von n *Vertex Array Objects* wird
   wieder das (n–elementigen) Array **VAOnames** benützt, das bei der Generierung der
   Vertex Array Objects angelegt wurde:

   `glDeleteVertexArrays(n, VAOnames);`

In dem folgenden quellcode-nahen Programmierbeispiel wird dasselbe interleaved Vertex Array, wie im vorigen Abschnitt 6.4.3 als VAO/VBO gerendert:

```
// *** Vertex Array Object / Vertex Buffer Object Beispiel ***
uint VAOname;        // Name des Vertex Array Objects
uint VBOname;        // Name des Vertex Buffer Objects
uint IBOname;        // Name des Index Buffer Objects

// Interleaved Vertex Array
static float interleavedArray[] = {
```

$$s_0, t_0, \quad r_0, g_0, b_0, a_0 \quad nx_0, ny_0, nz_0, \quad x_0, y_0, z_0, \quad // \ 0\text{-}ter \ Vertex$$
$$s_1, t_1, \quad r_1, g_1, b_1, a_1 \quad nx_1, ny_1, nz_1, \quad x_1, y_1, z_1, \quad // \ 1\text{-}ter \ Vertex$$
$$\dots$$
$$s_i, t_i, \quad r_i, g_i, b_i, a_i \quad nx_i, ny_i, nz_i, \quad x_i, y_i, z_i \ \};// \ i\text{-}ter \ Vertex$$

```
// Index Array mit vierzehn Referenzen zum Vertex Array
static uint indices[] = {   2, 3, 6, 7, 4, 3, 0,
                            2, 1, 6, 5, 4, 1, 0 };

// Anlegen und Aktivieren eines Vertex Array Objects
glGenVertexArrays(1, &VAOname);
glBindVertexArray(VAOname);

// Anlegen, Aktivieren und Initialisieren eines Vertex Buffer Objects
glGenBuffers(1, &VBOname);
glBindBuffer(GL_ARRAY_BUFFER, VBOname);
glBufferData(GL_ARRAY_BUFFER, sizeof(interleavedArray),
                  interleavedArray, GL_STATIC_DRAW);

// Aktivieren und Anordnen der Vertex Buffer Object Daten
glEnableVertexAttribArray(0);
glVertexAttribPointer(0, 2, GL_FLOAT, GL_FALSE, 12 * sizeof(float),
                  (const void *)0);
glEnableVertexAttribArray(1);
glVertexAttribPointer(1, 4, GL_FLOAT, GL_FALSE, 12 * sizeof(float),
                  (const void *)(2*sizeof(float)));
glEnableVertexAttribArray(2);
glVertexAttribPointer(2, 3, GL_FLOAT, GL_TRUE, 12 * sizeof(float),
                  (const void *)(6*sizeof(float)));
glEnableVertexAttribArray(3);
glVertexAttribPointer(3, 3, GL_FLOAT, GL_FALSE, 12 * sizeof(float),
                  (const void *)(9*sizeof(float)));

// Anlegen, Aktivieren und Initialisieren eines Index Buffer Objects
glGenBuffers(1, &IBOname);
```

```
glBindBuffer(GL_ELEMENT_ARRAY_BUFFER, IBOname);
glBufferData(GL_ELEMENT_ARRAY_BUFFER, sizeof(indices), indices, GL_STATIC_DRAW);

// Rendern des Objekts in Form von verbundenen Dreiecken
glDrawElements(GL_TRIANGLE_STRIP, 14, GL_UNSIGNED_BYTE, 0);

// Deaktivieren des Vertex Array Objects und des Vertex Buffer Objects
glBindVertexArray(0);
glDisableVertexAttribArray(0);
glDisableVertexAttribArray(1);
glDisableVertexAttribArray(2);
glDisableVertexAttribArray(3);
// *** Ende des VAO / VBO Beispiels ***
```

6.4.4.2 Zeichenbefehle

Generell gibt es in OpenGL zwei unterschiedliche Gruppen von Zeichenbefehlen: während zum Rendern von indizierten Vertex Arrays (wie in dem oben gezeigten Programmbeispiel) die Gruppe der gl*DrawElement*-Befehle eingeführt wurde, existiert zum Rendern von einfachen Vertex Arrays (ohne Index Array) die Gruppe der gl*DrawArray*-Befehle. Um eine größere Zahl an Vertex Arrays mit einem einzigen OpenGL-Befehl rendern zu können, kann man entweder folgende Schleife programmieren,

```
for (i = 0; i < Num_obj; i++)
    glDrawArrays(GL_TRIANGLES, obj[i].FirstVertex, obj[i].Num_vertices);
```

oder, um viele Aufrufe zu sparen, die alle mit einem gewissen Zusatzaufwand verbunden sind, einen der glMultiDraw*-Befehle benutzten, die die gleiche Wirkung haben:

```
glMultiDrawArrays(GL_TRIANGLES, obj[0]->FirstVertex, obj[0]->Num_vertices,
                                                               Num_obj);
```

oder

```
glMultiDrawElements(GL_TRIANGLES, obj[0]->FirstIndex, GL_UNSIGNED_BYTE,
                                                      obj, Num_obj);
```

Primitive Restart

Eine Alternative zum glMultiDrawElements()-Befehl bzw. vielen Aufrufen des glDrawElements()-Befehls stellt die Methode „*Primitive Restart*" dar. Dabei definiert man mit dem Befehl glPrimitiveRestartIndex(index) eine spezielle Zahl „index", bei deren Auftreten im Index Array OpenGL das bisher gerenderte Grafik-Primitiv beendet und ein Neues beginnt. Die Zahl index sollte möglichst groß sein (z.B. UINT32_MAX $= 2^{32} - 1 = 0xFFFFFFFF$), damit man nicht in Konflikt mit normalen Indizes gerät, die auf Vertices im VBO referenzieren. Der OpenGL-Zustand „*Primitive Restart*" wird aktiviert durch den Befehl `glEnable(GL_PRIMITIVE_RESTART)`. Wenn im aktivierten Zustand der Befehl `glDrawElements()` einmal aufgerufen wird und im Index Array die Zahl `index` z.B. 100-mal vorkommt, hat das dasselbe Wirkung wie 100 Aufrufe von `glDrawElements()` bei deaktiviertem „*Primitive Restart*". In dem folgenden Programmierbeispiel wird der Einsatz von „*Primitive Restart*" dargestellt, bei dem zwei Triangle-Strips mit je 6 Dreiecken gerendert werden:

```
// Index Array mit Primitive Restart
static uint indices[] = {   2, 3, 6, 7, 4, 3, 0, 2,
                            0xFFFFFFFF,                 // Restart index
                            0, 2, 1, 6, 5, 4, 1, 0 };

glEnable(GL_PRIMITIVE_RESTART);
glPrimitiveRestartIndex(0xFFFFFFFF);
glDrawElements(GL_TRIANGLE_STRIP, 17, GL_UNSIGNED_INT, 0);
```

Instanced Rendering

Falls eine große Anzahl des immer gleichen Objekts in verschiedenen Positionen bzw. Lagen (wie z.B. Sterne, Schneeflocken, Grashalme) gerendert werden soll, bietet OpenGL noch die Möglichkeit des sogenannten „*Instanced Rendering*". In diesem Fall wird eine Anzahl von `Num_obj` Instanzen des gleichen Objekts gerendert, allerdings zählt OpenGL für jede gerenderte Instanz des Objekts einen Zähler um eine Einheit hoch (beginnend bei 0). Dies geschieht intern im OpenGL-Treiber auf der Grafikkarte und deshalb extrem schnell und steht dem Programmierer in Form einer vordefinierten (*built-in*) Shader-Variable mit dem Namen `gl_InstanceID` zur Verfügung. Mit dieser `gl_InstanceID` kann man z.B. in einem Vertex-Shader jede Instanz des Objekts unterschiedlich verschieben, drehen, skalieren, texturieren usw. und damit ein individuelles Erscheinungsbild erzeugen. Der große Vorteil des „*Instanced Rendering*" liegt darin, dass man mit einer sehr geringen Zahl an Vertex-Daten und Befehlen, die vom Client zum Server gesendet werden müssen, eine riesige Menge an unterschiedlich aussehenden Objekten auf der Grafikkarte erzeugen kann. Die OpenGL-Befehle zum „*Instanced Rendering*" von einfachen oder indizierten Vertex Arrays lauten:

```
glDrawArraysInstanced(GL_TRIANGLES, obj.FirstVertex, obj.Num_vertices,
                                                        Num_obj);
```
bzw.

```
glDrawElementsInstanced(GL_TRIANGLES, Num_indices, GL_UNSIGNED_BYTE,
                                                    indices, Num_obj);
```

Eine ausführliche Beschreibung weiterer Möglichkeiten zum effizienten Zeichnen von 3–dimensionaler Geometrie, wie z.B. „*Draw Indirect*" und „*Transform Feedback*" ist in [Kess17] und [Sell15] zu finden.

6.4.4.3 Ein Werkzeug zum einfachen Zeichnen mit Vertex Array Objects

Im Abschnitt 6.2.2 wurde zum einfachen Zeichnen im „Core Profile" die Klasse GLBatch aus der GLTools-Library von Richard S.Wright [Sell15] eingeführt, die dem Programmierer die Arbeit abnimmt, selbst mit Vertex Array Objects und Vertex Buffer Objects hantieren zu müssen. An dieser Stelle wird nun dargestellt, welche OpenGL-Befehlssequenzen hinter den Methoden aus dieser Klasse stecken.

Nach der Definition einer Instanz (z.B. aBatch) der Klasse GLBatch plaziert man die Vertices, die zu einem Grafik-Primitiv-Typ gehören zwischen einen Aufruf von aBatch.Begin() und aBatch.End() mit der Methode aBatch.CopyVertexData3f(). Dabei werden folgende OpenGL-Befehlssequenzen aktiviert:

GLTools-Library	OpenGL-Befehlssequenz

aBatch.Begin(primType, nVerts)	glGenVertexArrays(1, &VAOname);
	glBindVertexArray(VAOname);
	Primitivtyp = primType;
	Num_vertices = nVerts;

aBatch.CopyVertexData3f(Verts)	*// beim ersten Aufruf*
	glGenBuffers(1, &VBOname);
	glBindBuffer(GL_ARRAY_BUFFER, VBOname);
	glBufferData(GL_ARRAY_BUFFER,
	sizeof(Verts), Verts, GL_DYNAMIC_DRAW);
	
	// bei weiteren Aufrufen
	glBindBuffer(GL_ARRAY_BUFFER, VBOname);
	glBufferSubData(GL_ARRAY_BUFFER, 0,
	sizeof(Verts), Verts);

aBatch.End();	glEnableVertexAttribArray(0); glVertexAttribPointer(0, 3, GL_FLOAT, GL_FALSE, 0, 0); glBindVertexArray(0); *// Deaktivierung*

Die Methoden aBatch.CopyNormalData3f(), aBatch.CopyColorData4f(), aBatch.CopyTexCoordData2f() zur Zuordnung von Normalenvektoren, Farben und Texturkoordinaten an Vertices sind analog zur Methode aBatch.CopyVertexData3f() definiert, wobei nicht ein interleaved Vertex Array definiert wird, wie im Codebeispiel des vorigen Abschnitts, sondern jeweils ein einzelnes Array für jedes Vertex-Attribut.

Nach der Definition der Vertex-Attributdaten wird noch das jeweilige Shaderpaar aus der GLTools-Library mit der Methode ShaderManager.UseStockShader() aktiviert und anschließend das eigentliche Zeichnen des Objektes mit der Draw-Methode angewiesen:

GLTools-Library	OpenGL-Befehlssequenz

aBatch.Draw();	`glBindVertexArrays(VAOname);`
	`glBindBuffer(GL_ARRAY_BUFFER, VBOname);`
	`glDrawArrays(Primitivtyp, 0, Num_vertices);`
	`glBindVertexArray(0); // Deaktivierung`

6.4.4.4 Framebuffer Objects

Der *Framebuffer* ist der Bildspeicher auf der Grafikkarte, in den die finalen Bilddaten gerendert werden (Abschnitt 5.1.3.1). Beim Starten einer OpenGL-Anwendung wird normalerweise ein Fenster erzeugt (z.B. mit dem Befehl `glutCreateWindow()` aus der GLUT-Bibliothek) und damit verbunden auch ein *Standard-Framebuffer Object*, in das gerendert werden kann. Allerdings bietet OpenGL noch sehr viel mehr Möglichkeiten, als nur ein Bild in den Framebuffer zu rendern und dieses dann am Bildschirm auszugeben. Man kann z.B. ein Bild in den Framebuffer rendern, das gar nicht am Bildschirm angezeigt wird (sogenanntes „off-screen rendering"), weil es z.B. eine viel zu hohe Auflösung für den Bildschirm hätte, sondern wieder in den Hauptspeicher der CPU zurückkopiert wird. Oder man rendert aus einem Fragment Shader gleichzeitig mehrere Bilder in den Framebuffer (sogenannte „multiple render targets"). Falls man ein Bild, das man in einem ersten Rendering Durchlauf erzeugt hat, in einem zweiten Rendering Durchlauf als Textur wiederverwenden will, rendert man nicht in den Framebuffer, da Shader dort keinen lesenden Zugriff haben, sondern direkt in den Texture Buffer (sogenanntes „render-to-texture"). All diese Möglichkeiten kann man mit selbst definierten *Framebuffer Objects* nutzen.

Genau wie bei „*Vertex Array Objects*" (VAOs), in denen nur die Zustände gespeichert werden, die zum Rendern von „*Vertex Buffer Objects*" (VBOs) benötigt werden, enthalten auch „*Frame Buffer Objects*" (FBOs) nur die Zustände, die zum Rendern benötigt werden, jedoch nicht die zugehörigen Speicherbereiche. Für die tatsächlichen Speicherbereiche, die quasi das Analogon zu den VBOs darstellen, gibt es in OpenGL zwei Möglichkeiten:

- „*Render Buffer Objects*" (RBOs), die im Bildspeicher den Bereich für ein oder mehrere Bilder reservieren, in die z.B. Farb- oder Tiefenwerte geschrieben werden sollen.

- Texturen, die im Texturspeicher den Bereich für ein oder mehrere Bilder reservieren, in die beliebige Werte geschrieben werden können.

Der generelle Ablauf bei der Benutzung von FBOs und RBOs umfasst immer folgende Schritte:

1. Erzeugen von *Frame Buffer Objects*: `glGenFramebuffers();`

```
uint FBOnames[n];
glGenFramebuffers(n, FBOnames);
```

Es werden eindeutige Namen (d.h. Nummern) für die *Frame Buffer Objects* erzeugt und im (n–elementigen) Array `FBOnames` gespeichert.

2. Aktivieren eines *Frame Buffer Objects*: `glBindFramebuffer()`;

   Man kann nur ein einziges *Frame Buffer Object* zum Zeichnen aktivieren. Dazu bindet man es an einen eindeutigen Namen mit dem Befehl:

   `glBindFramebuffer(GL_DRAW_FRAMEBUFFER, FBOnames[n]);`

   Der Parameter `GL_DRAW_FRAMEBUFFER` legt fest, dass in den zugehörigen Speicherbereich nur geschrieben werden darf. Mit dem Parameter `GL_READ_FRAMEBUFFER` könnte man z.B. ein zweites FBO anlegen, von dessen Speicherbereich man nur lesen oder kopieren darf.

3. Erzeugen von *Render Buffer Objects*: `glGenRenderbuffers()`;

   ```
   uint RBOnames[n];
   glGenRenderbuffers(n, RBOnames);
   ```

   Es werden eindeutige Namen (d.h. Nummern) für die *Render Buffer Objects* erzeugt und im (n–elementigen) Array `RBOnames` gespeichert.

4. Aktivieren eines *Render Buffer Objects*: `glBindRenderbuffer()`;

   Um ein RBO zu aktivieren, bindet man es an einen eindeutigen Namen mit dem Befehl:

   `glBindRenderbuffer(GL_RENDERBUFFER, RBOnames[n]);`

   Bis heute gibt es nur den Parameter `GL_RENDERBUFFER`, der immer gesetzt werden muss.

5. Speicherplatzreservierung für ein *Render Buffer Object*: `glRenderbufferStorage()`;

   Um herauszufinden wie groß der maximal reservierbare Speicherbereich für ein RBO ist, ruft man im OpenGL-Programm den Befehl `glGetInteger()` mit dem Parameter `GL_MAX_RENDERBUFFER_SIZE` auf. Nun kann der Speicherbereich bis zur maximalen Breite (width) und Höhe (height) in Pixel reserviert werden:

   `glRenderbufferStorage(GL_RENDERBUFFER, GL_RGBA8, width, height);`

In diesem Fall wurde ein Speicherbereich für Farbwerte mit vier Komponenten (RGBA) zu jeweils 8 Bit pro Komponente reserviert. Daneben gibt es noch eine große Anzahl weiterer Parameter zur Spezifikation des Speicherformats, die in Abschnitt 13.1.1 aufgelistet sind. Falls man einen Speicherbereich für ein RBO reservieren möchte, das „*Multisample Antialiasing*" (Abschnitt 13.1.4) erlaubt, benützt man den Befehl `glRenderbufferStorageMultisample()`, der noch einen zusätzlichen Parameter zur Spezifikation der Abtastvariante besitzt.

6. Anbindung von RBOs an ein FBO: `glFramebufferRenderbuffer();`

   Um ein RBO an ein FBO anzubinden, gibt es verschiedene Anknüpfungs-punkte für Farbwerte (GL_COLOR_ATTACHMENT0, 1, .., n), Tiefenwerte (GL_DEPTH_ATTACHMENT) und Stencilwerte (GL_STENCIL_ATTACHMENT):

   ```
   glFramebufferRenderbuffer(GL_DRAW_FRAMEBUFFER,
                   GL_COLOR_ATTACHMENT2, GL_RENDERBUFFER, RBOnames[n]);
   ```

7. Zeichnen in mehrere Renderbuffer: `gl_FragData[n]`; `glDrawBuffers();`

   Damit man von einem Fragment Shader in mehrere Renderbuffer zeichnen kann, sind zwei Schritte nötig: einerseits muss man im Fragment Shader die Ausgabedaten in die *built-in* Output-Variable `gl_FragData[n]`[5] schreiben (wobei n die Nummer des Renderbuffers ist, in den geschrieben werden soll), und andererseits muss man OpenGL mitteilen, in welche Renderbuffer der jeweilige Output geleitet werden soll. Dazu dient der folgende OpenGL-Befehl:

   ```
   enum FBObuffers[] = {  GL_COLOR_ATTACHMENT0,
                          GL_COLOR_ATTACHMENT1,
                          GL_COLOR_ATTACHMENT2 };
   glDrawBuffers(3, FBObuffers);
   ```

8. Deaktivieren eines *Frame Buffer Objects*: `glBindFramebuffer(0);`

   Mit dem reservierten Argument „0" wird das *Frame Buffer Object* deaktiviert und es wird wieder in das Standard-Framebuffer Object gerendert, das beim Anlegen des Fensters generiert wurde.

9. Vernichten eines *Frame Buffer Objects*: `glDeleteFramebuffers();`

   Zum Freigeben der Speicherbereiche einer Anzahl von **n** *Frame Buffer Objects* wird wieder das (n–elementigen) Array `FBOnames` benützt, das bei der Generierung der FBOs angelegt wurde:

   ```
   glDeleteFramebuffers(n, FBOnames);
   ```

---

[5]Falls die *built-in* Output-Variable `gl_FragData[n]` benützt wird, darf nicht gleichzeitig auch noch die normale *built-in* Output-Variable `gl_FragColor` verwendet werden. Mittlerweile wurden die *built-in* Output-Variablen `gl_FragData[n]` und `gl_FragColor` als „*deprecated*" markiert, so dass man sie durch selbst definierte **out**-Variablen ersetzen muss.

Render-to-Texture

Wenn anstatt eines RBOs eine Textur an ein FBO gebunden werden soll, um direkt in den Texturspeicher rendern zu können („*render-to-texture*"), legt man anstatt eines RBOs ein Texture Object (TO, Abschnitt 13.1.9) mit den Befehlen (`glGenTextures()`, `glBindTexture()`) an und bindet es mit dem Befehl `glFramebufferTexture2D()`[6] an das FBO. Ein quellcode-nahes Programmbeispiel dazu findet man in Abschnitt 14.1.1.

6.5   Vulkan-Zeichentechniken

Bei Vulkan gibt es, ebenso wie im „*Core Profile*" von OpenGL, nur eine Methode zur Definition von 3D-Szenen: die Angabe von Vertices in der Form von Vertex Buffer Objects, wie in Abschnitt 6.4.4.1 dargestellt. Andere Methoden, wie das glBegin/glEnd-Paradigma, Display Listen oder einfache Vertex Arrays, die im „*Compatibility Profile*" von OpenGL noch realisierbar sind, existieren hier nicht mehr (Abschnitte 6.4.1, 6.4.2, 6.4.3).

6.5.1   Vertex Buffer Objects

Das grundsätzliche Vorgehen beim Rendern mit Hilfe eines normalen Vertex Buffer Objects in Vulkan wurde bereits in Abschnitt 5.2.2.4 ausführlich erläutert. Die wesentlichen Schritte dabei sind:

1. die Definition der Vertex-Daten:

   ```
   // Datenstruktur für ein interleaved Vertex Array
   struct Vertex {
           glm::vec3 pos;
           glm::vec3 color;
           glm::vec2 texCoord;
   };

   // Definition der Vertex-Daten
   const std::vector<Vertex> vertices = {
           {{0.0f, -0.5f, 0.0f}, {1.0f, 0.0f, 0.0f}}, {0.5f, 0.0f}},
           {{0.5f, 0.5f, 0.0f}, {0.0f, 1.0f, 0.0f}}, {1.0f, 1.0f}},
           {{-0.5f, 0.5f, 0.0f}, {0.0f, 0.0f, 1.0f}}, {0.0f, 1.0f}},
   };
   ```

2. die Definition der Vertex Buffer Objects und die Allokation des Speichers mit der in Abschnitt 5.2.2.4 definierten Funktion `createBuffer()`, die im wesentlichen die Vulkan-Befehle `vkCreateBuffer()` und `vkAllocateMemory()` aufruft.

---

[6]Es existieren folgende Varianten dieses Befehls: `glFramebufferTexture()`, `glFramebufferTexture1D()`, `glFramebufferTexture2D()`, `glFramebufferTexture3D()`, `glFramebufferTextureLayer()`.

3. der Datentransfer von der CPU zur GPU mit der in Abschnitt 5.2.2.4 definierten Funktion `createVertexBuffer()`.

4. das Rendern des VBO mit Hilfe des Zeichenbefehls

```
vkCmdDraw(commandBufferObj[i], static_cast<uint32_t>(vertices.size()),
instanceCount, firstVertex, firstInstance);
```

der innerhalb eines Command Buffers aufgerufen wird. Der Parameter `instanceCount` wird im einfachsten Fall auf der Wert 1 gesetzt, so dass das VBO auch nur einmal gerendert wird. Bei Werten > 1 spricht man von *„Instanced Rendering"*, was in Abschnitt 6.5.4 behandelt wird. Der Parameter `firstVertex` ist ein Offset in das Vertex Array, d.h. gerendert werden die Vertices im VBO ab dem Wert `firstVertex`. Wenn alle Vertices im VBO gerendert werden sollen, muss `firstVertex = 0` sein. Analog dazu ist der Parameter `firstInstance` ein Offset bei der Anzahl, wie viele Instanzen des VBO gerendert werden sollen. Wenn insgesamt nur eine Instanz gerendert werden soll (d.h. `instanceCount = 1`, muss der Parameter `firstInstance = 0` sein, damit überhaupt eine Instanz gerendert wird. Der Vulkan-Zeichenbefehl `vkCmdDraw()` mit der Parametereinstellung `instanceCount = 1` entspricht dabei dem OpenGL-Zeichenbefehl `glDrawArrays()` aus Abschnitt 6.4.4.2.

6.5.2   Indizierte Vertex Buffer Objects

Wie in Abschnitt 6.4.3 bereits am Beispiel eine Kubus dargestellt, bietet es eine Reihe von Vorteilen, wenn man eine Indexliste erstellt, deren Einträge die Nummer des Vertex innerhalb des Vertex Buffer Objects referenzieren, denn:

- man benötigt weniger Vertexdaten, da Vertices, die zu mehreren Dreiecken gehören, nur einmal gespeichert werden müssen,

- man muss aus dem vorher genannten Grund auch entsprechend weniger Vertices im Vertex Shader transformieren,

- es können keine Fehler beim Rendern durch Lücken verursacht werden, die dadurch entstehen, dass z.B. aufgrund numerischer Ungenauigkeiten zwei eigentlich identische Vertices nicht mehr exakt auf dieselbe Position im dreidimensionalen Raum fallen.

Um die Vulkan-Zeichentechnik der „indizierten Vertex Buffer Objects" anzuwenden, sind zusätzlich zu den im vorigen Abschnitt 6.5.1 dargestellten Aktionen noch weitere nötig:

1. die Definition der Index-Daten:

```
const std::vector<uint32_t> indices = { 0, 1, 2 };
```

2. die Definition der Index Buffer Objects und die Allokation des Speichers mit der in Abschnitt 5.2.2.4 definierten Funktion `createBuffer()`, die im wesentlichen die Vulkan-Befehle `vkCreateBuffer()` und `vkAllocateMemory()` aufruft.

3. der Datentransfer von der CPU zur GPU mit der in Abschnitt 5.2.2.4 definierten Funktion `createIndexBuffer()`.

4. das Rendern des indizierten VBO mit Hilfe des Zeichenbefehls

```
vkCmdDrawIndexed(commandBufferObj[i],
    static_cast<uint32_t>(indices.size()), instanceCount,
    firstIndex, vertexOffset, firstInstance);
```

der innerhalb eines Command Buffers aufgerufen wird. Der einzige Parameter, der bei diesem Kommando gegenüber `vkCmdDraw()` dazugekommen ist, ist `vertexOffset` und er stellt neben dem Parameter `firstIndex` einen zusätzlichen Offset in das VBO dar, ab dem Vertices gerendert werden. Der Vulkan-Zeichenbefehl `vkCmdDrawIndexed()` mit der Parametereinstellung `instanceCount = 1` entspricht dabei dem OpenGL-Zeichenbefehl `glDrawElements()` aus Abschnitt 6.4.4.2.

6.5.3   Primitive Restart

Ebenso wie OpenGL (Abschnitt 6.4.4.2) bietet auch Vulkan die Methode „*Primitive Restart*" an. Sie erlaubt das Rendern einer großen Zahl von Grafik-Primitiven eines Typs (z.B. TRIANGLE_STRIPS) mit nur einem einzigen Zeichenbefehl, indem man eine spezielle Zahl „`index`" definiert, bei deren Auftreten im Index Array der Vulkan-Treiber das bisher gerenderte Grafik-Primitiv beendet und ein Neues beginnt. Die Zahl `index` sollte möglichst groß sein, damit man nicht in Konflikt mit normalen Indizes gerät, die auf Vertices im VBO referenzieren. In Vulkan wird die Zahl `index` fest vorgegeben und ist endweder UINT32_MAX $= 2^{32} - 1 = 0xFFFFFFFF$, falls beim Befehl `vkCmdBindIndexBuffer()` der Parameter VkIndexType auf den Wert VK_INDEX_TYPE_UINT32 gesetzt wurde, oder UINT16_MAX $= 2^{16} - 1 = 0xFFFF$, falls er den Wert VK_INDEX_TYPE_UINT16 annimmt. „*Primitive Restart*" wird in Vulkan aktiviert, indem man bei der Definition der Pipeline in der Datenstruktur `VkPipelineInputAssemblyStateCreateInfo` den Parameter `primitiveRestartEnable` auf den Wert VK_TRUE setzt. Wenn im aktivierten Zustand der Befehl `vkCmdDrawIndexed()` einmal aufgerufen wird und im Index Array die Zahl `index` z.B. 100-mal vorkommt, hat das dieselbe Wirkung wie 100 Aufrufe von `vkCmdDrawIndexed()` bei deaktiviertem „*Primitive Restart*". In dem folgenden Programmierbeispiel wird der Einsatz von „*Primitive Restart*" dargestellt, bei dem zwei Triangle-Strips mit je 6 Dreiecken gerendert werden:

```
// Index Array mit Primitive Restart
const std::vector<uint32_t> indices = {
                        2, 3, 6, 7, 4, 3, 0, 2,
                        0xFFFFFFFF,                      // Restart index
                        0, 2, 1, 6, 5, 4, 1, 0 };

VkPipelineInputAssemblyStateCreateInfo assembly = {};
assembly.primitiveRestartEnable = VK_TRUE;
vkCmdDrawIndexed(commandBufferObj[i],
    static_cast<uint32_t>(indices.size()), 1, 0, 0, 0);
```

6.5.4 Instanced Rendering

Ebenso wie OpenGL (Abschnitt 6.4.4.2) bietet auch Vulkan die Methode „Instanced Rende-ring" an. Sie bietet sich immer dann an, wenn eine große Anzahl des immer gleichen Objekts in verschiedenen Positionen bzw. Lagen (wie z.B. Sterne, Schneeflocken, Grashalme) geren-dert werden soll. In diesem Fall wird eine Anzahl von `intanceCount` Instanzen des gleichen Objekts gerendert, allerdings zählt Vulkan für jede gerenderte Instanz des Objekts einen Zähler um eine Einheit hoch (beginnend bei `firstInstance`). Dies geschieht intern im Vulkan-Treiber auf der Grafikkarte und deshalb extrem schnell und steht dem Programmie-rer in Form einer vordefinierten (*built-in*) Shader-Variable mit dem Namen `gl_InstanceID` zur Verfügung. Mit dieser `gl_InstanceID` kann man z.B. in einem Vertex-Shader jede Instanz des Objekts unterschiedlich verschieben, drehen, skalieren, texturieren usw. und damit ein individuelles Erscheinungsbild erzeugen. Der große Vorteil des „Instanced Rende-ring" liegt darin, dass man mit einer sehr geringen Zahl an Vertex-Daten und Befehlen, die vom Client zum Server gesendet werden müssen, eine riesige Menge an Objekten auf der Grafikkarte erzeugen kann. Die Vulkan-Befehle zum „Instanced Rendering" von einfachen oder indizierten VBOs sind dieselben, wie in den vorigen Abschnitten (`vkCmdDraw()` und `vkCmdDrawIndexed()`), nur mit dem Unterschied, dass die beiden Parameter `intanceCount` und `firstInstance` nicht mehr 1 bzw. 0 sind, sondern größere Werte annehmen. Die Vulkan-Zeichenbefehle `vkCmdDraw()` bzw. `vkCmdDrawIndexed()` entsprechen dabei den OpenGL-Zeichenbefehlen `glDrawArraysInstanced()` bzw. `glDrawElementsInstanced()` aus Abschnitt 6.4.4.2.

6.5.5 Draw Indirect

Bei den Vulkan-Zeichenbefehlen `vkCmdDraw()` bzw. `vkCmdDrawIndexed()` werden die Pa-rameter direkt beim Speichern der Befehle im Command Buffer mitübergeben, so dass sie ein für alle Mal festgelegt sind. Vulkan bietet mit der Methode „Draw Indirect" hier Abhilfe, indem es einen weiteren Satz an Zeichenbefehlen bereit stellt, die die Parameter zum Rendern in Form eines Buffer Objektes erwarten, das erst kurz vor der Ausführung der Befehle auf der GPU zur Verfügung gestellt werden muss und nicht schon beim Auf-zeichnen der Befehle im Command Buffer auf der CPU. Diese beiden Befehle erhalten als

Zusatz den Begriff „*Indirect*" im Namen und lauten daher:

`vkCmdDrawIndirect(); bzw. vkCmdDrawIndexedIndirect();`

Sie erwarten als zweiten Parameter einen Verweis auf ein Buffer Objekt mit den Inhalten der Zeichenbefehle, wie sie in den Abschnitten 6.5.1 bzw. 6.5.2 definiert wurden:

```
typedef struct VkDrawIndirectCommand {
    uint32_t      vertexCount;
    uint32_t      instanceCount;
    uint32_t      firstIndex;
    uint32_t      firstInstance;
} VkDrawIndirectCommand;
```

  bzw.

```
typedef struct VkDrawIndexedIndirectCommand {
    uint32_t      vertexCount;
    uint32_t      instanceCount;
    uint32_t      firstIndex;
    int32_t       vertexOffset;
    uint32_t      firstInstance;
} VkDrawIndexedIndirectCommand;
```

Diese zusätzliche Flexibilität der späten Parameterfestlegung bei den Zeichenbefehlen kann man z.B. in den folgenden Fällen nutzen:

- Level-of-Detail (LOD, Abschnitt 16.3): das detaillierteste 3D-Modell mit einer großen Zahl an Vertices wird in einem VBO gespeichert. Die niedrigeren LOD-Stufen ergeben sich daraus einfach durch Weglassen bestimmter Vertices. Das Umschalten zwischen verschiedenen LOD-Stufen kann dann einfach dadurch geschehen, dass unterschiedliche Buffer Objekte zum Rendern ausgewählt werden, deren Parameter dafür sorgen, dass nur ein Teil der Vertices gerendert wird. Diese Technik hat den Vorteil, dass nicht für jede LOD-Stufe separate VBOs generiert und geladen werden müssen, die dann mit separaten Command Buffers zu rendern sind, sondern das man mit nur einem VBO und einem Command Buffer, aber unterschiedlichen Buffer Objekten für die Befehls-Parameter, alle LOD-Stufen renden kann.

- Generierung der endgültigen Zeichenbefehle auf der GPU, nicht auf der CPU: die Buffer Objekte mit den Parametern für die Zeichenbefehle können auf der GPU mit einem Shader erzeugt und immer wieder verändert werden. Dadurch kann man mit einem Command Buffer, der als eine Art Blaupause auf der CPU erzeugt wurde, interaktiv ganz unterschiedliche Ausprägungen der Zeichenbefehle auf der GPU generieren.

Die Vulkan-Zeichenbefehle `vkCmdDrawIndirect()` bzw. `vkCmdDrawIndexedIndirect()` entsprechen dabei den OpenGL-Zeichenbefehlen `glMultiDrawArraysIndirect()` bzw. `glMultiDrawElementsIndirect()`.

6.6 Modellierung komplexer 3D-Szenarien

Wie man sicher beim Lesen dieses Kapitels schon bemerkt hat, ist die Modellierung von komplexen 3D-Objekten oder sogar ganzer 3D-Szenarien in OpenGL oder Vulkan ein sehr aufwändiges Unterfangen. Zudem ist die Modellierung weder in OpenGL noch in Vulkan besonders anschaulich, da die Eingabe von 3D-Objekten ausschließlich über alphanumerische Programmzeilen erfolgt, die auch noch compiliert werden müssen, bevor man das Ergebnis der Modellierung am Bildschirm sehen kann. OpenGL bzw. Vulkan selbst stellen auch keine Funktionen für das Abspeichern und Einlesen von 3D-Szenarien oder Texturen zur Verfügung, um die Plattform–Unabhängigkeit zu erhalten. OpenGL bzw. Vulkan stellen die grundlegenden Funktionalitäten zur Verfügung, auf der andere Werkzeuge aufbauen.

Aus diesem Grund wurden für die verschiedenen Anwendungsgebiete der Computergrafik eine Reihe von Modellierwerkzeugen geschaffen, die über eine grafische Benutzeroberfläche die interaktive Generierung und Abspeicherung von 3D-Szenarien gestatten. Jedes Anwendungsgebiet hat dabei seine Spezifika, die sich in eigenen 3D-Datenformaten niederschlagen. Es gibt mittlerweile sicher mehr als hundert verschiedene 3D-Datenformate und noch mehr Modellierwerkzeuge. Ein kleine Auswahl davon ist für die Anwendungsgebiete Animation $(1 - 4)$ und Simulation $(5 - 8)$ in folgender Liste zu finden:

1. „Blender", dass einzige kostenlose, aber dennoch sehr mächtige 3D-Modellierwerkzeug.

2. „3ds Max" von Autodesk.

3. „MAYA" von Autodesk.

4. „Cinema 4D" von Maxon Computer GmbH.

5. „Creator" von Presagis Inc.

6. „Terra Vista" von Presagis Inc.

7. „Trian3DBuilder" von TrianGraphics GmbH.

8. „Road Designer ROD" von VIRES Simulationstechnologie GmbH.

Kapitel 7

Koordinatensysteme und Transformationen

Im vorhergehenden Kapitel wurde gezeigt, wie man geometrische Objekte in der 3D-Computergrafik modelliert. In diesem Kapitel wird dargestellt, wie man diese Objekte in einer Szene positioniert, wie man die Position und die Blickwinkel einer Kamera festlegt, die die Szene quasi fotografiert, und wie man schließlich die Ausmaße des fertigen Bildes spezifiziert, das in einem Fenster des Bildschirms dargestellt werden soll. All diese Aktionen werden durch entsprechende Koordinatentransformationen erreicht.

OpenGL im „*Core Profile*" und Vulkan unterscheiden sich in diesem Bereich kaum, denn die jeweiligen Treiber liefern keine Unterstützung für Transformationen (mit Ausnahme der Viewport-Transformation). Diese wichtige Aufgabe bleibt den Nutzern überlassen, die sich die nötige Infrastruktur entweder selbst schaffen müssen, oder eine der frei verfügbaren Bibliotheken (z.B. „*GLTools*" [Sell15] oder „*GLM*" (https://github.com/g-truc/glm (abgerufen am 24.12.2018))) dafür nutzen können. Die Unterschiede zwischen OpenGL und Vulkan betreffen nur die Definition des Koordinatensystems (rechtshändig versus linkshändig, Abschnitt 7.1) und die Viewport-Transformation (Abschnitt 7.7).

7.1 Definition des Koordinatensystems

7.1.1 OpenGL Koordinatensystem

In OpenGL wird ein 3-dimensionales Euklidisches Koordinatensystem verwendet, dessen drei senkrecht aufeinander stehende Achsen mit x, y und z bezeichnet werden. Standardmäßig sitzt der Betrachter (auch Augenpunkt genannt) im Ursprung ($x = 0, y = 0, z = 0$), die positive x–Achse zeigt bzgl. des Beobachters bzw. des Bildschirms nach rechts, die positive y–Achse zeigt nach oben und die positive z–Achse zeigt in Richtung des Beobachters, d.h. sie steht senkrecht auf dem Bildschirm in Richtung des Augenpunkts (Bild 7.1).

Dadurch ist ein sogenanntes „rechtshändiges" Koordinatensystem definiert, bei dem der

© Springer Fachmedien Wiesbaden GmbH, ein Teil von Springer Nature 2019
A. Nischwitz et al., *Computergrafik*,
https://doi.org/10.1007/978-3-658-25384-4_7

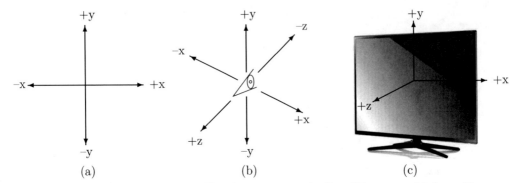

Bild 7.1: Die Definition des Koordinatensystems in OpenGL aus verschiedenen Perspektiven: (a) aus der Perspektive des Augenpunkts, (b) aus der Perspektive eines dritten Beobachters, der nach rechts oben versetzt ist und auf den Ursprung des Koordinatensystems blickt, in dem der Augenpunkt standardmäßig sitzt. (c) aus einer ähnlichen Perspektive wie in der Mitte, aber jetzt mit Blick auf den Bildschirm

Daumen der rechten Hand die positive x–Achse repräsentiert, der Zeigefinger die positive y–Achse und der auf den beiden anderen senkrecht stehende Mittelfinger die positive z–Achse[1].

7.1.2 Vulkan Koordinatensystem

In Vulkan wird wie in OpenGL ein 3-dimensionales Euklidisches Koordinatensystem verwendet, das aber bei Vulkan linkshändig ist. D.h. der Daumen der linken Hand repräsentiert die positive x–Achse, die bzgl. des Beobachters bzw. des Bildschirms nach rechts zeigt, der Zeigefinger die positive y–Achse, die nach unten zeigt und der auf den beiden anderen senkrecht stehende Mittelfinger die positive z–Achse, die senkrecht auf dem Bildschirm steht und in Richtung des Augenpunkts zeigt (Bild 7.2).

Nachdem Vulkan ein linkshändiges Koordinatensystem besitzt, aber die Bibliotheken („*GLTools*" und „*GLM*") zur Koordinatentransformation auf das rechtshändige OpenGL ausgerichtet sind, ist es notwendig, nach der Festlegung der Projektionstransformation bei Vulkan noch die y–Achse zu spiegeln (Funktion `updateUniformBuffer()` im Abschnitt 5.2.2.4):

---

[1]Achtung: in der Bildverarbeitung wird traditionell ein anders ausgerichtetes Koordinatensystem verwendet. Der Ursprung sitzt im Bild links oben, die positive x–Achse zeigt nach unten, die positive y–Achse zeigt nach rechts und die positive z–Achse zeigt in Richtung des Beobachters, d.h. sie steht senkrecht auf dem Bildschirm in Richtung des Augenpunkts. Dieses Koordinatensystem, das auch im Bildverarbeitungsteil dieses Werks verwendet wird, geht aus dem Koordinatensystem der Computergrafik durch Drehung um $-90°$ bzgl. der z–Achse hervor.

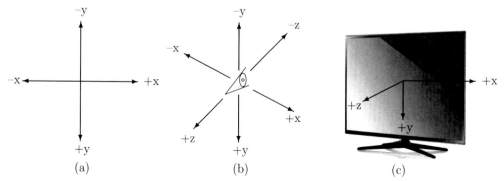

Bild 7.2: Das Vulkan-Koordinatensystems aus verschiedenen Perspektiven: (a) aus der Perspektive des Augenpunkts, (b) aus der Perspektive eines dritten Beobachters, der nach rechts oben versetzt ist und auf den Ursprung des Koordinatensystems blickt, in dem der Augenpunkt standardmäßig sitzt. (c) aus einer ähnlichen Perspektive wie in der Mitte, aber jetzt mit Blick auf den Bildschirm

```
// Berechnung der Projection-Matrix mit GLM
glm::mat4 projMatrix = glm::perspective( fov, width/height, near, far );
// Achtung: Vulkan besitzt ein linkshändiges Koordinatensystem,
// deshalb muss die y-Achse invertiert werden
projMatrix[1][1] *= -1;

// oder:
// Berechnung der Projection-Matrix mit GLTools
GLMatrixStack    projMatrixStack;
GLFrustum        viewFrustum;

viewFrustum.SetPerspective( fov, width/height, near, far );
// Invertierung der y-Achse mit Scale()
viewFrustum.Scale( 1, -1, 1 );
projMatrixStack.LoadMatrix(viewFrustum.GetProjectionMatrix());
```

7.2 Transformationen im Überblick

Der Titel des vorigen Abschnitts „Definition des Koordinatensystems" klingt so, als ob es in der 3D-Computergrafik nur ein einziges Koordinatensystem gäbe. Tatsächlich aber werden mehrere Koordinatensysteme unterschieden:

- *Weltkoordinaten* sind die Koordinaten, die für die gesamte Szene gelten und im vorigen Abschnitt definiert wurden. Manchmal werden diese Koordinaten auch Augenpunktkoordinaten (*eye coordinates*) genannt[2].

- *Objektkoordinaten* (*object coordinates*) sind die Koordinaten, in denen die 3D-Objekte lokal definiert werden.

- *Projektionskoordinaten* (*clip coordinates*) sind die Koordinaten, die nach der perspektivischen oder parallelen Projektionstransformation gelten.

- *normierte Koordinaten* (*normalized device coordinates*) sind die Koordinaten, die nach der Division der Projektionskoordinaten durch den inversen Streckungsfaktor w entstehen.

- *Bildschirmkoordinaten* (*window coordinates*) sind die Koordinaten am Ende der ganzen Transformations-Kette, die die Szene in der gewählten Fenstergröße darstellen.

Das Bild 7.3 zeigt einen Überblick über die Transformationsstufen, durch die man die Vertices in die zugehörigen Koordinatensysteme überführt.

Als erstes werden die in einem lokalen Koordinatensystem definierten 3D-Objekte an eine beliebige Stelle in der Szene positioniert. Dazu wird auf die Vertices des Objekts eine *Modelltransformation* (Translation, Rotation oder Skalierung) angewendet. Als Beispiel betrachten wir die Modellierung eines einfachen Automobils: in einem lokalen Koordinatensystem, d.h. in Objektkoordinaten, wird jeweils ein Chassis und ein Rad definiert; das Rad wird vierfach verwendet und jeweils durch eine Translation bzw. Rotation an die richtige Stelle am Chassis angebracht.

Als zweites wird festgelegt, von welchem Augenpunkt aus die Szene „fotografiert" werden soll. Dazu wird auf alle Vertices der Szene eine *Augenpunkttransformation* angewendet, also wieder wie vorher eine Translation, Rotation oder Skalierung. Dabei spielt es keine Rolle, ob man den Augenpunkt verschiebt, oder ob man den Augenpunkt im Ursprung belässt und die gesamte Szene verschiebt, das Ergebnis ist das gleiche. Nun sind alle Vertices im Augenpunktkoordinatensystem gegeben. Da sich die ersten beiden Transformationen in ihrer Form nicht unterscheiden, werden sie zur Modell- und Augenpunkttransformation (*Modelview-Matrix*) zusammengefasst.

---

[2]Manchmal wird zwischen Weltkoordinaten und Augenpunktkoordinaten auch stärker unterschieden. In diesem Fall bezeichnet man die Koordinaten nach der Modelltransformation als Weltkoordinaten und erst nach der Augenpunkttransformation als Augenpunktkoordinaten. Da in OpenGL diese beiden Transformationen jedoch in der ModelView-Matrix zusammengefasst sind, werden hier Welt- und Augenpunktkoordinaten äquivalent benutzt

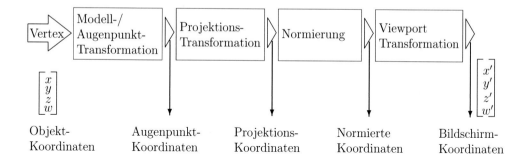

Bild 7.3: Darstellung der verschiedenen Vertex Transformationen und der zugehörigen Koordinatensysteme

Als drittes werden die Eigenschaften der Projektion, wie z.B. die Blickwinkel, festgelegt. Dies entspricht quasi der Auswahl eines Objektivs (Weitwinkel, Tele) bzw. eines Zoomfaktors bei einer Kamera. Dazu wird auf die Augenpunktkoordinaten die *Projektionstransformation* angewendet, die das sichtbare Volumen („*viewing volume*" oder „*viewing frustum*") definiert. Alle Vertices, die außerhalb des sichtbaren Volumens liegen, werden jetzt entfernt (*clipping*), da sie am Bildschirm sowieso nicht sichtbar wären. Nach diesem Transformationsschritt liegen die Vertex-Koordinaten als „Projektionskoordinaten" vor (im Englischen auch als „*clip coordinates*" bezeichnet, da nach dieser Transformation das *Clipping* (Abschnitt 16.2) durchgeführt wird).

Als viertes wird eine Normierung (*perspective division*) in zwei Schritten durchgeführt. Im ersten Schritt werden die x, y, z–Koordinaten in das Intervall $[-w, +w]$ transformiert. Im zweiten Schritt werden die Koordinaten x, y, z durch den inversen Streckungsfaktor w dividiert. Auf diese Weise werden „Normierte Koordinaten" (*normalized device coordinates*) erzeugt.

Als fünftes und letztes wird die *Viewport-Transformation* durchgeführt. Abhängig von den in Pixel definierten Ausmaßen des Bildschirmfensters werden durch die Viewport-Transformation die Vertices in Bildschirmkoordinaten umgerechnet.

Man kann sich natürlich fragen, wieso nach der Projektion einer 3-dimensionalen Szene auf einen 2-dimensionalen Bildschirm überhaupt noch mit 3-dimensionalen Vertices weitergerechnet wird, für die Ortsbestimmung eines Bildschirm-Pixels reichen an sich ja die beiden Koordinaten x und y. Dennoch werden alle weiteren Transformationen auch für die z–Koordinate durchgeführt, denn die z–Koordinate repräsentiert die räumliche Tiefe eines Vertex bezogen auf den Bildschirm. Diese Information ist für die Verdeckungsrechnung (Kapitel 8) und die Nebelberechnung (Kapitel 11) sehr nützlich.

7.3 Mathematische Grundlagen

Um ein tieferes Verständnis der Transformationen in der 3D-Computergrafik zu bekommen, werden zunächst in knapper Form die wesentlichen mathematischen Grundlagen dazu erläutert. Für eine ausführlichere Darstellung der mathematischen Grundlagen wird auf [Hugh13] verwiesen.

7.3.1 Homogene Koordinaten

Ein Punkt im 3-dimensionalen Euklidischen Raum kann durch die drei Koordinaten x, y, z beschrieben werden. Eine beliebige Transformation eines 3-komponentigen Orts-Vektors $(x, y, z)^T$ kann durch eine $3 \cdot 3$-Matrix erreicht werden:

$$\begin{pmatrix} x' \\ y' \\ z' \end{pmatrix} = \begin{pmatrix} m_{11} & m_{12} & m_{13} \\ m_{21} & m_{22} & m_{23} \\ m_{31} & m_{32} & m_{33} \end{pmatrix} \begin{pmatrix} x \\ y \\ z \end{pmatrix} \quad \text{mit} \quad \begin{aligned} x' &= m_{11} \cdot x + m_{12} \cdot y + m_{13} \cdot z \\ y' &= m_{21} \cdot x + m_{22} \cdot y + m_{23} \cdot z \\ z' &= m_{31} \cdot x + m_{32} \cdot y + m_{33} \cdot z \end{aligned} \quad (7.1)$$

Um auch Translationen durchführen zu können, die unabhängig von den Objektkoordinaten sind, fehlt hier aber eine unabhängige additive Komponente. Zu diesem Zweck werden homogene Koordinaten eingeführt, d.h. ein Punkt im 3-dimensionalen Euklidischen Raum wird jetzt durch die vier Komponenten x_h, y_h, z_h, w beschrieben, wobei die vierte Komponente w „inverser Streckungsfaktor" genannt wird. Der Grund für diesen Namen wird ersichtlich, wenn man einen Vertex mit homogenen Koordinaten in den 3-dimensionalen Euklidischen Raum abbildet, denn die jeweilige euklidische Koordinate ergibt sich durch Streckung (Multiplikation) der homogenen Koordinate mit dem invertierten Faktor w^{-1}:

$$x = \frac{x_h}{w}; \quad y = \frac{y_h}{w}; \quad z = \frac{z_h}{w} \quad (7.2)$$

Standardmäßig ist der inverse Streckungsfaktor $w = 1$. Bei einem inversen Streckungsfaktor $w = 0.5$ werden die Koordinaten um einen Faktor 2 gestreckt, bei $w = 0.05$ um einen Faktor 20 und was passiert bei $w = 0.0$? Da eine Division durch 0 unendlich ergibt, wird ein Punkt mit den homogenen Koordinaten $(x, y, z, 0)$ ins Unendliche abgebildet, und zwar in Richtung des Vektors $(x, y, z)^T$. Mit einem inversen Streckungsfaktor $w = 0$ können somit Richtungsvektoren definiert werden. Dies ist z.B. bei der Beleutungsrechnung sehr nützlich, denn mit $w = 0$ kann eine unendlich ferne Lichtquelle definiert werden, die in eine bestimmte Richtung perfekt parallele Lichtstrahlen aussendet. Die Beleuchtungsrechnung vereinfacht sich dadurch erheblich, denn es muss nicht für jeden Vertex extra die Richtung des eintreffenden Lichtstrahls berechnet werden, sondern die Richtung ist für alle Vertices die gleiche.

Eine von den Objektkoordinaten unabhängige Translation eines Vertex (x, y, z, w) um einen Richtungs-Vektor $(T_x, T_y, T_z)^T$ kann jetzt im Rahmen einer $4 \cdot 4$-Matrix zusätzlich zu den in (7.1) definierten Transformationen durchgeführt werden:

$$
\begin{pmatrix} x' \\ y' \\ z' \\ w' \end{pmatrix} = \begin{pmatrix} m_{11} & m_{12} & m_{13} & T_x \\ m_{21} & m_{22} & m_{23} & T_y \\ m_{31} & m_{32} & m_{33} & T_z \\ 0 & 0 & 0 & m_{44} \end{pmatrix} \begin{pmatrix} x \\ y \\ z \\ w \end{pmatrix}
\tag{7.3}
$$

wobei

$$
\begin{aligned}
x' &= m_{11} \cdot x + m_{12} \cdot y + m_{13} \cdot z + T_x \cdot w \\
y' &= m_{21} \cdot x + m_{22} \cdot y + m_{23} \cdot z + T_y \cdot w \\
z' &= m_{31} \cdot x + m_{32} \cdot y + m_{33} \cdot z + T_z \cdot w \\
w' &= m_{44} \cdot w
\end{aligned}
$$

7.3.2 Transformations-Matrizen

Die Geometrie aller 3D-Objekte wird, wie im vorigen Kapitel 6 gezeigt, durch einen Satz von Vertices definiert. Jeder Vertex wird in homogenen Koordinaten durch einen 4-komponentigen Orts-Vektor $\mathbf{v} = (x, y, z, w)^T$ gegeben. Eine allgemeine Transformation eines 4-komponentigen Vektors $\mathbf{v}$ kann durch eine $4 \cdot 4$-Matrix $\mathbf{M}$ erreicht werden:

$$
\mathbf{v}' = \mathbf{M}\mathbf{v} \qquad \Leftrightarrow \qquad \begin{pmatrix} x' \\ y' \\ z' \\ w' \end{pmatrix} = \begin{pmatrix} m_{11} & m_{12} & m_{13} & m_{14} \\ m_{21} & m_{22} & m_{23} & m_{24} \\ m_{31} & m_{32} & m_{33} & m_{34} \\ m_{41} & m_{42} & m_{43} & m_{44} \end{pmatrix} \begin{pmatrix} x \\ y \\ z \\ w \end{pmatrix}
\tag{7.4}
$$

Alle in Bild 7.3 dargestellten Transformationen sind also nur unterschiedliche Ausprägungen einer $4 \cdot 4$-Matrix. Das ist ein wichtiger Aspekt für das Design von Grafikhardware, denn die sehr häufig benötigten und rechenintensiven Operationen mit $4 \cdot 4$-Matrizen können fest in Hardware „gegossen" und dadurch enorm beschleunigt werden. In modernen Grafikkarten mit „Transform- and Lighting"-Beschleunigung ist dies realisiert.

Alle Vertices einer Szene müssen alle Transformationsstufen durchlaufen, bevor sie gezeichnet werden können. Nun gibt es dafür aber zwei unterschiedliche Möglichkeiten: entweder werden alle Transformations-Matrizen zuerst miteinander multipliziert und die resultierende Gesamttransformations-Matrix dann mit den Vertices, oder die Vertices werden mit der Matrix jeder einzelnen Transformationsstufe der Reihe nach multipliziert. Bei der üblicherweise großen Anzahl von Vertices ist die erste Variante effektiver. Deshalb wird in OpenGL jede neu definierte Transformations-Matrix mit der „*aktuellen*" Matrix multipliziert, und das Ergebnis ist dann die neue aktuelle Gesamttransformations-Matrix.

OpenGL stellt im „*Compatibility Profile*" (Abschnitt 5.1.1) folgende Befehle für allgemeine $4 \cdot 4$-Matrizen-Operationen zur Verfügung:

- glLoadMatrixf(const GLfloat *M);
  lädt die spezifizierte Matrix **M** als die aktuell anzuwendende Matrix. Das Argument
  *M ist ein Zeiger auf einen Vektor mit den 16 Komponenten der Matrix
  $M[16] = \{m_{11}, m_{21}, m_{31}, m_{41}, m_{12}, m_{22}, m_{32}, m_{42},$
  $m_{13}, m_{23}, m_{33}, m_{43}, m_{14}, m_{24}, m_{34}, m_{44}\}$

- glLoadIdentity(GLvoid);
  lädt die Einheitsmatrix **I**, die für die Initialisierung des Matrizen-Speichers häufig
  benötigt wird

$$
\mathbf{I} = \begin{pmatrix} 1 & 0 & 0 & 0 \\ 0 & 1 & 0 & 0 \\ 0 & 0 & 1 & 0 \\ 0 & 0 & 0 & 1 \end{pmatrix} \tag{7.5}
$$

- glMultMatrixf(const GLfloat *M);
  multipliziert die spezifizierte Matrix **M** mit der aktuell im Speicher befindlichen Matrix und schreibt das Ergebnis wieder in den Speicher. Das Argument *M ist genauso wie beim Befehl glLoadMatrixf() ein Zeiger auf einen Vektor mit 16 Komponenten
  $M[16] = \{m_{11}, m_{21}, m_{31}, m_{41}, m_{12}, m_{22}, m_{32}, m_{42},$
  $m_{13}, m_{23}, m_{33}, m_{43}, m_{14}, m_{24}, m_{34}, m_{44}\}$

Es existieren auch noch die Varianten glLoadMatrixd(const GLdouble *M) und glMultMatrixd(const GLdouble *M) mit doppelter Genauigkeit.

Im „*Core Profile*" (Abschnitt 5.1.1) von OpenGL fallen alle Befehle zum Transformieren und Projizieren von Objekten weg, ebenso wie deren Organisation in einem Matrizen-Stapel, da man diese Operationen nun im Vertex Shader selbst programmieren kann. Für diese Zwecke legt man sich jedoch sinnvollerweise eine Bibliothek von Unterstützungsroutinen an. Und damit diese immer wiederkehrende Aufgabe nicht jeder Entwickler neu durchführen muss, wird in diesem Buch dafür die Bibliothek „*GLTools*" von Richard S. Wright [Sell15] benutzt. Die GLTools-Library enthält eine Klasse GLMatrixStack, die alle notwendigen Befehle für die Matrizenrechnung enthält und eine Klasse GLShaderManager, die die Matrizen an vordefinierte Vertex- und Fragment-Shader übergibt, damit dort die entsprechenden Transformationen durchgeführt werden können. Man definiert zuerst eine Instanz der Klasse GLMatrixStack mit dem Befehl:

    GLMatrixStack matrixStack;

Anschließend kann man die Methoden der Klasse GLMatrixStack für Matrizen-Operationen benutzen. Um dem mit OpenGL vertrauten Programmierer den Übergang zum „*Core Profile*" möglichst leicht zu machen, sind die Methoden aus der Klasse GLMatrixStack genau so benannt, wie die Befehle aus dem „*Compatibility Profile*". Die entsprechenden Methoden für allgemeine 4·4-Matrizen-Operationen im „*Core Profile*" lauten:

- `M3DMatrix44f M;`
  `matrixStack.LoadMatrix(M);`
  lädt die spezifizierte Matrix **M** als die aktuell anzuwendende Matrix auf das oberste Element des Stapels `matrixStack`. Das Argument `M` ist ein Zeiger auf einen Vektor mit den 16 Komponenten der Matrix.

- `matrixStack.LoadIdentity();`
  lädt die Einheitsmatrix **I**, die für die Initialisierung des Matrizen-Speichers häufig benötigt wird.

- `matrixStack.MultMatrix(M);`
  multipliziert die spezifizierte Matrix **M** mit der aktuell an oberster Stelle im Stapel befindlichen Matrix und schreibt das Ergebnis wieder an die oberste Stelle des Stapels.

Für Matrizen mit doppelt genauen Komponenten verwendet man die Typdefinition `M3DMatrix44d`. Die Matrizenbefehle selber bleiben die gleichen, da sie überladen werden können.

7.4 Modell-Transformationen

3D-Objekte werden normalerweise in ihren lokalen Koordinatensystemen, den sogenannten „Objekt-Koordinaten", definiert und müssen erst durch eine Modell-Transformation an die richtige Stelle in der Szene, d.h. im Weltkoordinatensystem positioniert werden. Dazu dienen die Operationen Verschiebung (Translation), Drehung (Rotation) und Vergrößerung bzw. Verkleinerung (Skalierung). Eine andere Denkweise geht nicht von einem fixen Weltkoordinatensystem aus, in dem die Objekte verschoben werden, sondern benutzt die Vorstellung von einem lokalen Koordinatensystem, das fest an das Objekt gekoppelt ist. Verschoben wird jetzt nicht das Objekt im Koordinatensystem, sondern das Koordinatensystem mitsamt dem Objekt. Diese Denkweise, die auch im Folgenden verwendet wird, bietet den Vorteil, dass die Transformationsoperationen in der natürlichen Reihenfolge im Programm-Code erscheinen. Wichtig wird dies besonders bei kombinierten Translationen und Rotationen, denn hier ist die Reihenfolge der Operationen nicht vertauschbar.

7.4.1 Translation

Durch den OpenGL-Befehl `glTranslatef`(GLfloat T_x, GLfloat T_y, GLfloat T_z) im „*Compatibility Profile*" bzw. `matrixStack.Translate`(T_x, T_y, T_z) im „*Core Profile*" wird der Ursprung des Koordinatensystems zum spezifizierten Punkt (T_x, T_y, T_z) verschoben (Bild 7.4).

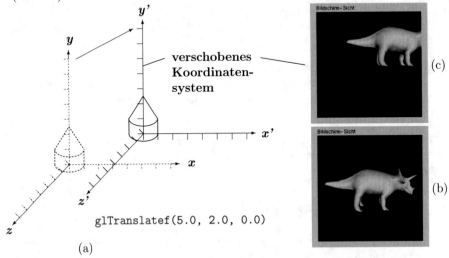

(a)

glTranslatef(5.0, 2.0, 0.0)

Bild 7.4: Translation des Koordinatensystems in OpenGL: (a) gestrichelt: nicht verschobenes Koordinatensystem (x, y, z), durchgezogen: verschobenes Koordinatensystem (x', y', z'). 3D-Objekt im Ursprung: Zylinder mit aufgestülptem Kegelmantel. (b) Bildschirm-Sicht eines nicht verschobenen Objekts (Triceratops). (c) Bildschirm-Sicht des mit `glTranslatef`(5.0, 2.0, 0.0) verschobenen Objekts.

In kartesischen Koordinaten wird eine Translation eines Vertex $\mathbf{v} = (x, y, z)^T$ um einen Richtungs-Vektor $(T_x, T_y, T_z)^T$ wie folgt geschrieben (siehe auch (7.3)):

$$x' = x + T_x$$
$$y' = y + T_y$$
$$z' = z + T_z$$

und in homogenen Koordinaten mit der $4 \cdot 4$-Translations-Matrix $\mathbf{T}$:

$$\mathbf{v}' = \mathbf{T}\mathbf{v} \qquad \Leftrightarrow \qquad \begin{pmatrix} x' \\ y' \\ z' \\ w' \end{pmatrix} = \begin{pmatrix} 1 & 0 & 0 & T_x \\ 0 & 1 & 0 & T_y \\ 0 & 0 & 1 & T_z \\ 0 & 0 & 0 & 1 \end{pmatrix} \begin{pmatrix} x \\ y \\ z \\ w \end{pmatrix} \qquad (7.6)$$

Durch den OpenGL-Befehl `glTranslatef`(T_x, T_y, T_z) bzw. `matrixStack.Translate`(T_x, T_y, T_z) wird also eine Translations-

Matrix $\mathbf{T}$ definiert, die Matrix $\mathbf{T}$ wird mit der aktuell an oberster Stelle des Stapels befindlichen Matrix multipliziert und das Ergebnis wird wieder an die oberste Stelle des Stapels geschrieben. Dasselbe Ergebnis könnte man durch die explizite Spezifikation der 16 Komponenten der Translations-Matrix $\mathbf{T}$, gefolgt von dem Aufruf `glMultMatrixf(T)` bzw. `matrixStack.MultMatrix(T)`, erzielen. Allerdings wäre dies umständlicher in der Programmierung.

Eine alternative Form des Translations-Befehls mit doppelter Genauigkeit stellt `glTranslated(`GLdouble T_x`,` GLdouble T_y`,` GLdouble T_z`)` im *„Compatibility Profile"* dar. Im *„Core Profile"* verwendet man dazu einfach die Typdefinition `M3DMatrix44d` für Matrizen bzw. `M3DVector3d` für Vektoren, die Matrizenbefehle dagegen bleiben die selben, da sie überladen werden können. Relevant wird die doppelt genaue Form des Befehls bei Anwendungen mit Szenarien, die im Verhältnis zum sichtbaren Volumen sehr groß sind, wie z.B. bei Flug- oder Fahrsimulationen. Nehmen wir als Beispiel einen Schienenfahrsimulator, in dem eine Bahnstrecke von ca. 1000 *km* modelliert ist. Um einen Zug auch am entferntesten Punkt vom Ursprung des Koordinatensystems mit einer Genauigkeit von ca. 1 *cm* positionieren zu können, ist eine Genauigkeit von mindestens 8 Stellen hinter dem Komma erforderlich. Bei einem GLfloat mit 32 *bit* erreicht man je nach Implementierung allerdings nur eine Genauigkeit von 6 – 7 Stellen hinter dem Komma, so dass die Positionierung von Objekten im Bereich zwischen 0,1 – 1 Meter schwankt. Dies führt bei Bewegungen zu einem zufälligen Hin- und Herspringen von Objekten aufgrund der numerischen Rundungsfehler. Abhilfe kann in solchen Fällen durch die doppelt genauen Varianten der Modell-Transformationen geschaffen werden.

7.4.2 Rotation

Der OpenGL-Befehl glRotatef(GLfloat α, GLfloat R_x, GLfloat R_y, GLfloat R_z) im „*Compatibility Profile*" bzw. matrixStack.Rotate(α, R_x, R_y, R_z) im „*Core Profile*" dreht das Koordinatensystem um einen Winkel α bezüglich des Vektors $(R_x, R_y, R_z)^T$ (Bild 7.5). Der Winkel α wird dabei in der Einheit [*Grad*] erwartet und der Vektor $(R_x, R_y, R_z)^T$ sollte der Einfachheit halber die Länge 1 besitzen. Positive Winkel bewirken eine Rotation im mathematisch positiven Sinn, d.h. gegen den Uhrzeigersinn. Mit Hilfe der „Rechte-Hand-Regel" kann man sich die Drehrichtung relativ leicht klar machen: zeigt der Daumen der rechten Hand in Richtung des Vektors $(x, y, z)^T$, dann geben die restlichen vier halb eingerollten Finger die Drehrichtung an. Die alternative Form des Befehls mit doppelter Genauigkeit lautet im „*Compatibility Profile*":

  glRotated(GLdouble α, GLdouble R_x, GLdouble R_y, GLdouble R_z).

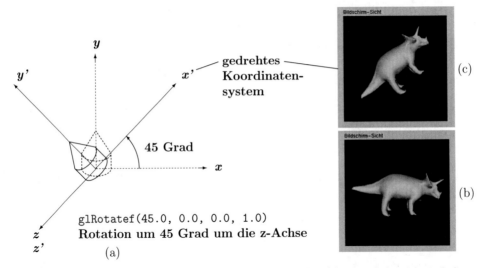

Bild 7.5: Rotation des Koordinatensystems in OpenGL: (a) gestrichelt: nicht gedrehtes Koordinatensystem (x, y, z); durchgezogen: um 45° bzgl. der z–Achse gedrehtes Koordinatensystem (x', y', z'). (b) Bildschirm-Sicht eines nicht gedrehten Objekts (Triceratops). (c) Bildschirm-Sicht des mit glRotatef(45.0, 0.0, 0.0, 1.0) gedrehten Objekts.

In kartesischen Koordinaten wird eine Rotation eines Vertex $\mathbf{v} = (x, y, z)^T$ um einen Winkel α bzgl. eines Richtungs-Vektors $\mathbf{r} = (R_x, R_y, R_z)^T$ der Länge 1 wie folgt geschrieben:

$$\mathbf{v}' = \mathbf{M}\mathbf{v} \quad mit \quad \mathbf{M} = \begin{pmatrix} m_{11} & m_{12} & m_{13} \\ m_{21} & m_{22} & m_{23} \\ m_{31} & m_{32} & m_{33} \end{pmatrix}$$

$$\Leftrightarrow \mathbf{M} = \mathbf{r} \cdot \mathbf{r^T} + \cos\alpha \cdot (\mathbf{I} - \mathbf{r} \cdot \mathbf{r^T}) + \sin\alpha \cdot \begin{pmatrix} 0 & -R_z & R_y \\ R_z & 0 & -R_x \\ -R_y & R_x & 0 \end{pmatrix}$$

$$\Leftrightarrow \mathbf{M} = \begin{pmatrix} R_x^2 & R_x R_y & R_x R_z \\ R_x R_y & R_y^2 & R_y R_z \\ R_x R_z & R_y R_z & R_z^2 \end{pmatrix} + \cos\alpha \cdot \left[\begin{pmatrix} 1 & 0 & 0 \\ 0 & 1 & 0 \\ 0 & 0 & 1 \end{pmatrix} - \begin{pmatrix} R_x^2 & R_x R_y & R_x R_z \\ R_x R_y & R_y^2 & R_y R_z \\ R_x R_z & R_y R_z & R_z^2 \end{pmatrix} \right]$$

$$+ \sin\alpha \cdot \begin{pmatrix} 0 & -R_z & R_y \\ R_z & 0 & -R_x \\ -R_y & R_x & 0 \end{pmatrix} \tag{7.7}$$

und in homogenen Koordinaten mit der $4 \cdot 4$-Rotations-Matrix $\mathbf{R}$, in der die Matrix $\mathbf{M}$ aus (7.7) enthalten ist:

$$\mathbf{v'} = \mathbf{Rv} \qquad \Leftrightarrow \qquad \begin{pmatrix} x' \\ y' \\ z' \\ w' \end{pmatrix} = \begin{pmatrix} m_{11} & m_{12} & m_{13} & 0 \\ m_{21} & m_{22} & m_{23} & 0 \\ m_{31} & m_{32} & m_{33} & 0 \\ 0 & 0 & 0 & 1 \end{pmatrix} \begin{pmatrix} x \\ y \\ z \\ w \end{pmatrix} \tag{7.8}$$

In den Spezialfällen, in denen die Rotationachse eine der drei Koordinatenachsen x, y oder z ist, vereinfacht sich die jeweilige $4 \cdot 4$-Rotations-Matrix $\mathbf{R}$ erheblich:

Rotation um die x–Achse:

$$\texttt{glRotatef}(\alpha\texttt{,1,0,0}) \qquad \Leftrightarrow \qquad \mathbf{R^x} = \begin{pmatrix} 1 & 0 & 0 & 0 \\ 0 & \cos\alpha & -\sin\alpha & 0 \\ 0 & \sin\alpha & \cos\alpha & 0 \\ 0 & 0 & 0 & 1 \end{pmatrix} \tag{7.9}$$

Rotation um die y–Achse:

$$\texttt{glRotatef}(\alpha\texttt{,0,1,0}) \qquad \Leftrightarrow \qquad \mathbf{R^y} = \begin{pmatrix} \cos\alpha & 0 & \sin\alpha & 0 \\ 0 & 1 & 0 & 0 \\ -\sin\alpha & 0 & \cos\alpha & 0 \\ 0 & 0 & 0 & 1 \end{pmatrix} \tag{7.10}$$

Rotation um die z–Achse:

$$\texttt{glRotatef}(\alpha\texttt{,0,0,1}) \qquad \Leftrightarrow \qquad \mathbf{R^z} = \begin{pmatrix} \cos\alpha & -\sin\alpha & 0 & 0 \\ \sin\alpha & \cos\alpha & 0 & 0 \\ 0 & 0 & 1 & 0 \\ 0 & 0 & 0 & 1 \end{pmatrix} \tag{7.11}$$

Durch den OpenGL-Befehl $\texttt{glRotatef}(\alpha, R_x, R_y, R_z)$ bzw. $\texttt{matrixStack.Rotate}(\alpha, R_x, R_y, R_z)$ wird also eine Rotations-Matrix $\mathbf{R}$ definiert, die Matrix $\mathbf{R}$ wird mit der aktuell an oberster Stelle des Stapels befindlichen Matrix multipliziert und das Ergebnis wird wieder an die oberste Stelle des Stapels geschrieben. Dasselbe Ergebnis könnte auch hier wieder mit großem Aufwand mit dem Aufruf $\texttt{glMultMatrixf(R)}$ bzw. $\texttt{matrixStack.MultMatrix(R)}$ erzielt werden.

7.4.3 Skalierung

Durch den OpenGL-Befehl `glScalef(`GLfloat S_x, GLfloat S_y, GLfloat S_z) im „*Compatibility Profile*" bzw. `matrixStack.Scale(`S_x, S_y, S_z) im „*Core Profile*" wird das Koordinatensystem in der jeweiligen Achse gestreckt, wenn der Skalierungsfaktor betragsmäßig größer als 1 ist oder gestaucht, wenn der Faktor betragsmäßig kleiner als 1 ist (siehe folgende Tabelle und Bild 7.6). Negative Streckungsfaktoren bewirken zusätzlich eine Spiegelung an der jeweiligen Achse. Der Wert 0 ist als Streckungsfaktor unzulässig, da die Dimension verschwinden würde.

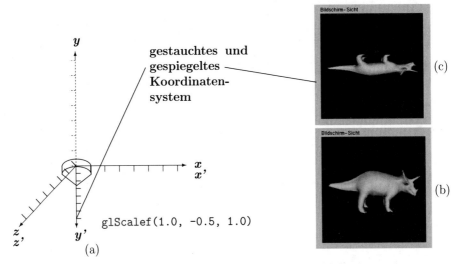

Bild 7.6: Skalierung des Koordinatensystems in OpenGL: (a) gestrichelt: original Koordinatensystem (x, y, z); durchgezogen: bzgl. der y–Achse um den Faktor $|s| = 0.5$ gestauchtes und gespiegeltes Koordinatensystem (x', y', z'). (b) Bildschirm-Sicht eines nicht skalierten Objekts (Triceratops). (c) Bildschirm-Sicht des mit `glScalef(1.0, -0.5, 1.0)` skalierten Objekts.

Skalierungsfaktor (s)	Effekt
$|s| > 1.0$	Streckung / Dimensionen vergrößern
$|s| = 1.0$	Dimensionen unverändert
$0.0 < |s| < 1.0$	Stauchung / Dimensionen verkleinern
$s = 0.0$	unzulässiger Wert

Eine alternative Form des Befehls mit doppelter Genauigkeit lautet im „*Compatibility Profile*":

`glScaled(`GLdouble S_x, GLdouble S_y, GLdouble S_z).

Damit man einen Vertex $\mathbf{v} = (x, y, z)^T$ in jeder Achse getrennt um einen Faktor S_x, S_y oder S_z skalieren kann, muss man komponentenweise multiplizieren:

$$x' = S_x \cdot x$$
$$y' = S_y \cdot y$$
$$z' = S_z \cdot z$$

Eine allgemeine Skalierung in homogenen Koordinaten mit der $4 \cdot 4$-Skalierungs-Matrix $\mathbf{S}$ lautet:

$$\mathbf{v}' = \mathbf{Sv} \qquad \Leftrightarrow \qquad \begin{pmatrix} x' \\ y' \\ z' \\ w' \end{pmatrix} = \begin{pmatrix} S_x & 0 & 0 & 0 \\ 0 & S_y & 0 & 0 \\ 0 & 0 & S_z & 0 \\ 0 & 0 & 0 & 1 \end{pmatrix} \begin{pmatrix} x \\ y \\ z \\ w \end{pmatrix} \tag{7.12}$$

Durch den OpenGL-Befehl `glScalef`(S_x, S_y, S_z) bzw. `matrixStack.Scale`(S_x, S_y, S_z) wird also eine Skalierungs-Matrix $\mathbf{S}$ definiert, die Matrix $\mathbf{S}$ wird mit der aktuell an oberster Stelle des Stapels befindlichen Matrix multipliziert und das Ergebnis wird wieder an die oberste Stelle des Stapels geschrieben. Dasselbe Ergebnis könnte auch hier wieder mit größerem Aufwand mit dem Aufruf `glMultMatrixf(S)` bzw. `matrixStack.MultMatrix(S)` erzielt werden.

7.4.4   Reihenfolge der Transformationen

Die endgültige Position und Lage eines Objektes in der Szene hängt normalerweise sehr stark von der Reihenfolge der Transformationen ab. In Bild 7.7 ist dies am Beispiel von Rotation und Translation in der Denkweise eines festen Weltkoordinatensystems gezeigt. In der Ausgangsposition befindet sich das 3D-Objekt (ein Zylinder mit übergestülptem Kegel) im Ursprung des Koordinatensystems. Da das Objekt in Bild 7.7-a zuerst eine Rotation um einen Winkel von 45 Grad bzgl. der z–Achse erfährt und anschließend eine Translation entlang der x–Achse, erscheint es letztendlich auf der x-Achse. In Bild 7.7-b dagegen wird zuerst die Translation entlang der x–Achse durchgeführt und dann die Rotation um einen Winkel von 45 Grad bzgl. der z–Achse, so dass das Objekt in diesem Fall an einer ganz anderen Stelle erscheint, und zwar auf der Winkelhalbierenden zwischen der x– und der y–Achse. Der Unterschied in der endgültigen Position des Objekts beruht darauf, dass die Transformationen nicht unabhängig voneinander sind: während in Bild 7.7-a das Objekt quasi mit einem Hebel der Länge 0 um den Ursprung gedreht wird, erfolgt in Bild 7.7-b die Drehung mit einem Hebel der Länge 5 (die Hebellänge entspricht der Translation).

An dieser Stelle bietet es sich an, noch einmal die unterschiedlichen Denkweisen bei Transformationen zu erläutern. Betrachtet man, wie in Bild 7.7 gezeigt, ein festes Weltkoordinatensystem, muss im linken Teilbild (a) zuerst die Drehung und dann die Translation erfolgen (im rechten Teilbild (b) umgekehrt). Betrachtet man dagegen, wie in Bild 7.8 gezeigt, ein lokales Koordinatensystem, das fest an das Objekt gebunden ist, muss im linken

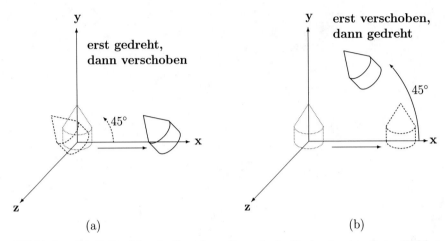

(a)

(b)

Bild 7.7: Die Reihenfolge der Transformationen in der Denkweise eines festen Weltkoordinatensystems: (a) gepunktet: original Objekt, gestrichelt: erst gedreht bzgl. der z–Achse, durchgezogen: dann verschoben bzgl. der x–Achse. (b) gepunktet: original Objekt, gestrichelt: erst verschoben bzgl. der x–Achse, durchgezogen: dann gedreht bzgl. der z–Achse.

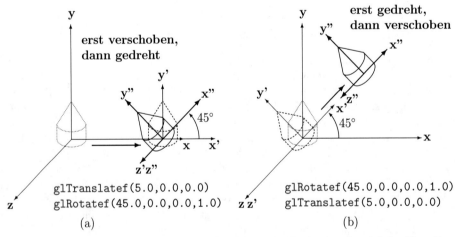

(a)

(b)

Bild 7.8: Die Reihenfolge der Transformationen in der Denkweise eines lokalen Koordinatensystems, das mit dem Objekt verschoben wird: (a) gepunktet: original Objekt, gestrichelt: erst verschoben bzgl. der x–Achse, durchgezogen: dann gedreht bzgl. der z'–Achse . (b) gepunktet: original Objekt, gestrichelt: erst gedreht bzgl. der z–Achse, durchgezogen: dann verschoben bzgl. der x'–Achse.

Teilbild (a) zuerst die Translation und dann die Drehung erfolgen, also genau in der entgegengesetzten Reihenfolge wie in der Denkweise des festen Weltkoordinatensystems (im rechten Teilbild (b) umgekehrt).

Im Programm-Code müssen die Transformationen in der umgekehrten Reihenfolge erscheinen wie in der Denkweise des festen Weltkoordinatensystems. Denn eine Verkettung von mehreren Transformationen wird durch eine Multiplikation der zugehörigen Matrizen realisiert, indem die neu hinzukommende Matrix von rechts auf die vorhandenen Matrizen aufmultipliziert wird. Zur Erläuterung wird ein Stück Programm-Code betrachtet, der die Situation in den linken Teilbildern von Bild 7.7 und Bild 7.8 beschreibt:

```
glLoadIdentity();                    /* I = Einheitsmatrix */
glTranslatef();                /* T = Translations-Matrix */
glRotatef();                      /* R = Rotations-Matrix */
glBegin(GL_TRIANGLES);
glVertex3fv(v);                    /* Vertex-Spezifikation */
...
glEnd();
```

Zur Initialisierung wird zunächst die $4 \cdot 4$-Einheitsmatrix $\mathbf{I}$ geladen. Dann wird die Translations-Matrix $\mathbf{T}$ von rechts auf die Einheitsmatrix multipliziert, d.h.: $\mathbf{I} \cdot \mathbf{T} = \mathbf{T}$. Danach wird die Rotations-Matrix $\mathbf{R}$ von rechts auf $\mathbf{T}$ multipliziert und das ergibt: $\mathbf{T} \cdot \mathbf{R}$. Letztendlich werden die Vertices $\mathbf{v}$ von rechts auf die Matrix $\mathbf{TR}$ multipliziert: $\mathbf{TRv}$. Die Vertex-Transformation lautet also: $\mathbf{T}(\mathbf{Rv})$, d.h. der Vertex wird zuerst mit der Rotations-Matrix $\mathbf{R}$ multipliziert und das Ergebnis $\mathbf{v}' = \mathbf{Rv}$ wird danach mit der Translations-Matrix $\mathbf{T}$ multipliziert: $\mathbf{v}'' = \mathbf{T} \cdot \mathbf{v}' = \mathbf{T}(\mathbf{Rv})$. Die Reihenfolge, in der die Matrizen abgearbeitet werden, ist also genau umgekehrt wie die Reihenfolge, in der sie im Programm-Code spezifiziert sind. In der Denkweise des festen Weltkoordinatensystems muss man quasi den Programm-Code rückwärts entwickeln. Deshalb ist es bequemer, im lokalen Koordinatensystem zu arbeiten, das mit dem Objekt mitbewegt wird, denn dort ist die Reihenfolge der Transformationen in der Denkweise und im Programm-Code die selbe.

7.5 Augenpunkt-Transformationen

Die Augenpunkt-Transformation (*viewing transformation*) ändert die Position und die Blickrichtung des Augenpunkts, von dem aus die Szene betrachtet wird. Mit anderen Worten heißt das, man positioniert die Kamera und richtet sie auf die Objekte aus, die fotografiert werden sollen. Standardmäßig befindet sich der Augenpunkt im Koordinatenursprung $(0,0,0)$, die Blickrichtung läuft entlang der negativen z–Achse und die y–Achse weist nach oben. Sollen aus diesem Augenpunkt heraus Objekte betrachtet werden, die sich ebenfalls um den Ursprung gruppieren, muss entweder die Kamera entlang der positiven z–Achse zurückbewegt werden, oder die Objekte müssen in die entgegengesetzte Richtung bewegt werden. Folglich ist eine Augenpunkt-Transformation, bei der der Betrachter in

Richtung der positiven z–Achse bewegt wird, nicht zu unterscheiden von einer Modell-Transformation, bei der die Objekte in Richtung der negativen z–Achse bewegt werden. Letztlich sind also Modell- und Augenpunkt-Transformationen vollkommen äquivalent zueinander, weshalb sie in einem sogenannten „*Modelview–Matrix–Stack*" zusammengefasst werden. Die Augenpunkt-Transformationen müssen immer vor allen anderen Transformationen im Programm-Code aufgerufen werden, damit alle Objekte in der Szene in gleicher Weise verschoben oder um den gleichen Bezugspunkt gedreht werden.

Eine sehr hilfreiche Funktion aus der OpenGL Utility Library (GLU), mit der man einen Augenpunkt (bzw. eine Kamera) positionieren und ausrichten kann, ist

```
gluLookAt(Eye.x,Eye.y,Eye.z, Look.x,Look.y,Look.z, Up.x,Up.y,Up.z);
```

wobei der Ortsvektor $\mathbf{Eye} = (Eye.x, Eye.y, Eye.z)^T$ die Position des Augenpunkts darstellt, der Ortsvektor $\mathbf{Look} = (Look.x, Look.y, Look.z)^T$ den Punkt, auf den geblickt wird, so dass der Richtungsvektor $(\mathbf{Look} - \mathbf{Eye})$ die Blickrichtung angibt, und der Vektor $\mathbf{Up} = (Up.x, Up.y, Up.z)^T$ die Richtung nach oben anzeigt und meist auf die Standardwerte $(0, 1, 0)$, d.h. die positive y–Achse gesetzt wird. Standardmäßig erwartet OpenGL den Augenpunkt jedoch im Koordinatenursprung $(0, 0, 0)$, die Blickrichtung läuft entlang der negativen z–Achse und die y–Achse weist nach oben (Bild 7.9). Man braucht also eine Transformation der gesamten Szene, so dass der Augenpunkt wieder die Standardeinstellung erhält. Genau diese Transformationsmatrix erzeugt die `gluLookAt()`-Funktion und multipliziert sie mit der obersten Matrix auf dem ModelView-Matrizen-Stapel. Wie man diese Transformationsmatrix berechnet, wird nun im folgenden dargestellt.

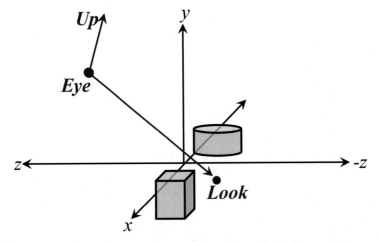

Bild 7.9: Das x, y, z-Koordinatensystem vor der Augenpunkttransformation `gluLookAt()`: Der Augenpunkt befindet sich am Ort **Eye** und der Blick geht von dort in Richtung des Punkts **Look**, in dessen Nähe sich die darzustellenden Objekte der Szene befinden. Die vertikale Ausrichtung des Augenpunkts (bzw. der Kamera) wird durch den Vektor **Up** angegeben.

Dazu betrachtet man ein lokales Koordinatensystem, das fest mit dem Augenpunkt verbunden ist und dessen Achsen mit den Richtungsvektoren **u**, **v**, und **n** bezeichnet werden (Bild 7.10). Der Blick geht, wie in OpenGL üblich, in Richtung der negativen **n**–Achse (entspricht der negativen z–Achse), der Vektor **u** zeigt nach rechts (entspricht der x–Achse) und der Vektor **v** zeigt nach oben (entspricht der y–Achse).

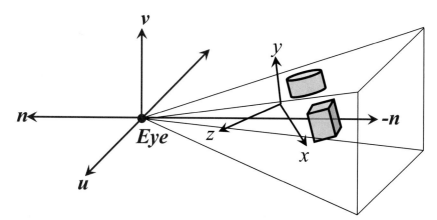

Bild 7.10:   Das lokale **u**, **v**, **n**-Koordinatensystem ist fest mit dem Augenpunkt verbunden. Der Ursprung dieses Koordinatensystems liegt am Ort **Eye** und der Blick geht von dort in Richtung der negativen **n**–Achse. Die **u**–Achse geht, vom Augenpunkt aus gesehen nach rechts und die **v**–Achse nach oben. Somit ist das **u**, **v**, **n**-Koordinatensystem ebenfalls rechtshändig. Die `gluLookAt()`-Funktion transformiert nun die Szene so, dass der Augenpunkt im Ursprung des **x**, **y**, **z**-Koordinatensystems liegt, die Blickrichtung entlang der negativen **z**–Achse geht und die Richtung nach oben durch die **y**–Achse gegeben ist.

Die Transformation, die durch die `gluLookAt()`-Funktion durchgeführt wird, besteht aus zwei Teilen:

- einer Drehung im Raum, so dass die Sichtachse **n** in die z–Achse gedreht und gleichzeitig der Vektor nach Oben **v** parallel zur y–Achse ausgerichtet wird

- einer Verschiebung des Ortsvektors **Eye** in den Ursprung $(0, 0, 0)$.

Zur Herleitung der Drehmatrix betrachtet man Bild 7.11: per Definition weiss man, dass der Vektor **n** parallel zum Vektor (**Eye** − **Look**) ist. Deshalb setzt man **n** = **Eye** − **Look**. Die Vektoren **u** und **v** müssen senkrecht auf **n** stehen, wobei **u** zur Seite und **v** nach Oben zeigt. Da man aus der `gluLookAt()`-Funktion die Vorgabe hat, dass der **Up**-Vektor die Richtung nach Oben angibt, erzeugt man als nächstes den Vektor **u**, der auf den Vektoren **n** und **Up** senkrecht steht, indem man das Kreuzprodukt benützt: **u** = **Up** × **n**. Mit Hilfe der Vektoren **n** und **u** kann man letztlich noch den Vektor **v** berechnen, der auf diesen beiden senkrecht steht, und zwar ebenfalls über das Kreuzprodukt:

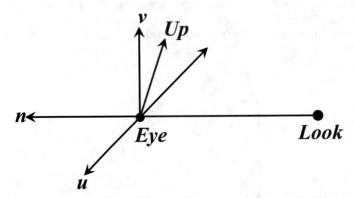

Bild 7.11:   Berechnung der Rotationsmatrix der gluLookAt()-Funktion: gegeben sind
die beiden Ortsvektoren **Eye** und **Look**, sowie der Richtungsvektor **Up**; daraus lassen sich
die Vektoren $\mathbf{u}, \mathbf{v}, \mathbf{n}$ berechnen, die die Achsen des lokalen Koordinatensystems am Augenpunkt darstellen und gleichzeitig auch den Rotationsanteil der Transformationsmatrix,
die die gluLookAt()-Funktion erzeugt.

$\mathbf{v} = \mathbf{n} \times \mathbf{u}$. Man beachte, dass im Allgemeinen der Vektor $\mathbf{v}$ nicht parallel zum **Up**-Vektor
ist, da der **Up**-Vektor nur ungefähr die Richtung nach Oben angeben soll, aber nicht ex-
akt senkrecht auf der Blickrichtung stehen muss (Bild 7.11). Insgesamt ergeben sich die
gesuchten Vektoren $\mathbf{u}$, $\mathbf{v}$, $\mathbf{n}$ aus den Eingangsvektoren der gluLookAt()-Funktion (**Eye**),
(**Look**), (**Up**) wie folgt:

$$\mathbf{n} = \mathbf{Eye} - \mathbf{Look} \tag{7.13}$$

$$\mathbf{u} = \mathbf{Up} \times \mathbf{n} \tag{7.14}$$

$$\mathbf{v} = \mathbf{n} \times \mathbf{u} \tag{7.15}$$

Schließlich müssen die Vektoren noch auf die Länge 1 normiert werden:

$$\mathbf{n'} = \frac{\mathbf{n}}{|\mathbf{n}|} = \frac{1}{\sqrt{n_x^2 + n_y^2 + n_z^2}} \cdot \begin{pmatrix} n_x \\ n_y \\ n_z \end{pmatrix} \tag{7.16}$$

$$\mathbf{u'} = \frac{\mathbf{u}}{|\mathbf{u}|} = \frac{1}{\sqrt{u_x^2 + u_y^2 + u_z^2}} \cdot \begin{pmatrix} u_x \\ u_y \\ u_z \end{pmatrix} \tag{7.17}$$

$$\mathbf{v'} = \frac{\mathbf{v}}{|\mathbf{v}|} = \frac{1}{\sqrt{v_x^2 + v_y^2 + v_z^2}} \cdot \begin{pmatrix} v_x \\ v_y \\ v_z \end{pmatrix} \tag{7.18}$$

Folglich lautet die gesuchte Drehmatrix, gemäß (7.8):

$$\mathbf{M_R} = \begin{pmatrix} u'^T \\ v'^T \\ n'^T \end{pmatrix} = \begin{pmatrix} u'_x & u'_y & u'_z \\ v'_x & v'_y & v'_z \\ n'_x & n'_y & n'_z \end{pmatrix} \tag{7.19}$$

Bei den meisten Anwendungen wird der **Up**-Vektor in Richtung der positiven y–Achse gewählt: $\mathbf{Up} = (0, 1, 0)$. In diesem Fall gilt:

$$\begin{aligned} \mathbf{u}' &= (n'_z, 0, -n'_x) \tag{7.20} \\ \mathbf{v}' &= (-n'_x \cdot n'_y, n'^2_x + n'^2_y, -n'_y \cdot n'_z) \tag{7.21} \end{aligned}$$

In diesem Fall ist die y–Komponente des Vektors $\mathbf{u}'$ gleich Null, so dass der Vektor in der horizontalen Ebene liegt. Außerdem ist die y–Komponente des Vektors $\mathbf{v}'$ positiv definit, so dass der Vektor immer nach oben zeigt.

Zur Verschiebung des $\mathbf{u}, \mathbf{v}, \mathbf{n}$-Koordinatensystems vom Punkt **Eye** in den Ursprung $(0, 0, 0)$ genügt es nicht, einfach nur eine Translation um $-\mathbf{Eye}$ durchzuführen, da das Koordinatensystem im Allgemeinen gedreht wurde. Die korrekte Translation erhält man, wenn man die Gesamttransformationsmatrix $\mathbf{M_{RT}}$, die die `gluLookAt()`-Funktion erzeugt, mit dem homogenen Ortsvektor $(\mathbf{Eye}, 1)^T$ multipliziert und das Ergebnis gleich dem gewünschten Wert, nämlich dem Ursprung in homogenen Koordinaten, d.h. $(0, 0, 0, 1)^T$ setzt. Die Gesamttransformationsmatrix $\mathbf{M_{RT}}$ besteht aus einer Rotation gemäß (7.19) und der gesuchten Translation nach (7.6), d.h.

$$\begin{aligned} \mathbf{M_{RT}} \cdot \begin{pmatrix} Eye_x \\ Eye_y \\ Eye_z \\ 1 \end{pmatrix} &= \begin{pmatrix} u'^T & t_x \\ v'^T & t_y \\ n'^T & t_z \\ 0 & 1 \end{pmatrix} \cdot \begin{pmatrix} Eye_x \\ Eye_y \\ Eye_z \\ 1 \end{pmatrix} \tag{7.22} \\[2mm] &= \begin{pmatrix} u'_x & u'_y & u'_z & t_x \\ v'_x & v'_y & v'_z & t_y \\ n'_x & n'_y & n'_z & t_z \\ 0 & 0 & 0 & 1 \end{pmatrix} \cdot \begin{pmatrix} Eye_x \\ Eye_y \\ Eye_z \\ 1 \end{pmatrix} = \begin{pmatrix} 0 \\ 0 \\ 0 \\ 1 \end{pmatrix} \end{aligned}$$

$$\Leftrightarrow \begin{pmatrix} \mathbf{u}' \cdot \mathbf{Eye} + t_x = 0 \\ \mathbf{v}' \cdot \mathbf{Eye} + t_y = 0 \\ \mathbf{n}' \cdot \mathbf{Eye} + t_z = 0 \end{pmatrix}$$

$$\Leftrightarrow \begin{pmatrix} t_x = -\mathbf{u}' \cdot \mathbf{Eye} \\ t_y = -\mathbf{v}' \cdot \mathbf{Eye} \\ t_z = -\mathbf{n}' \cdot \mathbf{Eye} \end{pmatrix} \tag{7.23}$$

Abschließend noch zwei Hinweise zur `gluLookAt()`-Funktion:

- Damit die `gluLookAt()`-Funktion funktioniert, müssen zwei Randbedingungen eingehalten werden:
  - Die beiden Ortsvektoren **Eye** und **Look** dürfen nicht identisch sein, da sonst der Richtungsvektor **n** = **Eye** − **Look** verschwindet
  - Der **Up**-Vektor darf nicht parallel zum Richtungsvektor **n** gewählt werden, da sonst das Kreuzprodukt **Up** × **n** = **u** verschwindet

- Für den Spezialfall, dass das **u, v, n**-Koordinatensystem aus dem OpenGL-Referenzkoordinatensystem **x, y, z** nur durch Translation, und damit ohne Rotation hervorgegangen ist, gilt **t** = −**Eye**, da

$$\begin{pmatrix} \mathbf{u}' = (1,0,0)^T \Rightarrow t_x = -Eye_x \\ \mathbf{v}' = (0,1,0)^T \Rightarrow t_y = -Eye_y \\ \mathbf{n}' = (0,0,1)^T \Rightarrow t_z = -Eye_z \end{pmatrix} \tag{7.24}$$

Im „*Core Profile*" von OpenGL kann man anstatt der `gluLookAt()`-Funktion die Klasse `GLFrame` aus der „*GLTools*"-Library von Richard S. Wright [Sell15] benutzen:

```
class GLFrame
{
    protected:
        M3DVector3f vOrigin; // entspricht dem Vektor Eye
        M3DVector3f vForward; // entspricht dem Vektor -n
        M3DVector3f vUp; // entspricht dem Vektor Up
    public:
        . . .
        void GetCameraMatrix( . . . )
        . . .
}
```

Mit der `GetCameraFrame()`-Methode aus der Klasse `GLFrame` hat man eine Alternative zur `gluLookAt()`-Funktion. Man kann sie in der folgenden Weise einsetzen:

```
GLMatrixStack modelViewMatrixStack;
GLFrame cameraFrame;

void RenderScene(void) {
    . . .
    M3DMatrix44f M;
    cameraFrame.GetCameraMatrix(M);
    modelViewMatrixStack.MultMatrix(M);
    . . .
}
```

Die Klasse `GLFrame` bietet noch eine Reihe weiterer Methoden, um den Augenpunkt (bzw. die Kamera) durch die Szene zu bewegen, wie z.B.

- `MoveForward` (entlang der Blickrichtung nach vorne oder hinten bewegen)

- `MoveRight` (nach rechts oder links bewegen)

- `MoveUp` (nach oben oder unten bewegen)

- `TranslateWorld` (die gesamte Szene gegenüber dem x, y, z-Koordinatensystem verschieben)

- `RotateWorld` (die gesamte Szene gegenüber dem x, y, z-Koordinatensystem drehen)

- `TranslateLocal` (die gesamte Szene gegenüber dem lokalen u, v, n-Koordinatensystem verschieben)

- `RotateLocal` (die gesamte Szene gegenüber dem u, v, n-Koordinatensystem drehen)

Mit Hilfe der Klasse `GLFrame` kann man aber nicht nur den Augenpunkt in der Szene positionieren und bewegen, sondern auch beliebige andere Objekte. Entscheidend ist, dass Transformationen, die sich auf eine Gruppe von Objekten auswirken sollen, vor lokalen Operationen innerhalb der Gruppe durchgeführt werden. Da sich die Augenpunkt–Transformation auf die gesamte Szene auswirkt, muss sie im Programm-Code immer als erstes aufgerufen werden. Damit man den Augenpunkt und andere Objekte unabhängig voneinander durch die Szene bewegen kann, wählt man folgende Programmstruktur:

```
Schleife über die gesamte Szene
{
      Speichere die Einheitsmatrix
      Wende die Augenpunkt-Transformation an
      Zeichne alle statischen Objekte
      Schleife über alle bewegten Objekte
      {
            Speichere die Augenpunkt-Transformation
            Wende die Model-Transformationen an
            Zeichne das dynamische Objekt
            Hole die Augenpunkt Transformation aus dem Speicher
      }
      Hole die Einheitsmatrix aus dem Speicher
}
```

7.6   Projektions-Transformationen

Nach den Modell- und Augenpunkt-Transformationen sind alle Vertices an der gewünschten Position im 3-dimensionalen Raum. Um nun ein Abbild der 3-dimensionalen Szene auf einen 2-dimensionalen Bildschirm zu bekommen, wird eine Projektions-Transformation eingesetzt. In der darstellenden Geometrie wurde eine Vielzahl unterschiedlicher projektiver Abbildungen entwickelt, die in OpenGL durch die Definition eigener Transformations-Matrizen realisierbar sind (eine ausführliche Diskussion des Themas findet man in [Hugh13] und [Enca96]). In der praktischen Anwendung sind jedoch zwei Projektions-Transformationen besonders relevant: die orthografische und die perspektivische. Für diese beiden Transformationen stellt OpenGL zur Verringerung des Programmieraufwands eigene Befehle zur Verfügung, auf die im Folgenden näher eingegangen wird.

Zunächst allerdings noch ein Hinweis: durch eine klassische Projektions-Transformation werden alle Punkte im 3-dimensionalen Raum auf eine 2-dimensionale Fläche abgebildet (in OpenGL standardmäßig die $x - y$–Ebene), d.h. eine Dimension würde wegfallen (in OpenGL die z–Achse). Da man aber die z–Werte später noch benötigt, modifiziert man die Projektions-Transformation so, dass die z–Werte erhalten bleiben und gleichzeitig die $x - y$–Koordinaten wie bei einer klassischen Projektion transformiert werden. Damit hat man zwei Fliegen mit einer Klappe geschlagen, denn einerseits erhält man die korrekt projizierten $x - y$–Koordinaten für die Bildschirm-Darstellung, und andererseits kann man die normierten z–Werte für die Verdeckungsrechnung (Kapitel 8) und die Nebelberechnung (Kapitel 11) nutzen.

7.6.1   Orthografische Projektion (Parallel-Projektion)

In der orthografischen Projektion werden alle Objekte durch parallele Strahlen auf die Projektionsfläche abgebildet (die deshalb auch „Parallel–Projektion" genannt wird). Dadurch bleiben die Größen und Winkel aller Objekte erhalten, unabhängig davon wie weit sie von der Projektionsfläche entfernt sind (Bild 7.12). Aus diesem Grund wird die orthografische Projektion vor allem bei CAD-Anwendungen und technischen Zeichnungen zur Erzeugung von Vorderansicht, Seitenansicht und Draufsicht verwendet.

Durch die Orthografische Projektion wird ein Volumen in Form eines Kubus aus der virtuellen Szene herausgeschnitten, denn nur dieser Teil der Szene ist später am Bildschirm sichtbar. Alle Vertices außerhalb des Kubus werden nach der Projektions-Transformation weggeschnitten (*clipping*). Die sechs Begrenzungsflächen des Kubus werden deshalb auch als „*clipping planes*" bezeichnet.

Die Transformations-Matrix der orthografischen Projektion ist die Einheits-Matrix **I**, denn alle Größen sollen erhalten bleiben. Der OpenGL-Befehl, durch den im „*Compatibility Profile*" die Transformations-Matrix der orthografischen Projektion spezifiziert wird, lautet:

```
glOrtho (   GLdouble left, GLdouble right, GLdouble bottom,
            GLdouble top, GLdouble near, GLdouble far );
```

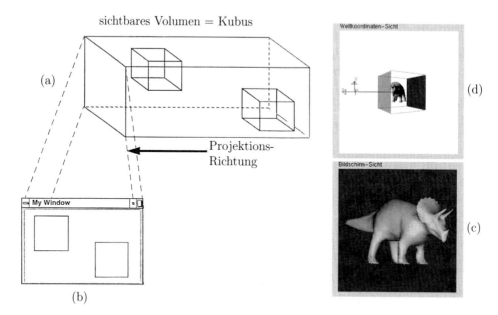

Bild 7.12:   Orthografische Projektion: (a) das sichtbare Volumen (*viewing volume*) ist ein Kubus (indem hier zwei weitere Kuben als Objekte enthalten sind). (b) die Bildschirm-Sicht nach der orthografischen Projektion: die beiden kubus-förmigen Objekte erscheinen gleich groß, obwohl das Objekt rechts unten weiter vom Augenpunkt entfernt ist als das Objekt links oben. (c) Blick auf das Augenpunktkoordinaten-System, welches das sichtbare Volumen (Kubus) enthält. (d) Bildschirm-Sicht nach der orthografischen Projektion.

Die Bedeutung der sechs Argumente des Befehls dürfte intuitiv klar sein: linke, rechte, untere, obere, vordere und hintere Begrenzung des sichtbaren Volumens. Mit dem OpenGL-Befehl glOrtho() wird allerdings nicht nur die Projektions-Matrix $\mathbf{I}$ definiert, sondern die Kombination aus Projektions-Matrix $\mathbf{I}$ und Normierungs-Matrix $\mathbf{N}$, d.h. $\mathbf{I} \cdot \mathbf{N} = \mathbf{N}$ (siehe auch (7.41)).

Im „*Core Profile*" von OpenGL fallen alle Befehle zum Projizieren weg, da man diese Operationen nun im Vertex Shader selbst programmieren kann. An dieser Stelle bietet es sich an, wieder auf die „*GLTools*"-Library von Richard S. Wright [Sell15] zurückzugreifen, die in der Klasse GLFrustum die Methode SetOrthographic() bereitstellt. Diese Methode hat die selbe Wirkung wie der glOrtho()-Befehl und auch exakt die gleichen Parameter.

7.6.2 Perspektivische Projektion

In der perspektivischen Projektion werden alle Objekte innerhalb des sichtbaren Volumens durch konvergierende Strahlen abgebildet, die im Augenpunkt zusammenlaufen (weshalb sie auch „Zentral-Projektion" heißt). Objekte, die näher am Augenpunkt sind, erscheinen deshalb auf der Projektionsfläche größer als entferntere Objekte (Bild 7.13).

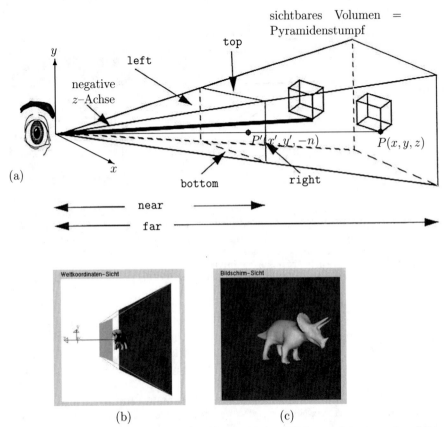

Bild 7.13: Perspektivische Projektion: (a) das sichtbare Volumen (*viewing volume*) ist ein Pyramidenstumpf, der quasi auf der Seite liegt. Alle Objekte außerhalb des sichtbaren Volumens werden weggeschnitten (*clipping*). Die sechs Begrenzungsebenen des Pyramidenstumpfs werden deshalb auch als „*clipping planes*" bezeichnet. Der Boden des Pyramidenstumpfs ist die „*far clipping plane*", in der Spitze der Pyramide sitzt der Augenpunkt, durch die „*near clipping plane*" wird die Spitze der Pyramide weggeschnitten, und die restlichen vier „*clipping planes*" werden durch die schrägen Seiten des Pyramidenstumpfs gebildet. (b) Blick auf das Augenpunktkoordinaten-System, welches das sichtbare Volumen (Pyramidenstumpf) enthält. (c) Bildschirm-Sicht nach der perspektivischen Projektion.

Die perspektivische Projektion entspricht unserer natürlichen Wahrnehmung, denn die Bildentstehung auf der Netzhaut unserer Augen oder auch auf einem fotografischen Film in einer Kamera wird durch diese Art der Projektion beschrieben. Erst durch die perspektivische Projektion entsteht ein realistischer räumlicher Eindruck einer Szene, und deshalb wird sie auch am weitaus häufigsten in der 3D-Computergrafik angewendet.

Durch die perspektivische Projektion wird ein sichtbares Volumen (*viewing volume*) in Form eines auf der Seite liegenden Pyramidenstumpfs aus der virtuellen Szene herausgeschnitten. Alle Objekte außerhalb des Pyramidenstumpfs werden weggeschnitten (*clipping*). Die sechs Begrenzungsebenen des Pyramidenstumpfs werden deshalb auch als „*clipping planes*" bezeichnet. Der Boden des Pyramidenstumpfs ist die hintere Grenzfläche („*far clipping plane*"), in der Spitze der Pyramide sitzt der Augenpunkt, durch die vordere Grenzfläche („*near clipping plane*") wird die Spitze der Pyramide weggeschnitten, und die restlichen vier „*clipping planes*" werden durch die schrägen Seiten des Pyramidenstumpfs gebildet.

Der OpenGL-Befehl, durch den im „*Compatibility Profile*" die Transformations-Matrix der perspektivischen Projektion (und der Normierungs-Matrix $\mathbf{N}$, siehe (7.41)) spezifiziert wird, lautet:

```
glFrustum ( GLdouble left, GLdouble right, GLdouble bottom,
            GLdouble top, GLdouble near, GLdouble far );
```

Die Bedeutung der sechs Argumente des Befehls ist ähnlich wie bei `glOrtho()`: die ersten vier Argumente legen die linke, rechte, untere und obere Begrenzung der „*near clipping plane*" fest, die sich im Abstand „`near`" vom Augenpunkt entfernt befindet. Das sechste Argument „`far`" legt den Abstand der „*far clipping plane*" vom Augenpunkt fest. Die Ausmaße der „*far clipping plane*" werden indirekt durch das Verhältnis der sechs Argumente untereinander bestimmt. Die linke Begrenzung der „*far clipping plane*" z.B. berechnet sich aus `(left/near)*far`, die weiteren Begrenzungen entsprechend. Eine Veränderung des Argumentes „`near`" ändert folglich die Form des sichtbaren Volumens massiv, wie in Bild 7.14 zu sehen ist.

Im „*Core Profile*" von OpenGL bietet die Klasse `GLFrustum` aus der „*GLTools*"-Library aber leider keine `SetFrustum()`-Methode, die äquivalent zur `glFrustum()`-Funktion wäre. Deshalb muss man in diesem Fall die Matrix selbst definieren und laden. Die Kombination aus perspektivischer Projektionsmatrix $\mathbf{P}$ (7.33) und Normierungsmatrix $\mathbf{N}$ (7.41), die die `glFrustum()`-Funktion erzeugt, lautet:

$$\mathbf{M} = \mathbf{N} \cdot \mathbf{P} = \begin{pmatrix} \frac{2}{r-l} & 0 & 0 & -\frac{r+l}{r-l} \\ 0 & \frac{2}{t-b} & 0 & -\frac{t+b}{t-b} \\ 0 & 0 & \frac{-2}{f-n} & -\frac{f+n}{f-n} \\ 0 & 0 & 0 & 1 \end{pmatrix} \cdot \begin{pmatrix} 1 & 0 & 0 & 0 \\ 0 & 1 & 0 & 0 \\ 0 & 0 & 1+\frac{f}{n} & f \\ 0 & 0 & -\frac{1}{n} & 0 \end{pmatrix} \tag{7.25}$$

$$= \begin{pmatrix} \frac{2}{r-l} & 0 & \frac{1}{n}\frac{r+l}{r-l} & 0 \\ 0 & \frac{2}{t-b} & \frac{1}{n}\frac{t+b}{t-b} & 0 \\ 0 & 0 & -\frac{1}{n}\frac{f+n}{f-n} & -\frac{2f}{f-n} \\ 0 & 0 & -\frac{1}{n} & 0 \end{pmatrix} \tag{7.26}$$

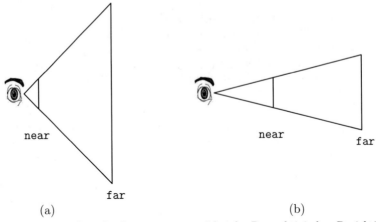

near

far

(a)

near

far

(b)

Bild 7.14: Der Einfluss des Arguments „near" bei der Perspektivischen Projektion mit dem OpenGL-Befehl glFrustum(): (a) ein kleiner Wert von „near" weitet das sichtbare Volumen stark auf (Weitwinkel-Effekt), (b) ein großer Wert von „near" engt das sichtbare Volumen stark ein (Tele-Effekt).

Geladen wird die Gesamtprojektionsmatrix im „*Core Profile*" dann mit der Befehlsfolge:

```
GLMatrixStack projectionMatrixStack;
projectionMatrixStack.LoadMatrix(M);
```

In der Praxis ist der Befehl glFrustum() manchmal etwas umständlich. Denn bei typischen Anwendungen, wie z.B. der Sicht aus einer Fahrerkabine, lauten die Anforderungen oft wie folgt: Blickwinkel vertikal $\alpha = 40°$, Blickwinkel horizontal $\beta = 60°$, Sichtweite $= 1000m$. Eine untere Grenze für die Sichtweite („*near clipping plane*") wird meist nicht vorgegeben, sondern muss vom Software-Entwickler anwendungsspezifisch festgelegt werden. Ein typischer Wert wäre der Abstand zwischen der Sitzposition des Fahrers in der Kabine und der vorderen Begrenzung des Fahrzeugs, also z.B. $2m$. Damit liegen die letzten beiden Argumente des Befehls glFrustum() fest: near = 2, far = 1000. Die ersten vier Argumente müssen über trigonometrische Formeln berechnet werden:

$$\texttt{left} \;=\; \texttt{-near} \cdot \tan \frac{\beta}{2} \tag{7.27}$$

$$\texttt{right} \;=\; \texttt{near} \cdot \tan \frac{\beta}{2} \tag{7.28}$$

$$\texttt{bottom} \;=\; \texttt{-near} \cdot \tan \frac{\alpha}{2} \tag{7.29}$$

$$\texttt{top} \;=\; \texttt{near} \cdot \tan \frac{\alpha}{2} \tag{7.30}$$

Falls der Wert von „near" im Nachhinein geändert werden soll, müssen die ersten vier Argumente von glFrustum() parallel dazu geändert werden, nachdem sie mit Hilfe der

Gleichungen (7.27ff) nochmals berechnet wurden. Falls nur der Wert von „near" alleine geändert wird, ändern sich auch die Blickwinkel. Weil die Handhabung des glFrustum()-Befehls oft nicht besonders bequem ist, wird im Rahmen der OpenGL *Utility Library* (GLU) der Befehl:

gluPerspective (GLdouble α, GLdouble aspect,
                GLdouble near, GLdouble far);

zur Verfügung gestellt. Im „*Core Profile*" von OpenGL bietet die Klasse GLFrustum aus der „*GLTools*"-Library eine SetPerspective()-Methode, die äquivalent zur gluPerspective()-Funktion ist. Das erste Argument „α" ist der vertikale Blickwinkel mit einem Wertebereich von 0° bis 180°, das zweite Argument „aspect" ist das Verhältnis zwischen horizontalem und vertikalem Blickwinkel (β/α). Die Bedeutung der letzten beiden Argumente ist die gleiche wie beim glFrustum()-Befehl. Beim obigen Anwendungsbeispiel könnten mit dem gluPerspective()-Befehl folglich die Spezifikationswerte ohne weitere Umrechnung direkt als Argumente eingesetzt werden, und auch eine nachträgliche Änderung der „*near clipping plane*" hätte keine Auswirkungen auf die Sichtwinkel. Allerdings muss man bei Verwendung des gluPerspective()-Befehls auch Einschränkungen hinnehmen: die Blickwinkel müssen symmetrisch nach links und rechts bzw. nach oben und unten sein (wie in der obigen Anwendung angenommen). Falls asymmetrische Blickwinkel gefordert sind (z.B. 10° nach unten und 30° nach oben), ist man letztlich doch wieder auf den glFrustum()-Befehl angewiesen.

Die perspektivische Projektion lässt sich mit Hilfe des Strahlensatzes verstehen. Bild 7.13 zeigt die Verhältnisse: der Punkt $P(x, y, z)$ im sichtbaren Volumen wird in den Punkt $P'(x', y', -n)$ auf der Projektionsfläche (der *near clipping plane*) abgebildet. Die *near clipping plane* ist vom Augenpunkt entlang der negativen z–Achse um die Distanz $n = $ near (die *far clipping plane* um die Distanz $f = $ far) verschoben und liegt parallel zur $x - y$–Ebene. Die Anwendung des Strahlensatzes liefert für die x– und y–Komponenten der Punkte P und P':

$$\frac{x'}{-n} = \frac{x}{z} \quad \Leftrightarrow \quad x' = -\frac{n}{z} \cdot x \tag{7.31}$$

$$\frac{y'}{-n} = \frac{y}{z} \quad \Leftrightarrow \quad y' = -\frac{n}{z} \cdot y \tag{7.32}$$

Wie im Folgenden gezeigt, erfüllt die Transformations-Matrix der perspektivischen Projektion $\mathbf{P}$ in OpenGL die Gleichungen (7.31) und (7.32):

$$\mathbf{v}' = \mathbf{P}\mathbf{v} \quad \Leftrightarrow \quad \begin{pmatrix} x' \\ y' \\ z' \\ w' \end{pmatrix} = \begin{pmatrix} 1 & 0 & 0 & 0 \\ 0 & 1 & 0 & 0 \\ 0 & 0 & 1+\frac{f}{n} & f \\ 0 & 0 & -\frac{1}{n} & 0 \end{pmatrix} \begin{pmatrix} x \\ y \\ z \\ w \end{pmatrix} = \begin{pmatrix} x \\ y \\ \left(1+\frac{f}{n}\right)z + fw \\ -\frac{z}{n} \end{pmatrix} \tag{7.33}$$

Zur Umrechnung der homogenen Koordinaten in (7.31) in 3-dimensionale euklidische Koordinaten wird durch den inversen Streckungsfaktor w (der hier $-z/n$ ist) geteilt:

$$\begin{pmatrix} x'_E \\ y'_E \\ z'_E \end{pmatrix} = \begin{pmatrix} -\frac{n}{z} \cdot x \\ -\frac{n}{z} \cdot y \\ -\frac{n}{z} \cdot fw - (f+n) \end{pmatrix} \tag{7.34}$$

Mit (7.34) ist gezeigt, dass die Projektions-Matrix $\mathbf{P}$ die Gleichungen (7.31) und (7.32) erfüllt. Zum besseren Verständnis seien noch zwei Spezialfälle betrachtet: Erstens, Punkte, die bereits auf der *near clipping plane* liegen, d.h. einsetzen von $(z = -n, w = 1)$ in (7.34):

$$\begin{pmatrix} x'_E \\ y'_E \\ z'_E \end{pmatrix} = \begin{pmatrix} x \\ y \\ -n \end{pmatrix} \tag{7.35}$$

d.h. Punkte, die auf der Projektionsfläche liegen, bleiben unverändert. Zweitens, Punkte, die auf der *far clipping plane* liegen, d.h. einsetzen von $(z = -f, w = 1)$ in (7.34):

$$\begin{pmatrix} x'_E \\ y'_E \\ z'_E \end{pmatrix} = \begin{pmatrix} \frac{n}{f} \cdot x \\ \frac{n}{f} \cdot y \\ -f \end{pmatrix} \tag{7.36}$$

d.h. bei Punkten, die auf der hinteren Grenzfläche des sichtbaren Volumens liegen, werden die x- und y-Koordinaten um einen Faktor n/f verkleinert und die z–Koordinate wird wieder auf $z = -f$ abgebildet. Alle Punkte zwischen der *near* und der *far clipping plane* werden also wieder in das Intervall zwischen $-n$ und $-f$ abgebildet, allerdings nicht linear. Tendenziell werden die Punkte durch die perspektivische Projektion näher zur *near clipping plane* hin abgebildet. Das bewirkt, dass die Auflösung der z–Koordinate nahe am Augenpunkt größer ist als weiter entfernt. Folglich nimmt die Genauigkeit der Verdeckungsrechnung mit der Nähe zum Augenpunkt zu (Kapitel 8).

Abschließend sei noch darauf hingewiesen, dass die „*far clipping plane*" so nah wie möglich am Augenpunkt sein sollte, die „*near clipping plane*" dagegen so weit wie möglich vom Augenpunkt entfernt. Denn einerseits bleibt damit das sichtbare Volumen und folglich die Zahl der zu zeichnenden Objekte klein, was die Rendering-Geschwindigkeit erhöht, und andererseits wird durch einen kleineren Abstand zwischen „*near*" und „*far*" die Genauigkeit der Verdeckungsrechnung größer.

7.6.3 Normierung

Nach der Projektions-Transformation befinden sich alle Vertices, die sich innerhalb des sichtbaren Volumens befanden, bzgl. der x– und y–Koordinaten innerhalb der vorderen Grenzfläche dieses Volumens, d.h. auf der „*near clipping plane*". Die Ausmaße der „*near clipping plane*" können vom OpenGL-Benutzer beliebig gewählt werden, wie im vorigen Abschnitt beschrieben. Letztendlich müssen aber sowohl riesige als auch winzige „*near clipping planes*" auf eine festgelegte Anzahl von Pixeln in einem Bildschirmfenster gebracht werden. Deshalb wird vorher als Zwischenschritt noch eine Normierung aller Vertices durchgeführt. Die x–Komponente wird durch die halbe Ausdehnung der „*near clipping plane*" in x–Richtung geteilt und das Zentrum des Wertebereichs von x wird in den Ursprung verschoben. Entsprechend wird mit der y– und der z–Komponente der Vertices verfahren. Mathematisch ausgedrückt heißt das:

$$x' = \frac{2}{r-l} \cdot x - \frac{r+l}{r-l} \cdot w \tag{7.37}$$

$$y' = \frac{2}{t-b} \cdot y - \frac{t+b}{t-b} \cdot w \tag{7.38}$$

$$z' = \frac{-2}{f-n} \cdot z - \frac{f+n}{f-n} \cdot w \tag{7.39}$$

$$w' = w \tag{7.40}$$

oder in Matrix-Schreibweise:

$$
\begin{pmatrix} x' \\ y' \\ z' \\ w' \end{pmatrix}
=
\begin{pmatrix}
\frac{2}{r-l} & 0 & 0 & -\frac{r+l}{r-l} \\
0 & \frac{2}{t-b} & 0 & -\frac{t+b}{t-b} \\
0 & 0 & \frac{-2}{f-n} & -\frac{f+n}{f-n} \\
0 & 0 & 0 & 1
\end{pmatrix}
\begin{pmatrix} x \\ y \\ z \\ w \end{pmatrix}
\qquad \Leftrightarrow \qquad \mathbf{v}' = \mathbf{N}\mathbf{v} \tag{7.41}
$$

Dabei sind die Größen in der Normierungs-Matrix $\mathbf{N}$ die sechs Argumente der beiden OpenGL-Projektions-Transformationen `glOrtho()` bzw. `glFrustum()`:

$l = $ `left`; $r = $ `right`; $b = $ `bottom`; $t = $ `top`; $n = $ `near`; $f = $ `far`.

Die durch (7.41) gegebene Normierungs-Transformation überführt die Vertices in das Normierte Koordinatensystem, so dass alle Werte von x, y und z zwischen $-w$ und $+w$ (in homogenen Koordinaten) liegen. Im zweiten Schritt der Normierungstransformation werden die homogenen Koordinaten durch den inversen Streckungsfaktor w geteilt, so dass die (euklidischen) Koordinaten $(x, y, z, 1)^T$ zwischen -1 und +1 liegen, und zwar unabhängig von der Größe des sichtbaren Volumens. Durch den Aufruf der Befehle `glOrtho()`, `glFrustum()` und `gluPerspective()` (bzw. `SetOrthographic()` und `SetPerspective()` im „*Core Profile*" von OpenGL) wird sowohl die Projektions- als auch die Normierungs-Transformation durchgeführt.

7.7 Viewport-Transformation

Letzten Endes soll die computergenerierte Szene auf einen bestimmten Ausschnitt des Bildschirms gezeichnet werden. Dieser Bildschirmausschnitt, auch *Viewport* genannt, hat eine Ausdehnung in x– und y–Richtung, die in Pixeln festgelegt wird. In der letzten Transformationsstufe, der Viewport-Transformation, werden die normierten Vertex-Koordinaten auf die gewählte Viewport-Größe, d.h. in Window-Koordinaten umgerechnet (Bild 7.15).

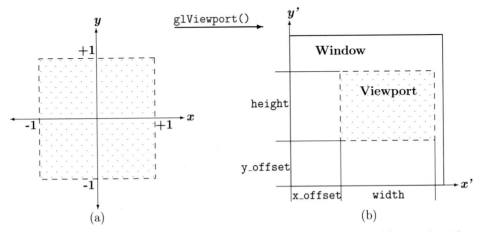

Bild 7.15: Abbildung des sichtbaren Volumens in einen *Viewport*: (a) Wertebereich der normierten Koordinaten des sichtbaren Volumens. (b) Wertebereich der Bildschirm-Koordinaten des Viewports nach der Viewport-Transformation. Der Ursprung der Bildschirm-Koordinaten liegt in der linken unteren Ecke des Windows.

Die Umrechnung läuft in folgenden Schritten ab: die x–Koordinaten werden mit der halben Windowbreite „$width/2$" skaliert, die y–Koordinaten mit der halben Windowhöhe „$height/2$", so dass der Wertebereich der x– und y–Vertex-Koordinaten in den Intervallen $[-width/2,+width/2]$ und $[-height/2,+height/2]$ liegt; anschließend wird der Viewport um eine halbe Windowbreite in x–Richtung sowie um eine halbe Windowhöhe in y–Richtung verschoben, und zusätzlich kann der Viewport noch um einen einstellbaren Offset „x_offset" in x–Richtung oder „y_offset" in y–Richtung verschoben werden, so dass der Wertebereich der x– und y–Vertex-Koordinaten in den Intervallen $[x\_offset,$ $x\_offset + width]$ bzw. $[y\_offset, y\_offset + height]$ liegt; zuletzt werden noch die z–Koordinaten in den Wertebereich $[near, far]$ abgebildet, wobei $near, far \in [0,1]$ und standardmäßig $near = 0$ und $far = 1$ gilt[3]. In Formeln ausgedrückt lautet die Viewport-Transformation (bei $w = 1$):

---

[3]Mit dem Befehl `glDepthRange(`GLdouble `near,` GLdouble `far)` wird der Wertebereich des z-Buffers auf $0.0 \leq$ `near, far` ≤ 1.0 eingeschränkt.

$$x' = \frac{width}{2} \cdot x + \left(x\_offset + \frac{width}{2} \right) \tag{7.42}$$

$$y' = \frac{height}{2} \cdot y + \left(y\_offset + \frac{height}{2} \right) \tag{7.43}$$

$$z' = \frac{far - near}{2} \cdot z + \left(\frac{far + near}{2} \right) \tag{7.44}$$

oder in Matrizen-Schreibweise:

$$\begin{pmatrix} x' \\ y' \\ z' \\ w' \end{pmatrix} = \begin{pmatrix} \frac{width}{2} & 0 & 0 & x\_offset + \frac{width}{2} \\ 0 & \frac{height}{2} & 0 & y\_offset + \frac{height}{2} \\ 0 & 0 & \frac{far-near}{2} & \frac{far+near}{2} \\ 0 & 0 & 0 & 1 \end{pmatrix} \begin{pmatrix} x \\ y \\ z \\ w \end{pmatrix} \Leftrightarrow \mathbf{v'} = \mathbf{V}\mathbf{v} \tag{7.45}$$

Der OpenGL-Befehl, durch den die Viewport-Transformations-Matrix $\mathbf{V}$ spezifiziert wird, lautet sowohl im „*Core Profile*" als auch im „*Compatibility Profile*":

```
glViewport (    GLint x_offset, GLint y_offset,
                GLsizei width, GLsizei height );
```

Durch die ersten beiden Argumente x_offset und y_offset wird die linke untere Ecke des Viewports innerhalb des Bildschirmfensters festgelegt. Durch die letzten beiden Argumente width und height wird die Größe des Viewports in $x-$ und $y-$Richtung spezifiziert. Alle Größen sind in Pixeln anzugeben. Falls der Viewport nicht explizit durch den Befehl glViewport() verändert wird, ist er deckungsgleich mit dem Window. Ein Viewport muss also nicht grundsätzlich genau so groß sein wie ein Window, sondern er kann durchaus auch kleiner sein. Anders ausgedrückt kann ein Window auch mehrere Viewports enthalten, wie in Bild 7.16-b gezeigt.

Damit die Objekte nicht verzerrt am Bildschirm dargestellt werden, muss das Aspektverhältnis des Viewports das gleiche sein wie das des sichtbaren Volumens. Falls die beiden Aspektverhältnisse unterschiedlich sind, werden die dargestellten Objekte in $x-$ oder $y-$Richtung gestaucht oder gedehnt, wie in Bild 7.16-b zu sehen ist. Schließlich ist noch eine wesentliche Einschränkung zu beachten: Viewports in OpenGL sind immer rechteckig.

In Vulkan wird die Viewport-Transformation bei der Definition der Pipeline durch die Datenstruktur VkViewport festgelegt, wie in Abschnitt 5.2.2.3 dargestellt:

```
// Anlegen einer VkViewport-Struktur
VkViewport viewport = {};
viewport.x = 0.0f;
viewport.y = 0.0f;
viewport.width = extent.width;
viewport.height = extent.height;
viewport.minDepth = 0.0f;
viewport.maxDepth = 1.0f;
```

`glViewport(0,128,256,128)`

`glViewport(0,0,256,128)`

`glViewport(0,0,256,256)`

(a)

(b)

Bild 7.16: Abbildung des sichtbaren Volumens in einen *Viewport*: (a) Window und Viewport sind gleich groß. Der Viewport hat das gleiche Aspektverhältnis (x/y) wie das sichtbare Volumen. Deshalb erscheint das Objekt hier nicht verzerrt. (b) das Window enthält zwei Viewports übereinander. Die beiden Viewports haben ein anderes Aspektverhältnis als das sichtbare Volumen, weshalb hier die Objekte verzerrt werden.

Diese Viewport-Definition fließt über zwei weitere Datenstrukturen (`VkPipeline-ViewportStateCreateInfo` und `VkGraphicsPipelineCreateInfo`) beim Erzeugen der Grafik-Pipeline mit dem Befehl `vkCreateGraphicsPipelines()` ein. Wie leicht zu erkennen ist, decken die Festlegungen in der Datenstruktur `VkViewport` genau die Informationen ab, die auch die beiden OpenGL-Befehle `glDepthRange()` und `glViewport()` liefern.

7.8 Matrizen-Stapel

Jeder Vertex **v** einer Szene – und deren Anzahl kann in die Millionen gehen – muss alle dargestellten Transformationsstufen durchlaufen: die Modell- und Augenpunkttransformationen (Translation, Rotation, Skalierung), die Projektionstransformation, die Normierung und die Viewport-Transformation, d.h.

$$\mathbf{v}' = (\mathbf{V} \cdot \mathbf{N} \cdot \mathbf{P} \cdot (\mathbf{S} \cdot \mathbf{R} \cdot \mathbf{T})^{*}) \cdot \mathbf{v} \tag{7.46}$$

wobei $(\mathbf{S} \cdot \mathbf{R} \cdot \mathbf{T})^{*}$ für eine beliebige Kombination von Skalierungen, Rotationen und Translationen steht. Um die Effizienz der Berechnungen zu steigern, werden die einzelnen Transformations-Matrizen erst zu einer Gesamttransformations-Matrix aufmultipliziert, bevor die Vertices dann mit dieser Gesamttransformations-Matrix multipliziert werden. Denn es gilt:

$$\mathbf{v}' = (\mathbf{V}\,(\mathbf{N}\,(\mathbf{P}\,(\mathbf{S}\,(\mathbf{R}\,(\mathbf{T} \cdot \mathbf{v})))))) = (\mathbf{V} \cdot \mathbf{N} \cdot \mathbf{P} \cdot \mathbf{S} \cdot \mathbf{R} \cdot \mathbf{T}) \cdot \mathbf{v} \tag{7.47}$$

d.h. um einen Vertex zu transformieren, gibt es zwei Möglichkeiten: entweder man multipliziert den Vertex **v** zuerst mit der Matrix **T**, anschließend das Ergebnis mit der Matrix **R**, usw. bis zur Matrix **V**, oder man multipliziert erst alle Matrizen zu einer Gesamttransformations-Matrix auf und danach den Vertex **v** mit dieser Matrix. Da in der interaktiven 3D-Computergrafik meist eine große Anzahl von Vertices mit der gleichen Gesamttransformations-Matrix multipliziert wird, ist es sehr viel effektiver, erst "ein"-mal die Matrizen miteinander zu multiplizieren und danach die "n" Vertices mit der Gesamttransformations-Matrix. Es werden also nicht die Vertices nach jeder Transformationsstufe zwischengespeichert, sondern die jeweils aktuelle Transformations-Matrix.

Beim Aufbau von komplexeren Objekten, die hierarchisch aus einfacheren Teilen zusammengesetzt sind, benötigt man aber nicht nur eine einzige Gesamttransformations-Matrix, sondern für jede Hierarchiestufe eine eigene. Ein einfaches Auto z.B. besteht aus einem Chassis, an dem vier Räder mit je 5 Schrauben befestigt sind. Anstatt nun 20 Schrauben und vier Räder an der jeweiligen Position des Chassis zu modellieren, erzeugt man nur je ein Modell einer Schraube und eines Rades in einem lokalen Koordinatensystem und verwendet das jeweilige Modell mit unterschiedlichen Transformationen entsprechend oft. Dabei ist es hilfreich, die Matrizen einzelner Transformationstufen zwischenzuspeichern. Denn um die 5 Schrauben eines Rades zu zeichnen, geht man z.B. vom Mittelpunkt des Rades eine kleine Strecke nach rechts (`Translate`), zeichnet die Schraube, geht wieder zurück, dreht um 72° (`Rotate`), geht wieder die kleine Strecke vom Mittelpunkt weg, zeichnet die nächste Schraube, geht wieder zurück, usw., bis alle 5 Schrauben gezeichnet sind. „Gehe zurück" wird jetzt nicht durch einen erneuten Aufruf von `Translate` realisiert, sondern einfach dadurch, dass man die zuvor zwischengespeicherte Matrix wieder als aktuelle Matrix benützt. Aus diesem Grund wurden in OpenGL sogenannte „*Matrizen-Stapel*" (*matrix stacks*) eingeführt, ein „*Modelview-Matrizen Stapel*", der im „*Compatibility Profile*" bis zu 32 verschiedene 4·4–Matrizen für die Modell- und Augenpunkttransformationen speichern kann, und ein „*Projektions-Matrizen Stapel*", der im „*Compatibility Profile*" zwei verschiedene $4 \cdot 4$–Matrizen für die Projektionstransformationen speichern kann. Im „*Core Profile*" nutzt man dafür die Klasse `GLMatrixStack` aus der GLTools-Library von Richard S. Wright [Sell15], indem man sich jeweils eine Instanz dieser Klasse für den Modelview-Matrizen Stapel bzw. Projektions-Matrizen Stapel anlegt:

```
GLMatrixStack modelViewMatrixStack;
GLMatrixStack projectionMatrixStack;
```

Um im „*Compatibility Profile*" festzulegen, dass eine Gesamttransformations-Matrix auf den Modelview–Matrizen Stapel gelegt werden soll, wird der Befehl `glMatrixMode(GL_MODELVIEW)` ausgeführt, und um festzulegen, dass sie auf den Projektions-Matrizen Stapel gelegt werden soll, wird `glMatrixMode()` mit dem Argument „GL_PROJECTION" aufgerufen. Die oberste Matrix auf dem Stapel ist die aktuelle Gesamttransformations-Matrix. Soll die oberste Matrix für spätere Zwecke abgespeichert werden, wird mit dem Befehl `glPushMatrix()` eine Kopie angefertigt und diese Kopie wird als neues Element auf den Matrizen Stapel gelegt. Der Stapel wird durch `glPushMatrix()` um ein Element höher. Jetzt kann die oberste Matrix mit weiteren Transformations-Matrizen multipliziert werden, so dass eine neue Gesamttransformations–Matrix entsteht. Um die vorher abgespeicherte Matrix wieder verwenden zu können, wird das oberste Element des Matrizen Stapels entfernt, denn dadurch wird die vorher an zweiter Stelle des Stapels befindliche Matrix wieder zur obersten (Bild 7.17). Der zugehörige OpenGL-Befehl `glPopMatrix()` erniedrigt also den Matrizen Stapel um ein Element. Im „*Core Profile*" lauten die entsprechenden Methoden `*.PushMatrix()` bzw. `*.PopMatrix()`. Im Folgenden sind die entsprechenden Befehle im „*Compatibility Profile*" bzw. Methoden im „*Core Profile*" gegenüber gestellt:

```
// Compatibility Profile                // Core Profile
glMatrixMode(GL_MODELVIEW);             modelViewMatrixStack.PushMatrix();
glPushMatrix();
    glTranslatef();                         modelViewMatrixStack.Translate();
    glRotatef();                            modelViewMatrixStack.Rotate();
    ...                                     ...
    drawObject();                           drawObject();
glPopMatrix();                          modelViewMatrixStack.PopMatrix();

glMatrixMode(GL_PROJECTION);            projectionMatrixStack.PushMatrix();
glPushMatrix();                             projectionMatrixStack.LoadIdentity();
    glLoadIdentity();                       viewFrustum.SetPerspective();
    gluPerspective();                       projectionMatrixStack.LoadMatrix();
glPopMatrix();                          projectionMatrixStack.PopMatrix();
```

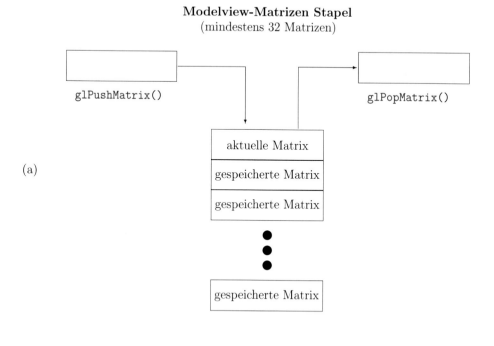

(a)

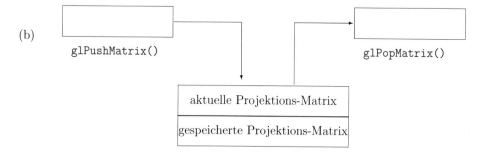

(b)

Bild 7.17:   Matrizen Stapel in OpenGL: (a) Modelview-Matrizen Stapel zur Speiche-rung von 32 Matrizen aus der Klasse der Modell- und Augenpunkttransformationen. (b) Projektions-Matrizen Stapel zur Speicherung von zwei Matrizen aus der Klasse der Pro-jektionstransformationen.

Ein Beispiel für zusammengesetzte Transformationen

Zum Abschluss dieses Kapitels wird als praktisches Beispiel für zusammengesetzte Transformationen das oben erwähnte einfache Auto modelliert, das aus einem Chassis besteht, an dem vier Räder mit je 5 Schrauben befestigt sind. Vorausgesetzt wird, dass Routinen existieren, in denen je ein Chassis, ein Rad und eine Schraube modelliert ist. Die Stufe der Einzelteile ist die erste Hierachiestufe der Modellierung. In der zweiten Hierachiestufe werden die 5 Schrauben an das Rad geheftet. Die Routine `draw_tire_and_bolts()` bewerkstelligt dies: zunächst wird das Rad (`draw_tire()`) mit der aktuellen Transformations-Matrix gezeichnet, dann wird die aktuelle Transformations-Matrix mit dem Aufruf `PushMatrix()` im Stapel gespeichert, anschließend werden die Modelltransformationen (Rotation um 0 Grad bzgl. des Mittelpunkts des Rads und Translation) durchgeführt, die Schraube (`draw_bolt()`) wird mit der modifizierten Transformations-Matrix gezeichnet, und abschließend wird mit dem Aufruf `PopMatrix()` die modifizierte Transformations-Matrix vom Stapel gelöscht, so dass die vorher gespeicherte Transformations-Matrix, bei der das Koordinatensystem im Mittelpunkt des Rads ist, wieder oben auf dem Stapel liegt; die beschriebene Aktion wird beginnend bei dem Aufruf `PushMatrix()` noch vier Mal mit den Rotationswinkeln $1, 2, 3, 4 \cdot 72°$ wiederholt.

```
draw_tire_and_bolts() {          // Routine, die 1 Rad mit 5 Schrauben zeichnet
    GLint i;

    SM.UseStockShader(GLT_SHADER_DEFAULT_LIGHT,
                      modelViewMatrixStack.GetMatrix(),
                      projectionMatrixStack.GetMatrix(), black);
    draw_tire();                 // Routine, die ein Rad zeichnet
    for(i=0;i<5;i++) {
        modelViewMatrixStack.PushMatrix();
            modelViewMatrixStack.Rotate(72.0*i, 0.0, 0.0, 1.0);
            modelViewMatrixStack.Translate(0.03, 0.0, 0.0);
            SM.UseStockShader(GLT_SHADER_DEFAULT_LIGHT,
                              modelViewMatrixStack.GetMatrix(),
                              projectionMatrixStack.GetMatrix(), silver);
            draw_bolt();         // Routine, die eine Schraube zeichnet
        modelViewMatrixStack.PopMatrix();
    }
}
```

In der dritten Hierachiestufe werden die vier Räder an das Chassis „geschraubt". Die Routine `draw_chassis_tires_bolts()` erledigt das: zunächst wird das Chassis (`draw_chassis()`) mit der aktuellen Transformations-Matrix gezeichnet, dann wird die aktuelle Transformations-Matrix mit dem Aufruf `PushMatrix()` im Stapel gespeichert, anschließend wird die Translation vom Mittelpunkt des Chassis zur Radaufhängung durchgeführt, das Rad inclusive der 5 Befestigungsschrauben wird mit der modifizierten

Transformations-Matrix gezeichnet (`draw_tire_and_bolts()`), und abschließend wird mit dem Aufruf `PopMatrix()` die modifizierte Transformations-Matrix vom Stapel gelöscht, so dass die vorher gespeicherte Transformations-Matrix, bei der das Koordinatensystem im Mittelpunkt des Chassis ist, wieder oben auf dem Stapel zu liegen kommt. Die beschriebene Aktion wird beginnend bei dem Aufruf `PushMatrix()` für die anderen drei Räder mit unterschiedlichen Translationen wiederholt.

```
draw_chassis_tires_bolts() {              // Routine, die das Auto zeichnet
    GLfloat i,j;

    SM.UseStockShader(GLT_SHADER_DEFAULT_LIGHT,
                modelViewMatrixStack.GetMatrix(),
                projectionMatrixStack.GetMatrix(), blue);
    draw_chassis();                       // zeichne das Chassis
    for(i=-1.0;i<2.0;i+=2.0) {
        for(j=-1.0;j<2.0;j+=2.0) {
            modelViewMatrixStack.PushMatrix();
            modelViewMatrixStack.Rotate(-90+90*i, 0.0, 1.0, 0.0);
            modelViewMatrixStack.Translate(0.5*i, -0.2, -0.3*j);
            draw_tire_and_bolts();  // zeichne 1 Rad mit 5 Schrauben
            modelViewMatrixStack.PopMatrix();
        }
    }
}
```

In der höchsten Hierachiestufe wird das gesamte Fahrzeug mit der Augenpunkttransformation an die gewünschte Position im sichtbaren Volumen gebracht und dort gezeichnet. Alle bisher genannten Transformationen waren Modell- oder Augenpunkttransformationen und deshalb werden sie im Modelview-Matrizen Stapel abgelegt. Außerdem wird hier noch die Matrix der Projektionstransformation (inklusive Normierung) auf den Projektions-Matrizen Stapel gelegt und die Viewporttransformation festgelegt. In Bild 7.18 werden die Hierachiestufen dargestellt, in denen das Fahrzeug zusammengebaut wird.

```
GLMatrixStack           modelViewMatrixStack;
GLMatrixStack           projectionMatrixStack;
GLFrustum               viewFrustum;
GLShaderManager         SM;

void ChangeSize(int width, int height) {
    glViewport(0, 0, width, height);    // Viewport-Transformation

    // Projektions-Matrix erzeugen und auf den Stapel legen
    viewFrustum.SetPerspective(60.0,width/height,0.5,8.0);
    projectionMatrixStack.LoadMatrix(viewFrustum.GetProjectionMatrix());
}
```

```
void RenderScene(void) {
    // Modelview-Matrizen Stapel mit Einheitsmatrix initialisieren
    modelViewMatrixStack.LoadIdentity();
    // Augenpunkt-Transformation in Richtung der negativen z-Achse
    modelViewMatrixStack.Translate(0.0, 0.0, -4.0);
    draw_chassis_tires_bolts();        // zeichne das Auto (Modell-Transform.)
    ... }
```

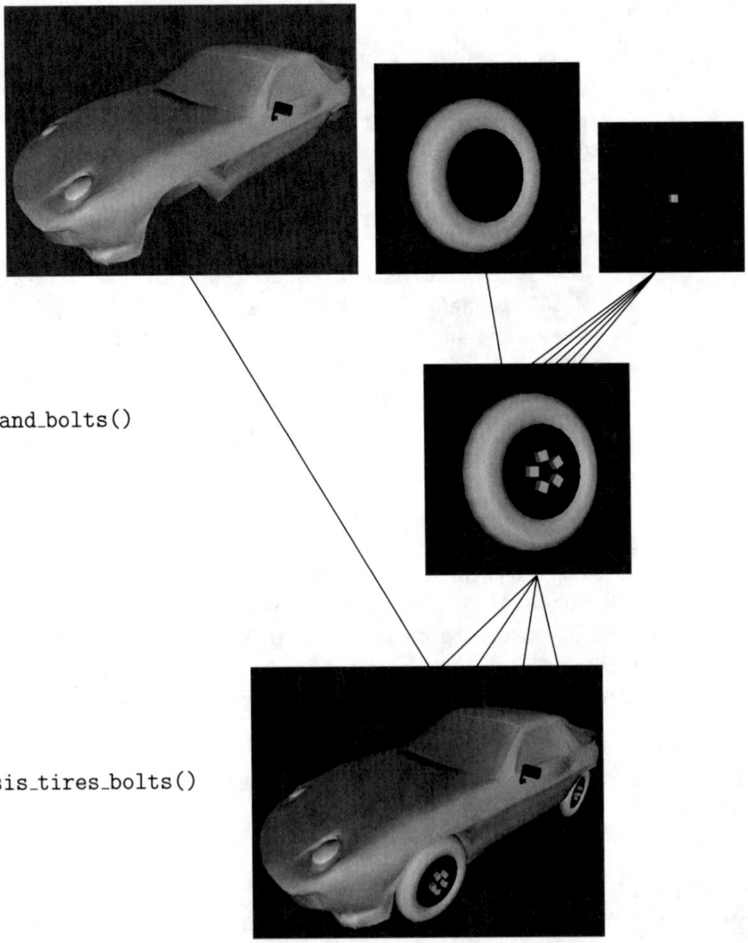

(a) Einzelteile

(b) draw_tire_and_bolts()

(c) draw_chassis_tires_bolts()

Bild 7.18: Hierarchischer Aufbau eines komplexeren Modells aus einfacheren Teilen: (a) die Einzelteile Chassis, Rad und Schraube (b) die 5 Schrauben sind an der richtigen Stelle des Rads angebracht (c) die 4 Räder inclusive Schrauben sind am Chassis befestigt

Kapitel 8

Verdeckung

Ein wichtiger Aspekt bei der räumlichen Wahrnehmung ist die Verdeckung von Objekten im Hintergrund durch (undurchsichtige) Objekte im Vordergrund. Die gegenseitige Verdeckung von Objekten gibt uns einen verlässlichen Hinweis zur Entfernung der Objekte vom Augenpunkt. Denn ein Objekt A, das vom Augenpunkt weiter entfernt ist als ein Objekt B, kann dieses niemals verdecken. Oder anders ausgedrückt, falls ein Objekt B ein Objekt A verdeckt, können wir in unserem Weltbild vollkommen sicher darauf schließen, dass Objekt B näher am Augenpunkt sein muss, als Objekt A. Sollte dieses Grundprinzip unserer Wahrnehmung in computergenerierten Bildern einer 3-dimensionalen Szene verletzt sein, wird der Beobachter verwirrt und die Bilder werden als unrealistisch verworfen.

In der Computergrafik werden die Objekte aber einfach in der Reihenfolge gezeichnet, wie sie im Programm definiert wurden (Bild 8.1). Wenn ein Pixel von zwei Objekten beschrieben wird, erhält das Pixel die Farbe des zuletzt gezeichneten Objekts, und zwar unabhängig davon, ob dieses Objekt die kürzeste Entfernung zum Augenpunkt aufweist. Für eine korrekte Darstellung 3-dimensionaler Szenen muss folglich ein Algorithmus gefunden

(a)   (b)   (c)

Bild 8.1: Probleme des Maler–Algorithmus' bei sich durchdringenden Objekten: (a) der Triceratops wird zuletzt gezeichnet und überdeckt daher eigentlich sichtbare Teile des Quaders. (b) der Quader wird zuletzt gezeichnet und überdeckt daher eigentlich sichtbare Teile des Triceratops. (c) korrekte Darstellung mit Hilfe des z-Buffer Algorithmus.

© Springer Fachmedien Wiesbaden GmbH, ein Teil von Springer Nature 2019
A. Nischwitz et al., *Computergrafik*,
https://doi.org/10.1007/978-3-658-25384-4_8

werden, der das Verdeckungsproblem löst. Eine Möglichkeit, um das Verdeckungsproblem anzugehen, ist der sogenannte *„Maler–Algorithmus"*, der in den folgenden zwei Schritten abläuft:

a) Sortiere alle Objekte in Bezug auf ihren Abstand zum Augenpunkt.

b) Zeichne alle Objekte in ihrer neuen Reihenfolge, beginnend mit dem entferntesten.

Dieser z.B. von Landschaftsmalern verwendete Algorithmus funktioniert in den meisten Fällen ganz gut. Allerdings hat der Maler–Algorithmus zwei entscheidende Nachteile:

- Der Rechenaufwand bei Sortieralgorithmen steigt nichtlinear mit der Anzahl der Objekte. Da in der 3D-Computergrafik die relevanten Objekte die Polygone sind, die erst in sehr großer Zahl eine Szene realistisch nachbilden, würde der Rechenaufwand für das Sortieren ins Unerträgliche steigen. Außerdem müsste bei Objekt- oder Augenpunktsbewegungen vor jedem generierten Bild neu sortiert werden.

- Falls sich Objekte gegenseitig durchdringen, scheitert der Maler–Algorithmus vollkommen (siehe Bild 8.1). Um in solchen Fällen weiter zu kommen müssten zusätzliche komplexe Algorithmen eingesetzt werden, die zunächst einmal detektieren, welche Objekte sich durchdringen und welche Objektteile noch sichtbar sind. Als Konsequenz würde der Rechenaufwand noch einmal drastisch steigen.

8.1 Der z-Buffer Algorithmus

Aufgrund der geschilderten Nachteile des Maler–Algorithmus wird in der interaktiven 3D-Computergrafik ein anderer Algorithmus zur Verdeckungsrechnung eingesetzt: der von Cutmull [Catm74] entwickelte, sogenannte *„z-Buffer Algorithmus"* (Bild 8.2).

Die Grundidee des z-Buffer Algorithmus besteht darin, durch zusätzliche Hardware die Tiefeninformation (d.h. den z-Wert) für jedes Pixel zu speichern (alternativ auch *„Depth Buffer* Algorithmus" genannt). Falls ein Pixel durch ein Objekt beschrieben wird, muss vorher geprüft werden, ob es näher am Augenpunkt liegt (d.h. einen kleineren z-Wert hat), als das vorher gezeichnete Objekt (d.h. der abgespeicherte z-Wert). Falls ja, werden die Farbwerte und der z-Wert für das Pixel mit den neuen Werten überschrieben, andernfalls bleiben die alten Werte erhalten.

Der Pseudo–Code des z-Buffer Algorithmus ist in **A8.1** zusammengefasst. Die einzelnen Teilaspekte werden in den folgenden Abschnitten untersucht.

A8.1: Pseudo–Code des z-Buffer Algorithmus.

Voraussetzungen und Bemerkungen:

◇   zusätzlicher Speicherplatz für die z-Werte wird zur Verfügung gestellt.

Algorithmus:

(a)   Initialisiere den z-Buffer auf den Maximalwert für jedes Pixel des Bildschirmfensters.

(b)   Für alle Objekte (Polygone), die gezeichnet werden müssen:

(ba)   Für alle Pixel eines Objekts, die gezeichnet werden müssen:

(baa)   Berechne den Abstand vom Augenpunkt zu dem Objekt für das Pixel.

(bab)   Vergleiche den berechneten Abstand mit dem gespeicherten Wert im z-Buffer.

(bac)   Falls (Abstand < gespeicherter Wert):
         trage die neuen Farbwerte in den Farbspeicher (engl. color buffer) und den neuen
         z-Wert in den z-Buffer für dieses Pixel ein. (Das Objekt ist näher).

(bad)   Andernfalls:
         ändere nichts. (Das Objekt ist verdeckt).

Ende des Algorithmus

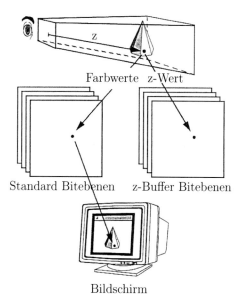

Bild 8.2:   Die Lösung des Verdeckungsproblems: der z-Buffer Algorithmus. Für jedes
Pixel werden die Farbwerte und die z-Werte gespeichert. Die Werte werden nur überschrieben, wenn der z-Wert des neuen Objekts kleiner ist als der gespeicherte.

Das Prinzip des z-Buffer Algorithmus wird in Bild 8.3 noch einmal grafisch verdeutlicht.

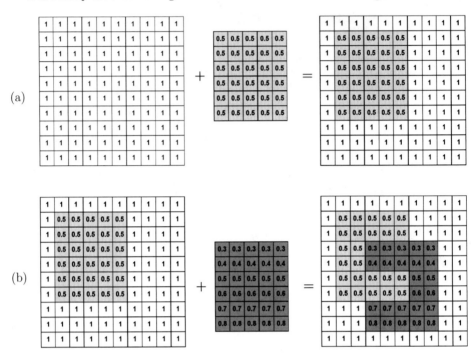

Bild 8.3:   Das Prinzip des z-Buffers anhand eines 10x10 Pixel großen Bildes: die Zahl in jedem Kästchen repräsentiert die räumliche Tiefe, d.h. den z-Wert des Pixels, die Graustufe der Pixel repräsentiert die Farbwerte. (a) auf einen „sauberen" Bildspeicher (initialisiert mit maximalem z-Wert 1) wird ein Polygon mit konstantem z-Wert von 0.5 addiert (d.h. das Polygon steht senkrecht auf der Sichtlinie) (b) Addition eines weiteren Polygons, das gegenüber der Sichtlinie geneigt ist und das erste Polygon schneidet

Der z-Buffer Algorithmus bietet eine Reihe von Vorteilen:

- Es ist kein aufwändiges Sortieren mehr nötig.

- Die Verdeckung von sich durchdringenden Objekten wird mit Pixel-Genauigkeit korrekt berechnet.

- Die Berechnung des z-Werts eines Pixels ist einfach und schnell. Denn die z-Werte aller Vertices sind nach den in Kapitel 7 dargestellten Transformationen schon vorhanden und die Berechnung der z-Werte für jedes Pixel kann wegen der Einschränkung auf planare Polygone durch eine lineare Interpolation der Vertex-z-Werte erledigt werden.

Auf der anderen Seite gibt es beim z-Buffer Algorithmus durchaus auch einige Probleme, deren man sich bewusst sein sollte:

- z-Buffer Flimmern: aufgrund der begrenzten Auflösung des z-Buffers (meist 16 bit oder 32 bit) kommt es insbesondere bei weiter entfernten Flächen, die parallel und nah beieinander liegen, zu einer abwechselnden Darstellung. Ein typisches Beispiel dafür sind weiße Fahrbahnmarkierungen, die knapp (z.B. $1cm$) über der schwarzen Straßenfläche schweben. Aus dem in die Ferne gerichteten Blickwinkel eines bewegten Fahrzeugs erscheint, je nach numerischen Rundungsfehlern, einmal die weiße Markierung und einmal die schwarze Straße oben, so dass ein schwar$z$-weißes Flimmern entsteht, das erst nach Annäherung an die Fahrbahnmarkierung verschwindet. Zur Abhilfe dieses negativen Effekts bieten sich zwei unterschiedliche Methoden an: erstens die Verwendung einer Fahrbahntextur, die die Markierung enthält (diese Lösung kostet allerdings sehr viel Texturspeicherplatz), oder zweitens die Schaffung einer Datenstruktur, in der jeder Fläche ein Paritätsbit zugewiesen wird, das bestimmt, ob die Fläche unten oder oben liegt (für diese Lösung benötigt man einen Algorithmus, der das Paritätsbit auswertet und den z-Buffer Algorithmus ergänzt). Abmildern kann man das z-Buffer Flimmern mit Hilfe des Subpixel-Anti-Aliasing (Kapitel 10).

- Transparente Oberflächen werden vom z-Buffer Algorithmus nicht korrekt berücksichtigt (Die Ursache und eine Abhilfe für dieses Problem wird in Kapitel 9 dargestellt).

8.2 OpenGL-Implementierung des z-Buffer Algorithmus

Im Folgenden werden nun die konkreten OpenGL-Befehle erläutert, die den in **A8.1** beschriebenen Schritten des z-Buffer Algorithmus entsprechen.

- *Voraussetzungen*: Aktivierung des OpenGL-Zustands und Konfiguration des Speicherplatzes für die z-Werte (*Depth Buffer*).
  Wie die meisten Eigenschaften in OpenGL muss auch die Verdeckungsrechnung zunächst einmal aktiviert werden mit dem Befehl `glEnable(GL_DEPTH_TEST)`. Da in manchen Anwendungen die Verdeckungsrechnung durchaus unerwünscht oder zumindest überflüssig ist, kann man sie selbstverständlich auch wieder ausschalten, und zwar mit dem Befehl `glDisable(GL_DEPTH_TEST)`.
  Der zusätzlich für die z-Werte erforderliche Platz im Bildspeicher (*frame buffer*), d.h. der z-Buffer wird mit Hilfe des Befehls `glutInitDisplayMode(GLUT_DEPTH)` aus dem OpenGL *Utility Toolkit* (GLUT) bei der Initialisierung angefordert.

- *Initialisierung des z-Buffers*: Festlegung des Initialisierungs-z-Wertes und Start der Initialisierung.

Die zulässigen z-Werte reichen bei OpenGL von minimal 0.0 für die vordere Grenz-fläche (*near clipping plane*) des sichtbaren Volumens bis maximal 1.0 für die hinte-re Grenzfläche (far clipping plane) des sichtbaren Volumens. Standardmäßig wird der z-Wert für die Initialisierung des z-Buffers auf 1.0 gesetzt. Mit dem Befehl glClearDepth(GLdouble depth) kann ein beliebiger Initialisierungs-z-Wert zwi-schen 0.0 und 1.0 gewählt werden. In seltenen Fällen kann es nötig sein, den Werte-bereich des z-Buffers, der normalerweise von 0.0 bis 1.0 läuft, weiter einzuschränken. Mit dem Befehl glDepthRange(GLdouble near, GLdouble far) wird der Wer-tebereich des z-Buffers auf $0.0 \leq$ near, far ≤ 1.0 eingeschränkt. Bevor ein neues Bild gerendert werden kann, müssen die alten z-Werte (und auch die Farbwerte) im Bildspeicher gelöscht werden. Dies geschieht am besten dadurch, dass alle z-Werte des Bildspeichers auf den mit „glClearDepth()" voreingestellten Wert gesetzt wer-den (die Farbwerte werden mit dem Befehl „glClearColor()" voreingestellt). Je-desmal, wenn ein neues Bild gezeichnet werden soll, werden durch den Aufruf von glClear(GL_DEPTH_BUFFER_BIT) die z-Werte des Bildspeichers initialisiert. Wegen der höheren Effizienz sollten neben den z-Werten gleichzeitig auch die Farbwerte des Bildspeichers mit glClear(GL_COLOR_BUFFER_BIT | GL_DEPTH_BUFFER_BIT) initiali-siert werden.

- *Vergleich*: Festlegung des Vergleichs-Operators.
  Standardmäßig wird als Vergleichs-Operator der Parameter „GL_LESS" (d.h. „<") verwendet, wie im Algorithmus A8.1 beschrieben. Einen anderen Vergleichs-Operator kann man mit dem Befehl glDepthFunc(GLenum operator) festlegen. Das Argu-ment „operator" kann die in der folgenden Tabelle aufgelisteten Werte annehmen:

operator	Funktion
GL_LESS	$<$, kleiner (Standardwert)
GL_NEVER	0, liefert immer den Wahrheitswert „FALSE"
GL_EQUAL	$=$, gleich
GL_LEQUAL	$\leq$, kleiner gleich
GL_GREATER	$>$, größer
GL_GEQUAL	$\geq$, größer gleich
GL_NOTEQUAL	$\neq$, ungleich
GL_ALWAYS	1, liefert immer den Wahrheitswert „TRUE"

Liefert der Vergleich zwischen dem neuen z-Wert und dem gespeicherten z-Wert den Wahrheitswert „TRUE", werden die neuen Farbwerte in den Farbspeicher und der neue z-Wert in den z-Buffer für dieses Pixel eingetragen. Beim Wahrheitswert „FALSE" wird nichts geändert.

8.3   Vulkan-Implementierung des z-Buffer Algorithmus

In Vulkan ist die Implementierung des z-Buffer Algorithmus deutlich aufwändiger als bei OpenGL. Insbesondere die Voraussetzungen, die man dafür schaffen muss, sind deutlich umfangreicher, der Rest ist vergleichbar.

Voraussetzungen: Aktivierung des z-Buffer-Tests in der Vulkan-Pipeline und Konfiguration des Speicherplatzes für die z-Werte (*Depth Image*).

Auch bei Vulkan muss die Grafik-Pipeline so konfiguriert werden, dass der z-Buffer-Test aktiviert ist. Dies wurde bereits im Abschnitt 5.2.2.3 bei der Erzeugung der Grafik-Pipeline dargestellt und geschieht, indem man bei der Festlegung der Datenstruktur `VkPipelineDepthStencilStateCreateInfo` den Parameter `depthTestEnable` = `VK_TRUE` setzt. Deaktivieren kann man die Verdeckungsrechnung durch Festlegung des Parameters `depthTestEnable` auf den Wert `VK_FALSE`.

Die Konfiguration des Speicherplatzes besteht zunächst darin, dass man sich ein *Depth Image* vom Typ VkImage erzeugt, sich den notwendigen Speicherplatz vom Typ VkDeviceMemory dafür auf der Grafikhardware reserviert und für den Zugriff eine Sichtweise vom Typ VkImageView dafür besorgt. Weiterhin muss man im *Renderpass* ein *depthAttachment* neben dem *colorAttachment* als Resource bereit stellen. Zu guter Letzt muss bei der Erzeugung des *Framebuffers* das *Depth Image* an das *depthAttachment* gebunden werden. Im Folgenden wird ein Code-Ausschnitt für die Schritte zur Konfiguration des Speicherplatzes gezeigt:

```
// Anlegen eines Depth Image, reservieren des Speichers
// und eines Image Views
VkImage depthImage;
VkDeviceMemory depthImageMemory;
VkImageView depthImageView;

// Funktion zur Erzeugung der Resourcen für das Depth Image
void createDepthResources() {
    // die Funktion findSupportedFormat() wird weiter unten definiert
    VkFormat depthFormat = findSupportedFormat(
        {VK_FORMAT_D32_SFLOAT}, VK_IMAGE_TILING_OPTIMAL,
        VK_FORMAT_FEATURE_DEPTH_STENCIL_ATTACHMENT_BIT);

    // die Funktion createImage() wurde in Abschnitt 5.2.2.4 definiert
    createImage(extent.width, extent.height, depthFormat,
        VK_IMAGE_TILING_OPTIMAL,
        VK_IMAGE_USAGE_DEPTH_STENCIL_ATTACHMENT_BIT,
        VK_MEMORY_PROPERTY_DEVICE_LOCAL_BIT,
        depthImage, depthImageMemory);
```

```
    // die Funktion createImageView() wird weiter unten definiert
    depthImageView = createImageView(depthImage, depthFormat,
        VK_IMAGE_ASPECT_DEPTH_BIT);

    // die Funktion transitionImageLayout() aus Abschnitt 5.2.2.4
    // muss um eine Abfrage zur korrekten Memory Barrier Einstellung
    // erweitert werden:
    // transitionImageLayout( ..
    // ..
    //  if (newLayout == VK_IMAGE_LAYOUT_DEPTH_STENCIL_ATTACHMENT_OPTIMAL)
    //      barrier.subresourceRange.aspectMask = VK_IMAGE_ASPECT_DEPTH_BIT;
    //  else barrier.subresourceRange.aspectMask = VK_IMAGE_ASPECT_COLOR_BIT;
    // ..
    //  else if (oldLayout == VK_IMAGE_LAYOUT_UNDEFINED &&
    //      newLayout == VK_IMAGE_LAYOUT_DEPTH_STENCIL_ATTACHMENT_OPTIMAL) {
    //          barrier.srcAccessMask = 0;
    //          barrier.dstAccessMask =
    //              VK_ACCESS_DEPTH_STENCIL_ATTACHMENT_READ_BIT |
    //              VK_ACCESS_DEPTH_STENCIL_ATTACHMENT_WRITE_BIT;
    //          sourceStage = VK_PIPELINE_STAGE_TOP_OF_PIPE_BIT;
    //          destinationStage = VK_PIPELINE_STAGE_EARLY_FRAGMENT_TESTS_BIT;
    //  }
    // ..
    transitionImageLayout(depthImage, depthFormat, VK_IMAGE_LAYOUT_UNDEFINED,
        VK_IMAGE_LAYOUT_DEPTH_STENCIL_ATTACHMENT_OPTIMAL);
}


// Funktion zur Bestimmung des depthFormat
VkFormat findSupportedFormat(const std::vector<VkFormat>& candidates,
        VkImageTiling tiling, VkFormatFeatureFlags features) {
    for (VkFormat format : candidates) {
        VkFormatProperties props;
        vkGetPhysicalDeviceFormatProperties(physicalDevice, format, &props);

        if (tiling == VK_IMAGE_TILING_LINEAR &&
            (props.linearTilingFeatures & features) == features) {
            return format;
        } else if (tiling == VK_IMAGE_TILING_OPTIMAL &&
            (props.optimalTilingFeatures & features) == features) {
            return format;
        }
    }
```

```
    throw std::runtime_error("failed to find supported format");
}

// Funktion zur Erzeugung des ImageView Objekts
VkImageView createImageView(VkImage image, VkFormat format,
                            VkImageAspectFlags aspectFlags) {
    VkImageViewCreateInfo createInfo = {};
    createInfo.sType = VK_STRUCTURE_TYPE_IMAGE_VIEW_CREATE_INFO;
    createInfo.image = image;
    createInfo.viewType = VK_IMAGE_VIEW_TYPE_2D;
    createInfo.format = format;
    createInfo.subresourceRange.aspectMask = aspectFlags;
    createInfo.subresourceRange.baseMipLevel = 0;
    createInfo.subresourceRange.levelCount = 1;
    createInfo.subresourceRange.baseArrayLayer = 0;
    createInfo.subresourceRange.layerCount = 1;

    // Erzeugen des ImageView Objektes durch den Create-Befehl
    VkImageView imageView;
    if (vkCreateImageView(logicalDevice, &createInfo, nullptr,
                  &imageView) != VK_SUCCESS)
        throw std::runtime_error("failed to create Texture Image View");

    return imageView;
}
```

Im *Renderpass* muss noch ein *depthAttachment* neben dem *colorAttachment* als Resource bereit gestellt werden:

```
// Anlegen einer VkAttachmentDescription-Struktur für das Depth Image
VkAttachmentDescription depthAttach = {};
depthAttach.format = findSupportedFormat(
        {VK_FORMAT_D32_SFLOAT}, VK_IMAGE_TILING_OPTIMAL,
        VK_FORMAT_FEATURE_DEPTH_STENCIL_ATTACHMENT_BIT);
    // kein Multisampling, deshalb ist sample_count = 1
depthAttach.samples = VK_SAMPLE_COUNT_1_BIT;
    // lösche den Speicher zu Beginn
depthAttach.loadOp = VK_ATTACHMENT_LOAD_OP_CLEAR;
    // der z-Bufferinhalt wird nach dem Zeichnen nicht mehr benötigt
depthAttach.storeOp = VK_ATTACHMENT_STORE_OP_DONT_CARE;
    // kein Stencil-Buffer, deshalb dont_care
depthAttach.stencilLoadOp = VK_ATTACHMENT_LOAD_OP_DONT_CARE;
depthAttach.stencilstoreOp = VK_ATTACHMENT_STORE_OP_DONT_CARE;
```

```
    // das Depth Image wird zu Beginn sowieso gelöscht
depthAttach.initialLayout = VK_IMAGE_LAYOUT_UNDEFINED;
    // Depth Image Layout möglichst performant
depthAttach.finalLayout = VK_IMAGE_LAYOUT_DEPTH_STENCIL_ATTACHEMENT_OPTIMAL;

// Anlegen einer VkAttachmentReference-Struktur für das Depth Image
VkAttachmentReference depthAttachRef = {};
    // es ist die zweite VkAttachmentDescription deshalb Index 1
depthAttachRef.attachment = 1;
depthAttachRef.layout = VK_IMAGE_LAYOUT_DEPTH_STENCIL_ATTACHEMENT_OPTIMAL;

// Anlegen einer VkSubpassDescription-Struktur
VkSubpassDescription subpass = {};
subpass.pipelineBindPoint = VK_PIPELINE_BIND_POINT_GRAPHICS;
subpass.colorAttachmentCount = 1;
subpass.pColorAttachments = &colorAttachRef;
// Sinn macht nur ein Depth Attachment, deshalb ist kein Count nötig
subpass.pDepthStencilAttachment = &depthAttachRef;

// Anlegen einer VkRenderPassCreateInfo -Struktur
std::array<VkAttachmentDescription, 2> attach = {colorAttach, depthAttach};
VkRenderPassCreateInfo createInfo = {};
createInfo.sType = VK_STRUCTURE_TYPE_RENDER_PASS_CREATE_INFO;
createInfo.attachmentCount = static_cast<uint32_t>(attach.size());
createInfo.pAttachments = &attach.data();
createInfo.subpassCount = 1;
createInfo.pSubpasses = &subpass;
createInfo.dependencyCount = 1;
// die dependency-Struktur bleibt wie in Abschnitt 5.2.2.3
createInfo.pDependencies = &dependency;

// Erzeugen des VkRenderPass Objektes wie in Abschnitt 5.2.2.3
VkRenderPass renderPassObj;
if (vkCreateRenderPass(logicalDevice, &createInfo, nullptr,
                        &renderPassObj) != VK_SUCCESS)
    throw std::runtime_error("failed to create Render Pass");
```

Beim Anlegen des Arrays von `VkFramebuffer`-Objekten in Abschnitt 5.2.2.3 muss die
`for`-Schleife so angepasst werden, dass das *Depth Image* an das *depthAttachment* gebunden
wird:

```
std::array<VkImageView, 2> attachments =
                    {swapChainImageViews[i], depthImageView};

// Anlegen einer VkFramebufferCreateInfo-Struktur
VkFramebufferCreateInfo framebufInfo = {};
framebufInfo.sType = VK_STRUCTURE_TYPE_FRAMEBUFFER_CREATE_INFO;
framebufInfo.renderPass = renderPassObj;
framebufInfo.attachmentCount = static_cast<uint32_t>(attachments.size());
framebufInfo.pAttachments = attachments.data();
```

Initialisierung des z-Buffers: Festlegung des Initialisierungs-z-Wertes (clear depth)
bei der Aufzeichung der Befehle im Command Buffer und Start der Initialisierung.

Die zulässigen z-Werte reichen bei Vulkan genau wie bei OpenGL von minimal 0.0 für
die vordere Grenzfläche (*near clipping plane*) des sichtbaren Volumens bis maximal 1.0 für
die hintere Grenzfläche (far clipping plane) des sichtbaren Volumens. Standardmäßig wird
der z-Wert für die Initialisierung des z-Buffers auf 1.0 gesetzt. Dies wird in Vulkan beim
Aufzeichnen der Befehle im Command Buffer festgelegt, so dass der entsprechende Code
in Abschnitt 5.2.2.3 folgendermaßen modifiziert werden muss:

```
std::array<VkClearValue, 2> clearValues = {};
// Festlegung der Löschfarbe für den Farbspeicher
clearValues[0].color = {0.0f, 0.0f, 0.0f, 1.0f};
// Festlegung des anfänglichen z-Werts für den z-Buffer auf 1.0f
clearValues[1].depthStencil = {1.0f, 0};

// Anpassung der VkRenderPassBeginInfo-Struktur
renderPassBeginInfo.clearValueCount =
                    static_cast<uint32_t>(clearValues.size());
renderPassBeginInfo.pClearValues = clearValues.data();
```

Die Durchführung der Initialisierung des z-Buffers (und des Color Buffers) geschieht
dann entweder implizit beim Starten des Renderpass mit dem Befehl

```
vkCmdBeginRenderPass(commandBufferObj[i], &renderPassBeginInfo,
                VK_SUBPASS_CONTENTS_INLINE);
```

innerhalb der Aufzeichnung der Befehle im Command Buffer, oder explizit mit dem
Befehl `vkCmdClearDepthStencilImage()`.

Vergleich: Festlegung des Vergleichs-Operators in Vulkan.

Der Vergleichs-Operator wird in Vulkan bei der Konfiguration der Grafik-Pipeline definiert, indem der entsprechende Parameter beim Anlegen der VkPipelineDepthStencilStateCreateInfo-Struktur übergeben wird:

depthStencil.depthCompareOp = VK_COMPARE_OP_LESS;

Normalerweise wird als Vergleichs-Operator der Parameter „VK_COMPARE_OP_LESS" (d.h. „<") verwendet, wie im Algorithmus A8.1 beschrieben.

Alle in Vulkan zulässigen Vergleichs-Operatoren sind in der folgenden Tabelle aufgelistet:

operator	Funktion
VK_COMPARE_OP_LESS	<, kleiner (Standardwert)
VK_COMPARE_OP_NEVER	0, liefert immer den Wahrheitswert „FALSE"
VK_COMPARE_OP_EQUAL	=, gleich
VK_COMPARE_OP_LESS_OR_EQUAL	≤, kleiner gleich
VK_COMPARE_OP_GREATER	>, größer
VK_COMPARE_OP_GREATER_OR_EQUAL	≥, größer gleich
VK_COMPARE_OP_NOT_EQUAL	≠, ungleich
VK_COMPARE_OP_ALWAYS	1, liefert immer den Wahrheitswert „TRUE"

8.4 Einsatzmöglichkeiten des z-Buffer Algorithmus

Neben der üblichen Anwendung des z-Buffer Algorithmus' zur Verdeckungsrechnung gibt es eine Reihe weiterer interessanter Einsatzmöglichkeiten, die in den folgenden Abschnitten beschrieben werden.

8.4.1 Entfernen aller Vorderteile

Wird als Vergleichs-Operator „*_GREATER" eingesetzt, erhalten die Pixel die Farbe des am weitesten vom Augenpunkt entfernten Objekts, sprich die Rückseiten der hintersten Objekte. Dadurch werden bei einem Objekt die Vorderseiten quasi weggeschnitten, und bei einer Szene mit mehreren sich verdeckenden Objekten wird der Blick auf die Rückseiten des hintersten Objekts frei. Die Wirkung ist ähnlich, aber nicht identisch wie beim *Frontface-Culling*, denn dort können sich räumlich hintereinander angeordnete Rückseiten (*back faces*) durchaus gegenseitig verdecken (Bild 6.17-b). In Bild 8.4 wird anhand von zwei Szenen die unterschiedliche Auswirkung der Operatoren „*_LESS" und „*_GREATER" dargestellt. Im linken oberen Teilbild sind die Vorderseiten eines Balkens zu sehen (Operator „*_LESS"). Im linken unteren Teilbild sind die Hinterseiten des Balkens (Operatoren „*_GREATER") von innen zu sehen; der Balken ist quasi innen leer und nur die drei hinteren

Hüllflächen sind sichtbar. Im rechten oberen Teilbild ist in gewohnter Weise ein Dinosaurier von oben zu sehen, der von einem Balken durchdrungen wird. Das rechte untere Teilbild ist für unsere Wahrnehmung extrem verwirrend: denn einerseits erscheint es so, als würde man die nach außen gewölbte Vorderseite des Dinosauriers jetzt von unten sehen; andererseits sieht man die Hinterseiten des Balkens von oben! In Wirklichkeit sieht man aber auch die nach innen gewölbten Hinterseiten des Dinosaurier von oben. Wir unterliegen hier einer optischen Täuschung. Denn man sieht normalerweise nie die ausgehöhlte Rückseite eines Tieres (außer bei einem Gipsabdruck). Deshalb unterdrückt unsere Wahrnehmung diese Interpretation und gaukelt uns stattdessen die aus unserer Erfahrung sehr viel plausiblere Variante eines von unten gesehenen Dinosauriers vor.

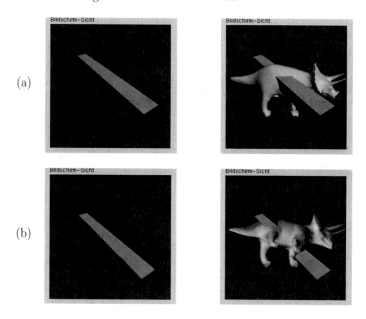

Bild 8.4:   Wegschneiden aller Vorderteile einer Szene mit dem Vergleichs-Operator „*_GREATER": (a) Standard z-Buffer Algorithmus mit dem Vergleichs-Operator „*_LESS", d.h. die Vorderteile einer Szene sind sichtbar. (b) z-Buffer Algorithmus mit dem Vergleichs-Operator „*_GREATER", d.h. die Vorderteile einer Szene werden weggeschnitten.

Wird als Vergleichs-Operator für den z-Buffer Algorithmus „*_GREATER" eingesetzt, sollte der Initialisierungs-z-Wert auf 0 oder einen anderen Wert < 1 gesetzt werden. Denn per Definition kann kein z-Wert größer als der Standard-Initialisierungs-z-Wert 1 sein. In Bild 8.5 ist das Prinzip des z-Buffer Algorithmus mit dem Vergleichs-Operator „*_GREATER" noch einmal dargestellt (im Vergleich dazu ist in Bild 8.3 das Prinzip des z-Buffer Algorithmus für den Vergleichs-Operator „*_LESS" dargestellt).

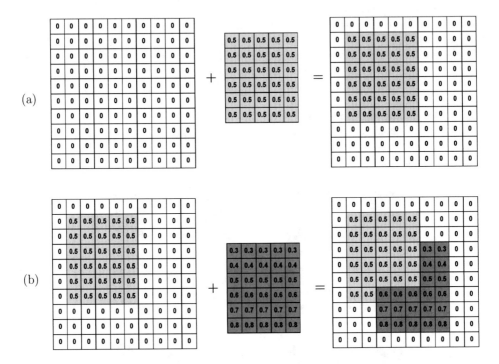

Bild 8.5: Das Prinzip des z-Buffers mit dem Vergleichs-Operator „*_GREATER": die Zahl in jedem Kästchen repräsentiert die räumliche Tiefe, d.h. den z-Wert des Pixels, die Graustufe der Pixel repräsentiert die Farbwerte. (a) auf einen „sauberen" Bildspeicher (initialisiert mit minimalem z-Wert 0) wird ein Polygon mit konstantem z-Wert von 0.5 addiert (d.h. das Polygon steht senkrecht auf der Sichtlinie) (b) Addition eines weiteren Polygons, das gegenüber der Sichtlinie geneigt ist und das erste Polygon schneidet

8.4.2 Höhenkarten generieren

Nachdem durch den Algorithmus A8.1 mit dem Vergleichs-Operator „*_LESS" der z-Buffer in gewohnter Weise beschrieben ist, kann er ohne weitere Veränderung z.B. für die Generierung von Höhenlinien verwendet werden (Bild 8.6-a1). In OpenGL wird dazu der z-Buffer durch den Befehl glDepthMask(GL_FALSE) ausschließlich lesbar, aber nicht mehr beschreibbar gemacht. In Vulkan wird der z-Buffer bei der Erzeugung der Grafik-Pipeline auf "*read-only*" gestellt, indem man bei der Festlegung der Datenstruktur VkPipelineDepthStencil-StateCreateInfo den Parameter depthWriteEnable = VK_FALSE setzt. Danach wird eine Serie von Flächen über die Szene gelegt, die parallel zur "*far clipping plane*" sind, aber einen abnehmenden z-Wert besitzen. Jede einzelne Fläche steht senkrecht auf der z-Achse und wird mit dem Vergleichs-Operator „*_GREATER" gezeichnet. Die hinterste Fläche mit einem z-Wert von z.B. 0.9 enthält all diejenigen Pixel, bei denen der z-Wert der Fläche (0.9) größer ist als der gespeicherte z-Wert (in Bild 8.6-a1 der gesamte Dinosaurier). Diese Pixel werden mit dem niedrigsten Grauwert belegt. Die nächste, etwas hellere Fläche bedeckt einen kleineren Anteil des Dinosauriers, da der hinterste Teil des Dinosaurierschwanzes einen z-Wert größer als 0.8 hat. Jede weitere und zunehmend hellere Fläche bedeckt einen immer kleineren Anteil des Dinosauriers, so dass letzten Endes der Grauwert des Pixels die räumliche Tiefe repräsentiert.

Eine andere Alternative zur Darstellung von räumlicher Tiefe durch Grauwerte besteht im direkten Auslesen aller z-Buffer-Werte aus dem Bildspeicher. Dazu definiert man in OpenGL zunächst ein Array „`GLfloat z[width*height]`", das die z-Werte für jedes Pixel aufnehmen kann. Mit dem Befehl „`glReadPixels(x_offset, y_offset, width, height, GL_DEPTH_COMPONENT, GL_FLOAT, z)`" werden die z-Werte aus dem Bildspeicher ausgelesen und in das Array „`z`" geschrieben. Anschließend können die z-Werte bearbeitet werden, wie bei dem Beispiel in Bild 8.6-a2, bei dem durch die Operation „$z[i] = 1 - z[i]$" ein Negativ-Bild erzeugt wird. Mit Hilfe des Befehls „`glDrawPixels(width, height, GL_LUMINANCE, GL_FLOAT, z)`" können die bearbeiteten z-Werte dann als Grauwerte auf den Bildschirm gebracht werden. Bild 8.6-a2 ist also eine direkte Visualisierung des z-Buffer-Inhalts, bei dem ein zunehmender Grauwert einen abnehmenden z-Wert repräsentiert.

8.4.3   Volumenmessung

Zur Volumenmessung wird das jeweilige 3D-Objekt zunächst in feine Scheiben der Dicke dz geschnitten, die senkrecht auf der z-Achse stehen (Bild 8.6-b). Das Prinzip ist ähnlich wie bei den Höhenlinien in Bild 8.6-a1, nur mit dem Unterschied, dass pro Bild nur eine einzige Scheibe herausgeschnitten wird. Der Flächeninhalt F_i der i-ten Scheibe kann mit Hilfe einfacher Bildverarbeitungsalgorithmen (Band II Kapitel 24 „Einfache segmentbeschreibende Parameter") bestimmt werden. Liegen die einzelnen Scheiben in z-Richtung dicht aneinander (in Bild 8.6-b sind nur 8 von 50 Scheiben dargestellt), errechnet sich das Volumen V aus:

$$V = \sum_i F_i \cdot dz \tag{8.1}$$

Für eine korrekte Volumenmessung ist die orthografische Projektion zu verwenden.

8.4.4   Oberflächenmessung

Die Oberflächenmessung läuft im Prinzip genau so ab wie die Volumenmessung. Der Unterschied besteht nur darin, dass aus den Schnittbildern 8.6-b mit Hilfe einfacher Bildverarbeitungsalgorithmen (Band II Kapitel 24 „Einfache segmentbeschreibende Parameter") diesmal die Länge L_i der Objekt-Ränder der i-ten Scheibe bestimmt wird. Die Oberfläche eines Objekts ergibt sich dann aus:

$$O = \sum_i L_i \cdot dz \tag{8.2}$$

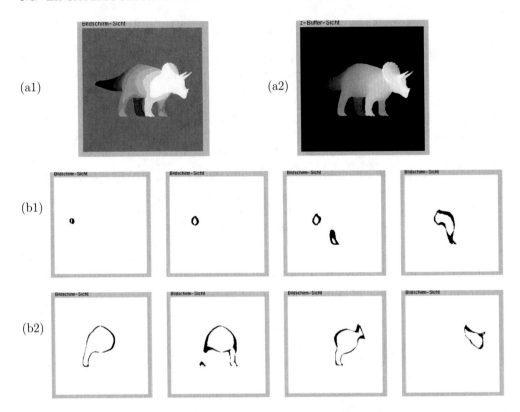

Bild 8.6: Verwendung des z-Buffers zur Herstellung von Höhenkarten (a1,a2), bei denen der Grauwert die räumliche Tiefe repräsentiert, und Schnittbildern (b1,b2), aus denen Volumina und Oberflächen der 3D-Objekte mit Hilfe von Bildverarbeitungsalgorithmen bestimmt werden können.

8.4.5 Entfernungsmessung

Zur Simulation eines Laser-Entfernungsmessgerätes kann der z-Buffer ebenfalls sehr gut eingesetzt werden. Zuerst werden mit Hilfe der Viewport-Transformation (7.45) die x- und y-Bildschirmkoordinaten ermittelt, an denen der Laserstrahl auf die Objektoberfläche trifft. Danach wird in OpenGL mit dem Befehl „`glReadPixels(x_offset, y_offset, width, height, GL_DEPTH_COMPONENT, GL_FLOAT, z)`" die normierte z-Koordinate dieses Punktes aus dem Bildspeicher ausgelesen. Mit Hilfe der inversen Projektionstransformation $(\mathbf{N} \cdot \mathbf{P})^{-1}$ (7.33, 7.41) wird die normierte z-Koordinate ins Augenpunktkoordinatensystem umgerechnet. Im Augenpunktkoordinatensystem kann dann der Abstand zwischen dem Ort des Lasermessgeräts und dem Punkt, an dem der Laserstrahl die Oberfläche trifft, durch die euklidische Norm berechnet werden.

8.4.6   Weitere Einsatzmöglichkeiten

Der z-Buffer Algorithmus bzw. der Inhalt des z-Buffers ist die Basis für einige weitere wichtige Verfahren in der Computergrafik. Dazu zählen u.a.:

- Nebel: die Nebelfarbe wird mit zunehmender Entfernung (d.h. zunehmendem z-Wert) zwischen Augenpunkt und Objekt immer stärker der Objektfarbe beigemischt (Kapitel 11)

- Schatten: für die Berechnung von Schatten werden in einem ersten Grafikpipeline-Durchlauf ausschließlich die z-Werte aus der Sicht der Lichtquelle in eine Schattentextur gerendert. Im zweiten Durchlauf werden die z-Werte aus der Sicht des Beobachters gerendert und mit den z-Werten aus der Schattentextur verglichen: falls die z-Werte aus der Schattentextur kleiner sind, als die z-Werte aus der Sicht des Beobachters befindet sich der Oberflächenpunkt im Schatten, ansonsten ist er beleuchet (Kapitel 14)

- Occlusion Culling: man rendert in einem ersten (sehr schnellen) Grafikpipeline-Durchlauf ausschließlich die z-Werte aus der Sicht des Beobachters und benutzt diese Information im Rahmen von sogenannten *„Occlusion Queries"*, um vorab zu entscheiden, ob bestimmte Objekte verdeckt sind und deshalb nicht gerendert werden müssen (Abschnitt 16.2.2)

Kapitel 9

Farbe, Transparenz und Farbmischung

Das eigentliche Ziel der Interaktiven 3D-Computergrafik ist die Generierung eines Farbbildes in einem Bildschirmfenster. Dieses Fenster besteht aus einer rechteckigen Anordnung von einzelnen Bildpunkten (Pixel), von denen jeder eine eigene Farbe darstellen kann.

9.1 Das Farbmodell in der Computergrafik

In der Computergrafik wird das RGB-Farbmodell verwendet, das neben einer Reihe anderer Farbmodelle im Band II Abschnitt 3.5 ausführlich dargestellt wird. Allerdings wird hier die Farbe nicht wie sonst üblich durch die drei Komponenten Rot, Grün, Blau (RGB) spezifiziert, sondern meistens, wie z.B. in OpenGL oder Vulkan, durch vier Komponenten: neben den drei Werten „RGB" wird als vierte Komponente noch der Wert „A" für die Transparenz angegeben. Dieses 4-Tupel (R,G,B,A) stellt die erweiterte Farbdefinition in der Computergrafik dar und aus diesem Grund wird „Farbe und Transparenz" in einem Atemzug genannt. Mit der Transparenz-Komponente „A" ist es möglich, verschiedenfarbige Flächen oder Pixel wie in einem Malkasten zu mischen. Weil sich als Kürzel für die Transparenz-Komponente der Buchstabe „A" eingebürgert hat, bezeichnet man die damit mögliche Farbmischung im englischen Fachjargon auch als *„Alpha Blending"*.

Wie im Band II Abschnitt 3.5.4 „Das RGB-Farbmodell" dargestellt, werden die Größen so normiert, dass der Wertebereich der Komponenten zwischen 0 und 1 liegt. Dies gilt nicht nur für die drei Farbkomponenten R,G,B, sondern auch für die Transparenz-Komponente A. Der Wert der jeweiligen Farbkomponente ist ein Maß für die Intensität. Durch eine Rot-Komponente von R = 1 wird die maximale Intensität, durch R = 0 die minimale Intensität für Rot spezifiziert. Dies gilt ebenso für die Grün- und die Blau-Komponente. Die Transparenz-Komponente „A" ist ein Maß für die Opazität (Undurchsichtigkeit, Intransparenz) einer Fläche oder eines Pixels. Eine „Alpha"-Komponente von 0 bedeutet 0% opak (d.h. 100% transparent), eine „Alpha"-Komponente von 1 bedeutet 100% opak (d.h. 0% transparent, also undurchsichtig).

© Springer Fachmedien Wiesbaden GmbH, ein Teil von Springer Nature 2019
A. Nischwitz et al., *Computergrafik*,
https://doi.org/10.1007/978-3-658-25384-4_9

Die Hardware-interne Darstellung aller vier Farbkomponenten durch Gleitkommazahlen aus dem Intervall [0,1] lässt noch die Frage nach der Quantisierung (oder Auflösung) der Farbkomponenten offen (Band II Abschnitt 3.2). Eine Farbkomponente kann z.B. durch 1 bit (2 Werte), 8 bit (256 Werte) oder 16 bit (65536 Werte) dargestellt werden. Aufgrund des Pipeline-Verarbeitungsprinzips der Computergrafik unterscheidet man drei verschiedene Quantisierungen:

- Die Eingangsquantisierung:
  Farben können in vollkommen unterschiedlichen Datenformaten eingegeben werden (z.B. als ganze Zahlen unterschiedlich feiner Quantisierung oder als Gleitkomma-Zahlen, Abschnitt 9.2.4). Durch einen Normierungsschritt werden Integer-Datenformate in Gleitkommazahlen des Intervalls [0,1] umgewandelt (die eingegebene Integer-Zahl wird durch die – von der Quantisierung abhängige – maximale Integer-Zahl geteilt). Bei Gleitkomma-Zahlen werden Werte unter null oder über eins gekappt, d.h. auf null bzw. eins gesetzt.

- Die interne Quantisierung:
  die interne Quantisierung hängt von der verwendeten Hardware ab. Einfache Grafik-karten bieten heutzutage eine Auflösung von 8 bit pro Farbkomponente, gute dagegen 32 bit pro Farbkomponente. Mit der jeweiligen internen Quantisierung werden Farb-interpolationen (z.B. Farbmischung oder Schattierung), die Beleuchtungsrechnung oder die Texturierung durchgeführt. Wenn man z.B. weiß, dass die interne Quanti-sierung 8 bit pro Komponente beträgt, bringt es nichts, einen Farbwert als uint mit 32 bit oder eine Textur als ushort mit 16 bit pro Komponente einzugeben, da nach der Normierung die höhere Genauigkeit der Eingangswerte wieder verloren geht. Am Ende aller internen Berechnungen werden evtl. Farbwerte außerhalb des Intervalls [0,1] wieder gekappt.

- Die Ausgangsquantisierung:
  am Ende des Rendering-Prozesses steht das fertige Bild im Bildspeicher für die Aus-gabe auf einem Anzeigegerät (z.B. einen Bildschirm) bereit. Die Auflösung der Farb-komponenten jedes Pixels im Bildspeicher wird als Ausgangsquantisierung bezeich-net. Sie kann – im Rahmen der von der Fensterverwaltung (z.B. GLX, WGL, EGL, GLUT, GLFW) und der Hardware gebotenen Möglichkeiten – unabhängig von der in-ternen Quantisierung gewählt werden. Normalerweise wählt man die Ausgangsquan-tisierung passend zum Ausgabemedium. Praktisch alle handelsüblichen Bildschirme können bestenfalls 8 bit pro Farbkanal darstellen, so dass dieser Wert meistens als Ausgangsquantisierung festgelegt wird. Die Ausgangsquantisierung wird bei der In-itialisierung des Bildspeichers festgelegt.

Um einem 3D-Objekt Farben zuweisen zu können, gibt es in der Computergrafik zwei prinzipiell unterschiedliche Möglichkeiten, die den zwei Datenpfaden der Rendering-Pipeline in Bild 5.2 entsprechen:

- Zuweisung einer Farbe für jeden Vertex des 3D-Objekts. Im Rahmen der Rasterisierung werden anschließend aus den Vertex-Farben die Fragment-Farben und später die Pixel-Farben berechnet. Diese Möglichkeit, Objekte einzufärben, kann selbst wieder auf zwei Weisen erfolgen:

  - In einer einfachen und direkten Weise, indem jedem Vertex explizit Werte für die vier Komponenten R,G,B,A zugewiesen werden. Damit beschäftigt sich dieses Kapitel.

  - In einer komplexen Weise, indem aus den Eigenschaften und Anordnungen von Lichtquellen und Oberflächen über eine Beleuchtungsrechnung die Vertex-Farbe berechnet wird. Die Beleuchtungsmodelle werden in Kapitel 12 behandelt.

- Zuweisung von Farben für jeden Bildpunkt einer Textur. Nach der Rasterisierung werden die Fragment-Farben der Vertex-Daten mit den Textur-Farben gemischt oder durch sie ersetzt. Dies wird im Kapitel 13 „Texturen" ausführlich erklärt.

Die Farbauflösung (Anzahl möglicher Farbkombinationen pro Pixel) und die Ortsauflösung (Anzahl der Pixel eines Bildes) hängen von der Größe des Bildspeichers der verwendeten Grafik-Hardware ab. Bei einer Ortsauflösung von z.B. 3840x2160 Pixel (UHD bzw. 4K) und einer Farbauflösung von 8 bit pro Farb-Komponente („true color"), d.h. 32 bit (= 4 Byte) pro Pixel, benötigt man schon ca. 33,2 MByte allein für den Farbspeicher (engl. color buffer). Da der Bildspeicher aber nicht nur aus dem „color buffer" besteht, sondern auch noch den „z buffer", „stencil buffer", „multisample buffer" und den „double buffer" bzw. in Vulkan die Images des „swap buffer" beherbergen muss, in denen für jedes Pixel eines Bildes eine bestimmte Anzahl an Bits zur Verfügung gestellt wird, kann der notwendige Speicherplatz eine beachtliche Größenordnung erreichen. Zur Reduktion der Farbauflösung und damit des Speicherplatzbedarfs hat sich deshalb in den Anfangszeiten der Computergrafik die Technik der „Farb-Index-Bilder" etabliert, bei der nur eine eingeschränkte Anzahl an Farben (z.B. die 256 häufigsten Farben eines Bildes) zur Verfügung gestellt wird. Jede Farbkombination wird in diesem Beispiel eindeutig durch einen Index zwischen 0 und 255 repräsentiert, so dass zur Speicherung eines Index nur 8 bit pro Pixel erforderlich sind. Eine ausführliche Darstellung von Verfahren zur Farbreduktion mit Hilfe von Indexbildern ist im Band II Abschnitt 12.5 zu finden.

9.2 Modelle der Farbdarstellung

In OpenGL gibt es aus den vorher genannten Gründen zwei prinzipiell verschiedene Darstellungsmodi für die Farbe eines Pixels im Bildspeicher, nämlich den RGBA-Modus und den Farb-Index-Modus, die zusammen mit ihren Vor- und Nachteilen im Folgenden erläutert werden. In Vulkan dagegen wird der mittlerweile ungebräuchliche Farb-Index-Modus nicht mehr angeboten, sondern nur noch der RGBA-Modus[1]. Allerdings gibt es für die Ausgabe auf Bildschirmen sowohl bei Vulkan, als auch bei OpenGL noch weitere Farbräume, wie z.B. den sRGB-Farbraum, bei dem die nichtlineare Übertragungsfunktion zwischen dem elektrischen Ansteuerstrom und der abgestrahlten Lichtintensität des jeweiligen Pixels durch einen exponentiellen Faktor (dem sog. Gamma-Faktor) berücksichtigt wird.

9.2.1 Der RGBA-Modus

Im RGBA-Modus werden für jedes einzelne Pixel des Bildspeichers vier Werte für die Komponenten R,G,B und A direkt abgespeichert.

...	...	...	...	...	...	...
...	...	...	...	...	...	...
...	...	R,G,B,A	R,G,B,A	R,G,B,A	...	...
...	...	R,G,B,A	R,G,B,A	R,G,B,A	...	...
...	...	R,G,B,A	R,G,B,A	R,G,B,A	...	...
...	...	...	...	...	...	...
...	...	...	...	...	...	...

Bildspeicher im RGBA-Modus

9.2.2 Der Farb-Index-Modus

Im Farb-Index-Modus wird für jedes einzelne Pixel des Bildspeichers nur ein Wert, der sogenannte „Farb-Index" (engl. color index) abgespeichert. Jeder Farb-Index ist ein Zeiger in eine Farb-Index-Tabelle (engl. color look up table (CLUT)), in der ein Satz von R,G,B-Werten definiert ist.

...	...	...	...	...	...	...
...	...	...	...	...	...	...
...	...	Index	Index	Index	...	...
...	...	Index	Index	Index	...	...
...	...	Index	Index	Index	...	...
...	...	...	...	...	...	...
...	...	...	...	...	...	...

Index	R	G	B
0	1	0	0
1	0.9	0	0
...	...	...	...
...	...	...	...
255	0	0	1

Bildspeicher im Farb-Index-Modus   **Farb-Index-Tabelle**

---

[1]Mit Hilfe entsprechender Shader-Programme könnte der Farb-Index-Modus allerdings auch in Vulkan nachimplementiert werden.

Im Farb-Index-Modus können keine „Alpha (A)"-Werte definiert werden, da Farbmischungen von transparenten Oberflächen in diesem Modus äußerst problematisch wären. Denn gemischt würden in diesem Fall zwei Farb-Indizes, und ein „gemittelter" Farb-Index kann in der Farb-Tabelle durch eine völlig andere Farbe repräsentiert werden, als man normalerweise bei einer Mischung der beiden Ausgangsfarben erwarten würde. Nur unter der Voraussetzung, dass die Werte der einzelnen Farben Rot, Grün und Blau in der Farb-Index-Tabelle von Index zu Index monoton steigen oder fallen (sogenannte „Farbrampen"), kann man eine halbwegs vernünftige Farbmischung erwarten. Die in OpenGL verfügbaren Befehle zur Farbmischung kann man allerdings nur im RGBA-Modus nutzen, im Farb-Index-Modus müssen die entsprechenden Funktionalitäten selbst programmiert werden.

9.2.3 Wahl zwischen RGBA- und Farb-Index-Modus

Aufgrund des relativ großen Bildspeichers bei modernen Grafikkarten wählt man heutzutage fast immer den RGBA-Darstellungsmodus. Denn in diesem Modus kann man auf den meisten Systemen eine sehr viel höhere Farbauflösung und damit eine deutlich bessere Bildqualität erzielen, als im Farb-Index-Modus. Außerdem sind im RGBA-Modus viele Effekte, die auf Farbmischung beruhen, wie z.B. Beleuchtung, Schattierung, Textur-Mapping, Nebel und Anti-Aliasing sehr viel einfacher und flexibler zu implementieren als im Farb-Index-Modus. In den folgenden Fällen kann der Einsatz des Farb-Index-Modus' jedoch sinnvoll sein:

- Pro Pixel steht nur eine relativ niedrige Anzahl an Farb-bits zur Verfügung und die Häufigkeitsverteilung der einzelnen RGB-Farbwerte weist deutliche Maxima auf.

- Alle Pixel mit der gleichen Farbe (bzw. dem gleichen Farbindex) sollen verändert werden. Damit kann z.B. eine sehr einfache Umschaltung von einer Sommerlandschaft in eine Winterlandschaft realisiert werden. Da eine Sommerlandschaft häufig viele satte Grüntöne enthält, die im Winter in Weiß übergehen, kann die Umschaltung durch wenige Federstriche in der Farb-Index-Tabelle erreicht werden. Es müssen nur die Zeilen, die die satten Grüntöne enthalten, auf Weiß gesetzt werden. Danach werden alle Bildpunkte, die ursprünglich zu einer grünen Wiese gehörten, einen schneebedeckten Eindruck machen. Allerdings funktioniert dieser Trick nur in bestimmten Umgebungen befriedigend. Denn andere Oberflächen, auf denen Schnee auch liegen bleiben könnte, wie z.B. rote Dächer, bleiben unverändert. Im RGBA-Modus könnte dieser Trick nicht ohne erhebliche Geschwindigkeitseinbußen implementiert werden, denn dort müsste die Farbe für jedes einzelne Pixel überprüft und gegebenenfalls ersetzt werden.

9.2.4 Farbspezifikation im RGBA-Modus

Bei Verwendung der GLUT-Library für die Window-Verwaltung von OpenGL wird mit dem Befehl „`glutInitDisplayMode(GLUT_RGBA)`" bei der Initialisierung des Bildschirmfensters zunächst einmal der RGBA-Darstellungsmodus festgelegt.

In Vulkan wird das Pixelformat bei der Erzeugung der Swapchain (Abschnitt 5.2.2.2) im Rahmen der Übergabe der VkSwapchainCreateInfoKHR-Struktur z.B. durch den Parameter imageFormat = VK_FORMAT_R8G8B8A8_UNORM (d.h. ein positiver, im Bereich [0, 1] normierter 8-Bit-Wert je Farbkomponente) festgelegt.

Zur Spezifikation der Farbe von Vertices gibt es verschiedene Möglichkeiten. Im *Core Profile* von OpenGL und in Vulkan werden die Farbwerte zusammen mit anderen Vertexattributen (wie z.B. Texturkoordinaten, Normalenvektoren, Vertex-Koordinaten) einfach in ein Array aus *floating-point* Werten geschrieben. Das Array enthält für jeden Vertex die vier Farbwerte R, G, B, A wie in folgendem Beispiel gezeigt:

```
// Interleaved Vertex Array
static float interleavedArray[] = {
```
$$r_0, g_0, b_0, a_0 \quad s_0, t_0, \quad nx_0, ny_0, nz_0, \quad x_0, y_0, z_0, \text{ // 0-ter Vertex}$$
$$r_1, g_1, b_1, a_1 \quad s_1, t_1, \quad nx_1, ny_1, nz_1, \quad x_1, y_1, z_1, \text{ // 1-ter Vertex}$$
$$...$$
$$r_i, g_i, b_i, a_i \quad s_i, t_i, \quad nx_i, ny_i, nz_i, \quad x_i, y_i, z_i \}; \text{ // i-ter Vertex}$$

Dieses „*Interleaved Vertex Array*" wird als Vertex Buffer Object an die Grafikkarte übergeben und dort gerendert (ausführliche Darstellung in Abschnitt 6.4.4.1 bzw. 6.5.1).

Im *Compatibility Profile* von OpenGL kann man ebenfalls die „*Vertex Array*"–Methode benützen, oder den OpenGL-Befehl glColor*(), der in verschiedenen Ausprägungen existiert, wie in der folgenden Tabelle dargestellt:

Skalar-Form	Vektor-Form	Alpha-Komponente
glColor3f(R,B,G)	glColor3fv(vec)	1.0
glColor3d(R,B,G)	glColor3dv(vec)	1.0
glColor3b(R,B,G)	glColor3bv(vec)	1.0
glColor3s(R,B,G)	glColor3sv(vec)	1.0
glColor3i(R,B,G)	glColor3iv(vec)	1.0
glColor3ub(R,B,G)	glColor3ubv(vec)	1.0
glColor3us(R,B,G)	glColor3usv(vec)	1.0
glColor3ui(R,B,G)	glColor3uiv(vec)	1.0
glColor4f(R,B,G,A)	glColor4fv(vec)	z.d.
glColor4d(R,B,G,A)	glColor4dv(vec)	z.d.
glColor4b(R,B,G,A)	glColor4bv(vec)	z.d.
glColor4s(R,B,G,A)	glColor4sv(vec)	z.d.
glColor4i(R,B,G,A)	glColor4iv(vec)	z.d.
glColor4ub(R,B,G,A)	glColor4ubv(vec)	z.d.
glColor4us(R,B,G,A)	glColor4usv(vec)	z.d.
glColor4ui(R,B,G,A)	glColor4uiv(vec)	z.d.

z.d. = zu definieren

In der Skalar-Form des Befehls müssen die Farbwerte R,G,B,A im entsprechenden Datenformat (z.B. `f` = float) direkt übergeben werden, wie im Folgenden Beispiel gezeigt:

```
glColor3f(1.0, 0.47, 0.0);
```

In der Vektor-Form des Befehls wird nur ein Zeiger auf ein Array übergeben, das die Farbwerte im entsprechenden Datenformat (z.B. `f` = float) enthält, wie im Folgenden Beispiel gezeigt:

```
float vec[3] = {1.0, 0.47, 0.0};
glColor3fv(vec);
```

Alle in der obigen Tabelle dargestellten Datenformate, in denen Farben spezifiziert werden können, werden nach der Beleuchtungsrechnung in normierte Gleitkommazahlen im Bereich zwischen 0.0 und 1.0 umgewandelt. Für die Gleitkomma-Datentypen `f` (float) und `d` (double) bedeutet dies, dass negative Zahlen auf 0.0 abgebildet werden, Zahlen zwischen 0.0 und 1.0 unverändert bleiben, und Zahlen größer als 1.0 auf 1.0 abgebildet werden. Die Datentypen `ub` (unsigned 1-byte integer), `us` (unsigned 2-byte integer), und `ui` (unsigned 4-byte integer) werden linear in den Bereich von 0.0 bis 1.0 abgebildet. Für den Datentyp `ub` z.B. heißt das konkret: $0 \rightarrow 0/255 = 0.0$, $1 \rightarrow 1/255$, ..., $255 \rightarrow 255/255 = 1.0$. Die vorzeichenbehafteten Datentypen `b`, `s` und `i` werden zunächst linear in den Gleitkommazahlenbereich von -1.0 bis +1.0 abgebildet, und nach der Beleuchtungsrechnung werden alle negativen Zahlen auf 0.0 abgebildet. Nach der Rasterisierung in Fragmente werden die normierten Gleitkommazahlen wieder auf den im Bildspeicher für die Farbkomponenten verfügbaren Zahlenbereich abgebildet (z.B. 8, 12, 16 oder 32 bit je Farbkomponente).

Da OpenGL ein Zustandsautomat ist, wird nach einem `glColor()`-Befehl allen folgenden Vertices die spezifizierte Farbe zugewiesen und zwar so lange, bis durch den nächsten `glColor()`-Befehl eine neue Farbe festgelegt wird. Der `glColor()`-Befehl kann nicht nur außerhalb, sondern auch innerhalb einer `glBegin()`-/`glEnd()`-Klammer angewendet werden. Damit ist es möglich, jedem Vertex eine eigene Farbe zuzuweisen. Falls das standardmäßig bei OpenGL eingestellte Schattierungsmodell, das *„smooth shading"* (Abschnitt 12.2.2), angewendet wird, können damit lineare Farbverläufe zwischen den unterschiedlichen Vertex-Farben erzeugt werden (Bild 9.1).

Hintergrund-Farbe (*clear color*)

Eine Hintergrund-Farbe (*clear color*), mit der der Bildspeicher initialisiert wird, kann mit dem OpenGL-Befehl „`glClearColor(R,G,B,A)`" festgelegt werden. Dabei müssen die Argumente R = rot, G = grün, B = blau, A = alpha vom Datentyp GLfloat sein und im Wertebereich zwischen 0.0 und 1.0 liegen. Jedesmal, wenn ein neues Bild gezeichnet werden soll, werden durch den Aufruf von `glClear(GL_COLOR_BUFFER_BIT)` alle Farbwerte des Bildspeichers auf die mit dem Befehl „`glClearColor()`" voreingestellten Werte gesetzt. Wie in Kapitel 8 bereits erwähnt, sollten wegen der höheren Effizienz neben den Farbwerten gleichzeitig auch die z-Werte des Bildspeichers mit `glClear(GL_COLOR_BUFFER_BIT | GL_DEPTH_BUFFER_BIT)` initialisiert werden.

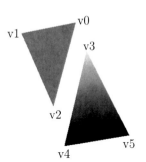

```
glColor3us(32767, 32767, 32767);
glBegin(GL_TRIANGLES);
    glVertex3fv(v0);
    glVertex3fv(v1);
    glVertex3fv(v2);
    glColor3ub(235, 235, 235);
    glVertex3fv(v3);
    glColor3f(0.0, 0.0, 0.0);
    glVertex3fv(v4);
    glVertex3fv(v5);
glEnd();
```

Bild 9.1:   Direkte Farbzuweisung in OpenGL: das erste im Code spezifizierte Dreieck, das im Bild links oben dargestellt ist, erhält eine einheitliche Farbe (Mittelgrau), da allen Vertices die gleiche Farbe zugewiesen wurde; das zweite im Code spezifizierte Dreieck, das im Bild rechts unten zu sehen ist, weist einen linearen Farbverlauf auf (von Hellgrau bis Schwarz), da dem oberen Vertex eine andere Farbe zugwiesen wurde als den beiden unteren.

In Vulkan wird die Hintergrund-Farbe (*clear color*) beim Aufzeichnen der Befehle im Command Buffer festgelegt, wie bereits in den Abschnitten 5.2.2.3 und 8.3 dargestellt:

```
std::array<VkClearValue, 2> clearValues = {};
// Festlegung der Löschfarbe für den Farbspeicher
clearValues[0].color = {0.0f, 0.0f, 0.0f, 1.0f};
// Festlegung des anfänglichen z-Werts für den z-Buffer auf 1.0f
clearValues[1].depthStencil = {1.0f, 0};

// Anpassung der VkRenderPassBeginInfo-Struktur
renderPassBeginInfo.clearValueCount =
                        static_cast<uint32_t>(clearValues.size());
renderPassBeginInfo.pClearValues = clearValues.data();
```

Die Durchführung der Initialisierung des Color Buffers (und des z-Buffers) geschieht dann entweder implizit beim Starten des Renderpass mit dem Befehl

```
vkCmdBeginRenderPass(commandBufferObj[i], &renderPassBeginInfo,
                     VK_SUBPASS_CONTENTS_INLINE);
```

innerhalb der Aufzeichnung der Befehle im Command Buffer, oder explizit mit dem Befehl vkCmdClearColorImage().

9.2.5 Farbspezifikation im Farb-Index-Modus

Um Farben im Farb-Index-Modus festlegen zu können[2], sind zunächst ein paar Vorbereitungsschritte durchzuführen, die betriebssystemspezifisch sind und deshalb nicht zum Sprachumfang von OpenGL gehören. Im Folgenden werden die entsprechenden Befehle aus der GLUT-Library angegeben:

- Laden einer Farb-Index-Tabelle mit Hilfe des Befehls „`glutSetColor(Index,R,G,B)`".
  Um eine Farb-Index-Tabelle mit 256 Indizes zu erstellen, die einen linearen Farbverlauf zwischen Rot und Grün enthält, kann der folgende Programmausschnitt dienen:
  `for(i=0;i<255;i++) {glutSetColor(i, 1.0-(i/255.0), i/255.0, 0.0); }`

- Initialisierung des Bildschirmfensters im Farb-Index-Modus mit dem Befehl
  „`glutInitDisplayMode(GLUT_INDEX)`".

Zur Festlegung der Farbe von Vertices im Farb-Index-Modus muss nur der jeweilige Index zugewiesen werden. Dazu wird der OpenGL-Befehl `glIndex*()` benützt, der in verschiedenen Ausprägungen existiert, wie in der folgenden Tabelle dargestellt:

Skalar-Form	Vektor-Form
`glIndexf(I)`	`glIndexfv(vec)`
`glIndexd(I)`	`glIndexdv(vec)`
`glIndexs(I)`	`glIndexsv(vec)`
`glIndexi(I)`	`glIndexiv(vec)`
`glIndexub(I)`	`glIndexubv(vec)`

In der Skalar-Form des Befehls muss der Index I im entsprechenden Datenformat (z.B. f = float) direkt übergeben werden, wie im folgenden Beispiel gezeigt:

`glIndexf(21.0);`

In der Vektor-Form des Befehls wird nur ein Zeiger auf ein Array übergeben, das den Index im entsprechenden Datenformat (z.B. f = float) enthält, wie im folgenden Beispiel gezeigt:

`float vec[1] = {21.0};`
`glIndexfv(vec);`

Indizes werden generell als Gleitkommazahlen gespeichert. Integer-Werte werden direkt konvertiert (z.B. int 21 → float 21.0). Nach der Rasterisierung in Fragmente werden die Gleitkommazahlen wieder auf den im Bildspeicher für die Farbindizes verfügbaren Festkomma-Zahlenbereich abgebildet (z.B. 8 oder 16 bit).

Ebenso wie im RGBA-Modus kann auch im Farb-Index-Modus eine Hintergrund-Farbe festgelegt werden, mit der der Bildspeicher initialisiert wird. Der dafür vorgesehene OpenGL-Befehl lautet „`glClearIndex(GLfloat cI)`". Durch einen Aufruf von

---

[2]Der Farb-Index-Modus steht nur noch im *Compatibility Profile* von OpenGL zur Verfügung

„`glClear(GL_COLOR_BUFFER_BIT)`" werden alle Farb-Indizes des Bildspeichers auf den Wert „`cI`" gesetzt.

9.3   Transparenz und Farbmischung

Die nur im RGBA-Modus verfügbare Transparenz- bzw. Alpha-Komponente einer Farbe und die damit mögliche Farbmischung ist die Grundlage für eine Reihe von wichtigen Techniken in der 3D-Computergrafik, wie z.B. Anti-Aliasing (Kantenglättung, Kapitel 10), Nebel (Kapitel 11), *Fading* (langsames Einblenden eines Objekts bzw. langsames Überblenden zwischen zwei Objekten, Abschnitt 16.1), Alpha-Texturen (Texturen bei denen nur einzelne Bildpunkte transparent sind und andere nicht, Abschnitt 9.3.4) und Spezialeffekte (Rauch, Feuer, Explosion usw.).

Die naheliegendste Anwendung von Alpha-Werten ist die Farbmischung zwischen halbdurchlässigen Oberflächen und dem Hintergrund. Beim Blick durch ein z.B. grünes Glas, das 70% des ankommenden Lichts transmittiert (d.h. Opazität A $= 1.0 - 0.7 = 0.3$), sieht man eine Farbmischung aus 30% Grünanteil des Glases und 70% Anteil der Hintergrundfarbe. Die resultierende Mischfarbe (R_m, G_m, B_m) berechnet sich aus der Farbe des Glases $(R_s = 0.0, G_s = 1.0, B_s = 0.0)$ und der Hintergrundfarbe (R_d, G_d, B_d) gemäß:

$$
\begin{aligned}
R_m &= 0.3 \cdot 0.0 + 0.7 \cdot R_d \\
G_m &= 0.3 \cdot 1.0 + 0.7 \cdot G_d \\
B_m &= 0.3 \cdot 0.0 + 0.7 \cdot B_d
\end{aligned}
\tag{9.1}
$$

Generell funktioniert die im Folgenden beschriebene Farbmischung in OpenGL und Vulkan nach demselben Schema, Unterschiede gibt es nur bei den Befehlen und Parametern.

9.3.1   Farbmischung in OpenGL

Die Farbmischung gehört zum alten, unveränderten Teil der *Fixed Function Rendering Pipeline* von OpenGL und daher gibt es in diesem Bereich keinen Unterschied zwischen dem *Core Profile* und dem *Compatibility Profile*. Wie üblich muss auch die Farbmischung in OpenGL erst einmal durch folgenden Befehl aktiviert werden: „`glEnable(GL_BLEND)`". Falls die Farbmischung ausgeschaltet ist (`glDisable(GL_BLEND)`), wird die Alpha-Komponente aus dem 4-Tupel (R,G,B,A) einfach ignoriert.

Die Farbmischung wird vorgenommen, nachdem ein Polygon rasterisiert und dadurch in Fragmente konvertiert wurde, indem die Farbe eines Fragments (die „*Source Color*") mit der Farbe des im Bildspeicher vorhandenen Pixels (der „*Destination Color*") kombiniert wird. Eine Möglichkeit der Farbmischung besteht jetzt darin, den Alpha-Wert zu nutzen, um ein transparentes Fragment zu erzeugen, bei dem die Farbe des im Bildspeicher vorhandenen Pixels zu $(1 - A)\%$ „durchscheint". Dies ist eine spezielle, wenn auch die am häufigsten genutzte Art der Farbkombination. In OpenGL gibt es eine Vielzahl möglicher Arten der Farbkombination, die im Wesentlichen durch zwei OpenGL-Befehle (`glBlendFunc()` und `glBlendEquation()`) spezifiziert werden. Mit `glBlendFunc()` werden vier sogenannte

„Source Faktoren" (S_r, S_g, S_b, S_a) und vier *„Destination Faktoren"* (D_r, D_g, D_b, D_a) festgelegt, deren mögliche Werte in der Tabelle 9.1 auf Seite 271 dargestellt sind. Die vier „Source Faktoren" werden komponentenweise mit den RGBA-Farbwerten des neu hinzukommenden Fragments (den „Source Colors" (R_s, G_s, B_s, A_s)) multipliziert, und die vier „Destination Faktoren" werden komponentenweise mit den RGBA-Farbwerten des im Bildspeicher vorhandenen Pixels (den „Destination Colors" (R_d, G_d, B_d, A_d)) multipliziert. Mit `glBlendEquation()` wird festgelegt, wie diese Produkte von Source und Destination miteinander verknüpft werden:

- Addition `glBlendEquation(GL_FUNC_ADD)` (dies ist die Standard-Verknüpfungsfunktion, die auch ohne Aufruf von `glBlendEquation()` verwendet wird)

$$\begin{aligned} R_m &= S_r \cdot R_s + D_r \cdot R_d \\ G_m &= S_g \cdot G_s + D_g \cdot G_d \\ B_m &= S_b \cdot B_s + D_b \cdot B_d \\ A_m &= S_a \cdot A_s + D_a \cdot A_d \end{aligned} \qquad (9.2)$$

- Subtraktion `glBlendEquation(GL_FUNC_SUBTRACT)`

$$\begin{aligned} R_m &= S_r \cdot R_s - D_r \cdot R_d \\ G_m &= S_g \cdot G_s - D_g \cdot G_d \\ B_m &= S_b \cdot B_s - D_b \cdot B_d \\ A_m &= S_a \cdot A_s - D_a \cdot A_d \end{aligned} \qquad (9.3)$$

- umgekehrte Subtraktion `glBlendEquation(GL_FUNC_REVERSE_SUBTRACT)`

$$\begin{aligned} R_m &= D_r \cdot R_d - S_r \cdot R_s \\ G_m &= D_g \cdot G_d - S_g \cdot G_s \\ B_m &= D_b \cdot B_d - S_b \cdot B_s \\ A_m &= D_a \cdot A_d - S_a \cdot A_s \end{aligned} \qquad (9.4)$$

- Minimalwert `glBlendEquation(GL_MIN)`

$$\begin{aligned} R_m &= min(R_s, R_d) \\ G_m &= min(G_s, G_d) \\ B_m &= min(B_s, B_d) \\ A_m &= min(A_s, A_d) \end{aligned} \qquad (9.5)$$

- Maximalwert `glBlendEquation(GL_MAX)`

$$R_m = max(R_s, R_d) \hspace{6cm} (9.6)$$
$$G_m = max(G_s, G_d)$$
$$B_m = max(B_s, B_d)$$
$$A_m = max(A_s, A_d)$$

Für Spezialfälle, in denen die Formeln zur Mischung der Farbkomponenten für RGB-Werte unabhängig von den Alpha-Werten festgelegt werden sollen, existiert noch der OpenGL-Befehl `glBlendEquationSeparate(modeRGB, modeAlpha)` (als Alternative zu `glBlendEquation(mode)`, bei dem die Formel für alle 4 Werte RGB und A einheitlich festgelegt wird). Falls mehrere „Draw Buffer" existieren, in die jeweils mit unterschiedlichen Farbmischformeln gerendert werden soll, gibt es noch die beiden Befehle `glBlendEquationi(buffer, mode)` und `glBlendEquationSeparatei(buffer, modeRGB, modeAlpha)`, bei denen der erste Parameter `buffer` die Nummer des „Draw Buffer" angibt, in den gerendert werden soll.

Für Spezialfälle, in denen die RGB-Source- (S_r, S_g, S_b) und RGB-Destination-Faktoren (D_r, D_g, D_b) unabhängig von den Alpha-Source- (S_a) und Alpha-Destination-Faktoren (D_a) festgelegt werden sollen, existiert noch der OpenGL-Befehl `glBlendFuncSeparate(srcRGB, dstRGB, srcA, dstA)` (als Alternative zu `glBlendFunc(srcRGBA, dstRGBA)`, bei dem alle 4 Werte RGB und A einheitlich festgelegt werden). Falls mehrere „Draw Buffer" existieren, in die jeweils mit unterschiedlichen Farbmischfaktoren gerendert werden soll, gibt es noch die beiden Befehle `glBlendFunci(buffer, srcRGBA, dstRGBA)` und `glBlendFuncSeparatei(buffer, srcRGB, dstRGB, srcA, dstA)`, bei denen der erste Parameter `buffer` die Nummer des „Draw Buffer" angibt, in den gerendert werden soll. Die möglichen Werte der Argumente dieser vier Befehle (`srcRGBA`, `dstRGBA`, `srcRGB`, `dstRGB`, `srcA`, `dstA`) werden in Tabelle 9.1 zusammengefasst.

Die vier symbolischen Konstanten (`GL_CONSTANT_COLOR`, `GL_ONE_MINUS_CONSTANT_COLOR`, `GL_CONSTANT_ALPHA`, `GL_ONE_MINUS_CONSTANT_ALPHA`) in Tabelle 9.1 können nur genutzt werden, wenn das sogenannte „Imaging Subset" von der genutzten OpenGL-Implementierung unterstützt wird (ab OpenGL Version 1.3). In diesen Fällen können die Source- und Destination-Mischfaktoren direkt mit Hilfe des OpenGL-Befehls `glBlendColor(`R_c, G_c, B_c, A_c`)` eingestellt werden.

Die vier Komponenten der resultierenden Mischfarbe (R_m, G_m, B_m, A_m) werden nach der Farbmischung auf das Intervall zwischen 0.0 und 1.0 beschränkt, indem größere Werte als 1.0 auf 1.0 und kleinere Werte als 0.0 auf 0.0 gesetzt werden. Die Misch-Faktoren, bei denen A_d vorkommt, benötigen zusätzliche Hardware, um die Alpha-Werte der Destination-Pixel zu speichern (die sogenannten „Destination Alpha Bitplanes").

Symbolische Konstanten für (srcRGBA, dstRGBA srcRGB, dstRGB, srcA, dstA)	relevanter Faktor	Misch-Faktoren (S_r, S_g, S_b, S_a) oder (D_r, D_g, D_b, D_a)
GL_ZERO	Src oder Dst	$(0,0,0,0)$
GL_ONE	Src oder Dst	$(1,1,1,1)$
GL_DST_COLOR	Source	(R_d, G_d, B_d, A_d)
GL_SRC_COLOR	Destination	(R_s, G_s, B_s, A_s)
GL_ONE_MINUS_DST_COLOR	Source	$(1,1,1,1) - (R_d, G_d, B_d, A_d)$
GL_ONE_MINUS_SRC_COLOR	Destination	$(1,1,1,1) - (R_s, G_s, B_s, A_s)$
GL_SRC_ALPHA	Src or Dst	(A_s, A_s, A_s, A_s)
GL_ONE_MINUS_SRC_ALPHA	Src oder Dst	$(1,1,1,1) - (A_s, A_s, A_s, A_s)$
GL_DST_ALPHA	Src or Dst	(A_d, A_d, A_d, A_d)
GL_ONE_MINUS_DST_ALPHA	Src oder Dst	$(1,1,1,1) - (A_d, A_d, A_d, A_d)$
GL_ALPHA_SATURATE	Source	$(f, f, f, 1); f = min(A_s, 1 - A_d)$
GL_CONSTANT_COLOR	Src oder Dst	(R_c, G_c, B_c, A_c)
GL_ONE_MINUS_CONSTANT_COLOR	Src oder Dst	$(1,1,1,1) - (R_c, G_c, B_c, A_c)$
GL_CONSTANT_ALPHA	Src oder Dst	(A_c, A_c, A_c, A_c)
GL_ONE_MINUS_CONSTANT_ALPHA	Src oder Dst	$(1,1,1,1) - (A_c, A_c, A_c, A_c)$
GL_SRC1_COLOR	Src oder Dst	$(R_{s1}, G_{s1}, B_{s1}, A_{s1})$
GL_ONE_MINUS_SRC1_COLOR	Src oder Dst	$(1,1,1,1) - (R_{s1}, G_{s1}, B_{s1}, A_{s1})$
GL_SRC1_ALPHA	Src oder Dst	$(A_{s1}, A_{s1}, A_{s1}, A_{s1})$
GL_ONE_MINUS_SRC1_ALPHA	Src oder Dst	$(1,1,1,1) - (A_{s1}, A_{s1}, A_{s1}, A_{s1})$

Tabelle 9.1: Symbolische Konstanten für die Farbmischung in OpenGL

Dual-Source Blending

Die letzten vier symbolischen Konstanten GL_SRC1_COLOR, GL_ONE_MINUS_SRC1_COLOR, GL_SRC1_ALPHA, GL_ONE_MINUS_SRC1_ALPHA in Tabelle 9.1 beziehen sich auf einen zweiten Satz an Source Colors $(R_{s1}, G_{s1}, B_{s1}, A_{s1})$, der zusätzlich und unabhängig vom ersten Satz an Source Colors (R_s, G_s, B_s, A_s) in einem Fragment Shader benutzt werden kann. Die beiden vom Fragment Shader erzeugten Sätze an Source Colors werden an denselben Draw Buffer geleitet, aber durch jeweils eigene Indizes im Layout Qualifier unterschieden. Dadurch sind noch anspruchsvollere Farbmischungen in einem einzigen Renderpass möglich. Ein Beispiel dafür ist eine teilweise reflektierende, farbige Fensterscheibe. Sie wird einen Teil des ankommenden Lichts transmittieren und den Rest reflektieren. Der reflektierte Anteil des Lichts entspricht der Farbe der Fensterscheibe (Source Color), die mit dem Alpha-Wert der Fensterscheibe abgeschwächt wird (GL_SRC_ALPHA). Der transmittierte Anteil des Lichts entspricht der Farbe des Hintergrunds (Destination Color), die für jede

Farbkomponente R,G,B mit der Farbe der Fensterscheibe und einem Transmittanz-Faktor abgeschwächt wird (GL_SRC1_COLOR). Die Farbmischfunktion für diesen Fall lautet also: glBlendFunc(GL_SRC_ALPHA, GL_SRC1_COLOR).

9.3.2   Farbmischung in Vulkan

Die Farbmischung gehört auch in Vulkan zur *Fixed Function Rendering Pipeline* und zwar zur letzten Stufe der Pipeline, den *Framebuffer Operationen* gemäß Bild 5.8. Auch bei Vulkan muss die Grafik-Pipeline so konfiguriert werden, dass die Farbmischung aktiviert ist. Dies wurde bereits im Abschnitt 5.2.2.3 bei der Erzeugung der Grafik-Pipeline dargestellt und geschieht, indem man bei der Festlegung der Datenstruktur VkPipelineColorBlend-AttachmentState den Parameter blendEnable = VK_TRUE setzt. Deaktivieren kann man die Farbmischung durch Festlegung des Parameters blendEnable auf den Wert VK_FALSE. Falls die Farbmischung ausgeschaltet ist, wird die Alpha-Komponente aus dem 4-Tupel (R,G,B,A) einfach ignoriert.

In Vulkan kann es auch mehrere *Image Attachments* (*Draw Buffer*) geben, für die jeweils eine individuelle Datenstruktur VkPipelineColorBlendAttachmentState angelegt wird, so dass die Farbmischung für jedes Attachment separat aktiviert und parametriert werden kann. Die Anzahl der *Image Attachments* wird in der Datenstruktur VkPipelineColorBlendStateCreateInfo mit dem Parameter attachmentCount angegeben und die Farbmischeinstellungen für jedes Attachment werden mit dem Parameter pAttachments übergeben, der einen Zeiger auf ein Array von VkPipelineColorBlend-AttachmentState-Strukturen enthält. Diese Möglichkeiten zur Farbmischung mehrerer *Draw Buffer* entsprechen den glBlend*i-OpenGL-Befehlen (glBlendEquationi(), glBlendEquationSeparatei(), glBlendFunci(), glBlendFuncSeparatei()).

Die Farbmischung wird auch in Vulkan vorgenommen, nachdem ein Polygon rasterisiert und dadurch in Fragmente konvertiert wurde, indem die Farbe eines Fragments (die „*Source Color*") mit der Farbe des im Bildspeicher (*Attachment*) vorhandenen Pixels (der „*Destination Color*") kombiniert wird. Eine Möglichkeit der Farbmischung besteht jetzt darin, den Alpha-Wert zu nutzen, um ein transparentes Fragment zu erzeugen, bei dem die Farbe des im Bildspeicher vorhandenen Pixels zu $(1 - A)\%$ „durchscheint". Dies ist eine spezielle, wenn auch die am häufigsten genutzte Art der Farbkombination. In Vulkan gibt es eine Vielzahl möglicher Arten der Farbkombination, die im Wesentlichen durch die weiteren Parameter der Datenstruktur VkPipelineColorBlendAttachmentState spezifiziert werden. Mit dem Parameter srcColorBlendFactor werden drei sogenannte „*Source Faktoren*" (S_r, S_g, S_b), mit dem Parameter srcAlphaBlendFactor wird der vierte „*Source Faktor*" (S_a), mit dem Parameter dstColorBlendFactor werden drei „*Destination Faktoren*" (D_r, D_g, D_b) und mit dem Parameter dstAlphaBlendFactor wird der vierte „*Destination Faktor*" (D_a) festgelegt, deren mögliche Werte in der Tabelle 9.2 auf Seite 274 dargestellt sind. Die vier „Source Faktoren" werden komponentenweise mit den RGBA-Farbwerten des neu hinzukommenden Fragments (den „Source Colors" (R_s, G_s, B_s, A_s)) multipliziert, und die vier „Destination Faktoren" werden komponentenweise mit den RGBA-Farbwerten des im Bildspeicher vorhandenen Pixels (den „Destination Colors" (R_d, G_d, B_d, A_d)) multipliziert. Mit den beiden Parametern `colorBlendOp` und `alphaBlendOp` wird festgelegt, wie diese Produkte von Source und Destination miteinander verknüpft werden[3]:

- Addition: `colorBlendOp` = `alphaBlendOp` = `VK_BLEND_OP_ADD`

$$
\begin{aligned}
R_m &= S_r \cdot R_s + D_r \cdot R_d \\
G_m &= S_g \cdot G_s + D_g \cdot G_d \\
B_m &= S_b \cdot B_s + D_b \cdot B_d \\
A_m &= S_a \cdot A_s + D_a \cdot A_d
\end{aligned}
\tag{9.7}
$$

- unterschiedliche Operatoren bei Farb- und Alpha-Werten:
  Subtraktion der Farb-Werte: `colorBlendOp` = `VK_BLEND_OP_SUBTRACT`
  Addition der Alpha-Werte: `alphaBlendOp` = `VK_BLEND_OP_ADD`

$$
\begin{aligned}
R_m &= S_r \cdot R_s - D_r \cdot R_d \\
G_m &= S_g \cdot G_s - D_g \cdot G_d \\
B_m &= S_b \cdot B_s - D_b \cdot B_d \\
A_m &= S_a \cdot A_s + D_a \cdot A_d
\end{aligned}
\tag{9.8}
$$

- Subtraktion: `colorBlendOp` = `alphaBlendOp` = `VK_BLEND_OP_SUBTRACT`

$$
\begin{aligned}
R_m &= S_r \cdot R_s - D_r \cdot R_d \\
G_m &= S_g \cdot G_s - D_g \cdot G_d \\
B_m &= S_b \cdot B_s - D_b \cdot B_d \\
A_m &= S_a \cdot A_s - D_a \cdot A_d
\end{aligned}
\tag{9.9}
$$

- umgekehrte Subtraktion: `*BlendOp` = `VK_BLEND_OP_REVERSE_SUBTRACT`

$$
\begin{aligned}
R_m &= D_r \cdot R_d - S_r \cdot R_s \\
G_m &= D_g \cdot G_d - S_g \cdot G_s \\
B_m &= D_b \cdot B_d - S_b \cdot B_s \\
A_m &= D_a \cdot A_d - S_a \cdot A_s
\end{aligned}
\tag{9.10}
$$

- Minimalwert: `colorBlendOp` = `alphaBlendOp` = `VK_BLEND_OP_MIN`

$$
\begin{aligned}
R_m &= min(R_s, R_d) \\
G_m &= min(G_s, G_d) \\
B_m &= min(B_s, B_d) \\
A_m &= min(A_s, A_d)
\end{aligned}
\tag{9.11}
$$

---

[3]In Vulkan werden also standardmäßig nur die flexibelsten Möglichkeiten der Farbmischung angeboten, die den OpenGL-Befehlen `glBlendFuncSeparatei()` und `glBlendEquationSeparatei()` entsprechen.

- Maximalwert: `colorBlendOp` = `alphaBlendOp` = `VK_BLEND_OP_MAX`

$$\begin{aligned}
R_m &= max(R_s, R_d) \\
G_m &= max(G_s, G_d) \\
B_m &= max(B_s, B_d) \\
A_m &= max(A_s, A_d)
\end{aligned} \tag{9.12}$$

Parameter für src-/dstColorBlendFactor, src-/dstAlphaBlendFactor VK_BLEND_FACTOR_...	relevanter Faktor	Misch-Faktoren (S_r, S_g, S_b, S_a) oder (D_r, D_g, D_b, D_a)
ZERO	Src oder Dst	$(0, 0, 0, 0)$
ONE	Src oder Dst	$(1, 1, 1, 1)$
DST_COLOR	Source	(R_d, G_d, B_d, A_d)
SRC_COLOR	Destination	(R_s, G_s, B_s, A_s)
ONE_MINUS_DST_COLOR	Source	$(1, 1, 1, 1) - (R_d, G_d, B_d, A_d)$
ONE_MINUS_SRC_COLOR	Destination	$(1, 1, 1, 1) - (R_s, G_s, B_s, A_s)$
SRC_ALPHA	Src or Dst	(A_s, A_s, A_s, A_s)
ONE_MINUS_SRC_ALPHA	Src oder Dst	$(1, 1, 1, 1) - (A_s, A_s, A_s, A_s)$
DST_ALPHA	Src or Dst	(A_d, A_d, A_d, A_d)
ONE_MINUS_DST_ALPHA	Src oder Dst	$(1, 1, 1, 1) - (A_d, A_d, A_d, A_d)$
ALPHA_SATURATE	Source	$(f, f, f, 1); f = min(A_s, 1 - A_d)$
CONSTANT_COLOR	Src oder Dst	(R_c, G_c, B_c, A_c)
ONE_MINUS_CONSTANT_COLOR	Src oder Dst	$(1, 1, 1, 1) - (R_c, G_c, B_c, A_c)$
CONSTANT_ALPHA	Src oder Dst	(A_c, A_c, A_c, A_c)
ONE_MINUS_CONSTANT_ALPHA	Src oder Dst	$(1, 1, 1, 1) - (A_c, A_c, A_c, A_c)$
SRC1_COLOR	Src oder Dst	$(R_{s1}, G_{s1}, B_{s1}, A_{s1})$
ONE_MINUS_SRC1_COLOR	Src oder Dst	$(1, 1, 1, 1) - (R_{s1}, G_{s1}, B_{s1}, A_{s1})$
SRC1_ALPHA	Src oder Dst	$(A_{s1}, A_{s1}, A_{s1}, A_{s1})$
ONE_MINUS_SRC1_ALPHA	Src oder Dst	$(1, 1, 1, 1) - (A_{s1}, A_{s1}, A_{s1}, A_{s1})$

Tabelle 9.2: Parameter für die Farbmisch-Faktoren in Vulkan

Die vier Parameter `VK_BLEND_FACTOR_CONSTANT_ALPHA`, `VK_BLEND_FACTOR_ONE_MINUS_CONSTANT_COLOR`, `VK_BLEND_FACTOR_CONSTANT_ALPHA`, `VK_BLEND_FACTOR_ONE_MINUS_CONSTANT_ALPHA` in Tabelle 9.2 referenzieren eine konstante Farbe ((R_c, G_c, B_c, A_c)), die ein fester Bestandteil der Grafik-Pipeline von Vulkan ist. Sie wird in der Datenstruktur `VkPipelineColorBlendStateCreateInfo` mit dem Parameter `blendConstants[4]` festgelegt. Falls die Farbmischung als dynamischer Zustand in der Datenstruktur `VkPipelineDynamicStateCreateInfo::pDynamicStates` auf den Wert `VK_DYNAMIC_STATE_BLEND_CONSTANTS` gestellt wurde, kann die konstante Farbe (R_c, G_c, B_c, A_c) mit dem Befehl `vkCmdSetBlendConstants()`[4] innerhalb des Command Buffer interaktiv verändert werden. Die konstante Farbe (R_c, G_c, B_c, A_c) kann z.B. genutzt werden, um den Inhalt des Framebuffers mit einem dynamischen Faktor zu skalieren.

Dual-Source Blending

Die letzten vier Parameter `VK_BLEND_FACTOR_SRC1_COLOR`, `VK_BLEND_FACTOR_ONE_MINUS_SRC1_COLOR`, `VK_BLEND_FACTOR_SRC1_ALPHA`, `VK_BLEND_FACTOR_ONE_MINUS_SRC1_ALPHA` in Tabelle 9.2 beziehen sich auf einen zweiten Satz an Source Colors $(R_{s1}, G_{s1}, B_{s1}, A_{s1})$, der zusätzlich und unabhängig vom ersten Satz an Source Colors (R_s, G_s, B_s, A_s) in einem Fragment Shader benutzt werden kann. Die beiden vom Fragment Shader erzeugten Sätze an Source Colors werden an dasselbe Image Attachment geleitet, aber durch jeweils eigene Indizes im Layout Qualifier unterschieden. Dadurch sind noch anspruchsvollere Farbmischungen in einem einzigen Renderpass möglich. Ein Beispiel dafür ist ein Subpixel-genauer Algorithmus zum Rendern von Fonts. Angenommen man kennt das exakte Layout für jedes Pixel eines Fonts, dann kann man vorab einen Bedeckungswert (*coverage*, Abschnitt 10.2.1) für jedes Pixel berechnen. Dieser Bedeckungswert wird als zweite Source Color im Fragment Shader im Sinne eines Alpha-Werts[5] für die Farbmischung zwischen dem Fontpixel und dem Hintergrundpixel benutzt. Um diesen Modus zu nutzen, muss man die folgende Parametereinstellung in der Vulkan-Pipeline für die Farbmischung vornehmen:

```
// Anlegen einer VkPipelineColorBlendAttachmentState-Struktur
VkPipelineColorBlendAttachmentState colorBlendAttach = {};
colorBlendAttach.blendEnable = VK_TRUE;
colorBlendAttach.srcColorBlendFactor = VK_BLEND_FACTOR_SRC1_COLOR;
colorBlendAttach.srcAlphaBlendFactor = VK_BLEND_FACTOR_SRC1_COLOR;
colorBlendAttach.dstColorBlendFactor = VK_BLEND_FACTOR_ONE_MINUS_SRC1_COLOR;
colorBlendAttach.dstAlphaBlendFactor = VK_BLEND_FACTOR_ONE_MINUS_SRC1_COLOR;
colorBlendAttach.colorBlendOp = VK_BLEND_OP_ADD;
colorBlendAttach.alphaBlendOp = VK_BLEND_OP_ADD;
colorBlendAttach.colorWriteMask = VK_COLOR_COMPONENT_R_BIT |
VK_COLOR_COMPONENT_G_BIT | VK_COLOR_COMPONENT_B_BIT | VK_COLOR_COMPONENT_A_BIT;
```

Ein Code-Beispiel für einen Fragment Shader, der Dual-Source Blending zum Rendern von Fonts mit Anti-Aliasing (Abschnitt 10.2) in einem Renderpass nutzt, könnte folgendermaßen aussehen:

---

[4]Der korrespondierende Befehl in OpenGL lautet: `glBlendColor($R_c, G_c, B_c, A_c$)`.

[5]Der Alpha-Wert ist ein Maß für die Opazität bzw. Undurchsichtigkeit eines Pixels

```glsl
// Fragment Shader für das Dual-Source Blending von Fonts
#version 460 core

uniform sampler2D fontTexture;
uniform vec4 fontColor;

smooth in vec2 texCoord;

// index = 0 für die erste Source Color
layout (location = 0, index = 0) out vec4 FragColor;
// index = 1 für die zweite Source Color
layout (location = 0, index = 1) out vec4 FragBlend;

void main() {
    FragColor = vec4(fontColor.rgb, 1.0);
    FragBlend = texture(fontTexture, texCoord) * fontColor.aaaa;
}
```

9.3.3 Beispiele für Farbmischungen

Die in OpenGL und Vulkan mehr oder weniger gleichen Funktionen der Farbmischung sind zwar nicht frei programmierbar, ermöglichen aber dennoch eine unglaubliche Vielfalt an Kombinationsmöglichkeiten. Doch nicht alle Kombinationen von Source- und Destination-Faktoren und ihrer Verknüpfungen durch Operatoren führen zu sinnvollen Ergebnissen. Damit man hier nicht die Übersicht verliert, werden im Folgenden an einigen Beispielen die am häufigsten genutzten Varianten der Farbmischung vorgeführt.

9.3.3.1 Primitive Farbmischung

Die einfachste Farbmisch-Funktion ist diejenige, bei der überhaupt keine Farbmischung auftritt:

```cpp
// OpenGL-Einstellungen
glBlendEquation(GL_FUNC_ADD);      // Standard-Einstellung
glBlendFunc(GL_ONE,GL_ZERO);       // Standard-Einstellung

// Vulkan-Einstellungen
colorBlendOp = VK_BLEND_OP_ADD;
alphaBlendOp = VK_BLEND_OP_ADD;
srcColorBlendFactor = VK_BLEND_FACTOR_ONE;
srcAlphaBlendFactor = VK_BLEND_FACTOR_ONE;
dstColorBlendFactor = VK_BLEND_FACTOR_ZERO;
dstAlphaBlendFactor = VK_BLEND_FACTOR_ZERO;
```

In diesem Fall sind alle Oberflächen opak (undurchsichtig) und die Berechnung der neuen Farbwerte ist trivial:

$$R_m = R_s \qquad\qquad (9.13)$$
$$G_m = G_s$$
$$B_m = B_s$$
$$A_m = A_s$$

Alpha-Blending mit dieser speziellen Mischfunktion liefert das gleiche Ergebnis, das auch mit deaktiviertem Alpha-Blending erzielt wird, es ist nur etwas langsamer.

9.3.3.2 Klassische Farbmischung

Die am häufigsten verwendete Farbmisch-Funktion verwendet ausschließlich die Alpha-Werte der neu hinzukommenden Fragmente, d.h. von Source. Bei dieser Einstellung der Mischfunktion erhält die Alpha-Komponente der Source-Farbe die ursprüngliche Bedeutung eines Transparenz-Wertes. Damit lässt sich z.B., wie eingangs erwähnt, die Farbmischung zwischen halbtransparenten Oberflächen und dem Hintergrund sehr realistisch nachbilden. Die konkrete Realisierung eines Milchglases, das 30% des ankommenden Lichts durchlässt (d.h. Opazität A = 1.0 − 0.3 = 0.7), so dass man eine Farbmischung aus 70% Weißanteil des Glases und 30% Anteil der Hintergrundfarbe sieht, stellt sich folgendermaßen dar (Bild 9.2):

Bild 9.2: Farbmischung zur Darstellung von Transparenz: im linken Teil des Bildes ist nur ein opakes (undurchsichtiges) Objekt dargestellt, im rechten Teil des Bildes befindet sich davor noch ein halbtransparentes, weißes Glas (R = 1.0, G = 1.0, B = 1.0, A = 0.7).

```
// OpenGL-Einstellungen
glBlendEquation(GL_FUNC_ADD);      // Standard-Einstellung
glBlendFunc(GL_SRC_ALPHA,GL_ONE_MINUS_SRC_ALPHA);
```

```
// Vulkan-Einstellungen
colorBlendOp = VK_BLEND_OP_ADD;
alphaBlendOp = VK_BLEND_OP_ADD;
srcColorBlendFactor = VK_BLEND_FACTOR_SRC_ALPHA;
srcAlphaBlendFactor = VK_BLEND_FACTOR_SRC_ALPHA;
dstColorBlendFactor = VK_BLEND_FACTOR_ONE_MINUS_SRC_ALPHA;
dstAlphaBlendFactor = VK_BLEND_FACTOR_ONE_MINUS_SRC_ALPHA;
```

Die Berechnung der neuen Farbwerte mit dem konkreten Source-Alpha-Wert $A_s = 0.7$ ergibt sich zu:

$$
\begin{aligned}
R_m &= A_s \cdot R_s + (1 - A_s) \cdot R_d = 0.7 \cdot R_s + 0.3 \cdot R_d \\
G_m &= A_s \cdot G_s + (1 - A_s) \cdot G_d = 0.7 \cdot G_s + 0.3 \cdot G_d \\
B_m &= A_s \cdot B_s + (1 - A_s) \cdot B_d = 0.7 \cdot B_s + 0.3 \cdot B_d \\
A_m &= A_s \cdot A_s + (1 - A_s) \cdot A_d = 0.7 \cdot A_s + 0.3 \cdot A_d
\end{aligned}
\tag{9.14}
$$

Mit Hilfe dieser Farbmisch-Funktion kann man eine Vielzahl an optischen Phänomenen erzeugen, wie z.B. den Blick durch Fenster, Wasseroberflächen, Glasflaschen (ohne Brechung) oder auch schnell drehende Rotorblätter eines Helicopters, die Überlagerung zweier Bilder, das langsame Überblenden zwischen zwei Objekten durch einen zeitlichen Anstieg des Source-Alpha-Wertes (*Fading*) oder die Realisierung der Sprühdosen-Funktion in einem Zeichenprogramm.

9.3.3.3 Additive Farbmischung

Bei der additiven Farbmischung werden die Farben der Einzelbilder komponentenweise addiert. Die Anweisungen dafür lauten:

```
// OpenGL-Einstellungen
glClearColor(0.0,0.0,0.0);          // Hintergrundfarbe schwarz
glBlendEquation(GL_FUNC_ADD);       // Standard-Einstellung
glBlendFunc(GL_ONE,GL_ONE);

// Vulkan-Einstellungen
clearValues[0].color = {0.0f, 0.0f, 0.0f, 0.0f};
colorBlendOp = VK_BLEND_OP_ADD;
alphaBlendOp = VK_BLEND_OP_ADD;
srcColorBlendFactor = VK_BLEND_FACTOR_ONE;
srcAlphaBlendFactor = VK_BLEND_FACTOR_ONE;
dstColorBlendFactor = VK_BLEND_FACTOR_ONE;
dstAlphaBlendFactor = VK_BLEND_FACTOR_ONE;
```

Dies entspricht der klassischen Farbmischung in Abschnitt 9.3.3.2, aber mit einem Alpha-Wert von 1.0. In mathematischen Formeln dargestellt sehen die obigen Anweisungen folgendermaßen aus:

$$
\begin{aligned}
R_m &= R_s + R_d \\
G_m &= G_s + G_d \\
B_m &= B_s + B_d \\
A_m &= A_s + A_d
\end{aligned}
\tag{9.15}
$$

Mit dieser Methode ist Bild 9.3-a entstanden, in dem die additive Farbmischung mit Hilfe von überlagerten Farbkreisen erklärt wird:

- Rot + Grün = Gelb
  (1,0,0) + (0,1,0) = (1,1,0)

- Rot + Blau = Magenta
  (1,0,0) + (0,0,1) = (1,0,1)

- Grün + Blau = Cyan
  (0,1,0) + (0,0,1) = (0,1,1)

- Rot + Grün + Blau = Weiss
  (1,0,0) + (0,1,0) + (0,0,1) = (1,1,1)

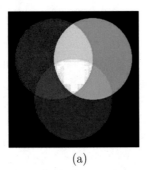 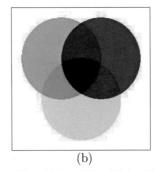

(a)   (b)

Bild 9.3: Farbmischung dreier transparenter Oberflächen: (a) additive Farbmischung, (b) subtraktive Farbmischung.

9.3.3.4 Mehrfach-Farbmischung

Es ist auch möglich, die Farben mehrerer transparenter Flächen mit bestimmten Gewichten zu mischen. Als einfaches Beispiel werden im Folgenden drei Bilder zu gleichen Anteilen überlagert:

```
// OpenGL-Einstellungen
glClearColor(0.0,0.0,0.0);          // Hintergrundfarbe schwarz
glBlendEquation(GL_FUNC_ADD);        // Standard-Einstellung
glBlendFunc(GL_SRC_ALPHA,GL_ONE);

// Vulkan-Einstellungen
clearValues[0].color = {0.0f, 0.0f, 0.0f, 0.0f};
colorBlendOp = VK_BLEND_OP_ADD;
alphaBlendOp = VK_BLEND_OP_ADD;
srcColorBlendFactor = VK_BLEND_FACTOR_SRC_ALPHA;
srcAlphaBlendFactor = VK_BLEND_FACTOR_SRC_ALPHA;
dstColorBlendFactor = VK_BLEND_FACTOR_ONE;
dstAlphaBlendFactor = VK_BLEND_FACTOR_ONE;
```

Jedes der drei Bilder muss jetzt mit einem Alpha-Wert $A = 0.33$ gerendert werden. Wenn als Platzhalter für die vier Farbkomponenten des ersten Bildes $\mathbf{g}_1$ dient (entsprechend $\mathbf{g}_2$ für das zweite Bild und $\mathbf{g}_3$ für das dritte Bild), stellt sich die Farbmischung in drei Stufen dar:

- Mischung des ersten Bildes mit der Hintergrundfarbe (schwarz):

$$\mathbf{g}_{m1} \quad = \quad A \cdot \mathbf{g}_1 + 1.0 \cdot \mathbf{g}_d = 0.33 \cdot \mathbf{g}_1 + 1.0 \cdot 0.0 = 0.33 \cdot \mathbf{g}_1 \qquad (9.16)$$

- Mischung des zweiten Bildes mit dem ersten:

$$\mathbf{g}_{m2} \quad = \quad 0.33 \cdot \mathbf{g}_2 + 1.0 \cdot \mathbf{g}_{m1} = 0.33 \cdot \mathbf{g}_2 + 0.33 \cdot \mathbf{g}_1 \qquad (9.17)$$

- Mischung des dritten Bildes mit den ersten beiden:

$$\mathbf{g}_{m3} \quad = \quad 0.33 \cdot \mathbf{g}_3 + 1.0 \cdot \mathbf{g}_{m2} = 0.33 \cdot \mathbf{g}_3 + 0.33 \cdot \mathbf{g}_2 + 0.33 \cdot \mathbf{g}_1 \qquad (9.18)$$

d.h. dass am Ende die jeweilige Farbkomponente jedes einzelnen Bildes ein Drittel zur Gesamtfarbkomponente beiträgt. Dies macht sich natürlich an den Stellen, an denen die einzelnen Bilder nicht überlappen, in einer geringeren Helligkeit bemerkbar.

9.3.3.5 Subtraktive Farbmischung

Bei der substraktiven Farbmischung werden die Farben der Einzelbilder komponentenweise subtrahiert. Die Anweisungen dafür lauten:

```
// OpenGL-Einstellungen
glClearColor(1.0,1.0,1.0);            // Hintergrundfarbe weiß
glBlendEquation(GL_FUNC_REVERSE_SUBTRACT);
glBlendFunc(GL_ONE, GL_ONE);

// Vulkan-Einstellungen
clearValues[0].color = {1.0f,1.0f,1.0f, 1.0f};
colorBlendOp = VK_BLEND_OP_REVERSE_SUBTRACT;
alphaBlendOp = VK_BLEND_OP_REVERSE_SUBTRACT;
srcColorBlendFactor = VK_BLEND_FACTOR_ONE;
srcAlphaBlendFactor = VK_BLEND_FACTOR_ONE;
dstColorBlendFactor = VK_BLEND_FACTOR_ONE;
dstAlphaBlendFactor = VK_BLEND_FACTOR_ONE;
```

In Formeln ausgedrückt heißt das:

$$
\begin{aligned}
R_m &= R_d - R_s \\
G_m &= G_d - G_s \\
B_m &= B_d - B_s \\
A_m &= A_d - A_s
\end{aligned}
\tag{9.19}
$$

Mit dieser Methode ist Bild 9.3-b entstanden, in dem die substraktive Farbmischung mit Hilfe von überlagerten Farbkreisen erklärt wird. In diesem Fall stellt jeder Farbkreis einen idealen Farbfilter dar, der aus dem weißen Licht des Hintergrunds eine Spektralfarbe herausfiltert und die anderen beiden Spektralfarben durchlässt. Ein ideales Rot-Filter vor einem weißen Hintergrund erscheint deshalb in der Farbe Cyan, ein ideales Grünfilter erscheint in der Farbe Magenta und ein ideales Blaufilter in Farbe Gelb. Das heißt:

- Weiss - Rot = Cyan
  (1,1,1) - (1,0,0) = (0,1,1)

- Weiss - Grün = Magenta
  (1,1,1) - (0,1,0) = (1,0,1)

- Weiss - Blau = Gelb
  (1,1,1) - (0,0,1) = (1,1,0)

Die Farben Gelb, Magenta und Cyan sind die drei Grundfarben für die subtraktive Farbmischung. Die Überlagerung eines idealen Rot- und Grünfilters vor weißem Hintergrund (dies entspricht der subtraktiven Farbmischung von Cyan und Magenta) lässt nur blaues Licht passieren. Die Überlagerung eines idealen Rot- und Blaufilters vor weißem Hintergrund (dies entspricht der subtraktiven Farbmischung von Cyan und Gelb) lässt nur grünes Licht passieren. Die Überlagerung eines idealen Grün- und Blaufilters vor weißem Hintergrund (dies entspricht der subtraktiven Farbmischung von Magenta und Gelb) lässt nur rotes Licht passieren.

- Weiss - Rot - Grün = Blau = Cyan & Magenta
  (1,1,1)- (1,0,0)- (0,1,0) = (0,0,1)

- Weiss - Rot - Blau = Grün = Cyan & Gelb
  ((1,1,1) - (1,0,0) - (0,0,1) = (0,1,0)

- Weiss - Grün - Blau = Rot = Magenta & Gelb
  (1,1,1) - (0,1,0) - (0,0,1) = (1,0,0)

- Weiss - Rot - Grün - Blau = Schwarz = Cyan & Magenta & Gelb
  (1,1,1) - (1,0,0) - (0,1,0) - (0,0,1) = (0,0,0)

9.3.3.6   Farbfilter

Eine alternative Möglichkeit zur Realisierung der subtraktiven Farbmischung und somit von Farbfiltern sieht folgendermaßen aus:

```
// OpenGL-Einstellungen
glClearColor(1.0,1.0,1.0);          // Hintergrundfarbe weiß
glBlendEquation(GL_FUNC_ADD);
glBlendFunc(GL_ZERO, GL_SRC_COLOR);

// Vulkan-Einstellungen
clearValues[0].color = {1.0f,1.0f,1.0f, 1.0f};
colorBlendOp = VK_BLEND_OP_ADD;
alphaBlendOp = VK_BLEND_OP_ADD;
srcColorBlendFactor = VK_BLEND_FACTOR_ZERO;
srcAlphaBlendFactor = VK_BLEND_FACTOR_ZERO;
dstColorBlendFactor = VK_BLEND_FACTOR_SRC_COLOR;
dstAlphaBlendFactor = VK_BLEND_FACTOR_SRC_COLOR;
```

In Formeln ausgedrückt heißt das z.B. für die Überlagerung eines magentafarbenen Pixels im Bildspeicher (Destination) mit einem neu hinzukommenden gelben Fragment:

$$
\begin{aligned}
R_m &= R_s \cdot R_d = 1.0 \cdot 1.0 = 1.0 \\
G_m &= G_s \cdot G_d = 1.0 \cdot 0.0 = 0.0 \\
B_m &= B_s \cdot B_d = 0.0 \cdot 1.0 = 0.0 \\
A_m &= A_s \cdot A_d
\end{aligned}
\tag{9.20}
$$

d.h. das Ergebnis der subtraktiven Farbmischung zwischen Magenta und Gelb ist wieder Rot, genau wie bei den geschilderten Befehlen im vorigen Absatz. Der Unterschied zwischen den beiden Varianten besteht zum Einen darin, dass bei der ersten Variante für Source die Komplementärfarben anzugeben sind und sich außerdem die Operation der Subtraktion der Source-Komplementärfarbe von der Operation der Multiplikation mit der Source-Farbe in bestimmten Fällen unterscheidet (Beispiel: $R_s = 0.9, R_d = 0.1$: Variante 1: $R_m = R_d - (1.0 - R_s) = 0.1 - 0.1 = 0.0$, Variante 2: $R_m = R_d \cdot R_s = 0.1 \cdot 0.9 = 0.09$).

9.3.3.7 Direkte Festlegung der Farbmisch-Faktoren

Bei Verwendung der symbolischen Konstanten (GL_CONSTANT_COLOR, GL_ONE_MINUS_CONSTANT_COLOR, GL_CONSTANT_ALPHA, GL_ONE_MINUS_CONSTANT_ALPHA) für den Befehl glBlendFuncSeparate() können die Source- und Destination-Faktoren für die Farbmischung direkt mit Hilfe des OpenGL-Befehls glBlendColor(R_c, G_c, B_c, A_c) festgelegt werden. In Vulkan lautet der entsprechende Befehl vkCmdSetBlendConstants(). Mit der Befehlssequenz:

```
// OpenGL-Einstellungen
glBlendEquation(GL_FUNC_ADD);        // Standard-Einstellung
glBlendFuncSeparate(GL_CONSTANT_COLOR, GL_ONE_MINUS_CONSTANT_COLOR,
                    GL_CONSTANT_ALPHA, GL_ONE_MINUS_CONSTANT_ALPHA);
glBlendColor(1.0, 0.5, 0.0, 0.7);


// Vulkan-Einstellungen
float blendColor[4] = {1.0f, 0.5f, 0.0f, 0.7f};
colorBlendOp = alphaBlendOp = VK_BLEND_OP_ADD;
srcColorBlendFactor = VK_BLEND_FACTOR_CONSTANT_COLOR;
srcAlphaBlendFactor = VK_BLEND_FACTOR_CONSTANT_ALPHA;
dstColorBlendFactor = VK_BLEND_FACTOR_ONE_MINUS_CONSTANT_COLOR;
dstAlphaBlendFactor = VK_BLEND_FACTOR_ONE_MINUS_CONSTANT_ALPHA;
vkCmdSetBlendConstants(blendColor);
```

erhält man z.B. eine Farbmischung aus den Source- und Destination-Farben, bei der die Rot-Komponente von Source stammt, die Grün-Komponente zu 50% von Source und Destination, die Blau-Komponente von Destination und die Alpha-Komponente zu 70% von Source und zu 30% Destination. In Formeln:

$$
\begin{aligned}
R_m &= R_c \cdot R_s + (1.0 - R_c) \cdot R_d = R_s \\
G_m &= G_c \cdot G_s + (1.0 - G_c) \cdot G_d = 0.5 \cdot (G_s + G_d) \\
B_m &= B_c \cdot B_s + (1.0 - B_c) \cdot B_d = B_d \\
A_m &= A_c \cdot A_s + (1.0 - A_c) \cdot A_d = 0.7 \cdot A_s + 0.3 \cdot A_d
\end{aligned}
\tag{9.21}
$$

Dadurch ist es auch möglich, ein Gesamtfarbbild aus drei Einzelfarbbildern zu komponieren, bei dem die Rot-Komponente aus dem ersten Bild stammt, die Grün-Komponente aus dem zweiten Bild und die Blau-Komponente aus dem dritten Bild.

9.3.4 Transparente Texturen

Im Vorgriff auf das *Texture Mapping* (Kapitel 13) werden hier Texturen mit Transparenz-Komponente beschrieben. 2-dimensionale Texturen stellen „Fotos" dar, die auf Polygone quasi „aufgeklebt" werden. Enthalten die Fotos an jedem Bildpunkt nicht nur die drei Farbwerte R,G,B, sondern auch noch einen Alpha-Wert A, kann man auf sehr einfache Weise äußert komplex berandete Objekte, wie z.B. Bäume, Zäune, Personen usw. mit einem einzigen Polygon darstellen. Um diesen Effekt zu erreichen, müssen die Alpha-Werte der Bildpunkte des eigentlichen Objekts in der Textur auf 1.0 (d.h. opak) gesetzt werden und die Alpha-Werte der Bildpunkte des Hintergrunds auf 0.0 (vollkommen durchsichtig). Mit der klassischen Farbmisch-Funktion (`glBlendFunc(GL_SRC_ALPHA,GL_ONE_MINUS_SRC_ALPHA)`) bzw. der entsprechenden Blend-Faktor-Einstellungen in Vulkan sieht man von dem Polygon, auf das eine so präparierte Alpha-Textur aufgebracht wird, nichts mehr. Im Bild erscheint nur das eigentliche Objekt, so als wäre es quasi mit einer sehr kleinen Schere pixelgenau aus der Textur ausgeschnitten worden (Bild 9.4). Eine Erweiterung dieser Technik durch eine automatische Drehung des Polygons zum Augenpunkt hin, das sogenannte „*Billboarding*", wird im Abschnitt 16.1 beschrieben. Dadurch kann man um einen Baum „herumgehen", ohne dass die 2-dimensionale Natur des *Billboards* allzusehr auffällt.

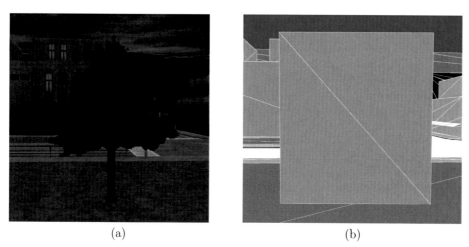

(a)   (b)

Bild 9.4:   Transparente Texturen ermöglichen die Darstellung komplex berandeter Objekte mit einem einzigen Polygon. (a) Ein Baum als transparente Textur auf einem Viereck. Die Teile des Vierecks, die nicht zum Baum gehören, sind transparent (Alpha = 0) und daher nicht sichtbar. (b) Die selbe Szene wie links, jetzt allerdings ohne *Texture Mapping*. Das Viereck, auf das die transparente Baumtextur gemappt wird, ist jetzt sichtbar und verdeckt den Hintergrund. Die Bilder stammen aus der „town"-Demodatenbasis, die bei dem Echtzeit-Renderingtool „OpenGL Performer" von der Firma SGI mitgeliefert wird.

Um die Funktionalität eines *Billboards* zu erhalten, ist an sich nur eine binäre Entscheidung (ist das Texel transparent oder nicht?) zu treffen. Eine echte Mischung verschiedener Farben, die eine relativ aufwändige Rechenoperation darstellt, ist in diesem Fall gar nicht nötig. Aus diesem Grund stellt OpenGL im *„Compatibility Profile"* mit dem *„Alpha-Test"* eine schnelle binäre Entscheidungsfunktion zur Verfügung[6]. Zur Aktivierung des Alpha-Tests wird der OpenGL-Befehl `glEnable(GL_ALPHA_TEST)` aufgerufen. Anschließend wird mit dem Befehl `glAlphaFunc(GL_GREATER, 0.5)` die Vergleichsfunktion (`GL_GREATER`) und der Vergleichswert (hier z.B. `0.5`) festgelegt. In dieser Konstellation wird der Alpha-Wert des neuen Fragments mit dem Vergleichswert (hier 0.5) verglichen. Falls das Vergleichsergebnis positiv ist (d.h. A > 0.5), wird das Fragment weiterbearbeitet, andernfalls eliminiert. Somit erscheinen alle Texel mit einem Alpha-Wert < 0.5 unsichtbar und alle anderen sichtbar. Der Alpha-Test ist dem z-Buffer-Test (Abschnitt 8.2) sehr ähnlich, die zulässigen Vergleichsfunktionen und Vergleichswerte sind identisch und deshalb hier nicht nochmals aufgelistet.

9.3.5 3D-Probleme bei der Farbmischung

Bei der Farbmischung im 3-dimensionalen Raum treten zwei grundsätzliche Probleme auf, die im Folgenden geschildert werden.

9.3.5.1 Zeichenreihenfolge

Die Reihenfolge, in der transparente Polygone mit der klassischen Farbmischfunktion (Abschnitt 9.3.3.2) gezeichnet werden, hat einen entscheidenden Einfluss auf die Mischfarbe. Man betrachte z.B. zwei halbtransparente Flächen mit einem Alpha-Wert von 0.7, d.h. 30% der Hintergrundfarbe scheint durch und 70% der Farbe stammt vom Polygon: das eine Polygon sei grün ((R,G,B,A) = (0.0,1.0,0.0,0.7)) und das andere rot ((R,G,B,A) = (1.0,0.0,0.0,0.7)). Wird im ersten Schritt das grüne Polygon vor weißem Hintergrund gezeichnet, ergibt sich als Mischfarbe ((R,G,B,A) = (0.3,1.0,0.3,0.79)), also ein um 30% aufgehelltes Grün. Im zweiten Schritt wird das rote Polygon vor dem grünen gezeichnet, so dass sich mit Gleichung (9.14) folgende Mischfarbe ergibt: ((R,G,B,A) = (0.79,0.30,0.09,0.73)), d.h. ein starker rot-Ton mit leichtem grün-Stich (Bild 9.5-a). Werden die beiden Polygone in der umgekehrten Reihenfolge gezeichnet, d.h. zuerst das rote und dann das grüne, ergibt sich eine vollkommen andere Mischfarbe als vorher: nach dem ersten Schritt ist ((R,G,B,A) = (1.0,0.3,0.3,0.79)), also ein um 30% aufgehelltes Rot, und nach dem zweiten Schritt (0.30,0.79,0.09,0.73)), d.h. ein starker grün-Ton mit leichtem rot-Stich (Bild 9.5-b). In diesem Beispiel muss der z-Buffer Algorithmus ausgeschaltet sein (in OpenGL mit `glDisable(GL_DEPTH_TEST)` und in Vulkan mit `depthTestEnable = VK_FALSE` in der Datenstruktur `VkPipelineDepthStencilStateCreateInfo`), wie im nächsten Absatz gleich klar wird.

---

[6]Der *„Alpha-Test"* wurde im *„Core Profile"* von OpenGL und bei Vulkan durch die *„discard"*-Operation im Fragment Shader ersetzt.

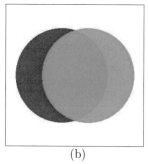

(a) (b)

Bild 9.5: Das erste Problem der Farbmischung: das Ergebnis hängt von der Reihenfolge des Zeichnens ab. (a) zuerst wird das grüne Polygon gezeichnet, dann das rote, d.h. in der Mischfarbe überwiegt rot. (b) zuerst wird das rote Polygon gezeichnet, dann das grüne, d.h. in der Mischfarbe überwiegt grün.

9.3.5.2 z-Buffer Algorithmus

Der z-Buffer Algorithmus **A8.1** berücksichtigt keine Alpha-Werte. Wird z.B. ein neues Objekt räumlich hinter einem schon im Bildspeicher befindlichen transparenten Objekt gezeichnet, verhindert der z-Buffer Algorithmus die Farbmischung, da er einfach abbricht, wenn ein neu hinzukommendes Fragment einen größeren z-Wert aufweist als das gespeicherte Pixel (Bild 9.6-b). Will man mehrere opake und transparente Objekte in einer Szene zeichnen, benötigt man aber den z-Buffer Algorithmus, damit all diejenigen Objekte, die hinter einem opaken Objekt liegen, korrekt verdeckt werden. Andererseits sollen Objekte, die hinter einem transparenten Objekt liegen, nicht verdeckt werden.

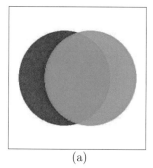
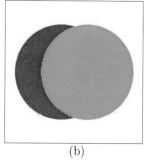

(a) (b)

Bild 9.6: Das zweite Problem der Farbmischung: Der z-Buffer Algorithmus berücksichtigt keine Alpha-Werte. (a) zuerst wird das hintere, rote Polygon gezeichnet, dann das grüne, was eine korrekte Farbmischung ergibt, (b) zuerst wird das vordere, grüne Polygon gezeichnet, dann das rote, was dazu führt, dass der z-Buffer Algorithmus die Farbmischung verhindert.

Die Lösung dieser Probleme ist im Algorithmus **A9.1** zusammengefasst. Die Grundidee besteht darin, den z-Buffer Algorithmus für die opaken Objekte einzuschalten und den z-Buffer für das Zeichnen der transparenten Objekte lesbar, aber nicht mehr beschreibbar zu machen (d.h. *read-only*).

A9.1: **Pseudo-Code für korrekte Farbmischung bei opaken und transparenten Objekten.**

Voraussetzungen und Bemerkungen:

◇   opake Objekte werden von transparenten Objekten separiert.

◇   transparente Objekte werden von hinten nach vorne sortiert, so dass das hinterste transparente Objekt zuerst gezeichnet wird (dieser „Maler-Algorithmus" ist für eine korrekte Farbmischung wichtig, wenn mehrere transparente Objekte sich überlagern, siehe Abschnitt 9.3.5.1).

Algorithmus:

(a)   Einschalten des z-Buffer Algorithmus:
(`glEnable(GL_DEPTH_TEST)` bzw. in Vulkan `depthTestEnable` = VK_TRUE in der Datenstruktur `VkPipelineDepthStencilStateCreateInfo`).

(b)   Zeichne alle opaken Objekte: (`drawOpaqueObjects()`).

(c)   Sorge dafür, dass der z-Buffer nicht mehr beschreibbar ist, aber noch gelesen werden kann, d.h. „*read-only*":
(`glDepthMask(GL_FALSE)` bzw. in Vulkan `depthWriteEnable` = VK_FALSE in der Datenstruktur `VkPipelineDepthStencilStateCreateInfo`).

(d)   Schalte die Farbmischung ein und spezifiziere die Mischfunktion:

```
// OpenGL-Einstellungen
glEnable(GL_BLEND);
glBlendFunc(GL_SRC_ALPHA, GL_ONE_MINUS_SRC_ALPHA);

// Vulkan-Einstellungen in VkPipelineColorBlendAttachmentState
blendEnable = VK_TRUE;
colorBlendOp = alphaBlendOp = VK_BLEND_OP_ADD;
srcColorBlendFactor = VK_BLEND_FACTOR_SRC_ALPHA;
srcAlphaBlendFactor = VK_BLEND_FACTOR_SRC_ALPHA;
dstColorBlendFactor = VK_BLEND_FACTOR_ONE_MINUS_SRC_ALPHA;
dstAlphaBlendFactor = VK_BLEND_FACTOR_ONE_MINUS_SRC_ALPHA;
```

(e)   Zeichne die von hinten nach vorne sortierten transparenten Objekte:
(`drawTransparentObjects()`).

(f)   Schalte die Farbmischung wieder aus:
        (`glDisable(GL_BLEND)` bzw. in Vulkan `blendEnable` = VK_FALSE in der Daten-
        struktur `VkPipelineColorBlendAttachmentState`).

(g)   Mache den z-Buffer wieder beschreibbar:
        (`glDepthMask(GL_TRUE)` bzw. in Vulkan `depthWriteEnable` = VK_TRUE in der
        Datenstruktur `VkPipelineDepthStencilStateCreateInfo`).

Ende des Algorithmus

   Das eher seltene Problem der korrekten Farbmischung von mehreren sich durchdringenden transparenten Objekten wird aber auch durch diesen Algorithmus nicht gelöst,
da der „Maler-Algorithmus" (siehe 2. Voraussetzung) in diesem Fall versagt. Auf aktuellen Grafikkarten, die Shader Model 5 bzw. DirectX 11 unterstützen, kann man diese
Einschränkung durch einen sogenannten „Order Independent Transparency" Algorithmus
[Grue10] überwinden. Dabei erstellt man beim Rendern für jedes transparente Fragment
unabhängig von der räumlichen Tiefe einen Eintrag in einer sogenannten „Linked List", die
pro Pixel angelegt wird, und berechnet bei einem finalen Rendering-Durchlauf die korrekte
Mischfarbe aus allen Farbkomponenten durch das geordnete Auflösen der Links. Ein neuer
und sehr interessanter Lösungsansatz für „Order Independent Transparency" wird durch
Schattenalgorithmen für transparente Objekte ermöglicht, denn es ist letztlich die gleiche
Fragestellung, ob man wissen will, wie viel Licht von einer Lichtquelle durch transparente Objekte hindurch geht und an einem bestimmten Oberflächenpunkt ankommt, oder
ob man den Lichtweg umkehrt, und berechnen will, welche Lichtmenge am Augenpunkt
eintrifft, wenn dazwischen transparente Objekte liegen (Abschnitt 14.4.2 und [Salv11]).

Kapitel 10

Anti-Aliasing

10.1 Aliasing-Effekte

Bei genauerer Betrachtung fast aller bisherigen Bilder dieses Buches fällt auf, dass schräge
Linien und Kanten nicht glatt sind, sondern einen sogenannten „Treppenstufen-Effekt"
aufweisen (Bild 10.1). Die Ursache dafür liegt in der Natur der digitalen Bildgenerierung

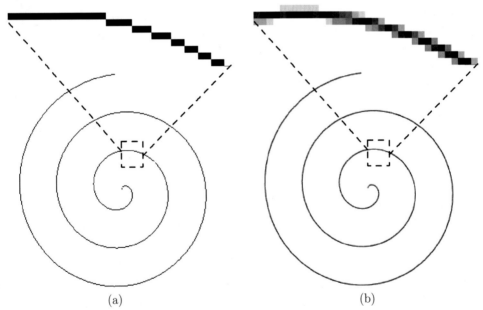

(a)   (b)

Bild 10.1:   Treppenstufen-Effekt und Kompensation durch Anti-Aliasing: (a) Linienzug
ohne Anti-Aliasing und darüber eine Ausschnittsvergrößerung (b) Linienzug mit Anti-
Aliasing und darüber eine Ausschnittsvergrößerung

© Springer Fachmedien Wiesbaden GmbH, ein Teil von Springer Nature 2019
A. Nischwitz et al., *Computergrafik*,
https://doi.org/10.1007/978-3-658-25384-4_10

und -verarbeitung selbst: denn ein Bild besteht hier aus einer endlichen Anzahl von Pixeln, die auf einem rechtwinkligen Gitter liegen. Eine ideale schräge Linie kann in diesem Umfeld nur durch Pixel approximiert werden, die auf diesem Raster liegen, so dass die Linie, je nach Steigung mehr oder weniger häufig, von einer Pixelzeile zur nächsten springt. Wird die Linie auch noch langsam bewegt, folgt aus der örtlichen Diskretisierung auch noch eine zeitliche Diskretisierung, d.h. die Linie bewegt sich nicht kontinuierlich über das Pixel-Raster, sondern springt zu bestimmten Zeitpunkten um eine Rasterposition weiter. Zusätzlich richtet unser Wahrnehmungssystem seine Aufmerksamkeit insbesondere auf örtliche und zeitliche Sprünge in Signalen, so dass dieser sogenannte „Aliasing"-Effekt sehr störend wirkt.

Mit einem weitereren Aliasing-Effekt hat man sowohl in der Computergrafik beim Texture Mapping (Kapitel 13) als auch in der Bildverarbeitung bei der Modifikation der Ortskoordinaten (Band II Kapitel 9) zu kämpfen: bei der Verkleinerung, Vergrößerung oder (perspektivischen) Verzerrung von Bildern. Wird z.B. eine Bildzeile aus abwechselnd weißen und schwarzen Pixeln perspektivisch verzerrt, d.h. kontinuierlich verkleinert bzw. vergrößert, passen die neuen Rasterpositionen nicht mehr auf das ursprüngliche Raster. Dadurch treten sogenannte „Moiré"-Muster auf, dies sind spezielle Aliasing-Effekte bei periodischen Bildsignalen (Bild 10.2).

Für ein tieferes Verständnis der Aliasing-Effekte und der Gegenmaßnahmen, d.h. dem „Anti-Aliasing", benötigt man die Signaltheorie und hier speziell das Abtasttheorem (eine ausführlichere Darstellung dieser Thematik ist den folgenden Kapiteln von Band II 3.2, 8 und 17 bzw. in [Hugh13] zu finden). Denn die Rasterisierung eines Bildes ist nichts Anderes als die Abtastung eines an sich kontinuierlichen zweidimensionalen Bildsignals an den diskreten Punkten eines rechteckigen Gitters. Das Abtasttheorem besagt nun, dass der Abstand zweier Abtastpunkte höchstens halb so groß sein darf wie die minimale Wellenlänge, damit das kontinuierliche Bildsignal ohne Informationsverlust rekonstruiert werden kann (oder anders ausgedrückt, die Abtastfrequenz muss mindestens doppelt so groß sein wie die höchste Ortsfrequenz, die im Bild vorkommt). Die Bildzeile aus abwechselnd weißen und schwarzen Pixeln in Bild 10.2 ist aber schon an der Grenze des Machbaren, denn ein periodisches Signal mit einer kleineren Wellenlänge als $\lambda_{min} = 2$ Pixel (d.h. $f_{max} = 1/\lambda_{min} = 1/2$ Wellen pro Pixel) ist in einem Digitalbild schlicht nicht darstellbar. Wird dieses Muster dennoch verkleinert, erhöht sich die Ortsfrequenz des Signals f_{sig} über den maximal zulässigen Wert von f_{max} und es kommt unweigerlich zu Abtast-Artefakten (Bild 10.3). Die Ortsfrequenz der Abtast-Artefakte f_{alias} ist gegeben durch:

$$f_{alias} = (f_{sig} - f_{max}) \bmod 1 \qquad (10.1)$$

Bei einem Verkleinerungsfaktor von 5/6 (wie in Bild 10.3-a gezeigt), d.h. einer Ortsfrequenz des Signals $f_{sig} = 6/5 f_{max}$, beträgt gemäß 10.1 die Ortsfrequenz des Alias-Effekts $f_{alias} = 1/5 f_{max}$. Bei einem Verkleinerungsfaktor von 2/3 (d.h. $f_{sig} = 3/2 f_{max}$), ergibt sich eine Alias-Ortsfrequenz $f_{alias} = 1/2 f_{max}$ (Bild 10.3-b). Nimmt der Verkleinerungsfaktor linear von 1 bis 1/2 ab, wie z.B. bei der perspektivischen Projektion in Bild 10.2, werden alle Alias-Ortsfrequenzen von 0 beginnend bis f_{max} durchlaufen. Bei einer weiteren Abnahme des Verkleinerungsfaktors von 1/2 bis 1/3, d.h. Signal-Ortsfrequenzen von $2f_{max}$ bis $3f_{max}$,

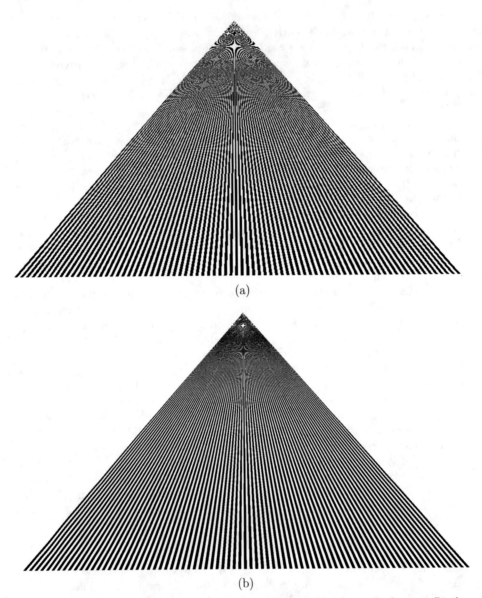

(a)

(b)

Bild 10.2: Aliasing-Effekt bei Texturen mit abwechselnd weißen und schwarzen Pixeln: (a) 1 Pixel breite parallele Linien, die sich bei perspektivischer Darstellung im Fluchtpunkt treffen. (b) Das gleiche Bild, aber zweifach höher abgetastet. Die Aliasing-Effekte treten erst weiter hinten auf.

wiederholen sich gemäß der Modulo-Funktion in 10.1 die Alias-Ortsfrequenzen vom vorigen Bereich und damit auch das Moiré-Muster in verkleinerter Ausgabe (Bild 10.3-c). Dies geht immer so weiter, bis das Moiré-Muster letztlich nur noch ein Pixel groß ist. Auch bei einer Vergrößerung der Schwarz/Weiß–Bildzeile ergeben sich trotz Einhaltung des Abtast-Theorems noch Aliasing-Effekte (Bild 10.3-d), die aber bei zunehmender Vergrößerung nicht mehr auffallen.

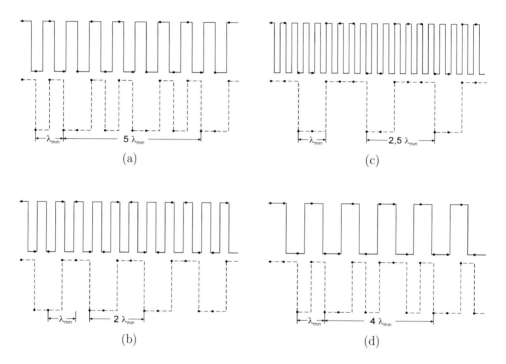

Bild 10.3:   Erklärung der Aliasing-Effekte bei digitalen Bildsignalen: in den vier Grafiken ist nach oben der Grauwert und nach rechts der Ort aufgetragen; im oberen Teil jeder Grafik ist das Eingangssignal durchgezogen dargestellt, im unteren Teil das abgetastete Signal gestrichelt; die Abtastung wird durch dicke Punkte markiert. (a) Signal-Ortsfrequenz $f_{sig} = 6/5 f_{max}$ (bei der gegebenen Abtastrate maximal mögliche Ortsfrequenz). Daraus folgt eine Alias-Ortsfrequenz $f_{alias} = 1/5 f_{max}$ bzw. eine Alias-Wellenlänge von $\lambda_{alias} = 5\lambda_{min}$. (b) Signal-Ortsfrequenz $f_{sig} = 3/2 f_{max}$, daraus folgt eine Alias-Ortsfrequenz $f_{alias} = 1/2 f_{max}$, d.h. $\lambda_{alias} = 2\lambda_{min}$. (c) Signal-Ortsfrequenz $f_{sig} = 12/5 f_{max}$, daraus folgt eine Alias-Ortsfrequenz $f_{alias} = 2/5 f_{max}$, d.h. $\lambda_{alias} = 5/2\lambda_{min}$. (d) Signal-Ortsfrequenz $f_{sig} = 3/4 f_{max}$, daraus folgt eine Alias-Ortsfrequenz $f_{alias} = 1/4 f_{max}$, d.h. $\lambda_{alias} = 4\lambda_{min}$.

10.2 Gegenmaßnahmen – Anti-Aliasing

Der Schlüssel zur Verringerung der Aliasing-Effekte ist die Tiefpassfilterung (Band II Kapitel 5 und Band II Abschnitt 8.5). Denn die Störeffekte treten ja nur dann bei der Abtastung auf, wenn die höchsten im Bildsignal enthaltenen Ortsfrequenzen in die Nähe der Abtastrate kommen. Die unterschiedlichen Anti-Aliasing-Verfahren unterscheiden sich nur durch den Zeitpunkt der Anwendung des Tiefpassfilters. Eine Möglichkeit ist der Einsatz eines Tiefpassfilters vor der Abtastung des Signals (eine „Pre-Filterungs-Methode"), denn dadurch werden die höchsten Ortsfrequenzen eliminiert, so dass die störenden Aliasing-Effekte nicht mehr auftreten. Die zweite Möglichkeit besteht darin, das Bildsignal mit einer höheren Rate abzutasten, so dass die höchsten im Bild vorkommenden Ortsfrequenzen wieder deutlich unter der Abtastrate liegen. Eine höhere Abtastrate bedeutet aber nichts anderes als eine höhere Auflösung des Bildes. Um wieder auf die ursprüngliche Auflösung des Bildes zurück zu kommen, muss das Bild ohne Verletzung des Abtasttheorems verkleinert werden, d.h. tiefpassgefiltert und anschließend unterabgetastet (Band II Kapitel 17). Da in diesem Fall die Tiefpassfilterung nach der Abtastung erfolgt, spricht man hier von einer „Post-Filterungs-Methode".

10.2.1 Pre-Filterungs-Methode: Flächenabtastung

Das Standard-Anti-Aliasing in OpenGL ist eine Pre-Filterungs-Methode: Punkte und Linien werden standardmäßig als 1 Pixel breit bzw. hoch angenommen und besitzen somit einen gewissen Flächeninhalt (Polygone sowieso). Schräge Linien z.B. bedecken daher bestimmte Pixel zu einem größeren Teil und andere Pixel nur zu einem kleineren Teil (Bild 10.4). Falls der Zustand „Anti-Aliasing" mit einem der Befehle

OpenGL-Befehl	Grafik-Primitiv
glEnable(GL_POINT_SMOOTH)	Punkte
glEnable(GL_LINE_SMOOTH)	Linien
glEnable(GL_POLYGON_SMOOTH)	Polygone

für den jeweiligen Grafik-Primitiv-Typ aktiviert ist, berechnet OpenGL einen Wert für die Bedeckung (*coverage*) eines jeden Pixels durch ein Objekt.

Im RGBA-Modus wird nun der Alpha-Wert eines jeden Pixels mit dem Bedeckungswert multipliziert. Der resultierende Alpha-Wert wird dann benutzt, um die Farbwerte zwischen dem Fragment des neu zu zeichnenden Objektes und dem entsprechenden Pixel, das sich bereits im Bildspeicher befindet, zu mischen. Voraussetzung für die Benutzung der Alpha-Werte zur Farbmischung ist, wie in Kapitel 9 geschildert, die Aktivierung des Alpha-Blendings durch den Befehl „glEnable(GL_BLEND)" und die Festlegung einer Farbmischungsfunktion. Am häufigsten wird für das Anti-Aliasing die klassische Farbmischfunktion „glBlendFunc(GL_SRC_ALPHA, GL_ONE_MINUS_SRC_ALPHA)" verwendet, denn sie realisiert die Grundidee der Flächenabtastung: bei einem opaken Objekt (d.h. Alpha = 1),

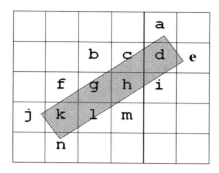

```
a = 0.0405
b = 0.0076
c = 0.4342
d = 0.8785
e = 0.0405
f = 0.1414
g = 0.7599
h = 0.7599
i = 0.1414
j = 0.0405
k = 0.8785
l = 0.4342
m = 0.0076
n = 0.0405
```

Bild 10.4:   Anti-Aliasing in OpenGL: Berechnung eines Bedeckungswertes (*coverage*) für jedes Pixel. Links ist die schräge Linie vor dem Pixelraster zu sehen und rechts die Bedeckungswerte der betroffenen Pixel.

dessen Rand ein Pixel z.B. zu 30% bedeckt (d.h. Bedeckungswert $= 0.3 =$ neuer Alpha-Wert) trägt die Objektfarbe entsprechend dem Flächenanteil des Objekts an dem Pixel 30% (Alpha $\cdot C_s$) und die Hintergrundfarbe 70% ((1-Alpha) $\cdot C_d$) zur Mischfarbe bei. Diese Einstellungen wurden für das Anti-Aliasing der Spirallinie in Bild 10.1-b benutzt.

Die klassische Farbmischfunktion führt allerdings beim Anti-Aliasing von Polygonen zu einem gewissen Problem. Denn jedes Polygon mit vier oder mehr Vertices wird intern in einen Satz von verbundenen Dreiecken zerlegt, die der Reihe nach gerendert werden (dies gilt ebenso für *Quads* oder *Quad_Strips*). Angenommen es wird ein weißes Viereck vor schwarzem Hintergrund gezeichnet. Dann erhalten die Randpixel des ersten Dreiecks im Mittel einen Grauwert von (R = 0.5, G = 0.5, B = 0.5). Die Randpixel des zweiten Dreiecks, die auf der gemeinsamen Kante mit dem ersten Dreieck liegen, treffen jetzt auf den vorher berechneten mittleren Grauwert als Destination-Farbe. Da die Randpixel des zweiten Dreiecks ebenfalls im Mittel einen Bedeckungswert von 0.5 aufweisen, berechnet sich die Mischfarbe zu $C_m = A_s \cdot C_s + (1 - A_s) \cdot C_d = 0.5 \cdot 1.0 + (1.0 - 0.5) \cdot 0.5 = 0.75$, d.h. ein hellerer Grauton. Aus diesem Grund sieht man bei dem weißen Viereck in Bild 10.5-a eine hellgraue Diagonallinie. Abhilfe kann in diesem Fall durch die Verwendung der Farbmischfunktion „glBlendFunc(GL_SRC_ALPHA, GL_ONE)" geschaffen werden, bei der die Destination-Farbe zu 100% in die Farbmischung eingeht. Da die Bedeckungwerte für gemeinsame Randpixel vom ersten und zweiten Dreieck komplementär sind, ergänzt sich auch die Mischfarbe wieder zur ursprünglichen Polygonfarbe, und deshalb tauchen hier keine störenden Diagonallinien auf (Bild 10.5-b). Allerdings funktioniert diese Methode nur, wenn sich nicht mehrere Flächen überdecken. Für diesen Fall gibt es als Alternative die Farbmischfunktion „glBlendFunc(GL_SRC_ALPHA_SATURATE, GL_ONE)", bei der allerdings die Objekte von vorne nach hinten sortiert werden müssen [Kess17].

Die geschilderten Aliasing-Effekte können sowohl beim Texture-Mapping (Bild 10.2-a) als auch in der Bildverarbeitung bei der Modifikation der Ortskoordinaten mit einem Tiefpassfilter vor der Abtastung (also eine Pre-Filterungs-Methode) vermindert werden. Dazu

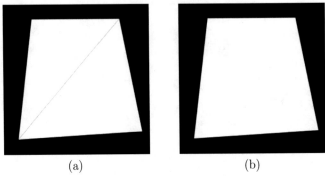

(a) (b)

Bild 10.5:   Anti-Aliasing bei Polygonen mit vier oder mehr Vertices: (a) bei der klassischen Farbmischfunktion „`glBlendFunc(GL_SRC_ALPHA, GL_ONE_MINUS_SRC_ALPHA)`" entstehen störende Trennlinien innerhalb des Polygons. (b) mit der modifizierten Farbmischfunktion „`glBlendFunc(GL_SRC_ALPHA, GL_ONE)`" kann man dies vermeiden.

können unterschiedlich aufwändige Verkleinerungs- und Vergrößerungs-Filter eingesetzt werden, bei denen die Farbwerte eines Pixels als gewichteter Mittelwert aus den Farben der umgebenden Texturfragmente (bzw. der umgebenden Originalbild-Pixel) berechnet werden. Eine ausführliche Darstellung der verschiedenen Filter wird in allgemeiner Form in Band II Kapitel 9 gegeben, und die speziellen Texturfilter, die in OpenGL realisierbar sind, werden in Kapitel 13 beschrieben.

10.2.2   Post-Filterungs-Methoden

10.2.2.1   Nutzung des Accumulation Buffers

Die Grundidee des „*Accumulation Buffer*"-Verfahrens[1] besteht darin, die selbe Szene mehrfach aus minimal unterschiedlichen Blickwinkeln zu rendern, so dass die einzelnen Objekte um den Bruchteil eines Pixels gegenüber dem vorhergehenden Bild verschoben sind. Das endgültige Bild wird durch gewichtete Summation (Akkumulation) der Einzelbilder berechnet. Damit lassen sich beliebige Tiefpassfilter-Kerne realisieren. Die Implementierung dieser Methode in OpenGL mit Hilfe des „*Accumulation Buffers*'" wird im Folgenden an dem einfachen Fall eines bewegten Mittelwerts als Tiefpassfilter besprochen.

Der „*Accumulation Buffer*" ist vom Speicherplatzangebot her eine Kopie des „*Color Buffers*". Er dient zum Aufsammeln von gerenderten Bildern. Im folgenden Beispiel werden vier Bilder akkumuliert. Nachdem das aus dem ersten Augenpunkt heraus gerenderte Bild im „*Color Buffer*" steht, werden die Farbwerte der Pixel mit einem Faktor 1/4 gewichtet und in den „*Accumulation Buffer*" geschrieben. Im nächsten Schritt werden die Pixel

---

[1]Die Funktionalitäten des „*Accumulation Buffers*" stehen nur noch im „*Compatibility Profile*" von OpenGL zur Verfügung. Im „*Core Profile*" wurden diese Funktionalitäten ersetzt durch „*Framebuffer Objects*" (ausführliche Darstellung in Abschnitt 6.4.4.4), Pixel Buffer Objects (Abschnitte 6.4.4 und 13.1.10) und Multisample Anti-Aliasing (Abschnitte 10.2.2.2 und 13.1.4).

des aus dem zweiten Augenpunkt heraus gerenderten Bildes ebenfalls mit dem Faktor 1/4 multipliziert und auf die im „*Accumulation Buffer*" vorhandenen Werte addiert. Mit den Bildern vom dritten und vierten Augenpunkt wird ebenso verfahren. Am Ende steht im „*Accumulation Buffer*" ein Bild, dessen Pixel einen Mittelwert aus den vier leicht verschobenen Einzelbildern darstellen (Bild 10.6). Dieses Verfahren simuliert also eine höhere Abtastrate (hier die doppelte Auflösung), eine anschließende Tiefpassfilterung mit dem gleitenden Mittelwert und zuletzt eine Auflösungsreduktion (Unterabtastung) um den Faktor 2. Das Verfahren ist mathematisch äquivalent zum „Hardware Anti-Aliasing", das weiter unten besprochen wird. Ein Unterschied besteht darin, das bei der „*Accumulation Buffer*"-Methode vier Einzelbilder sequentiell gerendert werden, was die Bildgenerierrate um einen Faktor vier verlangsamt und im Gegensatz dazu beim „Hardware Anti-Aliasing" ein einziges Bild mit der doppelten Auflösung parallel gerastert wird, so dass bei einer ausreichenden Rasterisierungskapazität die Bildgenerierrate nahezu konstant bleibt. Das „Hardware Anti-Aliasing" ist zwar deutlich schneller, dafür aber weniger flexibel als die „*Accumulation Buffer*"-Methode, da hier sowohl die Anzahl als auch die Position der Abtastwerte vom Software-Entwickler festgelegt werden kann. Da in beiden Fällen die Abtastung vor der Tiefpassfilterung erfolgt, spricht man von „Post-Filterungs-Methoden".

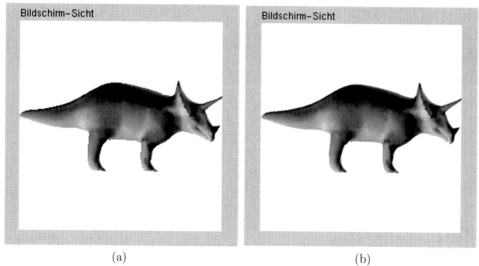

Bild 10.6:   Anti-Aliasing mit Hilfe des „Accumulation Buffers": (a) das Objekt ohne Anti-Aliasing. (b) Anti-Aliasing des Objekts mit der „Accumulation Buffer"-Methode.

Der „*Accumulation Buffer*", der genauso ein Teil des Bildspeichers ist wie der „*Color Buffer*" oder der „z-Buffer", wird bei der Initialisierung angelegt. Bei Verwendung der GLUT-Bibliothek lautet der entsprechende Befehl:

glutInitDisplayMode(GLUT_ACCUM | GL_RGBA | GLUT_DEPTH).

Operationen auf dem „Accumulation Buffer" werden durch den OpenGL-Befehl:

glAccum(operation, f)

ausgeführt, wobei das Argument „f" eine Gleitkommazahl ist, mit der die Farb-Komponenten multipliziert werden und das Argument „operation" die in der folgenden Tabelle aufgelisteten Werte annehmen kann:

operation	Formel	Bedeutung
GL_ACCUM	$C'_{acc} = f \cdot C_{col} + C_{acc}$	Addition der mit „f" skalierten „Color Buffer"-Werte und der „Accumulation Buffer"-Werte
GL_LOAD	$C'_{acc} = f \cdot C_{col}$	Laden der mit „f" skalierten „Color Buffer"-Werte in den „Accumulation Buffer", d.h. überschreiben der alten Werte
GL_ADD	$C'_{acc} = f + C_{acc}$	Addition von „f" auf die RGBA-Werte des „Accumulation Buffer"
GL_MULT	$C'_{acc} = f \cdot C_{acc}$	Multiplikation von „f" mit den RGBA-Werten des „Accumulation Buffer"
GL_RETURN	$C_{col} = f \cdot C_{acc}$	Kopieren der mit „f" skalierten „Accumulation Buffer"-Werte in den aktuellen „Color Buffer"

Ein typischer Programm-Ausschnitt, in der die „Accumulation Buffer"-Methode zum Anti-Aliasing angewendet wird, würde folgendermaßen aussehen:

```
int i;
double left, right, bottom, top, near, far, dx, dy;
double world_w, world_h, viewport_w, viewport_h;
double jitter[4][2] = {
                        { 0.25, 0.25 },
                        { 0.25, 0.75 },
                        { 0.75, 0.75 },
                        { 0.75, 0.25 } };

world_w = right - left;
world_h = top - bottom;

for(i=0; i<4; i++) {
    dx = jitter[i][0] * world_w / viewport_w;
    dy = jitter[i][1] * world_h / viewport_h;
    glClear(GL_COLOR_BUFFER_BIT | GL_DEPTH_BUFFER_BIT);
    glMatrixMode(GL_PROJECTION);
    glLoadIdentity();
    glFrustum(left + dx, right + dx, bottom + dy, top + dy, near, far);
    drawObjects();
```

```
    if (i==0)
        glAccum(GL_LOAD, 0.25);
    else
        glAccum(GL_ACCUM, 0.25);
}
glAccum(GL_RETURN, 1.0);
```

10.2.2.2 Multisample Anti-Aliasing in OpenGL

Das „*Multisample Anti-Aliasing*" funktioniert im Prinzip genauso wie die „*Accumulation Buffer*"-Methode: die Rasterisierung der Grafik-Primitive und der Texturen wird mit einer höheren örtlichen Auflösung durchgeführt als für den Viewport gefordert wäre. Jedes Pixel wird z.B. in 2 x 2 Subpixel unterteilt und alle Berechnungen für die Farb- und z-Werte werden auf diesem feineren Abtastraster durchgeführt (Bild 10.2-a). Deshalb wird das Multisample Anti-Aliasing auch häufig als „Subpixel Anti-Aliasing" oder als „Hardware Anti-Aliasing" bezeichnet. Die höhere Auflösung erfordert einen zusätzlichen Bildspeicher in der vierfachen Größe des normalerweise nötigen Bildspeichers und außerdem die vierfache Rasterisierungsleistung, falls die Bildgenerierrate gleich bleiben soll. Weil die Rasterisierung aber eine sehr gut parallelisierbare Aufgabe ist, kann diese Rechenleistung einfach durch zusätzliche Hardware nahezu ohne Einbußen bei der Renderinggeschwindigkeit erbracht werden. Der endgültige Farbwert eines Pixels wird dann aus dem Mittelwert der vier Subpixelfarben berechnet und in den Teil des Bildspeichers geschrieben, der für die Darstellung am Bildschirm bestimmt ist. Da bei dieser Methode die Tiefpassfilterung, d.h. die Mittelwertbildung, nach der Abtastung, sprich nach der Rasterisierung, erfolgt, zählt das Multisample Anti-Aliasing zu den Post-Filterungs-Methoden. Zur Nutzung von Multisample Anti-Aliasing muss man sich zunächst den zusätzlich erforderlichen Bildspeicher reservieren, z.B. mit einer entsprechend parametrierten GLUT-Funktion

```
glutInitDisplayMode(GLUT_DOUBLE | GLUT_RGB | GLUT_DEPTH | GLUT_MULTISAMPLE);
```

Da OpenGL ein Zustandsautomat ist, muss das Multisample Anti-Aliasing eingeschalten werden:

```
glEnable(GL_MULTISAMPLE);
```

Zu beachten ist, dass die Pre-Filterungsmethoden (point smooth, line smooth, polygon smooth, Abschnitt 10.2.1) nicht durchgeführt werden, falls das Multisample Anti-Aliasing aktiviert ist. Man kann also nicht gleichzeitig Pre- und Post-Filterungsmethoden auf Objekte anwenden. Je nach OpenGL-Implementierung kann es jedoch zu qualitativ besseren Ergebnissen führen, wenn man z.B. Punkte und Linien mit Pre-Filterung (*smoothing*) glättet und alle restlichen Objekte mit Post-Filterung (*multisampling*). Dazu deaktiviert man das *Multisampling* mit `glDisable(GL_MULTISAMPLE)` und aktiviert das *Smoothing* mit `glEnable(GL_POINT_SMOOTH)` bzw. `glEnable(GL_LINE_SMOOTH)`, zeichnet die Punkte und Linien, aktiviert anschließend das *Multisampling* mit `glEnable(GL_MULTISAMPLE)` wieder und zeichnet die restlichen Objekte.

Standardmäßig wird durch *Multisampling* ein Bedeckungswert (*coverage*) pro Fragment für die Farbkomponenten R,G,B berechnet, der unabhängig vom Alphawert A ist. Man kann den Alphawert A in die Berechnung des Bedeckungswerts einfließen lassen, indem man einen der folgenden Modi mit `glEnable()` aktiviert:

- `glEnable(GL_SAMPLE_ALPHA_TO_COVERAGE)`, lässt den Alphawert des Fragments in die Berechnung des Bedeckungswerts einfliessen.

- `glEnable(GL_SAMPLE_ALPHA_TO_ONE)`, setzt den Alphawert des Fragments auf 1.0 und lässt ihn in die Berechnung des Bedeckungswerts einfliessen.

- `glEnable(GL_SAMPLE_COVERAGE)`, setzt den Alphawert des Fragments mit der Funktion `glSampleCoverage(value, invert)` auf den Wert `value` (bzw. auf (1.0 - `value`) falls `invert` = `GL_TRUE`) und lässt ihn in die Berechnung des Bedeckungswerts einfliessen.

Eine weitere Qualitätsverbesserung beim Anti-Aliasing kann erreicht werden, wenn die Subpixel-Positionen von Bild zu Bild, d.h. zeitlich zufällig variiert werden. In diesem Fall spricht man von „stochastischem Multisample Anti-Aliasing". Hier betrachtet man z.B. 8 x 8 = 64 Subpixel-Positionen. Pro Bild werden zufällig z.B. 4 Subpixel-Positionen ausgewählt, für die die Farb- und z-Werte berechnet und gemittelt werden. Im zeitlichen Mittel werden dadurch alle 64 Subpixel-Positionen innerhalb von 16 Bildern einmal berechnet. Bei hohen Bildgenerierraten von z.B. 60 Hz und mehr wird jede Subpixel-Position mehrfach pro Sekunde gerendert. Dadurch entsteht der Eindruck eines (örtlichen) Subpixel Anti-Aliasing mit 64-facher Genauigkeit, das allerdings auf Kosten der zeitlichen Auflösung geht. Stochastisches Multisample Anti-Aliasing oder auch andere Tiefpassfilter als den gleitenden Mittelwert, der beim normalen Multisample Anti-Aliasing (`glEnable(GL_MULTISAMPLE)`) eingesetzt wird, kann man mit Hilfe von programmierbaren Texturfiltern realisieren, die in Abschnitt 13.1.4 beschrieben werden.

Falls harte Echtzeit-Anforderungen gelten, bietet das Multisample Anti-Aliasing die beste Qualität, da ein großer Anteil der Farbberechnungen, wie z.B. Transparenz und Nebel, sowie der z-Buffer Algorithmus mit der erhöhten Subpixel-Genauigkeit berechnet werden.

10.2.2.3 Multisample Anti-Aliasing in Vulkan

Das „*Multisample Anti-Aliasing*" funktioniert bei Vulkan ganz ähnlich wie bei OpenGL in zwei Varianten:

- einfaches Multisampling, bei dem zwar der Rasterizer für jede Subpixelposition testet, ob das Subpixel von dem Grafik-Primitiv bedeckt ist oder nicht, aber der Fragment Shader nur einmal für das gesamte Pixel einen Farbwert berechnet, der dann auf alle bedeckten Subpixel kopiert wird. Dies ist die schnellere der beiden Varianten und entspricht dem im vorigen Abschnitt 10.2.2.2 dargestellten „*Multisample Anti-Aliasing*" bei OpenGL. Diese Variante führt zu einer Qualitätsverbesserung ausschließlich an

den Rändern der Grafik-Primitive, da der einmal berechnete Farbwert für das gesamte Pixel bei der Auflösungsreduktion von Subpixel- zu Pixelgenauigkeit quasi mit dem
Verhältnis bedeckter Subpixel zur Gesamtzahl der Subpixel pro Pixel multipliziert
wird. Dieses Verhältnis wird nur am Rand eines Grafik-Primitives < 1 und sorgt so
für ein langsames Ausblenden der Farbe des Grafik-Primitives gegenüber dem Hintergrund. Im Inneren eines Grafik-Primitives ist dieses Verhältnis dagegen immer 1,
da alle Subpixel bedeckt sind und daher kann diese Variante keine glättende Wirkung
bei Texturen mit hohen Ortsfrequenzen entfalten.

- programmierbares Multisampling, bei dem sowohl der Rasterizer für jedes Subpixel
  ausgeführt wird, als auch der Fragment Shader einen individuellen Farbwert für jedes
  Subpixel berechnet. Diese Variante ist natürlich rechenaufwändiger und entspricht
  den in Abschnitt 13.1.4 dargestellten programmierbaren Texturfiltern bei OpenGL.
  In Vulkan wird diese Variante als „*Sample Shading*" bezeichnet, da für jedes Subpixel
  (*Sample*) eine individuelle Farbberechnung (*Shading*) erfolgt. Mit dieser Variante
  kann man daher das Aliasing sowohl an der Rändern von Grafik-Primitiven (Bild
  10.1), als auch bei Texturen im Inneren von Grafik-Primitiven (Bild 10.2) abmildern.

Im Folgenden wird die programmiertechnische Umsetzung von „*Multisample Anti-
Aliasing*" bei Vulkan dargestellt. Der erste Schritt dabei ist die Abfrage der Anzahl an
verfügbaren Abtastpositionen (Subpixel) pro Pixel, die die Grafikhardware bereit stellt.

```
// Anlegen einer Variablen vom Typ VkSampleCountFlagBits
VkSampleCountFlagBits sampleNum = VK_SAMPLE_COUNT_1_BIT;

// Funktion zur Abfrage der verfügbaren Subpixel-Anzahl
VkSampleCountFlagBits getSampleNum() {
    VkPhysicalDeviceProperties deviceProperties;
    vkGetPhysicalDeviceProperties(devices, &deviceProperties);

    VkSampleCountFlags counts =
            std::min(deviceProperties.limits.framebufferColorSampleCounts,
                    deviceProperties.limits.framebufferDepthSampleCounts);
    if (counts & VK_SAMPLE_COUNT_64_BIT) { return VK_SAMPLE_COUNT_64_BIT; }
    if (counts & VK_SAMPLE_COUNT_32_BIT) { return VK_SAMPLE_COUNT_32_BIT; }
    if (counts & VK_SAMPLE_COUNT_16_BIT) { return VK_SAMPLE_COUNT_16_BIT; }
    if (counts & VK_SAMPLE_COUNT_8_BIT) { return VK_SAMPLE_COUNT_8_BIT; }
    if (counts & VK_SAMPLE_COUNT_4_BIT) { return VK_SAMPLE_COUNT_4_BIT; }
    if (counts & VK_SAMPLE_COUNT_2_BIT) { return VK_SAMPLE_COUNT_2_BIT; }

    return VK_SAMPLE_COUNT_1_BIT;
}
```

Im Rahmen der Abfrage der Eigenschaften der Grafikkarte (Abschnitt 5.2.2.1) kann diese Funktion nun ergänzt werden, um die Anzahl an verfügbaren Abtastpositionen pro Pixel festzulegen:

```
sampleNum = getSampleNum();
```

Im nächsten Schritt muss ein spezieller Bildspeicher vom Typ VkImage angelegt werden, in den man beim *„Multisample Anti-Aliasing"* mit einer um den Faktor sampleNum erhöhten Auflösung rendern kann. Dieser Bildspeicher muss pro Pixel eine Anzahl sampleNum an Farb- und z-Werten speichern können. Nach dem Rendern der Szene in der erhöhten Auflösung, wird der endgültige Farbwert des Pixels durch Tiefpassfilterung der Subpixelfarben bestimmt, d.h. es erfolgt eine Reduktion des hochaufgelösten *„Multisample Image"* zum niedriger aufgelösten *„Resolve Image"*, in dem pro Pixel nur ein Farbwert gespeichert wird.

```
// Anlegen eines Multisample Image, reservieren des Speichers
// und eines Image Views
VkImage multisampleImage;
VkDeviceMemory multisampleImageMemory;
VkImageView multisampleImageView;

// Funktion zur Erzeugung der Resourcen für das Multisample Image
void createMultisampleResources() {
    // format = swapChainImageFormat
    VkFormat multisampleFormat = VK_FORMAT_B8G8R8A8_UNORM;

    // die Funktion createImage() aus Abschnitt 5.2.2.4 ist nun um einen
    // Übergabeparameter sampleNum für die Subpixelanzahl zu erweitern
    // (alle bisherigen Aufrufe von createImage() muss man ebenfalls um
    // diesen Parameter ergänzen)
    createImage(extent.width, extent.height, sampleNum, multisampleFormat,
        VK_IMAGE_TILING_OPTIMAL,
        VK_IMAGE_USAGE_TRANSIENT_ATTACHMENT_BIT |,
        VK_IMAGE_USAGE_COLOR_ATTACHMENT_BIT,
        VK_MEMORY_PROPERTY_DEVICE_LOCAL_BIT,
        multisampleImage, multisampleImageMemory);

    // die Funktion createImageView() wurde in Abschnitt 8.3 definiert
    multisampleImageView = createImageView(multisampleImage,
        multisampleFormat, VK_IMAGE_ASPECT_COLOR_BIT);

    // die Funktion transitionImageLayout() aus Abschnitt 5.2.2.4 muss
    // um einen weiteren Fall zum Übergang von VK_IMAGE_LAYOUT_UNDEFINED
    // zu VK_IMAGE_LAYOUT_COLOR_ATTACHMENT_OPTIMAL erweitert werden:
```

```
// transitionImageLayout( ..
// ..
//   else if (oldLayout == VK_IMAGE_LAYOUT_UNDEFINED &&
//       newLayout == VK_IMAGE_LAYOUT_COLOR_ATTACHMENT_OPTIMAL) {
//            barrier.srcAccessMask = 0;
//            barrier.dstAccessMask =
//                VK_ACCESS_COLOR_ATTACHMENT_READ_BIT |
//                VK_ACCESS_COLOR_ATTACHMENT_WRITE_BIT;
//            sourceStage = VK_PIPELINE_STAGE_TOP_OF_PIPE_BIT;
//            destinationStage =
//                VK_PIPELINE_STAGE_COLOR_ATTACHMENT_OUTPUT_BIT;
//   }
// ..
transitionImageLayout(multisampleImage, multisampleFormat,
    VK_IMAGE_LAYOUT_UNDEFINED,
    VK_IMAGE_LAYOUT_COLOR_ATTACHMENT_OPTIMAL);
}
```

Auch beim Erzeugen der Resourcen für den z-Buffer muss die Subpixelanzahl berücksichtigt werden:

```
// die in Abschnitt 8.3 definierte Funktion createDepthResources() ist auch
// um einen Parameter sampleNum für die Subpixelanzahl zu erweitern
void createDepthResources() {
    ..
    createImage(extent.width, extent.height, sampleNum, depthFormat,
        VK_IMAGE_TILING_OPTIMAL,
        VK_IMAGE_USAGE_DEPTH_STENCIL_ATTACHMENT_BIT,
        VK_MEMORY_PROPERTY_DEVICE_LOCAL_BIT,
        depthImage, depthImageMemory);

    ..
}
```

Nun müssen noch die modifizierten *Attachments* (*color, depth* und *resolve*) im *Renderpass* angepasst bzw. neu definiert werden:

```
// Modifikation der VkAttachmentDescription-Struktur für das Color Image
VkAttachmentDescription colorAttach = {};
..
colorAttach.samples = sampleNum;
colorAttach.finalLayout = VK_IMAGE_LAYOUT_COLOR_ATTACHMENT_OPTIMAL;
..
// Modifikation der VkAttachmentDescription-Struktur für das Depth Image
```

```
VkAttachmentDescription depthAttach = {};
..
depthAttach.samples = sampleNum;
..
// Anlegen der VkAttachmentDescription-Struktur für das Resolve Image
VkAttachmentDescription resolveAttach = {};
    // format = swapChainImageFormat
resolveAttach.format = VK_FORMAT_B8G8R8A8_UNORM;
    // das Resolve Image hat nur Sample pro Pixel
resolveAttach.samples = VK_SAMPLE_COUNT_1_BIT;
    // das Resolve Image wird sowieso überschrieben
resolveAttach.loadOp = VK_ATTACHMENT_LOAD_OP_DONT_CARE;
    // speichere den Inhalt am Ende
resolveAttach.storeOp = VK_ATTACHMENT_STORE_OP_STORE;
    // kein Stencil-Buffer, deshalb dont_care
resolveAttach.stencilLoadOp = VK_ATTACHMENT_LOAD_OP_DONT_CARE;
resolveAttach.stencilstoreOp = VK_ATTACHMENT_STORE_OP_DONT_CARE;
    // das Resolve Image wird sowieso überschrieben
resolveAttach.initialLayout = VK_IMAGE_LAYOUT_UNDEFINED;
    // Resolve Image Layout zur Präsentation am Bildschirm
resolveAttach.finalLayout = VK_IMAGE_LAYOUT_PRESENT_SRC_KHR;

// Anlegen einer VkAttachmentReference-Struktur für das Resolve Image
VkAttachmentReference resolveAttachRef = {};
    // es ist die dritte VkAttachmentDescription deshalb Index 2
resolveAttachRef.attachment = 2;
resolveAttachRef.layout = VK_IMAGE_LAYOUT_COLOR_ATTACHMENT_OPTIMAL;

// Anlegen einer VkSubpassDescription-Struktur
VkSubpassDescription subpass = {};
subpass.pipelineBindPoint = VK_PIPELINE_BIND_POINT_GRAPHICS;
subpass.colorAttachmentCount = 1;
subpass.pColorAttachments = &colorAttachRef;
subpass.pDepthStencilAttachment = &depthAttachRef;
subpass.pResolveAttachments = &resolveAttachRef;

// Anlegen einer VkRenderPassCreateInfo -Struktur
std::array<VkAttachmentDescription, 3> attach =
            {colorAttach, depthAttach, resolveAttach};
VkRenderPassCreateInfo createInfo = {};
createInfo.sType = VK_STRUCTURE_TYPE_RENDER_PASS_CREATE_INFO;
createInfo.attachmentCount = static_cast<uint32_t>(attach.size());
createInfo.pAttachments = &attach.data();
```

```
createInfo.subpassCount = 1;
createInfo.pSubpasses = &subpass;
createInfo.dependencyCount = 1;
// die dependency-Struktur bleibt wie in Abschnitt 5.2.2.3
createInfo.pDependencies = &dependency;

// Erzeugen des VkRenderPass Objektes wie in Abschnitt 5.2.2.3
VkRenderPass renderPassObj;
if (vkCreateRenderPass(logicalDevice, &createInfo, nullptr,
                          &renderPassObj) != VK_SUCCESS)
    throw std::runtime_error("failed to create Render Pass");
```

Beim Anlegen des Arrays von VkFramebuffer-Objekten in Abschnitt 5.2.2.3 muss die for-Schleife so angepasst werden, dass das *Resolve Image* an das *resolveAttachment* gebunden wird:

```
std::array<VkImageView, 3> attachments =
            {swapChainImageViews[i], depthImageView, resolveImageView};

// Anlegen einer VkFramebufferCreateInfo-Struktur
VkFramebufferCreateInfo framebufInfo = {};
framebufInfo.sType = VK_STRUCTURE_TYPE_FRAMEBUFFER_CREATE_INFO;
framebufInfo.renderPass = renderPassObj;
framebufInfo.attachmentCount = static_cast<uint32_t>(attachments.size());
framebufInfo.pAttachments = attachments.data();
```

Zuletzt muss noch beim Erzeugen der Grafik-Pipeline (Abschnitt 5.2.2.3) in der Struktur VkPipelineMultisampleStateCreateInfo berücksichtigt werden, dass jetzt mit einer Anzahl von sampleNum Subpixel pro Pixel gerendert wird:

```
VkPipelineMultisampleStateCreateInfo multisample = {};
multisample.sType = VK_STRUCTURE_TYPE_PIPELINE_MULTISAMPLE_STATE_CREATE_INFO;
multisample.sampleShadingEnable = VK_FALSE;
multisample.rasterizationSamples = sampleNum;
```

Genauso wie in Abschnitt 10.2.2.2 für OpenGL dargestellt, wird durch *Multisampling* auch bei Vulkan ein Bedeckungswert (*coverage*) pro Fragment für die Farbkomponenten R,G,B berechnet, der unabhängig vom Alphawert A ist. Man kann den Alphawert A in die Berechnung des Bedeckungswerts einfließen lassen, indem man einen der folgenden Modi in der Struktur VkPipelineMultisampleStateCreateInfo aktiviert:

- multisample.alphaToCoverageEnable = VK_TRUE;
  lässt den Alphawert des Fragments in die Berechnung des Bedeckungswerts einfliessen.

- `multisample.alphaToOneEnable = VK_TRUE;`
  setzt den Alphawert des Fragments auf 1.0 und lässt ihn in die Berechnung des Bedeckungswerts einfliessen.

Die bisher dargestellte programmiertechnische Umsetzung entspricht dem einfachen Multisampling, bei dem nur der Rasterizer mit Subpixelgenauigkeit rendert, aber nicht der Fragment Shader, so dass ein Anti-Aliasing nur an den Rändern der Grafikprimitive stattfindet. Um das programmierbare Multisampling in Vulkan zu aktivieren (das dort *Sample Shading* genannt wird), bei dem auch der Fragment Shader auf Subpixelgenauigkeit rendert und der somit auch ein Anti-Aliasing innerhalb von Grafikprimitiven mit hochfrequenten Texturen ermöglicht, sind noch die folgenden Einstellungen vorzunehmen:

```
// Aktivierung des Sample Shading bei der Erzeugung des Logical Device
// in Abschnitt 5.2.2.1
deviceFeatures.sampleRateShading = VK_TRUE;
..
// Aktivierung des Sample Shading beim Erzeugen der Grafik-Pipeline
// Abschnitt 5.2.2.3 in der Struktur VkPipelineMultisampleStateCreateInfo
multisample.sampleShadingEnable = VK_TRUE;
multisample.minSampleShading = 0.5f;
..
```

Der Parameter `multisample.minSampleShading = 0.5f` bedarf noch einer Erläuterung: bei einer Einstellung von z.B. `sampleNum = VK_SAMPLE_COUNT_16_BIT` würde der Fragment Shader nur für 50%, d.h. in diesem Fall für 8 Subpixel einen Farbwert berechnen und diese Farbwerte auf die restlichen 8 Subpixel in einer vom Vulkan-Treiber abhängigen Weise kopieren. Das spart natürlich auch 50% des Rechenaufwands beim Fragment Shading der Subpixel ein, geht aber auf Kosten der Bildqualität. Bei einem Wert von `multisample.minSampleShading = 1.0f` wird der Fragment Shader für 100%, d.h. für jedes Subpixel einen individuellen Farbwert berechnen, was den höchsten Rechenaufwand, aber auch die beste Bildqualität liefert.

Normalerweise sind bei Vulkan ebenso wie bei OpenGL die genauen Positionen der Subpixel innerhalb der Pixelfläche bei allen Werten von `sampleNum` bis zu `VK_SAMPLE_COUNT_16_BIT` vorab definiert (Bild 13.8). Für größere Werte (`VK_SAMPLE_COUNT_32_BIT`, `VK_SAMPLE_COUNT_64_BIT`) bzw. generell gibt es bei Vulkan aber noch die Möglichkeit im Rahmen einer *Extension*, die genauen Positionen der Subpixel mit Hilfe des Befehls `vkCmdSetSampleLocationsEXT()` festzulegen.

10.2.2.4 Zeitliches Anti-Aliasing

Die bisher betrachteten Aliasing-Effekte sind rein örtliche Phänomene, die durch die Abtastung des Bildsignals in den zwei Raumdimensionen des Bildschirms auftreten. Bei Bewegtbildsequenzen wird allerdings nicht nur örtlich, sondern auch zeitlich abgetastet, da mit der Bildgenerierrate eine Sequenz von „Schnappschüssen" erzeugt wird. Die zeitlichen

Aliasing-Effekte können bei rotierenden Objekten erkannt werden, deren Winkelgeschwindigkeit zunimmt. Ein typisches Beispiel sind die Rotorblätter eines startenden Helicopters, die sich zunehmend schneller drehen. Zu Beginn kann man die Zunahme der Winkelgeschwindigkeit noch einwandfrei erkennen. Wenn jedoch die Winkelgeschwindigkeit so groß ist, dass innerhalb zweier aufeinander folgender Bilder das zweite Rotorblatt an die Stelle des ersten getreten ist, scheinen die Rotorblätter zum Stillstand gekommen zu sein, denn unsere Wahrnehmung kann bei einem rotationssymmetrischen Objekt die einzelnen Drehlagen nicht voneinander unterscheiden (jedes Rotorblatt sieht gleich aus). Bei weiter steigender Winkelgeschwindigkeit wiederholt sich das Ganze wieder von vorne, genau wie bei der örtlichen Abtastung, was durch die Modulo-Funktion in 10.1 ausgedrückt wird. Die

Bild 10.7: „*Motion Blur*", d.h. zeitliches Verschmieren von bewegten Objekten mit Hilfe des „Accumulation Buffers". Dies entspricht einer Tiefpassfilterung bzw. einem Anti-Aliasing in der Zeit.

geeignete Gegenmaßnahme ist natürlich auch hier wieder die Tiefpassfilterung, diesmal allerdings in der zeitlichen Dimension. Als Werkzeug bietet sich ebenfalls der „Accumulation Buffer" an, der in diesem Fall nicht örtlich, sondern zeitlich „verschmierte" Bilder aufsammelt. Dadurch wird quasi eine Filmkamera mit einer längeren Blendenöffnungszeit simuliert, so dass schnell bewegte Objekte eine Art „Kondensstreifen" auf den Einzelbildern nach sich ziehen (Bild 10.7). Für diese zeitliche Verschmierung schnell bewegter Objekte hat sich auch bei uns der englische Fachbegriff „*Motion Blur*" eingebürgert.

Kapitel 11

Nebel und atmosphärische Effekte

11.1 Anwendungen

Computergenerierte Bilder erscheinen oft deswegen unrealistisch, weil sie viel zu „sauber"
sind. In unserer natürlichen Umgebung gibt es dagegen immer eine gewisse Luftverschmutzung durch kleine Staubpartikel oder Wassertröpfchen. Reflektiertes oder abgestrahltes
Licht von Oberflächen wird daher auf seinem Weg durch die Luft an den kleinen Verunrei-
nigungen gestreut oder ganz absorbiert. Diese Dämpfung der Lichtintensität führt zu einer
Verblassung von weiter entfernten Objekten, die für die menschliche Wahrnehmung von
räumlicher Tiefe ein wichtiges Hilfsmittel ist. Abhängig von einer als räumlich konstant
angenommenen Partikelkonzentration in der Luft wird pro Längenstück dz, den das Licht
zurücklegt, ein bestimmter Prozentsatz A der eingestrahlten Lichtintenstät I absorbiert.
Folglich ist die Änderung der Lichtintensität dI/dz proportional zur Partikelkonzentration
bzw. zum Absorptionskoeffizienten A und zur eingestrahlten Lichtintensität I, d.h.

$$\frac{dI}{dz} = -A \cdot I \tag{11.1}$$

Die Lösung dieser Differentialgleichung ergibt das Absorptionsgesetz:

$$I(z) = I_0 \cdot e^{-A \cdot z} \tag{11.2}$$

(11.2) besagt, dass das von einer Oberfläche ausgestrahlte Licht exponentiell mit dem
Abstand z zum Augenpunkt gedämpft wird. Damit lassen sich eine Reihe von atmosphärischen Effekten, wie z.B. Verblassung entfernter Objekte, Dunst, Nebel, Rauch, Luftverschmutzung usw. beschreiben (Bild 11.1-a).

In natürlichen Umgebungen kommt es aber auch häufiger vor, dass man z.B. auf eine
Nebelbank zufährt, d.h. dass man aus einer Position mit geringerer Nebeldichte in eine
Position mit größerer Nebeldichte fährt. Eine solche Situation lässt sich durch eine linear
ansteigende Nebeldichte recht gut beschreiben. In diesem Fall ist (11.1) also durch einen
linearen Faktor z zu ergänzen, d.h.

$$\frac{dI}{dz} = -A \cdot I \cdot z \tag{11.3}$$

© Springer Fachmedien Wiesbaden GmbH, ein Teil von Springer Nature 2019
A. Nischwitz et al., *Computergrafik*,
https://doi.org/10.1007/978-3-658-25384-4_11

Als Lösung dieser Differentialgleichung ergibt sich:

$$I(z) = I_0 \cdot e^{-\frac{A}{2} \cdot z^2} \tag{11.4}$$

(11.4) beschreibt also einen exponentiell quadratischen Abfall der Lichtintensität mit dem Abstand z (Bild 11.1-b).

Weniger physikalisch motiviert, aber in praktischen Anwendungen dennoch relevant ist die lineare Abnahme der Sichtbarkeit einer Oberfläche mit dem Abstand z zum Augenpunkt (Bild 11.1-d):

$$I(z) = I_0(B - C \cdot z) \tag{11.5}$$

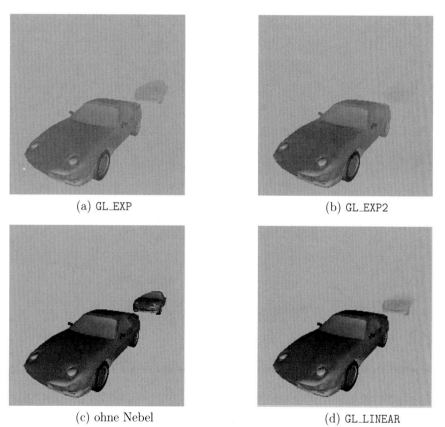

(a) GL_EXP

(b) GL_EXP2

(c) ohne Nebel

(d) GL_LINEAR

Bild 11.1: (a) Exponentielle Nebelfunktion. (b) Exponentiell quadratische Nebelfunktion. (c) Ohne Nebel wird das hintere Auto von der *far clipping plane* durchgeschnitten. (d) Mit linearer Nebelfunktion verschwindet das hintere Auto langsam, die *far clipping plane* wird kaum bemerkt.

Damit kann z.B. das schlagartige Verschwinden oder Erscheinen von Objekten beim Durchgang durch die *far clipping plane* (Bild 11.1-c) kaschiert werden, indem beispielsweise ab einer bestimmten Entfernung ein linear ansteigender Nebel beginnt, der bis zur *far clipping plane* auf 100% ansteigt. Dadurch werden die Objekte zum Ende des sichtbaren Bereichs hin langsam im Nebel verschwinden oder langsam aus dem Nebel auftauchen, so dass die Begrenzung der Sichtweite durch die *far clipping plane* kaum mehr auffällt (Bild 11.1-d). Die durch (11.5) beschriebene lineare Abnahme der Sichtbarkeit entspricht einem hyperbolisch zunehmenden Nebeldichteverlauf.

Eine weitere wichtige Eigenschaft des Nebels ist seine Farbe. Während atmosphärischer Nebel je nach Tageszeit und Bewölkung durch unterschiedlich helle Grautöne dargestellt werden kann, lassen sich mit ungewöhnlichen Nebelfarben verschiedene Blendungseffekte simulieren. Ein hellblauer Nebel kann z.B. dazu dienen, den Blendungseffekt bei der Ausfahrt aus einem längeren dunklen Tunnel zu erzeugen (Bild 11.2), und ein gelber Nebel kann genutzt werden, um Sonnenblendung darzustellen.

Bild 11.2: Simulation des Blendungseffekts bei der Ausfahrt aus einem längeren dunklen Tunnel durch hellblauen Nebel

11.2 Nebel-Implementierung

Die Implementierung von Nebel unterscheidet sich grundlegend zwischen dem OpenGL *„Compatibility Profile"* auf der einen Seite und dem OpenGL *„Core Profile"* sowie Vulkan auf der anderen Seite: während es im OpenGL *„Compatibility Profile"* fest definierte Nebelfunktionen gibt, die mit den `glFog*`-Befehlen aufgerufen werden und nur noch parametrierbar sind, entfallen diese Befehle im OpenGL *„Core Profile"* sowie bei Vulkan vollständig. Dort müssen Nebeleffekte im Vertex und Fragment Shader selbst programmiert werden. Da Shader sowohl im *„Core Profile"* von OpenGL, als auch in Vulkan in der Shadersprache GLSL programmiert werden, unterscheidet sich die Nebel-Implementierung in diesen beiden Fällen nicht (Abschnitt 11.2.2).

11.2.1   Nebel im „*Compatibility Profile*" von OpenGL

In OpenGL werden all die genannten atmosphärischen Effekte unter dem Begriff „Nebel" (*fog*) zusammengefasst. Die Realisierung von Nebel in OpenGL ist an sich recht einfach, sie baut aber auf zwei wesentlichen Voraussetzungen auf:

- Dem z-Buffer (Kapitel 8), der eigentlich für die Verdeckungsrechnung eingeführt wurde und der die Entfernungen (d.h. die z-Werte) zwischen dem Augenpunkt und den Oberflächen für jedes Pixel enthält. Die gespeicherten z-Werte können jetzt für die Nebelberechnung nach (11.2), (11.4) bzw. (11.5) nochmals genutzt werden.

- Der Farbmischung (Kapitel 9), denn der Nebeleffekt wird dadurch realisiert, dass die Objektfarben mit einer festzulegenden Nebelfarbe in Abhängigkeit von der Entfernung gemischt werden.

Der Nebeleffekt wird dadurch realisiert, dass die Farbe $\mathbf{g_i} = (R_i, G_i, B_i, A_i)^T$ eines Pixels im Bildspeicher mit einer festzulegenden Nebelfarbe $\mathbf{g_n} = (R_n, G_n, B_n, A_n)^T$ mit Hilfe eines Nebelfaktors f gemäß der folgenden Formel gemischt wird:

$$\mathbf{g_m} = f \cdot \mathbf{g_i} + (1-f) \cdot \mathbf{g_n} \Longleftrightarrow \begin{pmatrix} R_m \\ G_m \\ B_m \\ A_m \end{pmatrix} = f \cdot \begin{pmatrix} R_i \\ G_i \\ B_i \\ A_i \end{pmatrix} + (1-f) \cdot \begin{pmatrix} R_n \\ G_n \\ B_n \\ A_m \end{pmatrix} \tag{11.6}$$

Der Nebelfaktor f wird standardmäßig für jedes Pixel neu berechnet, und zwar nach einer der folgenden drei Gleichungen, die durch den dahinter stehenden OpenGL-Befehl ausgewählt werden:

$$f = e^{-a \cdot z} \qquad \text{bei } \texttt{glFogi(GL\_FOG\_MODE, GL\_EXP);} \tag{11.7}$$

$$f = e^{-(a \cdot z)^2} \qquad \text{bei } \texttt{glFogi(GL\_FOG\_MODE, GL\_EXP2);} \tag{11.8}$$

$$f = \frac{z_{end} - z}{z_{end} - z_{start}} \qquad \text{bei } \texttt{glFogi(GL\_FOG\_MODE, GL\_LINEAR);} \tag{11.9}$$

Zur Spezifikation der Parameter des Nebels, wie Farbe, Dichte, Koordinaten oder Dämpfungsgleichung dienen im „*Compatibility Profile*" von OpenGL die in der folgenden Tabelle dargestellten Varianten des `glFog*`-Befehls:

Skalar-Form	Vektor-Form
`glFogf(GLenum name, GLfloat param)`	`glFogfv(GLenum name, GLfloat *param)`
`glFogi(GLenum name, GLint param)`	`glFogiv(GLenum name, GLint *param)`

Der erste Parameter, `name`, nimmt einen der sechs möglichen Werte aus der folgenden Tabelle an, und der zweite Parameter, `param`, beschreibt den zu übergebenden Wert:

name	param	Bedeutung
GL_FOG_MODE	GL_EXP	exponentiell abnehmende Sichtbarkeit, d.h. konstante Nebeldichte (11.2).
	GL_EXP2	exponentiell quadratisch abnehmende Sichtbarkeit, d.h. zunehmende Nebeldichte (11.4).
	GL_LINEAR	linear abnehmende Sichtbarkeit, d.h. hyperbolisch zunehmende Nebeldichte (11.5).
GL_FOG_COLOR	$\mathbf{g_n} = (R_n, G_n, B_n, A_n)^T$	Zeiger auf eine Nebelfarbe (nur in der Vektor-Form des Befehls möglich)
GL_FOG_DENSITY	a	Nebeldichte bei exp- und exp2-Funktion
GL_FOG_START	z_{start}	Entfernung, bei der ein linear ansteigender Nebel beginnt
GL_FOG_END	z_{end}	Entfernung, ab der ausschließlich die Farbe des linear ansteigenden Nebels zu sehen ist
GL_FOG_COORDINATE _SOURCE	GL_FRAGMENT_DEPTH	Entfernung (z-Wert) des Fragments vom Augenpunkt, wie sie im z-Buffer steht.
	GL_FOG_COORDINATE	z-Wert des Fragments, linear interpoliert aus den mit glFogCoordfv() an den Vertices festgelegten z-Werten.

Durch den Nebelfaktor f in (11.7) wird eine exponentiell abnehmende Sichtbarkeit realisiert, also genau die in (11.1) und (11.2) dargestellte Situation einer räumlich konstanten Nebeldichte (der Nebeldichtewert a in (11.7) ist identisch mit dem Absorptionskoeffizienten A in (11.2). Der Nebelfaktor f in (11.8) realisiert eine exponentiell quadratisch abnehmende Sichtbarkeit, d.h. die in (11.3) und (11.4) dargestellte Situation einer linear zunehmenden Nebeldichte (es ist zu beachten, dass der Nebeldichtewert a in (11.8) nicht identisch ist mit dem Absorptionskoeffizienten A in (11.4), denn es gilt: $a = \sqrt{A/2}$). Durch (11.9) wird eine linear abnehmende Sichtbarkeit realisiert, d.h. die in (11.5) dargestellte Situation einer hyperbolisch zunehmenden Nebeldichte (die Konstanten B und C in (11.5) ergeben sich aus dem Nebelstart- und -endwert zu: $B = z_{end}/(z_{end} - z_{start})$ bzw. $C = 1/(z_{end} - z_{start})$). In Bild 11.3 ist der typische Verlauf des Nebelfaktors f in Abhängigkeit vom z-Wert dargestellt und darunter jeweils die entsprechende Nebeldichte. Generell gilt für (11.7), (11.8) und (11.9), dass der Betrag des z-Wertes eingeht, so dass die Exponentialfunktionen immer abklingend sind und dass der Nebelfaktor f nach seiner Berechnung auf das Intervall [0,1] eingeschränkt wird.

Wie in OpenGL üblich, muss der Zustand „Nebel" eingeschaltet werden, damit die entsprechenden Berechnungen aktiviert werden. Dafür dient der Befehl:

```
glEnable(GL_FOG);
```

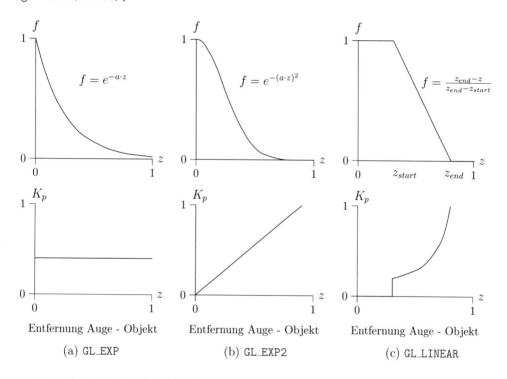

Bild 11.3:   Verlauf des Nebelfaktors f in Abhängigkeit vom z-Wert und darunter jeweils die entsprechende Konzentration der Nebelpartikel K_p (a) exponentielle Nebelfunktion – konstante Nebeldichte (b) exponentiell quadratische Nebelfunktion – linear ansteigende Nebeldichte (c) lineare Nebelfunktion – hyperbolisch ansteigende Nebeldichte

Der relevante Ausschnitt eines Programm-Codes zur Aktivierung der exponentiellen Nebelfunktion mit hellgrauer Farbe könnte folgendermaßen lauten (in Bild 11.1-a ist der entsprechende Nebel-Effekt zu sehen):

```
glEnable(GL_FOG);

GLfloat color[4] = {0.7, 0.7, 0.7, 1.0};

glFogi(GL_FOG_MODE, GL_EXP);
glFogfv(GL_FOG_COLOR, color);
glFogf(GL_FOG_DENSITY, 0.4);
```

```
// Löschfarbe wird auf Nebelfarbe gesetzt
glClearColor(color[0], color[1], color[2], color[3]);
```

Generell sollte die *clear color*, d.h. die Farbe mit der der Bildspeicher zu Beginn eines neuen Bildes initialisiert wird, identisch sein mit der Nebelfarbe, denn sonst würde ein entferntes Objekt z.B. von einem hellgrauen Nebel eingehüllt, während z.B. ein himmelblauer Hintergrund dazu in ungewöhnlichem Kontrast stünde. Der entsprechende Programm-Code für eine lineare Nebelfunktion mit gelber Farbe könnte folgendermaßen lauten:

```
glEnable(GL_FOG);

GLfloat Color[4] = {0.9, 0.9, 0.2, 1.0};

glFogi(GL_FOG_MODE, GL_LINEAR);
glFogfv(GL_FOG_COLOR, Color);
glFogf(GL_FOG_START, 2.5);
glFogf(GL_FOG_END, 10.5);

// Löschfarbe wird auf Nebelfarbe gesetzt
glClearColor(color[0], color[1], color[2], color[3]);
```

11.2.2 Nebel im „*Core Profile*" von OpenGL und bei Vulkan

Im „*Core Profile*" von OpenGL ebenso wie bei Vulkan müssen Nebeleffekte im Vertex und Fragment Shader selbst programmiert werden, da die `glFog*`-Befehle nicht mehr zur Verfügung stehen. Im Gegenzug erhält man allerdings die Möglichkeit, die Algorithmen zur Erzeugung der Nebeleffekte selbst zu gestalten, so dass man nicht mehr auf drei verschiedene Nebelvarianten (linear, exp, exp2) festgelegt ist. Für viele Anwendungen sind diese Nebelvarianten jedoch ausreichend und außerdem eignen sie sich als Ausgangspunkt für die Entwicklung komplexerer Nebelalgorithmen. Deshalb wird im Folgenden die Umsetzung dieser Nebelvarianten in Vertex und Fragment Shadern dargestellt. Da für die Berechnung der Nebelfunktion der z-Wert im Weltkoordinatensystem benötigt wird, muss man im Vertex Shader die entsprechende Transformation durchführen und den vertex-bezogenen z-Wert dann zur linearen Interpolation durch den Rasterizer als „smooth out"-Variable an den Fragment Shader übergeben:

```
// Ergänzungen im Vertex-Programm für Nebel

in vec4 vVertex;              // Vertex-Position in Objektkoordinaten
uniform mat4 MV;              // ModelView-Matrix
smooth out float FogFragCoord;  // zu interpolierender z-Ausgabewert
. . .
// Vertex aus Objekt- in Weltkoordinaten
vec4 Pos = MV * vVertex;
FogFragCoord = abs(Pos.z / Pos.w);
```

Für die lineare Nebelfunktion ist der Fragment Shader in der folgenden Weise zu ergänzen:

```
// Ergänzungen für linearen Nebel im Fragment-Programm
in float fColor;                        // interpolierte Fragmentfarbe
in float FogFragCoord;                  // z-Wert des Fragments
// Uniform-Block für Nebel-Eigenschaften
uniform FogParams{
    vec3 color;
    float density;
    float start;
    float end; } Fog;
out vec4 FragColor;                      // Ausgabewert
. . .

// Berechnung des linearen Nebelfaktors
float fog = (Fog.end - FogFragCoord) / (Fog.end - Fog.start);
// Begrenzung des Nebelfaktors auf den Wertebereich [0,1]
fog = clamp (fog, 0.0, 1.0);
// Mischung zwischen Nebelfarbe und interpolierter Fragmentfarbe
FragColor = vec4( mix( Fog.color, fColor.rgb, fog ), fColor.a );
```

Für die exponentielle bzw. exponentiell quadratische Nebelfunktion muss im Fragment Shader nur die Zeile für die Berechnung des Nebelfaktors folgendermaßen geändert werden:

```
// Berechnung des exponentiellen Nebelfaktors
float fog = exp( -Fog.density * FogFragCoord);

// Berechnung des exponentiell quadratischen Nebelfaktors
float fog = exp( -Fog.density * Fog.density * FogFragCoord * FogFragCoord);
```

11.2.3   Nebel-Koordinaten

Ein gewisses Problem bei der Nebelberechnung stellen transparente Oberflächen dar. Denn für eine korrekte Farbmischung bei transparenten Oberflächen wurde als Lösung der Algorithmus **A9.1** vorgeschlagen, bei dem der z-Buffer für transparente Objekte nicht mehr beschrieben, sondern nur noch gelesen werden kann. Folglich stehen im z-Buffer nicht die korrekten z-Werte für die transparenten Objekte, und die Nebelberechnung, in die der z-Wert des jeweiligen Pixels als wesentliche Größe eingeht, kann nicht mehr richtig funktionieren. Eine Lösung dieses Problems ist seit der Einführung von OpenGL Version 1.4 im Jahre 2002 in Form von sogenannten *fog coordinates* (Nebelkoordinaten) möglich. Jedem Vertex kann programmgesteuert eine Nebelkoordinate zugewiesen werden. Dazu dienen im

„*Compatibility Profile*" von OpenGL die in der folgenden Tabelle dargestellten Varianten des glFogCoord-Befehls:

Skalar-Form
glFogCoordf(GLfloat x,y,z,w)
glFogCoordd(GLdouble x,y,z,w)
Vektor-Form
glFogCoordfv(GLfloat *vec)
glFogCoorddv(GLdouble *vec)

Damit anstatt der z-Werte im Bildspeicher die zugewiesenen Nebelkoordinaten für die Berechnung des Nebelfaktors f verwendet werden, muss die Quelle für die Nebelkoordinaten mit dem Befehl glFogi(GL_FOG_COORDINATE_SOURCE, GL_FOG_COORDINATE) umgesetzt werden. Der Nebelfaktor f, in den die Nebelkoordinaten (d.h. der z-Wert) einfließen, wird für jedes Pixel neu berechnet. Die Nebelkoordinaten sind aber nur an jedem Vertex definiert. Deshalb werden aus den zum jeweiligen Grafik-Primitiv gehörenden vertexbezogenen Nebelkoordinaten durch lineare Interpolation pixelbezogene Nebelkoordinaten berechnet. Erst danach werden die Nebelfaktoren berechnet.

Im „*Core Profile*" von OpenGL und bei Vulkan werden die Nebelkoordinaten einfach als weiteres Vertex Attribut im Rahmen eines „*Vertex Buffer Objects*" (Abschnitt 6.4.4.1) angegeben. Die Auswahl welcher z-Wert für die Berechnung des Nebelfaktors verwendet wird, entweder die vom Benutzer definierten Nebelkoordinaten, oder die z-Werte der Fragmente im Weltkoordinatensystem, trifft man anhand einer vom Benutzer gesetzten binären uniform-Variablen im Vertex Shader:

```
// Ergänzungen im Vertex-Programm für Nebel

in vec4 vVertex;              // Vertex-Position in Objektkoordinaten
in float FogCoord;            // Nebelkoordinate
uniform bool useFogCoord;     // Schalter für Nebelkoordinaten
uniform mat4 MV;              // ModelView-Matrix
smooth out float FogFragCoord; // zu interpolierender z-Ausgabewert
. . .
if(useFogCoord)
    FogFragCoord = FogCoord;
else {
    // Vertex aus Objekt- in Weltkoordinaten
    vec4 Pos = MV * vVertex;
    FogFragCoord = abs(Pos.z / Pos.w);
}
```

Außerdem sind Nebelkoordinaten sehr hilfreich, um komplexere Nebelmodelle berechnen zu können. Ein typisches Phänomen bei realem Nebel ist die Abhängigkeit der Nebeldichte von der Höhe über der Erdoberfläche, wie z.B. bei Bodennebel (*ground fog*, Bild

11.4) oder höheren Nebelschichten (*layered fog*). Diese Abhängigkeit der Nebeldichte von der Höhe über Grund kann in einen Algorithmus einfließen, mit dem die entsprechenden Nebelkoordinaten berechnet und dann explizit gesetzt werden.

Bild 11.4:   Bodennebel: eine Anwendung von Nebelkoordinaten (*fog coordinates*). Quelle: Thomas Bredl.

Kapitel 12

Beleuchtung und Schattierung

Beleuchtung und Schattierung sind wesentliche Elemente, damit computergenerierte Bilder auf einem 2-dimensionalen Bildschirm einen 3-dimensionalen Eindruck beim menschlichen Beobachter hervorrufen. Denn erst durch die Beleuchtung eines Objekts mit einer Lichtquelle und die damit verbundene Abschattung der lichtabgewandten Seiten wird die 3-dimensionale Form des Objekts im Gehirn des Beobachters rekonstruiert. Im Fachjargon nennt man diesen Vorgang „Formwahrnehmung aus Schattierung" (*shape from shading*, [Rama88]). In Bild 12.1-a ist das schon häufig benutzte 3-dimensionale Modell eines Triceratops mit direkter Farbzuweisung (wie in Kapitel 9 erläutert) dargestellt.

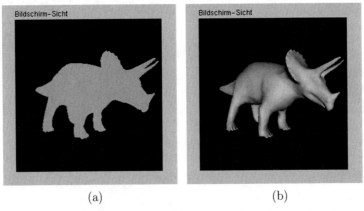

(a) (b)

Bild 12.1: Formwahrnehmung aus Schattierung: (a) Direkte Farbzuweisung mit einer einheitlichen Farbe: das Modell erscheint flach (b) Berechnung der Farben mit Beleuchtung und Schattierung: der Triceratops erscheint 3-dimensional

Da allen Polygonen des Modells die gleiche Farbe zugewiesen wurde, existieren keine Abschattungen, so dass das Modell vollkommen flach, wie bei einem Scherenschnitt erscheint. In Bild 12.1-b ist das geometrisch gleiche Modell mit Beleuchtung und Schat-

© Springer Fachmedien Wiesbaden GmbH, ein Teil von Springer Nature 2019
A. Nischwitz et al., *Computergrafik*,
https://doi.org/10.1007/978-3-658-25384-4_12

tierung gerendert, so dass ein realistischer Eindruck von der 3-dimensionalen Form des Objekts entsteht.

Die Berechnung der Farbwerte für jedes Pixel läuft in zwei Stufen ab: in der ersten Stufe wird aus den Eigenschaften und Anordnungen von Lichtquellen und Oberflächen mit Hilfe einer Beleuchtungsformel für jeden Vertex eines Polygonnetzes ein Farbwert berechnet; in der zweiten Stufe werden aus den vertex-bezogenen Farbwerten mit Hilfe eines Schattierungsverfahrens die Farbwerte für jedes Fragment bzw. jedes Pixel interpoliert. Nun könnte man fragen, wieso man nicht gleich für jedes Pixel die Beleuchtungsformel auswertet. Der Grund liegt im Rechenaufwand: die Beleuchtungsformel ist relativ komplex, die Standard-Schattierungsverfahren (*Flat-* und *Gouraud-shading*) sind sehr einfach. Also führt man die aufwändige Beleuchtungsformel nur an den relativ wenigen Vertices (1.000 - 100.000) durch und benützt für die Berechnung der großen Anzahl an Pixelfarbwerten (∼1.000.000) die schnellen Schattierungsverfahren. In den nächsten beiden Abschnitten werden die verschiedenen Beleuchtungsmodelle und Schattierungsverfahren dargestellt. Das zuletzt vorgestellte Schattierungsverfahren, das sogenannte *Phong-Shading*, weicht von den Standard-Schattierungsverfahren ab, denn in diesem Verfahren werden nur die Normalenvektoren zwischen den Vertices linear interpoliert, die Beleuchtungsformel wird für jedes Pixel berechnet. Mit der neuesten Hard- und Software, auf die im letzten Abschnitt dieses Kapitels eingegangen wird, ist es möglich, *Phong-Shading* in Echtzeit zu realisieren.

12.1   Beleuchtungsmodelle

12.1.1   Physikalische Optik und Näherungen der Computergrafik

Durch Maxwells Theorie des Elektromagnetismus wurde klar, dass Licht nichts anderes ist als elektromagnetische Wellen. Auf der von Planck und Einstein erkannten Tatsache, dass Licht offenbar auch Teilcheneigenschaften besitzt, beruht die Quantentheorie. Es dauerte eine Weile, bis man die Doppelnatur des Lichts, den sogenannten *Welle-Teilchen-Dualismus*, akzeptiert hatte. Um die Ausbreitung von Licht zu beschreiben, ist das Wellenbild zu benutzen, und um die Wechselwirkung von Licht mit Materie zu beschreiben, ist das Teilchenbild adäquat (Bild 12.2-a). Mit der Quantentheorie des Elektromagnetismus (der sogenannten *Quantenelektrodynamik*, QED) lassen sich alle bekannten Aspekte elektromagnetischer Wellen sowohl auf mikroskopischer als auch auf makroskopischer Ebene mit extrem hoher Präzision vorhersagen ([Nach86]). Allerdings sind viele Effekte im Makroskopischen irrelevant oder sehr subtil, so dass in der Interaktiven 3D-Computergrafik weitreichende Näherungen möglich und zur Reduktion des Rechenaufwandes auch nötig sind.

Die folgenden Näherungen werden in nahezu allen Anwendungen der Computergrafik (incl. Ray Tracing und Radiosity-Verfahren) angewendet. Sie entsprechen, bis auf den ersten Punkt, der geometrischen Optik, die eine makroskopische Näherung darstellt. Das bedeutet, dass die geometrische Optik nur gilt, wenn die betrachteten Gegenstände sehr groß im Verhältnis zur Wellenlänge des Lichts sind (Bild 12.2-b).

- In homogenen Medien, in denen der Brechungsindex n konstant ist, breiten sich elektromagnetische Wellen geradlinig aus. Man rechnet daher nicht mit Wellenfunktionen, die die elektrische und magnetische Feldstärke der Welle zu jeder Zeit und an jedem Ort festlegen, sondern einfach mit geraden Lichtstrahlen einer bestimmten Intensität.

- Das kontinuierliche Spektrum von elektromagnetischen Wellenlängen wird an drei Stellen abgetastet: Rot, Grün und Blau. Bei allen Berechnungen wird so getan, als bestünde sichtbares Licht nur aus diesen drei monochromatischen Komponenten. Lichtquellen senden quasi nur bestimmte Anteile dieser drei diskreten Wellenlängen aus, und Oberflächeneigenschaften werden durch je drei Komponenten für die Reflexion bzw. Absorption sowie die Transmission dieser Wellenlängen beschrieben. Die menschliche Wahrnehmung merkt von dieser Vereinfachung fast nichts, da im Auge ebenfalls drei verschiedene Rezeptortypen mit Empfindlichkeitsmaxima im Roten, Grünen und Blauen vorhanden sind (Band II Bild 3.11).

- Typische Wellen-Phänomene auf mikroskopischer Ebene, d.h. wenn die betrachteten Gegenstände in der Größenordnung der Wellenlänge oder darunter liegen, sind Interferenz, Beugung und Polarisation. Diese Effekte werden in der geometrischen Optik und in der Computergrafik generell vernachlässigt. Aus diesem Grund können z.B. die schillernden Farben dünner Schichten, wie z.B. bei einem Ölfilm auf Wasser oder bei Schildpatt, nicht realistisch simuliert werden. Polarisationseffekte, die man sich häufig bei Stereoprojektionen zunutze macht, indem man das Bild für das linke Auge z.B. waagrecht linear polarisiert und das Bild für das rechte Auge senkrecht linear polarisiert, so dass die beiden überlagerten Bilder durch eine Brille mit entsprechenden Polarisationsfolien wieder getrennt werden können, werden ebenfalls vernachlässigt.

- Die Wechselwirkung von Licht mit Materie wird stark vereinfacht. Die im Mikroskopischen zum Teil sehr komplexen Vorgänge der Absorption, Streuung und Emission von Licht durch Materie werden im Makroskopischen durch eine geringe Anzahl an Materialkonstanten und Gesetzen beschrieben. Bei Grenzflächen zwischen transparenten und opaken (undurchsichtigen) Medien benötigt man nur das Reflexionsgesetz und die materialabhängigen Anteile an reflektiertem und absorbiertem Licht. An der Grenzfläche zweier transparenter Medien tritt sowohl Reflexion als auch Brechung des einfallenden Lichts auf. Der vom Einfallswinkel abhängige Anteil an reflektiertem bzw. gebrochenem Licht wird durch die Fresnel'schen Gesetze wiedergegeben. Die Abhängigkeit des Brechungsindex eines Materials von der Wellenlänge des Lichts bezeichnet man als *Dispersion*.

Betrachtet man die Wechselwirkung von Licht mit Materie etwas detaillierter, wird die Situation auch in der geometrischen Optik sehr schnell wieder kompliziert. Im Mikroskopischen regen Photonen, die Lichtteilchen, Atome bzw. deren elektrisch geladene Bestandteile, Elektronen und Protonen, zu Schwingungen an. Liegt die Anregungsfrequenz, d.h. die Lichtwellenlänge, an einer Resonanzfrequenz des Materials, wird das Photon *absorbiert* und

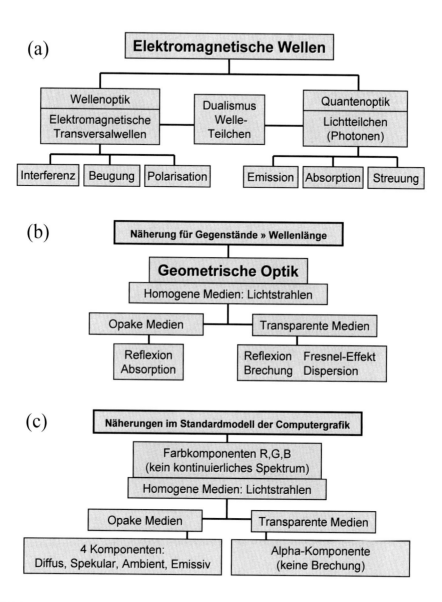

Bild 12.2:   Physikalische Optik und Näherungen: (a) Theorie elektromagnetischer Wellen. (b) Geometrische Optik: Makroskopische Näherung. (c) Licht und Beleuchtung im Standardmodell der Computergrafik.

das Atom wechselt in einen energetisch höheren Zustand. Bei anderen Lichtwellenlängen wird das Photon an den Atomen *gestreut*, d.h. es ändert nur seine Flugrichtung. Jedes Atom an der Oberfläche eines Materials wirkt daher wie ein punktförmiges Streuzentrum. Dies entspricht genau dem Huygen'schen Prinzip der Wellenausbreitung, nach dem in jedem Punkt einer Wellenfront ein Streuzentrum sitzt, von dem aus elementare Kugelwellen ausgehen. Die Überlagerung aller elementaren Kugelwellen ergibt eine neue Wellenfront zu einem späteren Zeitpunkt. Damit lässt sich das Reflexions- und das Brechungsgesetz für ebene, ideal glatte Grenzflächen herleiten ([Lang96]). Für beide Gesetze gilt, dass alle relevanten Vektoren in einer Ebene liegen, der Vektor des einfallenden l, des reflektierten r und des transmittierten Lichts t, sowie der auf der Grenzfläche senkrecht stehende Normalenvektor n. Der Winkel zwischen dem Normalenvektor n und dem Lichtvektor l wird Einfallswinkel α genannt, der Winkel zwischen dem Normalenvektor n und dem Vektor des reflektierten Strahls r wird Reflexionswinkel β genannt, der Winkel zwischen dem negativen Normalenvektor n und dem Vektor des transmittierten Strahls t wird Brechungswinkel γ genannt. Das *Reflexionsgesetz* (12.1) besagt, dass der Einfallswinkel α gleich dem Reflexionswinkel β ist (Bild 12.3-a).

$$\alpha = \beta \tag{12.1}$$

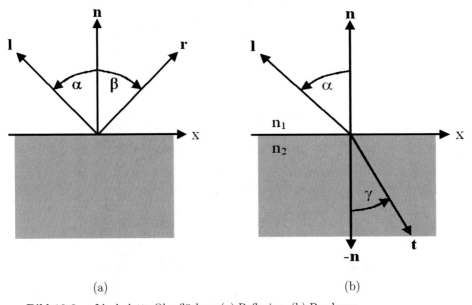

(a)   (b)

Bild 12.3: Ideal glatte Oberflächen: (a) Reflexion. (b) Brechung.
Hinweis: es wird festgelegt, dass der Lichtvektor l von einem Oberflächenpunkt zur Lichtquelle zeigt, d.h. entgegengesetzt zur Ausbreitungsrichtung der Lichtstrahlen.

Das *Brechungsgesetz* (12.2) besagt, dass das Verhältnis zwischen dem Sinus des Ein-
fallswinkels α und dem Sinus des Brechungswinkels γ gleich dem reziproken Verhältnis der
Brechungsindizes n_1 bzw. n_2 der beiden Medien ist (Bild 12.3-b).

$$\frac{\sin \alpha}{\sin \gamma} = \frac{n_2}{n_1} \tag{12.2}$$

Bei der Brechung von Licht wird allerdings auch im Fall ideal glatter Grenzflächen
immer ein gewisser Anteil des Lichts reflektiert (Bild 12.4-a). Je größer der Einfallswinkel
α ist, desto geringer wird der Anteil des gebrochenen Lichts und umso größer wird der
Anteil des reflektierten Lichts (Bild 12.4-b).

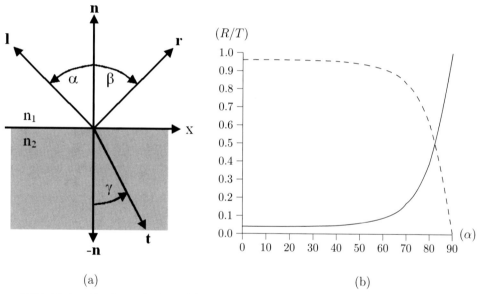

(a)   (b)

Bild 12.4:   Der Fresnel-Effekt: (a) Reflexion und Brechung an einer ideal glatten Oberfläche. (b) Der Anteil des reflektierten (R, durchgezogen) und transmittierten (T, gestrichelt) Lichts in Abhängigkeit vom Einfallswinkel α bei unpolarisiertem Licht und einem
Verhältnis der Brechungsindizes von 1,5.

Dieser sogenannte *Fresnel-Effekt* führt dazu, dass sich selbst hochtransparente Flächen,
von der Seite gesehen, wie Spiegel verhalten. Für eine genaue Betrachtung des Fresnel-
Effekts benötigt man das Wellenbild, denn das Verhältnis zwischen gebrochenem und reflektiertem Licht hängt nicht nur vom Einfallswinkel α ab, sondern auch noch von der Po-
larisationsrichtung des einfallenden Lichts. Als Näherung geht man in der geometrischen
Optik von einem Lichtstrahl mit gleichverteilten Polarisationsrichtungen aus, so dass sich
die beiden *Fresnel'schen Gleichungen* für das Reflexionsvermögen R dielektrischer Mate-

rialien zu einer Gleichung (12.3) zusammen fassen lassen:

$$R = \frac{1}{2} \left(\frac{\sin^2(\gamma - \alpha)}{\sin^2(\gamma + \alpha)} + \frac{\tan^2(\gamma - \alpha)}{\tan^2(\gamma + \alpha)} \right) \tag{12.3}$$

Bei der Brechung von Licht kommt ein weiterer Effekt hinzu, der die Sache noch komplizierter macht: die Dispersion, d.h. die Abhängigkeit des Brechungsindex n von der Wellenlänge λ. Gemäß (12.2) hängt damit auch der Brechungswinkel γ von der Wellenlänge ab. Dieser Effekt ist wohlbekannt und bei der Auffächerung eines weißen Lichtstrahls durch ein Prisma in seine Spektralfarben eindrucksvoll zu beobachten. Für die Computergrafik bedeutet dieser schöne Effekt, falls man ihn simulieren will, den dreifachen Rechenaufwand. Denn fast die gesamte Beleuchtungsrechnung muss für jeden Vertex bzw. für jedes Pixel mit den drei leicht unterschiedlichen Brechungsindizes für Rot, Grün und Blau neu durchgeführt werden. Mit sehr anspruchsvollen *Environment Mapping* Verfahren (Abschnitt 13.4) sowie programmierbaren Pixel-Shadern und der neuesten Grafik-Hardware kann die Kombination aus Dispersion und Fresnel-Effekt bei transparenten Oberflächen mittlerweile in Echtzeit gerendert werden ([Fern03]).

Wie eingangs erwähnt, besitzen die Atome in einem Material mehrere Resonanzfrequenzen, bei denen Photonen mit der entsprechenden Wellenlänge absorbiert werden. Die Lage der Resonanzfrequenzen im Spektrum, also die atomaren Eigenschaften des Materials, bestimmen die wellenlängenabhängigen Koeffizienten für die Absorption $A(\lambda)$ und die Reflexion $R(\lambda)$ von Licht durch Materie. Aus dem Energieerhaltungssatz folgt, dass die Absorptions- und Reflexionskoeffizienten komplementär sein müssen, d.h. $A(\lambda) + R(\lambda) = 1$. Für die Charakterisierung einer Oberflächenfarbe reicht daher die Angabe eines Koeffizienten, z.B. der Reflexionsfunktion $R(\lambda)$, aus. Aufgrund der spektralen Abtastung an den Stellen Rot, Grün und Blau vereinfacht sich die Reflexionsfunktion zu einem 3-komponentigen Vektor $(R_r, R_g, R_b)^T$. Eine Oberfläche erscheint bei Bestrahlung mit weißem Licht, in dem alle Wellenlängen mit gleicher Intensität vertreten sind, z.B. deshalb als Rot, weil die Reflexionskoeffizienten für Grün und Blau (R_g, R_b) klein sind und nur der Reflexionskoeffizient für Rot (R_r) groß ist.

Die bisher beschriebenen Effekte der geometrischen Optik gelten für ideal glatte Oberflächen. Bei realen Oberflächen, die immer eine gewisse Rauigkeit aufweisen, verkompliziert sich die Sache noch einmal erheblich. Denn durch die Unebenheiten einer realen Oberfläche wird ein einfallender Lichtstrahl aufgespalten und in verschiedene Richtungen reflektiert. Trägt man die Anteile des Lichts, die in die verschiedenen Raumrichtungen reflektiert werden, in einer Grafik auf, entsteht ein sogenannter *Leuchtkörper* um die ausgezeichnete ideale Reflexionsrichtung (Bild 12.5-a). Bei einer real spiegelnden Oberfläche ist der Leuchtkörper zigarrenförmig, da der größte Teil des reflektierten Lichts in einen engen Raumwinkelbereich um die ideale Reflexionsrichtung gestreut wird. Je glatter die Oberfläche, desto länger und dünner wird der zigarrenförmige Leuchtkörper, d.h. desto näher kommt die reale Spiegelung der idealen. Dieser real spiegelnde Beleuchtungsanteil wird auch als *spekularer* Anteil bezeichnet.

Auf der anderen Seite der Rauigkeitsskala steht das physikalische Modell der *ideal diffusen Reflexion*. Dieses nach ihrem Erfinder genannte *Lambert'sche Beleuchtungsmodell*,

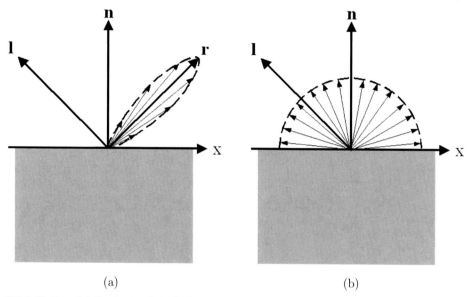

(a)   (b)

Bild 12.5: (a) Real spiegelnde Reflexion: ein gewisser Anteil der reflektierten Strahlen weicht von der idealen Reflexionsrichtung ab. Die Einhüllende aller reflektierten Strahlen stellt einen Schnitt durch den zigarrenförmigen Leuchtkörper dar. (b) Ideal diffuse Reflexion nach Lambert: einfallende Lichtstrahlen werden gleichmäßig in alle Raumrichtungen des oberen Halbraums gestreut. Die Einhüllende aller reflektierten Strahlen stellt einen Schnitt durch den halbkugelförmigen Leuchtkörper dar.

beschreibt die gleichmäßige Streuung eines einfallenden Lichtstrahls in alle Richtungen mit gleicher Intensität. Der zugehörige Leuchtkörper ist in diesem Fall eine Halbkugel (Bild 12.5-b). Real diffuse Oberflächen, die dem Lambert'schen Ideal sehr nahe kommen, sind z.B. Löschblätter oder Puderschichten.

Zigarren- und halbkugelförmige Leuchtkörper, die im Phong-Blinn-Beleuchtungsmodell ([Phon75], [Blin77]) verwendet werden, sind aber selbst wieder nur idealisierte Spezialfälle. Reale Materialien können beliebig geformte Leuchtkörper aufweisen, die auch noch mit dem Einfallswinkel α variieren. Manche Materialien sind auch noch anisotrop, d.h. sie besitzen eine Vorzugsrichtung, wie z.B. gewalztes Stahlblech oder eine gefräste Oberfläche, die Riefen in einer bestimmten Richtung enthält. In diesen Fällen hängt die Form des Leuchtkörpers auch noch vom Azimutwinkel des einfallenden Lichtstrahls θ ab. Im Allgemeinen ist also der Anteil an Lichtintensität, der in eine bestimmte Raumrichtung reflektiert wird, eine Funktion der Richtung und der Wellenlänge des einfallenden Lichtstrahls. Die Reflexionsfunktion R (*Bidirectional Reflectance Distribution Function*, BRDF) hängt also von fünf Variablen ab: den Elevations- und Azimutwinkeln α und θ des einfallenden Strahls, den Elevations- und Azimutwinkeln β und ϕ des reflektierten Strahls, sowie der Wellenlänge λ des Lichts (Bild 12.6).

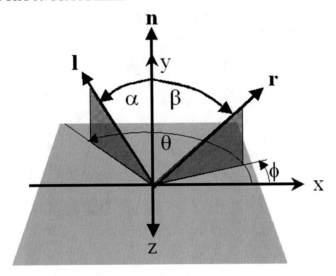

Bild 12.6: Geometrie bei der 3-dimensionalen Beschreibung der Reflexion in der BRDF-Theorie.

Mit einem Leuchtkörper wird die BRDF für eine bestimmte Richtung und Wellenlänge des einfallenden Lichtstrahls visualisiert. Ist die BRDF für ein Material bekannt (z.B. durch Vermessung oder theoretische Herleitung), kann für einen unter bestimmten Winkeln (α, θ) einfallenden Lichtstrahl mit der Intensität I_e die Intensität der in alle Raumrichtungen reflektierten Strahlen I_r berechnet werden:

$$I_r(\beta, \phi, \lambda) = R(\alpha, \beta, \theta, \phi, \lambda) \cdot I_e(\alpha, \theta, \lambda) \cdot \cos(\alpha) \tag{12.4}$$

(12.4) muss wegen der spektralen Abtastung für die Farbkanäle Rot, Grün und Blau drei Mal berechnet werden. Ein einfallender Lichtstrahl aus einer Richtung kann nur von einer Punktlichtquelle stammen. Reale Lichtquellen haben aber immer eine gewisse Ausdehnung, so dass in einem Punkt einer Oberfläche Lichtstrahlen aus allen Raumrichtungen der entsprechenden Hemisphäre eintreffen können. Zur Berechnung der Intensität eines in eine bestimmte Richtung reflektierten Lichtstrahls müssen die Beiträge der einfallenden Lichtstrahlen, die ja aus allen Raumrichtungen der Hemisphäre Ω oberhalb der Fläche stammen, aufintegriert werden. Für ausgedehnte Lichtquellen wird aus (12.4) das folgende Flächenintegral:

$$I_r(\beta, \phi, \lambda) = \int \int_{\Omega} R(\alpha, \beta, \theta, \phi, \lambda) \cdot I_e(\alpha, \theta, \lambda) \cdot \cos(\alpha) \cdot dA(\alpha, \theta) \tag{12.5}$$

Vollkommen analog läuft auch die Beschreibung der Transmission von realen, d.h. rauen Oberflächen. Auch in diesem Fall entsteht ein in der Regel zigarrenförmiger Leuchtkörper um die ausgezeichnete ideale Brechungsrichtung (Bild 12.7). Die Transmission beliebiger Materialien wird durch eine Transmissionsfunktion $T(\alpha, \beta, \theta, \phi, \lambda)$, die sogenannte BTDF (*Bidirectional Transmission Distribution Function*) beschrieben. Eine ausführlichere Darstellung der BRDF-/BTDF-Theorie und ihrer Anwendung in der Computergrafik ist in ([Rusi97]) und ([Aken18]) zu finden.

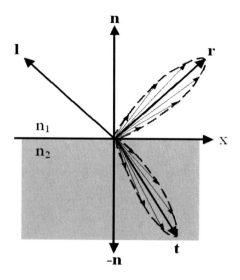

Bild 12.7:   Reale Transmission und reale spiegelnde Reflexion: ein gewisser Anteil der transmittierten bzw. reflektierten Strahlen weicht von der idealen Transmissions- bzw. Reflexionsrichtung ab. Die Einhüllende aller transmittierten bzw. reflektierten Strahlen stellt einen Schnitt durch einen zigarrenförmigen Leuchtkörper dar.

Die Emission von Licht durch Materie wird ebenfalls vereinfacht modelliert. Nach dem Plank'schen Strahlungsgesetz emittiert ein idealer schwarzer Körper abhängig von seiner Temperatur ein kontinuierliches Spektrum elektromagnetischer Wellen. Reale Materialien besitzen ein charakteristisches Emissionsspektrum mit verschiedenen Maxima. Die Emissionsmaxima befinden sich bei den Resonanzfrequenzen des Materials, d.h. genau an den Stellen, an denen auch Absorptionsmaxima auftreten. Außerdem existiert bei realen Materialien auch eine richtungsabhängige Abstrahlcharakteristik. Ein Extrembeispiel ist ein Laser, der nur Licht einer Wellenlänge in einen sehr engen Raumwinkelbereich abstrahlt. Wie bereits erwähnt, nähert man in der Computergrafik die kontinuierlichen Emissionsspektren durch drei Koeffizienten für Rot, Grün und Blau an. Die richtungsabhängige Abstrahlcharakteristik wird durch das Modell des Lambert'schen Strahlers ersetzt, der in alle Richtungen des entsprechenden Halbraums die gleiche Lichtintensität ausstrahlt.

12.1.2 Lokale und globale Beleuchtungsmodelle

Trotz aller Vereinfachungen ist die Theorie der geometrischen Optik in der Anwendung auf reale Situationen immer noch extrem komplex: ein konstanter Fluss von Lichtstrahlen aus einer Quelle wird an den Oberflächen einer Szene teilweise absorbiert, in verschiedenste Richtungen reflektiert oder gebrochen. Das heißt, es senden natürlich nicht nur Lichtquellen Licht aus, sondern alle Oberflächen einer Szene. In diesem Punkt unterscheiden sich die lokalen von den globalen Beleuchtungsmodellen. Die lokalen Beleuchtungsmodelle berücksichtigen ausschließlich das Licht von *punktförmigen* Lichtquellen, d.h. sie berechnen die Farbe an jedem Punkt einer Oberfläche mit einer Gleichung vom Typ (12.4). Globale Beleuchtungsmodelle berechnen das Licht, das vom Punkt einer Oberfläche abgestrahlt wird, indem sie das einfallende Licht aus allen Raumrichtungen miteinbeziehen, also sowohl das Licht *ausgedehnter* Lichtquellen, als auch das von anderen Oberflächen reflektierte oder transmittierte Licht. D.h. sie berechnen die Farbe an jedem Punkt einer Oberfläche mit einer Integralformel vom Typ (12.5). Da die Integralformel letztlich numerisch gelöst werden muss, verursachen globale Beleuchtungsmodelle einen um Größenordnungen höheren Rechenaufwand als lokale. Aus diesem Grund wird in der interaktiven 3D-Computergrafik bisher meist ein lokales Beleuchtungsmodell verwendet, das im nächsten Abschnitt vorgestellt wird. Echtzeitfähige globale Beleuchtungsmodelle, die derzeit Gegenstand aktueller Forschungen sind ([Aken18]), bedürfen starker Vereinfachungen und benötigen dennoch hohe Rechenleistungen.

An dieser Stelle werden nur die Grundideen der beiden Klassen von globalen Beleuchtungsmodellen, den *Ray Tracing*- und den *Radiosity*-Verfahren, erläutert. Eine ausführliche Darstellung aller Varianten und Kombinationen dieser Verfahren findet man in [Watt02]. Aus Aufwandsgründen berücksichtigen diese beiden globalen Beleuchtungsverfahren aber auch wieder nur einen Teil der globalen Wechselwirkung: Ray Tracing beschränkt sich auf ideal glatte Oberflächen, Radiosity auf ideal diffuse Oberflächen.

Der Ray Tracing Algorithmus verfolgt für jedes zu berechnende Pixel den Lichtstrahl rückwärts vom Augenpunkt aus durch dieses Pixel in die Szene zurück, bis er auf ein Objekt trifft. Dies ist der sogenannte *Primärstrahl* (Bild 12.8). Nun tritt der hybride Charakter des Ray Tracing zu Tage: zunächst wird für diesen Punkt ein lokales Beleuchtungsmodell berechnet, in dem nur Punktlichtquellen I_{10} und die spekularen und diffusen Anteile der Oberfläche berücksichtigt werden, wobei allerdings getestet wird, ob der Strahl vom Oberflächenpunkt zur den Punktlichtquellen I_{10} durch andere Objekte dazwischen blockiert wird, was zur Folge hätte, dass der Oberflächenpunkt im Schatten der Lichtquelle I_{10} läge (daher wird dieser *Sekundärstrahl* auch als *Schattenfühler* bezeichnet); anschließend wird das globale Beleuchtungsmodell für ideal glatte Oberflächen berechnet, d.h. nach (12.1) und (12.2) wird die Richtung eines reflektierten $\mathbf{r}_{10}$ und eines gebrochenen Strahls $\mathbf{t}_{10}$ berechnet, um herauszufinden, ob die Lichtstrahlen anderer Oberflächen einen Beitrag (nach dem lokalen Modell) zur Beleuchtung liefern. Dies sind neben den Schattenfühlern die beiden weiteren *Sekundärstrahlen*. Nun kann auch an den sekundären Oberflächenpunkten wieder das globale Beleuchtungsmodell angewendet werden, so dass ein rekursives Strahlverfolgungsverfahren entsteht, dessen Rechenaufwand explodiert. Als Abbruchkriterien ver-

wendet werden daher die Rekursionstiefe, ein vorher festgelegter Mindestwert an Strahl-
intensität, oder wenn der Strahl die Szene verlässt bzw. auf eine ideal diffuse Oberfläche
trifft. Prinzipbedingt liefert das Ray Tracing zwei wesentliche Vorteile gegenüber einem
rein lokalen Beleuchtungsmodell: man erhält korrekte Objektspiegelungen und Schatten,
da Lichtquellen durch dazwischen liegende Objekte verdeckt werden können. Andererseits
sind durch die Beschränkung auf ideal glatte Oberflächen auch Nachteile verbunden: Ray
Tracing Bilder sind immer als solche erkennbar, denn Beleuchtungsübergänge erscheinen
unnatürlich hart.

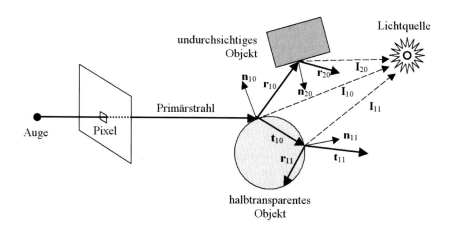

Bild 12.8:   Das Prinzip des Ray Tracing

Bei der Radiosity-Methode werden nicht einzelne Strahlen verfolgt, sondern es wird der
Strahlungsaustausch zwischen ideal diffusen Oberflächenstücken (Patches oder Polygone)
berechnet. Von jedem Flächenelement i in einer Szene geht ein konstanter Lichtstrom L_i
(*radiosity*) aus, der sich zusammensetzt aus einem emittierten Lichtstrom E_i (falls das
Flächenelement eine Lichtquelle ist) und einem reflektierten Lichtstrom L_r. Der reflektierte Lichtstrom berechnet sich aus der Summe aller einfallenden Lichtströme von den
anderen Flächenelementen gewichtet mit dem Reflexionskoeffizienten der Oberfläche R_i.
Der Beitrag eines anderen Flächenelements j zum einfallenden Lichtstrom ist einfach dessen Lichtstrom L_j gewichtet mit einem Formfaktor F_{ji}, der sich aus der geometrischen
Anordnung der beiden Flächenelemente zueinander ergibt. Zusammengefasst heißt das:

$$L_i = E_i + R_i \cdot \sum_{j=1}^{n} F_{ji} \cdot L_j \tag{12.6}$$

Bei n Flächenelementen muss man also ein System aus n gekoppelten Gleichungen vom Typ
(12.6) lösen. Diese ziemlich rechenaufwändige Lösung ist blickwinkelunabhängig. Um eine

Ansicht aus einem bestimmten Blickwinkel zu bekommen, benötigt man in einem zweiten Schritt noch ein konventionelles Rendering-Verfahren, in dem eine bestimmte Projektion der Radiosity-Lösung dargestellt wird. Man kann sich daher durch eine statische Szene bewegen, ohne den aufwändigen ersten Schritt, die Lösung des Radiosity-Gleichungssystems, jedes Mal neu berechnen zu müssen. Radiosity-Verfahren sind ideal geeignet, um Innenraumszenen in gedämpftem Licht realistisch darzustellen, denn hier überwiegt der diffus reflektierende Charakter von Oberflächen, so dass sanfte Beleuchtungsübergänge entstehen. Wegen der Beschränkung auf ideal diffuse Reflexionen können mit der Radiosity-Methode keine spiegelnden Oberflächeneigenschaften dargestellt werden. Da die Vor- und Nachteile des Ray Tracings und der Radiosity-Verfahren komplementär sind, werden sie im Rahmen neuerer Mehr-Wege-Methoden kombiniert.

Durch Anwendung moderner Textur-Mapping-Techniken (Kapitel 13 und 14), wie dem *Cube Map Environment Mapping*, dem *Shadow Mapping* oder *projektiven Lichttexturen*, können die Effekte von globalen Beleuchtungsmodellen, wie Spiegelung der Umgebung, Schattenwurf oder auch weiche Beleuchtungsübergänge, sehr häufig in akzeptabler Näherung erzeugt werden.

12.1.3 Das Phong-Blinn-Beleuchtungsmodell

Die Näherungen der geometrischen Optik gegenüber der mikroskopischen physikalischen Theorie elektromagnetischer Wellen sind für die interaktive 3D-Computergrafik immer noch viel zu rechenaufwändig. Um trotzdem attraktive Bilder in der interaktiven 3D-Computergrafik erzeugen zu können, kommen die folgenden weiteren drastischen Vereinfachungen gegenüber der geometrischen Optik zur Anwendung (Bild 12.2-c):

- Es wird ein lokales Beleuchtungsmodell angewendet, bei dem ausschließlich die Beiträge von punktförmigen Lichtquellen in die Berechnung einfließen. Globale Beleuchtungseffekte, d.h. indirektes Licht, das von anderen Oberflächen reflektiert oder transmittiert wird, werden vernachlässigt. Das Streulicht anderer Oberflächen wird nur durch einen primitiven *ambienten* Term berücksichtigt (Abschnitt 12.1.3.1).

- Das lokale Beleuchtungsmodell berücksichtigt keine Verdeckung von Lichtquellen durch andere Objekte. D.h. es gibt keinen Schattenwurf.

- Das kontinuierliche Spektrum von elektromagnetischen Wellenlängen wird an drei Stellen abgetastet: Rot, Grün und Blau. Diese Vereinfachung gegenüber der geometrischen Optik, die auch schon bei den komplexen globalen Beleuchtungsmodellen zur Anwendung kommt, wird in der interaktiven 3D-Computergrafik unverändert übernommen.

- Atmosphärische Effekte wie die Verblassung und Verblauung von entfernten Objekten, Luftspiegelungen oder der emissive Strahlungsanteil der Luft bleiben in der Beleuchtungsrechnung unberücksichtigt. Ein Teil dieser Effekte wird allenfalls durch Nebel angenähert (Kapitel 11).

- Tranzparenz wird bei der Beleuchtungsrechnung vollkommen vernachlässigt. Erst im Rahmen der in Kapitel 9 beschriebenen Farbmischung (dem *Alpha-Blending*) kann durch Zuordnung eines skalaren Alpha-Werts Transparenz simuliert werden. Das Alpha-Blending kann erst nach der Beleuchtung und Schattierung aller Oberflächen durchgeführt werden. Brechungseffekte und somit auch Dispersion und Fresnel-Effekt bleiben dabei allerdings unberücksichtigt. Erst durch moderne *Cube Map Environment Mapping* Techniken lassen sich diese Effekte mit Einschränkungen in Echtzeit realisieren (Abschnitt 13.4.2).

- Reale Reflexion und Absorption an undurchsichtigen Materialien, die man in der geometrischen Optik durch 5-dimensionale Reflexionsfunktionen $R(\alpha, \beta, \theta, \phi, \lambda)$ (BRDF-Theorie) annähert, werden ersetzt durch eine gewichtete Kombination aus ideal diffuser Reflexion nach Lambert und eingeschränkter real spiegelnder (spekularer) Komponente nach Phong [Phon75].
  Vorsicht: das Phongsche Beleuchtungsmodell darf nicht verwechselt werden mit dem ebenfalls von Phong stammenden Schattierungsverfahren (Abschnitt 12.2.3).

- Die Emission von Licht wird durch zwei strikt getrennte Methoden realisiert:

  – durch punktförmige Lichtquellen, die ausschließlich andere Oberflächen beleuchten, aber selbst nicht sichtbar sind,

  – oder durch Oberflächen, die als Lambertsche Strahler selbst leuchten und daher auch ohne Lichtquelle sichtbar sind, die aber keine anderen Oberflächen beleuchten.

Nun, da man sich im Klaren sein sollte hinsichtlich der Einschränkungen und Näherungen des Phong-Blinn-Beleuchtungsmodells, werden im Folgenden dessen Komponenten und die Programmierung in OpenGL bzw. Vulkan erläutert.

12.1.3.1   Die Beleuchtungskomponenten: emissiv, ambient, diffus und spekular

Das Phong-Blinn-Beleuchtungsmodell enthält vier Komponenten, die unabhängig voneinander berechnet werden:

- die *emissive* Komponente, die den selbstleuchtenden Farbanteil einer Oberfläche darstellt,

- die *ambiente* Komponente, die den Anteil des ungerichteten Streulichts und somit den Ersatz für die globalen Beleuchtungskomponenten darstellt,

- die *diffuse* Komponente, die den Anteil des gerichteten Lichts von einer Punktlichtquelle darstellt, das von einer ideal diffusen Oberfläche in alle Richtungen gleichmäßig gestreut wird (Lambert'sches Beleuchtungsmodell),

- die *spekulare* Komponente, die den Anteil des gerichteten Lichts von einer Punktlichtquelle darstellt, das von einer real spiegelnden Oberfläche hauptsächlich in Richtung
des idealen Reflexionswinkels gestreut wird (Phongsches Beleuchtungsmodell).

Die Summe dieser vier Beleuchtungskomponenten ergibt die Vertexfarbe:

$$\text{Vertexfarbe} = \text{emissiv} + \text{ambient} + \text{diffus} + \text{spekular} \tag{12.7}$$

Die Berechnung des *emissiven*, d.h. selbstleuchtenden Lichtanteils ist extrem einfach.
Da keine Lichtquelle nötig ist, sondern die Oberfläche selbst nach dem Lambert'schen
Modell Lichtstrahlen gleichverteilt in alle Richtungen des Halbraums oberhalb der Fläche
aussendet (Bild 12.9), wird der emissive Lichtanteil allein durch die emissiven Eigenschaften
des Materials festgelegt:

$$\text{emissiv} = \mathbf{e}_{mat} = \begin{pmatrix} R_{\mathbf{e}_{mat}} \\ G_{\mathbf{e}_{mat}} \\ B_{\mathbf{e}_{mat}} \\ A_{\mathbf{e}_{mat}} \end{pmatrix} \tag{12.8}$$

Die vierte Komponente, d.h. die Alpha-Komponente, spielt in der Beleuchtung keine Rolle,
sie wird nur aus Konsistenzgründen mitgeschleift. Beispiele für den Einsatz des emissi-

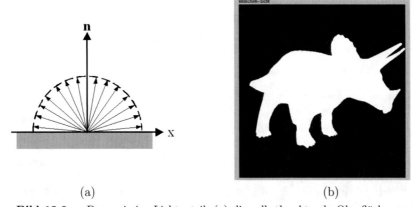

(a)   (b)

Bild 12.9:   Der emissive Lichtanteil: (a) die selbstleuchtende Oberfläche sendet Licht
gleichmäßig in alle Richtungen aus. (b) das 3-dimensionale Modell Triceratops erscheint
flach, da es ausschließlich mit einem emissiven Lichtanteil gerendert wurde und daher keine
Abschattungen entstehen.

ven Beleuchtungsanteils in der Interaktiven 3D-Computergrafik sind Verkehrsampeln oder
Leuchtreklame, deren Lichtzeichen unabhängig von der Tageszeit (d.h. einer Lichtquelle)
immer sichtbar sind, sowie nachts leuchtende Fensterscheiben, die eine Innenraumbeleuch-
tung simulieren. Es ist zu beachten, dass emissive Oberflächen in diesem Modell keine
anderen Oberflächen beleuchten.

Die Berechnung des *ambienten* Lichtanteils ist ebenfalls sehr einfach. Der ambiente Lichtanteil ist ein extrem vereinfachter Ersatz für die globalen Beleuchtungsanteile, also für das von Lichtquellen stammende Licht, das nicht direkt auf eine Oberfläche fällt, sondern zuerst von anderen Oberflächen gestreut wird. Die Idealisierung besteht jetzt darin, dass man den gesamten Raum, der die beleuchtete Szene umgibt, als ideal diffus reflektierend annimmt. In diesem Fall trifft aus allen Raumrichtungen die gleiche Intensität an Streulicht ein, d.h. die Position der Lichtquelle ist irrelevant. Die Farbe der (gedachten) Oberflächen, die das Streulicht reflektieren, wird durch eine ambiente Lichtquellenfarbe ersetzt, die unabhängig von der diffusen und spekularen Lichtquellenfarbe festgelegt werden kann. Im Gegensatz zum emissiven Lichtanteil ist also beim ambienten Anteil eine Lichtquelle nötig, damit überhaupt Streulicht vorhanden ist. Dieses ungerichtete Streulicht wird an der betrachteten Oberfläche wieder nach dem Lambert'schen Modell gleichmäßig in alle Richtungen ausgesendet (Bild 12.10-a). Der ambiente Lichtanteil wird folglich durch die ambienten Eigenschaften der Lichtquelle $\mathbf{a}_{light}$ und des Materials $\mathbf{a}_{mat}$ festgelegt (die Operation $*$ bedeutet hier komponentenweise Multiplikation der vier Farbanteile):

$$\text{ambient} = \mathbf{a}_{light} * \mathbf{a}_{mat} = \begin{pmatrix} R_{a_{light}} \\ G_{a_{light}} \\ B_{a_{light}} \\ A_{a_{light}} \end{pmatrix} * \begin{pmatrix} R_{a_{mat}} \\ G_{a_{mat}} \\ B_{a_{mat}} \\ A_{a_{mat}} \end{pmatrix} = \begin{pmatrix} R_{a_{light}} \cdot R_{a_{mat}} \\ G_{a_{light}} \cdot G_{a_{mat}} \\ B_{a_{light}} \cdot B_{a_{mat}} \\ A_{a_{light}} \cdot A_{a_{mat}} \end{pmatrix} \quad (12.9)$$

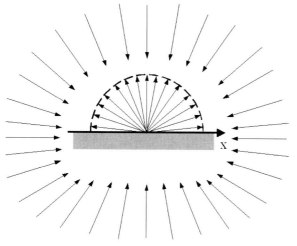

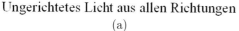

Ungerichtetes Licht aus allen Richtungen

(a)   (b)

Bild 12.10:   Der ambiente Lichtanteil: (a) das aus allen Richtungen eintreffende Licht wird an der Oberfläche gleichmäßig in alle Richtungen gestreut. (b) das 3-dimensionale Modell Triceratops erscheint flach, da es ausschließlich mit einem ambienten Lichtanteil gerendert wurde und daher keine Abschattungen entstehen.

Ein geringer Anteil der ambienten Beleuchtung wird in nahezu jeder Situation eingesetzt, um den Anteil des ungerichteten Streulichts zu simulieren. Ohne diesen Anteil wären abgeschattete Oberflächen vollkommen schwarz, d.h. überhaupt nicht sichtbar, was sehr unnatürlich wirkt. Ein 3-dimensionales Modell, das ausschließlich mit einem ambienten Lichtanteil gerendert wird, erscheint, ebenso wie beim emissiven Lichtanteil, vollkommen flach, da es keine Abschattungen und daher auch keine Anhaltspunkte für die 3D-Formwahrnehmung gibt (Bild 12.10-b).

Die Berechnung des *diffusen* Lichtanteils ist schon deutlich komplizierter. Der diffuse Anteil ist das gerichtete Licht, das von einer Punktlichtquelle aus einer einzigen Richtung kommt und ideal diffus reflektiert wird. Falls die Lichtquelle sehr weit entfernt ist, wie z.B. die Sonne, kommen die Lichtstrahlen praktisch parallel an. Der Vektor vom Vertex zur Lichtquelle heißt Lichtvektor $\mathbf{l}$. Die von einer Lichtquelle auf ein Oberflächenstück A einfallende Lichtintensität hängt von der Orientierung der Oberfläche zur Lichtquelle ab. Bei senkrecht einfallendem Licht wird die maximale Lichtintensität auf die Oberfläche eingestrahlt, je flacher der Einfallswinkel ist, desto niedriger wird die eingestrahlte Lichtintensität. Nur der aus Sicht der Lichtquelle effektive Flächeninhalt des Oberflächenstücks $A_\perp$, d.h. die Projektion des Oberflächenstücks auf eine Fläche senkrecht zum Lichtvektor $\mathbf{l}$, wird mit voller Intensität beleuchtet (Bild 12.11-a). Falls der auf der Oberfläche senkrecht stehende Normalenvektor $\mathbf{n}$ und der Lichtvektor $\mathbf{l}$ Einheitsvektoren sind, dann gilt für die projizierte Fläche $A_\perp = A \cdot (\mathbf{l} \cdot \mathbf{n}) = A \cdot |\mathbf{l}| \cdot |\mathbf{n}| \cdot \cos(\alpha) = A \cdot \cos(\alpha)$, wobei der Einfallswinkel α der Winkel zwischen dem Normalenvektor $\mathbf{n}$ und dem Lichtvektor $\mathbf{l}$ ist. Das einfallende Licht wird nach dem Lambert'schen Beleuchtungsmodell ideal diffus reflektiert, d.h. gleichverteilt in alle Richtungen (Bild 12.11-b). Damit ist die reflektierte diffuse Lichtintensität nur abhängig von der Position und der Farbe der Lichtquelle und der Orientierung sowie den Reflexionseigenschaften der Oberfläche, aber unabhängig von der Position des Beobachters:

$$\text{diffus} = \max(\mathbf{l} \cdot \mathbf{n}, 0) \cdot \mathbf{d_{light}} * \mathbf{d_{mat}} = \max(\mathbf{l} \cdot \mathbf{n}, 0) \begin{pmatrix} R_{\mathbf{d_{light}}} \cdot R_{\mathbf{d_{mat}}} \\ G_{\mathbf{d_{light}}} \cdot G_{\mathbf{d_{mat}}} \\ B_{\mathbf{d_{light}}} \cdot B_{\mathbf{d_{mat}}} \\ A_{\mathbf{d_{light}}} \cdot A_{\mathbf{d_{mat}}} \end{pmatrix} \quad (12.10)$$

Nur die Oberflächen, die der Lichtquelle zugewandt sind, können überhaupt beleuchtet werden. Das heißt nur Lichtstrahlen mit einem Einfallswinkel aus dem Intervall $[+90°, -90°]$ dürfen einen Beitrag zur Beleuchtung liefern. Um zu verhindern, dass Lichtstrahlen, die auf die Rückseite einer Oberfläche treffen, einen Beleuchtungsbeitrag liefern, müssen negative Werte des Skalarprodukts $\mathbf{l} \cdot \mathbf{n}$ unterdrückt werden. Dies wird mit der Maximum-Funktion $\max(\mathbf{l} \cdot \mathbf{n}, 0)$ erreicht.

Praktisch jede Oberfläche reflektiert einen mehr oder weniger großen Teil des aus einer bestimmten Richtung kommenden Lichts diffus nach dem Lambert'schen Beleuchtungsmodell. Der diffuse Beleuchtungsanteil ist in den meisten Fällen der dominante Anteil und bestimmt somit das Aussehen der Objekte. Erst durch die diffuse Beleuchtung werden Flächen, die nicht senkrecht zur Lichtquelle ausgerichtet sind, dunkler, so dass 3D-Formwahrnehmung möglich wird (Bild 12.11-c).

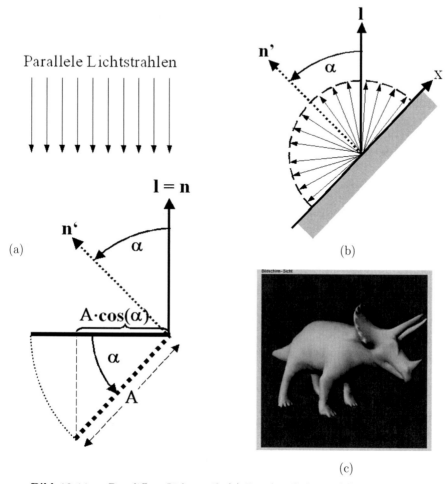

Bild 12.11:   Der diffuse Lichtanteil: (a) Der Anteil des einfallenden Lichts hängt von der effektiven Oberfläche aus Sicht der Lichtquelle ab. (b) Das aus einer einzigen Richtung eintreffende Licht wird an der Oberfläche gleichmäßig in alle Richtungen gestreut. (c) Die diffuse Lichtkomponente erzeugt einen 3-dimensionalen Eindruck des Modells, da Flächen, deren Normalenvektoren nicht zur Lichtquelle ausgerichtet sind, dunkler erscheinen.

Die Berechnung des *spekularen* Lichtanteils ist von allen Vieren der aufwändigste. Der spekulare (spiegelnde) Anteil ist das gerichtete Licht, das von einer Punktlichtquelle aus einer einzigen Richtung kommt und überwiegend in eine Vorzugsrichtung reflektiert wird (Bild 12.12-a). Bei diesem nach Phong [Phon75] benannten Beleuchtungsterm wird die größte Lichtintensität in der idealen Reflexionsrichtung **r** abgestrahlt. Je größer der Winkel Ψ zwischen dem ideal reflektierten Lichtstrahl **r** und dem Augenpunktsvektor **a** wird, desto kleiner ist die in Richtung Augenpunkt gespiegelte Lichtintensität (Bild 12.12-b). Der Abfall der reflektierten Intensität mit der Abweichung Ψ der Betrachtungsrichtung von der idealen Reflexionsrichtung wird durch den Term $(\cos(\Psi))^S$ modelliert (Bild 12.12-c). Der Exponent S wird *Spiegelungsexponent* bzw. *Shininess*-Faktor genannt. Große Werte von S (z.B. 50-100) lassen eine Oberfläche sehr glatt erscheinen, denn Licht wird fast nur in der idealen Reflexionsrichtung $\mathbf{r}$ abgestrahlt. Die Zigarrenform des Leuchtkörpers wird zur Bleistiftform und das Abbild der Lichtquelle auf der spiegelnden Oberfläche, das sogenannte *Glanzlicht* (*specular highlight*), wird punktförmig klein. Kleine Werte von S (z.B. 5-10) lassen eine Oberfläche relativ matt erscheinen, denn ein erheblicher Anteil des Lichts wird in stark von $\mathbf{r}$ abweichende Richtungen abgestrahlt. Die Zigarrenform des Leuchtkörpers wird zur Eiform und die Glanzlichter werden immer ausgedehnter (Bild 12.12-d). Da die Berechnung des Reflexionsvektors $\mathbf{r}$ aus dem Lichtvektor $\mathbf{l}$ und dem Normalenvektor $\mathbf{n}$ relativ aufwändig ist ($\mathbf{r} = 2(\mathbf{l} \cdot \mathbf{n}) \cdot \mathbf{n} - \mathbf{l}$), wurde stattdessen der sogenannte *Halfway*-Vektor $\mathbf{h} = (\mathbf{l} + \mathbf{a})/|\mathbf{l} + \mathbf{a}|$ durch Blinn [Blin77] eingeführt. Statt dem Kosinus des Winkels Ψ zwischen den Vektoren $\mathbf{r}$ und $\mathbf{a}$ wird der Kosinus des Winkels Δ zwischen den Vektoren $\mathbf{h}$ und $\mathbf{n}$ benutzt (Bild 12.12-b). Für kleine Winkel ist $\Delta \approx \Psi$, so dass die Näherung gerechtfertig ist, für große Winkel kann $(\cos(\Delta))^S$ positiv sein, obwohl der Lichtvektor $\mathbf{l}$ bereits die Rückseite der Oberfläche bestrahlt. Daher sollte ein möglicher Beitrag des spekularen Lichtanteils vom Vorzeichen des in (12.10) bereits berechneten Skalarprodukts ($\mathbf{l} \cdot \mathbf{n}$) abhängig gemacht werden. Da die Auswirkungen der Approximation durch den Halfway-Vektor im Großen und Ganzen aber kaum erkennbar sind, wird sie aus Geschwindigkeitsgründen gerne verwendet. Insgesamt ist die reflektierte spekulare Lichtintensität abhängig von der Position und der Farbe der Lichtquelle, der Orientierung sowie den Reflexionseigenschaften der Oberfläche und der Position des Beobachters:

$$\text{spekular} = (\max(\mathbf{h} \cdot \mathbf{n}, \mathbf{0}))^{\mathbf{S}} \cdot \mathbf{s_{light}} * \mathbf{s_{mat}} = (\max(\mathbf{h} \cdot \mathbf{n}, \mathbf{0}))^{\mathbf{S}} \begin{pmatrix} R_{s_{light}} \cdot R_{s_{mat}} \\ G_{s_{light}} \cdot G_{s_{mat}} \\ B_{s_{light}} \cdot B_{s_{mat}} \\ A_{s_{light}} \cdot A_{s_{mat}} \end{pmatrix} \quad (12.11)$$

Eine berechtigte Frage an dieser Stelle wäre, wieso man die spekularen Materialeigenschaften ($\mathbf{s}_{mat}$) unabhängig von den diffusen Materialeigenschaften ($\mathbf{d}_{mat}$) wählen kann. Die reflektierende Oberfläche ist doch in beiden Fällen die gleiche. Der Grund liegt in den für verschiedene Materialien unterschiedlichen mikroskopischen Prozessen der Absorption und Reflexion von Licht. Poliertes Plastik besteht z.B. aus einem weißen Substrat, das farbige Pigmentpartikel enthält. Der spekulare Lichtanteil bleibt in diesem Fall weiß, da das Licht direkt an der Oberfläche gespiegelt wird. Der diffuse Anteil stammt von Licht, das in die Oberfläche eingedrungen ist, von den farbigen Pigmentpartikeln diffus reflektiert wurde und dann wieder durch die Oberfläche in alle Richtungen austritt. Metalle dagegen lassen aufgrund ihrer guten elektrischen Leitfähigkeit elektromagnetische Wellen kaum in ihre Oberfläche eindringen, so dass der diffuse Lichtanteil relativ gering ist. Da bestimmte Wellenlängenbereiche, je nach Energiebänderstruktur, stark absorbiert werden, erscheint auch der spekulare Lichtanteil in der Metallfarbe (z.B. kupferrot) eingefärbt.

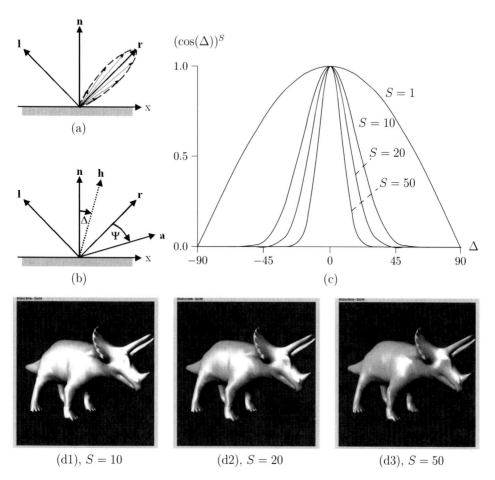

Bild 12.12: Der spekulare Lichtanteil: (a) Das aus einer einzigen Richtung eintreffende Licht wird an der Oberfläche überwiegend in eine Vorzugsrichtung reflektiert. (b) Geometrie beim spekularen Lichtanteil: genau, aber langsam ist die Berechnung des Winkels Ψ zwischen dem ideal reflektierten Lichtstrahl **r** und dem Augenpunktsvektor **a**; ungenauer bei größeren Winkeln, dafür aber schneller ist die Berechnung des Winkels Δ zwischen dem Normalenvektor **n** und dem Halfway-Vektor **h**. (c) Der Abfall der reflektierten Intensität $(\cos(\Delta))^S$ in Abhängigkeit von der Abweichung Δ des *Halfway*-Vektors **h** vom Normalenvektor **n** für verschiedene Werte des Spiegelungsexponenten S. (d) Die Oberfläche des Triceratops erscheint poliert, da er mit einem diffusen und einem spekularen Lichtanteil gerendert wurde und daher an bestimmten Stellen Glanzlichter erscheinen. Von links nach rechts nimmt der Spiegelungsexponent S zu, so dass die Glanzlichter immer kleiner werden und die Oberfläche glatter wirkt.

Die Zusammenfassung aller vier Lichtanteile liefert die Beleuchtungsformel (12.12) im RGBA-Modus bei einer Lichtquelle (ohne Spotlight) für einen Vertex. Die Formel ist bewusst in Matrixform dargestellt, die Zeilen enthalten die vier Lichtanteile (emissiv, ambient, diffus und spekular), die Spalten zeigen an, welche Faktoren den jeweiligen Lichtanteil beeinflussen (das beleuchtete Material, die Lichtquelle bzw. die 3D-Anordnung von Oberfläche und Lichtquelle):

Vertexfarbe	3D-Anordnung	Lichtquelle		Material		Komponente
$\mathbf{g}_{Vertex} =$				$\mathbf{e}_{mat}$	$+$	emissiv
		$\mathbf{a}_{light}$	$*$	$\mathbf{a}_{mat}$	$+$	ambient
	$\max(\mathbf{l} \cdot \mathbf{n}, \mathbf{0})$	$\cdot$ $\mathbf{d}_{light}$	$*$	$\mathbf{d}_{mat}$	$+$	diffus
	$(\max(\mathbf{h} \cdot \mathbf{n}, \mathbf{0}))^{\mathbf{s}}$	$\cdot$ $\mathbf{s}_{light}$	$*$	$\mathbf{s}_{mat}$		spekular

$$(12.12)$$

Die Umsetzung der Phong-Blinn-Beleuchtungsformel (12.12) in Vulkan bzw. im *„Core Profile"* von OpenGL in Form eines Vertex Shaders, in dem alle wesentlichen Berechnungen ablaufen, und eines Fragment Shaders, in dem nur die vom Rasterizer linear interpolierten Farben durchgereicht werden, ist als quellcode-nahes Listing im Folgenden dargestellt.

```
// Der Vertex-Shader für das Phong-Blinn-Beleuchtungsmodell
#version 460        // GLSL-Version 4.6

// Eingabe-Werte pro Vertex
in vec4 vVertex;        // Vertex-Position
in vec3 vNormal;        // Normalen-Vektor

// Uniform-Eingabe-Werte
uniform mat4 MVP;           // ModelViewProjection-Matrix
uniform mat3 NormalM;       // Normal-Matrix
// Uniform-Block für Material-Eigenschaften
uniform MaterialParams {
    vec4 emission;
    vec4 ambient;
    vec4 diffuse;
    vec4 specular;
    float shininess; } Material;
// Uniform-Block für Lichtquellen-Eigenschaften
uniform LightParams {
    vec4 position;
    vec4 ambient;
    vec4 diffuse;
    vec4 specular;
    vec3 halfVector } LightSource;
```

```
// Ausgabe-Werte
out vec4 vColor;     // Vertex-Farbe

void main()
{
    // Berechnung des Phong-Blinn-Beleuchtungsmodells
    vec4 emissiv = Material.emission;
    vec4 ambient = Material.ambient * LightSource.ambient;
    // Richtungslichtquelle, d.h. es gilt LightSource.position.w = 0
    vec3 L = normalize(vec3( LightSource.position));
    // Normalen-Vektor aus Objekt- in Augenpunktskoordinaten
    vec3 N = NormalM * vNormal;
    float diffuseLight = max(dot(N, L), 0.0);
    vec4 diffuse = vec4(0.0, 0.0, 0.0, 1.0);
    vec4 specular = vec4(0.0, 0.0, 0.0, 1.0);
    if (diffuseLight > 0) {
        vec4 diff = Material.diffuse * LightSource.diffuse;
        diffuse = diffuseLight * diff;
        vec3 H = normalize(LightSource.halfVector);
        float specLight = pow(max(dot(H, N), 0), Material.shininess);
        vec4 spec = Material.specular * LightSource.specular;
        specular = specLight * spec;
    }
    vColor = emissiv + ambient + diffuse + specular;
    // Vertex aus Objekt- in Projektionskoordinaten
    gl_Position = MVP * vVertex;
}


// Der Fragment-Shader für das Gouraud-Shading
#version 460        // GLSL-Version 4.6

// Eingabe-Werte pro Vertex
in vec4 vColor;      // vom Rasterizer interpolierte Fragmentfarbe
// Ausgabe-Werte pro Fragment
out vcc4 FragColor; // Fragment Farbe
void main()
{
    FragColor = vColor;
}
```

In den weiteren Abschnitten wird gezeigt, wie man im „Compatibility Profile" von OpenGL all die vielen Parameter der Beleuchtungsformel (12.12) spezifiziert und welche Erweiterungen zu dieser Basis noch existieren.

12.1.3.2 Lichtquelleneigenschaften

Um Eigenschaften einer einfachen Standard-Lichtquelle, wie sie in (12.12) verwendet wird, zu verändern, können vier Komponenten eingestellt werden: die RGBA-Intensitäten für die ambiente Emission, die RGBA-Intensitäten für die diffuse Emission, die RGBA-Intensitäten für die spekulare Emission und die Position bzw. Richtung der Lichtquelle. Dazu dienen die in der folgenden Tabelle dargestellten Varianten des `glLight`-Befehls:

Skalar-Form
`glLightf(`GLenum `light,` GLenum `name,` GLfloat `param)`
`glLighti(`GLenum `light,` GLenum `name,` GLint `param)`
Vektor-Form
`glLightfv(`GLenum `light,` GLenum `name,` GLfloat `*param)`
`glLightiv(`GLenum `light,` GLenum `name,` GLint `*param)`

Der erste Parameter des `glLight`-Befehls, `light`, legt fest, welche Lichtquelle in ihren Eigenschaften verändert werden soll. Er kann die Werte `GL_LIGHT0`, `GL_LIGHT1`, ..., `GL_LIGHT7` annehmen, d.h. es können bis zu acht verschiedene Lichtquellen gleichzeitig aktiviert werden (in (12.12) ist nur eine Standard-Lichtquelle berücksichtigt, (12.17) zeigt den allgemeinen Fall). Der zweite Parameter, `name`, legt fest, welche Eigenschaft der jeweiligen Lichtquelle eingestellt werden soll und der dritte Parameter, `param`, legt fest, auf welche Werte die ausgewählte Eigenschaft gesetzt werden soll. In der folgenden Tabelle sind die vier Standard-Eigenschaften von Lichtquellen mit ihren Standard-Werten und ihrer Bedeutung aufgelistet:

Eigenschaft name	Standard-Werte von param	Bedeutung
`GL_AMBIENT`	$(0.0, 0.0, 0.0, 1.0)$	RGBA-Intensitäten für den ambienten Anteil der Lichtquelle
`GL_DIFFUSE`	$(1.0, 1.0, 1.0, 1.0)$ oder $(0.0, 0.0, 0.0, 1.0)$	RGBA-Intensitäten für den diffusen Anteil der Lichtquelle. Der Standardwert für die Lichtquelle 0 ist weiß, für die anderen Lichtquellen schwarz
`GL_SPECULAR`	$(1.0, 1.0, 1.0, 1.0)$ oder $(0.0, 0.0, 0.0, 1.0)$	RGBA-Intensitäten für den spekularen Anteil der Lichtquelle. Der Standardwert für die Lichtquelle 0 ist weiß, für die anderen Lichtquellen schwarz
`GL_POSITION`	$(0.0, 0.0, 1.0, 0.0)$	(x,y,z,w)-Position der Lichtquelle. $w = 0$ bedeutet, dass die Lichtquelle im Unendlichen sitzt

Zur Positionierung einer Lichtquelle sind die folgenden beiden Punkte zu beachten:

- Die Position einer Lichtquelle wird in homogenen Koordinaten (Kapitel 7) angegeben, wobei die vierte Koordinate den inversen Streckungsfaktor w darstellt. Bei einer *Richtungslichtquelle* gilt $w = 0$, was bedeutet, dass sich die Lichtquelle im Unendlichen befindet und die Lichtstrahlen parallel eintreffen. In diesem Fall muss nur ein einziger Lichtvektor $\mathbf{l}$ berechnet werden, der für alle Vertices einer Szene verwendet werden kann. Da standardmäßig in OpenGL auch ein infiniter Augenpunkt angenommen wird, ist der Augenpunktsvektor $\mathbf{a}$ ebenfalls ein Richtungsvektor, der immer in z-Richtung zeigt, d.h. $\mathbf{a} = (\mathbf{0}, \mathbf{0}, \mathbf{1}, \mathbf{0})^{\mathbf{T}}$. Folglich ist auch die Winkelhalbierende zwischen $\mathbf{l}$ und $\mathbf{a}$, der sogenannte *Halfway*-Vektor $\mathbf{h}$ für alle Vertices der gleiche und kann ein einziges Mal vorab im OpenGL-Programm berechnet und als *uniform*-Variable an den Vertex-Shader übergeben werden. Bei einer *lokalen Lichtquelle* gilt $w > 0$ und die Lichtstrahlen treffen nicht mehr parallel ein, sodass für jeden Vertex ein eigener Lichtvektor $\mathbf{l_i}$ berechnet werden muss (Bild 12.13). Dies hat außerdem zur Konsequenz, dass auch der *Halfway*-Vektor $\mathbf{h}$ für jeden Vertex neu berechnet werden muss. Im Gouraud-Shader kann diese Unterscheidung zwischen lokaler und infiniter Lichtquelle folgendermaßen umgesetzt werden:

```
if(LightSource.position.w == 0){
    L = normalize(vec3( LightSource.position));
    H = normalize( LightSource.halfVector);
} else {
    L = normalize(vec3( LightSource.position) - Position);
    vec3 A = vec3(0.0, 0.0, 1.0);
    H = normalize(L + A); }
```

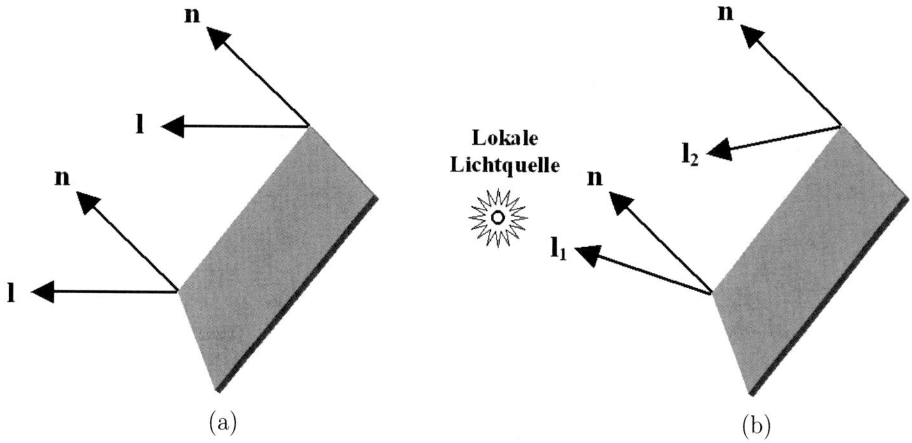

(a)   (b)

Bild 12.13: Richtungslichtquellen versus lokale Lichtquellen: (a) Richtungslichtquelle ($w = 0$): alle Lichtstrahlen verlaufen parallel, es genügt ein einziger Lichtvektor $\mathbf{l}$. (b) Lokale Lichtquelle ($w = 1$): die Lichtstrahlen verlaufen nicht parallel, für jeden Vertex muss ein eigener Lichtvektor $\mathbf{l_i}$ berechnet werden.

Allerdings muss dazu im Gouraud-Shader vorher die Vertex-Position vom Objekt- ins Augenpunktskoordinatensystem transformiert werden, d.h.:

```
uniform mat4 MV;                     // ModelView-Matrix
vec3 Position = vec3(MV * vVertex);
```

Man beachte, dass nur lokale Lichtquellen die Möglichkeit bieten, sogenannte *Ab- schwächungsfaktoren* zu verwenden, die eine Verminderung der Lichtintensität mit der Entfernung zur Lichtquelle bewirken (Abschnitt 12.1.3.5).

- Die Position einer Lichtquelle wird den gleichen Modell- und Augenpunktstrans- formationen unterworfen wie Objekte und anschließend in Augenpunktkoordinaten gespeichert. Soll eine Lichtquelle unabhängig von den Objekten bewegt werden, sind die entsprechenden Modelltransformationen durchzuführen und anschließend ist die Lichtquelle zu positionieren. Diese Operationen werden zwischen einer `glPushMatrix()`- `glPopMatrix()`–Klammer ausgeführt, so dass für die Lichtquellenposition eine eigene Matrix auf dem *Modelview*-Matrizenstapel abgelegt wird.

Aktivierung von Beleuchtungsrechnung und Lichtquellen

Um eine Lichtquelle zur Wirkung zu bringen, muss der OpenGL-Zustandsautomat noch in die richtige Stellung gebracht werden. Damit die Beleuchtungsrechnung nach (12.12) bzw. (12.17) durchgeführt wird, muss der Zustand durch den Befehl:

```
glEnable(GL_LIGHTING);
```

eingeschaltet werden. In diesem Fall sind die mit dem `glColor*()`-Befehl festgelegten Farb- werte wirkungslos. Standardmäßig ist die Beleuchtungsrechnung ausgeschaltet (`glDisable(GL_LIGHTING)`), so dass die Vertices direkt die mit dem `glColor*()`-Befehl festgelegten Farbwerte erhalten. Außerdem besteht die Möglichkeit, jede Lichtquelle ein- zeln ein- und auszuschalten. Dazu dient der Befehl:

```
glEnable(GL_LIGHT0);
```

In diesem Beispiel wird die Lichtquelle Nr. 0 eingeschaltet. Standardmäßig sind alle Licht- quellen ausgeschaltet, so dass der obige Befehl immer nötig ist, um eine Lichtquelle zur Wirkung zu bringen.

12.1.3.3 Oberflächeneigenschaften

Für eine sinnvolle Beleuchtung müssen neben der Lichtquelle auch noch die Eigenschaften der Oberflächen spezifiziert werden. Gemäß (12.12) sind dies die Materialeigenschaften $(\mathbf{e}_{mat}, \mathbf{a}_{mat}, \mathbf{d}_{mat}, \mathbf{s}_{mat}, S)$ und die Normalenvektoren $\mathbf{n}$.

Materialeigenschaften

Um die Materialeigenschaften einer Oberfläche zu verändern, können vier Komponenten eingestellt werden: die RGBA-Werte für die ambiente Reflexion, die diffuse Reflexion, die spekulare Reflexion und für die Emission, sowie den Spiegelungsexponenten. Dazu dienen die in der folgenden Tabelle dargestellten Varianten des `glMaterial`-Befehls:

Skalar-Form
glMaterialf(GLenum face, GLenum name, GLfloat param)
glMateriali(GLenum face, GLenum name, GLint param)
Vektor-Form
glMaterialfv(GLenum face, GLenum name, GLfloat *param)
glMaterialiv(GLenum face, GLenum name, GLint *param)

Der erste Parameter des `glMaterial`-Befehls, `face`, legt fest, welche Seite der Oberfläche in ihren Eigenschaften verändert werden soll. Er kann die Werte GL_FRONT, GL_BACK, oder GL_FRONT_AND_BACK annehmen, d.h. es kann entweder die Vorderseite, die Rückseite, oder beide Seiten in gleicher Weise verändert werden. Der zweite Parameter, `name`, legt fest, welche Materialeigenschaft eingestellt werden soll, und der dritte Parameter, `param`, legt fest, auf welche Werte die ausgewählte Eigenschaft gesetzt werden soll. In der folgenden Tabelle sind die Materialeigenschaften von Oberflächen mit ihren Standard-Werten und ihrer Bedeutung aufgelistet:

Eigenschaft name	Standard-Werte von param	Bedeutung
GL_AMBIENT	$(0.2, 0.2, 0.2, 1.0)$	RGBA-Werte für die ambiente Reflexion. Standardwert dunkelgrau
GL_DIFFUSE	$(0.8, 0.8, 0.8, 1.0)$	RGBA-Werte für die diffuse Reflexion. Standardwert hellgrau
GL_AMBIENT_AND_DIFFUSE		Die ambienten und diffusen Reflexionskoeffizienten werden auf die gleichen RGBA-Werte gesetzt
GL_SPECULAR	$(0.0, 0.0, 0.0, 1.0)$	RGBA-Werte für die spekulare Reflexion. Standardwert schwarz
GL_SHININESS	0.0	Spiegelungsexponent S
GL_EMISSION	$(0.0, 0.0, 0.0, 1.0)$	Emissive Farbe des Materials. Standardwert schwarz

In der folgenden Tabelle findet man für reale Materialien sinnvolle Vorschläge für die entsprechenden Reflexionskoeffizienten und die Spiegelungsexponenten.

Material	R_a, G_a, B_a, A_a	R_d, G_d, B_d, A_d	R_s, G_s, B_s, A_s	S
Schwarzes Plastik	.00, .00, .00, 1.0	.01, .01, .01, 1.0	.50, .50, .50, 1.0	32.0
Schwarzer Gummi	.02, .02, .02, 1.0	.01, .01, .01, 1.0	.40, .40, .40, 1.0	10.0
Messing	.33, .22, .03, 1.0	.78, .57, .11, 1.0	.99, .94, .81, 1.0	27.9
Bronze	.21, .13, .05, 1.0	.71, .43, .18, 1.0	.39, .27, .17, 1.0	25.6
Poliertes Bronze	.25, .15, .06, 1.0	.40, .24, .10, 1.0	.77, .46, .20, 1.0	76.8
Chrom	.25, .25, .25, 1.0	.40, .40, .40, 1.0	.77, .77, .77, 1.0	76.8
Kupfer	.19, .07, .02, 1.0	.70, .27, .08, 1.0	.26, .14, .09, 1.0	12.8
Poliertes Kupfer	.23, .09, .03, 1.0	.55, .21, .07, 1.0	.58, .22, .07, 1.0	51.2
Gold	.25, .20, .07, 1.0	.75, .61, .23, 1.0	.63, .56, .37, 1.0	51.2
Poliertes Gold	.25, .22, .06, 1.0	.35, .31, .09, 1.0	.80, .72, .21, 1.0	83.2
Zinn	.11, .06, .11, 1.0	.43, .47, .54, 1.0	.33, .33, .52, 1.0	9.8
Silber	.19, .19, .19, 1.0	.51, .51, .51, 1.0	.51, .51, .51, 1.0	51.2
Poliertes Silber	.23, .23, .23, 1.0	.28, .28, .28, 1.0	.77, .77, .77, 1.0	89.6
Smaragdgrün	.02, .17, .02, 0.5	.08, .61, .08, 0.5	.63, .73, .63, 0.5	76.8
Jade	.14, .22, .16, 0.9	.54, .89, .63, 0.9	.32, .32, .32, 0.9	12.8
Obsidian	.05, .05, .07, 0.8	.18, .17, .23, 0.8	.33, .33, .35, 0.8	38.4
Perle	.25, .21, .21, 0.9	.99, .83, .83, 0.9	.30, .30, .30, 0.9	11.3
Rubin	.17, .01, .01, 0.5	.61, .04, .04, 0.5	.73, .63, .63, 0.5	76.8
Türkis	.10, .19, .17, 0.8	.40, .74, .69, 0.8	.30, .31, .31, 0.8	12.8

Im „*Compatibility Profile*" von OpenGL gibt es noch eine zweite Möglichkeit, um die Materialeigenschaften zu ändern: den sogenannten *Color Material Mode*. In diesem Fall wird OpenGL angewiesen, die bei eingeschalteter Beleuchtung eigentlich sinnlosen `glColor*()`-Befehle als Materialspezifikation zu nutzen. Jeder `glColor*()`-Aufruf ändert in diesem Modus eine Materialeigenschaft und ersetzt damit einen `glMaterial*()`-Befehl. Nur der Spiegelungsexponent S kann im *Color Material Mode* nicht verändert werden. Zur Aktivierung des *Color Material Mode* muss zunächst der entsprechende OpenGL-Zustand durch den Befehl:

```
glEnable(GL_COLOR_MATERIAL);
```

eingeschaltet werden. Anschließend wird durch den Befehl:

```
glColorMaterial(GLenum face, GLenum mode);
```

festgelegt, welche Seite der Oberfläche (`face` = GL_FRONT, GL_BACK, GL_FRONT_AND_BACK) bezüglich welcher Materialeigenschaft (`mode` = GL_AMBIENT, GL_DIFFUSE, GL_AMBIENT_AND_DIFFUSE, GL_SPECULAR, GL_EMISSION) durch die `glColor*()`-Aufrufe geändert wird.

Der folgende Ausschnitt aus einem Programm-Code zeigt die Anwendung des *Color Material Mode* exemplarisch:

```
glEnable(GL_COLOR_MATERIAL);
glColorMaterial(GL_FRONT, GL_AMBIENT_AND_DIFFUSE);
```

```
// glColor ändert die ambiente und diffuse Reflexion
glColor3f(0.61, 0.04, 0.04);
draw_objects1(); // rubinrot
glColor3f(0.28, 0.28, 0.28);
draw_objects2(); // silbergrau
// glColor ändert nur mehr die spekulare Reflexion
glColorMaterial(GL_FRONT, GL_SPECULAR);
glColor3f(0.99, 0.99, 0.63);
draw_objects3(); // hellgelbes Glanzlicht
glDisable(GL_COLOR_MATERIAL);
```

Normalenvektoren

Der Normalenvektor $\mathbf{n}$ einer ebenen Oberfläche wird für den diffusen und den spekularen Beleuchtungsanteil in (12.12) benötigt. Er kann mathematisch aus dem Kreuzprodukt zweier Vektoren gewonnen werden, die die Ebene aufspannen. Denn das Kreuzprodukt zweier Vektoren steht senkrecht auf den beiden Vektoren und daher auch senkrecht auf der Ebene. Am sichersten funktioniert dies bei Dreiecken, da drei Vertices im Raum, die nicht auf einer Linie liegen, immer eine Ebene definieren. Bei Polygonen muss sichergestellt sein, dass sich alle Vertices in einer Ebene befinden, dann können drei beliebige Vertices $\mathbf{v_1}, \mathbf{v_2}, \mathbf{v_3}$ ausgesucht werden, die nicht auf einer Linie liegen, um den Normalenvektor $\mathbf{n}$ zu berechnen:

$$\mathbf{n} = (\mathbf{v_1} - \mathbf{v_2}) \times (\mathbf{v_2} - \mathbf{v_3}) = \begin{pmatrix} \mathbf{v_{1x}} - \mathbf{v_{2x}} \\ \mathbf{v_{1y}} - \mathbf{v_{2y}} \\ \mathbf{v_{1z}} - \mathbf{v_{2z}} \end{pmatrix} \times \begin{pmatrix} \mathbf{v_{2x}} - \mathbf{v_{3x}} \\ \mathbf{v_{2y}} - \mathbf{v_{3y}} \\ \mathbf{v_{2z}} - \mathbf{v_{3z}} \end{pmatrix}$$

$$= \begin{pmatrix} (\mathbf{v_{1y}} - \mathbf{v_{2y}}) \cdot (\mathbf{v_{2z}} - \mathbf{v_{3z}}) - (\mathbf{v_{1z}} - \mathbf{v_{2z}}) \cdot (\mathbf{v_{2y}} - \mathbf{v_{3y}}) \\ (\mathbf{v_{1z}} - \mathbf{v_{2z}}) \cdot (\mathbf{v_{2x}} - \mathbf{v_{3x}}) - (\mathbf{v_{1x}} - \mathbf{v_{2x}}) \cdot (\mathbf{v_{2z}} - \mathbf{v_{3z}}) \\ (\mathbf{v_{1x}} - \mathbf{v_{2x}}) \cdot (\mathbf{v_{2y}} - \mathbf{v_{3y}}) - (\mathbf{v_{1y}} - \mathbf{v_{2y}}) \cdot (\mathbf{v_{2x}} - \mathbf{v_{3x}}) \end{pmatrix} \qquad (12.13)$$

Damit die Beleuchtungsrechnung nach (12.12) korrekt funktioniert, müssen die Normalenvektoren (und auch die anderen beteiligten Vektoren) Einheitsvektoren sein, d.h. sie müssen die Länge 1 haben. Dazu müssen die Normalenvektoren noch normiert werden:

$$\mathbf{n_e} = \frac{\mathbf{n}}{|\mathbf{n}|} = \frac{\mathbf{n}}{\sqrt{\mathbf{n} \cdot \mathbf{n}}} = \frac{1}{\sqrt{\mathbf{n_x^2} + \mathbf{n_y^2} + \mathbf{n_z^2}}} \cdot \begin{pmatrix} n_x \\ n_y \\ n_z \end{pmatrix} \qquad (12.14)$$

In OpenGL und in Vulkan werden die Normalenvektoren aber nicht automatisch aus den Vertices berechnet, sondern diese Aufgabe bleibt aus Gründen der Flexibilität, die in Abschnitt (12.2.2) erläutert werden, den Programmierern überlassen. Sie müssen die Normalenvektoren selber berechnen und am besten auch gleich normieren. Danach kann man sie im „Compatibility Profile" von OpenGL mit dem Befehl glNormal3f(GLfloat n_x, GLfloat n_y, GLfloat n_z) einer Fläche bzw. einem Vertex zuordnen. Im „Core Profile" von OpenGL bzw. in Vulkan werden die Normalenvektoren einfach als weiteres Vertex-Attribut im Rahmen eines *Vertex Buffer Objects* (Abschnitte 6.4.4.1 und 6.5.1) übergeben. Für den `glNormal3*()`-Befehl existieren verschiedene Varianten, die in der folgenden Tabelle aufgelistet sind:

Skalar-Form	Vektor-Form
glNormal3f(GLfloat n_x, n_y, n_z)	glNormal3fv(GLfloat *coord)
glNormal3d(GLdouble n_x, n_y, n_z)	glNormal3dv(GLdouble *coord)
glNormal3b(GLbyte n_x, n_y, n_z)	glNormal3bv(GLbyte *coord)
glNormal3s(GLshort n_x, n_y, n_z)	glNormal3sv(GLshort *coord)
glNormal3i(GLint n_x, n_y, n_z)	glNormal3iv(GLint *coord)

Man kann die Normierung der Normalenvektoren auch OpenGL überlassen, indem man den Befehl:

`glEnable(GL_NORMALIZE);`

aufruft. Dies ist jedoch mit Geschwindigkeitseinbußen verbunden. Falls es möglich ist, sollte man immer vorab die Normierung in einem externen Programm durchführen. Allerdings besteht auch in diesem Fall immer noch ein Problem mit der Länge der Normalenvektoren, denn üblicherweise sind sie im lokalen Modellkoordinatensystem berechnet bzw. normiert und durch die Modell- und Augenpunktstransformationen (Kapitel 7), die auch eine Skalierung enthalten kann, werden die Maßstäbe verzerrt, so dass die Normierung verloren gehen kann. Als Abhilfe bieten sich zwei Möglichkeiten an: entweder man stellt sicher, dass die Modell- und Augenpunktstransformationen keine Skalierung enthalten, oder man ruft den OpenGL-Befehl:

`glEnable(GL_RESCALE_NORMALS);`

auf, der aus der Modelview-Matrix den inversen Skalierungsfaktor berechnet und damit die Normalenvektoren reskaliert, so dass sie wieder die Länge 1 besitzen. Die Reskalierung ist mathematisch einfacher und daher in OpenGL schneller als die Normierung.

12.1.3.4 Lighting Model

Im *„Compatibility Profile“* von OpenGL versteht man unter einem *Lighting Model* die folgenden speziellen Einstellungen des Standard-Beleuchtungsmodells (und somit etwas Anderes, als unter einem Beleuchtungsmodell in der Computergrafik):

- Einen *globalen ambienten Lichtanteil*, der unabhängig von den ambienten Anteilen der Lichtquellen festgelegt werden kann. Der voreingestellte Wert $(0.2, 0.2, 0.2, 1.0)$, ein schwaches weißes Licht, führt dazu, dass die Objekte in einer Szene auch ohne die Aktivierung einer Lichtquelle sichtbar sind.

- Die Definition eines *lokalen Augenpunkts*. Für den spekularen Lichtanteil wird der Augenpunktsvektor **a**, d.h. der Vektor vom Vertex zum Augenpunkt, benötigt. Ähnlich wie bei Lichtquellen wird standardmäßig auch der Augenpunkt als unendlich entfernt (mit den Koordinaten $(0.0, 0.0, 1.0, 0.0)$) angenommen, so dass für alle Vertices in einer Szene nur ein einziger Augenpunktsvektor **a** berechnet werden muss. Wird ein lokaler Augenpunkt eingestellt, der immer an der Stelle $(0.0, 0.0, 0.0, 1.0)$ sitzt, muss für jeden Vertex ein eigener Augenpunktsvektor $\mathbf{a_i}$ berechnet werden, was zwar realitätsnäher, aber dafür natürlich wieder echtzeitschädlicher ist (Bild 12.13).

- Die Aktivierung der *zweiseitigen Beleuchtung*. Standardmäßig werden nur die Vorderseiten von Polygonen korrekt beleuchtet. Damit die Rückseiten, die nur innerhalb geschlossener Objekte oder bei aufgeschnittenen Objekten sichtbar sind, ebenfalls korrekt beleuchtet werden, müssen die Normalenvektoren invertiert werden. Diese Invertierung führt OpenGL nach der Aktivierung der zweiseitigen Beleuchtung automatisch durch. Außerdem werden im Zuge der zweiseitigen Beleuchtung auch unterschiedliche Materialeigenschaften von Vorder- und Rückseiten berücksichtigt.

- Die *separate Berechnung des spekularen Lichtanteils* und die Addition dieses Anteils erst nach dem Textur Mapping. Eine ausführlichere Darstellung dieses Punkts wird im Abschnitt 12.1.3.6 gegeben.

Zur Spezifikation des *Lighting Model* von OpenGL dienen die in der folgenden Tabelle dargestellten Varianten des `glLightModel`-Befehls:

Skalar-Form	Vektor-Form
`glLightModelf(name, param)`	`glLightModelfv(name, *param)`
`glLightModeli(name, param)`	`glLightModeliv(name, *param)`

Der erste Parameter, `name`, legt fest, welche Eigenschaft der jeweiligen Lichtquelle eingestellt werden soll. Der zweite Parameter, `param`, legt fest, auf welche Werte die ausgewählte Eigenschaft gesetzt werden soll. In der folgenden Tabelle sind die vier Eigenschaften des *Lighting Model* von OpenGL mit ihren Standard-Werten und ihrer Bedeutung aufgelistet:

Eigenschaft name	Standard-Werte von param	Bedeutung
`GL_LIGHT_MODEL_AMBIENT`	$(0.2, 0.2, 0.2, 1.0)$	RGBA-Intensitäten für den globalen ambienten Lichtanteil ($\mathbf{a}_{global}$)
`GL_LIGHT_MODEL_LOCAL_VIEWER`	0.0 oder `GL_FALSE`	unendlich entfernter oder lokaler Augenpunkt, relevant für die Berechnung des spekularen Lichtanteils
`GL_LIGHT_MODEL_TWO_SIDE`	0.0 oder `GL_FALSE`	Beleuchtungsrechnung nur bezogen auf die Vorderseiten (einseitig), oder getrennt für Vorder- und Rückseite (zweiseitig)
`GL_LIGHT_MODEL_COLOR_CONTROL`	`GL_SINGLE_COLOR`	Alle Beleuchtungskomponenten in einer Farbe oder separate Berechnung des spekularen Farbanteils

12.1.3.5 Spotlights und Abschwächungsfaktoren

Für lokale Lichtquellen kann noch ein ganze Reihe weiterer Parameter festgelegt werden, die die Realitätsnähe steigern, aber die Beleuchtungsrechnung komplizieren und somit die Renderinggeschwindigkeit senken. Mit der ersten Gruppe von Parametern können sogenannte *Spotlights* (Scheinwerfer) definiert werden, die nur in einen begrenzten Raumwinkelbereich Licht ausstrahlen. Der Raumwinkelbereich wird als radialsymmetrischer Kegel angenommen, so dass er durch eine Richtung $\mathbf{k}$ und den halben Kegelöffnungswinkel ($Spot_{Cutoff}$) charakterisiert werden kann (Bild 12.14). Die zulässigen Werte des halben Kegelöffnungswinkels ($Spot_{Cutoff}$) liegen im Intervall $[0°, 90°]$ für echte *Spotlights*. Außerdem ist noch der Wert $180°$ für normale Punktlichtquellen zulässig, die in alle Raumrichtungen ausstrahlen. Die Idee, *Spotlights* dadurch zu erzeugen, dass man eine lokale Lichtquelle mit einigen opaken Polygonen umgibt, scheitert natürlich, denn wie eingangs erwähnt, berücksichtigt das Phong-Blinn-Beleuchtungsmodell die Verdeckung von Lichtquellen durch andere Polygone nicht (deshalb gibt es echten Schattenwurf in OpenGL bzw. Vulkan auch nicht kostenlos, wie in Kapitel 14 dargestellt). Reale Lichtquellen weisen noch zwei weitere Phänomene auf, die in OpenGL bzw. Vulkan durch eine zweite Gruppe von Parametern nachgebildet werden können: die Abschwächung der Lichtintensität eines Scheinwerferkegels vom Zentrum zum Rand hin (also senkrecht zur Strahlrichtung), sowie die Abschwächung der Lichtintensität mit der Entfernung zur Lichtquelle (also in Strahlrichtung).

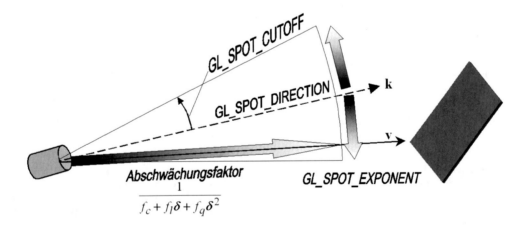

Bild 12.14: *Spotlights* und Abschwächungsfaktoren: Richtung Lichtquelle–Vertex ($\mathbf{v}$), Kegelrichtung ($\mathbf{k}$), halber Kegelöffnungswinkel ($Spot_{Cutoff}$), Abschwächungsfaktor senkrecht zur Strahlrichtung ($Spot_{Exp}$), Abschwächungsfaktoren in Strahlrichtung (konstant: f_c, linear: f_l, quadratisch: f_q).

Die Abschwächung senkrecht zur Strahlrichtung wird durch einen Faktor $f_\perp$ modelliert, der sich aus dem Kosinus des Winkels zwischen der zentralen Strahlrichtung ($\mathbf{k}$) und der Richtung von der Lichtquelle zum beleuchteten Vertex ($\mathbf{v}$) potenziert mit einem Wert $Spot_{Exp}$ ergibt, d.h.:

$$f_\perp = (\max(\mathbf{v} \cdot \mathbf{k}, \mathbf{0}))^{\text{Spot}_{\text{Exp}}} \tag{12.15}$$

Dabei wird wieder vorausgesetzt, dass die beiden Vektoren $\mathbf{v}$ und $\mathbf{k}$ normiert sind und dass $\cos(Spot_{Cutoff}) < \max(\mathbf{v} \cdot \mathbf{k}, \mathbf{0})$, d.h. dass der Vertex innerhalb des Lichtkegels liegt, ansonsten wird der Faktor $f_\perp = 0$. Aus rein physikalischer Sicht müsste die Intensität einer Punktlichtquelle quadratisch mit der Entfernung abfallen, denn bei gleichbleibender Leistung der Lichtquelle verteilt sich diese auf eine quadratisch mit dem Radius zunehmende Kugeloberfläche ($4\pi \cdot r^2$). In OpenGL wird dies durch einen quadratischen Abschwächungsfaktor f_q (*quadratic attenuation*) berücksichtigt. In praktischen Anwendungen stellt sich ein rein quadratischer Abschwächungsfaktor aber häufig als zu extrem heraus, so dass in OpenGL auch noch ein linearer f_l und ein konstanter f_c Abschwächungsfaktor eingeführt wurde. Damit kann für jede Lichtquelle getrennt ein Abschwächungsfaktor in Strahlrichtung $f_\parallel$ als

$$f_\parallel = \frac{1}{f_c + f_l \delta + f_q \delta^2} \tag{12.16}$$

angegeben werden, wobei δ die Entfernung zwischen der lokalen Lichtquelle und dem Vertex darstellt.

Zur Umsetzung von Spotlights und Abschwächungsfaktoren im „*Core Profile*" von OpenGL bzw. in Vulkan kann man einen Vorfaktor `SpotAttFactor` gemäß (12.17) für jede Lichtquelle nach folgendem Listing berechnen:

```
// Berechnung des SpotAttenuation-Vorfaktors

// Uniform-Block für Spotlight- und Attenuation-Eigenschaften
uniform SpotLightAttParams{
    vec3 spotDirection;
    float spotCosCutoff;
    float spotExp;
    float attConst;
    float attLinear;
    float attQuad; } SpotLightAtt;

float SpotAttFactor(in vec3 lightPos, in vec3 vertexPos)
{
    // Berechnung des Vektors vom Vertex zur Lichtquelle
    vec3 L = lightPos - vertexPos;
    // Berechnung der Länge des Lichtvektors
    float D = length(L);
```

```
// Normierung des Lichtvektors
L = normalize(L);
// Berechnung des Attenuation Faktors
float attenuation = 1.0 / (  SpotLightAtt.attConst +
                             SpotLightAtt.attLinear * D +
                             SpotLightAtt.attQuad * D * D );

// Test, ob der Vertex innerhalb des Beleuchtungskegels liegt
float spotCone = max(dot(-L, normalize(SpotLightAtt.spotDirection), 0.0);
if( spotCone < SpotLightAtt.spotCosCutoff )
    return 0.0;
else {
    float spotFactor = pow( spotCone, SpotLightAtt.spotExp );
    return (spotFactor * attenuation);
}
```

Zur Spezifikation der Eigenschaften von *Spotlights* und Abschwächungsfaktoren im „*Compatibility Profile*" dient der bereits in Abschnitt (12.1.3.2) vorgestellte `glLight*()`-Befehl. In der folgenden Tabelle sind die sechs entsprechenden Parameter mit ihren Standard-Werten und ihrer Bedeutung aufgelistet:

Eigenschaft name	Standard-Werte von param	Bedeutung
GL_SPOT _DIRECTION	$(0.0, 0.0, -1.0)$	$(\mathbf{k} = (k_x, k_y, k_z)^T)$-Richtung des Scheinwerferkegels
GL_SPOT _CUTOFF	180.0	halber Öffnungswinkel des Scheinwerferkegels $(Spot_{Cutoff})$
GL_SPOT _EXPONENT	0.0	Abschwächungsfaktor senkrecht zur Strahlrichtung $(Spot_{Exp})$
GL_CONSTANT _ATTENUATION	1.0	konstanter Abschwächungsfaktor f_c
GL_LINEAR _ATTENUATION	0.0	linearer Abschwächungsfaktor f_l
GL_QUADRATIC _ATTENUATION	0.0	quadratischer Abschwächungsfaktor f_q

Insgesamt lassen sich die Abschwächungsfaktoren und die *Spotlight*-Effekte für jede Lichtquelle zu einem Vorfaktor zusammenfassen, der auf die ambienten, diffusen und spekularen Anteile dieser Lichtquelle dämpfend wirkt. Zusammen mit dem globalen ambieten Licht aus dem OpenGL *Lighting Model* (a_{global}) folgt daraus in Verallgemeinerung von (12.12) die vollständige Beleuchtungsformel im RGBA-Modus **mit i *Spotlights* und Abschwächungsfaktoren** für einen Vertex:

Vertexfarbe	3D-Anordnung	Lichtquelle	Material	Komponente
$\mathbf{g}_{Vertex} =$			$\mathbf{e}_{mat}$ +	emissiv
		$\mathbf{a}_{global}$ *	$\mathbf{a}_{mat}$ +	global ambient
	$\sum_{i=0}^{n-1}\left(\frac{1}{f_c+f_l\delta+f_q\delta^2}\right)_i (\max(\mathbf{v}\cdot\mathbf{k},0))_{\mathbf{i}}^{\mathbf{Spot_{Exp}}}$		·	Faktor Nr. i
		$\Big\{\ \ \mathbf{a}_{light}$ *	$\mathbf{a}_{mat}$ +	ambient Nr. i
	$\max(\mathbf{l}\cdot\mathbf{n},0)$ ·	$\mathbf{d}_{light}$ *	$\mathbf{d}_{mat}$ +	diffus Nr. i
	$(\max(\mathbf{h}\cdot\mathbf{n},0))^{\mathbf{S}}$ ·	$\mathbf{s}_{light}$ *	$\mathbf{s}_{mat}\ \Big\}_i$	spekular Nr. i

(12.17)

In (12.17) ist zu beachten, dass der Faktor Nr. i nur dann einen Beitrag liefert, falls: $\cos(Spot_{Cutoff}) < \max(\mathbf{v}\cdot\mathbf{k},0))$, ansonsten ist der Faktor null.

Wenn man bedenkt, dass in realistischen Szenen zwischen zehn- und hunderttausend Vertices im sichtbaren Volumen enthalten sind, also die doch schon ziemlich komplexe Beleuchtungsformel (12.17) ebenso oft berechnet werden muss und dafür obendrein nur ca. 16 Millisekunden (bei 60 Hz Bildgenerierrate) zur Verfügung stehen, bekommt man ein gewisses Gefühl für die immense Rechenleistung, die für interaktive 3D-Computergrafik erforderlich ist.

12.1.3.6 Separate spekulare Farbe

In der normalen Beleuchtungsformel (12.17) werden die vier Komponenten emissiv, ambient, diffus und spekular einfach zu einer Vertexfarbe addiert. Da das Textur-Mapping in der Rendering-Pipeline (Bild 5.2) nach der Beleuchtungsrechnung erfolgt, werden die spekularen Glanzlichter häufig durch die Texturfarben unterdrückt. Um dieses Problem zu umgehen, kann man OpenGL im „*Compatiblity Profile*" durch den Befehl:

`glLightModeli(GL_LIGHT_MODEL_COLOR_CONTROL, GL_SEPARATE_SPECULAR_COLOR)`

anweisen, die spekulare Farbkomponente separat zu berechnen. Die Beleuchtungsrechnung liefert dann zwei Farben pro Vertex: eine primäre Farbe ($\mathbf{g}_{primär}$), die alle nicht-spekularen Beleuchtungsanteile enthält und eine sekundäre Farbe ($\mathbf{g}_{sekundär}$), die alle spekularen Anteile enthält. Während des Textur-Mappings (Kapitel 13) wird nur die primäre Farbe ($\mathbf{g}_{primär}$) mit der Texturfarbe kombiniert. Danach wird auf die kombinierte Farbe die sekundäre Farbe ($\mathbf{g}_{sekundär}$) addiert und das Ergebnis auf den Wertebereich [0, 1] beschränkt. Im „*Core Profile*" von OpenGL bzw. in Vulkan berechnet man sowieso jede der vier Farbkomponenten (emissiv, ambient, diffus, spekular) separat, kann sie getrennt an den Fragment Shader übergeben und dort die spekulare Farbkomponente nach der Texturierung addieren.

Die Beleuchtungsformeln zur Berechnung der primären und sekundären Farbe für einen Vertex lauten:

Vertexfarbe	3D-Anordnung	Lichtquelle		Material		Komponente
$\mathbf{g}_{primär} =$				$\mathbf{e}_{mat}$	$+$	emissiv
		$\mathbf{a}_{global}$	$*$	$\mathbf{a}_{mat}$	$+$	global ambient
	$\sum\limits_{i=0}^{n-1}\left(\frac{1}{f_c+f_l\delta+f_q\delta^2}\right)_i$	$(\max(\mathbf{v}\cdot\mathbf{k},0))_i^{\mathbf{SpotExp}}$			$\cdot$	Faktor Nr. i $\qquad$ (12.18)
		$\big\{\quad\mathbf{a}_{light}$	$*$	$\mathbf{a}_{mat}$	$+$	ambient Nr. i
$\max(\mathbf{l}\cdot\mathbf{n},0)$	$\cdot$	$\mathbf{d}_{light}$	$*$	$\mathbf{d}_{mat}$	$\big\}_i$	diffus Nr. i

Vertexfarbe	3D-Anordnung	Lichtquelle		Material		Komponente
$\mathbf{g}_{sekundär} =$	$\sum\limits_{i=0}^{n-1}\left(\frac{1}{f_c+f_l\delta+f_q\delta^2}\right)_i$	$(\max(\mathbf{v}\cdot\mathbf{k},0))_i^{\mathbf{SpotExp}}$			$\cdot$	Faktor Nr. i $\quad$ (12.19)
	$\big\{(\max(\mathbf{h}\cdot\mathbf{n},0))^{\mathbf{S}}$	$\cdot$	$\mathbf{s}_{light}$	$*$	$\mathbf{s}_{mat}\quad\big\}_i$	spekular Nr. i

Die Addition der separaten spekularen Farbe nach dem Textur-Mapping führt zu deutlich besser sichtbaren Glanzlichteffekten.

Um zum normalen Beleuchtungsmodus zurück zu kehren, wird der Befehl `glLightModeli(GL_LIGHT_MODEL_COLOR_CONTROL, GL_SINGLE_COLOR)` aufgerufen. Falls ein Objekt keine Texturen enthält, sollte man beim normalen Beleuchtungsmodus bleiben, da er einfacher und somit schneller ist.

12.2   Schattierungsverfahren

Mit den im vorigen Abschnitt (12.1) beschriebenen Beleuchtungsmodellen ist es möglich, die Farbe eines beliebigen Punktes auf der Oberfläche eines Objektes zu berechnen. Aufgrund der enormen Komplexität der Beleuchtungsmodelle, die selbst in der stark vereinfachten Form des Standard-Beleuchtungsmodells ((12.17)) noch sehr hoch ist, wird die Beleuchtungsformel zur Bestimmung der Farbe von Objekten nur an den Eckpunkten der Polygone, d.h. an den Vertices ausgewertet. Dies passt auch mit der polygonalen Approximation von real gekrümmten Objekten zusammen. Nachdem die Farben an den relativ wenigen Vertices (10.000 - 100.000) berechnet sind, werden die Farbwerte für die große Anzahl an Fragmenten bzw. Pixeln ($\sim$2.000.000) eines Bildes mit Hilfe einfacher und daher schneller Schattierungsverfahren (*shading*) interpoliert. Als Standard-Verfahren haben sich hier das primitive *Flat-Shading* und das zwischen den Vertexfarben linear interpolierende *Smooth-* oder *Gouraud-shading* etabliert (Bild 12.15-a).

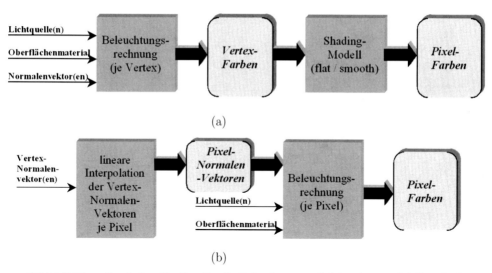

(a)

(b)

Bild 12.15:   *Rendering-Pipeline* für die Beleuchtung und Schattierung: (a) Standardverfahren für die Beleuchtung und Schattierung (b) *Phong-Shading*.

Das letzte vorgestellte Schattierungsverfahren, das sogenannte *Phong-Shading*, weicht von den beiden Standard-Schattierungsverfahren ab. Denn bei diesem Verfahren werden in der Rasterisierungsstufe der *Rendering-Pipeline* zunächst die Normalenvektoren zwischen den Vertices linear interpoliert und anschließend wird die Beleuchtungsformel für jedes Pixel berechnet (Bild 12.15-b). Der Rechenaufwand für das Phong-Shading liegt in der Regel um Größenordnungen über den Standard-Schattierungsverfahren. Mit programmierbaren

Vertex und Fragment Shadern, auf die im letzten Abschnitt dieses Kapitels eingegangen wird, ist es möglich, *Phong-Shading* in Echtzeit zu realisieren.

Zur Sicherheit sei hier noch einmal darauf hingewiesen, dass Schattierung in diesem Zusammenhang nicht heißt, dass Objekte einen Schatten werfen, sondern nur, dass die pixel-bezogenen Farben für die Objekte einer Szene berechnet werden.

12.2.1 Flat-Shading

Das *Flat-Shading* ist das einfachste Schattierungsverfahren, das man sich vorstellen kann. Das Beleuchtungsmodell wird nur an einem einzigen Punkt der ganzen Facette (ein Dreieck, Viereck oder Polygon) ausgewertet und der berechnete Farbwert wird auf alle Pixel dieser Facette kopiert. Der ausgewählte Punkt ist in der Regel der erste oder der letzte Vertex der Facette, da diese Punkte bereits vorliegen. In der folgenden Tabelle ist aufgelistet, welcher Vertex die Farbe des jeweiligen Grafik-Primitivs bestimmt:

Grafik-Primitiv	Vertex, der die Farbe der i-ten Facette des Grafik-Primitivs bestimmt
Polygon GL_POLYGON	1
Einzelne Dreiecke GL_TRIANGLES	$3i$
Verbundene Dreiecke GL_TRIANGLE_STRIP	$i + 2$
Dreiecks-Fächer GL_TRIANGLE_FAN	$i + 2$
Einzelne Vierecke GL_QUADS	$4i$
Verbundene Vierecke GL_QUAD_STRIP	$2i + 2$

Da beim *Flat-Shading* sowieso nur an einem Vertex die Beleuchtungsrechnung durchgeführt wird, ist es auch vollkommen ausreichend, einen einzigen Normalenvektor gemäß (12.13) und (12.14) zu berechnen und dem relevanten Vertex zuzuordnen. In diesem Fall spricht man von *Flächen-Normalenvektoren*, da nur ein Normalenvektor pro Fläche definiert bzw. verwendet wird und dieser auch, wie man im mathematischen Sinne erwarten würde, senkrecht auf der Fläche steht. Sollte allen Vertices ein eigener Normalenvektor zugewiesen werden, wie bei dem im nächsten Abschnitt dargestellten Gouraud-Shading, werden die überflüssigen Normalenvektoren einfach ignoriert.

Im „*Compatibility Profile*" von OpenGL wird der Rendering-Zustand *Flat-Shading* durch folgenden Befehl aktiviert:

```
glShadeModel(GL_FLAT);
```

Die Zuordnung eines Normalenvektors zu einem Vertex geschieht innerhalb einer `glBegin()`–
`glEnd()`-Klammer durch einen vorausgestellten `glNormal3*()`-Befehl:

```
glBegin(GL_POLYGON);
    glNormal3f(0.0,0.0,1.0);
    glVertex3f(1.0,1.0,0.0);
    glVertex3f(0.2,0.5,0.0);
    glVertex3f(0.8,0.3,0.0);
glEnd();
```

Im „Core Profile" von OpenGL wird der Rendering-Zustand *Flat-Shading* durch den
Interpolation Qualifier „**flat**" aktiviert, den man im Vertex Shader vor die jeweilige **out**-
Variable setzt:

flat out vec4 vColor;

In Vulkan wird der Rendering-Zustand *Flat-Shading* ebenfalls durch den *Interpolation
Qualifier* „**flat**" aktiviert, den man hier allerdings im Fragment Shader vor die jeweilige
in-Variable setzt:

flat in vec4 fColor;

Ein Normalenvektor wird einem Vertex zugeordnet, indem man ihn einfach als weiteres
Vertex Attribut in einem „*Vertex Buffer Object*" (Abschnitte 6.4.4.1 und 6.5.1) speichert.
Allerdings muss man im „*Core Profile*" von OpenGL bzw. in Vulkan jedem Vertex einen
eigenen Normalenvektor zuordnen, auch wenn dies für alle Vertices eines Polygons immer
der gleiche Normalenvektor ist. Im „*Compatibility Profile*" reicht es, den Normalenvektor
einmal am Anfang zu spezifizieren, wie oben gezeigt.

Das hervorstechende Merkmal von Bildern, die mit *Flat-Shading* gerendert wurden, ist
das facettenartige Aussehen der Objekte (Bild 12.16-$a_{1,2}$). Man sieht jede einzelne Facette,
aus der ein Objekt aufgebaut ist, besonders deutlich, da jede Facette ja eine einheitliche Farbe erhält. Beim Übergang von einer Facette zur nächsten tritt meist ein Sprung
im Farb- bzw. Helligkeitsverlauf auf, den die menschliche Wahrnehmung durch eine diffe-
renzierende Vorverarbeitung verstärkt wahrnimmt (der sogenannte „Mach-Band-Effekt").
Dadurch werden auch kleine Farb- oder Helligkeitssprünge noch sehr deutlich wahrgenommen, wie in Bild 12.16-a_2 zu sehen ist. Erst wenn die Tesselierung der Objekte so fein ist,
dass jedes Polygon nur noch ein oder wenige Pixel groß ist, verschwindet das facettierte
Aussehen (Bild 12.16-a_3). In diesem Grenzfall unterscheidet sich das Flat-Shading praktisch nicht mehr vom Gouraud- bzw. Phong-Shading, da für jedes Pixel ($\approx$ Facette) ein
Normalenvektor vorhanden ist und die Beleuchtungsrechnung ausgeführt wird.

Das *Flat-Shading* ist das einfachste und daher schnellste der drei vorgestellten Schattierungsverfahren. Deshalb wird es nach wie vor in Einsatzbereichen verwendet, in denen
keine Hardwarebeschleunigung für die Beleuchtung und Schattierung zur Verfügung steht,
oder z.B. in Entwurfsansichten von CAD-Programmen, um den polygonalen Aufbau der
Konstruktion gut zu erkennen.

12.2.2   Smooth-/Gouraud-Shading

Der Ausgangspunkt der Überlegungen beim *Smooth-Shading*, das alternativ auch nach dem Namen des Erfinders *Gouraud-Shading* [Gour71] genannt wird, ist die Beseitigung der Sprünge im Farb- bzw. Helligkeitsverlauf, die so störend wirken. Die einfachste Möglichkeit, einen stetigen Farbverlauf zu erzeugen, ist die lineare Interpolation der Farbwerte zwischen den Facetten. Aber an welcher Stelle der jeweiligen Facette soll man den Farbwert bestimmen, damit man überall einen glatten Farbverlauf (*Smooth-Shading*) zwi-

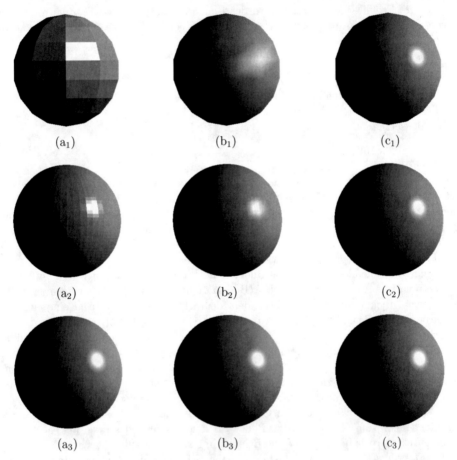

Bild 12.16:   Schattierungsverfahren versus Tesselierung: (a) *Flat-Shading*. (b) *Smooth-/Gouraud-Shading*. (c) *Phong-Shading*. (obere Reihe, Index 1) grobe Tesselierung 81 Polygone. (mittlere Reihe, Index 2) mittlere Tesselierung 2500 Polygone. (untere Reihe, Index 3) feine Tesselierung 250000 Polygone.

schen den Facetten erreicht? Hier setzte die Idee Gouraud's ein: ausgehend von den sowieso vorhandenen Vertex-Koordinaten der Polygone werden zunächst wieder mit Hilfe
der Gleichungen (12.13) und (12.14) die Flächen-Normalenvektoren berechnet. Um jetzt
den Sprung im Farbverlauf an den Facettenrändern zu vermeiden, wird durch Mittelung
aller im betreffenden Eckpunkt angrenzenden Flächen-Normalenvektoren ein sogenannter
Vertex-Normalenvektor bestimmt, der entgegen der üblichen mathematischen Definition eines „Normalenvektors" auf keiner der angrenzenden Facetten senkrecht[1] steht (Bild 12.18).
Falls neben der polygonalen Approximation auch die analytische Beschreibung einer gekrümmten Oberfläche bekannt ist, können die „korrekten" Normalenvektoren direkt analytisch berechnet werden. Im nächsten Schritt wird die Beleuchtungsrechnung für jeden
Vertex mit den „korrekten" *Vertex-Normalenvektoren* durchgeführt, so dass als Ergebnis
ein Farbwert pro Vertex heraus kommt (*Per-Vertex-Lighting*). Abschließend werden die
Farbwerte der einzelnen Pixel $\mathbf{g}_p$ durch *lineare Interpolation der Farbwerte* zwischen den
Vertices entlang der Facettenkanten bestimmt und danach zwischen den Kanten entlang
der sogenannten *Scan Lines* (Bild 12.17):

$$
\begin{aligned}
\mathbf{g}_a &= \mathbf{g}_1 - (\mathbf{g}_1 - \mathbf{g}_2) \cdot \frac{y_1 - y_s}{y_1 - y_2} \\
\mathbf{g}_b &= \mathbf{g}_1 - (\mathbf{g}_1 - \mathbf{g}_3) \cdot \frac{y_1 - y_s}{y_1 - y_3} \\
\mathbf{g}_p &= \mathbf{g}_b - (\mathbf{g}_b - \mathbf{g}_a) \cdot \frac{x_b - x_p}{x_b - x_a}
\end{aligned}
\tag{12.20}
$$

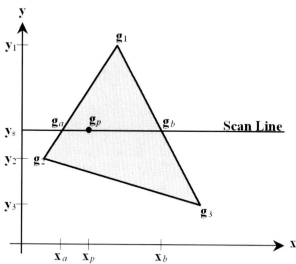

Bild 12.17:   Der *Scan Line*-Algorithmus zur Berechnung der Pixel-Farbwerte: lineare
Interpolation der Vertex-Farben entlang der Polygonkanten und *Scan Lines*.

---

[1]bis auf den uninteressanten Fall, dass alle benachbarten Facetten in einer Ebene liegen.

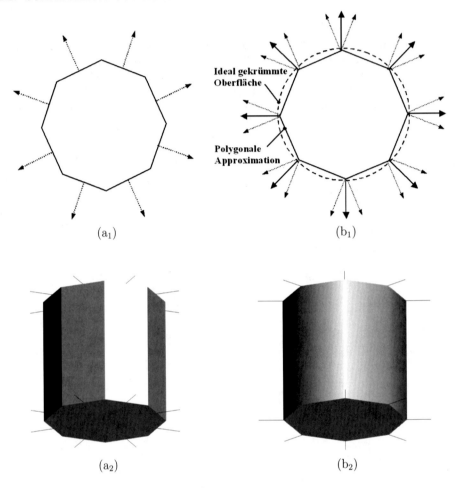

(a_1) (b_1)

(a_2) (b_2)

Bild 12.18:   Flächen-Normalen versus Vertex-Normalen am Beispiel eines grob tesselier-
ten Zylinders: (a_1) Flächen-Normalenvektoren (gepunktet), die senkrecht auf den Polygonen (durchgezogen) stehen. (a_2) 3D-Ansicht des Zylinders mit Flächen-Normalenvektoren:
Gouraud-Shading liefert ebenso wie *Flat-Shading* Farb- bzw. Helligkeitssprünge an den
Polygonkanten. (b_1) Vertex-Normalenvektoren (durchgezogen), die durch Mittelung aus
den Flächen-Normalenvektoren (gepunktet) des Zylindermantels gewonnen wurden. Die
Vertex-Normalenvektoren stehen senkrecht auf der idealen Zylinderoberfläche (gestrichelt), aber auf keiner Facette der polygonalen Approximation (durchgezogen). (b_2) 3D-
Ansicht des Zylinders mit Vertex-Normalenvektoren: *Gouraud-Shading* läßt den Zylindermantel rund erscheinen, da benachbarte Polygonkanten die gleichen Normalenvektoren
besitzen und zusammen mit der linearen Interpolation der Farbwerte zwischen den Vertices Farb- bzw. Helligkeitssprünge vermieden werden.

Im „*Compatibility Profile*" von OpenGL wird der Rendering-Zustand *Smooth-Shading* durch folgenden Befehl aktiviert:

```
glShadeModel(GL_SMOOTH);
```

Im Gegensatz zum *Flat-Shading* wird beim *Smooth- oder Gouraud-Shading* jedem Vertex ein eigener *Vertex-Normalenvektor* zugeordnet:

```
glBegin(GL_POLYGON);
    glNormal3f(0.5,0.5,0.707);
    glVertex3f(1.0,1.0,0.0);
    glNormal3f(-0.5,0.5,0.707);
    glVertex3f(0.2,0.5,0.0);
    glNormal3f(0.5,-0.5,0.707);
    glVertex3f(0.8,0.3,0.0);
glEnd();
```

Im „*Core Profile*" von OpenGL wird der Rendering-Zustand *Smooth-Shading* durch den *Interpolation Qualifier* „**smooth**" aktiviert, den man im Vertex Shader vor die jeweilige **out**-Variable setzt[2]:

smooth out vec4 vColor;

In Vulkan ist der Rendering-Zustand *Smooth-Shading* standardmäßig aktiviert, solange kein anderer *Interpolation Qualifier* im Fragment Shader vor die jeweilige **in**-Variable gesetzt wird.

Die Zuordnung je eines Normalenvektors zu einem Vertex erfolgt wieder im Rahmen der Definition eines „*Vertex Buffer Object*" (Abschnitte 6.4.4.1 und 6.5.1).

Auf den ersten Blick sind durch das *Gouraud-Shading* die Probleme des *Flat-Shadings* behoben: die Farb- bzw. Helligkeitssprünge sind eliminiert, so dass selbst polygonal approximierte Oberflächen rund erscheinen (Bild 12.18-b$_2$). Beim *Gouraud-Shading* reicht in der Regel bereits eine mittlere Tesselierung aus, um eine akzeptable Bildqualität zu erreichen (Bild 12.16-b$_2$). Insbesondere bei zu grober Tesselierung der Objekte treten jedoch auch beim *Gouraud-Shading* eine Reihe von Problemen auf:

- Glanzlichter werden nicht korrekt dargestellt. Diese entstehen ja, wenn der Augenpunktsvektor sehr nahe bei der idealen Reflexionsrichtung liegt. Da die Beleuchtungsformel beim *Gouraud-Shading* aber nur in den Eckpunkten der Polygone berechnet wird und die Farben dazwischen linear interpoliert werden, sind die Glanzlichter sehr häufig gar nicht zu sehen. Aber selbst wenn man gerade ein Glanzlicht erwischt hat (Bild 12.16-b$_1$), erscheint der Farbverlauf nicht glatt, sondern sternförmig, da unsere visuelle Wahrnehmung auch Sprünge in der ersten Ableitung des Farb- bzw. Helligkeitsverlaufs verstärkt. Noch problematischer wird es, wenn Bewegung ins Spiel kommt, denn dann blitzt das Glanzlicht abwechselnd auf und ab. Abhilfe

---

[2]Falls kein *Interpolation Qualifier* vor die jeweilige **out**-Variable gesetzt wird, ist man ebenfalls im Rendering-Zustand *Smooth-Shading*, da dies die Standard-Einstellung im „*Core Profile*" von OpenGL ist.

kann hier entweder durch eine höhere Tesselierung wie in Bild 12.16-b_2, 3 geschaffen werden (falls die Rechenkapazität dies zulässt), oder durch den Wegfall der spekularen Lichtkomponente.

- Die Silhouette der Objekte bleibt immer so eckig, wie das polygonale Modell (Bild 12.16-b_1 und -b_2).

- Bei Spotlights und lokalen Lichtquellen ist der Rand des Lichtkegels oft sehr „ausgefranst", da hier die polygonale Struktur des Modells deutlich sichtbar wird (Bild 12.19).

Bild 12.19: Probleme beim *Gouraud-Shading* mit *Spotlights*: der Rand des Lichtkegels ist durch zu große Polygone oft sehr „ausgefranst".

Vorsicht ist auch bei der Berechnung von Vertex-Normalenvektoren aus Flächen- Normalenvektoren geboten. Ab einem bestimmten Winkel zwischen den Flächen-Normalenvektoren macht es keinen Sinn mehr zu mitteln, und manchmal möchte man Kanten auch sehen können, wie z.B. die Kante zwischen Mantel und Deckel bei dem Zylinder in Bild 12.18-b_2. Man sollte also bei einem Algorithmus zur Berechnung von Vertex-Normalenvektoren einen Grenzwinkel vorsehen, ab dem Flächen-Normalenvektoren nicht mehr zur Mittelung herangezogen werden.

Im praktischen Einsatz ist das *Smooth-* oder *Gouraud-Shading* bis heute noch häufig zu finden, da es bei realen Anwendungen mit komplexeren Szenen von der Bildqualität her meistens ausreichend ist und dennoch aufgrund seiner geringer Komplexität die Echtzeitanforderungen erfüllt.

12.2.3 Phong-Shading

Beim *Phong-Shading* [Phon75] werden in der Rasterisierungsstufe der *Rendering-Pipeline* (Bild 5.2 bzw. 5.8), in der die Umrechnung von vertex-bezogenen in pixel-bezogene Daten stattfindet, zunächst die Pixel-Normalenvektoren durch *lineare Interpolation zwischen den Vertex-Normalenvektoren* gewonnen. Dabei geht man von den gleichen Vertex-Normalenvektoren aus, die auch beim *Gouraud-Shading* Verwendung finden. Der ebenfalls vom *Gouraud-Shading* bereits bekannte *Scan Line*-Algorithmus (12.20) wird hier auf die Normalenvektoren angewendet, allerdings mit einer Ergänzung: Sowohl nach der linearen Interpolation entlang der Facettenkanten, als auch nach der linearen Interpolation entlang der *Scan Lines* (Bild 12.17) müssen die Normalenvektoren gemäß (12.14) normiert werden. Das Ergebnis dieses ersten Schritts sind Normalenvektoren der Länge 1 für jedes Pixel, die *Pixel-Normalen* (Bild 12.20). Im zweiten Schritt wird die Beleuchtungsrechnung für jedes Pixel mit diesen *Pixel-Normalen* durchgeführt, so dass als Endergebnis wieder ein Farbwert pro Pixel bzw. pro Fragment heraus kommt (*Per-Pixel-* bzw. *Per-Fragment-Lighting*).

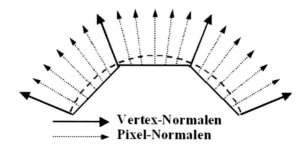

Bild 12.20: Grundprinzip des *Phong-Shadings*: Berechnung der Pixel-Normalenvektoren durch lineare Interpolation zwischen den Vertex-Normalenvektoren und Auswertung der Beleuchtungsformel an jedem Pixel.

Durch das *Phong-Shading* werden die gravierendsten Probleme des *Gouraud-Shading* beseitigt. Aufgrund der pixel-bezogenen Beleuchtungsrechnung werden selbst bei grober Tesselierung Glanzlichter nicht mehr verpasst und die Ränder eines *Spotlight*-Kegels glatt dargestellt. Nur die eckige Silhouette lässt noch auf die geringe Zahl an verwendeten Polygonen schließen (Bild 12.16-c_1). Außerdem ist das *Phong-Shading* mit seiner pixel-bezogenen Berechnung von Normalenvektoren und Beleuchtungsmodell die Basis für fortgeschrittene Texture-Mapping-Verfahren wie z.B. Bump-Mapping (Kapitel 13).

An dieser Stelle lohnt sich allerdings ein ganz allgemeiner Blick auf den Rechenaufwand und die erzielbare Bildqualität bei den verschiedenen Schattierungsverfahren. Wie in Bild 12.16 zu sehen ist, kann man durch eine ausreichend feine Tesselierung der Objekte mit dem einfachen *Flat-Shading* die gleiche hohe Bildqualität erreichen, wie bei beim *Phong-Shading* mit niedriger Tesselierung. Bei Anwendung des Gouraud-Shadings reicht ein mittlerer Tesselierungsgrad aus, um eine vergleichbare Bildqualität zu erreichen. Schattierungsverfahren und Tesselierung sind also austauschbar im Hinblick auf die Bildqualität: je einfacher das Schattierungsverfahren, desto feiner muss die Tesselierung sein (bei bekannter Auflösung) oder umgekehrt: je aufwändiger das Schattierungsverfahren, desto geringer kann die Anzahl der verwendeten Polygone sein. Es bleibt also die Frage des Rechenaufwands bei gleicher Bildqualität, die hier mit einer groben Abschätzung beantwortet wird. Für *Flat-Shading* bedeutet dies, dass praktisch pro Pixel ein Polygon (Dreieck) vorhanden sein muss. Das heißt aber andererseits auch, dass nicht nur das Beleuchtungsmodell ähnlich häufig wie beim *Phong-Shading* ausgewertet werden muss, sondern Modell- und Augenpunktstransformationen sowie die Projektions- und Viewporttransformationen müssen für sehr viel mehr Vertices als beim Phong-Shading durchgeführt werden. Unter dem Strich ist also *Flat-Shading* bei gleich hoher Bildqualität rechenaufwändiger als *Phong-Shading*. Aufgrund der linearen Farbinterpolation reicht es beim *Gouraud-Shading* aus, wenn die Tesselierung ca. 10 - 100 Mal geringer ist, als beim *Flat-Shading*. Das aufwändige Beleuchtungsmodell muss beim *Gouraud-Shading* pro Dreieck drei Mal ausgewertet werden und beim *Flat-Shading* ein Mal. Da die lineare Farbinterpolation kaum Rechenzeit kostet, ist das *Gouraud-Shading* letztlich ca. 3 - 30 Mal effizienter als das *Flat-Shading*. *Phong-Shading* erlaubt zwar eine weitere Reduktion der Tesselierung gegenüber *Gouraud-Shading*, die aber wegen der immer sichtbaren Silhouette in der Regel auf einen Faktor < 10 begrenzt bleibt. Die Einsparung an Geometrietransformationen beim *Phong-Shading* wird aber durch die Auswertung des Beleuchtungsmodells pro Pixel wieder weit mehr als aufgewogen, so dass sich am Ende das *Gouraud-Shading* als das effizienteste Verfahren erweist. Aus diesem Grund ist eine Kombination aus *Gouraud-Shading* und dem Beleuchtungsmodell gemäß (12.17) der Standard bei den meisten Grafiksystemen. Derzeit findet allerdings ein gewisser Umbruch statt, da mittlerweile die Leistungsfähigkeit der Grafikhardware so enorm zugelegt hat, dass *Phong-Shading* in Echtzeit möglich und als Basis für anspruchsvolle Texture-Mapping-Verfahren wie z.B. Bump-Mapping (Kapitel 13) auch nötig ist.

12.2.4   Realisierung eines Phong-Shaders in GLSL

Zur Realisierung des *Phong-Shadings* in *GLSL* (in Kombination mit OpenGL oder Vulkan)
muss man sich zunächst ein paar Gedanken zur *Rendering-Pipeline* (Bild 5.4 bzw. 5.8) machen. Beim Phong-Shading findet die Beleuchtungsrechnung pro Pixel, d.h. im Fragment-
Shader statt. Dazu benötigt man pixel-bezogene Normalenvektoren und Positionen, die
normalerweise nach der Rasterisierung gar nicht mehr vorliegen, da beim Gouraud-Shading
die vertex-bezogene Beleuchtungsrechnung vor der Projektionstransformation im Augenpunktkoordinatensystem stattfindet. Deshalb wird ein Trick angewendet, um die Vertex-
Normalenvektoren und Eckpunkte linear zu interpolieren und in das Fragment-Programm
zu schaufeln: man definiert sie im Vertex-Shader als *smooth*-Ausgabewerte[3], so dass die
Rasterisierungsstufe mit Hilfe des *Scan Line*-Algorithmus (12.20) die Interpolation erledigt. Denn die Rasterisierungsstufe führt mit der standardmäßigen Anweisung „*smooth*"
die lineare Interpolation nicht nur für Vertex-Farben durch, sondern auch für alle anderen
vertex-bezogenen Größen, die man definiert hat. Danach liegen alle benötigten Daten im
Fragment-Programm vor, um die Beleuchtungsrechnung pro Pixel durchzuführen und den
resultierenden Farbwert auszugeben.

Für die Implementierung von „echtem" *Phong-Shading* müssen mindestens drei verschiedene Dateien editiert werden:

- Ein normales OpenGL- bzw. Vulkan-Programm muss so erweitert werden, dass die
  Vertex- und Fragment-Shader geladen und aktiviert werden (Abschnitt 5.1.4.5 bzw.
  5.2.2.3). Außerdem muss hier die Parameterübergabe zwischen OpenGL bzw. Vulkan
  und GLSL in Form von uniform-Variablen bzw. Descriptor Sets organisiert werden.

- Ein *Vertex-Shader*-Programm, hier „vsPhong.glsl" genannt, das die Berechnung
  der nötigen Transformationen durchführt. Darin werden die vom OpenGL- bzw.
  Vulkan-Programm stammenden Vertices mit Hilfe der aufeinander multiplizier-
  ten ModelView- und Projektions-Matrizen vom Objekt-Koordinatensystem ins
  Projektions-Koordinatensystem transformiert. Das Ergebnis wird der normalen
  Rendering-Pipeline für die weiteren Transformationsschritte übergeben (Clipping,
  Viewport-Transformation). Zusätzlich werden die Vertices mit Hilfe der ModelView-
  Matrix vom Objekt-Koordinatensystem ins Augenpunkt-Koordinatensystem (in dem
  später die Beleuchtungsrechnung stattfindet) transformiert und anschließend als
  smooth-Ausgabewerte an den Rasterizer ausgegeben. Die Vertex-Normalenvektoren
  werden mit Hilfe der Normalen-Matrix (das ist die invers transponierte ModelView-
  Matrix) vom Objekt-Koordinatensystem ins Augenpunkt-Koordinatensystem transformiert und ebenfalls als *smooth*-Ausgabewerte an den Rasterizer ausgegeben (Normalenvektoren verhalten sich unter Transformationen nicht wie gewöhnliche Vertices,
  sondern wie die Flächen, auf denen sie senkrecht stehen).

---

[3]in Vulkan ist dies sowieso die Standardeinstellung auch ohne Angabe eines Interpolation Qualifiers und
im „*Core Profile*" von OpenGL kann man die Interpolation Qualifier explizit im Vertex Shader angeben,
wenn man möchte (**smooth out** vec3 `Normal;` und **smooth out** vec3 `Position;`)

- Ein *Fragment-Shader*-Programm, hier „fsPhong.glsl" genannt, das das eigentliche *Phong-Shading* durchführt. Als Input von der Rasterisierungsstufe stehen die pixelbezogenen Positionen und Normalenvektoren sowie die aus dem OpenGL- bzw. Vulkan-Programm stammenden uniform-Parameter für die Beleuchtungsrechnung zur Verfügung. Nach der Durchführung dieser Rechnung wird als Ergebnis der Farbwert pro Pixel bzw. Fragment an die normale Rendering-Pipeline für die weiteren Fragment-Operationen übergeben (z.B. z-Buffer-Test, Alpha-Blending, Accumulation Buffer).

Das Vertex-Programm vsPhong.glsl:

Im Vertex-Programm finden beim *Phong-Shading* ausschließlich Transformationen statt, da die Beleuchtungsrechnung ja im Fragment-Programm per Pixel durchgeführt wird. Als Input vom OpenGL- bzw. Vulkan-Programm, der sich bei jedem Aufruf des Vertex-Programms ändert (**in**-Variablen bzw. Attributes), wird die Position und der Normalenvektor des betrachteten Vertex im Objektkoordinatensystem übergeben. Als weiterer Input vom OpenGL- bzw. Vulkan-Programm, der sich selten ändert (uniform-Parameter), wird die ModelView-Matrix, die Normalen-Matrix (d.h. die invers transponierte der ModelView-Matrix), sowie die Kombination aus ModelView- und Projektions-Matrix übergeben. Zunächst einmal müssen die Koordinaten des übergebenen Vertex mit Hilfe der kombinierten ModelViewProjektions-Matrix vom Objekt-Koordinatensystem in das Projektions-Koordinatensystem transformiert werden. Das Ergebnis ist der „`Position`"-Output des Vertex-Programms, der für die weiteren Berechnungen auf Vertex-Ebene (Clipping, Viewport-Transformation) und für den *Scan Line*-Algorithmus (12.20) herangezogen wird. Für die Beleuchtungsrechnung im Fragment-Programm benötigt man aber die 3-dimensionalen Positionen und Normalenvektoren pro Pixel im Augenpunkts-Koordinatensystem. Deshalb transformiert man die Koordinaten des übergebenen Vertex mit Hilfe der ModelView-Matrix vom Objekt-Koordinatensystem in das Augenpunkts-Koordinatensystem. Normalenvektoren verhalten sich bezüglich Koordinatentransformationen nicht wie Vertices, sondern wie die Flächen, auf denen sie senkrecht stehen. Aus diesem Grund müssen die Vertex-Normalenvektoren mit der invers transponierten der ModelView-Matrix multipliziert werden, um vom Objekt-Koordinatensystem in das Augenpunkts-Koordinatensystem transformiert zu werden [Kess17]. Nun bleiben noch zwei Aufgaben zu erledigen: aus den vertex-bezogenen Eckpunkten und Normalenvektoren im Augenpunkts-Koordinatensystem müssen pixel-bezogene Positionen und Normalenvektoren berechnet werden und diese Daten müssen vom Vertex-Shader zum Fragment-Shader transferiert werden. Dazu bedient man sich eines Tricks, mit dem man beide Aufgaben in einem Arbeitsgang erledigen kann: man deklariert die ins Augenpunkts-Koordinatensystem transformierten Eckpunkte und Normalenvektoren als *smooth*-Ausgabewerte, und die Rasterisierungsstufe der *Rendering-Pipeline* erledigt die beiden Aufgaben. Denn *smooth*-Ausgabewerte werden in OpenGL bzw. Vulkan ebenfalls den Vertices zugeordnet und der *Scan Line*-Algorithmus (12.20) im Rasterizer berechnet die linear interpolierten Werte für jedes Pixel und liefert somit pixel-bezogene Positionen und Normalenvektoren an das Fragment-Programm.

```
// Das Vertex-Programm vsPhong.glsl:

#version 460          // GLSL-Version 4.6
#extension all : enable

// Eingabe-Werte pro Vertex
in vec4 vVertex;      // Vertex-Position in Objektkoordinaten
in vec3 vNormal;      // Normalen-Vektor in Objektkoordinaten

// Uniform-Eingabe-Werte
uniform mat4 MV;          // ModelView-Matrix
uniform mat4 MVP;         // ModelViewProjection-Matrix
uniform mat3 NormalM;     // Normalen-Matrix

// Ausgabe-Werte
out vec3 Position;        // Vertex-Position in Augenpunktkoordinaten
out vec3 Normal;          // Normalen-Vektor in Augenpunktkoordinaten

void main()
{
    // Vertex aus Objekt- in Projektionskoordinaten
    gl_Position = MVP * vVertex;
    // Vertex aus Objekt- in Augenpunktkoordinaten
    vec4 Pos = MV * vVertex;
    Position = Pos.xyz / Pos.w;
    // Vertex-Normale aus Objekt- in Augenpunktkoordinaten
    Normal = normalize(NormalM * vNormal);
}
```

Das Fragment-Programm fsPhong.glsl:

Im Fragment-Programm finden die wesentlichen Berechnungen des Beleuchtungsmodells statt. Als Input vom Rasterizer kommen die für jedes Pixel linear interpolierten Variablen Position und Normalenvektor (jeweils in Augenpunktkoordinaten) an. Als Input vom OpenGL- bzw. Vulkan-Programm kommen die uniform-Parameter für die Material- und Lichtquelleneigenschaften an. Zunächst müssen die Normalenvektoren erneut normiert werden, da die lineare Interpolation durch den Rasterizer die Normalenvektoren verkürzt. Anschließend werden die beiden einfachsten Lichtanteile, der emissive und der ambiente Anteil, bestimmt. Danach wird im Falle einer infiniten Lichtquelle der Lichtvektor durch Normierung des Lichtrichtungsvektors (d.h. der ersten drei Koordinaten x,y,z) berechnet und im Falle einer lokalen Lichtquelle muss man den Lichtvektor von jeder Pixelposition zur Lichtquelle berechnen. Das Skalarprodukt von normiertem Lichtvektor und normiertem Pixel-Normalenvektor ergibt den Cosinus des Winkels zwischen diesen beiden Vektoren, der für das Lambert'sche Modell einer ideal diffusen Oberfläche relevant ist. Die Maximum-Funktion sorgt dafür, dass Oberflächen nicht von hinten beleuchtet werden. Der diffuse Beleuchtungsanteil ergibt sich aus dem Produkt von diffusen Reflexionskoeffizienten des Materials mit dem ausgestrahlten Licht und dem Lambert'schen Faktor. Für die Berechnung des spekularen Lichtanteils benötigt man noch den *Halfway-Vektor*, der sich als Winkelhalbierender zwischen dem Lichtvektor und dem Augenpunktvektor ergibt (standardmäßig wird für die Beleuchtungsrechnung ein infiniter Augenpunkt angenommen, so dass der in die positive z-Richtung zeigende Augenpunktsvektor fix ist). Falls eine infinite Lichtquelle angenommen wird, ist auch der Lichtrichtungsvektor fix, so dass der *Halfway-Vektor* vorab im OpenGL- bzw. Vulkan-Programm einmal berechnet und als uniform-Variable bei den Parametern der Lichtquelle an den Fragment-Shader übergeben werden kann. Das durch die Maximum-Funktion positiv definite Skalarprodukt von normiertem *Halfway-Vektor* und normiertem Pixel-Normalenvektor ergibt den Cosinus des Winkels zwischen diesen beiden Vektoren, der, potenziert mit dem Shininess-Faktor, für das Phong'sche Modell einer real spiegelnden Oberfläche relevant ist. Da der spekulare Lichtanteil verschwinden muss, wenn der Lambert'sche Faktor null ist (denn in diesem Fall wird ja die Oberfläche von hinten beleuchtet), wird in diesem Fall der spekulare Faktor ebenfalls null gesetzt. Der spekulare Beleuchtungsanteil ergibt sich aus dem Produkt von spekularen Reflexionskoeffizienten des Materials mit dem ausgestrahlten Licht und dem spekularen Faktor. Die endgültige Farbe des Pixels ist die Summe aus emissivem, ambientem, diffusem und spekularem Lichtanteil. Der einzige Output des Fragment-Programms ist der Farbwert des Pixels, der dann im Rahmen der weiteren Fragment-Operationen (wie z.B. z-Buffer-Test, Alpha-Blending, Accumulation Buffer) noch verändert werden kann.

```
// Das Fragment-Programm fsPhong.glsl

#version 460        // GLSL-Version 4.6
#extension all : enable

// linear interpolierte Eingabe-Werte pro Fragment
in vec3 Position;    // Fragment-Position in 3D
in vec3 Normal;      // Normalen-Vektor

// Uniform-Block für Material-Eigenschaften
uniform MaterialParams{
    vec4 emission;
    vec4 ambient;
    vec4 diffuse;
    vec4 specular;
    float shininess; } Material;
```

```
// Uniform-Block für Lichtquellen-Eigenschaften
uniform LightParams{
    vec4 position;
    vec4 ambient;
    vec4 diffuse;
    vec4 specular;
    vec3 halfVector } LightSource;

// Ausgabe-Wert: Farbe des Fragments
out vec4 FragColor;

void main()
{
    // Berechnung des Phong-Blinn-Beleuchtungsmodells
    vec3 N = normalize(Normal);
    vec4 emissiv = Material.emission;
    vec4 ambient = Material.ambient * LightSource.ambient;
    vec3 L = vec3(0.0);     // alle drei Komponenten werden auf 0.0 gesetzt
    vec3 H = vec3(0.0);
    if (LightSource.position.w == 0){
        L = normalize(vec3( LightSource.position));
        H = normalize( LightSource.halfVector);
    } else {
        L = normalize(vec3( LightSource.position) - Position);
        // Annahme eines infiniten Augenpunkts:
        // somit zeigt der Vektor A zum Augenpunkt immer in z-Richtung
        vec4 Pos_eye = vec4(0.0, 0.0, 1.0, 0.0);
        vec3 A = Pos_eye.xyz;
        H = normalize(L + A);
    }
    vec4 diffuse = vec4(0.0, 0.0, 0.0, 1.0);
    vec4 specular = vec4(0.0, 0.0, 0.0, 1.0);
    float diffuseLight = max(dot(N, L), 0.0);
    if (diffuseLight > 0) {
        diffuse = diffuseLight * Material.diffuse * LightSource.diffuse;
        float specLight = pow(max(dot(H, N), 0), Material.shininess);
        specular = specLight * Material.specular * LightSource.specular;
    }
    FragColor = emissiv + ambient + diffuse + specular;
}
```

Bei diesem *Fragment-Shader* wird ein infiniter Augenpunkt angenommen, was der standardmäßigen OpenGL-Einstellung des *Light Models* entspricht:
`glLightModeli(GL_LIGHT_MODEL_LOCAL_VIEWER, GL_FALSE);` (Abschnitt 12.1.3.4). Falls die Umschaltung auf einen lokalen Augenpunkt berücksichtigt werden soll, müsste, analog wie bei der Umschaltung zwischen lokaler und infiniter Lichtquelle, eine Verzweigung ins Programm eingebaut werden, bei der im zweiten Ast der Vektor zum Augenpunkt für jedes Pixel individuell im *Fragment Shader* berechnet wird:

```
vec4 Pos_eye = vec4(0.0, 0.0, 0.0, 1.0);
vec3 A = normalize(Pos_eye.xyz - Position);
vec3 H = normalize(L + A);
```

An dieser Stelle sind noch einige Effizienzbetrachtungen insbesondere zum Fragment-Programm fsPhong.glsl angebracht. Man sollte sich bewusst machen, dass das Fragment-Programm bei einem Bild mit einer Auflösung von 1920 x 1080 Pixel ca. 2, 1 Millionen Mal ausgeführt werden muss. Daher sollte jede unnötige Operation eingespart werden.

Das Fragment-Programm fsPhong.glsl setzt z.B. voraus, dass bei der Festlegung der Position der Lichtquelle (`LightSource.position`) der inverse Streckungsfaktor w entweder 0 oder 1 ist. Falls andere Werte zugelassen werden, müsste die Position der Lichtquelle noch durch den inversen Streckungsfaktor geteilt werden (die Eingabe eines anderen Wertes wird durch den *GLSL*-Compiler nicht verhindert, aber das Ergebnis wäre falsch).

Die Effizienz des Fragment-Programms kann z.B. dadurch gesteigert werden, dass die Berechnung des ambienten Lichtanteils, die ja für jedes Pixel gleich ist, in das OpenGL-Programm verlagert wird. An das Fragment-Programm wird dann anstatt der `uniform`-Parameter `Material.ambient` und `LightSource.ambient` einfach ein `uniform`-Parameter übergeben, der das Produkt der beiden enthält.

Eine andere Möglichkeit, die Effizienz des Fragment-Programms fsPhong.cg zu steigern, besteht darin, die Abfrage, ob es sich um eine infinite Lichtquelle handelt oder um eine lokale (`if(LightSource.position.w == 0)`), ins OpenGL- bzw. Vulkan-Programm zu verlagern. Dazu müssen zwei verschiedene Versionen des Fragment-Programms bereitgestellt werden. Eines für die infinite Lichtquelle, bei der der Lichtvektor für alle Pixel der gleiche ist und somit nichts berechnet werden muss, sowie ein zweites Fragment-Programm für die lokale Lichtquelle, bei der für jedes Pixel ein eigener Lichtvektor aus der normierten Differenz zwischen der Lichtquellenposition und der Pixelposition berechnet werden muss. Im OpenGL- bzw. Vulkan-Programm muss dann, abhängig vom Wert des inversen Streckungsfaktors für die Lichtquellenposition, das jeweilige Fragment-Programm geladen werden.

Eine weitere Möglichkeit der Effizienzsteigerung besteht unter Umständen darin, die Beleuchtungsrechnung nicht in Augenpunkt-Koordinaten, sondern in Objekt-Koordinaten durchzuführen (dieser Ansatz wird im *Cg-Tutorial* [Fern03] verfolgt). Falls der Augenpunkt und die Lichtquelle lokal sind, bleibt das Fragment-Programm in beiden Koordinatensystemen das gleiche. Das Vertex-Programm vereinfacht sich jedoch, da die Vertex-Positionen und die Vertex-Normalenvektoren nicht vom Objekt-Koordinatensystem in das

Augenpunkt-Koordinatensystem transformiert werden müssen (mit $\mathbf{M} \cdot \mathbf{v}$ und $\mathbf{M}^{-1^{\mathrm{T}}} \cdot \mathbf{n}$). Im Gegenzug müssen im OpenGL- bzw. Vulkan-Programm aber die Positionen von Lichtquelle und Augenpunkt in das für jedes Objekt evtl. unterschiedliche Objekt-Koordinatensystem mit Hilfe der inversen ModelView-Matrix ($\mathbf{M}^{-1}$) transformiert werden (darüber stolpert man leicht beim Lesen des *Cg-Tutorials*). Da es in der Regel deutlich weniger Objekt–Koordinatensysteme als Vertices und Normalenvektoren gibt, kann in diesem Fall die Rendering-Geschwindigkeit leicht erhöht werden (der Engpass der *Rendering-Pipeline* liegt beim *Phong-Shading* praktisch immer im Fragment-Programm). In der folgenden Tabelle sind die notwendigen Rechenschritte gegenüber gestellt:

Größe	Objektkoordinaten	Augenpunktkoordinaten
Vertex-Position	–	$\mathbf{M} \cdot \mathbf{v}$
Vertex-Normalenvektor	–	$\mathbf{M}^{-1^{\mathrm{T}}} \cdot \mathbf{n}$
Lichtquellen-Position	$\mathbf{M}^{-1} \cdot \mathbf{l_{pos}}$	–
Augenpunkt-Position	$\mathbf{M}^{-1} \cdot \mathbf{a_{pos}}$	–

Falls der Augenpunkt und die Lichtquelle im Unendlichen sitzen, ist das Fragment-Programm im Augenpunkt-Koordinatensystem einfacher, da der Lichtvektor und der Vektor zum Augenpunkt nicht für jedes Pixel berechnet werden müssen. Es reicht, wenn diese Vektoren nur einmal für die ganze Szene im OpenGL- bzw. Vulkan-Programm berechnet werden und als `uniform`-Parameter an das Fragment-Programm übergeben werden. Diese Einsparung im Fragment-Programm wirkt sich wegen des um Größenordnungen häufigeren Aufrufs natürlich sehr viel stärker aus als Einsparungen beim Vertex-Programm. Deshalb ist in diesem Fall das Augenpunkt-Koordinatensystem das effizientere.

Das vollständige Beleuchtungsmodell aus dem „*Compatibility Profile*" von OpenGL (12.17) mit globaler ambienter Lichtquelle und bis zu acht Spotlichtquellen mit Abschwächungsfaktoren kann mit den hier vorgestellten Mitteln implementiert werden. Dies würde allerdings weitere Seiten an *GLSL*-Codelistings bedeuten und bleibt daher aus Platzgründen dem Leser überlassen.

Kapitel 13

Texturen

Bisher wurden alle Farben, die man einem Objekt zuordnen kann, entweder direkt oder über ein Beleuchtungsmodell den Vertices zugewiesen. Die Farben der am Bildschirm sichtbaren Pixel eines Objekts wurden durch unterschiedliche *Shading*-Verfahren (*Flat, Gouraud, Phong*) aus den Vertexfarben und Vertex-Normalenvektoren interpoliert. Durch die Zuweisung von wenigen Vertexfarben sind also indirekt auch schon die Farben aller Pixel eines Objekts festgelegt. Objekte die mit diesen Verfahren gerendert werden, besitzen monotone Farbverläufe und erscheinen deshalb plastikartig und künstlich. Reale Oberflächen, wie z.B. Hauswände, Rasenflächen, Plakatwände, Fell oder Stoff besitzen fast immer eine gewisse regelmäßige oder unregelmäßige Struktur, die man als „*Textur*" bezeichnet. Während man in der Bildverarbeitung aus Texturen in erster Linie Merkmale für die Segmentierung gewinnt (Band II Kapitel 15), werden Texturen in der Computergrafik eingesetzt, um die Oberfläche von Objekten mit einer Struktur zu überziehen. Ein mittlerweile klassisches Beispiel für eine Textur ist ein ganz normales Foto, das auf ein Polygonnetz gemappt wird (Bild 13.1). Mit dieser Technik gelang im Laufe der 1980iger Jahre der Durchbruch zu einer neuen Qualitätsstufe, der sogenannten „Fotorealistischen Computergrafik".

Möchte man die Feinstruktur, die mit Foto-Texturen möglich ist, ohne Texture-Mapping erzeugen, ist eine gigantische Erhöhung der Tesselierung notwendig. Man müsste die Zahl der Polygone soweit erhöhen, bis pro Pixel mindestens ein Vertex vorhanden ist, dem man dann den entsprechenden Farbwert des Fotos zuweisen kann. Da eine Szene mit unterschiedlichen Auflösungen gerendert werden kann, müsste die Tesselierung jedesmal darauf angepasst werden. Diese Art des Vorgehens ist zwar mit den aktuellen Grafikkarten, die eine Tessellation-Einheit besitzen (Abschnitt 5.1.3.2), auch in Echtzeit möglich, allerdings nicht sehr effizient, da einerseits der Modellierungsaufwand extrem groß wäre und andererseits eine riesige Anzahl an Vertices durch die gesamte *Rendering-Pipeline* geschickt werden müsste (Bilder 5.4 und 5.8). Dagegen genügt beim Texture-Mapping eine relativ geringe Anzahl an Vertices, um realistische Bilder zu generieren. Die Textur-Farbwerte werden erst nach der Rasterisierungsstufe der *Rendering-Pipeline* mit den aus der Beleuchtung und Schattierung hervorgegangenen Fragment-Farbwerten kombiniert. Dieser Vorgang des Texture-Mappings wird heutzutage in nahezu allen gängigen Grafiksystemen hardwarebeschleunigt und kostet daher verhältnismäßig wenig Rechenzeit. Diese am häufigsten ge-

© Springer Fachmedien Wiesbaden GmbH, ein Teil von Springer Nature 2019
A. Nischwitz et al., *Computergrafik*,
https://doi.org/10.1007/978-3-658-25384-4_13

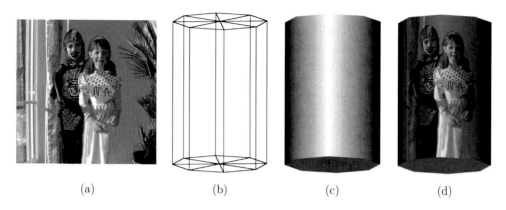

(a)   (b)   (c)   (d)

Bild 13.1: Fotorealistische Computergrafik: (a) Ein Foto. (b) Ein Drahtgittermodell eines Zylinders. (c) Der Zylinder mit Beleuchtung und *Gouraud*-Schattierung. (d) Der Zylinder mit gemappter Foto-Textur.

nutzte Technik des Foto-Texture-Mappings (*Image Texturing*) wird im folgenden Abschnitt ausführlich dargestellt.

Mittlerweile wurden jedoch viele weitere Anwendungen für Texturen entwickelt, um die Struktur von Oberflächen realistischer darstellen zu können. Manche Oberflächen sind an bestimmten Stellen glatt und an anderen rau. Diese Oberflächeneigenschaft kann durch eine Glanz-Textur (*Gloss Map*) simuliert werden, die den Beitrag der spekularen Lichtkomponente in der Beleuchtungsformel pro Pixel festlegt. Voraussetzung für diesen Effekt ist allerdings, wie bei vielen fortgeschrittenen Texture-Mapping-Techniken, das *Phong-Shading*, bei dem das Beleuchtungsmodell pro Pixel berechnet wird. Viele Oberflächen sind nicht nur rau, sondern besitzen kleine Erhöhungen oder Vertiefungen, wie bei einem Relief. Nachdem die menschliche Wahrnehmung aus der Schattierung auf die räumliche Form schließt, kann der Eindruck eines Reliefs durch eine lokale (d.h. pixel-bezogene) Veränderung der Normalenvektoren erreicht werden. Eine Relief-Textur (*Bump Map*) enthält folglich Werte, die angeben, wie die Normalenvektoren modifiziert werden. Andere Texture-Mapping-Verfahren dienen der Approximation globaler Beleuchtungsverfahren, wie z.B. Umgebungs-Texturen (*Environment Maps*) und Schatten-Texturen (*Shadow Maps*), die die Effekte von *Ray-Tracing*-Verfahren simulieren, oder Beleuchtungs-Texturen (*Light Maps, Light Fields*), die die Effekte von *Radiosity*-Vefahren imitieren. Diese in den späteren Abschnitten vorgestellten Verfahren gewinnen zunehmend an Bedeutung, nachdem heutzutage bei den meisten Grafikkarten programmierbare Vertex- und Fragment-Shader zur Verfügung stehen, die eine hardware-beschleunigte und damit echtzeitfähige Implementierung dieser fortschrittlichen Texture-Mapping-Techniken erlauben.

13.1 Foto-Texturen (Image Texturing)

Das klassische und auch heute noch am häufigsten eingesetzte Mapping-Verfahren verwendet gewöhnliche Fotos als Texturen ([Catm74], [Heck86]). Diese 2-dimensionalen und in der Regel rechteckigen Fotos können dabei z.B. Grauwert-Bilder, Farb-Bilder oder auch Farb-Bilder mit einem Alpha-Kanal (der Transparenz-Komponente, Kapitel 9) sein. Ein Stapel von Fotos, die z.B. Schnittbilder eines komplexen Objekts oder eine zeitliche Abfolge von Bildern sind, kann als 3-dimensionale Textur aufgefasst werden. In bestimmten Fällen, wie z.B. bei der Darstellung eines Regenbogens, reicht auch schon eine Zeile eines Bildes, d.h. eine 1-dimensionale Textur aus, um einen realistischen Effekt zu erzeugen. Die Texturen können künstlich erzeugt werden, z.B. durch 3D-Computergrafik oder mit einem Algorithmus (prozedurale Texturen, Fraktale [Peit86]), oder mit Hilfe einer Kamera aus der natürlichen Umwelt inclusive der komplexesten physikalischen Beleuchtungsphänomene aufgenommen werden.

Wie wird nun eine Textur auf eine Oberfläche aufgebracht? Man kann sich diesen Vorgang vereinfacht etwa so vorstellen: man nehme ein Foto, das nicht auf Papier, sondern auf einer beliebig dehnbaren Gummihaut ausgedruckt wurde; dieses dehnbare Foto wird über die gewünschte Oberfläche gestülpt und mit Hilfe von Stecknadeln an den Eckpunkten der Polygone fixiert. Anders ausgedrückt heißt das, den Vertices der Oberfläche werden bestimmte Punkte der Textur (spezifiziert in Texturkoordinaten) zugeordnet. Zwischen den Vertices werden die Punkte der Textur gleichmäßig verteilt, d.h. die Texturkoordinaten werden linear interpoliert. Dafür bietet sich natürlich wieder der in der Rasterisierungsstufe ablaufende Scan-Line-Algorithmus (12.20) an, der schon aus Kapitel 12 vom *Gouraud-Shading*, also der linearen Interpolation von Vertexfarben, bekannt ist.

Mathematisch gesehen laufen beim Texture Mapping zwei Transformationen ab: im ersten Schritt werden Punkte aus dem 2-dimensionalen Texturkoordinatensystem auf Vertices im 3-dimensionalen Objektkoordinatensystem abgebildet; im zweiten Schritt werden die Objekte durch die Projektions- und Viewporttransformation wieder auf 2-dimensionale Bildschirmkoordinaten abgebildet. Die lineare Interpolation der Texturkoordinaten läuft also im Bildschirmkoordinatensystem ab, in dem perspektivische Verzerrungen durch die Projektionstransformation auftreten. Solange die Tesselierung der Oberfläche fein genug ist, stören diese Verzerrungen kaum. Andernfalls kann im *„Compatibility Profile"* durch den OpenGL-Befehl `glHint(GL_PERSPECTIVE_CORRECTION_HINT, GL_NICEST)` die lineare Interpolation der Texturkoordinaten so modifiziert werden (d.h. die Texturkoordinaten werden durch den inversen Streckungsfaktor w geteilt), dass keine perspektivischen Verzerrungen auftreten. Im *„Core Profile"* von OpenGL wird dies durch den *Interpolation Qualifier* „**smooth**" erreicht, den man im Vertex Shader vor die jeweilige **out**-Variable setzt[1]:

smooth out vec2 `TexCoord;`

---

[1]Falls kein *Interpolation Qualifier* vor die jeweilige **out**-Variable gesetzt wird, ist man ebenfalls im Rendering-Zustand *Smooth-Shading*, da dies die Standard-Einstellung im *„Core Profile"* von OpenGL ist.

In Vulkan ist der Rendering-Zustand *Smooth-Shading* standardmäßig aktiviert, solange kein anderer *Interpolation Qualifier* im Fragment Shader vor die jeweilige **in**-Variable gesetzt wird.

Möchte man bewusst eine lineare Interpolation in Bildschirmkoordinaten, d.h. eine perspektivische Verzerrung zulassen, benutzt man den *Interpolation Qualifier* „**noperspective**" vor der jeweiligen **out**-Variable im Vertex Shader (beim „*Core Profile*" von OpenGL) bzw. vor der jeweiligen **in**-Variable im Fragment Shader (bei Vulkan).

Nach der Rasterisierung liegen also für jedes Pixel entsprechend interpolierte Texturkoordinaten vor. Nun muss der Farbwert aus der Textur geholt werden. Die einfachste Variante besteht darin, den Bildpunkt aus der Textur auszulesen, dessen Koordinaten den interpolierten Werten am nächsten liegen. Allerdings führt dieses Verfahren zu starken Aliasing-Effekten, wie in Kapitel 10 beschrieben. Denn eine Textur passt von der Größe her praktisch nie 1 : 1 auf ein durch die perspektivische Abbildung verzerrtes Polygon, so dass sehr häufig viele Bildpunkte der Textur (die sogenannten „*Texel*" bzw. *texture elements*) auf ein Pixel (*picture element*) am Bildschirm treffen, oder umgekehrt. Zur Eindämmung dieser Störungen benötigt man entsprechende Textur-Filter, die im Folgenden beschrieben werden.

Letztlich stellt sich noch die Frage, wie die eventuell gefilterten Farbwerte aus der Foto-Textur mit dem Farbwert aus der Beleuchtungs- und Schattierungsrechnung kombiniert werden. Dies wird im „*Compatibility Profile*" von OpenGL im sogenannten *Texture Environment* festgelegt und im „*Core Profile*" von OpenGL bzw. in Vulkan einfach durch den Algorithmus, den man im Fragment Shader einsetzt.

Zusammengefasst sind also beim Texture Mapping folgende Schritte durchzuführen (Bild 13.2):

- Spezifikation der Textur

- Festlegung, wie die Textur auf jedes Pixel aufgetragen wird, d.h.:

    - Spezifikation der Textur-Filter

    - Spezifikation des Textur-Fortsetzungsmodus (Texture Wraps)

    - Spezifikation der Mischung von Textur- und Beleuchtungsfarbe

- Zuordnung von Texturkoordinaten an Vertices

- Einschalten des Texture Mappings

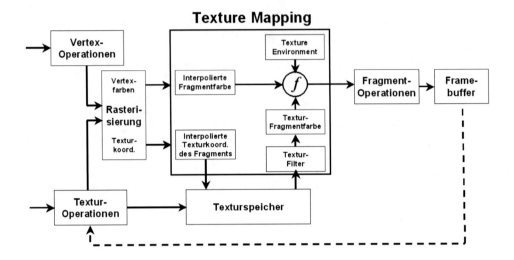

Bild 13.2: Die Rendering Pipeline für Texturen. *Eingaben*: Texturkoordinaten pro Vertex, Textur-Filter, Texture Environment und laden der Texturdaten in den Texturspeicher. *Verarbeitung*: Interpolation der Texturkoordinaten, Abtasten der Textur und interpolieren der Texturfarben gemäß Textur-Filter, Mischung von Textur- und Beleuchtungsfarbe gemäß Texture Environment. *Ausgabe*: Mischfarbe des Fragments (Pixel).

13.1.1 Spezifikation der Textur

Bevor eine Textur auf ein Polygonnetz gemappt werden kann, muss sie erst einmal definiert und geladen werden.

In Vulkan ist dies ein relativ aufwändiger Prozess, der in Abschnitt 5.2.2.4 ab Seite 120 ausführlich dargestellt wird. Dabei müssen zunächst zwei Speicherbereiche für die jeweilige Textur auf der GPU reserviert werden, nämlich ein *Staging Buffer*, in den die Textur-Daten von der CPU („*host visible*") kopiert werden, nachdem sie z.B. von der Festplatte in den Hauptspeicher der CPU geladen wurden; danach werden die Textur-Daten vom langsameren *Staging Buffer* in den schnelleren *Image Buffer* (vom Typ VkImage) kopiert, der nur für die GPU zugreifbar ist („*device local*"). Ein weiterer Teil der Spezifikation steckt bei Vulkan in der „*Sichtweise*" auf die Textur, die durch ein VkImageView-Objekt definiert wird. Dort wird u.a. festgelegt, ob es sich um eine 1-, 2-, oder 3-dimensionale Textur handelt und wie viel Bit pro Farbkanal das Textur-Format enthält (entspricht dem *internalFormat* von OpenGL). Außerdem werden u.a. die Textur-Filter (Abschnitt 13.1.2) und die Texture Wraps (Abschnitt 13.1.5) in einem eigenen VkSampler-Objekt definiert. Diese drei Vulkan-Objekte (VkImage, VkImageView und VkSampler) werden in einem Descriptor Set (VkDescriptorSet) zusammengefasst und beim Aufzeichnen der Befehle in den Command Buffers mit dem Befehl vkCmdBindDescriptorSets() gebunden, so dass auf sie beim Rendern von z.B. einem Fragment Shader aus zugegriffen werden kann.

In OpenGL ist die Spezifikation einer Textur zwar deutlich einfacher als in Vulkan, aber dennoch ist auch hier aufgrund der vielfältigen Möglichkeiten, wie man Texturen verwenden kann, ein erheblicher Grad an Komplexität vorhanden. Im Folgenden werden 2-dimensionale Texturen behandelt. Die gesamte Diskussion und die zugehörigen OpenGL-Befehle gelten jedoch analog auch für 1-dimensionale und 3-dimensionale Texturen. Eine 2-dimensionale Textur wird formal als eine Bildmatrix $\mathbf{T}$ beschrieben, die von den zwei Variablen $(s,t)^2$ eines orthogonalen Texturkoordinatensystems abhängt. Es ist sinnvoll, unabhängig von der Auflösung der Textur, ein normiertes Texturkoordinatensystem zu verwenden, d.h. die Variablen (s,t) werden auf den Parameterbereich $[0,1]$ beschränkt (Bild 13.3).

Bild 13.3:   Eine 2-dimensionale Foto-Textur im Texturkoordinatensystem mit den orthogonalen Achsen s und t.

Die einzelnen Texel einer Textur können einfache Grauwerte sein, Grauwerte mit Alpha-Kanal (der Transparenz-Komponente, Kapitel 9), 3-komponentige Farbwerte (R,G,B), wie in Bild 13.3, oder Farbwerte mit Alpha-Kanal. Die Quantisierung jedes einzelnen Kanals kann ebenfalls variieren, je nach Kanal sind 1 bit, 2 bit, 3 bit, 4 bit, 8 bit, 12 bit, 16 bit oder 32 bit pro Kanal möglich. OpenGL-intern werden die Werte aller Kanäle durch Gleitkommazahlen aus dem Intervall $[0,1]$ dargestellt.

---

[2]in Vulkan werden die Achsen des orthogonalen Texturkoordinatensystems mit (u,v) bezeichnet bzw. im 3-dimensionalen Fall mit (u,v,w).

Zur Spezifikation einer 2-dimensionalen Textur stellt OpenGL die folgenden unterschiedlichen Befehle zur Verfügung:

- `glTexImage2D()`
  Spezifikation einer Textur mit Daten aus dem Hauptspeicher

- `glTexSubImage2D()`
  Ersetzen eines Texturausschnitts mit Daten aus dem Hauptspeicher

- `glCompressedTexImage2D()`
  Spezifikation einer komprimierten Textur mit Daten aus dem Hauptspeicher

- `glCompressedTexSubImage2D()`
  Ersetzen eines komprimierten Texturausschnitts mit Daten aus dem Hauptspeicher

- `glCopyTexImage2D()`
  Spezifikation einer Textur mit Daten vom Bildspeicher (*Framebuffer*)

- `glCopyTexSubImage2D()`
  Ersetzen eines Texturausschnitts mit Daten aus dem Bildspeicher

Zur Spezifikation von 1-dimensionalen oder 3-dimensionalen Texturen werden die obigen OpenGL-Befehle leicht modifiziert: anstatt *2D() wird *1D() bzw. *3D() benutzt. Die Parameter und die zulässigen Konstanten unterscheiden sich teilweise von der 2-dimensionalen Variante der Befehle. Aus Platzgründen wird hier auf die OpenGL-Spezifikation [Sega17] bzw. den OpenGL Programming Guide [Kess17] verwiesen.

Am häufigsten wird eine Textur mit Daten aus dem Hauptspeicher spezifiziert. Dazu dient der folgende OpenGL-Befehl:

```
glTexImage2D (  GLenum target, GLint level, GLint internalFormat,
                GLsizei width, GLsizei height, GLint border,
                GLenum format, GLenum type, const GLvoid *image )
```

Zur großen Zahl an Parameter dieses Befehls kommt eine noch größere Anzahl möglicher Werte dieser Parameter hinzu, die in den folgenden Tabellen zusammen mit ihrer Bedeutung aufgelistet sind.

Parameter	Werte	Bedeutung
target	GL_TEXTURE_2D	Normale 2-dimensionale Textur.
	GL_PROXY_TEXTURE_2D	Abfrage, ob der Texturspeicher für die spezifizierte Texturgröße ausreicht.
	GL_TEXTURE_CUBE_MAP_* POSITIVE_X / _Y / _Z NEGATIVE_X / _Y / _Z	Eine von sechs möglichen Cube-Map-Texturen. Diese Werte sind für 1- bzw. 3-dimensionale Texturen nicht möglich. Cube-Map-Texturen werden im Abschnitt 13.4 erläutert.
	GL_TEXTURE_1D_ARRAY	Ein Array aus 1-dimensionalen Texturen.
level	$0, 1, 2, \ldots$	Auflösungsstufe der Textur (MipMap-Level, siehe Abschnitt 13.1.3). 0 = höchste Auflösung, 1 = zweithöchste Auflösung …
internalFormat	siehe nächste Tabelle	Bestimmt die Anzahl und evtl. die Quantisierung der Farbkomponenten.
width	$2^n + 2 \cdot$ *border* $n = 0, 1, 2, \ldots$	Breite der Textur in Texel. Im Rahmen von OpenGL-Extensions kann die Breite auch von einer Zweier-Potenz abweichen.
height	$2^m + 2 \cdot$ *border* $m = 0, 1, 2, \ldots$	Höhe der Textur in Texel. Im Rahmen von OpenGL-Extensions kann die Höhe auch von einer Zweier-Potenz abweichen.
border	0 oder 1	Breite des Rands. 0 = kein Rand, 1 = Rand der Breite 1 Texel
format	GL_RGB, GL_RGBA GL_BGR, GL_BGRA GL_RED, GL_GREEN GL_BLUE, GL_RG GL_DEPTH_COMPONENT GL_DEPTH_STENCIL	Format der Texturdaten, weist den Daten eine Bedeutung zu.
type	GL_BYTE GL_UNSIGNED_BYTE GL_SHORT GL_UNSIGNED_SHORT GL_INT GL_UNSIGNED_INT GL_FLOAT GL_HALF_FLOAT	Datentyp der Texturdaten: 8 bit Integer mit Vorzeichen 8 bit Integer ohne Vorzeichen 16 bit Integer mit Vorzeichen 16 bit Integer ohne Vorzeichen 32 bit Integer mit Vorzeichen 32 bit Integer ohne Vorzeichen 32 bit Fließkomma 16 bit Fließkomma
*image	–	Zeiger auf die Texturdaten im Hauptspeicher

Für den Parameter *internalFormat* werden am häufigsten die folgenden Werte benutzt, die die Zahl und die empfohlene Quantisierung der Komponenten pro Texel vorgeben[3]:

internalFormat Wert	Komponenten	R bits	G bits	B bits	A bits	D bits	S bits
GL_DEPTH_COMPONENT16	1					16	
GL_DEPTH_COMPONENT24	1					24	
GL_DEPTH_COMPONENT32F	1					32	
GL_DEPTH24_STENCIL8	2					24	8
GL_DEPTH32F_STENCIL8	2					32	8
GL_R8	1	8					
GL_R16	1	16					
GL_R32F	1	32					
GL_RG8	2	8	8				
GL_RG16	2	16	16				
GL_RG32F	2	32	32				
GL_RGB	3						
GL_R3_G3_B2	3	3	3	2			
GL_RGB4	3	4	4	4			
GL_RGB5	3	5	5	5			
GL_RGB8	3	8	8	8			
GL_RGB10	3	10	10	10			
GL_RGB12	3	12	12	12			
GL_RGB16	3	16	16	16			
GL_RGB32F	3	32	32	32			
GL_RGBA	4						
GL_RGBA2	4	2	2	2	2		
GL_RGBA4	4	4	4	4	4		
GL_RGB5_A1	4	5	5	5	1		
GL_RGBA8	4	8	8	8	8		
GL_RGB10_A2	4	10	10	10	2		
GL_RGBA12	4	12	12	12	12		
GL_RGBA16	4	16	16	16	16		
GL_RGBA32F	4	32	32	32	32		
GL_COMPRESSED_RED	1						
GL_COMPRESSED_RG	2						
GL_COMPRESSED_RGB	3						
GL_COMPRESSED_RGBA	4						

---

[3]Für eine vollständige Liste aller zugelassen Werte wird auf die OpenGL-Spezifikation [Sega17] verwiesen.

Der Parameter *internalFormat* kann neben den oben aufgelisteten symbolischen Konstanten zusätzlich noch die Zahlen 1, 2, 3, 4 annehmen, die einfach nur die Anzahl der Komponenten, aber nicht die Quantisierung pro Texel vorgeben. Die letzten vier symbolischen Konstanten, die das Schlüsselwort „COMPRESSED" enthalten, sorgen dafür, dass vor dem Laden von Texturen eine Datenkompression durchgeführt wird. Auf diese Weise findet eine größere Anzahl an Texturen Platz im Texturspeicher der Grafikkarte, allerdings dauert das Laden der Textur etwas länger, da die Datenkompressionsalgorithmen auf der CPU ausgeführt werden müssen. Mit Hilfe der OpenGL-Funktion `glGetCompressedTexImage()` kann man sich die komprimierten Rohdaten der Texturen wieder in den Hauptspeicher der CPU zurückholen und auf der Festplatte speichern. Damit man diese bereits komprimierten Texturen ohne erneute Datenkompression direkt in den Texturspeicher der Grafikkarte laden kann, wurden die beiden Befehle `glCompressedTexImage2D()` und `glCompressedTexSubImage2D()` eingeführt. Diese OpenGL-Befehle haben den Vorteil, dass man Texturen schneller auf die Grafikkarte laden und dort auch mehr Texturen speichern kann, da die Texturdaten in einer komprimierten Form verwendet werden. Auf den Grafikkarten gibt es spezielle Hardware, die für eine extrem schnelle und somit echtzeitfähige Dekomprimierung der Texturen sorgt.

Falls Texturen mit einer einzigen Auflösungsstufe benutzt werden, sollte der Parameter *level* = 0 gesetzt werden.

Der Parameter *type* kann neben den in der vorletzten Tabelle aufgelisteten Werten auch noch gepackte Texel-Datentypen enthalten. Denn häufig kann die Hardware sehr viel effizienter auf die Texturdaten zugreifen, wenn die Daten an 2-, 4- oder 8-Byte-Grenzen im Hauptspeicher abschließen. Die gepackten Datentypen für den Parameter *type* lauten:

type Wert	OpenGL-Datentyp	Kompo-nenten	Texel-Format
GL_UNSIGNED_BYTE_3_3_2	GLubyte 8 bit	3	RGB
GL_UNSIGNED_BYTE_2_3_3_REV	GLubyte 8 bit	3	RGB
GL_UNSIGNED_SHORT_5_6_5	GLushort 16 bit	3	RGB
GL_UNSIGNED_SHORT_5_6_5_REV	GLushort 16 bit	3	RGB
GL_UNSIGNED_SHORT_4_4_4_4	GLushort 16 bit	4	RGBA, BGRA
GL_UNSIGNED_SHORT_4_4_4_4_REV	GLushort 16 bit	4	RGBA, BGRA
GL_UNSIGNED_SHORT_5_5_5_1	GLushort 16 bit	4	RGBA, BGRA
GL_UNSIGNED_SHORT_1_5_5_5_REV	GLushort 16 bit	4	RGBA, BGRA
GL_UNSIGNED_INT_8_8_8_8	GLuint 32 bit	4	RGBA, BGRA
GL_UNSIGNED_INT_8_8_8_8_REV	GLuint 32 bit	4	RGBA, BGRA
GL_UNSIGNED_INT_10_10_10_2	GLuint 32 bit	4	RGBA, BGRA
GL_UNSIGNED_INT_2_10_10_10_REV	GLuint 32 bit	4	RGBA, BGRA
GL_UNSIGNED_INT_24_8	GLuint 32 bit	4	DEPTH_STENCIL
GL_UNSIGNED_INT_10F_11F_11F_REV	GLuint 32 bit	4	RGB, BGR
GL_UNSIGNED_INT_5_9_9_9_REV	GLuint 32 bit	4	RGB, BGR

Diese Datentypen werden nach folgendem Schema interpretiert: die Zahlen am Ende des jeweiligen *type* geben die Anzahl an bits für die jeweilige Komponente an. Der Wert GL_UNSIGNED_BYTE_3_3_2 bedeutet z.B., dass von bit 7 bis 5 die erste Farbkomponente gespeichert wird, von bit 4 bis 2 die zweite Farbkomponente und von bit 1 bis 0 die dritte Farbkomponente. Der umgekehrte Typ GL_UNSIGNED_BYTE_2_3_3_REV bedeutet, dass von bit 7 bis 6 die dritte Farbkomponente gespeichert wird, von bit 5 bis 3 die zweite Farbkomponente und von bit 2 bis 0 die erste Farbkomponente. Die anderen Werte werden entsprechend interpretiert. Neben der verkürzten Lese- und Schreibgeschwindigkeit ist auch die erhebliche Speicherplatzersparnis ein wichtiger Grund für den Einsatz von gepackten Datentypen. Eine normale RGBA-Textur mit den üblichen 8 bit pro Farbkomponente benötigt z.B. 32 bit pro Texel. In den meisten Anwendungen, insbesondere wenn Bewegung mit im Spiel ist, genügt aber schon der Datentyp GL_UNSIGNED_SHORT_5_5_5_1, der nur 16 bit pro Texel benötigt. Damit kann die Hälfte des meist knappen Texturspeicherplatzes gespart werden. Um sicherzustellen, dass die Texturdaten im Hauptspeicher auch direkt nacheinander abgespeichert werden, sollte der folgende OpenGL-Befehl aufgerufen werden:

```
glPixelStorei(GL_PACK_ALIGNMENT, 1);
```

Nach der Vielzahl von Tabellen und Möglichkeiten zur Spezifikation von Texturen, hier nun ein Beispiel in OpenGL für ein Codefragment zur Definition einer Textur der Größe 512 x 256 Texel mit 4 Farbkomponenten (R,G,B,A); die Daten sollen im Hauptspeicher ungepackt und direkt hintereinander stehen:

```
int width = 512, height = 256;
static GLubyte image[width][height][4];

glPixelStorei(GL_UNPACK_ALIGNMENT, 1);
glTexImage2D ( GL_TEXTURE_2D, 0, GL_RGBA, width, height, 0,
               GL_RGBA, GL_UNSIGNED_BYTE, image);
```

Da es unzählige Datenformate für Bilder gibt und OpenGL von der Design-Philosophie unabhängig von der Plattform oder irgendwelchen Datenformaten sein soll, gibt es keine Lader (Leseroutinen) für Texturen. Entweder man erzeugt sich eine Textur über einen Algorithmus selbst, oder man programmiert bzw. sucht sich einen Lader für das vorliegende Grafikformat. Auf der Webseite zu diesem Buch werden Lader für JPEG- (*.jpg), Bitmap- (*.bmp) und SGI-Texturen (*.sgi) bereitgestellt.

In den meisten Anwendungsfällen muss die Höhe und die Breite einer Textur eine Zweierpotenz sein, wie z.B. 128 x 1024 Texel. Die heutzutage häufig von digitalen Kameras stammenden Bilder erfüllen diese Bedingungen in der Regel nicht. Die Bilder müssen also entweder beschnitten oder skaliert werden, damit sie dieser Einschränkung von OpenGL genügen. Dazu kann man Standard-Bildbearbeitungswerkzeuge oder auch den folgenden Befehl aus der OpenGL-Utility-Library verwenden:

```
gluScaleImage ( GLenum format, GLsizei width_in, GLsizei height_in,
                GLenum type_in, const GLvoid *image_in, GLsizei width_out,
                GLsizei height_out, GLenum type_out, GLvoid *image_out )
```

Durch diesen Befehl wird ein Eingabebild *image_in* im Verhältnis *width_in* / *width_out* bzw. *height_in* / *height_out* mit Hilfe von linearer Interpolation oder einem bewegten Mittelwert (Band II Abschnitt 5.3) skaliert und als Ausgabebild *image_out* in einen vorher reservierten Bereich des Hauptspeichers zurückgeschrieben. Die Bedeutung der Parameter und die möglichen Werte sind die gleichen wie beim glTexImage2D()-Befehl.

Selbst heutzutage ist der Texturspeicher eine sehr begrenzte Resource. Möchte man beispielsweise eine Textur mit dem internen Format GL_RGBA16, d.h. 4 x 16 = 64 bit und der Größe 4096 x 4096 Texel benutzen, benötigt man immerhin schon 128 MByte Texturspeicher. Um heraus zu finden, ob der zur Verfügung stehende Texturspeicher ausreicht, kann man den glTexImage2D()-Befehl mit einem speziellen Platzhalter, einem sogenannten „*Texture Proxy*“ (*target* = GL_PROXY_TEXTURE_2D), ausführen. Der Zeiger auf die Texturdaten muss in diesem Fall NULL sein. Durch Abfrage des Texturzustands mit dem Befehl glGetTexLevelParameteriv() kann man feststellen, ob der Texturspeicher ausreicht oder nicht. Die Textur-Zustandsvariablen für Höhe und Breite ergeben den Wert 0, falls der Texturspeicher zu klein ist. Das folgende Codefragment zeigt die Anwendung des *Texture Proxy*:

```
GLint width = 512, level = 0;

glTexImage2D (  GL_PROXY_TEXTURE_2D, 0, GL_RGBA16, 4096, 4096, 0,
                GL_RGBA, GL_UNSIGNED_BYTE, NULL);
glGetTexLevelParameteriv (  GL_PROXY_TEXTURE_2D, level,
                            GL_TEXTURE_WIDTH, &width);
if(width == 0) fprintf(stderr, ''Not enough texture memory \n'');
```

Es ist zu beachten, dass Texturen ein Bestandteil des OpenGL-Zustands sind, d.h. eine Texturdefinition gilt solange, bis sie durch eine andere abgelöst wird. Zu einem bestimmten Zeitpunkt kann also immer nur eine einzige Textur definiert sein. Dies führt dazu, dass für ein etwas komplexeres Objekt, auf das verschiedene Texturen gemappt werden, zwischendurch der OpenGL-Zustand geändert werden muss. Jeder Zustandswechsel ist mit zum Teil erheblichen Geschwindigkeitsnachteilen verbunden. Deshalb sollte man beim Design von Objekten darauf achten, dass man möglichst nur eine einzige große Textur verwendet, die die kleineren Sub-Texturen enthält (sog. Textur-Atlas). Die Auswahl der gewünschten Sub-Textur kann durch eine entsprechende Wahl der Texturkoordinaten vorgenommen werden. Außerdem sollte man alle Objekte, die mit der gleichen Textur gerendert werden können, hintereinander (d.h. sortiert nach der verwendeten Textur) in die Grafik-Hardware schicken, damit die Zahl der OpenGL-Zustandswechsel minimiert wird. Weitere Möglichkeiten, den Aufwand von Zustandswechseln beim Texturaustausch zu verringern, werden im nächsten Abschnitt, sowie im Abschnitt 13.1.9 „Textur-Objekte“ beschrieben.

13.1.1.1 Ersetzen eines Texturausschnitts

In der Regel ist es deutlich rechenzeitintensiver, eine Textur neu zu erzeugen, als eine bereits bestehende zu modifizieren. Deshalb bietet OpenGL mit dem `glTexSubImage2D()`-Befehl die Möglichkeit, Texturausschnitte oder auch die ganze Textur mit Daten aus dem Hauptspeicher zu ersetzen. Im Folgenden sind einige Anwendungen erläutert, die sich dieser Möglichkeiten bedienen:

- Echtzeit-Simulationen mit geospezifischen Texturen: in diesen Fällen hat man es meist mit relativ großen Datenbasen zu tun, wobei als Texturen Originalfotos vom jeweiligen Ort verwendet werden müssen. Die Menge an Texturdaten ist deshalb immens und passt in keinen Texturspeicher. Deshalb müssen die Texturen während der Echtzeit-Simulation laufend vom Hauptspeicher in den Texturspeicher nachgeladen werden, und zwar ohne dass dadurch die Bildgenerierrate kurzzeitig abfällt (ein sogenannter *frame drop*). Um dies zu vermeiden ist einerseits eine ausreichend große Busbandbreite zur Grafikhardware notwendig und andererseits das Zerstückeln einer großen Textur in beliebig kleine Teile. Diese kleinen Texturstücke können dann mit dem `glTexSubImage2D()`-Befehl Stück für Stück über mehrere Bilder hinweg in den Texturspeicher befördert und dort wieder zusammengesetzt werden, ohne dass die Bildgenerierrate Schaden nimmt.

- Echtzeit-Video: in diesem Fall wird nur eine einzige Textur erzeugt und jedes nachfolgende Bild der Sequenz ersetzt mit Hilfe des `glTexSubImage2D()`-Befehls das vorherige [Kess17].

- Benutzung von Texturausmaßen, die keiner Zweierpotenz entsprechen: für den `glTexSubImage2D()`-Befehl gilt diese Einschränkung nicht. Daher ist es möglich, sogenannte *„non-power-of-two"*-Texturen zu benutzen, indem man mit dem normalen `glTexImage2D()`-Befehl zuerst eine Dummy-Textur lädt, deren Ausmaße in Höhe und Breite bis zur jeweils nächstliegenden Zweierpotenz vergrößert werden. Anschließend kann dann eine Textur mit beliebiger Ausdehnung gemappt werden, solange sie kleiner als die Dummy-Textur ist.

Zum Ersetzen eines Texturausschnitts mit Daten aus dem Hauptspeicher dient der folgende OpenGL-Befehl:

```
glTexSubImage2D (    GLenum target, GLint level, GLint xoffset,
                     GLint yoffset, GLsizei width, GLsizei height,
                     GLenum format, GLenum type, const GLvoid *image )
```

Die Parameter *xoffset* und *yoffset* definieren eine Verschiebung des zu ersetzenden Texturausschnitts vom Texturkoordinatenursprung links unten aus gesehen um *xoffset* Texel nach rechts und um *yoffset* nach oben. Alle anderen Parameter sind die gleichen wie bei dem `glTexImage2D()`-Befehl.

13.1.1.2 Der Bildspeicher als Quelle für Texturen (Multipass Rendering)

Durch die Nutzung des Bildspeichers als Quelle für Texturen entsteht ein mächtiges Werkzeug für die 3D-Computergrafik: die Möglichkeit der rekursiven Bildgenerierung (*multipass rendering*). In einem ersten Schritt kann eine Szene z.B. aus einem bestimmten Blickwinkel oder mit speziellen Eigenschaften gerendert werden. Im zweiten Schritt kann das Bild aus dem ersten Durchlauf als Textur wiederverwendet und erneut auf die Polygone der Szene gemappt werden. Auf diesem Prinzip beruht eine ganze Reihe von Methoden, die versuchen, die Effekte der indirekten Lichtanteile von globalen Beleuchtungsverfahren zu approximieren. Denn sowohl das Ray Tracing als auch das Radiosity-Rendering-Verfahren beruhen auf rekursiven Lösungsansätzen (Abschnitt 12.1.2). Typische Anwendungen, die mit einem Rekursionsschritt auskommen, sind:

- Spiegelungen an planaren Flächen: hier wird im ersten Rendering-Schritt die Szene aus der Position des virtuellen Augenpunkts hinter dem Spiegel gerendert. Dieses Spiegelbild wird im zweiten Rendering-Schritt als Textur auf das „spiegelnde" Polygon gemappt, so dass wie beim rekursiven Ray Tracing eine echte und interaktive Spiegelung entsteht. Für Mehrfach-Spiegelungen benötigt man natürlich entsprechend mehr Rekursionsschritte.

- Spiegelungen an gekrümmten Flächen: hier wird im ersten Rendering-Schritt die Szene aus dem Zentrum des spiegelnden Objekts mit einer extremen Weitwinkelperspektive (Fischauge) gerendert und anschließend als Umgebungs-Textur (Abschnitt 13.4) auf die gekrümmte Oberfläche gemappt. Falls man das Objekt aus allen Richtungen mit nahezu perfekten Spiegelungen rendern will ist eine sogenannte *Cube Map* als Umgebungs-Textur nötig. In diesem Fall benötigt man schon sechs Rendering-Schritte zur Erzeugung der Texturen für die sechs Flächen eines Kubus, bevor man die eigentliche Spiegelung berechnen kann.

- Geometrische Entzerrungen: bei anspruchsvollen Flug- oder Fahrsimulatoren verwendet man als Projektionsfläche für die Außensicht kugelförmige Oberflächen, um einen möglichst großen horizontalen und vertikalen Sichtwinkel zu erzeugen (sogenannte Dom-Projektionen). Die Projektionstransformation (Kapitel 7) geht aber immer von einer ebenen Projektionsfläche aus, so dass auf einer gekrümmten Kugeloberfläche nach außen hin zunehmende Verzerrungen entstehen. Dies kann durch eine Vorentzerrung des Bildes im Rahmen eines *dualpass rendering* kompensiert werden. Im ersten Durchlauf wird die Szene ganz normal gerendert, d.h. auf eine ebene Fläche projiziert. Im zweiten Durchlauf wird dieses Bild als Textur auf ein invers gekrümmtes Polygonnetz gemappt. Bei der realen Projektion dieses Bildes mit einem Beamer auf die kugelförmige Projektionsfläche kompensieren sich die beiden Oberflächenkrümmungen, und es entsteht ein verzerrungsfreies Bild. Mit diesem Verfahren können übrigens beliebige geometrische Entzerrungen hardware-beschleunigt und somit extrem schnell vorgenommen werden, indem auf entsprechend geformte Polygonnetze gemappt wird (Band II Kapitel 9).

- Schattenwurf: in diesem Fall rendert man die Szene im ersten Durchlauf aus der Position der Lichtquelle und speichert den z-Buffer-Inhalt als sogenannte *shadow map*. Die *shadow map* enthält die Entfernungen von der Lichtquelle zu allen beleuchteten Oberflächenpunkten. Im zweiten Durchlauf rendert man die Szene aus der Position des Augenpunkts und benutzt die *shadow map*, um festzustellen, ob das gerade bearbeitete Pixel im Schatten der Lichtquelle ist (Entfernung des Punktes zur Lichtquelle ist größer als der z-Wert, der in der *shadow map* gespeichert ist) oder nicht. Falls das Pixel im Schatten ist, wird nur der emissive und der ambiente Lichtanteil in die Beleuchtung einbezogen, der diffuse und der spekulare Lichtanteil entfällt (Kapitel 14).

So schön die Effekte auch sind, die mit dem *multipass rendering* erzielbar sind, ist doch ein entscheidender Nachteil unvermeidlich: die Bildgenerierrate fällt sehr stark ab. Bei zwei Durchläufen durch die *Rendering Pipeline* halbiert sich die Bildgenerierrate, bei drei Durchläufen fällt sie auf ein Drittel des ursprünglich erreichbaren Wertes ab, so dass die Interaktivität einer solchen Anwendung sehr schnell inakzeptabel wird. Bei einigen Grafikkarten und bestimmten Anwendungen fällt der Zeitverlust deutlich geringer aus, da nicht die gesamte *Rendering Pipeline* neu durchlaufen werden muss, sondern nur der Teil nach der Rasterisierung. Dennoch sind in erster Linie solche Anwendungen interessant, die bereits mit zwei Durchläufen einen attraktiven Effekt erzielen.

Zur Spezifikation einer Textur mit Daten vom Bildspeicher (*Frame Buffer*) dient der folgende OpenGL-Befehl:

```
glCopyTexImage2D (  GLenum target, GLint level, GLint internalFormat,
                    GLint x, GLint y, GLsizei width, GLsizei height,
                    GLint border )
```

Die Textur wird von einem Ausschnitt des Bildspeichers kopiert, dessen linke untere Ecke die Bildschirmkoordinaten (x, y) besitzt und dessen Höhe und Breite durch die Parameter `width` und `height` spezifiziert ist. Alle anderen Parameter sind die gleichen wie bei dem `glTexImage2D()`-Befehl. Ob vom *Front* oder *Back Buffer* gelesen wird (falls man im *Double Buffer Modus* rendert, Abschnitt 15.1), legt man durch den Befehl `glReadBuffer(GL_FRONT)` bzw. `glReadBuffer(GL_BACK)` fest.

Außerdem existiert in OpenGL auch noch ein Befehl zum Ersetzen eines Texturausschnitts mit Daten aus dem Bildspeicher (*Frame Buffer*). Dies ist das Gegenstück zum bereits beschriebenen `glTexSubImage2D()`-Befehl, mit der gleichen Funktionalität, nur dass diesmal die Texturdaten aus dem Bildspeicher kopiert werden. Der dazu gehörige OpenGL-Befehl lautet:

```
glCopyTexSubImage2D (  GLenum target, GLint level,
                       GLint xoffset, GLint yoffset, GLint x, GLint y,
                       GLsizei width, GLsizei height )
```

Die Textur wird von einem Ausschnitt des Bildspeichers kopiert, dessen linke untere Ecke die Bildschirmkoordinaten (x, y) besitzt und dessen Höhe und Breite durch die Parameter `width` und `height` spezifiziert ist. Die Parameter `xoffset` und `yoffset` definieren eine Verschiebung des zu ersetzenden Texturausschnitts vom Texturkoordinatenursprung links unten aus gesehen um `xoffset` Texel nach rechts und um `yoffset` nach oben. Alle anderen Parameter und Einstellungen sind die gleichen wie bei dem `glCopyTexImage2D()`-Befehl.

Ein großer Nachteil der `glCopyTex*`-Befehle für Zwecke des *Multipass Renderings* ist die Eigenschaft, dass die Bildspeicherinhalte nach dem ersten Rendering Durchlauf vom Framebuffer in den Texturspeicher der Grafikkarte kopiert werden müssen, damit auf die Daten im zweiten Durchlauf von den Shadern aus zugegriffen werden kann. Dies kostet sowohl Rechenzeit als auch Speicherplatz. Deshalb gibt es seit OpenGL 2.x die Möglichkeit direkt in den Texturspeicher zu rendern, die sogenannte „*render-to-texture*"-Option. Dies geschieht im Rahmen eines „*Framebuffer Objects*" (FBO, Abschnitt 6.4.4.4), an das ein Texture Buffer Object (TBO, Abschnitt 13.1.9) mit dem Befehl `glFramebufferTexture2D()` angebunden wird. Ein quellcode-nahes Programmbeispiel dazu findet man in Abschnitt 14.1.1.

13.1.2   Textur-Filter

Nach der Spezifikation liegt eine Textur als rechteckiges Array von Farbwerten vor. Diese Textur wird jetzt auf ein Polygon bzw. auf eine Oberfläche gemappt, indem jedem Vertex eine Texturkoordinate zugeordnet wird (Abschnitt 13.1.7). Dabei findet eine Abbildung vom 2-dimensionalen Texturkoordinatensystem in das 3-dimensionale Objektkoordinatensystem statt, die häufig mit einer Verzerrung verbunden ist (Bild 13.13). Anschließend finden die Modell- und Augenpunktstransformationen statt, die im Falle der Verwendung der Skalierungsfunktion (`glScalef()`) eine weitere Quelle für Verzerrungen sind. Im letzten Schritt werden die Polygone durch die Projektions- und Viewporttransformation wieder auf 2-dimensionale Bildschirmkoordinaten abgebildet und somit perspektivisch verzerrt. Folglich stimmt die Größe eines Texels praktisch nie mit der Größe eines Pixels am Bildschirm überein. Je nachdem welche Transformationen durchgeführt werden und wie die Texturkoordinatenzuordnung abläuft, muss die Textur entweder vergrößert (*Magnification*) oder verkleinert (*Minification*) werden (Bild 13.4-a). Umgekehrt ausgedrückt entspricht jedem Pixel auf dem Bildschirm entweder ein kleiner Teil eines einzigen Texels (*Magnification*) oder gleich mehrere Texel (*Minification*), wie in Bild 13.4-b dargestellt.

Es stellt sich in jedem Fall die Frage, welche Texel-Farbwerte benutzt werden sollen. Man hat es also beim Texture Mapping mit der klassischen Abtastproblematik zu tun, die ebenso in der Bildverarbeitung bei der Modifikation der Ortskoordinaten auftritt (Band II Kapitel 9). Bei der Abtastung einer Textur entstehen immer dann Aliasing-Effekte (Bild 10.2), wenn die höchste in der Textur vorkommende Ortsfrequenz in die Nähe der Abtastrate kommt oder diese überschreitet, wie in Kapitel 10 ausführlich erläutert wird. Zur Verminderung der störenden Aliasing-Effekte werden deshalb Tiefpass-Filter (Band II Kapitel 5 und Band II Abschnitt 8.5) eingesetzt, die die hohen Ortsfrequenzen in der Textur unterdrücken und somit auch die Aliasing-Effekte. Aus Rechenzeitgründen ist die Auswahl

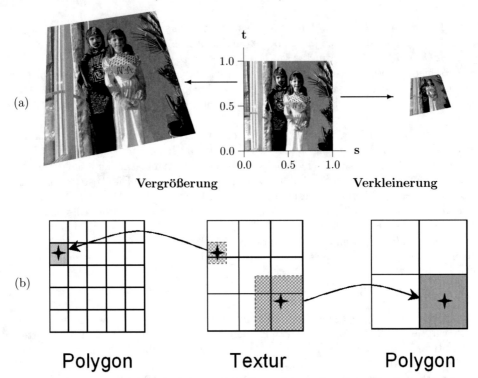

Bild 13.4: Vergrößerung (links) und Verkleinerung (rechts) von Texturen beim Mapping auf ein Polygon: (a) Ein Bildbeispiel. (b) Die zu einem Pixel korrespondierende Fläche in der Textur.

an Tiefpass-Filtern auf der GPU nicht besonders groß: im einfachsten Fall wird überhaupt kein Filter eingesetzt, sondern es wird nur der Bildpunkt in der Textur ausgewählt, dessen Koordinaten dem Pixelzentrum am nächsten liegen; als echter Tiefpass-Filter wird der bewegte Mittelwert (Band II Abschnitt 5.3) mit einem 2 x 2 Texel großen Filterkern angeboten. Weitere Filter werden in den nächsten Abschnitten 13.1.3 und 13.1.4 besprochen.

Um OpenGL mitzuteilen, welche Textur-Filter für die Vergrößerung (*Magnification*) und für die Verkleinerung (*Minification*) verwendet werden sollen, dienen die in der folgenden Tabelle dargestellten Varianten des `glTexParameter`-Befehls:

Skalar-Form
`glTexParameterf(`GLenum ***target***, GLenum ***name***, GLfloat ***param***`)`
`glTexParameteri(`GLenum ***target***, GLenum ***name***, GLint ***param***`)`
Vektor-Form
`glTexParameterfv(`GLenum ***target***, GLenum ***name***, GLfloat ****param***`)`
`glTexParameteriv(`GLenum ***target***, GLenum ***name***, GLint ****param***`)`

Der erste Parameter des `glTexParameter`-Befehls, *target*, legt fest, ob es sich um eine 1-, 2- oder 3-dimensionale Textur handelt. Die möglichen Werte sind daher GL_TEXTURE_1D, GL_TEXTURE_2D, GL_TEXTURE_3D. Der zweite Parameter, `name`, legt in diesem Zusammenhang fest, ob der Vergrößerungsfilter (GL_TEXTURE_MAG_FILTER) oder der Verkleinerungsfilter (GL_TEXTURE_MIN_FILTER) spezifiziert werden soll (der `glTexParameter`-Befehl dient auch noch dazu, andere Eigenschaften des Texture Mappings zu spezifizieren). Der dritte Parameter, `param`, legt fest, welche der beiden Standard-Filter-Methoden verwendet werden soll:

- GL_NEAREST:
  Die Farbwerte des Texels, welches dem Pixel-Zentrum am nächsten ist, werden benutzt. Dies ist die schnellste Variante, führt aber zu Aliasing-Effekten (Bild 13.5-a).

- GL_LINEAR:
  Es wird ein linearer Mittelwert aus den Farbwerten des 2 x 2 Texel-Arrays gebildet, welches dem Pixel-Zentrum am nächsten liegt (bei 3-dimensionalen Texturen ist das Array ein Kubus aus 2 x 2 x 2 Texeln, bei 1-dimensionalen Texturen sind es nur 2 Texel). Dieser Textur-Filter ist zwar etwas langsamer, führt aber zu glatteren Bildern mit geringeren Aliasing-Störungen (Bild 13.5-b).

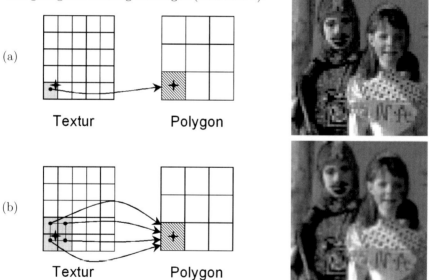

Bild 13.5: Die Standard-Textur-Filter in OpenGL / Vulkan: links die Prinzipien, rechts die Bildbeispiele. (a) *_NEAREST: die Farbwerte des Texels, welches dem Pixel-Zentrum am nächsten ist, werden benutzt. Dies ist die schnellste Variante, die aber zu Aliasing-Effekten führt. (b) *_LINEAR: es wird ein linearer Mittelwert aus den Farbwerten des 2x2 Texel-Arrays gebildet, welches dem Pixel-Zentrum am nächsten liegt. Dieser Textur-Filter ist zwar etwas langsamer, führt aber zu glatteren Bildern mit geringeren Aliasing-Störungen.

In Vulkan werden die Textur-Filter für die Vergrößerung (*Magnification*) und die Verkleinerung (*Minification*) in einem VkSampler-Objekt definiert (Abschnitt 5.2.2.4 auf Seite 125):

```
VkSamplerCreateInfo samplerInfo = {};
samplerInfo.magFilter = VK_FILTER_LINEAR;          // VK_FILTER_NEAREST
samplerInfo.minFilter = VK_FILTER_LINEAR;          // VK_FILTER_NEAREST
```

Die beiden Standard-Filter-Methoden VK_FILTER_NEAREST
und VK_FILTER_LINEAR
entsprechen bei der Vergrößerung (magFilter) exakt den OpenGL-Filtern (GL_NEAREST und GL_LINEAR). Bei der Verkleinerung (minFilter) gilt die Entsprechung nur näherungsweise, falls die folgenden Einstellungen des VkSampler-Objekts definiert sind ([Khro18]):

```
samplerInfo.mipmapMode = VK_SAMPLER_MIPMAP_MODE_NEAREST;
 samplerInfo.minLod = 0;
samplerInfo.maxLod = 0.25;
```

13.1.3 Gauß-Pyramiden-Texturen (MipMaps)

Die Textur-Filterung mit dem bewegten Mittelwert (*_LINEAR) funktioniert befriedigend, solange der Vergrößerungsfaktor kleiner als 2 und der Verkleinerungsfaktor größer als $\frac{1}{2}$ ist. Bei Vergrößerungsfaktoren über 2 wird ein Texel auf mehr als vier Pixel verschmiert, so dass als Ergebnis ein zunehmend unschärferes Bild am Bildschirm entsteht. Dagegen kann man fast nichts tun (außer den Augenpunkt nicht zu nah an texturierte Polygone heranzuführen), denn eine Textur kann eben nicht detaillierter abgebildet werden, als sie definiert wurde. Verkleinerungsfaktoren kleiner als $\frac{1}{2}$ treten in der 3D-Computergrafik fast immer auf, denn texturierte Objekte werden durch die perspektivische Projektion mit zunehmender Entfernung vom Augenpunkt immer stärker verkleinert. Nach dem Abtasttheorem (Kapitel 10) darf eine Verkleinerung einer Textur, d.h. eine Unterabtastung, erst erfolgen, nachdem die hohen Ortsfrequenzen in der Textur durch ein Tiefpass-Filter eliminiert wurden. Bei einer Verkleinerung um den Faktor $\frac{1}{2}$ muss vor der Unterabtastung die maximal in der Textur enthaltene Ortsfrequenz halbiert werden, bei einem Verkleinerungsfaktor $\frac{1}{4}$ muss die maximale Ortsfrequenz geviertelt werden und so weiter. Die Größe des mindestens nötigen Tiefpass-Filterkerns beträgt je nach Verkleinerungsfaktor 2 x 2, 4 x 4 usw., d.h. die Zahl der Operationen zur Berechnung des tiefpassgefilterten und anschließend verkleinerten Bildes steigt quadratisch mit dem inversen Verkleinerungsfaktor an. Die Standardmethode zur Verringerung dieses Rechenaufwands besteht darin, stufenweise vorzugehen: im ersten Schritt tiefpassfiltern und dann die Textur in jeder Dimension um den Faktor $\frac{1}{2}$ verkleinern, im zweiten Schritt, ausgehend von der verkleinerten Textur, wieder tiefpassfiltern und um den Faktor $\frac{1}{2}$ verkleinern und so weiter, bis die Textur auf die Minimalgröße von 1 x 1 Texel geschrumpft ist. Eine solche Folge von sukzessive um den Faktor $\frac{1}{2}$ verkleinerter Bilder bezeichnet man als Gauß-Pyramide (Band II Kapitel 17) und in der Computergrafik auch als „*MipMap*" („*Mip*" ist eine Abkürzung für den lateinischen

Begriff „multum in parvo", d.h. „viele in einem" und der englische Begriff „*Map*" bedeutet in diesem Zusammenhang Karte oder Textur). Beispiele sind in Bild 13.6 und Band II Bild 17.3 zu sehen. Die unterste Stufe der Gauß-Pyramide $\mathbf{G}_0$, also die Original-Textur wird als MipMap-Level 0 bezeichnet, die n-te Verkleinerungsstufe $\mathbf{G}_n$ als MipMap-Level n. Der Parameter `level` bei der Textur-Definition mit dem `glTexImage2D()`-Befehl von OpenGL ist der MipMap-Level. Bei Vulkan wird der MipMap-Level mit dem Parameter *mipLevel* in der Datenstruktur VkImageSubresourceLayers definiert.

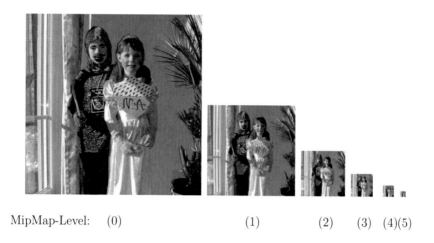

MipMap-Level: (0)   (1)   (2)   (3) (4)(5)

Bild 13.6:   Gauß-Pyramiden-Textur (MipMap): Die Original-Textur mit der höchsten Auflösung ist ganz links zu sehen (MipMap-Level 0). Die verkleinerten Varianten (MipMap-Levels $1, 2, 3, ...$) nach rechts hin wurden zuerst tiefpass-gefiltert und dann in jeder Dimension um den Faktor 2 unterabgetastet. Stapelt man die immer kleineren MipMap-Levels übereinander, entsteht eine Art Pyramide (daher der Name).

Zu „einer" Textur gehört sowohl in OpenGL als auch in Vulkan die ganze Gauß-Pyramide, d.h. alle n Texturebenen (MipMap-Levels), die die jeweiligen Auflösungsstufen enthalten. Falls die Original-Textur nicht quadratisch, sondern rechteckig ist, degenerieren die Texturebenen ab einem bestimmten MipMap-Level zu einer 1-dimensionalen Textur. Um noch mehr Rechenzeit einzusparen, werden bei interaktiven Anwendungen alle Auflösungsstufen einer MipMap vorab berechnet, d.h. entweder offline oder während der Initialisierung. Nachteil dieser Lösung ist, dass der benötigte Texturspeicherbedarf um knapp $\frac{1}{3}$ zunimmt, denn die Fläche sinkt pro Texturebene um den Faktor $\frac{1}{4}$, so dass die Summe aller MipMap-Levels > 0 sehr nahe an den Grenzwert der geometrischen Reihe $\frac{1}{3} = \frac{1}{4} + \frac{1}{16} + \frac{1}{64} + ...$ heran kommt.

13.1.3.1 Erzeugung von Gauß-Pyramiden (MipMaps) in OpenGL

Es gibt zwei prinzipiell verschiedene Arten, Gauß-Pyramiden (MipMaps) zu erzeugen:

- Manuell: indem man jeden notwendigen MipMap-Level in einem (externen) Programm vorab berechnet, dann einliest und anschließend durch mehrfachen Aufruf des OpenGL-Befehls `glTexImage2D()` definiert. Diese Variante hat den Vorteil, dass man sehr viel bessere Tiefpass-Filter einsetzen kann als den in OpenGL üblichen bewegten Mittelwert mit einem 2 x 2 Texel großen Filterkern, bei dem noch ein gewisser Anteil an Abtast-Artefakten übrig bleibt. Mit einem rechenaufwändigeren Gauß-Tiefpass-Filter, wie er in Band II Kapitel 17 detailliert beschrieben ist, lassen sich fast alle Abtast-Artefakte eliminieren. Dies ist auch der Ursprung der Bezeichnung Gauß-Pyramide.

- Automatisch im „*Core Profile*": indem man den OpenGL-Befehl

  `glGenerateMipmap(` GLenum *target* `)`

  benutzt, der aus einer in den Level 0 geladenen Textur alle MipMap-Levels mit Hilfe des bewegten Mittelwerts berechnet und automatisch im Rahmen eines Textur-Objekts definiert. Als Parameter *target* sind die folgenden symbolischen Konstanten zulässig:
  GL_TEXTURE_{1D,2D,3D},
  GL_TEXTURE_{1D,2D}_ARRAY,
  GL_TEXTURE_CUBE_MAP{_ARRAY}.
  Möchte man nur einen bestimmten Teil aller MipMap-Levels benutzen, kann man den Bereich mit Hilfe des `glTexParameter*()`-Befehls einschränken, wie in folgendem Beispiel gezeigt, indem nur die MipMap-Levels 2 bis 5 zugelassen werden:
  `glTexParameteri(` GL_TEXTURE_2D, GL_TEXTURE_BASE_LEVEL, 2`);`
  `glTexParameteri(` GL_TEXTURE_2D, GL_TEXTURE_MAX_LEVEL, 5`);`

- Automatisch im „*Compatibility Profile*": hier kann man die MipMap-Levels mit folgendem Befehl aus der OpenGL Utility Library generieren:

  `gluBuild2DMipmaps(` GLenum *target*, GLint *internalFormat*, GLsizei *width*,
  GLsizei *height*, GLenum *format*, GLenum *type*, const GLvoid **image* `)`.

  Die Parameter sind die gleichen wie beim `glTexImage2D()`-Befehl. Für spezielle Anwendungen besteht seit OpenGL Version 1.2 auch noch die Möglichkeit, nur einen bestimmten Teil der MipMap-Levels mit Hilfe des Befehls `gluBuild2DMipmapLevels()` zu erzeugen. In diesem Zusammenhang macht es auch Sinn, die zur Textur-Filterung verwendbaren MipMap-Levels auf das vorher erzeugte Subset einzuschränken. Für eine detaillierte Darstellung dieser Funktionalitäten wird aus Platzgründen auf den OpenGL Programming Guide [Kess17] verwiesen. Falls der `glTexParameter()`-Befehl im „*Compatibility Profile*" mit den Parametern GL_TEXTURE_2D, GL_GENERATE_MIPMAP und GL_TRUE aufgerufen wird, führt eine Änderung der Original-Textur (MipMap-Level 0) automatisch, d.h. auch während einer interaktiven Anwendung, zu einer Neuberechnung aller weiteren MipMap-Levels gemäß des `gluBuild2DMipmaps()`-Befehls.

13.1.3.2 Erzeugung von Gauß-Pyramiden (MipMaps) in Vulkan

Auch in Vulkan gibt zwei prinzipiell verschiedene Arten, Gauß-Pyramiden (MipMaps) zu erzeugen:

- Offline: indem man jeden notwendigen MipMap-Level in einem (externen) Programm vorab berechnet, dann einliest und anschließend durch mehrfachen Aufruf aller Funktionen zum Transfer von Texturen (Abschnitt 5.2.2.4 ab Seite 120) definiert, mit denselben Vor- und Nachteilen wie bei OpenGL (Abschnitt 13.1.3.1). Dabei muss für jedes einzelne MipMap-Level ein eigener Staging Buffer und auch ein spezieller Image Buffer angelegt werden, die dann entsprechend zu befüllen sind.

- Online: indem man aus einer in den Staging Buffer geladenen Original-Textur (MipMap-Level 0) alle höheren MipMap-Levels mit Hilfe einer Skalierungs- und Tiefpassfilter-Funktion (`vkCmdBlitImage()`) berechnet und in den Image Buffer transferiert.

Im Folgenden wird die Online-Variante zur Erzeugung der MipMap aus dem Originalbild im Staging Buffer dargestellt. Dazu muss man zunächst aus den Ausmaßen (`texWidth`, `texHeight`) der in den Hauptspeicher der CPU geladenen Textur-Daten berechnen, wie viele MipMap-Level (`mipLevels`) möglich sind, indem man bestimmt, wie oft sich die Textur-Breite oder -Höhe (der größere Wert von beiden in Texel) durch 2 teilen lässt:

```
uint32_t mipLevels = static_cast<uint32_t>
        (std::floor(std::log2(std::max(texWidth, texHeight)))) + 1;
```

In Vulkan muss man beim Anlegen des `VkImage`-Objekts für die Textur in der Datenstruktur `VkImageCreateInfo` die Anzahl der vorgesehenen MipMap-Level definieren und deshalb die Funktion `createImage()` aus Abschnitt 5.2.2.4 zum Erzeugen des Image Buffer um einen Parameter `mipLevels` erweitern:

```
void createImage(uint32_t width, uint32_t height, uint32_t mipLevels,
            VkFormat format, VkImageTiling tiling,
            VkImageUsageFlags usage, VkMemoryPropertyFlags props,
            VkImage& image, VkDeviceMemory& imageMemory) {
  ..
  imageInfo.mipLevels = mipLevels;
  ..
  // (alle bisherigen Aufrufe von createImage() muss man ebenfalls um
  // diesen Parameter ergänzen)
}
```

Nachdem man für die Erzeugung der höheren MipMap-Level nicht mehr aus dem Staging Buffer lesen muss, in dem die voll aufgelöste Textur (MipMap-Level 0) liegt, sondern aus dem Image Buffer selber, in dem die tiefpassgefilterten und verkleinerten Varianten der Textur später liegen sollen, muss man Vulkan mitteilen, dass der Image Buffer jetzt auch als Quelle (engl. *source*, Abk. *SRC*, daher das UsageFlag VK_IMAGE_USAGE_TRANSFER_SRC_BIT) und nicht nur als Ziel (engl. *destination*, Abk. *DST*, daher das UsageFlag VK_IMAGE_USAGE_TRANSFER_DST_BIT) des Textur-Datentransfers benutzt wird:

```
// Erzeugen des VkImage-Objekts incl. Speicherreservierung auf der GPU
createImage(texWidth, texHeight, mipLevels, VK_FORMAT_R8G8B8A8_UNORM,
            VK_IMAGE_TILING_OPTIMAL, VK_IMAGE_USAGE_TRANSFER_SRC_BIT |
            VK_IMAGE_USAGE_TRANSFER_DST_BIT | VK_IMAGE_USAGE_SAMPLED_BIT,
            VK_MEMORY_PROPERTY_DEVICE_LOCAL_BIT,
            texImage, texImageMemory);
```

Analog zur createImage()-Funktion muss man auch die Funktionen createImageView() aus Abschnitt 8.3 und transitionImageLayout() aus Abschnitt 5.2.2.4 um einen Parameter mipLevels erweitern:

```
VkImageView createImageView(VkImage image, VkFormat format,
            VkImageAspectFlags aspectFlags, uint32_t mipLevels) {
    ..
    viewInfo.subresourceRange.levelCount = mipLevels;
    ..
    // (alle bisherigen Aufrufe von createImageView() muss man ebenfalls
    // um diesen Parameter ergänzen)
}


void transitionImageLayout(VkImage image, VkFormat format,
            VkImageLayout oldLayout, VkImageLayout newLayout,
            uint32_t mipLevels) {
    ..
    barrier.subresourceRange.levelCount = mipLevels;
    ..
    // (alle bisherigen Aufrufe von transitionImageLayout() muss man
    // ebenfalls um diesen Parameter ergänzen)
}
```

Nachdem nun der Image Buffer incl. Zubehör (d.h. View und Layout) für die MipMap-Textur vorbereitet ist, kann man die in den Staging Buffer geladene Original-Textur (MipMap-Level 0) mit dem Befehl vkCmdCopyBufferToImage() in den Level 0 des Image Buffers kopieren, wie in Abschnitt 5.2.2.4 auf Seite 123 dargestellt. Die Anpassung des Image Layouts für den schnellen Shader-Lesezugriff mit Hilfe der Funktion transitionImageLayout(.., VK_IMAGE_LAYOUT_SHADER_READ_ONLY_OPTIMAL) wird

auf später verschoben. Vom Level 0 des Image Buffers wird die Textur wieder gelesen und
mit Hilfe einer Skalierungs- und Tiefpassfilter-Funktion vkCmdBlitImage() verkleinert und
danach in den nächsthöheren MipMap-Level des Image Buffer zurückgeschrieben. Dieser
Vorgang wird sukzessive wiederholt, bis alle höheren MipMap-Levels in den Image Buffer
geschrieben wurden und in der folgenden Funktion generateMipMaps() zusammengefasst:

```cpp
// Funktion zum Erzeugen aller MipMaps im Image Buffer
void generateMipMaps(int32_t texWidth, int32_t texHeight, uint32_t mipLevels,
                     VkFormat format, VkImage& image) {

    // Abfrage, ob das Image Format lineares Blitting unterstützt
    VkFormatProperties formatProps;
    vkGetPhysicalDeviceFormatProperties(devices[i], format, &formatProps);
    if (!(formatProps.optimalTilingFeatures &
          VK_FORMAT_FEATURE_SAMPLED_IMAGE_FILTER_LINEAR_BIT))
        throw std::runtime_error("texture image format doesn't support
                                  linear Blitting");

    // die Fkt. beginSingleTimeCommands ist in Abschnitt 5.2.2.4 definiert
    VkCommandBuffer commandBufferObj = beginSingleTimeCommands();

    VkImageMemoryBarrier barrier = {};
    barrier.sType = VK_STRUCTURE_TYPE_IMAGE_MEMORY_BARRIER;
    barrier.srcQueueFamilyIndex = VK_QUEUE_FAMILY_IGNORED;
    barrier.dstQueueFamilyIndex = VK_QUEUE_FAMILY_IGNORED;
    barrier.image = image;
    barrier.subresourceRange.aspectMask = VK_IMAGE_ASPECT_COLOR_BIT;
    barrier.subresourceRange.levelCount = 1;
    barrier.subresourceRange.baseArrayLayer = 0;
    barrier.subresourceRange.layerCount = 1;

    int32_t mipWidth = texWidth;
    int32_t mipHeight = texHeight;

    // Schleife über alle MipMap-Level beginnend bei 1 (nicht bei 0)
    for (uint32_t i = 1; i < mipLevels; i++) {
        barrier.subresourceRange.baseMipLevel = i - 1;
        barrier.oldLayout = VK_IMAGE_LAYOUT_TRANSFER_DST_OPTIMAL;
        barrier.newLayout = VK_IMAGE_LAYOUT_TRANSFER_SRC_OPTIMAL;
        barrier.srcAccessMask = VK_ACCESS_TRANSFER_WRITE_BIT;
        barrier.dstAccessMask = VK_ACCESS_TRANSFER_READ_BIT;
```

```
// die folgende Pipeline Barriere stellt sicher, dass der MipMap-
// Level i − 1 vollständig geschrieben ist, entweder durch den
// vorhergehenden Blit-Befehl oder durch den initialen
// Kopierbefehl vkCmdCopyBufferToImage(), damit der
// nächste Blit-Befehl starten kann.
vkCmdPipelineBarrier(commandBufferObj,
    VK_PIPELINE_STAGE_TRANSFER_BIT, VK_PIPELINE_STAGE_TRANSFER_BIT,
    0, 0, nullptr, 0, nullptr, 1, &barrier);

VkImageBlit blit = {};
blit.srcOffsets[0] = {0, 0, 0};
blit.srcOffsets[1] = {mipWidth, mipHeight, 1};
blit.srcSubresource.aspectMask = VK_IMAGE_ASPECT_COLOR_BIT;
blit.srcSubresource.mipLevel = i - 1;
blit.srcSubresource.baseArrayLayer = 0;
blit.srcSubresource.layerCount = 1;
blit.dstOffsets[0] = {0, 0, 0};
blit.dstOffsets[1] = {mipWidth > 1 ? mipWidth/2 : 1,
                      mipHeight > 1 ? mipHeight/2 : 1, 1};
blit.dstSubresource.aspectMask = VK_IMAGE_ASPECT_COLOR_BIT;
blit.dstSubresource.mipLevel = i;
blit.dstSubresource.baseArrayLayer = 0;
blit.dstSubresource.layerCount = 1;

// der Befehl vkCmdBlitImage() sorgt mit den oben definierten
// Parametern dafür, dass der MipMap-Level i − 1 gelesen, dann
// mit der Einstellung VK_FILTER_LINEAR tiefpass-gefiltert und
// am Ende um den Faktor 2 verkleinert in den MipMap-Level i
// des Image Buffer geschrieben wird.
vkCmdBlitImage(commandBufferObj,
    image, VK_IMAGE_LAYOUT_TRANSFER_SRC_OPTIMAL,
    image, VK_IMAGE_LAYOUT_TRANSFER_DST_OPTIMAL,
    1, &blit, VK_FILTER_LINEAR);

barrier.oldLayout = VK_IMAGE_LAYOUT_TRANSFER_SRC_OPTIMAL;
barrier.newLayout = VK_IMAGE_LAYOUT_SHADER_READ_ONLY_OPTIMAL;
barrier.srcAccessMask = VK_ACCESS_TRANSFER_READ_BIT;
barrier.dstAccessMask = VK_ACCESS_TRANSFER_READ_BIT;

// die folgende Pipeline Barriere stellt sicher, dass der MipMap-
// Level i − 1 vollständig gelesen ist, bevor das Image Layout
// durch VK_IMAGE_LAYOUT_SHADER_READ_ONLY_OPTIMAL für den
// Lesezugriff des Shaders optimiert wird.
```

```
        vkCmdPipelineBarrier(commandBufferObj,
            VK_PIPELINE_STAGE_TRANSFER_BIT,
            VK_PIPELINE_STAGE_FRAGMENT_SHADER_BIT,
            0, 0, nullptr, 0, nullptr, 1, &barrier);

        if (mipWidth > 1) mipWidth /= 2;
        if (mipHeight > 1) mipHeight /= 2;
    }

    barrier.subresourceRange.baseMipLevel = mipLevels - 1;
    barrier.oldLayout = VK_IMAGE_LAYOUT_TRANSFER_DST_OPTIMAL;
    barrier.newLayout = VK_IMAGE_LAYOUT_SHADER_READ_ONLY_OPTIMAL;
    barrier.srcAccessMask = VK_ACCESS_TRANSFER_WRITE_BIT;
    barrier.dstAccessMask = VK_ACCESS_TRANSFER_READ_BIT;

    // die letzte Pipeline Barriere stellt sicher, dass auch beim letzten
    // MipMap-Level das Image Layout für den Lesezugriff des Shaders
    // optimiert wird. In der Schleife wird das immer nur für den vor-
    // letzten MipMap-Level erledigt, nicht für den letzten.
    vkCmdPipelineBarrier(commandBufferObj,
        VK_PIPELINE_STAGE_TRANSFER_BIT, VK_PIPELINE_STAGE_FRAGMENT_SHADER_BIT,
        0, 0, nullptr, 0, nullptr, 1, &barrier);

    // die Fkt. endSingleTimeCommands ist in Abschnitt 5.2.2.4 definiert
    endSingleTimeCommands(commandBufferObj);
}
```

Möchte man in Vulkan nur einen bestimmten Teil aller MipMap-Levels benutzen, kann man den Bereich mit Hilfe der Parameter minLod und maxLod in der Datenstruktur VkSamplerCreateInfo einschränken. Diese Werte fließen in ein VkSampler-Objekt, in dem die Textur-Filter in Vulkan definiert werden (Abschnitt 13.1.2). In folgendem Beispiel wird gezeigt, wie man nur die MipMap-Levels 2 bis 5 zulässt:

```
VkSamplerCreateInfo samplerInfo = {};
    samplerInfo.minLod = 2;
    samplerInfo.maxLod = 5;
```

13.1.3.3 Auswahl der MipMap-Levels

Für die Auswahl der adäquaten MipMap-Levels berechnet OpenGL bzw. Vulkan automatisch zwei Verkleinerungsfaktoren ρ_x und ρ_y zwischen der Texturgröße (in Texel) und der Größe des texturierten Polygons (in Pixel) für jede Dimension x und y. Aus dem Maximum der beiden inversen Verkleinerungsfaktoren ($\max(\frac{1}{\rho_x}, \frac{1}{\rho_y})$) berechnet OpenGL bzw. Vulkan noch einen weiteren Skalierungsfaktor λ durch Logarithmierung zur Basis 2, d.h.

$$\lambda = \log_2(\max(\frac{1}{\rho_x}, \frac{1}{\rho_y})) \tag{13.1}$$

Falls z.B. der maximale Verkleinerungsfaktor $\rho = \frac{1}{4}$ ist, d.h. dass in einer Dimension 4 Texel auf ein Pixel abgebildet werden, ist $\lambda = 2$, bei einem maximalen Verkleinerungsfaktor von $\rho = \frac{1}{8}$ ist $\lambda = 3$. Wird eine Textur 2-mal um den Faktor 2 verkleinert (dies entspricht MipMap-Level 2), wird aus 4 Texel in einer Dimension ein Texel. Wird eine Textur 3-mal um den Faktor 2 verkleinert (dies entspricht MipMap-Level 3), wird aus 8 Texel in einer Dimension ein Texel. Folglich gibt der durch OpenGL / Vulkan berechnete Skalierungsfaktor λ also den zur Größe des Polygons am Bildschirm passenden MipMap-Level an.

13.1.3.4 MipMap-Verkleinerungsfilter

Nachdem die benötigten MipMap-Levels definiert sind, kann der in Abschnitt 13.1.2 bereits vorgestellte OpenGL-Befehl

`glTexParameteri(GL_TEXTURE_2D, GL_TEXTURE_MIN_FILTER, GLint param)`

benutzt werden, um einen MipMap-Minification-Filter festzulegen. Der dritte noch freie Parameter, `param`, legt fest, welcher der vier MipMap-Minification-Filter verwendet werden soll.

In Vulkan werden die Textur-Filter für die Verkleinerung (*Minification*) von MipMaps (und normalen Texturen) in einem `VkSampler`-Objekt in der Datenstruktur `VkSamplerCreateInfo` definiert (Abschnitt 5.2.2.4 auf Seite 125). Dabei kann die Filtermethode innerhalb eines MipMap-Levels unabhängig von der Filtermethode zwischen den MipMap-Levels jeweils entweder `LINEAR` (lineare Interpolation) oder `NEAREST` (nächstliegender Wert) gewählt werden.

Folgende Kombinationen für MipMap-Verkleinerungsfilter sind möglich:

- OpenGL: `GL_NEAREST_MIPMAP_NEAREST`:
  Vulkan: `samplerInfo.minFilter = VK_FILTER_NEAREST;`
  `samplerInfo.mipmapMode = VK_SAMPLER_MIPMAP_MODE_NEAREST;`

Durch Auf- oder Abrunden des Skalierungsfaktors λ wird der zur Polygongröße passendste MipMap-Level ausgewählt. Die Farbwerte des Texels, welches dem Pixel-Zentrum am nächsten ist, werden benutzt. Dies ist die schnellste Variante, führt aber zu Aliasing-Effekten. Dennoch ist dieser Filter immer noch sehr viel besser als der `GL_NEAREST`-Filter einer normalen Textur ohne MipMaps, denn er wählt ein Texel aus dem passenden MipMap-Level aus, anstatt ein Texel aus der evtl. viel zu großen Original-Textur.

- OpenGL: `GL_LINEAR_MIPMAP_NEAREST`:
  Vulkan: `samplerInfo.minFilter = VK_FILTER_LINEAR;`
  `samplerInfo.mipmapMode = VK_SAMPLER_MIPMAP_MODE_NEAREST;`

Wie vorher wird durch Auf- oder Abrunden des Skalierungsfaktors λ der zur Polygongröße passendste MipMap-Level ausgewählt. Es wird ein linearer Mittelwert aus den Farbwerten des 2 x 2 Texel-Arrays gebildet, welches dem Pixel-Zentrum am nächsten liegt.

- OpenGL: `GL_NEAREST_MIPMAP_LINEAR`:
  Vulkan: `samplerInfo.minFilter = VK_FILTER_NEAREST;`
  `samplerInfo.mipmapMode = VK_SAMPLER_MIPMAP_MODE_LINEAR;`

Durch Auf- und Abrunden des Skalierungsfaktors λ wird sowohl der bzgl. der Polygongröße nächstkleinere MipMap-Level ausgewählt, als auch der nächstgrößere. Danach wird ein linearer Mittelwert gebildet zwischen den beiden Texel-Farbwerten, die dem Pixel-Zentrum im jeweiligen MipMap-Level am nächsten liegen.

- OpenGL: `GL_LINEAR_MIPMAP_LINEAR`:
  Vulkan: `samplerInfo.minFilter = VK_FILTER_LINEAR;`
  `samplerInfo.mipmapMode = VK_SAMPLER_MIPMAP_MODE_LINEAR;`

Wie vorher wird durch Auf- und Abrunden des Skalierungsfaktors λ sowohl der bzgl. der Polygongröße nächstkleinere MipMap-Level ausgewählt, als auch der nächstgrößere. Anschließend wird für jeden der beiden ausgewählten MipMap-Level ein linearer Mittelwert aus den Farbwerten des 2 x 2 Texel-Arrays gebildet, welches dem Pixel-Zentrum am nächsten liegt. Aus diesen beiden Mittelwerten wird durch eine weitere Mittelung der endgültige Farbwert des Fragments berechnet. Da bei diesem aufwändigen Textur-Filter dreimal hintereinander ein linearer Mittelwert berechnet wird, bezeichnet man diese Filterung auch als *„tri-linear mipmap"*.

In Bild 13.7 ist die Funktionsweise der vier MipMap-Minification-Filter grafisch erläutert. Der Rechenaufwand der verschiedenen Filtertypen steigt mit der Anzahl der Mittelungen und somit nach unten an, ebenso wie die erzielbare Bildqualität[4]. Es gilt also, wie immer in der interaktiven 3D-Computergrafik, abzuwägen zwischen Rendering-Geschwindigkeit und Bildqualität.

---

[4]Auf moderner Grafikhardware sind alle Texturfilter in der Regel hardwarebeschleunigt, so dass man kaum einen Geschwindigkeitsnachteil, aber dafür eine leicht verbesserte Bildqualität bei einer zunehmenden Zahl der Mittelungen feststellen kann.

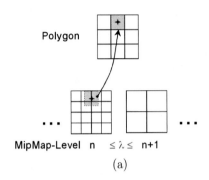

(a)

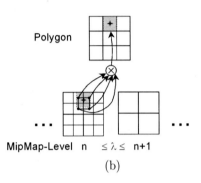

(b)

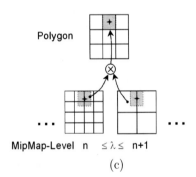

(c)

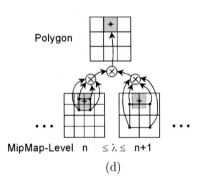

(d)

Bild 13.7: MipMap Verkleinerungsfilter:

(a) GL_NEAREST_MIPMAP_NEAREST.
VK_FILTER_NEAREST +
VK_SAMPLER_MIPMAP_MODE_NEAREST.

(b) GL_LINEAR_MIPMAP_NEAREST.
VK_FILTER_LINEAR +
VK_SAMPLER_MIPMAP_MODE_NEAREST.

(c) GL_NEAREST_MIPMAP_LINEAR.
VK_FILTER_NEAREST +
VK_SAMPLER_MIPMAP_MODE_LINEAR.

(d) GL_LINEAR_MIPMAP_LINEAR.
VK_FILTER_LINEAR +
VK_SAMPLER_MIPMAP_MODE_LINEAR.

13.1.3.5   Anisotrope Filter

Ein gewisses Problem taucht bei MipMap-Verkleinerungsfiltern immer dann auf, wenn eine Textur auf ein Polygon gemappt wird, das unter einem sehr flachen Blickwinkel betrachtet wird. Denn in diesem Fall wird eine Textur in s-Richtung evtl. nur wenig verkleinert, während sie in t-Richtung sehr stark verkleinert wird. Die nach (13.1) ausgewählten MipMap-Levels beziehen sich aber auf den stärksten Verkleinerungsfaktor und sind daher für die s-Richtung viel zu klein. Das Bild wird also horizontal unscharf. Abhilfe kann hier mit einer Einstellung für anisotrope Filter geschaffen werden. Die Grundidee dabei ist, den MipMap-Level auszuwählen, der für die geringere Verkleinerung in s-Richtung adäquat ist und gleichzeitig Aliasing-Effekte in t-Richtung zu vermeiden, indem man eine entsprechend größere Anzahl an Texel in t-Richtung zur Mittelung heranzieht. Dies entspricht einem asymmetrischen Tiefpass-Filterkern, der in t-Richtung verlängert ist. Dadurch wird in t-Richtung stärker tiefpass-gefiltert als in s-Richtung. Zur Aktivierung der anisotropen Filterung wird in OpenGL der Befehl

```
glTexParameterf(GL_TEXTURE_2D, GL_TEXTURE_MAX_ANISOTROPY, GLint param)
```

aufgerufen, wobei **param** die maximale Anisotropie a_{max} festlegt.

In Vulkan wird die anisotrope Filterung wieder im VkSampler-Objekt in der Datenstruktur VkSamplerCreateInfo festgelegt:

```
VkSamplerCreateInfo samplerInfo = {};
    samplerInfo.anisotropyEnable = VK_TRUE;
    samplerInfo.maxAnisotropy = a_max;
```

Für die Auswahl der adäquaten MipMap-Levels berechnet OpenGL bzw. Vulkan zunächst die Anzahl N der Abtastpunkte, die in t-Richtung (im allgemeinen in die Richtung, in die der stärkere Verkleinerungsfaktor auftritt) genommen werden. Mit $f_{max} = \max(\frac{1}{\rho_x}, \frac{1}{\rho_y})$ und $f_{min} = \min(\frac{1}{\rho_x}, \frac{1}{\rho_y})$ ergibt sich

$$N = \min(\frac{f_{max}}{f_{min}}, a_{max}) \tag{13.2}$$

Anschließend berechnet OpenGL bzw. Vulkan den Skalierungsfaktor λ mit

$$\lambda = \log_2(\frac{f_{max}}{N}) \tag{13.3}$$

Falls die berechnete Anisotropie $\frac{f_{max}}{f_{min}}$ kleiner ist als der durch den OpenGL-Befehl glTexParameterf() bzw. den bei Vulkan durch den Parameter maxAnisotropy vorgegebenen Wert a_{max}, berechnet sich der Skalierungsfaktor einfach zu $\lambda = \log_2(f_{min})$, d.h. es wird der MipMap-Level ausgewählt, der für die geringere Verkleinerung in s-Richtung adäquat ist. Damit bleibt das Bild horizontal scharf, und wegen des in t-Richtung ausgedehnten Tiefpass-Filters treten in dieser Richtung auch keine Aliasing-Effekte auf. Der Preis für die höhere Bildqualität ist natürlich wieder in Form einer geringeren Bildgenerierrate zu bezahlen.

13.1.4 Programmierbare Textur-Filter

In den beiden vorangegangenen Abschnitten 13.1.2 und 13.1.3.4 wurden fest vorgegebene Textur-Filter vorgestellt, die im besten Fall, d.h. im LINEAR-Modus, als Tiefpass-Filter einen gleitenden Mittelwert mit einem 2 x 2 Texel großen Filterkern realisieren. Eine ähnliche Art der Tiefpass-Filterung, allerdings auf Subtexelebene, wird durch das normale Multisample Anti-Aliasing durchgeführt, das in Abschnitt 10.2.2.2 für OpenGL bzw. in Abschnitt 10.2.2.3 für Vulkan vorgestellt wurde. Mit Hilfe von programmierbaren Fragment Shadern kann man auf der Texelebene beliebige Textur-Filter selbst programmieren, da man vom Fragment Shader aus Zugriff auf die benachbarten Texel hat (Abschnitt 13.6). Etwas komplizierter ist das Vorgehen, wenn man eigene Textur-Filter auf der Subtexelebene realisieren möchte, wie im Folgenden dargestellt.

Bei OpenGL holt man sich zunächst die Abtastpositionen der Subpixel, die abhängig von der jeweiligen OpenGL-Implementierung an unterschiedlichen Stellen innerhalb der Texelfläche liegen, wie in Bild 13.8 dargestellt. Die zufällige Verteilung der Subpixelpositionen innerhalb der Texelfläche verbessert die Wirkung des Anti-Aliasing. Man kann sich die einzelnen Subpixelpositionen mit dem OpenGL-Befehl glGetMultisamplefv() holen. Zuvor ruft man noch die Funktion glGetIntegerv() mit dem Parameter GL_SAMPLES auf, um die Anzahl der Subpixelpositionen zu bestimmen, die der Framebuffer besitzt.

```
// Bestimmung der Subpixelpositionen

int sampleNum = 0;
glGetIntegerv( GL_SAMPLES, &sampleNum );

float subPositions[64];      // Array für bis zu 32 Subpixelpositionen
for( i=0; i<sampleNum; i++ ) {
    glGetMultisamplefv( GL_SAMPLE_POSITION, i, &subPositions[i*2] );
}
```

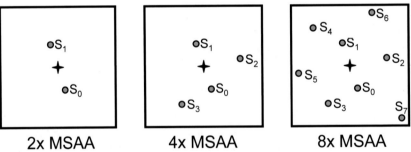

Bild 13.8: Mögliche Subpixelpositionen für 2x, 4x bzw. 8x Multisample Anti-Aliasing. Die Positionen werden vom Ursprung links unten $(0, 0)$ bis zum Maximalwert rechts oben $(1, 1)$ angegeben. Das Zentrum des Pixels ist mit einem Kreuz gekennzeichnet und befindet sich an der Position $(0.5, 0.5)$.

Mit Hilfe der Subpixelpositionen kann man nun die Abstände zum Texelzentrum (Position (0.5, 0.5)) berechnen und auf dieser Basis z.B. einen Gauss-ähnlichen Tiefpass-Filterkern (Band II 5.4) bestimmen, dessen Filtergewichte zum Rand hin abnehmen. Die Filtergewichte des Tiefpasses werden dann in Form eines „Texture Buffer Objects" an den Fragment Shader übergeben:

```
// Bestimmung eines Gauss-ähnlichen Tiefpass-Filterkerns

float maxDist;                // maximaler Abstand zum Texelrand
maxDist = sqrt( 0.5 * 0.5 + 0.5 * 0.5 );
float invDist[32];            // invertierter Abstand zum Texelzentrum
float sumDist = 0.0;          // Summe aller invertierten Abstände

for( i=0; i<sampleNum; i++ ) {
    float x = subPositions[i*2] - 0.5;
    float y = subPositions[i*2+1] - 0.5;
    invDist[i] = maxDist - sqrt(x * x + y * y);
    sumDist += invDist[i];
}
float subWeights[32];         // Array für bis zu 32 Filtergewichte
for( i=0; i<sampleNum; i++ ) {
    // Normierung der Filtergewichte auf 1
    subWeights[i] = invDist[i] / sumDist;
}
// Anlegen eines TBO für die Filtergewichte

int subWeightsBuf[1];
glGenBuffers( 1, subWeightsBuf );
glBindBuffer( GL_TEXTURE_BUFFER, subWeightsBuf[0] );
glBufferData( GL_TEXTURE_BUFFER, sizeof(float)*32,
              subWeights, GL_DYNAMIC_DRAW );
glBindBuffer( GL_TEXTURE_BUFFER, 0 );

// Laden des TBO in Textur 1

int TBOtexture[1];
glActiveTexture( GL_TEXTURE1 );
glGenTextures( 1, TBOtexture );
glBindTexture( GL_TEXTURE_BUFFER, TBOtexture[0] );
glTexBuffer( GL_TEXTURE_BUFFER, GL_R32F, subWeightsBuf[0] );
glActiveTexture( GL_TEXTURE0 );
```

Als Alternative zu dem oben definierten Gauss-ähnlichen Tiefpass, der für das Anti-Aliasing benutzt wird, kann man die Filtergewichte z.B. auch mit einem Laplace-ähnlichen Operator (Band II 5.30) belegen, der eine Kantenextraktion auf Subpixelebene durchführt. Für diesen Fall sind die Filtergewichte dann folgendermaßen zu belegen:

```
// Bestimmung eines Laplace-ähnlichen Hochpass-Filterkerns
subWeights[0] = 7.0;        // Gewicht für die zentrale Subpixelposition
for( i=1; i<8; i++ ) {
    subWeights[i] = -1.0;   // Gewicht für umliegende Subpixelpositionen
}
```

Anschließend kann man ein Multisample Textur-Objekt mit den folgenden OpenGL-Befehlen anlegen[5]:

```
// Anlegen eines Multisample Textur-Objekts
int msaaTexture[1];
glGenTextures( 1, msaaTexture );
glBindTexture( GL_TEXTURE_2D_MULTISAMPLE, msaaTexture[0] );
glTexImage2DMultisample(GL_TEXTURE_2D_MULTISAMPLE, &sampleNum
                   GL_RGB16F, width, height, GL_FALSE );
```

Nun muss man das Multisample Textur-Objekt an ein Framebuffer Object anbinden[6] (Abschnitt 6.4.4.4):

```
// Anbinden der MSAA-Textur an ein Framebuffer Object
int msaaFBO[1];
glGenFramebuffers( 1, msaaFBO );
glBindFramebuffer( GL_DRAW_FRAMEBUFFER, msaaFBO[0] );
glFramebufferTexture2D( GL_DRAW_FRAMEBUFFER, GL_COLOR_ATTACHMENT0,
                   GL_TEXTURE_2D_MULTISAMPLE, msaaTexture[0],
                   GL_FALSE );
```

Damit sind alle Vorbereitungen für das Rendern der Szene getroffen. In der RenderScene-Funktion des OpenGL-Programms zeichnet man die Szene zuerst in die Multisample-Textur des Framebuffer Objects `msaaFBO` mit einem einfachen Fragment Shader, den die GPU für jedes Subpixel aufruft. Anschließend wird in das normale Bildschirmfenster mit Hilfe des folgenden „*Resolve*" Fragment Shaders gezeichnet, der die Subpixel aus der Multisample-Textur ausliest, mit den entsprechenden Filterkernen (Gauss oder Laplace) gewichtet und abschließend die gefilterten Farbwerte pro Pixel ausgibt.

In dem folgenden Fragment Shader ist zu beachten, dass man für den Zugriff auf eine Multisample-Textur nicht den normalen Datentyp sample2D, sondern einen eigenen Datentyp sampler2DMS verwenden muss und ebenso für den Zugriff auf ein „*Texture Buffer Object*" den Datentyp samplerBuffer. Außerdem wird die Texturzugriffsfunktion `texelFetch()` benützt, bei der die Texturkoordinaten mit ganzzahligen Werten (int)

---

[5]Anstatt einer Multisample Textur kann man auch ein „*Multisample Renderbuffer Object*" mit dem Befehl `glRenderBufferStorageMultisample()` anlegen.

[6]Zu beachten ist dabei, dass das „*Texture Target*", d.h. der dritte Parameter des Befehls `glFramebufferTexture2D` eine Multisample-Variante sein muss, nämlich GL_TEXTURE_2D_MULTISAMPLE.

spezifiziert werden und nicht mit normierten float-Texturkoordinaten im Wertebereich $[0,1]$, wie bei der normalen Texturzugriffsfunktion texture(). Damit man mit integer-Texturkoordinaten im Fragment Shader arbeiten kann, benötigt man die Größe der Textur in Texel. Diese Werte liefert die GLSL-Funktion textureSize(), so dass man die normierten Texturkoordinaten in ganzzahlige Texturkoordinaten umrechnen kann.

```
// Der „Resolve" Fragment Shader zur Subpixel-Filterung

 #version 460        // GLSL-Version 4.6

// linear interpolierte und normierte Texturkoordinate des Fragments
in vec3 TexCoord;

// Uniform-Variablen
uniform sampler2DMS origImage;
uniform samplerBuffer subWeightBuffer;
uniform int sampleNum;

// Ausgabe-Wert: Farbe des Fragments
out vec4 FragColor;

void main()
{
    // Berechnung der ganzzahligen Texturkoordinaten
    ivec2 iTexCoord = ivec2( floor( textureSize( origImage ) * TexCoord ));

    vec4 weightedColor = vec4( 0.0, 0.0, 0.0, 1.0 );

    for (int i = 0; i <= sampleNum; i++)
    {
        // Zugriff auf das Filtergewicht von Subpixel i
        float weight = texelFetch( subWeightBuffer, i ).r;
        // Zugriff auf den Farbwert von Subpixel i
        vec4 texColor = texelFetch( origImage, iTexCoord, i );
        // Durchführung der Faltungsoperation
        weightedColor += weight * texColor;
    }
    FragColor = abs( weightedColor );
    FragColor.a = 1.0;
}
```

Bei Vulkan wird diese Art des programmierbaren Multisampling als „Sample Shading" bezeichnet. Die programmiertechnische Umsetzung wurde bereits in Abschnitt 10.2.2.3 dargestellt. Da das Vorgehen bei Vulkan sich prinzipiell nicht von dem bei OpenGL unterscheidet, kann man den oben dargestellten „Resolve" GLSL-Shader auch für beide Grafikschnittstellen einsetzen.

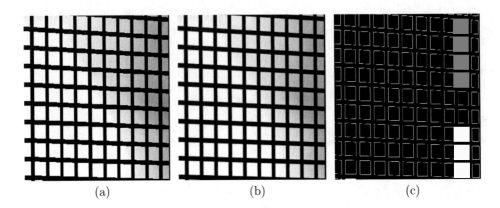

(a)   (b)   (c)

Bild 13.9: Programmierbare Textur-Filter auf Subpixelebene am Beispiel eines leicht gedrehten Gitters: (a) deutlich sichtbare Aliasing-Artefakte (Treppenstufen) bei einem Abtastwert pro Texel. (b) 8x Multisample Anti-Aliasing: Treppenstufen-Artefakte sind mit Tiefpassfilter verwischt. (c) Kantendetektion auf Subpixelebene mit einem Laplace-ähnlichen Operator.

In Bild 13.9 kann man die positive Wirkung des Multisample Anti-Aliasing mit 8 Subpixel, die mit dem oben gezeigten Programmcode erzielt wurden, deutlich sehen: die Treppenstufen-Artefakte, die bei einem Abtastwert pro Texel deutlich ins Auge fallen, sind bei einem Gauss-ähnlichen Tiefpassfilter mit 8 Subpixel praktisch unsichtbar. Verwendet man dagegen einen Laplace-ähnlichen Hochpassfilter kann man die Kanten auf Subpixelebene extrahieren.

13.1.5 Textur-Fortsetzungsmodus (Texture Wraps)

In vielen Fällen weisen Texturen regelmäßige Strukturen auf. Beispiele dafür sind künstlich erzeugte Oberflächen wie Ziegeldächer, gepflasterte oder gefliese Böden, tapezierte Wände, Textilien, homogene Fensterfronten bei Häusern etc. oder auch natürliche Oberflächen wie Sand, Granit, Rasen, Kornfelder oder ein Wald aus etwas größerer Entfernung. In all diesen Fällen ist es sehr viel effektiver, einen kleinen charakteristischen Ausschnitt der gesamten Oberfläche, z.B. einen Dachziegel, als Textur zu definieren und mit diesem die gesamte Fläche zu „bepflastern" (Bild 13.10-a,b).

OpenGL und Vulkan ermöglichen diese Art der Texturwiederholung, indem sie Texturkoordinaten außerhalb des Bereichs [0, 1] zulassen. Wenn man einem Rechteck Texturkoordinaten zuordnet, die in jeder Richtung von 0.0 bis 5.0 gehen, wird z.B. die Dachziegel-Textur fünf Mal in jeder Richtung wiederholt, d.h. sie wird ingesamt 25 Mal auf das Rechteck gemappt, falls der Textur-Fortsetzungsmodus (Texture Wrap) auf den Wert "REPEAT" eingestellt ist. Bei diesem Modus wird einfach der ganzzahlige Anteil der Texturkoordinaten ignoriert, so dass die Textur periodisch auf der Fläche wiederholt wird. Damit die

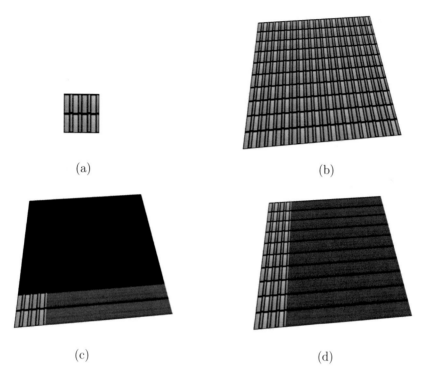

(a)   (b)

(c)   (d)

Bild 13.10:   Textur-Fortsetzungsmodus (Texture Wraps): (a) Eine Textur mit einem
kleinen Ausschnitt eines Ziegeldaches. (b) Durch wiederholtes Mapping der Textur wird
ein größeres Polygon bedeckt (Textur-Fortsetzungsmodus REPEAT). (c) Die letzte Zeile
bzw. Spalte der Textur werden wiederholt, um den Rest der Textur auszufüllen (Textur-
Fortsetzungsmodus CLAMP). (d) In s-Richtung wird die letzte Spalte der Textur wiederholt
(CLAMP) und in t-Richtung die gesamte Textur (REPEAT).

einzelnen Textur-„Fliesen" nicht erkennbar sind, müssen die Farben und die Gradienten
der Farbverläufe am linken und am rechten Rand, sowie am unteren und oberen Rand
möglichst ähnlich sein. Solche Texturen sind in der Praxis gar nicht so einfach zu erzeugen. Deshalb gibt es seit der OpenGL Version 1.4 als weiterer Textur-Fortsetzungsmodus
"MIRRORED_REPEAT", bei dem jede zweite Textur (d.h. falls der ganzzahlige Anteil der
Texturkoordinaten ungerade ist) in einer (horizontal oder vertikal) gespiegelten Version
wiederholt wird.

Eine andere Möglichkeit des Textur-Fortsetzungsmodus ist es, Texturkoordinaten außerhalb des Bereichs $[0, 1]$ zu kappen (CLAMP), d.h. Werte größer als 1 auf 1 zu setzen
und Werte kleiner als 0 auf 0 zu setzen. Dadurch wird die erste oder letzte Zeile bzw.
Spalte der Textur immer wieder kopiert, falls als Textur-Filter NEAREST eingestellt wur-

de (Bild 13.10-c). Falls als Textur-Filter LINEAR eingestellt wurde, ist die Situation etwas komplizierter. In diesem Fall wird ein linearer Mittelwert aus den Farbwerten des 2 x 2 Texel-Arrays gebildet, welches dem Pixel-Zentrum am nächsten liegt. Wenn nun bei einer Textur ein Rand (*border*) definiert wurde (Abschnitt 13.1.1), gehen die Rand-Texel in die Berechnung des linearen Mittelwerts ein. Ist dies nicht gewünscht, kann durch Verwendung des Textur-Fortsetzungsmodus "CLAMP_TO_EDGE" der Rand bei der Berechnung des linearen Mittelwerts ignoriert werden. Falls ausschließlich die Rand-Texel in die Berechnung des linearen Mittelwerts einfließen sollen, wird der Textur-Fortsetzungsmodus "CLAMP_TO_BORDER" ausgewählt.

Der Textur-Fortsetzungsmodus kann separat für die s- und t-Richtung (in Vulkan die u- und die v-Richtung) ausgewählt werden, so dass es z.B. auch möglich ist, in t-Richtung den Modus REPEAT festzulegen und in s-Richtung den Modus CLAMP (Bild 13.10-d).

In OpenGL wird der Textur-Fortsetzungsmodus mit dem in Abschnitt 13.1.2 bereits vorgestellten Befehl

glTexParameteri(GL_TEXTURE_2D, GL_TEXTURE_WRAP_S, GLint *param*) bzw.
glTexParameteri(GL_TEXTURE_2D, GL_TEXTURE_WRAP_T, GLint *param*)

festgelegt. Der dritte noch freie Parameter, param, bestimmt, welcher der fünf Textur-Fortsetzungsmodi verwendet werden soll:

- GL_REPEAT: Wiederholung der Textur.

- GL_MIRRORED_REPEAT: Wiederholung der Textur, wobei jede zweite Textur gespiegelt wird.

- GL_CLAMP: Wiederholung der ersten oder letzten Zeile bzw. Spalte der Textur, falls als Textur-Filter GL_NEAREST eingestellt wurde. Wiederholung der gemittelten Farbwerte der ersten oder letzten *beiden* Zeilen bzw. Spalten der Textur, falls als Textur-Filter GL_LINEAR eingestellt wurde. Wenn ein Textur-Rand definiert wurde, geht dieser als letzte Zeile bzw. Spalte in die Mittelung ein.

- GL_CLAMP_TO_EDGE: wie GL_CLAMP, allerdings wird der Textur-Rand ignoriert.

- GL_CLAMP_TO_BORDER: wie GL_CLAMP, wobei ausschließlich der Textur-Rand in die Wiederholung eingeht.

- GL_MIRROR_CLAMP_TO_EDGE: Wiederholung der ersten oder letzten Zeile bzw. Spalte der Textur, wobei die gegenüber liegende (gespiegelte) Zeile bzw. Spalte wiederholt wird.

Zusätzlich besteht noch die Möglichkeit, explizit die Farbe des Texturrandes festzulegen. Dazu dient wieder der glTexParameter*()-Befehl mit den Parametern:

glTexParameterf(GL_TEXTURE_2D, GL_TEXTURE_BORDER_COLOR, GLfloat *bordercolor*)

In Vulkan wird der Textur-Fortsetzungsmodus in einem `VkSampler`-Objekt definiert
(Abschnitt 5.2.2.4 auf Seite 125):

```
VkSamplerCreateInfo samplerInfo = {};
samplerInfo.adressModeU = VK_SAMPLER_ADRESS_MODE_REPEAT;
samplerInfo.adressModeV = VK_SAMPLER_ADRESS_MODE_REPEAT;
```

Die folgenden Textur-Fortsetzungsmodi können in Vulkan verwendet werden:

- `VK_SAMPLER_ADRESS_MODE_REPEAT`: Wiederholung der Textur.

- `VK_SAMPLER_ADRESS_MODE_MIRRORED_REPEAT`: Wiederholung der Textur, wobei jede
  zweite Textur gespiegelt wird.

- `VK_SAMPLER_ADRESS_MODE_CLAMP_TO_EDGE`: Wiederholung der ersten oder letzten Zeile
  bzw. Spalte der Textur, wobei der Textur-Rand ignoriert wird.

- `VK_SAMPLER_ADRESS_MODE_CLAMP_TO_BORDER`: hier wird ausschließlich der Textur-Rand
  wiederholt.

- `VK_SAMPLER_ADRESS_MODE_MIRROR_CLAMP_TO_EDGE`: Wiederholung der ersten oder letzten Zeile bzw. Spalte der Textur, wobei die gegenüber liegende (gespiegelte) Zeile bzw.
  Spalte wiederholt wird.

Zusätzlich besteht noch die Möglichkeit, explizit die Farbe[7] des Texturrandes festzulegen. Dazu dient wieder das `VkSampler`-Objekt:

```
VkSamplerCreateInfo samplerInfo = {};
samplerInfo.borderColor = VK_BORDER_COLOR_FLOAT_OPAQUE_BLACK;
```

13.1.6 Mischung von Textur- und Beleuchtungsfarbe (Texture Environment)

Als Ergebnis liefert die Textur-Filterung einen Farbwert für das in Bearbeitung stehende
Fragment (so wird ein Pixel genannt, solange es noch nicht endgültig im Bildspeicher steht).
Diesen Farbwert bezeichnet man als Textur-Fragmentfarbe g_t. Außerdem steht von der Beleuchtungsrechnung und der anschließenden Rasterisierung noch die gemäß Gouraud linear
interpolierte Fragmentfarbe g_f zur Verfügung. Wie diese Farben miteinander (oder evtl.
mit einer weiteren Hintergrundfarbe) gemischt werden, kann man im „Core Profile" von
OpenGL bzw. in Vulkan im Fragment Shader frei programmieren. Im „Compatibility Profile" dagegen ist man auf eine beschränkte Auswahl an sogenannten Textur-Funktionen
(Texture Environment) festgelegt (Bild 13.2). Man definiert die entsprechenden Textur-
Funktionen mit den in der folgenden Tabelle dargestellten Varianten des `glTexEnv`-Befehls:

---

[7]Neben der Randfarbe `FLOAT_OPAQUE_BLACK` kann man in Vulkan noch folgende Randfarben einstellen: `INT_OPAQUE_BLACK`, `FLOAT_TRANSPARENT_BLACK`, `INT_TRANSPARENT_BLACK`, `FLOAT_OPAQUE_WHITE`,
`INT_OPAQUE_WHITE`

Skalar-Form
glTexEnvf(GLenum *target*, GLenum *name*, GLfloat *param*)
glTexEnvi(GLenum *target*, GLenum *name*, GLint *param*)

Vektor-Form
glTexEnvfv(GLenum *target*, GLenum *name*, GLfloat **param*)
glTexEnviv(GLenum *target*, GLenum *name*, GLint **param*)

Der erste Parameter des glTexEnv-Befehls, *target*, muss in diesem Zusammenhang immer (GL_TEXTURE_ENV) sein. Falls der zweite Parameter, **name**, den Wert (GL_TEXTURE_ENV_COLOR) annimmt, wird eine Textur-Hintergrundfarbe $\mathbf{g_h}$ definiert, die bei einer speziellen Textur-Funktion (GL_BLEND) einfließt. In diesem Fall werden über den dritten Parameter *param die vier Farbkomponenten R,G,B,A in einem Array übergeben. Wenn aber der zweite Parameter, **name**, den Wert (GL_TEXTURE_ENV_MODE) annimmt, wird eine der folgenden Textur-Funktionen mit dem dritten Parameter, **param**, festgelegt:

- GL_REPLACE:
  Die Textur-Fragmentfarbe wird zu 100% übernommen, d.h. die aus der Beleuchtungsrechnung interpolierte Fragmentfarbe wird ersetzt durch die Textur-Fragmentfarbe. Nach dem Texture Mapping ist die resultierende Fragmentfarbe $\mathbf{g_r}$ einfach die Textur-Fragmentfarbe:

$$\mathbf{g_r} = \mathbf{g_t} \Longleftrightarrow \begin{pmatrix} R_r \\ G_r \\ B_r \\ A_r \end{pmatrix} = \begin{pmatrix} R_t \\ G_t \\ B_t \\ A_t \end{pmatrix} \tag{13.4}$$

- GL_MODULATE:
  Die Textur-Fragmentfarbe wird mit der interpolierten Fragmentfarbe aus der Beleuchtungsrechnung moduliert, d.h. komponentenweise multipliziert:

$$\mathbf{g_r} = \mathbf{g_t} * \mathbf{g_f} \Longleftrightarrow \begin{pmatrix} R_r \\ G_r \\ B_r \\ A_r \end{pmatrix} = \begin{pmatrix} R_t \cdot R_f \\ G_t \cdot G_f \\ B_t \cdot B_f \\ A_t \cdot A_f \end{pmatrix} \tag{13.5}$$

- GL_DECAL:
  Abhängig vom Wert der Alpha-Komponente des Texels wird entweder die Textur-Fragmentfarbe stärker gewichtet, oder die interpolierte Fragmentfarbe aus der Beleuchtungsrechnung. Bei einem Alpha-Wert von 1 wird ausschließlich die Textur-Fragmentfarbe verwendet, bei einem Alpha-Wert von 0 ausschließlich die interpolierte Fragmentfarbe aus der Beleuchtungsrechnung:

$$\mathbf{g_r} = \begin{pmatrix} R_r \\ G_r \\ B_r \\ A_r \end{pmatrix} = \begin{pmatrix} (1 - A_t) \cdot R_f + A_t \cdot R_t \\ (1 - A_t) \cdot G_f + A_t \cdot G_t \\ (1 - A_t) \cdot B_f + A_t \cdot B_t \\ A_f \end{pmatrix} \tag{13.6}$$

- GL_BLEND:

  Abhängig vom Wert der Farbkomponente des Texels wird entweder die Textur-Hintergrundfarbe stärker gewichtet, oder die interpolierte Fragmentfarbe aus der Beleuchtungsrechnung. Bei einem Wert der Textur-Farbkomponente von 1 wird ausschließlich die Textur-Hintergrundfarbe verwendet, bei einem Wert von 0 auschließlich die interpolierte Fragmentfarbe aus der Beleuchtungsrechnung:

$$\mathbf{g_r} = \begin{pmatrix} R_r \\ G_r \\ B_r \\ A_r \end{pmatrix} = \begin{pmatrix} (1 - R_t) \cdot R_f + R_t \cdot R_h \\ (1 - G_t) \cdot G_f + G_t \cdot G_h \\ (1 - B_t) \cdot B_f + B_t \cdot B_h \\ A_t \cdot A_f \end{pmatrix} \tag{13.7}$$

- GL_ADD:

  In diesem Fall werden die Textur-Fragmentfarbe und die interpolierte Fragmentfarbe aus der Beleuchtungsrechnung addiert:

$$\mathbf{g_r} = \begin{pmatrix} R_r \\ G_r \\ B_r \\ A_r \end{pmatrix} = \begin{pmatrix} R_t + R_f \\ G_t + G_f \\ B_t + B_f \\ A_t \cdot A_f \end{pmatrix} \tag{13.8}$$

- GL_COMBINE:

  Diese Textur-Funktion wird ausschließlich für Mehrfach-Texturen (Multitexturing) benötigt (Abschnitt 13.2). Aufgrund der vielfältigen Kombinationsmöglichkeiten wird hier aus Platzgründen auf die OpenGL Spezifikation [Sega17] und den OpenGL Programming Guide [Kess17] verwiesen.

Die oben aufgelisteten Textur-Funktionen gelten für eine Textur mit den vier Komponenten R,G,B,A. Wie in Abschnitt 13.1.1 beschrieben, gibt es noch weitere grundlegende interne Texturformate: GL_RGB (drei Komponenten), GL_RG (zwei Komponenten), GL_RED (eine Komponente). Die Formeln (13.4 – 13.8) gelten auch für diese internen Texturformate, wenn die in der folgenden Tabelle aufgelisteten Ersetzungen für die Textur-Fragmentfarbe $\mathbf{g_t} = (R_t, G_t, B_t, A_t)^T$ vorgenommen werden:

internes Texturformat	R_t	G_t	B_t	A_t
GL_RGB	R_t	G_t	B_t	1
GL_RG	R_t	G_t	0	1
GL_RED	R_t	0	0	1

Am häufigsten benutzt werden die Textur-Funktionen GL_REPLACE, GL_MODULATE und GL_DECAL. Die Textur-Funktion GL_REPLACE wird in Situationen verwendet, in denen die Beleuchtungsrechnung deaktiviert ist, oder keine Lichtquelle vorhanden bzw. erwünscht ist, wie z.B. bei einer Leuchtreklame in der Nacht. Die Textur-Funktion GL_MODULATE vereint die Vorteile der Beleuchtungsrechnung (Abschattung von Flächen, die von der Lichtquelle abgewandt sind und somit 3D-Formwahrnehmung) und des Texture Mappings (Fotorealistische Darstellung von Oberflächendetails). Zu diesem Zweck werden in der Regel Polygone mit weißen ambienten, diffusen und spekularen Materialeigenschaften verwendet, so dass die Helligkeit durch die Beleuchtungsrechnung bestimmt wird und die Farbe durch die Textur. Die Anwendung der Textur-Funktion GL_DECAL ist nur in Verbindung mit dem internen Format GL_RGBA sinnvoll, denn hier hängt die Farbmischung zwischen der Textur-Fragmentfarbe und der interpolierten Fragmentfarbe aus der Beleuchtungsrechnung linear vom Wert der Alpha-Komponente der Textur ab. Damit ist es möglich, z.B. einen Schriftzug auf ein farbiges Polygon aufzubringen, oder Fahrbahnmarkierungen auf Straßenpolygone. An den Stellen der Textur, an denen sich der Schriftzug bzw. die Fahrbahnmarkierung befindet, muss der Alpha-Wert auf 1 gesetzt werden und an alle anderen auf 0. Bei einer solchen Alpha-Textur wird somit nur der Schriftzug bzw. die Fahrbahnmarkierung aufgemappt, an allen anderen Stellen scheint die ursprüngliche Polygonfarbe durch. Falls man Mehrfach-Texturierung zur Verfügung hat, darf das Polygon auch vor dem Mappen der Decal-Textur schon anderweitig texturiert sein.

Addition der spekularen Farbe nach der Texturierung

Durch das Texture Mapping gehen ausgeprägte Glanzlichter, d.h. die spekulare Lichtkomponente, meistens wieder verloren, da eine Textur nur per Zufall genau an den Stellen sehr hell ist, an denen auch die Glanzlichter auftreten. In der Realität übertünchen aber die Glanzlichter die Texturfarben. Deshalb bietet OpenGL im „Compatibility Profile", wie in Abschnitt 12.1.3.6 beschrieben, die Möglichkeit, zwei Farben pro Vertex zu berechnen: eine primäre Farbe, die die diffusen, ambienten und emissiven Beleuchtungsanteile enthält, und eine sekundäre Farbe, die den spekularen Anteil enthält. Im „Core Profile" von OpenGL bzw. bei Vulkan kann man die entsprechenden Beleuchtungsanteile sowieso ohne Probleme separat berechnen bzw. an den Fragment Shader übergeben. Während des Textur-Mappings wird nur die primäre Farbe mit der Texturfarbe gemäß der in diesem Abschnitt beschriebenen Textur-Funktionen kombiniert. Danach wird auf die kombinierte Farbe die sekundäre Farbe addiert und das Ergebnis auf den Wertebereich [0, 1] beschränkt. Dieses Verfahren führt zu deutlich besser sichtbaren Glanzlichteffekten beim Texture Mapping.

13.1.7 Zuordnung von Texturkoordinaten

Wenn man eine Objektoberfläche mit einer Textur überziehen will, muss jedem Punkt der Oberfläche ein Punkt der Textur zugeordnet werden. Da man es in der Computergrafik mit polygonalen Modellen zu tun hat, kann man sich dabei auf die Zuordnung von Texturkoordinaten zu den Vertices der Objektoberfläche beschränken. Die Rasterisierungsstufe der *Rendering Pipeline* führt eine lineare Interpolation der Texturkoordinaten zwischen den Vertices mit Hilfe des Scan-Line-Algorithmus (12.20) durch, so dass danach für jedes

Pixel die nötigen Texturkoordinaten vorliegen. Die Zuordnung von Texturkoordinaten zu Vertices bezeichnet man als *Textur-Abbildung*. Prinzipiell stehen dafür zwei verschiedene Methoden zur Verfügung, nämlich die explizite Spezifikation von Texturkoordinaten pro Vertex und eine implizite Variante, bei der die Texturkoordinaten automatisch, d.h. mit Hilfe von Gleichungen aus den Vertexkoordinaten berechnet werden.

13.1.7.1   Explizite Zuordnung von Texturkoordinaten

Texturkoordinaten können ein, zwei, drei und in OpenGL sogar vier Komponenten besitzen. Sie werden in OpenGL mit (s, t, r, q) bzw. in Vulkan mit (u, v, w) bezeichnet, um sie von normalen Objektkoordinaten (x, y, z, w) unterscheiden zu können. Für 1-dimensionale Texturen benötigt man nur die s-Koordinate, t und r werden 0 gesetzt und $q = 1$. 2-dimensionale Texturen werden durch die zwei Koordinaten s und t beschrieben, wobei $r = 0$ und $q = 1$ gesetzt wird. Für 3-dimensionale Texturen werden drei Koordinaten angegeben s, t, r, wobei $q = 1$ gesetzt wird. Die vierte Koordinate q ist ebenso wie bei Objektkoordinaten ein inverser Streckungsfaktor, der dazu dient, homogene Texturkoordinaten zu erzeugen. Normalerweise wird $q = 1$ gesetzt, für projektive Textur-Abbildungen (Abschnitt 13.3) kann $q \neq 1$ werden.

Im *„Core Profile"* von OpenGL bzw. bei Vulkan werden die Texturkoordinaten den Vertices zugeordnet, indem man die entsprechenden Werte einfach (oder interleaved, d.h. abwechselnd mit den Vertexkoordinaten) in ein Array schreibt. Dieses Array bindet man dann an ein *„Vertex Buffer Object"* (VBO), wie in Abschnitt 6.4.4.1 für OpenGL bzw. in Abschnitt 6.5.1 für Vulkan dargestellt. Eine bequeme Möglichkeit dazu bietet in OpenGL die Klasse `GLBatch` aus der GLTools-Library von Richard S. Wright [Sell15], bei der man mit der Methode `CopyTexCoordData2f()` das Texturkoordinaten-Array in das VBO laden kann (Abschnitt 6.4.4.3). Alternativ dazu kann man mit der Methode `MultiTexCoord2fv()` ein Texturkoordinatenpaar direkt den Vertices zuordnen.

Zur Spezifikation von Texturkoordinaten im *„Compatibility Profile"* von OpenGL wird der Befehl `glTexCoord*(TYPE coords)` benützt, der in vielen Ausprägungen existiert:

Skalar-Form	Vektor-Form	t	r	q
`glTexCoord1f(s)`	`glTexCoord1fv(vec)`	0.0	0.0	1.0
`glTexCoord2f(s,t)`	`glTexCoord2fv(vec)`		0.0	1.0
`glTexCoord3f(s,t,r)`	`glTexCoord3fv(vec)`			1.0
`glTexCoord4f(s,t,r,q)`	`glTexCoord4fv(vec)`			

In der Skalar-Form des Befehls müssen die Texturkoordinaten im entsprechenden Datenformat (z.B. f = GLfloat) direkt übergeben werden, in der Vektor-Form des Befehls wird nur ein Zeiger (`vec`) auf ein Array übergeben, das die Texturkoordinaten im entsprechenden Datenformat enthält. Intern werden Texturkoordinaten als Gleitkommazahlen gespeichert. Für andere Datenformate (z.B. d = GLdouble, s = GLshort, i = GLint) existieren ebenfalls noch entsprechende `glTexCoord*`-Befehle (z.B. `glTexCoord2d()`, `glTexCoord2s()`, `glTexCoord2i()`), bei denen die Werte entsprechend konvertiert werden.

Bild 13.11: Explizite Zuordnung von Texturkoordinaten an jeden Vertex.

Die explizite Zuordnung der Texturkoordinaten geschieht innerhalb einer Begin-End-Klammer, indem der TexCoord*-Befehl vor dem Vertex*-Befehl aufgerufen wird, wie in dem folgenden einfachen Beispiel gezeigt (Bild 13.11):

```
// Core Profile
GLBatch aBatch;
aBatch.Begin(GL_TRIANGLE_STRIP, 4, 1);
    aBatch.TexCoord2fv( t0 ); aBatch.Vertex3fv( v0 );
    aBatch.TexCoord2fv( t1 ); aBatch.Vertex3fv( v1 );
    aBatch.TexCoord2fv( t2 ); aBatch.Vertex3fv( v2 );
    aBatch.TexCoord2fv( t3 ); aBatch.Vertex3fv( v3 );
aBatch.End();
```

```
// Compatibility Profile
glBegin(GL_QUADS);
    glTexCoord2fv( t0 ); glVertex3fv( v0 );
    glTexCoord2fv( t1 ); glVertex3fv( v1 );
    glTexCoord2fv( t2 ); glVertex3fv( v2 );
    glTexCoord2fv( t3 ); glVertex3fv( v3 );
glEnd();
```

Man beachte, dass im „Core Profile" von OpenGL das Grafikprimitiv GL_QUADS nicht zur Verfügung steht und durch einen GL_TRIANGLE_STRIP mit 4 Vertices und einer Textur ersetzt wird (aBatch.Begin(GL_TRIANGLE_STRIP, 4, 1)).

Texturkoordinaten sind damit Teil der Datenstruktur, die jedem Vertex zugeordnet werden kann, genau wie Normalenvektoren und Farben.

13.1.7.2   Textur-Abbildungen

Solange man eine quadratische oder rechteckige Textur auf ein planares Rechteck abbilden will, ist die Sache noch recht einfach. Man ordnet den vier Vertices des Rechtecks (gegen den Uhrzeigersinn) die Texturkoordinaten $(0,0)$, $(1,0)$, $(1,1)$ und $(0,1)$ zu. Für eine verzerrungsfreie Abbildung muss man das Höhen-Breiten-Verhältnis des Rechtecks und der Textur berücksichtigen. Angenommen, die Textur ist um den Faktor a_t höher als breit (es gilt $a_t = 2^n, n \in 0, \pm 1, \pm 2, \ldots$) und das rechteckige Polygon um den Faktor a_p höher als breit, dann gibt es zwei Möglichkeiten: entweder wird nur ein Ausschnitt der Textur auf das Rechteck gemappt (z.B. Texturkoordinaten $(0,0)$, $(\frac{a_t}{a_p},0)$, $(\frac{a_t}{a_p},1)$ und $(0,1)$ für $a_t < a_p$ bzw. $(0,0)$, $(1,0)$, $(1,\frac{a_p}{a_t})$ und $(0,\frac{a_p}{a_t})$ für $a_t > a_p$) oder die Textur wird vollständig aufgebracht und je nach Texturfortsetzungsmodus z.B. wiederholt (Texturkoordinaten $(0,0)$, $(1,0)$, $(1,\frac{a_p}{a_t})$ und $(0,\frac{a_p}{a_t})$ für $a_t < a_p$ bzw. $(0,0)$, $(\frac{a_t}{a_p},0)$, $(\frac{a_t}{a_p},1)$ und $(0,1)$ für $a_t > a_p$). In Bild 13.12 sind konkrete Beispiele dargestellt.

(a)

(b)   (c)   (d)

Bild 13.12:   Texture Mapping mit und ohne Verzerrung: (a) Textur mit einem Höhen-Breiten-Verhältnis von $a_t = \frac{1}{2}$. (b) Mapping dieser Textur auf ein rechteckiges Polygon mit einem Höhen-Breiten-Verhältnis von $a_p = \frac{3}{2}$ führt zu Verzerrungen. (c) Verzerrungsfreies Mapping eines Texturausschnitts. (d) Verzerrungsfreies Mapping der gesamten Textur mit dem Fortsetzungsmodus REPEAT.

Die Manteloberfläche eines Zylinders ist wegen ihrer ebenen Abwicklung als Rechteck genauso wie gerade beschrieben zu behandeln. Man legt den Zylinder mit der Höhe h und dem Radius r in die z-Achse eines Zylinderkoordinatensystems (z, r, φ), wobei $\varphi \in [0, 2\pi]$. Der Mantelboden liegt in der xy-Ebene und wird durch die kartesischen Koordinaten $(x = r \cdot \cos(\varphi), y = r \cdot \sin(\varphi), z = 0)$ beschrieben. Der obere Deckel des Zylindermantels liegt parallel zum Mantelboden in der Höhe $z = h$. Angenommen, das Höhen-Umfangs-Verhältnis des Zylindermantels sei gleich dem Höhen-Breiten-Verhältnis der Textur, dann kann der Programmcode zur Approximation des texturierten Zylindermantels z.B. durch 16 Rechtecke folgendermaßen aussehen:

```
// Core Profile
GLBatch aBatch;
aBatch.Begin(GL_TRIANGLE_STRIP, 9*2, 1);
    for(phi = 0; phi < 2 * 3.1416; phi += 3.1415/8)
    {
        x = cos(phi);
        y = sin(phi);
        s = phi/(2*3.1415);
        aBatch.Normal3fv(x,y,0); aBatch.TexCoord2fv(s,0);
        aBatch.Vertex3fv(r*x,r*y,0);
        aBatch.Normal3fv(x,y,0); aBatch.TexCoord2fv(s,1);
        aBatch.Vertex3fv(r*x,r*y,h);
    }
aBatch.End();

// Compatibility Profile
glBegin(GL_QUAD_STRIP);
    for(phi = 0; phi < 2 * 3.1416; phi += 3.1415/8)
    {
        x = cos(phi);
        y = sin(phi);
        s = phi/(2*3.1415);
        glNormal3fv(x,y,0); glTexCoord2fv(s,0); glVertex3fv(r*x,r*y,0);
        glNormal3fv(x,y,0); glTexCoord2fv(s,1); glVertex3fv(r*x,r*y,h);
    }
glEnd();
```

Das Abbruchkriterium in der for-Schleife ist bewusst an der letzten Stelle um eins erhöht (3.1416 anstatt 3.1415), damit der Mantel geschlossen wird. Aufgrund der numerischen Ungenauigkeiten wäre es durchaus sinnvoll, die letzten beiden Vertices des Quadstrips identisch zu den ersten beiden Vertices zu setzen. Ein Beispiel für einen texturierten Zylindermantel ist in Bild 13.1 zu sehen. Leider gibt es nur sehr wenige gekrümmte Oberflächen, die eine Abwicklung in eine ebene Fläche besitzen, wie z.B. Zylinder oder Kegel. Bei allen anderen Oberflächenformen tritt immer eine gewisse Verzerrung der Textur auf. Je höher die Krümmung der Oberfläche, desto stärker die Verzerrung.

Dies wird beim Texture Mapping auf eine Kugeloberfläche deutlich. Das Zentrum der Kugel mit Radius r befinde sich im Ursprung eines Kugelkoordinatensystems (r, φ, ϑ), wobei $\varphi \in [0, 2\pi]$ und $\vartheta \in [0, \pi]$. Ein Punkt auf der Kugeloberfläche wird durch die kartesischen Koordinaten $(x = r \cdot \cos(\varphi) \cdot \cos(\vartheta), y = r \cdot \sin(\varphi) \cdot \cos(\vartheta), z = r \cdot \sin(\vartheta))$ beschrieben. Der Programmcode zur Approximation einer texturierten Kugeloberfläche durch z.B. $2048 (= 32 \cdot 64)$ Rechtecke kann (ohne Optimierungen) folgendermaßen aussehen:

```
// Core Profile
GLBatch aBatch;
for(theta = 3.1415/2; theta > -3.1416/2; theta -= 3.1415/32)
{
    thetaN = theta - 3.1415/32;
    aBatch.Begin(GL_TRIANGLE_STRIP, 33*33*2, 1);
        for(phi = 0; phi < 2 * 3.1416; phi += 3.1415/32)
        {
            x = cos(phi) * cos(theta);
            y = sin(phi) * cos(theta);
            z = sin(theta);
            s = phi/(2 * 3.1415);
            t = theta/3.1415 + 0.5;
            aBatch.Normal3fv(x,y,z); aBatch.TexCoord2fv(s,t);
            aBatch.Vertex3fv(r*x,r*y,r*z);

            x = cos(phi) * cos(thetaN);
            y = sin(phi) * cos(thetaN);
            z = sin(thetaN);
            t = thetaN/3.1415 + 0.5;
            aBatch.Normal3fv(x,y,z); aBatch.TexCoord2fv(s,t);
            aBatch.Vertex3fv(r*x,r*y,r*z);
        }
    aBatch.End();
}
```

In diesem Programmbeispiel wird die Textur genau einmal auf die Kugeloberfläche gemappt, was zu immer stärkeren Verzerrungen führt, je näher man den beiden Polen kommt (Bild 13.13-a). Die gesamte oberste Zeile der Textur wird auf einen Punkt, den Nordpol, gemappt, und die unterste Zeile der Textur auf den Südpol. Wird die Textur dagegen nur auf einen Teil der Kugeloberfläche gemappt, indem die Texturkoordinaten entsprechend skaliert werden, fällt die Verzerrung sehr viel geringer aus (Bild 13.13-b). Denn in diesem Fall ist die Krümmung der Oberfläche im Verhältnis zur gesamten Textur sehr viel geringer als beim Mapping der Textur auf die gesamte Kugeloberfläche.

(a) (b)

Bild 13.13: Texture Mapping auf eine Kugeloberfläche: (a) Die Textur wird genau einmal vollständig auf die gesamte Kugeloberfläche gemappt. Dies führt zu immer stärkeren Verzerrungen, je näher man den beiden Polen kommt. (b) Die Textur wird nur auf einen Ausschnitt der Kugeloberfläche gemappt. Die Verzerrungen sind verhältnismäßig gering.

Für die bisherigen geometrischen Objekte, Ebene, Zylinder und Kugel ist es relativ leicht eine geeignete Textur-Abbildung zu finden, da die Oberflächen analytisch beschreibbar sind. Wie ordnet man aber den Vertices die Texturkoordinaten zu, wenn man ein völlig frei geformtes Objekt texturieren will? Eine arbeitsintensive Methode, die auch künstlerisches Geschick erfordert, ist es, das Objekt so zu zerlegen, dass die Teile einigermaßen planar sind. Auf diese Teile kann man dann ohne große Verzerrungen entsprechende Texturausschnitte mappen. Außerdem gibt es Werkzeuge, die es erlauben, das Polygonnetz der Oberfläche durch eine Rückprojektion in die Texturebene zu transformieren, in der dann per Hand die Vertices an die Textur angepasst werden können. Eine andere Methode, die oft ausreicht und für den Designer weniger Aufwand bedeutet, ist die zweistufige Textur-Abbildung. In der ersten Stufe („S-Mapping" genannt) wählt man eine analytisch beschreibbare Zwischenoberfläche, wie z.B. eine Ebene, einen Würfel, einen Zylinder oder eine Kugel, das dem eigentlichen Objekt ähnlich ist und es umhüllt. Auf diese Zwischenoberfläche werden nach den oben beschriebenen Verfahren die Texturkoordinaten abgebildet. In einer zweiten Stufe („O-Mapping" genannt) werden die Texturkoordinaten der Zwischenoberfläche auf das eigentliche Objekt abgebildet. Für das „O-Mapping" werden in der Regel vier Möglichkeiten angeboten, um die Texturkoordinaten auf der Zwischenoberfläche zu bestimmen:

- Ausgehend vom Objektschwerpunkt wird ein Strahl durch einen Vertex der Objektoberfläche geschickt und bis zum Schnittpunkt mit der umhüllenden Zwischenoberfläche verlängert (Bild 13.14-a).

- Der Normalenvektor am Vertex der Objektoberfläche wird benutzt, um den Schnittpunkt mit der umhüllenden Zwischenoberfläche zu bestimmen (Bild 13.14-b).

- Der Ausgangspunkt des Normalenvektors der Zwischenoberfläche, welcher den Vertex der Objektoberfläche trifft, wird benutzt. Ist die Zwischenoberfläche eine Ebene, entspricht dies einer projektiven Textur (Abschnitt 13.3), da die Textur quasi wie mit einem Diaprojektor auf das Objekt gemappt wird (Bild 13.14-c).

- Ein Strahl, der vom Augenpunkt ausgeht und am Vertex der Objektoberfläche ideal reflektiert wird, dient zur Bestimmung des Schnittpunkts mit der Zwischenoberfläche. Dieses Verfahren ist prinzipiell das gleiche wie bei den Umgebungs-Texturen (Abschnitt 13.4). Der Unterschied besteht nur darin, dass der Inhalt einer Umgebungs-Textur, wie der Name schon sagt, aus der Umgebung besteht, die man aus der Objektposition sieht, während eine normale Textur die Detailstruktur der Objektoberfläche enthält (Bild 13.14-d).

Eine ausführliche Darstellung der mathematischen Methoden dieser zweistufigen Textur-Abbildungen findet man in [Watt02].

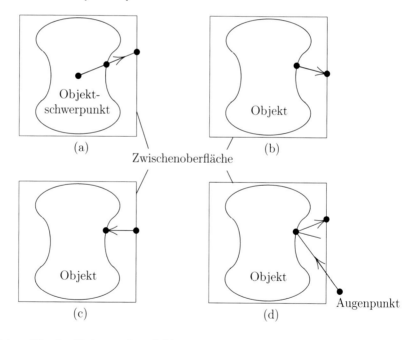

Bild 13.14:   Die vier Varianten des „O-Mappings", mit denen man die Texturkoordinaten von der Zwischenoberfläche (hier ein Kubus im Schnitt) auf die Objektoberfläche abbildet: (a) Objektschwerpunkt. (b) Normalenvektor des Objekts. (c) Normalenvektor der Zwischenoberfläche. (d) Von der Objektoberfläche reflektierter Augenpunktsvektor.

13.1.7.3 Automatische Generierung von Texturkoordinaten

Die zweite Möglichkeit, Texturkoordinaten zu definieren, ist die automatische Generierung mit Hilfe von Gleichungen, die im *„Compatibility Profile"* von OpenGL mit dem Befehl `glTexGen*()` festgelegt werden. Für jede Texturdimension (s, t, r, q) kann eine Gleichung festgelegt werden, in die die Vertexkoordinaten (x, y, z, w) einfließen und die das Ergebnis eben diesem Vertex als Texturkoordinate zuweist. Der `glTexGen*()`-Befehl existiert in den Varianten, die in der folgenden Tabelle dargestellt sind:

Skalar-Form
`glTexGenf(`GLenum ***coord***, GLenum ***name***, GLfloat ***param***`)`
`glTexGend(`GLenum ***coord***, GLenum ***name***, GLdouble ***param***`)`
`glTexGeni(`GLenum ***coord***, GLenum ***name***, GLint ***param***`)`

Vektor-Form
`glTexGenfv(`GLenum ***coord***, GLenum ***name***, GLfloat ****param***`)`
`glTexGendv(`GLenum ***coord***, GLenum ***name***, GLdouble ****param***`)`
`glTexGeniv(`GLenum ***coord***, GLenum ***name***, GLint ****param***`)`

Der erste Parameter des `glTexGen`-Befehls, ***coord***, legt die Texturdimension (s, t, r, q) fest, um die es geht. Die zulässigen Parameter für ***coord*** sind daher GL_S, GL_T, GL_R und GL_Q. Falls der zweite Parameter, `name`, die Werte (GL_TEXTURE_OBJECT_PLANE) oder (GL_TEXTURE_EYE_PLANE) annimmt, kann man die Parameter (a, b, c, d) einer Ebenengleichung festlegen. Dazu übergibt man mit ***param*** einen Vektor, dessen vier Komponenten die Parameter enthalten. Wenn aber der zweite Parameter, `name`, den Wert (GL_TEXTURE_GEN_MODE) annimmt, wird der Generierungsmodus mit dem dritten Parameter, ***param***, festgelegt. Derzeit bietet OpenGL die folgenden Generierungsmodi an:

- GL_OBJECT_LINEAR:
  bewirkt die Erzeugung der Texturkoordinate mit Hilfe der folgenden Ebenengleichung, in die die Vertices in Objektkoordinaten (x_o, y_o, z_o, w_o) einfließen:

$$s(x_o, y_o, z_o, w_o) = a \cdot x_o + b \cdot y_o + c \cdot z_o + d \cdot w_o \qquad (13.9)$$

Davon unabhängig können für die anderen drei Texturkoordinaten (t, r, q) entsprechende Ebenengleichungen festgelegt werden. Dadurch dass die Texturkoordinaten im ursprünglichen Objektkoordinatensystem definiert wurden, bleibt die Textur unverrückbar mit dem Objekt verbunden, auch wenn das Objekt später durch Modell- und Augenpunktstransformationen beliebig bewegt wird.

- GL_EYE_LINEAR:
  bewirkt die Erzeugung der Texturkoordinate mit Hilfe der folgenden Ebenengleichung, in die die Vertices in Weltkoordinaten (auch Augenpunktskoordinaten genannt) (x_e, y_e, z_e, w_e) einfließen:

$$s(x_e, y_e, z_e, w_e) = a' \cdot x_e + b' \cdot y_e + c' \cdot z_e + d' \cdot w_e \qquad (13.10)$$

In diesem Fall „schwimmen" die Objekte quasi unter der Textur hindurch, wie bei einem Diaprojektor, vor dessen Linse sich Objekte bewegen. Entsprechende Gleichungen können für die anderen drei Texturkoordinaten (t, r, q) festgelegt werden.

- GL_SPHERE_MAP:
  bewirkt eine sphärische Projektion bezüglich der beiden Texturkoordinaten (s, t) einer 2-dimensionalen Textur. Diese Projektion dient zur Darstellung von Spiegelungen mit Hilfe von Umgebungstexturen und wird im Abschnitt 13.4 besprochen.

- GL_REFLECTION_MAP:
  benutzt die gleichen Berechnungen wie GL_SPHERE_MAP bezüglich der drei Texturkoordinaten (s, t, r) einer Cube Map Textur (Abschnitt 13.4) und liefert bessere Ergebnisse bei Spiegelungen auf Kosten der Rechenzeit.

- GL_NORMAL_MAP:
  in diesem Fall werden die Normalenvektoren mit Hilfe der invers transponierten Modell- und Augenpunkts-Matrix $\mathbf{M^{-1^T}}$ vom Modellkoordinatensystem ins Weltkoordinatensystem transformiert. Die resultierenden Komponenten der Normalenvektoren (n_x, n_y, n_z) werden als Texturkoordinaten (s, t, r) benutzt, um eine Cube Map Textur abzutasten (man vergleiche dies auch mit Bild 13.24).

Im „Core Profile" von OpenGL ebenso wie in Vulkan muss man die automatische Generierung von Texturkoordinaten im Vertex Shader selbst durchführen. Dies kann gemäß [Rost10] durch folgenden GLSL-Programmcode geschehen:

```
// Automatische Texturkoordinatengenerierung im Core Profile

#version 460        // GLSL-Version 4.6

// Eingabe-Werte pro Vertex
in vec4 vVertex;    // Vertex-Position in Objektkoordinaten
in vec3 vNormal;    // Normalen-Vektor in Objektkoordinaten

// Uniform-Eingabe-Werte
uniform mat4 MV;        // ModelView-Matrix
uniform mat3 NormalM;   // Normalen-Matrix
. . .
void main()
{
    // Vertex aus Objekt- in Augenpunktskoordinaten
    vec4 eyePos = MV * vVertex;
    // Vertex-Normale aus Objekt- in Augenpunktskoordinaten
    vec3 eyeNormal = normalize(NormalM * vNormal);
    . . .
```

```
// Berechnung der Texturkoordinaten für jede aktivierte Textureinheit
for( int i=0; i<NumEnabledTextureUnits; i++ )
{
    if( TexGenObjectLinear )
    {
        TexCoord[i].s = dot( vVertex, ObjectPlaneS[i] );
        TexCoord[i].t = dot( vVertex, ObjectPlaneT[i] );
        TexCoord[i].p = dot( vVertex, ObjectPlaneR[i] );
        TexCoord[i].q = dot( vVertex, ObjectPlaneQ[i] );
    }
    if( TexGenEyeLinear )
    {
        TexCoord[i].s = dot( eyePos, EyePlaneS[i] );
        TexCoord[i].t = dot( eyePos, EyePlaneT[i] );
        TexCoord[i].p = dot( eyePos, EyePlaneR[i] );
        TexCoord[i].q = dot( eyePos, EyePlaneQ[i] );
    }
    if( TexGenSphereMap)
    {
        // Die Fkt. SphereMap() wird in Abschnitt 13.4.1 definiert
        sphereMap = SphereMap( eyePos, eyeNormal );
        TexCoord[i] = vec4( sphereMap, 0.0, 1.0 );
    }
    if( TexGenReflectionMap)
    {
        // Die Fkt. ReflectionMap() wird in Abschnitt 13.4.2 definiert
        reflectionMap = ReflectionMap( eyePos, eyeNormal );
        TexCoord[i] = vec4( reflectionMap, 1.0 );
    }
    if( TexGenNormalMap)
    {
        TexCoord[i] = vec4( eyeNormal, 1.0 );
    }
}
}
```

Hinweis: aus historischen Gründen werden in OpenGL die Texturkoordinaten mit der Buchstaben s, t, r, q bezeichnet. In GLSL-Shadern führt dies aber bei der dritten Texturkoordinate r zu einem Namenskonflikt bei der Komponentenauswahl mit dem Auswahlsatz für Farbkomponenten r, g, b, a. Deshalb wird in GLSL-Shadern zur Auswahl der dritten Texturkoordinate der Buchstabe p verwendet, d.h. der Auswahlsatz für Texturkomponenten lautet: s, t, p, q.

Im Folgenden werden die beiden Modi GL_OBJECT_LINEAR und GL_EYE_LINEAR anhand eines konkreten Beispiels erläutert. Angenommen, die vier Parameter der Ebenengleichung zur automatischen Berechnung der s-Texturkoordinate sind $(0.1, 0.0, 0.0, 0.5)$, dann gilt (mit $w_o = 1$):

$$s(x_o, y_o, z_o, w_o) = 0.1 \cdot x_o + 0.5 \tag{13.11}$$

Die Parameter für die Ebenengleichung der t-Texturkoordinate seien $(0.0, 0.1, 0.0, 0.5)$, dann gilt (mit $w_o = 1$):

$$t(x_o, y_o, z_o, w_o) = 0.1 \cdot y_o + 0.5 \tag{13.12}$$

Der entsprechende Programmcode im „*Compatibility Profile*" von OpenGL zur Festlegung der Ebenengleichungen, der üblicherweise in einer Initialisierungsroutine steht, lautet:

```
GLfloat s_plane[] = (0.1, 0.0, 0.0, 0.5);
GLfloat t_plane[] = (0.0, 0.1, 0.0, 0.5);

glTexGeni(GL_S, GL_TEXTURE_GEN_MODE, GL_OBJECT_LINEAR);
glTexGeni(GL_T, GL_TEXTURE_GEN_MODE, GL_OBJECT_LINEAR);
glTexGenfv(GL_S, GL_TEXTURE_OBJECT_PLANE, s_plane);
glTexGenfv(GL_T, GL_TEXTURE_OBJECT_PLANE, t_plane);

glEnable(GL_TEXTURE_GEN_S);
glEnable(GL_TEXTURE_GEN_T);
```

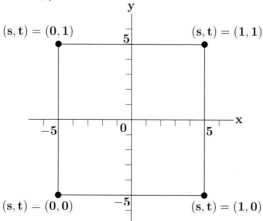

Bild 13.15:   Das Prinzip der orthografischen Projektion von Texturkoordinaten.

Trägt man die Texturkoordinaten gemäß (13.11) und (13.12) im x, y-Koordinatensystem eines Objekts auf (Bild 13.15), so wird offensichtlich, dass die Textur durch eine orthografische Projektion (Kapitel 7) auf die x, y-Ebene eines Objekts gemappt wird. Bei den gegebenen Parametern wird die Textur dabei im lokalen Koordinatensystem des Objekts auf einen rechteckigen Bereich von $x \in [-5, +5], y \in [-5, +5]$ projiziert. Die Parameter der Ebenengleichungen wirken dabei wie inverse Skalierungsfaktoren. Angenommen, die Parameter für die Ebenengleichung der s-Texturkoordinate sind $(0.07, 0.0, 0.07, 0.5)$, so dass gilt $s(x_o, y_o, z_o, w_o) = 0.07 \cdot x_o + 0.07 \cdot z_o + 0.5$, erhält man eine orthografische Projektion der Textur auf eine um $45°$ bzgl. der y-Achse gedrehte Ebene. Durch eine geeignete Vorgabe der Parameter für die Ebenengleichungen kann man orthografische Projektionen von Texturen über beliebig positionierte, gedrehte, skalierte und sogar gescherte Ebenen im Raum definieren. Da die Texturkoordinaten im Generierungsmodus GL_OBJECT_LINEAR im *lokalen Koordinatensystem des Objekts* definiert werden, haftet die Textur auch bei Bewegungen des Objekts immer fest an der Oberfläche (Bild 13.16-a bis -f). Je nach Form der Objekte und Perspektive des Augenpunkts wird die Textur mehr oder weniger verzerrt auf das Objekt abgebildet.

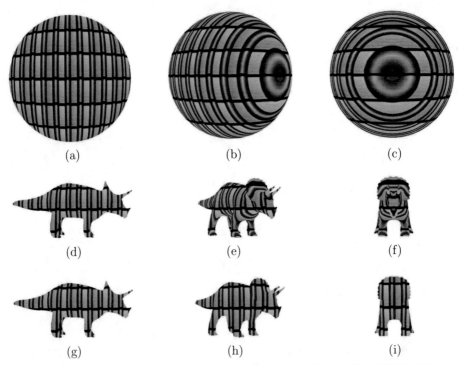

(a)   (b)   (c)

(d)   (e)   (f)

(g)   (h)   (i)

Bild 13.16: Automatische Generierung von Texturkoordinaten: Das Objekt ist von links nach rechts jeweils um $45°$ bzgl. der y-Achse gedreht. Obere Reihe (a, b, c) Generierungsmodus GL_OBJECT_LINEAR beim Objekt Kugel. Die Textur „klebt" fest auf der Kugel. Mittlere Reihe (d, e, f) Generierungsmodus GL_OBJECT_LINEAR beim Objekt Triceratops. Die Textur „klebt" fest auf dem Triceratops. Untere Reihe (g, h, i) Generierungsmodus GL_EYE_LINEAR beim Objekt Triceratops. Der Triceratops „schwimmt" unter der fest stehenden Textur hinweg.

Mit dem folgenden Programmcode definiert man im „*Compatibility Profile*" von OpenGL
entsprechende Ebenengleichungen im Generierungsmodus GL_EYE_LINEAR:

```
GLfloat s_plane[] = (0.1, 0.0, 0.0, 0.5);
GLfloat t_plane[] = (0.0, 0.1, 0.0, 0.5);

glTexGeni(GL_S, GL_TEXTURE_GEN_MODE, GL_EYE_LINEAR);
glTexGeni(GL_T, GL_TEXTURE_GEN_MODE, GL_EYE_LINEAR);
glTexGenfv(GL_S, GL_TEXTURE_EYE_PLANE, s_plane);
glTexGenfv(GL_T, GL_TEXTURE_EYE_PLANE, t_plane);

glEnable(GL_TEXTURE_GEN_S);
glEnable(GL_TEXTURE_GEN_T);
```

In diesem Fall werden die Texturkoordinaten im *Koordinatensystem des Augenpunkts*
definiert. Daher bleibt die Textur starr an den Augenpunkt gebunden (Bild 13.16-g bis -i).
Bewegte Objekte „schwimmen" quasi unter der Textur hindurch, wie bei einem Diaprojektor, vor dessen Linse sich Objekte bewegen.

13.1.7.4 Textur Matrizen Stapel

Texturkoordinaten können vor dem Texture Mapping ebenso mit einer 4 x 4-Matrix multipliziert werden, wie Vertexkoordinaten. Dies geschieht auch nach den gleichen Prinzipien
wie die Transformation von Vertexkoordinaten durch Modell- und Projektionstransformationen (Kapitel 7).

Im „*Compatibility Profile*" von OpenGL werden die Texturkoordinaten immer mit einer
Textur-Matrix multipliziert, bevor sie vom Rasterizer linear interpoliert werden. Ohne
einen expliziten Aufruf ist die Textur-Matrix die Einheitsmatrix. Um die Textur-Matrix
zu verändern, wird der Matrizenmodus auf GL_TEXTURE gesetzt:

```
glMatrixMode(GL_TEXTURE);
glLoadIdentity();
glTranslatef(...);
glRotatef(...);
glScalef(...);
glFrustum(...);
glMatrixMode(GL_MODELVIEW);
```

Im „*Core Profile*" von OpenGL und in Vulkan kann man einen Textur-Matrizenstapel
selbst definieren und jeweils die oberste Textur-Matrix als *uniform*-Variable an den Vertex
Shader übergeben. Im Vertex Shader kann man dann die Texturkoordinaten vor der Weitergabe noch mit der Textur-Matrix multiplizieren. Zum Anlegen eines Textur-Matrizenstapels
bietet es sich an, wieder die Klasse GLMatrixStack aus der GLTools-Library von Richard
S. Wright [Sell15] zu nutzen, indem man eine Instanz dieser Klasse für Texturen definiert
und diese entsprechend verändert:

```
GLMatrixStack textureMatrixStack;

textureMatrixStack.LoadIdentity();
textureMatrixStack.PushMatrix();
textureMatrixStack.Translate();
textureMatrixStack.Rotate();
textureMatrixStack.SetPerspective();
textureMatrixStack.PopMatrix();
```

Durch Veränderung der Textur-Matrix für jedes neue Bild kann man interessante Animationen erzeugen, wie z.B. eine Textur über eine Oberfläche gleiten lassen, sie drehen oder skalieren. Außerdem ist auch möglich, perspektivische Projektionstransformationen mit den homogenen Texturkoordinaten durchzuführen (Abschnitt 13.3). Genauso wie alle anderen Matrizen können auch Textur-Matrizen in einem "Textur-Matrizen-Stapel" gespeichert und bei Bedarf wieder hervorgeholt werden. Jede OpenGL-Implementierung muss im „Compatibility Profile" einen Textur-Matrizen-Stapel zur Verfügung stellen, der mindestens zwei (üblich sind acht) Textur-Matrizen aufnehmen kann. Operationen auf dem Textur-Matrizen-Stapel können mit den üblichen Matrizen-Operatoren wie z.B. `glPushMatrix()`, `glPopMatrix()`, `glMultMatrix()` vorgenommen werden.

13.1.8 Einschalten des Texture Mappings

Damit die Algorithmen für das Texture Mapping im „Compatibility Profile" von OpenGL überhaupt aufgerufen werden, muss OpenGL in den entsprechenden Zustand gesetzt werden. Dazu dient der Befehl:

```
glEnable(GL_TEXTURE_2D);
```

Ein Aufruf dieses Befehls schließt die Aktivierung von 1-dimensionalen Texturen mit ein. Wird die Berechnung von 3-dimensionalen Texturen aktiviert (`glEnable(GL_TEXTURE_3D)`), schließt dies 2- und 1-dimensionale Texturen mit ein. Wird die Berechnung von Cube Map Texturen aktiviert (`glEnable(GL_TEXTURE_CUBE_MAP)`, Abschnitt 13.4), schließt dies 3-, 2- und 1-dimensionale Texturen mit ein. Deaktivierung des jeweiligen Texture Mappings läuft wie bei allen anderen Zuständen auch über den `glDisable()`-Befehl.

Die automatische Generierung von Texturkoordinaten (Abschnitt 13.1.7) muss für jede Texturdimension separat aktiviert werden. Dazu dienen die Befehle:

```
glEnable(GL_TEXTURE_GEN_S);
glEnable(GL_TEXTURE_GEN_T);
```

Für 3-dimensionale Texturen gibt es noch den Parameter GL_TEXTURE_GEN_R und für projektive Texturen kann auch noch die vierte Texturkoordinate GL_TEXTURE_GEN_Q automatisch generiert werden.

Im „Core Profile" von OpenGL und in Vulkan wird das Texture Mapping dadurch aktiviert, dass man im Vertex Shader die als Vertex-Attribut vordefinierten oder automatisch

generierten Texturkoordinaten an den Rasterizer zur linearen Interpolation weitergibt und
dass man die Textur als uniform-sampler-Variable an den Fragment Shader übergibt, sowie die interpolierte Texturkoordinate zur Abtastung der Texturfarbwerte mit Hilfe der
texture*()-Funktion nutzt. Dies wird anhand des folgenden Paares aus Vertex und Fragment Shader verdeutlicht:

```
// Der Vertex Shader zum Texture Mapping

#version 460        // GLSL-Version 4.6

// Eingabe-Werte pro Vertex
in vec4 vVertex;            // Vertex-Position
in vec4 vColor;            // Vertex-Farbe
in vec2 vTexCoord;         // Vertex-Texturkoordinate

// Uniform-Variablen
uniform mat4 MVP; // ModelViewProjection-Matrix
uniform mat4 texM; // Textur-Matrix

// Ausgabe-Werte
out vec4 Color;            // Vertex-Farbe
out vec2 TexCoord;         // transformierte Texturkoordinate

void main()
{
    // Setze den Farbwert und schicke ihn zur linearen Interpolation
    // an den Rasterizer
    Color = vColor;
    // Transformiere die Texturkoordinate mit der Textur-Matrix und
    // schicke sie zur linearen Interpolation an der Rasterizer
    TexCoord = (texM * vec4( vTexCoord, 0.0, 1.0 )).st;
    // Vertex aus Objekt- in Projektionskoordinaten
    gl_Position = MVP * vVertex;
}


// Der Fragment Shader zum Texture Mapping

#version 460        // GLSL-Version 4.6

// Eingabe-Wert: interpolierte Farbe
in vec4 Color;
// linear interpolierte und normierte Texturkoordinate des Fragments
in vec2 TexCoord;

// Uniform-Variablen
uniform sampler2D TextureMap;

// Ausgabe-Wert: Farbe des Fragments
out vec4 FragColor;
```

```
void main() {
    // Setze den Farbwert auf die interpolierte Farbe
    FragColor = Color;
    // Zugriff auf den Farbwert der Textur und Kombination mit der inter-
    // polierten Farbe im Texture Environment Mode GL_MODULATE
    FragColor *= texture( TextureMap, TexCoord );
}
```

13.1.9 Textur-Objekte

Beim Rendern komplexerer Szenen benötigt man immer eine Vielzahl verschiedener Texturen. Da in einem OpenGL-Zustand zu einem bestimmten Zeitpunkt aber immer nur eine einzige Textur definiert sein kann, sind zeitaufwändige Zustandswechsel in solchen Fällen unvermeidlich. OpenGL bietet jedoch neben dem `glTexSubImage2D()`-Befehl zum Ersetzen eines Texturausschnitts (Abschnitt 13.1.1.1) auch noch die Möglichkeit, sogenannte „*Textur-Objekte*" zu definieren, die einen ganzen Satz an Texturen enthalten können. Dadurch muss beim Wechsel einer Textur diese nicht jedesmal neu spezifiziert und in den Texturspeicher geladen werden, wie beim `glTexImage2D()`-Befehl. Falls der Texturspeicher ausreicht, kann der ganze Satz an Texturen mitsamt aller Attribute dort gehalten werden, was den Aufwand beim Zustandswechsel zwischen zwei Texturen gering hält. Für große visuelle Simulationen oder aufwändige Spiele reicht der verfügbare Texturspeicher jedoch nie aus, um alle Texturen gleichzeitig im Texturspeicher zu halten. Einige OpenGL-Implementierungen unterstützen deshalb Textur-Nachladestrategien, bei denen häufig genutzte oder in Kürze benötigte Texturen eine hohe Priorität zugewiesen bekommen können, so dass sie mit großer Wahrscheinlichkeit im Texturspeicher sind, wenn sie gebraucht werden.

Um Textur-Objekte zu nutzen, gibt es in OpenGL zwei unterschiedliche Möglichkeiten: eine klassische, die auf den bisher in diesem Kapitel dargestellten OpenGL-Befehlen (`glTexImage2D()`, `glTexParameteri()`) beruht und eine moderne, mit OpenGL 4.3-4.6 eingeführte Möglichkeit, die sehr ähnlich zum Konzept von Vulkan ist, bei dem man zuerst ein Image-(Textur-)Objekt erzeugt, dafür den nötigen Speicherplatz auf der GPU reserviert, danach die Textur-Daten vom Hauptspeicher der CPU in den reservierten Speicher auf der GPU lädt und den Zugriff auf die Textur-Daten von den Shadern mit Hilfe von Sampler-Objekten definiert.

Um Textur-Objekte auf die *klassische* Art und Weise zu nutzen, sind folgende Schritte durchzuführen:

- Generierung von Texturnamen mit dem Befehl:
  `glGenTextures(`GLsizei n, GLuint *texName`)`. Dadurch werden n Texturnamen im Array *texName* für eine entsprechende Anzahl an Texturen reserviert.

- optional: Aktivierung einer bestimmten Textur-Einheit (nur nötig bei mehreren Texturen pro Polygon, Abschnitt 13.2) mit dem Befehl:
  `glActiveTexture(`GLuint *unit*`)`. Dadurch wird die Textur-Einheit *unit* aktiviert.

- Erzeugung eines Textur-Objekts während der Initialisierung durch Anbindung von Textureigenschaften und Texturbilddaten.
  Dazu dient der Befehl:
  glBindTexture(GL_TEXTURE_2D, texName[n]), sowie eine Folge von
  glTexParameteri-Befehlen zur Festlegung der Texturattribute (Textur-Filter, Textur-Fortsetzungsmodus etc.) und der
  glTexImage2D-Befehl zur Spezifikation und zum Laden der Textur.

- Festlegung von Prioritäten für die Textur-Objekte (Hinweis: nur im „*Compatibility Profile*" von OpenGL verfügbar). Dies wird mit dem Befehl:
  glPrioritizeTextures(GLsizei *n*, GLuint *texName*, GLfloat *priorities*)
  festgelegt. Für jedes der *n* Textur-Objekte wird in dem Array *priorities* ein Prioritätswert aus dem Wertebereich $[0, 1]$ festgelegt und dem jeweiligen Textur-Objekt aus dem Array *texName* zugeordnet.

- Wiederholtes Anbinden verschiedener Textur-Objekte während der Laufzeit durch erneuten Aufruf des glBindTexture-Befehls.

- Löschen nicht mehr benötigter Textur-Objekte mit Hilfe des Befehls:
  glDeleteTextures(GLsizei *n*, GLuint *texName*). Dadurch werden *n* Textur-Objekte gelöscht, deren Namen in dem Array *texName* übergeben werden.

Zur Veranschaulichung dieser Schritte werden im Folgenden die Programmergänzungen dargestellt, die für die Nutzung von Textur-Objekten auf die *klassische* Art und Weise notwendig sind:

```
GLint width = 512, height = 256, level = 0;
static GLubyte firstImage[width][height][4];
static GLubyte secondImage[width][height][4];
static GLuint texName[2];
GLfloat priorities[] = (0.5, 0.9);

/*** INITIALISIERUNGS-FUNKTION ***/
glGenTextures(2, texName);
glBindTexture(GL_TEXTURE_2D, texName[0]);
glTexParameteri(GL_TEXTURE_2D, GL_TEXTURE_WRAP_S, GL_REPEAT);
glTexParameteri(GL_TEXTURE_2D, GL_TEXTURE_WRAP_T, GL_REPEAT);
glTexParameteri(GL_TEXTURE_2D, GL_TEXTURE_MIN_FILTER, GL_LINEAR);
glTexParameteri(GL_TEXTURE_2D, GL_TEXTURE_MAG_FILTER, GL_LINEAR);
glTexImage2D(   GL_TEXTURE_2D, level, GL_RGBA8, width, height, 0,
                GL_RGBA, GL_UNSIGNED_BYTE, firstImage);

glBindTexture(GL_TEXTURE_2D, texName[1]);
glTexParameteri(GL_TEXTURE_2D, GL_TEXTURE_WRAP_S, GL_CLAMP);
glTexParameteri(GL_TEXTURE_2D, GL_TEXTURE_WRAP_T, GL_CLAMP);
```

```
glTexParameteri(GL_TEXTURE_2D, GL_TEXTURE_MIN_FILTER, GL_NEAREST);
glTexParameteri(GL_TEXTURE_2D, GL_TEXTURE_MAG_FILTER, GL_NEAREST);
glTexImage2D(  GL_TEXTURE_2D, level, GL_RGBA8, width, height, 0,
               GL_RGBA, GL_UNSIGNED_BYTE, secondImage);

/*** DISPLAY-FUNKTION ***/
glPrioritizeTextures(2, texName, priorities);
glBindTexture(GL_TEXTURE_2D, texName[0]);
draw_first_objects();
glBindTexture(GL_TEXTURE_2D, texName[1]);
draw_second_objects();
```

Um Textur-Objekte auf die *moderne*, vulkan-ähnliche Art und Weise von OpenGL 4.6 zu nutzen, sind folgende Schritte durchzuführen:

- Generierung von Image-(Textur-)Objekten mit dem Befehl:
  glCreateTextures(GLenum *target*, GLsizei *n*, GLuint **texName*).
  Dadurch werden *n* Textur-Objekte im Array **texName* für eine entsprechende Anzahl an Texturen vom Typ *target* reserviert.

- optional: Anbindung eines Textur-Objekts an eine bestimmte Textur-Einheit (nur nötig bei mehreren Texturen pro Polygon, Abschnitt 13.2) mit dem Befehl:
  glBindTextureUnit(GLuint *unit*, GLuint texName[n]).
  Dadurch wird das Textur-Objekt mit dem Namen texName[n] an die Textur-Einheit *unit* angebunden.

- Reservierung von Speicherplatz für die Textur auf der GPU. Dazu dient der Befehl:
  glTextureStorage2D(GLuint texName[n], GLsizei *levels*, GLenum *internalFormat*, GLsizei *width*, GLsizei *height*).
  Dadurch wird für das Textur-Objekt mit dem Namen texName[n] Speicherplatz für eine Anzahl von *levels* MipMap-Levels reserviert. Der Parameter *internalFormat* kann die in der Tabelle auf Seite 377 dargestellten Werte annehmen, die dieselben sind, wie beim Befehl glTexImage2D. Die Parameter *width* und *height* definieren die Breite und Höhe der Original-Textur in Pixel.

- Laden der Textur-Daten vom Hauptspeicher der CPU in den vorher reservierten Speicher auf der GPU durch Aufruf des Befehls:
  glTextureSubImage2D(GLuint texName[n], GLint *level*, GLint *xoffset*, GLint *yoffset*, GLsizei *width*, GLsizei *height*, GLenum *format*, GLenum *type*, const GLvoid **image*).
  Achtung: dieser Befehl darf nicht verwechselt werden mit glTexSubImage2D, der in Abschnitt 13.1.1.1 definiert wurde, obwohl beide dieselbe Funktion haben und identische Parameter, bis auf den ersten, der bei glTexSubImage2D die Art der Textur (z.B. GL_TEXTURE_2D) festlegt und bei glTextureSubImage2D den Namen des Textur-Objekts.

- Generierung eines Sampler-Objektes, in dem der Zugriff auf die Textur-Daten von den Shadern aus geregelt wird:
  `glCreateSamplers(GLsizei n, GLuint *samplerName)`. Dadurch werden *n* eindeutige Namen im Array `*samplerName` für eine entsprechende Anzahl an Sampler-Objekten reserviert.
  `glBindSampler(GLuint unit, GLuint samplerName[n])`. Dadurch wird das Sampler-Objekt mit dem Namen `samplerName[n]` an die Textur-Einheit *unit* angebunden. Damit kann man einen Satz an Textur-Parametern, die in einem Sampler-Objekt zusammengefasst sind, für eine große Anzahl an Texturen nutzen, ohne die Parameter für jede einzelne Textur spezifizieren zu müssen.
  `glSamplerParameteri(GLuint samplerName[n], GLenum name, GLint param)`. Dadurch werden die Eigenschaften für das Sampler-Objekt mit dem Namen `samplerName[n]` festgelegt. Der zweite Parameter, *name*, legt die Kategorie der Eigenschaft fest (z.B. `GL_TEXTURE_MIN_FILTER`) und der dritte Parameter, *param*, den Wert (z.B. `GL_LINEAR`). Die zulässigen Werte für *name* bzw. *param* sind dieselben wie beim Befehl `glTexParameteri`[8] [Sega17].

  Achtung: falls einem Textur-Objekt kein Sampler-Objekt zugeordnet wurde, enthält es trotzdem ein Standard-Sampler-Objekt! Um die Einstellungen des Standard-Sampler-Objektes zu verändern, gibt es den Befehl:
  `glTextureParameteri(GLuint texName[n], GLenum name, GLint param)`.
  Bis auf den ersten Parameter, der hier den Namen des Textur-Objektes enthält und nicht des Sampler-Objektes, sind die Parameter identisch mit denen der Befehle `glSamplerParameteri` und `glTexParameteri`[9].

- Erzeugung einer Sichtweise auf Textur-Daten (*Texture View*, ähnlich einem VkImageView-Objekt in Vulkan (Abschnitt 5.2.2.2 auf Seite 95)):
  `glTextureView(GLuint texName[n+1], GLenum target, GLuint texName[n], GLenum internalFormat, GLuint minLevel, GLuint numLevels, GLuint minLayer, GLuint numLayers)`.
  Dadurch wird aus einem vorhandenen Textur-Objekt `texName[n]` ein neues Textur-Objekt `texName[n+1]` mit einer neuen Sichtweise auf die Daten generiert. Dies kann z.B. ein anderes *internalFormat* sein, oder ein einzelner Layer (*minLayer*, *numLayers*) aus einem Textur-Array.

- Löschen nicht mehr benötigter Textur- bzw. Sampler-Objekte mit Hilfe der Befehle:
  `glDeleteTextures(GLsizei n, GLuint *texName)`. Dadurch werden *n* Textur-Objekte gelöscht, deren Namen in dem Array `*texName` übergeben werden.

---

[8]wie beim Befehl `glTexParameteri` gibt es auch beim Befehl `glSamplerParameteri` noch Varianten für Parameter im float-Format (`glSamplerParameterf`) bzw. für den Befehl in Vektorform (`glSamplerParameteriv` und `glSamplerParameterfv`).

[9]wie beim Befehl `glTexParameteri` gibt es auch beim Befehl `glTextureParameteri` noch Varianten für Parameter im float-Format (`glTextureParameterf`) bzw. für den Befehl in Vektorform (`glTextureParameteriv` und `glTextureParameterfv`).

glDeleteSamplers(GLsizei **n**, GLuint *samplerName*). Dadurch werden **n** Sampler-Objekte gelöscht, deren Namen in dem Array *samplerName* übergeben werden.

Zur Veranschaulichung dieser Schritte werden im Folgenden die Programmergänzungen dargestellt, die für die Nutzung von Textur-Objekten auf die *moderne*, vulkan-ähnliche Art und Weise von OpenGL 4.6 notwendig sind:

```
GLint width = 512, height = 256;
GLsizei numLevels = 1;
GLint level = 0;
static GLubyte firstImage[width][height][4];
static GLubyte secondImage[width][height][4];
static GLuint texName[2];
static GLuint samplerName;

/*** INITIALISIERUNGS-FUNKTION ***/
glCreateTextures(GL_TEXTURE_2D, 2, texName);
// Reservierung des Speicherplatzes auf der GPU
glTextureStorage2D(texName[0], numLevels, GL_RGBA8, width, height);
glTextureStorage2D(texName[1], numLevels, GL_RGBA8, width, height);
// Laden der Texturen in den Speicher auf der GPU
glTextureSubImage2D(texName[0], level, 0, 0, width, height, GL_RGBA,
                    GL_UNSIGNED_BYTE, firstImage);
glTextureSubImage2D(texName[1], level, 0, 0, width, height, GL_RGBA,
                    GL_UNSIGNED_BYTE, secondImage);

// Erzeugen und Befüllen des Sampler-Objektes
glCreateSamplers(1, &samplerName);
glSamplerParameteri(samplerName, GL_TEXTURE_WARP_S, GL_REPEAT);
glSamplerParameteri(samplerName, GL_TEXTURE_WARP_T, GL_REPEAT);
glSamplerParameteri(samplerName, GL_TEXTURE_MIN_FILTER, GL_LINEAR);
glSamplerParameteri(samplerName, GL_TEXTURE_MAG_FILTER, GL_LINEAR);

/*** DISPLAY-FUNKTION ***/
// das vorher definierte Sampler-Objekt wird für beide Texturen genutzt
glBindSampler(0, samplerName);
glBindTextureUnit(0, texName[0]);
draw_first_objects();
glBindTextureUnit(0, texName[1]);
draw_second_objects();
```

In der folgenden Tabelle werden die zwei unterschiedlichen Möglichkeiten der Nutzung von Textur-Objekten in OpenGL zur besseren Übersicht noch einmal gegenüber gestellt:

klassische Textur-Objekte	moderne Textur-Objekte
`glGenTextures(` `2, texName)`	`glCreateTextures(` `GL_TEXTURE_2D, 2, texName)`

`glActiveTexture(unit)`
 	
`glBindTexture(`
`GL_TEXTURE_2D, texName[0])`
	`glBindTextureUnit(unit, texName[0])`

`glTexImage2D(GL_TEXTURE_2D, level,`
`GL_RGBA8, width, height, 0, GL_RGBA,`
`GL_UNSIGNED_BYTE, image)`
 	
`glTexSubImage2D(GL_TEXTURE_2D,`
`level, xoffset, yoffset, width,`
`height, GL_ RGBA, GL_UNSIGNED_BYTE,`
`image)`
	`glTextureStorage2D(texName[0],`
	`numLevels, GL_RGBA8, width, height)`
	
	`glTextureSubImage2D(texName[0],`
	`level,`
	`xoffset, yoffset, width, height,`
	`GL_RGBA,`
	`GL_UNSIGNED_BYTE, image)`

`glTexParameteri(GL_TEXTURE_2D,`
`GL_TEXTURE_WRAP_T, GL_REPEAT)`
 	
`glTexParameteri(GL_TEXTURE_2D,`
`GL_TEXTURE_MIN_FILTER, GL_LINEAR)`
	`glCreateSamplers(1, &samplerName)`
	
	`glBindSampler(0, samplerName)`
	
	`glSamplerParameteri(samplerName,`
	`GL_TEXTURE_WARP_T, GL_REPEAT)`
	
	`glTextureParameteri(texName[0],`
	`GL_TEXTURE_MIN_FILTER, GL_LINEAR)`

	`glTextureView(texName[1], GL_`
	`TEXTURE_2D, texName[0], GL_RGBA8,`
	`minLevel, numLevels, minLayer,`
	`numLayers)`

`glDeleteTextures(n, texName)`	`glDeleteTextures(n, texName)`
	
	`glDeleteSamplers(1, &samplerName)`

13.1.10 Pixel Buffer Objects (PBO)

Ein *„Pixel Buffer Object"* (PBO) ist eine spezielle Ausprägung eines allgemeinen *„Buffer Objects"* zum Datentransfer von Texturen in OpenGL, wie in Abschnitt 6.4.4 beschrieben. Es reserviert Speicherplatz für Texturen auf der Grafikkarte. Der Vorteil von PBOs gegenüber normalen Textur-Objektes ist der schnelle und asynchrone Datentransfer zu und von der Grafikkarte mit Hilfe von DMA (*Direct Memory Access*) ohne dass die CPU belastet wird. Es existieren zwei Anbindungen von PBOs, die die Richtung des Datentransfers bestimmen:

- GL_PIXEL_PACK_BUFFER: OpenGL-Befehle die Pixeldaten aus dem Framebuffer bzw. aus dem Texturspeicher lesen, wie z.B. glReadPixels, glGetTexImage, oder glGetCompressedTexImage speichern die Daten in einem PBO auf der Grafikkarte, anstatt sie, wie bei normalen Textur-Objekten, zurück in den Hauptspeicher der CPU zu senden.

- GL_PIXEL_UNPACK_BUFFER: OpenGL-Befehle die normalerweise Pixeldaten aus dem Hauptspeicher der CPU einlesen, wie z.B. glTexImage*, glTexSubImage*, oder glCompressedTexImage* holen die Daten im Fall eines PBOs aus dessen Speicherbereich auf der Grafikkarte.

Ein PBO wird mit den folgenden OpenGL-Befehlen initialisiert, d.h. angelegt, gebunden und mit Speicherplatz versehen:

```
// Initialisierung eines Pixel Buffer Objects (PBO)
GLunit PBOname;
glGenBuffers( 1, &PBOname);
glBindBuffer( GL_PIXEL_PACK_BUFFER, PBOname );
glBufferData( GL_PIXEL_PACK_BUFFER, sizeof(pixelData), pixelData,
                       GL_DYNAMIC_COPY );
glBindBuffer( GL_PIXEL_PACK_BUFFER, 0 );
```

Ein Anwendungsbeispiel für PBOs ist die Simulation von Bewegungsunschärfe (*„Motion Blur"*, Abschnitt 10.2.2.4). Man kann diesen Effekt u.a. erzielen, indem man sich immer die letzten z.B. 5 scharfen Bilder in PBOs speichert, und zwar mit

```
glBindBuffer( GL_PIXEL_PACK_BUFFER, PBOname );
glReadPixels();
```

und sie anschließend direkt als Texturen für den Zugriff durch den Fragment Shader zur Verfügung stellt, und zwar mit

```
glBindBuffer( GL_PIXEL_UNPACK_BUFFER, PBOname );
glActiveTexture( GL_TEXTURE0 + i);
glTexImage2D(...);
```

Der große Vorteil von PBOs gegenüber normalen Textur-Objekten wird an diesem Beispiel sehr deutlich: ohne PBOs müsste der `glReadPixels`-Befehl die Daten vom Framebuffer über den Grafikbus in den Hauptspeicher der CPU schreiben und anschließend könnten die Daten dann wieder mit dem `glTexImage2D`-Befehl vom Hauptspeicher in den Texturspeicher der Grafikkarte kopiert werden; mit PBOs verbleiben die Daten im Texturspeicher auf der Grafikkarte und müssen nicht über den Engpass Grafikbus hin- und hergeschoben werden. Den eigentlichen zeitlichen Tiefpass-Effekt erzielt man dann im Fragment Shader, indem man die letzten 5 in PBOs gespeicherten scharfen Bilder, die jeweils in einer eigenen Textureinheit zur Verfügung gestellt werden (`glActiveTexture( GL_TEXTURE0 + i)`), pixelweise aufsummiert und dann durch deren Anzahl (hier 5) teilt (Bild 10.7).

13.1.11   Texture Buffer Objects (TBO)

„*Texture Buffer Objects*" (TBO), auch „*Buffer Textures*" genannt, sind eine weitere Variante von allgemeinen „*Buffer Objects*" (Abschnitt 6.4.4), die einen sehr flexiblen Zugriff auf Texturen bieten, die auf der Grafikkarte gespeichert sind. TBOs erlauben eine Reihe von Operationen, die man mit normalen Textur-Objekten nicht oder nur sehr viel langsamer durchführen kann. Zunächst können TBOs auf viele unterschiedliche Arten mit Daten befüllt werden, die zum Teil überflüssige Kopiervorgänge vermeiden:

- „*Buffer Object Loads*": indirektes Laden von Daten über einen Zwischenspeicher auf der CPU-Seite in den Speicherbereich des Buffer Objects auf der Grafikkarte (`glBufferData(), glBufferSubData()`),

- direktes Schreiben der CPU in den Speicherbereich des Buffer Objects auf der Grafkkarte (`glMapBuffer(), glMapBufferRange()`),

- „*Framebuffer Readbacks*": kopieren der Daten des Bildspeichers mit Hilfe eines PBOs in ein TBO (`glReadPixels()`),

- „*Transform Feedback*": die Ergebnisse eines Vertex oder Geometry Shaders können direkt in ein TBO geschrieben werden und so in einer Rückkopplungsschleife wiederverwendet werden.

TBOs stellen auch einen effizienten Weg dar, um Vertex oder Fragment Shadern den Zugriff auf große Datenmengen in beliebigen Formaten zur Verfügung zu stellen. Mit *uniform*-Variablen oder „*Uniform Buffer Objects*" ist man dagegen von der transferierbaren Datenmenge her stark begrenzt. TBOs stellen 1-dimensionale Texturen dar, die allerdings nicht nur bis zu 8192 Texel (2^{13}) groß sein dürfen, wie normale 1D-Texturen, sondern bis zu 128 Millionen Texel (2^{27}), d.h. bis zu 16384 mal so groß.

Ein TBO wird mit den folgenden OpenGL-Befehlen initialisiert, d.h. angelegt, gebunden und mit Speicherplatz versehen:

```
// Initialisierung eines Texture Buffer Objects (TBO)
GLunit TBOname;
glGenBuffers( 1, &TBOname);
glBindBuffer( GL_TEXTURE_BUFFER, TBOname );
glBufferData( GL_TEXTURE_BUFFER, sizeof(pixelData), pixelData,
                    GL_STATIC_DRAW );
```

Damit ein TBO wirksam werden kann, muss es an eine Textureinheit angebunden werden. Dazu benutzt man den OpenGL-Befehl `glTexBuffer()`. Allerdings muss man vorher sicherstellen, dass die gewünschte Textur aktiviert ist:

```
// Anbinden eines Textur Buffer Objects (TBO) an eine Textur
GLunit TBOtexture;
glActiveTexture( GL_TEXTURE1 );
glGenTextures( 1, &TBOtexture);
glBindTexture( GL_TEXTURE_BUFFER, TBOtexture );
glTexBuffer( GL_TEXTURE_BUFFER, GL_R32F, TBOname );
```

Obwohl sich TBOs ähnlich darstellen wie normale Textur-Objekte, gibt es doch einige wesentliche Unterschiede zu beachten. Für den Zugriff auf TBOs von Shadern aus gibt es eine eigene GLSL-Funktion `texelFetch` (anstatt `texture*`) und einen eigenen Datentyp samplerBuffer (anstatt sampler1D, sampler2D etc.), wie in folgendem Beispiel gezeigt:

```
// Zugriff auf ein Textur Buffer Object (TBO) in einem Shader
uniform samplerBuffer subWeightBuffer;
void main()
{
    for (int i = 0; i <= sampleNum; i++)
    { ...
        float weight = texelFetch( subWeightBuffer, i ).r;
}
```

Der Texturzugriff läuft nicht, wie üblich, über normierte Texturkoordinaten mit einem Wertebereich $[0, 1]$, sondern über ganzzahlige Indizes, so dass man für den Zugriff auf benachbarte Texel den Index nur inkrementieren oder dekrementieren muss. TBOs unterstützen keine MipMap-Generierung oder -Filterung (Abschnitt 13.1.3), oder irgend eine andere Art der Textur-Filterung.

Ein ausführliches Programmierbeispiel für Textur Buffer Objects (TBO) ist in Abschnitt 13.1.4 dargestellt.

13.2 Mehrfach-Texturierung (Multitexturing)

Bisher wurde eine Fläche immer nur mit einer einzigen Textur überzogen. Sehr viele interessante neue Möglichkeiten ergeben sich, wenn man in einem einzigen Durchlauf durch die Rendering Pipeline (*single pass rendering*) mehrere Texturen auf einer Fläche überlagern kann. So lassen sich z.B. komplexe Beleuchtungsverhältnisse in Räumen mit aufwändigen *Radiosity*-Vefahren berechnen und in einer Textur speichern, deren Texel eine bestimmte Intensität des Lichteinfalls repräsentieren (eine sogenannte „*light map*").

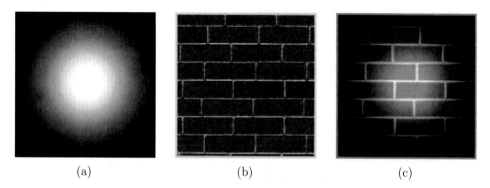

(a)							(b)							(c)

Bild 13.17: Mehrfach-Texturierung (Multitexturing): (a) Die erste Textur ist eine sogenannte *light map*, die die Intensitätsverteilung in einem Lichtkegel darstellt. (b) Die zweite Textur ist eine gewöhnliche RGB-Textur, das Foto einer Ziegelmauer. (c) Die Kombination der beiden Texturen erweckt den Eindruck, dass jemand mit einer Taschenlampe die Ziegelmauer beleuchtet. Man beachte, dass die Geometrie der Szene nur aus vier Vertices besteht, die zu einem Rechteck verbunden sind.

In Bild 13.17-a ist ein einfaches Beispiel für eine *light map* dargestellt, die z.B. den Lichtkegel einer Taschenlampe simulieren kann. Dieser Lichtkegel kann nun auf eine bereits texturierte Oberfläche treffen und dort die Helligkeit modulieren (Bild 13.17-b,c). Mathematisch gesehen müssen die beiden Textur-Fragmentfarben nur miteinander kombiniert (d.h. multipliziert, addiert, interpoliert etc.) werden, um den gewünschten Effekt zu erzielen. Mit diesem Verfahren kann man trotz grober Tesselierung von Objekten und normalem Gouraud-Shading ähnlich gute Ergebnisse erzielen wie mit echtem Phong-Shading. Viele fortgeschrittene Texture Mapping Verfahren beruhen auf Mehrfach-Texturierung.

OpenGL und Vulkan bieten Mehrfach-Texturierung an, und dies ist heutzutage der Standard bei praktisch allen Grafikkarten. Wie viele Texturen in einem *Rendering Pass* aufgebracht werden können, hängt von der OpenGL- bzw. Vulkan-Implementierung ab, üblich sind 8 bis 80 Textureinheiten.

Das Verfahren der Mehrfach-Texturierung läuft wieder nach dem Pipeline-Prinzip ab (Bild 13.18): es gibt eine Textur-Kaskade, die aus mehreren Textureinheiten besteht. Jede

Textureinheit führt die in Abschnitt 13.1 dargestellten Texturoperationen aus und liefert ihr Ergebnis (eine Texturfarbe) an die nächste Stufe in der Textur-Kaskade, bis die oberste Stufe erreicht ist und der endgültige Farbwert des Fragments zur weiteren Bearbeitung (Nebelberechnung, Alpha-Blending etc.) ausgegeben wird.

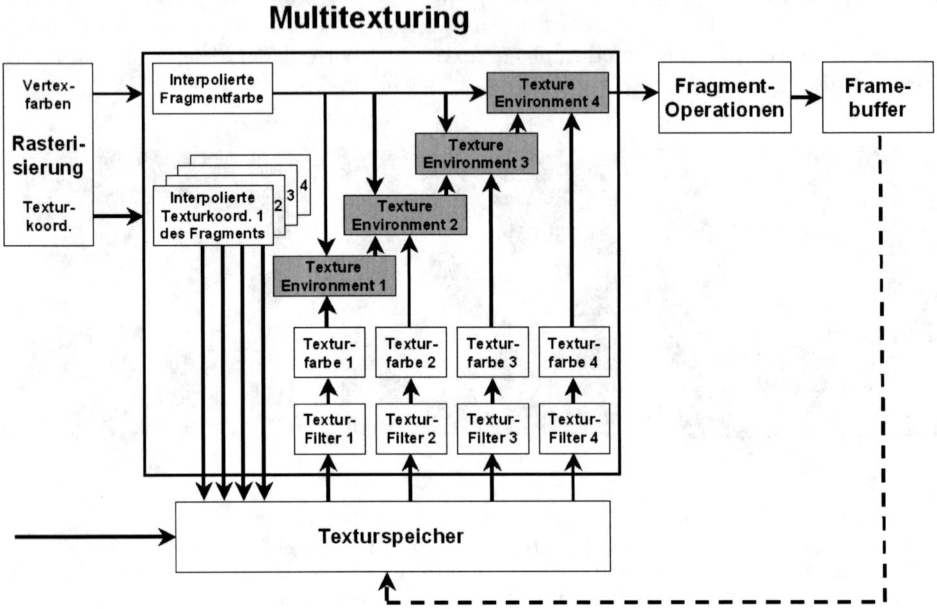

Bild 13.18: Die Rendering Pipeline für die Mehrfach-Texturierung (Multitexturing): in diesem Bild sind vier unabhängige Textureinheiten dargestellt, die sequentiell arbeiten. Man vergleiche auch mit den Bildern (5.2), (13.2) und (5.4).

Zur Nutzung der Mehrfach-Texturierung in OpenGL sind folgende Schritte durchzuführen:

- Abfrage, wie viele Textureinheiten zur Verfügung stehen mit Hilfe des folgenden OpenGL-Befehls:

  ```
  int NumTexUnits;
  glGetIntegerv( GL_MAX_TEXTURE_UNITS, &NumTexUnits );
  ```

- Spezifikation mehrerer Texturen incl. statischer Texturattribute (z.B. Textur-Filter, Textur-Fortsetzungsmodus), wie in Abschnitt 13.1.9 dargestellt.

- Festlegung der aktiven Textureinheit:

Standardmäßig ist immer die erste Textureinheit aktiv (die mit der Nummer 0). Alle
Operationen zur Anbindung von Texturen und zur Festlegung der Textur-Attribute
beziehen sich immer auf die gerade aktive Textureinheit. Zum wechseln der aktiven
Textureinheit dient der OpenGL-Befehl `glActiveTexture()`. Um z.B. zur zweiten
Textureinheit zu wechseln (die mit der Nummer 1) und eine bestimmte Textur an-
zubinden, führt man folgende Befehle aus:

```
glActiveTexture( GL_TEXTURE1 );
glBindTexture( GL_TEXTURE_2D, texture1 );
```

In der modernen Variante von OpenGL 4.6 benötigt man dafür nur noch einen Befehl:

```
glBindTextureUnit(GL_TEXTURE1, texture1);
```

- Festlegung aller dynamischen Attribute einer Textureinheit. Im „Core Profile" von
  OpenGL und bei Vulkan geschieht dies im Fragment Shader, im „Compatibility Pro-
  file" müssen die Attribute im normalen OpenGL-Programm gesetzt werden, wie im
  Folgenden dargestellt:

  - Festlegung, wie die Texturfarben der verschiedenen Textureinheiten und die
    Beleuchtungsfarbe miteinander gemischt werden sollen (Texture Environment).
    Dazu dient der bereits vorgestellte `glTexEnv*()`-Befehl mit den vielfältigen
    Möglichkeiten der Texture Combiner Funktionen, die hier aus Platzgründen
    nicht dargestellt werden, sondern in der OpenGL Spezifikation [Sega17] zu fin-
    den sind.

  - optionale Festlegung von Textur-Matrizen (Abschnitt 13.1.7.4).

- Festlegung der Texturkoordinaten für jede einzelne Textur. Dafür gibt es wieder wie
  üblich die beiden Möglichkeiten, die Texturkoordinaten explizit den Vertices zuzuordnen oder sie automatisch mit Hilfe von Gleichungen erzeugen zu lassen (Abschnitt
  13.1.7.3). Die explizite Zuordnung der Texturkoordinaten erfolgt im „Compatibility Profile" mit dem Befehl `glMultiTexCoord*()`, im „Core Profile" gibt es dazu
  wieder mehrere Möglichkeiten: entweder man benützt die entsprechende Methode
  `MultiTexCoord2f()` bzw. `MultiTexCoord2fv()` aus der Klasse `GLBatch` von Richard
  S. Wright's GLTools-Library, oder man benützt aus der selben Library die Methode `CopyTexCoordData2f()` zum Kopieren eines ganzen Texturkoordinaten-Arrays,
  oder man schreibt die Texturkoordinaten normal oder interleaved (d.h. abwechselnd
  mit den Vertexkoordinaten) in ein „Vertex Buffer Object" (VBO), wie in Abschnitt
  6.4.4.1 für OpenGL und in Abschnitt 6.5.1 für Vulkan dargestellt.

Zur Veranschaulichung der letzten drei Schritte werden im Folgenden die Programmergänzungen dargestellt, die für die Nutzung der Mehrfach-Texturierung notwendig sind,
und zwar zuerst im „Compatibility Profile" von OpenGL, anschließend im „Core Profile"
und zuletzt in Vulkan:

```
// Compatibility Profile von OpenGL
glActiveTexture(GL_TEXTURE0);
glEnable(GL_TEXTURE_2D);
glBindTexture(GL_TEXTURE_2D, texName[0]);
glTexEnvf(GL_TEXTURE_ENV, GL_TEXTURE_ENV_MODE, GL_COMBINE);
glTexEnvf (GL_TEXTURE_ENV, GL_COMBINE_RGB, GL_MODULATE);
glEnable(GL_TEXTURE_GEN_S);
glEnable(GL_TEXTURE_GEN_T);
glMatrixMode(GL_TEXTURE);
glLoadIdentity();
glTranslatef(...);
gluPerspective(...);

glActiveTexture(GL_TEXTURE1);
glEnable(GL_TEXTURE_2D);
glBindTexture(GL_TEXTURE_2D, texName[1]);
glTexEnvf(GL_TEXTURE_ENV, GL_TEXTURE_ENV_MODE, GL_COMBINE);
glTexEnvf (GL_TEXTURE_ENV, GL_COMBINE_RGB, GL_ADD_SIGNED);

glBegin(GL_QUADS);
    glMultiTexCoord2fv(GL_TEXTURE1, t0 ); glVertex3fv( v0 );
    glMultiTexCoord2fv(GL_TEXTURE1, t1 ); glVertex3fv( v1 );
    glMultiTexCoord2fv(GL_TEXTURE1, t2 ); glVertex3fv( v2 );
    glMultiTexCoord2fv(GL_TEXTURE1, t3 ); glVertex3fv( v3 );
glEnd();

// Core Profile von OpenGL
GLMatrixStack textureMatrixStack;
textureMatrixStack.LoadIdentity();
textureMatrixStack.PushMatrix();
textureMatrixStack.Translatef(...);
textureMatrixStack.SetPerspective(...);
textureMatrixStack.PopMatrix();

glBindTextureUnit(GL_TEXTURE0, texName[0]);
glBindTextureUnit(GL_TEXTURE1, texName[1]);

GLBatch aBatch;
aBatch.Begin(GL_TRIANGLE_STRIP, 4, 1);
    aBatch.MultiTexCoord2fv(GL_TEXTURE1, t0 ); aBatch.Vertex3fv( v0 );
    aBatch.MultiTexCoord2fv(GL_TEXTURE1, t1 ); aBatch.Vertex3fv( v1 );
    aBatch.MultiTexCoord2fv(GL_TEXTURE1, t2 ); aBatch.Vertex3fv( v2 );
    aBatch.MultiTexCoord2fv(GL_TEXTURE1, t3 ); aBatch.Vertex3fv( v3 );
aBatch.End();
```

```
// Vulkan
struct MatrixUniformBufferObject {
    glm::mat4 MVP;
    glm::mat4 texM;
    glm::vec4 ObjectPlaneS;
    glm::vec4 ObjectPlanet;
};
// Transfer des Uniform Buffer Objects wie in Abschnitt 5.2.2.4 ab Seite 115
createUniformBuffers();
createDescriptorSetLayout();
..

// Transfer der Texture Objects wie in Abschnitt 5.2.2.4 ab Seite 120
createImage(.., texName[0], ..);
createImage(.., texName[1], ..);
createImageView();
createSampler();
createDescriptorSetLayout();
..

// Transfer der Vertex Buffer Objects wie in Abschnitt 6.5.1
struct VertexBufferObject {
    glm::vec4 vVertex;
    glm::vec4 vColor;
    glm::vec2 vTexCoord;
};
createBuffer();
createVertexBuffer();
..


// Der Vertex Shader für Mehrfach-Texturierung ist sowohl für
// Vulkan als auch für das „Core Profile" von OpenGL nutzbar
#version 460                            // GLSL-Version 4.6

// Eingabe-Werte pro Vertex
layout(location = 0) in vec4 vVertex;    // Vertex-Position
layout(location = 1) in vec4 vColor;     // Vertex-Farbe
layout(location = 2) in vec2 vTexCoord;  // Vertex-Texturkoordinate

// Uniform Buffer Object
layout(binding = 0) uniform MatrixUniformBufferObject {
    mat4 MVP;                            // ModelViewProjection-Matrix
    mat4 texM;                           // Textur-Matrix
```

```
    vec4 ObjectPlaneS;                 // Ebenen-Parameter für S
    vec4 ObjectPlaneT;                 // Ebenen-Parameter für T
}ubo;

// Ausgabe-Werte
layout(location = 0) out vec4 Color;      // Vertex-Farbe
layout(location = 1) out vec2 TexCoord0;  // transformierte Texturkoordinate 0
layout(location = 2) out vec2 TexCoord1;  // transformierte Texturkoordinate 1

void main()
{
    // Setze den Farbwert und schicke ihn an den Rasterizer
    Color = vColor;
    // Erzeuge die Texturkoordinate 0 automatisch
    TexCoord0.s = dot( vVertex, ubo.ObjectPlaneS );
    TexCoord0.t = dot( vVertex, ubo.ObjectPlaneT );
    // Transformiere die Texturkoordinate 0 mit der Textur-Matrix und
    // schicke sie zur linearen Interpolation an den Rasterizer
    TexCoord0 = (ubo.texM * vec4( TexCoord0, 0.0, 1.0 )).st;
    // Leite die Texturkoordinate 1 an den Rasterizer weiter
    TexCoord1 = vTexCoord;
    // Vertex aus Objekt- in Projektionskoordinaten
    gl_Position = ubo.MVP * vVertex;
}


// Der Fragment Shader für Mehrfach-Texturierung ist sowohl für
// Vulkan als auch für das „Core Profile" von OpenGL nutzbar
#version 460                    // GLSL-Version 4.6

// Eingabe-Werte
layout(location = 0) in vec4 Color;       //interpolierte Farbe
layout(location = 1) in vec2 TexCoord0;   //interpolierte Texturkoordinate 0
layout(location = 2) in vec2 TexCoord1;   //interpolierte Texturkoordinate 1

// Uniform Sampler für die beiden Texturen
layout(binding = 1) uniform sampler2D LightMap;
layout(binding = 2) uniform sampler2D TextureMap;

// Ausgabe-Wert: Farbe des Fragments
layout(location = 0) out vec4 FragColor;
```

```
void main()
{
    // Setze den Farbwert auf die interpolierte Farbe
    FragColor = Color;
    // Zugriff auf den Farbwert der LightMap und Kombination mit der inter-
    // polierten Farbe im Texture Environment Mode GL_MODULATE
    FragColor *= texture( LightMap, TexCoord0 );
    // Zugriff auf den Farbwert der TextureMap und Kombination mit der
    // bisherigen Farbe im Texture Environment Mode GL_ADD_SIGNED
    vec4 texture1 = texture( TextureMap, TexCoord1 );
    FragColor.rgb += texture1.rgb - vec3(0.5, 0.5, 0.5);
    FragColor.a *= texture1.a;
    FragColor = clamp(FragColor, 0.0, 1.0);
}
```

Im jeweils ersten Abschnitt dieses Programmierbeispiels wird die Textureinheit Nr. 0 aktiviert und das Textur-Objekt `texName[0]` angebunden. Anschließend wird das Texture Environment (im „Compatibility Profile") festgelegt, bei dem hier die Texturfarbe mit der interpolierten Farbe aus der Beleuchtungsrechnung multipliziert wird. Im „Core Profile" von OpenGL und in Vulkan geschieht dies im Fragment Shader. Die Texturkoordinaten für Textureinheit Nr. 0 werden automatisch generiert und durch eine Textur-Matrix modifiziert (im „Core Profile" von OpenGL und in Vulkan geschieht dies im Vertex Shader). Im zweiten Abschnitt wird die Textureinheit Nr. 1 aktiviert und das Textur-Objekt `texName[1]` angebunden. Anschließend wird im Texture Environment (im „Compatibility Profile") festgelegt, dass die Texturfarbe Nr. 1 und die Texturfarbe Nr. 0 komponentenweise addiert werden und davon jeweils der mittlere Grauwert 0.5 subtrahiert wird. Im „Core Profile" von OpenGL und in Vulkan geschieht dies wieder im Fragment Shader. Im dritten Abschnitt werden die Texturkoordinaten für die Textureinheit Nr. 1 explizit den Vertices zugewiesen. Das Ergebnis ist in Bild 13.17-c zu sehen.

Mit der Mehrfach-Texturierung lassen sich eine ganze Reihe interessanter Bildverarbeitungsverfahren in Echtzeit auf einer Grafikkarte realisieren. Typische Anwendungsbeispiele dafür sind die Summen-, Differenz- und Ratiobildung bei mehrkanaligen Bildsequenzen (Band II Kapitel 13). Durch die programmierbaren Fragment-Shader auf den aktuellen Grafikkarten werden diese Möglichkeiten noch einmal erheblich erweitert (Abschnitt 13.6). Damit ist es möglich, bis zu 80 Texturen mit einer großen Vielfalt an mathematischen Operationen miteinander zu verknüpfen und in einem einzigen Durchlauf durch die Rendering Pipeline zu berechnen. Die enorm hohe Rechenleistung heutiger Grafikkarten bei gleichzeitiger Programmierbarkeit hat dazu geführt, dass in der industriellen Bildverarbeitung ein immer größerer Anteil der sehr teuren Spezialhardware durch billige Grafikkarten ersetzt wurde.

13.3 Projektive Texturen (Projective Texture)

In Abschnitt 13.1.7.3 wurde gezeigt, dass bei der automatischen Generierung von Texturkoordinaten im Modus GL_EYE_LINEAR eine Textur nicht unbedingt fest mit einem Objekt verbunden sein muss, sondern dass sie auch an den Augenpunkt gebunden sein kann. Die Objekte „schwimmen" in diesem Fall unter der Textur durch (Bild 13.16-g,h,i), wie bei einem fest aufgestellten Diaprojektor, der im Augenpunkt sitzt. Geht man noch einen Schritt weiter, so kann man den Diaprojektor – und damit die projizierte Textur – beliebig im Raum drehen und bewegen, ohne den Augenpunkt zu verändern. Dadurch wird die Textur über eine beliebig im 3-dimensionalen Raum liegende Ebene auf ein oder mehrere Polygone projiziert. Auf diese Weise lassen sich qualitativ hochwertige Effekte erzielen, wie z.B. die Bewegung eines Scheinwerferkegels über die Oberflächen einer Szene (Bild 13.19).

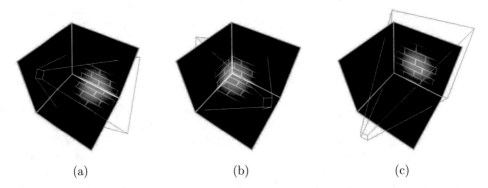

(a) (b) (c)

Bild 13.19: Projektive Texturen (Projective Texture) in Verbindung mit MehrfachTexturierung: ein Lichtkegel wird als projektive *light map* über Polygongrenzen hinweg bewegt und simuliert damit eine lokale gerichtete Lichtquelle (*spot light*, Abschnitt 12.1.3.5).

Für eine unabhängige Bewegung der projizierten Textur werden die entsprechenden Transformationen in einer eigenen Matrix gesondert gespeichert. Zur automatischen Generierung der Texturkoordinaten wird diese Matrix invertiert, so dass man sich wieder im Weltkoordinatensystem befindet, in dem alle Objekte an der richtigen 3D-Position sind (Bild 13.20). Mit der *„ProjektorView"*-Matrix werden die Vertices vom Weltkoordinatensystem ins Augenpunktskoordinatensystem des Projektors transformiert (im Programmbeispiel unten entspricht dies der gluLookAt-Funktion). Anschließend erfolgt die Transformation ins normierte Projektionskoordinatensystem mit Hilfe der *„ProjektorProj"*-Matrix (entspricht der gluPerspective-Funktion). Da der Wertebereich der Vertices im normierten Koordinatensystem von -1 nach $+1$ geht, Texturkoordinaten aber immer im Wertebereich $[0, 1]$ liegen, muss noch eine Skalierung um den Faktor $\frac{1}{2}$ (mit der glScalef-Funktion) und eine Verschiebung um den Vektor $(\frac{1}{2}, \frac{1}{2}, \frac{1}{2})^T$ (mit der glTranslatef-Funktion) vorgenommen werden, die in einer *„bias"*-Matrix zusammengefasst sind. Die Gesamttransformationsmatrix lautet also[10]:

$$M = bias * ProjektorProj * ProjektorView * camView^{-1} \tag{13.13}$$

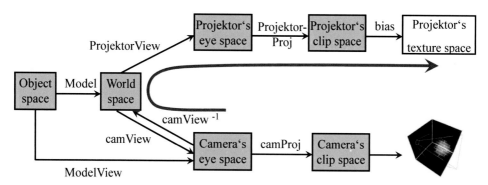

Bild 13.20:   Die Transformation vom Kamera-Augenpunktskoordinatensystem („Ca-mera's eye space") in das projizierte und in den Bereich [0, 1] geschobe-ne Projektor-Koordinatensystem, erfolgt gemäß dem roten Pfeil mit den fol-genden Matrizen-Operationen: 1. „camViewInv": Transformation vom Kamera-Augenpunktskoordinatensystem ins Weltkoordinatensystem („world space"). 2. „Projek-torView": Transformation vom Weltkoordinatensystem ins Augenpunktskoordinatensy-stem des Projektors („Projector's eye space"). 3. „ProjektorProj": Transformation vom Projektor-Augenpunktskoordinatensystem ins normierte Projektionskoordinatensystem des Projektors („Projector's clip space"). 4. „bias": Transformation aus dem Wertebe-reich [−1, 1] nach [0, 1] („Projector's texture space").

Im „Compatibility Profile" von OpenGL wird die resultierende Matrix auf dem Textur-Matrizen-Stapel abgelegt und bei der automatischen Generierung der Texturkoordinaten angewendet. Im „Core Profile" von OpenGL bzw. in Vulkan definiert man den Textur-Matrizen-Stapel selbst (Abschnitt 13.1.7.4), übergibt die oberste Matrix auf dem Stapel in einem *Uniform Buffer Object* an den Vertex Shader und multipliziert damit die automa-tisch im Modus GL_EYE_LINEAR erzeugten Texturkoordinaten vor der Weitergabe an den Rasterizer (Abschnitt 13.1.7.3). Zur Realisierung einer projektiven Textur lässt sich das im vorigen Abschnitt aufgelistete Programm zur Mehrfach-Texturierung gut nutzen. Die Textur-Matrix im ersten Absatz des Programms muss dazu folgendermaßen modifiziert werden:

```
GLfloat camView[4][4];
GLfloat camViewInv[4][4];
glGetFloatv(GL_MODELVIEW_MATRIX, camView);
InvertMatrix((GLfloat *) camViewInv, camView);
```

---

[10]Die Transformationen, die man bei projektiven Texturen durchführen muss, sind im Prinzip die glei-chen, wie bei der Schattentexturierung in Abschnitt 14.1.1.

...

```
glMatrixMode(GL_TEXTURE);
glLoadIdentity();
glTranslatef(0.5, 0.5, 0.5);
glScalef(0.5, 0.5, 0.5);
gluPerspective(viewAngle, aspect, znear, zfar);
gluLookAt(eyePos.x, eyePos.y, eyePos.z, 0.0, 0.0, 0.0, 0.0, 1.0, 0.0);
glMultMatrixf((GLfloat *) camViewInv);
glMatrixMode(GL_MODELVIEW);
```

Als projektive Texturen lassen sich nicht nur Lichtkegel verwenden, sondern beliebige Texturen. Ein Beispiel dafür sind projektive Schatten-Texturen. Unter der Annahme einer weit entfernten Lichtquelle wirft ein Objekt einen Schatten, dessen Größe und Form unabhängig von der Position des Objekts in der Szene ist. Der Schatten ergibt sich einfach durch eine orthografische Projektion des Objekts entlang des Lichtvektors auf eine Ebene. Die Schatten-Textur enthält innerhalb des Schattens einen Grauwert kleiner als eins und außerhalb den Grauwert eins. Bei einer multiplikativen Verknüpfung von Schatten-Textur und Objekt-Textur wird die Objekt-Textur im Bereich des Schattens um einen bestimmten Prozentsatz dunkler. Mit dieser Technik lassen sich auch weiche Schattenübergänge erzeugen. Die Position und Lage der Schatten-Textur ergibt sich einfach aus der Verbindungsgeraden zwischen Lichtquelle und Objekt. Diese Technik des Schattenwurfs ist allerdings mit einigen gravierenden Nachteilen verbunden:

- Jedes Objekt innerhalb einer Szene benötigt eine eigene projektive Schatten-Textur, was sehr schnell zu Problemen mit dem Texturspeicher führt.

- Falls es sich nicht um rotationssymmetrische Objekte handelt, müsste sich die projektive Schatten-Textur mit allen Drehungen des Objekts ändern, deren Drehachse nicht dem Lichtvektor entspricht.

- Falls die Lichtquelle nicht weit entfernt ist, ändert sich die Größe des Schattens abhängig vom Abstand zwischen dem Objekt und der Oberfläche, auf die der Schatten fällt. Eine Größenkorrektur des Schattens zieht aufwändige Abstandsberechnungen nach sich.

Aufgrund dieser Nachteile werden projektive Schatten-Texturen in der interaktiven 3D-Computergrafik eher selten verwendet. Bessere Methoden der Schattenerzeugung werden in Kapitel 14 dargestellt.

13.4   Umgebungs-Texturen (Environment Maps)

Vor einigen Jahren war ein klares Erkennungszeichen von interaktiver 3D-Computergrafik das Fehlen von realistischen Spiegelungen. Dies war den sehr viel aufwändigeren Ray-Tracing-Verfahren (Abschnitt 12.1.2) vorbehalten. Durch die Einführung von Umgebungs-Texturen (*Environment Maps*, [Blin76]) können Objekt-Spiegelungen jedoch schon ziemlich gut auf aktuellen Grafikkarten in Echtzeit dargestellt werden. Das Grundprinzip ist einfach und gleicht in den ersten Schritten dem Ray-Tracing-Verfahren. Man schickt einen Strahl vom Augenpunkt auf einen Punkt der reflektierenden Oberfläche und berechnet mit Hilfe des Normalenvektors den Reflexionsvektor. Anstatt den reflektierten Strahl bis zur nächsten Objektoberfläche zu verfolgen, um dort ein lokales Beleuchtungsmodell auszuwerten, wie dies beim Ray-Tracing der Fall ist, wird jetzt die Richtung des Reflexionsvektors benutzt, um die Texturkoordinaten in einer Umgebungs-Textur zu bestimmen (Bild 13.21).

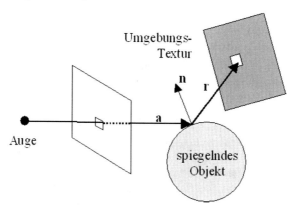

Bild 13.21:   Das Prinzip des Environment Mappings: ein Beobachter blickt auf ein spiegelndes Objekt und sieht darin die Umgebung in der Richtung des Reflexionsvektors. Die Umgebung des Objekts wird in Form einer Umgebungs-Textur gespeichert.

Die Umgebungs-Textur enthält das Bild der Umgebung aus dem Blickwinkel des Objekts. Solange die Umgebung relativ weit entfernt von dem Objekt ist und sich die Umgebung nicht verändert, muss man sie nicht, wie beim Ray-Tracing, jedesmal neu berechnen, sondern kann sie in einer Textur abspeichern. Auch bei Objektbewegungen, die im Verhältnis zur Entfernung zwischen Objekt und Umgebung klein sind, kann die Umgebungs-Textur wieder verwendet werden. Im Umkehrschluss sind damit auch die Einschränkungen von *Environment Mapping* Techniken offensichtlich. Spiegelungen in Szenen, bei denen mehrere Objekte relativ nah beieinander sind, können nur für eine Objektkonstellation und einen Blickwinkel korrekt dargestellt werden. Falls sich Blickwinkel oder Objektpositionen ändern, müsste für jedes Bild und evtl. sogar für jedes Objekt vorab eine Umgebungs-

Textur erzeugt werden. Dies ist natürlich sehr rechenaufwändig und benötigt mehrere Durchläufe durch die Rendering Pipeline (*Multipass Rendering*, Abschnitt 13.1.1.2).

Die Berechnung der Texturkoordinaten für eine Umgebungs-Textur kann auf unterschiedlichen Genauigkeitsstufen ablaufen:

- per Vertex, dann müssen die pixel-bezogenen Texturkoordinaten wie üblich durch lineare Interpolation gewonnen werden.

- per Pixel, was zu besseren Ergebnissen führt, aber deutlich rechenaufändiger ist, da der Reflexionsvektor für jedes Pixel zu berechnen ist. Diese Variante setzt einen programmierbaren Fragment Shader auf der Grafikkarte voraus.

In der interaktiven 3D-Computergrafik werden vor allem die zwei *Environment Mapping* Techniken eingesetzt, die auch in OpenGL und Vulkan verfügbar sind: Sphärische Texturierung (*Sphere Mapping*) und Kubische Texturierung (*Cube Mapping*).

13.4.1 Sphärische Texturierung (Sphere Mapping)

Die Grundidee der Sphärischen Texturierung (*Sphere Mapping*) besteht darin, eine ideal verspiegelte Kugel aus großer Entfernung mit einem starken Teleobjektiv zu betrachten, was im Grenzfall einer orthografischen Projektion entspricht [Mill84]. In der Kugel spiegelt sich deren gesamte Umgebung mit zunehmender Verzerrung zum Rand hin. Ein Foto dieser Kugel mit der gespiegelten Umgebung wird als Sphärische Textur (*Sphere Map*) bezeichnet. Die Kugel deckt innerhalb einer solchen Textur einen kreisförmigen Bereich mit Mittelpunkt $(0.5, 0.5)$ und Radius 0.5 ab (Bild 13.22-a). Die verspiegelte Kugel bildet die Richtung eines Reflexionsvektors auf einen Punkt der sphärischen Textur ab. Man benötigt also für die Berechnung der Texturkoordinaten diese Abbildung und den Reflexionsvektor.

Für jeden Reflexionsvektor $\mathbf{r}$ muss man Texturkoordinaten (s, t) bestimmen, die einem Punkt innerhalb des kreisförmigen Bereichs der sphärischen Textur entsprechen. Nachdem die sphärische Textur durch eine orthografische Projektion der Einheitskugel erzeugt wurde, ergibt sich der Zusammenhang zwischen den Texturkoordinaten (s, t) und einem Punkt (x, y, z) auf der Einheitskugel durch Skalierung um den Faktor 2 und Verschiebung um eine negative Einheit für die x- und die y-Koordinate, sowie aus der Kreisgleichung $r = 1 = \sqrt{x^2 + y^2 + z^2}$ für die z-Koordinate (Bild 13.22-a), d.h.:

$$\begin{pmatrix} x \\ y \\ z \end{pmatrix} = \begin{pmatrix} 2s - 1 \\ 2t - 1 \\ \sqrt{1 - x^2 - y^2} \end{pmatrix} \tag{13.14}$$

Für die Einheitskugel im Ursprung gilt aber, dass die Einheitsnormalenvektoren $\mathbf{n^e}$ durch die Koordinaten (x, y, z) des jeweiligen Punkts auf der Oberfläche gegeben sind (Bild 13.22-b), d.h.:

$$\mathbf{n^e} = \begin{pmatrix} n_x^e \\ n_y^e \\ n_z^e \end{pmatrix} = \begin{pmatrix} x \\ y \\ z \end{pmatrix} = \begin{pmatrix} 2s - 1 \\ 2t - 1 \\ \sqrt{1 - x^2 - y^2} \end{pmatrix} \tag{13.15}$$

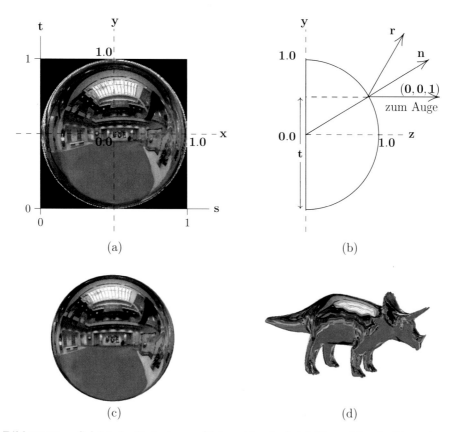

(a)   (b)

(c)   (d)

Bild 13.22: Sphärische Texturierung (*Sphere Mapping*): (a) Eine sphärische Textur ist das Foto einer spiegelnden Kugel. Die Kugel deckt in Texturkoordinaten einen kreisförmigen Bereich mit Mittelpunkt $(0.5, 0.5)$ und Radius 0.5 ab. (b) Die Seitenansicht der vorderen Halbkugel: der Normalenvektor $\mathbf{n}$ ist die Winkelhalbierende zwischen Augenpunktsvektor $(0, 0, 1)^T$ und Reflexionsvektor $\mathbf{r}$. Für die Einheitskugel im Ursprung gilt, dass die Koordinaten eines Punktes auf der Oberfläche gleich dem Einheitsnormalenvektor sind $((x, y, z)^T = (n_x^e, n_y^e, n_z^e)^T)$. (c) Das Mapping einer sphärischen Textur auf eine Kugel. (d) Das Mapping einer sphärischen Textur auf das Triceratops-Modell.

Als Nächstes bestimmt man den Zusammenhang zwischen dem Reflexionsvektor $\mathbf{r}$ und dem Normalenvektor $\mathbf{n}$. In Weltkoordinaten berechnet sich der Reflexionsvektor $\mathbf{r}$ aus dem Vektor $\mathbf{a}$ vom Augenpunkt zum Oberflächenpunkt und dem Normalenvektor $\mathbf{n}$ mit Hilfe des Reflexionsgesetzes (12.2) zu:

$$\mathbf{r} = \mathbf{a} - 2(\mathbf{a} \cdot \mathbf{n}) \cdot \mathbf{n} \tag{13.16}$$

Der Vektor $\mathbf{a}$ vom Augenpunkt zum Oberflächenpunkt ist in Weltkoordinaten durch die negative z-Achse gegeben: $\mathbf{a} = (0, 0, -1)^T$. Setzt man dies in (13.16) ein, erhält man:

$$
\begin{pmatrix} r_x \\ r_y \\ r_z \end{pmatrix} = \begin{pmatrix} 0 \\ 0 \\ -1 \end{pmatrix} - 2 \left(\left(\begin{pmatrix} 0 \\ 0 \\ -1 \end{pmatrix} \cdot \begin{pmatrix} n_x \\ n_y \\ n_z \end{pmatrix} \right) \right) \begin{pmatrix} n_x \\ n_y \\ n_z \end{pmatrix} = \begin{pmatrix} 0 \\ 0 \\ -1 \end{pmatrix} + 2 n_z \begin{pmatrix} n_x \\ n_y \\ n_z \end{pmatrix} \quad (13.17)
$$

Aufgelöst nach dem Normalenvektor ergibt sich:

$$
\mathbf{n} = \begin{pmatrix} n_x \\ n_y \\ n_z \end{pmatrix} = \frac{1}{2 n_z} \begin{pmatrix} r_x \\ r_y \\ r_z + 1 \end{pmatrix} \quad (13.18)
$$

Durch Normierung $|\mathbf{n}| = \sqrt{n_x^2 + n_y^2 + n_z^2} = \frac{1}{2n_z}\sqrt{r_x^2 + r_y^2 + (r_z + 1)^2}$ entsteht der Einheitsnormalenvektor $\mathbf{n^e}$:

$$
\mathbf{n^e} = \begin{pmatrix} n_x^e \\ n_y^e \\ n_z^e \end{pmatrix} = \frac{1}{\sqrt{r_x^2 + r_y^2 + (r_z + 1)^2}} \begin{pmatrix} r_x \\ r_y \\ r_z + 1 \end{pmatrix} \quad (13.19)
$$

Dieses Ergebnis ist sehr gut verständlich, da der Normalenvektor nichts Anderes ist als der winkelhalbierende Vektor zwischen dem Augenpunktsvektor $(0, 0, 1)^T$ und dem reflektierten Strahl $(r_x, r_y, r_z)^T$. Der Einheitsnormalenvektor ergibt sich daraus einfach durch Addition $(r_x, r_y, r_z + 1)^T$ und Normierung (Bild 13.22-b). Durch Gleichsetzen von (13.15) und (13.19)

$$
\begin{pmatrix} 2s - 1 \\ 2t - 1 \\ \sqrt{1 - x^2 - y^2} \end{pmatrix} = \begin{pmatrix} n_x^e \\ n_y^e \\ n_z^e \end{pmatrix} = \frac{1}{\sqrt{r_x^2 + r_y^2 + (r_z + 1)^2}} \begin{pmatrix} r_x \\ r_y \\ r_z + 1 \end{pmatrix} \quad (13.20)
$$

kann man die gesuchten Texturkoordinaten s, t in Abhängigkeit vom Reflexionsvektor $\mathbf{r}$ angeben:

$$
s = \frac{r_x}{2\sqrt{r_x^2 + r_y^2 + (r_z + 1)^2}} + \frac{1}{2} \quad (13.21)
$$

$$
t = \frac{r_y}{2\sqrt{r_x^2 + r_y^2 + (r_z + 1)^2}} + \frac{1}{2} \quad (13.22)
$$

Die Berechnung des Reflexionsvektors mit (13.16) und der Texturkoordinaten mit (13.21) und (13.22) wird im „Compatibility Profile" von OpenGL vorgenommen, wenn die automatische Texturkoordinatengenerierung auf den Modus GL_SPHERE_MAP eingestellt wurde:

```
glTexGeni(GL_S, GL_TEXTURE_GEN_MODE, GL_SPHERE_MAP);
glTexGeni(GL_T, GL_TEXTURE_GEN_MODE, GL_SPHERE_MAP);
glEnable(GL_TEXTURE_GEN_S);
glEnable(GL_TEXTURE_GEN_T);
```

Weitere Parameter, wie bei den anderen Generiermodi (GL_OBJECT_LINEAR, GL_EYE_LINEAR), gibt es in diesem Fall nicht.

Im „Core Profile" von OpenGL und in Vulkan muss man die Texturkoordinaten mit (13.21) und (13.22) im Vertex Shader selbst berechnen. Dazu dient der in Abschnitt 13.1.7.3 vorgestellte Vertex Shader mit der im folgenden dargestellten SphereMap-Funktion:

```
vec2 SphereMap( const in vec4 eyePos, const in vec3 eyeNormal )
{
    vec3 u = normalize( eyePos.xyz / eyePos.w );
    vec3 r = reflect( u, eyeNormal );
    r.z += 1.0;
    float m = 0.5 * inversesqrt( dot( r, r ) );
    return ( r.xy * m + 0.5 );
}
```

Die Ergebnisse, die man mit der sphärischen Projektion der Texturkoordinaten in Verbindung mit einer sphärischen Textur für konvexe spiegelnde Oberflächen erzielen kann, sind durchaus beeindruckend (Bild 13.22-c,d).

Sphärische Texturierung ist auf nahezu allen heutigen Grafikkarten verfügbar, da man nur eine normale Textur benötigt und die Texturkoordinatengenerierung im Rahmen einer Textur-Matrix implementiert werden kann. Sinnvolle Ergebnisse kann man jedoch nur erzielen, wenn die Textur sphärisch ist, d.h. das Bild einer spiegelnden Kugel enthält. Eine derartige Textur kann aber relativ einfach erzeugt werden. Entweder durch Fotografieren der realen Umgebung mit einem extremen Weitwinkelobjektiv (Fischauge) bzw. einer versilberten Christbaumkugel mit einem starken Teleobjektiv oder durch 3D-Computergrafik z.B. mit Hilfe von Ray-Tracing-Verfahren bzw. Verzerrung planarer Texturen.

Sphärische Texturierung funktioniert bei konkaven Oberflächen nur unzureichend, da keine Eigenspiegelungen möglich sind. Ein weiterer Nachteil der sphärischen Texturierung ist, dass sie streng genommen nur für einen Blickwinkel gilt. Bewegt sich der Beobachter beispielsweise um das spiegelnde Objekt herum, sieht er nicht die andere Seite der Umgebung, sondern immer nur die gleiche. Daher entsteht der Eindruck, dass sich nicht der Beobachter um das Objekt bewegt, sondern dass sich das Objekt dreht. Diese Schwäche kann erst durch die im nächsten Abschnitt dargestellte kubische Texturierung beseitigt werden.

13.4.2   Kubische Texturierung (Cube Mapping)

Bei der kubischen Texturierung (*Cube Mapping*, [Gree86]) verwendet man nicht nur eine Umgebungs-Textur, wie bei der sphärischen Texturierung, sondern sechs 2-dimensionale Umgebungs-Texturen, die die Flächen eines Kubus' bilden. Im Zentrum des Kubus befindet sich das zu texturierende Objekt. Die sechs Einzeltexturen, die zusammen die kubische Textur bilden, werden einfach dadurch gewonnen, dass man die Umgebung aus der Position des Objektmittelpunkts sechs mal mit einem Öffnungswinkel von 90° fotografiert oder rendert, und zwar so, dass die sechs Würfelflächen genau abgedeckt werden. Die sechs Einzeltexturen müssen also an den jeweiligen Rändern übergangslos zusammen passen. In Bild 13.23 ist ein Beispiel für eine kubische Umgebungs-Textur dargestellt.

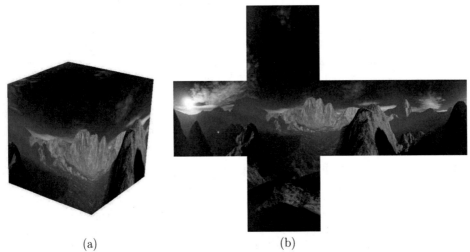

(a)   (b)

Bild 13.23:   Kubische Texturierung (*Cube Mapping*): (a) Eine kubische Textur bedeckt die sechs Seiten eines Würfels, in dessen Zentrum sich die zu rendernden Objekte befinden. (b) Die sechs Flächen der kubischen Textur aufgeklappt. Quelle: Thomas Bredl

Eine kubische Textur wird formal als eine Bildmatrix $\mathbf{T}$ beschrieben, die von den drei Variablen (s, t, r) eines orthogonalen Texturkoordinatensystems abhängt, genau wie bei einer 3-dimensionalen Textur. Allerdings werden die Texturkoordinaten als Richtungsvektor betrachtet, der angibt, welches Texel man sieht, wenn man vom Zentrum in Richtung des Vektors geht (Bild 13.24). Möchte man wieder die Spiegelung der Umgebung in einem Objekt bestimmen, wird der Reflexionsvektor $\mathbf{r}$ als Richtungsvektor benutzt. Die Vektoren müssen in diesem Fall nicht normiert werden. Die Koordinate des Reflexionsvektors mit dem größten Absolutwert bestimmt, welche der sechs Texturen ausgewählt wird (z.B. wird durch den Vektor $(1.3, -4.2, 3.5)$ die $-Y$ Fläche ausgewählt). Die verbleibenden zwei

Koordinaten werden durch den Absolutwert der größten Koordinate geteilt, so dass sie im Intervall $[-1, +1]$ liegen. Anschließend werden sie mit dem Faktor $\frac{1}{2}$ skaliert und um den Wert 0.5 verschoben, so dass sie im gewünschten Intervall $[0, 1]$ liegen (im Beispiel $(1.3/4.2/2 + 0.5, 3.5/4.2/2 + 0.5) = (0.65, 0.92)$). Die auf diese Weise berechneten Texturkoordinaten (s', t') dienen zum Abgreifen der Texel in der ausgewählten Textur.

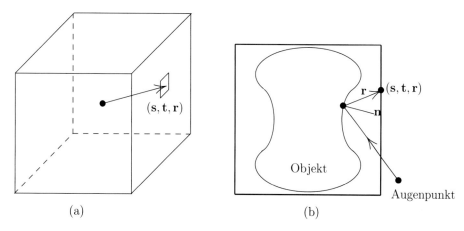

(a)   (b)

Bild 13.24:   Das Prinzip der kubischen Texturierung: (a) Die Texturkoordinaten (s, t, r) werden als Richtungsvektor interpretiert. (b) Zur Berechnung von Spiegelungen wird der Reflexionsvektor $\mathbf{r}$ benutzt, um die Texturkoordinaten zu bestimmen.

Erzeugung von Cube Map Texturen in OpenGL

Seit der Version 1.3 sind kubische Texturen Bestandteil von OpenGL. Zur Spezifikation kubischer Texturen wird der OpenGL-Befehl `glTexImage2D()` sechs Mal aufgerufen (Abschnitt 13.1.1), wobei der erste Parameter *target* angibt, welche der sechs Seiten des Kubus $(+X, -X, +Y, -Y, +Z, -Z)$ definiert wird. Alle Einzeltexturen einer kubischen Textur müssen quadratisch sein und die gleiche Größe besitzen. Im folgenden Programmausschnitt zur Definition einer kubischen Textur wird angenommen, dass die Bilddaten bereits in das 4-dimensionale Array `image` eingelesen wurden:

```
GLint size = 256;
static GLubyte image[6][size][size][4];

glTexImage2D ( GL_TEXTURE_CUBE_MAP_POSITIVE_X, 0, GL_RGBA8,
               size, size, 0, GL_RGBA, GL_UNSIGNED_BYTE, image[0]);
glTexImage2D ( GL_TEXTURE_CUBE_MAP_NEGATIVE_X, 0, GL_RGBA8,
               size, size, 0, GL_RGBA, GL_UNSIGNED_BYTE, image[1]);
glTexImage2D ( GL_TEXTURE_CUBE_MAP_POSITIVE_Y, 0, GL_RGBA8,
```

```
                        size, size, 0, GL_RGBA, GL_UNSIGNED_BYTE, image[2]);
glTexImage2D ( GL_TEXTURE_CUBE_MAP_NEGATIVE_Y, 0, GL_RGBA8,
                        size, size, 0, GL_RGBA, GL_UNSIGNED_BYTE, image[3]);
glTexImage2D ( GL_TEXTURE_CUBE_MAP_POSITIVE_Z, 0, GL_RGBA8,
                        size, size, 0, GL_RGBA, GL_UNSIGNED_BYTE, image[4]);
glTexImage2D ( GL_TEXTURE_CUBE_MAP_NEGATIVE_Z, 0, GL_RGBA8,
                        size, size, 0, GL_RGBA, GL_UNSIGNED_BYTE, image[5]);
```

Texturfortsetzungsmodi und Textur-Filter werden immer für die gesamte kubische Textur festgelegt, wie im Folgenden Beispiel gezeigt:

```
glTexParameteri(GL_TEXTURE_CUBE_MAP, GL_TEXTURE_WRAP_S, GL_REPEAT);
glTexParameteri(GL_TEXTURE_CUBE_MAP, GL_TEXTURE_WRAP_T, GL_REPEAT);
glTexParameteri(GL_TEXTURE_CUBE_MAP, GL_TEXTURE_WRAP_R, GL_REPEAT);
glTexParameteri(GL_TEXTURE_CUBE_MAP, GL_TEXTURE_MAG_FILTER, GL_LINEAR);
glTexParameteri(GL_TEXTURE_CUBE_MAP, GL_TEXTURE_MIN_FILTER, GL_LINEAR);
```

Grundsätzlich kann man die Texturkoordinaten einer kubischen Textur auch explizit den Vertices zuordnen (Abschnitt 13.1.7.1). Zur Erzielung eines Spiegelungseffekts benutzt man jedoch sinnvollerweise die automatische Texturkoordinatengenerierung (Abschnitt 13.1.7.3) in dem Modus GL_REFLECTION_MAP. Dadurch werden die Reflexionsvektoren und die Texturkoordinaten (s, t, r) für die *Cube Map* Textur automatisch erzeugt. Abschließend muss man nur noch die entsprechenden OpenGL-Zustände aktivieren, wie in den folgenden Zeilen für das „*Compatibility Profile*" dargestellt:

```
glTexGeni(GL_S, GL_TEXTURE_GEN_MODE, GL_REFLECTION_MAP);
glTexGeni(GL_T, GL_TEXTURE_GEN_MODE, GL_REFLECTION_MAP);
glTexGeni(GL_R, GL_TEXTURE_GEN_MODE, GL_REFLECTION_MAP);
glEnable(GL_TEXTURE_GEN_S);
glEnable(GL_TEXTURE_GEN_T);
glEnable(GL_TEXTURE_GEN_R);
glEnable(GL_TEXTURE_CUBE_MAP);
```

Erzeugung von Cube Map Texturen in Vulkan

In Vulkan muss man beim Anlegen des VkImage-Objekts für die Textur in der Datenstruktur VkImageCreateInfo die Anzahl der Layer auf den Wert 6 für die Flächen eines Kubus setzen. Deshalb muss die Funktion createImage() aus Abschnitt 5.2.2.4 zum Erzeugen des Image Buffer um einen Parameter numLayers erweitert werden:

```
void createImage(uint32_t width, uint32_t height, uint32_t mipLevels,
            uint32_t numLayers, VkFormat format, VkImageTiling tiling,
            VkImageUsageFlags usage, VkMemoryPropertyFlags props,
            VkImage& image, VkDeviceMemory& imageMemory) {
```

```
  ..
  imageInfo.arrayLayers = numLayers;
  imageInfo.mipLevels = mipLevels;
  ..
  // (alle bisherigen Aufrufe von createImage() muss man ebenfalls um
  // diesen Parameter ergänzen)
}
```

Analog   zur   createImage()-Funktion   muss   man   auch   die   Funktionen
createImageView() aus Abschnitt 8.3 und transitionImageLayout() aus Abschnitt
5.2.2.4 um einen Parameter numLayers erweitern. Die Funktion createImageView() muss
zusätzlich noch um einen Parameter viewType erweitert werden, da man für eine Cube
Map einen anderen viewType (VK_IMAGE_VIEW_TYPE_CUBE) benötigt, als für eine normale
Texture Map (VK_IMAGE_VIEW_TYPE_2D):

```
VkImageView createImageView(VkImage image, VkFormat format,
                VkImageAspectFlags aspectFlags, uint32_t mipLevels,
                uint32_t numLayers, VkImageViewType viewType) {
  ..
  viewInfo.viewType = viewType;
  viewInfo.subresourceRange.layerCount = numLayers;
  viewInfo.subresourceRange.levelCount = mipLevels;
  ..
  // (alle bisherigen Aufrufe von createImageView() muss man ebenfalls
  // um diese Parameter ergänzen)
}


void transitionImageLayout(VkImage image, VkFormat format,
                VkImageLayout oldLayout, VkImageLayout newLayout,
                uint32_t mipLevels, uint32_t numLayers) {
  ..
  barrier.subresourceRange.layerCount = numLayers;
  barrier.subresourceRange.levelCount = mipLevels;
  ..
  // (alle bisherigen Aufrufe von transitionImageLayout() muss man
  // ebenfalls um diese Parameter ergänzen)
}
```

Nachdem nun der Image Buffer incl. Zubehör (d.h. View und Layout) für die „geMip-
Mappte" CubeMap-Textur vorbereitet ist, kann man die in den Staging Buffer geladenen 6 Original-Texturen (MipMap-Level 0) mit dem Befehl vkCmdCopyBufferToImage()
in den Level 0 des Image Buffers kopieren, wie in Abschnitt 5.2.2.4 auf Seite 123 dargestellt. Der Rest funktioniert genauso wie bei der Erzeugung von MipMap-Texturen in
Abschnitt 13.1.3.2 geschildert, nur dass die Funktion generateMipMaps() um einen Parameter numLayers erweitert werden muss:

```
// Funktion zum Erzeugen aller MipMaps einer Cube Map im Image Buffer
void generateMipMaps(int32_t texWidth, int32_t texHeight, uint32_t mipLevels,
                     uint32_t numLayers, VkFormat format, VkImage& image) {
    ..
    barrier.subresourceRange.layerCount = 1;
    barrier.subresourceRange.levelCount = 1;

    // Schleife über alle 6 Layer der CubeMap
    for (uint32_t j = 0; j < numLayers; j++) {
        barrier.subresourceRange.baseArrayLayer = j;

        // Schleife über alle MipMap-Level beginnend bei 1 (nicht bei 0)
        for (uint32_t i = 1; i < mipLevels; i++) {
            ..
            blit.srcSubresource.mipLevel = i - 1;
            blit.srcSubresource.baseArrayLayer = j;
            ..
            blit.dstSubresource.mipLevel = i;
            blit.dstSubresource.baseArrayLayer = j;
            ..
        }
    }
}
```

Shader für Cube Map Texturen

Im „*Core Profile*" von OpenGL und in Vulkan muss man die Reflexionsvektoren und die Texturkoordinaten (s, t, r) für die *Cube Map* Textur im Vertex Shader selbst berechnen. Dazu dient der in Abschnitt 13.1.7.3 vorgestellte Vertex Shader mit der im folgenden dargestellten ReflectionMap-Funktion:

```
vec3 ReflectionMap( const in vec4 eyePos, const in vec3 eyeNormal ) {
    vec3 u = normalize( eyePos.xyz / eyePos.w );
    return ( reflect( u, eyeNormal ) );
}
```

Außerdem muss man beim Zugriff auf eine Cube Map Textur von einem Fragment Shader aus beachten, dass es dafür einen eigenen Texture Sampler gibt, nämlich sampler-Cube anstatt sampler2D, wie in folgendem Beispiel gezeigt:

```
layout(binding = 1) uniform samplerCube CubeMap;
```

Wendet man die kubische Texturierung, wie bisher vorgestellt an, erhält man zwar eine Spiegelung, allerdings wird immer dieselbe Stelle der *Cube Map* gespiegelt, auch wenn man sich um das Objekt herum bewegt. Betrachtet man ein verspiegeltes Objekt aus einer anderen Blickrichtung, müsste sich ja auch der Inhalt der Spiegelung ändern, da in diesem Fall ein anderer Teil der Umgebung, d.h. der *Cube Map* gespiegelt wird. Damit man eine korrekte Spiegelung erhält, muss man folglich noch die Drehung des Augenpunkts (bzw. der Kamera) kompensieren. Dazu holt man sich die Matrix der Augenpunktstransformation in OpenGL mit dem Befehl `glGetFloatv(GL_MODELVIEW_MATRIX, camMV)` und invertiert den rotatorischen Anteil dieser Matrix (d.h. man transponiert die linke obere 3x3-Matrix) mit der im folgenden dargestellten `camInvers`-Funktion:

```
void camInvers( float dst[16], float src[16] ) {
    dst[0] = src[0];    dst[4] = src[1];    dst[8] = src[2];    dst[12] = 0.0f;
    dst[1] = src[4];    dst[5] = src[5];    dst[9] = src[6];    dst[13] = 0.0f;
    dst[2] = src[8];    dst[6] = src[9];    dst[10] = src[10];  dst[14] = 0.0f;
    dst[3] = 0.0f;      dst[7] = 0.0f;      dst[11] = 0.0f;     dst[15] = 1.0f;
}
```

Die resultierende Matrix legt man auf den Textur-Matrizen-Stapel (im „*Compatibility Profile*") bzw. übergibt sie als *Uniform Buffer Object* an den Vertex Shader (im „*Core Profile*" von OpenGL bzw. in Vulkan), so dass die automatisch generierten Texturkoordinaten noch mit dieser Matrix gedreht werden, bevor man sie an den Fragment Shader weiter leitet. Das Ergebnis mit der korrekt gespiegelten Umgebung abhängig von der Position des Augenpunkts sieht man in Bild 13.25. In diesem Bild ist die Umgebung, die sich in den Kugeln spiegelt, auf einer sogenannten „*Sky Box*" ebenfalls dargestellt. Eine „*Sky Box*" ist nichts anderes als ein großer Kubus, der die gesamte Szene inclusive Augenpunkt umschließt und auf dem die Umgebung mit dem Himmel (engl. *sky*) dargestellt ist. Dadurch erhält man bei Simulationen einen sinnvollen Rand der Szene[11]. Die „*Sky Box*" wird ebenfalls mit der *Cube Map* texturiert, allerdings im Modus `GL_OBJECT_LINEAR`, damit die Textur fest mit der „*Sky Box*" verbunden bleibt.

Kubische Texturen bieten gegenüber sphärischen Texturen einige Vorteile:

- Die Spiegelungen sind blickwinkelunabhängig, d.h., bewegt sich der Beobachter um das Objekt herum, spiegelt sich in dem Objekt die richtige Umgebung wieder, da die entsprechende Einzeltextur ausgewählt wird.

- Die einzelnen Texturen der kubischen Textur sind einfacher zu generieren, da man nur eine ebene und keine sphärische Projektion benötigt. Kubische Texturen können daher sogar in Echtzeit berechnet werden, wie z.B. in dem Xbox-Spiel „*Project Gotham Racing*" [Aken18].

- Es gibt geringere Verzerrungen, da jede der sechs Einzeltexturen nur einen Teil des Raumwinkels abdecken muss (Bild 13.13).

---

[11]Normalerweise legt man die „*Sky Box*" so groß aus, dass man während der Simulation nie an die Ränder stößt, oder man bewegt die „*Sky Box*" mit dem Augenpunkt hinsichtlich der translatorischen Anteile mit. Dadurch kann es nie vorkommen, wie in Bild 13.25-c gezeigt, dass man die „*Sky Box*" selber im Bild sehen kann.

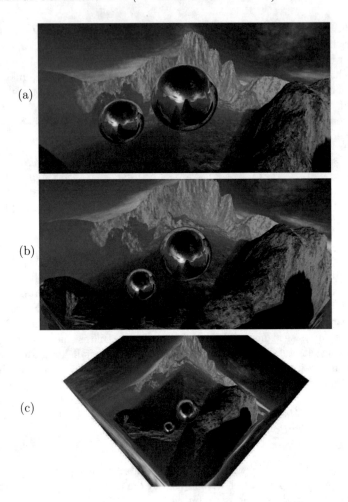

Bild 13.25: Kubische Texturierung (*Cube Mapping*) zweier Kugeln in einer Sky Box aus zunehmender Höhe (a) - (c). Man erhält eine korrekt verzerrte Darstellung der Umgebung auf den beiden Kugeln abhängig von der Höhe des Augenpunkts. Die beiden Kugeln spiegeln sich jedoch nicht gegenseitig. Beim Teilbild (c) ist der Augenpunkt schon so hoch, dass man die Ränder der „*Sky Box*" sieht.

- Mit kubischen Texturen ist es auch möglich, andere optische Phänomene wie z.B. Brechung, Dispersion und den Fresnel-Effekt zu simulieren, wie im nächsten Abschnitt dargestellt.

- Kubische Texturen können nicht nur Farbwerte enthalten, die die Umgebung re-

präsentieren, sondern auch beliebige andere Inhalte transportieren. Ein Beispiel dafür
ist der Einsatz von kubischen Texturen zur schnellen Normierung von Vektoren, wie
bei der Relief-Texturierung (Abschnitt 13.5).

Die einzigen Nachteile von kubischen Texturen sind der um den Faktor 6 größere Texturspeicherbedarf und die nicht durchgängige Verfügbarkeit auf heutigen Grafikkarten. Die
Relevanz dieser Nachteile nimmt jedoch mit dem rasanten Fortschritt der Grafikhardware
immer mehr ab, so dass kubische Texturierung mittlerweile der Standard für das *Environment Mapping* und andere Texture Mapping Verfahren ist.

Brechungseffekte, Dispersion und Fresnel-Effekt

Die Berechnung von Brechungseffekten läuft ganz analog wie bei den Spiegelungen.
Der einzige Unterschied ist, das jetzt anstatt dem Reflexionsvektor der Brechungsvektor
berechnet werden muss. Der Vektor des gebrochenen Strahls kann mit Hilfe von (12.2) aus
dem Augenpunktsvektor, dem Normalenvektor und dem Brechungsindex berechnet werden. Unter Vernachlässigung der Brechung des Strahls beim Austreten aus dem transparenten Objekt kann jetzt anstatt des Reflexionsvektors der Brechungsvektor benutzt werden,
um die Texturkoordinaten der Umgebungs-Textur zu bestimmen. Um die Dispersion des
Lichts, d.h. die zunehmende Brechung von kurzwelligeren elektromagnetischen Wellen, zu
simulieren, berechnet man für jede der drei Farbkomponenten R,G,B einen eigenen Brechungsvektor auf der Basis der jeweiligen Brechungsindizes. Für jeden der drei Brechungsvektoren wird ein Satz Texturkoordinaten bestimmt. Die Texturkoordinaten des „roten"
Brechungsvektors dienen zum Abgreifen der roten Farbkomponente des Fragments aus der
Umgebungs-Textur, die anderen beiden Sätze an Texturkoordinaten für die grüne und die
blaue Farbkomponente. Jede Farbkomponente wird also an einer leicht verschobenen Position der Umgebungs-Textur abgegriffen. Dadurch entsteht eine Art Prismeneffekt, d.h. die
örtliche Aufspaltung verschiedener Spektralanteile von weißem Licht. Es entsteht natürlich
kein kontinuierliches Farbspektrum, wie in der Realität, sondern nur ein diskretes Spektrum aus den drei R,G,B-Linien. Dennoch sind die Ergebnisse sehr ansprechend, und darauf
kommt es letztlich in der Computergrafik an. Schließlich kann man auch noch den Fresnel-
Effekt simulieren, bei dem mit zunehmendem Einfallswinkel des Lichts auf die Oberfläche
ein immer größerer Prozentsatz des Lichtstrahls reflektiert und der komplementäre Anteil
gebrochen wird. Neben den drei Texturkoordinaten-Sätzen für die drei Farbkomponenten
des gebrochenen Lichtstrahl kommt einfach noch ein vierter Texturkoordinaten-Satz für
die Reflexion dazu. Man hat es in diesem Fall also mit einer vierfachen Abtastung der
Umgebungs-Textur zu tun (Abschnitt 13.2). Gemäß dem Fresnel'schen Gesetz (12.3) werden je nach Einfallswinkel des Lichtstrahls zwei Faktoren berechnet, mit denen die Farben
des gebrochenen und des reflektierten Lichts gewichtet aufsummiert werden. Solche anspruchsvollen *Environment Mapping* Verfahren lassen sich mittlerweile in Echtzeit auf den
neuesten Grafikkarten realisieren. Für die programmiertechnischen Details wird auf das *Cg
Tutorial* [Fern03] und das *GLSL* Buch [Rost10] verwiesen.

13.5   Relief-Texturierung (Bump Mapping)

Durch das Fotografieren einer rauen oder reliefartigen Oberfläche und das anschließende Mapping dieser Fototextur auf Polygone kann man die komplexesten Beleuchtungseffekte wiedergeben. Allerdings gilt das nur für statische Szenen, in denen die Position der Lichtquelle relativ zu den Oberflächen genau der fotografischen Aufnahmesituation entspricht. Um dynamische Beleuchtungssituationen in Verbindung mit Oberflächenunebenheiten korrekt darstellen zu können, benötigt man daher ein neues Verfahren, die sogenannte „Relief-Texturierung" (*Bump Mapping*).

Da die menschliche Wahrnehmung aus der Schattierung auf die räumliche Form schließt, kann der Eindruck eines Reliefs durch eine lokale (d.h. pixel-bezogene) Veränderung der Normalenvektoren in Verbindung mit einer pixel-bezogenen Beleuchtungsrechnung (Phong-Shading, Abschnitt 12.2.3) erreicht werden. Eine normale Relief-Textur (*Bump Map*) enthält folglich Werte, die angeben, wie die Normalenvektoren einer glatten Oberfläche modifiziert werden müssen. Eine andere Relief-Textur-Variante, die sogenannte Normalen-Textur (*Normal Map*), enthält direkt die modifizierten Normalenvektoren für jedes Pixel. Da sich die zuletzt genannte Variante am Markt durchgesetzt hat, werden im Folgenden nur noch Normalen-Texturen behandelt.

Die Situation bei der Relief-Texturierung ist sehr gut mit dem Gouraud-Shading (Abschnitt 12.2.2) vergleichbar: um einen glatten Farb- bzw. Helligkeitsverlauf an den Polygonkanten zu erhalten, werden dort die Flächen-Normalenvektoren angrenzender Polygone gemittelt und der resultierende Normalenvektor dem gemeinsamen Vertex zugewiesen. Der Vertex-Normalenvektor steht auf keinem der angrenzenden Polygone senkrecht, sondern nur auf der virtuellen Oberfläche, die die Polygone approximieren. Dadurch erscheinen Polyeder rund, ohne dass die zugrunde liegende Geometrie geändert werden müsste. Das Grundprinzip bei der Relief-Texturierung ist das gleiche, nur dass es jetzt auf die

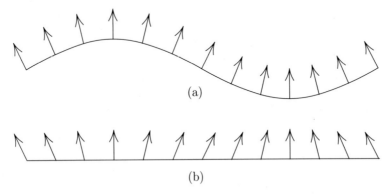

(a)

(b)

Bild 13.26:   Das Prinzip der Relief-Texturierung: (a) Eine wellige Oberfläche mit den zugehörigen Normalenvektoren. (b) Die selben Normalenvektoren wie oben simulieren die wellige Oberfläche durch Schattierung, obwohl die tatsächliche Oberfläche eben ist.

Pixel-Ebene bezogen ist und nicht auf die Vertex-Ebene. In diesem Fall werden die Normalenvektoren pro Pixel modifiziert, um virtuelle Oberflächenkrümmungen mit sehr hohen Ortsfrequenzen zu simulieren. Dadurch erscheint die Oberfläche eines Polygons durch reliefartige Vertiefungen oder Erhöhungen verbeult, obwohl die zugrunde liegende Geometrie glatt und somit primitiv ist (Bild 13.26).

Zur Darstellung des Prinzips wird ein einfaches Beispiel betrachtet: ein ebenes Rechteck, das als erhobenes Relief das Logo der Fachhochschule München (fhm) enthalten soll (Bild 13.27-a). Dazu werden die Grauwerte des Originalbildes als Höhenwerte aufgefasst, so dass eine Art „Grauwertgebirge" entsteht (Band II Abschnitt 5 und Band II Bild 5.1-c,d). Dunklere Bereiche, d.h. niedrigere Grauwerte, werden als niedrig eingestuft, und hellere Bereiche als hoch. Zu diesem Grauwertgebirge konstruiert man nun die zugehörigen Normalenvektoren für jedes Texel durch folgenden Algorithmus **A13.1**:

A13.1: Algorithmus zur Erzeugung einer *Normal Map* Textur.

Voraussetzungen und Bemerkungen:

◇   Falls die Originaltextur ein RGB-Farbbild ist, wird durch eine geeignete Operation (z.B. Mittelung der drei Farbkomponenten), ein einkanaliges Grauwertbild daraus erzeugt.

◇   Die Grauwerte der Originaltextur können sinnvoll als Höhenwerte interpretiert werden.

Algorithmus:

(a)   Berechne die Gradienten des Grauwertgebirges in Richtung der s- und der t-Texturkoordinaten für jedes Texel. Dies kann z.B. durch Differenzenoperatoren erreicht werden (Band II Abschnitt 5.4): der Gradientenvektor in s-Richtung ist $(1, 0, g_{s+1,t} - g_{s,t})^T$ und der Gradientenvektor in t-Richtung ist $(0, 1, g_{s,t+1} - g_{s,t})^T$, wobei $g_{s,t}$ der Grauwert des betrachteten Texels ist, $g_{s+1,t}$ der Grauwert des rechten Nachbar-Texels und $g_{s,t+1}$ der Grauwert des oberen Nachbar-Texels.

(b)   Berechne das Kreuzprodukt der beiden Gradientenvektoren, um einen Normalenvektor zu erhalten, der senkrecht auf der Oberfläche des Grauwertgebirges steht:

$$\mathbf{n} = \begin{pmatrix} 1 \\ 0 \\ g_{s+1,t} - g_{s,t} \end{pmatrix} \times \begin{pmatrix} 0 \\ 1 \\ g_{s,t+1} - g_{s,t} \end{pmatrix} = \begin{pmatrix} g_{s,t} - g_{s+1,t} \\ g_{s,t} - g_{s,t+1} \\ 1 \end{pmatrix} \qquad (13.23)$$

(c)   Normiere den Normalenvektor, um als Endergebnis einen Einheitsnormalenvektor zu erhalten:

$$\mathbf{n^e} = \frac{1}{\sqrt{(g_{s,t} - g_{s+1,t})^2 + (g_{s,t} - g_{s,t+1})^2 + 1}} \begin{pmatrix} g_{s,t} - g_{s+1,t} \\ g_{s,t} - g_{s,t+1} \\ 1 \end{pmatrix} \qquad (13.24)$$

(d)   Transformiere den Einheitsnormalenvektor aus dem Wertebereich $[-1, +1]$ in den
           Bereich $[0, 1]$, damit die drei Komponenten des Vektors als RGB-Werte einer
           Textur $\mathbf{t}$ gespeichert werden können:

$$\mathbf{t} = \frac{1}{2} \cdot (\mathbf{n^e} + \mathbf{1}) \tag{13.25}$$

Ende des Algorithmus

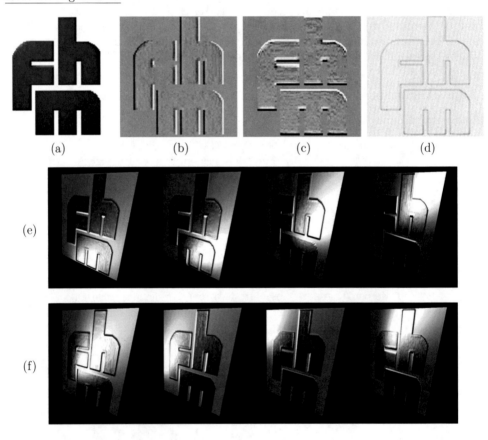

Bild 13.27:   Relief-Texturierung (*Bump Mapping*): (a) Die Originaltextur: das Logo der
Fachhochschule München (FHM). (b,c,d) Die aus der Originaltextur abgeleitete Normalen-
Textur: der Rotauszug (b) entspricht der n_x-Komponente, der Grünauszug (c) entspricht
der n_y-Komponente, der Blauauszug (d) entspricht der n_z-Komponente. (e,f) Das FHM-
Logo mit Specular Bump Mapping und unterschiedlichen Positionen der lokalen Licht-
quelle. Quelle: Gerhard Lorenz

Anstatt der relativ störanfälligen Differenzenoperatoren können als Alternative z.B. auch Sobel-Operatoren zur Berechnung der Gradienten eingesetzt werden (Band II Abschnitt 5.4). Die mit dem Algorithmus **A13.1** aus dem Eingabebild 13.27-a berechnete Normalen-Textur ist in den Bildern 13.27-b,c,d in ihren RGB-Farbauszügen zu sehen. Der Rotauszug (b) entspricht der n_x-Komponente und enthält die Ableitung des Bildes in horizontaler Richtung. Aufgrund der Transformation in den Wertebereich $[0, 1]$ erscheinen Kanten mit einem Hell-Dunkel-Übergang weiß, Kanten mit einem Dunkel-Hell-Übergang schwarz und Bereiche des Bildes mit einer einheitlichen Helligkeit, also Ableitung gleich null, erscheinen mittelgrau (0.5). Der Grünauszug (c) entspricht der n_y-Komponente und enthält die Ableitung des Bildes in vertikaler Richtung. Der Blauauszug (d) entspricht der n_z-Komponente und enthält in allen Bereichen des Bildes mit einer einheitlichen Helligkeit den maximalen Grauwert, d.h. weiß, da in diesem Fall der Normalenvektor genau in z-Richtung zeigt $\mathbf{n}^e = (0, 0, 1)^T$. Nur an den Kanten, egal ob horizontal oder vertikal, weicht der Normalenvektor von der z-Richtung ab, so dass die z-Komponente kleiner als 1 wird und somit auch der Grauwert des Blauauszugs. Kanten jeglicher Orientierung zeichnen sich also im Blauauszug dunkler ab.

Mit dieser Normalen-Textur wird jetzt die Relief-Texturierung eines einfachen Rechtecks durchgeführt. Alles, was man dafür sonst noch benötigt, ist eine Beleuchtungsrechnung pro Pixel, d.h. Phong-Shading. Der wesentliche Unterschied zum dem in Abschnitt 12.2.4 ausführlich vorgestellten Phong-Shader besteht darin, dass die Normalenvektoren für jedes Pixel zur Berechnung der diffusen und spekularen Lichtanteile nicht durch lineare Interpolation der Vertex-Normalen gewonnen werden, sondern dass sie einfach aus der Normalen-Textur stammen. Alle anderen Programmteile können fast unverändert übernommen werden. Deshalb wird im Folgenden nur noch das Vertex- und Fragment-Programm für die Relief-Texturierung vorgestellt. Die Ergebnisse der Relief-Texturierung sind in den Bildern 13.27-e,f für verschiedene Positionen der Lichtquelle dargestellt.

Das Vertex-Programm vsBump.glsl:

Das Vertex-Programm vsBump.glsl weist gegenüber dem Phong-Shading Vertex-Programm vsPhong.glsl (Abschnitt 12.2.4) nur eine geringfügige Änderung auf: anstatt eines Vertex-Normalenvektors wird dem Vertex-Programm ein Satz Texturkoordinaten für den Vertex übergeben. Denn bei der Relief-Texturierung stammt der Pixel-Normalenvektor ja aus der Normalen-Textur (*Normal Map*), die vom OpenGL- bzw. Vulkan-Hauptprogramm dem Fragment-Programm bereitgestellt werden muss, und nicht, wie beim Phong-Shading, aus der linearen Interpolation des Vertex-Normalenvektors. Die Texturkoordinaten des Vertex' werden nur zum Rasterizer durchgereicht, der durch lineare Interpolation die richtigen Texturkoordinaten für jedes Fragment berechnet.

```
// Das Vertex-Programm vsBump.glsl:

#version 460                              // GLSL-Version 4.6

// Eingabe-Werte pro Vertex
layout(location = 0) in vec4 vVertex;     // Vertex-Position in Objektkoord.
layout(location = 1) in vec2 vTexCoord;   // Texturkoordinate

// Uniform Buffer Object
layout(binding = 0) uniform MatrixUniformBufferObject {
    mat4 MV;                              // ModelView-Matrix
    mat4 MVP;                             // ModelViewProjection-Matrix
    mat3 NormalM;                         // Normalen-Matrix
}ubo;

// Ausgabe-Werte, die durch den Rasterizer linear interpoliert werden
layout(location = 0) out vec3 Position;   // Vertex-Position in Augenpunktko.
layout(location = 1) out vec2 TexCoord;   // Texturkoordinate

void main() {
    // Vertex aus Objekt- in Projektionskoordinaten
    gl_Position = ubo.MVP * vVertex;
    // Vertex aus Objekt- in Augenpunktkoordinaten
    vec4 Pos = ubo.MV * vVertex;
    Position = Pos.xyz / Pos.w;
    // Weitergabe der Texturkoordinate
    TexCoord = vTexCoord;
}
```

Das Fragment-Programm fsBump.glsl:

Im Wesentlichen gibt es nur die beiden folgenden Änderungen im Fragment-Programm fsBump.glsl gegenüber dem Phong-Shading Fragment-Programm fsPhong.glsl. Für ausführlichere Erläuterungen der unveränderten Programmteile wird deshalb auf Abschnitt 12.2.4 verwiesen.

- Der Normalenvektor des Fragments stammt aus der Relief-Textur (normalMap). Mit Hilfe der vorab definierten expand-Funktion werden die Normalenvektoren aus dem Wertebereich $[0, 1]$ nach $[-1, +1]$ transformiert. Da die Normalenvektoren aus der Relief-Textur in Objektkoordinaten definiert sind, müssen sie durch die Normalen-Matrix (d.h. der invers transponierten ModelView-Matrix) ins Weltkoordinatensystem transformiert werden. Der resultierende Normalenvektor wird abschließend noch normiert.

- Die mit der Beleuchtungsformel (12.12) berechnete Farbe wird mit der Texturfarbe komponentenweise multipliziert (dies entspricht dem Texture Environment Modus GL_MODULATE)

```glsl
// Das Fragment-Programm fsBump.glsl

#version 460                              // GLSL-Version 4.6

// linear interpolierte Eingabe-Werte pro Fragment
layout(location = 0) in vec3 Position;    // Fragment-Position in 3D
layout(location = 1) in vec2 TexCoord;    // Fragment-Texturkoordinate

// Uniform Buffer Object
layout(binding = 0) uniform MatrixUniformBufferObject {
    mat4 MV;                              // ModelView-Matrix
    mat4 MVP;                             // ModelViewProjection-Matrix
    mat3 NormalM;                         // Normalen-Matrix
}ubo;

layout(binding = 1) uniform sampler2D normalMap;   // Normalen-Textur
layout(binding = 2) uniform sampler2D textureMap;  // Farb-Textur

// Uniform Buffer Object für Material-Eigenschaften
layout(binding = 3) uniform MaterialParams{
    vec4 emission;
    vec4 ambient;
    vec4 diffuse;
    vec4 specular;
    float shininess; } Material;

// Uniform Buffer Object für Lichtquellen-Eigenschaften
layout(binding = 4) uniform LightParams{
    vec4 position;
    vec4 ambient;
    vec4 diffuse;
    vec4 specular;
    vec3 halfVector } LightSource;

// Ausgabe-Wert: Farbe des Fragments
layout(location = 0) out vec4 FragColor;

// Transformation der Werte von [0,1] nach [-1,+1]
vec3 expand(vec3 v) = { return (v - 0.5) * 2.0; }

void main() {
    // Zugriff auf die Normalen-Textur
    vec3 N = texture( normalMap, TexCoord );
    // Transformation von [0,1] nach [-1,+1] und
    // dann in Augenpunktkoordinaten
    N = normalize( ubo.NormalM * expand( N ) );
```

```
// Berechnung des Phong-Blinn-Beleuchtungsmodells
vec4 emissiv = Material.emission;
vec4 ambient = Material.ambient * LightSource.ambient;
vec3 L = vec3(0.0);
vec3 H = vec3(0.0);
if(LightSource.position.w == 0){
    L = normalize(vec3( LightSource.position));
    H = normalize( LightSource.halfVector);
} else {
    L = normalize(vec3( LightSource.position) - Position);
    // Annahme eines infiniten Augenpunkts:
    vec4 Pos_eye = vec4(0.0, 0.0, 1.0, 0.0);
    vec3 A = Pos_eye.xyz;
    H = normalize(L + A);
}
vec4 diffuse = vec4(0.0, 0.0, 0.0, 1.0);
vec4 specular = vec4(0.0, 0.0, 0.0, 1.0);
float diffuseLight = max(dot(N, L), 0.0);
if(diffuseLight > 0) {
    diffuse = diffuseLight * Material.diffuse * LightSource.diffuse;
    float specLight = pow(max(dot(H, N), 0), Material.shininess);
    specular = specLight * Material.specular * LightSource.specular;
}
FragColor = emissiv + ambient + diffuse + specular;

// Zugriff auf den Farbwert der textureMap und Multiplikation mit
// dem Farbwert der Beleuchtung
FragColor *= texture( textureMap, TexCoord );
}
```

Die schönen Ergebnisse der Relief-Texturierung waren in dem vorgestellten Beispiel relativ einfach zu erzielen. So einfach ist die Sache aber nur deshalb, weil die Normalen-Textur auf ein flaches Rechteck in der xy-Ebene gemappt wird, bei der die Normalenvektoren einheitlich den Wert $(0, 0, 1)^T$ besitzen. Falls das Rechteck verschoben oder gedreht wird, werden die Normalenvektoren aus der Relief-Textur (*normalMap*) mit Hilfe der Normalen-Matrix entsprechend transformiert, so dass die für die Beleuchtungsrechnung relevanten Vektoren (Lichtvektor, Augenpunktsvektor und Normalenvektor) konsistent definiert sind und zwar im Weltkoordinatensystem. Bei einer gekrümmten Oberfläche wird die Angelegenheit aber sofort sehr viel komplizierter. Denn in diesem Fall kann man weder die linear interpolierten Normalenvektoren verwenden, wie sie beim Phong-Shading für jedes Fragment einer gekrümmten Oberfläche berechnet werden, noch die Normalenvektoren aus der Relief-Textur, da diese ja für eine ebene Oberfläche bestimmt wurden. Es ist auch keine sehr gute Idee, eine spezielle Relief-Textur für die gekrümmte Oberfläche zu erzeugen, weil man dann für jede Art der Krümmung eine neue spezielle Relief-Textur herstellen müsste.

Man benötigt also ein Verfahren, wie man die Oberflächenkrümmung (und -ausrichtung) in die Relief-Textur einfließen lassen kann. Ein solches Verfahren ist aus der linearen Algebra bekannt, nämlich eine Koordinatensystemtransformation. Durch den linear interpolierten Normalenvektor an einem Oberflächenpunkt ist eine Tangentialebene definiert, die durch einen Tangentialvektor und einen senkrecht darauf stehenden Binormalenvektor[12] aufgespannt wird (Bild 13.28). Die drei Einheitsvektoren Tangente ($\mathbf{t}$), Binormale ($\mathbf{b}$) und Normale ($\mathbf{n}$) stehen senkrecht aufeinander und bilden somit eine orthonormale Basis, d.h. ein neues oberflächenlokales Koordinatensystem, das auch Tangentialkoordinatensystem (*tangent space*) genannt wird. Um nun einen Normalenvektor aus diesem oberflächenlokalen Koordinatensystem ins Weltkoordinatensystem zu transformieren, muss man ihn mit der sogenannten TBN-Matrix multiplizieren, die durch die orthonormale Basis gegeben ist:

$$\mathbf{v}' = \mathbf{TBN} \cdot \mathbf{v} \qquad \Leftrightarrow \qquad \begin{pmatrix} x' \\ y' \\ z' \end{pmatrix} = \begin{pmatrix} t_x & b_x & n_x \\ t_y & b_y & n_y \\ t_z & b_z & n_z \end{pmatrix} \begin{pmatrix} x \\ y \\ z \end{pmatrix} \tag{13.26}$$

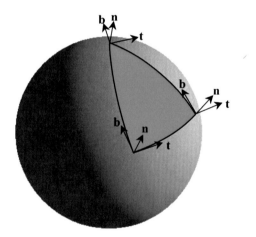

Bild 13.28:   Ein gekrümmtes Dreieck auf einer Kugeloberfläche: an jedem Eckpunkt des Dreiecks ist ein lokales Koordinatensystem durch die drei orthonormalen Vektoren Tangente ($\mathbf{t}$), Binormale ($\mathbf{b}$) und Normale ($\mathbf{n}$) aufgespannt.

Damit man die TBN-Matrix im Fragment Shader erzeugen kann, sind noch folgende Punkte zu beachten:

---

[12]Fälschlicherweise hat sich in der Computergrafik der Begriff „*Binormale*" durchgesetzt, mathematisch korrekt wäre bei einer Fläche eigentlich der Terminus „*Bitangente*", da eine Tangentialebene durch zwei Tangentenvektoren aufgespannt wird. Ein Punkt auf einer räumlichen Kurve besitzt dagegen nur eine einzige Tangente und zwei senkrecht aufeinander stehende Normalrichtungen, d.h. eine Normale und eine Binormale. Daher stammt die Begriffsverwechslung.

- Bei der Modellierung von Objekten benötigt man neben den Vertices, Texturkoordinaten und Normalenvektoren zusätzlich noch je einen Tangentenvektor pro Vertex. Wie man konsistente Tangentenvektoren für beliebige Dreiecksnetze berechnet, ist in [Leng11] beschrieben. Den dritten Vektor, die Binormale, kann man sich über das Kreuzprodukt im Shader berechnen: $b = n \times t$.

- Die beiden Vektoren Tangente (**t**) und Normale (**n**) müssen im Vertex Shader mit der Normalen-Matrix vom Objekt- ins Augenpunktkoordinatensystem transformiert werden und anschließend als „*smooth out*"-Variable zur linearen Interpolation an den Rasterizer übergeben werden. Im Fragment Shader müssen die interpolierten Vektoren renormiert werden, da sie durch die lineare Interpolation verkürzt werden.

- In GLSL wird eine Matrix zeilenweise aus Vektoren aufgebaut, d.h. es entsteht die transponierte TBN-Matrix:

$$\text{mat3 tbn\_T} = \{ \begin{array}{ll} \text{t,} & // \ t_x, t_y, t_z \\ \text{b,} & // \ b_x, b_y, b_z \\ \text{n } \}; & // \ n_x, n_y, n_z \end{array}$$

Die transponierte TBN-Matrix `tbn_T` kann man mit der eingebauten GLSL-Funktion `transpose()` in die benötigte Form bringen.

Bei der soeben geschilderten Vorgehensweise sind die für die Beleuchtungsrechnung relevanten Vektoren (Lichtvektor, Augenpunktsvektor und Normalenvektor) im Weltkoordinatensystem definiert. Eine Alternative dazu ist es, die Beleuchtungsrechnung im oberflächenlokalen Koordinatensystem, dem Tangentialkoordinatensystem (*tangent space*) durchzuführen. Dies hat den Vorteil, dass man im Fragment Shader, der ja sehr viel häufiger aufgerufen wird, als der Vertex Shader, keine Transformation der Normalenvektoren aus der Relief-Textur mit Hilfe der TBN-Matrix vornehmen muss und somit diese Matrix auch nicht erzeugen muss. Im Gegenzug müssen jedoch die anderen beiden Vektoren, die für die Beleuchtungsrechnung relevant sind, nämlich der Augenpunktsvektor und der Lichtvektor in das Tangentialkoordinatensystem transformiert werden. Dies kann man mit der inversen TBN-Matrix erreichen, die im Fall einer reinen Drehung identisch mit der transponierten TBN-Matrix ist ($TBN^{-1} = TBN^T$). Man setzt folglich im Vertex Shader die transponierte TBN-Matrix `tbn_T` direkt zeilenweise aus den drei Vektoren **t, b, n** zusammen, die man vorher mit der Normalen-Matrix vom Objekt- ins Weltkoordinatensystem transformiert hat. Anschließend transformiert man den Augenpunktsvektor und den Lichtvektor mit der transponierten TBN-Matrix `tbn_T` und schickt beide zur linearen Interpolation an den Rasterizer. Im Fragment Shader kommen nun alle relevanten Vektoren im Tangentialkoordinatensystem an, so dass man die Beleuchtungsrechnung direkt ohne weitere Transformationen ausführen kann.

Welche Vorgehensweise nun die effizientere ist, hängt von der Anwendung ab. Falls es z.B. nur eine Lichtquelle in der Szene gibt, ist es besser das Tangentialkoordinatensystem zu nutzen, da in diesem Fall die Transformation von Augenpunktsvektor und Lichtvektor mit der transponierten TBN-Matrix `tbn_T` im Vertex Shader, und somit relativ selten durchgeführt werden muss. Sind dagegen viele Lichtquellen in der Szene vorhanden, müssten viele Lichtvektoren transformiert und durch den Rasterizer linear interpoliert werden, so dass es günstiger ist, die Lichtvektoren ohne Transformation direkt als *uniform*-Variablen an den Fragment Shader zu übergeben und nur den einen Normalenvektor zu transformieren.

Weitere Schwierigkeiten bei der Relief-Texturierung treten auf, wenn beim Mapping der Normalen-Textur auf die Geometrie Verzerrungen berücksichtigt werden müssen, oder wenn Normalen-Texturen im Sinne von Gauß-Pyramiden tiefpassgefiltert und stark verkleinert werden sollen. Für eine ausführliche Diskussion dieser Probleme und der entsprechenden Lösungsansätze wird auf ([Aken18]) und ([Fern03]) verwiesen.

13.6   Bildverarbeitung auf Grafikkarten

Programmierbare Grafikkarten sind nicht nur ideal geeignet, um Computergrafik-Algorithmen extrem schnell und zu einem unschlagbar günstigen Preis auszuführen, sondern auch um andere parallelisierbare Rechenaufgaben zu beschleunigen. Besonders einfach parallelisierbar und daher optimal für Grafikkarten geeignet sind Bildverarbeitungsalgorithmen, da in diesem Fall häufig die selbe Rechenvorschrift auf Millionen von Pixeln angewendet wird. Weitere Aspekte der Bildverarbeitung auf programmierbarer Grafikhardware werden in Abschnitt 2.1 diskutiert.

Das Grundprinzip der Implementierung ist einfach: es muss nur ein bildschirmfüllendes Rechteck gezeichnet werden, auf dass das zu bearbeitende Bild mit Hilfe des *Texture-Mappings* aufgebracht wird. Im Fragment Shader, der den Bildverarbeitungsoperator enthält, werden die Farbwerte des Bildes jetzt nicht nur Pixel für Pixel kopiert, sondern entsprechend dem verwendeten Operator miteinander verknüpft. Eine kleine Auswahl an Beispielen für Bildverarbeitungsoperatoren aus verschiedenen Kategorien ist in Form von Fragment Shadern in den folgenden Abschnitten zu finden.

13.6.1   Punktoperatoren

Punktoperatoren in der Bildverarbeitung beziehen sich immer nur auf die Grau- oder Farbwerte eines einzigen Pixels. Im Fragment Shader bedeutet dies, dass man nur auf ein einziges Texel einer Textur zugreift, dessen Grau- oder Farbwerte modifiziert und das Ergebnis in den Textur- oder Bildspeicher zurückschreibt. Eine ausführliche Darstellung von Punktoperationen, wie z.B. Helligkeit, Kontrast, Gamma-Korrektur, Farbsättigung und Farbraumkonversion findet man in Band II Kapitel 3 und Band II Kapitel 4.

13.6.1.1 Helligkeit

Um die Helligkeit eines Bildes zu verändern wird einfach ein konstanter Wert `Luminance` zu jedem Farbwert addiert. Ist der Wert von `Luminance` negativ, wird das Bild dunkler, ist er positiv, wird das Bild heller.

```
// Fragment Shader zur Helligkeitssteuerung:

#version 460                    // GLSL-Version 4.6

in vec2 TexCoord;               // Texturkoordinate des Fragments

uniform float Luminance;        // Helligkeitswert
uniform sampler2D TextureMap;   // Eingabebild

out vec4 FragColor;             // Ausgabe: Farbwert

void main()
{
    // Zugriff auf den Farbwert des Bildes an der Stelle TexCoord
    FragColor = texture( TextureMap, TexCoord );
    // Addition des Helligkeitswerts und Beschränkung auf den Bereich [0,1]
    FragColor += Luminance;
    FragColor = clamp( FragColor, 0.0, 1.0 );
}
```

13.6.1.2 Kontrast

Um den Kontrast eines Bildes zu verändern wird jeder Farbwert (`FragColor`) mit einem konstanten Skalierungsfaktor `Scale` multipliziert und anschließend wird noch der Wert $\frac{1}{2}(1 - Scale)$ addiert, damit die mittlere Helligkeit konstant bleibt. Ist der Wert von `Scale` größer als 1, steigt der Kontrast, ist er kleiner als 1, sinkt der Kontrast (Werte ≤ 0 sind nicht sinnvoll).

```
// Auszug aus dem Fragment Shader zur Kontraststeuerung:

FragColor = Scale * FragColor + 0.5*(1.0 - Scale) * vec4(1);
FragColor = clamp( FragColor, 0.0, 1.0 );
```

13.6.1.3 Gamma-Korrektur

Um eine Gamma-Korrektur eines Bildes durchzuführen wird jeder Farbwert (`FragColor`) mit einem konstanten Gammawert `Gamma` potenziert. Ist der Wert von `Gamma` größer als 1, steigt der Kontrast in hellen Bildbereichen und das Bild wird insgesamt dunkler, ist er kleiner als 1, steigt der Kontrast in dunklen Bildbereichen und das Bild wird insgesamt heller (Werte ≤ 0 sind nicht sinnvoll).

```
// Auszug aus dem Fragment Shader zur Gamma-Korrektur:

FragColor = pow( FragColor, Gamma);
FragColor = clamp( FragColor, 0.0, 1.0 );
```

13.6.1.4   Farbsättigung

Um die Farbsättigung eines Bildes zu verändern wird zuerst aus einem Farbbild ein Grau-
wertbild erzeugt, indem man aus gewichteten RGB-Werten einen Luminanzwert (der CIE-
Y-Farbwert gemäß (Band II 3.16)) berechnet, der dann allen Farbkomponenten zugewie-
sen wird. Anschließend interpoliert man zwischen dem Grauwertbild und dem originalen
Farbbild mit einem Mischfaktor Alpha. Ist der Wert von Alpha größer als 1, steigt die
Farbsättigung, ist er kleiner als 1, fällt die Farbsättigung (Werte ≤ 0 sind nicht sinnvoll).

```
// Fragment Shader zur Steuerung der Farbsättigung:

#version 460                   // GLSL-Version 4.6

in vec2 TexCoord;              // Texturkoordinate des Fragments

const vec3 LumCoeff = vec3( 0.263, 0.655, 0.081);
uniformfloat Alpha;            // Farbsättigungswert
uniform sampler2D TextureMap; // Eingabebild

out vec4 FragColor;            // Ausgabe: Farbwert

void main()
{
    // Zugriff auf den Farbwert des Bildes an der Stelle TexCoord
    FragColor = texture( TextureMap, TexCoord );

    // Berechnung des Grauwertbildes aus dem Farbbild
    vec3 Luminance = vec3( dot( FragColor.rgb, LumCoeff ));

    // Interpolation zwischen dem Grauwertbild und dem Farbbild
    vec3 MixColor = mix( Luminance, FragColor.rgb, Alpha );
    FragColor = vec4( clamp( MixColor, 0.0, 1.0 ), 1.0 );
}
```

13.6.1.5 Farbraumkonversion

Die Konvertierung von Farbwerten aus einem Farbraum (z.B. RGB) in einen anderen (z.B. CIE-Normfarbraum) erfolgt in den meisten Fällen mit Hilfe von 3x3-Transformations-matrizen, sowie evtl. weiteren nichtlinearen Operationen, wie z.B. bei der Umrechnung in den HSI-(Band II Abschnitt 3.5.7) oder den CIE-Lab-Farbraum (Band II Abschnitt 3.5.8). Als Beispiel sei hier die Farbraumkonversion aus dem RGB- in den CIE-Normfarbraum gemäß (Band II 3.16) dargestellt, d.h. mit der Normlichtart **D65** (das Weiß eines auf 6500° Kelvin erhitzten schwarzen Strahlers) und den Monitorgrundfarben aus Band II Abschnitt 3.5.3. Farbraumkonversionen zwischen anderen Farbräumen können nach dem gleichen Schema erfolgen.

```
// Fragment Shader zur Farbraumkonversion von RGB nach CIE-XYZ:

#version 460                    // GLSL-Version 4.6

in vec2 TexCoord;               // Texturkoordinate des Fragments

const mat3 RGBtoCIE = mat3(  0.478, 0.299, 0.175,
                             0.263, 0.655, 0.081,
                             0.020, 0.160, 0.908);
uniform sampler2D TextureMap;   // Eingabebild

out vec4 FragColor;             // Ausgabe: Farbwert

void main()
{
    // Zugriff auf den RGB-Farbwert des Bildes an der Stelle TexCoord
    vec3 RGBcolor = vec3( texture( TextureMap, TexCoord ) );

    // Farbraumkonversion von RGB nach CIE-XYZ
    vec3 CIEcolor = RGBtoCIE * RGBcolor;
    FragColor = vec4( CIEcolor, 1.0 );
}
```

13.6.2 Faltungsoperatoren

Faltungsoperatoren ebenso wie die im nächsten Abschnitt dargestellten Rangordnungsoperatoren beziehen sich nicht nur auf die Grau- oder Farbwerte eines einzigen Pixels, sondern lassen immer eine mehr oder weniger große Umgebung dieses Pixels in die Berechnung einfließen. Im Fragment Shader bedeutet dies, dass man auf alle Texel in der Umgebung des betrachteten Pixels zugreift, mit all diesen Werten einen neuen Grau- oder Farbwert berechnet und das Ergebnis in den Textur- oder Bildspeicher zurückschreibt. Eine ausführliche Darstellung von Faltungsoperatoren, wie z.B. bewegter Mittelwert, Gauss-Tiefpass, Laplace-Operator und Sobelbetrags-Operator findet man in Band II Kapitel 5.

13.6.2.1 Bewegter Mittelwert

Der einfachste Operator zum Glätten eines Bildes ist der „bewegte Mittelwert" gemäß
(Band II 5.2). Dabei werden einfach alle Farbwerte in der Umgebung (z.B. 3x3) aufsummiert und anschließend durch die Anzahl Summanden (hier z.B. 9) geteilt.

```
// Fragment Shader für den bewegten Mittelwert:

#version 460                          // GLSL-Version 4.6

in vec2 TexCoord;                     // Texturkoordinate des Fragments

const int MaxKernelSize = 49;         // maximale Summandenzahl
uniform vec2 Offset[MaxKernelSize];   // normierte Texelabstände
uniform sampler2D TextureMap;         // Eingabebild
uniform int KernelSize;               // aktuelle Summandenzahl

out vec4 FragColor;                   // Ausgabe: Farbwert

void main()
{
    vec4 Sum = vec4( 0.0 );
    for( int i = 0; i < KernelSize; i++ )
        Sum += texture( TextureMap, TexCoord + Offset[i] );

    FragColor = Sum / KernelSize;
}
```

Der Flaschenhals bei den meisten Faltungsoperatoren auf Grafikkarten ist die Zahl
der Texturzugriffe. Falls die Faltungskerne separierbar sind, d.h. in einen horizontalen
und einen vertikalen Anteil zerlegt werden können, lässt sich die Berechnung erheblich
beschleunigen. Am Beispiel des bewegten Mittelwerts lässt sich dies gut verdeutlichen:
angenommen, man wählt einen 7x7-Faltungskern und führt den Operator gemäß dem oben
gezeigten Programmcode aus, so sind $7 \cdot 7 = 49$ Texturzugriffe erforderlich. Das selbe
Ergebnis erhält man jedoch, wenn man in einem ersten Rendering-Durchlauf den bewegten
Mittelwert nur in horizontaler Richtung durchführt, so dass nur 7 Texel in horizontaler
Richtung aufsummiert werden, und danach in einem zweiten Rendering-Durchlauf den
bewegten Mittelwert nur in vertikaler Richtung durchführt, d.h. nur 7 Texel in vertikaler
Richtung aufsummiert. Insgesamt benötigt man also nur noch $2 \cdot 7 = 14$ Texturzugriffe
anstatt 49 und kann so den kleinen zusätzlichen Aufwand durch den zweiten Rendering-
Durchlauf weit mehr als kompensieren.

13.6.2.2 Gauß-Tiefpassfilter

Der Gauß-Tiefpassfilter gemäß (Band II 5.4) dient ebenfalls zum Glätten eines Bildes, er besitzt aber gegenüber dem „bewegten Mittelwert" den Vorteil, dass durch die glockenartige Gestalt des Filterkerns weniger Aliasing-Artefakte entstehen. Beim Gauß-Tiefpassfilter werden die Farbwerte in der Umgebung (z.B. 3x3) gewichtet aufsummiert und anschließend durch die Summe aller Gewichte (hier z.B. 16) geteilt.

```glsl
// Fragment Shader für den Gauß-Tiefpassfilter:

#version 460                      // GLSL-Version 4.6

in vec2 TexCoord;                 // Texturkoordinate des Fragments

// Filterkern für den Gauß-Tiefpassfilter
const int weight[9] = {     1,  2,  1,
                            2,  4,  2,
                            1,  2,  1 };
uniform vec2 Offset[9];           // normierte Texelabstände
uniform sampler2D TextureMap;     // Eingabebild

out vec4 FragColor;               // Ausgabe: Farbwert

void main()
{
    vec4 Sum = vec4( 0.0 );
    for( int i = 0; i < 9; i++ )
        Sum += weight[i] * texture( TextureMap, TexCoord + Offset[i] );

    FragColor = Sum / 16.0;
}
```

Der Gauß-Tiefpassfilter kann in der oben dargestellten Art z.B. zum Anti-Aliasing auf Texelebene als Alternative zu dem Standard-OpenGL-Textur-Filter GL_LINEAR (Abschnitt 13.1.2) eingesetzt werden. Man kann den Gauß-Tiefpassfilter auch zum Anti-Aliasing auf der Subpixelebene einsetzen, wie in Abschnitt 13.1.4 dargestellt.

13.6.2.3 Kantendetektion mit dem Laplace-Operator

Ein einfacher und deshalb sehr beliebter Operator zum Detektieren von Kanten ist der „Laplace-Operator" gemäß (Band II 5.30). Dabei werden einfach alle 8 benachbarten Farbwerte in der 3x3-Umgebung vom 8-fachen des zentralen Farbwertes abgezogen.

```glsl
// Fragment Shader für den Laplace-Operator:

#version 460                          // GLSL-Version 4.6

in vec2 TexCoord;                     // Texturkoordinate des Fragments

// Filterkern für den Laplace-Operator
const int weight[9] = {       -1, -1, -1,
                              -1,  8, -1,
                              -1, -1, -1 };
uniform vec2 Offset[9];               // normierte Texelabstände
uniform sampler2D TextureMap;         // Eingabebild

out vec4 FragColor;                   // Ausgabe: Farbwert

void main()
{
    vec4 Sum = vec4( 0.0 );
    for( int i = 0; i < 9; i++ )
        Sum += weight[i] * texture( TextureMap, TexCoord + Offset[i] );

    FragColor = clamp( Sum, 0.0, 1.0 );
}
```

13.6.2.4 Allgemeiner Faltungs-Operator

Bei einer allgemeinen Faltungsoperation gemäß (Band II 5.1) wird ein beliebig definierter Faltungskern mit der Bildfunktion gefaltet. Im diskreten Fall von Digitalbildern bedeutet das nichts anderes, als die gewichtete Summation der Farbwerte in einer definierten Umgebung des Pixels. Die Gewichte sind dabei die Elemente des Faltungskerns, die in dem unten angegebenen Programmbeispiel als „Texture Buffer Object" (Abschnitt 13.1.11) an den Fragment Shader übergeben werden.

```glsl
// Fragment Shader für den allgemeinen Faltungs-Operator:

#version 460                          // GLSL-Version 4.6

in vec2 TexCoord;                     // Texturkoordinate des Fragments

uniform samplerBuffer WeightBuffer;   // Allgemeiner Filterkern
const int MaxKernelSize = 49;         // maximale Summandenzahl
```

```
uniform vec2 Offset[MaxKernelSize];  // normierte Texelabstände
uniform sampler2D TextureMap;        // Eingabebild
uniform int KernelSize;              // aktuelle Summandenzahl

out vec4 FragColor;                  // Ausgabe: Farbwert

void main()
{
    vec4 Sum = vec4( 0.0 );
    for( int i = 0; i < KernelSize; i++ )
    {
        float weight = textureFetch( WeightBuffer, i ).r;
        Sum += weight * texture( TextureMap, TexCoord + Offset[i] );
    }

    FragColor = Sum / weight;
}
```

13.6.2.5   Sobelbetrags-Operator

Ein sehr robuster und deshalb häufig eingesetzter Kantendetektor ist der „Sobelbetrags-Operator" gemäß (Band II 5.28). Dabei werden zwei 3x3 Filterkerne eingesetzt, die in horizontaler Richtung differenzieren und gleichzeitig in vertikaler Richtung integrieren (glätten) bzw. umgekehrt, so dass man als Zwischenergebnis je ein Bild mit horizontalen und vertikalen Kanten erhält, die die Komponenten eines Gradientenvektors darstellen. Die Länge dieses Gradientenvektors ist ein Maß für die Ausprägung einer Kante an der jeweiligen Position und damit auch das Ergebnis des Sobelbetrags-Operators.

```
// Fragment Shader für den Sobelbetrags-Operator:

#version 460                  // GLSL-Version 4.6

in vec2 TexCoord;             // Texturkoordinate des Fragments

uniform vec2 Offset[9];       // normierte Texelabstände
uniform sampler2D TextureMap; // Eingabebild

out vec4 FragColor;           // Ausgabe: Farbwert

void main()
{
    vec4 Sample[9];
    for( int i = 0; i < 9; i++ )
        Sample[i] = texture( TextureMap, TexCoord + Offset[i] );
```

```
// Filterkerne für horizontale und vertikale Kantenextraktion
   //     -1 -2 -1          1   0   -1
   // H =  0  0  0     V =  2   0   -2
   //      1  2  1          1   0   -1
   vec4 HorizEdge =    Sample[2] + 2*Sample[5] + Sample[8] -
                       (Sample[0] + 2*Sample[3] + Sample[6]);

   vec4 VertEdge =     Sample[0] + 2*Sample[1] + Sample[2] -
                       (Sample[6] + 2*Sample[7] + Sample[8]);

   FragColor.rgb = sqrt(   HorizEdge.rgb * HorizEdge.rgb +
                           VertEdge.rgb * VertEdge.rgb );
   FragColor.a = 1.0;
}
```

13.6.3   Rangordnungsoperatoren

Rangordnungsoperatoren unterscheiden sich von Faltungsoperatoren dadurch, dass alle
Farbwerte in der betrachteten Umgebung komponentenweise (d.h. getrennt für die vier
Farbkanäle R, G, B, A) sortiert werden. Der Ausgabewert besteht dann z.B. im kleinsten
Wert (Erosion), im größten Wert (Dilatation), oder im mittleren Wert (Median).

13.6.3.1   Erosion

Bei der Erosion gemäß (Band II 6.3) breiten sich dunkle Bildbereiche auf Kosten von hellen
aus. Mathematisch gesehen, wird einfach für jede Farbkomponente in der betrachteten
Umgebung der Minimalwert bestimmt. Die Minimum-Funktion von GLSL `min()` liefert
beim Vergleich mehrdimensionaler Vektoren als Ergebnis den kleinsten Wert je Dimension,
so dass man die Erosion auch auf Farbbilder anwenden kann.

```
// Fragment Shader zur Erosion:

#version 460                     // GLSL-Version 4.6

in vec2 TexCoord;                // Texturkoordinate des Fragments

uniform vec2 Offset[9];          // normierte Texelabstände
uniform sampler2D TextureMap;    // Eingabebild

out vec4 FragColor;              // Ausgabe: Farbwert

void main()
{
    vec4 Sample[9];
    vec4 MinValue = vec4( 1.0 );
```

```
    for( int i = 0; i < 9; i++ )
    {
        Sample[i] = texture( TextureMap, TexCoord + Offset[i] );
        MinValue = min( Sample[i], MinValue );
    }

    FragColor = MinValue;
}
```

13.6.3.2 Dilatation

Bei der Dilatation gemäß (Band II 6.3) breiten sich helle Bildbereiche auf Kosten von dunklen aus. Mathematisch gesehen, wird einfach für jede Farbkomponente in der betrachteten Umgebung der Maximalwert bestimmt. Die Maximum-Funktion von GLSL max() liefert beim Vergleich mehrdimensionaler Vektoren als Ergebnis den größten Wert je Dimension, so dass man die Dilatation auch auf Farbbilder anwenden kann.

```
// Fragment Shader zur Dilatation:

#version 460                    // GLSL-Version 4.6

in vec2 TexCoord;               // Texturkoordinate des Fragments

uniform vec2 Offset[9];         // normierte Texelabstände
uniform sampler2D TextureMap;   // Eingabebild

out vec4 FragColor;             // Ausgabe: Farbwert

void main()
{
    vec4 Sample[9];
    vec4 MaxValue = vec4( 0.0 );

    for( int i = 0; i < 9; i++ )
    {
        Sample[i] = texture( TextureMap, TexCoord + Offset[i] );
        MaxValue = max( Sample[i], MaxValue );
    }

    FragColor = MaxValue;
}
```

13.6.3.3 Median

Der Median-Filter (Band II Abschnitt 6.3) wählt aus einer nach Größe sortierten Liste von Farbkomponenten in einer definierten Umgebung immer den mittleren Wert aus, also z.B. bei einem 3x3-Filterkern mit 9 Werten den fünften Wert. Damit kann man Ausreißer bei den Farbwerten sehr gut eliminieren, ohne dabei die Kanten zu glätten. Dies ist bei der Rauschunterdrückung der große Vorteil des Median-Filters gegenüber einfachen Tiefpass-Filter, wie dem bewegten Mittelwert oder dem Gauß-Tiefpassfilter (Abschnitt 13.6.2 bzw. Band II Kapitel 5). Allerdings ist der Median-Filter sehr viel aufwendiger, als die bisher betrachteten Rangordnungsoperatoren Erosion und Dilatation, da in diesem Fall wirklich sortiert werden muss. Da Sortieralgorithmen wie z.B. „Quicksort" immer rekursiv und nicht stabil arbeiten, sind sie sehr schlecht für die Hardware-Architektur von Grafikkarten geeignet. Aus diesem Grund wird im Folgenden eine Lösung in Form eines optimierten „Insertion Sort" vorgestellt, dessen Programmcode zwar etwas länglich, aber dafür effizient berechenbar ist. Die Optimierung betrifft den zweiten Teil des Sortieralgorithmus, da nicht alle 9 Farbwerte sortiert werden müssen, sondern nur der fünftgrößte Wert zu extrahieren ist. Außerdem ist ein einfacher Sortieralgorithmus wie „Insertion Sort" für eine kleine Anzahl an Elementen (bis ca. zehn) effektiver, als ein rekursiver Algorithmus. Zu beachten ist auch, dass der folgende Algorithmus den Median für jede Farbkomponente separat berechnet, d.h. insgesamt werden vier Medianwerte gleichzeitig ermittelt. Die GLSL-Befehle `min()` und `max()` erleichtern und beschleunigen hier die Arbeit, da sie hardwarebeschleunigt das Minimum bzw. Maximum je Farbkomponente ermitteln. Für die Verzweigung in Abhängigkeit von logischen Operatoren gibt es in GLSL allerdings keine vektorielle `if`-Anweisung, so dass hier jede Farbkomponente einzeln behandelt werden muss. Auf einer aktuellen nVidia-Grafikkarte GeForce 1080 GTX benötigt der Median für eine Auflösung von 1920x1080 Pixel ca. $0,1$ msec.

```glsl
// Fragment Shader zur Median-Filterung mit modifiziertem Insertion Sort:

#version 460                    // GLSL-Version 4.6

in vec2 TexCoord;               // Texturkoordinate des Fragments

uniform vec2 Offset[9];         // normierte Texelabstände
uniform sampler2D TextureMap;   // Eingabebild

out vec4 FragColor;             // Ausgabe: Farbwert

void main()
{
    vec4 sample[9];
    vec4 a1, a2, a3, a4, a5;
    vec4 b1, b2, b3, b4, b5;

    for( int i = 0; i < 9; i++ )
        sample[i] = texture( TextureMap, TexCoord + Offset[i] );
```

```
// sort(sample[0],sample[1]):
a1 = min(sample[0], sample[1]);
a2 = max(sample[0], sample[1]);

// sort(sample[0],a1,a2):
b3 = max(sample[2],a2);
b1 = min(sample[2],a1);
b2 = min(sample[2],a2);
// falls sample[2].rgba der kleinste Wert ist => a1 auf den Median
if(sample[2].r == b1.r) b2.r = a1.r;
if(sample[2].g == b1.g) b2.g = a1.g;
if(sample[2].b == b1.b) b2.b = a1.b;
if(sample[2].a == b1.a) b2.a = a1.a;

// sort(sample[3],b1,b2,b3):
a4 = max(sample[3],b3);
a1 = min(sample[3],b1);
a3 = max(sample[3],b2);
// falls sample[3].rgba der größte Wert ist => b3 auf Position a3
if(sample[3].r == a4.r) a3.r = b3.r;
if(sample[3].g == a4.g) a3.g = b3.g;
if(sample[3].b == a4.b) a3.b = b3.b;
if(sample[3].a == a4.a) a3.a = b3.a;
a2 = min(sample[3],b2);
// falls sample[3].rgba der kleinste Wert ist => b1 auf Position a2
if(sample[3].r == a1.r) a2.r = b1.r;
if(sample[3].g == a1.g) a2.g = b1.g;
if(sample[3].b == a1.b) a2.b = b1.b;
if(sample[3].a == a1.a) a2.a = b1.a;

// sort(sample[4],a1,a2,a3,a4):
b5 = max(sample[4],a4);
b1 = min(sample[4],a1);
b4 = max(sample[4],a3);
// falls sample[4].rgba der größte Wert ist => a4 auf Position b4
if(sample[4].r == b5.r) b4.r = a4.r;
if(sample[4].g == b5.g) b4.g = a4.g;
if(sample[4].b == b5.b) b4.b = a4.b;
if(sample[4].a == b5.a) b4.a = a4.a;
b3 = max(sample[4],a2);
// falls sample[4].rgba > a3.rgba => a3 auf Position b3
if(sample[4].r > a3.r) b3.r = a3.r;
if(sample[4].g > a3.g) b3.g = a3.g;
if(sample[4].b > a3.b) b3.b = a3.b;
```

```
if(sample[4].a > a3.a) b3.a = a3.a;
b2 = min(sample[4],a2);
// falls sample[4].rgba der kleinste Wert ist => a1 auf Position b2
if(sample[4].r == b1.r) b2.r = a1.r;
if(sample[4].g == b1.g) b2.g = a1.g;
if(sample[4].b == b1.b) b2.b = a1.b;
if(sample[4].a == b1.a) b2.a = a1.a;

// sort(sample[5],b1,b2,b3,b4,b5):
//   Achtung: a1 und a6 sind überflüssig,
//      da sie nie mehr Median werden können
a5 = max(sample[5],b4);
// falls sample[5].rgba > b5.rgba => b5 auf Position a5
if(sample[5].r > b5.r) a5.r = b5.r;
if(sample[5].g > b5.g) a5.g = b5.g;
if(sample[5].b > b5.b) a5.b = b5.b;
if(sample[5].a > b5.a) a5.a = b5.a;
a4 = max(sample[5],b3);
// falls sample[5].rgba > b4.rgba => b4 auf Position a4
if(sample[5].r > b4.r) a4.r = b4.r;
if(sample[5].g > b4.g) a4.g = b4.g;
if(sample[5].b > b4.b) a4.b = b4.b;
if(sample[5].a > b4.a) a4.a = b4.a;
a3 = max(sample[5],b2);
// falls sample[5].rgba > b3.rgba => b3 auf Position a3
if(sample[5].r > b3.r) a3.r = b3.r;
if(sample[5].g > b3.g) a3.g = b3.g;
if(sample[5].b > b3.b) a3.b = b3.b;
if(sample[5].a > b3.a) a3.a = b3.a;
a2 = max(sample[5],b1);
// falls sample[5].rgba > b2.rgba => b2 auf Position a2
if(sample[5].r > b2.r) a2.r = b2.r;
if(sample[5].g > b2.g) a2.g = b2.g;
if(sample[5].b > b2.b) a2.b = b2.b;
if(sample[5].a > b2.a) a2.a = b2.a;

// sort(sample[6],a2,a3,a4,a5):
//   Achtung: b2 und b6 sind überflüssig,
//      da sie nie mehr Median werden können
b5 = max(sample[6],a4);
// falls sample[6].rgba > a5.rgba => a5 auf Position b5
if(sample[6].r > a5.r) b5.r = a5.r;
if(sample[6].g > a5.g) b5.g = a5.g;
```

```
if(sample[6].b > a5.b) b5.b = a5.b;
if(sample[6].a > a5.a) b5.a = a5.a;
b4 = max(sample[6],a3);
// falls sample[6].rgba > a4.rgba => a4 auf Position b4
if(sample[6].r > a4.r) b4.r = a4.r;
if(sample[6].g > a4.g) b4.g = a4.g;
if(sample[6].b > a4.b) b4.b = a4.b;
if(sample[6].a > a4.a) b4.a = a4.a;
b3 = max(sample[6],a2);
// falls sample[6].rgba > a3.rgba => a3 auf Position b3
if(sample[6].r > a3.r) b3.r = a3.r;
if(sample[6].g > a3.g) b3.g = a3.g;
if(sample[6].b > a3.b) b3.b = a3.b;
if(sample[6].a > a3.a) b3.a = a3.a;

// sort(sample[7],b3,b4,b5):
//  Achtung: a3 und a6 sind überflüssig,
    da sie nie mehr Median werden können
a5 = max(sample[7],b4);
// falls sample[7].rgba > b5.rgba => b5 auf Position a5
if(sample[7].r > b5.r) a5.r = b5.r;
if(sample[7].g > b5.g) a5.g = b5.g;
if(sample[7].b > b5.b) a5.b = b5.b;
if(sample[7].a > b5.a) a5.a = b5.a;
a4 = max(sample[7],b3);
// falls sample[7].rgba > b4.rgba => b4 auf Position a4
if(sample[7].r > b4.r) a4.r = b4.r;
if(sample[7].g > b4.g) a4.g = b4.g;
if(sample[7].b > b4.b) a4.b = b4.b;
if(sample[7].a > b4.a) a4.a = b4.a;

// sort(sample[8],a4,a5):
//  Achtung: b4 und b6 sind überflüssig,
    da sie nie mehr Median werden können
b5 = max(sample[8],a4);
// falls sample[8].rgba > a5.rgba => a5 auf Position b5
if(sample[8].r > a5.r) b5.r = a5.r;
if(sample[8].g > a5.g) b5.g = a5.g;
if(sample[8].b > a5.b) b5.b = a5.b;
if(sample[8].a > a5.a) b5.a = a5.a;

FragColor = b5;              // b5 = Median !
}
```

Kapitel 14

Schatten

von Andreas Klein und Alfred Nischwitz

Für die dreidimensionale Rekonstruktion von Objekten und Szenarien sind Schatten eine wichtige Informationsquelle. So liefern Schatten wichtige Hinweise auf die räumliche Anordnung von Objekten in einem Szenario, auf die Form von Schattenspendern (sogenannte „blocker") und Schattenempfängern (sogenannte „receiver") und das zu einem gewissen Grad auch in Bereichen, die vom Augenpunkt aus nicht direkt sichtbar sind.

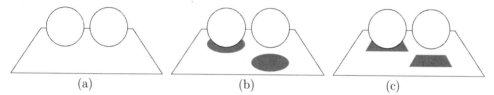

| (a) | (b) | (c) |

Bild 14.1: Wahrnehmung von Objektpositionen mit Hilfe von Schatten: dargestellt sind zwei Kugeln über einer rechteckigen Ebene (a) ohne Schatten: beide Kugeln erscheinen auf gleicher Höhe über der Ebene (allerdings kann die Strichzeichnung auch als zweidimensionaler Schnitt interpretiert werden, denn über den Schatten erschließt sich hier nicht nur die Position, sondern auch die dreidimensionale Form der Objekte). (b) mit korrektem Schatten: die linke Kugel scheint die Ebene zu berühren, während die rechte Kugel über der Ebene schwebt, d.h. allein die Position des Schattens bestimmt hier die Interpretation der wahrgenommenen Positionen der Kugeln. (c) mit falschem Schatten: obwohl die Form des Schattens (rechteckig) in diesem Fall nicht zur Form der Objekte (rund) passt, wird auch hier die linke Kugel auf der Ebene und die rechte Kugel schwebend wahrgenommen, d.h. irgendeine Form des Schattens ist für die Einschätzung der Objektposition besser, als gar kein Schatten.

Wichtige Experimente zur Wahrnehmung der räumlichen Anordnung von Objekten wurden von Kersten et al. [Kers96] durchgeführt. Dabei zeigt sich, dass die Interpretation, an welcher Stelle ein Objekt im Raum angenommen wird, stark von der Position des Schattens beeinflusst wird (Bild 14.1-a,b). Weiterhin gilt, dass irgendeine Form von Schatten für die richtige Einschätzung der Objektposition besser ist, als gar kein Schatten

© Springer Fachmedien Wiesbaden GmbH, ein Teil von Springer Nature 2019
A. Nischwitz et al., *Computergrafik*,
https://doi.org/10.1007/978-3-658-25384-4_14

(Bild 14.1-a,c). Für die Rekonstruktion einer Bewegung in der Sichtachse ist es wichtig, dass man nicht nur einen harten Schatten hat, sondern einen weichen Schatten, dessen Halbschattenbreite korrekt variiert. Kersten et al. [Kers96] haben dies anhand einer Videosequenz gezeigt [1]. In Bild 14.2 wird versucht, diesen Effekt anhand von Einzelbildern darzustellen. Außerdem können Schatten eine große Hilfe bei der Formrekonstruktion von 3D-Objekten sein, wie in Bild 14.3 dargestellt: beim Anblick eines Dinosauriers von hinten kann man z.B. nicht erkennen, ob er vorne gefährliche Hörner besitzt, über den Schatten einer seitlich positionierten Lichtquelle erhält man jedoch genügend Zusatzinformationen, die sonst verborgen bleiben würden.

Bild 14.2: Wahrnehmung der räumlichen Tiefe mit Hilfe einer variablen Halbschattenbreite: dargestellt ist eine grüne Fläche über weißem Grund. (a) obere Reihe: man nimmt hier eine grüne Fläche vor einer grauen Fläche war, wobei die graue Fläche sich in den Folgebildern nach rechts unten verschiebt. (b) untere Reihe: die räumliche Tiefe (Position auf der Sichtachse) der grünen Fläche scheint von links nach rechts zuzunehmen, die graue Fläche mit variabler Halbschattenbreite wird als Schatten der grünen Fläche wahrgenommen.

---

[1]http://vision.psych.umn.edu/users/kersten/kersten-lab/demos/shadows.html

(a)   (b)

Bild 14.3:   3D-Rekonstruktion eines Objekts mit Hilfe von Schatten: (a) ohne Schatten erkennt man ein großes Tier von hinten, das über dem Boden zu schweben scheint. (b) mit Schatten kann man ein sehr massiges Tier mit mehreren Hörnern auf dem Kopf rekonstruieren, dessen Füße einen direkten Kontakt zum Boden besitzen.

In der Standard-Beleuchtungsformel von OpenGL wird kein Schattenwurf berücksichtigt (Abschnitt 12.1.3). Der Grund dafür ist, dass der Test, ob ein Lichtstrahl von einer Lichtquelle zu einem Oberflächenpunkt durch ein anderes Objekt unterbrochen wird, der Punkt also im Schatten eines anderen Objekts liegt, sehr rechenaufwändig ist. Diese einfache Definition von Schatten beschreibt das Phänomen allerdings nur sehr unzureichend. Bei genauerem Hinsehen bemerkt man, dass in dieser Definition implizit eine Reihe von Vereinfachungen gegenüber der Realität vorgenommen wurden. So ist beispielsweise nicht genau definiert, ob die Lichtquelle punktförmig oder ausgedehnt ist. Punktförmige Lichtquellen, die eine mathematische Idealisierung darstellen, führen zu harten Schatten, ausgedehnte und damit real existierende Lichtquellen führen immer zu weichen Schatten (Abbildungen 14.4 und 14.5).

Der zweite wesentliche Punkt, den die obige Definition von Schatten außer Acht lässt, besteht darin, dass Lichtstrahlen natürlich nicht nur direkt von Lichtquellen ausgesandt werden, wie bei lokalen Beleuchtungsmodellen, sondern auch von allen anderen Objekten, die Lichtstrahlen reflektieren und somit das indirekte Licht aus der Umgebung repräsentieren, den sogenannten *„ambienten"* Beleuchtungsanteil (Abschnitt 12.1.3.1). Offensichtlich wird dies, wenn man zwei Oberflächenpunkte mit identischen Materialeigenschaften betrachtet, die beide keine direkte Beleuchtung von Lichtquellen erhalten (also im einfachen Sinne vollständig im Schatten liegen): ein Oberflächenpunkt, der auf einer Ebene liegt, wird sicher sehr viel heller erscheinen, als ein anderer, der sich in einer tiefen Einbuchtung befindet, denn das Material um die Einbuchtung wird einen Großteil des Umgebungslichts abhalten. Algorithmen, die einen (weichen) Schatten aufgrund des abgeblockten *„ambienten"* Umgebungslichts erzeugen, werden deshalb *„Ambient Occlusion"* genannt. Noch komplexer wird die Situation, wenn man nicht wie bisher angenommen, ausschließ-

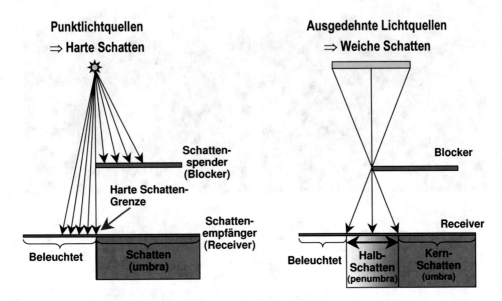

Bild 14.4: Schatten-Terminologie: links Punktlichtquelle (harte Schatten), rechts ausgedehnte Lichtquelle (weiche Schatten).

lich opake, d.h. undurchsichtige Schattenspender berücksichtigt, sondern auch noch (teil-)transparente Objekte. Falls es sich dabei um binäre „*Alpha*"-Texturen (Abschnitt 9.3.4) und „*Billboards*" (Abschnitt 16.4) handelt, deren Alpha-Werte entweder nur 0 (vollständig durchsichtig) oder 1 (opak) sind, kann man die wichtigsten Effekte noch durch eine Erweiterung der Standard-Schattenalgorithmik beschreiben. Bei (teil-)transparenten Objekten, deren Alpha-Werte jedoch zwischen 0 und 1 liegen, wie z.B. bei Flüssigkeiten und Gasen, wird eine neue Algorithmik in Form von Volumen-Schatten nötig. Anhand dieser grundlegenden Fragestellungen zu Schatten lässt sich eine Einteilung der Schatten-Algorithmen mit zunehmender Komplexität vornehmen, der in diesem Kapitel gefolgt wird.

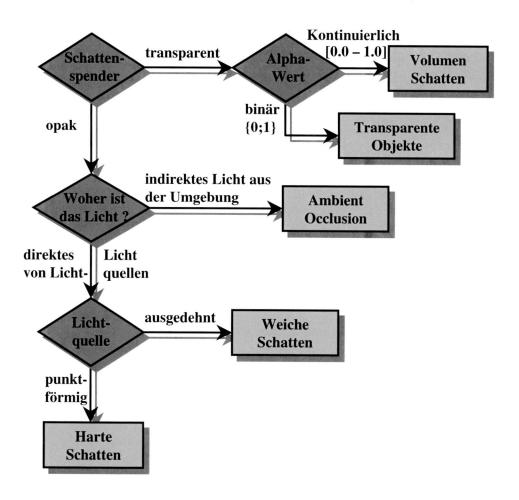

Bild 14.5:   Schatten-Kategorien: von links unten (harte Schatten) nach rechts oben (Volumen Schatten) nimmt die Komplexität der Schatten-Algorithmen zu.

14.1   Harte Schatten (Hard Shadows)

Die einfachste Kategorie von Schatten sind harte Schatten, die scharfe Grenzen aufweisen. Harte Schatten sind eine direkte Konsequenz aus der Annahme punktförmiger Lichtquellen, die in lokalen Beleuchtungsmodellen vorausgesetzt werden. Zusätzlich gelten aber weitere Einschränkungen, um den Berechnungsaufwand niedrig zu halten: indirektes Licht, das durch einfache oder mehrfache Reflexion von Oberflächen aus der Umgebung ebenfalls zur Beleuchtung und somit auch zum Schatten beiträgt, wird ignoriert, ebenso wie transparente Objekte. Dadurch reduziert sich der Schatten-Algorithmus auf einen binären Sichtbarkeitstest: ist die punktförmige Lichtquelle aus der Position des gerade betrachteten Oberflächenpunktes sichtbar, oder wird sie durch ein dazwischen liegendes Objekt verdeckt? Gibt es mehrere punktförmige Lichtquellen, muss man den Sichtbarkeitstest für jede einzelne Lichtquelle durchführen. Solange die Zahl der Lichtquellen niedrig ist - in den meisten realen Anwendungsfällen kommt man mit ein bis zwei Lichtquellen aus - bleibt der Aufwand also relativ gering.

14.1.1 Schatten-Texturierung (Shadow Mapping)

Heutzutage ist die Standardmethode zur Realisierung von realistischen Schatten bei interaktiven Anwendungen das *Shadow Mapping*, auch *Shadow-Buffer*-Verfahren genannt. Die Idee dabei ist, den Sichtbarkeitstest umzudrehen: man frägt, ob der zu rendernde Oberflächenpunkt von der Lichtquelle aus direkt sichtbar ist, oder ob er von einem dazwischen liegenden Objekt verdeckt wird[2]. Zur Umsetzung dieses Sichtbarkeitstests rendert man die Szene in einem ersten Lauf (1. Pass) durch die Rendering-Pipeline aus dem Blickwinkel der Lichtquelle, denn nur was aus der Position der Lichtquelle sichtbar ist, wird auch beleuchtet, alles Andere liegt im Schatten. Der z-Buffer der so gerenderten Szene enthält somit die Entfernungen von der Lichtquelle zum jeweils nächstliegenden Oberflächenpunkt der Szene (Bild 14.6-a). Da man für die weiteren Berechnungen nur den Inhalt des z-Buffers benötigt, rendert man im ersten Durchlauf nur die z-Werte und speichert diese mit Hilfe der „*render-to-texture*"-Funktionalität programmierbarer Grafikkarten direkt als Schatten-Textur (*Shadow Map*) im Texturspeicher der Grafikkarte ab. Nun wird die Szene ein zweites Mal gerendert (2. Pass) und zwar aus der Sicht des Beobachters. In die Beleuchtungsrechnung fließt diesmal die Schatten-Textur ein. Dazu wird der Abstand z'_p des Oberflächenpunktes p von der Lichtquelle mit dem entsprechenden z-Wert der Schatten-Textur z'_s verglichen (vorher muss der z-Wert z_p noch vom Koordinatensystem des Beobachters ins Koordinatensystem der Lichtquelle projiziert werden, d.h. $z_p \Rightarrow z'_p$). Ist $z'_s < z'_p$, so liegt der Punkt p bezüglich der Lichtquelle im Schatten (Bild 14.6-b), denn in diesem Fall muss ein anderes Objekt mit einem kleineren Abstand z'_s von der Lichtquelle zwischen dieser und dem Punkt p gelegen sein. In die Beleuchtungsrechnung fließen dann nur die

---

[2]Der korrekte Sichtbarkeitstest, der z.B. im Rahmen des Ray Tracings mit Schattenfühlern realisiert wird, geht vom Oberflächenpunkt aus in Richtung der punktförmigen Lichtquelle. Algorithmisch gesehen ist dies ein erheblich größerer Aufwand, denn nun muss für jedes Pixel der Szene ein Strahl (Schattenfühler) zur Lichtquelle gesendet werden. Für jeden Schattenfühler muss ein Kollisionstest mit der gesamten Szene durchgeführt werden, um zu entscheiden, ob ein Objekt in der Szene zwischen der Lichtquelle und dem Oberflächenpunkt liegt. Beim umgekehrten Sichtbarkeitstest kann man die sehr viel schnellere Standard-Rendering-Pipeline von OpenGL benützen, denn hier wird die Szene einfach aus der Sicht der Lichtquelle gerendert. Der Nachteil der schnellen Variante ist allerdings, dass man aufgrund der begrenzten Auflösung der Schatten-Textur nicht für jeden Oberflächenpunkt einen passenden z-Wert in der Schatten-Textur findet, sondern einfach den nächstliegenden zum Vergleich nutzt. Dies führt je nach Beleuchtungssituation und Auflösung der Schatten-Textur zu entsprechenden Fehlern (Abschnitt 14.1.2).

indirekten Anteile (emissiv und ambient) ein, direkte Anteile (diffus und spekular) werden unterdrückt[3]. Ist $z'_s = z'_p$, so wird der Punkt p von der Lichtquelle direkt beleuchtet und die normale Beleuchtungsrechnung wird durchgeführt (Bild 14.6-c).

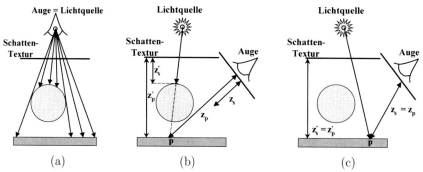

(a)   (b)   (c)

Bild 14.6:   Schatten-Texturierung (*Shadow Mapping*): (a) Der z-Buffer enthält nach dem ersten Durchlauf durch die Rendering-Pipeline die Entfernungen von der Lichtquelle zum jeweils nächstliegenden Oberflächenpunkt der Szene. Der z-Buffer-Inhalt wird als Schatten-Textur gespeichert. (b) Der Oberflächenpunkt p liegt im Schatten, da $z'_s < z'_p$. (c) Der Oberflächenpunkt p wird direkt beleuchtet, da $z'_s = z'_p$.

Vorteile dieses Verfahrens sind:

- Es ist auf aktueller Grafikhardware einsetzbar.

- Der Aufwand zur Erzeugung der Schatten-Textur ist proportional zur Szenenkomplexität, bleibt aber deutlich niedriger als ein normaler Durchlauf durch die *Rendering Pipeline*, da nur die z-Werte gerendert werden müssen, nicht aber die sehr viel aufwändigeren Farbwerte.

- Es ist echtzeitfähig, d.h. der Rechenaufwand beträgt ca. 0,1 msec.

- Die Berechnung der Schatten-Textur ist unabhängig von der Augenposition. Sie kann somit bei Animationen, in denen nur der Augenpunkt durch die Szene bewegt wird, wiederverwendet werden.

- Man benötigt nur eine einzige Schatten-Textur für die gesamte Szene und zwar unabhängig davon, wie viele Objekte in der Szene vorhanden sind bzw. wie die Objekte geformt und angeordnet sind.

---

[3]Entgegen der physikalisch korrekten vollständigen Unterdrückung der diffusen und spekularen Beleuchtungsanteile wird in der Praxis jedoch ein einstellbarer Faktor verwendet, der je nachdem, wie stark z.B. die Bewölkung und damit der ambiente Beleuchtungsanteil ist, zwischen 50% und 90% der direkten Anteile unterdrückt.

Die Nachteile der Schatten-Texturierung werden zusammen mit den Möglichkeiten zur Beseitigung bzw. Verminderung der Probleme ausführlich in Abschnitt 14.1.2 dargestellt.

Realisierung der einfachen Schatten-Texturierung in OpenGL:

1. Nötige Erweiterungen im OpenGL-Hauptprogramm sind im Folgenden in Form eines quellcode-nahen Listings dargestellt:

- Anlegen einer Schattentextur und eines FBOs (Frame Buffer Objects)

```
void generateFBO()
{
    // Erzeugen und Binden einer Schattentextur
    glGenTextures(1, &depthTextureId);
    glBindTexture(GL_TEXTURE_2D, depthTextureId);

    // Festlegung der Parameter der Schattentextur
    glTexParameteri(GL_TEXTURE_2D, GL_TEXTURE_MIN_FILTER, GL_NEAREST);
    glTexParameteri(GL_TEXTURE_2D, GL_TEXTURE_MAG_FILTER, GL_NEAREST);
    glTexParameterf( GL_TEXTURE_2D, GL_TEXTURE_WRAP_S,GL_CLAMP_TO_EDGE );
    glTexParameterf( GL_TEXTURE_2D, GL_TEXTURE_WRAP_T, GL_CLAMP_TO_EDGE );
    glTexParameteri(GL_TEXTURE_2D, GL_TEXTURE_COMPARE_MODE,
            GL_COMPARE_R_TO_TEXTURE);
    glTexParameteri(GL_TEXTURE_2D, GL_TEXTURE_COMPARE_FUNC, GL_LEQUAL);
    glTexParameteri(GL_TEXTURE_2D, GL_DEPTH_TEXTURE_MODE, GL_INTENSITY);
    glTexImage2D( GL_TEXTURE_2D, 0, GL_DEPTH_COMPONENT, shadowMapWidth,
        shadowMapHeight, 0, GL_DEPTH_COMPONENT, GL_UNSIGNED_BYTE, 0);
    glBindTexture(GL_TEXTURE_2D, 0);


    // Erzeugen und Binden eines FBOs
    glGenFramebuffers(1, &fboId);
    glBindFramebuffer(GL_DRAW_FRAMEBUFFER, fboId);
    // Teile OpenGL mit, dass keine Farbtextur an das FBO
    // gebunden wird
    glDrawBuffer(GL_NONE);
    // Als Render Target wird jetzt direkt die Schattentextur
    // angegeben
    glFramebufferTexture2D(GL_DRAW_FRAMEBUFFER, GL_DEPTH_ATTACHMENT,
    GL_TEXTURE_2D, depthTextureId, 0);
    // Als Render Target wird der normale Framebuffer (Wert 0)
    // gesetzt
    glBindFramebuffer(GL_DRAW_FRAMEBUFFER, 0);
}
```

- 1. Pass: Rendere die Szene aus dem Blickwinkel der Lichtquelle in das FBO, d.h. es
  werden nur die z-Werte in die Schattentextur gerendert (Visualisierung einer Schattentextur in Bild 14.7-a).:

```
void renderShadowMap()
{
    // Benutze einen speziellen Vertex- und Fragment-Shader
    // zum Rendern der z-Werte.
    glUseProgram(shadowMapShaderId);
    // Rendere die z-Werte direkt in das FBO
    glBindFramebuffer(GL_DRAW_FRAMEBUFFER, fboId);

    // Schalte alle überflüssigen Berechnungen aus
    glDisable(GL_TEXTURE_2D);
    glColorMask(GL_FALSE, GL_FALSE, GL_FALSE, GL_FALSE);
    // Lege die Auflösung der Schattentextur fest
    glViewport(0, 0, shadWidth, shadHeight);
    // Lösche die alten z-Werte
    glClear( GL_DEPTH_BUFFER_BIT);

    // Lege einen Bias fest, der zu den z-Werten addiert wird
    glPolygonOffset( 1.0f, 4096.0f);
    glEnable(GL_POLYGON_OFFSET_FILL);

    // Lege die Projektions- und ModelView-Matrizen fest
    lightProj = glm::perspective(shadFOV, shadWidth/shadHeight,
    shadNear, shadFar);
    lightView = glm::lookAt(glm::vec3(lightPosX,lightPosY,lightPosZ),
    glm::vec3(lightLookX,lightLookY,lightLookZ),glm::vec3(0,1,0));
    lightViewProj = lightView * lightProj;

    // Speichere die Projektions- und ModelView-Matrizen
    glUniformMatrix4fv( glGetUniformLocation(shadowMapShaderId,
    "mvpMatrix"), 1, GL_FALSE, glm::value_ptr(lightViewProj));

    // Rendere die Vorder- und Rückseiten aller Polygone
    // der Szene, da eventuell offene Objekte vorhanden sind
    glDisable(GL_CULL_FACE);
    drawScene();
}
```

(a)   (b)

Bild 14.7: (a) Schattentextur („*shadow map*") und (b) zugehörige Szene mit harten Schatten.

- 2. Pass: Rendere die Szene aus dem Blickwinkel der Kamera mit Hilfe spezieller Vertex- und Fragment-Shader für die Schattentexturierung (Visualisierung einer Szene mit Schatten in Bild 14.7-b):

```
void renderScene()
{
    // Benutze spezielle Vertex- und Fragment-Shader zum Rendern
    glUseProgram(shadowShaderId);
    // Übergebe die Schattentextur an die Shader
    shadowMapUniform = glGetUniformLocation(shadowShaderId,"ShadowMap");
    glUniform1i(shadowMapUniform,7);
    // Rendere jetzt wieder in den normalen Bildspeicher (Wert 0)
    glBindFramebuffer(GL_DRAW_FRAMEBUFFER, 0);

    // Schalte alle nötigen Berechnungen wieder ein
    glEnable(GL_TEXTURE_2D);
    glColorMask(GL_TRUE, GL_TRUE, GL_TRUE, GL_TRUE);

    // Lege die Auflösung der Kamera fest
    glViewport(0, 0, camWidth, camHeight);
    // Lösche die alten Farb- und z-Werte
    glClear(GL_COLOR_BUFFER_BIT | GL_DEPTH_BUFFER_BIT);
    // Schalte das z-biasing wieder aus
    glDisable(GL_POLYGON_OFFSET_FILL);
```

```
// Lege die Projektions- und ModelView-Matrizen fest
camProj = glm::perspective(camFOV, camWidth/camHeight,
camNear, camFar);
camView = glm::lookAt(glm::vec3(camPosX,camPosY,camPosZ),
glm::vec3(camLookX,camLookY,camLookZ),glm::vec3(0,1,0));
camViewProj = camView * camProj;

// Speichere die ModelView-Matrix und invertiere sie
camInverseView = glm::inverse(camView);
// bias-Matrix, die von [-1,1] nach [0,1] transformiert
const glm::mat4 bias[16] = glm::mat4(0.5, 0.0, 0.0, 0.0,
                          0.0, 0.5, 0.0, 0.0,
                          0.0, 0.0, 0.5, 0.0,
                          0.5, 0.5, 0.5, 1.0 );

// Lege eine Matrix auf den Textur-Matrizenstapel, die von den
// Kamera-Augenpunktskoordinaten in die normierten und in den
// Bereich [0,1] verschobenen Lichtquellenkoordinaten
// transformiert
glm::mat4 shadowMat = bias * lightProj * lightView * camInverseView;
// Übergebe die Matrizen an das Shader Programm
glUniformMatrix4fv(glGetUniformLocation(shadowShaderId,"shadowMat"),
1, GL_FALSE, glm::value_ptr(shadowMat));
glUniformMatrix4fv(glGetUniformLocation(shadowShaderId,"projMat"),
1, GL_FALSE, glm::value_ptr(camProj));
glUniformMatrix4fv(glGetUniformLocation(shadowShaderId,"viewMat"),
1, GL_FALSE, glm::value_ptr(camView));
glUniformMatrix3fv(glGetUniformLocation(shadowShaderId,"normalMat"),
1, GL_FALSE, glm::value_ptr(normalMat));

// Schalte das Backface-Culling wieder ein und rendere die Szene
glEnable (GL_CULL_FACE);
drawScene();
}
```

Zu beachten ist in der oben gezeigten renderScene()-Funktion, wie die Matrix erzeugt wird, die die Transformation der x, y-Werte und der z-Werte z_p eines Oberflächenpunktes p aus dem Kamera-Augenpunktskoordinatensystem in das Koordinatensystem der Lichtquelle durchführt, in dem die z-Werte der Schattentextur gespeichert wurden. Die transformierten x, y-Werte benötigt man, um die Position innerhalb der Schattentextur zu bestimmen, an der dann der transformierte z-Wert z_p' des Oberflächenpunktes mit dem z-Wert z_s' an der entsprechenden Stelle der Schattentextur verglichen wird. Zunächst wird eine

Matrix erstellt, damit sie an die Shader übergeben werden kann. Danach sind die Matrix Multiplikationen in umgekehrter Reihenfolge zu lesen (Bild 14.8). Mit der Matrix „*camInverseView*" wird die Augenpunktstransformation der Kamera rückgängig gemacht, so dass man sich wieder im Weltkoordinatensystem befindet, in dem alle Objekte an der richtigen 3D-Position sind. Diese Rücktransformation ist sinnvoll, da in OpenGL die Modell- und Augenpunkttransformation zur „*ModelView*"-Matrix zusammengefasst sind, so dass man keine eigene Modelltransformations-Matrix zur Verfügung hat[4]. Mit der „*lightView*"-Matrix werden die Vertices vom Weltkoordinatensystem ins Augenpunktskoordinatensystem der Lichtquelle transformiert. Anschließend erfolgt die Transformation ins normierte Projektionskoordinatensystem mit Hilfe der „*lightProj*"-Matrix. Da der Wertebereich der Vertices im normierten Koordinatensystem von -1 nach $+1$ geht, Texturkoordinaten aber immer im Wertebereich $[0,1]$ liegen, muss noch eine Skalierung um den Faktor $\frac{1}{2}$ und eine Verschiebung um den Vektor $(\frac{1}{2}, \frac{1}{2}, \frac{1}{2})^T$ durch eine „*bias*"-Matrix vorgenommen werden. Die Gesamttransformationsmatrix lautet also:

$$M = bias * lightProj * lightView * camView^{-1} \tag{14.1}$$

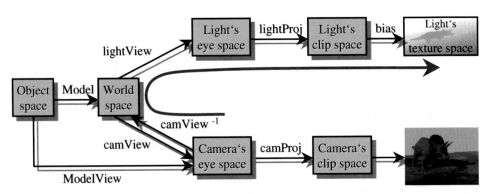

Bild 14.8: Die Transformation vom Kamera-Augenpunktskoordinatensystem („*Camera's eye space*") in das projizierte und in den Bereich $[0, 1]$ geschobene Lichtquellen-Koordinatensystem, in dem die Schattentextur erzeugt wird, erfolgt gemäß des roten Pfeils mit den folgenden Matrizen-Operationen: 1. „*camInverseView*": Transformation vom Kamera-Augenpunktskoordinatensystem ins Weltkoordinatensystem („*world space*"). 2. „*lightView*": Transformation vom Weltkoordinatensystem ins Augenpunktskoordinatensystem der Lichtquelle („*Light's eye space*"). 3. „*lightProj*": Transformation vom Augenpunktskoordinatensystem ins normierte Projektionskoordinatensystem der Lichtquelle („*Light's clip space*"). 4. „*bias*": Transformation aus dem Wertebereich $[-1, 1]$ nach $[0, 1]$ („*Light's texture space*").

---

[4]Man könnte sich diese Rücktransformation vom Kamera-Augenpunktskoordinatensystem ins Weltkoordinatensystem sparen, wenn im Vertex Shader von OpenGL eine separate Modelltransformations-Matrix zur Verfügung stünde.

2. Der Vertex-Shader zum Erzeugen einer Schattentextur

Um die Tiefenwerte im ersten Pass in die Schattentextur zu rendern ist ein Vertex- und Fragment Shader notwendig. Die Aufgabe der Shader Programme besteht darin, die Vertices in den Blickwinkel der Lichtquelle zu transformieren und die Tiefenwerte auszugeben.

```
// Der Vertex-Shader
in vec4 vVertex;
uniform mat4 mvpMatrix;

void main( )
{
    // Vertex aus Objekt- in Projektionskoordinaten
    vec4 pos = mvpMatrix * vVertex;
    gl_Position = pos;
}
```

3. Der Fragment-Shader zum Erzeugen einer Schattentextur

Der Fragment-Shader gibt nun die Tiefenwerte aus. Dazu kann die eingebaute Variable gl_FragCoord benutzt werden.

```
// Der Fragment-Shader
out vec4 depths;
void main( )
{
    depths = gl_FragCoord.zzzz;
}
```

4. Der Vertex-Shader für die einfache Schattentexturierung

Im Vertex-Shader werden ausschließlich Transformationen durchgeführt, da in diesem Beispiel Phong-Shading angewendet wird, bei dem die Beleuchtungsrechnung im Fragment-Shader stattfindet. Zuerst werden die Vertices aus dem Objekt- in das Weltkoordinatensystem der Kamera transformiert. Im gewählten Beispiel enthält die Matrix „shadowMat" die Gesamttransformation vom Kamera-Augenpunktskoordinatensystem in das projizierte und in den Bereich $[0, 1]$ geschobene Koordinatensystem, in dem auch die z-Werte der Shadow-Map abgelegt sind. Zur Berechnung des Phong-Beleuchtungsmodells im Fragment-Shader benötigt man noch die vom Objekt- ins Augenpunktskoordinatensystem transformierten Normalenvektoren. Für die lineare Interpolation im Rasterizer werden die Vertices noch vom Augenpunkts- ins Projektionskoordinatensystem der Kamera transformiert.

```
// Der Vertex-Shader
uniform mat4 shadowMat;
uniform mat4 viewMat;
uniform mat4 projMat;
uniform mat3 normalMat;

in vec4 vVertex;
in vec3 vNormal;
out vec4 ShadowCoord;
out vec3 normal;

void main( )
{
    // Vertex aus Objekt- in Augenpunktskoordinaten
    vec4 vPos = viewMat * vVertex;
    // Vertex aus Kamera-Augenpunkts- in projizierte Lichtkoordinaten
    ShadowCoord = shadowMat * vPos;
    // Normalen-Vektor aus Objekt- in Augenpunktskoordinaten
    normal = normalize(normalMat * vNormal);
    // Vertex aus Augenpunkts- in Projektionskoordinaten
    gl_Position = projMat * vPos;
}
```

5. Der Fragment-Shader für die einfache Schattentexturierung

Zuerst werden die indirekten (d.h. emissive und ambiente) und die direkten (d.h. diffuse und spekulare) Komponenten des Phong-Blinn-Beleuchtungsmodells berechnet. Dabei fließen die *uniform*-Variablen für die Lichtquelle und die Materialeigenschaften ein, die zuvor im Programm gesetzt werden müssen. Danach wird der Schattenfaktor mit Hilfe der Funktion `textureProj(ShadowMap, ShadowCoord)` berechnet. Diese Funktion greift an der Textur-koordinate (ShadowCoord.x/ShadowCoord.w, ShadowCoord.y/ShadowCoord.w) den z-Wert in der ShadowMap ab und vergleicht ihn mit dem transformierten z-Wert des Fragments (ShadowCoord.z/ShadowCoord.w). Falls der z-Wert in der ShadowMap kleiner ist, als der z-Wert des transformierten Fragments, ist das Ergebnis 0 (d.h. Schatten), ansonsten 1 (d.h. kein Schatten). Voraussetzung für den Vergleich ist, dass in den Textur-Parametern der COMPARE_MODE auf den Wert GL_COMPARE_R_TO_TEXTURE und die Textur-Filter auf den Wert GL_NEAREST gesetzt sind.

```
// Der Fragment-Shader
uniform sampler2DShadow ShadowMap;
// Material Parameter
uniform vec4 materialAmbient;
uniform vec4 materialEmission;
```

```
uniform vec4 materialDiffuse;
uniform vec4 materialSpecular;
// Licht Parameter
uniform vec4 lightAmbient;
uniform float materialShininess;
uniform vec4 lightDiffuse;
uniform vec4 lightSpecular;
uniform vec4 lightPosition;
uniform vec4 halfVector;

in vec4 ShadowCoord;
in vec3 normal;
out vec4 FragColor;

void main( )
{
    // Berechnung des Phong-Blinn-Beleuchtungsmodells
    vec4 ambient = materialAmbient * lightAmbient;
    vec4 indirectLight = materialEmission + ambient;
    vec4 directLight = vec4(0.0, 0.0, 0.0, 1.0);
    // Richtungslichtquelle, d.h. es gilt lightPosition.w = 0
    float L = normalize(vec3(lightPosition));
    vec3 N = normalize(normal);
    float diffuseLight = max(dot(N, L), 0.0);
    if (diffuseLight > 0) {
        vec4 diff = materialDiffuse * lightDiffuse;
        vec4 diffuse = diffuseLight * diff;
        vec3 H = normalize(vec3(halfVector));
        float specLight = pow(max(dot(H, N), 0), materialShininess);
        vec4 spec = materialSpecular * lightSpecular;
        vec4 specular = specLight * spec;
        directLight = diffuse + specular;
    }
    // Fragmente im Kernschatten werden zu 80% abgedunkelt
    const float dim = 0.8;

    // Berechnung des Schattenfaktors: 0 = Schatten, 1 = kein Schatten
    float shadow = textureProj(ShadowMap, ShadowCoord);

    FragColor = indirectLight + directLight * (1.0 - dim * (1.0 - shadow));
}
```

Realisierung der einfachen Schatten-Texturierung in Vulkan:

Im Folgenden wird das obige Beispiel mit Vulkan realisiert. Um die Übersichtlichkeit zu wahren, wird die Fehlerbehandlung vernachlässigt und der Rückgabewert der vk* Befehle ignoriert. Die Uniform-Parameter können über *„Uniform Buffer Objects"* gesetzt werden (Kapitel 5.2).

- Anlegen einer Schattentextur sowie des dazugehörigen Renderpasses. Ein analoger Renderpass muss für das Rendern der Szene erzeugt werden. Hierzu wird auf Kapitel 5.2 verwiesen.

```
void generateRenderPass() {
    //Shadow Map erzeugen
    VkImageCreateInfo imageInfo = {};
    imageInfo.sType = VK_STRUCTURE_TYPE_IMAGE_CREATE_INFO;
    imageInfo.imageType = VK_IMAGE_TYPE_2D;
    imageInfo.extent.width = shadowMapWidth;
    imageInfo.extent.height = shadowMapHeight;
    imageInfo.extent.depth = 1;
    imageInfo.mipLevels = 1;
    imageInfo.arrayLayers = 1;
    imageInfo.samples = VK_SAMPLE_COUNT_1_BIT;
    imageInfo.tiling = VK_IMAGE_TILING_OPTIMAL;
    //Tiefenformat setzen. Hier wird 32 Bit Floating Point ausgewählt
    imageInfo.format = VK_FORMAT_D32_SFLOAT;
    //Wird als Depth Attachment verwendet.
    imageInfo.usage = VK_IMAGE_USAGE_DEPTH_STENCIL_ATTACHMENT_BIT |
        VK_IMAGE_USAGE_SAMPLED_BIT;
    vkCreateImage(logicalDevice, &image, nullptr, &shadowMap);

    //Speicher allokieren
    VkMemoryRequirements memReqs;
    vkGetImageMemoryRequirements(logicalDevice, shadowMap, &memReqs);
    VkMemoryAllocateInfo allocInfo = {};
    allocInfo.sType = VK_STRUCTURE_TYPE_MEMORY_ALLOCATE_INFO;
    allocInfo.allocationSize = memReqs.size;
    allocInfo.memoryTypeIndex = findMemType(memReqs.memoryTypeBits,
        VK_MEMORY_PROPERTY_DEVICE_LOCAL_BIT);

    vkAllocateMemory(logicalDevice, &allocInfo, nullptr,
        &shadowMapMemory);
    vkBindImageMemory(logicalDevice, shadowMap, shadowMapMemory, 0));
    //Eine View erzeugen um den Art des Zugriffs zu definieren
    VkImageViewCreateInfo shadowMapViewInfo = {};
```

```cpp
shadowMapViewInfo.sType = VK_STRUCTURE_TYPE_IMAGE_VIEW_CREATE_INFO;
shadowMapViewInfo.viewType = VK_IMAGE_VIEW_TYPE_2D;
//Tiefenformat setzen
shadowMapViewInfo.format = VK_FORMAT_D32_SFLOAT;
shadowMapViewInfo.subresourceRange = {};
shadowMapViewInfo.subresourceRange.aspectMask =
    VK_IMAGE_ASPECT_DEPTH_BIT;
shadowMapViewInfo.subresourceRange.baseMipLevel = 0;
shadowMapViewInfo.subresourceRange.levelCount = 1;
shadowMapViewInfo.subresourceRange.baseArrayLayer = 0;
shadowMapViewInfo.subresourceRange.layerCount = 1;
shadowMapViewInfo.image = shadowMap;
vkCreateImageView(logicalDevice, &shadowMapViewInfo, nullptr,
    &shadowMapView);

// Einen Sampler erzeugen
VkSamplerCreateInfo sampler = {};
sampler.sType = VK_STRUCTURE_TYPE_SAMPLER_CREATE_INFO;
sampler.magFilter = VK_FILTER_NEAREST;
sampler.minFilter = VK_FILTER_NEAREST;
sampler.mipmapMode = VK_SAMPLER_MIPMAP_MODE_NEAREST;
sampler.addressModeU = VK_SAMPLER_ADDRESS_MODE_CLAMP_TO_EDGE;
sampler.addressModeV = sampler.addressModeU;
sampler.addressModeW = sampler.addressModeU;
sampler.mipLodBias = 0.0f;
sampler.maxAnisotropy = 1.0f;
sampler.minLod = 0.0f;
sampler.maxLod = 1.0f;
sampler.borderColor = VK_BORDER_COLOR_FLOAT_OPAQUE_WHITE;
// Compare aktiveren damit textureProj benutzt werden kann
sampler.compareEnable = VK_TRUE;
sampler.compareOp = VK_COMPARE_OP_LESS_OR_EQUAL;
vkCreateSampler(logicalDevice, &sampler, nullptr, &shadowSampler);

VkAttachmentDescription shadowAttach = {};
//Als format wird ein 32 Bit Floating Point Tiefenpuffer benutzt
shadowAttach.format = VK_FORMAT_D32_SFLOAT;
shadowAttach.samples = VK_SAMPLE_COUNT_1_BIT;
//lösche den Speicher zu beginn
shadowAttach.loadOp = VK_ATTACHMENT_LOAD_OP_CLEAR;
shadowAttach.storeOp = VK_ATTACHMENT_STORE_OP_STORE;
shadowAttach.stencilLoadOp = VK_ATTACHMENT_LOAD_OP_DONT_CARE;
shadowAttach.stencilStoreOp = VK_ATTACHMENT_STORE_OP_DONT_CARE;
```

```
shadowAttach.initialLayout = VK_IMAGE_LAYOUT_UNDEFINED;
//DEPTH_STENCIL Layout muss bei einem Tiefenformat benutzt werden
shadowAttach.finalLayout =
    VK_IMAGE_LAYOUT_DEPTH_STENCIL_READ_ONLY_OPTIMAL;

VkAttachmentReference depthRef = {};
depthRef.attachment = 0;
//Hier muss das DEPTH_STENCIL Attachment Layout gesetzt werden
depthRef.layout = VK_IMAGE_LAYOUT_DEPTH_STENCIL_ATTACHMENT_OPTIMAL;

VkSubpassDescription subpass = {};
subpass.pipelineBindPoint = VK_PIPELINE_BIND_POINT_GRAPHICS;
subpass.colorAttachmentCount = 0;
//Hier wird das Tiefenwerte Attachment referenziert
subpass.pDepthStencilAttachment = &depthRef;

// Es werden nun zwei VkSubpassDependency erzeugt
// um die Sychronisierung zwischen den Pässen zu gewährleisten
VkSubpassDependency depends[2];
depends[0].srcSubpass = VK_SUBPASS_EXTERNAL;
depends[0].dstSubpass = 0;
depends[0].srcStageMask = VK_PIPELINE_STAGE_BOTTOM_OF_PIPE_BIT;
depends[0].dstStageMask = VK_PIPELINE_STAGE_LATE_FRAGMENT_TESTS_BIT;
depends[0].srcAccessMask = 0;
depends[0].dstAccessMask = VK_ACCESS_DEPTH_STENCIL_ATTACHMENT_READ_BIT
    | VK_ACCESS_DEPTH_STENCIL_ATTACHMENT_WRITE_BIT;
depends[0].dependencyFlags = VK_DEPENDENCY_BY_REGION_BIT;
depends[1].srcSubpass = 0;
depends[1].dstSubpass = VK_SUBPASS_EXTERNAL;
depends[1].srcStageMask = VK_PIPELINE_STAGE_LATE_FRAGMENT_TESTS_BIT;
depends[1].dstStageMask = VK_PIPELINE_STAGE_FRAGMENT_SHADER_BIT;
depends[1].srcAccessMask = VK_ACCESS_DEPTH_STENCIL_ATTACHMENT_READ_BIT
    | VK_ACCESS_DEPTH_STENCIL_ATTACHMENT_WRITE_BIT;
depends[1].dstAccessMask = VK_ACCESS_SHADER_READ_BIT;
depends[1].dependencyFlags = VK_DEPENDENCY_BY_REGION_BIT;
//Renderpass erstellen
VkRenderPassCreateInfo createInfo = {};
createInfo.attachmentCount = 1;
createInfo.pAttachments = &shadowAttachment;
createInfo.subpassCount = 1;
createInfo.pSubpasses = &subpass;
createInfo.dependencyCount = 2;
createInfo.pDependencies = depends;
```

```
    vkCreateRenderPass(logicalDevice, &createInfo, nullptr,
        &renderSMPassObj);
    // Zum Abschluss den Framebuffer erzeugen
    VkFramebufferCreateInfo fboInfo = {};
    fboInfo.renderPass = renderSMPassObj;
    fboInfo.attachmentCount = 1;
    fboInfo.pAttachments = &shadowMapView;
    fboInfo.width = shadowMapWidth;
    fboInfo.height = shadowMapHeight;
    fboInfo.layers = 1;
    vkCreateFramebuffer(logicalDevice, &fboInfo, nullptr, &fbo);
}
```

- Anlegen je einer Pipeline für das Rendern der Schattentextur und das Rendern der
  Szene mit Schatten:

```
void buildPipeline() {
    //Die Zustände und Rasterisierungseinstellungen konfigurieren
    VkPipelineRasterizationStateCreateInfo rasterizationState = {};
    rasterizationState.sType =
    VK_STRUCTURE_TYPE_PIPELINE_RASTERIZATION_STATE_CREATE_INFO;
    rasterizationState.polygonMode = VK_POLYGON_MODE_FILL;
    rasterizationState.cullMode = VK_CULL_MODE_BACK_BIT;
    rasterizationState.frontFace= VK_FRONT_FACE_CLOCKWISE;
    rasterizationState.flags = 0;
    //Farbmischung
    VkPipelineColorBlendAttachmentState blendAttachmentState = {};
    blendAttachmentState.colorWriteMask = 0xF;
    blendAttachmentState.blendEnable = VK_FALSE;

    VkPipelineColorBlendStateCreateInfo colorBlendState = {};
    colorBlendState.sType =
    VK_STRUCTURE_TYPE_PIPELINE_COLOR_BLEND_STATE_CREATE_INFO;
    colorBlendState.attachmentCount = 1;
    colorBlendState.pAttachments = &blendAttachmentState;

    //Tiefenpufferung
    VkPipelineDepthStencilStateCreateInfo depthStencilState = {};
    depthStencilState.sType =
    VK_STRUCTURE_TYPE_PIPELINE_DEPTH_STENCIL_STATE_CREATE_INFO;
    depthStencilState.depthTestEnable = VK_TRUE;
    depthStencilState.depthWriteEnable = VK_TRUE;
    depthStencilState.depthCompareOp = VK_COMPARE_OP_LESS_OR_EQUAL;
```

```
VkPipelineViewportStateCreateInfo viewportState = {};
viewportState.sType =
VK_STRUCTURE_TYPE_PIPELINE_VIEWPORT_STATE_CREATE_INFO;
viewportState.viewportCount = 1;
viewportState.scissorCount = 1;
viewportState.flags = 0;

//Multisampling deaktivieren
VkPipelineMultisampleStateCreateInfo multisampleState = {};
multisampleState.sType =
VK_STRUCTURE_TYPE_PIPELINE_MULTISAMPLE_STATE_CREATE_INFO;
multisampleState.rasterizationSamples = VK_SAMPLE_COUNT_1_BIT;
multisampleState.flags = 0;

VkPipelineShaderStageCreateInfo stages[2];
VkGraphicsPipelineCreateInfo pipelineCreateInfo = {};
pipelineCreateInfo.sType =
VK_STRUCTURE_TYPE_GRAPHICS_PIPELINE_CREATE_INFO;
//Hier wird der Renderpass der Szene angegeben
pipelineCreateInfo.renderPass = renderScenePassObj;
pipelineCreateInfo.pRasterizationState = &rasterizationState;
pipelineCreateInfo.pColorBlendState = &colorBlendState;
pipelineCreateInfo.pMultisampleState = &multisampleState;
pipelineCreateInfo.pViewportState = &viewportState;
pipelineCreateInfo.pDepthStencilState = &depthStencilState;
pipelineCreateInfo.stageCount = 2;
pipelineCreateInfo.pStages = stages;

// Shader für Rendern der Szene mit Schatten
stages[0].sType = VK_STRUCTURE_TYPE_PIPELINE_SHADER_STAGE_CREATE_INFO;
stages[0].stage = VK_SHADER_STAGE_VERTEX_BIT;
stages[0].module = createShaderModule(
    readFile("renderscene.vert.spv"));
stages[0].pName = "main";
stages[1].module = createShaderModule(
    readFile("renderscene.frag.spv"));
stages[1].sType = VK_STRUCTURE_TYPE_PIPELINE_SHADER_STAGE_CREATE_INFO;
stages[1].stage = VK_SHADER_STAGE_FRAGMENT_BIT;
stages[1].pName = "main";

vkCreateGraphicsPipelines(logicalDevice, &pipelineCreateInfo,
nullptr, &applyShadowPipeLine);
```

```
    // Shader für Render der Tiefentextur
    stages[0].module = createShaderModule(
        readFile("shadowmap.vert.spv"));
    stages[1].module = createShaderModule(
        readFile("shadowmap.frag.spv"));
    //Attachments für Farbdarstellung deaktivieren
    colorBlendState.attachmentCount = 0;
    rasterizationState.depthBiasEnable = VK_TRUE;
    //Hier wird der Renderpass der Schattentextur angegeben
    pipelineCreateInfo.renderPass = renderSMPassObj;
    vkCreateGraphicsPipelines(logicalDevice, &pipelineCreateInfo,
    nullptr, &renderShadowMapPipe);
}
```

- Aufsetzen eines Command Buffers für das Rendern der Shadow Map. Im Command Buffer wird nun die vorher erzeugte Pipeline für die Schattentextur gesetzt. Zusätzlich muss ein Command Buffer für das finale Rendern der Szene erstellt werden. Hierzu kann der Code aus Kapitel 5.2 herangezogen werden.

```
void buildShadowMapCommandBuffer() {
    VkCommandBufferBeginInfo cmdBufferInfo = {};
    cmdBufferInfo.sType = VK_STRUCTURE_TYPE_COMMAND_BUFFER_BEGIN_INFO;

    VkClearValue clearDepth[1];
    clearDepth[0].depthStencil =  1.0f, 0 ;

    //Renderpass für Shadow Map anlegen
    VkRenderPassBeginInfo beginInfo = {};
    beginInfo.sType = VK_STRUCTURE_TYPE_RENDER_PASS_BEGIN_INFO;
    beginInfo.renderPass = renderSMPassObj;
    beginInfo.framebuffer = fbo;
    beginInfo.renderArea.offset.x = 0;
    beginInfo.renderArea.offset.y = 0;
    beginInfo.renderArea.extent.width = shadowMapWidth;
    beginInfo.renderArea.extent.height = shadowMapHeight;
    beginInfo.clearValueCount = 1;
    beginInfo.pClearValues = clearDepth;
    vkBeginCommandBuffer(smCmdBuffer, &cmdBufferInfo);

    //Viewport und Scissor Rect setzen
    VkViewport viewport;
    viewport.x = viewport.y = 0;
    viewport.width = shadowMapWidth;
```

```
        viewport.height = shadowMapHeight;
        viewport.minDepth = 0;
        viewport.maxDepth = 1;
        vkCmdSetViewport(smCmdBuffer, 0, 1, &viewport);

        VkRect2D scissor;
        scissor.x = scissor.y = 0;
        scissor.width = viewport.width;
        scissor.height = viewport.height;
        vkCmdSetScissor(smCmdBuffer, 0, 1, &scissor);
        // Polygon Offset setzen
        vkCmdSetDepthBias(smCmdBuffer, 1.0f, 0.0f,4096.0f);
        vkCmdBeginRenderPass(smCmdBuffer, &beginInfo,
        VK_SUBPASS_CONTENTS_INLINE);
        //Pipeline binden
        vkCmdBindPipeline(smCmdBuffer, VK_PIPELINE_BIND_POINT_GRAPHICS,
        renderShadowMapPipe);
        // (...) Hier Vertexbuffer, Indexbuffer etc. binden
        vkCmdEndRenderPass(smCmdBuffer);
        vkEndCommandBuffer(smCmdBuffer);
}
```

- Zum Rendern der Schattentextur und der finalen Szene werden nun die Command Buffer mittels vkQueueSubmit übertragen:

```
void renderScene() {
        VkSubmitInfo submitInfo = {};
        submitInfo.sType = VK_STRUCTURE_TYPE_SUBMIT_INFO;
        submitInfo.waitSemaphoreCount = 1;
        submitInfo.pWaitSemaphores = &waitSemaphore;
        submitInfo.signalSemaphoreCount = 1;
        submitInfo.pSignalSemaphores = &shadowMapSemaphore;
        // Schattentextur rendern
        submitInfo.commandBufferCount = 1;
        submitInfo.pCommandBuffers = &smCmdBuffer;
        vkQueueSubmit(queue, 1, &submitInfo, VK_NULL_HANDLE);
        // Szene mit Schatten rendern
        submitInfo.pWaitSemaphores = &shadowMapSemaphore;
        submitInfo.pSignalSemaphores = &signalSemaphre;
        submitInfo.pCommandBuffers = &commandBufferObj[imageIndex];
        vkQueueSubmit(queue, 1, &submitInfo, VK_NULL_HANDLE);
        //(...) Queue präsentieren
}
```

14.1.2   Probleme und Abhilfen bei der Schatten-Texturierung

Die Schatten-Texturierung leidet prinzipbedingt an einer Reihe von Fehlern, die zwar auf ein praxistaugliches Maß verringert, aber nicht vollständig behoben werden können. Die Hauptursache für diese Fehler liegt an dem Umstand, dass nicht für jedes Pixel aus der Sicht des Beobachters ein passendes Pixel in der Schattentextur vorhanden ist. Dies führt zu Eigenschatten und weiteren Aliasing-Artefakten, die in den folgenden Abschnitten zusammen mit Lösungsansätzen genauer behandelt werden.

14.1.2.1   Tiefenkorrektur (Depth Bias)

Eine Schattentextur repräsentiert die Oberfläche einer Szene aus der Sicht der Lichtquelle an diskreten Abtastpunkten (örtliche Auflösung) und mit einer begrenzten Tiefenquantisierung (z-Buffer-Auflösung). Durch die Abtastung entstehen verschiedene Arten von Aliasing-Artefakten, wie z.B. die Eigenschatten („*self-shadowing*" oder „*surface-acne*"), bei denen sich planare Polygone in regelmäßigen Abständen fälschlicherweise selbst beschatten (Bild 14.9-a). Der Effekt kommt dadurch zustande, dass ein Texel der Schattentextur die Tiefe eines kleinen Flächenstücks des Polygons repräsentiert. Falls nun die Orientierung des Polygons nicht mit der Richtung der Lichtstrahlen übereinstimmt (was der Normalfall ist), wird an einigen Stellen der z-Wert (z'_p) des Polygons aus Sicht des Beobachters größer sein, als der in der Schattentextur gespeicherte z-Wert (z'_s), so dass Eigenschatten auftreten (Bild 14.11-a).

(a)   (b)

Bild 14.9:   (a) Fehler: Eigenschatten („*self-shadowing*" oder „*surface-acne*") und (b) zugehörige korrekte Szene.

Die einfachste, aber nicht immer günstigste Art, die Eigenschatten zu verringern bzw. zu vermeiden, besteht darin, die örtliche Auflösung und die Tiefenquantisierung der Schattentextur zu erhöhen. Heutzutage verwendet man häufig Schattentexturen mit einer Tie-

| (a) | (b) | (c) |

Bild 14.10: Zunehmende örtliche Auflösung der Schattentextur: (a) 512 x 512 Texel. (b) 1024 x 1024 Texel. (c) 2048 x 2048 Texel.

fenquantisierung von mindestens 32 Bit und einer örtlichen Auflösung von mindestens 2048 x 2048 Texel (Bild 14.10). Diese hohen Auflösungen vermindern auch die in den folgenden Abschnitten angesprochenen Aliasing-Artefakte.

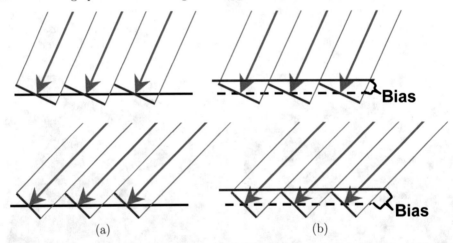

Bild 14.11: Schematische Darstellung von Eigenschatten und Tiefenkorrektur (*„Depth Bias"*). (a) Eine Schattentextur tastet die Oberfläche (schwarze waagerechte Linie) an diskreten Punkten ab und repräsentiert die Oberfläche stückweise (rote schräge Linienstücke). Je nach Einfallswinkel der Lichtstrahlen liegen die repräsentierten Oberflächenstücke mehr oder weniger schräg. An den Stellen, an denen die roten Linienstücke über der schwarzen waagerechten Linie liegen, wird fälschlicherweise ein Eigenschatten entstehen, da dort gilt: $z'_s < z'_p$. (b) Durch eine steigungsabhängige Tiefenkorrektur (*„Depth Slope Bias"*) wird die Fläche jetzt virtuell soweit angehoben (blaue waagerechte Linie), dass die roten Linienstücke unter der blauen Linie liegen ($z'_s > z'_p$), so dass keine Eigenschatten mehr entstehen.

Die Standardmethode zur Vermeidung von Eigenschatten besteht in der Einführung einer Tiefenkorrektur („*Depth Bias*"). Dabei wird bei der Erzeugung der Schattentextur zu jedem berechneten z-Wert ein (möglichst kleiner) Korrekturwert („*Depth Bias*") addiert (Bild 14.11-b). OpenGL stellt dafür eine eigene Funktion bereit: `glPolygonOffset(factor, const)`, die einen Korrekturwert $offset = m \cdot factor + r \cdot const$ berechnet und zum z-Wert addiert. Dabei ist m die Steigung des Polygons in z-Richtung ($m = \sqrt{(\frac{\partial z}{\partial x})^2 + (\frac{\partial z}{\partial y})^2}$, d.h. ein Polygon, das parallel zur „*near clipping plane*" liegt, besitzt die Steigung null), und r ist eine implementierungsabhängige Konstante, die die kleinste messbare Differenz zweier z-Werte darstellt. Damit der Korrekturwert während des Renderns der Schattentextur zu allen z-Werten eines Polygons addiert wird, muss der entsprechende OpenGL-Zustand aktiviert werden: `glEnable(GL_POLYGON_OFFSET_FILL)`.

Bild 14.12:   Problem bei der Tiefenkorrektur: „*Peter Panning*" - Effekt, d.h. Objekte, die eigentlich auf dem Boden stehen, scheinen über Grund zu schweben, da der Schatten aufgrund der Tiefenkorrektur erst in einem gewissen Abstand zum Objekt beginnt.

Eine weitere Methode zur Berechnung eines Tiefenkorrekturwerts besteht darin, dass man im Fragment-Shader die Steigung m des Polygons in z-Richtung mit Hilfe der partiellen Ableitungsfunktionen `dFdx()` und `dFdy()` selbst berechnet. Dies ist zwar etwas langsamer als der Aufruf von `glPolygonOffset` während des 1. Rendering-Passes, bei dem die Schattentextur erzeugt wird, allerdings erhält man dafür die Möglichkeit, den Tiefenkorrekturwert zu vergrößern, wenn die z-Werte in der Schattentextur in einem Umkreis um die Fragment-Position verglichen werden sollen, wie dies z.B. beim Percentage-Closer-Filtering (PCF) zur Erzeugung von weichen Schatten der Fall ist (siehe Abschnitt 14.2.1.1). Mit der Tiefenkorrektur sollte man aber generell so vorsichtig wie möglich umgehen, denn ein zu großer Bias führt zu einem sogenannten „*Peter Panning*" - Effekt, d.h. Objekte, die eigentlich auf dem Boden stehen, scheinen über Grund zu schweben, da der Schatten aufgrund der Tiefenkorrektur erst in einem gewissen Abstand zum Objekt beginnt (Bild

14.12). Deshalb muss der Anwender abhängig von seinem Anwendungsfall individuell eine Einstellung der Werte für die Tiefenkorrektur vornehmen, die einen für ihn optimalen Kompromiss zwischen der Vermeidung von Eigenschatten und der Minimierung des „Peter Panning" - Effekts darstellt.

Ein adaptives Verfahren, um eine optimale Tiefenkorrektur zu bestimmen, stellen Dou et al. [Dou14] mit *Adaptive Depth Bias for Shadow Maps* vor. Die Idee besteht darin, die Oberfläche mit Hilfe einer Tangentialebene zu rekonstruieren, um so einen korrekten Tiefenwert für den Schattenvergleich zu bestimmen. Dazu muss für jedes Fragment ein Normalenvektor der Oberfläche vorliegen. Mit Hilfe dieses Normalenvektors kann nun je Fragment eine Tangentialebene bestimmt werden. Anschließend wird ein Strahl von der Lichtquelle durch das Zentrum des Texels der Schattentextur erzeugt und mit der aufgespannten Tangentialebene geschnitten. Der optimale Bias ist die Differenz des Tiefenwerts am Schnittpunkt und des Tiefenwerts aus der Schattentextur (Bild 14.13). Um Selbstschatten durch Ungenauigkeiten vorzubeugen wird ein, von der Szene abhängiges, adaptives Epsilon auf den Bias addiert. Ehm et al. [Ehm15] verbessern das Verfahren für Situationen mit projektivem Aliasing. Dazu wird der Lichteinfallswinkel bei der Bestimmung des adaptiven Epsilons berücksichtigt.

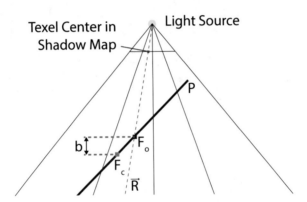

Bild 14.13: Funktionsweise des adaptiven Verfahrens nach Dou et al. [Dou14]. Der Tiefenwert F_c des Fragments wird beim Schattentest mit dem Tiefenwert der Schattentextur verglichen. Durch eine Diskretisierung und Unterabtastung passen diese Tiefenwerte nicht korrekt überein. Die Idee des Verfahrens besteht nun darin den Tiefenwert eines potentiellen Verdeckers F_o zu bestimmen in dem die Oberfläche rekonstruiert wird. Dazu wird eine Ebene P mit Hilfe der Oberflächennormale aufgespannt und mit einem Strahl $\vec{R}$ geschnitten, der von der Lichtquelle zum Zentrum des Texels der Schattentextur zeigt. Der Tiefenkorrekturwert b ist die Differenz des Tiefenwerts F_o und F_c. Quelle [Ehm15]

Eine Alternative zu den bisher angesprochenen Biasing-Methoden zur Vermeidung von Eigenschatten besteht darin, nur die Rückseiten („back faces") aller Polygone in die Schattentextur zu rendern. Denn die Rückseiten von ausgedehnten Objekten sind normalerweise etwas weiter von der Lichtquelle entfernt, als die Vorderseiten. Die Objektdicke wird damit automatisch zum Tiefenkorrekturwert. Dies funktioniert sehr gut, so lange ausschließlich Objekte mit geschlossener Oberfläche gerendert werden und falls sich Objekte nicht berühren. Falls jedoch Objekte mit ausgeschnittenen Teilen gerendert werden, bei denen auch Rückseiten für den Beobachter sichtbar sind, treten die üblichen Eigenschatten wieder auf. Eine weitere Verfeinerung dieser Methode besteht darin, sowohl die Vorderseite als auch die Rückseite von Objekten in eine jeweils eigene Schattentextur zu rendern und für den Tiefenvergleich danach die mittlere Tiefe heranzuziehen ([Woo92]). Abgesehen davon, dass diese Methode einen erhöhten Rechenaufwand zur Erzeugung der zweiten Schattentextur nach sich zieht, gibt es auch hier immer noch Probleme bei sehr dünnen bzw. sich berührenden Objekten.

14.1.2.2 Anpassung des sichtbaren Volumens (Lighting Frustum Fitting)

In den meisten Demonstrationsbeispielen zur Schattentexturierung wird das sichtbare Volumen für den 1. Rendering-Pass aus Sicht der Lichtquelle, das sogenannte „Lighting Frustum", mit einer festen Größe und passend zum Beispiel gewählt. Bei praxisrelevanten Anwendungen mit einer größeren Szene, müsste bei dieser Vorgehensweise das „Lighting Frustum" die gesamte Szene abdecken (Bild 14.14). Da in solchen Fällen das sichtbare Volumen des Beobachters, das sogenannte „Viewing Frustum", häufig sehr viel kleiner ist, als das „Lighting Frustum", bliebe in diesem Fall ein großer Teil der Schattentextur ungenützt.

Damit die Schattentextur optimal eingesetzt wird, sollte sie so knapp wie möglich den relevanten Teil des „Viewing Frustum" abdecken. In der Praxis berechnet man dazu aus den acht Eckpunkten des „Viewing Frustum" und der Position bzw. Richtung der Lichtquelle ein „Lighting Frustum", das den gerade sichtbaren Teil der Szene abdeckt (Bild 14.15-a). Da auch noch Objekte, die außerhalb des „Viewing Frustum", aber zwischen diesem und der Lichtquelle liegen, einen Schatten in den gerade sichtbaren Bereich werfen könnten, müsste man für eine exakte Lösung diesen Bereich absuchen. Da dies in der Praxis jedoch meist zu aufwändig ist, bedient man sich eines einfachen Tricks: die acht Eckpunkte des „Viewing Frustum" werden virtuell mit einer Kugel umgeben, dessen Radius vom Anwender einstellbar ist, so dass die „Near Clipping Plane" des „Lighting Frustum" näher zur Lichtquelle wandert (Bild 14.15-b). Dadurch können z.B. Bäume, die zwar außerhalb, aber dennoch in der Nähe des „Viewing Frustum" liegen, in der Schattentextur erfasst werden und somit einen Schatten in den sichtbaren Bereich werfen. Dieses in der Praxis standardmäßig eingesetzte „Fitting"-Verfahren hat den Nachteil, dass bei einer Bewegung des Beobachters für jedes neue Bild auch eine neue Schattentextur berechnet werden muss. Dies ist zwar vom Rechenaufwand heutzutage kein Problem mehr, aber die Schattentexturen zwischen zwei aufeinander folgenden Bildern unterscheiden sich ein klein wenig, so dass sich zeitliche Aliasing-Artefakte an den Schattenrändern zeigen. Um dies zu vermeiden, wurden von Valient [Vali08] zwei Maßnahmen vorgeschlagen: einerseits wird sicher gestellt, dass bei translatorischen Bewegungen des Beobachters die Schattentextur nur um ganzzahlige Vielfache des Pixelabstandes verschoben wird und andererseits werden

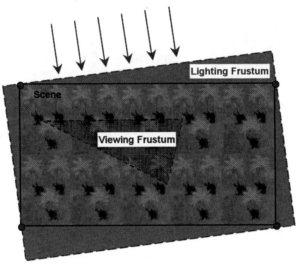

Bild 14.14: Anpassung des „*Lighting Frustum*" (hier ein Kubus wegen der Orthoprojektion) an die gesamte Szene: das Problem dabei ist, dass ein großer Teil der Schattentextur verschwendet wird, da meistens das „*Viewing Frustum*" (ein Pyramidenstumpf wegen der perspektivischen Projektion) viel kleiner ist, als die gesamte Szene. Der Vorteil bei dieser Variante ist, dass bei einer statischen Szene, in der sich nur der Beobachter bewegt, die Schattentextur nur einmal zu Beginn der Simulation gerendert werden muss.

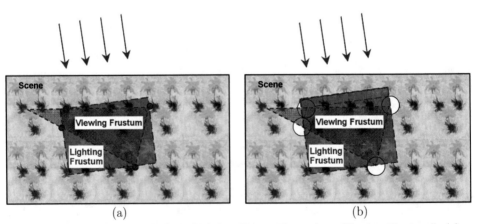

(a)   (b)

Bild 14.15: Anpassung des „*Lighting Frustum*" an das „*Viewing Frustum*": (a) abhängig von der Position bzw. Richtung der Lichtquelle wird das „*Lighting Frustum*" an den acht Eckpunkten (in der Draufsicht als vier rote Punkte dargestellt) des „*Viewing Frustum*" ausgerichtet. (b) um Objekte in der Schattentextur zu erfassen, die knapp außerhalb des „*Viewing Frustum*" liegen, wird die „*Near Clipping Plane*" des „*Lighting Frustum*" um einen einstellbaren Radius (in der Draufsicht die vier weißen Kreise) zur Lichtquelle hingeschoben.

Rotationsbewegungen und Größenänderungen der Schattentextur aufgrund rotatorischer Bewegungen des Beobachters vermieden, indem man die Schattentextur generell soweit vergrößert, dass alle Fälle abgedeckt sind (dazu legt man eine umhüllende Kugel durch die acht Eckpunkte des „*Viewing Frustum*" und berechnet daraus die Schattentextur so, dass sie die Projektion der Kugel exakt enthält). Letztlich bezahlt man die Vermeidung von zeitlichen Aliasing-Artefakten also mit einer etwas zu großen Schattentextur.

Eine weitere Verfeinerung des „*Lighting Frustum Fitting*" wurde kürzlich von Lauritzen [Laur10] in einem Verfahren mit dem Namen „*Sample Distribution Shadow Maps*" vorgeschlagen: hier wird in einer Art „*Occlusion Culling*" (Abschnitt 16.2.2) für jedes neue Bild überprüft, welche Teile des „*Viewing Frustum*" für den Beobachter wirklich sichtbar sind, denn nur für diesen Bereich benötigt man eine Schattentextur. Besonders vorteilhaft wirkt sich dieses aufwändige „*Fitting*" aus, wenn große Teile des „*Viewing Frustum*" verdeckt sind, wie z.B. beim Blick entlang einer Straßenflucht. Beim Blick auf eine freie Ebene mit wenigen Schattenspendern dagegen verursacht dieses Verfahren zusätzliche „*Fitting*"-Kosten, ohne die Qualität der Schatten zu steigern, denn die Größe der Schattentextur wird in diesem Fall ausschließlich durch das „*Viewing Frustum*" bestimmt.

14.1.2.3 Aufteilung des sichtbaren Volumens (Cascaded Shadow Mapping)

Eines der grundlegenden Probleme der Schattentexturierung ist das perspektivische Aliasing, das durch die perspektivische Projektion (Abschnitt 7.6.2) der Szene verursacht wird: Objekte in der Nähe des Beobachters werden am Bildschirm groß, d.h. mit einer hohen Auflösung dargestellt und entferntere Objekte werden klein, d.h. mit einer niedrigen Auflösung dargestellt. Wenn die Lichtquelle sich nicht in der Nähe des Beobachters befindet, sondern z.B. gegenüber, wie in Bild 14.16 zu sehen ist, werden in der Schattentextur genau die Objekte mit einer niedrigen Auslösung gerendert, die später am Bildschirm mit einer hohen Auflösung dargestellt werden und umgekehrt. Diese ungünstige Konstellation führt dazu, dass nur wenige Pixel der Schattentextur auf sehr viele Pixel am Bildschirm verschmiert werden, so dass blockartige Schatten entstehen, wie in Bild 14.10-a dargestellt.

Ein in der Praxis sehr erfolgreicher Ansatz, um das perspektivische Aliasing auf ein erträgliches Maß zu reduzieren, besteht darin, das sichtbare Volumen („*Viewing Frustum*") in mehrere Teile zu zerlegen und für jedes Teil-Volumen eine eigene Schattentextur zu er-

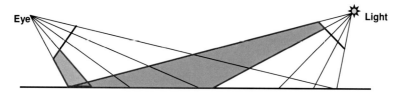

Bild 14.16:   Perspektivisches Aliasing: durch die perspektivische Vergrößerung naher Objekte (rot dagestellt) reicht die Auflösung der Schattentextur (blau dargestellt) nicht aus und es kommt zu Aliasing-Artefakten.

zeugen (Bild 14.17). Diese Idee wurde unter dem Namen „*Cascaded Shadow Mapping*", den Engel [Enge06] geprägt hat, bekannt, aber parallel auch von Zhang [Zhan06] unter dem längerem Titel „*Parallel-Split Shadow Maps*" entwickelt. Der Vorteil dieses Verfahrens ist, dass für den ersten/vorderen Teil des sichtbaren Volumens, das zwar räumlich relativ klein, dafür aber am Bildschirm groß ist, eine eigene Schattentextur mit voller Auflösung zur Verfügung steht. In dem Maße, in dem die weiteren Teil-Volumina größer werden, deckt jede Kaskadenstufe der Schattentextur einen größeren Bereich ab. Im Ideal-

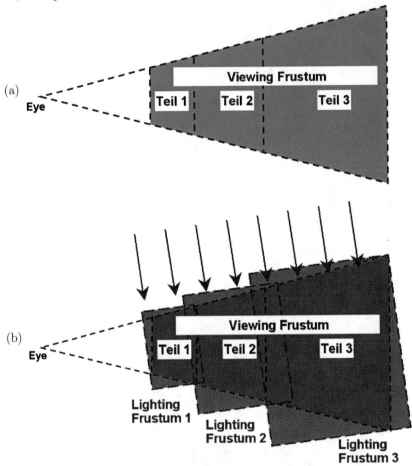

Bild 14.17: „*Cascaded Shadow Mapping*": (a) Aufteilung des sichtbaren Volumens („*Viewing Frustum*") in z.B. 3 Teile. (b) Erzeugung der zugehörigen Schattentexturen aus angepassten „*Lighting Frustums*".

fall unendlich vieler Kaskadenstufen steht für jeden Bereich des sichtbaren Volumens die richtige Auflösung in der Schattentextur zur Verfügung. Allerdings bringt auch schon eine Aufteilung des sichtbaren Volumens in zwei Teile einen erheblichen Qualitätszuwachs. In der Praxis werden meist drei bis vier Teil-Schattentexturen verwendet. Der erhebliche Qualitätsunterschied zwischen normaler Schattentexturierung und „*Cascaded Shadow Mapping*" mit einer Aufteilung des sichtbaren Volumens in drei Teile ist in Bild 14.18 zu sehen.

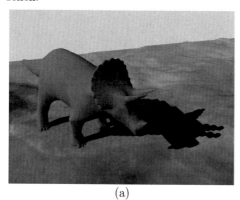 

(a)   (b)

Bild 14.18:   Vergleich von einfacher Schattentexturierung mit „*Cascaded Shadow Mapping*": (a) Einfache Schattentexturierung mit einer Auflösung der Schattentextur von 1024 x 1024 Pixel und „*Lighting Frustum Fitting*": an den Schattenrändern sind drastische Stufenartefakte sichtbar. (b) „*Cascaded Shadow Mapping*" mit einer Aufteilung des sichtbaren Volumens in drei Teile. Jede der drei Teil-Schattentexturen besitzt eine Auflösung von 1024 x 1024 Pixel mit „*Lighting Frustum Fitting*": die Schatten werden jetzt sehr viel präziser dargestellt, weil die Abtastrate der Schattentextur im kritischen Nahbereich sehr viel höher ist.

Der Algorithmus des „*Cascaded Shadow Mapping*" läuft in folgenden Schritten ab:

A14.1:   Cascaded Shadow Mapping.

Voraussetzungen und Bemerkungen:

◇   Es steht eine Grafikkarte zur Verfügung, die mindestens Shader Model 3 und die Extension GL_TEXTURE_2D_ARRAY für Textur-Arrays beherrscht.

◇   Es wird ein Array für eine Anzahl von m 2D-Schattentexturen und ein entsprechendes „*Frame Buffer Object*" angelegt.

Algorithmus:

(1)   Berechne $(m-1)$ Split-Positionen für die Aufteilung des sichtbaren Volumens.

(2)   Berechne für jeden Teil des sichtbaren Volumens das zugehörige „*Lighting Frustum*" und speichere die entsprechenden Matrizen auf dem Textur-Matrizenstapel, die von den Kamera-Augenpunktskoordinaten in die normierten und in den Bereich $[0, 1]$ verschobenen Lichtquellenkoordinaten transformieren.

(3)   Rendere die m Schattentexturen direkt in den Texturspeicher der Grafikkarte.

(4)   Berechne das endgültige Bild mit Schatten mit Hilfe entsprechender Vertex- und Fragment-Shader.

Ende des Algorithmus

1. Berechnung der Split-Positionen

Um die theoretisch optimale Reduktion des perspektivischen Aliasing zu erhalten ist nach [Wimm04] das sichtbare Volumen entlang der z-Achse des Beobachters logarithmisch aufzuteilen. Die konkreten Positionen z_i für den i-ten Split auf der z-Achse berechnen sich mit der Umkehrfunktion aus:

$$z_i^{log} = n \cdot \left(\frac{f}{n}\right)^{\frac{i}{m}}, \qquad \text{wobei } n \text{ die near und } f \text{ die far clipping plane ist.} \qquad (14.2)$$

In der Praxis stellt sich jedoch heraus, dass bei dieser rein logarithmischen Aufteilung die nah am Beobachter liegenden Teilvolumina zu klein und die entfernteren zu groß ausfallen. Bei z.B. $n = 1$, $f = 1000$ und zwei Schnittebenen würde das erste Teilvolumen nur 1%, das zweite nur 10% und das dritte dagegen 90% der sichtbaren z-Achse einnehmen. Deshalb kombiniert man die logarithmische Aufteilung noch mit einer äquidistanten Aufteilung der sichtbaren z-Achse:

$$z_i^{lin} = n + (f - n) \cdot \frac{i}{m}, \qquad (14.3)$$

und mischt die beiden Aufteilungs-Schemata mit Hilfe eines Überblendfaktors λ zu:

$$z_i = \lambda \cdot z_i^{log} + (1 - \lambda) \cdot z_i^{lin}, \qquad \text{mit} \qquad 0 < \lambda < 1. \qquad (14.4)$$

Mit Hilfe des Überblendfaktors λ kann man abhängig von den Anforderungen der Anwendung die Gewichte zwischen den beiden Aufteilungs-Schemata verschieben. Mit einem Wert von $\lambda = 0.5$ kommt man in den meisten Fällen sehr gut zurecht.

2. Berechnung der Lighting Frusta und der Transformationsmatrizen

Wie im Fall einer einzigen Schattentextur muss man auch für die m Schattentexturen beim „*Cascaded Shadow Mapping*" die ModelView- und Projektions-Matrizen für das Rendern der Szene aus der Sicht der Lichtquelle bestimmen. Beim „*Cascaded Shadow Mapping*" unterscheidet sich dabei die Projektions-Matrix für jeden Teil des sichtbaren Volumens, so dass man entsprechend der Anzahl der Splits auch m verschiedene Projektions-Matrizen berechnen muss. Die Berechnung erfolgt nach dem in Abschnitt 14.1.2.2 beschriebenen Fitting-Verfahren, so dass man danach m passende „Lighting Frusta" erhält (Bild 14.17-b). Die zugehörigen Projektions-Matrizen für das Lichtquellenkoordinatensystem („lightProj") werden gespeichert und später zusammen mit anderen nötigen Transformations-Matrizen (Gleichung 14.1) auf dem Textur-Matrizenstapel abgelegt, damit sie im letzten Rendering-Durchlauf, in dem die Schatten erzeugt werden, für den Vertex-Shader zur Verfügung stehen. Der Vertex-Shader transformiert damit die Vertices aus den Kamera-Augenpunkts- in die projizierten Lichtquellenkoordinaten.

3. Erzeugung der Schattentexturen

Die Vorgehensweise zur Erzeugung der Schattentexturen hängt von der verfügbaren Grafik-Hardware ab. Bei Grafikkarten, die nur die Funktionalitäten von Shader Model 3 besitzen und somit keine Geometry-Shader anbieten, müssen für die Erzeugung der m benötigten Schattentexturen auch m Rendering-Durchläufe durchgeführt werden. Jeder zusätzliche Split bzw. jede zusätzliche Schattentextur kostet, z.B. auf einer NVIDIA 8800 GTX Grafikkarte, ca. 1ms Renderingzeit. Bei den in der Praxis am häufigsten verwendeten 2-3 Splits (d.h. 3-4 Schattentexturen), bezahlt man also die höhere Qualität der Schatten mit ca. 2-3ms zusätzlicher Rendering-Zeit, was für die meisten Anwendungen gut verkraftbar ist.

Steht eine Grafikkarte mit Shader Model 4 zur Verfügung, kann man mit Hilfe des Geometry Shaders die Anzahl der Rendering-Durchläufe zur Erzeugung der Schattentexturen von m wieder auf 1 reduzieren. Der Geometry Shader erlaubt es nämlich, die vom Vertex-Shader vortransformierte Szenen-Geometrie dynamisch zu „clonen" und mit verschiedenen Projektionstransformationen für die entsprechenden „Lighting Frusta" versehen in verschiedene „Render Targets" zu rasterisieren. Da die Rasterisierungsstufe der Grafikpipeline massiv parallel für das Rendern aufwändiger Farbbilder ausgelegt ist, können die 3-4 Schattentexturen, bei denen ja nur der z-Wert benötigt wird, voll parallel erzeugt werden. Die programmiertechnischen Details dazu sind in [Zhan08] ausführlich dargestellt.

4. Berechnung der Schatten

Der wesentliche Unterschied beim finalen Rendering-Durchlauf zwischen normaler Schattentexturierung und „Cascaded Shadow Mapping" besteht darin, dass man bei letzterem im Fragment-Shader bestimmen muss, in welchen Teil des sichtbaren Volumens der z-Wert des aktuellen Fragments liegt, damit man die entsprechende Schattentextur für den Tiefenvergleich auswählen kann. Dazu transformiert man die im 1. Schritt berechneten Split-Positionen mit Hilfe der Kamera-Projektionsmatrix ins normierte Projektionskoordinatensystem, in dem ja auch die z-Werte jedes gerenderten Pixels vorliegen. Diese transformierten Split-Positionen überträgt man als „uniform"-Variable an den Fragment-Shader (im folgenden Programmcode `FarDistance` genannt). Die erste Aufgabe im Fragment-Shader besteht nun darin, durch Vergleichsoperationen herauszufinden, in welchem Teil des sichtbaren Volumens der z-Wert des aktuellen Fragments liegt. Als zweites wird die Fragment-Position (vom Vertex-Shader als Vertex-Position vPos an den Rasterizer überge-ben, der durch lineare Interpolation die Fragment-Position berechnet und an den Fragment-Shader weiter leitet) mit der für das aktuelle Teilvolumen bestimmten Matrix vom Kamera-Augenpunkts- in das projizierte und in den Bereich $[0, 1]$ geschobene Koordinatensystem transformiert. Abschließend wird der Schattenfaktor mit Hilfe der Funktion texture(ShadowMapArray, ShadowCoord) berechnet. Der Fragment-Shader kann im we-sentlichen von der normalen Schattentexturierung übernommen werden, die Änderungen betreffen nur die Berechnung des Schattenfaktors und die Deklaration der Eingangsvaria-blen, wie im folgenden Pseudocode dargestellt.

```
// Änderungen im Fragment-Shader für Cascaded Shadow Mapping
// Der Fragment-Shader ist für maximal vier Cascaded Shadow Maps ausgelegt
uniform sampler2DArrayShadow ShadowMapArray;
uniform mat4 ShadowMatrices[4];
uniform vec4 FarDistance;
in vec4 vPos;

float shadow( )
{
    // Bestimmung des Teil-Volumens für den aktuellen z-Wert des Fragments
    int index = 3;
    if (gl_FragCoord.z < FarDistance.x) index = 0;
    else if (gl_FragCoord.z < FarDistance.y) index = 1;
    else if (gl_FragCoord.z < FarDistance.z) index = 2;
    // Fragment-Position aus Kamera- in projizierte Lichtkoordinaten
    vec4 ShadowCoord = ShadowMatrices[index]*vPos;
    // OpenGL benutzt die 4. Koordinate zum Tiefenvergleich
    ShadowCoord.w = ShadowCoord.z;
    // OpenGL benutzt die 3. Koordinate als Array-Ebenen-Nummer
    ShadowCoord.z= index;

    // Berechnung des Schattenfaktors: 0 = Schatten, 1 = kein Schatten
    float shadow = texture(ShadowMapArray, ShadowCoord);
    return shadow;
}
```

Das bisher beschriebene Verfahren des „Cascaded Shadow Mapping" funktioniert sehr gut bei unendlich entfernten Lichtquellen, die mit einer orthogonalen Projektion (glOrtho(), Abschnitt 7.6.1) für die „Lighting Frusta" verbunden sind. Bei endlich, aber dennoch weit entfernten Lichtquellen, die mit einer perspektivischen Projektion (glFrustum()) verbun-den sind, kann man einer Qualitätverschlechterung dadurch entgegenwirken, dass man die logarithmische Skalierung der z-Werte in der Schattentextur durch eine Modifikation der

Projektionsmatrix in eine lineare Skalierung der z-Werte überführt, wie sie bei der orthogonalen Projektion verwendet wird. Falls man es jedoch mit lokalen Lichtquellen innerhalb des sichtbaren Volumens zu tun hat, versagt das bisher beschriebene Verfahren. In diesem Fall muss das Verfahren so erweitert werden, dass potentielle Schattenspender in alle Raumrichtungen erfasst werden. Ein Lösungsansatz für dieses Problem ist es, einen Kubus um die lokale Lichtquelle zu legen und in jede der sechs Raumrichtungen eine eigene Schattentextur zu rendern, analog dem Verfahren der kubischen Texturierung bei Spiegelungen (Abschnitt 13.4.2). Allerdings ist dieses „*Omnidirectional Shadow Maps*" genannte Verfahren recht aufwändig und mit einigen Problemen an den Nahtstellen des Kubus verbunden, wie in [Fors06] diskutiert.

14.1.2.4   Korrektur der Perspektive

Eine weitere Methode zur Reduktion des perspektivischen Aliasing, wie im vorigen Abschnitt beschrieben, besteht darin, die Projektionsebene des „*Lighting Frustum*" so auszurichten, dass sie möglichst senkrecht auf der Blickrichtung des Beobachters steht (Bild 14.19-b). Dies ist mit Hilfe einer asymmetrischen perspektivischen Projektion (`glFrustum()`) bei der Erzeugung der Schattentextur möglich, solange sich Beobachter und Lichtquelle nicht zu extrem gegenüber stehen, wie in Bild 14.16 dargestellt. Auf diese Weise kann man erreichen, dass die Abtastrate der Schattentextur im Nahbereich des Beobachters erhöht und somit das perspektivische Aliasing entsprechend verringert wird.

Solange nur einzelne ebene Flächen und Beleuchtungssituationen wie in Bild 14.19 betrachtet werden, lässt sich durch eine Korrektur der Lichtquellen-Perspektive eine optimale Lösung der Aliasingprobleme erzielen. Bei realen Szenen mit beliebig ausgerichteten

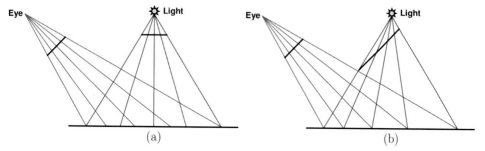

Bild 14.19:   Korrektur der Perspektive: (a) Normale Schattentexturierung **ohne** Korrektur der Perspektive: die Abtastrate der Schattentextur (Light, rote Linien) ist im Nahbereich (linke Seite) des Beobachters (Eye, grüne Linien) zu gering und im Fernbereich (rechte Seite) zu hoch. (b) Schattentexturierung **mit** Korrektur der Perspektive: die Projektionsebene (dicke schwarze Linie) des „*Lighting Frustum*" wird so gedreht, dass sie möglichst senkrecht auf der Blickrichtung des Beobachters steht. Dadurch wird die Abtastrate der Schattentextur im Nahbereich vergrößert und im Fernbereich verkleinert, so dass sie der Abtastrate des Beobachters in allen Bereichen möglichst nahe kommt.

Flächen und Beleuchtungssituationen kann man das Aliasingproblem nur verringern, nicht beheben. Für dieses Optimierungsproblem gibt es eine Reihe verschiedener Lösungsansätze, in der Praxis am häufigsten verwendet wird jedoch das von Wimmer et al. [Wimm04] vorgestellte „Light Space Perspective Shadow Mapping". Dabei wird auf die Szene vor dem Rendern der Schattentextur noch eine Projektionstransformation angewendet, die die nahen Objekte vergrößert und die entfernteren verkleinert, so wie dies ja auch beim 2. Rendering-Durchlauf mit der Szene geschieht. Der Rechenaufwand für dieses Verfahren ist sehr klein, da vor dem Rendern der Schattentextur nur die ursprüngliche Lichtquellen-Projektionsmatrix mit der perspektivischen Projektionsmatrix multipliziert werden muss. Diese modifizierte Gesamt-Projektionsmatrix muss natürlich auch bei der Berechnung der Abtastposition in der Schattentextur (Gleichung 14.1) berücksichtigt werden. Das „Light Space Perspective Shadow Mapping" bringt den größten Qualitätsgewinn, wenn der Licht-vektor und der Augenpunktsvektor ungefähr senkrecht zueinander stehen. Je ähnlicher die Richtung, in die die beiden Vektoren zeigen, desto weniger bewirkt das Verfahren, denn umso weniger weichen die Abtastraten von Schattentextur und Bild voneinander ab. Zeigen die beiden Vektoren eher in entgegengesetzte Richtung („dueling frusta", Bild 14.16) bringt das Verfahren ebenfalls nichts mehr. Es lässt sich jedoch sehr gut mit „Cascaded Shadow Mapping" kombinieren und verbessert so die Bildqualität noch einmal ein kleines Stückchen.

Abschließend sei noch darauf hingewiesen, dass neben dem bisher behandelten „per-spektivischen Aliasing" auch noch das „projektive Aliasing" Schwierigkeiten bei der Schat-tentexturierung bereitet, d.h. die Unterabtastung aufgrund von streifendem Lichteinfall bei entsprechend ungünstig ausgerichteten Objektflächen. Dieses Problem wird durch die bisher beschriebenen Maßnahmen nur leicht abgemildert, aber nicht gezielt reduziert. Dazu bedarf es aufwändigerer Algorithmen, wie z.B. „Queried Virtual Shadow Maps" von Giegl et al. [Gieg07-1], bei denen eine Quadtree-Hierarchie von immer höher aufgelösten Schat-tentexturen erzeugt wird, bis die Änderungen beim gerenderten Schatten unterhalb einer vordefinierten Schwelle liegen. Die Hierarchie startet mit einer Schattentextur (z.B. 1024 x 1024 Texel) für die gesamte Szene, anschließend werden vier Teil-Schattentexturen geren-dert, jede ebenfalls mit einer Auflösung von 1024 x 1024 Texel. Für beide Hierarchieebenen wird das fertige Bild mit Schatten gerendert. Falls sich das Schattenbild in einem der vier Teilbereiche zu stark vom Schattenbild der höheren Hierarchieebene unterscheidet, wird der Teilbereich erneut in vier Teile zerlegt usw. bis für alle Teilbereiche die Bildunterschiede den Schwellwert unterschreiten. Dieses Verfahren erfordert eine hohe Zahl an Rendering-Durchläufen und ist daher bei realistischen Szenen nicht echtzeitfähig. Um die hohe Zahl an Rendering-Durchläufen zu vermeiden, wurden weitere Verfahren vorgeschlagen ([Gieg07-2], [Lefo07]), bei denen in einem vorgeschaltetem Rendering-Pass bestimmt wird, in welchen Schattentextur-Bereichen welche Auflösungen erforderlich sind. Diese Idee führt unmit-telbar zur Klasse der „Irregular Sampling"-Verfahren, bei denen in einem Durchlauf eine Schattentextur gerendert wird, deren Abtastpunkte allerdings nicht mehr auf einem Gitter mit einheitlichen Abständen liegen, sondern eben dort, wo sie nötig sind. Während Johnson et al. [John05] dafür eine neue Grafikhardware-Architektur vorschlagen, bieten Sintorn et al. [Sint08] eine GPGPU-Lösung mit NVIDIA CUDA an.

14.1.3 Ray Tracing

Der wesentliche Vorteil von Ray Tracing gegenüber Schattentexturen ist, dass es prinzipbedingt aliasfreie Schatten erzeugt, denn es ist das ideale „Irregular Sampling"-Verfahren.
Der Grund dafür ist leicht einzusehen: beim (Whitted) Ray Tracing wird für jedes Pixel des Bildes ein Primärstrahl in die Szene geschickt und ein Auftreffpunkt auf einem
Objekt berechnet, von dem aus ein Sekundärstrahl (in diesem Fall ein Schattenfühler)
zur (punktförmigen) Lichtquelle gesendet wird. Trifft der Schattenfühler auf dem Weg zur
Lichtquelle ein (opakes) Objekt, liegt der Punkt im Schatten, ansonsten ist er beleuchtet.
Der Schattentest wird also nicht wie bei der Schattentexturierung ausgehend von der Lichtquelle in Richtung der Szene ausgeführt sondern umgekehrt. Damit steht für jedes Pixel
eines Bildes aus Sicht des Beobachters ein im Rahmen der numerischen Rechengenauigkeit
exakter Schattentest zur Verfügung.

Allerdings hat der Ray Tracing Ansatz zur Erzeugung von Schatten auch einige gra-
vierende Nachteile. Zum Einen ist der Ansatz sehr viel rechenaufwändiger, als die Schattentexturierung, da für jeden Schattenfühler ein Kollisionstest mit der gesamten Szene
durchgeführt werden muss, während beim umgekehrten Fall, nämlich der Erzeugung der
Schattentextur aus der Sicht der Lichtquelle die viel schnellere, hardware-beschleunigte
Rasterisierungs-Pipeline von OpenGL benützt werden kann. Mit aktuellen Grafikkarten
lassen sich zwar beim Whitted Ray Tracing von realistischen und texturierten Szenen
mit bewegten Objekten, einer Auflösung von 512 x 512 Pixeln, einer Primärstrahlerzeu-
gung mit dem Rasterisierer und einem einzigen Sekundärstrahl pro Pixel, nämlich dem
Schattenfühler, bis zu 60 Bilder pro Sekunde erreichen [Klei10], allerdings ist eine einfache Schattentexturierung bei der Berechnung der Schatten mindestens um einen Faktor 10
schneller. Da die kritischen Aliasing-Artefakte immer am Rand des Schattens auftreten,
schlugen Hertel et al. [Hert09] ein Hybridverfahren vor, bei dem der unkritische Kernschatten mit normaler Schattentexturierung erzeugt wird und nur für den Schattenrand
Ray Tracing eingesetzt wird. Dadurch reduziert sich natürlich die Anzahl der benötigten Schattenfühler pro Bild drastisch, so dass der Geschwindigkeitsnachteil gegenüber der
einfachen Schattentexturierung nur noch auf einen Faktor von ca. 3 schrumpft.

Hinzu kommt, dass die Kombination von Ray Tracing mit weiteren gewohnten Standardverfahren zur Verbesserung der Bildqualität, wie z.B. Anti-Aliasing (Kapitel 10),
nur mit weiteren erheblichen Geschwindigkeitseinbußen erreicht werden kann. Außerdem
erhält man beim Whitted Ray Tracing, bei dem nur ein Schattenfühler pro Pixel zu einer
punktförmigen Lichtquelle losgeschickt wird, nur einen harten Schatten. Um einen weichen Schatten mit z.B. 64 Graustufen zu generieren, müsste man mit entsprechend vielen
Schattenfühler pro Pixel eine ausgedehnte Lichtquelle abtasten, was natürlich zu drama-
tischen Geschwindigkeitsverlusten führt. Es existiert zwar ein Vorschlag von Parker et al.
[Park98] zur Erzeugung von weichen Schatten mit nur einem Schattenfühler pro Pixel,
bei dem man um jeden Schattenspender in der Szene eine Hülle legt, deren Transparenz
nach außen hin zunimmt, und dann bestimmt, welche Wegstrecke der Schattenfühler in
der Hülle zurücklegt bzw. ob er das (opake) innere Objekt direkt trifft. Damit lassen sich
für einfache Szenen realistische weiche Schatten erzeugen, aber trotzdem hat sich dieser

Vorschlag nicht durchgesetzt, da er zu vielen Einschränkungen unterliegt. Es bleibt also abzuwarten, ob durch zukünftige Entwicklungen bei Hard- und Software der Ray Tracing Ansatz eine interessante Alternative zur rasterbasierten Schattentexturierung wird. Einige aktuelle Entwicklungen deuten zumindest in diese Richtung.

Mit Microsoft DirectX Raytracing (DXR) fließt erstmals eine Ray Tracing Schnittstelle in eine Standard Grafikbibliothek (DirectX 12) ein [Mic18a]. Es werden dabei folgende Konzepte eingeführt:

- Eine Beschleunigungsstruktur, die in zwei Hierarchiestufen eingeteilt ist. Die Bottom-Level Hierarchie dient zur Optimierung der Schnitttests und enthält die Vertex Daten für die Szenenobjekte. Die Beschleunigungsstrukturen des Bottom-Levels werden mit einer zweiten Beschleunigungsstruktur, der Top-Level Hierarchie, gegliedert. Dies erleichtert den Einsatz von dynamischen Objekten.

- Neue eingebaute Shader zur Strahlenerzeugung und für Aktionen des Schnitttests (`closest-hit`, `any-hit` und `miss`).

- API Funktionalitäten zur Steuerung des Ray Tracings und zur Verwaltung von Zuständen

NVIDIA bietet dieses Konzept auch für Vulkan in Form einer Erweiterung an [NVIc]. Einige aktuelle Computerspiele setzen bereits DXR für realistische Reflexionen und Schatten ein [Mic18b].

14.2 Weiche Schatten (Soft Shadows)

In natürlichen Szenen gibt es zwischen dem Kernschatten (umbra) und einer voll beleuchteten Oberfläche immer einen weichen Übergangsbereich, den man als Halbschatten (penumbra) bezeichnet. Ursache für den Halbschatten ist die endliche Ausdehnung von realen Lichtquellen, wie in Bild 14.4-b dargestellt. Um den Berechnungsaufwand niedrig zu halten, gelten aber in diesem Abschnitt weiterhin wesentliche Einschränkungen: kein indirektes Licht, keine transparenten Objekte, sowie eine einheitliche Strahlungsintensität und Farbe an jeder Stelle der Flächenlichtquelle. Dadurch reduziert sich der Schatten-Algorithmus auf binäre Sichtbarkeitstests. Im Gegensatz zu harten Schatten, bei denen ein einziger Sichtbarkeitstest pro Pixel genügt, muss man für korrekte weiche Schatten viele Sichtbarkeitstests pro Pixel durchführen, denn eine ausgedehnte Lichtquelle wird durch viele punktförmige Lichtquellen approximiert. Dies bedeutet, dass man nicht nur eine Schattentextur aus Sicht einer punktförmigen Lichtquelle rendern muss, sondern viele Schattentexturen von den vielen Lichtquellen, mit denen man die ausgedehnte Lichtquelle an diskreten Punkten abtastet (Bild 14.20-a). Zusätzlich müsste beim finalen Rendering-Durchlauf für jedes Pixel der Tiefenvergleich mit allen Schattentexturen durchgeführt werden. Dadurch würde der Rechenaufwand für die Generierung weicher Schatten enorm steigen und deren Anwendung in Echtzeit-Anwendungen verhindern. Die entscheidende Idee, um den Rechenaufwand für weiche Schatten in Grenzen zu halten und weiterhin mit einer einzigen Schattentextur auszukommen, besteht darin, den Vorgang umzukehren: man tastet nicht die ausgedehnte Lichtquelle mehrfach ab, sondern die Schattentextur (Bild 14.20-b). Solange die Lichtstrahlen parallel sind, d.h. Richtungslichtquellen angenommen werden, entsteht durch die Mehrfachabtastung der Schattentextur kein Fehler, denn es spielt in diesem Fall keine Rolle, ob man die Lichtquelle verschiebt, oder die Schattentextur, wegen der Orthogonalprojektion bleibt die Darstellung unverändert[5]. Je näher eine endlich entfernte Lichtquelle der Szene kommt, desto stärker fällt der Parallaxenfehler und damit auch der Unterschied zwischen der korrekten Lösung (Abtastung der ausgedehnten Lichtquelle) und der vereinfachten (Mehrfachabtastung einer Schattentextur) aus.

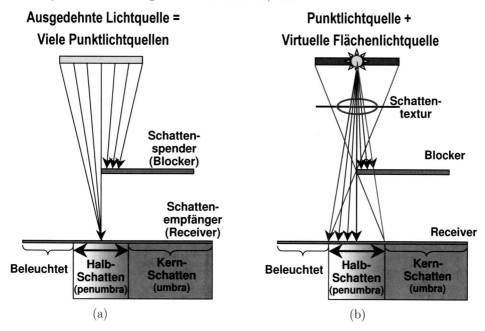

Bild 14.20:   Erzeugung weicher Schatten durch ausgedehnte Lichtquellen: (a) Approximation der ausgedehnten Lichtquelle durch viele punktförmige Lichtquellen. (b) Einfachere Alternative: Approximation der ausgedehnten Lichtquelle durch Mehrfachabtastung der Schattentextur (rot markierter Bereich in der Schattentextur).

Man unterscheidet bei den weichen Schattenalgorithmen zwei Klassen: die mit konstanter Halbschattenbreite („*fixed-size penumbra*") und die mit variabler Halbschattenbreite („*variable-size penumbra*"). Die Algorithmen mit konstanter Halbschattenbreite sind sehr viel einfacher und daher schneller, weil immer das gleiche Verfahren (eine Art von Tiefpassfilterung) zur Glättung der Schattenkanten verwendet werden kann. Dies bringt schon

---

[5]eine unendlich entfernte Lichtquelle kann aber streng genommen keine ausgedehnte Lichtquelle mehr sein, dies ist nur ein (gut funktionierender) Kunstgriff.

einen erheblichen Fortschritt, weil unnatürlich harte Schattenkanten und Treppenstufen-effekte verschwinden, wie beim normalen Anti-Aliasing (Kapitel 10). In der Realität ist die Situation aber noch ein Stück komplexer, da die Halbschattenbreite mit dem Abstand zwischen Schattenspender und Schattenempfänger variiert: geht der Abstand gegen null erhält man einen harten Schatten, wie z.B. an der Stelle, an der ein Baumstamm in den Boden stößt; mit zunehmendem Abstand steigt auch die Halbschattenbreite an. Deshalb müssen Algorithmen, die eine physikalisch plausible, variable Halbschattenbreite liefern, vorab eine mehr oder weniger aufwändige Szenenanalyse durchführen, um den Abstand zwischen Schattenspender und Schattenempfänger zu bestimmen.

14.2.1 Konstante Halbschattenbreite (Fixed-Size Penumbra)

Die Grundidee bei der Erzeugung von weichen Schatten ist es immer, den ursprünglich harten Licht-Schatten-Übergang durch irgend eine Art von Tiefpassfilterung zu glätten. Die aller einfachste Idee einer direkten Tiefpassfilterung der Schattentextur funktioniert allerdings nicht. Der Grund dafür liegt in der binären Natur des Schattentests: ein Pixel ist voll im Schatten, wenn der Tiefenvergleich negativ ausfällt, oder voll im Licht wenn er positiv ausfällt. Eine Tiefpassfilterung der Schattentextur würde ja nur die z-Werte in der Schattentextur glätten und somit die Grenzen des harten Schattens verschieben, aber nichts an der binären Natur des Sichtbarkeitstests ändern. Deshalb ist die nächstliegende Idee, die im folgenden Abschnitt dargestellt wird, zuerst die Sichtbarkeitstests in einer Nachbarschaft um das getroffene Texel in der Schattentextur durchzuführen und danach die Ergebnisse zu mitteln. In den weiteren Abschnitten werden dann noch Verfahren vorgestellt, die es mit einer trickreichen Vorfilterung der Schattentextur doch noch schaffen, eine sinnvolle Basis für weiche Schatten mit nur einem Texturzugriff zu legen.

14.2.1.1 Percentage-Closer Filtering (PCF)

Das erste Verfahren zur Erzeugung von weichen Schatten, das in verfeinerter Form auch heute noch eine große Praxisrelevanz besitzt, ist das von Reeves et al. [Reev87] entwickelte „Percentage-Closer Filtering" (PCF). Dabei wird der Abstand z'_p des Oberflächenpunktes p von der Lichtquelle nicht nur mit dem z-Wert z'_s an der entsprechenden Stelle p' der Schattentextur verglichen, sondern auch noch mit weiteren z-Werten z'_q in einem gewissen Filterkern K um p' herum. Das PCF-Ergebnis erhält man dann aus einer (gewichteten) Mittelwertbildung der einzelnen binären Vergleichstests. Die Halbschattenbreite lässt sich über den Filterkernradius einstellen, d.h. ein größerer Filterkern K führt zu weicheren Schatten und ein kleinerer zu härteren Schatten (Bild 14.21). Der Schattenfaktor $pcfShadow$ ergibt sich aus

$$pcfShadow(p) = \sum_{q \in K(p')} w(p' - q) \cdot S(z'_p, z'_q), \qquad (14.5)$$

wobei w die Gewichte des Filterkerns sind, p' die zum Oberflächenpunkt p korrespon-dierende Position in der Schattentextur, q eine beliebige Position in der Schattentextur

(a)   (b)

(c)   (d)

Bild 14.21:   Weiche Schatten mit „*Percentage Closer Filtering*" (PCF): (a) Normale Schattentexturierung **ohne** PCF: harte Schatten mit Treppenstufen. (b,c,d) PCF **mit** 25 zufällig verteilten Abtastpunkten in einem kleinen/mittleren/größeren Filterkern: weiche Schatten mit kleiner/mittlerer/größerer Halbschattenbreite.

und S der binäre Sichtbarkeitstest, der mathematisch als Heaviside'sche Sprungfunktion dargestellt wird

$$S(z'_p, z'_q) = \begin{cases} 0, & \text{falls } z'_q < z'_p \\ \\ 1, & \text{sonst.} \end{cases} \tag{14.6}$$

Obwohl „*Percentage Closer Filtering*" die physikalischen Strahlengänge nicht korrekt berechnet, sind die Ergebnisse in der Praxis sehr gut brauchbar. Die harten Schatten und damit verbunden die Treppenstufen-Effekte der normalen Schattentexturierung werden durch PCF geglättet. Es entsteht ein einstellbarer Halbschattenbereich, der der menschlichen Wahrnehmung von Schatten entgegen kommt, da wir es in der Natur immer mit ausgedehnten Lichtquellen zu tun haben. Aufgrund dieser positiven Eigenschaften und seiner einfachen Implementierbarkeit bieten alle Grafikkarten, die mindestens Shader Model 4 beherrschen, eine Hardware-Beschleunigung für PCF mit einem 2 x 2 Texel großen Filterkern an. Hintergrund ist hier die große Ähnlichkeit zu den 2 x 2 Texel großen Texturfiltern (Abschnitt 13.1.2): der einzige Unterschied bei PCF ist, dass dort zuerst gemäß (14.6) der Sichtbarkeitstest durchgeführt wird, bevor die lineare Interpolation der vier Einzelwerte stattfindet. Im Programmcode muss für die Aktivierung von 2 x 2 PCF nur ein Parameter geändert werden: die Textur-Filter müssen auf den Wert GL_LINEAR (anstatt wie bei harten Schatten auf GL_NEAREST) gesetzt werden. Diese einfache Art des 2 x 2 PCF erhält man aufgrund der Hardware-Beschleunigung praktisch ohne Rechenzeitverluste.

Möchte man jedoch weichere Schatten mit PCF erzeugen (Bild 14.21-d), werden die Filterkerne quadratisch größer, d.h. eine Verdoppelung der Halbschattenbreite bedingt eine Vervierfachung der Filterkerngröße und somit auch der Zugriffe auf die Schattentextur, sowie der Sichtbarkeitstests. Diese starke Zunahme der Textur-Zugriffe vom Fragment-Shader aus wird bei weicheren Schatten sehr schnell der Flaschenhals der Anwendung. Deshalb

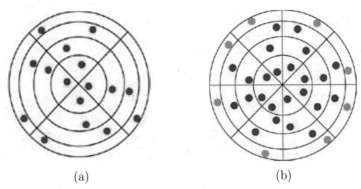

(a)   (b)

Bild 14.22: (a) Poisson Disk mit 16 zufälligen Abtastpunkten innerhalb des Einheitskreises und (b) modifizierte Poisson Disk (äußerer Ring mit 8 grünen Punkten) als Testfunktion. Quelle: [Ural05].

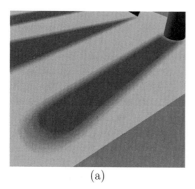
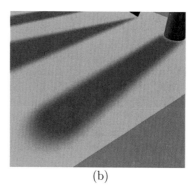

(a)   (b)

Bild 14.23:   Ersetzung von Band-Strukturen im Halbschatten durch Rauschen mit Hilfe
zufälliger Rotationen der Poisson Disk: (a) PCF mit Poisson Disk ohne zufällige Rotation:
Band-Strukturen im Halbschatten sind klar erkennbar, (b) PCF mit zufälliger Rotation der Poisson Disk: Rauschen im Halbschatten, das für die menschliche Wahrnehmung
angenehmer ist als Band-Strukturen. Quelle: Mario Michelini.

wurden verschiedene Strategien zur Verringerung der Textur-Zugriffe vorgeschlagen, von
denen hier nur die beiden mit der größten Praxisrelevanz dargestellt werden. Die beiden
Strategien wurden von Uralsky [Ural05] vorgeschlagen. Bei der ersten Idee wird die Zahl der
Abtastpunkte unabhängig von der PCF-Filterkerngröße konstant gehalten (z.B. 16, 25, 32,
64), indem man vorab eine sogenannte Poisson Disk anlegt, in der in einem Einheitskreis
eine feste Zahl an zufällig gewählten Abtastpositionen bestimmt wird (Bild 14.22-a). Soll
der Filterkern größer werden, um einen weicheren Schatten zu erhalten, wird die Poisson
Disk einfach mit dem gewünschten Faktor multipliziert. Folglich wird die Schattentextur umso spärlicher abgetastet, je größer der Faktor ist, was leider zu deutlich sichtbaren
Band-Strukturen im Halbschattenbereich führt (Bild 14.23-a). Durch eine zufällige Rotation der Poisson Disk je Fragment kann man die Band-Strukturen in ein für die menschliche
Wahrnehmung weniger störendes hochfrequentes Rauschen umwandeln (Bild 14.23-b).

Die zweite Idee besteht darin, mit einer einfacheren Testfunktion herauszufinden, ob
das gerade aktuelle Pixel im Halbschattenbereich liegt, denn nur dort macht ein großer
und daher aufwändiger PCF-Filterkern Sinn, im Kernschatten bzw. in voll beleuchteten
Bereichen reicht ein einfacher Sichtbarkeitstest mit nur einem Abtastpunkt in der Schattentextur aus. Als einfache Testfunktion schlägt Uralsky wiederum einen PCF-Filterkern mit
wenigen Abtastpunkten (z.B. 8) vor, die zufällig verteilt auf einem äußeren Ring der Poisson Disk liegen (Bild 14.22-b). Falls alle Abtastpunkte der Testfunktion entweder 0 (d.h.
Kernschatten) oder 1 (d.h. voll beleuchtet) liefern, wird keine weitere PCF-Filterung mit
der vollen Anzahl an Abtastpunkten durchgeführt, ansonsten nimmt man an, dass man im
Halbschattenbereich liegt und führt die vollständige PCF-Filterung durch. Dadurch kann
bei Szenen, in denen der Halbschattenbereich nicht überwiegt und mit Grafikkarten, die
mindestens Shader Model 3 (d.h. Unterstützung für if-Anweisungen im Fragment-Shader)
bieten, eine Steigerung der Bildgenerierraten um ca. 50% erreicht werden.

14.2.1.2 Variance Shadow Maps (VSM)

Donnelly und Lauritzen ([Donn06],[Laur08]) gaben den Anstoß für eine Reihe von Verfahren, die es doch noch ermöglichen, die Schattentextur als Ganzes vorab mit einem Tiefpass zu filtern und trotzdem noch sinnvolle weiche Schatten zu erzeugen. Das ist deshalb so erstrebenswert, weil eine Filterung der Schattentextur als Ganzes mit einem (separierbaren) Tiefpass-Filterkern auf Grafikkarten sehr viel schneller erfolgen kann, als mit einem entsprechenden PCF-Filter im Fragment-Shader. Die Grundidee der „*Variance Shadow Maps*" (VSM) besteht darin, einen Schätzwert für das PCF-Filterergebnis (14.5) auf Basis einer einfachen Statistik anzugeben. Dazu erzeugt man im ersten Rendering-Durchlauf eine Schattentextur, bei der man zwei Komponenten pro Pixel in den Texturspeicher schreibt: den gewöhnlichen z-Wert z'_s und das Quadrat des z-Werts, d.h. $(z'_s)^2$. In einem zusätzlichen zweiten Rendering-Durchlauf führt man eine Tiefpass-Filterung beider Komponenten mit einem Filterkern der gleichen Größe wie bei PCF durch. Danach enthält die erste Komponente der Schattentextur das erste Moment M_1 der Verteilung der Tiefenwerte und die zweite Komponente das zweite Moment M_2. Im dritten und letzten Rendering-Durchlauf berechnet man mit Hilfe der beiden Momente nun den Mittelwert μ und die Varianz σ^2 der z-Werte in der Schattentextur, denn es gilt:

$$M_1 = \sum_{q \in K(p')} w(p' - q) \cdot z'_q, \tag{14.7}$$

$$M_2 = \sum_{q \in K(p')} w(p' - q) \cdot (z'_q)^2, \tag{14.8}$$

$$\mu(p) = M_1 = E[z'_s], \tag{14.9}$$

$$\sigma^2(p) = M_2 - M_1^2 = E[(z'_s - E[z'_s])^2] = E[(z'_s)^2] - E[z'_s]^2, \tag{14.10}$$

wobei $E[z'_s]$ der Erwartungswert des z-Werts in der Schattentextur an der Stelle p ist, z'_q der z-Wert in der Schattentextur an einer beliebigen Stelle q, w die Gewichte des Tiefpass-Filterkerns K und p' die zum Oberflächenpunkt p korrespondierende Position in der Schattentextur.

Die Tschebyschow-Ungleichung

$$P(z'_q \geq z'_p) \leq P_{max}(z'_p) \equiv \frac{\sigma^2}{\sigma^2 + (z'_p - \mu)^2} \tag{14.11}$$

gibt einen oberen Grenzwert $P_{max}(z'_p)$ für den Prozentsatz $P(z'_q \geq z'_p)$ der z-Werte z'_q im Filterkernbereich K der Schattentextur, die nicht näher an der Lichtquelle sind, als der Oberflächenpunkt p mit dem z-Wert z'_p, d.h. die also den Sichtbarkeitstest (14.6) bestehen. Dieser Prozentsatz $P(z'_q \geq z'_p)$ ist genau der Schattenfaktor *pcfShadow*, den

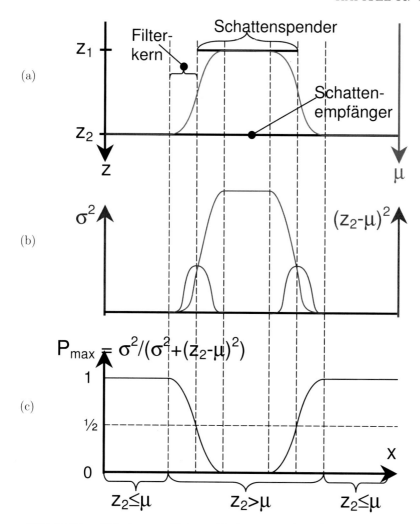

Bild 14.24:   Prinzip von „*Variance Shadow Maps*" (VSM) anhand eines einfachen Beispiels: (a) ein planarer Schattenspender in der Tiefe z_1 befindet sich vor einem planaren
Schattenempfänger bei der Tiefe z_2; grün dargestellt ist der Mittelwert μ. (b) blau dargestellt ist die Varianz σ^2, die nur im Bereich des Tiefensprungs ansteigt; rot dargestellt
ist das Differenzquadrat zwischen der Tiefe des Schattenempfängers z_2 und dem Mittelwert μ. (c) der VSM-Schattenfaktor wird als das Maximum der Tschebyschow-Verteilung
$P_{max} = \frac{\sigma^2}{\sigma^2+(z_p'-\mu)^2}$ angenommen. Der VSM-Schattenfaktor ist 1 im voll beleuchteten Bereich, er fällt kontinuierlich bis auf 0 im Halbschattenbereich ab und auf diesem Wert
verbleibt er auch im Kernschatten.

man mit PCF (14.5) berechnet. Als Schattenfaktor bei VSM wird nun einfach dieser obere PCF-Grenzwert $P_{max}(z'_p)$ benutzt:

$$vsmShadow(p) = \begin{cases} P_{max}(z'_p) = \frac{\sigma^2}{\sigma^2 + (z'_p - \mu)^2}, & \text{falls } z'_p > \mu \\ \\ 1, & \text{sonst.} \end{cases} \tag{14.12}$$

Wie Lauritzen gezeigt hat ([Laur08]), gilt für planare Schattenspender und -empfänger, die senkrecht zur Lichtquelle ausgerichtet sind $P_{max}(z'_p) = P(z'_q \geq z'_p)$, d.h. in diesem Fall liefert VSM das gleiche Ergebnis wie PCF. Da diese Situation in vielen Szenarien näherungsweise vorhanden ist, erhält man mit VSM praxistaugliche weiche Schatten bei geringeren Rechenzeiten als PCF.

Um ein Gefühl dafür zu entwickeln, wie VSM arbeitet, sind in Bild 14.24 die wichtigsten Größen anhand eines einfachen Beispiels, nämlich eines planaren Schattenspenders in der Tiefe z_1 vor einem planaren Schattenempfänger bei der Tiefe z_2, dargestellt. Die Varianz σ^2 in der Schattentextur ist an den Kanten der Schattentextur am größten, d.h. dort, wo es Sprünge in der Tiefe gibt, wie an Objektkanten. Somit ist die Varianz σ^2 quasi ein Marker für den Halbschattenbereich. Wenn man von einer voll beleuchteten Stelle in den Halbschattenbereich übergeht, wird das Differenzquadrat zwischen der Tiefe des Schattenempfängers z_2 und dem Mittelwert μ, d.h. die Größe $(z'_2 - \mu)^2$ zunächst langsamer ansteigen, als die Varianz σ^2, so dass der Schattenfaktor $P_{max} \approx 1$ am Rand des Halbschattenbereichs sein wird. In der Mitte des Halbschattenbereichs gilt $\sigma^2 = (z'_2 - \mu)^2$ und daher gemäß (14.12) $P_{max} = 1/2$. Weiter in Richtung Kernschatten steigt die Größe $(z'_2 - \mu)^2$ weiter an, während die Varianz σ^2 wieder abnimmt, so dass der Schattenfaktor P_{max} immer kleiner wird, bis er im Kernschatten 0 wird.

Da VSM einen oberen Grenzwert für den PCF-Schattenfaktor liefert, d.h.

$$vsmShadow(p) \geq pcfShadow(p), \tag{14.13}$$

gibt es Situationen, in denen VSM einen eigentlich im Kernschatten liegenden Bereich zu hell darstellt. Diese Situation tritt z.B. dann auf, wenn mehrere Schattenspender über einem Empfänger liegen (Bild 14.25). In diesem Fall wird der Mittelwert μ und die Varianz σ^2 nur bezüglich der z-Werte berechnet, die der Lichtquelle am nächsten sind, d.h. von den obersten beiden Schattenspendern (Objekt A und B). Ein Schattenempfänger (Objekt C) unterhalb dieser beiden Schattenspender, der eigentlich vollständig im Kernschatten sein müsste, erhält jedoch einen Schattenfaktor > 0, da die Varianz, die für ein korrektes Ergebnis aus den z-Werten der Objekte B und C berechnet werden und in diesem Fall $\sigma^2 = 0$ sein müsste, bei VSM aber aus den z-Werten der Objekte A und B berechnet werden und daher $\sigma^2 > 0$ ist. Dieses „Durchscheinen“ einer Lichtquelle durch opake Flächen nennt man „light bleeding“. Am stärksten treten diese Artefakte auf, wenn der Abstand zwischen dem ersten und dem zweiten Schattenspender groß im Verhältnis zum Abstand zwischen dem zweiten Schattenspender und dem Schattenempfänger ist. Die Ursache für diese Artefakte ist, dass in der Schattentextur zu wenig Information steckt, um komplexere

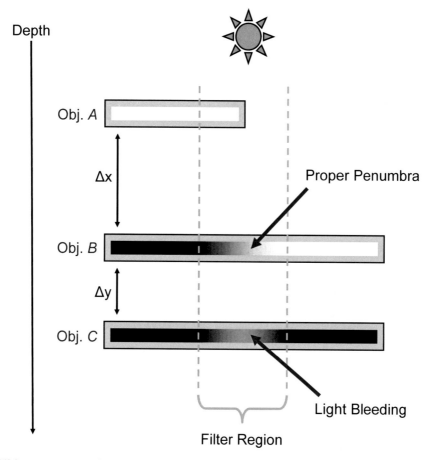

Bild 14.25:   Eine Szene, bei der zwei Schattenspender (Objekte A und B) über einem Schattenempfänger (Objekt C) liegen. In diesem Fall tritt bei VSM ein „light bleeding"-Problem auf, da die Varianz nur bezüglich der beiden oberen Objekte A und B berechnet wird, obwohl für ein korrektes Ergebnis die Varianz bezüglich der beiden unteren Objekte B und C berechnet werden müsste. Objekt B erhält einen korrekten Halbschatten, aber Objekt C, das eigentlich vollständig im Kernschatten von Objekt B liegt, erhält fälschlicherweise ebenfalls einen Halbschattenwert, der umso größer wird, je kleiner der Abstand zwischen den Objekten B und C ist. Quelle: Andrew Lauritzen [Laur08].

Anordnungen von Schattenspendern und -empfängern korrekt unterscheiden zu können. Lauritzen hat für dieses Problem einen Lösungsvorschlag gemacht, der aber in der Praxis nur bedingt tauglich ist: „*Layered Variance Shadow Maps*" ([Laur08]). Dabei wird der beleuchtete Raum so in Schichten unterteilt, dass in einer Schicht möglichst immer nur ein Schattenspender und ein Schattenempfänger liegen, so dass kein „*light bleeding*" auftreten kann. Allerdings bedeutet dies einen erheblichen Zusatzaufwand bei Speicherplatz und Rechenzeit. Außerdem muss vorher immer eine aufwändige Szenenanalyse durchgeführt werden, um die richtige Anzahl und Positionierung der Schichten zu erhalten. Deshalb werden im folgenden weitere Verfahren vorgestellt, die die Vorteile von VSM bewahren, aber kein „*light bleeding*"-Problem aufweisen.

14.2.1.3   Exponential Shadow Maps (ESM)

Durch Vorarbeiten von Annen et al. [Anne07] zu „*Convolution Shadow Maps*" wurde der Sichtbarkeitstest (14.6) für Schatten mit Hilfe einer Fourier-Reihenentwicklung neu formuliert, so dass die Terme für Schattenspender und Schattenempfänger getrennt voneinander berechnet und gefiltert werden können. Auf dieser Basis hat Salvi [Salv08] im Rahmen der „*Exponential Shadow Maps*" (ESM) die zündende Idee eingebracht, die *Heaviside'sche Sprungfunktion* des Sichtbarkeitstests durch eine Exponential-Funktion zu ersetzen, die sehr viel einfacher zu handhaben ist, als eine Fourier-Reihe. Wie in Bild 14.26 zu sehen ist, nähert sich die Exponential-Funktion für steigende Exponential-Koeffizienten c immer stärker der *Heaviside'schen Sprungfunktion* an.

Dies gilt allerdings nur auf der negativen Halbachse, denn auf der positiven Halbachse wächst die Exponential-Funktion extrem schnell bis ins Unendliche an. Glücklicherweise benötigt man für den Schattentest jedoch nur die negative Halbachse, denn die Schattentextur speichert ja die Entfernung z_q' von der Lichtquelle zur nächstgelegenen Oberfläche und deshalb muss jeder Punkt p in der Szene aus der Sicht des Betrachters mindestens genau so weit oder, falls er im Schatten liegt, weiter von der Lichtquelle entfernt sein, d.h. es gilt immer $z_q' - z_p' \leq 0$. Der Sichtbarkeitstest für Schatten bei ESM lautet also:

$$S(z_p', z_q') = exp(c(z_q' - z_p')), \tag{14.14}$$

wobei sich in der Praxis $c = 80$ als sinnvoller Wert heraus gestellt hat. Bei kleineren Werten von c tritt an Kontaktstellen von Schattenspender und -empfänger wieder das „*light bleeding*"-Problem auf, bei größeren Werten gibt es numerische Probleme. Mit Hilfe der Exponential-Funktion im Sichtbarkeitstest lautet der Schattenfaktor bei ESM:

$$
\begin{aligned}
esmShadow(p) &= \sum_{q \in K(p')} w(p' - q) \cdot S(z_p', z_q') \\
&= \sum_{q \in K(p')} w(p' - q) \cdot exp(c(z_q' - z_p')) \\
&= exp(-c \cdot z_p') \cdot \sum_{q \in K(p')} w(p' - q) \cdot exp(c \cdot z_q')
\end{aligned}
\tag{14.15}
$$

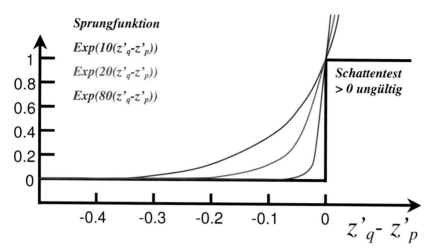

Bild 14.26: Approximation der *Heaviside'schen Sprungfunktion* (schwarz) durch eine Exponential-Funktion mit unterschiedlichen Koeffizienten: $c = 10$ (blau), $c = 20$ (grün), $c = 80$ (rot). Der Gültigkeitsbereich der Approximation beschränkt sich auf die negative Halbachse, d.h. $z'_q - z'_p \leq 0$.

Damit erhält man jeweils einen getrennten Term für den Schattenempfänger $exp(-c \cdot z'_p)$ und den Schattenspender $exp(c \cdot z'_q)$, die unabhängig voneinander verarbeitet werden können. Man rendert also im ersten Durchlauf die mit der Exponential-Funktion skalierten z-Werte der Schattenspender in die Schattentextur. Im zweiten Durchlauf kann man das ganze Arsenal der bekannten Tiefpass-Filtertechniken nutzen, wie z.B. separierbare Gauß-Filter (Band II Kapitel 17), hardware-beschleunigte MipMap-Filter (Abschnitt 13.1.3), oder anisotrope Filter (Abschnitt 13.1.3.5). Im finalen Rendering-Durchlauf muss nur noch die Exponential-Funktion des z-Werts des Schattenempfängers $exp(-c \cdot z'_p)$ mit dem korrespondierenden Wert in der Schattentextur multipliziert werden, um den ESM-Schattenfaktor zu erhalten.

Da ESM keine Varianz der Schattentextur mehr benötigt, treten die bei VSM bekannten „*light bleeding*"-Probleme bei mehreren übereinander liegenden Schattenspendern bei ESM nicht mehr auf. Leider bleibt aber ein „*light bleeding*"-Problem an Kontaktstellen von Schattenspender und -empfänger bestehen. Denn an Kontaktstellen geht die Differenz $(z'_q - z'_p) \to 0$ und damit geht der ESM-Schattenfaktor $exp(c(z'_q - z'_p)) \to 1$, d.h. der Schatten verschwindet. Je größer der Exponential-Koeffizient c wird, desto später tritt das Problem auf, aber bei Werten über 80 ist Schluss, da sonst numerische Probleme überwiegen. In diesem Zusammenhang tritt ein weiteres Problem durch die Tiefpass-Filterung auf: die Grundannahme war ja, dass $z'_q - z'_p \leq 0$ immer gilt und zwar auch innerhalb des Filterkerns. Diese Annahme stimmt aber nur bei planaren Schattenspendern, die senkrecht zur Lichtquelle ausgerichtet sind, ansonsten kann es selbstverständlich vorkommen, dass der z-Wert z_q' eines Schattenspenders irgendwo im Bereich des Filterkerns größer als der z-Wert des Schattenempfängers z_p' wird. In diesem Fall wächst die Exponential-Funktion über alle Grenzen und das Ergebnis der Summation in (14.15) ist unbrauchbar. Deshalb beschränkt man den ESM-Schattenfaktor auf den Wertebereich $[0, 1]$, d.h. man schneidet mit Hilfe der `clamp`-Funktion Werte > 1 und < 0 einfach ab. Eine weitere gebräuchliche Methode, um das „*light bleeding*"-Problem bei ESM zu reduzieren, ist die Benutzung einer Tiefenkorrektur („*Depth Bias*") bei der Erzeugung der Schattentextur, mit den in Abschnitt 14.1.2.1 geschilderten Vor- und Nachteilen.

14.2.1.4 Exponential Variance Shadow Maps (EVSM)

Um die „*light bleeding*"-Probleme sowohl bei VSM (bei mehreren übereinander liegenden Schattenspendern), als auch bei ESM (an Kontaktstellen von Schattenspender und -empfänger) in den Griff zu bekommen, wurde von Lauritzen [Laur08] eine elegante Kombination beider Schattenalgorithmen vorgeschlagen, „*Exponential Variance Shadow Maps*" (EVSM), die sich die Stärken beider zunutze macht. Die Idee besteht darin, das erste und zweite Moment (M_1 und M_2) nicht aus den normalen z-Werten der Schattenspender zu berechnen, sondern aus den exponentiell skalierten Werten $exp(c \cdot z_q')$:

$$M_1^+ = \sum_{q \in K(p')} w(p' - q) \cdot exp(c \cdot z_q'), \tag{14.16}$$

$$M_2^+ = \sum_{q \in K(p')} w(p' - q) \cdot exp(c \cdot z_q')^2, \tag{14.17}$$

$$\mu^+(p) = M_1^+, \tag{14.18}$$

$$(\sigma^+)^2(p) = M_2^+ - (M_1^+)^2, \tag{14.19}$$

Durch diese Skalierung werden die Abstände zwischen den übereinander liegenden Schattenspendern - relativ gesehen - verkleinert und der Abstand zwischen dem Schattenempfänger und dem nächstliegenden Schattenspender vergrößert, so dass der VSM-„*light bleeding*"-Effekt fast verschwindet, ohne dass der ESM-„*light bleeding*"-Effekt an den Kontaktstellen erscheint. Die obere Grenze für diese Variante des Schattenfaktors ergibt sich aus der Tschebyschow-Ungleichung wie bei VSM zu:

$$P_{max}^+(z_p') = \frac{(\sigma^+)^2}{(\sigma^+)^2 + (exp(-c \cdot z_p') - \mu^+)^2} \tag{14.20}$$

Das im vorigen Abschnitt geschilderte ESM-„*light bleeding*"-Problem bei nicht-planaren Schattenspendern kann man durch eine zweite Schattentextur abwenden, in der die beiden Momente (M_1 und M_2) aus den negativ exponentiell skalierten Werten $-exp(-c \cdot z_q')$ berechnet werden:

$$M_1^- = \sum_{q \in K(p')} w(p' - q) \cdot (-exp(-c \cdot z_q')), \tag{14.21}$$

$$M_2^- = \sum_{q \in K(p')} w(p' - q) \cdot (-exp(-c \cdot z_q'))^2, \tag{14.22}$$

$$\mu^-(p) = M_1^-, \tag{14.23}$$

$$(\sigma^-)^2(p) = M_2^- - (M_1^-)^2, \tag{14.24}$$

$$P_{max}^-(z_p') = \frac{(\sigma^-)^2}{(\sigma^-)^2 + (-exp(c \cdot z_p') - \mu^-)^2} \tag{14.25}$$

Beide Verteilungen können parallel verwendet werden, da beide einen oberen Grenzwert für den PCF-Schattenfaktor liefern. Der EVSM-Schattenfaktor ist daher einfach das Minimum beider Grenzwerte:

$$evsmShadow(p) = Min(P_{max}^+(z_p'), P_{max}^-(z_p')). \tag{14.26}$$

EVSM benötigt nur einen relativ geringen zusätzlichen Speicherplatz für eine vierkomponentige Schattentextur $(\mu^+, (\sigma^+)^2, \mu^-, (\sigma^-)^2)$ und der zusätzliche Rechenaufwand gegenüber VSM bzw. ESM ist minimal. Da EVSM darüber hinaus von allen dargestellten weichen Schatten-Algorithmen die beste Qualität liefert (Bild 14.27), erscheint es im Augenblick das interessanteste Verfahren zu sein.

Bild 14.27:   Eine Windmühle mit vielen übereinander liegenden Schattenspendern, die mit EVSM ohne Artefakte gerendert werden kann. Quelle: Andrew Lauritzen [Laur08].

14.2.2   Variable Halbschattenbreite (Variable-Size Penumbra)

Reale Schatten werden umso schärfer, je näher sich Schattenspender und Schattenempfänger kommen und je kleiner die Ausdehnung der Lichtquelle wird, deshalb sollte die Halbschattenbreite nicht fix sein, wie bei den Verfahren im vorigen Abschnitt, sondern abhängig von den geometrischen Verhältnissen (Bild 14.28). Damit lässt sich der Realitätsgrad von weichen Schatten noch einmal um einen Quantensprung steigern, denn das visuelle System des Menschen schließt aus der Halbschattenbreite auf die Entfernung zwischen Schattenspender und -empfänger (Bild 14.2) und erhält so Rückschlüsse über die 3D-Geometrie der betrachteten Szene.

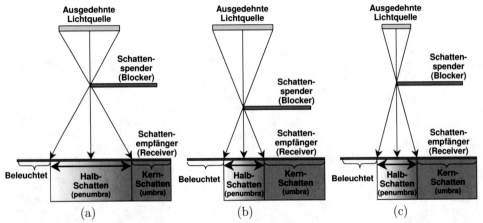

Bild 14.28: Abhängigkeit der Halbschattenbreite vom Abstand zwischen Schattenspender und Schattenempfänger, sowie von der Ausdehnung der Lichtquelle (a) Große Halbschattenbreite bei großer Ausdehnung der Lichtquelle und großem Abstand zwischen Schattenspender und Schattenempfänger. (b) Kleinere Halbschattenbreite bei großer Ausdehnung der Lichtquelle und kleinerem Abstand zwischen Schattenspender und Schattenempfänger. (c) Kleinere Halbschattenbreite bei kleinerer Ausdehnung der Lichtquelle und großem Abstand zwischen Schattenspender und Schattenempfänger.

In der Computergrafik wurden in den letzten Jahren zahlreiche Algorithmen zur mehr oder weniger genauen Simulation von weichen Schatten mit variabler Halbschattenbreite vorgestellt, die aber hier aus Platzgründen nicht alle dargestellt werden können. Dazu wird auf die Kursunterlagen von Eisemann [Eise10] verwiesen, die hier und generell beim Thema Schatten einen sehr umfassenden Einblick geben. In den folgenden Abschnitten werden nur die Verfahren vorgestellt, die die größte Praxisrelevanz erlangt haben.

14.2.2.1   Percentage Closer Soft Shadows (PCSS)

Das von Fernando [Fern05] entwickelte Verfahren „*Percentage Closer Soft Shadows*" (PCSS) ist eine Erweiterung von „*Percentage Closer Filtering*" (PCF, Abschnitt 14.2.1.1) um eine Vorverarbeitung, in der die Filterkerngröße des PCF-Filters intelligent angepasst wird: je kleiner der Halbschattenbereich sein soll, desto kleiner wird der PCF-Filterkern gewählt. Im Original-Algorithmus geht man von einer endlich entfernten Lichtquelle und folglich von einer perspektivischen Projektion der Schattentextur aus. Der Algorithmus „*Percentage Closer Soft Shadows*" (PCSS) läuft in folgenden Schritten ab:

A14.2:   Percentage Closer Soft Shadows (PCSS).

Voraussetzungen und Bemerkungen:

◇   Es steht eine Grafikkarte zur Verfügung, die mindestens Shader Model 3 (d.h. Unterstützung für if-Anweisungen im Fragment-Shader) beherrscht.

◇   Es wird eine Standard-Schattentextur gerendert.

◇   Im Fragment-Shader stehen folgende Größen zusätzlich zur Verfügung: b_L (Breite der Lichtquelle), z_{near} (z-Wert der „*Near Clipping Plane*"), z_{far} (z-Wert der „*Far Clipping Plane*"), z_p (z-Wert des Oberflächenpunkts im Lichtquellenkoordinatensystem).

Algorithmus:

(1)   „*Blocker Search*":

(1a)   Bestimmung der Region R_B in der Schattentextur, in der nach Schattenspendern („*Blocker*") gesucht wird. Die Breite b_B der „*Blocker Search Region*" ergibt sich mit dem Strahlensatz aus Bild (14.29-a) zu:

$$b_B = b_L \cdot \frac{z_p - z_{near}}{z_p}. \tag{14.27}$$

(1b)   Suche in der „*Blocker Search Region*" R_B der Schattentextur nach Schattenspendern und ermittle den durchschnittlichen z-Wert z'_{avg} aller gefundener Schattenspender (bei denen die Bedingung $z'_q < z'_p$ erfüllt ist), d.h.

$$z'_{avg} = \frac{\sum\limits_{R_B} z'_q \cdot S(z'_p, z'_q)}{\sum\limits_{R_B} S(z'_p, z'_q)}. \tag{14.28}$$

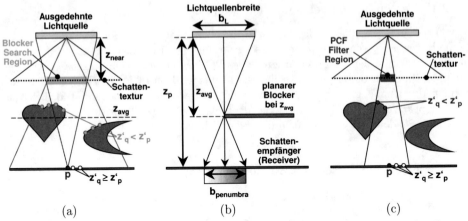

(a) (b) (c)

Bild 14.29: „*Percentage Closer Soft Shadows*" (PCSS) mit einer perspektivischen Projektion der Schattentextur läuft in drei Schritten ab: (a) „*Blocker Search*". (b) Berechnung der Penumbrabreite $b_{penumbra}$. (c) Berechnung der PCF-Filterkerngröße b_{PCF} und des PCSS-Schattenfaktors mit Hilfe des PCF-Algorithmus (14.5).

(1c) Transformation des durchschnittlichen z-Werts z'_{avg} aller gefundenen Schattenspender aus dem Koordinatensystem der Schattentextur ins Koordinatensystem der Lichtquelle, d.h.

$$z_{avg} = \frac{z_{far} \cdot z_{near}}{z_{far} - z'_{avg} \cdot (z_{far} - z_{near})}. \tag{14.29}$$

(1d) „*Early Out*": falls überhaupt kein Schattenspender in der „*Blocker Search Region*" R_B gefunden wurde, wird angenommen, dass der Oberflächenpunkt voll beleuchtet ist und man kann den Algorithmus mit einem Rückgabewert für den Schattenfaktor $pcssShadow = 1$ vorzeitig beenden. Falls alle Texel in der „*Blocker Search Region*" R_B einen Treffer, d.h. einen Schattenspender ergeben haben, wird angenommen, dass der Oberflächenpunkt voll im Schatten liegt und man kann den Algorithmus mit einem Rückgabewert für den Schattenfaktor $pcssShadow = 0$ ebenfalls vorzeitig beenden. Durch den „*Early Out*"-Test wird sichergestellt, dass der aufwändige Teil des restlichen PCSS-Algorithmus nur für Oberflächenpunkte im Halbschattenbereich durchgeführt werden muss.

(2) Berechnung der Penumbrabreite $b_{penumbra}$ und der PCF-Filterkerngröße b_{PCF} mit Hilfe des Strahlensatzes aus Bild (14.29-b,c):

$$b_{penumbra} = b_L \cdot \frac{z_p - z_{avg}}{z_{avg}}. \tag{14.30}$$

$$b_{PCF} = b_{penumbra} \cdot \frac{z_{near}}{z_p}.$$ (14.31)

(3)   Berechnung des PCSS-Schattenfaktors mit Hilfe des PCF-Algorithmus (14.5), wobei hier der Filterkernradius gemäß (14.31) variabel ist:

$$pcssShadow(p) = \sum_{q \in K(p', b_{PCF})} w(p' - q) \cdot S(z'_p, z'_q),$$ (14.32)

Ende des Algorithmus

Wenn man bei der Erzeugung der Schattentextur eine unendlich entfernte Lichtquelle (d.h. eine Richtungslichtquelle) annimmt und dafür folglich eine orthogonale Projektion einsetzt, vereinfacht sich der PCSS-Algorithmus an folgenden Stellen:

1. Streng genommen dürfte es bei einer unendlich entfernten Lichtquelle keine Ausdehnung geben. Näherungsweise nimmt man daher an, dass die (virtuelle) Ausdehnung der Lichtquelle an jeder Stelle im Raum durch einen Öffnungswinkel α charakterisiert wird (Bild 14.30-b).

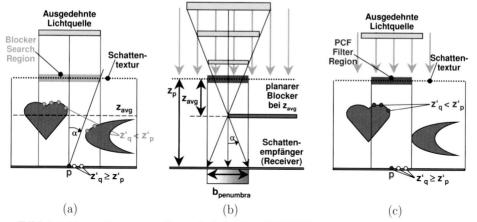

Bild 14.30: „Percentage Closer Soft Shadows" (PCSS) mit einer orthogonalen Projektion der Schattentextur: (a) „Blocker Search". (b) Berechnung der Penumbrabreite $b_{penumbra}$. (c) Berechnung des PCSS-Schattenfaktors mit Hilfe des PCF-Algorithmus (14.5).

2. Wegen der Orthogonal-Projektion ist die Breite b_B der „Blocker Search Region" gleich der Lichtquellenbreite b_L (Bild 14.30-a), d.h. (14.27) vereinfacht sich zu:

$$b_B = b_L = 2 \cdot \tan(\alpha).$$ (14.33)

3. Bei der Orthogonal-Projektion sind die z-Werte in der Schattentextur linear im Bereich $[0, 1]$ skaliert (im Gegensatz zur logarithmischen Skalierung bei der perspektivischen Projektion), deshalb ändert sich die Transformation (14.29) des durchschnittlichen z-Werts z'_{avg} aller gefundener Schattenspender aus dem Koordinatensystem der Schattentextur ins Koordinatensystem der Lichtquelle zu:

$$z_{avg} = z_{near} + z'_{avg} \cdot (z_{far} - z_{near}).$$ (14.34)

4. Die Penumbrabreite $b_{penumbra}$ berechnet sich aus dem Abstand zwischen Schattenspender und -empfänger (der Abstand zur Lichtquelle geht nicht mehr ein, denn der Wert ist nicht mehr definiert), d.h. (14.30) vereinfacht sich gemäß (Bild 14.30-b) zu:

$$b_{penumbra} = b_L \cdot (z_p - z_{avg}) = 2 \cdot \tan(\alpha) \cdot (z_p - z_{avg}).$$ (14.35)

und (14.31) entfällt, da $b_{PCF} = b_{penumbra}$ (Bild 14.30-c).

In Bild (14.31) ist die Qualitätsverbesserung von einfacher Schattentexturierung, über PCF bis zu PCSS deutlich zu sehen: während man beim einfachen Verfahren überall harte Schatten und bei PCF überall weiche Schatten mit konstanter Halbschattenbreite erhält, bekommt man bei PCSS eine realistische Variation der Halbschattenbreite, d.h. eine kleine Halbschattenbreite in dem Bereich, in dem der Baumstamm in der Nähe des Bodens ist und eine größere Halbschattenbreite im Bereich der weiter vom Boden entfernten Palmenblätter.

Trotz der erstaunlich hohen Qualität der PCSS-Schatten bei den meisten Szenarien, muss man sich der folgenden Schwachstellen bzw. Grenzen des Verfahrens bewußt sein:

1. PCSS erzeugt Schatten an Stellen, an denen in der Realität keine Schatten sind (Bild 14.32-a). Ursache dafür ist, dass sowohl beim „Blocker Search" als auch bei der finalen PCF-Filterung der Schattentest aus Rechenzeitgründen umgedreht wurde (Bild 14.20). Denn es wird nur überprüft, ob ein Punkt q im Filterkern der Schattentextur näher an der Lichtquelle ist, als der betrachtete Oberflächenpunkt p, d.h. $z'_q < z'_p$. Deshalb kann es vorkommen, dass Punkte q, die außerhalb der „Licht-Pyramide"[6] liegen, fälschlicherweise als Schattenspender detektiert werden. Beim Blocker Search führt dies dazu, dass der mittlere z-Wert z_{avg} aller gefundenen Schattenspender zu klein ausfällt und in der Folge die Penumbrabreite $b_{penumbra}$ bzw. die PCF-Filterkerngröße zu groß.

2. PCSS erzeugt keine Schatten oder einen zu geringen Schattenfaktor an Stellen, an denen in der Realität eigentlich Schatten bzw. Kernschatten sein müssten (Bild 14.32-b). Die Ursachen sind die Gleichen, wie bei Punkt 1.

---

[6]Die „Lichtpyramide" wird in Bild 14.32 durch die roten Linien angedeutet, ihre Grundfläche ist die ausgedehnte Lichtquelle und ihre Spitze der Oberflächenpunkt p. Alle Punkte außerhalb der Licht-Pyramide können keinen Schatten auf den Oberflächenpunkt p werfen, da sie keine Lichtstrahlen von der Lichtquelle zum Punkt p blockieren.

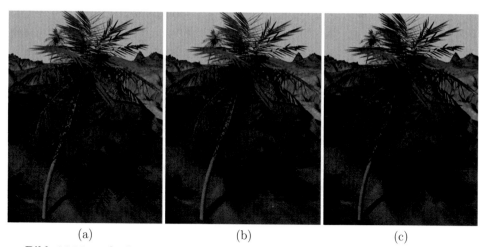

| (a) | (b) | (c) |

Bild 14.31:   Qualitätsvergleich zwischen einfacher Schattentexturierung, PCF und PCSS: (a) einfache Schattentexturierung führt überall zu harten Schatten. (b) PCF führt überall zu weichen Schatten mit konstanter Halbschattenbreite. (c) PCSS führt zu einer realistischen Variation der Halbschattenbreite, d.h. kleine Halbschattenbreite in dem Bereich, in dem der Baumstamm in der Nähe des Bodens ist und größere Halbschattenbreite im Bereich der weiter vom Boden entfernten Palmenblätter.

3. PCSS geht immer von einem einzigen planaren Schattenspender aus, der parallel zur Schattentextur ausgerichtet ist. Falls der Schattenspender dagegen schräg ausgerichtet ist, wie in Bild 14.32-c, wird der mittlere z-Wert z_{avg} aller gefundenen Schattenspender zu klein (oder zu groß) berechnet und folglich die Halbschattenbreite zu groß (bzw. zu klein).

4. PCSS geht immer von einem planaren Schattenempfänger aus, der parallel zur Schattentextur ausgerichtet ist. Sollte der Schattenempfänger jedoch positiv gekrümmt sein (d.h. ein Tal darstellen), detektiert PCSS fälschlicherweise Schattenspender und löst somit eine Eigenschattierung („*self-shadowing*") aus, was mit hohen Tiefenkorrekturwerten („*depth bias*") ausgeglichen werden kann. In diesem Fall ist der Schatten-Effekt aber vielleicht gar nicht so unplausibel, da PCSS hier ähnlich wirkt wie „*Ambient Occlusion*" (Abschnitt 14.3), indem es quasi das durch die höher liegende Umgebung geblockte Umgebungslicht (ambienter Lichtanteil) berücksichtigt.

5. Alle Schwächen des PCF-Algorithmus gelten auch bei PCSS, wie z.B. Abtast-Artefakte (Block- und Bandstrukturen, Rauschen) und die starke Zunahme an Texturzugriffen bei größeren Filterkernen (Abschnitt 14.2.1.1).

6. Der aufwändigste Teil bei PCSS ist der 1. Schritt, d.h. der „*Blocker Search*", denn er muss über die ganze Schattentextur laufen. Deshalb versucht man hier möglichst wenig Abtastpunkte im Filterkern zu testen. In der Praxis hat sich eine Untergrenze

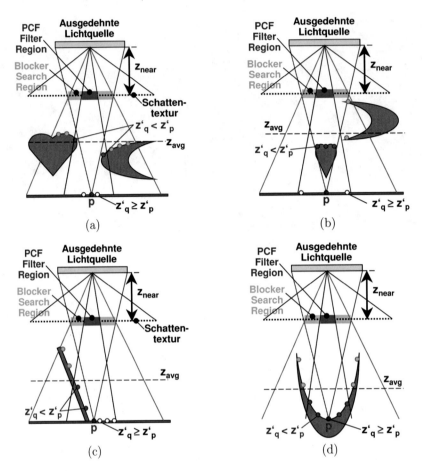

Bild 14.32: Schwachstellen und Grenzen von PCSS: (a) Es erzeugt Schatten am Punkt p (rot), an dem in der Realität kein Schatten ist (rote Linien). Ursache dafür ist, dass beim Blocker Search (grüne und blaue Punkte) und bei der finalen PCF-Filterung (blaue Punkte) fälschlicherweise Schattenspender gefunden werden. In diesem Fall berechnet PCSS einen Schattenfaktor von 0.6 (zwei blaue Punkte, drei weiße bzw. rote Punkte) obwohl er 1 sein müsste. (b) PCSS erzeugt einen zu hohen Schattenfaktor von 0.4, in der Realität müsste am Punkt p eigentlich Kernschatten sein. (c) PCSS nimmt einen planaren Schattenspender an, der parallel zur Schattentextur ausgerichtet ist, nicht einen, der schräg zur ihr ausgerichtet ist. PCSS berechnet einen Schattenfaktor von 0.66 (zwei blauen Punkte, vier weiße bzw. rote Punkte) obwohl er 1 sein müsste, d.h. kein Schatten. (d) Eigenschattierung: PCSS nimmt einen planaren Schattenempfänger an, der parallel zur Schattentextur ausgerichtet ist. In diesem Fall ist der Schattenempfänger aber gekrümmt und es gibt eigentlich keinen Schattenspender, so dass kein Schatten entstehen dürfte.

von 8 in einer Poisson Disk zufällig verteilten Abtastpunkten erwiesen (wie z.B. in Bild 14.31-c): darunter übersieht das Verfahren häufiger kleine Schattenspender und es kommt zu Artefakten, die besonders auffällig bei Bewegungen werden. Der zweit-aufwändigste Teil bei PCSS ist der 3. Schritt, d.h. die PCF-Filterung. Diese muss zwar nur im Halbschattenbereich durchgeführt werden, allerdings sollte man dabei nicht unter eine Grenze von 25 Abtastpunkten gehen, damit man noch genügend Graustufen für einen weichen Schattenverlauf zu Verfügung hat. Falls der Anteil des Halbschattenbereichs im gesamten Bild ca. 30% erreicht, hält sich der konstante Re-chenaufwand für den „Blocker Search" und der zunehmende Rechenaufwand für die PCF-Filterung ungefähr die Waage. Steigt der Halbschatten-Anteil weiter an, über-wiegt der Rechenaufwand für die PCF-Filterung und die erzielbare Bildgenerierrate bricht ein.

14.2.2.2   Kombinationen

Nachdem ab 2006 mehrere Verfahren (VSM, ESM, EVSM, Abschnitt 14.2.1) zur Erzeu-gung weicher Schatten mit konstanter Halbschattenbreite vorgestellt wurden, die durch eine schnelle Vorfilterung der Schattentextur eine konstant niedrige Rechenzeit für die Schat-tenberechnung ermöglichen, lag es nahe, den finalen 3. Schritt des PCSS-Algorithmus, nämlich die PCF-Filterung durch eines dieser Verfahren zu ersetzen. Dadurch kann die Rechenzeit konstant niedrig gehalten und die Qualität des Halbschattenbereichs gesteigert werden. Allerdings gibt es auch hier wieder einen unangenehmen Haken: die schnelle Vor-filterung der Schattentextur erfolgt mit einer konstanten Filterkerngröße, so dass auch die Halbschattenbreite für das gesamte Bild konstant ist. Bei PCSS braucht man jedoch für jeden Bildpunkt eine andere Halbschattenbreite. Filtert man jeden Bildpunkt individuell mit einem anderen Filterkern, verliert man den Vorteil gegenüber PCF wieder, denn der Flaschenhals der Anwendung, nämlich die Zahl der Texturzugriffe, wäre mindestens wieder genau so hoch wie bei PCF.

Als Ausweg bieten sich hier zwei Möglichkeiten an, die Lauritzen 2007 [Laur07] vor-gestellt hat. Die einfachere Variante besteht darin, mit Hilfe der Grafikhardware, und daher sehr schnell, eine Gauß-Pyramide (in der Computergrafik „MipMap" genannt, Ab-schnitt 13.1.3) aus der Schattentextur zu erzeugen, d.h. eine Folge von tiefpassgefilterten und jeweils um den Faktor 2 verkleinerten Versionen der Schattentextur. Der Nachteil dieser Variante besteht darin, dass bei zunehmender Halbschattenbreite immer stärkere Block-Artefakte auftreten, da man in immer kleineren Versionen der Schattentextur nach Schattenspendern suchen muss. Das ließe sich nur vermeiden, wenn man die immer stärker tiefpass-gefilterten Versionen der Schattentextur nicht verkleinern würde (Band II Bild 17.4), was allerdings viel mehr Speicherplatz und Rechenzeit kosten würde. Die aufwändi-gere, aber bessere Variante besteht darin, eine sogenannte „Summed-Area Table" aus der Schattentextur zu generieren („Summed-Area Variance Shadow Maps" (SA-VSM)). Die Elemente der „Summed-Area Table" $SAT[i,j]$ bildet man durch Summation aller Elemen-te der Schattentextur $T[x,y]$, die im linken oberen Rechteck bzgl. der Position $[i,j]$ liegen, d.h.

$$SAT[i,j] = \sum_{x=0}^{i} \sum_{y=0}^{j} T[x,y]. \tag{14.36}$$

Das besondere an der „Summed-Area Table" ist nun, dass die Summe jedes beliebig großen rechteckigen Bereichs durch vier Texturzugriffe und daher in konstanter Rechenzeit bestimmt werden kann:

$$\begin{aligned}
Sum[x_{min}, y_{min}, x_{max}, y_{max}] \quad = \quad & SAT[x_{min}, y_{min}] - SAT[x_{min}, y_{max}] \\
& -SAT[x_{max}, y_{min}] + SAT[x_{max}, y_{max}].
\end{aligned} \tag{14.37}$$

Wenn man die Summe jetzt noch durch die Anzahl der Summanden teilt, kann man damit sehr schnell einen gleitenden Mittelwert, d.h. einen Tiefpassfilter mit beliebiger Filterkerngröße berechnen. Die „Summed-Area Table" wird einmal für jede Schattentextur auf der GPU berechnet und benötigt bei einer Auflösung von 1024 x 1024 Pixel ca. 1 msec auf einer aktuellen Grafikkarte. Bei großen Schattentexturen (ab 4096 x 4096 Pixel) treten allerdings vermehrt Artefakte wegen numerischer Ungenauigkeiten auf, denn je größer die Schattentextur, desto mehr Werte müssen bis nach unten rechts aufsummiert werden und desto eher erhält man Überlaufe bei 32Bit-Zahlen. Deshalb hat man bei diesem Verfahren einen weiteren Grund (neben dem perspektivischen Aliasing) die Schattentextur aufzuteilen und CSM („Cascaded Shadow Maps", Abschnitt 14.1.2.3) einzusetzen. Ganz ohne zusätzlichen Aufwand lassen sich jedoch PCSS-/SA-VSM-Verfahren nicht mit CSM kombinieren, da man beachten muss, dass beim Filtern von Schattentexturen nicht über verschiedene Kaskaden gesprungen werden darf. Strategien zur Vermeidung von Kaskadensprüngen werden in [Chen09] dargestellt.

14.2.2.3 Kombination mit adaptiver Tiefenkorrektur

Auch bei der Darstellung von weichen Schatten muss die im Kapitel 14.1.2.1 genannte Tiefenkorrektur eingesetzt werden damit Selbstschattierungen vermieden werden. Ehm et al. [Ehm15] stellen eine Möglichkeit vor, wie Adaptive Depth Bias [Dou14] für weiche Schatten mit PCF und PCSS benutzt werden kann. Eine einfache Lösung besteht darin, für jeden Texel im Filterkern die adaptive Tiefenkorrektur erneut zu berechnen. Dies bedeutet jedoch, dass beispielsweise für einen 10x10 großen Filterkern 100 Schnitttests mit der Tangentialebene durchgeführt werden müssen, was nicht sehr effizient ist. Stattdessen nutzen Ehm et al. [Ehm15] die Beobachtung aus, dass sich die Lichtrichtung zwischen zwei Texel in der Schattentextur kaum unterscheidet. Das ist insbesondere der Fall wenn eine orthogonale Projektion eingesetzt wird. Ehm et al. [Ehm15] schlagen vor, einen Δbias in x und y Richtung zu berechnen indem ein potentieller Verdecker F_o für das benachbarte Texel in x- und in y-Richtung bestimmt wird (Bild 14.33). Damit kann der Wert zur Tiefenkorrektur für einen Texel mit der Position (n, m) im Filterkern über Formel 14.38 berechnet werden.

$$bias = bias(F_c) + n * \Delta bias_x + m * \Delta bias_y \tag{14.38}$$

Mit dieser Vereinfachung sind nur noch drei Schnitttests mit der Tangentialebene notwendig. Der Einsatz bei PCSS ist analog zu PCF.

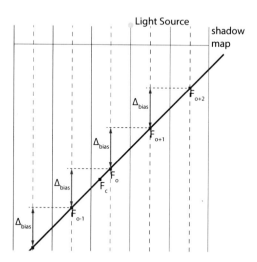

Bild 14.33: Funktionsweise von adaptiver Tiefenkorrektur für die Darstellung von weichen Schatten. Wenn die Lichtrichtung für alle Texel der Schattentextur gleich ist, unterscheidet sich die Tiefenkorrektur um den gleichen Faktor Δbias zwischen benachbarten Texeln. Quelle [Ehm15]

14.2.2.4   Screen Space Soft Shadows (4S)

Ausgangspunkt aller bildverarbeitungsbasierten Ansätze zur Erzeugung weicher Schatten mit variabler Halbschattenbreite ist die Feststellung, dass alle bisher vorgestellten Algorithmen (PCSS und Kombinationen) normalerweise ihren Flaschenhals im 1. Schritt, dem „Blocker Search" haben, denn hier muss die gesamte Schattentextur mit einer Mindestanzahl an Texturzugriffen nach Schattenspendern abgesucht werden. Der „Blocker Search" liefert jedoch zwei unverzichtbare Informationen für den weiteren Schattenalgorithmus: erstens, ob ein Oberflächenpunkt im Halbschattenbereich liegt, denn nur in diesem Fall müssen die weiteren Schritte des Algorihmus durchlaufen werden und zweitens, den durchschnittlichen z-Wert z'_{avg} aller gefundenen Schattenspender. Will man den Flaschenhals „Blocker Search" also ersetzen, muss man diese beiden Informationen auf eine andere, effizientere Art ermitteln. Die Idee des von Gumbau et al. ([Gumb10]) vorgestellten Verfahrens „Screen Space Soft Shadows" (4S) besteht darin, den „Blocker Search" und die PCF-Filterung durch folgende Bildverarbeitungsschritte zu ersetzen:

1. Nach dem Rendern einer Standard-Schattentextur erzeugt man daraus eine „erodier-

te" Variante, d.h. innerhalb eines Filterkerns wird immer der minimale z-Wert übernommen. Der morphologische Operator *„Erosion"* (Band II Kapitel 6) lässt sich bei einem rechteckigen Filterkern in zwei eindimensionale Filterkerne zerlegen und damit effizienter ausführen. Die Größe des Erosions-Filterkerns ist proportional zur Lichtquellenausdehnung und bestimmt die maximal mögliche Halbschattenbreite[7]. Durch den Erosions-Operator werden die Schattenspender in der Schattentextur quasi ausgedehnt[8], so dass auch Pixel im Halbschattenbereich beim einfachen Schattentest ansprechen.

2. Man rendert die Szene aus der Sicht des Beobachters und berechnet in einem einzigen Rendering-Durchlauf folgende Bilder (*„Multiple Render Targets"* kurz MRT):

   - MRT0: die Beleuchtungsfarbe ohne Schatten

   - MRT1: die Normalenvektoren (x,y,z) und den Tiefenwert (in der 4. Komponente w gespeichert)

   - MRT2: den harten Schatten mit Hilfe der Standard-Schattentextur, d.h. 0 für Schatten, 1 kein Schatten. Dieses Bild wird später mit einem anisotropen Gauß-Tiefpass gefiltert, was den 3. Schritt im PCSS-Algorithmus, nämlich die PCF-Filterung, ersetzt.

   - MRT3: eine *„Distances Map"* mit Hilfe der erodierten Schattentextur, die folgende Werte enthält: den Abstand Schattenspender zu -empfänger, den Abstand Beobachter zu Schattenempfänger und einen binären Wert, der angibt, ob das Pixel voll beleuchtet wird oder nicht[9] (d.h. im Halb- oder Kernschatten liegt). Ist das Pixel voll beleuchtet, muss keine Gauß-Tiefpass-Filterung durchgeführt werden.

3. *„Deferred shadowing"*: man rendert ein bildschirmfüllendes Rechteck und filtert dabei das Bild des harten Schattens (MRT2) mit einem anisotropen Gauß-Tiefpass, dessen Form und Größe mit Hilfe der Normalenvektoren (MRT1) und der *„Distances Map"* (MRT3) bestimmt wird. Abschließend wird das tiefpassgefilterte Schattenbild mit dem normalen Farbbild (MRT0) kombiniert.

Der PCSS-*„Blocker Search"* sucht pro Fragment innerhalb eines m Pixel breiten Filterkerns die Schattentextur nach Blockern ab. Dabei werden m^2 Texturzugriffe (z'_q) und

---

[7]Die Größe des Erosions-Filterkerns wäre auch noch proportional zum Abstand zwischen Schattenspender und -empfänger. Dieser Abstand steht aber bei der Erosionsoperation nicht zur Verfügung. Deshalb nimmt man hier einfach den maximal möglichen Abstand, so dass der Erosions-Filterkern meist unnötig groß ist.

[8]Daher wird im Originalaufsatz ([Gumb10]) fälschlicherweise von einer *„dilated shadow map"* gesprochen, obwohl die Schattentextur erodiert, d.h. der minimale Wert innerhalb des Filterkerns übernommen wird.

[9]Der binäre Wert ist das einfache Schattentest-Ergebnis, d.h. 0 für Schatten, 1 kein Schatten. Allerdings ist der Bereich ohne Schatten in diesem Bild um den äußeren Halbschattenbereich kleiner, als das entsprechende Bild in MRT2, da bei MRT3 der Schattentest mit der erodierten Schattentextur durchgeführt wird.

Vergleiche ($z'_q < z'_p$) durchgeführt und bei den gefundenen Blockern werden die z-Werte aufsummiert und durch deren Anzahl geteilt, so dass man eine durchschnittliche Blockertiefe erhält (z'_{avg}). Beim 4S-Verfahren dagegen wird vorab die gesamte Schattentextur mit einem Erosions-Operator gefiltert. Weil der Erosions-Operator in einen horizontalen und einen vertikalen Pass separiert werden kann, fallen hier weniger Texturzugriffe an ($2 \cdot m$), als beim nicht separierbaren „Blocker Search". In der erodierten Schattentextur muss pro Fragment nur noch ein einziger Texturzugriff und ein Vergleich durchgeführt werden. Als Ergebnis erhält man jedoch nicht die durchschnittliche Blockertiefe innerhalb des Filterkerns, sondern den minimalen Blocker-z-Wert. Dadurch wird der Abstand zwischen Schattenspender und -empfänger tendenziell überschätzt und folglich auch die Halbschattenbreite.

Eine Idee (Klein et al. [Klei12]) zur weiteren Verbesserung des 4S-Verfahrens von Gumbau et al. besteht darin, die Kanten des Ergebnisbildes des einfachen Schattentests (MRT2) zu extrahieren und an den Kanten den Abstand zwischen Schattenspender und -empfänger einzutragen. Anstatt der direkten Erosion der Schattentextur kann man das Kantenbild nun dilatieren, und zwar gerade so weit, wie durch den Abstand zwischen Schattenspender und -empfänger vorgegeben, nämlich die Halbschattenbreite. Damit hat man eine präzisere Festlegung des Halbschattenbereichs, in dem dann die separierbaren Gauß-Tiefpassfilterungen durchgeführt werden können.

14.3   Ambient Occlusion

Das Standard-Beleuchtungsmodell in OpenGL enthält als Ersatz für den indirekten Anteil von globalen Beleuchtungsmodellen, wie z.B. Radiosity, eine sogenannte „ambiente" Komponente (Abschnitt 12.1.3.1). Die ambiente Komponente in OpenGL ist eine drastische Vereinfachung gegenüber Radiosity, denn man ersetzt das komplexe, mehrfach von allen Objekten in einer Szene gestreute Licht einfach durch eine einheitliche Hintergrundstrahlung, die aus allen Raumrichtungen mit gleicher Intensität und Farbe ausgestrahlt wird. Genau diese drastische Vereinfachung benützt man in der Echtzeit-Computergrafik auch für die Berechnung einer speziellen Art von Schatten, die durch Verdeckung („Occlusion") eines gewissen Anteils der ambienten Hintergrundstrahlung durch umgebende Objekte verursacht werden. Deshalb bezeichnet man diese Art von Schatten mit dem Begriff „Ambient Occlusion"[10]. Bei Radiosity-Verfahren braucht man diese Art von Schatten nicht extra berücksichtigen, da gegenseitige Verdeckungen von Patches implizit in der Formfaktorberechnung enthalten sind. Bei lokalen Beleuchtungsmodellen dagegen, wie in OpenGL, muss diese Art von Schatten zusätzlich zu den von Lichtquellen verursachten Schatten berechnet werden.

Die Grundidee von „Ambient Occlusion" besteht darin, für jeden Oberflächenpunkt zu berechnen, welcher Anteil der einheitlichen Hintergrundstrahlung durch die Umgebung verdeckt wird. Denn Punkte, die von vielen Objekten in der Umgebung abgeschirmt sind, wie z.B. tiefe Täler, erscheinen dunkler als Punkte mit freiem Ausblick, wie z.B. eine

---

[10]Eine deutsche Übersetzung des Begriffs „Ambient Occlusion" gibt es bisher nicht, am treffendsten wäre evtl. „Hintergrundstrahlungs-Schatten"

Bergspitze. Beim klassischen Lösungsansatz wird ein Verdeckungsfaktor $v(p)$ berechnet, indem man eine große Zahl an Strahlen losgeschickt, die die obere Hemisphäre Ω über der Tangentialfläche eines Oberflächenpunkts p im Hinblick auf Schattenspender abtasten (Bild 14.34):

$$v(\mathbf{p}) = \int_\Omega S(\mathbf{p}, \mathbf{l}) \cos(\theta) d\omega. \tag{14.39}$$

wobei $S(\mathbf{p}, \mathbf{l})$ die Sichtbarkeitsfunktion darstellt, die eins wird, falls ein Strahl vom Punkt $\mathbf{p}$ in Richtung $\mathbf{l}$ auf ein verdeckendes Objekt trifft, andernfalls null. θ ist der Winkel zwischen dem Normalenvektor der Tangentialfläche und der Strahlrichtung $\mathbf{l}$. Der ambiente Beleuchtungsanteil[11] g_{amb} eines Punktes p ergibt sich dann aus:

$$g_{amb} = ambient \cdot (1 - v(p)). \tag{14.40}$$

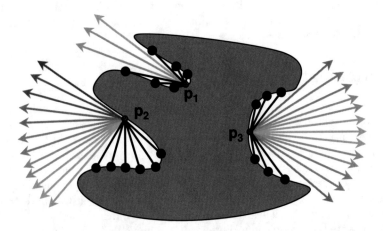

Bild 14.34: Das Prinzip von *„Ambient Occlusion"*: es wird ein Verdeckungsfaktor berechnet, indem Strahlen von einem Oberflächenpunkt p in alle Richtungen der oberen Hemisphäre losgeschickt werden und ein mit dem Cosinus gewichteter Mittelwert aus blockierten und freien Strahlen gebildet wird (je dunkler der Strahl, desto kleiner der Cosinus-Faktor). (p_1) der Verdeckungsfaktor ist hoch, da fast alle Strahlen blockiert werden. (p_2) der Verdeckungsfaktor ist mittel, da ca. die Hälfte der Strahlen blockiert werden. (p_3) der Verdeckungsfaktor ist niedriger als bei p_2, obwohl in etwa die gleiche Zahl an Strahlen blockiert wird, da fast alle blockierten Strahlen in einem sehr flachen Winkel eintreffen und somit der Cosinus-Faktor nahe 0 liegt.

---

[11]Während von Lichtquellen verursachte Schatten die diffusen und spekularen Lichtanteile unterdrücken, dürfte *„Ambient Occlusion"* korrekterweise nur den ambienten Lichtanteil absenken. Physikalisch inkorrekt, aber um die Wirkung zu steigern, wird in der Praxis jedoch häufig auch noch der diffuse Lichtanteil abgesenkt.

Für den klassischen Lösungsansatz bietet sich natürlich Ray Tracing an, allerdings ist dieses Verfahren sehr rechenzeitaufwändig, da für jeden Oberflächenpunkt erfahrungsgemäß ca. 50 Strahlen losgeschickt werden müssen, um eine akzeptable Grauwertauflösung zu erzielen. Deshalb wird dieses Verfahren nur für statische Szenen eingesetzt, in denen die Verdeckungsfaktoren offline vorberechnet werden. Die meisten kommerziellen 3D-Modellier-Werkzeuge bieten eine sogenannte „Precomputed Ambient Occlusion"-Option[12] an, die meist pro Vertex einen Verdeckungsfaktor berechnen und speichern können.

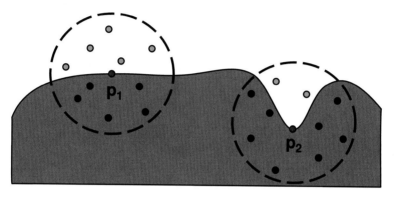

Bild 14.35:   „Screen Space Ambient Occlusion" nach Mittring [Mitt07]: zur Berechnung des Verdeckungsfaktors wird in einer kugelförmigen Umgebung des Oberflächenpunktes p zufällig eine Zahl von Abtastpunkten verteilt und gegen die z-Buffer-Werte getestet. Abtastpunkte sind grün bei bestandenem z-Test, sonst schwarz. (p_1) der Verdeckungsfaktor ist Null, da die Hälfte der Abtastpunkte den z-Test besteht, so dass eine Hemisphäre über dem Punkt p_1 unverdeckt sein muss. (p_2) der Verdeckungsfaktor beträgt 0.6, da nur 2 von $(10-5)$ Abtastpunkten den z-Test bestehen. Die Hälfte der Abtastpunkte wird als Offset abgezogen, bevor das Verhältnis zwischen bestandenen und nicht bestandenen z-Tests gebildet wird, da eine Kugel und nicht nur eine Hemisphäre wie in (14.39) abgetastet wird.

Für dynamische Szenen müssen weitere Vereinfachungen eingeführt werden, damit man noch interaktive Bildgenerierraten erzielen kann. Wegweisend wurde hier das „Screen Space Ambient Occlusion"-Verfahren (SSAO), dass von Mittring [Mitt07] und Kajalin [Kaja09] von der Firma Crytek für das Computerspiel „Crysis" entwickelt wurde. Die Idee von SSAO besteht darin, ausschließlich den aus Sicht des Beobachters gerenderten z-Buffer[13] in der näheren Umgebung jedes Pixels im Hinblick auf mögliche Blocker abzusuchen. Dieser Vorgang ähnelt dem „Blocker Search" bei PCSS (Abschnitt 14.2.2.1), nur mit dem Unterschied, dass bei SSAO nicht die Schattentextur, also der z-Buffer aus Sicht der Lichtquelle

---

[12]Dies ist ähnlich wie PRT (Precomputed Radiance Transfer), aber einfacher, weil eine einheitliche Hintergrundstrahlung angenommen wird.

[13]Der z-Buffer enthält die in Bildschirmkoordinaten („Screen Space") transformierten z-Werte aus Sicht des Beobachters.

abgesucht wird, sondern der z-Buffer aus Sicht des Beobachters. Da bei SSAO also nicht nur der sowie vorhandene z-Wert des gerade berechneten Fragments benötigt wird, sondern auch noch die z-Werte in der Umgebung, muss vorab ein extra Rendering-Durchlauf zur Erzeugung des gesamten z-Buffers durchgeführt werden, genau wie bei der Schattentexturierung. Allerdings wird dieser schnelle „*z-PrePass*" aus Effizienzgründen bei vielen Anwendungen sowieso durchgeführt, um aufwändige Berechnungen für verdeckte Fragmente zu vermeiden.

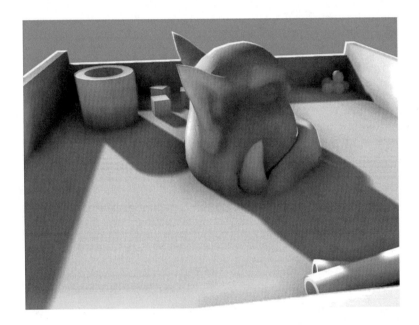

Bild 14.36: Hintergrundstrahlungs-Schatten mit „*Screen Space Ambient Occlusion*". Das Bild wurde mit einem Demo-Programm von Michael Firbach gerendert.

Der Verdeckungsfaktor $v(p)$ wird bei dem SSAO-Verfahren von Crytek dadurch abgeschätzt, dass man in einer kugelförmigen Umgebung[14] des aktuellen Oberflächenpunkts eine zufällig verteilte Anzahl von Punkten gegen die z-Buffer-Werte testet (Bild 14.35). Falls mindestens die Hälfte der Abtastwerte den z-Test besteht, d.h. vor der gerenderten Oberfläche liegt, wird der Verdeckungsfaktor $v(p) = 0$, da dann mindestens eine Hemisphäre unverdeckt ist. Je weniger Abtastwerte den z-Test bestehen, desto tiefer muss das Tal sein, in dem sich der Punkt befindet und desto größer muss daher der Verdeckungs-

---

[14]Eigentlich würde es genügen, die Abtastpunkte in der oberen Hemisphäre zu wählen, da aber der Normalenvektor nicht zur Verfügung steht, nimmt man beide Hemisphären und zählt die Hälfte der Abtastpunkte, die den z-Test bestehen, nicht mit.

faktor sein. In der Praxis stellt sich heraus, dass man für ein visuell akzeptables Ergebnis mindestens 16 bis 64 Abtastpunkte wählen muss, deren Positionen mit den gleichen Strategien wie bei PCF (Abschnitt 14.2.1.1) zufällig und zeitlich variabel verteilt werden sollten.

Mit diesem Verfahren können in Echtzeit erstaunlich überzeugende Ergebnisse erzielt werden (Bild 14.36), obwohl viele Vereinfachungen durchgeführt wurden. Beim SSAO-Verfahren von Mittring wird bei den Abtastpunkten der $\cos(\theta)$-Faktor in (14.39) unterschlagen, so dass es keine Rolle spielt, unter welchem Einfallswinkel Strahlen blockiert werden. Außerdem wird das Integral in (14.39) durch die 16- bis 64-fache Abtastung nur grob durch eine Summe approximiert, was zu Rauschen führt. Der Integrationsbereich, der eigentlich die gesamte obere Hemisphäre umfasst, wird auf eine kugelförmige Umgebung reduziert, so dass Objekte außerhalb dieser Kugel keinen Schatteneffekt verursachen können. Weiterentwicklungen auf diesem Gebiet, wie z.B. „Image-Space Horizon-Based Ambient Occlusion" von Bavoil [Bavo09] beziehen pixel-genaue Normalenvektoren in die Berechnungen mit ein und können so die Qualität weiter steigern.

14.4   Transparenz

Alle bisher in diesem Kapitel behandelten Schattenalgorithmen gehen ausschließlich von opaken, d.h. undurchsichtigen Objekten als Schattenspender aus. Transparente oder teiltransparente Objekte werden entweder vollkommen ignoriert, d.h. ohne Schatten gerendert, oder als opake Objekte behandelt. Der Grund dafür ist einfach: alle bisher vorgestellten Schatten-Algorithmen beruhen letztlich auf dem z-Buffer-Algorithmus (Abschnitt 8.1), der keine Alpha-Werte (d.h. keine Transparenz-Komponente) berücksichtigt.

In der klassischen Computergrafik werden zwei verschieden aufwändige Arten von Algorithmen zur Behandlung von Alpha-Werten eingesetzt: der einfache, binäre „Alpha-Test" und das kompliziertere „Alpha-Blending" (Abschnitt 9.3.4). Beim „Alpha-Test" wird nur überprüft, ob der Alpha-Wert eines Fragments über einem Schwellwert liegt: falls ja, wird das Fragment weiter verarbeitet, ansonsten nicht. Beim „Alpha-Blending" dagegen werden über eine Mischfunktion die Farben von Pixeln mit unterschiedlicher Tiefe (z-Wert) vermengt. Diese Unterscheidung zwischen binären Alpha-Werten (also nur 0 oder 1) und kontinuierlichen Alpha-Werten im Intervall [0, 1] macht auch bei Schatten Sinn, denn sie führt zu unterschiedlichen Schatten-Algorithmen.

14.4.1   Transparente Objekte mit binären Alpha-Werten

In diesem Abschnitt wird die relativ einfache Situation mit binären Alpha-Werten (d.h. nur 0 oder 1) behandelt. Diese Situation kommt in der Praxis sehr häufig vor, denn damit lassen sich komplexe Objekte, wie z.B. Laternen, Zäune, Gitterstrukturen usw. mit Hilfe sogenannter „transparenter Texturen" (Abschnitt 9.3.4) mit nur einem Polygon darstellen. Dabei werden Bildpunkte der Textur, die zum eigentlichen Objekt gehören, auf einen Alpha-Wert von 1 (d.h. opak) gesetzt, und Hintergrund-Pixel auf den Wert 0 (durchsichtig). Mit Hilfe des Alpha-Tests werden alle Hintergrund-Pixel verworfen, so dass im Bild nur das pixel-genau ausgestanzte Objekt erscheint. Damit nun auch der Schatten ausschließlich von dem ausgestanzten Objekt und nicht vom ganzen Polygon ausgeht, muss auch beim Rendern der Schattentextur zusätzlich der Alpha-Test aktiviert sein. Da der Alpha-Test vor dem z-Buffer-Algorithmus ausgeführt wird, gelangen damit nur solche Fragmente in die Schattentextur, die zum eigentlichen Objekt gehören (Bild 14.37).

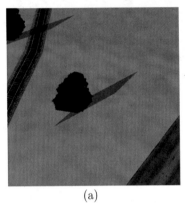
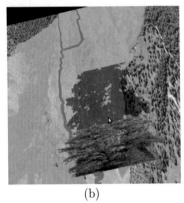

(a)   (b)

Bild 14.37: Schatten eines Billboard-Baumes: (a) ohne Alpha-Test: es entsteht ein viereckiger Schatten, da das gesamte rechteckige Polygon des Billboards, das zur Lichtquelle ausgerichtet ist, in die Schattentextur eingeht. (b) mit Alpha-Test: es entsteht ein *„korrekter"* Schatten, d.h. nur der durch den Alpha-Test ausgestanzte Baum wirft einen entsprechend komplex berandeten Schatten. Quelle: Andreas Maier [Maie10].

Eine Erweiterung von *„transparenten Texturen"* sind sogenannte *„Billboards"* (Abschnitt 16.4), bei denen eine transparente Textur auf ein Quad (Rechteck) gemappt wird, welches während der Laufzeit immer zum Beobachter hin ausgerichtet wird. Damit lassen sich sehr komplexe Objekte, wie z.B. Bäume, Sträucher, Personen und andere einigermaßen rotationssymmetrische Objekte mit nur einem ausgerichteten Quad rendern. Beim Schattenwurf macht sich aber die drastische Reduktion von eigentlich 3-dimensionalen Objekten auf 2-dimensionale Fototexturen an mehreren Stellen nachteilig bemerkbar. So ist normalerweise auf Billboards selbst immer eine Hälfte im Schatten, da das Billboard während der Berechnung der Schattentextur um die Mittelachse gedreht wird. Dadurch wird der visuelle Eindruck des *„Billboards"* erheblich gestört (Bild 14.38-a). Ein heuristischer Ansatz um hier Abhilfe zu schaffen, ist die Einführung eines diffusen Billboard-Selbstabschattungs-Faktors [Maie10], der für einen weichen Übergang zwischen heller und dunkler Billboardseite sorgt. Dabei projiziert man zunächst den betrachteten Punkt auf dem Billboard auf einen virtuellen Zylinder, der die rotationsinvariante Geometrie dieses Billboards darstellt. Multipliziert man den Normalenvektor auf der Außenhaut des Zylinders skalar mit dem Lichtvektor erhält man den gesuchten Billboard-Selbstabschattungs-Faktor[15]. Damit simu-

---

[15]Genau wie bei der diffusen Beleuchtungskomponente (12.10) muss auch hier noch das Maximum des Skalarprodukts und null gewählt werden, damit negative Beleuchtungsbeiträge vermieden werden.

liert man eine diffuse Beleuchtungskomponente (12.10) auf dem Billboard, so als wäre das
Billboard ein Zylinder (Bild 14.38-b).

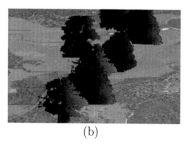

(a)   (b)

Bild 14.38:   Schatten auf einem Billboard-Baum: (a) ohne difffusen Term: es entsteht
ein harter Schatten in der Mitte des Billboards, da das Billboard während der Berechnung
der Schattentextur zur Lichtquelle ausgerichtet ist und für die Erzeugung des finalen Bildes
um die Mittelachse gedreht wird, so dass es senkrecht auf dem Augenpunkts-Vektor steht.
(b) mit difffusem Term: es entsteht ein „realistischerer" Schatteneffekt auf dem Billboard,
da der der Lichtquelle zugewandte Teil der Billboard-Textur hell erscheint und in Richtung
Kernschatten die Helligkeit kontinuierlich abnimmt. Quelle: Andreas Maier [Maie10].

Ein weiteres Problem tritt bei Schatten von Billboards dann auf, wenn z.B. Äste eines Baumes dem Boden sehr nahe kommen, wie in Bild 14.39-a. Da vor dem Rendern
der Schattentextur die Billboards zur Lichtquelle hin ausgerichtet werden und beim Rendern des finalen Bildes dann zum Beobachter hin, liegt ein Teil des Schattens vor dem
Billboard. Diese in der Realität unmögliche Konstellation irritiert einen menschlichen Beobachter. Weitere Artefakte fallen bei asymmetrischen Alpha-Texturen auf: beträgt der
Azimut-Winkel zwischen Beobachter und Lichtquelle zwischen 90 und 270 Grad, wird in
der Schattentextur eine achsengespiegelte Version des Billboards gespeichert. Dies führt bei
Billboard-Texturen, die nicht spiegelsymmetrisch sind, oder deren Spiegelungsachse nicht
mit der Drehachse des Billboard-Quads übereinstimmen, zu Fehlern (Bild 14.39-b). Um
solche Artefakte zu vermeiden, muss deshalb schon bei der Modellierung von Billboards
darauf geachtet werden, dass z.B. Bäume in Bodennähe nur aus einem Stamm bestehen und Äste frühestens in 1-2m Höhe beginnen, dass Alpha-Texturen achsensymmetrisch
sind und die Symmetrie-Achse mit der Drehachse des Billboards zusammenfällt. Moderne
Werkzeuge zur Erzeugung und Darstellung von Bäumen bzw. Vegetation im Allgemeinen,
wie z.B. Speedtree, verringern u.a. die Schatten-Artefakte dadurch, dass ein ausgeklügel-
tes „Level-of-Detail "(LOD)-Management eingeführt wird (Abschnitt 16.3). Dabei werden
Bäume in der näheren Umgebung des Beobachters zu einem großen Teil in 3D-Geometrie
ausmodelliert, so dass keine Billboard-Schatten-Artefakte auftreten können. Nur weiter
vom Beobachter entfernte Bäume werden als Billboard dargestellt, da dort die Artefakte
kaum noch auffallen.

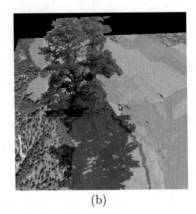

(a) (b)

Bild 14.39: Probleme bei Schatten von Billboards: (a) wenn Billboards am Boden einen relativ breiten opaken Bereich besitzen, fällt sehr deutlich auf, dass der Schatten mit einer Billboard-Ausrichtung zur Sonne erzeugt wird und das eigentliche Billboard mit einer Ausrichtung zum Beobachter. Dadurch liegt ein Teil des Schattens vor dem Billboard, was in Realität natürlich nicht sein kann. (b) asymmetrische Alpha-Textur: wenn der Winkel zwischen Billboard und Beobachter zwischen 90 und 270 Grad beträgt, wird in der Schattentextur eine achsengespiegelte Version des Billboards gespeichert. Dies führt bei asymmetrischen Alpha-Texturen zu Artefakten. Quelle: Andreas Maier [Maie10].

14.4.2 Volumen-Schatten (Transparente Objekte mit kontinuierlichen Alpha-Werten)

In diesem Abschnitt wird die komplexe Situation von Schatten bei transparenten Objekten mit kontinuierlichen Alpha-Werten im Intervall $[0.0 - 1.0]$ behandelt. Diese Situation kommt in der Praxis am häufigsten bei Fluiden, d.h. Flüssigkeiten oder Gasen vor, bei denen die semi-transparenten Objekte mehr oder weniger dicht in einem Volumen verteilt sind, so dass sogenannte Volumen-Schatten[16] („*Volume Shadows*") entstehen. Dadurch können Schatten nicht mehr nur auf den Oberflächen von Objekten sichtbar werden, sondern überall im Raum. Ein typisches Beispiel dafür sind Lichtstrahlen, die nach einem Gewitter durch Wolkenlücken stoßen und an den vielen Wasserteilchen in der Luft gestreut werden, so dass man den Weg der Lichtstrahlen sieht[17].

Die algorithmische Komplexität nimmt bei Volumen-Schatten drastisch zu, da eine Grundannahme, die sowohl bei der Beleuchtungsrechnung als auch bei den bisherigen Schatten-Verfahren gegolten hat, nicht mehr zutrifft: nämlich dass die Ausbreitung von Lichtstrahlen (und damit auch Schatten) im Raum durch nichts behindert wird. Denn in diesem Fall ist der Raum kein Vakuum, sondern enthält eine riesige Menge kleiner und

---

[16]Volumen-Schatten dürfen nicht verwechselt werden mit Shadow Volumes, einem alten Verfahren zur Erzeugung harter Schatten, bei dem virtuelle Polygone gerendert werden, die den abgeschatteten Raum umschließen.

[17]Im Englischen werden diese sichtbaren Lichtstrahlen auch als „*god rays*" bezeichnet.

kleinster Partikel (z.B. Atome, Moleküle, Tröpfchen, Staubteilchen), die die einfallenden Lichtstrahlen teilweise absorbieren oder streuen[18]. Um physikalisch korrekt bei der Berechnung des Schattenfaktors für einen Oberflächenpunkt vorzugehen, müsste man jetzt alle möglichen Ausbreitungswege der Lichtstrahlen von einer Lichtquelle über unzählige Streu- und Absorptionsvorgänge hinweg verfolgen. Dies mündet in der Strahlungstransportgleichung, einer rekursiven Integralgleichung über den gesamten Raum, die nur näherungsweise gelöst werden kann. Eine ausführliche Herleitung und Behandlung der Strahlungstransportgleichung findet man z.B. bei Dutré et al. [Dutr06].

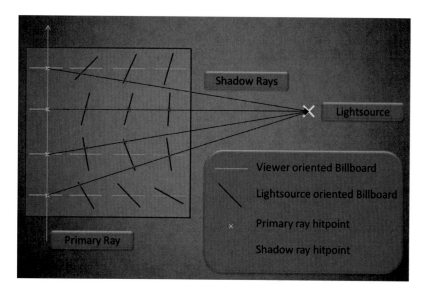

Bild 14.40: Kombinatorische Explosion von Strahl-Billboard-Wechselwirkungen bei Partikelsystemen: um den Farbwert an einem Oberflächenpunkt eines semitransparenten Billboard-Partikels zu berechnen benötigt man die Farbwerte aller dahinter liegenden Billboard-Partikel („*Primary Ray*"). Damit man deren Farbwert berechnen kann, muss man zuerst die Abschwächung der Lichtintensität bestimmen, die durch weitere Billboard-Partikel zwischen der Lichtquelle und dem gerade betrachteten Partikel liegen („*Shadow Rays*"). Obwohl dabei Streu- und Brechungseffekte vernachlässigt werden, erhöht sich der Rechenaufwand gegenüber opaken Objekten stark. Quelle: Andreas Maier [Maie10].

Es gibt eine Reihe unterschiedlicher Lösungsansätze, um Volumen-Effekte in Echtzeit darzustellen. Ein klassischer Ansatz ist die Approximation durch Partikelsysteme (Abschnitt 15.2.4), die aus vielen kleinen semi-transparenten „*Billboards*" bestehen. Partikelsysteme werden typischerweise zur Simulation von Rauch, Abgasstrahlen, Feuer oder

---

[18]Im Englischen spricht man von „*participating media*".

anderen örtlich begrenzten Phänomenen eingesetzt. In diesem Fall kann ein Lichtstrahl auf dem Weg von der Lichtquelle zum betrachteten Oberflächenpunkt von mehreren semi-transparenten Objekten abgeschwächt worden sein, bevor er zum Augenpunkt reflektiert wird, d.h. das Integral der Strahlungstransportgleichung reduziert sich auf eine Summe über die örtlich diskreten Billboards, die eine Lichtintensität gemäß dem Alpha-Wert des getroffenen Texels passieren lassen. Der Schattenfaktor S ergibt sich daher aus dem Produkt der zu 1 komplementären Alpha-Werte α_i der getroffenen n Billboard-Texel:

$$S = \prod_i^n (1 - \alpha_i). \tag{14.41}$$

Außerdem kann der Oberflächenpunkt selber semi-transparent sein, so dass auch Licht von dahinter liegenden Billboards, die selbst evtl. wieder teilweise im Schatten liegen, zur Farbe des Punktes beitragen können (Bild 14.40). Somit gibt es eine kombinatorische Explosion von Strahl-Billboard-Wechselwirkungen, die den Rechenaufwand enorm steigen lassen.

Ein erster Ansatz mit relativ geringem Rechenaufwand zur Darstellung von Volumen-Schatten wurde von Lokovic et al. [Loko00] mit den „*deep shadow maps*" vorgestellt. Die Grundidee dabei ist, dass man pro Pixel der Schattentextur nicht nur einen z-Wert, sondern eine Transmittanz-Funktion speichert, die angibt, wie die Lichtintensität mit zunehmendem z-Wert abfällt (Bild 14.41-c).

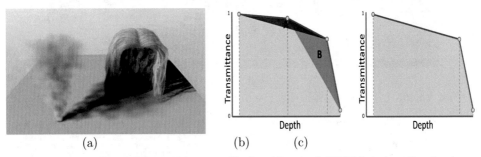

Bild 14.41: (a) „*Adaptive Volumetric Shadow Mapping*" AVSM bei einer Rauchwolke und einen Haar-Schopf: man kann sowohl die Selbstabschattung innerhalb der semi-transparenten Objekte erkennen, als auch den weichen Schatten, den sie auf den Boden werfen. (b) Komprimierung einer Transmittanz-Funktion von 4 auf 3 Abtastpunkte bei AVSM: die Transmittanz-Funktion enthält 4 Abtastpunkte. Es soll derjenige der beiden inneren Abtastpunkte entfernt werden, der die geringste Änderung der Fläche unter der Kurve verursacht (in diesem Fall Punkt A). (c) die komprimierte Transmittanz-Funktion enthält nur noch 3 Abtastpunkte. Quelle: Marco Salvi [Salv10].

Das derzeit effizienteste Verfahren, das nach diesem Prinzip arbeitet und für beliebige Arten von semi-transparenten und auch opaken Medien verwendet werden kann, ist das sogenannte „*Adaptive Volumetric Shadow Mapping*" von Salvi et al. [Salv10]. Zur Erzeugung einer „*Adaptive Volumetric Shadow Map*" (AVSM) wird, genau wie bei der Standard-Schattentexturierung, die Szene aus der Sicht der Lichtquelle gerendert. Trifft ein Strahl von der Lichtquelle ein semi-transparentes Objekt, wird der z-Wert des Eintritts- und des Austrittspunktes sowie der Alpha-Wert bestimmt. Damit kann der Transmittanz-Verlauf analytisch berechnet werden. Wird z.B. ein Billboard getroffen, das ein kugelförmiges Partikel repräsentiert, wird in die Transmittanz-Funktion ein langsam abfallendes Segment integriert, das die Abschwächung der Lichtintensität auf dem Weg des Strahls durch das Partikel beschreibt. Wird ein opakes Objekt getroffen, fällt die Transmittanz-Funktion am z-Wert dieses Objekt senkrecht auf null ab. Die pro Texel gespeicherte Transmittanz-Funktion besteht aus Abtastpunkten, die jeweils ein Werte-Paar aus Tiefe (z_i) und Transmittanz (t_i) enthalten. Bei komplexeren Szenarien entstehen auf diese Weise pro Texel Transmittanz-Funktionen mit hunderten oder tausenden von Abtastpunkten, die extrem viel Speicherplatz und Rechenzeit erfordern. Die entscheidende Idee von Salvi et al. war es nun, die Transmittanz-Funktion zu komprimieren, so dass immer nur eine maximale Anzahl von z.B. 8 oder 16 Abtastpunkten gespeichert werden muss. Bei Überschreiten der maximalen Abtastpunktezahl wird der Abtastpunkt entfernt, der die geringste Änderung des Transmittanz-Integrals verursacht (Bild 14.41-b,c). Diese Art der Kompression führt zu kaum merklichen Qualitätsverlusten und hält den Speicherplatz- und Rechenzeitbedarf so weit in Grenzen, dass das Verfahren auf aktueller Grafikhardware echtzeitfähig wird. Die Bestimmung des Schattenfaktors erfolgt nicht wie bei der Standard-Schattentexturierung mit Hilfe des binären Schattentests (14.6), sondern indem man die Transmittanz-Funktion an der Stelle des Schattenempfängers auswertet. Analog zum PCF-Verfahren (14.2.1.1) kann man auch hier die Transmittanz-Funktionen benachbarter AVSM-Texel auswerten und mit einem Tiefpass-Filterkern gewichten, so dass man weiche Schatten mit konstanter Halbschattenbreite erzeugen kann. An einem Beispiel-Szenario mit semi-transparenten Objekten, das eine Rauchwolke und einen Haar-Schopf enthält, kann man die mit AVSM erreichbare Bildqualität beurteilen (Bild 14.41-a).

Eine Kombination von AVSM mit einem Verfahren zur Erzeugung weicher Schatten mit variabler Halbschattenbreite, wie z.B. PCSS (Abschnitt 14.2.2.1), stößt zunächst auf Schwierigkeiten, da man eine Methode benötigt, mit der man bei einer Sequenz von semi-transparenten Medien eine einzige Blockertiefe und damit eine Penumbragröße bestimmt. Die Grundidee zur Lösung dieses Problems besteht darin, dass man einen gewichteten Mittelwert über die z-Werte der semitransparenten Objekte eines AVSM-Texels berechnet, wobei die Gewichtung durch den Transmittanzverlust des jeweiligen Objektes gegeben ist. Analog wie beim PCSS-Verfahren (Algorithmus **A14.2**) sucht man innerhalb eines bestimmten Bereichs („*Blocker Search Region*") der AVSM nach Schattenspendern. Die bereits gemittelten z-Werte der gefundenen Schattenspender werden wieder mit dem Transmittanzverlust gewichtet und erneut gemittelt, so dass man eine einzige Blockertiefe erhält. Mit Hilfe von (14.30) und (14.31) berechnet man dann die Penumbra- bzw. die PCF-Filterkerngröße. Abschließend bestimmt man den Schattenfaktor mit der für AVSM modifizierten PCF-Methode. Beim bisherigen AVSM-Verfahren wird nicht berücksichtigt, dass Transparenz wellenlängenabhängig sein kann, wie z.B. bei farbigen Gläsern, die nur das Licht einer bestimmten Farbe transmittieren. Diese Effekte lassen sich dadurch erfassen, dass man für jede der drei Farbkomponenten R,G,B eine eigene AVSM anlegt und die oben beschriebenen Berechnungen separat für jede der drei Farb-AVSMs durchführt. Erste Ergebnisse mit diesem Ansatz erscheinen vielversprechend, denn man erhält sehr viel weichere, farbige und somit realistischere Schattenübergänge, als mit dem normalen AVSM-Verfahren [Tabb11].

Außerdem ist zu beachten, dass jeder Schattenalgorithmus für semitransparente Objekte gleichzeitig auch ein Verfahren für „*Order Independent Transparency*" (OIT) darstellt [Salv11]. Denn ein Algorithmus, mit dem sich berechnen lässt, wie stark die Lichtintensität auf dem Weg von einer Lichtquelle durch semitransparente Objekte hindurch bis zu einem bestimmten Oberflächenpunkt abnimmt, kann auch in umgekehrter Weise eingesetzt werden: nämlich um zu berechnen, wie viel Licht von einem Oberflächenpunkt durch semitransparente Objekte transmittiert wird, bevor es am Augenpunkt eintrifft. Damit hat man einen allgemein verwendbaren Algorithmus gefunden, mit dem sowohl realistische Schatten, als auch korrekte Transparenz berechnet werden kann.

14.5 Infrarot Schatten

Ein weiterer Bereich der Computergrafik bei dem Schatten eine zentrale Rolle spielen ist die Bildgenerierung im langwelligen Infrarotspektrum. Das langwellige Infrarotspektrum beschreibt den Wellenlängenbereich von $8\mu m$ bis $12\mu m$ des Lichts, der von Infrarotsensoren oder Wärmebildkameras erfasst wird. In der Luft- und Raumfahrt sowie in der Automobilindustrie werden diese Sensoren für Navigations- und Tracking-Algorithmen eingesetzt. Um solche Algorithmen zu entwickeln, werden in Simulationen synthetische Infrarotbilder generiert. Im Gegensatz zum visuellen Spektrum, bei dem die reflektierte Strahlung dominiert, ist die emittierte Strahlung im langwelligen Infrarotbereich entscheidend. Nahezu jede Oberfläche ist ein Wärmespeicher, dessen emittierte Strahlung von der gespeicherten Wärmemenge abhängt. Ein Schatten verursacht dabei eine Änderung der Wärmebilanz und wirkt sich direkt auf die emittierte Strahlung aus. Schatten können so auch noch nach längerer Zeit zu sehen sein (Bild 14.42). Für die Infrarotbildgenerierung wird die Rendering Gleichung mit einer vierdimensionalen instationären Wärmegleichung gekoppelt. Mit Hilfe dieser Wärmegleichung kann die Oberflächentemperatur berechnet werden, aus der sich wiederum die emittierte Strahlung ableiten lässt. Beim Lösen der Wärmegleichung müssen die geometrischen Eigenschaften der 3D Szene berücksichtigt werden, wie z.B. der Strahlungsaustausch zwischen Oberflächen oder auch Abschattungen (vgl. auch das Radiosity Verfahren). Klassische Lösungsansätze für die Wärmegleichung sind die Finite Elemente oder Finite Differenzen Methode. Für die Echtzeit Bildgenerierung sind diese Algorithmen aber oft zu aufwändig.

Klein et al. [Klei14] entwickelte einen Ansatz um Schatten im Infrarotspektrum unter Echtzeitbedingungen zu berechnen. Die Idee besteht darin, das thermische Verhalten von Oberflächen über ein thermisches Modell mit zwei Exponentialfunktionen zu approximieren und mit modernen Computergrafik-Verfahren zu kombinieren. Dazu wird ein vorab

Bild 14.42:   Beispiel eines Infrarot Schattens. Kurz nach der Abschattung der Oberfläche hat der Schatten die Oberfläche noch nicht stark abgekühlt. Einige Minuten später ist die Oberflächentemperatur im Schatten jedoch schon stark abgesunken.

gewählter Simulationszeitraum in diskrete Schritte unterteilt. Für jeden Zeitschritt wird mittels Schattentexturierung ein Schattenfaktor für jeden sichtbaren Pixel einer 3D-Szene berechnet. Dieser Schattenfaktor wird anschließend genutzt um die Oberflächentemperatur mit Hilfe des thermischen Modells dynamisch anzupassen. In einer weiteren Arbeit [Klei16] wird das Verfahren um eine indirekte Abschattung mittels Ambient Occlusion erweitert.

Kapitel 15

Animationen

15.1 Animation und Double Buffering

In den bisherigen Kapiteln zur 3D-Computergrafik fehlte ein wesentliches Element: Bewegung. Um den Bildern das „Laufen" beizubringen, d.h. um einen kontinuierlichen Bewegungseindruck zu erzielen, sind mindestens 24 Bilder/Sekunde nötig. Ab dieser Bildgenerierrate nimmt der Mensch keine Einzelbilder mehr wahr, in denen die Objekte oder die ganze Szene stückweise verschoben sind, sondern es entsteht der Eindruck einer flüssigen Bewegung. Diese sog. Flimmerverschmelzungsfrequenz ist von zahlreichen Faktoren abhängig und variiert zwischen ca. 24 Bilder/Sekunde bei niedriger Lichtintensität und geht bis zu 90 Bilder/Sekunde bei sehr hoher Lichtintensität. Wie in Kapitel 3 „Interaktive 3D-Computergrafik" dargestellt, erfordern manche Anwendungen mindestens 60 Bilder/Sekunde, damit eine akzeptable Bildqualität erreicht wird. Da zwei aufeinander folgende Bilder sich bei diesen Bildgenerierraten in der Regel nur wenig unterscheiden, könnte man auf die Idee kommen, nicht jedes Bild vollkommen neu zu zeichnen, sondern nur die Teile, die sich verändert haben. In sehr einfachen Szenen, wie in Bild 15.1, bei denen sich nur wenige Objekte bewegen, wäre ein solches Vorgehen durchaus möglich.

Dabei müssten die Objekte in ihrer neuen Position gezeichnet werden, und die alte Position des Objektes müsste mit dem korrekten Hintergrund übermalt werden. In natürlichen Szenen mit Objektbewegungen, einer Bewegung des Augenpunkts durch die Szene und

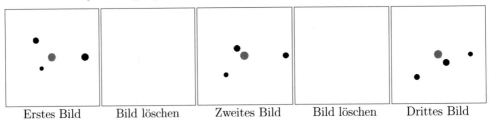

| Erstes Bild | Bild löschen | Zweites Bild | Bild löschen | Drittes Bild |

Bild 15.1: Animation und das Flicker-Problem, das durch das Löschen des Bildes verursacht wird.

© Springer Fachmedien Wiesbaden GmbH, ein Teil von Springer Nature 2019
A. Nischwitz et al., *Computergrafik*,
https://doi.org/10.1007/978-3-658-25384-4_15

evtl. noch bewegten Lichtquellen müssen aber in der Regel mehr als 50% des Bildes neu gezeichnet werden. In diesem Fall wäre der Aufwand, die alten Objektpositionen mit dem korrekten Hintergrund zu übermalen, unverhältnismäßig groß.

Es ist sehr viel einfacher, die gesamte Szene jedesmal von Anfang an neu zu zeichnen. Dazu wird zunächst ein „sauberes Blatt" benötigt, d.h. der Bildspeicher wird durch den OpenGL-Befehl `glClear(GL_COLOR_BUFFER_BIT | GL_DEPTH_BUFFER_BIT)` mit der eingestellten *clear color* bzw. *clear depth* gelöscht. Bei Vulkan geschieht dies normalerweise beim Starten des Renderpass mit dem Befehl `vkCmdBeginRenderPass()` wie in Abschnitt 8.3 auf Seite 252 dargestellt. Anschließend wird die Szene mit den neuen Positionen gezeichnet. Das Problem mit dieser Technik ist, dass das Auge die abwechselnden Lösch- und Zeichenvorgänge bemerkt. Dies führt zum sogenannten *Flicker-Effekt*, der äußert störend wirkt. Die Lösung des Flicker-Problems liegt wieder in einem Stück zusätzlicher Hardware: dem *Double Buffer*. Der Anteil des Bildspeichers (*frame buffer*), der die endgültigen Farbwerte für jedes Pixel enthält, der sogenannte *color buffer*, wird einfach verdoppelt (Bild 15.2).

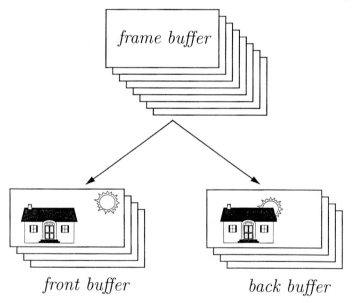

Bild 15.2:   *Double Buffering*: Aufteilung des Bildspeichers (*frame buffer*) in einen *front buffer*, dessen Inhalt auf dem Bildschirm dargestellt wird, und in einen *back buffer*, in dem alle Zeichenvorgänge unbemerkt vorgenommen werden.

Die Lösch- und Zeichenvorgänge werden im „hinteren" Teilspeicher (*back buffer*) vorgenommen, der gerade nicht am Bildschirm dargestellt wird. Währenddessen wird der „vordere" Teilspeicher (*front buffer*) ausgelesen, das digitale Bildsignal wird über einen Digital-Analog-Konverter in ein analoges Videosignal umgewandelt und z.B. mit einem

Bildschirm zur Ansicht gebracht. Wenn das neue Bild im *back buffer* fertig gezeichnet ist und zugleich der Bildschirm das VSync-Signal zur Darstellung des nächsten Bildes gesendet hat, wird die Rolle der Speicherbereiche einfach vertauscht: der bisherige *back buffer* wird zum neuen *front buffer* und umgekehrt. Dabei werden keine Bilddaten hin- und her kopiert, sondern es werden nur die entsprechenden Zeiger auf die jeweiligen Bildspeicherbereiche vertauscht. Danach beginnt der Ablauf wieder von vorne (Bild 15.3).

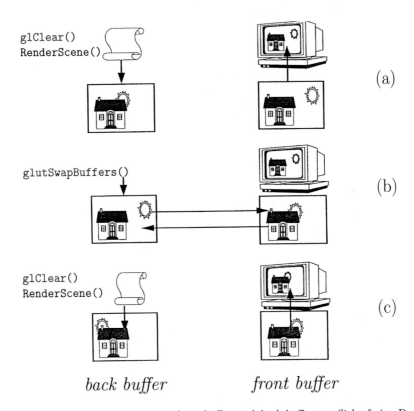

back buffer   *front buffer*

Bild 15.3: Das Zusammenspiel von *front buffer* und *back buffer* zur flickerfreien Darstellung von Animationen. (a) während im front buffer noch ein früher gerendertes Bild steht, bei dem die Sonne noch rechts neben dem Haus ist, wird der back buffer gelöscht und anschließend neu beschrieben, wobei zwischenzeitlich die Sonne ein Stückchen nach links hinter die rechte Seite des Hauses gewandert ist. (b) durch den Befehl `glutSwapBuffers()` werden die Inhalte von front buffer und back buffer vertauscht, so dass das soeben gerenderte Bild jetzt im front buffer steht. (c) das Spiel beginnt wieder von vorne, d.h. während am Bildschirm noch das vorher gerendertes Bild dargestellt wird, bei dem sich die Sonne noch hinter der rechten Seite des Hauses befindet, wird der back buffer gelöscht und danach neu beschrieben, wobei die Sonne jetzt bereits hinter die linke Seite des Hauses gewandert ist.

Das *Double Buffering* zur Lösung des Flicker-Problems in OpenGL ist im Algorithmus **A15.1** zusammengefasst.

A15.1:   Pseudo–Code für das *Double Buffering* in OpenGL.

<u>Voraussetzungen und Bemerkungen:</u>

◇   zusätzlicher Speicherplatz für die Verdoppelung des color buffer wird bei der Initialisierung zur Verfügung gestellt. Zugehöriger Befehl aus der GLUT-Library: `glutInitDisplayMode(GLUT_DOUBLE)`

<u>Algorithmus:</u>

(a)   Durchlaufe die Hauptprogramm-Schleife immer wieder, bis das Programm beendet wird. (`glutMainLoop()`).

(aa)   Initialisiere den *back buffer* mit der eingestellten *clear color* bzw. *clear depth*. (`glClear(GL_COLOR_BUFFER_BIT | GL_DEPTH_BUFFER_BIT)`).

(ab)   Zeichne die gesamte Szene mit den neuen Positionen (`RenderScene()`).

(ac)   Vertausche *front buffer* und *back buffer* (`glutSwapBuffers()`), nachdem der Bildschirm das VSync-Signal[1] gesendet hat.

<u>Ende des Algorithmus</u>

Die Lösung des Flicker-Problems durch das *Double Buffering* ist zwar sehr elegant, bringt jedoch den Nachteil mit sich, dass eine zusätzliche Transport-Verzögerung von einem Zeittakt entsteht. Denn das neu in den *back buffer* gerenderte Bild erscheint nicht unmittelbar am Bildschirm, sondern es dauert einen Zeittakt, bis *front buffer* und *back buffer* vertauscht werden und somit das neue Bild am Bildschirm dargestellt wird. In sehr zeitkritischen Anwendungen, wie z.B. Trainingssimulatoren (Kapitel 3), ist dies ein unangenehmer, aber unvermeidlicher Nachteil. Um diesen Nachteil zumindest einzudämmen, sollte die Bildgenerierrate möglichst hoch gewählt werden, so dass ein Zeittakt, der ja reziprok zur Bildgenerierrate ist, verhältnismäßig klein bleibt.

---

[1]Der Begriff „VSync" stammt aus der Zeit der CRT-Bildschirme und bezeichnet den Zeitpunkt des vertikalen Rücksprungs (engl. vertical retrace) des Elektronenstrahls, nachdem alle Zeilen des Bildschirms durchlaufen wurden. Das VSync-Signal wird also immer beim Wechsel des Bildes am Bildschirm gesendet. Man kann das *Double Buffering* auch ohne Synchronisation mit dem Bildschirm betreiben. Dies kann aber zu einem Verwischungseffekt (engl. tearing) führen, wenn die GPU so schnell rendern kann, dass mehrere Bilder innerhalb eines Bildschirmtaktes dargestellt werden. Die Synchronisation mit dem Bildschirm kann man unter Windows mit der OpenGL-Extension `WGL_EXT_swap_control` aus- und einschalten.

Ein weiterer Nachteil des *Double Bufferings* tritt dann zutage, wenn die Bildgenerierrate, die die GPU leisten kann, um den Wert der Bildwiederholrate des Bildschirms schwankt. Denn bei Frames, bei denen die GPU nicht rechtzeitig mit dem Rendern eines Bildes innerhalb eines Bildschirm-Zeittaktes fertig wird, muss das vorherige Bild für einen zweiten Takt am Bildschirm dargestellt werden. Dies führt bei bewegten Szenen zu einem deutlich wahrnehmbaren und störenden Ruckeln. Benötigt die GPU dagegen weniger Zeit zum Rendern, als ein Bildschirm-Zeittakt vorgibt, muss sie wegen der Synchronisation mit dem Bildschirmtakt trotzdem auf den Beginn des nächsten Zeittakts warten. Um diese Wartezeit der GPU dennoch zu nutzen, wurde das *Triple Buffering* eingeführt. Dabei wird der Frame Buffer nicht nur verdoppelt, sondern sogar verdreifacht, so dass es neben dem *front buffer* jetzt einen *back buffer 1* und *2* gibt. Ist die GPU mit dem Rendern eines Bildes in den *back buffer 1* bereits fertig, bevor das VSync-Signal ausgelöst wurde, kann die GPU schon mit dem Rendern des nächsten Bildes in den *back buffer 2* beginnen, anstatt nur zu warten. Nach dem Eingang des VSync-Signals wird nun der Befehl `glutSwapBuffers()` ausgelöst, der den bisherigen *back buffer 1* zum neuen *front buffer* macht, den *back buffer 2* zum neuen *back buffer 1*, so dass die GPU unabhängig vom VSync-Signal einfach weiter rendern kann und der alte *front buffer* zum neuen *back buffer 2* wird. Damit kann die GPU bei bestimmten Situationen besser ausgelastet werden.

In Vulkan wird das Flicker-Problem durch einen allgemeineren Ansatz, nämlich eine *SwapChain* gelöst. Diese ersetzt sowohl *Double Buffering* als auch *Triple Buffering* durch einen Stapel an Bildern mit frei programmierbarer Stapeltiefe. Eine Stapeltiefe von 2 entspricht *Double Buffering*, eine Stapeltiefe von 3 entspricht *Triple Buffering*. Für die Synchronisation zwischen Bildgenerierung und Bilddarstellung gibt es in Vulkan sehr viel mehr Einstellmöglichkeiten als in OpenGL und zwar in Form von sog. Darstellungsmodi (engl. *presentation modes*). Der am häufigsten genutzte Darstellungsmodus lautet: `VK_PRESENT_MODE_FIFO_KHR`, hier werden die gerenderten Bilder am Ende der *SwapChain* hinzugefügt und sobald ein VSync-Signal vom Bildschirm eintrifft, wird das Bild am Anfang der *SwapChain* entnommen und am Bildschirm dargestellt (nach dem FIFO-Prinzip, d.h. First In First Out). Der Darstellungsmodus mit deaktiviertem VSync lautet in Vulkan: `VK_PRESENT_MODE_IMMEDIATE_KHR`, hier werden die Bilder sofort nach Abschluss des Rendervorgangs am Bildschirm dargestellt und zwar unabhängig davon, ob der Takt zur Bilddarstellung gerade passt oder nicht. Weitere Darstellungsmodi und die programmiertechnische Umsetzung einer *SwapChain* in Vulkan werden im Abschnitt 5.2.2.2 dargestellt.

Durch das *Double Buffering* bzw. eine *SwapChain* alleine entsteht aber noch keine Bewegung in einer Szene. Es verhindert nur den Flicker-Effekt am Bildschirm, wenn sich Objekte in einer Szene bewegen. Um Objekte zu bewegen, d.h. um sie zu animieren, muss die Funktion `RenderScene()`, die der Positionierung aller Vertices dient, regelmäßig mit neuen Werten aufgerufen werden. Die Häufigkeit des Aufrufs kann z.B. mit der GLUT-Funktion `glutTimerFunc(msecs, TimerFunc, value)` spezifiziert werden. Der Parameter `msecs` vom Typ GLuint legt fest, nach wie vielen Millisekunden jeweils die Funktion `TimerFunc` aufgerufen wird (der `value`-Parameter dient der Auswahl unterschiedlicher Timer-Funktionen). Die Funktion `TimerFunc` kann z.B. folgendermaßen aussehen:

```
static GLfloat t = 0.0;

void TimerFunc(int value) {
        t += 1.0;
        glutPostRedisplay();
        glutTimerFunc(20, TimerFunc, 1);
}
```

Zunächst wird eine globale Variable t definiert, die in der Funktion RenderScene() zur Positionsänderung benützt wird. Bei jedem Aufruf der Funktion TimerFunc wird die Variable t um eins erhöht, durch den GLUT-Befehl glutPostRedisplay() wird ein Flag gesetzt, das in der Hauptprogramm-Schleife den Aufruf der Funktion RenderScene() auslöst, und zum Schluss wird nach *20 Millisekunden* die rekursive Funktion TimerFunc erneut aufgerufen. Falls die Rechenleistung für die definierte Szene ausreichend ist, wird dadurch eine Bildgenerierrate von *50 Hz* erzeugt. Falls nicht, wird die Bildgenerierrate entsprechend niedriger ausfallen. Solange die Rechenleistung ausreicht, lassen sich mit dieser Konstruktion beliebige Animationen erzeugen, deren Ablaufgeschwindigkeit unabhängig von der eingesetzten Hardware ist.

Eine ähnliche Timer-Funktion in Vulkan, die regelmäßig in der Render-Funktion aufgerufen wird, wurde bereits in Abschnitt 5.2.2.4 auf Seite 116 dargestellt:

```
void updateUniformBuffer(uint32_t currentImage) {
    // <chrono>-Bibliothek zur Bestimmung der Zeit zwischen zwei Bildern
    static auto startTime = std::chrono::high_resolution_clock::now();
    auto currentTime = std::chrono::high_resolution_clock::now();
    float time = std::chrono::duration<float, std::chrono::seconds::period>
                    (currentTime - startTime).count();

    MatrixUniformBufferObject ubo = {};
    ubo.ModelMatrix = glm::rotate(glm::mat4(1.0f), time * 3.14f,
                    glm::vec3(0.0f, 0.0f, 1.0f));
    ..
}
```

Nachdem die Zeit-Variable time in Sekunden gerechnet wird, bewirkt der obige Code eine vollständige Rotation der gezeichneten Objekte um die z-Achse innerhalb von 2 Sekunden ($time(sec)/2sec * 2\pi$).

15.2 Animationstechniken

Unter Animation versteht man in der Computergrafik jegliche Veränderungen einer Szene mit der Zeit, und zwar unabhängig davon, wodurch die Veränderung hervorgerufen wurde. Der häufigste Fall ist, dass sich Objekte, der Augenpunkt oder die Lichtquellen bewegen. Aber auch die Veränderung der Gestalt, der Materialeigenschaften und der Texturen von Oberflächen, sowie Änderungen in den Lichtquelleneigenschaften wie Öffnungswinkel oder ausgestrahltes Farbspektrum zählen im weitesten Sinne zu den Animationen.

Zur Bewegung von Objekten benötigt man eine Bahnkurve im 3-dimensionalen Raum, die entweder durch kontinierliche Funktionen beschrieben sein kann, oder durch diskrete Abtastpunkte, zwischen denen interpoliert wird. Außerdem werden bei den Animationstechniken mehrere Hierarchieebenen unterschieden: Bewegungen von starren oder zumindest fest verbundenen Objekten entlang einer räumlichen Bahn werden als *Pfadanimation* bezeichnet. Besitzt ein Objekt innere Freiheitsgrade, wie z.B. Gelenke, spricht man bei deren Bewegung von einer *Artikulation*. Ist ein Objekt auch noch elastisch oder plastisch verformbar, bezeichnet man dies als *Morphing*. Gehorcht eine ganze Gruppe von Objekten ähnlichen Bewegungsgleichungen, die sich nur durch eine Zufallskomponente unterscheiden, hat man es mit Partikelsystemen oder Schwärmen zu tun. Die verschiedenen Hierarchieebenen der Animation können sich selbstverständlich auch noch überlagern, wie z.B. in einer Szene, in der eine Gruppe von Personen in ein Schwimmbecken springt.

Müsste man zur Beschreibung des Bewegungsablaufs einer solch komplexen Szene für jeden Freiheitsgrad und für jeden Zeitschritt eine komplizierte *kontinuierliche* Funktion berechnen, entstünde ein gigantischer Rechenaufwand. Deshalb hat sich hier schon sehr früh, d.h. seit den Anfangszeiten des Trickfilms, die *diskrete* Abtastung und Speicherung der Szene zu ausgewählten Zeitpunkten eingebürgert. Diese sogenannten *Key Frames* (Schlüsselszenen) wurden bei der Produktion von Trickfilmen immer zuerst gezeichnet, und anschließend wurden die Zwischenbilder durch Interpolation aufgefüllt.

Je nach Anwendung wird in der 3D-Computergrafik sowohl die die kontinuierliche als auch die diskrete Art der Animationsbeschreibung in den verschiedenen Hierachiestufen eingesetzt, wie im Folgenden dargestellt.

15.2.1 Bewegung eines starren Objektes – Pfadanimation

Für die Bewegung eines Gesamtobjekts benötigt man eine Parameterdarstellung der Bahnkurve $\mathbf{K}(t)$ im 3-dimensionalen Raum:

$$\mathbf{K}(t) = \begin{pmatrix} x(t) \\ y(t) \\ z(t) \end{pmatrix} \tag{15.1}$$

So lässt sich z.B. eine geradlinige Bewegung in x-Richtung mit konstanter Geschwindigkeit v darstellen als:

$$\mathbf{K}(t) = \begin{pmatrix} x(t) = v \cdot t \\ y(t) = 0 \\ z(t) = 0 \end{pmatrix} \tag{15.2}$$

Eine Kreisbewegung in der $x - z$-Ebene mit dem Radius R und konstanter Winkelgeschwindigkeit ω, wie z.B. bei Einem der drei Satelliten in Bild 15.1, lässt sich darstellen als:

$$\mathbf{K}(t) = \begin{pmatrix} x(t) = R \cdot \cos(\omega \cdot t) \\ y(t) = 0 \\ z(t) = R \cdot \sin(\omega \cdot t) \end{pmatrix} \tag{15.3}$$

Durch das aneinander Setzen von Geradenstücken und Kreisbögen kann man praktisch beliebige Bahnkurven approximieren. Die Echtzeit-Computergrafiksoftware „*OpenGL Performer*" der Firma SGI bietet z.B. genau diese beiden grundlegenden Kurvenformen zur Pfadanimation von Objekten an. In der Computergrafik, in der nur die Bilder von Objekten bewegt werden, reicht diese rein kinematische Betrachtung von *kontinuierlichen* Bahnkurven aus. In der physikalischen Realität, in der Objekte massebehaftet sind und folglich zur Bewegungsänderung Kräfte aufzubringen sind, wird die Bahnkurve aus einem Kräftegleichgewicht hergeleitet. Will man physikalisch vernüftige Bewegungen simulieren, darf man also nicht beliebige Bahnen programmieren, sondern nur solche, die sich aus der Newton'schen Mechanik (d.h. der Dynamik) ableiten lassen. Eine Lokomotive, die auf einem Schienennetz fahren würde, das ausschließlich aus Geradenstücken und Kreisbögen bestünde, könnte leicht ins Wanken geraten, denn beim Übergang von einer Geraden zu einem Kreisbogen würde schlagartig eine seitliche Kraft einsetzen, die sogenannte Zentripetalkraft. Um ein sanftes Ansteigen der seitlichen Kraft von Null auf den Maximalwert, der durch den Kreisradius gegeben ist, sicherzustellen, werden bei der Konstruktion von Schienennetzen Übergangsstücke zwischen Geraden und Kreisbögen eingebaut, deren Krümmung linear mit der Wegstrecke ansteigt. Da die Krümmung direkt proportional zur Zentripetalkraft ist, steigt diese ebenfalls linear mit der Wegstrecke an. Mathematisch formuliert ergibt die Forderung nach einer linear mit der Wegstrecke ansteigenden Krümmung als Bahnkurve eine sogenannte *Klothoide*:

$$\mathbf{K}(t) = \begin{pmatrix} x(t) = a\sqrt{\pi} \int\limits_0^t \cos(\frac{\pi u^2}{2})du \\ y(t) = a\sqrt{\pi} \int\limits_0^t \sin(\frac{\pi u^2}{2})du \\ z(t) = 0 \end{pmatrix} \tag{15.4}$$

Bei der Klothoide steckt die Variable t in der Obergrenze des Integrals, da es keine analytische Darstellung der Kurve gibt. Die Funktionswerte $x(t)$ und $y(t)$ können somit nur numerisch berechnet werden. Weil die numerische Lösung der Integrale in (15.4) für

Echtzeit-Anwendungen aber zu lange dauern würde, tabelliert man die Kurve im erforderlichen Wertebereich, d.h. man berechnet die Funktionswerte für äquidistante Abstände der Variablen t und schreibt sie in eine Wertetabelle. Dadurch ist die eigentlich kontinuierliche Kurve der Klothoide aber nur noch an *diskreten* Abtastpunkten gegeben. Werden Funktionswerte zwischen den gegebenen Abtastpunkten benötigt, wird eine Interpolation der Tabellenwerte durchgeführt. Am häufigsten verwendet wird dabei die lineare Interpolation, sowie die quadratische und die Spline-Interpolation.

Da komplexe Raumkurven, wie z.B. Klothoiden, sowieso nur an diskreten Abtastpunkten gegeben sind, kann man die Darstellungweise auch gleich ganz umkehren und die gesamte Raumkurve, unabhängig vom Kurventyp, durch n diskrete Abtastpunkte definieren:

$$\mathbf{K} = \begin{pmatrix} \mathbf{x} = (x_0, x_1, \ldots, x_n) \\ \mathbf{y} = (y_0, y_1, \ldots, y_n) \\ \mathbf{z} = (z_0, z_1, \ldots, z_n) \end{pmatrix} \tag{15.5}$$

Zwischenwerte werden wieder durch Interpolation gewonnen. Damit ist man bei der eingangs erwähnten *Key Frame Technik* angelangt, in der die animierten Objekte zu diskreten Zeitpunkten abgetastet und gespeichert werden.

Bisher wurden nur die drei translatorischen Freiheitsgrade bei der Bewegung von Objekten im 3-dimensionalen Raum betrachtet. Im Allgemeinen besitzt ein Objekt aber auch noch drei rotatorische Freiheitsgrade der Bewegung, d.h. die Drehwinkel um die drei Raumachsen x, y, z, die als Nickwinkel p (*pitch*), Gierwinkel h (*heading* oder *yaw*) und Rollwinkel r (*roll*) bezeichnet werden.

Ein Animationspfad für das Beispiel der Bewegung auf einem Schienennetz kann in der kontinuierlichen Darstellung durch eine Sequenz von Kurventypen (Geraden, Kreisbögen, Klothoiden etc.) sowie der zugehörigen Parameter (Start- und Endpunkt bzw. -winkel, Krümmung etc.) beschrieben werden. In der diskreten Darstellung ist der Pfad durch eine evtl. längere Tabelle der Form

$$\mathbf{K} = \begin{pmatrix} \mathbf{x} = (x_0, x_1, \ldots, x_n) \\ \mathbf{y} = (y_0, y_1, \ldots, y_n) \\ \mathbf{z} = (z_0, z_1, \ldots, z_n) \\ \mathbf{h} = (h_0, h_1, \ldots, h_n) \\ \mathbf{p} = (p_0, p_1, \ldots, p_n) \\ \mathbf{r} = (r_0, r_1, \ldots, r_n) \end{pmatrix} \tag{15.6}$$

gegeben. Der Vorteil der kontinuierlichen Darstellung liegt meist im kleineren Speicherplatzbedarf, der Nachteil im größeren Rechenaufwand, der für die Bestimmung einer beliebigen Position und Lage auf dem Pfad benötigt wird. Deshalb wird in der interaktiven 3D-Computergrafik häufig die diskrete Variante der Pfadanimation benützt.

15.2.2   Bewegung von Gelenken eines Objektes – Artikulation

Die nächste Komplexitätsstufe der Computeranimation ist erreicht, wenn nicht nur starre Objekte in einer Szene bewegt werden, sondern Objekte mit inneren Freiheitsgraden, wie z.B. Personen- oder Tiermodelle mit Gelenken. Die mit Gelenken verbundenen Teile des Objekts sind aber starr. Das einfache Personenmodell in Bild 15.4 besitzt zehn Gelenke, zwei Hüftgelenke, zwei Kniegelenke, zwei Fußgelenke, zwei Schultergelenke und zwei Ellenbogengelenke. Die Gelenkwinkel werden durch einen Satz von fünf Kurven gesteuert, wobei jede einzelne Kurve einen Gelenkwinkel über der Zeit darstellt. Die Gelenkwinkel der rechten Extremitäten werden alle zum gleichen Zeitpunkt bestimmt, die der linken Extremitäten werden um eine halbe Periodendauer versetzt abgelesen. Dadurch kann man bei achsensymmetrischen Modellen die Hälfte der Kurven einsparen. Durch das Laden unterschiedlicher Kurvengruppen lässt sich zwischen verschiedenen Bewegungstypen, wie z.B. Gehen oder Laufen, umschalten. Außerdem hat man damit die nächsthöhere Abstraktionsstufe der Animationsbeschreibung erreicht, denn statt jeden einzelnen Gelenkwinkel zu jedem Zeitpunkt vorzugeben, braucht nur noch ein einziger Begriff angegeben zu werden, um das entsprechende Bewegungsverhalten zu erzielen.

Anstatt kontinuierlicher Kurven, wie in Bild 15.4 dargestellt, kann natürlich auch bei der Artikulation die diskrete *Key Frame*-Technik verwendet werden. Dazu werden „Schnappschüsse" des Modells zu charakteristischen Zeitpunkten geschossen, wie z.B. bei den größten Auslenkungen und den Nulldurchgängen der Gelenke. Bei einer geringen Zahl von Abtastpunkten werden nichtlineare Interpolationsverfahren verwendet, um zu Zwischenwerten zu gelangen, bei einer größeren Zahl an Abtastpunkten genügt die lineare Interpolation.

Realistischere Personenmodelle, wie sie z.B. in der Filmproduktion eingesetzt werden, besitzen zwei- bis dreihundert Gelenke. Hier ist es nahezu unmöglich, im *try-and-error*-Verfahren hunderte aufeinander abgestimmter Kurven für die Gelenkbewegungen vorzugeben, so dass ein glaubwürdiger Bewegungsablauf entsteht. Deshalb haben sich für solche Aufgabenstellungen *motion-capturing*-Verfahren [Gins83] durchgesetzt: einem lebenden Modell werden an den relevanten Gelenken Leuchtdioden angebracht und der Bewegungsablauf wird mit Hilfe mehrerer, räumlich verteilter Kameras unter kontrollierten Beleuchtungsverhältnissen aufgezeichnet. Aus den vorab vermessenen Kamerapositionen und der korrekten Zuordnung korrespondierender Leuchtdioden im jeweiligen Kamerabild kann durch Triangulation die Position jeder Leuchtdiode berechnet werden. Aus der zeitlichen Sequenz aller Leuchtdiodenpositionen kann schließlich der Verlauf aller Gelenkwinkel bestimmt werden. Für jeden Bewegungstyp (z.B. gehen, laufen, kriechen usw.) wird ein Satz an Gelenkwinkelkurven abgeleitet. Ein sanfter Übergang zwischen den verschiedenen Bewegungstypen ist wieder durch Interpolation realisierbar: jeder Gelenkwinkel wird zweimal berechnet, einmal mit dem Kurvensatz für den ersten Bewegungstyp und einmal mit dem Kurvensatz für den zweiten Bewegungstyp, daraus wird der endgültige Gelenkwinkel interpoliert. Mit dieser Technik kann ein künstliches Modell extrem realitätsgetreu animiert werden.

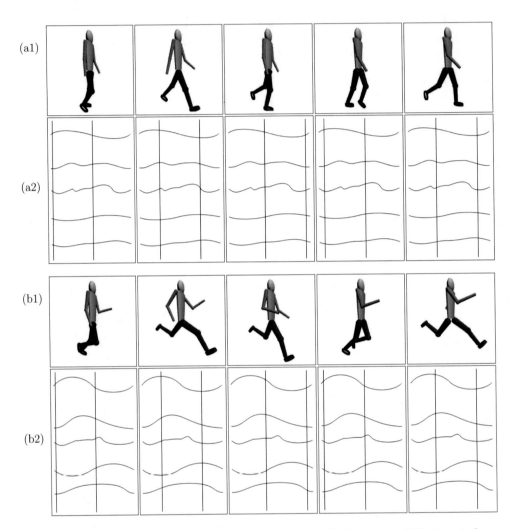

Bild 15.4: *Artikulation*: Bewegung von Gelenken eines Objekts, dessen Teile starr sind. Das Personenmodell besitzt zehn Gelenke (Hüften, Knie, Füße, Schultern, Ellenbogen). Die Gelenkwinkel werden durch fünf Kurven gesteuert, wobei jede Kurve einen Gelenkwinkel über der Zeit darstellt. Der erste senkrechte Strich markiert die Gelenkwinkel der rechten Extremitäten und der zweite, um 180 Grad versetzte Strich, die der linken Extremitäten. Durch das Laden unterschiedlicher Kurvengruppen lässt sich zwischen verschiedenen Bewegungstypen, wie z.B. Gehen oder Laufen, umschalten. (a1) Bewegungssequenz „Gehen". (a2) Zugehörige Kurven, aus denen die Gelenkwinkel bestimmt werden. (b1) Bewegungssequenz „Laufen". (b2) Zugehörige Kurven. Das Programm stammt von Philip Wilson.

Für gezielte Bewegungsabläufe komplexer Modelle sind die bisher beschriebenen Methoden aber nicht gut geeignet. Mit diesen Methoden lässt sich sehr genau vorhersagen, welche Position und welche Gelenkwinkel ein Modell zu einem bestimmten Zeitpunkt besitzt. Für eine gezielte Bewegung, wie z.B. beim Ergreifen eines bestimmten Gegenstandes in einer vorgegebenen Position, ist aber genau die umgekehrte Aufgabe zu lösen, nämlich welcher Bewegungsablauf zur Ergreifung des Gegenstandes führt. Und da es bei einem komplexen Modell mit vielen Gelenken sehr viele Freiheitsgrade gibt, kann das Ziel auf unterschiedlichsten Wegen erreicht werden. Durch Vorgabe zusätzlicher Kriterien, wie z.B. minimaler Energieverbrauch oder minimale Dauer bis zur Zielerreichung, wird daraus ein hochdimensionales Optimierungsproblem, das mit den entsprechenden mathematischen Methoden numerisch gelöst werden kann ([Gira85], [Bend05]). Die Lösung der Aufgabe, für ein vorgegebenes Ziel die optimalen Bewegungsparameter zu finden, wird als *Inverse Kinematik* bezeichnet. Werden auch noch die verursachenden Kräfte, die beteiligten Massen und evtl. die Reibung berücksichtigt, ist man bei der noch komplexeren *Inversen Dynamik* angelangt [Wilh87]. Mit diesen in der Robotik entwickelten Methoden, die in der Computergrafik übernommen wurden, ist man auf einer noch höheren Abstraktionsebene der Beschreibung von Bewegungen angekommen. Denn es ist deutlich einfacher, ein Ziel und ein Optimierungskriterium anzugeben, als alle Gelenkwinkelkurven so aufeinander abzustimmen, dass das gewünschte Verhalten auch zum vorgegebenen Ziel führt.

15.2.3   Verformung von Oberflächen – Morphing

Bei den bisher beschriebenen Animationen waren entweder die ganzen Objekte, oder zumindest alle Teile starr. Wenn sich reale Personen bewegen, drehen sich aber nicht nur die Knochen in ihren Gelenken, sondern Muskeln ziehen sich zusammen und werden dadurch kürzer und dicker, Haut wird gedehnt oder faltet sich zusammen, Haare wehen im Wind usw., d.h. die äußere Hülle der Person verformt sich. Es gibt zahlreiche weitere Beispiele für elastische oder plastische Verformungen (Bild 15.5) bis hin zu Metamorphosen, bei denen z.B. aus einer Raupe ein Schmetterling wird, oder wie in Gruselfilmen, bei denen sich Menschen langsam in Untiere verwandeln. All diese Verformungen von Oberflächen werden in der Computergrafik unter dem Begriff *Morphing* zusammengefasst.

Eine andere Anwendung, bei der Morphing zum Einsatz kommt, ist das sogenannte level-of-detail (LOD)-Morphing. Bei diesem in Kapitel 16.1 ausführlicher beschriebenen Verfahren wird bei Annäherung an ein Objekt nicht einfach bei einem fixen Abstand schlagartig von einer gröberen zu einer detaillierteren Repräsentation eines Objekts umgeschaltet, sondern es wird innerhalb eines bestimmten Abstandsbereichs ein weicher Übergang von der gröberen zur feineren Tessellierung durch Morphing erreicht. Dadurch kann der störende *pop-up*-Effekt beim Umschalten zwischen verschiedenen LOD-Stufen verringert werden. Alternativ kann bei vergleichbarer Bildqualität der Umschaltabstand verkleinert werden, so dass in Summe weniger Polygone in einer Szene vorhanden sind und die Grafiklast sinkt.

Es ist allerdings zu beachten, dass Morphing um Größenordnungen rechenintensiver ist als die bisher besprochenen Animationstechniken. Dies hat mehrere Gründe: nicht nur wenige Objektpositionen und Gelenkwinkel müssen pro Bild berechnet oder interpoliert wer-

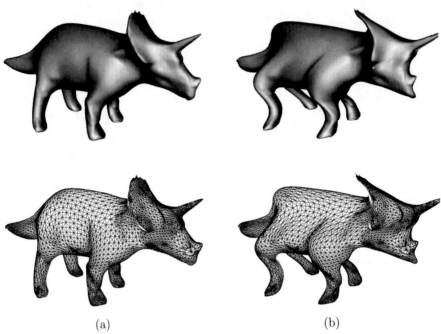

(a)   (b)

Bild 15.5: *Morphing*: Verformung von Oberflächen am Beispiel des Triceratops-
Modells. (a) Das Original-Modell, oben gefüllt, unten als Drahtgitter. (b) Das verformte
Modell, oben gefüllt, unten als Drahtgitter.

den, sondern zig-tausende Vertexpositionen. Ein weiteres Problem, das erst beim Morphing
auftaucht, ist die Thematik zeitveränderlicher Normalenvektoren. Während bei starren
Objekten oder Objektteilen die für die Beleuchtungsrechnung (Kapitel 12) erforderlichen
Normalenvektoren vorab und für alle Fälle geltend durch Kreuzproduktbildung, Mittelung
und Normierung ermittelt werden, müssen bei verformbaren Oberflächen die Normalenvektoren für jeden Vertex und für jedes Bild zur Laufzeit des Programms neu berechnet
werden. Selbst wenn die Vertices und Normalenvektoren zwischen zwei *Key Frames* nur
linear interpoliert werden, entsteht ein enormer zusätzlicher Rechenaufwand. Mit der neuesten Generation an Grafikhardware, die über programmierbare *Vertex- und Pixel-Shader*
verfügt, kann die riesige Menge an Interpolations- und Normalenvektorberechnungen auf
die *GPU* (*Graphics Processing Unit* = Grafikkarte) verlagert und somit hardwarebeschleunigt werden, so dass Morphing in Echtzeit realisiert werden kann [Fern03]. Falls auch noch
die Bewegungen eines halbwegs realistischen Personenmodells aus Knochen, Fleisch und
Blut mit Hilfe von Finite-Elemente-Methoden und Fluid-Dynamikmodellen berechnet werden, ist an eine interaktive Anwendung selbst bei heutiger Rechner- und Grafik-Hardware
nicht zu denken.

15.2.4   Bewegung von Objektgruppen: Schwärme und Partikelsysteme

In diesem Abschnitt wird die Animation einer ganzen Gruppe von ähnlichen Objekten betrachtet. Bei einer überschaubaren Anzahl von Objekten, die noch komplexes individuelles Verhalten zeigen, wie z.B. bei einer Menge von Autos im Straßenverkehr, oder einer Gruppe von Zugvögeln, die in wärmere Regionen fliegen, spricht man von *Schwärmen*. Steigt die Zahl der Objekte in einer Gruppe soweit an, dass es unmöglich wird, ein individuelles Verhalten jedes einzelnen zu berücksichtigen, wie z.B. bei Molekülen in einem Gas, handelt es sich um *Partikelsysteme*. Die Grundidee zur Beschreibung von Schwärmen und Partikelsystemen stammt aus der statistischen Physik: bestimmte Eigenschaften der einzelnen Objekte, wie z.B. ihre Geschwindigkeit, werden durch einen Zufallsterm bestimmt, und der Mittelwert über alle Objekte ergibt eine globale Größe wie die Temperatur oder den Druck eines Gases. Damit kann man mit einigen wenigen globalen Einflussparametern das Verhalten der gesamten Gruppe festlegen und muss sich nicht mehr um jedes einzelne Objekt kümmern.

Als Beispiel für einen Schwarm wird die Modellierung des interaktiven Verkehrs in einem Straßenfahrsimulator genauer beschrieben [Bodn98]. Der interaktive Verkehr besteht aus einer Zahl von z.B. 10 bis 100 anderen Verkehrsteilnehmern, die sich in der Sichtweite des Augenpunkts bewegen. Das Verhalten des Fremdverkehrs soll nicht deterministisch sein, um Gewöhnungseffekte bei wiederholtem Training zu vermeiden. Deshalb enthält die Simulation des Fremdverkehrs eine zufällige Komponente, so dass immer wieder neue Situationen entstehen. Dennoch bewegt sich der Fremdverkehr keineswegs chaotisch, sondern er muss vorgegebene Regeln beachten, wie z.B. Geschwindigkeitsbeschränkungen, Vorfahrtsregeln, Ampelschaltungen und Überholverbote. Jeder autonome Verkehrsteilnehmer berücksichtigt sowohl die anderen Verkehrsteilnehmer als auch das simulierte Eigenfahrzeug. Dadurch wird das Verhalten des autonomen Verkehrs auch durch die Fahrweise des Fahrschülers beeinflusst. Gleichzeitig bekommt der Fahrschüler das Gefühl vermittelt, mit den anderen Verkehrsteilnehmern zu interagieren. Grundlage für die Simulation der autonomen Verkehrsteilnehmer ist eine Datenbasis, in der alle relevanten Informationen enthalten sind: Abmessungen aller verfügbaren Fahrbahnen, Position und Art von Verkehrzeichen, Eigenschaften der Verkehrsteilnehmer wie z.B. Masse, Außenmaße, maximale Beschleunigung bzw. Geschwindigkeit und minimaler Wendekreis. Auf der Basis dieser statischen Informationen, den bekannten Positionen und Geschwindigkeiten aller anderen Verkehrsteilnehmer, sowie den globalen Vorgaben zur Steuerung des autonomen Verkehrs, berechnet ein Dynamikmodul Geschwindigkeit und Position des betrachteten Fahrzeugs. Die wenigen globalen Vorgaben, mit denen der autonome Verkehr gesteuert wird, sind Verkehrsdichte, Aggressivität der autonomen Verkehrsteilnehmer, sowie das gezielte und reproduzierbare Herbeiführen von Gefahrensituationen für den Fahrschüler. Verlässt ein anderer Verkehrsteilnehmer dauerhaft das sichtbare Volumen, wird er gelöscht. Dafür entstehen außerhalb des sichtbaren Volumens auch laufend wieder neue Verkehrsteilnehmer, die später in das Sichtfeld des Fahrschülers kommen, so dass die gewählte Verkehrsdichte in etwa konstant bleibt. Die autonomen Verkehrsteilnehmer verteilen sich also immer in einer

Art „Blase" um den Fahrschüler herum. Die interaktive Simulation eines solch komplexen Schwarms von autonomen Verkehrsteilnehmern erfordert einen eigenen leistungsfähigen Simulationsrechner.

Partikelsysteme werden zur realitätsnahen Beschreibung von Spezialeffekten, wie z.B. Feuer, Explosionen [Wosc12], [Reev85], Nebel und Schneefall, oder auch für Grasflächen und Ansammlungen von Bäumen [Reev85] eingesetzt. Die Grundprinzipien sind die gleichen, wie bei der geschilderten Modellierung des interaktiven Verkehrs:

- Neue Partikel können erzeugt und alte Partikel gelöscht werden.

- Alle Partikel besitzen ähnliche Eigenschaften und folgen ähnlichen Verhaltensregeln.

- Neben einem deterministischen regelbasierten Verhaltensanteil existiert auch noch der Einfluss einer Zufallskomponente.

- Ein Dynamikmodul berechnet die Bewegung und ggf. auch noch veränderliche Eigenschaften der Partikel auf der Basis von deterministischen und stochastischen Anteilen der Systemgleichungen sowie der globalen Steuerparameter.

- Die Steuerung des Partikelsystems erfolgt durch Angabe einiger weniger globaler Parameter wie Partikeldichte, Partikelgröße, Mittelwert und Varianz von Geschwindigkeit und Vorzugsrichtung usw.

Ein schönes Beispiel für ein Partikelsystem, in dem Feuer und Rauch modelliert werden, ist in Bild 15.6 dargestellt. Die Besonderheit bei diesem Partikelsystem ist, dass die Feuer- und Rauchpartikel aufgrund einer Kollisionserkennung und einem entsprechenden Systemdynamikmodell um Objekte herum gelenkt werden, die im Wege stehen.

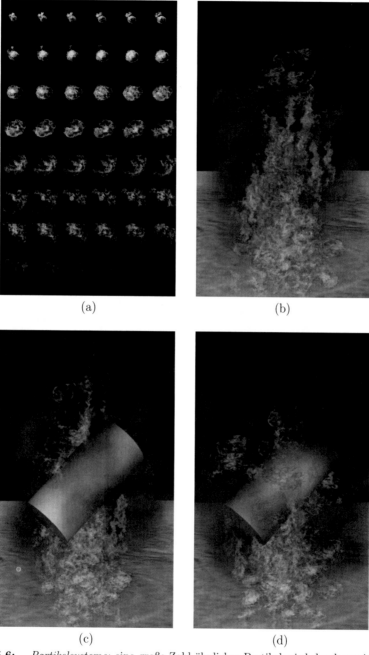

(a)   (b)

(c)   (d)

Bild 15.6:   *Partikelsysteme*: eine große Zahl ähnlicher Partikel wird durch wenige globale Parameter gesteuert. a) aus jedem Partikel wird im Geometry Shader ein Billboard
gemacht, auf dass eine Sequenz aus semitransparenten Feuertexturen gemappt wird. Dadurch entsteht aus jedem Partikel ein kleines Feuervideo. b) Ein Feuer aus 600 Partikeln
ohne Hindernisse. c) Ein Zylinder im Feuervolumen ohne Kollisionserkennung. d) Ein Zylinder im Feuervolumen mit Kollisionserkennung und Umlenkung der Partikel um das
Hindernis herum. Das Programm stammt von Jan Woschofius [Wosc12].

Kapitel 16

Beschleunigungsverfahren für Echtzeit 3D-Computergrafik

Alle bisher gezeigten Beispiele für interaktive 3D-Computergrafik haben Eines gemeinsam: die Szene besteht aus einem einzigen oder allenfalls wenigen Objekten, die in der Regel vollständig im sichtbaren Volumen (*Viewing Frustum*) enthalten sind. Diese einfachen Szenen sind ideal, um die grundlegenden Prinzipien der Computergrafik darzustellen. Reale Anwendungen, wie sie in Kapitel 4 vorgestellt werden, besitzen im Gegensatz zu den Lehrbeispielen eine sehr viel größere Szenenkomplexität. Ein LKW-Simulator z.B. benötigt als Geländedatenbasis schon mal eine Großstadt und einen Landstrich mit Autobahnen, Landstraßen und Dorfstraßen. Ein Bahn-Simulator benötigt evtl. ein Schienennetz von mindestens 1000 *km* Strecke und ein Flug-Simulator evtl. sogar ein Modell der gesamten Erdoberfläche. Hinzu kommen meist noch eine Vielzahl weiterer Verkehrsteilnehmer, wie Personen, Tiere, Fahrzeuge und Flugzeuge, die selbst wieder eine große Komplexität aufweisen. Für ein normales OpenGL- oder Vulkan-Programm ergeben sich daraus zwei grundlegende Probleme:

- Es entsteht eine Unmenge an Programmcode, um all die Millionen von Vertices des Geländemodells und der animierbaren Objekte zu spezifizieren.

- Selbst mit der enormen Leistungsfähigkeit heutiger Grafikhardware ist es in der Regel unmöglich, das gesamte Gelände und alle animierbaren Objekte gleichzeitig zu rendern.

Für jedes der beiden Probleme gibt es eine Kategorie von Werkzeugen, die Lösungen anbieten. Zur Erzeugung komplexer 3D-Modelle gibt es zahlreiche Modellierwerkzeuge (*Digital Content Creation Tools (DCC-Tools)*), wie in Abschnitt 6.6 dargestellt. Diese Modellierwerkzeuge gestatten es, über eine grafische Benutzeroberfläche 3D-Szenarien interaktiv zu generieren und abzuspeichern. Zum Darstellen von Szenen mit sehr hoher Komplexität und gleichzeitig hoher Bildgenerierrate gibt es eine Reihe von Echtzeit-Rendering-Werkzeugen, die für diesen Zweck einige grundlegende Funktionalitäten zur Verfügung stellen. Dazu zählen:

© Springer Fachmedien Wiesbaden GmbH, ein Teil von Springer Nature 2019
A. Nischwitz et al., *Computergrafik*,
https://doi.org/10.1007/978-3-658-25384-4_16

- Lader für 3D-Datenformate und Texturen.
  Damit können 3D-Szenarien, die vorher mit einem Modellierwerkzeug generiert und abgespeichert wurden, in die Datenstruktur (den Szenen Graphen) des Echtzeit-Rendering-Werkzeugs übersetzt und in den Hauptspeicher geladen werden.

- Szenen Graph.
  Dies ist eine Datenstruktur, in der die Objekte der virtuellen Welt räumlich gruppiert in einer hierarchischen Baumstruktur angeordnet werden. Diese Datenstruktur beschleunigt andere Algorithmen (Culling, Kollisionserkennung etc.) enorm.

- Culling-Algorithmen.
  Damit wird der sichtbare Teil aus dem gesamten 3D-Szenario ausgeschnitten, so dass nur noch die Objekte gerendert werden müssen, die später auch am Bildschirm erscheinen.

- Level-of-Detail.
  Jedes Objekt wird in unterschiedlichen Detailstufen gespeichert, und mit zunehmender Entfernung zum Augenpunkt wird eine immer niedrigere Detailstufe dargestellt.

- Billboard-Objekte.
  Sehr komplexe Objekte (wie z.B. ein Baum oder eine Person) werden durch eine Foto-Textur ersetzt, die sich immer zum Augenpunkt ausrichtet.

- Unterstützung für Multiprozessor- bzw. Mehrkernsysteme.
  Die Aufteilung von Rendering-Aufgaben auf mehrere Prozessoren bzw. mehrere Prozessorkerne ermöglicht eine Beschleunigung der Bildgenerierung.

- Statistik-Werkzeuge:
  Statistik-Werkzeuge dienen zur Erfassung und Auswertung der Rechenzeiten einzelner Teile der *Rendering Pipeline* und liefern somit die Informationen, an welchen Stellen der *Rendering Pipeline* optimiert werden sollte.

- Routinen für häufig benötigte Aufgaben:
  Dazu zählen z.B. verschiedene Bewegungsmodi (fahren, fliegen, etc.), Kollisionserkennung, Himmel-Modell mit ziehenden Wolken (*Sky Box*), Nachladen von Geländestücken von der Festplatte in den Hauptspeicher während der laufenden Simulation (für sehr große Geländedatenbasen), Spezialeffekte (Feuer, Rauch, kalligrafische Lichtpunkte (extrem hell), Oberflächeneffekte, Partikelsysteme etc.), verteilte Simulationen (DIS/HLA).

Im Folgenden sind einige OpenGL- bzw. Vulkan-basierte Echtzeit-Rendering-Werkzeuge und Game Engines aufgelistet, die die wichtigsten der oben genannten Funktionalitäten besitzen:

- „Open Scene Graph".
  Der derzeit führende offene und daher kostenlose Standard für Echtzeit-Rendering. „Open Scene Graph" läuft auf allen Windows Plattformen, Linux, macOS und FreeBSD, ist vollständig in C++ geschrieben und im Quellcode erhältlich, so dass man es selbständig erweitern kann. Es existiert eine relativ große Nutzergemeinde, die „Open Scene Graph" ständig weiterentwickelt. Neben der online-Dokumentation existieren auch noch einführende Bücher [Wang10], [Wang12].

- „Vega Prime" von Presagis Inc.
  Die ersten Versionen von Vega basierten auf „OpenGL Performer" von SGI, einem früher führendem, aber mittlerweile nicht mehr verfügbarem Werkzeug. Vega Prime setzt direkt auf OpenGL auf und ist für die Betriebssysteme Windows (Microsoft) und Linux verfügbar. Ein sehr leistungsfähiges Werkzeug, das zahlreiche Zusatzmodule bereitstellt (z.B. für Infrarot- bzw. Radarbildgenerierung und verteilte Simulationen).

- „Open Inventor" von Thermo Fisher Scientific.
  Ursprünglich von SGI entwickelt, Vorläufer von „OpenGL Performer", Basis für das Internet-3D-Grafikformat VRML97 (Virtual Reality Markup Language) und den Grafikanteil des Codierstandards MPEG-4. Open Inventor enthält im Wesentlichen eine Untermenge der Funktionalitäten von „OpenGL Performer".

- „Mantis" von Quantum3D.
  Konkurrenzprodukt zu „Vega Prime" mit ähnlicher Funktionalität.

- „Unreal Engine" von Epic Games.
  Die derzeit führende, quelloffene und bis zu einem Umsatz von 3000 US$ kostenlose Game Engine. Die „Unreal Engine" läuft auf allen Windows Plattformen, Linux, Android, macOS, iOS und WebGL, ist vollständig in C++ geschrieben und im Quellcode erhältlich, so dass man es selbständig erweitern kann. Man kann wählen, ob man mit OpenGL oder Vulkan rendern möchte. Es existiert eine relativ große Nutzergemeinde, wird in vielen kommerziellen Spielen eingesetzt und ständig weiterentwickelt. Neben der online-Dokumentation (https://docs.unrealengine.com/en-us) existieren auch noch zahlreiche Video-Tutorials (https://academy.unrealengine.com (beide Links abgerufen am 24.12.2018)).

- „Unity" von Unity Technologies.
  Die zweite sehr populäre und für den persönlichen Bedarf kostenlose Game Engine mit einem Funktionsumfang und einer Nutzergemeinde, die vergleichbar zur „Unreal Engine" ist. Neben der online-Dokumentation (https://docs.unity3d.com/Manual/index.html) existieren zahlreiche Video-Tutorials (https://unity3d.com/de/learn/tutorials (beide Links abgerufen am 24.12.2018)).

OpenGL bzw. Vulkan stellen die Basisfunktionalitäten für interaktive 3D-Computergrafik zur Verfügung und sind somit das Bindeglied zwischen der 3D-Grafikanwendung und der Hardware bzw. dem Betriebssystem. OpenGL bzw. Vulkan stellen somit in einem Schichtenmodell die unterste Grafik-Software-Schicht dar, auf der höherintegrierte Werkzeuge aufsetzen (Bild 16.1).

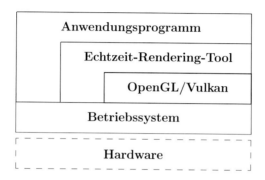

Bild 16.1:   Die Software-Schichten einer Echtzeit-3D-Computergrafik-Anwendung.

In den folgenden Abschnitten werden die wesentlichen Beschleunigungsverfahren dargestellt, die in der Echtzeit-3D-Computergrafik Anwendung finden.

16.1   Szenen Graphen

Eine Szene in der 3D-Computergrafik besteht aus der Geometrie aller Objekte, sowie den Zuständen (Materialeigenschaften, Texturen, Transformationen, Nebel, Anti-Aliasing usw.), in denen die Geometrie gerendert werden soll. Für einen schnellen Zugriff auf die Objekte wird die Szene in Form einer hierarchischen Datenstruktur, dem Szenen Graph, organisiert. Ein Szenen Graph besteht aus miteinander verbundenen Knoten (*nodes*), die in einer Baumstruktur angeordnet werden (Bild 16.2). Es gibt einen Wurzelknoten, der der Ursprung des gesamten Baums ist, interne Knoten (quasi die Äste des Baums) und Endknoten (Blätter). Die Endknoten enthalten in der Regel die Geometrie der Objekte, sowie bestimmte Attribute (z.B. Texturen und Materialeigenschaften). Interne Knoten dienen verschiedenen Zwecken, und für jeden Zweck gibt es in der Regel einen eigenen Knotentyp:

- Gruppen-Knoten sind dazu da, eine Ansammlung von Unterknoten zu einer Gruppe zusammenzufassen (z.B. mehrere Häuser zu einem Dorf).

- Switch-Knoten ermöglichen die gezielte Auswahl eines ganz bestimmten Unterknotens (z.B. Bahnschranke offen oder geschlossen).

- Sequence-Knoten durchlaufen in einem bestimmten Zyklus die Unterknoten (z.B. automatische Ampelschaltung oder kurze Film-Sequenz).

- LOD-Knoten schalten je nach Entfernung zum Augenpunkt auf einen der verschiedenen Unterknoten, die das Objekt in den entsprechenden Detailstufen enthalten.

- Transformations-Knoten enthalten eine Transformations-Matrix $\mathbf{M}$ (Translation, Rotation, Skalierung).

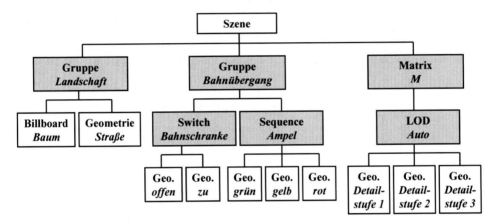

Bild 16.2:   Ein Szenen Graph mit verschiedenen internen Knotentypen (grau). Der oberste Knoten ist der Wurzelknoten, die untersten Knoten ohne Nachfolger sind die Endknoten, die die Geometrie der Objekte enthalten.

Einer der wichtigsten Gründe, warum man für komplexe Szenen einen hierarchisch organisierten Szenen Graphen aufbaut, ist, dass damit Culling Algorithmen, die den sichtbaren Teil aus der gesamten visuellen Datenbasis ausschneiden, sehr viel schneller ablaufen als bei einer schlecht organisierten Datenbasis. Dazu wird jedem Knoten eines Szenen Graphen eine Hülle (*bounding volume*) zugewiesen, die die Objekte unterhalb des Knotens möglichst genau umschließt. Die Hülle hat eine sehr viel einfachere geometrische Form als die umschlossenen Objekte, so dass die Frage, ob ein Objekt außerhalb des sichtbaren Volumens ist, sehr schnell entschieden werden kann. Typische geometrische Formen für solche Hüllen sind z.B. Kugeloberflächen (*bounding sphere*), axial ausgerichtete Quader (*axis-aligned bounding box*) oder beliebig orientierte Quader (*oriented bounding box*). Eine wesentliche Voraussetzung für einen effizienten Cull-Algorithmus ist, dass die Hierarchie des Szenen Graphen räumlich organisiert ist. Dazu fasst man die Objekte einer Szene über mehrere Hierarchieebenen räumlich zu jeweils größeren Gruppen zusammen (Bild 16.3). Die Hülle eines Endknotens umschließt nur das darin enthaltene Objekt, die Hülle eines internen Knotens umschließt die darin enthaltene Gruppe von Objekten, und die Hülle des Wurzelknotens umschließt die gesamte Szene. Dadurch entsteht eine Hierarchie von Hüllen (*bounding volume hierarchy*), die die nachfolgenden Algorithmen (in erster Linie Culling und Kollisionserkennung) stark vereinfacht. Typischerweise reduziert sich die Komplexität der Algorithmen durch eine räumliche Hierarchie von $O(n)$ zu $O(\log n)$.

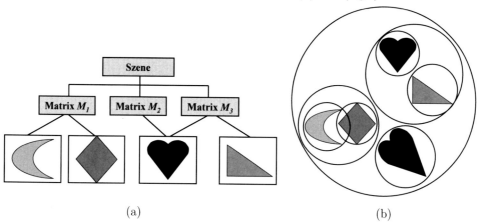

(a)   (b)

Bild 16.3:   (a) Ein räumlich organisierter Szenen Graph. Jedem Knoten ist eine Hülle (hier eine Kugeloberfläche) zugeordnet. (b) Die Darstellung der Szene. Jedes Objekt ist mit seiner zugehörigen Hülle dargestellt. Die Objekte sind teilweise zu Gruppen zusammengefasst, die wieder von größeren Hüllen umgeben sind. Die gesamte Szene, d.h. der Wurzelknoten besitzt eine Hülle, die alle Objekte umfasst.

Mit Hilfe von Transformations-Knoten lassen sich in einem hierarchisch organisierten Szenen Graphen komplexe Modelle aus einfachen Grundbausteinen sehr elegant aufbauen. Jeder Transformations-Knoten i speichert eine Transformations-Matrix $\mathbf{M}_i$, die eine Kombination von Modell-Transformationen enthält (Translation * Rotation * Skalierung). Da mehrere interne Knoten einen einzigen Nachfolge-Knoten referenzieren können, ist es möglich, Kopien (Instanzen) eines Objekts anzufertigen, ohne die Geometrie zu vervielfältigen. Der Aufbau eines Szenen Graphen mit mehreren Schichten von Transformations-Knoten entspricht genau dem Konzept der Matrizen-Stapel in OpenGL (Abschnitt 7.8). Jede Schicht von Transformations-Knoten repräsentiert eine Ebene des Matrizen-Stapels, wobei die Zuordnung reziprok ist. Die unterste Schicht von Transformations-Knoten im Szenen Graph entspricht der obersten Matrix auf dem Stapel und umgekehrt. Das in Bild 7.18 gezeigte Beispiel eines Autos aus einem Chassis, vier Rädern und jeweils fünf Befestigungsschrauben ist als Szenen Graph in Bild 16.4 dargestellt.

Eine Hierarchie von Transformations-Knoten bietet eine elegante Möglichkeit zur Animation von Objekten. Wie in Abschnitt 15.2 beschrieben, unterscheidet man verschiedene Hierarchieebenen der Animation: Die Bewegung ganzer Objektgruppen, eines einzelnen Objekts oder von Objektteilen. Dies kann durch eine laufende Anpassung der Transformations-Matrix auf der jeweiligen Hierarchieebene des Szenen Graphen erreicht werden. Wird z.B. die Transformations-Matrix (M_5) auf der unteren Ebene der Transformations-Knoten in

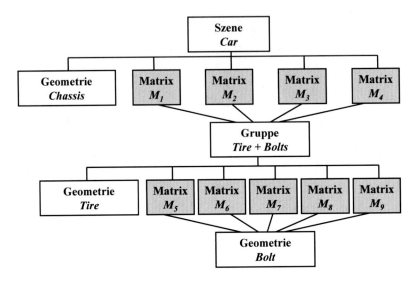

Bild 16.4:   Der Szenen Graph für ein hierarchisch aufgebautes Modell eines Autos,
das aus einem Chassis, vier Räder und jeweils fünf Befestigungsschrauben besteht. Die
Realisierung dieses Szenen Graphen in OpenGL mit Hilfe eines Matrizen-Stapels ist in
Bild 7.18 zu sehen.

Bild 16.4 mit jedem neu zu zeichnenden Bild angepasst, kann das Aufdrehen einer Be-
festigungsschraube simuliert werden. Passt man dagegen die Matrix (M_1) auf der oberen
Ebene der Transformations-Knoten laufend an, kann z.B. die Drehung des ganzen Rades
incl. Befestigungsschrauben dargestellt werden.

Bei der Darstellung einer kontinuierlichen Bewegung wird der Szenen Graph also laufend angepasst. Dabei wird der Szenen Graph von oben nach unten traversiert (d.h. durchlaufen), so dass sich Änderungen an einem Transformations-Knoten weiter oben auf alle Nachfolge-Knoten weiter unten auswirken. Mit jeder Änderung eines Transformations-
Knotens müssen auch die zugehörigen Hüllen neu berechnet werden, damit sie die richtige
Größe und Position besitzen.

Der Szenen Graph wird vor jedem neu zu generierenden Bild mehrmals traversiert (*da-
tabase traversal*). Die soeben angesprochenen Änderungen von Transformations-Matrizen
zur Erzeugung von Bewegungen werden während des sogenannten *„application traversal"*
vorgenommen. Bei dem im nächsten Abschnitt genauer beschriebenen *„cull traversal"* wird
der Szenen Graph ein zweites Mal von oben nach unten durchlaufen, um die außerhalb des
sichtbaren Volumens liegenden Anteile des Szenen Graphen zu eliminieren. In Anwendungen, bei denen eine Kollisionserkennung erforderlich ist, wird der Szenen Graph noch einmal
im Rahmen eines *„intersection traversal"* durchlaufen. Bei bestimmten Anwendungen sind
auch noch weitere Traversierungen sinnvoll.

16.2 Cull Algorithmen

Die Grundidee aller *Cull*[1] Algorithmen ist, nur die Teile einer Szene zu rendern, die man
später am Bildschirm auch sieht. In anderen Worten heißt das, die später nicht sichtbaren
Teile vom Szenen Graphen abzutrennen, bevor sie in die *Rendering Pipeline* geschickt wer-
den. Dies wird im Rahmen des *cull traversals* von der CPU erledigt, bevor der sichtbare
Teil des Szenen Graph in die Grafikhardware zum Rendern geschickt wird. Zum besseren
Verständnis wird folgendes Beispiel betrachtet: Ein Bahn-Simulator mit einer Sichtweite
von 2 *km* (*far clipping plane*) und einer visuellen Datenbasis mit einer Länge von 1000 *km*.
Ohne *Cull* Algorithmus müsste die gesamte, 1000 *km* lange Strecke mit einer Unmenge an
Geometriedaten für jedes neu zu berechnende Bild (z.B. 60 mal pro Sekunde) durch die
Grafik-Pipeline geschickt werden, mit *Cull* Algorithmus nur ca. 0,2% davon. Der *Cull* Algo-
rithmus beschleunigt also die Bildgenerierung um einen Faktor 500 (falls der Flaschenhals
der Anwendung die Geometrieeinheit ist).

Der Einsatz eines *Cull* Algorithmus' befreit zwar die Grafikhardware von einer unter
Umständen riesigen Last, dafür belastet er die CPU je nach Größe und Organisation der visuellen Datenbasis entsprechend stark. Letztlich wird also die Rechenlast von der Seite der
Grafikhardware auf die Host-Seite (CPU) verlagert. Da der Wirkungsgrad eines *Cull* Algorithmus' bei guter räumlicher Organisation des Szenen Graphen jedoch sehr hoch ist, lohnt
sich diese Verlagerung der Rechenlast in jedem Fall. Falls die verfügbare CPU allerdings
durch andere Aufgaben schon stark belastet ist (z.B. durch Kollisions- oder Dynamik-
berechnungen), wird eine zusätzliche CPU bzw. eine CPU mit mehreren leistungsfähigen
Kernen (Multi-Core-CPU) unvermeidlich, wenn man die Bildgenerierrate halten möchte
(Abschnitt 16.5).

Das schon häufiger erwähnte *Clipping*[2] (Abschnitt 7.2) darf nicht mit *Culling* verwechselt werden. Das *Clipping* wird in der *Rendering Pipeline* immer durchgeführt, auch ohne
dass ein *Cull* Algorithmus aktiv war. Dabei wird nach der Projektionstransformation, d.h.
nachdem die Vertices in Projektionskoordinaten (*clip coordinates*) vorliegen, überprüft,
welche Grafik-Primitive vollständig innerhalb des sichtbaren Bereichs liegen, welche den
Rand des sichtbaren Bereichs schneiden und welche vollkommen außerhalb des sichtbaren Bereiches liegen. Letztere werden eliminiert, genau wie bei einem *Cull* Algorithmus.
Allerdings müssen alle Vertices (also auch die letztlich nicht sichtbaren) vorher mit der
ModelView-Matrix transformiert, beleuchtet und dann noch einmal mit der Projektions-
Matrix transformiert werden. Genau diesen Aufwand spart man sich, wenn vor dem *Clipping* ein (*Viewing Frustum*) *Culling* durchgeführt wird. Der eigentliche Zweck des Clip-
pings besteht darin, die Grafik-Primitive, die teilweise innerhalb und teilweise außerhalb
des sichtbaren Bereichs liegen, so zuzuschneiden, dass sie exakt mit dem Rand des Sichtbe-
reichs abschließen (Bild 16.5). *Clipping* ist ein Bestandteil von OpenGL bzw. Vulkan und
wird in der Geometrie-Stufe der Grafikhardware immer durchgeführt. *Cull* Algorithmen
sind, bis auf das *Backface Culling*, nicht Bestandteil von OpenGL und Vulkan, sie werden

---

[1]Der englische Begriff „to cull" bedeutet wörtlich übersetzt „trennen von der Herde" oder „auslesen
aus einer größeren Menge".

[2]Der englische Begriff „to clip" bedeutet wörtlich übersetzt „beschneiden" oder „ausschneiden".

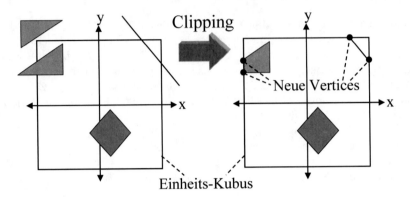

Bild 16.5:   *Clipping*: Nach der Projektionstransformation werden die Grafik-Primitive, die außerhalb des sichtbaren Bereichs liegen (dies ist nach der Normierungstransformation der Einheits-Kubus) eliminiert. Die Grafik-Primitive, die teilweise innerhalb und teilweise außerhalb liegen, werden so beschnitten („geclippt"), dass sie mit dem Sichtbereich abschließen. Dadurch entstehen zum Teil neue Vertices.

auf der CPU durchgeführt bevor die Daten an die Grafikhardware übergeben werden.

Neben der Eliminierung nicht sichtbarer Teile des Szenen Graphen werden im Rahmen des *cull travesals* in der Regel noch weitere Aufgaben erledigt. Dazu zählen z.B. die Auswahl der passenden Detailstufe eines LOD-Knotens (16.3), die Ausrichtung eines Billboards zum Augenpunkt hin (16.4), und nicht zuletzt die Sortierung des nach dem Culling verbliebenen Szenen Graphen im Hinblick auf gemeinsame Rendering-Zustände. Die Sortierung kann zwar bei komplexeren Szenen zeitaufwändig sein und somit die CPU belasten, aber andererseits beschleunigt es die Bildgenerierung meistens relativ stark, da häufige Zustandswechsel in OpenGL mit erheblichem Overhead verbunden sind. In Vulkan gibt es zwar keine Rendering-Zustände, aber dafür Eigenschaften, die in einem VkPipeline-Objekt gekapselt sind, so dass ggf. während des Renderns eines Bildes das VkPipeline-Objekt häufiger gewechselt werden müsste. Der Cull Algorithmus produziert letztendlich eine sogenannte „Darstellungsliste" (*display list*), in der die sichtbaren Teile der Szene in Form von sortierten OpenGL-Befehlen stehen bzw. bei Vulkan entsprechende VkCommandBuffer-Objekte, die die Vulkan-Befehle enthalten (Abschnitt 5.2.2.3). Diese „Darstellungslisten" bzw. VkCommandBuffer-Objekte werden anschließend im Rahmen eines *„draw traversals"* in die *Rendering Pipeline* geschoben (im Falle eines Mehrprozessorsysstems (Abschnitt 16.5) wird dies von einem eigenen *"Draw"*-Prozess durchgeführt).

Im Folgenden werden die verschiedenen Arten von *Cull* Algorithmen, sowie deren Vor- und Nachteile ausführlicher dargestellt.

16.2.1   Viewing Frustum Culling

Die Grundidee des *Viewing Frustum Culling* besteht darin, nur das zu rendern, was sich innerhalb des sichtbaren Volumens (*Viewing Frustum*) befindet, denn nur diese Teile der Szene können am Bildschirm sichtbar sein. Nachdem man einen gut präparierten Szenen Graph erzeugt hat, der in einer räumlichen Hierarchie aufgebaut ist und bei dem jeder Knoten eine einfache Hülle besitzt, wie in Abschnitt 16.1 beschrieben, kann das *Viewing Frustum Culling* effizient ablaufen. Der Algorithmus vergleicht die Hülle des jeweiligen Knotens mit dem sichtbaren Volumen. Ist die Hülle vollständig außerhalb des sichtbaren Volumens (in Bild 16.6 der Knoten M_4), wird der Knoten und alle seine Nachfolger, d.h. der gesamte Ast, eliminiert („gecullt"). Ist die Hülle vollständig innerhalb des sichtbaren Volumens (in Bild 16.6 die Knoten M_1 und M_2), geschieht nichts, denn der gesamte Ast ist potentiell sichtbar. In diesem Fall durchläuft der Algorithmus die Nachfolge-Knoten zwar noch wegen seiner anderen Aufgaben (LOD-Auswahl, Billboard-Drehung etc.), aber das Testen der Hüllen gegen das sichtbare Volumen kann entfallen. Schneidet die Hülle das sichtbare Volumen (in Bild 16.6 der Knoten M_3), startet die Rekursion, und der Algorithmus beginnt eine Ebene unterhalb des aktuellen Knotens wieder von vorne. Falls die Hülle eines Endknotens das sichtbare Volumen schneidet, bleibt der Knoten erhalten, denn es könnte ein Teil des Objekts innerhalb des sichtbaren Volumens sein (das *Clipping* innerhalb der Rendering Pipeline schneidet solche Objekte an den Begrenzungsflächen des sichtbaren Volumens ab). Mit diesem rekursiven *Cull* Algorithmus wird, beginnend mit dem Wurzelknoten, der gesamte Szenen Graph traversiert. In Bild 16.6 ist die Wirkung des *Viewing Frustum Culling* an einem einfachen Szenen Graphen dargestellt.

Als abschreckende Beispiele sollen noch einige Varianten von schlecht organisierten Szenen Graphen betrachtet werden. Angenommen, der Szenen Graph einer 1000 *km* langen Bahnstrecke wird nicht räumlich, sondern nach Objekttypen organisiert. Alle Bäume werden in einem Knoten zusammengefasst, in einem Nachfolge-Knoten werden alle Laubbäume erfasst, in einem anderen alle Nadelbäume usw., dann folgen die Häuser, Straßen und so fort. Da alle Objekttypen überall entlang der Bahnstrecke vorkommen, werden die Hüllen der Knoten auf allen Ebenen (evtl. bis auf die unterste Ebene mit den Endknoten) immer die gesamte riesige Bahnstrecke umschließen. Der *Cull* Algorithmus kann folglich auf keiner höheren Knotenebene eine größere Menge an Objekten auf einen Schlag eliminieren, sondern er muss bis hinunter zur untersten Knotenebene, um dort jedes Objekt einzeln gegen das sichtbare Volumen zu testen. In solchen Fällen ist zu erwarten, dass der *Cull* Algorithmus zum Flaschenhals der Bildgenerierung wird. Eine ähnliche Problematik tritt auf, wenn der Szenen Graph zwar räumlich organisiert ist, aber mit einer sehr flachen Hierarchie. Eine heuristische Regel für die Aufteilung einer Szene ist, dass die Zahl der Hierarchie-Stufen etwa gleich der Zahl der Nachfolge-Knoten sein sollte. Außerdem muss vor der Erstellung einer visuellen Datenbasis, abhängig von der Anwendung, entschieden werden, wie groß bzw. klein die Objekte auf der untersten Knoten-Ebene gewählt werden sollen. Soll bei einem Bahn-Simulator die kleinste Einheit z.B. ein Zug, ein Waggon, ein Radgestell oder evtl. sogar eine Schraube sein? Abhängig von der Granularität, mit der eine visuelle Datenbasis durch einen Szenen Graph repräsentiert wird, kann ein *Cull* Algo-

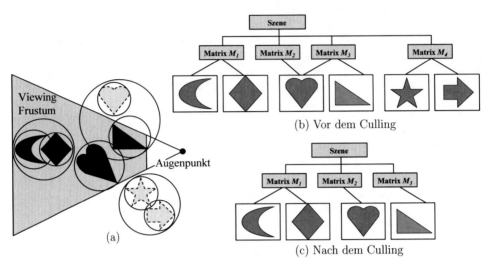

Bild 16.6: *Viewing Frustum Culling*: (a) Die Szene aus der Vogelperspektive, mit sicht-barem Volumen (grau) und Hüllen der Objekte (Kreise). Die gestrichelt umrandeten Ob-jekte (Pfeil, Stern und Herz) liegen außerhalb des sichtbaren Volumens und werden „ge-cullt". (b) Der räumlich organisierte Graph der Szene vor dem Culling. (c) Der Szenen Graph nach dem Culling: Man beachte, dass nicht nur der Knoten **M₄** mitsamt seinen Folgeknoten eliminiert wurde, sondern auch die Verbindung zwischen dem Knoten **M₃** und dem Endknoten mit dem Herz.

rithmus die Szene mehr oder weniger genau auf die sichtbaren Teile zuschneiden. Allerdings muss man sich vorher fragen, ob die evtl. geringe Einsparung an Polygonen den zusätz-lichen Aufwand beim *Cull* Algorithmus und bei der Erstellung der visuellen Datenbasis rechtfertigt.

Das *Viewing Frustum Culling* läuft auf der CPU ab und entlastet den Bus (z.B. PCI-E) zur Grafikkarte sowie die Geometrie-Stufe der Grafikhardware (*Geometry Engine*), da eine sehr viel kleinere Anzahl an Polygonen bzw. Vertices in die Rendering Pipeline geschoben werden muss, als ohne *Cull* Algorithmus. Je größer die visuelle Datenbasis im Verhältnis zum sichtbaren Volumen ist, desto höher ist die Einsparung durch das *Viewing Frustum Culling*. Die Last der Rasterisierungs-Stufe (*Raster Manager*) bleibt aber unverändert, da Polygone außerhalb des sichtbaren Volumens in jedem Fall (d.h. auch ohne *Culling*) vorher schon durch das in der Geometrie-Stufe ablaufende *Clipping* eliminiert worden wären. Falls man mit einem mittelmäßigen *Cull* Algorithmus das Gros der nicht sichtbaren Polygone bereits eliminiert hat und der Flaschenhals der Anwendung in der Rasterisierungs-Stufe steckt, wäre es deshalb sinnlos, zusätzlichen Aufwand in einen genaueren *Viewing Frustum Cull* Algorithmus zu stecken. In solch einem Fall sollte man den Aufwand bei einem ande-ren *Cull* Algorithmus (z.B. *Occlusion Culling*, Abschnitt 16.2.2) investieren, der auch die Rasterisierungs-Stufe entlastet. Weitere Methoden zur gleichmäßigen Verteilung der Last auf alle Stufen einer Grafikanwendung werden in Abschnitt 16.6 besprochen.

Bei den meisten Echtzeit-Anwendungen ist es üblich, dass der Augenpunkt oder andere Objekte mit einer begrenzten Geschwindigkeit durch die visuelle Datenbasis bewegt werden. Bei einer hohen Bildgenerierrate (z.B. 60 Hz) wird der Augenpunkt bzw. die anderen Objekte deshalb nur um ein kleines Stückchen bewegt. Das *Viewing Frustum Culling*, das für jedes Bild von Neuem durchgeführt wird, liefert aufgrund dieser zeitlichen Kohärenz häufig identische Ergebnisse, d.h. die gecullten Szenen Graphen zweier aufeinander folgender Bilder stimmen meistens zu mehr als 99% überein. Fortgeschrittene *Viewing Frustum Cull* Algorithmen [Assa00] machen sich diese zeitliche Kohärenz zu Nutze, um so den Rechenaufwand für den *Cull* Algorithmus zu senken, ohne dessen positive Wirkung auf die nachfolgenden Stufen der *Rendering Pipeline* zu schmälern.

16.2.2 Occlusion Culling

Das *Viewing Frustum Culling* eliminiert zwar alle Objekte außerhalb des sichtbaren Volumens und reduziert damit die Grafiklast bei großen visuellen Datenbasen drastisch. Bei bestimmten Anwendungen aber, in denen sich innerhalb des sichtbaren Volumens noch sehr viele Objekte befinden und gegenseitig verdecken, bleibt die Grafiklast immer noch viel zu hoch für akzeptable Bildgenerierraten. Solche Anwendungen sind z.B. Simulationen in großen Städten oder Gebäuden, in denen die Wände einen Großteil aller dahinter liegenden Objekte verdecken, oder ein CAD-Werkzeug, das ein Auto mit seinem extrem komplexen Motor darstellen soll, der aber gar nicht sichtbar ist, solange die Motorhaube geschlossen bleibt.

In diesen Fällen benötigt man einen *Occlusion Cull* Algorithmus, der die verdeckten Objekte aus dem Szenen Graph eliminiert (Bild 16.7). Die Aufgabe, die korrekte gegenseitige Verdeckung von Objekten zu berechnen, ist eine der Standardaufgaben der 3D-Computergrafik. Zur Lösung dieser Aufgabe wurde in Kapitel 8 der „z-Buffer Algorithmus" vorgestellt. Allerdings hat dieser Algorithmus einen erheblichen Nachteil: Bevor die korrekte Verdeckung aller Objekte feststeht, müssen alle Polygone der Szene die *Rendering Pipeline* durchlaufen haben. Beim *Occlusion Culling* versucht man durch einfache Tests vorab zu vermeiden, dass die verdeckten Polygone durch den Großteil der *Rendering Pipeline* geschickt werden, bevor sie der z-Buffer Algorithmus am Ende dann doch pixelweise eliminiert.

Das Problem beim *Occlusion Culling* ist, dass es keine wirklich „einfachen" Verdeckungstests gibt. Es existieren zwar zahlreiche Konzepte für das *Occlusion Culling* (z.B. *Occlusion Horizons* [Down01], *Shaft Occlusion Culling* [Scha00], *Hierarchical z-Buffering* [Gree93] und *Hierarchical Occlusion Maps* [Zhan97]), aber alle Ansätze sind enorm rechenaufwändig. Deshalb macht der Einsatz von *Occlusion Cull* Algorithmen erst ab einem bestimmten Verdeckungsgrad (*depth complexity*) Sinn, bei dem der Aufwand des Cullings geringer ist, als das Rendering der überflüssigen Objekte. Die erwähnten Ansätze sind (bisher) nicht durch Grafikhardware beschleunigt, sondern müssen auf der CPU ausgeführt werden.

Seit der im Jahre 2003 erschienen Version 1.5 von OpenGL werden sogenannte *Occlusion Queries* (GL_OCCLUSION_QUERY) durch Hardware-Beschleunigung unterstützt (`glGenQueries()`, `glBeginQuery()`, `glEndQuery()`, [Sega17]). In Vulkan existieren *Occlusion Queries* natürlich ebenfalls (`vkCreateQueryPool()`, `vkCmdBeginQuery()`, `vkCmdEndQuery()`). Ein *Occlusion Query* ist eine Anfrage an die Grafikhardware, ob ein Objekt bzw. ein Satz an Polygonen durch den bisherigen Inhalt des z-Buffers verdeckt ist oder nicht. Um unter dem Strich Rechenzeit zu sparen, schickt man nicht die komplexen Objekte in die Grafikhardware, sondern nur deren sehr viel einfachere Hüllen (Kugeloberflächen oder Quader). Die Hüllen durchlaufen in einem vereinfachten Verfahren die *Rendering Pipeline* (d.h. sie werden transformiert und rasterisiert, aber nicht beleuchtet, texturiert usw.) und deren z-Werte werden am Ende mit dem Inhalt des z-Buffers verglichen. Dabei wird mitgezählt, wie viele Pixel den z-Buffer-Test bestehen, d.h. wie viele Pixel sichtbar sind. Diese Zahl n wird als Ergebnis des *Occlusion Queries* an die Anwendung zurückgeliefert. Falls die Zahl $n = 0$ ist, muss die Hülle und somit das gesamte Objekt verdeckt sein und kann „gecullt" werden. Falls die Zahl $n > 0$ ist, sind n Pixel der Hülle sichtbar. Wenn die Zahl n unter einem bestimmten Schwellwert bleibt, kann man das Objekt trotzdem noch eliminieren, denn es könnte ja sein, dass zwar die Hülle sichtbar ist, aber nicht die darin enthaltenen Objekte. Auf diese Weise kann man die Bildqualität gegen die Rendering-Geschwindigkeit abwägen [Aken18]. Ein anderer Algorithmus kann

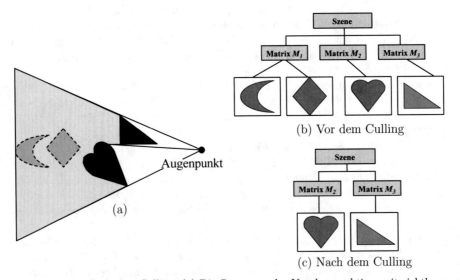

(b) Vor dem Culling

(c) Nach dem Culling

(a)

Augenpunkt

Bild 16.7: *Occlusion Culling*: (a) Die Szene aus der Vogelperspektive, mit sichtbarem Volumen und verdecktem Bereich (grau). Die gestrichelt umrandeten Objekte (Halbmond und Raute) werden durch die schwarzen Objekte (Herz und Dreieck) verdeckt und deshalb „gecullt". (b) Der räumlich organisierte Graph der Szene vor dem *Occlusion Culling* (dass was nach dem *Viewing Frustum Culling* noch übrig ist). (c) Der Szenen Graph nach dem *Occlusion Culling*: Der Knoten $\mathbf{M}_1$ mitsamt seinen Folgeknoten wurde eliminiert.

sich die Zahl n zu Nutze machen, um zu entscheiden, ob (und evtl. welche) Nachfolge-Knoten für eine erneute *Occlusion Query* benutzt werden. Eine weitere Möglichkeit, die Zahl n zu nutzen, besteht darin, sie zur Auswahl des Level-Of-Detail (LOD, Abschnitt 16.3) eines Objekts heranzuziehen. Denn solange nur wenige Pixel des Objekts sichtbar sind, reicht evtl. eine geringere Detailstufe des Objekts für eine befriedigende Darstellung aus [Aken18]. Eine weitere Effizienzsteigerung solcher *Occlusion Cull* Algorithmen ist durch eine Vorsortierung der Knoten des Szenen Graphen nach der Entfernung vom Augenpunkt zu erreichen [Meis99]. Der vorderste Knoten wird ohne Verdeckungstest gerendert. Die Hüllen der nächsten Knoten werden sukzessive in den Verdeckungstest geschickt. Falls eine Hülle sichtbar ist, wird der Knoten gerendert oder die Hüllen der Nachfolge-Knoten werden rekursiv getestet. Falls eine Hülle verdeckt ist, wird der Knoten und alle seine Nachfolger „gecullt".

Ein weiteres Konzept für das *Occlusion Culling* besteht in der Verbindung von Ideen des *Shadow Mapping* (Kapitel 14) und des *Hierarchical z-Buffering* [Gree93]. Dabei wird die Szene (entweder die Objekte selbst oder nur die Rückseiten der Hüllen) zunächst in einem vereinfachten Verfahren gerendert (d.h. sie wird transformiert und rasterisiert, aber nicht beleuchtet, texturiert usw.), um den Inhalt des z-Buffers und damit die korrekten Verdeckungen zu erzeugen (ähnlich wie beim *Shadow Mapping*, nur dass hier nicht aus der Position der Lichtquelle, sondern aus der Position der Augenpunkts gerendert wird). Der Inhalt des z-Buffers wird nun als „z-Textur" in den Hauptspeicher kopiert. Um die späteren Verdeckungstests zu beschleunigen, werden ähnlich wie bei den Gauß-Pyramiden-Texturen (Abschnitt 13.1.3) verkleinerte Varianten der z-Textur erzeugt, so dass eine „z-Pyramide" entsteht. Im Unterschied zu den Gauß-Pyramiden wird die z-Pyramide aber dadurch erzeugt, dass in einem $2 \cdot 2$ Pixel großen Fenster der maximale z-Wert bestimmt wird und dieser z-Wert auf der um den Faktor 2 in jeder Dimension verkleinerten Variante der z-Textur eingesetzt wird. Mit diesem modifizierten REDUCE-Operator (Band II Abschnitt 17.4) wird die gesamte z-Pyramide erzeugt, die an der Spitze nur noch eine $1 \cdot 1$ Pixel große Textur mit dem maximalen z-Wert der gesamten Szene enthält. Weiterhin wird vorausgesetzt, dass die Hüllen der Knoten des Szenen Graphen aus axial ausgerichteten Quadern (*axis-aligned bounding boxes*) im Augenpunktkoordinatensystem bestehen. In diesem Fall benötigt man nur drei Vertices, um die Vorderseite des Quaders zu beschreiben, die dem Augenpunkt am nächsten liegt. Außerdem besitzen alle Punkte der Vorderseite eines axial ausgerichteten Quaders die gleichen z-Werte, so dass die Rasterisierung des Quaders nicht mehr erforderlich ist. Diese drei Vertices der Vorderseite des Quaders werden nun mit Hilfe der Projektionsmatrix vom Augenpunktkoordinatensystem in das normierte Projektionskoordinatensystem transformiert, so dass die z-Werte der Vertices mit den Werten der z-Pyramide verglichen werden können. Abhängig von der Ausdehnung des Quaders in x- und y-Richtung wird nun eine von der Größe her adäquate z-Textur aus der z-Pyramide ausgewählt, so dass für den Vergleich des z-Werts der Vorderseite des Quaders nur verhältnismäßig wenig Werte der z-Textur herangezogen werden müssen. Ist der z-Wert der Vorderseite des Quaders größer als alle Werte der z-Textur im Bereich des Quaders, so ist der Quader vollständig verdeckt und kann „gecullt" werden. Andernfalls wird der Test rekursiv mit den Nachfolge-Knoten durchgeführt, oder, falls es sich um einen Endknoten handelt, wird dieser gerendert.

Im Gegensatz zum *Viewing Frustum Culling*, das in nahezu allen Echtzeit-Rendering-Werkzeugen standardmäßig implementiert ist, gibt es für das *Occlusion Culling* praktisch nur Speziallösungen, die der Anwender selbst programmieren muss. Die großen Vorteile des *Occlusion Cullings* sind:

- Es ist komplementär zum *Viewing Frustum Culling*. Deshalb bietet es sich an, im ersten Schritt alle Objekte außerhalb des *Viewing Frustum* zu eliminieren, so dass das aufwändigere *Occlusion Culling* auf der Basis einer sehr viel geringeren Zahl an Objekten im zweiten Schritt alle verdeckten Objekte eliminieren kann.

- Das *Occlusion Culling* entlastet den Bus zur Grafikkarte, die Geometrie-Stufe und – im Gegensatz zum *Viewing Frustum Culling* – auch die Rasterisierungs-Stufe der Grafikhardware, da die Anzahl an Polygonen bzw. Vertices verringert wird und zusätzlich jedes Pixel des Bildes meist nur einmal die Fragment-Operationen (Rasterisierung, Texturierung, Anti-Aliasing usw.) durchlaufen muss.

- Das *Occlusion Culling* ist praktisch die einzige Möglichkeit um Szenen mit sehr hohem Verdeckungsgrad (depth complexity) interaktiv zu rendern.

- Die Last wird von der Grafikhardware auf die CPU-Seite vorverlagert.

Die Nachteile des *Occlusion Cullings* sind die relativ hohe Rechenzeit und – wegen der schlechten Verfügbarkeit in Echtzeit-Rendering-Werkzeugen – der hohe Programmieraufwand. *Occlusion Culling* ist ein nach wie vor aktives Gebiet der Forschung. Aufgrund seiner Bedeutung für viele Anwendungen und der rasanten Entwicklung der Grafikhardware ist zu erwarten, dass in Zukunft auch das *Occlusion Culling* standardmäßig unterstützt wird.

16.2.3   Backface Culling

Bei undurchsichtigen Objekten sind die Rückseiten normalerweise nicht sichtbar[3]. Deshalb braucht man sie auch nicht zu rendern, denn sie tragen nichts zum Bild bei. Das ist die Grundidee des *Backface Cullings* (Bild 16.8). Auf diese Weise lässt sich die Zahl der zu rendernden Polygone auch nach der Durchführung von *Viewing Frustum* und *Occlusion Culling* noch weiter reduzieren.

Voraussetzung für das *Backface Culling* ist eine konsistente Polygon-Orientierung (z.B. entgegen dem Uhrzeigersinn), wie in Abschnitt 6.2.3.4 dargestellt. Erscheinen die Vertices eines Polygons z.B. im Uhrzeigersinn auf dem Bildschirm, würde man die Rückseite des Polygons sehen, und kann es deshalb weglassen. Die Entscheidung, welche Seite eines Polygons man am Bildschirm sieht, kann man mit Hilfe der Berechnung des Normalenvektors

---

[3]Ausnahmen sind transparente Vorderseiten, durch die die Rückseiten durchschimmern und teilweise aufgeschnittene Hohlkörper

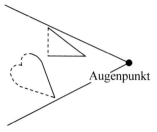

Bild 16.8: *Backface Culling*: Die Polygone, bei denen man nur die Rückseite sieht (im Bild gestrichelt dargestellt), werden eliminiert.

$\mathbf{n}$ in Bildschirm-Koordinaten treffen:

$$\mathbf{n} \;=\; (\mathbf{v}_{01}) \times (\mathbf{v}_{02}) = (\mathbf{v}_1 - \mathbf{v}_0) \times (\mathbf{v}_2 - \mathbf{v}_0) = \begin{pmatrix} x_1 - x_0 \\ y_1 - y_0 \\ 0 \end{pmatrix} \times \begin{pmatrix} x_2 - x_0 \\ y_2 - y_0 \\ 0 \end{pmatrix} \quad (16.1)$$

$$= \begin{pmatrix} 0 \\ 0 \\ (x_1 - x_0)(y_2 - y_0) - (y_1 - y_0)(x_2 - x_0) \end{pmatrix}$$

wobei ($\mathbf{v}_0, \mathbf{v}_1$ und $\mathbf{v}_2$) die Vertices des Polygons in Bildschirm-Koordinaten sind. Der Normalenvektor des auf den Bildschirm projizierten Polygons kann also entweder nur in Richtung des Augenpunkts zeigen ($n_z > 0$), was bedeutet, dass man die Vorderseite des Polygons sieht, oder in die entgegengesetzte Richtung ($n_z < 0$), was heißt, dass man die Rückseite des Polygons sieht. Das *Backface Culling* kann also nach der Projektionstransformation der Vertices noch innerhalb der Geometrie-Stufe der *Rendering Pipeline* durchgeführt werden.

Backface Culling ist Bestandteil der OpenGL und der Vulken *Rendering Pipeline* und kann mit den in Abschnitt 6.2.3.4 beschriebenen Befehlen aktiviert oder deaktiviert werden. *Backface Culling* reduziert die Last der Rasterisierungs-Stufe, da die Rückseiten der Polygone nicht rasterisiert und texturiert werden müssen. Da der Algorithmus in der Geometrie-Stufe der Grafikhardware (in der alle vertex-bezogenen Operationen stattfinden) durchgeführt wird, erhöht er dort die Last. Mit dem *Backface Culling* wird also der Rechenaufwand von der Rasterisierungs-Stufe zur Geometrie-Stufe der Grafikhardware vorverlagert. Eine Anwendung, deren Flaschenhals in der Rasterisierungs-Stufe steckt, kann somit durch die Aktivierung des *Backface Culling* besser ausbalanciert werden. Im umgekehrten Fall, wenn die Geometrie-Stufe den Engpass darstellt, kann durch die Deaktivierung des *Backface Culling* evtl. ein Ausgleich hergestellt werden. Allerdings ist dies eher selten zu empfehlen, da der Wirkungsgrad des *Backface Culling* größer als 1 ist, d.h. der in der Geometrie-Stufe betriebene Rechenaufwand wird in der Rasterisierungs-Stufe um ein Mehrfaches eingespart.

16.2.4 Portal Culling

Bei Anwendungen wie Architekturvisualisierung oder vielen Computerspielen kann man die speziellen räumlichen Eigenschaften der Szene sehr gut für das *Culling* benutzen. Die Szenen sind in diesen Fällen häufig dadurch gekennzeichnet, dass sich der Beobachter immer in irgend einem Raum befindet, dessen Wände die Sicht auf den Großteil der restlichen visuellen Datenbasis verdecken. Einzige Ausnahme bilden die Fenster und Türen der Räume, die sogenannten „*Portale*" (Bild 16.9). Der erste Schritt ist nun, die räumliche Organisation des Szenen Graphen mit den Räumen und Portalen der virtuellen Welt in Einklang zu bringen. Geschickterweise ordnet man jedem Knoten des Szenen Graphen einen bestimmten Raum zu. Die Objekte eines jeden Raumes und die Portale werden in Nachfolge-Knoten räumlich geordnet organisiert. Die „Portal-Knoten" enthalten außerdem einen Verweis auf den oder die Nachbar-Räume, die man durch das Portal sehen kann. In einer Art von positivem *Culling* wird zunächst der Raum ausgewählt, in dem sich der Beobachter befindet. Mit Hilfe des *Viewing Frustum Cullings* wählt man die Nachfolge-Knoten des Raums aus, die sich innerhalb des sichtbaren Volumens befinden. Falls sich innerhalb des sichtbaren Volumens ein Portal befindet, schneidet die Portalöffnung ein verkleinertes Sichtvolumen aus dem Original aus. Mit dem verkleinerten sichtbaren Volumen beginnt das *Viewing Frustum*

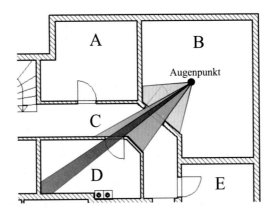

Bild 16.9: *Portal Culling*: Die Räume sind durch Buchstaben von **A** bis **E** gekennzeichnet und entsprechen jeweils einem Knoten des Szenen Graphen. Der Beobachter befindet sich in Raum **B**, so dass der Knoten ausgewählt und die im sichtbaren Volumen (hellgrau) befindliche Geometrie gerendert wird. Das sichtbare Volumen enthält ein Portal zu Raum **C**. Mit einem verkleinerten sichtbaren Volumen (mittelgrau) wird jetzt der Knoten **C** gerendert. Der Raum **C** enthält innerhalb des verkleinerten Sichtvolumens ein weiteres Portal zu Raum **D**. Das Sichtvolumen (dunkelgrau) wird durch das Portal noch einmal verkleinert und die darin befindlichen Polygone von Raum **D** werden gerendert. Weitere Portale innerhalb der Sichtvolumina existieren nicht, so dass die Rekursion hier endet.

Culling für den Nachbar-Raum von Neuem. Dieser rekursive Algorithmus endet, sobald keine neuen Portale mehr innerhalb der sukzessive verkleinerten Sichtvolumina enthalten sind.

Die visuellen Datenbasen vieler Computerspiele sind so aufgebaut, dass aus jeder Position innerhalb eines Raumes immer nur ein einziger Nachbar-Raum durch Portale gesehen werden kann. Auf diese Weise kann eine sehr komplexe visuelle Datenbasis, deren Räume während des Spiels auch alle zugänglich sind, für das Rendering auf lediglich zwei Räume vereinfacht werden. Mit Hilfe des *Portal Cullings* lassen sich auch Spiegelungen sehr effektiv behandeln. Jeder Spiegel ist ein Portal mit einem Verweis auf den eigenen Raum. Allerdings wird in diesem Fall das verkleinerte sichtbare Volumen dadurch gebildet, dass zuerst der Augenpunkt an der Wand gespiegelt wird und dann der Beobachter von hinten durch den Spiegel in den Raum blickt.

Das *Portal Culling* ist eine geschickte Mischung aus *Viewing Frustum Culling* und des *Occlusion Culling* und bietet daher auch die Vorteile beider Verfahren. Es entlastet alle Stufen der Grafikhardware und auch den Bus zur Grafik. Auf der anderen Seite ist der zusätzliche Rechenaufwand auf der CPU-Seite häufig sogar geringer als bei normalem *Viewing Frustum Culling*, da im ersten Schritt nur der Raum des Beobachters gesucht werden muss und die Nachbar-Räume durch die Datenstruktur vorgegeben sind. Der Algorithmus wird also gezielt durch die Datenstruktur geleitet und muss deshalb nur wenige überflüssige Abfragen durchführen.

16.2.5 Detail Culling

Der Grundgedanke des *Detail Culling* besteht darin, Objekte die am Bildschirm sehr klein erscheinen, einfach wegzulassen. Im Gegensatz zu den bisher dargestellten *Cull* Algorithmen, die alle konservativ in dem Sinne waren, dass die Bildqualität durch das *Culling* nicht gesenkt wurde, reduziert man beim *Detail Culling* die Bildqualität zugunsten der Rendering-Geschwindigkeit. Für die Implementierung des *Detail Cullings* wird die Hülle des Objekts mit Hilfe der Projektionsmatrix vom Augenpunktkoordinatensystem in das normierte Projektionskoordinatensystem transformiert und falls die Größe der Hülle am Bildschirm unter einen definierten Schwellwert fällt, wird das Objekt „gecullt". Die visuelle Akzeptanz dieses Verfahrens ist dann am höchsten, wenn sich der Beobachter durch die Szene bewegt. Denn in diesem Fall verändert sich das Bild auf der Netzhaut meist relativ stark, so dass man das schlagartige Verschwinden eines wenige Pixel großen Objekts am Bildschirm leicht übersieht. Falls der Beobachter ruht und sich nur das Objekt entfernt, fällt das schlagartige Verschwinden des Objekts sehr viel eher auf. Es ist deshalb sinnvoll, das *Detail Culling* auszuschalten, sobald der Beobachter stehen bleibt. Den selben Effekt wie mit dem *Detail Culling* kann man auch mit Hilfe der im nächsten Abschnitt vorgestellten „*Level Of Detail*"-Knoten erreichen, indem die niedrigste Detailstufe des LOD-Knotens, die ab einer bestimmten Entfernung zum Augenpunkt ausgewählt wird, einfach leer ist. Der Vorteil des LOD-Verfahrens ist jedoch, dass man im Rahmen des „*Fade LOD*" (Abschnitt 16.3.2) ein verschwindendes Objekt langsam ausblenden kann, so es selbst ein ruhender Beobachter kaum bemerkt.

16.3 Level Of Detail (LOD)

Durch die im vorigen Abschnitt vorgestellten *Cull* Algorithmen wird die Zahl der zu rendernden Polygone bereits drastisch reduziert. Dennoch erfordert eine qualitativ ausreichende 3-dimensionale Modellierung unserer Umgebung immer noch eine riesige Anzahl an Polygonen. Und mit der steigenden Leistungsfähigkeit der Grafikhardware nehmen auch die Qualitätsansprüche zu. Man kann sich jedoch die Eigenschaft der perspektivischen Projektion zu Nutze machen, dass die Objekte am Bildschirm mit zunehmendem Abstand r zum Augenpunkt quadratisch kleiner werden ($1/r^2$). Deshalb genügt es, entferntere Objekte, die auf dem Bildschirm nur durch eine geringe Zahl an Pixeln dargestellt werden, mit weniger Polygonen zu modellieren. Der Beobachter kann bei interaktiven Anwendungen durch die visuelle Datenbasis bewegt werden, so dass der Abstand zu einem Objekt zwischen der *near clipping plane* und der *far clipping plane* variieren kann. Die Größe eines jeden Objekts kann daher zwischen bildschirmfüllend und winzig schwanken. Zur Lösung dieser Problematik speichert man jedes Objekt in unterschiedlichen Detailstufen (*Level Of Detail* (LOD), Bild 16.10). Abhängig von der Entfernung zwischen Objekt und Augenpunkt wird dann die adäquate LOD-Stufe ausgewählt (es gibt auch andere Kriterien für die LOD-Auswahl, wie z.B. die auf den Bildschirm projizierte Größe der Objekthülle, die Wichtigkeit des Objekts oder die Relativgeschwindigkeit des Objekts, aber die Objektentfernung wird am häufigsten verwendet). Mit der *Level Of Detail* Technik ist es möglich,

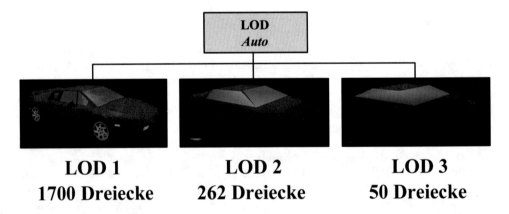

Bild 16.10: *Level Of Detail (LOD)*: Jedes Objekt wird in unterschiedlichen Detailstufen, d.h. mit einer unterschiedlichen Zahl an Polygonen und Texturen, gespeichert. Mit zunehmender Entfernung zum Augenpunkt wird eine niedrigere Detailstufe dargestellt. Die LOD-Stufen 2 und 3 des Autos sind zur Verdeutlichung sowohl in ihrer Originalgröße als auch in der perspektivisch korrekten Verkleinerung (jeweils unten links im Bild) zu sehen, ab der sie eingesetzt werden. Das Auto-Modell `esprit.flt` stammt aus der Demodatenbasis, die bei dem Echtzeit-Renderingtool „OpenGL Performer" von der Firma SGI mitgeliefert wird.

bei realistischen visuellen Datenbasen die Zahl der zu rendernden Polygone um ein bis zwei Größenordnungen (d.h. Faktoren zwischen 10 und 100) zu senken. LOD ist daher ein unverzichtbarer Bestandteil von Echtzeit-3D-Computergrafik-Anwendungen.

Die *Level Of Detail* Technik ist ideal zugeschnitten auf die Architektur moderner Grafikhardware [Aken18]. Denn die einzelnen Detailstufen eines LOD-Knotens können in einem Vertex Buffer Object (Abschnitt 6.4.4.1 bzw. 6.5.1) im Speicher der Grafikhardware abgelegt werden und von dort über einen Zeichenbefehl abgerufen werden.

Eine äußerst umfangreiche Thematik, zu der es eigene Bücher gibt (siehe z.B. [Gall00] oder [Warr02]), ist die Generierung der Geometrie für die verschiedenen LOD-Stufen eines Objekts. Sinnvollerweise geht man dabei so vor, dass man zuerst die detaillierteste LOD-Stufe modelliert und die niedrigeren LOD-Stufen per Algorithmus automatisch erzeugt. Die modernen Modellierwerkzeuge (Abschnitt 6.6) bieten für diesen Zweck mittlerweile leistungsfähige Routinen an, die ein Polygonnetz nach einstellbaren Optimierungskriterien ausdünnen. Ein wichtiges Kriterium ist dabei, dass die Silhouette des Objekts in allen LOD-Stufen soweit als möglich erhalten bleibt, denn eine Änderung der Kontur des Objekts beim Übergang in andere LOD-Stufe fällt am ehesten störend auf.

Der Wechsel von einer LOD-Stufe zur nächsten wird im einfachsten Fall durch einen schlagartigen Austausch der Modelle realisiert. Dieses schlagartige Umschalten von einer Modellrepräsentation zur nächsten, das im folgenden Abschnitt detaillierter dargestellt wird, zieht jedoch häufig, aber ungewollt die Aufmerksamkeit des Betrachters auf sich und wird als störender *„pop-up"*-Effekt empfunden. Aus diesem Grund wurde eine Reihe von Verfahren entwickelt, die einen weicheren Übergang zwischen verschiedenen LOD-Stufen ermöglichen. Die beiden wichtigsten Vertreter, das *Fade LOD* und das *Morph LOD*, werden im Anschluss an die Standardmethode – das *Switch LOD* – hier vorgestellt.

16.3.1   Switch LOD

In seiner einfachsten Form, dem *Switch LOD*, enthält ein LOD-Knoten eines Szenen Graphen eine bestimmte Anzahl von Nachfolge-Knoten, die unterschiedliche Detailstufen eines Objekts enthalten (Bild 16.10), sowie einen Geltungsbereich $]r_{i-1}, r_i]$ für jeden Nachfolge-Knoten. Für ein *Switch LOD* mit drei Stufen gilt die LOD-Stufe 1 im Bereich $]r_0, r_1]$, die LOD-Stufe 2 im Bereich $]r_1, r_2]$ und die LOD-Stufe 3 im Bereich $]r_2, r_3]$ (Bild 16.11). Während des *Cull Traversals* (Abschnitt 16.1) wird abhängig vom Abstand r zwischen dem LOD-Knoten und dem Augenpunkt die LOD-Stufe ausgewählt, für die gilt: $(r_{i-1} < r < r_i)$. Alle anderen Nachfolge-Knoten des LOD-Knotens werden eliminiert. Somit wird für ein Bild immer nur genau eine LOD-Stufe zu 100% dargestellt und alle anderen zu 0%. Falls der Abstand r die Geltungsbereiche aller LOD-Stufen übersteigt (in Bild 16.11 $r > r_3$), wird der ganze LOD-Knoten eliminiert und somit gar kein Objekt dargestellt. Damit wird die gleiche Wirkung erzielt, wie beim *Detail Culling* (Abschnitt 16.2.5).

Überschreitet aufgrund einer Bewegung des Augenpunkts oder des Objekts der Abstand r eine der LOD-Bereichsgrenzen r_i, wird von einem Bild zum nächsten die dargestellte LOD-Stufe schlagartig gewechselt. Die dadurch verursachten *pop-up*-Effekte fallen umso geringer aus, je weiter die Bereichsgrenzen in Richtung großer Abstände verschoben werden.

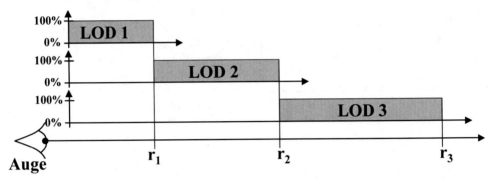

Bild 16.11:   *Switch LOD*: Ist der Abstand r zwischen dem Augenpunkt und dem darzustellenden Objekt klein ($r_0 = 0 < r < r_1$), erscheint das Objekt am Bildschirm relativ groß und wird daher in seiner höchsten Detailstufe (LOD 1) gerendert. Übersteigt der Abstand die Bereichsgrenze von LOD 1 ($r_1 < r < r_2$) wird schlagartig auf die mittlere Detailstufe (LOD 2) umgeschaltet Bei weiter zunehmendem Abstand ($r_2 < r < r_3$) wird die niedrigste Detailstufe (LOD 3) zu 100% dargestellt. Falls der Abstand r die Geltungsbereiche aller LOD-Stufen übersteigt ($r > r_3$), wird das Objekt gar nicht mehr dargestellt.

Ebenso fallen aber auch die Einspareffekte entsprechend niedriger aus. Level Of Detail ist also ein klassisches Beispiel für die Austauschbarkeit von Bildqualität und Rendering-Geschwindigkeit. Diese Eigenschaft nutzt man bei der Auslegung einer Regelung für eine konstante Bildgenerierrate aus (Abschnitt 16.6).

16.3.2   Fade LOD

Der naheliegendste Weg die *PopUp*-Effekte beim Umschalten zwischen verschiedenen LOD-Stufen zu vermeiden, ist das langsame Überblenden (fading) von einer Repräsentation zur nächsten, ähnlich wie bei einem Diavortrag mit Überblendtechnik. Dabei wird dem LOD-Knoten neben den Bereichsgrenzen r_i für jeden Übergang noch ein „*Fading*"-Wert $fade_i$ zugewiesen, der die Breite des Übergangsbereichs festlegt (Bild 16.12). Für den Umschalt-vorgang zwischen den LOD-Stufen wird die Farbmischung (d.h. die vierte Farbkomponente A, Kapitel 9) benutzt. Beginnend bei einer Entfernung ($r_i - fade_i/2$) wird der LOD-Stufe i eine linear abnehmende Alpha-Komponente zugewiesen, die bei einer Entfernung von ($r_i + fade_i/2$) auf den Wert 0 abgesunken ist. Die LOD-Stufe i wird also zwischen ($r_i - fade_i/2$) und ($r_i + fade_i/2$) linear ausgeblendet. Gleichzeitig wird der Alpha-Wert der LOD-Stufe $i+1$ bei ($r_i - fade_i/2$) vom Wert 0 linear erhöht, bis er bei einer Entfernung ($r_i + fade_i/2$) den Wert 1 erreicht hat. Die LOD-Stufe $i + 1$ wird also komplementär zur LOD-Stufe i eingeblendet.

Bei Verwendung des *Fade* LOD ist wegen des vermiedenen *PopUp*-Effekts eine aggressivere, d.h. frühere Umschaltung auf höhere LOD-Stufen möglich. Das entlastet die Geometrie-Stufe der Grafikhardware. Allerdings sind während des Überblendens pro Objekt zwei LOD-Stufen gleichzeitig zu rendern, so dass die Zahl der zu rendernden Polygone

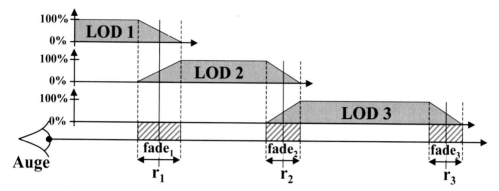

Bild 16.12:   *Fade LOD*: Um *pop-up*-Effekte beim Umschalten zwischen verschiedenen LOD-Stufen zu vermeiden, wird mit Hilfe des Alpha-Blendings innerhalb eines Übergangsbereichs $fade_i$ eine LOD-Stufe langsam eingeblendet, während gleichzeitig die vorhergehende LOD-Stufe ausgeblendet wird.

genau in dem Moment ansteigt, an dem man sie eigentlich gerade verringern will. Diese beiden Effekte kompensieren sich mehr oder weniger, je nachdem wie stark die Umschaltentfernungen verkürzt werden und wie stark die Polygonzahl zwischen den LOD-Stufen gesenkt wird. Bei der letzten LOD-Stufe sieht die Situation aber besser aus, denn hier müssen nicht zwei LOD-Stufen gleichzeitig dargestellt werden. Nur die höchste LOD-Stufe wird langsam ausgeblendet, bis das Objekt vollständig verschwunden ist. In der Praxis wird *Fade* LOD deshalb meist nur für das Ein- oder Ausblenden der höchsten LOD-Stufe verwendet.

16.3.3   Morph LOD

Eine weitere Technik zur Vermeidung der *pop-up*-Effekte beim Umschalten zwischen verschiedenen LOD-Stufen ist das „*Morphing*", d.h. die kontinuierliche Formveränderung zwischen zwei verschiedenen Objektrepräsentationen. Zur Darstellung des Prinzips wird ein extrem einfaches Beispiel gewählt (Bild 16.13): Ein Viereck, das in der höheren LOD-Stufe 3 aus zwei Dreiecken besteht und in der niedrigeren LOD-Stufe 2 aus vier Dreiecken, deren Spitzen sich im Mittelpunkt des Vierecks treffen. Zum Zeitpunkt des Umschaltens von LOD-Stufe 3 auf Stufe 2 ist die Form der beiden Repräsentationen identisch, d.h. die vier Dreiecksspitzen, die sich im Mittelpunkt des Vierecks treffen, liegen in der Ebene des Vierecks. Wenn die vier Dreiecke der LOD-Stufe 2 die gleiche Farbe oder Textur wie die zwei Dreiecke der LOD-Stufe 3 besitzen, ist kein Unterschied im Bild der beiden Repräsentationen vorhanden. Im Übergangsbereich der Breite *morph* werden die vier Dreiecksspitzen linear angehoben, von der Entfernung r_2 bis zu $(r_2 - morph)$. Dadurch ändert sich im Übergangsbereich die Form des Objekts kontinuierlich von einer Repräsentation zur nächsten.

Das LOD *Morphing* verursacht bei komplexeren Modellen im Übergangsbereich einen erheblichen Rechenaufwand zur Interpolation der Vertexpositionen, der innerhalb des *Cull*

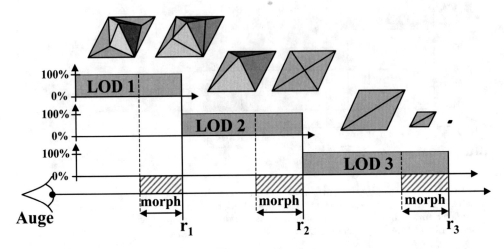

Bild 16.13:   *Morph LOD*: Um *PopUp*-Effekte beim Umschalten zwischen verschiedenen
LOD-Stufen zu vermeiden, wird innerhalb eines Übergangsbereichs die Form zwischen
den beiden LOD-Stufen linear interpoliert. Bei den Umschaltentfernungen r_i besitzen die
unterschiedlich fein tessellierten Objektrepräsentationen die gleiche geometrische Form, so
dass der Umschaltvorgang nicht bemerkt werden kann.

Traversals, d.h. auf der CPU-Seite anfällt. Bei modernen Grafikkarten, die über programmierbare Vertex-Shader verfügen (Abschnitt 5.1.3.2), können die *Morphing*-Berechnungen
jedoch durch die Hardware beschleunigt werden, so dass sie nicht mehr so stark ins Gewicht
fallen.

Eine Erweiterung des LOD *Morphing* stellt die Technik des *Continuous Level Of Detail*
(CLOD) dar. Dabei wird nicht eine diskrete Anzahl verschieden detaillierter Objektrepräsentationen vorab erzeugt und in einem LOD-Knoten gespeichert, sondern das Polygonnetz des Originalmodells wird während der Laufzeit abhängig von der Entfernung zum
Augenpunkt ausgedünnt. Dadurch entsteht für jede Entfernung ein eigenes Modell mit einer adäquaten Anzahl an Polygonen. Dies ist mittlerweile der Stand der Technik, da die
meisten Grafikkarten eine hardwarebeschleunigte Tessellation-Einheit besitzen und somit
in der Lage sind, extrem hohe Polygonzahlen in Echtzeit zu erzeugen (Abschnitt 5.1.3.2).

16.4   Billboards

Eine weitere wichtige Methode zur Reduktion der Polygonzahlen ist der Einsatz von Foto-
Texturen, wie in Kapitel 13 ausführlich geschildert. Allerdings lassen sich mit normalen
Foto-Texturen auf ortsfesten Polygonen nicht alle Situationen befriedigend beherrschen.
Dazu zählt z.B. die Darstellung von Pflanzen (Bäume, Sträucher, Farne usw.), die eine
fraktale Geometrie aufweisen (Band II Abschnitt 18.2). Mappt man z.B. das Foto eines

Baumes als Farb-Textur mit Transparenzkomponente (RGBA) auf ein feststehendes Viereck, so sieht der Baum aus einem Blickwinkel korrekt aus, der senkrecht auf der Vierecksfläche steht. Bewegt man den Augenpunkt in einem Kreisbogen um 90° um das Viereck herum, wobei der Blickwinkel immer in Richtung des Vierecks gerichtet bleibt, so degeneriert das Viereck zu einer Linie.

Eine Möglichkeit zur Lösung dieses Problems besteht in der Verwendung eines sogenannten „Billboard[4]"-Knotens[5]. Dies ist ein Endknoten, der ein Viereck mit einer Alpha-Textur enthält, das sich immer zum Augenpunkt hin ausrichtet (Bild 16.14). Egal, aus welcher Richtung man das Objekt betrachtet, es sieht immer korrekt aus. Als Billboard eignen sich alle einigermaßen rotationssymmetrische Objekte, insbesondere Bäume und Sträucher, aber auch Personen, die am Geh- oder Bahnsteig stehen, Straßenlaternen oder z.B. ein Brunnen. Dies sind alles Beispiele für zylindersymmetrische Objekte, die eine ausgezeichnete Drehachse besitzen. Zur Darstellung solcher Objekte wählt man Billboards, die sich nur um eine Achse drehen können (deshalb spricht man von „axialen" Billboards).

In der Praxis von geringerer Relevanz sind Billboards, die sich beliebig um einen Punkt drehen können, so dass der Normalenvektor der Fläche immer in Richtung des Augenpunkts zeigt. Solche Billboards eignen sich zur Darstellung kugelsymmetrischer Objekte, wie z.B. einer Rauchwolke oder von Leuchtkugeln eines Feuerwerks.

Die Berechnung der Koordinaten der vier Vertices eines Billboards in Abhängigkeit von der Augenposition erfolgt innerhalb des *Cull Traversals* (Abschnitt 16.1) beim Durchlaufen des Szenen Graphen.

Für einen erfolgreichen Einsatz von Billboards sind die folgenden Einschränkungen und Probleme zu beachten:

- Man darf dem Billboard nicht zu nahe kommen, denn erstens reicht dann häufig die Texturauflösung nicht mehr aus, so dass das Objekt unscharf wird, und zweitens bemerkt man bei zu nahem Vorbeigehen, dass sich das Billboard gegenüber dem Untergrund dreht. Beide Effekte tragen dazu bei, dass die Illusion eines komplexen 3-dimensionalen Objekts zusammenbricht.

- Normale Billboard-Bäume oder -Personen bewegen sich nicht, da sie ja nur aus einer Textur bestehen. Dies wirkt bei etwas längerer Betrachtung unrealistisch, da sich die Blätter eines Baumes immer etwas bewegen und auch Personen nie ganz still stehen.

- Werden z.B. Bäume mit einem Billboard modelliert, das um einen Punkt rotieren kann, neigen sich die Bäume aus der Vogelperspektive auf den Boden. Es sieht so aus, als wären alle Bäume gefällt worden. Für solche Objekte muss man daher axiale Billboards verwenden.

- Axiale Billboards sind nur für Beobachterpositionen geeignet, bei denen der Vektor vom Billboard zum Augenpunkt einigermaßen senkrecht auf der Drehachse des Bill-

---

[4]Billboard heißt wörtlich aus dem Englischen übersetzt „Reklamefläche" oder „Anzeigetafel".

[5]Alternativ zu Billboards werden in der Praxis insbesondere für Bäume manchmal auch zwei oder drei statische Vierecke eingesetzt, die sich in der Mitte durchdringen.

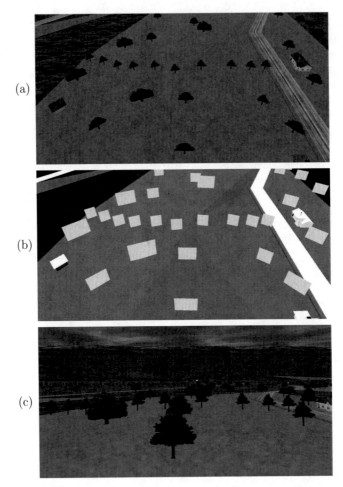

(a)

(b)

(c)

Bild 16.14: *Billboards* sind Vierecke mit einer Alpha-Textur, die sich immer zum Augenpunkt hin ausrichten. (a) Eine Landschaft mit vielen Billboard-Bäumen aus der Vogelperspektive. Die Billboards ordnen sich in konzentrischen Kreisen um die Projektion des Augenpunkts auf das Gelände an. (b) Die selbe Szene, wie in dem oberen Bild, aber diesmal ohne Texturierung. Hier fällt die konzentrische Anordnung der Billboards noch stärker ins Auge. Außerdem erkennt man, dass ein Billboard nur ein Viereck ist, das erst durch den Einsatz der Alpha-Komponente bei der Textur zu einem Baum mit einer komplexen Silhouette wird. (c) Der selbe Landschaftsausschnitt wie in den oberen Bildern, aber diesmal aus einer sinnvollen Perspektive nahe am Boden. Aus dieser Sicht sehen die Billboard-Bäume sehr realistisch aus. Diese Bilder stammen aus der „*Town*"-Demodatenbasis, die bei dem Echtzeit-Renderingtool „OpenGL Performer" von der Firma SGI mitgeliefert wird.

boards steht, d.h. der Beobachter muss sich in Bodennähe aufhalten, wie z.B. bei Fahrsimulationen (Bild 16.14-c). Bei einer Flugsimulation, bei der der Beobachter steil nach unten blickt, wirken axiale Billboards unrealistisch, da sie sich in konzentrischen Kreisen um die Projektion des Augenpunkts auf das Gelände anordnen und nur noch wie ein „Strich in der Landschaft" aussehen.

- Axiale Billboards sind blickwinkelabhängig, d.h. nicht perfekt rotationssymmetrische Objekte, wie z.B. Personen, sehen nur aus der Richtung korrekt aus, aus der sie fotografiert wurden. Versucht man um eine „Billboard-Person" herumzugehen, stellt man fest, dass die Person sich mitdreht, so dass man die andere Seite der Person nie sehen kann.

Einige der angesprochenen Probleme bei normalen Billboards lassen sich durch (zum Teil aufwändige) Erweiterungen beheben:

- Blickwinkelabhängige Billboards (in „OpenGL Performer" IBR[6]-Knoten genannt): Zunächst fährt man mit einer Kamera im Kreis um das Objekt herum und macht dabei z.B. aus 64 verschiedenen Richtungen Fotografien. Diese werden als Texturen mit Richtungsinformation in einem normalen (axialen) Billboard gespeichert. Zur Darstellung des Billboards werden jeweils die beiden Texturen linear überlagert, die dem Richtungsvektor zum Augenpunkt am nächsten liegen. Dadurch erscheint auch ein nicht zylindersymmetrisches Objekt aus jedem (horizontalen) Blickwinkel korrekt. Man kann also um ein beliebiges Objekt herumgehen und erhält immer den richtigen Eindruck (Bild 16.15). Diese Technik lässt sich natürlich auf beliebige Raumwinkel erweitern. Der große Nachteil dieser Technik ist der immense Textur-Speicherplatzbedarf.

- Animierte Texturen auf Billboards:
Durch den Ablauf von kurzen Bildsequenzen (1–5 *sec*) auf einem Billboard kann der Realitätsgrad gesteigert werden. So kann z.B. eine Person am Bahnsteig einen abgestellten Koffer in die Hand nehmen, eine Fahne flattert bzw. die Blätter eines Baums tanzen ein wenig im Wind, oder die Flammen eines kleinen Feuers züngeln. Auch hier ist der große Nachteil der stark zunehmende Textur-Speicherplatzbedarf.

- Impostors oder Sprites[7]:
Darunter versteht man die Billboard-Generierung während der laufenden Simulation. Dabei wird ein geometrisch sehr aufwändiges Objekt aus der aktuellen Augenposition direkt in eine Foto-Textur gerendert, die dann auf das Billboard gemappt wird. Ein solcher Impostor kann dann anstelle des komplexen 3D-Modells für eine kurze Zeit genutzt werden, in der sich der Beobachter nicht allzu weit von der Aufnahmeposition entfernt hat. Unter dem Strich entsteht also in einem Bild ein gewisser Zusatzaufwand

---

[6]IBR = Image Based Rendering. Darunter versteht man eigentlich eine ganze Klasse bildbasierter Rendering-Verfahren, die im Abschnitt 2.4 etwas genauer erklärt werden.

[7]Impostor heißt wörtlich aus dem Englischen übersetzt „Betrüger" und Sprite „Geist".

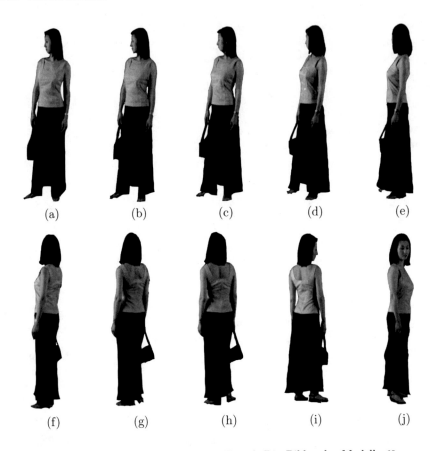

(a)   (b)   (c)   (d)   (e)

(f)   (g)   (h)   (i)   (j)

Bild 16.15: Blickwinkelabhängiges *Billboard*: Die Bilder des Modells `florence.rpc` stammen von der Firma ArchVision (Copyright 2001 ArchVision, Inc.) und werden bei der Demodatenbasis des Echtzeit-Renderingtools „OpenGL Performer" von der Firma SGI mitgeliefert.

zur Erzeugung des Impostors, der aber durch die mehrfache Verwendung in den Folgebildern insgesamt zu einer Einsparung führt. Ein gewisses Problem bei diesem Verfahren ist es, automatisch evaluierbare Kriterien festzulegen, nach deren Erfüllung die Impostoren neu erzeugt werden müssen [Aken18].

16.5   Multiprozessor- und Mehrkernsysteme

Bisher wurde eine Reihe von Beschleunigungs-Algorithmen besprochen, die durch zusätzliche Rechenleistungen auf der CPU-Seite die Aufwände in den später folgenden Stufen der Grafikhardware-Seite meist drastisch reduzieren. Viele Aufgaben in der erweiterten *Rendering Pipeline* einer Echtzeit-Anwendung (Bild 16.16) müssen daher sequentiell, d.h. nacheinander ausgeführt werden. Aus diesem Grund wird hier der gesamte Ablauf der Bildgenerierung noch einmal im Überblick dargestellt.

Am Anfang eines neu zu generierenden Bildes werden zunächst die Eingabewerte des interaktiven Benutzers, wie z.B. Lenkradeinschlag, Gaspedalstellung oder Position der Computer-Maus eingelesen. Daraus errechnet eine Dynamiksimulation – evtl. unter Berücksichtigung einer Kollisionserkennung – die neue Position und Orientierung des Augenpunkts, von dem aus das Bild gerendert werden soll. Anschließend startet der sogenannte *application traversal* (Abschnitt 16.1), bei dem der Szenen Graph und die darin enthaltenen Transformationsmatrizen entsprechend dem neuen Augenpunkt und aller sonstigen Veränderungen angepasst werden. Diese Aktionen, die der Anwendungsprogrammierer selbst codiert, werden im sogenannten „Applikations-Prozess" (App) zusammengefasst.

Mit dem aktualisierten Szenen Graph kann nun im Rahmen mehrerer *cull traversals* zuerst das *Viewing Frustum Culling*, die entfernungsabhängige Auswahl jeweils einer Detailstufe der LOD-Knoten, die Ausrichtung der Vertices der Billboard-Knoten auf die neue Augenpunktposition und evtl. noch das abschließende Occlusion Culling durchgeführt werden. Für ein effizientes Rendern müssen die verbliebenen Objekte noch nach OpenGL-Zuständen bzw. Vulkan-Pipelines sortiert und abschließend in eine Display Liste bzw. einen Command Buffer geschrieben werden. All diese Aufgaben werden im sogenannten „Cull-Prozess" zusammengefasst.

Nach ihrer Fertigstellung wird die Display Liste vom sogenannten „Draw-Prozess" an die Grafikhardware übergeben.

Danach beginnen die Stufen der Rendering Pipeline der Grafikhardware, wie sie ausführlich in Abschnitt 5.1.3 und den folgenden Kapiteln dargestellt wurden.

In der sogenannten „Geometrie-Stufe" (*Geometry Engine*) werden in erster Linie die vertex-bezogenen Operationen durchgeführt. Dabei werden die Vertices und Normalenvektoren zuerst mit Hilfe der Modell- und Augenpunktstransformation vom Objekt- ins Augenpunktkoordinatensystem überführt. Im Augenpunktkoordinatensystem läuft die Beleuchtungsrechnung für jeden Vertex ab (im Fall es Gouraud-Shading, Abschnitt 12.2.2). Nach der anschließenden Projektions- und Normierungstransformation wird das *Clipping* und das *Backface Culling* vorgenommen, bevor die verbliebenen Vertices am Ende noch mit Hilfe der Viewport-Transformation in Bildschirmkoordinaten umgewandelt werden. Parallel dazu können Texturen im Rahmen der Pixel-Operationen z.B. durch Faltungs- oder Histogrammoperationen modifiziert werden, bevor sie in den Texturspeicher geladen werden.

In der zweiten Stufe der Grafikhardware, der sogenannten „Rasterisierungs-Stufe" (*Raster Manager*), werden die vertex-bezogenen Daten (Farbe, Textur- und Nebelkoordinaten) mit Hilfe des Scan-Line-Algorithmus (Abschnitt 12.2) auf das Pixel-Raster abge-

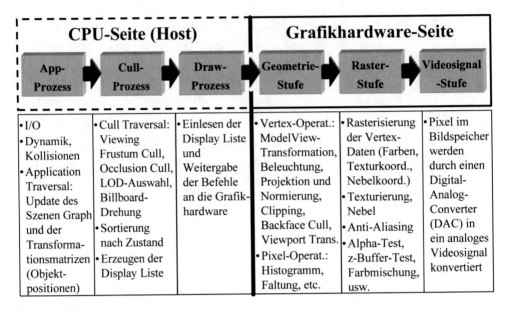

Bild 16.16: Die gesamte „Echtzeit *Rendering Pipeline*". Die Geometrie- und Rasterisierungs-Stufe der Grafikhardware-Seite rechts entsprechen zusammen der „OpenGL *Rendering Pipeline*" in Bild 5.2.

bildet. Im Rahmen der Fragment-Operationen erfolgt dann zunächst die Texturierung und anschließend die Nebelberechnung, das Anti-Aliasing, der Alpha-Test, der z-Buffer-Test, die Farbmischung, sowie evtl. weitere Operationen (Fenstertest, Stenciltest, Dithering, logische Operationen), die hier nicht dargestellt wurden. Letztendlich werden die Fragmente in den Bildspeicher geschrieben, in dem sie dann Pixel genannt werden.

Zur Darstellung des digital vorliegenden Bildes liest die Videosignalgenerier-Stufe (*Display Generator*) den Bildspeicher aus und konvertiert die Daten mit Hilfe eines Digital-Analog-Converters (DAC) in ein analoges Videosignal, so dass das Bild an einem Bildschirm oder Projektor ausgegeben werden kann.

Nach diesem Überblick kann man nun besser verstehen, wieso die sequentielle Abfolge der einzelnen Rendering-Stufen bei einem Ein-Prozessor- bzw. Ein-Kern-System[8] zu einer schlechten Ausnutzung der Grafikhardware führt. Denn das Grundproblem bei einem Ein-Prozessor-System ist, dass für jedes neue Bild die App- und Cull-Prozesse erst vollständig abgearbeitet sein müssen, bevor der Draw-Prozess durch das Einspeisen von Befehlen aus

---

[8]Im Folgenden werden die Begriffe Multiprozessorsysteme und Mehrkernsysteme (*multicore CPUs*) synonym verwendet. Der Unterschied zwischen beiden ist im Wesentlichen, dass bei Mehrkernsystemen mehrere Prozessoren auf einem Chip integriert sind, während bei Multiprozessorsystemen mehrere Chips mit nur je einem Prozessor zusammengeschlossen werden.

der Display Liste die Graphik-Hardware starten kann. Bei realen Anwendungen benötigen die App- und Cull-Prozesse zusammen häufig 10 Millisekunden oder mehr, so dass die Graphikhardware während dieser Zeit einfach brach liegt. Bei einer Bildgenerierrate von 60 Hz beträgt die Taktdauer zwischen zwei Bildern (*frame time*) $1/60 \approx 0,0166sec = 16,6$ *msec*, so dass der Grafikhardware nur noch 6,6 *msec* pro Bild, also nur etwas mehr als ein Drittel der maximal möglichen Zeit für das Rendern zur Verfügung stehen. Nicht zu vergessen ist außerdem, dass auch das Betriebssystem eine gewisse Zeit für sich in Anspruch nehmen muss. In Bild 16.17-a ist eine Situation für ein Ein-Prozessor-System dargestellt. Alle drei Prozesse App, Cull und Draw müssen sequentiell innerhalb einer Taktdauer von 16,6 *msec* ablaufen, so dass jedem einzelnen Prozess nur noch ca. ein Drittel dieser Zeit zur Verfügung steht.

Bei einem Zwei-Prozessor-System kann man z.B. die App- und Cull-Prozesse auf der CPU 1 ablaufen lassen und den Draw-Prozess auf CPU 2. Der große Vorteil dabei ist, dass durch die zusätzlichen Prozessoren die Bildgenerierrate um einen Faktor 2-3 oder sogar noch mehr gesteigert werden kann. Denn während auf der CPU 1 schon der App- und Cull-Prozess für das Bild Nr. 2 gerechnet wird, steht dem Draw-Prozess und somit auch der Grafikhardware die gesamte Taktdauer von 16,6 *msec* zum Rendern von Bild Nr. 1 zur Verfügung[9] (Bild 16.17-b). Falls drei CPUs zur Verfügung stehen, kann sogar jeder der drei Prozesse auf einer eigenen CPU ablaufen (Bild 16.17-c). Dies ermöglicht aufwändigere Berechnungen im App-Prozess (z.B. detailliertere Dynamik und Kollisionen) als auch im Cull-Prozess (z.B. *Occlusion Culling*).

Neben dem höheren Preis ist der Hauptnachteil der Multiprozessor-Pipeline die sprungartig steigende Transport-Verzögerung. Darunter versteht man die Zeitspanne für den Durchlauf der Signalverarbeitungskette von der Eingabe (z.B. Lenkradeinschlag) bis zur Ausgabe des Bildes auf dem Bildschirm. Bei einer Simulation treten normalerweise mindestens drei *Frames* Transport-Verzögerung auf (ein *Frame* für die Sensorsignaleingabe, ein *Frame* für die Bildgenerierung und ein *Frame* wegen des *Double Bufferings* (Abschnitt 15.1) bzw. der Darstellung des Bildes am Bildschirm). Bei einem Zwei-Prozessor-System, wie in Bild 16.17-b gezeigt, kann der Draw-Prozess erst mit einem *Frame* (d.h. 16,6 *msec*) Verzögerung starten, so dass sich die Transport-Verzögerung um diesen Wert erhöht. Bei drei Prozessoren, wie in Bild 16.17-c gezeigt, startet der Cull-Prozess mit einem *Frame* Verzögerung und der Draw-Prozess erst zwei *Frames* nach dem App-Prozess. Die Transport-Verzögerung erhöht sich in diesem Fall schon auf insgesamt fünf *Frames*, d.h. 83,3 *msec* bei 60 *Hz* Bildgenerierrate. Für „Man-In-The-Loop"-Simulationen ist dies problematisch, denn der Wert liegt über der Wahrnehmungsschwelle von Menschen (ca. 50 *msec*). Neben den in Abschnitt 3.1 bereits besprochenen generellen Maßnahmen zur Verringerung der Transport-Verzögerung (höhere Bildgenerierrate und Bewegungsprädiktion), kann die zusätzliche Verzögerung durch Multiprozessorsysteme teilweise kompensiert

---

[9]In den eher seltenen Fällen, in denen der App-Prozess z.B. aufgrund komplexer numerischer Berechnungen den Flaschenhals darstellt und die Anforderungen an die Grafikhardware relativ gering sind, kann es auch sinnvoll sein, ein anderes Prozess-Modell zu wählen: Der App-Prozess wird alleine auf CPU 1 gelegt, so dass ihm die gesamte Taktdauer zur Verfügung steht und der Cull- und der Draw-Prozess laufen auf CPU 2.

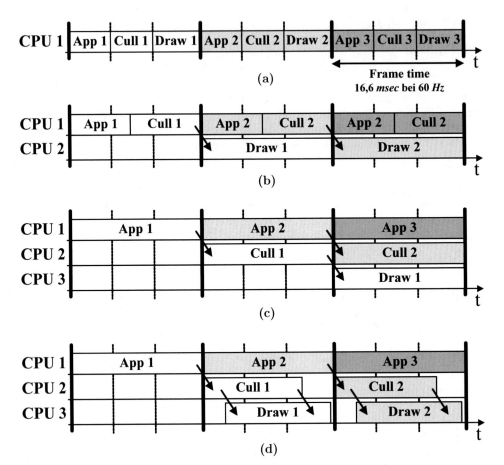

Bild 16.17: Prozessverteilung bei Multiprozessor-Systemen [?]: Die dicken Striche repräsentieren die Synchronisation zwischen den Prozessen und die Grauwerte der Balken sowie die Indizes geben die Nummer des Bildes an. **(a)** Bei einem Ein-Prozessor-System müssen die drei Prozesse App, Cull und Draw nacheinander und innerhalb eines *Frames* ablaufen, so dass für den Draw-Prozess, der die Grafikhardware antreibt, relativ wenig Zeit übrig bleibt. **(b)** Falls zwei Prozessoren zur Verfügung stehen, ist es meistens sinnvoll, den App- und den Cull-Prozess auf CPU 1 zu legen und den Draw-Prozess auf CPU 2. Dadurch steht den Prozessen deutlich mehr Rechenzeit zur Verfügung. Nachteil dieser Variante ist eine Transport-Verzögerung von einem *Frame*. **(c)** Bei drei Prozessoren kann jeder Prozess auf einen eigenen Prozessor gelegt werden und somit die gesamte Taktdauer ausnutzen. Das fertige Bild verzögert sich aber um zwei *Frames*. **(d)** Durch eine Überlappung von Cull- und Draw-Prozess kann die Transport-Verzögerung um ein Frame gegenüber (c) verringert werden.

werden. Die erste Maßnahme besteht darin, die Aktualisierung der Augenpunktposition erst kurz vor Ende des App-Prozesses vorzunehmen. Dadurch lässt sich die Transport-Verzögerung um knapp ein *Frame* senken. Zweitens kann man durch eine Überlappung von Cull- und Draw-Prozess die Transport-Verzögerung nochmal um ein *Frame* verringern (Bild 16.17-d). Dabei schreibt der Cull-Prozess bereits während des *cull traversals* Geometrie-Daten in einen Ringspeicher, die dann unmittelbar vom Draw-Prozess ausgelesen und an die Grafikhardware übergeben werden. Allerdings muss in diesem Fall die Sortierung nach OpenGL-Zuständen im Cull-Prozess entfallen, was häufige Zustandswechsel verursacht und somit die Rendering-Geschwindigkeit der Grafikhardware senkt. Die Überlappung von Cull- und Draw-Prozess ist also nur dann sinnvoll, wenn die Anwendung nicht durch die Grafikhardware limitiert ist.

Es gibt jedoch einige weitere Gründe für den Einsatz einer noch größeren Anzahl an Prozessoren. Falls in einer Anwendung z.B. für viele bewegte Objekte komplexe Dynamik- und Kollisionsberechnungen im App-Prozess nötig sind, können dafür eigene Prozesse von der Applikation abgespalten und zusätzlichen Prozessoren zugewiesen werden. Bei sehr großen visuellen Datenbasen ist es in der Regel unmöglich oder unbezahlbar die gesamte Datenbasis in den Hauptspeicher zu laden. Deshalb teilt man die Datenbasis auf und lädt die benötigten Teile vorausschauend von der Festplatte während der Laufzeit nach. Dafür generiert man einen eigenen Datenbasis-Nachlade-Prozess (*dbase*), der zur Sicherheit auf einem extra Prozessor abläuft. Ein weiteres Beispiel für den Bedarf einer großen Anzahl von Prozessoren sind Mehrkanal-Anwendungen. Für einen LKW Fahr- und Verkehrssimulator (Bild 3.1) sind z.B. drei Frontsichtkanäle aufgrund des sehr großen horizontalen Sichtwinkels (210°) erforderlich, sowie drei Rückspiegelkanäle (zwei außen, einer innen). Es sind also sechs eigenständige Bildkanäle gleichzeitig zu rendern. Dies erfordert die sechsfache Grafikleistung, so dass mehrere Grafiksubsysteme (*pipes*) parallel eingesetzt werden müssen. Für jedes Grafiksubssystem sollte ein eigener Draw-Prozess auf einer separaten CPU zuständig sein, damit die Grafikhardware optimal ausgelastet werden kann. Außerdem ist pro Kanal ein zusätzlicher Cull-Prozess erforderlich, der bei entsprechender Komplexität der visuellen Datenbasis evtl. die volle Taktdauer in Anspruch nehmen muss und somit eine eigene CPU benötigt. Ein solches System kann demnach schnell auf bis zu 16 Prozessoren und 6 Grafiksubsysteme anwachsen. Eine nochmalige Steigerung dieser Zahlen ist erforderlich, falls mehrere komplexe Simulatoren miteinander interagieren sollen.

16.6 Geschwindigkeits-Optimierung

In Bild 16.16 sind die Stufen der „Echtzeit *Rendering Pipeline*" dargestellt, die während der Generierung eines Bildes nacheinander durchlaufen werden müssen. Die langsamste Stufe dieser Pipeline, der sogenannte Flaschenhals (*bottleneck*), bestimmt die erreichbare Bildgenerierrate. Irgend eine Stufe, oder die Kommunikation dazwischen (die Pfeile zwischen den Blöcken), ist immer der Flaschenhals der Anwendung. In diesem Abschnitt werden Tipps gegeben, wie man den oder die Flaschenhälse heraus findet und beseitigt. Die Kunst der Geschwindigkeits-Optimierung besteht jedoch nicht nur im Beseitigen von Flaschenhälsen, denn wenn ein Flaschenhals beseitigt ist, taucht unvermeidlich ein neuer auf, sondern in einer gleichmäßigen Verteilung der Last auf alle Komponenten der Pipeline, um eine harmonische Balance zu erreichen.

Im Folgenden wird davon ausgegangen, dass eine Anforderungsanalyse durchgeführt wurde, um die Auslegung der Hardware, der visuellen Datenbasis und der Applikations-Software auf ein sicheres Fundament zu stellen. Es wird deshalb angenommen, dass die Anforderungen ohne eine Rekonfiguration des Systems ausschließlich mit Hilfe der beschriebenen Optimierungsmaßnahmen erfüllbar sind.

16.6.1 Leistungsmessung

Bevor man sich mit den Maßnahmen zur Leistungsoptimierung beschäftigt, ist es notwendig, sich darüber im Klaren zu sein, „welche" Leistungen „wie" gemessen werden, d.h. welche Messgröße mit welcher Messmethode gemessen wird. Außerdem sollte man sich immer der Tatsache bewusst sein, dass jede Messung an sich das Messergebnis mehr oder weniger verfälscht. Für die Geschwindigkeitsmessung in der Echtzeit 3D-Computergrafik heißt das, je mehr Messdaten über den Renderingvorgang erfasst werden, desto stärker sind diese Messdaten verfälscht, da ja der Messvorgang selber die Resourcen (CPU, Speicher, Bussysteme) der Grafikpipeline in Anspruch nimmt und somit die Rendering-Geschwindigkeit senkt. Um die Auswirkungen der Messung möglichst klein zu halten, kann es daher notwendig sein, viele Testläufe mit einer Anwendung durchzuführen, um bei jedem einzelnen Testlauf nur einen kleinen Teil der Messdaten zu erfassen. Bei einer Verringerung der erfassten Messwerte sollte sich das Ergebnis asymptotisch an einen Grenzwert annähern, der dem „wahren" Wert entspricht.

16.6.1.1 Messgrößen

Die zentrale Größe der Geschwindigkeits-Optimierung ist die Bildgenerierrate (*frame rate*), d.h. die Anzahl der Bilder, die pro Sekunde generiert werden können. Die Bildgenerierrate ist ein Maß für die Gesamtleistung aller Komponenten einer Grafik-Applikation. Für eine detailliertere Analyse ist die Leistung der einzelnen Komponenten zu messen. In der ersten Detailstufe unterscheidet man die CPU-Seite und die Grafikhardware-Seite (Bild 16.16). Die Leistung der CPU-Seite wird durch die Dauer des App- und des Cull-Prozesses bestimmt. Die Leistung der Grafikhardware-Seite kann in erster Näherung durch die Dauer des Draw-Prozesses charakterisiert werden. Dies gilt allerdings nur dann, wenn weder die Draw-CPU noch die Busbandbreite zwischen Draw-CPU und Grafikhardware den Flaschenhals darstellen. Eine genauere Leistungsmessung der Grafikhardware-Seite kann nur indirekt erfolgen, da die Grafikhardware in der Regel keine hochauflösenden *Timer*-Funktionen für den Anwendungsprogrammierer zur Verfügung stellt. Die Leistung der einzelnen Stufen der Grafikhardware-Seite werden durch die folgenden Messgrößen beschrieben:

- Polygon-Rate:
  Die Polygon-Rate ist ein Maß für die Leistung der Geometrie-Stufe, die angibt, wie viele Dreiecke pro Sekunde transformiert, beleuchtet und geclippt werden können.

- Pixelfüll-Rate:
  Die Pixelfüll-Rate ist ein Maß für die Leistung der Rasterisierungs-Stufe, die angibt, wie viele Pixel pro Sekunde rasterisiert, texturiert usw. und in den Bildspeicher geschrieben werden können.

- Verdeckungsgrad (*depth complexity*):
  Um zu beurteilen, ob eine gegebene Pixelfüll-Rate für eine bestimmte Auflösung und Bildgenerierrate ausreichend ist, muss allerdings noch der Verdeckungsgrad der Szene (*depth complexity*) gemessen werden. Darunter versteht man, wie viele Fragmente pro Pixel im Mittel berechnet werden bzw. wie viele Flächen im Durchschnitt hintereinander liegen. Angenommen zwei bildschirmfüllende Polygone liegen übereinander, dann müssen für jedes Pixel zwei Fragmente berechnet werden, so dass der Verdeckungsgrad 2 ist. Kommt noch ein weiteres Polygon dazu, das die Hälfte des Bildschirms füllt, müssen für die eine Hälfte der Pixel je drei Fragmente berechnet werden und für die andere Hälfte je zwei, so dass der Verdeckungsgrad 2,5 beträgt. Verhältnismäßig hohe Werte beim Verdeckungsgrad ergeben sich z.B. in einer Stadt, in der viele Häuser hintereinander stehen und sich verdecken (Bild 16.18).

- Videobandbreite:
  Die Videobandbreite ist ein Maß für die Leistung der Videosignalgenerier-Stufe, die angibt, wie viele Pixel pro Sekunde aus dem Bildspeicher ausgelesen und mit Hilfe des Digital-Analog-Converters (DAC) in ein analoges Videosignal umgewandelt werden können.

Eine wichtige Rolle spielt auch die Bandbreite der Verbindungen zwischen der Grafikhardware, dem Hauptspeicher und den CPUs.

Generell ist zu beachten, dass die Herstellerangaben zu diesen Messgrößen in der Regel nur unter extrem eingeschränkten Bedingungen gültig sind. Für reale Anwendungen müssen die Leistungsangaben der Hersteller oft um eine Größenordnung oder mehr abgesenkt werden. Bei der Auslegung der Hardware sollte man daher nicht auf die Zahlen in den Prospekten vertrauen, sondern sie möglichst mit der eigenen Anwendung oder eigenen Messprogrammen auf einem Testsystem messen.

16.6.1.2 Messmethoden und -werkzeuge

Voraussetzung für verlässliche Messergebnisse ist, dass alle externen Einflüsse auf das System abgestellt und alle unnötigen Dienste (*services / deamons*) abgeschaltet werden. Gemessen wird in erster Linie die Zeit (Dauer des App-, Cull- oder Draw-Prozesses sowie der Bildgenerierung). Deshalb benötigt man hochauflösende *Timer*-Funktionen, die das

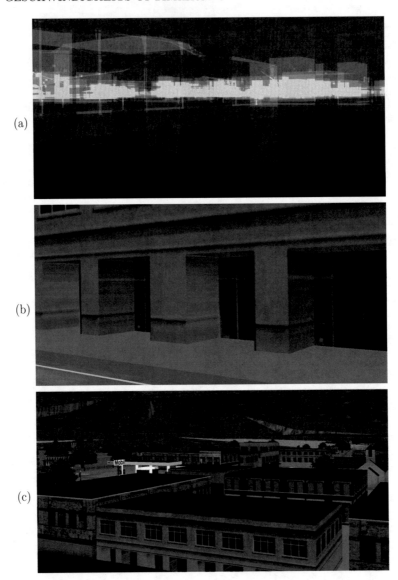

Bild 16.18: Verdeckungsgrad (*depth complexity*): Darunter versteht man, wie viele Fragmente pro Pixel im Mittel berechnet werden bzw. wie viele Flächen im Durchschnitt hintereinander liegen. (a) „Röntgenblick" auf eine Stadtszene: je mehr Flächen hintereinander liegen, desto höher der Grauwert. (b) Die selbe Szene wie unter (a) im normalen Renderingmodus. Die Hauswand verdeckt alle dahinter liegenden Objekte. (c) Die Stadtszene aus der Vogelperspektive. Der Blick auf die dahinger liegenden Objekte ist frei. Diese Bilder stammen aus der „*Town*"-Demodatenbasis, die bei dem Echtzeit-Renderingtool „OpenGL Performer" von der Firma SGI mitgeliefert wird.

Betriebssystem zur Verfügung stellen muss. Bei der Messung von Bildgenerierraten ist außerdem die Quantisierung durch die eingestellte Bildwiederholrate für den Bildschirm zu beachten. Im *Double Buffer* Modus wird normalerweise die Vertauschung von *front* und *back buffer* (Abschnitt 15.1) mit dem vertikalen Rücksprung des Bildschirm-Elektronenstrahls synchronisiert (VSync-Signal). Deshalb wartet eine solche Applikation mit dem Beginn des Renderns des nächsten Bildes, bis das vertikale Rücksprung-Signal eingegangen ist. Um diesen Quantisierungseffekt bei der Messung der Bildgenerierrate zu vermeiden, sollte man deshalb die Synchronisation mit dem vertikalen Rücksprung-Signal des Bildschirms ausschalten (unter Windows mit der OpenGL-Extension `WGL_EXT_swap_control` und bei Vulkan mit dem SwapChain-Darstellungsmodus `VK_PRESENT_MODE_IMMEDIATE_KHR`, Abschnitt 15.1).

Das Echtzeit-Renderingtool „Open Scene Graph" bietet einen ausgezeichneten Satz an Statistik-Werkzeugen, mit denen nicht nur die Bildgenerierrate und die Dauer von App-, Cull- oder Draw-Prozessen gemessen werden kann, sondern z.B. auch der Verdeckungsgrad einer Szene (Bild 16.18), Anzahl und Typ von Grafikprimitiven, Texturen, Lichtquellen und OpenGL-Zuständen im sichtbaren Volumen, sowie die Anzahl der getesteten und eliminierten Knoten des Szenen Graphen während des *Cullings*. Weitere Hinweise zur Leistungsmessung und zu Optimierungsmaßnahmen sind in [Cok01] zu finden.

16.6.1.3 Schnelltests zur Bestimmung des Flaschenhalses

Im Folgenden sind einige einfache, aber effektive Testmethoden beschrieben, um den Flaschenhals einer Anwendung ohne großen Aufwand schnell bestimmen zu können.

- CPU-Limitierung:
  Zur Feststellung, ob die CPU-Seite der Flaschenhals der Anwendung ist, löscht man alle Aufrufe der Grafikprogrammierschnittstelle, d.h. alle Zeichen-Befehle oder ersetzt sie durch *Dummies*. Somit wird die Grafikhardware überhaupt nicht eingesetzt. Falls die Taktrate der Anwendung konstant bleibt, kann die Grafikhardware offensichtlich nicht der Flaschenhals sein, sondern es muss die CPU-Seite sein. Um heraus zu finden, ob der App- oder der Cull-Prozess der Flaschenhals ist, löscht man auch noch den Aufruf des Cull-Prozesses. Bleibt die Taktrate der Anwendung immer noch unverändert, ist der App-Prozess der Flaschenhals, andernfalls der Cull-Prozess.

- Grafikhardware-Limitierung:
  Falls der erste Test eine deutliche Erhöhung der Taktrate der Anwendung ergibt, ist der Flaschenhals höchstwahrscheinlich die Grafikhardware oder evtl. auch die Busbandbreite zwischen der CPU-Seite und der Grafikhardware. Weitere Einzelheiten findet man durch folgende Tests heraus:

  - Geometrie-Limitierung:
    Die Geometrie-Stufe der Grafikhardware ist häufig dann der Flaschenhals, wenn die Modelle eine sehr hohe Polygonzahl aufweisen oder wenn viele lokale Lichtquellen aktiv sind. Deshalb sollte man testen, ob durch eine Verringerung der

Polygonzahl und/oder der Lichtquellen die Bildgenerierrate steigt. Ist dies der Fall, so wird höchstwahrscheinlich die Geometrie-Stufe der Flaschenhals sein (evtl. könnte auch die Busbandbreite zwischen CPU-Seite und Grafikhardware der Flaschenhals sein, siehe unten). Eine elegante Methode, um die Polygonzahl kontinuierlich zu verringern, ist die Einführung eines globalen LOD-Skalierungsfaktors, der vor der LOD-Auswahl auf alle LOD-Bereichsgrenzen multipliziert wird (Abschnitt 16.3). Erhöht man den LOD-Skalierungsfaktor, wird bei geringeren Entfernungen auf eine höhere LOD-Stufe umgeschaltet, so dass sich die Polygonzahl entsprechend verringert.

– Pixelfüll-Limitierung:
Bei sehr hoher Auflösung oder hohem Verdeckungsgrad ist häufig die Rasterisierungs-Stufe der Grafikhardware der Flaschenhals. Um dies zu testen, bietet es sich daher an, einfach die Auflösung des Bildschirmfensters zu verkleinern. Führt dies zu einer Erhöhung der Bildgenerierrate, ist die Pixelfüllleistung der Rasterisierungs-Stufe der limitierende Faktor der Anwendung. Alternative Tests sollten auf die Fragment-Pipeline abzielen: Ausschalten der Texturierung, des Nebels, des Anti-Aliasings, der Farbmischung, sowie des Alpha- und des z-Buffer-Tests. Falls eine dieser Aktionen die Bildgenerierrate erhöht, befindet sich der Flaschenhals in der Rasterisierungs-Stufe.

– Videobandbreiten-Limitierung:
Bei extrem hoher Auflösung oder bei Mehrkanal-Applikationen kann es vorkommen, dass die Bandbreite des Digital-Analog-Converters (DAC) nicht ausreicht, um in der verfügbaren Taktdauer alle digitalen Pixel in ein analoges Videosignal zu konvertieren. Dieser Fall ist allerdings sehr selten, da die Videobandbreite normalerweise sehr großzügig bemessen ist und auf die Bildspeichergröße abgestimmt wird. Um diesen Fall auszuschließen, genügt es meist, die Spezifikation der Grafikhardware zu lesen und mit den Anforderungen der Anwendung abzugleichen. Ansonsten sollte man ein Bild ohne Objekte rendern, so dass die vorhergehenden Stufen der Grafikhardware sicher nicht der Flaschenhals sein können. Steigt durch diese Maßnahme die Bildgenerierrate nicht an, hat man es vermutlich mit einer Videobandbreiten-Limitierung zu tun.

• Busbandbreiten-Limitierung:
Falls anspruchsvolle Anwendungen, mit einer großen Menge an Geometriedaten und/ oder Texturdaten auf einem Rechnersystem mit geringer Busbandbreite (z.B. kein eigener Grafikbus oder „nur" AGP 8-fach) laufen, ist öfters auch die Busbandbreite der Flaschenhals. Hier bieten sich zwei Tests an: Erstens, das Verpacken der Geometrie in Vertex Buffer Objects (Abschnitt 6.4.4.1 bzw. 6.5.1), die im Grafikhardware-Speicher abgelegt werden und von dort über einen Zeichenbefehl abgerufen werden. Zweitens, eine Reduktion der Texturen, so dass sie sicher in den Texturspeicher passen (Vermeidung von Texturnachladen während der Laufzeit).

16.6.2   Optimierungsmaßnahmen

Mit dem Wissen, an welchen Stellen der „Echtzeit *Rendering Pipeline*" die Flaschenhälse
sitzen, kann jetzt in einem iterativen Verfahren – Flaschenhals beseitigen, nächsten Flaschenhals bestimmen usw. – die Rendering-Geschwindigkeit so weit gesteigert werden, dass
die geforderte Bildgenerierrate (hoffentlich) überall eingehalten werden kann. Im Prinzip
gibt es drei Bereiche, in denen Optimierungsmaßnahmen zur Beseitigung eines Flaschenhal-
ses durchgeführt werden können: Die Hardware, die visuelle Datenbasis und die *Rendering
Pipeline*. Auf die Hardware wird hier nicht näher eingegangen, da man davon ausgeht,
dass eine sinnvolle Auslegung der Konfiguration stattgefunden hat[10] (Abschnitt 16.5). Im
Folgenden werden die wichtigsten Optimierungsmöglichkeiten für die Software aufgelistet.

Optimierungsmöglichkeiten bei der visuellen Datenbasis:

- Räumlich hierarchische Organisation der Szene:
  Dies ist eine wesentliche Voraussetzung für einen effizientes *Viewing Frustum Culling*
  (Abschnitt 16.1).

- LOD-Einsatz:
  Einsatz der *Level-Of-Detail*-Technik bei möglichst allen Teilen der visuellen Datenbasis, insbesondere auch dem Terrain. Verwendung von Morph-LOD oder CLOD,
  um bei möglichst geringen Abständen vom Augenpunkt auf niedrigere Detailstufen
  umschalten zu können (Abschnitt 16.3).

- Billboard-Einsatz:
  Ersetzung komplexer geometrischer Objekte durch Billboards (Abschnitt 16.4).

- Minimierung von Zustands- bzw. Pipeline-Wechseln:
  Jedes Objekt in einem Endknoten des Szenen Graphen sollte mit einem einzigen
  OpenGL-Zustand bzw. einem einzigen Vulkan-`VkPipeline`-Objekt darstellbar sein.
  Das bedingt z.B., dass alle verwendeten Texturen für das Objekt in einer großen Tex-
  tur zusammengefasst werden (sog. Textur-Atlas), dass alle Polygone mit der gleichen
  Einstellung für Beleuchtung und Schattierung gerendert werden, dass für alle Poly-
  gone dasselbe Material verwendet wird und dass nur ein Grafikprimitivtyp verwendet
  wird.

- Minimierung von Texturen:
  Reduktion der verwendeten Texturen, bzw. Verwendung von Texturen mit weniger
  Quantisierungsstufen (z.B. 16 bit RGBA), so dass alle Texturen in den Texturspeicher
  passen. Damit entfällt ein Nachladen von Texturen während der Laufzeit.

---

[10]Falls doch ein Fehler bei der Auslegung der Hardware begangen wurde, ist es manchmal wirtschaftlich
besser, zusätzliche Hardware zu kaufen, als einen großen Aufwand in die Optimierung der Software zu
stecken.

- Einsatz effizienter Grafikprimitive:
Verwendung langer *Triangle Strips* (verbundener Dreiecke), da sie am wenigsten Vertices benötigen und die Hardware in der Regel darauf optimiert ist.

Optimierungsmaßnahmen bei den Stufen der „Echtzeit *Rendering Pipeline*":

- App-Prozess:
Der Applikations-Prozess wird optimiert, indem der Code effizienter gestaltet wird, Compiler-Optimierungsoptionen aktiviert werden und die Speicherverwaltung bzw. -zugriffe minimiert wird. Für eine detailliertere Darstellung wird auf [Cok01] verwiesen.

- Cull-Prozess:
Das größte Potential liegt hier in der oben schon beschriebenen effizienten Organisation des Szenen Graphen nach räumlich-hierarchischen Gesichtspunkten. Eine geringere Testtiefe beim *Viewing Frustum Culling* senkt den Rechenwand im Cull-Prozess und die Auswirkungen in der Grafikhardware sind vielleicht verkraftbar. Außerdem sollte man testen, ob einer der vielen verschiedenen Sortier-Modi oder das vollständige Weglassen der Sortierung des Szenen Graphen den Cull-Prozess ausreichend entlastet und die Grafikhardware in einem akzeptablen Maße belastet. Das Gleiche gilt für das Weglassen des sehr rechenzeitaufwändigen *Occlusion Cullings*.

- Geometrie-Stufe:
Für die Geometrie-Stufe der Grafikhardware gibt es zahlreiche Möglichkeiten zur Optimierung, die im Folgenden stichpunktartig aufgelistet sind:

  - Verwendung von indizierten Vertex Buffer Objects (Abschnitt 6.4.4 bzw. 6.5.2) zur effizienten Darstellung von Geometrie [Kess17].

  - Verwendung der Vektorform von Befehlen, um vorab berechnete Daten einzugeben, und Verwendung der Skalarform von Befehlen, um Daten zu spezifizieren, die zur Laufzeit berechnet werden müssen.

  - Vereinfachung der Beleuchtungsrechnung (Abschnitt 12.1.3): Verzicht auf zweiseitige Beleuchtung, lokalen Augenpunkt, lokale Lichtquellen, Spotlichtquellen (bzw. Ersatz durch projektive Lichttexturen), Reduktion der Anzahl von Lichtquellen, bestimmte Anteile der Szene müssen evtl. überhaupt nicht beleuchtet werden, bei statischen Szenen kann die Beleuchtungsrechnung vorab durchgeführt und in Texturen gespeichert werden, Normalenvektoren sollten vorab normiert werden.

  - Vermeidung von OpenGL- und Vulkan-Abfragen während der Laufzeit (Get- und Query-Befehle). Nötige Abfragen sollten bei der Initialisierung durchgeführt werden.

  - Erhöhung der Genauigkeit des *Viewing Frustum Culling* zur Verringerung der Polygone (Abschnitt 16.2.1).

– Einsatz von *Occlusion Culling* zur Vermeidung verdeckten Polygone (Abschnitt 16.2.2).

– Verzicht auf *Backface Culling* (Abschnitt 16.2.3). Dies senkt zwar den Aufwand in der Geometrie-Stufe, erhöht ihn aber in der Rasterisierungsstufe. Verlagerung des *Backface Culling* in den Cull-Prozess auf der CPU-Seite.

– Erhöhung des globalen LOD-Skalierungsfaktors (Abschnitt 16.3).

– Impostor-Einsatz (Abschnitt 16.4).

- Rasterisierungs-Stufe:
  Eine Auswahl an Optimierungsmöglichkeiten für die Rasterisierungs-Stufe der Grafikhardware sind im Folgenden stichpunktartig aufgelistet:

  – Einsatz von *Occlusion Culling* zur Vermeidung verdeckten Polygone (Abschnitt 16.2.2). Dies rentiert sich vor allem bei Szenen mit einem hohen Verdeckungsgrad (*depth complexity*).

  – Aktivierung von *Backface Culling* (Abschnitt 16.2.3).

  – Falls der Einsatz von *Occlusion Culling* nicht möglich ist, bringt es Effizienzvorteile, wenn die Objekte von vorne nach hinten sortiert werden, da verdeckte Flächen nach dem z-Buffer-Test nicht mehr in den Bildspeicher geschrieben werden müssen.

  – Ausschalten des z-Buffer-Algorithmus für Hintergrundpolygone, die ganz zu Beginn gerendert werden.

  – Vermeidung des Bildspeicherlöschens (clear-Befehl), wenn sichergestellt ist, dass alle Pixel des Bildes jedesmal neu bedeckt werden.

  – Falls der Bildspeicher gelöscht werden muss, sollten Farbwerte und z-Werte mit dem Befehl `glClear(GL_COLOR_BUFFER_BIT | GL_DEPTH_BUFFER_BIT)` gleichzeitig initialisiert werden.

  – Ersetzen eines Texturausschnitts mit dem Befehl `glTexSubImage2D()`, anstatt jedesmal eine neue Textur mit `glTexImage2D()` zu definieren (Abschnitt 13.1.1.1).

  – Einsatz einfacherer Texturfilter (Abschnitte 13.1.2 und 13.1.3.4).

  – Ersetzung von Multipass Algorithmen durch Mehrfachtexturen (Abschnitte 13.1.1.2 und 13.2).

  – Reduktion der Auflösung.

  – Ausschalten des Anti-Aliasing (Abschnitt 10.2).

Das oberste Ziel bei visuellen Simulationen ist eine konstante Bildgenerierrate, damit man einen glatten Bewegungseindruck erzielen kann. Deshalb wird häufig ein sehr großer Aufwand bei der Herstellung visueller Datenbasen betrieben, um auch an komplexen Stellen der Datenbasis die Bildgenerierrate halten zu können. Das leider nicht mehr verfügbare Echtzeit-Renderingtool „OpenGL Performer" von SGI hat dazu als Alternative eine einfache Regelung angeboten. Als Sollwert vorgegeben wird eine maximal zulässige Dauer der Bildgenerierung (die Führungsgröße), um eine bestimmte Bildgenerierrate halten zu können, als Istwert gemessen wird die benötigte Zeitspanne zur Generierung eines Bildes (die Regelgröße) und zur Beeinflussung der Regelstrecke (hier die *Rendering Pipeline*) dienen als Stellgrößen ein globaler LOD-Skalierungsfaktor (vermindert die Polygon-Last) und die dynamische Verringerung der Bildspeicherauflösung (DVR[11], vermindert die Pixelfüll-Last). Falls die Bildgenerierzeitspanne (der Istwert) einen bestimmten oberen Grenzwert überschreitet (den Sollwert), wird ein Stressfaktor hochgesetzt, der, abhängig von der Einstellung des Reglers, den globalen LOD-Skalierungsfaktor erhöht und/oder die Bildauflösung verringert. Dadurch wird der Stress für die *Rendering Pipeline* vermindert, so dass die Bildgenerierrate gehalten werden kann. Falls die Bildgenerierzeitspanne einen bestimmten unteren Grenzwert unterschreitet, wird der Stressfaktor erniedrigt. Dadurch wird der globale LOD-Skalierungsfaktor wieder zurückgefahren und/oder die Bildauflösung erhöht, so dass die ursprüngliche Bildqualität wieder erreicht wird. Diese einfache Zwei-Punkt-Regelung funktioniert bei gutmütigen visuellen Datenbasen bzw. Anwendungen befriedigend. Bei komplexeren Situationen reicht diese Art der Regelung jedoch nicht mehr aus. Das Grundproblem bei dieser Regelung ist die reaktive Natur der Rückkopplung. Steigt die Grafiklast sehr schnell an (z.B. aufgrund eines komplexen Objekts, das gerade ins Sichtfeld kommt), kann erst nach dem Rendern des Bildes festgestellt werden, dass die zulässige Taktdauer überschritten wurde. Beim nächsten Bild, für das jetzt der Stressfaktor hochgesetzt wurde, ist die Grafiklast vielleicht schon gar nicht mehr so groß wie vorher. Die Bildgenerierzeitspanne sinkt jetzt evtl. sogar unter den unteren Grenzwert. Dies führt sehr leicht zu einem Schwingungsverhalten der Regelung.

Deshalb bietet es sich hier an, die Last in der Geometrie- und Rasterisierungs-Stufe der Grafikhardware zu prädizieren. Dazu berechnet man auf der Basis der aktuellen Position, Blickrichtung und Geschwindigkeit des Beobachters, die Position und Blickrichtung zu einem geeigneten zukünftigen Zeitpunkt. Bei konstanter Geschwindigkeit des Beobachters kann die zukünftige Position exakt berechnet werden. Falls sich aufgrund von Manövern die Geschwindigkeit des Beobachters ändert, ist der Fehler, den man bei der Prädiktion der Position begeht, gering, da die Extrapolation nur für einen kurzen Zeitraum erfolgt. Vor der Simulation misst man mit einem adäquaten Raster an allen Positionen und aus allen Winkeln die Grafiklast, die die visuelle Datenbasis verursacht, und speichert die Werte in einer geeigneten Datenstruktur (z.B. einem *quad tree*). Damit kann man für die zukünftige Beobachterposition und -blickrichtung die zu erwartende Grafiklast (mit einem gewissen Fehler) aus der Datenstruktur auslesen, und den Stressfaktor entsprechend anpassen. Diese Art der Lastregelung führt zu sehr viel besseren Ergebnissen, als die einfache Zwei-Punkt-Regelung.

---

[11]*Dynamic Video Resolution* war ein spezielles Leistungsmerkmal der „*Infinite Reality*"-Grafikhardware von SGI, bei der von Bild zu Bild die Auflösung des Bildspeichers verändert werden konnte (heutige Grafikhardware bietet solche Leistungsmerkmale leider nicht mehr). Der Anwender merkte davon fast nichts, da die Videosignalgenerier-Stufe das Bild mit Hilfe von bilinearen Interpolationsfiltern auf die Originalauflösung vergrößerte.

Kapitel 17

GPU Programmierung mit CUDA und OpenCL

17.1 Einführung

Dieses Kapitel gibt einen fundierten Überblick über die aktuellen Möglichkeiten der „General Purpose" Programmierung von Grafikhardware (besser bekannt als GPGPU, *General Purpose Computation on Graphics Processing Unit*). Dazu werden die beiden Technologien CUDA (*Compute Unified Device Architecture*, NVIDIA-proprietär, [NVIb]) und OpenCL (offener Standard des Khronos Konsortiums, [Khr]) beschrieben, wohl wissend, dass mit DirectCompute (Microsoft) eine weitere Technologie in diesem Feld existiert.

Nach einem kurzen historischen Exkurs werden im Überblick die Einsatzmöglichkeiten und die Architektur heutiger GPGPU-Hardware skizziert. An einem Beispiel wird dann das grundsätzliche Vorgehen bei der GPGPU-Programmierung skizziert und jeweils die Unterschiede und Gemeinsamkeiten der beiden Technologien diskutiert. Abschließend werden einige relevante, spezielle Aspekte der GPGPU-Programmierung herausgegriffen und genauer ausgeführt.

Anhand der beim Durcharbeiten dieses Kapitels erworbenen Hintergrundkenntnisse kann der Leser dann die Einsetzbarkeit von GPUs für ein konkretes Problem beurteilen und anhand des Beispiels sowie der leicht verfügbaren Entwicklungskits der verschiedenen Hersteller (z.B. Apple, AMD, NVIDIA) schnell und fundiert in die Entwicklung von GPGPU-Programmen einsteigen.

17.2 Historie

GPGPU-Programmierung kann man als Nebenprodukt der Entwicklung der Grafikhardware bezeichnen: Lange Jahre wurde die Funktionalität der Grafikhardware durch die sogenannte *Fixed Function Pipeline* bereitgestellt, bis die rapide Entwicklung der Grafikhardware und der Wunsch nach höherer Flexibilität bei der Entwicklung von Grafikprogrammen in programmierbare Komponenten auf der Grafikhardware mündete. Schon kurz nach der

© Springer Fachmedien Wiesbaden GmbH, ein Teil von Springer Nature 2019
A. Nischwitz et al., *Computergrafik*,
https://doi.org/10.1007/978-3-658-25384-4_17

Vorstellung der ersten Grafikkarten mit (sehr simpel und eingeschränkt) programmierbaren Shadern (NVIDIA GeForce3, 2001) begannen erste Versuche, die extrem hohe Rechenleistung der Grafikhardware für über die Grafikprogrammierung hinausgehende, wissenschaftliche Berechnungen zu nutzen (Anm. d. Autors: Die erste persönliche Berührung mit dieser Idee geht auf ein Dagstuhl-Seminar „Graphics and Robotics" im Jahr 1993 zurück, als die Idee diskutiert wurde, Voronoi-Diagramme einer Punktmenge durch von diesen Punkten in Z-Richtung ausgehende, sich schneidende Kegel auf Grafikhardware durch die Benutzung des Z-Buffers zu berechnen). Die Anpassung der Algorithmen auf die sehr eingeschränkt programmierbare Hardware war dabei extrem aufwändig. Der Begriff GPGPU ging daraus etwa um das Jahr 2002 hervor.

Die zunehmende Programmierbarkeit der Shaderkomponenten und deren damit einhergehende Vereinheitlichung (s. unten) führte dazu, dass in 2007 mit der Veröffentlichung von NVIDIA's CUDA und dem AMD Stream SDK APIs zur einfachen Programmierung von Grafikhardware ohne spezielle Grafikkenntnisse verfügbar waren.

Die Standardisierung von OpenCL im Rahmen der Khronos-Gruppe begann auf eine Initiative von Apple hin und mündete in die Verabschiedung der OpenCL 1.0 Spezifikation in 2008. Schnell brachten führende Hersteller (Apple, NVIDIA, AMD, IBM) OpenCL Implementierungen für GPUs und CPUs (insbesondere in Hinblick auf die voraussichtlich schnell wachsende Zahl von Cores in zukünftigen CPUs ist die CPU-Unterstützung durch OpenCL sehr interessant) auf den Markt. Im Oktober 2018 wurde die Spezifikation von OpenCL 2.2-8 verabschiedet, während die Anzahl der Applikationen, die GPGPU-Technologien verwenden, weiterhin rapide wächst.

17.3 GPGPU-Hardware

Grafikkarten haben sich in den letzten Jahren zu mit Supercomputern vergleichbaren Rechenleistungen entwickelt. Für die derzeit schnellste Grafikkarte ist in etwa die 3-fache Anzahl von Fließkommaoperationen pro Sekunde spezifiziert wie für den schnellsten Supercomputer aus dem Jahr 2000 (IBM ASCI White) [Top500]. Drei der schnellsten fünf Supercomputer der ersten Top500-Liste 2018 erreichen ihre Leistung mit GPUs. Als Basis für diese rapide Entwicklung der GPGPU-Hardware stehen zwei architektonische Prinzipien im Vordergrund:

- Die Abkehr von der *Fixed Function Pipeline* mit spezialisierten Vertex- und Pixel-Shadern, hin zu einheitlichen Recheneinheiten, die per Programm als entsprechende Shader-Komponenten spezialisierbar sind. Diesen Einheiten werden entsprechende Spezialkomponenten (Textureinheiten, *Special Function Units* für die Berechnung transzendenter Funktionen) zur Seite gestellt, die vom entsprechenden Shaderprogramm aus verwendet werden können.

- Massiv datenparallele Verarbeitung war schon immer Grundlage der hohen Rechenleistungen von Grafikkarten: Im Vergleich zu CPUs werden wesentlich mehr Transistoren für Berechnungen aufgewendet. Die Verallgemeinerung der spezialisierten

Shader zu einheitlichen, programmierbaren Shadern führte zu einer Architektur aus vielen einem einzigen Leitwerk zugeordneten Recheneinheiten.

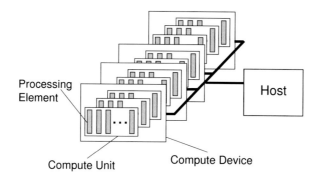

Bild 17.1:   GPGPU-Architektur [Khr10]

Diese Prinzipien bilden sich jeweils in die Architekturbeschreibungen von OpenCL (Abb. 17.1) und CUDA (Abb. 17.4) ab: GPGPU-Hardware (*Device*) wird als eine Menge von Multiprozessoren (*Compute Units*) beschrieben, die jeweils mehrere Cores (*Processing Elements*) umfassen. Relevant aus Hardwaresicht sind auch noch die Speicherhierarchien: Einem Multiprozessor ist jeweils ein kleiner Bereich (z.B. einige 10kB) an sehr schnellem Speicher (Zugriffszeiten meist im Bereich eines Prozessorzyklus) zugeordnet. Alle Multiprozessoren können auf einen großen (z.B. einige GB), aber langsamen (bis zu mehreren 100 Prozessorzyklen !!!) gemeinsamen Speicher zugreifen.

17.4   Das SIMT Berechnungsmodell

Einen wesentlichen Teil der Flexibilität bei der parallelen Ausführung von Berechnungen gewinnen aktuelle GPUs durch eine Erweiterung des starren SIMD (*Single Instruction, Multiple Data*) Prinzips. Dieses erlaubt die Ausführung exakt derselben Operation gleichzeitig auf mehreren Daten und ist - meist als Erweiterung des CPU-Befehlssatzes - in Vektoreinheiten heutiger CPUs anzutreffen (MMX, SSE, AltiVec, etc.). Allerdings sind mit Vektoreinheiten keine Verzweigungen im Code für unterschiedliche Vektorkomponenten möglich. Diese starke Beschränkung heben die Leitwerke in GPU-Multiprozessoren auf: Sie beinhalten einen sogenannten Thread-Scheduler in Hardware, der in der Lage ist, die einem Leitwerk zugeordneten Cores so zu koordinieren, dass auch Verzweigungen im Code berücksichtigt werden können, die von unterschiedlichen Daten in den parallel zu bearbeitenden Datenbeständen hervorgerufen werden. Die Beherrschung dieser sogenannten Code-Divergenz - unterschiedliche Ausführungspfade in den parallelen Ausführungseinheiten, die denselben Code abarbeiten - bedeutet eine erhebliche Flexibilisierung der datenparallelen Programmierung gegenüber einem reinen SIMD-Modell und einen wesentlichen Schritt zur freien, universellen, komfortablen Verwendung von GPUs im Rahmen von GPGPU-Anwendungen. NVIDIA hat hierfür die Bezeichnung SIMT (*Single Instruction, Multiple Threads*) geprägt. Es sei aber erwähnt, dass dieses Modell zwar eine freie Programmierbarkeit von GPUs erleichtert, Code-Divergenz aber auch zu einer Einschränkungen der Performance führt: Beispielsweise werden die Zweige eines if-Statements vom Thread-Scheduler sequentialisiert, d.h., während ein Teil der Ausführungseinheiten eines Multiprozessors den then-Zweig des if-Statements ausführt, muss der andere Teil, der den else-Zweig ausführen möchte, auf die Beendigung des ersteren warten, und umgekehrt. Es ist leicht einzusehen, dass massiv divergierender Code zu einer stark zurückgehenden Auslastung und somit einer stark sinkenden Performance führt.

Somit entsteht ein paralleles Berechnungsmodell, bei dem eine Funktion, der sogenannte Kernel, parallel als eine Menge von Threads auf einen parallel zu bearbeitenden Datenbestand ausgeführt wird. Dass dieses Berechnungsmodell noch eine zweistufige Hierarchie beinhaltet und wie der Kernel den einzelnen Elementen des parallelen Datenbestands zugeordnet wird, wird weiter unten genauer ausgeführt.

17.5 GPGPU-Anwendungsbereiche

Zwar stellen GPUs eine sehr große Rechenleistung zur Verfügung, dennoch sind nicht alle Probleme gleichermaßen für die Anwendung von GPGPU-Technologien geeignet. Eine Vorbedingung für den GPGPU-Einsatz ist natürlich das Vorhandensein eines großen Datenbestands, auf den ein Kernel pro Element parallel angewendet werden kann. Hingegen sind Probleme, die auf einer iterativen Berechnung basieren, wobei jede Iteration auf dem Ergebnis der vorhergehenden beruht (etwa die genaue Berechnung der Kreiszahl π), eher schlecht geeignet. Gut geeignet sind Probleme, bei denen ein Kernel auf alle Elemente eines Datenbestands weitgehend unabhängig von anderen Elementen und Zwischenergebnissen angewendet werden kann. Beispielsweise sind Operationen zur Bildverarbeitung, bei denen für die Berechnung eines neuen Pixelwerts lediglich die Pixelwerte des Ursprungsbildes in einer begrenzten Umgebung erforderlich sind, hervorragend geeignet (z.B. Filtermasken). Matrixoperationen aus dem Bereich der Linearen Algebra sind auf den ersten Blick ebenfalls sehr gut für den GPGPU-Einsatz geeignet. Je nach Operation kann aber die Divergenz des Kernel-Codes zu mehr oder weniger starken Performance-Einbußen führen. Kritisch können hier beispielsweise auch Speicherzugriffe sein: Wenn ein Algorithmus für wenige Rechenoperationen viele Speicherzugriffe (s.o., jeweils ggf. mehrere 100 Prozessorzyklen pro Speicherzugriff) benötigt, kann sich dies ebenso dramatisch auf die Performance auswirken. So kann auch durchaus der Fall auftreten, dass Probleme, die a priori gut geeignet für GPGPU erscheinen, zu Lösungen führen, die kaum schneller oder sogar langsamer sind als CPU-Lösungen. Um einzuschätzen, ob sich der GPGPU-Einsatz zur Lösung eines Problems eignet, sind somit insbesondere die Aspekte

- Parallelisierbarkeit,

- Code-Divergenz sowie

- Verhältnis von Speicherzugriffen zu Rechenoperationen

zu betrachten.

Dennoch haben sich GPGPU-Anwendungen in der kurzen Zeit, in der diese Technologie zur Verfügung steht, bereits in einer Vielzahl von Domänen etabliert. Sehr viele GPGPU-Applikationen findet man beispielsweise in Bereichen der Bildverarbeitung, Videocodierung, bei Erweiterungen von Mathematik-Programmen (MATLAB, Mathematica, etc.), bildgebende Verfahren in der Medizin, Biochemie, Metereologie, Kryptographie, etc.

17.6   Die CUDA und OpenCL Terminologie

Bevor näher auf die Verwendung von CUDA und OpenCL eingegangen wird, soll in diesem Unterkapitel die in den beiden Technologien verwendete Terminologie vergleichend vorgestellt werden. In der folgenden Tabelle sind die verwendeten Begriffe gegenübergestellt und erläutert.

CUDA	OpenCL	Erklärung
Host	**Host**	Der Rechner, auf dem das (C-)Hauptprogramm läuft und das die GPGPU-*Devices* verwendet
Device	**Device**	Das Gerät (Grafikkarte oder CPU-Kerne), auf dem das GPGPU-Programm läuft, vergleichbar einem Co-Prozessor
-	**Platform**	Ein Host mit einem oder mehreren zugehörigen Devices.
(Streaming) Multiprocessor	**Compute Unit**	Ein Device kann ein oder mehrere Multiprozessoren oder Compute Units umfassen. Diese führen jeweils denselben Code parallel auf mehreren Datenbereichen aus.
(CUDA) Core	**Processing Element**	Die Bestandteile eines Multiprozessors, die jeweils denselben Code auf einem von mehreren parallelen Datenbereichen ausführen.
Thread	**Work-Item**	Eine von mehreren parallelen Ausführungsinstanzen eines Kernels, jeweils zuständig für einen bestimmten Teils eines Datenbestands. Jeder Thread kann durch einen 1D, 2D oder 3D-Index (im Kernelprogramm zugreifbar, s.u.) seine „Zuständigkeit" im gesamten Datenbestand bestimmen.

CUDA	OpenCL	Erklärung
Block	**Work-Group**	Eine Menge von Threads, die (quasi-)parallel auf einem Multiprozessor ausgeführt werden, dabei auf einen schnellen, gemeinsamen Speicherbereich zugreifen und durch Barrieren synchronisiert werden können. Die Anzahl ist durch die Hardware vorgegeben (bei heutigen GPUs „einige hundert")
Grid	**NDRange**	Der (1-, 2- oder 3-dimensionale) Indexraum, der die Größe des konkret zu lösenden Problems (z.B. Größe eines Bildes, etc.) beschreibt. Durch die Unterteilung eines Grids in mehrere Blöcke (deren Größe im wesentlichen durch die Device-Hardware bestimmt ist) erfolgt durch die sequentielle bzw. auf Multiprozessoren verteilte Abarbeitung der Blöcke eines Grids eine Abbildung des Problems auf die Hardware.
Kernel	**Kernel**	Device-Programm, das vom Host-Programm aufgerufen und auf dem Device parallel auf alle Elemente eines Grids oder NDRanges ausgeführt wird.

17.7 Allgemeine Struktur von GPGPU-Programmen

Die Struktur bzw. der Ablauf von GPU-Programmen entspricht in den meisten Fällen einem sich wiederholenden Schema:

- Erstellen und Laden des eigentlichen GPU-Programms (Kernel) auf die GPU.

- Konfigurieren bzw. Allozieren der GPU- und CPU-Ressourcen (Speicherbereiche, Textureinheiten).

- Bereitstellen des zu lösenden Problems in einem CPU-Speicherbereich (und meist Kopieren desselben auf die GPU).

- Aufruf des GPU-Programms (Kernel), das das zu lösende Problem behandelt und die Lösung in einem weiteren Speicherbereich der GPU zur Verfügung stellt.

- Zurückkopieren des Lösungs-Speicherbereichs. In vielen Fällen bleibt der Lösungs-Speicher zur Weiterverwendung durch eine Grafik-API als Textur, Pixel- oder Vertexbuffer-Objekt auf der Grafikkarte und wird von einem auf den GPU-Programm-Aufruf folgenden Grafik-Programm von der CPU aus weiterverwendet.

- Freigabe der nicht mehr benötigten GPU-Ressourcen.

Mit dieser Programmstruktur im Hintergrund können nun die verschiedenen Konzepte der GPGPU-Programmierung (GPGPU-Hardware, Speicherhierarchien, Kernel-Programme) besser eingeordnet werden.

17.8   Ein GPGPU-Programmbeispiel

Im folgenden wird an einem sehr einfachen Code-Beispiel die typische Struktur eines GPU-Programms dargestellt. Dabei werden jeweils die OpenCL- und CUDA-Implementierungen nebeneinandergestellt. Durch dieses Vorgehen werden sowohl die Gemeinsamkeiten als auch die Unterschiede der beiden Paradigmen erklärt und vergleichend diskutiert. Ziel hierbei ist ein grundlegendes Verständnis der GPGPU-Mechanismen, von denen aus weiterführende Konzepte wie die Verwendung unterschiedlicher Speicherarten, Texturen, Interoperabilität mit OpenGL oder Direct3D, etc. leicht erlernt werden können. Hierzu sei vor allem auch auf die bei den jeweiligen SDKs reichlich vorhandenen Code-Beispiele verwiesen.

Es sei angemerkt, dass aus Gründen der Kürze und der Konzentration auf die GPGPU-API die Fehlerüberprüfung der API-Aufrufe weggelassen wurde. Für robusten Code in realen Projekten ist die Überprüfung des Ausführungszustands unerlässlich, in den bekannten OpenCL- und CUDA-SDKs werden jeweils Werkzeuge zur effizienten und kompakten Fehlercode-Prüfung mitgeliefert.

Das nachfolgende Beispiel [1] ist sowohl für CUDA als auch für OpenCL lauffähig, für CUDA muss lediglich das entsprechende Quell-File mit dem Postfix .cu enden, das Macro CUDA definiert sein und zur Übersetzung der CUDA-Compiler (nvcc) verwendet werden. Für OpenCL ist der auf der jeweiligen Platform vorhandene C-Compiler zur Übersetzung des Quell-Files mit dem Postfix .c ausreichend.

Im folgenden wird jeweils ein Codesegment dargestellt und danach auf die jeweils spezifischen Aspekte näher eingegangen.

```
1  #include <stdio.h>
   #include <math.h>
   #include <stdlib.h>

   #ifdef CUDA
6  #  include <cuda.h>
   #else
   #  ifdef __APPLE__
   #    include <CL/opencl.h>
   #  else
11 #    include <OpenCL/opencl.h>
   #  endif
   #endif
   #define DATA_SIZE (1024)
```

---

[1]Der OpenCL-Teil basiert auf dem Beispiel aus http://developer.apple.com/library/mac/samplecode/ OpenCL_Hello_World_Example/index.html (abgerufen am 24.12.2018)

Hier werden die Header-Files für die jeweilige API eingebunden.

CUDA Die CUDA-API steht in zwei Ebenen zur Verfügung: Zum einen die hier verwendete, komfortable CUDA-Runtime API, die über das Header-File `cuda.h` inkludiert wird und deren Funktionen mit dem Präfix `cuda` beginnen. Darunter existiert die CUDA-Treiber-API, die alternativ zur Runtime-API oder ergänzend zu ihr eine detailliertere Kontrolle der Anwendung erlaubt. Letztere hat eine größere Ähnlichkeit zur OpenCL-API.

OpenCL Die Funktionen der OpenCL-API werden über das entsprechende Include-File `OpenCL/opencl.h` (bzw. `CL/opencl.h` bei MacOS X) inkludiert.

Im nächsten Code-Abschnitt werden die Kernel-Funktionen, die auf der GPU laufen, definiert:

```
15 #ifdef CUDA
   __global__
   void square ( float* in , float* out, unsigned int cnt ){
     int i = blockIdx.x * blockDim.x + threadIdx.x;
     if ( i < cnt ){
20     out[i] = in[i] * in[i];
     }
   }
   #else
   const char *KernelSource =
25 "__kernel void square ( __global float* in ,        \n" \
   "                        __global float* out,       \n" \
   "                        const unsigned int cnt) {  \n" \
   "   int i = get_global_id(0);                       \n" \
   "   if(i < cnt)                                      \n" \
30 "      out[i] = in[i] * in[i];                      \n" \
   "}                                                   \n";
   #endif
```

Hier wird ein grundsätzlicher Unterschied zwischen CUDA und OpenCL sichtbar: Während CUDA Kernelfunktionen normal im Quelltext definiert werden, erfolgt die Definition von Kernelfunktionen in OpenCL wie hier entweder als String oder diese werden zur Laufzeit aus einem File in einen Buffer eingelesen.

CUDA Die Definition von Kernel-Funktionen erfolgt als „normale" Funktionsdefinition, der das Schlüsselwort `__global__` vorangestellt wird. Von einer Kernel-Funktion können weitere Funktionen auf der GPU aufgerufen werden, die mit dem - analog zu Kernel-Funktionen - Schlüsselwort `__device__` definiert werden. Kernel-Funktionen werden in CUDA über eine spezielle Syntax von einem CPU-Programm aus aufgerufen (s.u.), die vom CUDA-Compiler `nvcc` aufgelöst wird: Die erste Stufe des `nvcc` trennt das ihm übergebene Quellfile (mit Postfix `.cu`) in einen Host-Teil, der in einer weiteren Stufe von einem C-Compiler übersetzt wird, und einen Device-(GPU-)Teil, der in ein *Parallel Thread Execution* (PTX) Assembler Zwischenformat übersetzt wird, und dann entweder im selben Übersetzungslauf in den Host-Teil eingebettet oder in ein eigenes File zur späteren Verwendung abgelegt wird. Somit ist für die Erstellung einer CUDA-Anwendung neben den

Runtime-(bzw. Driver-)Libraries auch ein eigener, externer CUDA-Compiler mit Assembler erforderlich.

OpenCL In OpenCL erfolgt die Definition der Kernel-Funktionen als C-String. Dieser String wird dann von einem Just-in-time Compiler, der Bestandteil der Runtime-Libraries ist (und über eine OpenCL-API-Funktion - s.u. - aufgerufen wird) in auf die GPU ladbaren Objektcode übersetzt. Hierdurch ist neben den Runtime-Libraries - im Unterschied zu CUDA - kein gesonderter Compiler erforderlich, sondern lediglich ein „normaler" C-Compiler.

```
35  int main(int argc, char** argv)
    {
        float data[DATA_SIZE];      // Problembeschreibung, zum Device
        float results[DATA_SIZE];   // Ergebnisse, vom Device zurück
        unsigned int correct;       // Anzahl der richtigen Ergebnisse
40
    #ifdef CUDA
        float* in;                  // Devicespeicher für das Eingabearray
        float* out;                 // Devicespeicher für das Ausgabearray

45      int dev;
        cudaDeviceProp deviceProp;

    #else
        cl_mem in;                  // Devicespeicher für das Eingabearray
50      cl_mem out;                 // Devicespeicher für das Ausgabearray

        size_t global;              // Globale Domänengröße (Problem)
        size_t local;               // Lokale Domänengröße (Parallele Threads)

55      cl_platform_id cpPlatform;  // compute device id
        cl_device_id device_id;     // compute device id
        cl_context context;         // compute context
        cl_command_queue commands;  // compute command queue
        cl_program program;         // compute program
60      cl_kernel kernel;           // compute kernel

        int ret;
    #endif
```

In diesem Code-Abschnitt werden die Variablen deklariert, die für die Auslagerung eines Problems auf die GPU erforderlich sind. Dies sind zum einen die Speicherbereiche (hier: Arrays von `float`-Werten), in denen das zu lösende Problem bereitgestellt und an die GPU übergeben wird (`data`) und die Lösung von der GPU zurückkopiert wird (`result`). Desweiteren sind Variablen erforderlich, die zur Auswahl und Konfiguration der GPU zur Lösung des Problems erforderlich sind.

CUDA Die Ebene der Runtime-API erfordert in CUDA sehr wenig Verwaltungsaufwand. In diesem Beispiel beschränkt sich dies auf die Deklaration zweier Variablen für später auf der GPU zu allozierende Speicherbereiche, in die die Problembeschreibung und -lösung kopiert werden. Zur Identifikation des zu verwendenden Devices wird ein `int`-Typ verwendet. Über eine Variable des Typs `cudaDeviceProp` können die Eigenschaften des gewählten Devices erfragt werden. Je nach Problemstellung können desweitern beispielsweise Texturen, Pixel- oder Vertexbufferobjekte hier deklariert werden.

OpenCL Neben der Deklaration von Speicherobjekten zur Lösung des jeweiligen Problems durch die GPU erfordert OpenCL noch eine feingranulare Verwaltung von Objekten zur Konfiguration der GPU. Im einzelnen sind dies in diesem Beispiel (wobei sich die Codesequenz zur Initialisierung einer GPU weitestgehend wiederholt) folgende, hier durch die OpenCL Typen beschriebene, Speicherobjekte:

- `cl_device_id` Ein *Compute Device* kann in OpenCL eine GPU, aber auch CPU-Cores (!!!), auf denen OpenCL-Kernel-Funktionen ausgeführt werden können, sein.

- `cl_platform_id` beschreibt den Host mit einer Menge *Compute Devices*, die jeweils untereinander kommunizieren und gemeinsam ein Problem mit OpenCL lösen können. Es könnten auch mehrere Platformen in einem Rechner existieren.

- `cl_context` Wird mit mindestens einem Device erzeugt und hält die Information über Command Queues, Speicher, Programme und Kernel.

- `cl_command_queue` Die Kommunikationsverbindung zwischen Host und Device, über die z.B. Kopierkommandos und Kommanos zur Ausführung eines Kernels gesendet werden.

- `cl_program` Das im Klartext als String vorliegende OpenCL Kernelprogramm, das bezöglich eines Kontextes (insbesondere des *Compute Devices*) in einen ausführbaren

- `cl_kernel` übersetzt wird, der dann auf ein Device geladen und ausgeführt werden kann.

```
65   int i = 0;
     unsigned int count = DATA_SIZE;
     for(i = 0; i < count; i++)
        data[i] = rand() / (float)RAND_MAX;

70   #ifdef CUDA
     int deviceCount;
     cudaGetDeviceCount(&deviceCount);
     if (deviceCount == 0) {
        printf("no devices supporting CUDA.\n");
75      exit(-1);
```

```
      }
      dev = 0;
      cudaGetDeviceProperties(&deviceProp, dev);
      if (deviceProp.major < 1) {
80      printf("GPU device does not support CUDA.\n");
        exit(-1);
      }
      printf("Using CUDA device [%d]: %s\n", dev, deviceProp.name);
      cudaSetDevice(dev);

85  #else

      unsigned int nrPlatformsAvailable;
      clGetPlatformIDs(1, &cpPlatform, &nrPlatformsAvailable);
90    int gpu = 1;
      clGetDeviceIDs(cpPlatform,
          gpu ? CL_DEVICE_TYPE_GPU : CL_DEVICE_TYPE_CPU,
          1, &device_id, NULL);
      context = clCreateContext(0, 1, &device_id, NULL,NULL, &ret);
95    commands = clCreateCommandQueue(context, device_id, 0, &ret);
    #endif
```

Im oberen Teil (Z. 63 - 66) wird das zu lösende Problem vorbereitet. Der Rest dieses Code-Segments dient zur (einmaligen) Initialisierung des GPGPU-Devices.

CUDA Mit der Funktion `cudaGetDeviceCount` wird die Anzahl der vorhandenen CUDA-Devices ermittelt und - falls mindestens eines vorhanden ist - mit `cudaGetDeviceProperties` die Eigenschaften des ersten Devices geholt. Wenn das ausgewählte Device die erforderlichen Eigenschaften besitzt, kann es in der Folge verwendet werden.

OpenCL Hier wird zuerst mit `clGetPlatformIDs` die Anzahl der verfügbaren Platforms und deren Ids ermittelt. Aus der ersten Platform wird mittels `clGetDeviceIDs` ein Device vom gewünschten Typ (`CL_DEVICE_TYPE_GPU` bzw. `CL_DEVICE_TYPE_CPU`) gesucht. Daraufhin werden zum einen ein *Context* (mit `clCreateContext`) sowie eine *Command Queue* (mit `clCreateCommandQueue`) erzeugt.

```
    #ifdef CUDA
    #else
100   program = clCreateProgramWithSource(
          context, 1, (const char **) & KernelSource, NULL, &ret);
      ret = clBuildProgram(program, 0, NULL, NULL, NULL, NULL);
      if (ret != CL_SUCCESS)
      {
105     size_t len;
        char buffer[2048];

        printf("Error: Failed to build program executable!\n");
```

```
          clGetProgramBuildInfo(program, device_id,
110               CL_PROGRAM_BUILD_LOG,
                      sizeof(buffer), buffer, &len);
          printf("%s\n", buffer);
          exit(1);
     }

115
     kernel = clCreateKernel(program, "square", &ret);
#endif
```

In diesem Code-Abschnitt wird der zu verwendende Kernel erzeugt.

CUDA Dies ist in CUDA bereits vorab, durch die Verwendung des CUDA-Compilers erfolgt.

OpenCL Mit `clCreateProgramWithSource` wird der Kernel-Quelltext (String in Z. 26) mit einem Programm assoziiert. Dieses wird mit dem eigentlichen Übersetzeraufruf `clBuildProgram()` compiliert. Im Fehlerfall kann die Ausgabe des Compilers mit `clGetProgramBuildInfo()` erfragt und ausgegeben werden. Aus dem erfolgreichen Ergebnis des Compilerlaufs wird mit `clCreateKernel` ein Kernel erzeugt und mit einem Namen (`square`) assoziiert.

```
     #ifdef CUDA
120    cudaMalloc((void **)&in, sizeof(float) * count);
       cudaMalloc((void **)&out, sizeof(float) * count);
     #else
       in = clCreateBuffer(context, CL_MEM_READ_ONLY,
               sizeof(float) * count, NULL, NULL);
125    out = clCreateBuffer(context, CL_MEM_WRITE_ONLY,
               sizeof(float) * count, NULL, NULL);
     #endif


130  #ifdef CUDA
       cudaMemcpy(in, data, sizeof(float) * count,
            cudaMemcpyHostToDevice);
     #else
       clEnqueueWriteBuffer(commands, in, CL_TRUE, 0,
135          sizeof(float) * count, data, 0, NULL, NULL);
     #endif
```

Nun werden Speicherbereiche auf dem Device alloziert und der Speicherbereich mit dem zu lösenden Problem auf das Device kopiert.

CUDA Die Aufrufe von `cudaMalloc` und `cudaMemcpy` sind analog zu den bekannten C-Funktionen. Bei `cudaMemcpy` wird lediglich zusätzlich durch den letzten Parameter (einer aus `cudaMemcpyHostToHost`, `cudaMemcpyHostToDevice`, `cudaMemcpyDeviceToHost`, `cudaMemcpyDeviceToDevice`) die „Kopierrichtung" angegeben.

OpenCL Mit `clCreateBuffer` wird Speicher auf dem Device alloziert, mit `clEnqueueWriteBuffer` eine Kopieraktion in die *Command Queue* eingefügt. Mit den `clEnqueue`-Funktionen ist eine feingranulare Synchronisation zwischen Host und Device möglich, eine Funktion kann blockieren, bis das zugeordnete Kommando ausgeführt ist, sofort zurückkehren oder aber auf die Beendigung einer zu spezifizierenden Menge von zuvor eingefügten Kommandos warten. Diese Funktionalität wird hier nicht näher ausgeführt.

```
     #ifdef CUDA
       int threadsPerBlock = 256;
140    int blocksPerGrid =
         (DATA_SIZE + threadsPerBlock - 1) / threadsPerBlock;
       square<<<blocksPerGrid, threadsPerBlock>>>(in, out, count);
     #else

145    clSetKernelArg(kernel, 0, sizeof(cl_mem), &in);
       clSetKernelArg(kernel, 1, sizeof(cl_mem), &out);
       clSetKernelArg(kernel, 2, sizeof(unsigned int), &count);

       clGetKernelWorkGroupInfo(kernel, device_id,
150          CL_KERNEL_WORK_GROUP_SIZE, sizeof(local), &local, NULL);
```

```
global = count;
clEnqueueNDRangeKernel(commands, kernel, 1, NULL,
        &global, &local, 0, NULL, NULL);
#endif
```

In diesem Code-Abschnitt erfolgt der eigentliche Kernelaufruf. Dazu muss erst die Problemgröße und die von der verwendeten Hardware echt parallel abzuarbeitenden Problemabschnitte festgelegt werden.

CUDA In diesem Beispiel wird lediglich ein eindimensionales Array verwendet, CUDA erlaubt für die Auslegung der Blocks drei Dimensionen, Grids können zweidimensional sein (s. Abb. 17.3). Im Kernelaufruf (Z. 144) können die Grid- und Blockdimension entweder als `int` (für eindimensionale Probleme) oder als `dim3` angegeben werden. Im ersten Parameter wird spezifiziert, aus wievielen Blocks das Grid besteht, im zweiten Parameter wird die Blockgröße festgelegt. Der Kernelaufruf ähnelt durch die spezielle Syntax (`kernel<<<gridDim, blockDim>>>(arg1, arg2, ...)`), durch den die Kernelfunktion für jedes Element des spezifizierten Grids parallel (bzw. quasiparallel) ausgeführt wird, einem Funktionsaufruf. Obige Syntax wird vom CUDA-Compiler in entsprechende Driver-API-Funktionsaufrufe umgesetzt.

OpenCL In OpenCL müssen mit der Funktion `clSetKernelArg()` die einzelnen Kernel-Funktionsargumente mit ihrem jeweiligen Typ gesetzt werden (Z. 147-149). Mit `clGetKernelWorkGroupInfo()` wird dann die Größe der `Work Group` (Anzahl der echt parallel rechnenden Einheiten, die sich ein *shared memory* teilen können) des aktuellen Devices für den gewünschten Kernel erfragt (Variable `local`). Die Funktion `clEnqueueNDRangeKernel()` fügt dann den gewünschten Kernelaufruf in die *Command Queue* ein, wobei sowohl die Problemgröße (`global`) als auch die Größe der echt parallel arbeitenden Einheiten (`local`) angegeben werden.

```
#ifdef CUDA
    cudaThreadSynchronize();
#else
    clFinish(commands);
160 #endif

#ifdef CUDA
    cudaMemcpy(results, out, sizeof(float) * count,
        cudaMemcpyDeviceToHost);
165 #else
    ret = clEnqueueReadBuffer( commands, out, CL_TRUE, 0,
        sizeof(float) * count, results, 0, NULL, NULL );
#endif
```

Nun wird auf die Beendigung des asynchron zum Host-Programm ablaufenden GPU-Programms gewartet und dann die Ergebnisse vom Device auf den Host kopiert.

```
170     correct = 0;
        for(i = 0; i < count; i++)
        {
            if(fabs(results[i] - data[i] * data[i]) < 1e-6 )
                correct++;
175         else
                printf ("%.9f != %.9f\n", results[i], data[i]*data[i]);
        }
        printf("Computed '%d/%d' correct values!\n", correct, count);

180  #ifdef CUDA
        cudaFree(in);
        cudaFree(out);
        cudaThreadExit();
     #else
185     clReleaseMemObject(input);
        clReleaseMemObject(output);
        clReleaseProgram(program);
        clReleaseKernel(kernel);
        clReleaseCommandQueue(commands);
190     clReleaseContext(context);
     #endif
        return 0;
     }
```

In den Zeilen 172 - 180 werden die Ergebnisse der GPU-Berechnung mit der identischen Berechnung auf der CPU verglichen. Anschließend werden die zuvor allozierten Objekte - sowohl auf der Host- als auch auf der Device-Seite - freigegeben und das Programm beendet.

17.9   Beschreibung der Problemdimension

Eingangs wurde bereits dargestellt, dass eine Kernel-Funktion auf ein Element eines ein-, zwei-, oder dreidimensionalen Arrays angewendet wird, das das zu lösende Problem beschreibt. Die eigentliche Beschreibung der Problemdimensionen wird durch zwei Faktoren bestimmt:

- Die eigentliche Problemgröße und

- die Fähigkeiten der Hardware, insbesondere

    - die Anzahl der Threads, die ein Multiprozessor gleichzeitig verwalten und ausführen kann, sowie

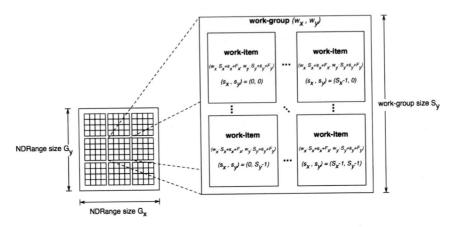

Bild 17.2: OpenCL: Work Groups und Work-Items [Khr10]

– die Anzahl der pro Multiprozessor verfügbaren Register, da diese auf die einzelnen Threads aufgeteilt werden müssen.

Lediglich diese parallel auf einem Multiprozessor ausgeführten Threads können über das schnelle Shared Memory kommunizieren und durch Barrieren (Kernel-Funktionen, an denen alle Threads aufeinander warten) synchronisiert werden.

Beim Start eines Kernels müssen diese beiden Aspekte jeweils angegeben werden, ebenso muss ein Thread ermitteln können, für welchen Teil der Aufgabe er zuständig ist.

CUDA In CUDA bezieht sich der Begriff *Grid* (maximal 2D) auf die Spezifikation der eigentlichen Problemgröße, während ein *Block* (maximal 3D) die Dimension der durch die konkrete Hardware erforderliche Unterteilung des Problems angibt (s. Abb. 17.3). Zur Bestimmung einer sinnvollen bzw. effizienten Blockgröße stellt NVIDIA für CUDA einen sogenannten *Occupancy Calculator* zur Verfügung. Dies ist ein Excel-Sheet, in das der Benutzer die verwendete Hardware einträgt und den Register- sowie Shared Memory-Verbrauch der gerade auszulegenden Kernel-Funktion eingibt (diese Information liefert eine Option des `nvcc`-Compilers). Der *Occupancy Calculator* liefert dann eine Darstellung der durch diese Ressourcen begrenzten Auslastung in Abhängigkeit von der Blockgröße.

Für den Aufruf des Kernels werden in dem einzigen CUDA-spezifischen Syntaxkonstrukt (`kernel<<<gridDim, blockDim>>>(arg1, arg2, ...)`) die Grid- und Blockgröße spezifiziert, wobei die Spezifikation des Grids im Unterschied zu OpenCL durch die Anzahl der Blocks und nicht die Anzahl der Grid-Elemente erfolgt. Die Grid- und Blockgröße kann im eindimensionalen Fall durch ein `int`, im mehrdimensionalen Fall durch einen Vektortyp `dim3` angegeben werden. Im Code-Beispiel (Z. 141-144) wird der Einfachheit halber

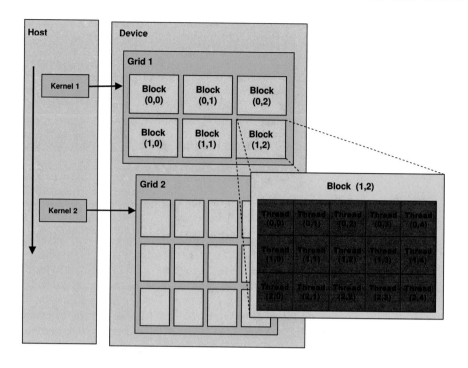

Bild 17.3:   CUDA: Blocks und Grids [NVIa]

ein eindimensionales Grid spezifiziert. Die Angabe eines mehrdimensionalen Grids könnte folgendermaßen erfolgen:

```
#define BLOCKSIZE (32)

// Anzahl der Blocks pro Grid
dim3 blocksPerGrid = {1024/BLOCKSIZE, 1024/BLOCKSIZE, 1};

// Anzahl der Threads pro Block
dim3 threadsPerBlock = {BLOCKSIZE, BLOCKSIZE, 1};

kernel<<<blocksPerGrid, threadsPerBlock>>>(arg1, arg2, ...)
```

Zur Identifikation des Grid-Elements, für das der aktuelle Thread zuständig ist, stellt CUDA für die Kernelfunktionen *built-in* Variablen zur Verfügung:

- `dim3 gridDim`: Die zwei Grid-Dimensionen (`gridDim.x`, `gridDim.y`)

- `dim3 blockDim`: Die drei Block-Dimensionen (`blockDim.x`, `blockDim.y`, `blockDim.z`)

- `dim3 blockIdx`: Den Index des aktuellen Blocks innerhalb eines Grids (`blockIdx.x`, `blockIdx.y`)

- `uint3 threadIdx`: Den Index des aktuellen Threads innerhalb eines Blocks (`threadIdx.x`, `threadIdx.y`, `threadIdx.z`)

Aus diesen Variablen kann ein Thread das Grid-Element, für das er zuständig ist, berechnen.

Für die Synchronisation aller Threads eines Blocks stellt CUDA die Kernel-Funktion `__syncthreads()` zur Verfügung: Alle Threads eines Blocks warten beim Aufruf dieser Funktion aufeinander.

OpenCL OpenCL bezeichnet den Index-Raum, der das Problem aufspannt, als *NDRange* und unterteilt ihn, ebenfalls den Randbedingungen der Hardware folgend, in eine Menge von *Work Groups* (s. Abb. 17.2). In obigem Code-Beispiel wird (Z. 151/152) mit der Funktion `clGetKernelWorkGroupInfo()` die für den angegebenen Kernel maximal mögliche Anzahl von Threads pro *Work Group* ermittelt. Diese wird von der Laufzeitumgebung aus der Beschreibung des Devices und der für die Kernel-Funktion erforderlichen Ressourcen (Register) ermittelt. Analog zu CUDA kann diese aber auch direkt angegeben werden, wie bei CUDA würde eine von der Hardware nicht erfüllbare (Block- oder) *Work Group*-Größe zu einem Laufzeitfehler führen.

Im Unterschied zu CUDA wird beim Kernel-Aufruf die Größe des Problems nicht indirekt über die Anzahl der erforderlichen Blocks bzw. *Work Groups*, sondern direkt über die Anzahl der Dimensionen und der Elemente (Z. 154, `global`, dies kann ein Vektor der Länge 1, 2 oder 3, entsprechend der Anzahl der Problemdimensionen sein) der Problembeschreibung angegeben. Die Angabe der Größe der *Work Groups* (`local`) erfolgt analog zu CUDA in Threads.

Im Unterschied zu CUDA hat ein Thread zur Identifikation des ihm zugeordneten Elements (bzw. Index) die Möglichkeit, sich über Funktionen sowohl direkt global (Element-Index des NDRange) als auch - analog zu CUDA - durch den Index der *Work Group* und des Thread-Index innerhalb der *Work Group* zu orientieren. Hierzu dienen die Funktionen

- `uint get_work_dim ()`: Anzahl der Dimensionen des NDRanges

- `size_t get_global_size (uint dimindx)`: Größe des NDRanges in Dimension `dimindx`

- `size_t get_global_id (uint dimindx)`: die globale ID des aktuellen Threads in Dimension `dimindx`

- `size_t get_local_size (uint dimindx)`: Größe der `Work Group` in Dimension `dimindx`

- `size_t get_local_id (uint dimindx)`: Lokale ID (innerhalb der aktuellen `Work Group`) des aktuellen Threads in Dimension `dimindx`

Die Synchronisation der Threads in einer `Work Group` erfolgt durch die Funktion `barrier()`.

17.10   Die GPGPU-Speicherhierarchie

Bei „normalen" CPU-Programmen wird eine Hierarchie unterschiedlicher Speicherarten im jeweiligen Prozessadressraum verwendet: Register, Caches, Hauptspeicher, Teile des Prozessadressraums können auf den Hintergrundspeicher ausgelagert sein (Paging, Swapping). Um all diese Vorgänge kümmert sich das Betriebssystem oder die Hardware (MMU, CPU), der Programmierer muss sich im allgemeinen nicht um die Verwaltung dieser Hierarchien kümmern.

Bei der Programmierung mit CUDA oder OpenCL obliegt die Auswahl der jeweiligen Speicherhierarchieebene dem Programmierer, in den ersten GPGPU-API-Versionen war in diesem Bereich keinerlei Unterstützung vorhanden. Wieweit in Zukunft der Programmierer vom expliziten Umgang mit Speicherhierarchien entlastet werden wird oder werden kann, ist noch offen. In neueren GPGPU-APIs können immerhin „schnelle" Speicherbereiche als Cache ausgewiesen werden oder Host-Speicher in den Adressraum der GPGPU-Programme auf der Grafikkarte gemappt werden. Es sei angemerkt, dass trotz einer steilen Lernkurve von CUDA tiefes Wissen im Bereich des optimalen Umgangs mit Speicherhierarchien den Unterschied zwischen einer guten und einer sehr performanten Implementierung ausmachen kann. Beispielsweise war eine hochoptimierte Implementierung eines Bayer-Filters mit CUDA gegenüber einer ersten ad-hoc-Implementierung fast 20 mal (!!!) schneller.

Im folgenden sind die verschiedenen Ebenen der Speicherhierarchie dargestellt:

Host Memory   Der Speicher im „Host", also dem eigentlichen Rechner, in dem das Problem bereitgestellt wird und in dem letztendlich die Lösung wieder abgelegt wird. Dies erfolgt typischerweise durch Kopieraktionen vom Host zum Device und umgekehrt. Zur Effizienzsteigerung der Kopieraktionen kann zusammenhängender Speicher aus dem Kerneladressraum (*„pinned memory"*) verwendet werden. Für neuere GPUs besteht auch die Möglichkeit, Host Memory in den Device-Adressraum zu mappen, um vom Device aus wahlfreien Zugriff (z.B. bei spärlich genutzten Daten, wie etwa Suchstrukturen, etc.) auf Host-Speicher durch die ausgeführten Kernel zu ermöglichen.

Device Memory   Der Speicher auf dem „Device" (der Grafikkarte). Dies ist der preiswerte Massenspeicher (einige 100 MB bis einige GB) auf der Grafikkarte mit vergleichsweise langsamen Zugriffszeiten (z.B. 100-200 GPU-Taktzyklen !!!). Auf diesen Speicher können alle Threads zugreifen. Im sinnvollen Umgang mit dem Device Memory liegt auch eine der größten Optimierungsmöglichkeiten bei der GPU-Programmierung mit CUDA oder OpenCL.

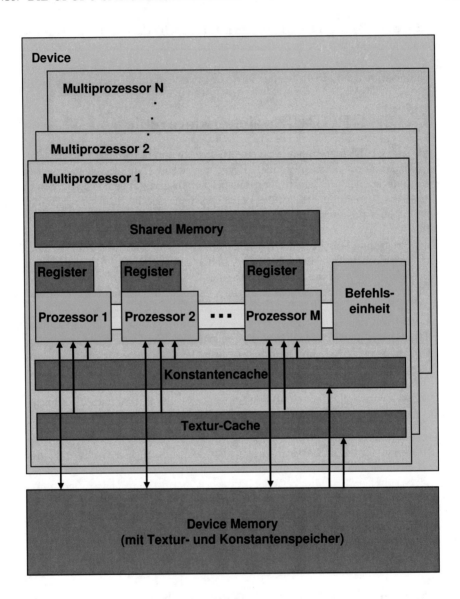

Bild 17.4: CUDA-Device mit Speicherhierarchie [NVIa]

Constant Memory Ebenfalls Device Memory, allerdings nur mit Lesezugriff aus dem Kernel heraus. Die Lesezugriffe werden gecached, von daher ist der Zugriff deutlich effizienter als auf normales Device Memory.

Constant Memory wird durch ein Schlüsselwort als solches deklariert (Typ-Qualifier, OpenCL: `__constant`; CUDA: `__constant__`).

Shared Memory   Sehr schneller (lediglich einige wenige Prozessorzyklen), aber kleiner Speicher auf dem Device. Alle Threads *eines Thread-Blocks* haben gleichzeitigen Zugriff auf denselben Speicherbereich und können diesen zur Kommunikation nutzen. Shared Memory ist nicht über mehrere Blocks hinweg persistent! In manchen Fällen kann es sich lohnen, Device-Speicher pro Block in das Shared Memory zu kopieren, dort zu bearbeiten und dann zurückzukopieren. Dies entspricht in etwa einem „selbst verwalteten Cache". Bei neueren GPUs kann ein Teil des Shared Memory übrigens direkt als Cache für das Device Memory konfiguriert werden. Das Zusammenspiel aus Shared und Device Memory wird weiter unten noch diskutiert.

Shared Memory wird durch ein Schlüsselwort als solches deklariert (Typ-Qualifier, OpenCL: `__local`; CUDA: `__shared__`).

Texturen   Als sehr effiziente Methode, um lesend auf als (1D-, 2D- oder 3D-) Array organisierte Daten zuzugreifen, können die auf den GPUs ohnehin vorhandenen Textureinheiten verwendet werden. Der Zugriff auf eine Textur erfolgt jeweils über Zugriffsfunktionen mit einem Texturobjekt, an das der Texturspeicher gebunden ist und über das die für Texturen üblichen Zugriffsarten (nächstgelegenes Pixel bzw. linear interpoliert; Clamping oder Warping beim Zugriff über die Texturränder hinaus; Indizierung mit normalisierten oder Pixelkoordinaten $[0; 1]$) sowie die (Bit-)Struktur der Texturelemente festgelegt werden. Wegen der räumlichen Caches in den Textureinheiten und den skizzierten Zugriffsmöglichkeiten sind Texturen sehr häufig ein effizientes, komfortables Werkzeug, um die Zugriffe auf entsprechenden Speicher zu realisieren.

Privater/lokaler Speicher   Thread-lokale Variablen oder Datenstrukturen werden in Registern gehalten. Sehr große lokale Datenstrukturen werden im Device Memory abgelegt, was natürlich zu einem erheblichen Performance-Verlust führt.

17.11   Vereinigte Speicherzugriffe

Es wurde bereits erwähnt, dass Zugriffe auf den globalen Speicher sehr lange (jenseits von 100 Taktzyklen) dauern. Allerdings können bei einer Speichertransaktion auf aktueller Hardware 64 bis 128 Byte gleichzeitig gelesen oder geschrieben werden. Dieser Umstand kann (bzw. muss) zur Optimierung ausgenutzt werden. Man spricht hierbei von vereinigten Speicherzugriffen (*coalesced memory access*). Greifen die parallel ausgeführten Threads auf „weit auseinanderliegende" Adressen im globalen Speicher zu, so muss für jeden Thread eine eigene Speicher-Transaktion mit den entsprechenden Wartezeiten ausgeführt werden (*non coalesced access*, s. Abb. 17.5, links). Greifen hingegen parallel ausgeführte Threads auf nebeneinanderliegende Speicheradressen zu, so können diese Speicherinhalte in einer

Transaktion (bzw. in wenigen) gelesen oder geschrieben werden (*non coalesced access*, s. Abb. 17.5, rechts).

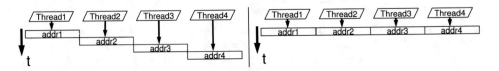

Bild 17.5: Speicherzugriff, *non-coalesced* links, *coalesced* rechts

Die Bedingungen, unter denen vereinigte Speicherzugriffe ausgeführt werden, wurden im Laufe der Hardwaregenerationen weniger einschränkend: Während z.B. in den ersten NVIDIA GPU-Generationen ein Zugriff 128-Byte *aligned* und in mit der Thread-ID fortlaufenden Adressen erfolgen musste, kann aktuelle Hardware vereinigte Speicherzugriffe auch ohne diese Bedingungen durchführen.

Häufig wird zur Optimierung von Speicherzugriffen folgendes Muster angewendet:

- Kopieren eines relevanten Speicherbereichs (z.B. parallel zu bearbeitender Block eines Bildes) aus dem globalen Speicher in einen Bereich des shared Memory unter Ausnutzung vereinigter Speicherzugriffe (d.h. alle Threads führen Kopieraktionen parallel aus).

- Synchronisation aller Threads um sicherzustellen, dass alle Kopieraktionen abgeschlossen sind und der zu bearbeitende Bereich sich vollständig im shared Memory befindet.

- Bearbeiten des Problems mit den erforderlichen, mehreren Schreib-Lese-Zugriffen auf dem Shared Memory, ggf. die Lösung in einem eigenen shared Memory Bereich zur Verfügung stellen.

- Erneute Synchronisation

- Rückkopieren der Lösung aus dem Shared Memory in den entsprechenden Bereich des globalen Speichers, ebenfalls unter Ausnutzung von vereinigten Speicherzugriffen.

Es sei erwähnt, dass die hierzu erforderliche Indexrechnung problemabhängig fehleranfällig und durchaus nicht immer trivial sein kann. Eine komfortable Alternative zu lesenden Zugriffen stellt übrigens die Verwendung von Texturen dar, hierbei sei auf die CUDA- bzw. OpenCL-Dokumentation, sowie die entsprechenden Beispiele verwiesen.

17.12 Datentypen

In diesem und im nächsten Abschnitt werden kurz spezielle GPGPU-Datentypen und das Zusammenspiel mit Grafik-APIs vorgestellt. Wegen der sehr umfangreichen Datentypen und Menge an Funktionen soll hier auf eine detaillierte Beschreibung verzichtet und stattdessen lediglich die Funktionalität, Gemeinsamkeiten und Unterschiede zwischen CUDA und OpenCL skizziert werden. Zur Verwendung der entsprechenden Datentypen werden dem Leser die Dokumentation und Beispiele der jeweiligen Toolkits nahegelegt.

Vektordatentypen   Neben den skalaren Standard-Datentypen bieten sowohl CUDA als auch OpenCL über diesen (`char, uchar, short, ushort, int, uint, long, ulong, float, double`) vordefinierte Vektordatentypen mit an den Typnamen angehängter Länge an (z.B. `int3`). CUDA bietet dies für Vektoren der Längen 2, 3 und 4 an, OpenCL für die Längen 2, 3, 4, 8 und 16. CUDA bietet darüberhinaus noch den speziellen Typ `dim3` zur Spezifikation von Dimensionen an. Nicht explizit initialisierte Komponenten werden dabei nicht mit 0, sondern mit 1 initialisiert.

Images und Texturen   CUDA bietet mit Texturen (`tex1D, tex2D, tex3D`) und *Surfaces* (`surf1D, surf2D`) spezielle Datenstrukturen, die einen durch Textureinheiten (mit der dort zur Verfügung stehenden Funktionalität, z.B. Filterung, normalisierter Zugriff, Caching, etc.) unterstützten Zugriff auf 1D, 2D oder 3D-organisierten Speicher erlauben. *Surfaces* unterscheiden sich von Texturen in zweifacher Hinsicht:

- Während Texturen lediglich gelesen werden können, bieten Surfaces Lese- und Schreibzugriffe (`surf[1,2]Dread, surf[1,2]Dwrite`).

- Die Indizierung beim Zugriff auf *Surfaces* erfolgt byteweise, bei Texturen Texel-weise.

Für die Spezifikation einer Textur muss eine Textur-Referenz mit dem Texel-Typ, der Zugriffsart (normalisiert oder elementweise) und der Texturdimension spezifiziert werden und diese dann an einen Speicherbereich gebunden werden, wobei Adressierungsart (Clamping bzw. Warping) und die Filterung bei normalisiertem Zugriff (nächstes Texel bzw. interpoliert) spezifiziert werden. Der Zugriff erfolgt dann über entsprechende Zugriffsfunktionen (`tex[1,2,3]D()`). OpenCL bietet analog zu CUDA Image-Datenstrukturen mit entsprechenden Zugriffsfunktionen an. Dabei repräsentieren die Datentypen `image2d_t`, `image3d_t` jeweils ein Image-Speicherobjekt der entsprechenden Dimension. Der Datentyp `sampler_t` spezifiziert analog zu CUDA, wie (in der Art einer Textur) auf die Images zugegriffen wird und wird zusammen mit dem Image-Objekt an die entsprechende Zugriffsfunktionen übergeben (`read_image[pixeltyp]` bzw. `write_image[pixeltyp]`).

17.13 Integration CUDA-OpenGL

In vielen Anwendungen werden mittels GPGPU Ergebnisse errechnet, die unmittelbar danach mittels einer Grafik-API (OpenGL oder Direct3D) auf derselben Grafikkarte angezeigt werden müssen. Die einfachste Möglichkeit besteht darin, die GPGPU-Ergebnisse auf die CPU zurückzukopieren und in einem der nächsten Schritte mittels Grafik-API wieder auf die Grafikkarte zu kopieren. Dies bedeutet natürlich einen erheblichen Aufwand, effizienter wäre es, die GPGPU-Ergebnisse auf der GPU zu belassen und direkt mit der entsprechenden Grafik-API auf der GPU weiterzuverwenden. Diese Möglichkeit ist in allen Kombinationen der GPGPU-Technologien (CUDA,OpenCL) mit den Grafik-APIs (OpenGL,Direct3d) möglich und wird im folgenden exemplarisch am Beispiel (CUDA/OpenGL) anhand eines Vertex-Buffer-Objekts skizziert. Grundsätzlich besteht jeweils die Möglichkeit, sowohl Vertex-Buffer-Objekte (VBOs) als auch Pixel-Buffer-Objekte (PBOs) gemeinsam zu verwenden.

```
1   GLuint objVBO; // das OpenGL vertex buffer object
    struct cudaGraphicsResource* d_objVBO; // das VBO in CUDA


    ...


6   // Initialisierung
    cudaGLSetGLDevice(0); // statt cudaSetDevice() verwenden
    glGenBuffers(1, &objVBO); // VBO erzeugen
    glBindBuffer(GL_ARRAY_BUFFER, objVBO);
    // leeres VBO erzeugen, 0: keine Daten zu kopieren
11  glBufferData(GL_ARRAY_BUFFER, size, 0, GL_DYNAMIC_DRAW);
    glBindBuffer(GL_ARRAY_BUFFER, 0);
    // OpenGL VBO bei CUDA registrieren
    cudaGraphicsGLRegisterBuffer(&d_objVBO, objVBO,
                            cudaGraphicsMapFlagsWriteDiscard);

16
    ...


    // zyklischer Teil
    size_t nrPoints;
21  float4* points;

    // VBO an CUDA binden
    cudaGraphicsMapResources(1, &d_objVBO, 0);

26  // CUDA pointer und Objektgroesse
    // fuer die Verwendung im Kernel ermitteln
    cudaGraphicsResourceGetMappedPointer((void**)&points,
                            &nrPoints, d_objVBO);

31  kernel<<<dimGrid, dimBlock>>>(..., points, nrPoints, ...);

    // Bindung des VBO an CUDA aufheben
    cudaGraphicsUnmapResources(1, &d_objVBO, 0);
```

```
36  // VBO an OpenGL binden
    glBindBuffer (GL_ARRAY_BUFFER, objVBO);
    // Behandlung des VBO in OpenGL


41  // zyklischer Teil
    ...


    ...
46
    // Aufraeumen
    cudaGraphicsUnregisterResource (d_objVBO);
    glDeleteBuffers (1, &objVBO);
```

Literaturverzeichnis

[Aken18] Akenine-Möller T., Haines E., Hoffman N., Pesce A., Iwanicki M., Hillaire S.: *Real-Time Rendering, 4th Edition.* A.K. Peters, 2018

[Anne07] Annen T., Mertens T., Bekaert P., Seidel H-P., Kautz J.: *Convolution shadow maps.* in Proc. of EGSR 2007, pp. 51-60, 2007

[Assa00] Assarsson U., Möller T.: *Optimized View Frustum Culling Algorithms for Bounding Boxes.* Journal of Graphics Tools, Vol. 5, No. 1, 9-22, 2000

[Bart96] Barth R., Beier E., Pahnke B.: *Grafikprogrammierung mit OpenGL.* Addison-Wesley, Reading, 1996

[Bavo09] Bavoil L., Sainz M.: *Image-Space Horizon-Based Ambient Occlusion.* in Shader X7, Charles River Media, 2009

[Bend05] Bender M., Brill M.: *Computergrafik. 2. Auflage* Carl Hanser Verlag, München, 2005

[Blin76] Blinn J.F., Newell M.E.: *Texture and reflection in computer generated images.* Communications of the ACM, Vol. 19, No. 10, 542-547, 1976

[Blin77] Blinn J.F.: *Models of light reflection for computer synthesized pictures.* SIGGRAPH, 192-198, 1977

[Bodn98] Bodner R.: *Fahr- und Verkehrsimulation - Fahren in der Virtuellen Stadt.* Kompendium der Vorträge zur Tagung Simulationstechnik der Deutschen Gesellschaft für Wehrtechnik mbH, Bad Godesberg, 285 - 300, 1998

[Cakm00] Cakmak H. K., Kühnapfel U., Bretthauer G.: *Virtual Reality Techniques for Education and Training in Minimally Invasive Surgery.* Proceedings of VDE World Micro Technologies Conference MICRO.tec 2000, EXPO 2000, Hannover, 395-400, 2000

[Calv00] Calvagno G., Mian G.A., Rinaldo R.: *3D Motion Estimation for Frame Interpolation and Video Coding.* Proc. Int. Workshop on Packet Video, Cagliari, 2000

© Springer Fachmedien Wiesbaden GmbH, ein Teil von Springer Nature 2019
A. Nischwitz et al., *Computergrafik*,
https://doi.org/10.1007/978-3-658-25384-4

[Catm74]   Catmull E.: *A Subdivision Algorithm for Computer Display of Curved Surfa-ces*. Ph.D.Thesis, Report UTEC-CSc-74-133, Computer Science Department, University of Utah, Salt Lake City, 1974

[Chen09]   Chen H., Tatarchuk N.: *Lighting Research at Bungie*. Advances in Real-Time Rendering in 3D Graphics and Games, SIGGRAPH, 2009

[Clau97]   Claussen U.: *Programmieren mit OpenGL: 3D-Grafik und Bildverarbeitung*. Springer, Berlin Heidelberg New York, 1997

[Cok01]   Cok K., True T.: *Developing Efficient Graphics Software: The Yin and Yang of Graphics*. SIGGRAPH, Course Notes, 2001

[Donn06]   Donnelly W., Lauritzen A.: *Variance Shadow Maps*. Proc. Symposium on Interactive 3D Graphics, 161-165, 2006

[Dou14]   Dou H., Yan Y., Kerzner E., Dai A., Wyman C.: *Adaptive Depth Bias for Shadow Maps*. Proc. Symposium on Interactive 3D Graphics, 97-102, 2014

[Down01]   Downs L., Möller T., Séquin C.: *Occlusion Horizons for Driving through Urban Scenery*. Proc. Symposium on Interactive 3D Graphics, 121-124, 2001

[Dutr06]   Dutré P., Bala K., Bekaert P.: *Advanced Global Illumination, Second Edition*. A.K. Peters, 2006

[Ehm15]   Ehm A., Ederer A., Klein A., Nischwitz A.: *Adaptive Depth Bias for Soft Shadows*. In Full Paper Proceedings of WSCG 2015, 2015

[Eise10]   Eisemann E., Assarson U., Schwarz M., Wimmer M.: *Shadow Algorithms for Real-time Rendering*. Eurographics Tutorial Notes, 2010

[Enca96]   Encarnacao J., Straßer W., Klein R.: *Graphische Datenverarbeitung I: Geräte-technik, Programmierung und Anwendung graphischer Systeme. 4. Auflage*. Oldenbourg, München Wien, 1996

[Enca97]   Encarnacao J., Straßer W., Klein R.: *Graphische Datenverarbeitung II: Mo-dellierung komplexer Objekte und photorealistische Bilderzeugung. 4. Auflage*. Oldenbourg, München Wien, 1997

[Enge06]   Engel W.: *Cascaded Shadow Maps*. in ShaderX5, Charles River Media, 2006

[Fern03]   Fernando R., Kilgard M.J.: *The Cg Tutorial. The Definitive Guide to Program-mable Real-Time Graphics*. Addison-Wesley, Reading, 2003

[Fern05]   Fernando R.: *Percentage-close soft shadows*. SIGGRAPH Sketches, 2005

[Fors06]   Forsyth T.: *Extremely Practical Shadows*. Game Developers Conference, 2006

[Fung05]   Fung J.: *Computer Vision on the GPU.* in GPU Gems 2, ed. by Matt Pharr, 649-666, Addison-Wesley, Reading, 2005

[Gall00]   Gallier, J.: *Curves and Surfaces in Geometric Modeling – Theory and Applications.* Morgan Kaufmann, San Francisco, 2000

[Gieg07-1]   Giegl M., Wimmer M.: *Queried virtual shadow maps.* in Proceedings of I3D, pp. 65-72, ACM Press, 2007

[Gieg07-2]   Giegl M., Wimmer M.: *Fitted virtual shadow maps.* in Proceedings of Graphics Interface 2007, pp. 159-168, 2007

[Gins83]   Ginsberg C.M., Maxwell D.: *Graphical Marionette.* in Proceedings of the SIG-GRAPH/SIGART Interdisciplinary Workshop on Motion: Representation and Perception, Toronto, 172-179, 1983

[Gira85]   Girard M., Maciejewski A.A.: *Computational Modeling for the Computer Animation of Legged Figures.* SIGGRAPH, 263-270, 1985

[Gour71]   Gouraud H.: *Continuous Shading of Curved Surfaces.* IEEE Transactions on Computers, Vol. C-20, No. 6, 623-628, 1971

[Gree86]   Greene N.: *Environment Mapping and Other Applications of World Projections.* IEEE Computer Graphics and Applications, Vol. 6, No. 11, 21-29, 1986

[Gree93]   Greene N., Kass M., Miller G.: *Hierarchical Z-Buffer Visibility.* SIGGRAPH, 231-238, 1993

[Grue10]   Gruen H., Thibieroz N.: *OIT and Indirect Illumination with DX11 Linked Lists.* Game Developers Conference, 2010

[Gumb10]   Gumbau J., Chover M., Sbert M.: *Screen Space Soft Shadows.* in GPU Pro, A.K. Peters, pp. 477-491, 2010

[Heck86]   Heckbert P.S.: *Survey of Texture Mapping.* IEEE Computer Graphics and Applications, Vol. 6, No. 11, 56-67, 1986

[Hert09]   Hertel S., Hormann K., Westermann R.: *A hybrid GPU rendering pipeline for alias-free hard shadows.* Eurographics, Areas Paper, 2009

[Hugh13]   Hughes J.F., van Dam A., McGuire M., Sklar D.F., Foley J.D., Feiner S.K., Akeley K.: *Computer graphics: principles and practice.* 3nd ed. Pearson, 2013.

[Iso85]   International Standards Organisation ISO 7942: *Information Processing Systems - Computer Graphics - Graphical Kernel System (GKS) - Functional Description.* American National Standards Institute, New York, 1985

[Iso88]   International Standards Organisation ISO 8805: *Information Processing Systems - Computer Graphics - Graphical Kernel System for Three Dimensions (GKS-3D) - Functional Description.* American National Standards Institute, New York, 1988

[Iso89]   International Standards Organisation ISO 9592-(1-3): *Information Processing Systems - Programmer's Hierarchical Interactive Graphics System (PHIGS) - Functional Description. Part 1-3.* American National Standards Institute, New York, 1989

[Iso91]   International Standards Organisation ISO 9592-4: *Information Processing Systems - Programmer's Hierarchical Interactive Graphics System (PHIGS) - Functional Description. Part 4: Plus Lumire und Surfaces (PHIGS PLUS).* American National Standards Institute, New York, 1991

[Jans96]   Janser A., Luther W., Otten W.: *Computergraphik und Bildverarbeitung.* Vieweg, Braunschweig Wiesbaden, 1996

[John05]   Johnson G.S., Lee J., Burns C.A., Mark W.R.: *The irregular z-buffer: Hardware acceleration for irregular data structures.* ACM Trans. on Graphics, Vol. 24(4), pp. 1462-1482, 2005

[Jone05]   Jones K., McGee J.: *SGI OpenGL Volumizer 2 Programmer's Guide, Version 2.8.* Silicon Graphics Inc., Mountain View, 2005

[Kaja09]   Kajalin V.: *Screen Space Ambient Occlusion.* in Shader X7, Charles River Media, 2009

[Kers96]   Kersten, D., Knill, D. C., Mamassian, P. and Bülthoff, I.: *Illusory motion from shadows.* Nature, 279, (6560), 31, 1996

[Kess17]   Kessenich J., Sellers G., Shreiner D., The Khronos OpenGL ARB Working Group: *OpenGL Programming Guide, 9th edition: The Official Guide to Learning OpenGL, Versions 4.5 with SPIR-V.* Addison-Wesley, Boston, 2017

[Khr]   Khronos OpenCL Working Group: *OpenCL - The open standard for parallel programming of heterogeneous systems.* http://www.khronos.org/opencl (abgerufen am 24.12.2018).

[Khr10]   Khronos OpenCL Working Group: *The OpenCL Specification, version 2.2,* Oktober 2018.
               https://www.khronos.org/registry/OpenCL/specs/2.2/pdf/OpenCL_API.pdf
               (abgerufen am 24.12.2018).

[Khro18]   The Khronos Vulkan Working Group: *Vulkan: A Specification, Version 1.1.71.* The Khronos Group Inc., 2018

[Kilg96]   Kilgard M.J.: *OpenGL Programming for the X Window System*. Addison-Wesley, Reading, 1996

[Klei10]   Klein A.: *Optimizing a GPU based ray tracer*. Master Thesis, Munich Univ. of Appl. Sc., 2010

[Klei12]   Klein A., Obermeier P., Nischwitz A.: *Contact Hardening Soft Shadows using Erosion*. in Proc. of WSCG'2012, pp. 53-58, 2012

[Klei14]   Klein A., Nischwitz A., Schätz P., Obermeier P.: *Incorporation of thermal shadows into real-time infrared three-dimensional image generation*. SPIE Optical Engineering 53(5), 053113, 2014

[Klei16]   Klein A., Oberhofer S., Schätz P., Nischwitz A., Obermeier P.: *Real-time simulation of thermal shadows with EMIT*. Proc. SPIE 9820, Infrared Imaging Systems: Design, Analysis, Modeling, and Testing XXVII, 982013, 2016

[Kloe96]   Klöckner W., Rogozik J., Möller H., Sachs G.: *Sichtunterstützung für die Flugführung bei schlechter Aussensicht*. Deutscher Luft- und Raumfahrtkongress, Bonn, DGLR-JT95-097, 1995

[Lang96]   Langkau R., Lindström G., Scobel W.: *Physik kompakt: Elektromagnetische Wellen*. Vieweg, Braunschweig Wiesbaden, 1996

[Lapi17]   Lapinski P.: *Vulkan Cookbook*. Packt Publishing, 2017

[Laur07]   Lauritzen A.: *Summed-Area Variance Shadow Maps*. in GPU Gems 3, Addison-Wesley, pp. 157-182, 2007

[Laur08]   Lauritzen A.: *Rendering Antialiased Shadows using Warped Variance Shadow Maps*. Master Thesis, Univ. of Waterloo, Canada, 2008

[Laur10]   Lauritzen A., Salvi M., Lefohn A.: *Sample Distribution Shadow Maps*. Advances in Real-Time Rendering in 3D Graphics and Games, SIGGRAPH 2010

[Lefo07]   Lefohn A.E, Sengupta S., Owens J.D.: *Resolution matched shadow maps*. in ACM Trans. on Graphics, Vol. 26(4), pp. 20:1-20:17, 2007

[Leng11]   Lengyel E.: *Mathematics for 3D Game Programming and Computer Graphics, Third Edition*. Course Technology PTR, 2011. http://www.terathon.com/code/tangent.html (abgerufen am 24.12.2018).

[Loko00]   Lokovic T., Veach E.: *Deep Shadow Maps*. SIGGRAPH, pp. 385-392, 2000

[Maie10]   Maier A.: *Ray Tracing Transparent Objects*. Master Thesis, Munich Univ. of Appl. Sc., 2010

[MaiJ10]   Maier J.: *Shader Composition in OpenSceneGraph.* Master Thesis, Munich
            Univ. of Appl. Sc., 2010

[Meis99]   Meißner M., Bartz D., Hüttner T., Müller G., Einighammer J.: *Generation
            of Subdivision Hierarchies for Efficient Occlusion Culling of Large Polygonal
            Models.* Technical Report WSI-99-13, WSI/GRIS, Universität Tübingen, 1999

[Mic18a]   Microsoft: *Announcing Microsoft DirectX Raytracing*, March 2018.
            https://blogs.msdn.microsoft.com/directx/2018/03/19/announcing-microsoft-
            directx-raytracing (abgerufen am 24.12.2018).

[Mic18b]   Microsoft: *DirectX Raytracing and the Windows 10 October 2018 Update*,
            October 2018.
            https://blogs.msdn.microsoft.com/directx/2018/10/02/directx-raytracing-
            and-the-windows-10-october-2018-update (abgerufen am 24.12.2018).

[Mill84]   Miller G.S., Hoffman C.R.: *Illumination and Reflection Maps: Simulated Ob-
            jects in Simulated and Real Environments.* SIGGRAPH, Advanced Computer
            Graphics Animation course notes, 1984

[Mitt07]   Mittring M.: *Finding Next Gen: CryEnging 2.* SIGGRAPH, Advanced Real-
            time Rendering in 3D Graphics and Games course notes, 2007

[Nach86]   Nachtmann O.: *Phänomene und Konzepte der Elementarteilchenphysik.* View-
            eg, Braunschweig Wiesbaden, 1986

[NVIa]   NVIDIA: *CUDA Programming Guide 10.0*, Oktober 2018.
            https://docs.nvidia.com/cuda/cuda-c-programming-guide/index.html
            (abgerufen am 24.12.2018).

[NVIb]   NVIDIA: *NVIDIA CUDA Toolkit 10.0*, Oktober 2018.
            https://docs.nvidia.com/cuda/index.html (abgerufen am 24.12.2018).

[NVIc]   NVIDIA: *Introduction to Real-Time Ray Tracing with Vulkan*, October 2018.
            https://devblogs.nvidia.com/vulkan-raytracing (abgerufen am 24.12.2018).

[Owen05]   Owens J.: *Streaming Architectures and Technology Trends.* in GPU Gems 2,
            ed. by Matt Pharr, 457-470, Addison-Wesley, Reading, 2005

[Park98]   Parker S., Shirley P., Smits B.: *Single sample soft shadows.* Technical Report,
            UUCS-98-019, Univ. of Utah, 1998

[Peit86]   Peitgen H.-O., Richter P.H.: *The Beauty of Fractals: Images of Complex Dy-
            namical Systems.* Springer, Berlin, 1986

[Pere02]   Pereira F.C.N., Ebrahimi T.: *The MPEG-4 book.* IMSC Press multimedia
            series, New Jersey, 2002

[Peso16]   Peso D., Nischwitz A., Ippisch S., Obermeier P.: *Kernelized Correlation Tracker on Smartphones.* Journal of Pervasive and Mobile Computing. Elsevier. PM-CJ719, 2016

[Phar16]   Pharr M., Wenzel J., Humphreys G.: *Physically Based Rendering, Third Edition.* Morgan Kaufmann, 2016.

[Phon75]   Phong B.: *Illumination for Computer Generated Pictures.* Communications of the ACM, 18 (6), 311-317, 1975

[Rama88]   Ramachandran V.S.: *Formwahrnehmung aus Schattierung.* Spektrum der Wissenschaft, 94-103, Oktober 1988

[Reev83]   Reeves W.T.: *Particle Systems - A Technique for Modeling a Class of Fuzzy Objects.* SIGGRAPH, 359-376, 1983

[Reev85]   Reeves W.T., Blau R.: *Approximate and Probabilistic Algorithms for Shading and Rendering Particle Systems.* SIGGRAPH, 313-322, 1985

[Reev87]   Reeves W.T., Salesin D., Cook R.: *Rendering Antialiased Shadows with Depth Maps.* SIGGRAPH, 283-291, 1987

[Rost10]   Rost R.J., Licea-Kane B.: *OpenGL Shading Language, Third Edition* Addison-Wesley, Reading, 2010

[Rusi97]   Rusinkiewicz S.: *A Survey of BRDF Representation for Computer Graphics.* CS348C, Stanford University, 1997

[Salv08]   Salvi M.: *Rendering filtered shadows with exponential shadow maps.* in ShaderX6, Wolfgang Engel, ed., Course Technology, pp. 257-274, 2008

[Salv10]   Salvi M., Vidimce K., Lauritzen A., Lefohn A.: *Adaptive Volumetric Shadow Maps.* Computer Graphics Forum (Proc. EGSR 2010), vol. 29(4), pp. 1289-1296, 2010

[Salv11]   Salvi M.: *Adaptive Order Independent Transparency: A Fast and Practical Approach to Rendering Transparent Geometry.* erscheint in Proc. Game Developers Conference, 2011

[Scha00]   Schauffler G., Dorsey J., Decoret X., Sillion F.: *Conservative Volumetric Visibility with Occluder Fusion.* SIGGRAPH, 229-238, 2000

[Sega17]   Segal M., Akeley K.: *The OpenGL Graphics System: A Specification, Version 4.6.* The Khronos Group Inc., 2017

[Sell15]   Sellers G., Wright R.S., Haemel N.: *The OpenGL Super Bible, 7th Edition.* Addison-Wesley, 2015

[Sell17]   Sellers G., Kessenich J.: *Vulkan Programming Guide: The Official Guide to Learning Vulkan.* Pearson Education, 2017

[Sing16]   Singh P.: *Learning Vulkan.* Packt Publishing, 2016

[Sint08]   Sintorn E., Eisemann E., Assarsson U.: *Sample based visibility for soft shadows using alias-free shadow maps.* Computer Graphics Forum (Proc. EGSR 2008), vol. 27(4), pp. 1285-1292, 2008

[Strz03]   Strzodka R., Ihrke I., Magnor M.: *A Graphics Hardware Implementation of the Generalized Hough Transform for Fast Object Recognition, Scale, and 3D Pose Detection.* in Proceedings of IEEE International Conference on Image Analysis and Processing, 188-193, 2003

[Suma05]   Sumanaweera T., Liu D.: *Medical Image Reconstruction with the FFT.* in GPU Gems 2, ed. by Matt Pharr, 765-784, Addison-Wesley, Reading, 2005

[Tabb11]   Tabbert B.: *Volumetric Soft Shadows.* Master Thesis, Munich Univ. of Appl. Sc., 2011

[Top500]   Top 500 Supercomputer Site: *Liste der Top 500 Supercomputer.* http://www.top500.org (abgerufen am 24.12.2018).

[Ural05]   Uralsky Y.: *Efficient soft-edged shadows using pixel shader branching.* in GPU Gems 2, Addison-Wesley, pp. 269-282, 2005

[Vali08]   Valient M.: *Stable Rendering of Cascaded Shadow Maps.* in ShaderX6, Wolfgang Engel, ed., Course Technology, pp. 231-238, 2008

[Wang10]   Wang R., Qian X.: *OpenSceneGraph 3.0. Beginner's Guide.* Packt Publishing, Birmingham, 2010

[Wang12]   Wang R., Qian X.: *OpenSceneGraph 3.0. Cookbook.* Packt Publishing, Birmingham, 2012

[Warr02]   Warren J., Weimer H.: *Subdivision Methods for Geometric Design.* Morgan Kaufmann, San Francisco, 2002

[Watt02]   Watt A.: *3D-Computergrafik. 3. Auflage.* Pearson Studium, München, 2002

[Wilh87]   Wilhelms J.: *Using Dynamic Analysis for Realistic Animation of Articulated Bodies.* CG & A, 7(6), 1987

[Wimm04]   Wimmer M., Scherzer D., Purgathofer W.: *Light space perspective shadow maps.* in Proc. EGSR 2004, Eurographics Association, 2004

[Woo92]   Woo A.: *The Shadow Depth Map Revisited.* in Graphics Gems III, David Kirk, ed., Academic Press, pp. 338-342, 1992

[Wosc12] Woschofius J.: *Realistische Feuereffekte mit Hilfe von Partikelsystemen.* Master Thesis, Munich Univ. of Appl. Sc., 2012

[Zhan97] Zhang H., Manocha D., Hudson T., Hoff K.E.: *Visiblity Culling using Hierarchical Occlusion Maps.* SIGGRAPH, 77-88, 1997

[Zhan06] Zhang F., Sun H., Xu L., Lun L.K.: *Parallel-split shadow maps for large-scale virtual environments.* Proc. VRCIA 2006, pp. 311-318, 2006

[Zhan08] Zhang F., Sun H., Nyman O.: *Parallel-split shadow maps on programmable GPUs.* in GPU Gems 3, Addison-Wesley, pp. 203-237, 2008

Sachverzeichnis

656

Printed in the United States
By Bookmasters